W0257137

ERGEBNISSE DER HYGIENE BAKTERIOLOGIE IMMUNITÄTSFORSCHUNG UND EXPERIMENTELLEN THERAPIE

FORTSETZUNG DES JAHRESBERICHTS
ÜBER DIE ERGEBNISSE DER IMMUNITÄTSFORSCHUNG

UNTER MITWIRKUNG HERVORRAGENDER FACHLEUTE

HERAUSGEGEBEN VON

PROFESSOR DR. **WOLFGANG WEICHARDT**
WIESBADEN

FÜNFZEHNTER BAND

MIT 44 ABBILDUNGEN

BERLIN
VERLAG VON JULIUS SPRINGER
1934

ALLE RECHTE, INSBESONDERE
DAS DER ÜBERSETZUNG IN FREMDE SPRACHEN,
VORBEHALTEN.
COPYRIGHT 1934 BY JULIUS SPRINGER IN BERLIN.
SOFTCOVER REPRINT OF THE HARDCOVER 1ST EDITION 1934

ISBN 978-3-642-90539-1   ISBN 978-3-642-92396-8 (eBook)
DOI 10.1007/ 978-3-642-92396-8

Einführung.

In diesem Bande sind vier bakterielle Infektionen grundlegend behandelt worden. OTTO vom Institut für Infektionskrankheiten gab eine Übersicht über den neuzeitlichen Stand der Fleckfieberforschung, KAUFFMANN vom Statens-Serum-Institute, Kopenhagen, und STANDFUSS vom Staatlichen Veterinär-Untersuchungs-Amt, Potsdam, bearbeiteten die Infektionen mit Paratyphus und ähnlichen Bacillen. Da ersterer die humanmedizinische, letzterer die veterinärmedizinische Seite besonders betonte, gewinnen wir ein abgerundetes Bild über den jetzigen Stand dieser Forschung, die nur vollständig sein kann, wenn sich beide Zweige der Medizin ergänzen.

Das wichtige Gebiet der Fokalinfektionen bearbeitete GRUMBACH vom Hygienischen Institute, Zürich, der mit Recht eine umfassende Behandlung gewählt hat und sich so von einseitiger, rein spezialistischer Darstellung fernhielt.

In das Gebiet der Immunitätsforschung gehören die Darstellungen von LANGE aus dem Neurologischen Institut, Berlin, und BLUMENTHAL aus dem Institut für Infektionskrankheiten, Berlin, und LECOMTE DU NOÜY vom Institut Pasteur, Paris. Es war wesentlich, daß das von LANGE bearbeitete Gebiet, die Diagnose der Syphilis mit aktivem Serum, einmal zusammenfassend dargestellt wurde, damit der in dieser Richtung Arbeitende daraus Nutzen ziehen kann. Auch die Darstellung von G. BLUMENTHAL über die experimentelle Erzeugung von Antikörpern ist für den an Immunitätsfragen Interessierten von großer Wichtigkeit. Endlich hat sich LECOMTE DU NOÜY ein Verdienst dadurch erworben, daß er die neuzeitlichen physikalisch-chemischen Forschungsergebnisse, nach denen Immunitätsfragen beurteilt werden können, übersichtlich zusammengestellt hat. Einer der ersten Forscher auf dem Gebiete der Blutgruppen, HIRSZFELD vom Hygienischen Institut, Warschau, hat den neuesten Stand der Blutgruppenforschung beschrieben.

Endlich verfaßte der bekannte Statistiker FREUDENBERG eine interessante Übersicht über die Gesetzmäßigkeit der menschlichen Lebensdauer.

Wiesbaden, im April 1934.

Der Herausgeber.

Inhaltsverzeichnis.

I. Die Sero-Diagnose der Syphilis mit aktivem Serum.

Von

C. LANGE - Berlin.

(Aus dem Neurologischen Institut in Berlin.)

Mit 5 Abbildungen.

Inhalt.

Benutzte Abkürzungen:

Wa.R. = WASSERMANNsche Reaktion	ia. = inaktiv.
W.N.B.R. = WASSERMANN-NEISSER-BRUCKsche Reaktion.	S.D. = Sero-Diagnose.
	L.D. = Liquor-Diagnose.
O.M. = Original-Methode.	G.R. = Gold-Reaktion.
A.R. = Aktiv-Reaktion.	Z.N.S. = Zentral-Nerven-System.
a. = aktiv.	

A. Theoretische und experimentelle Beiträge zur Frage der Notwendigkeit der Hitzeinaktivierung und praktischen Unbrauchbarkeit der A.R.-Möglichkeit einer zuverlässigen A.R.

I. Einleitung.

Die Sero-Diagnose der Syphilis mit sog. „*aktivem*", d. h. unerhitztem Serum hat in Deutschland nicht die gleiche Beachtung gefunden wie in anderen Ländern.

Wenn man nachträglich den Gründen nachgeht, die seit langer Zeit eine Reihe von Autoren veranlaßt haben, die Aktiv-Methode mehr oder weniger kategorisch abzulehnen, so fallen zwei Tatsachen auf:

1. Steht einer sehr weitgehenden Ablehnung fast ausnahmslos eine nach unseren heutigen Erfahrungen unzureichende Begründung gegenüber.

2. Bezieht sich diese Ablehnung meist auf ganz bestimmte, und zwar *vereinfachte* (s. weiter unten) Aktiv-Methoden, die heute längst überholt sind.

Wenn man diese Ablehnung auf ein richtiges Maß zurückführen will, so kann dies unseres Erachtens nur vom folgenden Gesichtspunkte aus geschehen.

Ein großer Teil der ablehnenden Urteile gegenüber *bestimmten*, oder sagen wir ruhig: den meisten Aktiv-Methoden scheint auch uns durchaus berechtigt. Nicht berechtigt dagegen ist die *grundsätzliche* Ablehnung der Aktiv-Untersuchung. Mit anderen Worten: Es gibt gute und schlechte Aktiv-Methoden, und die ablehnenden Urteile beziehen sich durchweg auf unzureichende Methoden, ohne daneben der Tatsache gerecht zu werden, daß eine Anpassung der Methode an die besonderen Verhältnisse durchaus möglich ist. Zu einer *guten Aktiv-Methode* gehört erstens ein exakt *quantitatives* Arbeiten und zweitens eine weit ausgedehntere *Kontrolltechnik,* als sie die unempfindlicheren Inaktiv-Methoden erfordern.

Wir werden in folgendem bemüht sein, zwei Tatsachen im Widerspruch zu der eben kurz geschilderten Auffassung nachzuweisen:

1. Die *Versager der* WASSERMANN*schen Reaktion* (Wa.R.) sind so häufig und bedeutsam, daß es unmöglich ist, auf die *empfindlicheren* Resultate der Aktiv-Methode zu verzichten.

2. Es ist durchaus möglich, eine ausreichend zuverlässige Aktiv-Untersuchung auszuführen.

Um es scharf zu präzisieren, soll im ersten theoretisch-klinischen Teil die *Notwendigkeit,* im technischen Teil die *Möglichkeit* einer zuverlässigen Aktiv-Methode im allgemeinen dargestellt werden.

Vorweggenommen sei hier gleich, daß die Ausführung einer zuverlässigen Aktiv-Reaktion (A.R.) ganz andere Vorbedingungen erfordert als der Massenbetrieb in zentralisierten Untersuchungsstellen, die vorwiegend mit *eingeschickten* Blutproben arbeiten. Dieser zentralisierte Massenbetrieb wird heute von mancher Seite als ein anzustrebendes Ideal hingestellt. Wenn man diesen Standpunkt festzuhalten versucht, so wird man vermutlich unsere hier aufgestellten, technischen Anforderungen als unmöglich und übertrieben ansehen. Es muß hier ausgesprochen werden, daß unseres Erachtens die Bedingungen zentralisierter Untersuchungsstellen kein Optimum für die Leistungsfähigkeit der Sero-Diagnose (S.D.) darbieten. Die Aktiv-Methode erfordert neben einer viel subtileren Technik auch ein so enges Hand-in-Hand-Arbeiten von Laboratorium und Klinik, wie es bis heute im allgemeinen bei der S.D. der Syphilis durchaus nicht erreicht ist.

Daß die Aktiv-Methode bei unvorsichtiger Handhabung, d. h. aber, wenn man einfach die Technik der Inaktiv-Reaktion übernimmt oder sie womöglich noch „vereinfacht", reichlich Gefahren in sich birgt, ist uns persönlich nie verborgen geblieben. Das ist auch der Grund, warum wir unsere über 20jährigen Erfahrungen mit dieser Methode erst heute veröffentlichen, nachdem wir uns, besonders am Material der *Neuro-Lues,* immer mehr überzeugten, wie ungemein häufig die Wa.R. versagt, und zweitens, nachdem wir erkannt hatten, welche *Gruppe von Seren* bisher bei der Aktiv-Untersuchung falsche Ergebnisse bedingte, und wie diese Gruppe erkannt und ausgeschaltet wird.

Zusammenfassung. *Die A.R. wird in Deutschland fast allgemein abgelehnt. Diese Ablehnung ist nur gegenüber den Aktiv-Methoden gerechtfertigt, die auf Vereinfachung und Verbilligung der Wa.R. ausgehen. Eine grundsätzliche Ablehnung der A.R. ist unberechtigt; es besteht durchaus die Möglichkeit einer praktisch brauchbaren A.R., durch welche die häufigen Versager der Wa.R. ausgeschaltet werden.*

II. Die angeblichen Gründe für die Ablehnung der Aktiv-Reaktion.

Da es unmöglich ist, aus der riesenhaften Literatur über die Wa.R. alle Urteile über die Aktiv-Methode zu sammeln und kritisch zu wägen, wollen wir uns mit zwei Beispielen begnügen, die monographischen Zusammenstellungen entnommen sind.

Diese Beispiele sind nicht etwa willkürlich herausgegriffen; vielmehr haben wir uns gerade an solche Autoren gehalten, die sich wenigstens bemüht haben, eine halbwegs klare und ausführliche Begründung für ihre Ablehnung zu liefern. Ein großer Teil der Autoren begnügt sich mit so allgemein gehaltenen „Warnungen vor der A.R.", daß eine nutzbringende Auseinandersetzung gar nicht möglich ist.

Im Handbuch der Sero-Diagnose der Syphilis von C. BRUCK (1924) lehnt J. ZEISSLER (S. 181) die Aktiv-Methoden auf Grund einer größeren Literaturzusammenstellung *grundsätzlich* ab. Er schreibt, um kurz das Wichtigste zu zitieren:

„Eine zweite[1] Vorbedingung für die Leistungsfähigkeit und Zuverlässigkeit der aktiven Methoden besteht darin, daß das aktive Menschenserum in nicht höherem Grade als das inaktivierte aus anderer Ursache als wegen bestehender Syphilis mit den gebräuchlichen Antigenen Komplementbindung gibt. Auch diese Vorbedingung ist nicht erfüllt. Schon SACHS, der seinerzeit mit ALTMANN zuerst[2] gefunden hatte, daß aktives Serum gelegentlich stärker positiv reagiert als inaktiviertes, warnte bald vor der Untersuchung aktiver Sera, weil er verschiedentlich mit aktiven Seren falsche positive Resultate erhalten hatte. BOAS, DONALD, BROWNING u. a. lehnen alle die aktiven Methoden als nicht genügend zuverlässig (spezifisch) ab, weil nach ihren Erfahrungen das Menschenserum durch die Inaktivierung nicht nur seines Komplementgehaltes beraubt, sondern auch seine Komplementbindungsfähigkeit gegenüber dem Rohzustand derart verändert wird, daß es mit im übrigen einwandsfreien Reagenzien und einwandsfreier Technik von bestimmten andersartigen Krankheiten abgesehen (Framboesie, Scharlach usw.) keine Komplementbindung und somit keine falschen positiven Resultate gibt."

ZEISSLER weist außerdem darauf hin, daß die Aktivmethoden *überflüssig* seien, da ihre höhere Empfindlichkeit nur scheinbar sei. Er beruft sich diesbezüglich auf KAUP (vgl. Kap. VI). Er faßt seine Ablehnung zusammen: „Deshalb müssen heute die aktiven Methoden sowohl als überflüssig wie als nicht genügend zuverlässig bezeichnet werden."

Die Gründe für die Ablehnung sind hier also: Technische Unmöglichkeit wegen Inkonstanz des Komplements, Unspezifität und Überflüssigkeit, da die größere Empfindlichkeit der A.R. abgeleugnet wird.

Als zweiter Autor, der eine Reihe von Aktiv-Methoden ablehnt, sei H. BOAS (Die WASSERMANNsche Reaktion 1922, S. 52) angeführt, und zwar aus dem

---

[1] Als ersten Ablehnungsgrund gegenüber der Aktiv-Methode sieht ZEISSLER die Inkonstanz des menschlichen Komplements an. Er identifiziert hierbei ohne jede Berechtigung die *Inkonstanz* des Komplements mit der *Unzuverlässigkeit seiner Dosierung,* was, wie im technischen Teil gezeigt werden soll, nichts miteinander zu tun hat.

[2] Der erste Nachweis wurde von LANDSTEINER und R. MÜLLER geführt, von denen der letztere auch heute noch die Notwendigkeit und Möglichkeit der A.R. vertritt.

Grunde, weil er erstens auf Grund eigener, wenn auch wenig ausgedehnter Untersuchungen urteilt, zweitens ist er hinsichtlich des Grades seiner Ablehnung wesentlich vorsichtiger. Er lehnt nämlich nicht — oder doch nicht ausdrücklich —, die Aktiv-Methoden *grundsätzlich* ab, sondern nur die von ihm geprüften Methoden von Tschernogubow, Hecht und v. Dungern. Er kann also keineswegs als Kronzeuge für die *prinzipielle Ablehnung* aufgeführt werden, wie dies meist geschieht. Diese Differenz in der Begrenzung der Ablehnung soll uns Gelegenheit geben, die Entstehung des ebenso weit verbreiteten als unberechtigten *Vorurteils* gegen die A.R., kurz *historisch* zu erklären. Die meisten Aktiv-Methoden sind, wie man das früher nannte: ,,*Westentaschen-Methoden*". Sie entstammen einer frühen Ära der S.D., wo man sich noch dem Glauben hingab, die Wa.R. *vereinfachen und verbilligen* zu können. Diese Richtung, die auf einer gründlichen Unkenntnis des Wesens der S.D. beruhte, ist heute entschieden aufgegeben. Nicht aufgegeben dagegen wurde das Vorurteil gegenüber der A.R., das aus dieser Zeit der ,,Westentaschen-Methoden" stammt und *nur gegen diese* berechtigt war. Um ein Extrem zu wählen, so berechtigt eine Ablehnung beispielsweise der v. Dungernschen Aktiv-Methode (vgl. Boas) in keiner Weise zu einer prinzipiellen Ablehnung der A.R. Auf einer solchen *unberechtigten Verallgemeinerung* beruhen aber die meisten ablehnenden Urteile.

Dieser eben gekennzeichneten Richtung: ,,*einfach und billig*" steht innerhalb der Aktiv-Methoden eine ganz entgegengesetzte gegenüber, wie sie etwa R. Müller und wir selbst vertreten. Hier wird keineswegs von dem Bestreben der Vereinfachung und Verbilligung, sondern von der Tatsache des *Versagens der Wa.R.* ausgegangen und die *Notwendigkeit* der A.R. aus ihrer größeren Empfindlichkeit abgeleitet. Trotz dieser diametral entgegengesetzten Tendenzen werden aber bis heute *alle Aktiv-Methoden* meist unterschiedslos in einen Topf geworfen, was einer Klarstellung der tatsächlichen Verhältnisse die größten Hindernisse bereitete.

Um nach dieser historischen Klarstellung auf die Untersuchungen von H. Boas zurückzukommen, so fand er (S. 52) ,,daß bei nicht weniger als 45 sicher nicht syphilitischen Patienten[1] unter 230 eine positive Reaktion bei Anwendung von nichtinaktiviertem Serum stattfand, während dieselben Sera nach der Inaktivierung sämtlich prompte negative Reaktionen gaben".

Trotzdem Boas die höhere Empfindlichkeit der A.R. beim behandelten Luetiker, d. h. also die erhebliche Titerabschwächung der Luesreagine infolge der Hitzeinaktivierung genau kennt, kommt er trotzdem zu dem Schluß: ,,*Die Erwärmung der Sera bis zu 56° ist nicht allein notwendig, um das natürliche Komplement zu destruieren, das in einigen Fällen in sehr großer Menge vorhanden sein kann, sondern auch, um die reagierenden Stoffe abzuschwächen, um eine engere Wirkungsbreite zu erzielen*".

Zu den Resultaten und Schlußfolgerungen von H. Boas ist zunächst folgendes zu bemerken: 20% falsche positive Resultate der A.R. bei ,,*sicher nicht syphilitischen Patienten*" stellt unseres Wissens einen sonst nie erreichten Rekord dar

---

[1] Dieser ,,sicher nicht syphilitische Patient" spielt nicht nur bei Boas, sondern auch sonst in der Literatur eine große Rolle. Dieser Begriff schwebt vollkommen in der Luft, da es kein Mittel gibt, ganz besonders nicht außerhalb der S.D., zu beweisen, daß ein Patient ,,sicher nicht syphilitisch" sei. Etwas anderes ist es, wenn man die praktische Brauchbarkeit einer Reaktion an einer ,,Serie klinisch und anamnestisch *unverdächtigen* Materials" prüft.

(vgl. Kapitel IV). Diese Höchstleistung kann nach unseren Erfahrungen nur bei ungewöhnlich schlechter Beschaffenheit des Blutmaterials erzielt werden, worauf wir in Kapitel IV ausführlich eingehen werden.

Hier sei nochmals darauf hingewiesen, daß das *Durchschnittsmaterial*, wie es sich bei Einschickung von Blutproben an zentralisierte Untersuchungsstationen zusammenfindet, nach unserer Erfahrung für *feinere Untersuchungen*, wozu wir die A.R. zählen, nicht geeignet ist, ebenso wie beispielsweise ein per Post eingeschickter Liquor für feinere Untersuchungen (G.R. usw.) unbrauchbar zu sein pflegt.

Wegen der höchst unklaren Formulierung, *„die reagierenden Stoffe müßten abgeschwächt werden, um eine engere Wirkungsbreite zu erzielen"*, verweisen wir auf das Kapitel V. Die Ausführungen über die angebliche Notwendigkeit der Hitzeinaktivierung, die sog. „Unspezifität", falsche Positiv-Resultate und gänzliche Überflüssigkeit der A.R. verteilen sich auf die folgenden Kapitel.

Zusammenfassung. *Die angeblichen Gründe für die Ablehnung der A.R., mit anderen Worten: der Notwendigkeit der Hitzeinaktivierung sollen liegen: erstens in der Inkonstanz des menschlichen Komplements, das deshalb zerstört werden muß (vgl. S. 7), zweitens in irgendeiner „Veränderung der Komplementbindungsfähigkeit" (ZEISSLER) oder „Engeren Wirkungsbreite" (BOAS), die durch die Hitzeinaktivierung erzielt werden soll (vgl. Kapitel V); drittens in der Überflüssigkeit der A.R. (KAUP, vgl. Kapitel VI).*

III. Die Einführung der Serumerhitzung in die Original-Methode (O.M.) und die quantitative Unzulänglichkeit der letzteren.

Im Kapitel II sind die Gründe angegeben, die verschiedene Autoren gegen die Brauchbarkeit der A.R. anführen, d. h. der S.D. mit *unerhitztem* Serum.

Ein Teil der Autoren (vg. ZEISSLER, S. 3) nimmt an, daß durch das Erhitzen das Serum nicht nur seines Komplements beraubt, sondern auch *„seine Komplementbindungsfähigkeit gegenüber dem Rohzustand derart verändert wird"*, daß es irgendwie „spezifischer reagiert".

Hier wird also dem Erhitzen die Wirkung zugeschrieben, daß auf Grund eines ganz unbekannten Vorgangs eine *„Spezifitätssteigerung"* erzielt wird, eine reichlich unbestimmte Vorstellung, die sich gerade auch wegen dieser Unbestimmtheit weder beweisen, noch widerlegen läßt.

Etwas präziser drückt sich H. BOAS aus. Er hält die Erhitzung nicht nur für *notwendig* um das Komplement zu zerstören, sondern auch, *„um die reagierenden Stoffe abzuschwächen, und dadurch eine engere Wirkungsbreite zu erreichen"*.

BOAS betont als die *Notwendigkeit der Titerabschwächung*, worüber immerhin eine Diskussion möglich ist (vgl. Kapitel V), während die „Veränderung der Komplementbindungsfähigkeit" im Grunde nicht vielmehr als eine Umschreibung darstellt.

Auf welchen irrigen Vorstellungen diese *„Spezifitätssteigerung"* oder *„engere Wirkungsbreite nach Abschwächung"* wirklich beruht, soll in den nächsten Kapiteln ausführlich klargestellt werden.

Hier handelt es sich zunächst um zwei Fragen:

1. Ist die Erhitzung überhaupt *notwendig*?

2. Sind die Gründe, die heute für die Notwendigkeit der Serumerhitzung angeführt werden, wirklich auch bei der Aufstellung der O.M. maßgebend

gewesen, wie es nachträglich von manchen Autoren behauptet wird? Beide Fragen sind nach unserer Ansicht entschieden zu verneinen.

Gehen wir zunächst auf die für *notwendig gehaltene Zerstörung des Komplements* ein. Diese Notwendigkeit soll nach übereinstimmenden Aussagen der Autoren, welche die Aktiv-Untersuchung ablehnen, aus der *Inkonstanz* des menschlichen Komplements folgen.

Zunächst ist diese *Inkonstanz* stark überschätzt worden (vgl. methodischen Teil), und außerdem würde die Inkonstanz eine *exakte Dosierung,* worauf es ja allein ankommt, nicht hindern. Das bei der Wa.R. als „Komplement" verwendete Meerschweinchenserum ist ja auch nicht absolut konstant und seine „Titrierung" stellt bei fast allen quantitativ arbeitenden Inaktiv-Methoden eine wesentliche Verbesserung gegenüber der O.M. dar. Genau dasselbe konnte man mit dem Menschenkomplement tun und tut man auch bei allen quantitativ arbeitenden Aktiv-Methoden.

Es kann keinem Zweifel unterliegen, daß der Ausweg, das als inkonstant angesehene Menschenkomplement zu *zerstören,* nur eine Frage der *Bequemlichkeit* darstellte, keineswegs aber eine *Notwendigkeit,* als welche sie doch, nach den obigen Zitaten, ganz allgemein hingestellt wird. Mit der Inkonstanz des menschlichen Komplements kann demnach die *Notwendigkeit* der Hitzeinaktivierung in keiner Weise begründet werden.

Eine weitere, in diesem Zusammenhang bedeutsame Frage ist folgende: Wenn man, aus irgendwelchen Gründen, die *Entfernung* (wir brauchen hier absichtlich nicht den Ausdruck *Zerstörung*) des Menschen-Komplements für notwendig oder *bequem* hielt, mußte man dann unbedingt den *schweren Eingriff* der *Erhitzung* wählen? *Als schweren Eingriff* bezeichnen wir die Hitzeinaktivierung wegen der damit verbundenen *Titerabschwächung* der Luesreagine (vgl. Kapitel VI).

Auch diese Frage ist zu verneinen. Wir selbst haben früher, in einer (halb unbewußten) Modifikation der WECHSELMANNschen Bariumsulfat-Methode („*Komplementoidverstopfung*") wohl als erster mit „*inaktivem, unerhitztem*" Serum gearbeitet.

Wenn man aktives [1] Serum mit Bariumsulfat behandelt, so wird das Komplement durch Adsorption *entfernt.* Ein so behandeltes Serum stellt dann nach dem wahren Sinne der serologischen Terminologie ein „*inaktives*" Serum dar, trotzdem es *nicht erhitzt* wurde. Inaktives und hitze-inaktiviertes Serum sind also, entgegen dem allgemeinen Sprachgebrauch, keineswegs identische Begriffe.

Schon unsere allererste Aktiv-Methode, die wir seit vielen Jahren nicht mehr ausführen, war also keineswegs aus dem Bestreben nach Vereinfachung und Verbilligung entstanden. Das Patientenserum wurde „kalt inaktiviert" und nachher Meerschweinchenkomplement und alles übrige wie bei der Wa.R. verwendet.

Nach den obigen Feststellungen über das Menschenkomplement glauben wir, mit Bestimmtheit annehmen zu dürfen, daß die Serum-*Erhitzung* nicht in die O.M. eingeführt wäre, wenn damals folgende Punkte bekannt gewesen oder richtig gewürdigt wären:

---

[1] WECHSELMANN behandelte *erhitztes* Serum mit Bariumsulfat; er wollte damit die „Komplementoidverstopfung" im erhitzten Serum beseitigen.

1. Die *Inkonstanz* des Menschenkomplements ist bei guter Entnahmetechnik und von wenig zahlreichen Ausnahmen abgesehen, nicht wesentlich größer als die des Meerschweinchenserums[1].

2. Selbst größere Inkonstanz vorausgesetzt, könnte dieselbe durch *Komplement-Titrierung*[2] ausgeglichen werden, eine *Entfernung* des Komplements ist *unnötig*.

3. Beim *Erhitzen* als Komplementzerstörung wird der Titer der Luesreagine meist erheblich abgeschwächt, d. h. die Reaktion auf einen Bruchteil ihrer Empfindlichkeit reduziert (vgl. Kapitel VI).

4. Eine Komplemententfernung kann ohne Erhitzen durch Adsorption bewerkstelligt werden.

Wir sind persönlich restlos überzeugt, daß die Serumerhitzung nicht in die O.M. eingeführt wäre, wenn die eben aufgezählten vier Punkte damals bekannt gewesen wären. Diese Feststellung erscheint uns deshalb so außerordentlich wichtig, weil man allgemein annimmt, oder behauptet, die Einführung der Serumerhitzung beruhe auf sehr präzisen Vorstellungen über „höhere Spezifität" oder „engere Wirkungsbreite", die der A.R. nicht zukämen; das sind alles nachweislich spätere Erklärungsversuche. Die Serumerhitzung wurde aus Gründen in die O.M. eingeführt, deren Berechtigung wir heute nicht anerkennen können; sie wurde außerdem eingeführt unter Nicht-Berücksichtigung der *Titerabschwächung*, die überhaupt erst 1908 bekannt wurde.

Man könnte nun behaupten, es sei vollkommen gleichgültig, aus welchen Gründen seinerzeit die Serumerhitzung in die O.M. eingeführt sei. Die *Notwendigkeit der Erhitzung* beruhe ja nur teilweise auf der Komplementbeseitigung, die damals allein ihre Einführung verursachte, und unberührt bliebe die *später erworbene Vorstellung*, daß die Erhitzung notwendig sei, entweder um die „Komplementbindungsfähigkeit im Sinne einer Spezifitätssteigerung" zu beeinflussen oder eine „engere Wirkungsbreite" zu erzielen, wie ZEISSLER bzw. BOAS behaupten.

Welche tatsächlichen Verhältnisse diesen unklaren Vorstellungen zugrunde liegen, soll in den nächsten Kapiteln erörtert werden. Hier möchten wir nur noch auf zwei Punkte aufmerksam machen, die für uns einen bedeutsamen Hinweis darstellen, daß lediglich Vorstellungen über die Notwendigkeit der *Komplementbeseitigung* (und nicht Spezifitätssteigerung) für die *Einführung* der Serumerhitzung entscheidend waren und auch später *unverändert* beibehalten wurden.

Wenn nämlich nicht *dauernd* die Vorstellung von der *Notwendigkeit der Komplementbeseitigung*, und zwar wegen seiner angeblichen *Inkonstanz*, herrschend geblieben wäre, wäre es unseres Erachtens *vollkommen unverständlich*, warum man die Erhitzung des Untersuchungsmaterials beim *Serum* für notwendig, beim *Liquor* dagegen für unnötig hält.

Wenn aus Gründen der *Spezifitätssteigerung* die „Komplementbindungsfähigkeit umgeändert oder der Titer abgeschwächt" werden müßte, so wäre

---

[1] Diese Tatsache, die im Widerspruch zu den meisten Literaturangaben steht, soll im methodischen Teil auf Grund eines umfassenden experimentellen Materials nachgewiesen werden.

[2] Evtl. auch durch Zugabe von Meerschweinchenkomplement nach R. MÜLLER.

es eine *unbegreifliche Inkonsequenz,* diese Forderung nicht auch auf den Liquor auszudehnen.

Fast nirgends in der Literatur, die die A.R. im *Serum* ablehnt, findet sich ein exakter Nachweis, welche Differenzen eigentlich im Liquor obwalten, die hier eine Hitzeinaktivierung unnötig machen, während sonst diese „Umänderung der Komplementbindungsfähigkeit oder „engere Wirkungsbreite" *(auch unabhängig von der Komplementzerstörung)* für absolut notwendig erklärt wird.

Die gegen die „Spezifität" der A.R. im *Serum* angeführten Gründe spielen und spielten eben, wie sich gerade an diesem Beispiel einwandfrei nachweisen läßt, bei der Einführung *und Beibehaltung* der Hitzeinaktivierung gar keine Rolle, sondern der Grund, warum man das Serum „inaktiv", den Liquor „aktiv" untersucht, ist nachweislich und zugegebenerweise immer nur der gewesen, daß der Liquor (im allgemeinen) kein Komplement enthält.

Es waren also, um die Verhältnisse möglichst scharf zu formulieren, immer *nur die quantitativen Verhältnisse des Komplements* im Untersuchungsmaterial, welche die *Hitzeinaktivierung notwendig* erscheinen ließen, und durchaus nicht die (gar nicht vorhandene) „Spezifitätssteigerung". Daß aber Schwankungen im Komplementgehalt seine *Entfernung,* oder gar seine *Zerstörung* durch Hitze technisch *notwendig* machen sollen, vermögen wir nach unseren Erfahrungen nicht einzusehen.

Wer die *Aktiv-Untersuchung* im Serum ablehnt, müßte sie im Liquor ganz ebenso ablehnen, falls die für diese Ablehnung angeführten Gründe stichhaltig wären. Der allgemeine Gebrauch bei der Liquoruntersuchung scheint uns einer der stärksten Beweise gegen die Stichhaltigkeit dieser Ablehnungsgründe.

Ein zweiter Punkt, der unseres Erachtens ein merkwürdiges Licht auf die Frage der *Notwendigkeit der Serumerhitzung* wirft, ist die Frage der *Inaktivierung des Hämolysins.* In einer der ersten Veröffentlichungen von WASSERMANN, NEISSER, BRUCK und SCHUCHT[1] findet sich (S. 461) der Satz: „*Selbstredend muß der hämolytische Amboceptor bei 56° inaktiviert werden*"[2]. Diese Technik ist auch in die „Staatlichen Vorschriften" übernommen worden.

Wir haben uns persönlich (zum mindesten bei der von uns benutzten Methode der Hämolysinbereitung) nie von der *Notwendigkeit* der Hämolysin-Inaktivierung überzeugen können, auch wenn sie oben ohne Angabe von Gründen als „*selbstredend*" hingestellt wird. Es handelt sich dabei unzweifelhaft um einen bis heute konservierten Denkfehler, der zwar für den Ausfall der Reaktion gleichgültig ist, aber eine ganz unnötige Verschwendung auf Grund falscher Vorstellungen darstellt. Die später gemachten Erfahrungen über die Veränderung des Hämolysins durch Erhitzen, die sich auf Agglutinine u. dgl. beziehen, sind bei der Entstehung der oben zitierten Vorschrift bisher nicht maßgebend gewesen.

Die „*Inaktivierung des Hämolysins*" ist dann von Bedeutung, wenn man den theoretischen Nachweis führen will, daß das durch Immunisierung erhaltene Hämolysin aus zwei Komponenten besteht: 1. dem sog. „Immun-Amboceptor" und 2. dem „Normal-Komplement". Dieser Nachweis kommt aber bei der Wa.R. überhaupt nicht in Frage. Die Spuren von Komplement in den starken Hämolysin-Verdünnungen können bei der Wa.R. überhaupt nicht stören, ganz

---

[1] Z. Hyg. **55**, 451 (1906).

[2] Für diese Forderung war zweifellos lediglich die Vorstellung maßgebend, daß das Komplement entfernt werden müßte.

abgesehen davon, daß sie nach kurzer Aufbewahrung und infolge des üblichen Zusatzes von Desinfizientien rasch verschwinden.

Aus den eben angeführten Tatsachen sind zwei Momente zu erklären, denen wir für das richtige Verständnis des hier behandelten Problems große Bedeutung beilegen. Erstens hat offenbar die faszinierende Eleganz des oben erwähnten, klassischen Experiments dazu verleitet, die erst durch diesen Versuch berühmt gewordene „Hitze-Inaktivierung" wahllos auch da anzuwenden, wo sie nicht ohne weiteres am Platze ist.

Zweitens die Schädlichkeit dieser Hitze-Inaktivierung ist offensichtlich übersehen worden, da man zur Zeit der O.M. die *Titerabschwächung* der Luesreagine infolge der Hitze-Inaktivierung überhaupt nicht kannte.

Wie wenig die O.M. auf *quantitative* Verhältnisse Rücksicht nahm, scheint uns gerade durch diese Tatsache am besten illustriert zu werden. Man kam so wenig auf den Gedanken, zu untersuchen, ob die Serumerhitzung neben der *beabsichtigten Komplementzerstörung* auch noch unbeabsichtigte, schädliche Nebeneffekte ergebe, daß diese Titerabschwächung erst 2 Jahre später durch LANDSTEINER und MÜLLER *entdeckt* wurde. Dies scheint uns der beste Beweis dafür, daß die Einführung der Serumerhitzung in die O.M. keineswegs eine so systematische war, wie man es nachträglich darzustellen versucht.

Wir sind auf diese Verhältnisse eingegangen, weil aus der hier gezogenen Parallele zwischen der Hitze-Inaktivierung des Patientenserums und des Hämolysins unseres Erachtens der beste Einblick in das Verhältnis der Inaktiv- und Aktiv-Methoden zu gewinnen ist.

Wenn auch heute noch die Inaktivierung, und zwar die Hitze-Inaktivierung des *Hämolysins* für ausnahmslos notwendig gehalten wird, so handelt es sich dabei für uns um einen nachweislichen Irrtum.

Die Hitze-Inaktivierung des Patienten-Serums ist in die Technik der Wa.R. eingeführt und nachträglich beibehalten worden auf Grund ganz gleicher oder doch wenigstens ähnlicher Vorstellungen, wie sie für die Hämolysin-Inaktivierung maßgebend waren.

Die *Einführung* dieser Inaktivierungsmethoden ist bei dem früheren Stand der Kenntnisse und bei der Neuheit und Schwierigkeit des Gebietes mehr als verständlich. Man kann heute ruhig auf diese Unzulänglichkeiten hinweisen, ohne das Verdienst der ersten Entdeckung im geringsten zu verkleinern. Es liegt aber kein Grund vor, diese Methoden auch heute noch *beizubehalten,* wo wir infolge des erfolgreichen Zusammenarbeitens zahlreicher Autoren exaktere Kenntnisse besitzen, wobei in erster Linie an die *Titerabschwächung infolge der Hitze-Inaktivierung* zu denken ist, die in gleicher Weise „*wahre Immunkörper*" (Hämolysin) als auch die „*Reagine*" des Syphilitikerserums betrifft (vgl. Kapitel VI).

Wenn in diesem Kapitel auf die quantitativen Unzulänglichkeiten der O.M. eingegangen wird, zu denen wir auch die *obligate* [1] *Serumerhitzung* rechnen, so liegt uns dabei eine fruchtlose Kritik dieser O.M. gänzlich fern. Die Notwendigkeit, auf diese Unzulänglichkeiten genau einzugehen, ergibt sich aus einem ganz anderen Gesichtspunkte.

In der Literatur findet sich nämlich weit verbreitet die vollkommen unbegründete Behauptung, die O.M. habe sich allen Verbesserungsversuchen

---

[1] Gemeint ist damit die *alleinige* Untersuchung inaktiven (i. a.) Serums. Im methodischen Teil wird gezeigt, daß wir die Beibehaltung der Inaktiv-Reaktion durchaus vertreten.

gegenüber siegreich behauptet und werde auch heute noch im *Prinzip unverändert* ausgeführt (vgl. C. Bruck im Handbuch der Serodiagnose, S. 3).

Im Gegensatz zu der obigen Behauptung müssen wir feststellen und mit Einzelheiten belegen, daß die S.D. von Anfang an eine *stetige und notwendige Entwicklung* durchgemacht hat, innerhalb derer die Einführung einer brauchbaren A.R. nur einen kleinen Schritt zu den vielen bereits eingeführten, bedeutsamen Veränderungen hinzufügt.

Um nachzuweisen, wie weitgehend und stetig die O.M. abgeändert wurde, ist es zunächst notwendig, den üblichen Sprachgebrauch zu berichtigen und erst einmal festzustellen, was eigentlich unter „Original-Methode" und „Wa.R." zu verstehen ist, denn diese Bezeichnungen werden heute so gebraucht, als ob nicht der geringste Unterschied bestünde. Als wahre „*Original-Methode*" kann nur die Technik der „Wassermann-Neisser-Bruckschen *Reaktion*" gelten, die ganz eindeutig festgelegt ist. Eine große Reihe von späteren Autoren hat diese ersten Veröffentlichungen ganz offensichtlich niemals gelesen, sonst wäre eine so mißbräuchliche Anwendung der Bezeichnung „Original-Methode" gar nicht denkbar.

Was man heute konventionell als „Wa.R." bezeichnet, ist theoretisch und praktisch etwas ganz anderes als diese „Original-Methode".

Um dies zu beweisen, braucht man nur die *Resultate* der S.D. zu vergleichen, wie sie mit der O.M. der W.N.B.R. erzielt wurden und wie sie einige Jahre später bzw. heute bei Anwendung der sog. „Wa.R." ausfallen. Die W.N.B.R. erzielte bei „sicheren Luetikern" 81% (!) negative Resultate, oder um das praktische Versagen an einer geeigneteren Gruppe zu zeigen, sie erzielte 74% (!) negative Resultate bei *manifester Sekundärlues*, wo wir heute 100% positive Resultate erzielen (vgl. Kap. VII).

Dieser ganz gewaltige Unterschied gegenüber den heutigen Resultaten scheint uns die Behauptung genügend zu widerlegen, man habe bis heute prinzipiell die „Originalmethode" beibehalten. Die O.M. hatte nur theoretische und kaum irgendwelche praktische Bedeutung. Das ist eine Tatsache, die man im Laufe der Jahre vergessen zu haben scheint. Eine *praktisch brauchbare* S.D. ist erst ganz allmählich aus der O.M. entwickelt worden. Ein *Optimum der Leistungsfähigkeit* ist auch heute im allgemeinen, d. h. soweit man die A.R. grundsätzlich ablehnt, durchaus noch nicht erreicht.

Es ist auch nachträglich leicht verständlich, warum die O.M. praktisch so unbrauchbare Resultate erzielte gegenüber der heutigen Leistung der S.D.

Bei der Aufstellung der O.M. war alles auf den Beweis eingestellt, daß es sich bei der W.N.B.R. um eine *spezifische* Reaktion gegen Pallida[1] handle. Diesen Beweis, der nur theoretische und keinerlei diagnostische Bedeutung hatte, sah man damals auf Grund der Kontrolle mit „Normalextrakten" als restlos erbracht, während man heute weiß, daß dies eine Selbsttäuschung war.

Über dieser Bemühung des Spezifitätsnachweises hat man — vollkommen begreiflicherweise — *die quantitative, d. h. die praktisch-diagnostische Seite der S.D.* in der O.M. stark vernachlässigt.

Die heutige Einstellung zur S.D. ist im ganzen eine gerade entgegengesetzte geworden wie zur Zeit der W.N.B.R., sie ist rein praktisch-diagnostisch.

---

[1] Diese „Spezifität gegen Pallida" ist nicht zu verwechseln mit der „Spezifität für Lues". Beide Formen der fraglichen Spezifität bestehen im übrigen tatsächlich nicht.

Für die *praktische* S.D. ist es vollkommen gleichgültig, ob die Wa.R. eine *spezifische* Reaktion auf Pallida-Eiweiß oder irgend etwas beliebig anderes ist. Die Brauchbarkeit und Leistungsfähigkeit einer diagnostischen Reaktion ist gänzlich unabhängig von der theoretischen Begründung. Sie wird einzig und allein bedingt durch die quantitativen Verhältnisse.

Die O.M. soll hier nicht im einzelnen analysiert werden, es genügen einzelne Hinweise, wie wenig bei ihrer Ausarbeitung den quantitativen Anforderungen genügt wurde, und wieviel Veränderungen in dieser Beziehung allmählich eingeführt wurden.

Die S.D. ist eine *„biologische Maßanalyse"*, bei der die einzelnen Reagenzien genau so aufeinander und außerdem noch auf ein absolutes, unveränderliches Maß *eingestellt* sein müßten, wie die „Normallösungen" der chemischen Maßanalyse.

Ein Blick auf die O.M. genügt, um zu beweisen, daß von einer solchen quantitativen *Einstellung* kaum die Rede war; die O.M. und auch die Wa.R. stellen ausgesprochen *„qualitative"* Reaktionen dar. Die einzelnen Reagenzien sind nicht in *passender*, sondern in *willkürlicher* Dose verwendet. Die O.M. verwandte das Patientenserum 10%, das Meerschweinchenkomplement 10%, den Extrakt 20%, die Hammelblutaufschwemmung 5% und nur das Hämolysin wurde an jedem Versuchstage „eingestellt". Auch dieser einzige Versuch zu einer quantitativen Einstellung, der im übrigen gar nicht die *eigentliche Reaktion*, sondern nur das *Indicatorsystem* betrifft, kann nicht als ganz glücklich bezeichnet werden. Das Hämolysin verändert sich kaum von einem zum andern Versuchstage, wohl aber Komplement und Hammelblut. Es ist viel notwendiger, diese stark *inkonstanten* Reagenzien regelmäßig „einzustellen" als ein relativ so konstantes Reagens wie das Hämolysin.

Die *exakte Reproduktion*, die „Standardisierung" der Hammelblutaufschwemmung ist bei der O.M. ausgesprochen schlecht, da die *Abmessung von gewaschenem Blutkörperchen-Sediment* mit der Pipette ganz erhebliche Differenzen bedingt. Auf diese — ständig und stark wechselnde — Hammelblutemulsion als „Urtitersubstanz" wird nun das Hämolysin eingestellt. Viel wichtiger wäre die *Titrierung des Komplements* oder richtiger die Einstellung des Komplements auf das jeweilig wechselnde Hammelblut, wie sie bei den später eingeführten *quantitativen Inaktiv-Methoden* üblich ist.

Welches Moment von Inkonstanz durch die erwähnte Herstellung der Hammelblutaufschwemmung in die O.M. hineingeriet, wurde offenbar auch bei Aufstellung der sog. „quantitativen Methoden der Wa.R." nicht immer genügend berücksichtigt. Dies ist um so bedauerlicher, als es relativ einfache Methoden gibt, eine genügende Konstanz der Blutkörperchenaufschwemmung zu erzielen [1].

---

[1] Die übertriebenen Behauptungen über die *Inkonstanz des Komplements,* sei es von Mensch oder Meerschweinchen, sind, abgesehen von der *sekundären Serumzersetzung* (vgl. Kap .V), hauptsächlich auf die tatsächliche *Inkonstanz der Hammelblutaufschwemmung* zurückzuführen. Wenn man in einem System von drei Körpern (Hämolysin-Komplement-Blutkörperchen) die Konstanz oder Inkonstanz des einen (Komplement) nachweisen will, so wäre es selbstverständlich, daß man sich bemüht, die beiden anderen Körper mit allen Mitteln so konstant wie nur irgend möglich zu machen und besonders in dem Falle, wo es sich nicht um Routinearbeit sondern um einen *theoretisch-wissenschaftlichen* Nachweis handeln soll. Man muß dabei die *Konstanz der Hammelblutaufschwemmung* durch Blutkörperchenzählung bzw. Hämoglobin- und Resistenzbestimmung sicherstellen. Für

Es sei von quantitativen Unzulänglichkeiten der O.M. nur noch kurz hingedeutet auf die Fehlerhaftigkeit der sog. „Serumkontrolle", die mit einem vollkommen unzulässigen *Komplementüberschuß* arbeitet, wodurch sie den Charakter einer „Kontrolle" fast restlos verliert.

Was die schrittweise Verbesserung der Resultate der S.D. betrifft, so war ein besonders bedeutsamer Fortschritt die Einführung der *alkoholischen Extrakte*. Diese Verbesserung hat nach den heutigen Erfahrungen wenig mit Spezifität oder Unspezifität zu tun, sondern vielmehr mit der Tatsache, daß die neuen Extrakte außer ihrer größeren Konstanz auch durchweg *stärker* reagierten als die wässerigen Extrakte, d. h. mehr positive Resultate erzielten. Es handelte sich im Effekt vorwiegend um eine *quantitative* Verfeinerung. In dieser Beziehung kommt besonders auch der Cholesterinisierung der Extrakte nach H. SACHS eine gewisse Bedeutung zu.

Diese kurzen Hinweise mögen genügen, um unsere Feststellung zu illustrieren, daß die O.M. schon in der frühesten Periode der S.D. wesentlich verändert wurde und keineswegs auch heute noch die beste Methode darstellt. Die Durchschnittsreaktion, die heute konventionell als „Wa.R." bezeichnet wird, geht zwar von der O.M. aus, ist aber in allen wesentlichen Stücken etwas anderes geworden.

Die *quantitativen Unzulänglichkeiten* der O.M., auf die wir kurz hinwiesen, sind mit der Zeit mehr oder weniger ausgeschaltet, mit zwei Ausnahmen. Die eine Ausnahme betrifft den ganzen Aufbau der Wa.R. als eine *qualitative* Reaktion, wovon in Kap. VI ausführlich die Rede sein wird. Die zweite Ausnahme betrifft die Titerabschwächung der Luesreagine, die durch die Hitze-Inaktivierung bedingt wird.

Nach unseren Erfahrungen sind alle anderen Faktoren *quantitativer Verfeinerung* zusammengenommen nicht ausreichend, um diese Titerabschwächung kompensieren zu können. Auf diesen Punkt soll später noch eingegangen werden; hier sei nur zum Schluß hervorgehoben, daß es unseres Erachtens unmöglich ist, eine *wirklich empfindliche*, d. h. aber genügend leistungsfähige Reaktion zu bekommen, wenn man sie zunächst auf ein unbekanntes Maß abschwächt (vgl. Kap. VI).

Die ganze bisherige Entwicklung der S.D. verlief nachweislich in der Richtung, die Reaktion immer *empfindlicher* zu gestalten. Wie absolut notwendig dies war, wird jedem klar, der sich die Tatsache vor Augen hält, daß die wahre O.M. bei manifester Sekundärlues 74% negative Resultate erzielte!

Die Einführung der A.R. bedeutet nur einen Schritt weiter in der gleichen Bahn, wie sie bisher stetig verfolgt wurde. Ebenso, wie es Vorurteile waren, die die *Einführung der Hitze-Inaktivierung* verursachten, kann es nur als ein Vorurteil gelten, die A.R. auch heute noch mit der Begründung abzulehnen, daß die Hitze-Inaktivierung aus irgendwelchen, nachträglich konstruierten Gründen unbedingt notwendig sei, um praktisch brauchbare Resultate der S.D. zu erzielen.

---

praktische Arbeiten genügt das Ausgehen von einer abgemessenen Menge *Gesamtblut*, das nach Waschen so verdünnt wird, daß die Erythrocyten aus 10 ccm Gesamtblut zu 100 ccm aufgefüllt werden. Zum Nachweis der „Normalität" eines verwendeten Hammelblutes genügt der Nachweis eines normalen *Erythrocytenvolumens* (45%) mittels irgendeiner *Hämokritanordnung*. J. A. KOLMER (Philadelphia) benutzt eine ähnliche Methode der Standardisierung.

Zusammenfassung: *Die Hitze-Inaktivierung ist zweifellos in die Wa.R. nur eingeführt aus der Vorstellung heraus, daß das menschliche Komplement höchst inkonstant sei und daß diese Inkonstanz eine exakte Dosierung unmöglich mache. Die Begründung der Hitze-Inaktivierung bezog sich also lediglich auf das Komplement, sie beruhte außerdem auf unrichtigen Voraussetzungen. Die später angegebenen Gründe für die Notwendigkeit der Hitze-Inaktivierung (Veränderung der Komplement-Bindungsfähigkeit, engere Wirkungsbreite) sind erstens: nachträglich konstruiert, zweitens: höchst unklar formuliert und experimentell nicht begründet. Die diesen unklaren Formulierungen tatsächlich zugrunde liegenden Verhältnisse sollen in Kap. V analysiert werden. Dort wird auch die quantitative Unzulänglichkeit der Wa.R. hinsichtlich des Titers der Reagine weiter untersucht werden.*

IV. Die verschiedenen Gruppen falscher Positivresultate der A.R.

Aus den Literaturzitaten des Kap. II ergab sich, daß die übliche Ablehnung der A.R., abgesehen von der verschiedenen theoretischen Begründung, darauf beruhte, daß die A.R. *praktisch unbrauchbar* sei wegen des zu hohen Prozentsatzes „unspezifischer" bzw. falscher Positivresultate.

Es ist unbestreitbar, daß die Ablehnung berechtigt wäre, wenn z. B. die erwähnten (Kap. II) Ergebnisse von BOAS für *alle* Aktivmethoden zuträfen, daß nämlich bei unverdächtigem Material 20% Positivresultate erzielt würden.

Bevor wir in den nächsten Kapiteln diese Behauptungen auf *experimenteller* Grundlage widerlegen, soll hier erst ein Begriff analysiert werden, ohne dessen präzise Fassung eine Diskussion unmöglich ist. Was heißt überhaupt: „unspezifische" oder falsche Positivresultate? Sind diese Begriffe ohne weiteres so identisch, wie sie bei Ablehnung der A.R. in der Literatur allgemein gebraucht werden? Um den verworrenen Sprachgebrauch so zu klären, wie es für das richtige Verständnis der A.R. notwendig erscheint, wollen wir zunächst die *verschiedenen Möglichkeiten falscher Positivresultate* am Beispiel der Goldreaktion (G.R.) im Liquor darlegen.

Der G.R. hat man in ganz der gleichen Weise der A.R. den Vorwurf gemacht, sie sei praktisch unbrauchbar wegen eines zu hohen Prozentsatzes „unspezifischer" Resultate, ohne zu berücksichtigen, daß es sich hier um eine Reaktion von *enormer Empfindlichkeit* handelt.

Die „falschen Positivresultate", die man der G.R. vorwirft, verteilen sich auf drei Gruppen ganz verschiedener Bedeutung:

1. *unspezifische* Resultate,
2. *technisch* falsche,
3. falsch *bewertete*

Positivresultate.

ad. 1. „Unspezifisch" im wahren Sinne des Wortes reagiert die G.R. bei multipler Sklerose, d. h. die G.R. erlaubt bei einer bestimmten Form positiven Ausfalles *keine Unterscheidung zwischen Lues und multipler Sklerose*[1]. Dieser bei der G.R. durchaus berechtigte Vorwurf der *Unspezifität* beruht auf ihrer Eigenschaft als „*Gruppenreaktion*", ist aber bei der A.R. im Serum nicht angebracht. Wie im nächsten Kapitel gezeigt werden soll, handelt es sich nur um

---

[1] Dieser Defekt der *Liquor*-Reaktion wird zum Teil durch den Ausfall der *Sero*-Reaktion kompensiert, worauf in diesem Zusammenhang aber nicht näher einzugehen ist.

quantitative Differenzen und nicht um qualitative, wenn die A.R. *anscheinend* (d. h. nur bei ungenügender Kontrolltechnik) beispielsweise bei Carcinom und Tuberkulose *mehr* falsche Positivresultate ergibt als die Wa.R. Um einen Spezifitätsunterschied würde es sich nur dann handeln, wenn die A.R. (so gut wie) ausnahmslos bei Carcinom und Tuberkulose positiv reagierte, die Wa.R. jedoch niemals. Der Begriff der Spezifität ist unseres Erachtens nur auf qualitative Differenzen anwendbar, wie er bei der Beziehung Lues und multiple Sklerose zutage tritt. Solche qualitativen Differenzen und die daraus resultierenden, unspezifischen Positivresultate sind durch keine *Änderung der Technik* auszuschalten.

In diesem Sinne ist die Wa.R. grundsätzlich eine unspezifische Reaktion, eine Gruppenreaktion, insofern sie auch bei Frambösie, Lepra usw. positiv reagiert. Von einer noch *größeren Unspezifität* der A.R. zu reden, liegt unseres Erachtens kein experimentell nachweisbarer Grund vor. Daß außerdem *wahre Unspezifität* nicht ohne weiteres *praktische Unbrauchbarkeit* beweist, lehrt der Ausfall der G.R. bei multipler Sklerose, ebenso wie der Wert der Wa.R. durch ihre *wahre Unspezifität* in unseren Gegenden kaum vermindert wird. Als „*falsche Positivresultate*" — im Gegensatz zur Unspezifität — betrachten wir solche, die durch *ungenügende Kontrolltechnik* bedingt sind; wir rechnen sie zur Gruppe 2: technisch falsche Positivresultate.

Betrachten wir zuerst die G.R. vom Gesichtspunkt ihrer außerordentlich *hohen Empfindlichkeit*. Wenn man der G.R. einerseits den Vorwurf machte, sie sei *technisch viel zu schwierig*, und andererseits ihr einen hohen Prozentsatz falscher Positivresultate nachsagte, so übersieht man dabei, daß *notwendig* eine sehr empfindliche Reaktion nicht nur in der Hand des Geübten empfindlichere *Resultate* liefert, sondern ebenso in der Hand des Ungeübten viel mehr *Fehler ergeben muß* als eine unempfindliche Reaktion. Mit anderen Worten: Eine hochempfindliche Reaktion kann unmöglich technisch leicht zu handhaben sein, und: sie muß eine viel empfindlichere Kontrolltechnik besitzen als eine unempfindliche Reaktion.

Das sind meist übersehene, aber im Grunde genommen ganz selbstverständliche Tatsachen, die für die chemische Diagnostik ganz ebenso gelten wie für die serologische.

Schlechte Goldlösung gibt unter Umständen zahlreiche „falsche Positivresultate". Solche *technisch vermeidbaren* Fehler haben aber mit Spezifität nicht das geringste zu tun, sondern nur mit der Beherrschung der Technik.

Genau ebenso wie die G.R. im Liquor tendiert die A.R. im Serum, weil sie *wesentlich empfindlicher* ist, leichter zu falschen Positivresultaten als die Wa.R. Es handelt sich aber nicht um „unspezifische" Resultate, sondern um technisch „falsche Positivresultate". Sie führen auch nur dann zu einer *Fehldiagnose*, wenn die Kontrolltechnik nicht ausreicht.

Die technisch falschen Positivresultate der A.R. sind nach unseren Untersuchungen durchaus *vermeidbar*, wenn man sie nicht einfach wie BOAS als *notwendig gegeben* hinnimmt, sondern genau analysiert, in welchen speziellen Fällen sie zu *erwarten* sind.

Die technisch falschen Positivresultate (Gruppe 2) der A.R. werden nach unseren eigenen Untersuchungen durch uncharakteristische (spezifisch = charakteristisch) Blutveränderungen bedingt, deren Erkennung und Ausschaltung sich unschwer bewerkstelligen läßt. Wir unterscheiden primäre und sekundäre Blutzersetzungen uncharakteristischer Art.

Es sei entschieden betont, daß die Erkennung und Ausschaltung dieser
„Blutzersetzungen" unseres Erachtens die notwendigste Vorbedingung einer
brauchbaren A.R. darstellt. In der Aufdeckung dieser Tatsache sehen wir das
wesentlichste Moment der von uns empfohlenen Methode der A.R. Dieselbe
beruht in erster Linie auf einer gegenüber der Wa.R. wesentlich erweiterten
Kontrolltechnik, während daneben die *Technik der eigentlichen Reaktion* dem
individuellen Belieben einen weiten Spielraum lassen kann.

1. *Primäre, uncharakteristische Serumveränderungen* betreffen die *Serum-
bzw. Plasmalabilität*, wobei man an eine pathologische Verschiebung der Eiweißfraktionen denkt. Blutproben mit stark erhöhter (erniedrigter) Blutkörperchensenkungsreaktion (S.R.) ergeben unter Umständen falsche Positivresultate auch
bei der (unempfindlicheren) Wa.R. Bei der A.R. ist diese *Tendenz* zu falschen
Positivresultaten nur quantitativ verschieden; sie ist nämlich um ebenso viel
höher als die A.R. empfindlicher ist wie die Wa.R. (vgl. Kap. VI). Eine Parallele
zwischen der Stärke der S.R. und der Tendenz zu falschen Positivresultaten
bei der A.R. besteht nicht. Sehr viele Seren mit extrem erhöhter S.R. reagieren
auch aktiv vollkommen negativ.

Erkennung dieser *primären Blutzersetzung:* Blutkörperchensenkungsreaktion.

Vermeidung der Fehldiagnose: Positivresultate bei abnormer S.R. (sowohl
abnorm erhöhter als abnorm erniedrigter) zählen nicht. Bei dieser primären
Blutzersetzung handelt es sich um einen zwar *unvermeidbaren*, wohl aber *kontrollierbaren* Faktor, der eine außerordentlich wichtige, prozentual aber nicht
sehr bedeutsame Rolle spielt. Die „positive Komplementbindung" gibt kein
„falsches Positivresultat", da die Kontrolle die *Unbrauchbarkeit* des Resultates
aufdeckt.

2. *Sekundäre, uncharakteristische Blutveränderungen* spielen bei den falschen
Positivresultaten der A.R. eine noch weit größere Rolle als die „Serumlabilität"
oder pathologische Verschiebung der Eiweißfraktionen.

Unter *sekundärer, uncharakteristischer Blutveränderung* verstehen wir die
Zersetzung, wie sie durch *ungeeignete Blutentnahme*, Versand und längeres Aufbewahren bedingt werden. Diese sekundären Veränderungen sind im Gegensatz
zur Serumlabilität *vermeidbar*, sie sind außerdem ebenso wie diese *kontrollierbar*.

Früher führte man diese sekundären Veränderungen auf (bakteriologische)
Unsterilität der Blutproben zurück und verfiel damit unseres Erachtens gerade
in den entgegengesetzten Fehler der „chemischen Unsterilität".

Erst im methodischen Teil kann im einzelnen erläutert werden, wie diese
sekundären Blutzersetzungen vermieden bzw. durch welche spezielle Kontrolle
sie erkannt und ausgeschaltet werden.

Hier sei nur betont, daß nach unseren eigenen, höchst ausgedehnten Erfahrungen die „falschen Positivresultate", wie sie der oft zitierten Ablehnung von
Boas (20%) zugrunde liegen, im wesentlichen auf diese *vermeidbaren*, sekundären
Blutzersetzungen zurückgeführt werden müssen. Bei dem, von ihm erzielten
enorm hohen Prozentsatz falscher Positivresultate haben vermutlich Seren mit
abnormer S.R. nur eine recht geringe Rolle gespielt.

Ein ganz besonderer Umstand verdient hier noch erwähnt zu werden. Wenn
gerade Carcinom und Tuberkulose als besonders gefährlich für falsche Positiv-

resultate der A.R. angeführt werden, so liegt dies nach unseren diesbezüglichen Untersuchungen keineswegs an qualitativen, „spezifischen" Blutveränderungen bei diesen Erkrankungen. Es handelt sich vielmehr erstens um eine (primär) *erhöhte Serumlabilität* (Gruppe 1) der uncharakteristischen Blutveränderungen. Zweitens kommt noch hinzu, daß solche Seren bei ungeeigneter Entnahme, besonders aber bei längerer Aufbewahrung, noch stärker zu *sekundärer Blutzersetzung* neigen als „normale" Seren. Die A.R. kann nur an ganz frischen Seren ausgeführt werden. Hier addieren sich also zwei Fehlermöglichkeiten in höchst gefährlicher Weise, wobei aber immer wieder zu betonen ist, daß die sekundären *vermeidbaren* (!) Blutzersetzungen die meisten Fehler bedingen.

Die Ablehnung der A.R. kann nicht mit ihrer „Unspezifität" begründet werden. Es handelt sich bei den beanstandeten „falschen Positivresultaten" um *Fehldiagnosen*, die durch Nichtberücksichtigung *uncharakteristischer* Blutveränderungen bedingt werden. Eine gute A.R. muß diese Fehlermöglichkeiten erkennen und ausschalten.

Verwendet man eine ausreichende Kontrolltechnik, so ergibt die A.R. keineswegs 20% falsche Positivresultate, sondern dieser Prozentsatz wird so verschwindend klein, wie dies als Fehlerrest bei jeder empfindlichen Reaktion unvermeidbar bleibt und wie er auch bei der weit unempfindlicheren Wa.R. besteht, und zwar unseres Erachtens in noch stärkerem Grade als bei einer guten A.R. Umgekehrt kann eine technisch schlechte Ausführung der A.R. auch einen beliebig höheren (über 20%) Prozentsatz falscher Positivresultate ergeben.

ad. 3. Bis jetzt wurden die „unspezifischen" und die *technisch* falschen Positivresultate der A.R. besprochen (vgl. Gruppe 1 und 2, S. 13), wobei wir zu dem Schluß kamen, daß für die höhere Unspezifität der A.R. keine experimentellen Beweise vorliegen. Wir kommen jetzt noch ganz kurz auf die Gruppe 3 der falschen Positivresultate zu sprechen: die *falsche Bewertung* der Positivresultate.

Hier soll eine Andeutung genügen, da diese Verhältnisse ausführlich erst in Kap. V besprochen werden.

Vergleichen wir noch einmal die G.R. mit der Wa.R. im Liquor. Die G.R. ist *absichtlich* so eingestellt, daß sie bei den *minimalsten Abweichungen von der Norm* ausschlägt, ein „Positivresultat" ergibt. Die Wa.R. gibt erst bei viel stärkeren Graden pathologischer Veränderungen einen positiven Ausschlag.

Der Fehler der *falschen Bewertung* liegt nun darin, daß man „das Positivresultat" der G.R. mit dem der Wa.R. ohne Rücksicht auf die ganz verschiedene Empfindlichkeit gleichstellt. Eine minimale „Lueszacke" kann sehr wertvoll sein, auch wenn sie, wegen des *niederen Titers* (vgl. Kap. VI) nicht imstande ist, Lues mit absoluter Sicherheit zu beweisen.

Der *Fehler der falschen Bewertung* würde bei der G.R. darin liegen, daß man einer „Lueszacke" die gleiche „*diagnostische Beweiskraft*" zuschreibt wie einer „Paralysenkurve", da beide „Positivresultate der G.R." darstellen. Dieser Fehler, in den man heute bei der Bewertung der G.R. kaum noch verfällt, wird aber bei der Ablehnung der A.R. begangen, wenn man die „Positivresultate" der A.R. und Wa.R. *ohne Rücksicht auf den Titer* gleichstellt. Wie dieser Fehler zu vermeiden ist, wird später ausführlich erörtert.

Die Ausführungen in diesem Kapitel dienten im wesentlichen einer *Begriffs-analyse.* Es sollte der Nachweis geführt werden, daß die Ablehnung der A.R., „weil sie zuviel unspezifische oder falsche Positivresultate liefere", auf einer ganz unzulässigen Formulierung beruht, durch die eine Erkenntnis des wahren Tatbestandes unmöglich gemacht wird.

Die falschen — nicht unspezifischen — Positivresultate der A.R. beruhen auf uncharakteristischen (primären und sekundären) Blutzersetzungen. Es sind technisch falsche und vermeidbare Positivresultate. Sie führen keineswegs zu *Fehldiagnosen*, worauf es in praxi allein ankommt, wenn ausreichende Kontrollen diese Blutzersetzungen zu erkennen und auszuschalten ermöglichen. Der Prozentsatz falscher Positivresultate der A.R. hängt lediglich von der *Güte der Technik*, speziell der Kontrolltechnik ab. Die oft zitierten Versuche von Boas beweisen nicht, daß die *A.R. praktisch unbrauchbar* ist, sie beweisen nur, daß eine *unbrauchbare Technik* zur Anwendung kam.

Zusammenfassung: *Es gibt bei der A.R. im Vergleich mit der Wa.R. keine unspezifischen, sondern nur technisch falsche Positivresultate. Technisch falsche Resultate sind im Gegensatz zu unspezifischen durch Kontrollen ausschaltbar. Diese Kontrollen beziehen sich auf uncharakteristische Serumveränderungen, die teils durch primäre Verschiebung der Eiweißfraktionen, teils durch sekundäre Zersetzungen infolge ungeeigneter Entnahme usw. bedingt sind. Die falsch bewerteten Positivresultate der A.R. werden im Kapitel V genauer besprochen.*

V. Qualitative und quantitative Reaktion. Titer und Positivresultat. Empfindlichkeit und Spezifität. Die Ablehnung der A.R. beruht auf der unzulässigen Identifizierung einer qualitativen und quantitativen Reaktion.

Bei Besprechung der quantitativen Unzulänglichkeiten der O.M. in Kap. III wurde andeutungsweise der Punkt berührt, daß die O.M. nur eine „*qualitative* Reaktion" darstellt; die Wa.R. üblicher Ausführung hat daran nichts geändert.

Es herrschen ziemliche Unstimmigkeiten darüber, was bei der S.D. eigentlich als qualitative oder quantitative Methode zu bezeichnen sei. Der quantitative Ausbau der Methode kann sich nämlich auf ganz verschiedene Faktoren erstrecken. Bei der O.M. war der einzige Faktor, den man regelmäßig quantitativ einzustellen versuchte, das Hämolysin. Heute werden Methoden meist dann *quantitativ* genannt, wenn sie, im Gegensatz zur O.M. und üblichen Wa.R., das *Komplement* titrieren. Daß wenig Methoden auf die exakt-quantitative Reproduktion der Hammelblutaufschwemmung achten, wurde bereits auf S. 11 erwähnt.

In allen diesen Fällen handelt es sich um eine quantitative Einstellung der verschiedenen *Reagenzien* aufeinander. Dieser Teil quantitativer Einstellung, dem in der Chemie die Herstellung von „Normallösungen" entspricht, ist hier nicht eigentlich gemeint.

Wenn wir in diesem speziellen Zusammenhang von quantitativem oder qualitativem Ausbau der S.D. reden, so meinen wir im wesentlichen *die Bestimmung des Titers der Luesreagine.* Diese genaue Titrierung der Reagine setzt allerdings eine möglichst genaue Einstellung der Reagenzien voraus.

Der Unterschied einer qualitativen und quantitativen Reaktion bezüglich des Reagintiters ist deshalb klarzustellen, weil wir in diesem Kapitel den Nachweis erbringen wollen, daß die Durchführung einer *qualitativen Reaktion*, wie sie die Wa.R. darstellt, bei der empfindlicheren A.R. zu vollkommen unbrauchbaren Resultaten führen muß.

Der Unterschied zwischen einer qualitativen und quantitativen Reaktion bezüglich des Reagintiters läßt sich am einfachsten am Beispiel der Gruber-Widalschen Typhusdiagnose mittels Agglutination klarstellen[1].

Der Widal ist eine *quantitative Reaktion bezüglich des Reagintiters*. Wie er *quantitativ bezüglich der Reagenzien* eingestellt wird, interessiert hier nicht. Man setzt eine *Verdünnungsreihe* des zu prüfenden Serums von etwa 1 : 10 bis mehreren Tausend an und prüft nach Zugabe von Typhusbacillen usw., bis zu welcher Serumverdünnung Agglutination eintritt. Der Versuch ist nur dann vollständig, wenn das Serum *bis zu Ende austitriert* wurde, d. h. die Reihe muß an irgendeinem Punkt den Übergang von positiver zu negativer Agglutination aufweisen.

Um zunächst einen, für die späteren Ausführungen wichtigen Punkt zu berühren, so ist es beim Widal nicht üblich, von einem *„positiven oder negativen Resultat"* schlechthin zu reden. Das Ergebnis der Untersuchung wird vielmehr in der Form bekannt gegeben, daß man die genaue Titerhöhe angibt. Je nach der Titerhöhe ergibt sich dann die Diagnose mit größerer oder geringerer Sicherheit.

Die *falsche Bewertung* der Resultate der A.R., auf die in Kap. V nur hingedeutet wurde, liegt darin, daß man den Begriff des „Positivresultates", der nur auf eine qualitative Reaktion anwendbar ist, auf eine Reaktion überträgt, die wegen ihrer hohen Empfindlichkeit unbedingt quantitativ ausgeführt werden muß. Die diagnostische Ausnützung eines Titers und eines Positivresultates ist grundverschieden. Der Titer entspricht einem fein abgestuften Gewichtssatz, das Positivresultat ist auf eine einzige, grobe Stufe beschränkt[2].

Die Unzulänglichkeiten einer qualitativen Reaktion, wie sie die Wa.R. üblicher Ausführung darstellt, können leicht klargestellt werden, wenn wir am Widal die schädlichen Konsequenzen nachweisen, die seine Umwandlung in eine qualitative Reaktion ergeben müßte.

Für eine quantitative Reaktion gilt das Verhältnis, daß die *diagnostische Beweiskraft* des Reaktionsausfalls *proportional der Titerhöhe* ansteigt; beim Widal wird mit steigendem Titer die Reaktion keineswegs „spezifischer", der höhere Titer — etwa 1 : 5000 — besitzt nur eine höhere *diagnostische Beweiskraft* wie der niedrigere — etwa 1 : 100.

Obwohl der Titer nirgends scharfe Grenzen aufweist, sind wir *gezwungen*, für die *diagnostische Nutzanwendung künstliche, subjektive Grenzen* zu ziehen,

---

[1] Die Verhältnisse sind hier willkürlich so schematisiert, daß auf die Mitagglutination, also auf Unspezifität keine Rücksicht genommen wurde. Es kam nur darauf an, das Verhältnis der *Titerstärke* zur *diagnostischen Beweiskraft* zu demonstrieren. Die angenommenen *Grenztiter* haben keine andere Bedeutung *als die eines Gedanken*experimentes.

[2] Wenn in den späteren Kapiteln trotzdem von einem „Positivresultat der A.R." bzw. von dem wichtigen Befund: (ia.: 0, a: +) die Rede sein wird, so geschieht das in einem anderen Sinne als in Anwendung auf die qualitative Wa.R., und zwar nur wegen der sonst nicht zu erzielenden *Kürze des Ausdrucks*. Als „positiver Ausfall der A.R.", als Positivresultat gilt nicht, wie bei der Wa.R., jede *Hemmung der Hämolyse*, sondern nur der Nachweis eines *so hohen Titers der Reagine*, daß dadurch eine Lues wahrscheinlich bzw. bewiesen wird. Die ganz scharfe Unterscheidung zwischen Positivresultat der qualitativen und Titer der quantitativen Reaktion wird nur in diesem Kapitel durchgeführt und nachher *wegen der Schwierigkeit des Ausdrucks* fallen gelassen.

die aus dem Vergleich der Sero-Reaktion mit einem möglichst großen klinischen Material entnommen sind.

Man kann dann etwa folgende *Bewertung* der verschiedenen Titerhöhen annehmen, wobei immer im Auge zu behalten ist, daß nur der Titer objektiv, seine Bewertung dagegen subjektiv, konventionell ist (vgl. Schema 1).

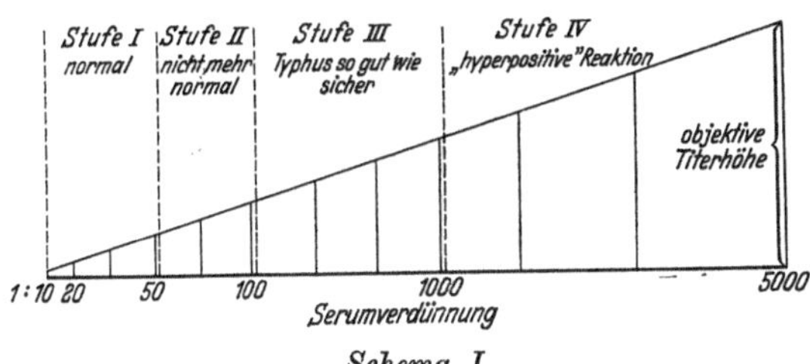

Schema I.

Titer bei quantitativer Ausführung der GRUBER-WIDALschen Reaktion. Die Abszisse gibt die Serumverdünnung, bis zu der Agglutination eintrat. Die Ordinate drückt die Titerhöhe aus.

Die gestrichelten Linien bedeuten die konventionellen Grenzen subjektiver Bewertung.
Stufe I, Normalbreite:
Positive Agglutination bis zur Serumverdünnung von etwa 1 : 10—20.
Titer = 10 bzw. 20.
Stufe II. Sicher nicht mehr normal; ohne aber Typhus zu *beweisen*.
Liegt etwa in der Titerbreite von 50—100.
Stufe III. Beweis für Typhus:
Konventionell angenommen oberhalb des Titers 1 : 100 [1].
Stufe IV. „Hyperpositive" Reaktion:
Titer oberhalb 1 : 1000; diagnostische Beweiskraft noch größer als bei Stufe III.

Die wichtigste Grenze (Limes), die sich in der, ohne Grenze ansteigenden, Titerlinie subjektiv markieren läßt, liegt nach allgemeiner Annahme etwa beim Titer 1 : 100.

Verwandeln wir nun in Gedanken die quantitative WIDALsche Reaktion in eine qualitative, um daran die Nachteile der „qualitativen" Ausführung der Wa.R. darzustellen. In der Liquordiagnostik (L.D.) wird die qualitative Ausführung mit dem passenden Ausdruck: *„Ein-Rohr-Reaktion"* bezeichnet, um den Gegensatz zur *Verdünnungsreihe* der quantitativen Methode zum Ausdruck zu bringen. Wird die Typhusagglutination also analog der Wa.R. als „Ein-Rohr-Reaktion" ausgeführt, so wird sofort die ganze Reaktion grundsätzlich verändert, und zwar wesentlich verschlechtert.

Bei qualitativer Ausführung muß die ganze Reaktion von vornherein auf einen *künstlichen Limes* eingestellt werden, der nach den obigen Angaben konventionell auf eine mittlere Empfindlichkeit, etwa den Titer 1 : 100, gelegt ist. Man erhält das im Schema II dargestellte Ergebnis. Der *Titer* mit seinen *Abstufungen* ist verschwunden und übrig geblieben ist ein *Positivresultat*, das Typhus mit *großer Wahrscheinlichkeit*, keineswegs aber mit absoluter Sicherheit nachweist, und ein *Negativresultat*, das Typhus durchaus nicht ausschließt.

---

[1] Jenseits des Titers 1 : 100 könnte man *in gewissem Sinne* von einer „*positiven Reaktion*" reden. Dies geschieht aber nur, wenn man das *Ergebnis kurz zusammenfassen* will, tatsächlich besteht der wahre Reaktionsausfall immer in der *Titerstärke*.

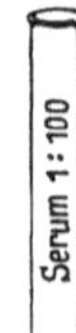

Negative Agglutination = *Negativresultat:*
Schließt Typhus nicht aus.

Positive Agglutination = *Positivresultat:*
Beweist Typhus mit annähernder
Wahrscheinlichkeit.

Schema II.

Qualitative Ausführung des Widal: „Ein-Rohr-Reaktion". Limes bei Titer 1 : 100;
Mittelempfindliche, qualitative Reaktion.

Dies Schema II bitten wir, sich ganz besonders einzuprägen. Es ist ein vollkommenes Bild, wie die Wa.R. üblicher Ausführung aufgebaut ist, und wie die A.R. nicht aufgebaut sein darf.

Im Bezirk des Positivresultats sind *unterschiedslos* (!) alle Titerwerte zwischen 100 und 5000 (Stufe III und IV), im Negativbezirk unterschiedslos alle Titerwerte zwischen 10 und 90 enthalten (Stufe I und II).

Auf die praktisch große Bedeutung der Stufen II und IV wird zum großen Nachteil der Reaktion gänzlich verzichtet. Man kann sich am besten von der *Unnatürlichkeit des Limes* überzeugen, wenn man bedenkt, daß ganz nahe beieinanderliegende Titerwerte mit fast *identischer Bedeutung* in vollkommen irreführender Weise getrennt werden. Beispielsweise würde ein Titer von 1 : 95 ein negatives, ein Titer von 105 ein positives Resultat ergeben müssen, wobei der Titer 95 in eine Gruppe fällt mit dem Titer 10, der Titer 105 mit dem Titer 5000. Für die Bewertung der Wa.R. würde das heißen, daß dem sog. „Umschlagen der Reaktion" meist eine Bedeutung beigelegt wird, die der evtl. *minimalen Titerschwankung* in keiner Weise zukommt. Besonders für *therapeutische Fragen* ist die Verwechslung dieser *künstlichen,* subjektiven Grenzlinie mit einer objektiv vorhandenen, qualitativen Stufe (Reaktionsumschlag, Grenze von positiver und negativer Reaktion) von großer Bedeutung. Man nimmt irrtümlich eine *qualitative* Veränderung an, wo unter Umständen eine *minimale,* quantitative Verschiebung vorliegt, die sogar durch unvermeidbare *technische* Unzulänglichkeiten bedingt sein kann. Nur bei Anwendung der quantitativ ausgeführten A.R. gelangt man überhaupt zu einem Verständnis, wie wenig der „Umschlag der Wa.R.", gleichgültig in welcher Richtung, bedeutet.

Da der Limes, auf den jede qualitative Reaktion aufgebaut ist, subjektiv bestimmt wird, können wir auch in Gedanken versuchen, was herauskommt, wenn wir den Limes willkürlich auf andere Titerhöhen verlegen. Bisher war der Limes auf eine *mittlere Empfindlichkeit,* dem Titer 1 : 100, eingestellt.

Wir wollen den Limes, der „Ein-Rohr-Reaktion" einmal nach oben (etwa auf 1000) und einmal nach unten (etwa auf 50) verlegen; das erstere entspräche einer übermäßig niedrigen, das letztere einer übermäßig hohen Empfindlichkeit.

Im Schema III ist der Limes nach oben verschoben, er liegt äußerst *weit ab vom Normalwert.* Bei einem auf 1 : 1000 eingestellten Limes ist die qualitative Reaktion *äußerst unempfindlich* geworden. Diese Verhältnisse des Schema III entsprechen ziemlich genau den früher besprochenen Resultaten der O.M. der W.N.B.R. Nur bei „*hyperpositivem*" Titer erfolgt ein positiver Ausschlag; es reagieren positiv nur die Titerwerte der Stufe IV. Gerade um die praktisch unbrauchbaren Ergebnisse der O.M. mit denen anderer Reaktionen in übersichtlicher, wenn auch stark schematisierter Weise vergleichen zu können, haben wir diese Stufe IV der hyperpositiven Resultate abgegrenzt.

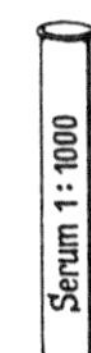

Negative Agglutination = *Negativresultat:*
Sehr viele, sichere Typhusfälle „reagieren negativ".

Positive Agglutination = *Positivresultat:*
Beweist Typhus mit absoluter Sicherheit.
Die Reaktion ist „spezifischer" als bei Schema *II.*

Schema III.
Limes bei Titer 1 : 1000. Unempfindliche Ein-Rohr-Reaktion.

Eine Einstellung des Limes auf einen *extrem hohen* Titer zieht nun zwei verschiedene Folgen nach sich:

1. Die unempfindlich gemachte [1] Ein-Rohr-Reaktion *versagt* notwendig bei einem hohen Prozentsatz von (Lues- bzw.) Typhusfällen;

2. die unempfindlich gemachte Reaktion wäre jedoch, wenn der übliche Sprachgebrauch zuträfe, „spezifischer" wie Reaktionen höherer Empfindlichkeit.

Hier kommen wir auf das höchst wichtige Verhältnis zwischen *Empfindlichkeit und „Spezifität"*, wobei es uns auf den Nachweis ankommt, daß die Anwendung des Begriffes „Spezifität" auf diese Verhältnisse nicht voll berechtigt ist.

Wir verweisen nochmals auf die oft zitierte Begründung von H. Boas, warum die Hitze-Inaktivierung durchaus notwendig sei. Die dabei erzielte Titerabschwächung sollte nach ihm notwendig sein, um eine „engere Wirkungsbreite" und damit eine „höhere Spezifität" zu erzielen.

Wenn diese Argumentation von Boas und der übrigen Autoren, die sich für die *Notwendigkeit der Hitze-Inaktivierung* einsetzen, richtig wäre, daß nämlich Titerabschwächung höhere Spezifität bedingt, so käme man zu der *offensichtlich paradoxen* Schlußfolgerung:

Eine Reaktion ist um so „spezifischer", je unempfindlicher sie ist, mit anderen Worten: Man könnte die „Spezifität" einer Reaktion beliebig steigern, indem man sie unempfindlich macht, ihren „Limes auf einen hohen Titer verlegt". Nach dieser Argumentation wäre die O.M. mit ihren 74% Negativresultaten bei Sekundärlues ein *Ideal an Spezifität,* trotz ihrer offensichtlichen praktischen Unbrauchbarkeit.

Das Paradox löst sich auf, sowie man erkennt, daß es sich hier keineswegs um größere oder geringere „*Spezifität*" handelt.

Die Formulierung, wie sie sich aus Schema I—III ergibt, muß ganz anders lauten:

1. Die *diagnostische Beweiskraft* (und nicht die Spezifität) ist proportional der Titerhöhe, d. h. der Titer 1 : 1000 beweist eher Typhus als der Titer 1 : 50. Ein Spezifitätsunterschied besteht zwischen dem höheren und niederen Titer nicht, es wird unter Umständen beide Male ganz das gleiche „Reagin" nachgewiesen;

---

[1] Im Effekt kommt es ziemlich auf das gleiche heraus, ob die Wa.R. durch Hitzeinaktivierung oder der „qualitative Widal" durch höhere Serumverdünnung *unempfindlich* gemacht wird.

2. Das „Positivresultat" einer qualitativen Reaktion mit hohem Limes, d. h. einer unempfindlichen Ein-Rohr-Reaktion, hat *nur deshalb* eine größere *diagnostische Bedeutung*, weil die Methode nur bei *sehr hohem Titer* positiv ausschlägt.

Die Höhe der *diagnostischen Beweiskraft* hängt am *Titer*, gleichgültig, mit welcher *Methode* dieser Titer festgestellt wurde, nicht aber an der Spezifität der angewandten Methode. Mit dieser Klarstellung ist unseres Erachtens eins der größten Mißverständnisse bei der Bewertung der A.R. aus dem Wege geräumt.

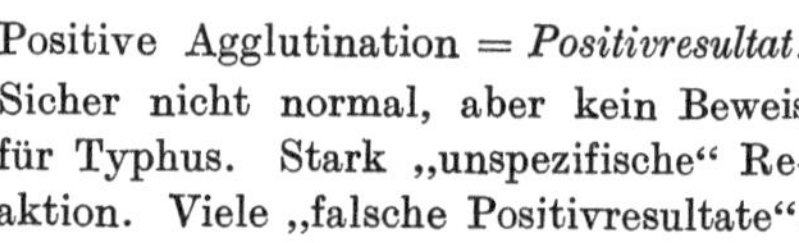

Negative Agglutination = *Negativresultat:*	Positive Agglutination = *Positivresultat:*
Typhus sehr unwahrscheinlich.	Sicher nicht normal, aber kein Beweis für Typhus. Stark „unspezifische" Reaktion. Viele „falsche Positivresultate".

Schema IV.
Limes bei Titer 1:50; überempfindliche Ein-Rohr-Reaktion.

Im Schema IV ist der „qualitative Widal" auf einen sehr niedrigen Limes (Titer 1 : 50) eingestellt. Diese Verhältnisse entsprechen genau einer *qualitativen* Ausführung der A.R. und es wird sich hieran zeigen lassen, wieso eine solche durchaus unzulässig ist, wenigstens, wenn man ihre überlegene Empfindlichkeit voll ausnutzen will.

Bei einem Limes von 1 : 50 ist die qualitative Reaktion so *überempfindlich* geworden, daß sie schon bei dem niedrigsten Titer der Stufe II positiv ausschlägt, innerhalb welcher nach den früheren Ausführungen von einem *sicheren Beweis* für Typhus nicht die Rede sein kann. Bei qualitativer Ausführung ist eine Unterscheidung der Stufen II, III und IV nicht mehr möglich. Wenn schon alle Titer der Stufe II ein „Positivresultat" ergeben, dann wird die notwendige Folge sein, daß ein hoher Prozentsatz „sicher nicht-typhöser" ein „falsches Positivresultat" ergeben muß, die Reaktion wird „unspezifisch".

Alle diese schlechten Folgen treten aber nur dann ein, wenn man die A.R. der Luesdiagnose bzw. den Widal als Ein-Rohr-Reaktion ausführt, sie sind durchaus vermeidbar bei quantitativer Ausführung, d. h. bei Titrierung der Reagine in einer Verdünnungsreihe.

Bei einer Ein-Rohr-Reaktion ist ein *Kompromiß* unvermeidbar, der optimale Ergebnisse ausschließt. Der Limes der Ein-Rohr-Reaktion *muß* auf eine *mittlere Empfindlichkeit* eingestellt sein; er ist folglich einerseits *zu hoch*, um auch noch den schwachen Titer zu erfassen, daher die *zahlreichen Versager* der qualitativen Reaktion. Er ist andererseits *zu niedrig*, um die noch größere diagnostische Beweiskraft der stark positiven und „hyperpositiven" Resultate zu besitzen. Die qualitative Ausführung verzichtet (unnötig) sowohl auf die größere *Empfindlichkeit* des niederen als auf die höhere *diagnostische Beweiskraft* des höheren Titers. Wenn wir später die häufigen *Versager der Wa.R.* betonen, so weisen wir schon an dieser Stelle darauf hin, daß dies Versagen keine Besonderheit der Wa.R. darstellt, sondern daß es als *notwendige* Folge bei jeder Ein-Rohr-Reaktion in Kauf genommen werden muß. Eine Ein-Rohr-Reaktion kann und darf nicht sehr empfindlich sein, aber es taucht nun die Frage auf: Müssen wir überhaupt die S.D. der Lues als Ein-Rohr-Reaktion ausführen?

Genau in gleichem Maße, wie beim Widal nicht der geringste Grund vorliegt, die quantitative Reaktion durch Umwandlung in eine Ein-Rohr-Reaktion zu *verschlechtern*, so liegt auch bei der S.D. der Lues kein ersichtlicher Grund vor, ausschließlich eine Ein-Rohr-Reaktion zu verwenden. Es handelt sich doch um nichts anderes als um eine Arbeitsersparnis und die Arbeitsersparnis setzt gerade an einem Punkt ein, wo sie am wenigsten gerechtfertigt ist. Während nun bei der unempfindlich gemachten Wa.R. eine Ein-Rohr-Reaktion *zur Not* zulässig ist, ist eine solche bei der wesentlich empfindlicheren A.R. absolut unzulässig (vgl. Schema IV und I). An diesem Punkte unserer Ausführungen können wir auch den Irrtum nachweisen, der unseres Erachtens der Auffassung von H. Boas zugrunde liegt, man *müsse* den Titer abschwächen, eine „engere Wirkungsbreite" herstellen, um „spezifische" Resultate zu erzielen. Die Titerabschwächung ist keineswegs notwendig, um spezifische oder sagen wir besser: brauchbare Resultate zu erzielen; das können wir ohne Titerabschwächung ebenso gut oder sogar noch besser. Die Titerabschwächung ist *nur dann* (!) notwendig, wenn man daran festhält, die S.D. der Lues als „Ein-Rohr-Reaktion" auszuführen, weil dann, wie wir ausführlich nachgewiesen haben, der Limes auf eine *mittlere Empfindlichkeit* eingestellt werden muß. Da aber die Ein-Rohr-Reaktion nur aus Bequemlichkeit, nicht aus Notwendigkeit ausgeführt wird, ist die Titerabschwächung *keineswegs notwendig*, wenn man die bessere Methode der quantitativen Titrierung anwendet.

Bei der hochempfindlichen A.R. muß in jedem einzelnen Falle durch eine *Verdünnungsreihe* die wirkliche Titerhöhe festgestellt werden. *Dieser „Titer der (quantitativen) A.R."* läßt sich nicht identifizieren mit dem *„Positivresultat der (qualitativen) Wa.R."*.

Der Titer der A.R. kann betragen, wenn wir es in den Zahlenwerten des Widal ausdrücken, 1 : 10 oder 1 : 50 oder 1 : 5000; die qualitative Reaktion kennt nur Positivresultat = Titer über 100 und Negativresultat = Titer unter 100 (bzw. den als Limes gewählten Titer).

Wenn man ohne Rücksicht auf den Titer den Ausdruck „Positivresultat" auf die quantitative Reaktion anwendet, so wäre der Titer 1 : 50 — als sicher nicht mehr normal — *ebenso „positiv"* wie der Titer 1 : 5000. Daran sieht man aber, daß der Ausdruck „Positivresultat" auf eine quantitative A.R. nicht ohne weiteres anwendbar ist, so wenig wie auf den quantitativen Widal.

Der Ausdruck, die „Positivresultate der A.R." seien unspezifischer wie die der Wa.R., schließt die Möglichkeit von Verwechslungen nicht aus, da evtl. zwei ganz inkommensurable Größen hier verglichen werden.

Eine gut, d. h. quantitativ ausgeführte A.R. hat je nach dem Titer eine *ganz verschiedene diagnostische Beweiskraft*. Bei einem niedrigen Titer der A.R. (entsprechend der Stufe II, Widal 1 : 50) kann man nicht von einem „falschen Positivresultat" reden. Der niedrige Titer *kann* eben eine Lues nicht mit der gleichen Sicherheit beweisen wie ein hoher Titer, ebensowenig nimmt ein vorsichtiger Diagnostiker auf Grund einer „Lueszacke" der G.R. im Liquor eine Neurolues als *sicher bewiesen* an. Beim Widal bezeichnet man den Titer von 1 : 50 auch nicht als „unspezifisch" oder als „falsches Positivresultat", sondern als *„schwachen Titer"*.

Bei einem hohen Titer der A.R. (entsprechend der Stufe IV, Widal 1 : 5000) könnte man im Sinne von Boas und Zeissler behaupten, die A.R. sei noch

„spezifischer" als die Wa.R. In diesem Falle würde dem positiven Ausfall der A.R. eine ebenso hohe „Spezifität" zukommen, wie der O.M., der W.N.B.R. (vgl. S. 21). Diese Behauptung wäre ebenso falsch; diesem speziellen Ausfall der A.R. kommt nur deshalb eine noch *höhere diagnostische Beweiskraft* als der qualitativen Wa.R. zu, weil hier eine hyperpositive Reaktion (Stufe IV) nachgewiesen wurde, während die Wa.R. positive und hyperpositive Reaktionen nicht unterscheidet.

Die A.R. hat also je nach dem Titer eine geringere (Stufe II) oder auch eine größere (Stufe IV) diagnostische Beweiskraft als die Wa.R. Die qualitative Wa.R. begnügt sich mit dem Nachweis, daß die Luesreagine in *genügender Konzentration* vorhanden sind, um Lues zu beweisen. Von einem „Positivresultat der A.R." kann man auch nur in dem Sinne reden, daß man darunter einen *genügend hohen Titer* versteht, nicht einfach jede Hemmung der Hämolyse wie bei der Wa.R.

Alle für eine Ablehnung der A.R. vorgebrachten Gründe, wie die höhere Unspezifität, der große Prozentsatz falscher Positivresultate usw., sind nach den Ausführungen des vorstehenden Kapitels nur dann auf die A.R. anwendbar, wenn man sie ebenso wie die Wa.R. in der *schlechteren Form der Ein-Rohr-Reaktion* ausführen wollte (vgl. Schema IV).

Für die unempfindlichere Wa.R. (Limes bei mittlerem Titer, Schema II) halten wir die qualitative Ausführung durchaus nicht für optimal, aber immerhin noch für zulässig.

Für eine hochempfindliche A.R. würde eine Ein-Rohr-Reaktion (Limes bei niedrigem Titer, Schema IV) einen groben Fehler bedeuten, den auch fast alle besseren, neueren Methoden der A.R. durchaus vermeiden.

Die meisten gegen die praktische Brauchbarkeit der A.R. vorgebrachten Einwände beruhen auf der stillschweigenden Voraussetzung, daß die A.R. ebenso als Ein-Rohr-Reaktion, als Limes-Reaktion ausgeführt wird wie die Wa.R., sie sind einer quantitativen A.R. gegenüber, die keinen *Limes* sondern einen *Titer* besitzt, nicht berechtigt.

Zusammenfassung: *Die üblichen Argumente gegen die A.R. sind nur dann berechtigt, wenn dieselbe als „qualitative", als „Ein-Rohr-Reaktion" ausgeführt wird. Die Wa.R. wird üblicherweise als Ein-Rohr-Reaktion ausgeführt, was die notwendige Einstellung auf eine mittlere Empfindlichkeit mit sich bringt, woraus sich die Versager der Wa.R. erklären. Eine Notwendigkeit, die Wa.R. als Ein-Rohr-Reaktion auszuführen, besteht in keiner Weise. Für die empfindlichere A.R. ist eine quantitative Ausführung unerläßlich, wobei sich die quantitative Einstellung in erster Linie auf den Titer der Luesreagine bezieht. Nur eine qualitative Reaktion hat ein „Positivresultat", eine quantitative Reaktion hat einen Titer; dies sind inkommensurable Größen. Die diagnostische Beweiskraft der A.R. steigt mit der Titerhöhe. Der Ausdruck, die A.R. sei „unspezifischer" als die Wa.R., ist unberechtigt, da hier Spezifität und diagnostische Beweiskraft verwechselt wird. Ein hoher Prozentsatz „falscher Positivresultate" wird der A.R. zu Unrecht vorgeworfen, wenn sie den Reagintiter quantitativ bestimmt. Ein niedriger Reagintiter kann nicht als „falsches Positivresultat" gezählt werden, er würde dies nur dann bedeuten, wenn die A.R. als Ein-Rohr-Reaktion mit überempfindlicher Einstellung ausgeführt würde.*

VI. Das Stärkeverhältnis zwischen Inaktiv- und Aktiv-Methoden. Nachweis der höheren Empfindlichkeit der A.R.

In den vorigen Kapiteln wurde bereits häufig die Tatsache berührt, daß die bei der Wa.R. für notwendig gehaltene *Hitze-Inaktivierung* nicht nur den in der O.M. *beabsichtigten* Effekt hat, das *Menschenkomplement zu zerstören*. Als unbeabsichtigter und schädlicher Nebeneffekt tritt eine erhebliche *Titerabschwächung der Luesreagine ein*. In wie *verschiedener* Weise diese Titerabschwächung die endgültige Diagnose beeinflußt, soll in diesem Kapitel untersucht werden.

Diese Titerabschwächung tritt nicht, wie man anfangs glaubte, *gelegentlich*, sondern in der überwiegenden Mehrzahl aller Fälle auf.

Wir haben bisher behauptet, daß die A.R. infolge ihrer höheren Empfindlichkeit eine größere Reichweite besitzt als die Wa.R., mit anderen Worten, daß die A.R. mehr Luesfälle zu erfassen gestattet, besonders solche, mit niedrigem Reagintiter. Da diese hier geäußerte und wohl auch von fast allen Autoren akzeptierte Auffassung bestritten wurde, scheint es uns unbedingt notwendig, diese Verhältnisse genau zu klären.

Es wird hierbei auf die schon in Kap. II zitierte Auffassung Zeisslers zurückzukommen sein, wonach die A.R. nicht nur als *unzuverlässig*, sondern auch als *überflüssig* abzulehnen sei, da nach Kaup die höhere Empfindlichkeit der A.R. nur vorgetäuscht werde. Auch Noguchi vertritt einen, in seinen Konsequenzen ähnlichen Standpunkt. Es soll hier nur auf die Auffassung dieser beiden Autoren eingegangen werden, zwischen denen die Differenz besteht, daß Noguchi die A.R. für fakultativ, Kaup für absolut überflüssig erklärt, während wir selbst sie für obligat ansehen. Um Mißverständnissen in diesem wichtigsten Punkte vorzubeugen, betonen wir gleich hier entschieden, daß die meisten Autoren, welche die A.R. ablehnen oder nicht ausführen, dies aus einem ganz anderen Grunde wie Kaup tun. Sie bezweifeln keineswegs die *höhere Empfindlichkeit der A.R.*, sie bezweifeln nur die *praktische Ausnutzbarkeit* derselben.

Noguchi (Laboratory diagnosis of Syphilis, London 1923, Kap. VII) kennt und berücksichtigt die Titerabschwächung infolge der Hitze-Inaktivierung. Er hält es aber für *gleichgültig*, ob man ia. oder a. Serum verwendet, man müsse vom ia. Serum nur — entsprechend der Titerabschwächung — eine 4- bis 5mal stärkere Konzentration anwenden.

Wenn diese Auffassung Noguchis zu Recht bestände, so würde dadurch die *praktische Überlegenheit der A.R.*, die in ihrer größeren Reichweite liegen soll, vollkommen verneint werden. Nach Noguchi erzielt man mit ia. und a. Serum ein *gleichwertiges Resultat*; wir behaupten dagegen, daß dies bei niedrigem Reagintiter nicht der Fall ist.

Es läßt sich experimentell nachweisen, daß der Fehler in Noguchis Schlußfolgerungen auf einer *unberechtigten Verallgemeinerung* ganz vereinzelter und einseitiger Untersuchungsbefunde beruht. Noguchis Behauptung, man könne mit ia. und a. Serum das gleiche Resultat erzielen, beruht auf der stillschweigenden, aber unbewiesenen Voraussetzung, daß der Titer der Luesreagine *in jedem Falle gleichmäßig* auf ein Viertel bis ein Fünftel abgeschwächt wird. Das ist aber durchaus nicht der Fall; Noguchi hat offenbar ein ganz *einseitiges* Material untersucht, und zwar wie wir zeigen werden, Fälle mit einem mittleren Titer der Luesreagine.

Zum Verständnis der hier vorliegenden Verhältnisse, die für den Nachweis der größeren Leistungsfähigkeit der A.R. von höchster Bedeutung sind, soll ein Vergleich der Luesreagine mit den ihnen in vieler Beziehung ähnlichen „wahren Immunkörpern" dienen. Es wird sich gerade aus diesem Vergleich ergeben, daß die für die höhere Leistungsfähigkeit der A.R. maßgebenden Verhältnisse nicht vereinzelt dastehen.

Es wurde schon im Kap. IV darauf hingewiesen, daß bei der O.M. auch die *Hitze-Inaktivierung des Hämolysins* für notwendig erachtet wurde. Nach eigenen Untersuchungen verhalten sich die Luesreagine ganz ähnlich dem Hämolysin bei der Hitze-Inaktivierung. Eine Titerabschwächung tritt fast immer ein; sie fehlt nur bei extrem hohem Titer bzw. entzieht sich dann dem quantitativen Nachweis. Diese Titerabschwächung ist aber nicht *gleichmäßig*, wie NOGUCHI für die Luesreagine annimmt, sondern sie ist je nach der Höhe des Titers eine ganz verschiedene.

Wenn man ein Kaninchen gegen Hammelblutkörperchen immunisiert, so verhält sich der niedere Titer, etwa von 1 : 40, ganz anders wie der höhere. *Der höhere Titer wird durch Hitze-Inaktivierung abgeschwächt, der niedere Titer dagegen restlos zerstört!*

Immunisiert man ein Kaninchen gegen Hammelblutkörperchen, so ist dabei der Gehalt an „*Normalhämolysin*" zu berücksichtigen. Verfolgen wir einen einzelnen unserer Versuche zeitlich, so war der Titer des Normalhämolysins 1 : 20. Dies Normalhämolysin verhält sich insofern anders als das Immunhämolysin, als es bei Hitze-Inaktivierung keine Titerabschwächung erleidet. Der Titer des Normalhämolysins ist symbolisch ausgedrückt: ia. und a. 1 : 20. Nach einigen Injektionen ist der Hämolysintiter: I. a. 1 : 40; ia.: 1 : 20. Weiter II. a.: 1 : 80; ia.: 1 : 20. Später III. a.: 1 : 100; ia.: 1 : 40. Ziehen wir vom Gesamttiter (Normal- + Immunhämolysin) den Normaltiter ab, so erhalten wir folgende Werte für das reine *Immunhämolysin:* I. a.: 1 : 20; ia.: 0. II. a.: 1 : 60; ia.: 0. III. a.: 1 : 80; ia.: 1 : 20, d. h. bei *ganz niedrigen Titern* 1 : 20—60 wird das Hämolysin durch Hitze-Inaktivierung ebenso *restlos zerstört* wie Komplement; erst bei höherem Titer (1 : 80) tritt eine *Titerabschwächung*, und zwar auf ein Viertel ein. Bei ganz hohen Titern fanden wir keine Abschwächung durch Hitze-Inaktivierung; ob dies eine regelmäßige Erscheinung darstellt, und welches Verhältnis zur Titerhöhe besteht, haben wir nicht eingehend untersucht.

Es soll aus diesem Hämolysinversuch keineswegs ein bindender Schluß auf die Verhältnisse der Luesreagine gezogen werden; man kann aber einen Hinweis daraus entnehmen, welche besonderen Luesfälle man auf ihr Verhalten gegenüber der Hitze-Inaktivierung prüfen muß. Dem niedrigen Titer in den frühen Stadien der Immunisierung gegen fremde Blutkörperchen entspricht zunächst das *frühe Primärstadium der Syphilis.* Bei Untersuchung derartigen Materials, die NOGUCHI offensichtlich nicht ausgeführt hat, ergibt sich aber, daß sich die Luesreagine *bei niedrigem Anfangstiter* ganz gleich dem Hämolysin und Komplement verhalten. Sie werden *restlos zerstört* und nicht etwa um einen konstanten, berechen- und kompensierbaren Prozentsatz *abgeschwächt!*

Dies scheint mir eine der wichtigsten, experimentellen Grundlagen für den später zu erbringenden Nachweis der absoluten Unentbehrlichkeit der A.R.!

Wenn wir vom Standpunkte der hier berührten Frage bestimmen wollen, wo die Wa.R. *versagt* bzw. wo die praktische Überlegenheit der A.R. sich unwiderleglich *beweisen läßt*, so ist in erster Linie die frühe Primärlues zu nennen [1]. Alle Behauptungen über die *Überflüssigkeit der A.R.* sind ungerechtfertigte Verallgemeinerungen aus unzulänglichem Material, solange nicht nachgewiesen ist, daß auch bei der frühen Primärlues ia. Serum gleiche Resultate liefern kann wie aktives. Das ist aber nach unseren eigenen, ausgedehnten Untersuchungen durchaus nicht der Fall.

Die frühe Primärlues ist aber nur ein *Spezialfall*, wenn auch ein sehr wichtiger. Als allgemein gültige Gesetzmäßigkeit kann nach unseren Untersuchungen die Annahme gelten, daß bei *niederem Titer* eine mehr oder minder *vollständige Zerstörung* der Luesreagine, bei hohem Titer eine *Abschwächung* durch Hitze-Inaktivierung erzielt wird. Bei extrem hohen Titern zeigt ein Teil der Fälle keine merkbare Abschwächung gegenüber dem Titer der A.R.

Nur die *Abschwächung* kann evtl. bei der Inaktivreaktion durch Erhöhung der Serumkonzentration oder andere Maßnahmen kompensiert werden. Bei einer *völligen Zerstörung* im Falle des *niedrigen Titers* kann einzig und allein die A.R., d. h. die Unterlassung der Hitze-Inaktivierung noch ein positives Resultat ergeben. Das höchst wichtige Resultat (ia.: 0; a.: +) wird also bei *niederem Titer der Luesreagine unvermeidbar sein*; keine noch so feine quantitative Einstellung einer Inaktivmethode kann die völlige Zerstörung durch Hitze-Inaktivierung wieder gut machen.

Der *niedere Titer der Luesreagine* findet sich aber nicht nur bei der frühen Primärlues; er findet sich, wenn man das Kurvenmaximum der Luesreagine als im Durchschnitt zusammenfallend mit der vollen Entwicklung des Sekundärexanthems annimmt, ebenso im *absteigenden Ast der Reaginkurve*. Der Titer der Reagine steigt im frühen Primärstadium von einem Minimum rasch an, erreicht mit dem Exanthem ein Maximum und fällt dann — entweder infolge spezifischer Behandlung oder auch spontan — wieder ab.

Der niedere Titer des *absteigenden* Astes verhält sich ähnlich gegenüber der Hitze-Inaktivierung wie der zur Zeit der frühen Primärlues. Als geeigneten Typ des niederen Titers auf absteigendem Ast nennen wir die „Tabes" (vgl. Kap. VII), um die hier geschilderten Verhältnisse nachzuprüfen. Als stets leicht zu beschaffendes Material verweisen wir auf behandelte Fälle, besonders in dem Stadium, wo die Wa.R. *eben negativ geworden ist*.

Als experimentellen Beleg für unsere hier aufgestellten Behauptungen wollen wir in aller Kürze das verschiedene Ergebnis bei zwei geeignet ausgesuchten Fällen verzeichnen; es handelt sich in beiden Fällen um Patienten, die mitten in der Behandlung standen. Diese zwei Fälle genügen durchaus als Unterlage für eine Nachprüfung.

1. Patient R. Taboparalyse:

Serumverdünnung, *aktives* Serum	1:5	10	50	75	100	150	200	250
Ergebnis der Hämolyse	╫	╫	╫	╫	╫	╫	╫	±
Serumverdünnung, *inaktives* Serum	1:5	10	50	75	100	150	200	250
Ergebnis der Hämolyse	╫	╫	╫	╫	0	0	0	0

---

[1] Der gleichzeitige Spirochätennachweis liefert in diesen Fällen auch *ohne S.D.* den sicheren Nachweis der „aktiven Lues". Es handelt sich in solchem Falle um einen „sicher syphilitischen", wo evtl. die Wa.R. versagt bei positiver A.R. (ia.: 0, a.: +).

Titerabschwächung auf ein Drittel bei mittlerem bis starkem Titer der Luesreagine. Die Reaktion mit aktivem und inaktivem Serum war hier vollkommen gleich angesetzt, und zwar entsprechend der üblichen Technik der Wa.R. Meerschweinchenkomplement und -Extrakt war in beiden Reihen vollkommen gleich. Das Komplement war quantitativ eingestellt.

2. Patient L. Gefäßlues, wiederholte Hemiplegien:

Serumverdünnung, *aktives* Serum	1 : 5	10	20	30	50	75	100
Ergebnis der Hämolyse	⁙	⁙	⁙	⁙	⁙	±	0

Totale Zerstörung der Reagine bei niedrigem Titer. Das ia. Serum reagierte zur Zeit negativ; 8 Tage vorher war die Ia.-Reaktion: ± gewesen. Es handelte sich also um den oft erwähnten Reaktionsausfall (ia.: 0; a.: stark positiv).

Wir haben in diesem Falle nach NOGUCHI die Konzentration des ia. Serums 5fach erhöht, mit negativem Ergebnis:

Serumverdünnung, inaktives Serum	$^1/_5$	$^1/_2$	$^1/_1$
Ergebnis der Hämolyse	0	0	0

Daß die Konzentration des ia. Serums sogar über das Maß des Zulässigen gesteigert war, ergab sich für uns aus einer Kontrolle mit einer Cholesterinlecithinlösung, die wir regelmäßig ausführen, und die erst im technischen Teil ausführlich beschrieben werden soll.

Kontrolle. Statt des Extraktes ist die „Gebrauchsdose" der Cholesterinlecithinlösung verwendet.

Serumverdünnung, inaktives Serum	$^1/_5$	$^1/_2$	$^1/_1$
Ergebnis der Hämolyse	0	±	⁙

Diese Kontrolle reagiert im allgemeinen schwächer als Extrakt. Daß es hierbei sehr hoher Serumkonzentration (1 : 1) umgekehrt ist, betrachten wir alsBeweis, daß wir zweifellos die Konzentration des ia. Serum — im Sinne NOGUCHIs — mehr als zulässig gesteigert haben müssen.

Im Falle R. haben wir also bei hohem Titer (ia.: 1 : 75; a.: 1 : 200) eine Titer*abschwächung* auf etwa ein Drittel; im Falle L. bei niederem Titer (ia.: 0; a.: 1 : 50) haben wir eine *totale Zerstörung* der Luesreagine durch Hitze-Inaktivierung. Die totale Zerstörung wird dadurch bewiesen, daß keine Konzentrationssteigerung des ia. Serum die Titerabschwächung kompensiert; es ist also keine Abschwächung, sondern Zerstörung, zum allermindesten kommt sie derselben praktisch unter den bestehenden Versuchsbedingungen gleich.

Ganz kurz sei außerdem noch darauf hingewiesen, daß die Erhöhung der Konzentration des ia. Serums nach NOGUCHIs Angaben sogar eine *Abschwächung des Positivresultates* ergeben kann, wie sich aus folgendem Beispiel ergibt:

Patient M.						
Versuch mit Extrakt				Kontrollversuch mit Cholesterinlecithinlösung		
Serumverdünnung, inaktives Serum	$^1/_5$	$^1/_2$	$^1/_1$	$^1/_5$	$^1/_2$	$^1/_1$
Ergebnis der Hämolyse	⁙	+	0	0	0	0

Hier wird das mit $^1/_5$ Serum positive Inaktivresultat negativ bei *Erhöhung der Dose* des inaktiven Serums auf ein $^1/_1$.

Die Titerabschwächung infolge der Hitze-Inaktivierung ist also *keine gleichmäßige* ($^1/_4$—$^1/_5$), wie es NOGUCHI annimmt, sie ist je nach dem Reagintiter eine ganz verschiedene. Die Titerabschwächung kann also nicht durch eine gleichbleibende Erhöhung der Konzentration des ia. Serums kompensiert werden. Die Titerabschwächung kann fast alle Grade annehmen; sie beträgt bei niedrigem Titer 100% = *totale Zerstörung* der Reagine. Die Inaktivierung kann den Titer auf $^1/_{10}$, $^1/_5$, $^1/_3$ reduzieren, sie kann auch bei extrem hohen Titer ausnahmsweise fast ohne sichtbare Abschwächung erfolgen. Die Titerabschwächung kann auch innerhalb kurzer Zeit erheblich differieren. Wir beobachteten vor kurzem bei einem Patienten innerhalb spezifischer Behandlung zuerst eine Titerabschwächung auf $^1/_3$. 3 Wochen später fiel der Titer durch Hitze-Inaktivierung auf $^1/_{10}$. Die Thermolabilität der Luesreagine kann also mit fallendem Titer sehr rasch und sehr stark zunehmen.

Dies sind die leicht nachprüfbaren, experimentellen Grundlagen, wodurch die Ansicht NOGUCHIs widerlegt wird. Der Nachweis der evtl. *totalen Zerstörung* der Reagine (vgl. Fall L) widerlegt auch ohne weiteres die Ansicht KAUPs von der *Überflüssigkeit der A.R.* Wir verfügen über eine kleine Anzahl früher Primärfälle, die nach unserer Methode aktiv einwandfrei positiv reagierten, dagegen ia. nach KAUP und NOGUCHI vollkommen negativ. Dasselbe negative Resultat ergab die unseres Erachtens beste quantitative Inaktivmethode nach KOLMER. *Theoretisch* kann danach für uns nicht der geringste Zweifel bestehen, daß die Ansicht KAUPs von der *Überflüssigkeit der A.R.*, womit er übrigens allein steht, nicht begründet ist.

Das Hämolysin, ein echter Immunkörper, ist, wie schon früher betont, nur bei extrem hohem Titer *„absolut thermostabil"*. Es ist meist, d. h. bei hohem Titer, „relativ thermostabil", es erleidet eine Titerabschwächung. Es ist aber bei niederem Titer im Anfangsstadium *absolut* „thermolabil", es wird in diesem Falle ebenso *restlos zerstört*, wie das Komplement. Ganz ebenso verhalten sich die Luesreagine der Hitze-Inaktivierung gegenüber verschieden, je nachdem, ob der Titer ein hoher oder niedriger ist.

Dies Gesetz über den Einfluß der Serumerhitzung auf die Luesreagine ist entscheidend für die Frage der Unentbehrlichkeit der A.R.

Es sei an dieser Stelle nachdrücklich betont, daß wir jetzt bereits die *beiden Hauptargumente* kennen, auf denen unsere Veröffentlichung basiert:

1. *Die Unentbehrlichkeit der A.R.* gilt für uns bewiesen durch die experimentelle Tatsache, daß unter Umständen die Luesreagine durch Hitze-Inaktivierung *restlos zerstört* werden.

2. *Die Möglichkeit einer brauchbaren A.R.* ist gegeben durch die Erkenntnis, daß die *technisch falschen Positivresultate* der A.R. (vgl. S. 17) durch *uncharakteristische Blutzersetzungen* bedingt sind, die bei geeigneter *Kontrolltechnik* erkannt und ausgeschaltet werden, mithin *keine Fehldiagnosen* liefern. In diesen Sätzen sind die wichtigsten neuen Erkenntnisse bezüglich der A.R. enthalten.

Die bisher gegebenen experimentellen Nachweise, aus denen sich die Unrichtigkeit von NOGUCHIs Auffassung ergibt, lassen es auch überflüssig erscheinen, noch im einzelnen auf die Behauptungen KAUPs einzugehen.

KAUP behauptet, die Überlegenheit der A.R. sei nur eine *scheinbare*. Das Resultat (ia.: 0; a.: +) werde *ausnahmslos* nur dadurch bedingt, daß bei den gewöhnlichen Inaktivmethoden ein *großer Komplementüberschuß* das Positivresultat verdecke.

Wir haben persönlich keine allzu große Erfahrung mit der KAUPschen Methode. Wir haben aber jahrelang, abgesehen von einer eigenen quantitativen Inaktiv-Methode, mit den quantitativen Methoden von SORMANI und KOLMER gearbeitet, die der KAUPschen Methode mindestens gleichwertig sind, oder bei denen zum mindesten der KAUPsche Einwand des *großen Komplementüberschusses* bzw. der unrichtigen Extrakteinstellung nicht zutreffen kann. Die Tatsache der restlosen Zerstörung des Luesreagine bei niedrigem Titer wird bei KAUP ebensowenig wie bei NOGUCHI berührt. Das ist aber gerade der Punkt, auf den es theoretisch ankommt, wobei vorläufig unberücksichtigt bleiben kann, bei einem wie großen Prozentsatz dies zutrifft. Letzteres hängt stark von der Beschaffenheit des Untersuchungsmaterials ab (s. w. u.). Eine komplette *Reaginzerstörung* kann weder durch Komplementverminderung (KAUP) noch durch Vermehrung des ia. Serums (NOGUCHI) kompensiert werden.

Zum Schluß dieses Kapitels wollen wir noch ganz kurz auf das Stärkeverhältnis der A.R. zu den sog. *Flockungsreaktionen* eingehen. Die Beliebtheit der letzteren führen wir in erster Linie auf ihre *Einfachheit und Billigkeit* zurück, Faktoren, denen wir selbst nach unseren früheren Ausführungen keinerlei Wert beilegen. Außerdem kommt aber noch dem Moment des *höheren Prozentsatzes positiver Resultate* eine gewisse, wenn auch stark überschätzte Bedeutung zu.

Das Streben nach einer Vermehrung der Positivresultate entstand zweifellos aus der gleichen Erkenntnis, die uns zu einem Ausbau der A.R. veranlaßte, nämlich aus der Erkenntnis des allzu häufigen *Versagens der Wa.R.* Wenn wir unsere persönlichen Erfahrungen über den Wert der Flockungsreaktionen in einem „*System der S.D.*" aussprechen sollen, so würden wir diesen Wert als *äußerst gering* veranschlagen. Der Limes der Flockungsreaktionen ist im wesentlichen der gleiche wie der sämtlicher Inaktiv-Methoden. Wie wenig bei einer Limesreaktion der *Umschlag* von positiv zu negativ wirklich bedeutet, wurde früher klargestellt. In genau dem gleichen Sinne wurde zweifellos der evtl. differente Ausfall der Wa.R. und der Flockungsreaktionen überschätzt. Gerade bei denjenigen Titerstärken, um die es sich hier handelt, gibt die A.R. weit bessere und durchaus überzeugende Resultate.

Eine Verwendung *unerhitzten Serums* gibt außerdem bei den Flockungsreaktionen im Gegensatz zur Komplementbindung *schwächere* Reaktionen. Auch MEINIKEs Trübungsreaktion mit *aktivem* Serum, die wir ausschließlich mit gekauften Extrakten ausführten, ergab uns weniger empfindliche Resultate als andere gute Flockungsreaktionen.

Flockungsreaktionen und quantitative Ausgestaltung der Inaktivreaktion (quantitativ im Sinne der genauen Titrierung der *Reagenzien*) kann den üblichen Limes der Wa.R. evtl. *etwas herunterdrücken* (von 100 etwa auf 90—80), aber die *Reichweite der A.R.* nie erreichen. Die Ansicht KAUPs von der Überflüssigkeit der A.R. ist unseres Erachtens überhaupt nur dann verständlich, wenn er seine Methode mit einer äußerst *unempfindlichen* A.R. verglichen hat. Eine ganze Reihe von Aktiv-Methoden verzichtet nämlich vollkommen auf die höhere Empfindlichkeit der A.R. und begnügt sich damit, die Ergebnisse der Wa.R.

zu imitieren. Dahin zählt z. B. die erwähnte A.R. von NOGUCHI; mit derartigen Aktivmethoden hat die hier vorgeschlagene A.R. in der Tendenz nichts gemein.

Daß ein Herabdrücken des Limes der Inaktivreaktion selbstverständlich nur auf Kosten der *Zuverlässigkeit* geschehen kann, sei nur nebenbei angedeutet. Sämtliche Inaktiv- und Flockungsreaktionen bleiben weitab vom Normalwert, schlagen erst positiv aus bei relativ hohem Titer. Den Titer *dicht unterhalb des üblichen Limes* stellt die A.R. mit weit größerer Zuverlässigkeit fest als die Flockungsreaktionen oder auch *quantitativ überspannte* Inaktiv-Methoden der Komplementbindung.

Bei hohem Titer (Stufe III und IV), der Reichweite der Inaktiv-Methoden, ziehen wir persönlich eine gute Komplementbindungsmethode sämtlichen Flockungsreaktionen unbedingt vor. Als *orientierende* Methoden mögen besonders die *Schnellreaktionen* (Schüttel- und Zentrifugierreaktionen) eine gewisse Bedeutung haben.

Zusammenfassung. *Die Auffassung, daß die Inaktivreaktion ausnahmslos bei geeigneter Anordnung gleiches leiste wie die A.R. (KAUP, NOGUCHI), ist unzutreffend. Das Versagen der Wa.R. bei niedrigem Reagintiter (niedrigem Anfangs- bzw. Endtiter) beruht auf der experimentell nachweisbaren Tatsache, daß die Thermolabilität der Reagine, die Titerabschwächung infolge der Hitze-Inaktivierung, je nach Titerhöhe eine ganz verschiedene ist. Bei niedrigem Titer werden die Reagine durch Hitze-Inaktivierung restlos zerstört. Das sind die Fälle, in denen die Wa.R. bedingungslos versagt und die Überlegenheit der A.R. einwandfrei nachweisbar ist. Die sog. Flockungsreaktionen stehen auf ungefähr der gleichen Empfindlichkeitsstufe wie die Wa.R. Auch ihre Mitbenutzung kann die Ausführung der A.R. mit ihrer weit höheren Empfindlichkeit nicht entbehrlich machen.*

B. Klinische Erfahrungen zur Frage der Unentbehrlichkeit einer zuverlässigen A.R.

VII. Häufiges Versagen der Wa.R. in der „Positiv-Diagnose". Nachgewiesen am Material der Neurolues. Die Wa.R. „dermatologisch eingestellt". Nur die A.R. kann die Gefäß- und Nervenlues erfassen. Die „Liquor-Lues" das empfindlichste Testobjekt der S.D.

Im ersten Teil unserer Arbeit haben wir uns bemüht, nachzuweisen, daß die Einwände, die A.R. könne unmöglich brauchbare Resultate ergeben, auf falschen Voraussetzungen beruhen. Es wurde darauf hingewiesen, daß eine brauchbare A.R. erstens *quantitativ* ausgeführt werden muß, daß zweitens die A.R. entsprechend ihrer höheren Empfindlichkeit auch weit *empfindlicherer Kontrollen* bedarf als die Wa.R. mit ia. Serum.

Setzen wir hier zunächst das Vorhandensein einer brauchbaren A.R. als gegeben voraus, so soll in folgendem Abschnitt weiter die *Unentbehrlichkeit* der A.R. nachgewiesen werden. Dabei soll nicht noch einmal auf die in Kap. VI entkräfteten Einwände (KAUP, NOGUCHI) gegen die Überflüssigkeit der A.R. eingegangen werden. Im Kap. VI handelte es sich um Einwände *theoretisch-technischer* Art. KAUP und NOGUCHI waren gewissermaßen von der *technischen* Seite her gar nicht bis zur Erkenntnis der überlegenen Empfindlichkeit der A.R. durchgedrungen. Hier dagegen soll die Frage der *Unentbehrlichkeit der A.R.* auf Grund *klinischer Erfahrungen* behandelt werden.

Anders ausgedrückt lautet die Frage: Leistet die Wa.R. für klinisch-diagnostische Zwecke soviel, als man billigerweise verlangen kann? Wir nennen das Erfassen, Erkennen der Lues die „*Positiv-Diagnose*"; es handelt sich dabei um die erstmalige, positive Feststellung einer aktiven Lues. Die Positiv-Diagnose kann nicht nur serologisch, sondern auch dermatologisch, neurologisch, durch Spirochätennachweis usw. begründet werden.

Es gibt aber eine noch weit schwierigere Aufgabe der Luesdiagnose: die „*Negativ-Diagnose*". Die Negativ-Diagnose kann nicht auf klinischer (interner, dermatologischer, neurologischer) Diagnostik aufgebaut werden, ebensowenig auf dem Spirochätennachweis. Wie weit humoral-diagnostische [1] Methoden dazu ausreichen, soll in Kap. VIII dargestellt werden. Diese Negativ-Diagnose kann sein: 1. *Ausschluß*diagnose (Ammenuntersuchung, Ehekonsens usw.) oder 2. *Ausheilungs*diagnose bei früher nachgewiesener Lues.

Es soll im vorliegenden Kapitel der Nachweis geführt werden, daß die Wa.R. für die *Positiv-Diagnose so weitgehend versagt*, daß die *Unentbehrlichkeit der A.R.* bewiesen wird. Es soll dann im nächsten Kapitel gezeigt werden, daß für die Aufgabe, die wir hier als „*Negativ-Diagnose*" absonderten, die Wa.R. als Ein-Rohr-Reaktion überhaupt nicht in Frage kommen kann.

Um den Gedankengang der folgenden Ausführungen kurz anzudeuten, glauben wir, dies am besten durch Darstellung unserer persönlichen Erfahrungen tun zu können. Wir haben die Entwicklung der S.D. fast von den allerersten Anfängen miterlebt. Anfangs war uns die Vorstellung, daß die Wa.R. *häufig versage*, durchaus fremd. Dies bezieht sich auf den Zustand der S.D., wie er erst durch J. Citron geschaffen war und wir blieben solange auf diesem Standpunkte stehen, als unser (quantitativ sehr reichliches) Untersuchungsmaterial sich im wesentlichen auf *dermatologisches Syphilismaterial* beschränkte. Wie sehr wir es dabei mit einem durchaus *einseitigen Material* zu tun hatten, wurde uns erst später, und gewissermaßen zufällig klar, als in der ersten Periode der Salvarsantherapie die Frage der sog. „*Neurorezidive*" auftauchte.

Nachdem wir, ausgehend von diesem Problem, in ausgiebigster Weise mit den *Liquorverhältnissen bei Lues* überhaupt und dann auch mit der speziellen Humoraldiagnostik der *Neurolues* bekannt geworden waren, kamen wir zu einer ganz veränderten Bewertung der Wa.R. Es bestand für uns danach kein Zweifel mehr, daß die Wa.R. üblicher Ausführung gerade bei wichtigsten und gefährlichsten Syphilisformen *außerordentlich häufig versage*.

Nachdem wir im Verlauf dieser Untersuchungen erfahren hatten, wie sehr die Reichweite der Luesdiagnostik im Liquor durch die *Goldreaktion* verbessert werden kann, war es uns zur unumstößlichen Gewißheit geworden, daß die gleiche Erweiterung auch in der *Sero-Diagnose notwendig* sei. Daß eine solche Erweiterung, wenn überhaupt durchführbar, nur durch Anwendung der A.R. zu ermöglichen sei, war uns nach unseren damaligen Erfahrungen mit verschiedenen Formen der A.R. ebenso gewiß. Welche Fehlermöglichkeiten bei

---

[1] Den Ausdruck „Humoral-Diagnose" gebrauchen wir aus Gründen der Bequemlichkeit für die Summe: Sero- + Liquor-Diagnostik. Es fehlt eine derartige Bezeichnung und es ist irreführend, wenn häufig in der Literatur der Ausdruck „Serodiagnostik" gebraucht wird, wenn tatsächlich etwas ganz anderes, nämlich: Sero- + Liquor-Diagnostik gemeint ist. In den folgenden Ausführungen müssen wir auf die exakte Unterscheidung dieser Begriffe großen Wert legen und haben, mangels eines besseren, diesen nicht sehr glücklichen Ausdruck benutzt.

Schaffung einer *brauchbaren A.R.* auszuschalten sind, wurde früher schon angedeutet, hat aber für diese klinischen Ausführungen keine Bedeutung. Hier soll nur die *Notwendigkeit* der A.R. bewiesen werden, ihre praktische Durchführbarkeit werden wir im technischen Teil zu beweisen versuchen.

Wo die Wa.R. versagt, und, nach unseren experimentellen Feststellungen über die restlose Zerstörung des *niedrigen Reagintiters* durch Hitze-Inaktivierung, *versagen muß*, wurde im ersten Teil dieser Arbeit mehr von der *theoretischen* Seite her klargestellt.

Es ergibt sich, daß

1. die Inaktiv-Methoden versagen bei niederem Reagintiter;

2. dieser niedrige Titer sich im zeitlichen Kurvenablauf der Reaginwerte zweimal findet, im ansteigenden sowohl als im absteigenden Ast der Reaginkurve, deren Maximum in der Mehrzahl der Fällen mit der Höhe des Sekundärexanthems zusammenfällt.

Der Wa.R. mit ia. Serum ist die *Erfassung des niedrigen Titers unmöglich*, dies hängt direkt mit der für notwendig gehaltenen *Hitze-Inaktivierung*, indirekt mit der (nicht notwendigen) Ausführung als qualitative, Limes-, Ein-Rohr-Reaktion zusammen.

Die allgemein theoretische Formulierung: *Die Wa.R. versagt bei niedrigem Reagintiter*, soll nun in diesem Kapitel an klinischem Material demonstriert werden.

Da der niedrige Titer sich im auf- und absteigenden Ast der Reaginkurve findet, so muß zunächst ein Versagen der Wa.R. zu erwarten sein im frühen *Primärstadium* (niedriger Anfangstiter) und bei *behandelten* (z. B. nicht ganz ausgeheilten) Fällen (niedriger Endtiter). Das sind aber nur zwei Extreme, denen noch höchst bedeutsame Gruppen anzugliedern sind.

Bevor wir aber das Versagen der Wa.R. oder das Vorkommen des niedrigen Titers klinisch bestimmen, soll ein klinischer Maßstab für die *Empfindlichkeit der Wa.R.* gesucht werden.

Es wurde früher vom *methodischen* Standpunkt aus konstatiert: Die Wa.R. kann als Ein-Rohr-Reaktion nur auf eine *mittlere Empfindlichkeit* eingestellt werden, das Erfassen des niedrigen Titers bleibt ihr *notwendig versagt*.

Vom *klinischen* Standpunkt wäre nun die Frage zu entscheiden: Auf welches klinische Material *mittlerer Titerstärke* ist die Wa.R. eingestellt, mit anderen Worten: Welche klinischen Syphilisformen dienten als „*Testobjekt der Wa.R.*"?

Gehen wir zunächst von der Original-Methode, der W.N.B.R. aus, mit der 74% Negativresultate bei *manifester Sekundärlues* erzielt wurden.

Diese O.M. war sozusagen überhaupt nicht eingestellt auf klinisches Material. Sie mußte sich bei ihrer extremen Unempfindlichkeit damit begnügen, die „*hyperpositiven*" Fälle zu erfassen (vgl. Stufe IV des Reagintiters S. 13).

Die speziellen Syphilisformen, welche derartige *hyperpositive Reaktionen* (Stufe IV) liefern, sind nach unseren Erfahrungen in erster Linie die progressive Paralyse, das Aortenaneurysma, die kongenitalen Syphilisformen, die gleich bei der Geburt manifest sind und bis zu einem gewissen Prozentsatz das erstmalige Sekundärexanthem bei maximaler Entwicklung.

Da die O.M. in so offensichtlicher Weise versagte, daß sie als *praktisch brauchbare* Reaktion nicht angesehen werden konnte, setzten selbstverständlich sofort

Bemühungen ein, die *S.D. empfindlicher* zu gestalten, wobei die erste, wesentliche Verbesserung durch J. CITRON eingeführt wurde.

Man setzt fast allgemein stillschweigend voraus, daß die *Einstellung* dieser umgewandelten, erst praktisch brauchbar gewordenen Reaktion, die heute konventionell „Wa.R." genannt wird, im Gegensatz zur W.N.B.R., gleichmäßig auf *alle Syphilisformen* erfolgte.

Das ist aber nach unseren eigenen, eingangs geschilderten Erfahrungen durchaus nicht der Fall. Die „Wa.R.", wie sie sich durch und nach CITRON entwickelte, benutzte als *Testmaterial* fast ausschließlich die *frühen syphilitischen Oberflächen*manifestationen und nicht die *späten syphilitischen Erkrankungen innerer Organe*, sie war zweifellos *einseitig dermatologisch* eingestellt. Selbst diese Formulierung geht noch zu weit, da die Wa.R. auch bei einem nicht unerheblichen Prozentsatz dermatologischen Syphilismanifestationen versagt.

Die Wa.R. üblicher Ausführung und durchschnittlicher Empfindlichkeit ist zweifellos etwa auf die Stärke eingestellt, wie sie beim *Sekundärexanthem* nachzuweisen ist.

Nachdem die Wa.R., im Gegensatz zur O.M. beim Sekundärexanthem etwa 100% Positivresultate erreicht hatte, glaubte man, eine *für alle Fälle* ausreichende Empfindlichkeit erzielt zu haben.

Um auf das Versagen der Wa.R. auch bei dermatologischen Syphilismanifestationen kurz hinzudeuten, sei die *frühe Primärlues*[1] erwähnt und von Spätformen etwa die tubero-serpiginösen Syphilide. Die Wa.R. ist auf eine solche Empfindlichkeit eingestellt, daß nur mittelstarke Titer (Stufe III) erfaßt werden, während die niedrigen Titer (Stufe II) versagen, was im übrigen bei jeder Ein-Rohr-Reaktion notwendig der Fall sein muß.

Die „*Dermato-Syphilidologie*" hatte demnach wenig Grund, die Versager der Wa.R. besonders unangenehm zu empfinden. Bei der frühen Primärlues wird das Versagen der Wa.R. teilweise durch den Spirochätennachweis kompensiert, die negativ reagierenden Spätformen kommen recht selten vor. Das *Gros dermatologischer Syphilismanifestationen* bewegt sich zweifellos innerhalb einer *relativ hohen Titerbreite*, ganz im Gegensatz zum Gros der nachher zu erwähnenden Neurolues. Wenn infolge dieser besonderen Umstände die Dermatologie wenig Grund hatte, sich über Versager der Wa.R. zu beklagen, so ist das kein Beweis, für die Leistungsfähigkeit der Wa.R. bei einem anders „gesiebten" Material.

Die Erfahrungen der *Internisten* konnten an der eben skizzierten Situation wenig ändern. Das liegt hauptsächlich an einem Circulus vitiosus, der hier kurz aufgedeckt werden soll.

Die innere Medizin besitzt — im Gegensatz zur Dermatologie — kaum diagnostische Methoden, welche die *syphilitische Ätiologie* einer inneren Erkran-

---

[1] Bei der frühen Primärlues grenzte man eine „Seronegative Phase" ab. Dies war eine vollkommen falsche Bewertung des *negativen* Ausfalls der Wa.R., dem, wie öfter betont, *keinerlei* Bedeutung zukommt. Bei positivem Spirochätenbefund fanden wir bei früher Primärlues *ausnahmslos* den serologischen Befund: ia.: 0; a.: +; danach handelt es sich nicht um eine „sero-negative", sondern nur um eine „wassermann-negative" Phase. Die *therapeutischen* Schlußfolgerungen aus dieser „wassermann-negativen Phase" sind ebenso haltlos, als in diesen Fällen die Bewertung der *negativen Wa.R.* auf falschen Voraussetzungen beruht.

kung sicher beweisen. Die interne Diagnostik ist mit wenigen Ausnahmen auf eine *Zustandsdiagnose* beschränkt, die *ätiologische* Diagnose kann nur durch die S.D. hinzugeliefert werden, und zwar auch nur mit einer gewissen Wahrscheinlichkeit.

Eine Lebererkrankung ist (wahrscheinlich) syphilitisch, wenn die Wa.R. positiv reagiert. Falls bei einer syphilitischen Lebererkrankung eine negative Wa.R. erzielt wird — was, entsprechend den Erfahrungen auf anderen Gebieten, bestimmt keine Seltenheit darstellen kann — dann zählt sie eben als nichtsyphilitisch.

Dies ist der oben erwähnte Circulus vitiosus; die *innere Medizin* stützt sich auf die S.D., bietet aber kaum Handhaben zu ihrer *Kritik*. Anders ausgedrückt: Die innere Medizin liefert bei der minimalen Entwicklung *ätiologischer Diagnostik* kein brauchbares Testmaterial, um die Leistungsfähigkeit der Wa.R. zu kontrollieren.

Das Versagen der Wa.R. *konnte* nach diesen Feststellungen weder in der Dermatosyphilidologie noch in der inneren Medizin besonders auffällig werden.

Bedenkt man außerdem, daß der „*reine Serologe*", der ohne intime Beziehungen zur Klinik sich im wesentlichen auf die Untersuchung *eingeschickten Materials* beschränkt und der doch in serologischen Fragen ein gewichtiges Wort mitzureden hat, das Versagen der Wa.R. auch nicht stark empfinden kann, wenn er nicht gerade über ein reichliches Liquormaterial verfügt (vgl. „Typus inversus"), so haben wir schon drei verschiedene Gruppen, bei denen es vollkommen verständlich ist, wenn sie die *Empfindlichkeit* der Wa.R. für die Positivdiagnose als *ausreichend* bezeichnen.

Wir legen auf diese Feststellung entscheidenden Wert und betonten deshalb auch eingangs, daß wir selbst *früher* — d. h. solange wir die Ergebnisse einer verfeinerten Liquordiagnostik nicht kannten — den heute noch von vielen Autoren vertretenen Standpunkt teilten, die Wa.R. leiste Ausreichendes.

Wenn wir uns von diesem Standpunkt im Laufe der Jahre immer mehr entfernten, so geschah dies auf Grund von reichlichen Erfahrungen an einem *Material*, das wir früher nicht kannten, und bei dem — was ganz besonders betont werden muß — früher ganz allgemein eine Liquoruntersuchung selten ausgeführt wurde. Man beschränkte die Lumbalpunktion früher auf ausgesprochen schwere Fälle und auch heute hat sich die Liquordiagnostik noch immer nicht den ihr gebührenden Platz in der Klinik erwerben können, sonst müßte das Versagen der Wa.R. allgemein viel stärker betont werden.

Verschieben wir die Besprechung der Liquorverhältnisse auf später, so ist zunächst das klinische Material, an dem in hervorragender Weise das Versagen der Wa.R. auffallen muß, die *Gefäß- und Nervenlues*. Wer nicht über ausgedehnte Erfahrungen an solchem Material verfügt, kann das wirkliche Versagen der Wa.R. nicht kennen und richtig einschätzen. Aus den hier angedeuteten, möglichen *Differenzen des Untersuchungsmaterials* sind einzig und allein die Differenzen der Ansichten verschiedener Autoren bzw. Autorengruppen (Dermatologen, Internisten, Serologen) zu erklären, die einerseits die Leistungsfähigkeit der Wa.R. für durchaus ausreichend, andererseits für durchaus unzulänglich erklären.

In den letzten Jahren mehren sich zwar die Stimmen, die das empfindliche Versagen der Wa.R. bei Gefäß- und Nervenlues betonen. Mit einer bloßen

3*

Feststellung dieses Versagens ist aber wenig geleistet, diese Versager müssen ausgeschaltet werden und sie können auch größtenteils ausgeschaltet werden.

Die Neurologie kennt, wenigstens heute, eine *ätiologische* Syphilisdiagnose, ebenso wie die Dermatologie, während die Innere Medizin sie nicht oder kaum kennt.

Aus den Ergebnissen der Humoraldiagnose und des Spirochätennachweises kann die Schlußfolgerung mit genügender Sicherheit gezogen werden, daß in jedem Falle, wo mittels neurologischer Diagnostik eine Paralyse oder Tabes festgestellt wurde, auch gleichzeitig die ätiologische Diagnose auf Lues gestellt wird. Wenn wir also einen Fall serologisch untersuchen, bei dem klinisch-neurologisch eine *Tabes* diagnostiziert wurde, so haben wir ein *ätiologisch* annähernd ebenso zuverlässiges *Testobjekt*, als wenn wir ein Sekundärexanthem auswählen.

Da hier neben der Tabes auch die Paralyse erwähnt wurde, sei gleich auf ein merkwürdiges Zusammentreffen hingewiesen, das unseres Erachtens das Versagen der Wa.R. gerade bei der Gefäß- und Nervenlues anfangs stark verdeckte.

Eine der ersten, hochbedeutsamen Entdeckungen der S.D. außerhalb der Dermatosyphilidologie — d. h. außerhalb der frühen, *sichtbaren* Oberflächenmanifestationen — bestand gerade im Nachweis, daß die *Paralyse* und das *Aortenaneurysma* ausnahmslos eine positive Wa.R. ergeben. Dies bedeutete eine Ausdehnung der Diagnose auf die späten (spätmanifesten) Lokalisationen tiefliegender Organe (,,*unsichtbare* Lues"). Man hatte also gerade auf dem Gebiete der Gefäß- und Nervenlues mit Hilfe der Wa.R. Entdeckungen gemacht, die für die Erweiterung unserer ätiologischen Anschauungen von unschätzbarem Wert waren.

Hierbei wurde aber zunächst das Moment übersehen, daß gerade die Paralyse und das Aortenaneurysma fast ausnahmslos *extrem stark positiv* reagieren (Stufe IV). Dies ist auch ein Hauptgrund, warum wir auf die Abgrenzung der ,,*hyperpositiven Reaktion*" so großen Wert legen. Das Material nämlich, an dem durchschnittlich *hyperpositive Reaktionen* nachgewiesen werden, ist selbstverständlich für eine Kritik der *genügenden Leistungsfähigkeit* der Wa.R. ungeeignet.

Die Entdeckung der positiven Wa.R. bei Paralyse und Aneurysma war *theoretisch* von ungeheurer Bedeutung, hinsichtlich der *praktischen Leistungsfähigkeit* der Wa.R. waren diese Feststellungen eher irreführend, da man zunächst nicht wußte, daß es sich hier um extreme Fälle handelt. Die Erkenntnis, daß gerade die Gefäß- und Nervenlues die Hauptdomäne des Versagens der Wa.R. darstelle, kam erst sehr viel später zum Durchbruch und wurde durch diese ersten, epochalen Entdeckungen lange Zeit zurückgedrängt.

Wenn man sich von der Ausdehnung des Versagens der Wa.R. ein richtiges Bild machen will, so muß dazu in erster Linie *neurologisches* Material herangezogen werden. Die *Gefäßlues*, speziell Mesaortitis, ist relativ selten bzw. wird auch heute noch viel zu selten sicher diagnostiziert, um als praktisches *Testobjekt* eine große Rolle spielen zu können. Wir werden uns hier im wesentlichen darauf beschränken, die Leistungsfähigkeit der Wa.R. am *Testobjekt der Tabes* zu prüfen und mit der Leistungsfähigkeit der A.R. zu vergleichen. Es besteht für uns kein Zweifel, daß die Tabes ein wichtigeres Testobjekt darstellt, als etwa das Sekundärexanthem[1].

Nach früheren Literaturangaben wurden bei Tabes etwa 60—70% positive Wa.R. im Serum erzielt. Das wäre ein Versagen der Wa.R. in etwa 35%, also immerhin ein höchst beachtenswerter Prozentsatz von Versagern im Gegensatz zu den Ergebnissen beim Sekundärexanthem.

Unsere eigenen Untersuchungen gaben jedoch einen außerordentlich viel höheren Prozentsatz von Versagern. Dies erklärt sich unseres Erachtens teilweise daraus, daß die schweren Formen der Tabes (schwere Ataxie, Opticusatrophie usw.) in letzter Zeit relativ selten geworden sind, vielleicht wegen der heute wirkungsvolleren Behandlung, teilweise auch daraus, daß es sich bei unseren Untersuchungen nicht um *Krankenhausmaterial,* sondern um ambulante Fälle handelte. Wir erinnern uns mit Bestimmtheit, daß wir in der Vorkriegszeit an Krankenhausmaterial auch einen wesentlich höheren Prozentsatz positiver Wa.R. bei Tabes erzielten als in diesen letzten Jahren; Aufzeichnungen darüber besitzen wir allerdings nicht mehr.

Die „Tabes" kann nun betreffs des Ausfalls der Wa.R. im Serum nicht als einheitliches Material behandelt werden, wobei betont sei, daß die hier vorgenommene Abgrenzung der verschiedenen Tabesformen mehr vom humoraldiagnostischen als vom klinischen Standpunkt ausgeht. Die *Tabo-Paralyse* ergibt einen sehr hohen Prozentsatz, die *ataktische Form* einen mittleren, die „*Formes frystes*" einen geradezu verschwindend kleinen Prozentsatz positiver Wa.R. im Serum. Speziell solche Formes frystes oder doch zum mindesten relativ leichte Formen, die in früheren Jahren wohl selten lumbalpunktiert wurden, hatten wir vor etwa 10 Jahren aus einem bestimmten Grunde Gelegenheit, in ungewöhnlich großer Menge zu untersuchen.

Es lohnt sich nicht, bei der Unsicherheit der Abgrenzung, Prozentzahlen auszurechnen; wir begnügen uns mit der Feststellung, daß wir in weit über 100 Fällen auf Grund folgenden humoraldiagnostischen Befundes eine positive Luesdiagnose stellten.

In diesen Fällen war der *Blut*befund: (ia.: 0[2], a.: +); im *Liquor* war bei leichten Tabesformen die Wa.R. ausnahmslos negativ, in der überwiegenden Mehrzahl der Fälle auch der Nonne negativ, d. h. es handelte sich um einen Eiweißgehalt im Liquor von unter 50 mg-%. Die humoraldiagnostische Luesdiagnose wurde im Durchschnitt, unabhängig von der klinischen Diagnose,

---

[1] Es handelt sich hier um den, von uns an anderer Stelle aufgestellten, grundlegenden Unterschied der Syphilisformen. Auf der einen Seite die *circumscripten* (Papel als Extrem) frühmanifesten Oberflächenmanifestationen: die circumscripte, *sichtbare* Lues. Auf der anderen Seite die spätmanifesten, *diffusen* (diffus progredienten) Tiefenlokalisationen: die diffuse, *unsichtbare* Lues. Wenn wir diese Differenz zugrunde legen, so ist die Wa.R. auf die circumscripte, *sichtbare* Lues *eingestellt.* Sie *versagt* bei der diffusen, *unsichtbaren* Lues, den spätmanifesten Affektionen tiefliegender Organe. Es genügt eine Andeutung, wieviel bedeutsamer diese unsichtbare Lues ist als die relativ harmlosen, frühmanifesten Oberflächenlokalisationen, das Objekt der Dermatosyphilidologie, auf das die Wa.R. zweifellos *eingestellt* wurde.

[2] Es sei ein für allemal betont, daß unter dem Symbol: (ia.: 0) zu verstehen ist, daß nicht nur die Komplementbindung (Wa.R.), sondern auch die Flockungsreaktionen einen negativen Ausfall ergaben. Die Flockungsreaktionen wurden in verschiedener Kombination, meist in 3 Formen ausgeführt. Verwendet wurden: Sachs-Georgi, Ballungs-, Trübungs-, Schüttel- und Zentrifugierreaktionen.

aus der *mittelstarken Lueskurve der Goldreaktion im Liquor und der positiven A.R. im Serum gestellt*[1].

Zusammenfassend können wir sagen, daß die „*Formes frystes*" *der Tabes* ein leicht zugängliches *Testobjekt* darstellen, um sich einwandfrei zu überzeugen:

1. Von dem, in diesem speziellen Falle, fast obligaten Versagen der Wa.R. sowohl im Serum als auch im Liquor;

2. von der *Notwendigkeit im Serum die A.R. auszuführen*.

Es sei zugegeben, daß die hier als Beispiel herangezogenen Formes frystes der Tabes ein Extrem darstellen mögen bezüglich des Versagens der Wa.R. trotz positiver Ergebnisse der A.R. Die Überlegenheit der A.R. über die Wa.R. läßt sich aber ebenso einwandfrei an den übrigen Formen der Neurolues, wenn man nur die Paralyse (und Tabo-Paralyse) mit ihren „hyperpostiven" Reaktionen abtrennt, sowie auch am Material der Mesaortitis zweifellos nachweisen.

Wenn wir unsere persönlichen Erfahrungen über die Humoraldiagnose der Neurolues (außer Paralyse) zusammenfassen, so müssen wir sagen, daß eine negative Wa.R. im Serum trotz aktiver Lues durchaus keine *Seltenheit* darstellt, wie dies z. B. A. v. WASSERMANN noch im Jahre 1913 behauptete, ganz im Gegenteil sogar, daß die Wa.R. in der *überwiegenden Mehrzahl der Fälle* von Neurolues versagt, während die A.R. noch Lues anzeigt.

Um Mißverständnisse zu vermeiden, betonen wir nochmals ausdrücklich, daß die hier geschilderten Ergebnisse, deren Zuverlässigkeit uns durch das ungewöhnlich große Material einwandfrei bewiesen erscheint, bei anderen Untersuchern möglicherweise nicht so extrem in Erscheinung zu treten brauchen. Eine mögliche Differenz, die leicht unbeachtet bleibt, wenn die Resultate verschiedener Untersucher verglichen werden und anscheinend vollkommen widersprechende Resultate ergeben, liegt in der *Differenz des Materials*. Wer nur Fälle mit *schweren klinischen Erscheinungen* lumbalpunktiert, kann solche extremen Resultate, wie sie hier angegeben wurden, nicht erwarten. Es ist selbstverständlich, daß das Versagen einer Reaktion um so häufiger auftreten muß, je geringer die pathologischen Veränderungen entwickelt sind. Die Versager fallen notwendig auf die niedrigen, nicht auf die hohen Titer. In dem von uns verwerteten Material spielten die geringen Liquorveränderungen (die niedrigen Titer) eine ganz überwiegende Rolle, weil die Indikation zur Lumbalpunktion im Gegensatz zum durchschnittlichen Gebrauch sehr weit gezogen wurde.

Wenn hier das außerordentlich häufige Versagen der „Wa.R." bei den Formes frystes der Tabes betont wird, so ist es doch wohl notwendig, zu präzisieren, was wir in diesem speziellen Falle unter dem vieldeutigen Ausdruck: „Wa.R." verstehen. Die hier erwähnten Untersuchungen liegen jahrelang

---

[1] Auf die außerordentlich hohe Bedeutung dieser „Kombinationsbefundes der Humoraldiagnose" sei nachdrücklich hingewiesen. Es geht aus den früheren Ausführungen hervor, daß ein niedriger Reagintiter nur eine geringere diagnostische Beweiskraft haben *kann*. Nur deshalb ist der Serumbefund (ia.: 0; a.: +) weniger wertvoll wie: [ia.: +], ebenso eine mittelstarke Goldkurve (Liquoreiweiß etwa 30—40 mg-%) weniger wertvoll als eine positive Wa.R. (Eiweiß 60—80 mg-%). Dies hat nichts mit Spezifität der Methode zu tun. Die *Unsicherheit des örtlichen Befundes* verschwindet aber sofort, wenn analoge Befunde in *Serum + Liquor* zu finden sind. Für die Neurolues ist dieser Kombinationsbefund deshalb so ungeheuer wichtig, weil die A.R. im Serum nur in extrem seltenen Fällen versagt, selbst wenn die luischen Liquorveränderungen quantitativ sehr gering entwickelt sind.

zurück und wir benutzten damals fast ausschließlich als Inaktivmethode die Wa.R. nach den in Deutschland zwangsmäßig gültigen staatlichen Vorschriften mit gekauften, staatlich geprüften Extrakten. Hierauf beziehen sich unsere Angaben: ia.: 0, bzw. Wa.R.: 0. Es ist ohne weiteres zuzugeben, daß genau quantitativ eingestellte Inaktivmethoden, wie die erwähnte von KAUP und besonders die von KOLMER bessere, d.h. mehr positive, Inaktivresultate ergeben, wie diese „staatliche Wa.R.". Persönlich ziehen wir die KOLMERsche Methode bei weitem vor; der Unterschied gegenüber KAUP liegt in der Verwendung bestimmter Extrakte, worauf einzugehen, hier zu weit führen würde. Welche prozentuale Verbesserung die KOLMERsche Methode bei dem erwähnten Material gegenüber der „staatlichen Wa.R." ergeben hätte, ist uns heute nicht möglich anzugeben. Nur möchten wir noch einmal betonen, daß auch KOLMER die überlegene Empfindlichkeit der A.R. — worauf es theoretisch allein ankommt — im Gegensatz zu KAUP in keiner Weise bezweifelt.

Nun kommt aber ein großes, praktisches Dilemma. Wir mußten immer wieder die Erfahrung machen, wie schwer dem Nichtserologen das Verständnis fiel für die Bewertung des Befundes: ia.: 0; a.: +. Daß die Wa.R. negativ und doch nicht negativ sein soll, ist schon dem Arzt schwer verständlich, noch schwieriger aber dem Patienten klar zu machen. Daran, daß bei negativer Wa.R. etwa der Sachs-Georgi positiv sein kann, hat man sich bei der jahrelangen Bevorzugung der Flockungsreaktionen bereits gewöhnt.

In Deutschland, wo der Serologe gezwungen ist, bei „gewerblichen" Wa.-Reaktionen das Resultat nach „staatlichen Vorschriften" bekannt zu geben, besteht eine große Schwierigkeit der Verwendung verfeinerter quantitativer Inaktivmethoden, etwa der nach KOLMER. Das Resultat: ia. nach staatlichen Vorschriften: 0; ia. nach KOLMER: +; a.: +; was nicht selten zu finden ist, stiftet mehr Verwirrung an als es Nutzen bringt.

Aus diesem praktischen Grunde haben wir uns meist auf die „staatliche Wa.R." als Inaktivreaktion beschränkt und als verfeinerte Methode im wesentlichen die A.R. benutzt. Um das hier Gesagte zusammenzufassen, so geben wir nach den Erfahrungen späterer Jahre durchaus zu, daß die hier bei Tabes angegebenen Ia.-Resultate bis zu einem gewissen Grade verbesserungsfähig sind, dies ändert aber wenig an den hier gegebenen theoretischen Feststellungen bezüglich der Unentbehrlichkeit der A.R.

Eine auffallende, wenn auch äußerst seltene Ausnahme bezüglich der sonst so überlegenen Empfindlichkeit der A.R. ist noch zu betonen; sie betrifft anscheinend in der Mehrzahl der Fälle die gummöse Form der Lues cerebrospinalis. Ob es sich immer bei diesen Versagern um eine sichere Lues cerebrospinalis handelte, können wir nicht mit Bestimmtheit angeben, und zwar aus folgendem Grunde. Im wesentlichen beziehen sich nämlich unsere Angaben auf den *Liquorbefund*, der nach unseren Erfahrungen Lues cerebrospinalis *wahrscheinlich* macht. Dieser Liquorbefund kann ohne jedes klinische Symptom bestehen. Das Versagen, von dem wir hier sprechen, bezieht sich also mehr auf den *Liquorbefund der „Lues cerebrospinalis"* als auf eine *klinisch* gesicherte Diagnose derselben. Es sollte nur wenigstens ein ungefährer Versuch gemacht werden, den bestimmten, humoraldiagnostischen Befund auch klinisch einigermaßen zu bestimmen. Diese restlosen Versager der S.D. (Wa.R. *und A.R.*) kontrastieren zuweilen auffällig mit dem starken Liquorbefund, bei dem sogar eine positive

Wa.R. und paralyseähnliche Goldkurven vorkommen können, bei hohem Eiweißgehalt. Es soll hier also zum Ausdruck gebracht werden, daß *auch die A.R.*
im Serum bei bestimmten, nicht genau zu fixierenden Formen *aktiver Neurolues*
unzweifelhaft versagt. Die Diagnose der aktiven Neurolues wurde in diesen
Fällen aus dem Liquorbefund, zuweilen auch aus dem begleitenden, neurologischen Befund gestellt.

Wenn wir bestimmen wollen, worin sich unsere Tendenzen beim Ausbau
der A.R. grundlegend von allen anderen Aktiv-Methoden unterscheiden, so lag
es in den lange Jahre durchgeführten Versuchen, die A.R. *so empfindlich* zu
gestalten, daß diese Versager der A.R. im Serum bei „Liquorlues" fortfallen.
Diese Versuche sind durchaus mißlungen, da die A.R. in diesen Fällen versagt,
selbst wenn sie weit über das Maß der *zulässigen Empfindlichkeit* angespannt
wird. Immerhin haben wir die mögliche Empfindlichkeit der A.R. *voll ausgenützt*, während die meisten A.R. dies Problem kaum berühren.

Es wurde bisher versucht, das Versagen der Wa.R. bei *klinisch* bestimmten
Formen der Nervenlues nachzuweisen. Es ist aber nicht möglich, das wichtigste
unserer Ergebnisse vom *klinischen* Gesichtspunkte aus zu bestimmen. Es bleiben
immer noch die vielen Fälle von „Liquorlues" übrig, die evtl. klinisch keine
oder nur unbestimmte Symptome darbieten.

*Diese „Liquorlues" ist nun innerhalb der Nervenlues und sogar innerhalb des
gesamten Luesmaterials das empfindlichste Testobjekt für die Leistungsfähigkeit
der S.D.!* Das eben erwähnte sehr seltene Versagen der A.R. im Serum konnte
nur an diesem *Testobjekt der Liquorlues* überhaupt erkannt werden.

Es wurde schon erwähnt, daß der sog. „Typus inversus" der Humoraldiagnose
eines der eklatantesten Beispiele für das Versagen der Wa.R. im Serum darstellt; hier handelt es sich nicht um einen *klinischen*, sondern um einen reinen
*Laboratoriums*befund bei Nervenlues. Der Begriff des Typus inversus muß
aber für die vorliegende Untersuchung stark erweitert werden. In üblicher
Anwendung bezieht sich der Begriff nur auf die Wa.R.; er bedeutet: (Wa.R.
im Liquor: +; Wa.R. im Serum: 0). Wir haben diesen Begriff, um ihn für die
Prüfung der wahren Leistungsfähigkeit der A.R. im Serum gebrauchen zu
können, so erweitern müssen, daß wir nicht die (*positive Wa.R. im Liquor*),
sondern die (*positive Luesdiagnose im Liquor*), die „Liquorlues", als Testobjekt
der S.D. verwandten. Eine postive Wa.R. im Liquor bei sicherer „Liquorlues"
ist keineswegs so häufig als man es nach der Mehrzahl der Literaturangaben
annehmen könnte. Der Begriff der „Liquorlues" ist für uns gleichbedeutend
mit einem Liquorbefund, der Lues beweist oder genügend wahrscheinlich macht,
auch ohne daß die Wa.R. (im Liquor) positiv zu sein braucht, außerdem auch
ohne Rücksicht darauf, ob gleichzeitig manifeste klinische Symptome bestehen
oder nicht. „Liquorlues" ist aktive Neurolues, diagnostiziert auf Grund des
Liquor- (bzw. humoraldiagnostischen) Befundes. Wenn man diese Liquorlues
(etwa an Stelle der Tabes oder gar des Sekundärexanthems) als Testobjekt der
S.D. wählt, so sind die Anforderungen *unendlich viel höher*, da hier die S.D.
versagt, wenn beispielsweise ihrem negativem Ausfall auch nur eine Lueskurve
der Goldreaktion im Liquor gegenübersteht. Das sind mithin die *höchsten
Anforderungen*, die man überhaupt an die Leistungsfähigkeit der S.D. stellen
kann. Wenn man nun die Überlegenheit der A.R. über die Wa.R. im Serum
richtig einschätzen will, so stellen *leichte luische Liquorveränderungen* das

geeignetste Testobjekt dar. Das oben beschriebene Versagen der A.R. im Serum bei „Lues cerebrospinalis" ist daneben eine extrem seltene Ausnahme. Auf diese seltenen Ausnahmen bezieht es sich, wenn wir behaupten, die A.R. sei im Gegensatz zur Wa.R. *beinahe* (!) eine Normalreaktion (vgl. Kap. VIII). Daß sie es schließlich doch nicht ganz ist, bleibt ein Moment von ausschlaggebender Bedeutung, das bei der „Negativdiagnose" nicht übersehen werden darf. Wir hielten diese Ausführungen für wichtig, um zu zeigen, wie außerordentlich hoch die Anforderungen an die A.R. gestellt werden können und müssen, bis man diese extrem seltenen Versager der A.R. feststellt. Diese eben beschriebene „Liquorlues" — gleichgültig ob manifeste *klinische* Symptome bestehen oder nicht — ist das *empfindlichste Testobjekt* der S.D. Ihm gegenüber versagt dann allerdings selbst die A.R. in vereinzelten Fällen.

Abgesehen von den sehr seltenen Fällen von Liquorlues (gummöse Lues cerebro-spinalis?), wo Wa.R. und A.R. im Serum gleichmäßig versagen und abgesehen von der Paralyse und Tabo-Paralyse mit ihren hyperpositiven Reaktionen, ist fast der *ganze Rest der Neurolues* durch das Verhalten gekennzeichnet, daß die Wa.R. in einem hohen Prozentsatz Fälle versagt, während die A.R. noch Lues anzeigt [1].

Zusammenfassung. *Das Versagen der Wa.R. üblicher Ausführung bei der Positivdiagnose wird besonders deutlich am Material der Gefäß- und Nervenlues. Die Wa.R. ist auf dermatologisches Testmaterial eingestellt; man hat sich ungefähr damit begnügt, beim Sekundärexanthem 100% Positivresultate zu erzielen. Die Dermatosyphilidologie liefert nur wenig geeignetes Material für eine Kritik der Leistungsfähigkeit der Wa.R., weil das Gros ihrer Fälle einen relativ hohen Reagintiter aufweist. Die innere Medizin ist aus einem anderen Grunde in der gleichen Lage, und zwar weil es ihr an einer ätiologischen Diagnostik mangelt. Von neurologischem Material sind besonders leichte Tabesformen geeignet, um die außerordentliche Überlegenheit der A.R. über die Wa.R. zu beweisen. Das empfindlichste Testobjekt für die S.D. stellt die „Liquorlues" dar, d. h. luische Liquorveränderungen, ohne Rücksicht darauf, ob sie mit klinisch manifesten Symptomen einhergehen oder nicht.*

VIII. Die vollkommene Unbrauchbarkeit der Wa.R. für die „Negativ-Diagnose". Selbst die A.R. keine „Normal-Reaktion" wie die G.R. Falsche Bewertung der negativen Wa.R. in der Therapie.

Im Gegensatz zur üblichen Auffassung von der ausreichenden Leistungsfähigkeit bzw. Empfindlichkeit der Wa.R. für die Positiv-Diagnose haben wir im vorigen Kapitel nachzuweisen versucht, daß bei genügender Heranziehung des Materials der Gefäß- und besonders der Nervenlues diese Auffassung nicht länger haltbar ist.

So wie die O.M. der W.N.B.R. nur die *hyperpositiven* Reaktionen (Hauptvertreter: Paralyse, Aneurysma, Teil der Sekundärexantheme) erfaßte, so

---

[1] Diese Aussagen beziehen sich natürlich auf „reine Neurolues", wenn man so sagen darf, d. h. auf die im späteren Verlauf der Infektion *isoliert* zurückbleibende Organaffektion. Solange die *frühen Luesstadien* noch bestehen, wird natürlich viel häufiger eine positive Wa.R. im Serum gefunden, die aber in keinem direkten Zusammenhang zu stehen braucht mit den evtl. vorhandenen leichten Liquorveränderungen. Gerade aus diesem Grunde ist auch die Tabes in ihren leichten Formen ein besonders geeignetes *Testobjekt*, weil hier eine Interferenz der *Frühlues*, d. h. *anderer Organlokalisationen*, wenig in Frage kommt.

erfaßt die Wa.R. heute üblicher Ausführung nur die *mittelstarken* Reaktionen, ungefähr in der Stärke des Sekundärexanthems bzw. etwas darunter. Niedrige Reagintiter (Anfangs- bzw. Endtiter) werden nur durch die A.R. erfaßt.

Stark schematisiert entsprechen sich folgende Methoden und Titerstärken nach den Stufengraden des Schema in Kap. V.

W.N.B.R.   Stufe IV
Wa.R.   „   III
A.R.   „   II

Es wurde gezeigt, daß einerseits die Wa.R. bei diesen niedrigen Titern (StufeII) versagt, andererseits, daß diese niedrigen Titer sich gerade bei solchen syphilitischen Erkrankungen finden, neben denen die frühen Oberflächenmanifestationen, das Objekt der Dermatosyphilidologie und das Testmaterial der Wa.R., als relativ *harmlose Affektionen* gelten müssen.

Es wurde außerdem eine „Positiv- und Negativ-Diagnose" unterschieden (vgl. S. 32). Das bisher beschriebene Versagen der Wa.R. bezog sich auf die Positiv-Diagnose, d. h. darauf, daß die Wa.R. bei wichtigen Gruppen *aktiver* Lues einen empfindlichen Defekt an positiven Resultaten ergibt, wo die A.R. noch einen verwertbaren Ausschlag zeigt.

Wenn wir uns hier mit dem *Problem der Negativ-Diagnose* befassen, so ist vorauszuschicken, daß dies Problem in der S.D. bisher überhaupt wenig beachtet wurde.

Soweit dies Problem die Humoraldiagnose der Lues berührt, konnte es auch kaum anders als in der *Liquordiagnostik* auftauchen und auch hier erst nach Einführung der G.R.

Eine der Hauptleistungen der G.R. besteht darin, daß dieselbe, im Gegensatz zu allen anderen („spezifischen" charakteristischen) humoraldiagnostischen Methoden eine „*Normalreaktion*" (!) darstellt. Dieser neue Begriff bedarf einer genauen Erklärung. Will man zunächst das Wesen der „Normalreaktion" in einem Vergleich mit der Wa.R. klarstellen, so muß dieser Vergleich die *Bedeutung des Negativ-Ausfalls* der beiden Reaktionen berühren. Die Wa.R. ist, wie wir nach den früheren Ausführungen jetzt leicht nachweisen können, keine Normalreaktion. Ihr *negativer Ausfall* ist in keiner Weise und in keinem Falle *verwertbar*, und zwar deshalb, weil ihr Limes *zwangsmäßig* weit absteht vom Normalpunkt, d. h. es *müssen notwendig* pathologische Veränderungen bis zu einer bestimmten Stärke in den Bereich der negativen Reaktion fallen. Der negative Ausfall der G.R. hat dagegen eine ganz bestimmte und positive Bedeutung.

Es ist eine seit langen Jahren bekannte und ziemlich allgemein anerkannte Erfahrungstatsache, daß eine *negative Goldreaktion eine aktive Lues des Zentralnervensystems ausschließt* (Ausschlußdiagnose).

Wenn man diese zunächst sehr auffällige Tatsache dem Verständnis näher bringen will, so muß dieser Versuch von zwei Punkten ausgehen: 1. von der Methodik der G.R. und 2. von der allgemeinen Pathologie der Syphilis sowie den speziellen Verhältnissen des Liquor.

ad. 1. *Methodik der Goldreaktion.* Nach den Ausführungen des Kap. V ist der Limes der Goldreaktion *absichtlich* (!) auf den *Normalpunkt* eingestellt. Eine solche „*Einstellung auf den Normalpunkt*" ist nur dann möglich, wenn objektive und subjektive Faktoren günstig zusammentreffen, d. h. wenn es a) (objektiv) überhaupt einen Normalpunkt gibt; b) (subjektiv) unsere Methoden (bei dem derzeitigen Stand der Entwicklung) geeignet, d. h. genügend empfindlich sind, diesen Normalpunkt zu erfassen.

Das *objektive Vorhandensein des Normalpunktes* in der L.D. ist dadurch gegeben, daß der *normale Eiweißgehalt*, auf den alles ankommt, relativ geringe Schwankungen aufweist. Wäre das nicht der Fall, dann könnte keine Verbesserung der Methodik eine Normalreaktion schaffen.

Die (subjektive) Möglichkeit des Erfassens, *Erreichens des Normalpunktes* hängt ab von der Empfindlichkeit, dem Limes der Methode. Sie hängt davon ab, ob der objektive Normalwert (etwa 20 mg-% nach bisher üblicher Schätzung) genügend sicher von benachbarten Werten unterschieden werden kann.

Vergleichen wir den Limes verschiedener Liquorreaktionen, so ist folgende Abstufung der Empfindlichkeit, folgende Distanz vom Normalpunkt zu konstatieren:

Methode	Limes in mg-% Eiweiß [1]
I. Goldreaktion	20 = Normalpunkt
II. Nonne	50
III. Wa.R.	60—80

Der negative Ausfall der G.R. beweist (muß bei der absichtlichen Einstellung und beliebig großen Empfindlichkeit beweisen) einen „*eiweißnormalen Liquor*", das ist die nächste, nichts vorwegnehmende Schlußfolgerung. Vom *methodischen* Gesichtspunkte ist nur die G.R. eine Normalreaktion, während offensichtlich Nonne und Wa.R. (Limes weit ab vom Normalpunkt) keine Normalreaktionen sind und sein können. Mit anderen Worten: Der *negative Ausfall* der G.R. hat einen *positiven* Wert, nämlich den Nachweis des eiweißnormalen Liquors mit allen darin eingeschlossenen Konsequenzen.

Der negative Ausfall von Nonne und Wa.R. hat keinerlei diagnostisch oder therapeutisch verwertbare Bedeutung!

Bei einer negativen Wa.R. (im Liquor) ist sehr häufig noch Nonne und G.R. positiv, bei negativem Nonne ist sehr häufig noch die G.R. positiv, die sich aus den Limesverhältnissen erklärt; negativer Nonne und negative Wa.R. können in keiner Weise den Nachweis eines „normalen Liquor" auch nur wahrscheinlich machen.

ad. 2. (vgl. S. 44). *Der Nachweis des eiweißnormalen Liquors schließt eine aktive Lues des Zentralnervensystems aus.*

Es ist hier zu unterscheiden: erstens die Möglichkeit des Nachweises der Eiweißnormalität, abhängig von der verschiedenen Empfindlichkeit der Reaktionen, und zweitens die praktische *Bedeutung* des eiweißnormalen Liquor. Hier ist nur noch diese Bedeutung kurz zu erläutern, d. h. die *Schlußfolgerungen*, die wir aus der Feststellung des eiweißnormalen Liquor ziehen können. Diese Schlußfolgerungen sind rein empirisch.

Daß ein „*eiweißnormaler Liquor*" eine aktive Lues des Z.N.S. ausschließt, ist eine *Erfahrungstatsache*. Eine solche läßt sich weder logisch beweisen,

---

[1] Die Limeszahlen sind für Nonne und noch mehr für Wa.R. relativ willkürlich angenommen, da sie stark schwanken. Absolut konstant ist aber die angegebene Stufenfolge, in der ausnahmslos der Nonne die Wa.R., die G.R. beide zusammen an Empfindlichkeit wesentlich übertrifft. Die *Distanz vom Normalpunkt* ist bei den drei Reaktionen durchaus verschieden, und zwar in gesetzmäßiger Reihenfolge. Wie weit die Berechnung der Normalzahl auf 20 mg-% aus den Ergebnissen der Methode von ROBERTS-BRANDBERG-KOLNIKER wirklich berechtigt ist, hat für die vorliegenden Ausführungen kein Interesse.

noch kann sie von vornherein erwartet werden, man kann nur hinterher versuchen, sich ihr Zustandekommen verständlich zu machen.

Wir haben in anderen Arbeiten diese Verhältnisse ausführlich erläutert und wollen das Wesentliche hier nur gewissermaßen in Stichworten zusammendrängen.

Ebenso wie die luische Gesamtinfektion (scheinbar!) zuerst die *Oberfläche* befällt, so geht auch jede spezielle luische Organlokalisation (tatsächlich) von der *Oberfläche*, von der Organhülle aus. Ein *ursächlicher* Zusammenhang soll hier nicht angenommen werden, es kommt nur auf die zeitliche Folge an und die Tatsache, daß eine Parenchymläsion nie ohne gleichzeitige Affektion der Hüllen besteht.

Die pathologisch-anatomische Tatsache, aus der die Möglichkeit einer *Ausschlußdiagnose* auf Grund des Nachweises des normalen (eiweißnormalen) Liquors erklärbar ist, scheint uns darin zu liegen, daß es *keine luische Affektion des Z.N.S. (sowie Auge und Ohr) gibt, ohne daß gleichzeitig bzw. vorher (!) die Meningen befallen werden!*

Die „Meningitis" geht *zeitlich* den Läsionen des Parenchyms *voraus*, was prognostisch und prophylaktisch von ungeheurer Bedeutung ist. Sie bleibt außerdem bei Parenchymaffektionen nicht nur bestehen, sondern nimmt meist noch an Stärke zu. Wenn wir hier von „Meningitis" reden, so meinen wir damit den Liquorbefund der Meningitis und nicht etwa einen klinischen oder pathologisch-anatomischen Begriff. Ein direkter und quantitativer Ausdruck der „Meningitis luetica" sind nämlich die *Liquorsymptome*, in erster Linie der *Eiweißgehalt* [1].

Die Kette von Schlußfolgerungen, auf die sich die oben erwähnte „*Ausschlußdiagnose*" aufbaut, besteht aus folgenden Gliedern:

1. *Normaler Liquor:* nachweisbar durch *normalen Eiweißgehalt*, nachweisbar nur durch eine *Normalreaktion* (Goldreaktion oder quantitative Eiweißbestimmung).

2. Normaler Liquor *schließt aus:* Meningitis luetica.

3. Ausschluß der Meningitis [2] schließt nach den bisherigen Erfahrungen aktive Parenchymaffektionen aus.

Die *Erfahrungstatsache*, daß eine negative G.R. — als Normalreaktion — eine aktive Lues des Z.N.S. *ausschließt*, d. h. die Möglichkeit einer *lokalen* (!) *Negativ-, Ausschluß-, Ausheilungsdiagnose* ließ uns erst das gleiche Problem innerhalb der *Gesamtinfektion* erkennen. Damit ist aus der Liquordiagnostik die Problemstellung gegeben, die jetzt in gleicher Weise auf die S.D. übertragen werden soll.

---

[1] Wenn wir hier die *Zellzählung*, die z. B. im NONNEschen Schema als einzige Normalreaktion in Frage kommen könnte, nicht anführen neben der quantitativen Eiweißbestimmung, so geschieht das aus folgendem Grunde. Daß die Zellzählung als Normalreaktion nicht in Frage kommt, liegt an *methodischen* Faktoren. Bei der Zellzählung sind die *Fehlerprozente* mehrere 100—1000%, bei der Eiweißbestimmung 10 bis höchstens 20%.

[2] Um einem uns zuweilen gemachten Einwande zu begegnen, betonen wir an dieser Stelle, daß auch die vorwiegend *degenerative* Tabes (solange sie progredient ist) erfahrungsgemäß nie ohne eine gleichzeitige „Meningitis", in dem hier umschriebenen Sinne, d. h. nie ohne (evtl. minimale) entzündliche Liquorveränderungen vorkommt. Daß die „luische Meningitis" keine Entzündung im gewöhnlichen Sinne, d. h. keine *exsudative* Form darstellt, sondern nur in einer lokalen Zellproliferation besteht, sei hier nur angedeutet.

Hier lautet die Frage: Gibt es auch innerhalb der S.D. eine „Normalreaktion", die eine Lues des *Individuum* (nicht nur eines speziellen *Organs* nebst Anhängen) mit der Sicherheit ausschließt, wie die G.R. im Liquor eine aktive Lues des Z.N.S. ausschließt?

Diese Frage ist leider zu verneinen und wie wir nach unseren jahrelangen Bemühungen in dieser Richtung glauben vermuten zu dürfen, sie ist *definitiv zu verneinen*, soweit bisher bekannte, humoraldiagnostische Methoden in Frage kommen. Diese pessimistische Schlußfolgerung scheint uns aus den Erfahrungen speziell bei der „Lues cerebrospinalis" bzw. Liquorlues (vgl. S. 39) gegeben, wo selbst eine überempfindlich gemachte A.R. im Serum bei starken luischen Liquorveränderungen, d. h. also bei einer *sicher höchst aktiven Lues*, zuweilen nicht den minimalsten Ausschlag gibt.

Der *Sero*-Diagnose sind also bezüglich der *Negativ-Diagnose* Grenzen gezogen, die die Liquordiagnostik nicht kennt; allerdings werden hier auch viel weitergehende Ansprüche gestellt. Eine wahre „Normalreaktion" bezüglich Lues gibt es nur im Liquor (lokale Bedeutung), nicht aber im Serum (Gesamtkörper).

Diese Differenz zwischen Sero- und Liquor-Diagnose läßt sich vielleicht dadurch erklären, daß die gelösten Reagine im Liquor nur in geringem Maße (Gesamtmenge etwa 100 ccm), im Serum dagegen sehr stark verdünnt werden. Ein weiteres Eingehen auf diese rein theoretischen Verhältnisse verlohnt nicht in diesem Zusammenhange.

Wenn wir nach dieser Erläuterung der Begriffe: Normalreaktion und Negativ-Diagnose noch einmal (stark schematisiert) die Bedeutung der verschiedenen Reaktionen zusammenstellen, und zwar jetzt nicht nur für die Positiv-, sondern auch für die *Negativ-Diagnose*, so ergibt sich ungefähr mit Benutzung des früheren Schemas folgendes Bild:

Angewandte Reaktion	Stufengrade des Reagin-titers		Klinische Formen, die den verschiedenen Stufen entsprechen	Bedeutung für die Negativ-Diagnose
O.M. der W.N.B.R.	IV hyperpositive Reaktionen	Reichweite der O.M.	Paralyse Aneurysmen usw.	Absolut unbrauchbar. Weitester Abstand vom Normalpunkt III und II = I.
Wa.R.	III mittelstarke	Reichweite der Wa.R. — Reichweite der A.R. bei quantitativer Ausführung	Dermatosyphilis speziell Sekunärexanthem	Unbrauchbar. Noch immer weiter Abstand vom Normalpunkt II = I.
A.R.	II schwache	Reichweite der G.R.	Gefäß- und Nervenlues speziell leichte Tabes	Theoretisch keine Normalreaktion, praktisch aber beinahe.
G.R. (im Liquor)	I Normalwert		Normal = Ausschluß jeder pathologischen Veränderung	„Normalreaktion" mit allen Konsequenzen.

Wenn wir uns in den vorliegenden Ausführungen bemüht haben, schwierige Probleme der S.D. zu klären, die in über 25 Jahren ungeklärt blieben, so verhehlen wir uns nicht, daß bei der Schwierigkeit der Aufgabe sicher manche Irrtümer und falsche Formulierungen mit unterlaufen sind.

Eine Tatsache aber, die wir besonders unterstreichen müssen, ist uns über allem Zweifel gewiß, das ist die *absolute Unbrauchbarkeit der Wa.R. für die Negativ-Diagnose.* Das ist ferner die Tatsache, daß fast in der gesamten Literatur über die S.D. der Lues, wenigstens soweit darin die A.R. entschieden abgelehnt wird, *dem negativen Ausfall der Wa.R. eine vollkommen ungerechtfertigte Bewertung beigelegt wird.*

Wir wollen diese Behauptung nicht ausführlich belegen, was leicht möglich wäre, es genügt der Hinweis auf einige besonders beweiskräftige Beispiele, wo dem *negativen Ausfall* der Wa.R. fälschlich eine *positive Bedeutung* zugeschrieben wurde.

Ein geradezu klassisches Beispiel bei niedrigem Anfangstiter ist die bereits kurz erwähnte sog. „*sero-negative Phase der Primärlues*". Die „Sero-Negativität" wird hier aus dem *negativen Ausfall der Wa.R.* erschlossen ohne zu berücksichtigen, daß eine Ein-Rohr-Reaktion „Sero-Negativität" nicht beweisen kann. Man nahm an, daß die „Generalisation der Infektion" durch die negative Wa.R. *ausgeschlossen* würde. Wie wenig die „Wa.-Negativität" imstande ist, die „Normalität" des Serums zu beweisen, ergibt sich für jeden Unvoreingenommenen aus den beiden Tatsachen der Humoraldiagnose:

1. daß in allen spirochäten-positiven Fällen von Primärlues die A.R. einen unzweifelhaften Ausschlag ergibt;

2. daß nicht selten bei solchen „wassermann-negativen" Primärfällen bereits leichte Liquorveränderungen die eingetretene „Generalisation" sicher beweisen.

Die „sero-negative Phase der Primärlues" würde als Illustration für die übliche, falsche Bewertung der *negativen Wa.R.* genügen. Man übersah völlig, daß die Wa.R. auf einem *künstlichen Limes* aufgebaut ist, und setzte diese künstliche Grenze, die nur in der *Methode* liegt, irrtümlich auch im natürlichen *Infektionsablauf* voraus.

Bringen wir nun noch einige kurze Hinweise auf die ungerechtfertigte Anwendung der negativen Wa.R. auf die Ausschluß- und die Ausheilungsdiagnose.

Als *Ausschlußdiagnose* mögen Fälle von Ammenuntersuchung bzw. von Ehekonsens gelten, auch Untersuchungen beim Abschluß einer Lebensversicherung usw. Die Ammenuntersuchung ist zweifellos die reinste Form der Negativ-Diagnose in dem früher umschriebenen Sinne. Unsere früheren theoretischen Ausführungen genügen eigentlich vollkommen, um die restlose Unbrauchbarkeit der *negativen Wa.R.* für diese Zwecke klarzustellen. Wir wollen auch gar keine neuen Beweise mehr beibringen, sondern nur eine Illustration an einem besonders eklatanten Einzelfall unserer persönlichen Erfahrung. Bei einer sich anbietenden Amme war bei Untersuchung in zwei verschiedenen Laboratorien die Wa.R. negativ ausgefallen. Bei unserer Untersuchung ergab sich ebenfalls ein negativer Ausfall der Wa.R. und sämtlicher Flockungsreaktionen, dagegen eine *stark positive A.R.*! Es stellte sich hinterher heraus, daß es sich um eine behandelte, frühe Sekundärlues handelte, wo der momentanen „sero-negativen Phase" sehr bald ein Rezidiv, sowohl als Exanthem, wie als positive Wa.R. folgte.

Man soll nicht einwenden, daß es sich hier um einen extrem seltenen Einzelfall handele. Das wissen wir auch, aber es handelt sich hier nicht um statistisch begründete Wahrscheinlichkeiten, sondern um theoretisch gesicherte Schlußfolgerungen aus einer Laboratoriumsuntersuchung.

Für die Negativ-Diagnose beim *Ehekonsens* liegen die Verhältnisse ähnlich und doch auch wieder etwas anders. Sehen wir einmal ab von der stark übertriebenen Behauptung: „omnis syphiliticus mendax", und besprechen nur den Ehekonsens bei zugegebener früherer luischer Infektion. Der Wert der negativen Wa.R. bei dieser Fragestellung mag aus folgendem Grunde überschätzt worden sein. Wenn man beim Ehekonsens lediglich die *mögliche Infektionsübertragung* auf Frau und zukünftige Kinder ins Auge faßt, dann liegen die Verhältnisse anders, als wenn man auch die Gefahr berücksichtigt, einen Ehegatten zu wählen, der vielleicht später an einer zur Zeit „latenten", schweren inneren Erkrankung zugrunde gehen kann.

Nach unseren persönlichen Erfahrungen ist die *Gefahr der Ansteckung* gleich Null, wenn nach der Infektion mindestens 5 Jahre verstrichen sind, und *regelmäßig* eine negative Wa.R. gefunden wurde. Das genügt aber keineswegs, denn bei dem anscheinend ganz gesunden Ehekandidaten kann (trotz dauernd negativer Wa.R.) nach kürzerer oder längerer Frist eine Tabes oder sogar eine tödliche Mesaortitis manifest werden. Alle diese Mißstände der Wa.R. werden so gut wie restlos ausgeschaltet bei Anwendung der A.R. Es mag auch da noch Versager der Negativ-Diagnose geben, aber wir werden noch Mittel kennen lernen, sie mit praktisch ausreichender Sicherheit zu vermeiden.

Bei der grundsätzlichen Ablehnung der A.R. hat man durchweg die Möglichkeit ihrer Ausnützung für die Negativ-Diagnose vollkommen übersehen, auch bei fast allen bekannten Aktiv-Methoden ist die mögliche Empfindlichkeit im Hinblick auf die prognostisch und therapeutisch so wichtige Negativ-Diagnose nicht ausgenützt. Wenn die A.R. selbst 20% falsche Positivresultate ergäbe (vgl. BOAS, Kap. II), so wäre sie immer noch in 80% richtig. Wer möchte nun seinem Kinde eine Amme mit einer positiven A.R. (negativen Wa.R.) geben bei einer Wahrscheinlichkeit der Lues von 80%? Sicher niemand; was geschieht aber? Man wirft die A.R. als vollkommen wertlos beiseite und legt dafür der, in dieser Beziehung nachweislich unbrauchbaren Wa.R. einen Wert bei, der ihr nie und nimmer zukommen kann. Diese Einstellung ist nur dadurch erklärlich, daß man das Problem der Negativ-Diagnose in bezug auf die Humoraldiagnostik nicht richtig erfaßte.

Wenden wir uns zum Schluß noch ganz kurz der *Ausheilungsdiagnose* zu, die erst später bei Besprechung der Therapie ausführlich behandelt werden soll. Man glaubte früher und glaubt heute noch vielfach, daß die *Ausheilung einer Lues sicher sei*, wenn jahrelang die Wa.R. negativ ausfällt und keine dermatologischen Symptome nachweisbar sind, wozu wir sämtliche Oberflächensymptome der Lues zählen. Die ungerechtfertigte Überschätzung der Oberflächensymptome stammt aus einer verflossenen Zeit, wo sie die einzige Grundlage der Syphilisdiagnose überhaupt darstellten. Wie wenig „dermatologische Symptomlosigkeit" etwa vor einer Paralyse oder Aortitis sichern, braucht nur angedeutet werden. Auch die jahrelange negative Wa.R. hat für die Ausheilungsdiagnose nicht die geringste Bedeutung, wie die zahlreichen Negativresultate bei Tabes und Mesaortitis lehren. Diese Formen haben erstens eine *lange Inkubation*, mit anderen Worten: Sie brauchen evtl. lange Jahre, bevor sie klinisch manifest, diagnostizierbar werden, und die Mehrzahl dieser Formen zeigt als *Durchschnitts-befund* eine *negative Wa.R.* bei positiver A.R. Eine jahrelang negative Wa.R. gibt mithin nicht die geringste Sicherheit bezüglich einer späteren Tabes oder Mesaortitis, ist jedoch jahrelang auch die A.R. vollkommen negativ gewesen und wird dann außerdem noch ein vollkommen normaler Liquor festgestellt, so kann die Ausheilungsdiagnose mit praktisch genügender Sicherheit gestellt werden. Zum mindesten ist dann nichts vernachlässigt, was man mit optimalen Untersuchungsmethoden heute erreichen kann.

Aus diesen Ausführungen ergibt sich die wichtige Schlußfolgerung: Die Wa.R. *versagt* in einem nicht geringen Prozentsatz bei der Positiv-Diagnose; Beweis: Tabes und Aortitis. Die Wa.R. ist *völlig unbrauchbar* für die Negativ-Diagnose, da sie nachweislich nur Reagintiter mittlerer Stärke erfaßt und nach ihrem ganzen Aufbau als Ein-Rohr-Reaktion auch nur erfassen kann.

Wenn die Notwendigkeit der A.R. sich nicht schon genügend sicher aus ihrer größeren Leistungsfähigkeit bei der Positiv-Diagnose ergäbe, so wäre gerade das hier behandelte und bisher unbeachtete *Problem der Negativ-Diagnose* ein noch viel gewichtigerer Grund, die A.R. ausnahmslos in jedem Falle von Lues anzu-wenden.

Zusammenfassung. *Das Problem der ,,Negativ-Diagnose der Syphilis" konnte überhaupt erst in der Liquordiagnostik, und zwar nach Einführung der G.R. erfaßt werden. Die G.R. im Liquor ist eine ,,Normalreaktion", sie schließt eine aktive Lues des Z.N.S. aus. Die Wa.R. ist weit davon entfernt, eine Normalreaktion zu sein. Ihr Wesen als Ein-Rohr-Reaktion schließt es ohne weiteres aus, daß sie für die Negativ-Diagnose (Ausschluß-, Ausheilungsdiagnose) verwertbar sein könnte. Die A.R. im Serum kommt einer Normalreaktion sehr nahe, sie hat aber in dieser Beziehung nicht die volle Leistungsfähigkeit der G.R. im Liquor. Für die Prognose und Therapie der Syphilis ist der negative Ausfall der Wa.R. unbrauchbar und meist falsch bewertet worden. Der negative Ausfall der A.R. schließt zwar eine aktive Lues nicht mit absoluter Sicherheit aus, immerhin genügt aber eine jahrelang negative A.R. in Kombination mit einem normalen Liquorbefund, um mit praktisch ausreichender Sicherheit die Ausheilung einer früheren Infektion zu beweisen.*

Schlußzusammenfassung.

In diesem theoretisch-klinischen Teil sollten, im Gegensatz zu der üblichen Ablehnung der A.R., zwei Tatsachen bewiesen werden: 1. die Unentbehrlichkeit der A.R. und 2. die Möglichkeit einer praktisch brauchbaren A.R.

I. Die Unentbehrlichkeit der A.R. wurde bewiesen:

1. Theoretisch durch den experimentellen Nachweis (Kap. VI), daß die Luesreagine durch Hitzeinaktivierung bei niedrigem Titer restlos zerstört werden. In diesen Fällen muß die Wa.R. versagen, während die A.R. noch einen brauch-baren positiven Ausschlag ergeben kann.

2. Klinisch: Die Versager der Wa.R. fallen auf die niedrigen Reagintiter. Diese finden sich am Anfang und Ende des Infektionsablaufes, daher versagt die Wa.R. in erster Linie bei früher Primärlues und bei behandelten Fällen, die noch nicht ganz ausgeheilt sind. Die Wa.R. versagt in unangenehmster

Weise gerade bei den gefährlichsten Späterkrankungen: der Gefäß- und Nervensyphilis. In der Therapie ist der negative Ausfall der Wa.R. vollkommen wertlos, die A.R. gerade in dieser Hinsicht durchaus überlegen.

II. Die Möglichkeit einer praktisch brauchbaren A.R. baut sich auf der in Kap. IV entwickelten Erkenntnis auf, daß die technisch falschen (nicht „unspezifischen") Positivresultate der A.R. bedingt werden durch uncharakteristische Serumzersetzungen. Diese können sein:

1. Primär, unvermeidbar aber kontrollierbar; hierher zählen alle pathologischen Verschiebungen der Eiweißfraktionen im Serum (bzw. Plasma) im Sinne einer veränderten Serumlabilität. Die Kontrolle zur Aufdeckung dieser Fehlermöglichkeit besteht in der Ausführung der Blutkörperchensenkungsreaktion. Die Vermeidung von Fehldiagnosen wird auf dem Wege erreicht, daß bei abnormer S.R. eine Hemmung der Hämolyse nicht als „Positivresultat" gezählt wird.

2. Sekundär, vermeidbar und kontrollierbar; dahin zählen alle Blutzersetzungen, wie sie durch ungeeignete Entnahme, längere Aufbewahrung, Versand usw. bedingt werden. Hier, und nicht in der angeblichen „Unspezifität", liegt die größte Fehlerquelle der schlechten Aktiv-Methoden. Ihre Vermeidung ist leicht. Die diesbezüglichen Vorsichtsmaßregeln und Kontrollen sollen im technischen Teil beschrieben werden.

Literatur.

Monographien.

BERCZELLER: Anleitung zur Ausführung der Wa.R., 1919.

BOAS, H.: Die Wa.R. Berlin 1922.

BROWNING, C. H. and MCKENZIE: Recent methods in the diagnosis and Treatment of syphilis, 1913.

BRUCK, C.: Handbuch der Serodiagnose der Syphilis. Berlin 1924.

CRAIG: The Wassermann test. St. Louis 1917.

GROENROOS: Untersuchungen über die Wa.R. bei Primärsyphilis. Helsingfors 1917.

KAUP: Kritik der Methodik der Wa.R., 1917.

LAUBENHEIMER, K.: Serodiagnose der Syphilis. Handbuch der pathogenen Mikroorganismen, 3. Aufl., Bd. 6.

LANGE, C.: Lumbalpunktion und Liquordiagnostik. KRAUS-BRUGSCH' Spezielle Pathologie und Therapie.

MÜLLER, R. u. R. BRANDT: Die Wa.R. Handbuch der Haut- und Geschlechtskrankheiten, Bd. 15, S. 2.

NOGUCHI, H.: Serum diagnosis of Syphilis, 1911.

— Laboratory diagnosis of Syphilis. London 1923.

POEHLMANN: Die Technik der Wa.R., 1928.

SONNTAG: Die Wa.R. in ihrer serologischen Technik. Berlin 1917.

Einzelveröffentlichungen.

AZUA, DE: Serodiagnose der Syphilis. Methode mit antihumanem Amboceptor und menschlichen Komplementen. Verh. span. Ges. Dermat., 4. Mai 1910.

BALZAREK: Zur Kenntnis des diagnostischen Wertes der v. DUNGERNschen Modifikation. Med. Klin. 1913, Nr 38.

BARTLETT, C. J. u. A. L. O'SHANSKY: Eine Veränderung der Wa.R., die auf der raschen Fixierung des im lebenden Serum enthaltenen Komplements beruht. Amer. J. Syph. 1, H. 4 (1917).

BAUER, J.: Simplific. de la technique du serodiagnostic de la syph. Semaine méd. 1908, No 36, 429.

BAUER, J.: Zur technischen Vervollkommnung des serologischen Luesnachweises. Dtsch. med. Wschr. **1909**, Nr 10, 432.

BERCZELLER, L.: Soll die Wa.R. mit aktivem oder inaktivem Patientenserum ausgeführt werden? Z. Immun.forsch. Orig. **27**, 305 (1918).

BIGGER, J. W.: The standardisation of suspensions of red blood cells. Lancet **201**, 1369 (1922).

BLANCK, TH.: Die Originalmethode der Wa.R. und die quantitative Methode nach KAUP. Münch. med. Wschr. **1917**, Nr 41.

BOAS, H.: Die Wa.R. bei aktiven und inaktiven Sera. Berl. klin. Wschr. **1909**, 400.

BOETTCHER: Vergleichende Bemerkungen über die Wa.-Originalmethode und die v. DUNGERNsche Modifikation. Psychiatr.-neur. Wschr. **1911**, H. 20.

BORZESKI u. NITSCH: BAUERsche Modifikation. der Wa.R. Przegl. lek. **1910**, Nr 31/33.

BRENDEL u. MÜLLER: Ausbau der HECHTschen Modifikation. Münch. med. Wschr. **1912**, 1754.

BRINKMANN: Studien über den Komplementgehalt des menschlichen Blutes. Zbl. Bakter. Orig. **87**, 50 (1921).

BROWNING and McKENZIE: On the compl. containing serum as a variable factor in the Wa.R. Z. Immun.forsch. Orig. **2**, 459 (1909).

BROWNING, C. H., E. M. DUNLOP and E. L. KENNAVAY: The Wa.R. with unheated human sera. J. of Path. **25**, 36 (1922).

BRÜCKNER et GALASESCO: La reaction de HECHT. C. r. Soc. Biol. Paris 1913, No 21, 988.

BULSON, A. E.: Die NOGUCHI-Serumreaktion. J. amer. med. Assoc. **33**, Nr 3.

BURZI, G.: Beobachtungen und Bemerkungen über die Wa.R. bei Syphilis und über einige ihrer wichtigsten Modifikationen. Giorn. ital. Mal. vener. Pelle **48**, 629 (1914).

BUSILA: Ein thermolabiler syphilitischer Immunkörper. Zbl. Bakter. Orig. **77**, 279.

CALMETTE: Methode simple de H. NOGUCHI. Presse méd. **1909**, No 26, 226.

CORI, K. u. G. RADNITZ: Über den Gehalt des menschlichen Blutserums an Komplementen. Z. Immun.forsch. Orig. **29**, 445 (1920).

CRIPPA, J. F. v.: Ist die Modifikation der Wa.-Blutprobe nach v. DUNGERN zuverlässig? Wien. med. Wschr. **1912**, Nr 43.

DEAN: Vergleich der ursprünglichen Wa.R. mit ihren Modifikationen. Brit. med. J. **1910**, 1437.

DOHI u. NAKANO: Über die WASSERMANNsche und BAUERsche Syphilisdiagnose. Z. Dermat. **10**, H. 12 (1910).

DONALD, R.: Ein Vergleich zwischen FLEMMING (HECHTs) Modifikation und die Wa.R. Lancet **1912**.

DRUEGG: Untersuchungen mit der v. DUNGERNschen Vereinfachung der Wa.R. Dtsch. med. Wschr. **1913**, 306.

DUNGERN, v.: Wie kann der Arzt die Wa.R. ohne Vorkenntnisse leicht vornehmen? Münch. med. Wschr. **1910**, 507.

— u. HIRSCHFELD: Über unsere Modifikation der Wa.R. Münch. med. Wschr. **1910**, 1124.

EICKE u. MASCHER: Komplementschwund bei unbehandelter Spätsyphilis. Z. Immun.-forsch. Orig. **26**, H. 6.

EMMERT, J.: Über die v. DUNGERNsche Syphilisreaktion. Dermat. Zbl. **15** (1912).

EPSTEIN u. DEUTSCH: Nachprüfung der nach Angabe MÜLLERs und LANDSTEINERs modifizierten Methodik der Wa.R. mit nicht inaktiviertem Serum. Wien. klin. Wschr. **1916**, Nr 24, 860.

FAMULENER, L. W. and J. HEWITT: The HECHT-WEINBERG-GRADWOHL-Reaction in syphilis. Proc. Soc. exper. Biol. a. Med. **19**, 366 (1922).

FERNANDEZ, C.: Über die Wa.R. nach der Methode BAUER, LEVADITI und LATAPIE. Acta dermato-vener. (Stockh.) **1913**, Nr 3.

FLEMMING: A simple methode of serum diagnosis of syph. Lancet **1909**, 1512.

FOX: Comparison of the Wa. and NOGUCHI test. J. of cutan. Dis., Aug. **1909**.

FRÜHWALD u. WEILER: Die v. DUNGERNsche Modifikation. Berl. klin. Wschr. **1910**, Nr 44 2018.

GASTON u. M. LEBERT: Hämolytische und komplementäre Kraft des Serums (mit bezug auf die Wa.R.). Bull. Soc. franç. Dermat. 4. Dez. **1913**.

GAVINI: Über den Wert der Methode von NOGUCHI. Fol. clin. chimic. et nicrosc. (Bologna) **3**, H. 8 (1911).

GRADWOHL: Die HECHT-WEINBERGsche Reaktion. J. amer. med. Assoc. **63**, Nr 3, 240 (1914); **68**, Nr 7; Amer. J. Syph. **1**, H. 3 (1917).

GRAETZ: Schwebende Fragen zur Theorie und Praxis der Wa.R. Arch. Dermat. **130** (1921).

GROAT, A. W.: Die Serumdiagnose der Syphilis nach der NOGUCHI-Methode. N. Y. med. J., 12. Nov. **1910**.

GROSS, P.: Serologische und klinische Beobachtungen bei Primäraffekten mit besonderer Berücksichtigung der KAUPschen Methode. Arch. f. Dermat. Orig. **163**, 304 (1921).

GUNZENHÄUSER: Untersuchungen über den praktischen Wert der sog. Wa.R. in der Modifikation von M. STERN. Inaug.-Diss. Würzburg 1911.

GURD: These use of active human serum in the serum diagnosis of syph. J. inf. Dis. **8**, Nr 4, 427 (1911).

HALLION u. BAUER: Die Anwendung der Wa.R. mit inaktiviertem und nichtinaktiviertem Serum. Bull. Soc. franç. Dermat., 6. Juni **1912**.

HARA: Untersuchungen über die Eigenhemmung der Sera. Z. Immun.forsch. Orig. **17**, H. 2 (1913).

HEALTH, O.: The Wa. test; a method not necessitating the use of guinea pigs. Brit. med. J. **1915**, 1041—1043.

HECHT: Eine Vereinfachung der Komplementbindungsreaktion bei Syphilis. Wien. klin. Wschr. **1908**, Nr 50, 1742.

— Untersuchungen über hämolytische, eigenhemmende und komplementäre Eigenschaften des menschlichen Serums. Wien. klin. Wschr. **1909**, Nr 8, 265.

— Meine Aktiv-Methode der Wa.R. bei Syphilis. Dermat. Wschr. **74**, 300.

— u. LEDERER: Die Wa.-Seroreaktion mit aktiven Seren. Verh. internat. Kongr. Rom, April **1912**; Med. Klin. **1912**, Nr 19.

HESSE: Über Verwendung von aktivem und inaktivem Serum bei dem Komplementablenkungsversuch. Wien. klin. Wschr. **1913**, Nr 16.

HINRICHS: Der serologische Luesnachweis mit der BAUERschen Modifikation. Med. Klin. **1908**, Nr 35.

HÖHNE u. KALB: Vergleichende Untersuchungen der Originalmethode nach WASSERMANN mit den übrigen gebräuchlichen Modifikationen. Arch. f. Dermat. Orig. **104**, H. 3, 387.

HOFFMANN, K. F.: Die Modifikation der Wa.R. nach HECHT und WECHSELMANN. Med. Klin. **1910**, Nr 33.

HÜBSCHMANN, P.: Das Verhalten der aktiven Sera bei der Wa.R. Z. Immun.forsch. Orig. **26**, H. 1.

McINTIRE, H. D., E. A. WORTH and A. P. McINTIRE: The HECHT-GRADWOHL-Test employing ice chest fixation. J. Labor. a. clin. Med. **6**, 706 (1921).

KAFKA, V. u. HAAS: Über die Veränderung der hämolytischen Komponenten, besonders der Komplemente im Blutserum der Syphilitiker. Med. Klin. **1916**, Nr 50.

KAHN, J. and A. G. BODY: The effect of heat on complement fixing. J. inf. Dis. **29**, 639 (1921).

KAPLAN: The principles and technique of the Wa. a. NOGUCHI reactions. Amer. J. med. Sci. **1910**, Nr 1, 83.

KAUP, J.: Zur Frage der Zuverlässigkeit der Wa.R. Münch. med. Wschr. **1917**, Nr 34.

McKENZIE: Individuelle Eigenschaften der Komplemente und der Organextrakte bei der Wa.R. Brit. med. J. **1910**, 1435.

KERESSTES, M.: Die Modifikation der Wa.-Originalmethode nach KAUP. Wien. klin. Wschr. **1918**, Nr 10.

KLEINSCHMIDT, H.: Über die STERNsche Modifikation. Z. Immun.forsch. **3**, 512 (1909).

KOLMER, J. A.: Vergleichende Untersuchungen über die Wa.- und HECHT-WEINBERG-Reaktion. J. amer. med. Assoc. **1916**, 70.

KOLMER: Serum diagnosis of syph. a. gonorrhea employing human compl. Amer. J. Syph. **1918**, 739.

— and FLICK: Human versus guinea-pig complement. Amer. J. Syph. **1919**.

— MATSUNAMI and TRIST: A general study of the complements of various animals. Amer. J. Syph. **1919**, 407.

KORESZIES, M.: Die Modifikation der Wa.-Originalmethode nach KAUP. Münch. med. Wschr. **1918**, Nr 10.

KOTZEWALOFF: Zur Frage der Titration des Komplements bei der Wa.R. Zbl. Bakter. Orig. **70**, 98 (1913).

LANDSTEINER u. MÜLLER: Über den Wert der Verwendung aktiver Sera. Wien. med. Wschr. 1909, Nr 40.
LANGER, H.: Über die KAUPsche Modifikation. Dtsch. med. Wschr. 1914, Nr 6.
LEDERER, M.: On the value of the NOGUCHI Reaction. N. Y. med. J. 1911, 1229.
LEREDDE: Die Reaktion von HECHT-WEINBERG bei syphilitischen Augenaffektionen. Soc. med. Paris, 27. Jan. 1912.
— u. RUBINSTEIN: Reaction de fixation du complement et pouvoir hemolytique des serums humains. Z. Immun.forsch. Orig. 19, 499 (1913).
— La standardisation de la reaction de BORDET-WASSERMANN. Presse méd. 1920, No 45.
LESCHLY, W.: Versuche über Komplement. I. Komplement und Amboceptor. Z. Immun.-forsch. Orig. 24, 499.
— Die Komplemente verschiedener Tiere. Z. Immun.forsch. 25, H. 2.
LESSER, F.: Müssen Punktionsflüssigkeiten für die Wa.R. inaktiviert werden? Arch. f. Dermat. Orig. 131, 87 (1921).
LEVY-LENZ: Der Wert der KAUPschen Modifikation. Dtsch. med. Wschr. 1922, 588.
MANDELBAUM: Neue Beobachtungen über Komplemente. Münch. med. Wschr. 1918, 1038.
MANTOVANI, M.: Anwendung von aktivem Serum bei der Wa.R. Policlinico, sez. med., 1. Juli 1914.
MICHAELIS u. SKWIRSKY: Das Verhalten des Komplements bei der Komplementbindungsreaktion. Berl. klin. Wschr. 1910, Nr 4, 139.
MONTVAL, L. DE: Beitrag zur Kenntnis der Serodiagnostik der Syphilis durch die HECHTsche Methode. Inaug.-Diss. Toulouse 1911. Ref. Dermat. Wschr. 55, 1077 (1912).
MÜLLER, RUD.: Über den technischen Ausbau der Wa.R. Wien. klin. Wschr. 1909, Nr 40, 1376.
— Über die Grundlagen der von J. KAUP-München vorgeschlagenen Modifikation. Wien. klin. Wschr. 1917, Nr 10.
MUTERMILCH, S. u. R. HERZ: Untersuchungen über den Gehalt an Komplement in normalen und pathologischen Flüssigkeiten des Körpers. Z. klin. Med. 76, H. 5/6.
— et A. LATAPIE: Sur une simplification du procede dit rapide pour le serodiagnostic de la syphilis. C. r. Soc. Biol. Paris 86, 748 (1922).
MYER, S. B.: A complement fixation test for syphilis using human complement. U.S. nav. med. Bull. 11, 15 (1917).
NATHAN: Beiträge zur Kenntnis der Inaktivierbarkeit des Meerschweinchenkomplements. Z. Immun.forsch. Orig. 26, H. 5.
NOGUCHI, H.: Eine für die Praxis geeignete, leicht ausführbare Methode der Serodiagnose bei Syphilis. Münch. med. Wschr. 1909, Nr 10, 494.
— Modifikation der Wa.R. J. amer. med. Assoc., 12. Juni 1909.
— A rational and simple system of serodiagnosis of syphilis. J. amer. med. Assoc. 1909, 1532.
— The present status of the NOGUCHI system. Internat. med. J. 18, Nr 1.
— The comparative merits of various complements. J. of exper. Med. 13, Nr 1, 78 (1911).
NONNE, M. u. W. HOLZMANN: Über Wa.R. im Liquor spinalis bei Tabes dorsalis. Mschr. Psychiatr. 27, 128 (1910).
PHELPS, W. M.: Die NOGUCHI-Reaktion in der Serodiagnostik. N. Y. med. J., 23. Juli 1910, 155.
PINES, N.: Klinische Bedeutung der Reaktion von HECHT. J. de Bruxelles 1912, No 26. Ref. Dermat. Wschr. 55, 1487 (1912).
POLLERI, P. M.: Untersuchungen über das menschliche Komplement. Pathologica (Genova) 14, No 329, 466 (1922).
QUADFLIEG: Beitrag zur Modifikation der WASSERMANN-NEISSER-BRUCKschen Reaktion nach STERN. Dtsch. med. Wschr. 1913, Nr 18, 847.
RADAELI, A.: Il metodo di HECHT. Giorn. ital. Mal. vener. Pelle 62, 506 (1921).
McRAE, EISENBREY u. SWIFT: Die Anwendung von reinen Lipoiden mit aktivem und inaktivem Serum. Arch. internat. Path. méd., Nov. 1910, No 6, 469.
REINHARDT: Wa.R. in der Modifikation nach M. STERN. Dtsch. med. Wschr. 1910, Nr 4, 197.
ROBINSOHN, D. O.: La methode de NOGUCHI. Ann. Mal. vénér. 1910, No 12.
SACHS, H.: Zur Methodik der Wa.R. Hyg. Rdsch. 1914, 675.
— Die Bedeutung physikalischer Einflüsse. Berl. klin. Wschr. 1916, Nr 52.
— Des modifications du serum sanguin par le chauffage. Soc. méd. 1908, No 26.

SACHS u. ALTMANN: Über den Einfluß von Temperatur und Reaktion des Mediums auf die Serodiagnose der Syphilis. Z. Immun.forsch. Orig. **26**, 470 (1917).
— u. RONDONI: Beiträge zur Theorie und Praxis der Wa.R. Berl. klin. Wschr. **1908**, Nr 44, 1968.
SELIGMANN, N.: Zur Kenntnis der Seruminaktivierung. Biochem. Z. **10**, H. 4/6 (1908).
SHAW, B. H.: Der Einfluß der Syphilis auf das Komplement des Patienten. Brit. med. J. 26. Juli **1919**.
SORMANI, B. P.: Quantitative Bestimmung der luischen Serumveränderungen. Arch. f. Dermat. Orig. **48**, H. 1, 73 (1909); **68**, H. 1 (1913).
STERN, MARG.: Eine Vereinfachung und Verfeinerung der serodiagnostischen Syphilisreaktion. Z. Immun.forsch. Orig. **1**, 422 (1909).
— Zur Technik der Serodiagnostik der Syphilis. Berl. klin. Wschr. **1908**, Nr 32, 1489.
— u. HEL. DANZIGER: Zur Technik der KAUPschen Methode der Wa.R. Z. Immun.forsch. Orig. **28**, 377 (1919).
SWIFT: Der Gebrauch aktiven und inaktiven Serums in der Komplementablenkungsprobe der Syphilis. Arch. int. Med., Nov. **1909**.
THOMSON, O. u. H. BOAS: Über die Thermoresistenz der in der Wa.R. wirksamen „Antikörper" in den verschiedenen Stadien der Syphilis und anderer Krankheiten. Z. Immun.forsch. Orig. **10**, H. 3.
TSCHERNOGUBOW: Die Serumdiagnose der Syphilis mit aktivem Serum. Arch. f. Dermat. Orig. **120**, H. 1; Berl. klin. Wschr. **1908**, Nr 47, 2107.
ULLOMM: NOGUCHIs Modifikation der Wa.R. Amer. J. Dermat., Juni **1911**.
VALLEZ, G.: Les procedes derives de la technique de CALMETTE et MASSOL. Presse méd. **1920**, No 79.
WAUGH, J. F.: Die Resultate der NOGUCHI-Modifikation. J. amer. med. Assoc. **55**, Nr 10.
WEICHERT: Die STERNsche Modifikation. Berl. klin. Wschr. **1911**, Nr 16, 702.
WEINBERG: Technique rationelle de la reaction de fixation. Ann. Inst. Pasteur **1912**, No 6, 424.
ZIMMERN, F.: Die akute Schwankung der Serumreaktion bei primärer Lues. Dermat. Wschr. **73**, 1080 (1921).

II. Hauptprobleme der Blutgruppenforschung in den Jahren 1927—1933.

Von

Ludwig Hirszfeld.
(Staatliches Hygienisches Institut in Warschau.)

Mit 5 Abbildungen.

Inhalt.

Einleitung.

Betrachtet man die Entwicklung der Blutgruppenforschung seit der denkwürdigen Entdeckung serologischer Differenzierung des Blutes, so erkennt man mehrere Etappen. Die erste bildete die Erkennung der Vererbbarkeit der isoagglutinablen Substanzen. Die zweite war die Feststellung der ungleichmäßigen Verteilung der Bluttypen auf der Erdoberfläche. Als die dritte Etappe möchte ich die Postulierung der Allelomorphie von 0, A und B hinstellen, da mit dieser Arbeit eine neue Betrachtungsweise eingeführt wurde. Da das inzwischen untersuchte Familienmaterial das Problem der Erbformel im Sinne der multiplen Allelie entschieden hat, so kann dieser Teil der Blutgruppenforschung mit großer Befriedigung dargestellt werden.

In der Zeitperiode seit 1927 wurde an der weiteren serologischen Charakterisierung des Blutes gearbeitet und die bereits früher vermutete Vielheit der serologischen Eigenschaften des Blutes ausgebaut. So wurden neue Eigenschaften entdeckt und ihre Vererbbarkeit sichergestellt (M, N, P, G, H). Der Fortschritt ist hier mit den Namen von Landsteiner und Levine sowie von Schiff verknüpft. Auch die Untergruppierung des A-Bestandteiles wurde eingehenden Betrachtungen unterzogen.

Als einen weiteren wesentlichen Fortschritt der Blutgruppenforschung möchte ich die Erkenntnis hinstellen, daß der gesamte Organismus gruppenspezifisch differenziert ist. Diese Erkenntnis wurde durch die Einführung neuer methodologischer Prinzipien ermöglicht, durch welche Isoagglutinogene selbst im gelösten Zustande festgestellt werden können. Dadurch wurde nicht nur die gerichtliche Medizin bereichert, sondern es eröffnen sich auch weitere Perspektiven, die die Gruppenforschung anscheinend noch in Beziehung zur Physiologie bringen. Die Möglichkeit, gelöste Substanzen gruppenspezifisch zu charakterisieren, hat zur Folge, daß man anscheinend auf dem Wege ist, die Chemie der Gruppensubstanzen zu erkennen.

Die Feststellung der gruppenspezifischen Differenzierung der Organzellen hat einen besseren Einblick in das Antigenmosaik der Organe ermöglicht, als deren unmittelbare Folge die Erkennung einer Organspezifität verschiedener Zellen, namentlich aber der Krebszellen war. Es ist noch nicht abzusehen, welche weiteren Folgen für die Physiologie und Pathologie diese Erkenntnis haben kann. Die Fragen, welche an diese Richtung geknüpft sind, beziehen sich auf Probleme von solcher Tragweite, wie die Möglichkeit der Serodiagnostik und der aktiven Immunisierung gegen Krebs.

In dieser Zeitperiode wurde genauer untersucht und erkannt, daß die gruppenspezifischen Differenzen, die man bei verschiedenen Tieren findet, *zum Teil* mit denen bei Menschen identisch sind. Es scheint, daß auch bei Bakterien Substanzen vorhanden sind, die mit Antigenen gruppen- oder artspezifischer Prägung bei Tieren ähnlich oder verwandt sind. Und da die Immunisierbarkeit der Organismen, wenigstens teilweise, von der Ähnlichkeit der Antigene zu den Substanzen der immunisierten Tiere abhängig ist, so kann man hier vielleicht eine teilweise Lösung der Probleme erhoffen, die die ungleichmäßige Immunitätslage der Menschen und Tiere betreffen.

Auch die Vererbung der Isoantikörperbildungsbereitschaft wurde in der Zwischenzeit weiter untersucht. Die genotypische Bedingtheit der *serologischen Begabung*, der Antikörperbildungsbereitschaft, die ich vermutete und die mich veranlaßt hat, das Wort der *Konstitutionsserologie* zu prägen, wurde durch diese Untersuchungen und eine Reihe sonstiger Beobachtungen sichergestellt.

Dies sind diejenigen Probleme, welche die Serologie in unmittelbarer Anlehnung an das früher Erkannte und Überlieferte bearbeitet hat und diesen Problemen soll diese Monographie gewidmet sein.

Dagegen sollen andere Arbeitsrichtungen nur kurz erwähnt werden. Die eine ist die Beziehung zur Anthropologie. Die vielen Anregungen, die hier auftauchten, wurden noch nicht beantwortet. Es scheint aber, daß die Anwendung der Serologie in der Anthropologie, die Methodik und die gedanklichen Möglichkeiten derjenigen Wissenschaft, die ihr Leben gab, übersteigt. In der „Konstitutionsserologie" habe ich das Material zusammengestellt und auch die Versuche der Synthese kurz besprochen, um zu zeigen, wie tief unter Umständen die Serologie in den Werdegang der Menschheit hineinzusehen helfen kann.

Das inzwischen gewonnene serologisch-anthropologische Material stellt eine ungeheure Arbeit dar: über 700 Autoren und über 460000 Einzeluntersuchungen. Ich bringe aber dieses Material nicht, weil die *kritische* Verarbeitung des Materials einen Arbeitsaufwand verlangt, den ich leider nicht leisten kann. Ich glaube auch, daß eine solche Verarbeitung bereits von anthropologischer Seite geschehen sollte. Auch die vielen Arbeiten, an denen hauptsächlich die russische Literatur reich ist, über die Beziehungen der Gruppen zu einer bestimmten Konstitution, werden in dieser Monographie unberücksichtigt bleiben.

In gleicher Weise werden auch die Beziehungen zur Pathologie nicht berührt. In der „Konstitutionsserologie" gab ich eine Zusammenstellung des Materials, da es sich um eine neue Arbeitsrichtung handelte und ich wollte nicht an den „möglichen Tiefen dieser Probleme vorbeigehen". Ich betonte aber das Unwahrscheinliche einer direkten Korrelation und suchte andere Prinzipien des Zusammenhanges heranzuziehen.

Meiner Ansicht nach wurden in der Zwischenzeit keine sicheren Korrelationen gefunden und eine Zusammenstellung der Ergebnisse, nur zum Zwecke, um ihren Wert zu diskreditieren, ohne daß wenigstens ein neues Problem, eine — vielleicht noch unbegründete — Perspektive in Aussicht gestellt werden kann, scheint mir nicht der Mühe wert. Dieses Kapitel soll daher zunächst keine Berücksichtigung finden.

Ich werde diejenigen Befunde, die ich in der „Konstitutionsserologie" besprochen habe, nicht mehr berücksichtigen. Diese Monographie ist demnach vor allem eine Fortsetzung meines Buches und keine Darstellung des Gesamtgebietes. Von den in der Zwischenzeit erschienenen Arbeiten werde ich auch nicht alle erwähnen, da dieser Artikel nur die ausgewählten Kapitel berücksichtigt.

Ich beginne mit der Darstellung der Vererbungsprobleme. Ich habe in meinem Buche das damals untersuchte Familienmaterial unter einer genauen Wiedergabe der Einzelbefunde mitgeteilt, um die evtl. notwendige genaue Einzelanalyse zu ermöglichen. Eine solche Genauigkeit ist aber nicht mehr notwendig. Immerhin bringe ich das Material möglichst vollständig, d. h. womöglich unter der Angabe der Blutgruppe des Vaters und der Mutter und des Geschlechtes der Kinder. Wo dies nicht mehr möglich war, wird das Material nur die Angabe enthalten, die über die Gruppenzugehörigkeit orientiert.

I. Über die Vererbung der Bluteigenschaften 0, A und B.

Bekanntlich haben v. Dungern und Hirszfeld angenommen, daß die Eigenschaften A und B sich unabhängig vererben und daß ihnen das Fehlen dieser Eigenschaft „nicht A" und „nicht B" gegenübersteht. Das gleichzeitige Vorkommen von „nicht A" und „nicht B" wurde als die Gruppe 0 aufgefaßt, das gleichzeitige Vorkommen von A und B führte nach unserer Auffassung zu der Entstehung der Gruppe I (AB) nach Janski. Unsere Erbformel war *damals* die einzig mögliche und erklärte auch restlos das von uns und später von anderen vorgebrachte Familienmaterial. Unsere Erbformel, im einzelnen von Ottenberg diskutiert, wurde im Jahre 1924 von Bernstein einer Kritik unterzogen, deren Einzelheiten in der „Konstitutionsserologie" ausführlich besprochen wurden. Bernstein nahm an, daß es sich bei der Vererbung von 0, A und B um multiple Allelomorphe handelt. Er stützte seine Anschauung auf populationsstatistische Berechnungen. Bei der Betrachtung des Familienmaterials machte Bernstein aufmerksam, daß bei der Annahme der multiplen Allelomorphie von A-, B-, und 0 AB-Eltern keine 0-Kinder und 0-Eltern keine AB-Kinder haben dürfen. Die Vererbung der Blutgruppen untersteht somit folgenden zwei Regeln. Die erste Regel, die von v. Dungern und Hirszfeld aufgestellt wurde, lautet, daß *A und B über ihr Fehlen dominiert und daß daher die Eigenschaften A und B bei den Kindern nicht auftreten können, wenn sie bei den Eltern fehlten.*

Fortsetzung siehe Seite 64.

Die Vererbung der Blutgruppen nach Csörsz — 1927.

Gruppen der Eltern		Familien-zahl	Gruppen der Kinder								Kinder-zahl
			0		A		B		AB		
Vater	Mutter		S	T	S	T	S	T	S	T	
0	0	12	15	10	1	—	—	—	—	—	26
0	A	18	6	4	17	8	—	—	—	—	35
A	0	14	3	6	8	7	1	—	—	—	25
A	A	28	8	9	29	15	—	—	1	—	62
0	B	11	7	5	1	1	7	11	—	—	32
B	0	19	14	5	—	—	7	14	—	—	40
B	B	12	4	3	—	—	7	8	—	—	22
A	B	22	2	9	12	9	8	5	—	11	56
B	A	14	1	—	8	6	1	5	2	3	26
0	AB	4	—	—	3	4	1	1	—	—	9
AB	0	2	—	—	1	—	2	4	—	—	7
A	AB	5	—	—	2	4	3	—	—	—	9
AB	A	7	—	—	5	6	2	2	1	2	18
B	AB	4	—	—	3	1	—	2	—	—	6
AB	B	5	—	—	1	—	3	8	1	1	14
AB	AB	2	—	—	—	—	1	—	—	2	3

Csörsz untersuchte 1926 in Ungarn 179 Familien mit 390 Kindern in Anschluß an größere sehr sorgfältig ausgeführte anthropologisch-serologische Aufnahmen. Er fand 5 Ausnahmen gegenüber der ersten, keine Ausnahmen gegenüber der zweiten Regel. Ich habe die Zahlen bereits in einer Anmerkung bei der Korrektur in meiner „Konstitutions-serologie" mitgeteilt, bringe sie aber noch einmal, da die Zahlen in den zusammenfassenden Tabellen nicht mehr berücksichtigt werden konnten.

Vererbung der Blutgruppen nach Furuhata, Ishida und Kishi — 1927.

Gruppen der Eltern		Familien-zahl	Gruppen der Kinder								Kinder-zahl
			0		A		B		AB		
Vater	Mutter		S	T	S	T	S	T	S	T	
0	0	105	126	90	—	—	—	—	—	—	216
0	A	108	53	37	59	73	—	1	—	1	224
A	0	125	67	55	58	69	—	—	—	—	249
A	A	143	24	31	134	107	1	—	—	—	297
0	B	63	29	24	—	1	34	44	—	—	132
B	0	59	36	29	—	—	42	37	—	—	144
B	B	50	4	10	—	—	45	47	—	—	106
A	B	84	23	13	36	23	42	16	22	18	193
B	A	79	18	16	30	20	22	17	18	11	152
0	AB	28	—	—	19	14	24	15	—	—	72
AB	0	22	—	1	17	11	5	13	—	—	47
A	AB	27	—	—	10	18	8	7	3	7	53
AB	A	23	—	—	18	11	3	7	7	5	51
B	AB	11	—	—	3	5	9	4	4	4	29
AB	B	23	—	—	6	10	16	13	10	8	63
AB	AB	8	—	—	1	3	3	1	2	2	12

Auch diese Tabelle wurde bereits in der „Konstitutionsserologie" mitgeteilt und ich bringe sie aus dem gleichen Grunde wie die Tabelle 1. Es handelt sich wohl um das größte Material gesammelt in einem Laboratorium, indem 958 Familien mit 2046 Kindern untersucht wurden. Es finden sich 5 Ausnahmen gegenüber der ersten, eine gegenüber der zweiten Regel.

    Bekanntlich hat Furuhata eine Vererbungstheorie entwickelt, die in ihren Konse-quenzen sich von der Bernsteinschen nicht unterscheiden läßt. Ich habe die Theorie in der „Konstitutionsserologie" S. 69 besprochen.

Vererbung der Blutgruppen nach MORVILLE — 1927.

| Gruppen der Eltern | | Familien-zahl | Gruppen der Kinder | | | | | | | | Kinder-zahl |
| Vater | Mutter | | 0 | | A | | B | | AB | | |
			S	T	S	T	S	T	S	T	
0	0	9	19	22	3	2	—	—	—	—	46
0	A	8	8	9	14	9	—	—	—	—	40
A	0	10	13	10	15	11	—	—	—	—	43
A	A	11	4	5	31	23	—	—	—	—	63
0	B	1	1	1	—	—	—	2	—	—	4
B	0	2	3	4	1	—	—	1	—	—	9
B	B	—	—	—	—	—	—	—	—	—	—
A	B	1	—	—	—	2	1	—	—	1	4
B	A	2	—	1	2	1	5	1	1	1	12
0	AB	1	—	—	1	—	1	2	—	—	4
AB	0	2	—	—	3	—	4	3	—	—	10
A	AB	1	—	—	—	3	—	1	—	—	4
AB	A	—	—	—	—	—	—	—	—	—	—
B	AB	1	—	—	—	—	1	3	—	2	6
AB	B	—	—	—	—	—	—	—	—	—	—
AB	AB	1	—	—	—	2	1	1	1	—	5

Es handelt sich um ein in Kopenhagen untersuchtes Material, wobei mir der Verf. liebenswürdig die Originalprotokolle zur Verfügung stellte, aus welchen ich die betreffende Zusammenstellung gemacht habe. Es finden sich 6 Ausnahmen gegenüber der Dominanzregel insgesamt bei 4 Familien. In einem Falle heiratete die Mutter mehrere Monate *nach* der Geburt des Kindes, in zwei anderen gab die Mutter auf Befragen eine mögliche Illegitimität zu. In beiden Fällen handelte es sich also wahrscheinlich um Illegitimitäten.

Vererbung der Blutgruppen nach KIRIHARA, SHINICHI und HAKURINSAI — 1928.

| Gruppen der Eltern | | Familien-zahl | Gruppen der Kinder | | | | | | | | Kinder-zahl |
| Vater | Mutter | | 0 | | A | | B | | AB | | |
			S	T	S	T	S	T	S	T	
0	0	17	31	19	—	—	—	—	—	—	50
0	A	26	21	11	18	15	—	—	—	—	65
A	0	31	22	13	29	15	—	—	—	—	79
A	A	35	3	9	52	31	—	—	—	—	95
0	B	27	15	9	—	—	26	20	—	—	70
B	0	29	17	12	—	—	35	17	—	—	81
B	B	16	3	3	—	—	30	24	—	—	60
A	B	22	8	5	12	12	7	5	2	12	63
B	A	31	4	6	15	4	16	12	20	9	86
0	AB	12	1	—	13	3	9	6	1	—	33
AB	0	7	—	—	2	4	6	3	1	—	16
A	AB	10	1	—	5	2	10	2	6	—	26
AB	A	8	3	—	6	2	5	1	4	—	21
B	AB	3	—	—	—	—	3	2	2	1	8
AB	B	12	1	2	1	2	11	9	5	7	38
AB	AB	3	—	—	1	3	2	1	—	—	7

Sorgfältig ausgeführte Untersuchungen, wobei Verff. die „nichtstimmenden" Fälle neben den Untersuchungen der Blutgruppen auch auf die Anwesenheit der Isoagglutinine prüften. Das untersuchte Material bestand aus koreanischen Familien, bei welchen eine große Sittenstrenge herrscht. Die Versuche ergaben in den Ehen 0 × AB 3 Ausnahmen gegenüber der zweiten Regel, in allen Ehen mit AB finden wir 10 Ausnahmen. Verff. berechneten die Anzahl der Kinder, die nach der Annahme von zwei allelomorphen Paaren erwartet werden müssen und fanden quantitativ keine Übereinstimmung. Verff. nehmen daher eine Koppelung zwischen dem A und b und B und a mit etwa 11 % crossing over an. Man erhält dann in den Ehen 0 × AB 2 % statt der berechneten 18,7 % 0-Fälle, was der Erwartung entspricht. Verff. akzeptieren daher die Theorie der zwei allelomorphen Paare mit der Einschränkung einer Koppelung von A und b und B und a. Wir werden diese Frage noch einmal diskutieren im Anschluß an eine Diskussion, die die Arbeit von BAUER hervorrief.

Vererbung der Blutgruppen nach K. LANDSTEINER und PH. LEVINE — 1928.

Gruppen der Eltern		Familien-zahl	Gruppen der Kinder								Kinder-zahl
			0		A		B		AB		
Vater	Mutter		S	T	S	T	S	T	S	T	
0	0	31	72	61	—	—	—	—	—	—	133
0	A	32	28	28	42	43	—	—	—	—	141
A	0	25	28	36	25	28	—	—	—	—	117
A	A	18	11	3	36	28	—	—	—	—	78
0	B	11	15	10	—	—	16	8	—	—	49
B	0	12	18	11	—	—	10	10	—	—	49
B	B	3	2	—	—	—	6	2	—	—	10
A	B	12	4	6	6	8	2	6	8	8	47
B	A	10	3	3	8	7	4	7	4	7	43
0	AB	3	—	—	2	3	1	4	—	—	10
AB	0	3	—	2	3	2	1	5	—	—	13
A	AB	—	—	—	—	—	—	—	—	—	—
AB	A	4	—	—	6	3	1	2	4	1	17
B	AB	—	—	—	—	—	—	—	—	—	—
AB	A	—	—	—	—	—	—	—	—	—	—
AB	AB	1	—	—	—	1	1	—	—	1	3

Untersuchungen bei 166 Familien mit 685 Kindern, die Verff. in Anschluß an ihre Studien über die Vererbung von M und N machten. 3 Familien, bei welchen Verff. eine Illegitimität vermuteten, wurden nicht berücksichtigt. 2 Fälle in der Ehe AB × 0 widersprachen der zweiten Regel. Es handelte sich um eine Negerfamilie, eine Wiederholung wurde verweigert, eine Illegitimität für möglich gehalten.

Vererbung der Blutgruppen nach M. LEICIK — 1928.

Gruppen der Eltern		Familien-zahl	Gruppen der Kinder								Kinder-zahl
			0		A		B		AB		
Vater	Mutter		S	T	S	T	S	T	S	T	
0	0	6	7	9	—	—	—	—	—	—	16
0	A	8	3	1	6	8	—	—	—	—	18
A	0	17	4	4	17	9	—	—	—	—	34
A	A	12	1	6	21	14	—	—	—	—	42
0	B	2	2	1	1	—	4	2	—	—	10
B	0	3	2	3	1	1	5	1	—	—	13
B	B	3	1	1	—	—	2	1	—	—	5
A	B	2	—	—	—	2	—	—	2	1	5
B	A	3	—	2	—	—	1	1	—	1	5
0	AB	1	—	1	1	—	1	—	—	—	3
AB	0	1	—	—	—	—	—	—	1	—	1
A	AB	2	—	—	—	—	—	2	—	1	3
AB	A	2	—	—	—	1	—	—	1	1	3
B	AB	2	—	—	1	—	2	1	1	—	5
AB	B	1	—	—	—	—	—	—	1	—	1
AB	AB	—	—	—	—	—	—	—	—	—	—

Untersuchung der Vererbung bei den übergesiedelten Hebräern des Odessaer Gebietes. Es wurden 65 Familien mit 2 Generationen und 8 Familien mit 3 Generationen untersucht. 3 Ausnahmen gegenüber der ersten und 2 Ausnahmen gegenüber der zweiten Regel, wobei in einem Falle die *Mutter AB* ein 0-Kind hatte, so daß eine Illegitimität nicht angenommen werden konnte. Andere Erklärungsmöglichkeiten s. später.

Vererbung der Blutgruppen nach P. SCHRIDDE — 1929.

Gruppen der Eltern		Familien-zahl	Gruppen der Kinder								Kinder-zahl
			0		A		B		AB		
Vater	Mutter		S	T	S	T	S	T	S	T	
0	0	16	26	9	—	—	—	—	—	—	35
0	A	13	11	11	6	6	—	—	—	—	34
A	0	16	9	7	7	13	—	—	—	—	36
A	A	16	6	3	20	14	—	—	—	—	43
0	B	3	2	1	—	—	3	2	—	—	8
B	0	2	1	1	—	—	—	1	—	—	3
B	B	1	—	—	—	—	1	1	—	—	2
A	B	3	2	—	3	1	—	—	2	1	9
B	A	2	1	1	1	3	1	2	1	—	10
0	AB	1	—	—	—	1	—	—	—	—	1
AB	0	—	—	—	—	—	—	—	—	—	—
A	AB	1	—	—	—	—	—	—	—	1	1
AB	A	—	—	—	—	—	—	—	—	—	—
B	AB	—	—	—	—	—	—	—	—	—	—
AB	A	—	—	—	—	—	—	—	—	—	—
AB	AB	—	—	—	—	—	—	—	—	—	—

Blutgruppenuntersuchung der Bevölkerung des Odenwaldes. Das Material enthielt keine Ausnahmen.

Vererbung der Blutgruppen nach A. K. VUORI — 1929.

Gruppen der Eltern		Familien-zahl	Gruppen der Kinder								Kinder-zahl
			0		A		B		AB		
Vater	Mutter		S	T	S	T	S	T	S	T	
0	0	53	86	68	—	—	—	1	—	—	155
0	A	55	31	46	36	37	—	—	—	—	150
A	0	51	27	27	54	43	1	—	—	—	152
A	A	39	13	9	53	56	—	—	—	—	131
0	B	17	9	14	—	—	17	15	—	—	55
B	0	24	9	22	—	—	30	22	—	—	83
B	B	9	4	2	—	—	11	3	—	—	20
A	B	26	4	4	15	6	9	11	10	13	72
B	A	25	9	12	13	12	10	9	12	13	107
0	AB	12	—	—	6	11	9	11	—	—	37
AB	0	9	—	—	9	10	10	12	—	—	41
A	AB	9	—	—	7	6	—	2	7	2	24
AB	A	12	—	—	11	4	7	4	9	9	44
B	AB	4	—	—	—	1	6	9	2	—	18
AB	B	2	—	—	—	1	1	3	—	1	6
AB	AB	1	—	—	1	—	—	—	—	1	2

VUORI untersuchte in Finnland 348 Familien mit 1080 Kindern. Es fanden sich 2 Ausnahmen gegenüber der ersten Regel. Illegitimität wird nicht ausgeschlossen.

Vererbung der Blutgruppen nach S. S. WERCHOSIN — 1929.

Gruppen der Eltern		Familien-zahl	Gruppen der Kinder								Kinder-zahl
			0		A		B		AB		
Vater	Mutter		S	T	S	T	S	T	S	T	
0	0	13	14	5	—	—	—	—	—	—	19
0	A	11	8	4	4	2	—	1	—	—	19
A	0	15	8	4	9	11	—	1	—	—	33
A	A	9	—	—	17	—	—	—	—	—	17
0	B	11	10	3	—	—	5	7	—	—	25
B	0	10	6	5	—	—	9	2	—	—	22
B	B	4	—	—	—	—	3	4	—	—	7
A	B	9	1	2	9	5	2	4	—	—	23
B	A	7	1	2	6	4	2	1	1	—	17
0	AB	4	—	—	—	2	1	1	—	—	4
AB	0	4	—	—	1	2	3	—	—	—	6
A	AB	—	—	—	—	—	—	—	—	—	—
AB	A	3	—	—	1	—	1	1	1	—	4
B	AB	—	—	—	—	—	—	—	—	—	—
AB	B	1	—	—	—	—	1	—	3	1	5
AB	AB	—	—	—	—	—	—	—	—	—	—

Untersuchungen bei 101 Familien mit 101 Kindern im Transbeikalgebiet in Sibirien. Es finden sich keine Ausnahmen, weder gegen die erste, noch gegen die zweite Regel. Manche Befunde deuten allerdings auf irgendeinen Irrtum bei dem Protokollieren, so finden wir 9 Familien A × A 17 Söhne A, keine 0-Kinder und keine Töchter, was unwahrscheinlich ist.

Vererbung der Blutgruppen nach SCHMIDT — 1931.

Gruppen der Eltern		Familien-zahl	Gruppen der Kinder								Kinder-zahl
			0		A		B		AB		
Vater	Mutter		S	T	S	T	S	T	S	T	
0	0	9	15	14	—	—	—	—	—	—	29
0	A	8	6	7	7	5	—	—	—	—	25
A	0	9	8	4	2	10	—	—	—	—	24
A	A	11	4	4	13	9	—	—	—	—	30
0	B	11	9	6	—	—	6	6	—	—	27
B	0	8	6	3	—	—	6	7	—	—	22
B	B	3	—	1	—	—	5	4	—	—	10
A	B	4	2	3	2	—	3	1	—	2	13
B	A	5	1	1	4	3	3	1	5	1	19
0	AB	5	1	—	4	1	6	1	—	1	14
AB	0	—	—	—	—	—	—	—	—	—	—
A	AB	1	—	—	2	1	—	1	—	—	4
AB	A	—	—	—	—	—	—	—	—	—	—
B	AB	1	—	—	—	—	1	—	—	—	1
AB	A	3	—	—	2	1	4	1	2	—	10
AB	AB	1	—	—	—	1	1	—	—	—	2

Es handelt sich um 81 Zigeunerfamilien in Jugoslavien. Diese Tabelle wird gewöhnlich so zitiert, daß sie anscheinend 9 Ausnahmen gegen die zweite Regel enthält. Indessen haben die meisten Verff. nicht bemerkt, daß es sich um einen Druckfehler handelt, den Verf. in einer der nächsten Nummern der Zeitschrift für Rassenbiologie korrigierte. Es findet sich nur eine Ausnahme gegen BERNSTEIN, indem eine AB-Mutter ein 0-Kind hatte, indessen muß man gerade bei den Zigeunern mit der Möglichkeit rechnen, daß auch die Mater incerta est. Überhaupt dürften Nomadenfamilien mit einer so wenig stabilen Lebensweise kaum ein geeignetes Material liefern.

Vererbung der Blutgruppen nach GÖTA TINGVALD — 1931.

Gruppen der Eltern		Familien-zahl	Gruppen der Kinder								Kinder-zahl
			0		A		B		AB		
Vater	Mutter		S	T	S	T	S	T	S	T	
0	0	—	10	14	—	—	—	—	—	—	24
0	A	—	7	5	5	4	—	—	—	—	21
A	0	—	6	5	6	6	—	—	—	—	23
A	A	—	8	7	13	20	—	—	—	—	49
0	B	—	4	7	—	—	4	9	—	—	24
B	0	—	4	4	—	—	1	1	—	—	10
B	B	—	—	—	—	—	2	2	—	—	4
A	B	—	1	—	3	3	2	3	1	—	13
B	A	—	2	2	2	4	7	4	1	1	23
0	AB	—	—	—	—	2	1	—	—	—	3
AB	0	—	—	—	1	1	1	1	—	—	4
A	AB	—	—	—	2	—	—	—	1	1	4
AB	A	—	—	—	—	1	—	—	1	5	7
B	AB	—	—	—	—	—	—	—	—	2	2
AB	B	—	—	—	1	—	2	5	2	2	12
AB	AB	—	—	—	—	—	—	—	—	1	1

Untersuchungen bei 1000 Bewohnern der Kirchspiele Alsataro, Mellila und Tamella in Südwest-Finnland. Es wurden 74 Familien untersucht. Verf. gibt nicht an, wieviele Familien in den einzelnen Rubriken untersucht wurden. Es finden sich keine Ausnahmen, weder gegenüber der ersten noch gegenüber der zweiten Regel.

Vererbung der Blutgruppen nach MAYSER — 1932.

Gruppen der Eltern		Familien-zahl	Gruppen der Kinder								Kinder-zahl
			0		A		B		AB		
Vater	Mutter		S	T	S	T	S	T	S	T	
0	0	19	27	19	—	—	—	—	—	—	46
0	A	16	10	8	13	13	—	—	—	—	44
A	0	22	13	16	10	16	—	—	—	—	55
A	A	24	5	6	25	25	—	—	—	—	61
0	B	3	1	4	—	—	—	2	—	—	7
B	0	6	5	6	—	—	3	2	—	—	16
B	B	2	1	1	—	—	2	1	—	—	5
A	B	3	—	2	1	1	1	—	1	2	8
B	A	11	—	2	3	6	4	2	4	4	25
0	AB	6	—	—	2	4	2	4	—	—	12
AB	0	5	—	—	6	4	2	3	—	—	15
A	AB	—	—	—	—	—	—	—	—	—	—
AB	A	1	—	—	2	—	—	—	—	1	3
B	AB	—	—	—	—	—	—	—	—	—	—
AB	B	—	—	—	—	—	—	—	—	—	—
AB	AB	—	—	—	—	—	—	—	—	—	—

Untersuchungen an der gerichtlich-medizinischen Anstalt in Stuttgart bei 118 Familien mit 297 Kindern. Keine Ausnahmen gegenüber den beiden Regeln.

Dieses Material ergibt bei der Zusammenstellung folgende Zahlen:

Übersichtstabelle 1. Zusammenstellung der Ergebnisse unter Berücksichtigung der Blutgruppe des Vaters und der Mutter und des Geschlechtes der Kinder nach CSÖSZ, FURUHATA, MORVILLE, KIRIHARA, SHINICHI und HAKURINSAI, K. LANDSTEINER und PH. LEVINE, M. LEICIK, P. SCHRIDDE, A. K. VUORI, S. S. WERCHOSIN, SCHMIDT, GÖTA TINGVALD, MAYSER.

Gruppen der Eltern		Familien-zahl	Gruppen der Kinder								Kinder-zahl
			0		A		B		AB		
Vater	Mutter		S	T	S	T	S	T	S	T	
0	0	290	448	340	4	2	—	1	—	—	795
0	A	303	192	171	227	223	—	2	—	1	816
A	0	335	208	187	240	238	2	1	—	—	876
A	A	346	87	109	427	342	1	—	1	—	967
0	B	160	104	85	2	2	122	128	—	—	443
B	0	174	121	105	2	1	148	115	—	—	492
B	B	102	19	21	—	—	114	97	—	—	251
A	B	188	47	43	99	72	77	51	48	69	506
B	A	191	40	48	94	73	73	59	69	67	523
0	AB	77	2	1	51	45	56	45	1	1	202
AB	0	35	—	3	43	34	34	44	2	—	160
A	AB	56	1	—	28	34	21	15	17	12	128
AB	A	60	3	—	49	28	19	17	28	24	168
B	AB	26	—	—	7	7	22	21	9	9	75
AB	B	47	1	2	11	14	38	39	24	20	149
AB	AB	17	—	—	3	10	9	3	3	7	35
Zusammen		2407 + 74									6586

Übersichtstabelle 2. Zusammenstellung der Ergebnisse der Vererbungsuntersuchungen isoagglutinabler Substanzen unter Berücksichtigung der Blutgruppen des Vaters und der Mutter und des Geschlechtes der Kinder von 1910—1933.

Gruppen der Eltern		Familien-zahl	Gruppen der Kinder								Kinder-zahl
			0		A		B		AB		
Vater	Mutter		S	T	S	T	S	T	S	T	
0	0	480	684	570	4	9	—	1	—	—	1268
0	A	511	280	268	377	418	1	3	1	2	1350
A	0	580	328	309	402	396	4	2	1	2	1444
A	A	540	129	154	631	539	1	—	1	—	1455
0	B	245	144	123	2	2	181	176	—	1	629
B	0	243	156	143	2	1	194	158	1	—	655
B	B	141	25	29	—	—	163	140	—	—	357
A	B	268	58	56	135	99	103	75	66	90	682
B	A	286	56	56	120	90	105	84	95	101	707
0	AB	117	9	7	72	74	78	63	12	11	326
AB	0	58	1	4	56	49	47	60	2	—	219
A	AB	91	3	—	42	55	34	23	34	25	216
AB	A	92	4	—	72	46	26	26	37	30	241
B	AB	40	—	—	9	9	31	31	13	16	109
AB	B	62	1	3	13	21	46	47	32	26	189
AB	AB	32	—	—	3	12	10	5	9	11	50
Zusammen		3777									9597

Die zweite Vererbungsregel stammt von BERNSTEIN und lautet, daß *AB-Eltern keine 0-Kinder und 0-Eltern keine AB-Kinder zeugen können.* In der Literatur werden manchmal diese Definitionen insofern nicht richtig angewandt, indem der Widerspruch gegen die erste Regel nicht als Widerspruch gegen BERNSTEIN geschildert wird. Dies ist natürlich unrichtig, da die Erbformel von BERNSTEIN die Dominanzregel mit umfaßt. Bei der Besprechung der Tabellen werde ich lediglich erwähnen, ob das betreffende Material Ausnahmen gegen die erste oder die zweite Regel enthält.

Die meisten zitierten Arbeiten stammen aus den Jahren 1928—1933. Nur wenige stammen aus früheren Jahren und wurden nur deswegen berücksichtigt, weil ich sie in meinen damaligen Gesamttabellen nicht mehr bringen konnte (siehe vorstehende Tabellen S. 57—63).

Die Übersichtstabelle 2, die ein Material von über 9000 Kindern umfaßt, ist geeignet, die Frage zu beantworten, ob bei bestimmten Gruppenkombinationen der Eltern ein Übergewicht der Söhne oder der Töchter vorliegt. Ich habe in der „Konstitutionsserologie" auf manche Zahlen aufmerksam gemacht, die auf eine solche Abhängigkeit hinweisen *könnten*. Auch in dieser Tabelle fällt ein gewisses Übergewicht der Knaben auf, man sieht z. B., daß in den Ehen Vater 0, Mutter A mehr Töchter (418 auf 377 Söhne), in den Ehen 0 auf 0 mehr Söhne auftreten u.dgl. Nur eine mathematische Analyse kann zeigen, ob diese scheinbar beträchtlichen Differenzen nicht zufällig sind [1]. Wollen wir die erste Rubrik betrachten: In den Ehen Vater 0, Mutter 0 finden wir auf 1254 Kinder 684 Knaben und 570 Mädchen, was 54,5% Knaben ausmacht. Der normale Prozentsatz der Knaben beträgt nach PRINZING 51,5%. Um uns zu überzeugen, ob diese Differenz zufällig oder reell ist, wollen wir die Gleichung heranziehen, in welcher die Summe der Quadrate der wahrscheinlichen Abweichungen verglichen wird mit dem Quadrat der Differenz zwischen den Prozentsätzen:

$$(r^2 + r_1{}^2) \gtrless (m - m_1)^2,$$

wo r und r_1 wahrscheinliche Abweichungen bedeuten, m und m_1 die zu vergleichenden Prozentsätze. Wenn $r^2 + r_1^2$ geringer ist als $(m - m)_1)^2$, so ist die Differenz reell, wenn nicht, ist sie zufällig.

Die wahrscheinliche Abweichung für 54,5% in unserem Falle, berechnet nach POISSON, beträgt 3,9%; für die Knabengeburtzahlen nach PRINZING kann man sie praktisch als 0 betrachten, da die Zahl auf Grund vieler Millionen Geburten berechnet wurde. Die Berechnung wäre demnach folgende:

$$m = 54{,}5 \quad m_1 = 51.5$$
$$r = 3{,}9 \quad r_1 = 0$$
$$r^2 + r_1{}^2 = 3{,}9^2 = 15{,}21$$
$$(m - m)^2 = 3^2 = 9$$
$$(r^2 + r_1{}^2) > (m - m_1)^2 \quad \text{da} \quad 15{,}21 > 9.$$

Man sieht demnach, daß *die gefundene Differenz noch als zufällig betrachtet werden muß.* Entsprechende Berechnungen auch an anderem Material ergeben den gleichen Befund. Das vorliegende Material gibt demnach *keine* Anhaltspunkte für die Annahme, daß das Geschlecht der Kinder irgendwie von den Gruppenkombinationen der Eltern abhängig ist.

In den folgenden Tabellen wird das Familienmaterial zusammengestellt mit der Angabe der Blutgruppen des Vaters und der Mutter ohne Berücksichtigung des Geschlechtes der Kinder:

---

[1] Für die Mitarbeit bei den Berechnungen möchte ich Herrn Dr. SPORZYŃSKI bestens danken.

Vererbung der Blutgruppen nach V. RUBASCHKIN, V. HECKER, I. KOROTKIN — 1928.

Gruppen der Eltern		Familien-zahl	Gruppen der Kinder				Kinder-zahl
Vater	Mutter		0	A	B	AB	
0	0	13	34	—	—	—	34
0	A	15	21	22	—	—	43
A	0	17	24	15	—	—	39
A	A	14	5	32	—	—	37
0	B	5	5	—	8	—	13
B	0	6	9	—	6	—	15
B	B	6	1	—	17	—	18
A	B	8	1	14	9	3	27
B	A	4	—	6	6	1	13
0	AB	3	—	2	5	—	7
AB	0	—	—	—	—	—	—
A	AB	5	—	10	4	6	20
AB	A	—	—	—	—	—	—
B	AB	3	—	1	6	2	9
AB	B	—	—	—	—	—	—
AB	AB	1	—	—	1	1	2

Verff. untersuchten 100 ukrainische Familien mit 276 Kindern. Bei den Ehen mit AB wurden stets auch die Isoagglutinine bestimmt. Keine Ausnahmen gegenüber den beiden Regeln.

Vererbung der Blutgruppen nach FISCHER, Frankfurt a. M. — 1929.

Gruppen der Eltern		Familien-zahl	Gruppen der Kinder				Kinder-zahl
Vater	Mutter		0	A	B	AB	
0	0	5	20	2	—	—	22
0	A	9	11	23	—	—	34
A	0	7	17	10	—	—	27
A	A	11	7	26	—	—	33
0	B	2	6	—	2	—	8
B	0	2	3	—	4	—	—
B	B	—	—	—	—	—	—
A	B	4	—	3	4	5	12
B	A	6	4	1	8	7	20
0	AB	3	—	3	3	—	6
AB	0	—	—	—	—	—	—
A	AB	1	—	1	1	—	2
AB	A	2	—	5	1	3	9
B	AB	—	—	—	—	—	—
AB	A	—	—	—	—	—	—
AB	AB	—	—	—	—	—	—

Untersuchungen, die Verf. über die Koppelungserscheinungen zwischen der Scharlachempfänglichkeit und den Blutgruppen ansetzte. Keine Ausnahmen gegenüber den beiden Regeln.

Vererbung der Blutgruppen nach A. LJACHOWIECKIJ und M. ROSANOWA — 1930.

Gruppen der Eltern		Familien-zahl	Gruppen der Kinder				Kinder-zahl
Vater	Mutter		0	A	B	AB	
0	0	5	15	—	—	—	15
0	A	16	17	22	—	—	39
A	0	12	23	11	—	—	34
A	A	16	6	33	—	—	39
0	B	3	3	—	6	—	9
B	0	2	5	—	4	—	9
B	B	3	4	—	5	—	9
A	B	4	4	—	8	—	12
B	A	6	—	5	6	4	15
0	AB	1	—	1	—	—	1
AB	0	1	—	1	3	—	4
A	AB	3	—	3	4	—	7
AB	A	4	—	10	1	2	13
B	AB	—	—	—	—	—	—
AB	B	1	—	1	4	—	5
AB	AB	—	—	—	—	—	—

Verff. untersuchten 80 Familien mit 211 Kindern. Am gesamten Material wurden 4 Fälle beobachtet, wo bei den Kindern eine Gruppeneigenschaft auftrat, die bei den Eltern fehlte. 2 Familien 0 × A, eine 0 × B, eine B × B. Es handelt sich wahrscheinlich um Illigitimität, so daß Verf. die Fälle nicht berücksichtigte.

Vererbung der Blutgruppen nach HASELHORST — 1930.

Gruppen der Eltern		Familien-zahl	Gruppen der Kinder				Kinder-zahl
Vater	Mutter		0	A	B	AB	
0	0	154	167	1	—	—	168
0	A	188	92	98	2	—	192
A	0	157	58	101	1	—	160
A	A	173	23	151	—	—	174
0	B	56	28	2	30	—	60
B	0	35	17	—	20	—	37
B	B	24	2	—	23	—	25
A	B	55	10	20	19	7	56
B	A	57	9	20	15	14	58
0	AB	24	1	11	14	—	26
AB	0	10	—	4	7	—	11
A	AB	19	—	5	8	6	19
AB	A	19	—	9	6	4	19
B	AB	7	—	1	5	1	7
AB	B	5	—	1	2	2	5
AB	AB	7	—	1	4	2	7
Zusammen		1000					1024

Die Untersuchungen wurden an den Neugeborenen in der Frauenklinik unternommen. Bis auf einen können alle Fälle, in welchen bei Kindern Receptoren auftraten, die bei den Eltern fehlten, auf wahrscheinliche Illegitimität zurückgeführt werden. Die Gruppenverteilung war bei den Vätern, Müttern und Kindern ungefähr gleich, ebensowenig wurde der Einfluß der Gruppenfremdheit zwischen Mutter und Kind auf das Geschlecht der Kinder oder ein häufigeres Auftreten der mit den Müttern gruppengleichen Kinder festgestellt. Außer den oben erwähnten kompletten Familien wurden noch 1013 Mutter-Kind-Kombinationen untersucht. Bei der Vererbung in den Ehen mit AB wurde *bis auf einen Fall*, bei welchem die Mutter AB ein Kind 0 hatte, die BERNSTEINsche Regel bestätigt (s. später). Verf. stellte auch die Gewichte der Neugeborenen unter Berücksichtigung der Blutgruppe der Mutter und des Kindes zusammen. Das Ergebnis bestätigte nicht die Beobachtung von HIRSZFELD und ZBOROWSKI, da die homospezifischen Früchte sogar etwas geringere Durchschnittsgewichte hatten als die heterospezifischen.

Vererbung der Blutgruppen nach JABOLOTNY — 1930.

Gruppen der Eltern		Familien-zahl	Gruppen der Kinder				Kinder-zahl
Vater	Mutter		0	A	B	AB	
0	A	10	21	—	—	—	21
0	A	9	6	8	—	—	14
A	0	7	6	10	1	—	17
A	A	13	1	18	—	—	19
0	B	5	5	—	5	—	10
B	0	11	10	1	14	—	25
B	B	8	1	—	11	1	13
A	B	9	4	4	11	3	22
B	A	6	3	4	3	9	19
0	AB	3	—	5	5	—	10
AB	0	1	1	—	—	—	1
A	AB	6	1	6	3	4	14
AB	A	4	—	2	2	3	7
B	AB	2	—	—	3	1	4
AB	B	—	—	—	—	—	—
AB	AB	3	—	1	2	2	5
Zusammen		97					200

Anläßlich anthropologischer Untersuchungen bei Karaimen und Krimtschaken sowie Krimer Zigeunern und weißrussischen Tataren wurden Vererbungsuntersuchungen unternommen. Die Dominanzregel der Eigenschaften von A und B wurde in 3 Fällen durchbrochen, was Verf. durch Illegitimität erklären möchte. Interessant war eine Familie L.: Vater A, Mutter 0, ein Kind 0 und drei Drillinge, wovon 2 A und 1 B. Dieser Fall könnte unter Umständen als Superfecundatio interpretiert werden. In einer Ehe Vater AB, Mutter 0 wurde ein Kind 0 festgestellt, was der zweiten Regel widerspricht. Die Gruppen wurden sowohl durch Bestimmung der Blutkörperchen, wie der Isoagglutinine festgestellt. Verf. schreibt, daß die Illegitimität natürlich schwer zu widerlegen ist, daß aber der Ehemann das Kind für sein eigenes hält. Bei 49 Müttern der Gruppe 0 fand Verf. keine AB-Kinder und bei 12 AB-Müttern keine 0-Kinder.

Vererbung der Blutgruppen nach KOSSOWITSCH — 1931.

Gruppen der Eltern		Familien-zahl	Gruppen der Kinder				Kinder-zahl
Vater	Mutter		0	A	B	AB	
0	0	39	104	—	—	—	104
0	A	29	42	55	—	—	97
A	0	33	44	70	—	—	114
A	A	21	22	55	—	—	77
0	B	3	3	—	5	—	8
B	0	4	7	—	6	—	13
B	B	2	2	—	6	—	8
A	B	14	6	18	8	1	33
B	A	11	6	16	13	2	37
0	AB	4	1	11	3	—	15
AB	0	1	—	11	2	—	3
A	AB	5	—	10	4	5	19
AB	A	3	—	6	3	4	13
B	AB	5	—	7	7	2	16
AB	B	2	1	4	2	2	9
AB	AB	2	—	1	1	3	5
Zusammen		170					571

Untersuchungen an 178 französischen Familien mit 570 Kindern. Verf. findet gegenüber der zweiten Regel 2 Ausnahmen, und zwar *in einem Falle hatte eine AB-Mutter ein 0-Kind*. Verf. untersuchte sowohl die Blutkörperchen wie das Serum und ist sich der theoretischen Wichtigkeit dieser Feststellung bewußt.

Übersichtstabelle 3. Zusammenstellung der Ergebnisse unter Berücksichtigung der Gruppe des Vaters und der Mutter ohne Angabe des Geschlechtes der Kinder. Verfasser wie in der Zusammenstellung Nr. 1, außerdem Rubaschkin, Hecker und Korotkin, Fischer, Ljachowieckij und Rosanowa, Haselhorst, Zabolotnij, Kossowitsch — 1927—1933.

Gruppen der Eltern		Familien-zahl	Gruppen der Kinder								Kinder-zahl
			0		A		B		AB		
Vater	Mutter		abs.	%	abs.	%	abs.	%	abs.	%	
0	0	518	1149	0,99	9	0,77	1	0,08	—	—	1159
0	A	568	552	44,7	678	54,9	4	0,32	1	0,08	1235
A	0	568	567	44,9	695	54,8	5	0,4	—	—	1267
A	A	594	260	19,3	1084	80,6	1	0,07	1	0,07	1346
0	B	234	239	43,4	6	1,0	306	55,3	—	—	551
B	0	234	277	46,3	4	0,6	317	53,0	—	—	598
B	B	145	50	15,4	—	—	278	84,2	1	0,3	324
A	B	282	115	17,2	230	34,4	187	27,8	136	20,8	668
B	A	281	110	16,0	219	31,9	183	26,6	173	25,2	685
0	AB	115	5	1,9	129	48,3	131	49,0	2	0,75	267
AB	0	48	4	2,2	83	46,3	90	50,2	2	1,1	179
A	AB	95	2	0,95	97	46,4	60	28,9	50	23,9	209
AB	A	92	3	1,3	109	47,5	49	21,8	68	29,6	229
B	AB	43	—	—	23	20,7	64	57,6	24	21,6	111
AB	B	55	4	2,4	31	18,4	85	50,5	48	28,5	168
AB	AB	30	—	—	16	29,6	20	37,0	18	33,3	54
Zusammen		3904									9050

Übersichtstabelle 4. Übersichtstabelle der Vererbung isoagglutinabler Substanzen unter Berücksichtigung der Gruppen des Vaters und der Mutter ohne Angabe des Geschlechtes der Kinder auf Grund des vorliegenden Materials aus den Jahren 1910—1933.

Gruppen der Eltern		Familien-zahl	Gruppen der Kinder								Kinder-zahl
			0		A		B		AB		
Vater	Mutter		abs.	%	abs.	%	abs.	%	abs.	%	
0	0	742	1653	99,0	16	1,0	1	—	—	—	1670
0	A	803	754	41,8	1042	57,7	6	0,3	3	0,2	1805
A	0	843	824	44,0	1038	55,4	8	0,4	3	0,2	1873
A	A	813	356	19,0	1515	81,0	1	—	1	—	1873
0	B	331	322	42,7	6	0,8	425	56,4	1	0,1	754
B	0	313	354	45,8	4	0,5	414	53,6	1	0,1	773
B	B	184	64	14,9	—	—	365	84,9	1	0,2	430
A	B	375	143	16,5	296	34,2	244	28,2	183	21,1	866
B	A	388	139	15,7	268	30,2	246	27,7	235	26,4	888
0	AB	168	19[1]	4,5	199	47,4	179	42,6	23	5,5	420
AB	0	83	7	2,6	119	44,6	139	52,1	2	0,7	267
A	AB	138	4	1,2	146	44,2	84	25,5	96	29,1	330
AB	A	135	6	1,8	164	49,4	70	21,1	92	27,7	332
B	AB	60	—	—	27	17,3	89	57,1	40	25,6	156
AB	B	71	5	2,3	40	18,7	105	49,1	64	29,9	214
AB	AB	37	7	8,8	20	25,0	24	30,0	29	36,2	80
Zusammen		5484	4657	36,6	4900	38,5	2400	18,9	774	6,0	12731

[1] Manche von diesen Angaben wurde von den Verff. zurückgezogen, z. B. Staquet (von seinem Chef Bruynoghe). Es schien mir unnötig, die Einzelkorrekturen in den Tabellen zu berücksichtigen, da die Deutung der Ergebnisse selbst bei Vorhandensein dieser Ausnahmen im früheren Material vom genetischen Standpunkte aus eindeutig ist.

Vererbung der Blutgruppen nach BARSKY — 1926.

Eltern	Familien-zahl	Gruppen der Kinder				Kinder-zahl
		0	A	B	AB	
0 × 0	58	58	—	—	—	58
0 × A	55	28	29	—	—	57
A × A	30	2	30	—	—	32
0 × B	33	14	—	19	—	33
B × B	14	2	—	12	—	14
A × B	23	2	12	8	2	24
0 × AB	7	1	3	1	2	7
A × AB	8	—	6	—	2	8
B × AB	5	—	—	4	1	5
AB × AB	1	—	—	—	1	1

Untersuchungen ausgeführt noch 1926 in Rußland, die ich in der „Konstitutionsserologie" nicht mehr berücksichtigen konnte. Es handelt sich um Untersuchungen von Neugeborenen. Drei Ausnahmen gegenüber der zweiten Regel, wobei eine genaue Prüfung kaum vorgenommen werden konnte.

Vererbung der Blutgruppen nach F. KISCHI, zitiert nach WELLISCH — 1927.

Eltern	Familien-zahl	Gruppen der Kinder				Kinder-zahl
		0	A	B	AB	
0 × 0	63	103	—	—	—	103
0 × A	146	105	133	—	—	238
A × A	101	31	144	—.	—	175
0 × B	77	65	—	70	—	135
B × B	34	11	—	57	—	68
A × B	95	40	60	44	32	176
0 × AB	28	—	27	21	—	48
A × AB	38	—	45	18	12	75
B × AB	16	—	13	16	7	36
AB × AB	5	—	4	3	2	9

Diese Tabelle enthält einen Teil der genauen japanischen Arbeiten. Keine Ausnahmen gegenüber den beiden Vererbungsregeln.

Vererbung der Blutgruppen nach S. LIJIMA, zitiert nach WELLISCH — 1927.

Eltern	Familien-zahl	Gruppen der Kinder				Kinder-zahl
		0	A	B	AB	
0 × 0	51	144	1	—	—	115
0 × A	87	70	117	1	—	188
A × A	46	23	80	—	—	103
0 × B	42	46	—	46	—	92
B × B	18	8	—	38	1	47
A × B	62	20	32	31	44	127
0 × AB	24	—	33	22	—	55
A × AB	22	—	30	19	5	54
B × AB	17	—	10	20	8	38
AB × AB	5	—	1	4	4	9

Drei Ausnahmen gegenüber der ersten, keine gegenüber der zweiten Regel.

Vererbung der Blutgruppen nach NAKOZONE, zitiert nach WELLISCH — 1927.

Eltern	Familien-zahl	Gruppen der Kinder				Kinder-zahl
		0	A	B	AB	
0 × 0	7	12	—	—	—	12
0 × A	19	14	27	—	—	41
A × A	11	2	23	—	—	25
0 × B	10	7	—	16	—	23
B × B	13	9	—	28	—	37
B × B	20	7	12	12	16	47
0 × AB	10	—	10	14	—	24
A × AB	11	—	14	3	12	29
B × AB	10	1	7	15	10	33
AB × AB	8	—	5	5	11	21

Eine Ausnahme gegenüber der zweiten Regel, indem in der Ehe B × AB ein 0-Kind auftrat.

Vererbung der Blutgruppen nach LEFEVRE, zitiert nach LATTES — 1927.

Eltern	Familien-zahl	Gruppen der Kinder				Kinder-zahl
		0	A	B	AB	
A × 0	16	28	—	—	—	28
0 × A	24	15	41	—	—	56
A × A	10	5	26	—	—	31
0 × B	7	4	—	14	—	18
B × B	—	—	—	—	—	—
A × B	6	5	4	2	1	12
0 × AB	2	2	2	1	—	5
A × AB	2	—	4	—	2	6
B × AB	2	1	1	1	1	4
AB × AB	—	—	—	—	—	—
Zusammen	69					

Untersuchungen in Brasilien an 69 Familien. Keine Ausnahme gegenüber der ersten, drei gegenüber BERNSTEIN. Nach LATTES hat Verf. wahrscheinlich die Fälle nicht genau untersucht.

Vererbung der Blutgruppen nach KLIEWE und NAGEL — 1927.

Eltern	Familien-zahl	Gruppen der Kinder				Kinder-zahl
		0	A	B	AB	
0 × 0	9	21	—	—	—	21
0 × A	14	14	15	—	—	29
A × A	13	10	19	—	—	29
0 × B	4	7	—	4	—	11
B × B	1	2	—	1	—	3
A × B	6	1	6	3	—	10
0 × AB	2	—	4	1	—	5
A × AB	2	—	3	—	—	3
B × AB	—	—	—	—	—	—
AB × AB	—	—	—	—	—	—
Zusammen	51					

Verff. publizierten zunächst eine Statistik, in welcher sie 5 Ausnahmen in 2 Familien gegenüber der zweiten Regel hatten. Ich brachte die Statistik als Anmerkung bei der Korrektur in der „Konstitutionsserologie". Nach der Kenntnisnahme der Diskussion haben Verff. eine Familie als Irrtum erkannt.

Vererbung der Blutgruppen nach Sievers — 1927.

Eltern	Familien-zahl	Gruppen der Kinder				Kinder-zahl
		0	A	B	AB	
0 × 0	30	101	—	—	—	101
0 × A	83	95	123	—	—	218
A × A	64	23	136	—	—	159
0 × B	33	36	—	50	—	86
B × B	6	3	—	19	—	22
A × B	43	12	54	29	32	127
0 × AB	14	—	30	29	—	59
A × AB	12	—	22	11	7	40
B × AB	1	—	1	3	—	4
AB × AB	—	—	—	—	—	—
Zusammen	286					816

Besonders genaue Untersuchungen in Finnland bei 286 Familien mit 816 Kindern ergaben keine Ausnahmen gegenüber den beiden Regeln.

Vererbung der Blutgruppen nach Tajima, zitiert nach Wellisch — 1928.

Eltern	Familien-zahl	Gruppen der Kinder				Kinder-zahl
		0	A	B	AB	
0 × 0	10	22	—	—	—	22
0 × A	33	26	52	—	—	78
A × A	26	13	46	—	—	59
0 × B	21	21	—	35	—	56
B × B	9	7	—	21	—	28
A × B	33	25	25	18	27	95
0 × AB	7	—	7	2	—	9
A × AB	13	—	17	6	11	34
B × AB	3	—	1	5	1	7
AB × AB	3	—	2	2	5	9

Keine Ausnahme gegenüber den beiden Vererbungsregeln.

Vererbung der Blutgruppen nach Graff und Werkgartner — 1928.

Eltern	Familien-zahl	Gruppen der Kinder				Kinder-zahl
		0	A	B	AB	
0 × 0	66	65	1	—	—	66
0 × A	168	70	97	1	—	168
A × A	83	15	68	—	—	83
0 × B	44	22	—	22	—	44
B × B	11	4	—	7	—	11
A × B	62	12	17	18	15	62
0 × AB	24	—	15	9	—	24
A × AB	30	—	14	7	9	30
B × AB	5	—	2	3	—	5
AB × AB	3	—	—	—	3	3
Zusammen	496					

Untersuchungen in Wien an 500 Familien mit ihren Neugeborenen mit 4 Ausnahmen, wobei 3 entgegen der ersten und eine gegen die zweite Regel. Der Ehemann leugnete die Vaterschaft, so daß die Fälle nicht berücksichtigt wurden. In zwei Fällen, in welchen bei Kindern A bzw. B auftrat, das bei den Eltern fehlte, halten Verff. Illegitimität für wahrscheinlich. (Verff. schieden das Material nach der Gruppe des Vaters und der Mutter, sowie Geschlecht der Kinder. Aus Versehen wurde diese Tabelle erst hier aufgenommen.)

Vererbung der Blutgruppen nach STRENG und RYTI — 1929.

Eltern	Familien-zahl	Gruppen der Kinder				Kinder-zahl
		0	A	B	AB	
0 × 0	4	15	—	—	—	15
0 × A	3	3	5	—	—	8
A × A	5	2	8	—	—	10
0 × B	1	1	—	2	—	3
B × B	—	—	—	—	—	—
A × B	3	—	2	2	4	8
0 × AB	3	—	4	4	—	8
A × AB	5	—	9	6	3	18
B × AB	—	—	—	—	—	—
AB × AB	—	—	—	—	—	—

Die verdienten Verff. untersuchten im Anschluß an ihre Arbeiten in Finnland 24 Familien mit 70 Kindern. Keine Ausnahmen gegenüber den beiden Regeln.

Vererbung der Blutgruppen nach OKU — 1930.

Eltern	Familien-zahl	Gruppen der Kinder				Kinder-zahl
		0	A	B	AB	
0 × 0	16	37	—	—	—	37
0 × A	31	21	50	—	—	71
A × A	16	13	38	—	—	51
0 × B	19	14	—	34	—	48
B × B	6	6	—	9	—	15
A × B	15	8	10	10	15	43
0 × AB	6	1	10	8	—	19
A × AB	7	—	9	3	4	16
B × AB	4	—	1	7	7	15
AB × AB	1	—	1	—	—	1
Zusammen	121					318

Verff. untersuchte 121 Familien, wo beide Eltern und 24, wo nur ein Elter am Leben war. Die letzten sind in der Tabelle nicht berücksichtigt. Im Material, wo nur ein Elter untersucht werden konnte, fand Verf. einen Fall, wo eine Mutter 0 ein Kind AB hatte. In der Ehe 0 × AB, bei welcher das 0-Kind aufgetreten war, handelte es sich anscheinend um das jüngste Kind, im übrigen waren 2 Kinder A und 2 Kinder B. Verf. schließt, daß seine Befunde die Annahme zweier allelomorphen Paare qualitativ, die der multiplen Allelomorphe quantitativ zu stützen geeignet sind. Es wurden Hilfshypothesen vorgeschlagen.

Vererbung der Blutgruppen nach ISHIDA — 1929.

Eltern	Familien-zahl	Gruppen der Kinder				Kinder-zahl
		0	A	B	AB	
0 × 0	42	115	—	—	—	115
0 × A	87	107	126	—	—	233
A × A	42	24	98	—	—	122
0 × B	45	52	—	87	—	139
B × B	16	3	—	35	—	38
A × B	68	35	49	43	37	164
0 × AB	29	—	34	36	—	70
A × AB	12	—	13	7	11	31
B × AB	18	—	11	26	19	56
AB × AB	3	—	—	1	2	3
Zusammen	355					971

Untersuchungen an 355 Familien. Keine Ausnahmen gegenüber den beiden Regeln. Verf. schließt, daß die bis jetzt erhobenen Befunde für die Allelomorphie der Gene A und B bzw. für eine sehr enge Koppelung der gegenseitigen Allelomorphen sprechen.

Vererbung der Blutgruppen nach Uemichi — 1929.

Eltern	Familien-zahl	Gruppen der Kinder				Kinder-zahl
		0	A	B	AB	
0 × 0	19	31	—	—	—	31
0 × A	45	26	42	—	—	68
A × A	34	3	60	—	—	63
0 × B	29	26	—	26	—	52
B × B	16	8	—	31	—	39
A × B	28	7	14	3	25	49
0 × AB	9	—	6	7	—	13
A × AB	17	—	9	8	16	33
B × AB	12	—	4	13	10	27
AB × AB	—	—	—	—	—	—
Zusammen	209					375

Untersuchungen bei 209 Familien mit 375 Kindern. Keine Ausnahmen gegenüber den beiden Regeln.

Vererbung der Blutgruppen nach Malinin und Strukow (Rußland, 6 Familien), Ribeiro de Carvalho (Brasilien, 20 Familien), Arne Larreta (Peru, 10 Familien), del Carpio Olivi (Italien, 15 Familien), zitiert nach Lattes — 1930.

Eltern	Familien-zahl	Gruppen der Kinder				Kinder-zahl
		0	A	B	AB	
0 × 0	25	73	—	—	—	73
0 × A	16	27	29	—	—	56
A × A	1	—	2	—	—	2
0 × B	10	19	—	23	—	42
B × B	1	8	—	1	—	9
A × B	4	—	9	1	7	17
0 × AB	1	—	—	1	—	1
A × AB	2	—	2	—	2	4
B × AB	2	—	1	—	1	2
AB × AB	1	—	3	1	1	5

Ich entnehme diese Zusammenstellung der englichen Auflage des Buches von Lattes. Lattes gibt auch einen Stammbaum von Olivi, der gegenwärtig 12 Familien mit 66 Personen umfaßt. Keine Ausnahmen gegenüber den beiden Regeln.

Vererbung der Blutgruppen nach Kirvan Taylor — 1930.

Eltern	Familien-zahl	Gruppen der Kinder				Kinder-zahl
		0	A	B	AB	
0 × 0	35	36	—	—	—	36
0 × A	108	48	62	—	—	110
A × A	48	8	41	—	—	49
0 × B	18	13	—	5	—	18
B × B	4	1	—	3	—	4
A × B	21	9	9	3	—	21
0 × AB	6	—	3	6	—	9
A × AB	8	—	4	3	1	8
B × AB	1	—	1	—	—	1
AB × AB	—	—	—	—	—	—
Zusammen	249					255

Untersuchungen in England bei 249 Familien mit 256 Neugeborenen. Keine Ausnahme gegenüber den beiden Regeln.

Vererbung der Blutgruppen nach PONSI, zitiert nach LATTES — 1930.

Eltern	Familien-zahl	Gruppen der Kinder				Kinder-zahl
		0	A	B	AB	
0 × 0	43	45	—	—	—	45
0 × A	79	40	45	—	—	85
A × A	344	7	28	—	—	35
0 × B	28	14	1	13	—	28
B × B	3	1	—	3	—	4
A × B	11	2	3	1	5	11
0 × AB	4	—	3	1	—	4
A × AB	3	—	1	1	1	3
B × AB	5	—	—	2	3	5
AB × AB	—	—	—	—	—	—
Zusammen	210					220

Untersuchungen an 210 Familien mit 220 Neugeborenen. Eine Ausnahme gegenüber der ersten Regel wird auf Illegitimität zurückgeführt.

Vererbung der Blutgruppen nach WIENER und VAISBERG.

Eltern	Familien-zahl	Gruppen der Kinder				Kinder-zahl
		0	A	B	AB	
0 × 0	27	136	—	—	—	136
0 × A	44	98	125	—	—	223
A × A	17	15	60	—	—	75
0 × B	11	25	—	25	—	50
B × B	4	2	—	12	—	14
A × B	14	13	22	18	15	68
0 × AB	14	—	21	29	—	50
A × AB	12	—	18	8	13	39
B × AB	11	1	12	19	6	38
AB × AB	2	—	1	—	1	2

Untersuchungen in Amerika bei 156 Familien mit 695 Kindern. Verff., die eine statistische Analyse vorgenommen haben, plädieren für die BERNSTEINsche Regel und erklären daher die von ihnen beobachtete Ausnahme (ein 0-Kind bei den Ehen B × AB) als Illegitimität.

Vererbung der Blutgruppen nach SACHAROW — 1932.

Eltern	Familien-zahl	Gruppen der Kinder				Kinder-zahl
		0	A	B	AB	
0 × 0	—	10	—	—	—	10
0 × A	—	4	16	—	—	20
A × A	—	9	16	—	—	25
0 × B	—	3	—	7	—	10
B × B	—	3	—	7	—	10
A × B	—	3	4	6	2	15
0 × AB	—	1	—	—	—	1
A × AB	—	1	3	—	2	6
B × AB	—	—	—	3	4	7
AB × AB	—	—	—	—	1	1

Ich entnehme die Daten einem Referat in dem Ukr. Zbl. und kann daher nichts Näheres mitteilen, ob Verf. seine 2 Ausnahmen gegenüber der zweiten Regel genauer untersuchte.

Es wurde noch eine Arbeit in Indien von LAHIRI publiziert, allerdings ohne genaue Zahlen. In einer Ehe, in welcher der Vater A, die Mutter AB waren, wurde bei dem Kinde die 0-Gruppe festgestellt. Nun war die Ehe eine polyandrische, indem 2 Brüder den Stammessitten entsprechend mit der Mutter des Kindes verkehrten. Das jüngste Kind A stammte von dem untersuchten Mann, das ältere Kind 0 wahrscheinlich vom Bruder. Auffallenderweise hält Verf. diesen Befund als nicht in Widerspruch stehend mit der zweiten Regel, trotzdem ja die Mutter des 0-Kindes AB war. Ich glaube nicht, daß man diesen Befund als eine Ausnahme deuten darf, und es wäre besser, an polyandrischen oder an Nomadenfamilien keine derartigen Vererbungsstudien zu unternehmen.

Anmerkung bei der Korrektur. Ich gebe die Zusammenstellung der javanischen Untersuchungen von BUINING. Diese Untersuchungen konnten bei der zusammenfassenden Berechnung der Übersichtstabelle 5 nicht mehr berücksichtigt werden.

Vererbung der Blutgruppen nach BUINING.

Eltern	Zahl der Ehen	Kinder				Zusammen
		O	A	B	AB	
O × O	355	740	4	8	—	752
O × A	397	384	427	4	1	816
A × A	105	42	171	—	—	213
B × O	554	438	2	658	1	1099
B × B	259	78	1	470	—	549
A × B	336	151	161	178	207	703
O × AB	149	—	156	158	1	315
A × AB	51	—	51	28	37	116
AB × AB	8	—	4	6	6	16
	2317					4782

Es befinden sich mehrere Ausnahmen, die gegen die erste und zweite Regel sprechen. Eingehende Anamnesen mit Hilfe von einheimischen Pflegerinnen ergaben ausnahmslos, daß es sich um Kinder aus anderen Verbindungen handelt.

In Anschluß an die Untersuchungen über die Vererbung von N und M haben LATTES und GARRASI folgende Zahlen mitgeteilt.

Vererbung der Blutgruppen nach LATTES und GARRASI.

Eltern	Zahl der Ehen	Kinder				Zusammen
		O	A	B	AB	
O × O	21	38	—	—	—	38
O × A	55	48	51	—	—	99
A × A	16	6	20	—	—	26
O × B	7	5	—	6	—	11
A × B	6	3	3	2	2	10
O × AB	3	—	4	3	—	7
A × AB	7	—	3	4	2	9
B × AB	2	—	1	1	—	2
	117					202

Das Material bestätigt die beiden Vererbungsregeln.

Übersichtstabelle 5. Übersichtstabelle der Vererbung isoagglutinabler Substanzen ohne Berücksichtigung der Gruppe des Vaters und der Mutter auf Grund des vorliegenden Materials aus den Jahren 1927—1933.

Eltern	Familienzahl	Gruppen der Kinder								Kinderzahl
		0		A		B		AB		
		abs.	%	abs.	%	abs.	%	abs.	%	
O × O	1039	2171	99,4	11	0,5	—	—	—	—	2183
O × A	2180	1930	43,4	2507	56,1	11	0,2	1	0,02	4449
A × A	1175	465	18,8	2007	81,1	1	0,04	1	0,04	2174
O × B	900	905	44,4	11	0,5	1121	55,0	—	—	2037
B × B	301	128	18,6	—	—	557	81,0	2	0,3	687
A × B	1077	426	17,5	793	32,5	622	25,5	588	24,5	2429
O × AB	354	14	1,6	424	49,4	413	48,1	6	0,7	857
A × AB	401	6	0,6	429	48,9	209	23,9	231	26,4	875
B × AB	211	7	1,2	119	19,3	286	50,8	150	26,6	562
AB × AB	62	—	—	33	27,9	36	30,5	49	41,1	118
Zusammen	7700									16371

Übersichtstabelle 6. Übersichtstabelle der Vererbung isoagglutinabler Substanzen ohne Berücksichtigung der Gruppen des Vaters und der Mutter, ohne Angabe des Geschlechtes der Kinder auf Grund des vorliegenden Materials aus den Jahren 1910—1933.

Eltern	Familien-zahl	Gruppen der Kinder								Kinder-zahl
		0		A		B		AB		
		abs.	%	abs.	%	abs.	%	abs.	%	
0 × 0	1378	2997	99,3	19	0,6	—	—	—	—	3016
0 × A	2882	2601	42,4	3507	57,1	19	0,3	8	0,1	6135
A × A	1482	615	18,7	2661	81,1	1	0,03	1	0,03	3278
0 × B	1150	1158	43,7	13	0,4	1475	55,7	2	0,08	2648
B × B	357	148	17,7	—	—	684	82,0	2	0,2	834
A × B	1376	532	17,2	986	31,8	807	26,1	764	24,7	3089
0 × AB	465	36	3,0	559	47,6	548	46,6	31	2,6	1174
A × AB	502	11	0,9	550	47,2	281	24,1	322	27,6	1164
B × AB	262	12	1,7	144	20,2	353	50,1	195	27,7	704
AB × AB	72	—	—	37	26,5	41	29,1	62	44,2	140
Zusammen	9926	8110		8476		4209		1387		22182

Wollen wir das gesamte vorgebrachte Material einer quantitativen Analyse unterziehen. Für Einzelheiten der angewandten Berechnungsmethode verweise ich auf die „Konstitutionsserologie" S. 71. Hier sei nur kurz erwähnt, daß ich zunächst die Häufigkeit der „reinen" Individuen AA und BB auf Grund der Tabelle von HULTKRANZ und DALBERG ausrechnete. Die betreffenden Werte sind: AA durchschnittlich 15% aller Individuen der Gruppe A, BB 7% aller B-Individuen. Daraus kann man unter der Annahme der Unabhängigkeit der beiden Gene die Häufigkeit verschiedener Genotypen der Individuen AB berechnen. Individuen von der hypothetischen Erbformel AABB müßten dann in 1%, von der Formel AaBB in 6%, AABb in 14% und AaBb in 79% (aller AB-Fälle) auftreten. Auf Grund dieser Daten kann man wieder die Häufigkeit der zu erwartenden Kinder verschiedener Gruppen in den Ehen mit AB berechnen.

Für die BERNSTEINsche Erbformel kann die Häufigkeit der verschiedenen Genotypen folgendermaßen berechnet werden:

$$
\begin{aligned}
AA &= p^2 &&= 17,6\%, \text{ abgerundet } 18\% \\
AR &= 2\,pr &&= 82,4\%, && \text{,,} && 82\% \\
BB &= q^2 &&= 9,6\%, && \text{,,} && 10\% \\
BR &= 2\,qr &&= 90,4\%, && \text{,,} && 90\%.
\end{aligned}
$$

Dies ermöglicht wieder die Berechnung der Häufigkeit der zu erwartenden Kinder verschiedener Gruppen in den Ehen mit AB. Um die großen Differenzen zwischen den Zahlen an dem früheren und dem neuen Material zu beleuchten, werde ich die Ergebnisse der Untersuchung vor und nach dem Jahre 1927 getrennt mitteilen und die erwarteten mit den gefundenen Zahlen vergleichen. Da in den Ehen ohne AB die beiden Erbformeln annähernd die gleichen Zahlen ergeben und die Ausrechnung in der „Konstitutionsserologie" vorgenommen wurde, bringe ich jetzt lediglich die Zusammenstellung der Ehen, in welchen AB-Individuen vorkommen, da sie für die Lösung des Problems der „richtigen" Erbformel entscheidend sind.

Folgende Tabelle gibt den Tatbestand wieder:

	Gruppen der Kinder in %				Kinder-zahl
Ehen	0	A	B	AB	
Erwartet nach v. Dungern-Hirszfeld	$0 \times AB$	19,7	26,7	22,7	30,7	—
„ „ Bernstein		0	50,0	50,0	0	—
Gefunden bis 1927		6,9	42,4	42,4	8,1	318
„ 1927—1933		1,6	49,4	48,1	0,7	857
Erwartet nach v. Dungern-Hirszfeld	$A \times AB$	8,4	38,1	9,6	43,8	—
„ „ Bernstein		0	50,0	20,5	29,5	—
Gefunden bis 1927		1,7	41,9	24,9	31,5	289
„ 1927—1933		0,6	48,9	23,9	26,4	875
Erwartet nach v. Dungern-Hirszfeld	$B \times AB$	9,1	12,4	33,3	45,0	—
„ „ Bernstein		0	22,5	50,0	27,5	—
Gefunden bis 1927		3,5	17,6	47,2	31,6	142
„ 1927—1933		1,2	19,3	50,8	26,6	562

Der Blick auf die Tabelle zeigt, daß die Zahlenwerte, die man seit dem Jahre 1927 gewonnen hat, auf eine in der Vererbungsforschung selten eindeutige Weise mit *denjenigen Berechnungen übereinstimmen, die von der* Bernstein*schen Erbformel abgeleitet sind.* So z. B. in den Ehen $0 \times AB$ erwartet man 50% A und 50% B, die Beobachtung ergibt, 49,4 und 48,1 und auch in den übrigen Rubriken findet man eine so weitgehende Annäherung an die nach Bernstein berechneten Werte, daß *an der Gültigkeit der Annahme multipler Allelomorphie von 0, A und B nicht mehr gezweifelt werden kann.* Furuhata, Lattes, Schiff, Fischer, Thomsen, Wellish, Johansen, Wiener, Vaisberg, Buining und viele andere haben bereits in der Zwischenzeit das Material teilweise zusammengestellt und gaben derselben Auffassung Ausdruck. Ich war einer der wenigen, der nicht ohne weiteres die Widersprüche des alten Materials verleugnen wollte und der die Sammlung eines weiteren kasuistischen Materials verlangte. Dieses Material liegt nun vor und spricht eine so deutliche Sprache, daß das Problem als abgeschlossen gelten darf. Es existieren auch einzelne große Stammbäume, die für die multiple Allelomorphie sprechen. So z. B. publizierte Juhasch Schäfer eine Familie $AB \times AB$ mit 3 Generationen. Unter 10 Angehörigen der Enkelgeneration fand sich nie ein solches mit der Blutgruppe 0. Frl. v. Harwerden untersuchte eine Familie $0 \times AB$ mit 14 Kindern. 12 gehörten der Gruppe A und auffallenderweise nur 2 Zwillinge der Gruppe B an. Schiff und Preger haben in sorgfältigen Untersuchungen die Mutter-Kinderkombinationen, bei welchen ja eine Illegitimität ausgeschlossen werden kann, berechnet und fanden am eigenen (445 Fälle) und fremden Material von über 10 000 Müttern mit über 12 000 Kindern keinerlei Ausnahmen gegen die zweite Regel. Wiener, Lederer und Pollaes untersuchten in Amerika 1334 Mütter mit 1462 Kindern, davon 485 Mütter der 0-Gruppe und 94 Mütter mit AB und 142 Kindern. Buining, der ein großes Familienmaterial heranzog, untersuchte 1274 Mütter der 0-Gruppe und 227 der AB-Gruppe, Theo Koller 400 Mütter und ähnlich das große geburtshilfliche Material von Haselhorst, Werkgartner, Deilmann u. a. zeigen — mit Ausnahme eines Kindes, von welchem später die Rede sein wird — eine Übereinstimmung mit der zweiten Vererbungsregel. Die beobachteten Ausnahmen sind aus den Tabellen S. 57—76 ersichtlich. Es sei bemerkt, daß manche tabellarisch nicht zusammengestellten „Ausnahmen" beschrieben wurden (Mitschel, Lauer u. dgl.). Das von mir im Jahre 1927 zusammengestellte Material zeigte zwar ebenfalls eine etwas größere Annäherung der beobachteten Zahlen mit denen, die auf Grund der Bernsteinschen Erbformel abgeleitet waren, die Differenzen waren aber, wie der Blick auf die Tabelle auf der Seite 77 zeigt, noch ziemlich beträchtlich.

Bei dem Bestreben, den Sinn der Abweichung zu erkennen, ordnete ich das Material nach verschiedenen Gesichtspunkten. Ich fand damals, daß die Differenz zwischen den beobachteten und den berechneten Werten, je nachdem, ob der Vater oder die Mutter AB waren, oft dieselbe Größenordnung hatte wie die Differenz zwischen der Realität und der Berechnung nach der Formel von v. Dungern und Hirszfeld. Ich hielt zwar eine fehlerhafte Beobachtung für möglich, rechnete aber mit noch unbekannten Momenten. Ich schrieb: „Ob dies auf irgendwelchen Letalfaktoren oder auf gewissen, durch die Gruppenfremdheit bewirkten Störungen bei der Befruchtung oder Entwicklung oder auf unbekannten Geschlechtskoppelungen beruht, läßt sich nicht sagen."

Es schien namentlich auffallend, daß bei manchen Gruppenkombinationen der Eltern die Gruppen der Kinder eine etwas verschiedene Häufigkeit aufwiesen, je nachdem, ob der Vater oder die Mutter im Besitze der gegebenen Bluteigenschaften waren. So z. B. waren in den Ehen Vater 0, Mutter A die A-Kinder in 63,86%, in den Ehen Vater A, Mutter 0 die A-Kinder nur in 56,6% vertreten. In den Ehen Mutter AB, Vater 0 waren die B-Kinder in 31%, AB-Kinder in 13% vertreten, in den Ehen Vater AB, Mutter 0 waren die B-Kinder sogar in 55%, 0-Kinder dagegen überhaupt nicht vorhanden. Ich hielt daher für *möglich*, daß die Gruppenfremdheit zwischen Mutter und Kind einen ungünstigen Einfluß auf die Entwicklung der Frucht besitzen kann. Diese Befunde, die auf Grund des *damals* vorliegenden Materials gewonnen waren, wurden verschiedentlich für zufällig erklärt. Koller glaubt namentlich, daß das Material mit Fehlern behaftet ist und daß es einen Überschuß der 0-Gruppe aufweist. Koller analysierte im einzelnen die Stammbäume und hielt manche Angaben — besonders diejenigen von Snyder — für fehlerhaft. Ohne im einzelnen auf diese Kritik einzugehen, die meine Anschauungen nicht immer richtig wiedergab (namentlich die Beziehungen zur Pathologie wurden von Verf. so hingestellt, als ob ich eine Abhängigkeit sicher postulierte), muß betont werden, daß das neue Material *eine Differenz, die auf eine Gruppenfremdheit zwischen Mutter und Kind zurückgeführt werden könnte, nicht aufweist* (siehe Tabelle 3 S. 68). Ich halte das Problem der gruppenfremden Befruchtung und den Mechanismus einer gruppenfremden Schwangerschaft für ungelöst, muß aber zugeben, daß ihr Einfluß zahlenmäßig nicht hervortritt.

Nimmt man die Gültigkeit der zweiten Vererbungsregel an, so ergeben sich einige Ausnahmen, indem in AB-Ehen 0-Kinder gegen die Erwartung auftreten. Diese wenigen Ausnahmen verlangen eine Erklärung und das Bedürfnis nach ihr war vor mehreren Jahren dringender als jetzt. Es wurden mehrere Hilfshypothesen zur Diskussion gestellt. Man könnte sich denken (s. „Konstitutionsserologie" S. 81), daß es sich um einen „falschen" Allelomorphismus handelt, indem die Gene für A und B an den gegenseitigen Allelomorphen gekoppelt sind, also A an b und B an a. Es wäre dann ohne weiteres verständlich, daß die Geschlechtszellen eines AB-Individuums Ab oder Ba enthalten und dann müßten wir Kombinationen und Zahlen bei den Kindern erwarten, die der Bernsteinschen

Erbformel entsprechen. Man könnte aber auch mit der Möglichkeit rechnen, daß manchmal crossing over stattfindet, so daß die beiden Bestandteile A und B aneinander kommen und miteinander vererbt werden. In solchen Fällen müßten dann eher Keimzellen mit 0 und A, als mit A und B erwartet werden. In der „Konstitutionsserologie" besprach ich diese Möglichkeit, machte aber aufmerksam, daß die Seltenheit einer solchen Kombination durch Hilfsannahmen erklärt werden müßte. BERNSTEIN hat bereits in seiner ersten Arbeit 1924 die Möglichkeit einer Koppelung der Gene A und B diskutiert. Er zeigte zunächst an einem Beispiel, daß, falls man nicht eine besondere Anziehungskraft zwischen den betreffenden Anlagen postuliert, eine solche Koppelung auf die Verteilung der Gene in der Population einflußlos bleiben muß. Auch KIRIHARA und HAKU haben die von ihnen beobachteten Ausnahmen durch Koppelungserscheinungen zu erklären versucht. Das Problem wurde von K. H. BAUER ausführlich besprochen, der sogar einen genauen Austauschwert auf Grund des damaligen Materials zu berechnen versuchte. BAUER machte auch aufmerksam, daß die Elemente A und B sich in Phänotypen anscheinend nicht beeinflussen, was gegen die Allelomorphie sprechen würde. Diese Arbeit hat vielleicht durch den etwas unglücklichen Titel „Zur Lösung des Blutgruppenproblems" eine lebhafte Kritik hervorgerufen, an der sich THOMSEN, BERTA ASCHNER, WEINBERG, WELLISCH und schließlich auch BERNSTEIN selbst beteiligten. BERNSTEIN lehnte die Annahme der Koppelung unter ausführlicher mathematischer Begründung ab. Seine Überlegungen faßte er dann mit folgenden Worten zusammen:

„Um theoretische Klarheit darüber zu schaffen, ob eine zur Zeit nicht vorliegende Kombination Eltern AB, Kind 0 durch eine CROSSOVER-Hypothese erklärbar wäre ..., wird in dieser Arbeit der Vergleich zwischen einer dihybriden Hypothese mit starker Koppelung und einer Allelenhypothese mit den schärfsten zur Verfügung stehenden statistischen Mitteln vorgenommen und es werden die beiden bisherigen Beweise der Allelentheorie aus den Massenbeobachtungen und aus den Familienbeobachtungen zum Vergleich der Hypothese ausgebaut. Zunächst wird diejenige Relation

$$- \sqrt{\overline{0 + A}} - \sqrt{\overline{B + 0}} + \sqrt{\overline{0 + 1}} = \overline{AB}_0 \cdot d_n + \overline{A}_0 \cdot \overline{B}_0 (1 - d_n)$$

abgeleitet, welche im dihybriden Falle an die Stelle der bekannten Relation $p + q + r = 1$ tritt. Dabei bedeutet die AB_0 die Anzahl der AB-Gene der Ausgangsgeneration, A_0 und B_0 die Häufigkeit der A- bzw. B-Gene in der Ausgangsgeneration und $d_n = (1 - c)^n$, wobei c der Crossowert und n die Zahl der verflossenen Generation ist. Es wird ferner der mittlere Fehler der Blutgruppenrelation $p + q + r = 1$ abgeleitet. Der Vergleich beider Hypothesen wird zunächst unter der Voraussetzung vorgenommen, daß der Gleichgewichtszustand, der sich im dihybriden Falle theoretisch erst später einstellt, vorliegt und es wird unter Benützung der mittleren Fehler gezeigt, daß die Koppelungsannahme unzulässig ist. Nimmt man an, daß kein Gleichgewichtszustand vorliegt, ohne daß die AB-Gene durch Mischung mit Crossing over von einer mäßigen Generationszahl entstanden sind, so kommt man ebenfalls zu unwahrscheinlichen Folgerungen. Auf Grund der Erfahrung, daß Allelenreihen Modifikationen derselben Eigenschaften betreffen, während keine Beziehung zwischen den Eigenschaften eng gekoppelter Gene besteht, läßt sich berechnen, daß die Annahme von Crossowerten, die so klein sind, daß sie sich der bisherigen Beobachtung entziehen, von einer Unwahrscheinlichkeit ist, welche sich durch die Zahl 10^{-7} ausdrücken läßt. Die Unwahrscheinlichkeit ist so groß, daß die Aussicht, einen Fall zu beobachten, welcher durch Crossing over der Blutgruppengene erklärt werden muß, praktisch ausgeschlossen erscheint. ... Die Anwendung der Formel auf die Mutter-Kind-Beobachtungen ergibt Unwahrscheinlichkeiten von der Ordnung 10^{-9} bei 2000 Fällen, so daß dieselbe bei Zusammenwerfen des noch inzwischen publizierten Materials gleichfalls zu einer einwandfreien Widerlegung der dihybriden Hypothese führen wird."

Der Versuch, qualitative und quantitative Widersprüche in Einklang zu bringen, hat auch Zarnik veranlaßt, eine Hypothese von festgekoppelten Faktorenpaaren zu empfehlen, die in 4 Kombinationen auftreten. Trotzdem läßt sich nach Zarnik kein einfaches Schema der Vererbung aufstellen und gerade in dieser Schwierigkeit erblickt Verf. ein Zeichen, daß es sich um verwickelte Prozesse handelt. Es dürfte nach Zarnik angebracht sein, die Goldschmidtsche Auffassung von den quantitativen Unterschieden der Vererbung anzuwenden und es sind wahrscheinlich Erscheinungen der Epistasie und Hypostasie mit im Spiele, worauf insbesondere die geringe Häufigkeit von AB hinweist. Die Arbeit hat eine ausführliche mathematische Grundlage.

Wie erwähnt, haben auch japanische Forscher die Koppelungshypothese diskutiert. Furuhata nimmt bei seiner zweiten Hypothese die recessiven Bestandteile a und b an, die mit B und A gekoppelt sind, nur daß diese beiden recessiven Merkmale sich als Isoagglutinine dokumentieren. (Diese zweite Annahme ist, wie ich noch in der Konstitutionsserologie ausgeführt habe, in dieser Form nicht zu akzeptieren. Die gleichen Einwände erhob seitdem Kampfer.) In der letzten Zeit haben Oku, Geenosuke, soweit man aus den englischen Zusammenfassungen schließen kann, angenommen, daß eine Koppelung und Crossing over auftreten kann, die dann die Ausnahmen gegen Bernstein erklären.

Ph. Levine diskutierte die Möglichkeit, daß vielleicht manchmal ein Zusammenbleiben (non Disjunktion) des Chromosomenpaares A und B vorliegt, das die Ausnahmen (d. h. Kind 0 bei der Mutter AB) erklären könnte. Die meisten Forscher nehmen allerdings an, daß diese in den Tabellen vorliegenden Ausnahmen teilweise durch Illegitimität, teilweise durch falsche Bestimmungen zu erklären sind. Ja, man lehnte die Verwertung einer „Ausnahme" ab, wenn der betreffende Verf. das Problem nicht ausdrücklich betonte oder durch eine Nachuntersuchung etwa vor einer Kommission die ursprüngliche Feststellung nicht erhärtet hat. Ich glaube, daß ein derartiger Maßstab zu weit geht und daß es unrichtig ist, einen Befund als nicht reproduzierbar abzulehnen, wenn seine Wiederholung durch *äußere* Umstände nicht möglich ist. Selbstverständlich können wir aber als *gesichert* nur solche Fälle betrachten, bei denen eine wiederholte Untersuchung vorliegt. Häufig wurden dabei die Angaben später zurückgezogen, z. B. die Angabe von Staquet durch die Nachprüfung von Bruynoghe. In der Literatur liegt nur ein so sorgfältig bearbeiteter Fall von Haselhorst und Lauer vor, der wiederholter Nachprüfung standhielt. Es handelt sich um eine Ehe Vater 0, Mutter AB, das Kind 0. Die nach $1/4$ Jahr vorgenommene Nachuntersuchung, an der sich Landsteiner und Schiff beteiligten, bestätigte das Ergebnis. Die Isoagglutinine waren im Serum des Kindes vorhanden, das Anti-A 1 : 16, das Anti-B war nur in unverdünntem Serum nachweisbar. Im Urin wurden die A-Substanzen von Schiff nicht gefunden. Verff. halten für wahrscheinlich, daß das Kind einen „A klein" Receptor (von der Mutter) in latenter Form besitzt, der wahrscheinlich durch die besonderliche Verfassung des Körpers des Kindes an der Ausbildung verhindert wurde. (Das Kind ist in der Entwicklung zurückgeblieben.) Verff. halten das Kind *phänotypisch* für der 0-Gruppe gehörend und wehren sich mit Recht gegen die Annahme von Bernstein, der diesen Befund als *Vakat*, d. h. als unsicher betrachtet. Unverständlich ist der Bericht über dieses Kind von Thomsen, daß es sich *sicher* nicht um die 0, sondern um die „A klein" Gruppe handelt, nur weil die Mutter des Kindes ein schwach agglutinables A hatte, und daß daher gerichtlich-medizinisch das Kind nicht als 0 bezeichnet werden darf. Es handelt sich eben in solchen Untersuchungen darum, die phänotypischen Eigenschaften den Vererbungstheorien gegenüberzustellen, und nicht umgekehrt die Merkmale von Genotypus abzuleiten. Sonst begeht man eine petitio prinzipii, was man eben vermeiden wollte.

LAUER berichtet über zwei weitere Familien, die allerdings nicht so genau untersucht wurden. Vater AB, Mutter 0, Kind 0 und Vater A, Mutter AB, Kind 0.

Wir sehen demnach, daß die aus der populationsstatistischen Analyse abgeleitete Erbformel an dem neu vorgebrachten Familienmaterial eine Bestätigung fand und nur die, wenn auch immer seltener vorkommenden Ausnahmen gegen die zweite Regel eine Erklärung verlangten.

Es wurde versucht, auch auf direktem Wege nachzuweisen, daß das AB-Blut keine 0-Receptoren enthält, wie dies nach BERNSTEIN zu erwarten war. SCHIFF hat nun festgestellt, daß normale Rindersera manchmal Agglutinine enthalten, die gegen die 0-Blutsorten gerichtet sind und *nach einer geeigneten Absorption das AB-Blut nicht, wohl aber das 0-Blut agglutinieren.* Auch bei Menschen findet man, wenn auch sehr selten, solche Anti-0-Sera (WIEMER). GREENDFELD, WITEBSKY und wir konnten im Prinzip solche Befunde bestätigen, doch scheint die Deutung dieser Versuche im Sinne von SCHIFF noch nicht zwingend zu sein. ROSENTHAL und SALOMON versuchten auf immunisatorischem Wege den gleichen Nachweis zu führen. Verff. fanden, daß Sera von Meerschweinchen, die mit AB-Blut immunisiert waren, das 0-Blut nicht agglutinieren und umgekehrt sollen die Anti-0-Immunsera das AB-Blut nicht beeinflussen. Solche Anti-0-Sera wurden auch bei Menschen, und zwar innerhalb aller 4 Gruppen von mehreren Verfassern beobachtet. Am häufigsten sieht man sie bei der Gruppe AB. Bei den Gruppen 0, A und B müssen die üblichen Isoantikörper durch Absorption — am besten im Brutschrank — entfernt werden. Über das Wesen solcher Antikörper siehe S. 98 und 112.

Die Versuche von ROSENTHAL und SALOMON wurden im größeren Maßstabe nicht nachgeprüft. Das Bestreben, die recessiven 0-Receptoren im Phänotypus nachzuweisen, ist theoretisch und praktisch berechtigt. Inwieweit die Zurückdrängung von 0 unvollständig ist, so daß der Receptor im Phänotypus nachweisbar ist, wird noch auf S. 97 diskutiert werden.

Diese Untersuchungen haben das Wesen der Vererbung gelöst, die Ursache der Ausnahmen nicht geklärt. Es muß aber betont werden, daß das vorgebrachte Material in einer so großartigen Weise die aus der Annahme multipler Allelomorphie abgeleiteten Erwartungen bestätigt, daß die BERNSTEINsche Erbformel anscheinend keiner Korrektur bedarf. In meiner „Konstitutionsserologie" nahm ich die Möglichkeit sekundärer Faktoren an, die das zahlenmäßige Ergebnis modifizieren könnten. Das frühere Familienmaterial allein, wie dies ja BERNSTEIN betonte, war nicht geeignet, die Allelomorphie der Gene zu postulieren. BERNSTEIN stützte die Kritik der alten Erbformel durch die Nichtgültigkeit der Gleichung $\overline{0} \times \overline{AB} = \overline{A} \times \overline{B}$, da nach den gesamten Beobachtungen $(\overline{A} + \overline{AB}) \cdot (\overline{B} + \overline{AB})$ größer waren als $\overline{AB}$, was der Annahme von zwei unabhängigen Allelomorphen widersprach. Es war damals nicht untersucht und nicht bekannt, ob die technische Möglichkeit des Nachweises von AB die gleiche war wie von A und B, ob die verschiedenen Bluttypen die gleiche Lebenschancen

haben u. dgl. Das vorliegende genetische Material enthielt noch *damals* viele
Ausnahmen gegen die zweite Regel. Ich hielt daher weitere Untersuchungen für
notwendig und wies auf noch nicht näher bekannte Beziehungen zur Pathologie,
die das zahlenmäßige Ergebnis beeinflussen *könnten*, hin. Das Problem wurde
in der Zwischenzeit klargelegt. Irgendwelche Beziehungen zwischen der Gruppenzugehörigkeit und Pathologie, die zur Erklärung der Nichtgültigkeit der oben
erwähnten Gleichung durch verminderte Lebenschancen herangezogen werden
könnten, konnten nicht mit Sicherheit nachgewiesen werden. Klinisch sichtbare Folgen einer heterospezifischen Schwangerschaft wurden von den meisten
Forschern nicht beobachtet und auch die unterschiedlichen Gewichte, wie sie die
Kasuistik von HIRSZFELD und ZBOROWSKI enthielt, fanden keine allgemeine Bestätigung (WERKGARTNER, OKU, ROOK, GORONCY, PONZI usw.). Ein Zusammenhang zwischen Schwangerschaftstoxämien und Heterospezifität wurde bereits in
der Konstitutionsserologie geleugnet. Die an manchen Orten festgestellte geringe
Abnahme der B-Gruppe in höheren Altersklassen wird von BERNSTEIN auf ein
Vordrängen junger Elemente aus Osten erklärt. Diese Angaben stützten sich
teilweise auf die Befunde von BÖHMER und GUNDEL, daß unter den Verbrechern
und Geisteskranken im westlichen Deutschland die Gruppe B häufiger ist, was
durch Einwanderung aus dem Osten erklärt wurde, sowie aus manchen Angaben
von OPPENHEIM und VOIGT, sowie LUTZELER und DORMANNS, die eine Übersterblichkeit der B-Gruppe postulierten. KOLLER, Schüler von BERNSTEIN,
führt solche Werte ebenfalls auf Zuwanderung junger Elemente aus Osten zurück, wodurch ein Überwiegen von B in jungen Jahren zu erklären sein sollte.
Ich halte die Tatsache selbst für nicht sichergestellt und halte für *möglich*,
daß im höheren Alter eine Abnahme, eine Involution der B-Receptoren stattfindet, ähnlich wie bei Neugeborenen nach manchen Angaben eine etwas
geringe Menge von A vorliegt, wahrscheinlich erklärbar durch eine etwas
schwächere Ausprägung des A-Receptors. Ich möchte daher eine evtl. leichtere
Involution von B eher zur Diskussion stellen. BERNSTEIN bearbeitete mathematisch alle möglichen und von verschiedener Seite, auch von mir, herangezogenen Erklärungsmöglichkeiten der Ausnahmen gegen die zweite Regel und
zeigte, daß keine von ihnen ein harmonisches Bild ergibt. Er berechnete, welchen
Einfluß die Wirkung schwacher Sera, der Inzucht und der Inhomogenität der
untersuchten Bevölkerung besitzt. Die Fehlerquellen bei der Untersuchung
wurden mathematisch präzisiert, eine Formel für die besten Ausgleichungswerte
gegeben und ein Vergleich der Abweichungen der Blutgruppenrelation mit
ihrem mittleren Fehler durchgeführt. Es ergab sich, daß im ganzen mehr Werte
unter als über 0 liegen und daß man bei Massenuntersuchungen anscheinend
mit zu schwachen Seren arbeitet. An der mathematischen Analyse beteiligte
sich WELLISCH, der eine Reihe neuer Begriffe und Indexe einzuführen bestrebt
war, KOLLER und SOMMER, WEINBERG, SCHIFF, LATTES, OTTENBERG und BERES,
WIENER, LEDERER und POLAYES, STRANDSKOV, FISCHER, ZARNIK; HOOCKER
und BOYD und andere. Fast alle Verff. bestätigten die Annahme multipler
Allelomorphie und sofern haben die Arbeiten zwar keine neue Erkenntnis
befördert, immerhin methodologisch die Gruppenforschung bereichert. Von den
verschiedenen Denkmöglichkeiten, die ich zur Erklärung der Nichtgültigkeit
der Gleichung herangezogen habe, hat sich bis zu einem gewissen Grade nur die
eine bewährt, daß der technische Nachweis von AB-Gruppe anscheinend schwerer

war als von A und B und dann namentlich das Blut A_2B leicht dem Nachweis entgehen kann und insofern muß man mit der Möglichkeit rechnen, daß manchmal AB nicht nachgewiesen wird (s. S. 96). Auch sonst ist bei der Feststellung von „A klein" Vorsicht am Platze (s. später).

Da ich jetzt die Allelie von 0, A und B für bewiesen halte, so möchte ich betonen, daß ich nie *gegen* die Gültigkeit der neuen Erbformel aufgetreten bin. Ich stellte nur verschiedene Möglichkeiten zur Diskussion, die die Nichtgültigkeit der oben erwähnten Gleichung, auf der BERNSTEIN seine Kritik stützte, erklären könnten, ohne zu behaupten, daß es sich um mehr als Denkmöglichkeit handelt. Die Diskussion über diese Probleme, die nie zu einer Polemik ausartete, verhalf zu der Sammlung eines so großen Materials, wie es in der menschlichen Vererbungslehre einzig dasteht.

Bevor ich aber das Kapitel schließe, kann ich nicht umhin, die von einem Verf. benutzte Schreibart zurückzuweisen. Dem Buch von LUNDBORG entnehme ich, daß THOMSEN über die Entdeckung der Vererbung der Blutstrukturen mit folgenden Worten berichtet hat: „1910 sind v. DUNGERN und HIRSZFELD mit der zahlenmäßig nicht begründeten Anschauung hervorgetreten, der man nur beigetreten war, weil man sich nicht die Mühe gemacht hat, sich andere Möglichkeit zu denken." Diese Formulierung ist nicht nur kränkend — sie ist *falsch*. Als wir die Heredität der Blutstrukturen feststellten, waren nur wenige Beispiele der Vererbung nach dem MENDELschen Gesetz bei Menschen bekannt und die Möglichkeit der multiplen Allelomorphie wurde meines Wissens damals in der Vererbungslehre nicht diskutiert. Es ist nicht zu verlangen, daß die erste *Kasuistik* eine massenstatistische Analyse und die erste vorgeschlagene Erbformel eine unbekannte Vererbungsart antizipiert. Selbst aber, wenn der Begriff der multiplen Allelie damals bekannt gewesen wäre, müßten wir diese Erbformel ablehnen, da gerade an unserem Material Ausnahmen gegen die zweite Regel vorhanden waren. Eine solche Berichterstattung ist daher sowohl *irreführend* wie *ungerecht* und sie beweist auch eine recht geringe Einfühlung in den Werdegang einer Idee, wenn man gerade die ersten Arbeiten auf einem Gebiete als eine Art geistiger Faulheit hinstellt. Man kann nur erstaunt sein, daß ein Forscher in solchem Stil schreiben kann.

Vererbungstheoretisch ist demnach die Frage gelöst. Die gerichtlich-medizinische Anwendung hängt davon ab, ob die „Ausnahmen" so selten sind, daß sie Berücksichtigung verlangen. Die Enquete der Dtsch. med. Wschr. ergab, daß die meisten gerichtlichen Mediziner auch die zweite Vererbungsregel ihren Entscheidungen zugrunde legen. Das Hanseatische Oberlandesgericht stellte sich auf den gleichen Standpunkt. LAUER betont speziell, daß die Feststellung von „A groß" bei AB-Eltern notwendig ist, was zuletzt auch von THOMSEN und seinen Schülern hervorgehoben wird. LANDSTEINER, der die BERNSTEINsche Erbformel anerkennt, empfiehlt bei besonders verantwortungsvollen Fällen den Richter aufmerksam zu machen, daß die zweite Vererbungsformel einen hohen Grad von Wahrscheinlichkeit besitzt, daß aber manche ungeklärte Ausnahmen vorliegen. Die gleiche Meinung äußert MARX. Ich selbst hatte Gelegenheit, einen Fall zu beobachten, bei welchem die Gültigkeit der BERNSTEINschen Erbformel dramatische Konsequenzen hatte. Es handelte sich um eine wahrscheinliche Verwechslung der Kinder. Das evtl. verwechselte Kind wies AB auf, bei einer Mutter 0 und Vater B. Es handelte sich danach um einen Verstoß gegen die beiden Regeln. Wie verantwortungsvoll die Entscheidung sein mag, möge ein Fall von GORONJY herangezogen werden. Die Mutter hat eidesstattlich versichert, daß sie in der für die Konzeption in Betracht kommenden Zeit mit anderen Männern nicht verkehrte. Der beschuldigte Mann hatte AB, die Mutter 0, das Kind 0. Die ausnahmslose Gültigkeit der BERNSTEINschen Regel müßte

die Verurteilung wegen Meineid nach sich ziehen. Der Sachverständige, der
an der prinzipiellen Richtigkeit der neuen Erbformel nicht zweifelte, nahm
die Möglichkeit der Ausnahme an. Ich glaube, daß der Sachverständige bei
dem gegenwärtigen Stand der Kenntnisse und der Technik wissenschaftlich und
menschlich richtig gehandelt hat.

Die Ekonomie des Denkens verlangt, daß man die „Ausnahmen" zunächst
nicht auf genetischem, sondern auf serologischem Wege zu erklären sucht. Wollen
wir prüfen, welche Untersuchungen neben der direkten Prüfung des Blutes noch
für die Gruppenbestimmung notwendig wären. Selbstverständlich müssen die
Isoantikörper untersucht werden. Man darf aber den Wert dieser Kontrolle
nicht überschätzen. Die Isoantikörper treten dort auf, wo der betreffende
Receptor fehlt. Es handelt sich, wenigstens bei Menschen, um ein zwangsläufiges
Auftreten. Das Serum ist daher nur ein Spiegelbild der Zellreceptoren und
sollte A oder B im Phänotypus *pathologisch* fehlen, so würde man wahrscheinlich
dies keineswegs als eine defekte Gruppe erkennen können. (Über das Wesen
solcher Defektgruppen siehe später.) Daß die Absorptionsfähigkeit manchmal
schärfere Ausschläge geben kann, ist selbstverständlich und man sollte ohne
einen Absorptionsversuch keine Ausnahme gegen die zweite Regel anerkennen.
Daß eine einmalige Prüfung namentlich bei ganz jungen Kindern nicht genügt,
ist einleuchtend. Hübener z. B. beschrieb ein Blut, das zunächst zur Gruppe 0
zu gehören schien, bei dem später ein schwaches A nachgewiesen wurde.
Das Verhalten der Agglutinine war von vornherein typisch für A. Thomsen
beobachtete ein Kind, dessen Blutkörperchen zunächst nicht agglutinierbar
waren, die aber eine schwache Bindungsfähigkeit aufwiesen. Bei später vorgenommenen Untersuchungen wurde die Gruppe A festgestellt. Ähnlich ent-
puppte sich auch bei Worsae ein angebliches 0-Kind einer AB-Mutter durch
die Absorptionsmethode als ein A-Kind. Bei der Feststellung von A (klein)
(bzw. A [klein] B soll die größte Vorsicht walten! Die moderne Gruppenforschung
muß aber noch weitere Kontrollen verlangen. Zunächst sollten in solchen
Fällen auch Immunsera Anti-A verwendet werden, die viel stärker sind.
Neben der direkten Isoagglutination soll auch die Methode der Absorption
und der Hemmung von Hammelhämolyse in Anti-A-Immunseren herangezogen
werden, da diese von Brahn und Schiff angewandte Methode außerordentlich feine Ausschläge ergibt. Die meisten Organzellen sind gruppenspezifisch
differenziert und auch die Körperflüssigkeiten enthalten viel Isoagglutinogen.
Eine Prüfung von Urin, Sperma, Speichel sollte daher stets herangezogen
werden. Bei manchen Tieren, z. B. Kaninchen, enthalten nur die Organe, nicht
aber die Blutkörperchen, die Gruppeneigenschaften. Vielleicht gehören manche
Menschen zu einem solchen „Kaninchentypus". Betrachtet man all diese in
der Zwischenzeit ausgebauten Methoden, auf die wir noch später genau eingehen werden und die meistens nicht herangezogen werden, so erkennt man die
Notwendigkeit der größten Vorsicht in der Anerkennung der „Ausnahmen". Sie
alle als technische „Fehler" oder Illegitimität zurückzuweisen, erscheint mir
gewagt; Unzulänglichkeiten der Methodik, abnorme Verteilung der Isoagglutinogene, mangelnde phänotypische Ausprägung usw. dagegen diskussionsfähig.
Ich stimme daher vollkommen mit Landsteiner und Marx überein, daß die
*zweite Regel gerichtlich-medizinisch einen außerordentlich hohen Grad der Wahr-
scheinlichkeit liefert, der aber noch nicht an Sicherheit grenzt.*

An der theoretischen Gültigkeit der BERNSTEINschen Erbformel rüttelt selbstverständlich diese Vorsicht bei der gerichtlich-medizinischen Verwertung nicht.

Mehrere Verfasser haben die Ausschließungschancen eines zu Unrecht beschuldigten Mannes berechnet (HOOKER und BOYD, SCHIFF, KOLLER, WIENER, LEDERER, POLAYES, WOLFF und JONSSON). Je nach Gruppenformel der Population schwanken die Werte zwischen $^1/_5$—$^1/_7$[1]. Die Blutgruppenuntersuchungen lassen sich auch bei (absichtlicher oder unabsichtlicher) Kindervertauschung anwenden. Da mehrere Personen (4 Eltern und 2 Kinder) zur Untersuchung kommen, so sind die Chancen, die Vertauschung nachzuweisen, gut. (Nach WIENER in $^2/_3$ der Fälle, bei Berücksichtigung von M und N.) WIENER hat einen derartigen Fall beschrieben. Ich beobachtete jedenfalls eine wahrscheinliche Kindervertauschung, die sich durch besondere Tragik auszeichnete, da das eine anscheinend vertauschte Kind geistig zurückgeblieben war; man bemerkte die Vertauschung nach 5 Jahren.

Es sei noch bemerkt, daß SCHIFF und v. VERSCHUER an Zwillingen interessante Gruppenprüfungen vornahmen. Es wurde auch versucht, das Problem der Superfekundation mit Hilfe von Gruppenbestimmungen zu lösen (GANTHER, LAGUNA). Theoretisch dürfte die Sache lösbar sein, allerdings bei gewissen Gruppenkonstellationen.

II. Über andere gruppenspezifische Receptoren des menschlichen Blutes und ihre Vererbung.

v. DUNGERN und HIRSZFELD haben bereits 1911 erkannt, daß noch andere gruppenspezifische Receptoren existieren. Wir fanden z. B., daß tierische Normalsera häufig das Menschenblut der Gruppe A oder B schon vor der Absorption, häufiger aber nach der Absorption mit Menschenblut 0 agglutinieren (siehe auch LANDSTEINER 1902). Die beobachtete Gruppenspezifität war aber mit A und B nicht absolut identisch, so daß mit Hilfe der tierischen Sera auch andere Einteilungen zum Vorschein kommen als bei Benutzung der Isoagglutinine. Wir fanden auch manchmal Sera, die die 0-Blutkörperchen stärker agglutinierten. Solche Beobachtungen haben in den Händen von SCHIFF, von FRIEDENREICH und ZACHO zu interessanten Feststellungen geführt. Innerhalb der Gruppe A fanden wir Untergruppierungen. Absorbiert man ein Anti-A-Serum mit geeigneten Blutkörperchen, so findet man manchmal, daß die zur Absorption benutzte Blutart nicht mehr, wohl aber manche andere noch agglutiniert werden. Wir sprachen von „A klein" und „A groß". An diesen Untergruppierungen wurde in der Zwischenzeit eingehend gearbeitet. Neben den älteren Arbeiten von COCA und KLEIN, von GUTHRY und HUCK liegen noch Angaben von SCHIFF und OKABE, ARONSOHN, von LANDSTEINER und LEVINE, von THOMSEN und WORSAE, FRIEDENREICH und ZACHO vor. Schließlich bei der Ausführung der Agglutination in der Kälte findet man Agglutinationen, die auf eine weitgehende Differenzierung des menschlichen Blutes hinweisen. LANDSTEINER und WITT, LANDSTEINER und LEVINE,

---

[1] Über die rechtliche Seite des Problems siehe namentlich SCHIFF, RAESTRUPP, MARX, SWETLOW, POLAYES, WIENER und LEDERER und viele andere.

Thomsen u. a. beschäftigten sich in den letzten 5 Jahren mit diesen Receptoren. Während die gruppenspezifischen Receptoren A und B durch Normalsera der Menschen charakterisiert werden können, sind andere aus unbekannten Gründen keine Isoantigene, sie finden keinen Ausdruck in der Anwesenheit der normalen Isokörper und die allerdings spärlichen Beobachtungen bei den Transfusionen bei Menschen zeigten, wenigstens bis jetzt, daß diese Substanzen nicht oder nur selten Immunisoantikörper hervorrufen können. Die Kenntnis dieser Receptoren und ihrer Vererbung verdanken wir vor allem den Untersuchungen von Landsteiner und Levine, in der letzten Zeit auch Schiff.

Alle diese Beobachtungen haben die große Aufgabe zum Ziel, das Menschenblut so weitgehend serologisch zu charakterisieren, daß eine individuumspezifische serologische Diagnostik ausgearbeitet werden kann. Zweifellos werden wir in Zukunft den richtigen Vater unter mehreren Männern feststellen können, wenn diese etwas mühsame Technik ausgebaut und bekannt wird. Und aus diesem Grunde möchte ich einige interessante Protokolle in extenso mitteilen, um die Weiterarbeit auf diesem schwierigen Gebiet zu erleichtern. Wir wollen zunächst die Vererbung einiger praktisch bis jetzt weniger wichtigen Receptoren besprechen, dann die Vererbung der Receptoren, die wir innerhalb der A-Gruppe feststellen und schließlich diejenigen Receptoren, die wir mit Hilfe der Immunagglutinine eruieren können.

Untersucht man genauer die Sera und Blutkörperchen vieler Menschen namentlich in der Kälte und achtet auf geringere Reaktionen, so stellt man etwa in 3% der Fälle abnorme Agglutinine unabhängig von der gewöhnlichen Gruppenbildung fest. Manchmal zeigen diese Agglutinine keine Regelmäßigkeit, manchmal sind sie gerichtet gegen die Untergruppe „A groß“ oder „A klein“. Landsteiner und Levine haben die Heredität dieser verschiedenen außerhalb der 4 Blutgruppen liegenden Bestandteile untersucht. 103 weiße und farbige Familien wurden mit einem abnormen Agglutinin, genannt „Extraagglutinin I“, geprüft. Dieser Faktor kann auch durch manche tierische Sera (Rind, Pferd) nachgewiesen werden und wurde der Faktor P genannt. Die Bezeichnung 1, 2 und 3 bedeuten verschiedene Agglutinationsgrade von $+$, $\pm$ bis „Spürchen“. Folgende Tabelle illustriert den Tatbestand:

Intensität bei Eltern	Familien- zahl	Intensität der Reaktion bei Kindern			Kinder- zahl
		1	2	3	
1×1	29	$103 = 75{,}2\%$	$18 = 13{,}1\%$	$16 = 11{,}7\%$	137
1×2	16	$24 = 31{,}2\%$	$22 = 28{,}6\%$	$31 = 40{,}2\%$	77
1×3	31	$43 = 28{,}5\%$	$28 = 18{,}5\%$	$80 = 53{,}0\%$	151
2×2	1	4	0	1	5
2×3	9	$7 = 15{,}2\%$	$11 = 23{,}9\%$	$28 = 60{,}9\%$	46
3×3	17	$2 = \ \ 2{,}4\%$	$14 = 17{,}1\%$	$66 = 80{,}5\%$	82

Man sieht, daß in den Ehen von der Intensität 1×1 *die Kinder 7mal häufiger eine Intensität 1—2 als die Intensität 3 aufweisen. In den Ehen 3×3 weisen 80% der Kinder nur die schwache Intensität 3 auf.* Daraus geht mit Sicherheit hervor, daß diese Receptoren vererbbar sind, es scheint aber nicht, daß der Vererbung einzelne Faktoren zugrunde liegen, da in den Ehen 3×3 bei Kindern auch Intensität 1—2 vorkommt. Es scheinen mehrere Faktoren vorzuliegen, falls es sich nicht um technische Ungenauigkeiten handelt. Bei Negern war das Vorkommen der Intensität 1 bei Kindern häufiger als bei Weißen, was darauf hinweist, daß Neger häufiger in bezug auf diese Eigenschaft homozygot sind. Die betreffende Eigenschaft war in der Tat häufiger bei Negern anzutreffen, wie folgende Tabelle zeigt:

	Intensität			Zusammen
	1	2	3	
Weiße	165 = 27,6%	99 = 16,6%	333 = 55,8%	597
Farbige	267 = 52,2%	97 = 18,9%	148 = 28,9%	512

Schon diese vorläufigen Untersuchungen wiesen darauf hin, daß die „Nebenreceptoren" ebenfalls vererbbar sind. Die Feststellung der Blutstrukturen durch die abnormen Isoagglutinine kann aber zunächst nicht auf breiterer Grundlage geschehen, da solche Isoantikörper zu selten sind. Die innerhalb der A-Gruppe nachweisbare Untergruppierung ist dagegen einfach festzustellen und wurde Gegenstand einer genauen Analyse.

Wie erwähnt, beruht diese Feststellung auf der Absorption von 0 oder B-Seren durch geeignete (schwache) A-Blutkörperchen [1]. Das absorbierte Serum agglutiniert nicht mehr die zur Absorption benutzten und eine Reihe anderer Blutkörperchen, dagegen noch etwa $^4/_5$ der A-Blutsorten. v. DUNGERN und HIRSZFELD vermuteten, daß die beiden Blutsorten eine gewisse Menge gemeinsamer A-Substanzen enthalten, daß aber das „A groß" *außerdem* noch extra einen Receptor enthält. LANDSTEINER, der zunächst diese Beobachtungen bestätigte, bezeichnete das seltene „schwächere A" mit dem Symbol AA_2, das häufiger vorkommende, stärker agglutinierende A mit dem Symbol AA_1, womit aber nicht gesagt sein soll, daß jede der zwei Arten außer einem besonderen auch ein beiden Arten gemeinsamen Agglutinogen enthalten *muß*. Die Zweiteilung der Gruppe A wurde von LATTES und CAVAZZUTI, sowie MINO auf quantitative Unterschiede zurückgeführt. Diese Autoren fanden, daß die Blutkörperchen AA_1 für die Isoagglutinine empfindlicher sind als AA_2 und daß die letzten bei genügend intensiver Einwirkung schließlich alle in den Seren vorhandenen Isoagglutinine zu absorbieren vermögen. Demnach wäre die Beobachtung von v. DUNGERN und HIRSZFELD darauf zurückzuführen, daß nach Absorption mit den weniger empfindlichen Zellen unter bestimmten Bedingungen, das Agglutinin Anti-A nur zum Teil entfernt wird und in der Lösung noch genug davon zurückbleibt, um eine Wirkung auf die empfindlichen Zellen auszuüben. LANDSTEINER und D. H. WITT haben die tatsächlichen Befunde von LATTES und CAVAZZUTI bestätigt, hoben aber eine Reihe von Beobachtungen hervor, die die *qualitativen*

---

[1] FRIEDENREICH schlägt vor, die Tatsache der Untergruppen innerhalb von A, feststellbar durch Absorption mit „schwachem A", als v. DUNGERN-HIRSZFELDsche Phänomen zu bezeichnen. So liebenswürdig dieser Vorschlag ist, glaube ich nicht, daß es zweckmäßig ist, Phänomene, die man leicht ad meritum beschreiben kann, mit Namen der Autoren zu belegen. Dies erschwert die Darstellung, namentlich auf einem Gebiete, bei welchem mehrere Beobachtungen von den gleichen Forschern erhoben wurden. Aus den gleichen Motiven heraus werde ich das THOMSEN-FRIEDENREICHsche Phänomen mit einem das Wesen charakterisierenden Namen zu bezeichnen versuchen.

88   LUDWIG HIRSZFELD:

Differenzen sehr wahrscheinlich machten. Sie zeigten zunächst, daß innerhalb der Gruppe AB manche Sera Agglutinine enthalten können, die die Blutkörperchen „A groß" agglutinieren, was allgemein bestätigt wurde (ARONSOHN, FRIEDENREICH und ZACHO usw.). Die Reaktionen waren nicht so stark, wie die Isoagglutininreaktionen zu sein pflegen, sind aber bei gewöhnlicher Zimmertemperatur mit freiem Auge wahrnehmbar.

Nun gehören die Blutzellen solcher Individuen zu dem Typus A(klein)B, so daß man eine ungezwungene Erklärung dafür hatte, daß die Sera noch ein Agglutinin für „A groß" enthielten. Wie LANDSTEINER richtig bemerkt, wäre die Erscheinung unter den Voraussetzungen quantitativer Differenzen schwer zu verstehen. LATTES und CAVAZZUTI, LAUER, THOMSEN und seine Mitarbeiter haben solche Fälle ebenfalls beobachtet. LANDSTEINER hat durch folgende Versuche seinen Standpunkt wohl sichergestellt, indem er die Agglutinine, die die Blutkörperchen „A groß" und „A klein" spezifisch agglutinierten, in der Wärme zurückgewann und zeigte, daß sie eine elektive Affinität zu den beiden Receptoren besaßen. Außerdem zeigten LANDSTEINER und LEVINE, daß bei der sog. Kälteagglutination manche Sera stärker die *Zellen „A groß"*, *andere dagegen die Zellen „A klein" agglutinierten* und daß gewisse normale Isoagglutinine dieselbe Erscheinung manchmal auch bei gewöhnlicher Temperatur zeigen. Folgende Tabelle demonstriert diese Beobachtung von LANDSTEINER und LEVINE:

Blutkörperchen / Nr. Blut	Gruppe 0					Gruppe A — Untergruppe A_1								Untergruppe A_2							
	4	33	34	279	509	9	7	240	806	842	881	1182	1473	259	500	625	794	1009	1072	1044	1401
Serum 535 AB	0	0	sp	0	sp	+	+	+	+	+	++	+	+	0	0	0	0	0	0	sp	0
„ 850 AB	+±	+±	+±	+±	+±	sp	0	0	0	0	0	0	0	+±	+±	+±	+	+	+±	+±	+±
„ 625 AB	0	0	0	0	0	++	+±	+±	++	++	+±	++	+±	0	0	0	0	0	0	0	0

Auf Grund dieser Tabelle muß angenommen werden, daß *innerhalb der Gruppe A zwei qualitativ verschiedene Typen vorkommen.*

THOMSEN, FRIEDENREICH und WORSAE haben zunächst geglaubt, daß diese 2 Receptorenarten sich lediglich quantitativ voneinander unterscheiden. Sie stützten diese Ansicht ähnlich wie LATTES und CAVAZZUTI dadurch, daß man die nämlichen spezifischen Absorptionswirkungen mit „A-groß"-Blutkörperchen, wie mit „A-klein"-Blutkörperchen erzielen konnte, wenn man zur Absorption nur eine angemessene kleine Dosis benutzte. Es gelang stets, eine Dosis von „A-groß"-Blutkörperchen zu ermitteln, die ganz dieselbe Verschiedenheit gab, wie die optimale Dosis von „A-klein"-Blutkörperchen und auch die Absprengungsversuche konnten schließlich in der gleichen Richtung interpretiert werden, da die „reinen" Agglutinine, von „A klein" gewonnen, die Blutkörperchen „A groß" agglutinierten. THOMSEN glaubt noch jetzt, daß die durch Kälteagglutinine feststellbaren Eigenschaften zwar mit den Receptoren „A groß" oder „A klein" korreliert vorkommen, daß sie aber nicht identisch sind. Die Kälteagglutinine sollen daher „eine Teilung auf Grund anderer Kriterien, aber nach denselben Grenzlinien" wie die Agglutinine gegen „A groß" und „A klein" treffen. Es scheint, daß zwischen den dänischen Forschern diesbezüglich keine Übereinstimmung besteht, da FRIEDENREICH in seiner letzten Arbeit mit ZACHO sich der Vorstellung von LANDSTEINER angeschlossen hat und schreibt: „Daß die gesamten serologischen Tatsachen sich durch die Annahme zweier verschiedener Receptoren und zweier Agglutinine am besten erklären lassen".

Die Synonyme für die Bezeichnung von Untergruppen innerhalb von A sind verschieden. Wir sprachen mit v. DUNGERN von „A groß" und „A klein". Die Bezeichnung A und AA_1 trägt auch noch nicht genügend den Tatsachen der qualitativen Differenzen zwischen den beiden Untergruppen Rechnung. Und so wurde allgemein der Vorschlag von LANDSTEINER akzeptiert, daß man den „A groß" zugrunde liegenden Receptor mit A_1, den anderen mit A_2 bezeichnet. Diese Bezeichnungen werden auch in den Tabellen von FRIEDENREICH und ZACHO verwandt und ich werde sie auch später weiter benutzen. Dagegen scheint mir irreführend, Isoagglutinine gegen $A_1 - \alpha$ und gegen $A_2 - \alpha_1$ zu nennen. Es ist zweckmäßiger, zunächst von Agglutininen α_1 und α_2 zu sprechen, selbst bei der Diskussion, ob diese Agglutinine identisch sind. Es sei betont, daß die geringere Bindungsfähigkeit von A_2 auch bei den Untersuchungen der Organe und der Organflüssigkeiten beobachtet werden kann (PUTKONEN, HIRSZFELD und AMZEL, SCHIFF, THOMSEN, KLOPSTOCK u. a.). Bei der Untersuchung der Blutflecken spielt diese Unterscheidung eine große Rolle (eigene Erfahrung, SCHIFF).

A_1 und A_2 können somit sowohl durch die absorbierten Anti-A-Sera, wie auch manchmal durch die irregulären Isoagglutinine bestimmt werden. Namentlich bei Seren A_2B findet man solche Isoagglutinine relativ häufig (LANDSTEINER). Normale Isoagglutinine für das Blut A_2 sind äußerst selten und finden sich in etwa $3^0/_{00}$ der untersuchten Sera. Für die laufende Technik verwendet man am besten die gewöhnliche Absorption mit den Blutsorten „A klein". Man kann allerdings, wo das Blut „A klein" nicht in genügenden Quantitäten zur Verfügung steht, auch eine Technik benutzen, die von OTTENSOOSER und ZURUGZOGLU angegeben wurde. Das Pepton enthält nämlich, wie dies SCHIFF fand, die Substanz A. Man kann durch eine geeignete Konzentration von Pepton das Serum Anti-A so abschwächen, daß es nur A_1, nicht mehr A_2 agglutiniert. Ich kann diese Methodik durchaus empfehlen. Es gibt auch eine Reihe weniger benutzter, aber brauchbarer Methoden. Mit Hilfe von Immunseren kann man die Unterscheidung vornehmen, da das A_1-Blut stärker agglutiniert wird als A_2. Sowohl homologe Anti-A-Immunsera wie anti-A-haltige Hammelhämolysine sind dafür geeignet (KLOPSTOCK, SCHIFF). Man kann dasselbe im Hemmungsversuch nachweisen, da die Blutextrakte „A klein" in der Versuchsanordnung von BRAHN und SCHIFF weniger hemmen als Extrakte aus A_1 (eigene Erfahrung, SCHIFF und Mitarbeiter, THOMSEN). Auch durch die Komplementbindung alkoholischer Extrakte lassen sich A_1 und A_2 unterscheiden (KLOPSTOCK). Diese Methodik läßt sich sowohl für aufgelöstes Blut und Extrakte aus den Blutfecken, wie für Serum und Organextrakte anwenden (SCHIFF und ADELSBERGER, BRAHN und SCHIFF, SCHIFF und AKUNE, AKUNE, HIRSZFELD und AMZEL, KLOPSTOCK). Die Benutzung von Immunseren Anti-A, gewonnen bei Meerschweinchen, wie dies LEHMAN-FACIUS angibt, kann keine besonderen Vorteile bieten. THOMSEN und THISTED fanden, daß das „A-groß"-Blut stärker hämolysierbar ist als das Blut A_2. THOMSEN, FRIEDENREICH und WORSAE versuchten die v. DUNGERN-HIRSZFELDsche Methodik der Absorption von

„A klein" quantitativ auszuarbeiten. Trägt man die Menge der zur Absorption benutzten Blutkörperchen als Ordinate auf, den Titer als Abscisse, so erhält man charakteristische Bilder, wobei nach den Verff. zwischen den „schwachen" und „starken A" keine Übergänge bestehen sollen. Diese Modifikation ist für den praktischen Gebrauch zu kompliziert, für genauere Studien natürlich ist sie verwendbar.

Die Isoagglutinogene sind auch im Serum nachweisbar, wie dies SHIRAI, KONIKOW, SCHIFF, OUCHI, DOLD und ROSENBERG sowie WITEBSKY fanden. THOMSEN und Mitarbeiter empfehlen zur Unterscheidung von A_1 und A_2 im Serum das isoagglutinierende Serum statt in Kochsalz mit dem isoagglutinogenhaltigen Serum zu verdünnen und dadurch die Hemmungskraft quantitativ zu bestimmen. Es ist zweifelhaft, ob diese Methode einen praktischen Wert hat, da die Art der Serumgewinnung die Hemmungswerte sicherlich beeinflussen wird. Hämolysierte Sera oder Sera mit vielen zerfallenen Blutplättchen oder mit Gewebssaft werden sicherlich stärker hemmen, so daß die Unterscheidbarkeit von „A klein" und „A groß" auf Grund von Serumwerten kein weiteres Interesse bietet. Nach NOLENS z. B. enthält ein Serum, welches ohne Schädigung der Erythrocyten gewonnen war, keine Isoagglutinogene [1].

FRIEDENREICH und ZACHO haben in ihrer Arbeit über die Vererbung von „A groß" und „A klein" die technischen Forderungen sehr genau formuliert. Für die Unterscheidung von „A groß" und „A klein" empfehlen Verff. eine einfache Absorption, die unschwer Sera liefert, die das A_1-Blut noch in der Verdünnung 1 : 4 bis 1 : 8 agglutiniert. Es ist von großer Wichtigkeit, daß man A_2-Blut nicht nur durch die fehlende Agglutination, sondern als eine positive Eigenschaft erkennen kann. Da Isosera α_2 selten sind, so empfehlen Verff. die Verwendung von geeigneten mit AB absorbierten Rinderseren. Wie erwähnt, hat SCHIFF festgestellt, daß manche absorbierte Rindersera das 0-Blut stärker agglutinieren als das A- oder B-Blut. FRIEDENREICH und ZACHO fanden, daß ein solches Serum nicht nur das 0-Blut, sondern auch das A_2-Blut agglutiniert, entsprechend den früheren Beobachtungen von LANDSTEINER, die eine nahe Verwandtschaft zwischen 0 und A_2 wahrscheinlich machten. Man darf allerdings nicht vergessen, daß Rindersera häufig auch Agglutinine Anti-P enthalten. In solchen Fällen muß das Blut ABP zur Absorption benutzt werden.

Das Blut z. B. reagiert mit dem Serum α_1, reagiert nicht mit den Seren α_2. Es handelt sich dann sicher um A_1. Oder ist die Reaktion mit dem Serum Anti-A_1 negativ, mit absorbierten Rinderseren α_2 positiv, dann haben wir mit A_2 zu tun. Oder reagiert das Blut mit beiden Seren. Auf Grund von theoretischen Überlegungen halten Verff. solche Blutsorten mit Wahrscheinlichkeit für A_1. Es ist von Interesse, daß die absorbierten Rindersera, die A_2-Blutkörperchen agglutinieren, mit A_2B-Blut nicht reagieren. Auch bei der Titrierung der Agglutination von AB-Blut mit B-Seren findet man, daß A_2B-Blut einen erheblich niedrigen Titer hat für α als das A_2-Blut. Wir sehen demnach, daß wir die beiden Blutsorten durch positive Reaktionen erkennen und unsere Befunde daher gegenseitig kontrollieren können.

---

[1] Anmerkung bei der Korrektur. Nach noch nicht veröffentlichten Untersuchungen in meinem Laboratorium, enthalten bei manchen Menschen selbst vorsichtig gewonnene Sera, Isoagglutinogene, die anderen nicht. Es scheint, daß es sich um konstitutionelle Unterschiede handelt.

Wir wollen die Vererbung dieser Untergruppierungen besprechen, und zwar aus Gründen der historischen Genauigkeit wollen wir zunächst das Material von LANDSTEINER und LEVINE diskutieren.

Die ersten Untersuchungen stammen von LANDSTEINER und LEVINE und wurden in folgender Tabelle zusammengefaßt:

Eltern	Familien-zahl	Kindergruppen			Kinder-zahl
		A_1	A_2	$A_1 + A_2$	
$A_1 \times A_1$	6	$21 = 77{,}8\%$	$3 = 11{,}1\%$	$3 = 11{,}1\%$	27
$A_1 \times 0$ oder B	42	$115 = 94{,}3\%$	$1 = 0{,}8\%$	$6 = 4{,}9\%$	122
$A_1 \times A_2$	8	$21 = 67{,}7\%$	$10 = 32{,}3\%$	0	31
$A_2 \times 0$ oder B oder A_2	13	$3 = 9{,}4\%$	$26 = 81{,}2\%$	$3 = 9{,}4\%$	32

LANDSTEINER und LEVINE haben demnach festgestellt, daß *Eltern der Gruppe A_1 auch Kinder der Gruppe A_2 haben können, während das umgekehrte Verhältnis sehr selten (9,4% gegenüber 94,3%) vorkommt.* Es ist naheliegend und sowohl mit der Theorie der quantitativen wie der qualitativen Unterschiede zwischen A_1 und A_2 vereinbar, daß man die Dominanz von starkem A gegenüber dem schwachen postuliert und daß man demnach diese beiden Receptoren als zwei Allelomorphe auffaßt. Denn wäre A_1 und A_2 nicht allelomorph, so wäre schwer verständlich, daß die Gruppe A, die ja diese beiden Receptoren umfaßt, sowohl bei biostatischer Analyse, wie bei den Vererbungsuntersuchungen sich als Allelomorph zu B und 0 herausstellte. Diese Folgerung wurde aber noch nicht von LANDSTEINER und LEVINE gezogen, da sie mehrere Familien beobachteten, bei welchen Eltern, die zur Gruppe A_2 gehörten, Kinder mit dem Blutreceptor A_1 hatten, was der Dominanz von A_1 über A_2 widersprechen mußte. Auch waren die Dominanzverhältnisse zwischen A_1 und A_2 nicht klar zu übersehen, da manche Individuen diese beiden Receptoren zusammen enthielten, also gleichsam intermediär waren. THOMSEN, FRIEDENREICH und WORSAE haben diese Versuche aufgenommen und kamen dann zu der Überzeugung, daß *die Allelomorphie von A_1 (groß) und A_2 (klein) zu postulieren ist, und zwar in der Form, daß A_1 (groß) über A_2 (klein) absolut dominiert, d. h. daß in Fällen, bei welchen der A_1-Receptor nachweisbar ist, der A_2-Receptor im Phänotypus vollkommen unterdrückt wird.* Es gäbe demnach nicht 4, sondern 6 Bluttypen, und zwar 0, A_1 und A_2, B, A_1B und A_2B. Diese Auffassung stützte sich zunächst auf experimentelle ,,Befunde'', die dann in der Arbeit von FRIEDENREICH und ZACHO sehr ausführlich und unter Anwendung sämtlicher obenerwähnten Kriterien analysiert wurden. Da die Blutkörperchen sowohl mit absorbierten, wie nichtabsorbierten Seren, mit den Extraagglutininen, mit absorbierten tierischen Seren geprüft wurden und die Tabellen quantitative Angaben über die Agglutinabilität enthalten, so ist die Lektüre dieser Arbeit sehr aufschlußreich. Diese Protokolle können aber aus redaktionellen Gründen nicht einzeln mitgeteilt werden und ich begnüge mich mit der Angabe einer zusammenfassenden Tabelle [1]:

---

[1] Ich vermute, daß dieses Material auch das frühere von THOMSEN und Mitarbeiter mitumfaßt, welches zur Grundlage der Auffassung diente, daß A_1 über A_2 dominiert. Ich begnüge mich daher mit der Angabe dieser Protokolle sowie eines großen Stammbaums, den THOMSEN publizierte (s. S. 39).

Vererbung der Untergruppen A_1 und A_2 nach Friedenreich und Zacho.

Eltern	Anzahl der Familien	Anzahl der Kinder	Anzahl der Gruppen					
			A_1	A_2	0	B	A_1B	A_2B
$A_1 \times A_1$	15	41	34	1	6	—	—	—
$A_1 \times A_2$	9	24	13	4	7	—	—	—
$A_1 \times 0$	40	105	72	6	27	—	—	—
$A_1 \times B$	7	21	13	—	6	—	2	—
$A_1 \times A_1B$	1	2	1	—	—	—	1	—
$A_1 \times A_2B$	3	6	—	—	2	—	3	1
$A_2 \times A_2$	1	3	—	—	3	—	—	—
$A_2 \times 0$	10	22	—	18	4	—	—	—
$A_2 \times B$	6	18	—	5	3	3	—	7
$A_2 \times A_1B$	2	10	5	—	—	1	—	4
$A_1B \times 0$	3	7	5	—	—	2	—	—
$A_1B \times B$	2	10	1	—	—	8	1	—
$A_2B \times 0$	3	11	—	8	—	3	—	—
$A_2B \times B$	1	3	—	1	—	2	—	—
Zusammen	103	283						

Die Tabellen zeigen, daß A_1 bei den Kindern nicht vorkommt, wenn es bei den Eltern fehlt. Wohl aber haben manche Eltern mit A_1 Kinder A_2. Daraus ist zu entnehmen, daß A_1 über A_2 dominiert, und zwar so, daß A_2 an der phänotypischen Ausprägung durch A_1 verhindert ist. Manche A_1-Individuen müssen demnach „unrein" sein und die Formel A_1A_2 aufweisen. Da andererseits die Dominanz von A als einer allgemeinen Gruppeneigenschaft gegenüber 0 feststeht, so haben Thomsen und Mitarbeiter mit Recht geschlossen, daß A_1, A_2 und 0 multiple Allele sind. Daraus die Forderung von Thomsen, von 6 und nicht von 4 Gruppen zu sprechen, eine Definition, die mir unnötig erscheint.

Diese Feststellung hat manche Konsequenzen in der Erwartung der Kinder von einer bestimmten serologischen Individualität, die auch praktisch eine gewisse Bedeutung haben können. So z. B. in den Ehen $A_1B \times A_2$ müssen wir bei der Nachkommenschaft bestimmte Untergruppen feststellen können. Kinder AB müssen die Formel A_2B, Kinder A die Erbformel A_1A_2 aufweisen, also im Phänotypus A_1 sein. Diese Konsequenzen beruhen auf der theoretisch abzuleitenden Tatsache, daß bei Individuen A_1B das allelomorphe Gen A_2 ja nicht vorhanden sein kann. Es wurden zwei solche Familien beobachtet und die Beobachtung entsprach der Erwartung. Weitere Anwendungen sind möglich. Z. B. ein Mann, der Kinder A_1 und A_2 mit einer Frau 0 oder B hatte, muß die Erbformel A_1A_2 und nicht A_10 haben. Dementsprechend kann ein solcher Mann keine 0-Kinder zeugen. Haben Eltern $A_1 \times A_1$ Kinder der Gruppe 0, so müssen sie dementsprechend beide die Erbformel A_10 haben. Sie können demnach keine A_2-Kinder zeugen. Eine rechnerische Auswertung dieser Verhältnisse wurde von Thomsen und Wellisch unternommen und Thomsen publizierte einen großen Stammbaum, der 138 lebende Mitglieder umfaßt und der die oben erwähnten Verhältnisse demonstriert. Der Stammbaum beansprucht ein größeres Interesse, deswegen wird er in extenso gebracht (siehe umstehende Abb. 1).

Wie wir sehen, ist die Möglichkeit einer so übersichtlichen Auffassung und Darstellung davon abhängig, daß A_1 über A_2 so vollständig dominiert, daß „unreine" Typen A_1A_2 im Phänotypus nur den A_1-Receptor aufweisen und

daß demnach intermediäre Typen nicht vorkommen. Mit anderen Worten: Es frägt sich,
ob doppelt reagierende Blutkörperchen vorhanden sind oder nicht. LANDSTEINER und
LEVINE haben das erste behauptet, THOMSEN
und Mitarbeiter haben zunächst solche Fälle
nicht gesehen, in der Arbeit von FRIEDEN-
REICH und ZACHO wird aber über 2 intermediär reagierende Fälle berichtet. Verfasser
diskutieren sehr ausführlich diese Verhältnisse.
Immerhin dürften wir aus diesen Überlegungen
vermuten, daß eine absolute Zurückdrängung
vielleicht doch in manchen Fällen nicht stattfindet. Die Sammlung einer weiteren Kasuistik
auf eine ähnliche vollständige Weise, wie die
oben erwähnte Arbeit von FRIEDENREICH und
ZACHO, wäre von großer Wichtigkeit.

Nachdem das Problem von A_1 und A_2 vom
vererbungstheoretischem Standpunkte aus beleuchtet wurde, kann man diskutieren, was
eigentlich die Rindersera, die gegen das 0-Blut
gerichtet sind, charakterisieren und was für
Receptoren manche „Extraagglutinine" definieren. Welche sind die serologischen Beziehungen zwischen A_2 und 0? LANDSTEINER
und LEVINE haben als erste die Beobachtung
gemacht, daß α_2-Sera auch das 0-Blut beeinflussen. Sie rechnen daher mit der Möglichkeit, daß der A_2-Receptor in irgendeiner Form
im 0-Blut vorhanden ist. FRIEDENREICH und
ZACHO diskutieren dagegen die Möglichkeit,
daß die Anti-A_2-Sera eigentlich nicht gegen A,
sondern nur gegen die recessiven 0-Recep-
toren gerichtet sind. Nun muß der recessive
0-Receptor von dem stark dominanten A_1 auf
vollständigere Weise zurückgedrängt werden
als von dem schwächeren A_2. Verff. vermuteten, daß vielleicht eine absolute Domi-
nation vom 0 nur bei A_1 stattfindet, nicht aber
bei A_2, und daß diese letzten Blutkörperchen
unter Umständen im Phänotypus noch die
Eigenschaft 0 enthalten, die eben durch die
Extraagglutinine und die Rindersera nachgewiesen werden kann. Das Blut von der
Erbformel $A_1$0 würde demnach im Phänotypus
stets nur als A_1 reagieren, das Blut von der
Erbformel $A_2$0 würde neben mit Anti-A auch
mit Anti-0 reagieren, das Blut A_1A_2 würde

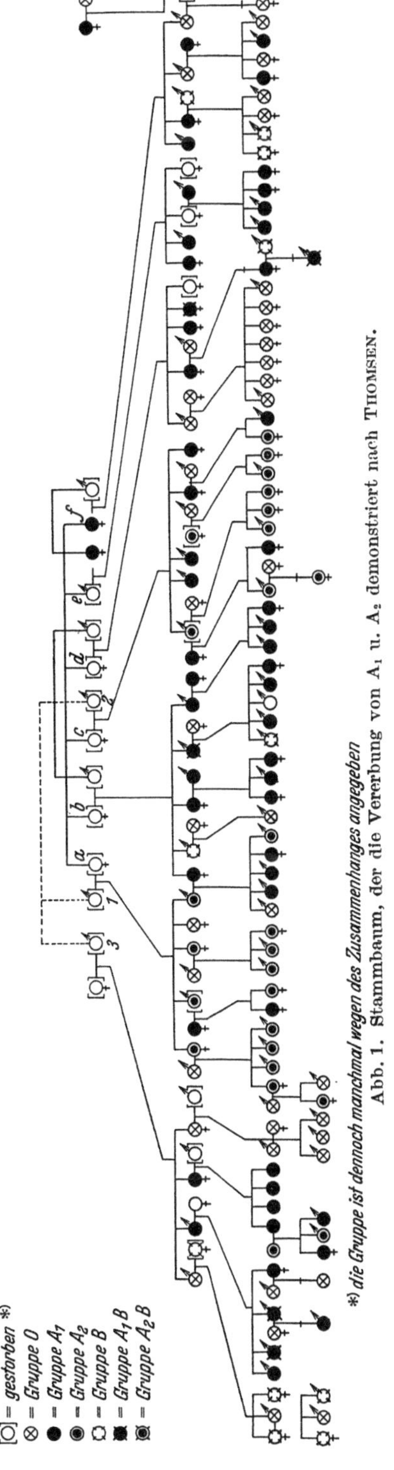

Abb. 1. Stammbaum, der die Vererbung von A_1 u. A_2 demonstriert nach THOMSEN.

nur als A_1 reagieren. Eine intermediäre Reaktion für A_1A_2 mit α_1 und α_2 wäre dann in diesem Falle durch Hilfshypothesen zu erklären, da in solchen Blutsorten 0 fehlen würde. Das Blut A_2A_2 und A_2B, die keine 0-Receptoren enthalten, dürfte mit diesen Agglutinen nicht reagieren. Man würde begreifen, daß die Reaktion bei 0-Blut (von Genotypus RR) stärker ist als bei A_2-Blut (Genotypus A_2R), und daß die Reaktion selbst bei A_2 mitunter ausbleibt (Genotypus A_2A_2 oder $A_2$0 mit ungewöhnlich starker Dominanz von A_2). Schließlich wäre es begreiflich, daß bei einer unvollständigen Zurückdrängung von 0 bei Genotypen $A_1$0 die Reaktion, wenn auch selten, bei A_1 beobachtet wird. Diese theoretisch zweifellos sehr interessanten Überlegungen sind aber noch nicht experimentell genügend verifiziert worden. Verff. machen selbst auf eine Ehe aufmerksam (Nr. 103, Vater A_1, vermutlich Genotypus A_1A_2, Mutter A_2B, Kind A_2), daß das Kind A_2A_2 sein müßte, denn hätte das Kind vom Vater den Receptor A_1 übernommen, so müßte es als A_1 erscheinen. Trotzdem somit dieses Kind keinen 0-Receptor enthalten darf, reagiert es, wenn auch sehr schwach, mit α_2, was der Annahme widerspricht, daß die Extraagglutinine und die Rindersera den 0-Receptor definieren. Verff. halten dieses Problem für noch nicht gelöst, aber für wahrscheinlich, meiner Ansicht nach mit Recht, daß die 0-Komponente für die obenerwähnte Reaktion der A_2-Blutkörperchen eine Rolle spielt, wobei ein wechselnder Dominanzgrad für die individuellen Variationen in der A_2-Empfindlichkeit heranzuziehen ist.

Verff. halten allerdings manche A_1-Blutkörperchen, die mit A_2 noch reagieren, für „äußerste Form von A_1" und nicht für eine Zwischenform zwischen A_1 und A_2, was nicht ganz verständlich ist.

Wir können jetzt besser das Problem ventilieren, ob auch innerhalb der bekannten Gruppen A und B irgendwelche gegenseitige Dominanzverhältnisse vorliegen. Thomsen und seine Mitarbeiter haben bei quantitativen Untersuchungen über die Agglutinabilität der Erythrocyten angegeben, daß der Bestandteil A innerhalb der AB-Gruppe schwächer agglutinabel ist und sie haben die Vermutung geäußert, daß der Bestandteil B im Phänotypus doch etwas den Receptor A zurückdrängt. Bei der Wichtigkeit des Problems möchte ich die zugehörigen Werte angeben, nicht aber aus dem ursprünglichen Material von Thomsen, sondern aus dem bereits häufiger zitierten Familienmaterial von Friedenreich und Zacho, da durch den Vergleich der Agglutinabilität der Erythrocyten der Eltern und der Kinder etwaige familienspezifische Differenzen in der Agglutinabilität als solche eliminiert werden können. Die Zahlen bedeuten den Titer. B-S bedeutet das B-Serum, abs. B = das B-Serum, absorbiert mit „A klein", also ein Reagens auf A_1 groß. α_1-Serum das zugehörige Extraagglutinin, α_2-Serum absorbierte tierische Sera, spezifisch für A_2:

Familien-Nr.	Gruppe	B-Serum	abs. B-Serum	α_1	α_2
2. M.	A_2	16	0	0	+
K. I	A_2B	28	0	—	0
K. II	0	—	—	0	+(+)
16. V.	A_1B	128	2—4	(+)	
K. I	A_1B	64	2—4	(+)	
Stand. A_1	A_1	64—128	4—8	(+)	0

Familien-Nr.	Gruppe	B-Serum	abs. B-Serum	a_1	a_2
21. V.	A_1B	64—128	2	(+)	0
K.	A_1	64	4—8	+	0
25. V.	0			0	+(+)
M.	A_1B	128	4	+(+)	0
K. I	A_1	128—256	4—8	(+)	0
K. II	A_1	128—256	8	+	0
K. III	A_1	128	4—8	(+)	0
27. V.	A_1B	16—32	8		0
M.	A_2	88	0		+
K. I	A_2B	88	0		
K. II	A_1	16—32	8		0
K. III	A_1	16—32	8		0
K. IV	A_1	16—32	4—8		0
K. V	A_2B	88	0		
K. VI	A_1	32	8		0
32. V.	0			0	+(+)
M.	A_1B	64	4	+	
K.	A_1	128	8	+	0
34. V.	A_2B	1	0	0	0
K.	A_2	16	0	0	+(+)
35. V.	0	—		0	+(+)
M.	A_2B	2	0	0	
K. I	A_2	32	0	0	+
K. II	A_2	32	0	0	+
K. III	A_2	32	0	0	+
K. IV	A_2	16—32	0	0	(+)
40. V.	A_2	8—16	0	0	+(+)
M.	A_1B	64—128	4—8	+	
K. I	A_2B	2—4	0	0	
K. II	A_1	64—128	8	+	0
K. III	A_2B	2—4	0	0	
44. M.	A_2B		0	0	
K. I	A_2		0	0	+
K. II	A_2		0	0	(+)
45. M.	A_2	8—16	0	0	+
K. I	A_2B	1—2	0	0	
K. II	A_2B	2—4	0	0	
K. III	A_2B	1—2	0	0	
K. IV	A_2	8—16	0	0	(+)
52. V.	A_2	8	0	0	(+)
K. I	A_2	8—16	0	0	(+)
K. II	A_2B	1—2	0	0	
K. III	A_2	8—16	0	0	+
58. V.	A_1B	64	2—4	Sp.	
M.	0			0	+(+)
K.	A_1	64	4—8	+	0
59. M.	A_2	32	0	0	+
K.	A_2B	2	0	0	

Familien-Nr.	Gruppe	B-Serum	abs. B-Serum	a_1	a_2
78. V.	A_2B	2	0	0	
M.	0			0	+(+)
K. I	A_2	8	0	0	+
K. II	A_2	16	0	0	(+)
79. V. s. M.	A_2	4—8	0	0	0
V.	A_2B	2	0	0	
M.	A_1	64—128	8—16	+	0
K.	A_1B	32	1—2	(+)	
83. M.	A_2	16—32	0	0	+
K. I	A_2	16—32	0	0	+
K. II	A_2B	4	0	0	
90. V.	A_2B	< 8	0		
M.	A_1	64	4		0
K. I	A_2	8—16	0		+
K. II	A_1B	64	4—8		
96. V.	A_1B	64	2		
M.	A_1	128	8		0
K. I	A_1B	64—128	4		0
K. II	A_1	64	8		0
97. M.	A_1	128	8		0
K. I	A_1B	64—128	4—8		
K. II	A_1B	64—128	4—8		
K. III	A_1	64—128	4—8		0
K. IV	A_1	64—128	8		0
103. V.	A_1	128	4—8		0
M.	A_2B	2—4	0		0
K. I	A_2	32—64	Sp.		+
K. II	A_1B	64	2—4		0
K. III	A_2B	2—4	0		0

Die Tabelle ist in dieser Form noch nicht sehr übersichtlich. Betrachtet man nun die Agglutinationswerte für A und AB durch B-Serum innerhalb der einzelnen Familien, so erhält man folgende Zahlen:

	A_1B		A_2B	
	A_1 gedrückt	A_1 nicht gedrückt	A_2 gedrückt	A_2 nicht gedrückt
Anzahl der Fälle	2	12	14	3
Nummern der Familien	79, 103, (?)	16, 16, 21, 25, 27, 40, 58, 90, 96, 96, 97, 97	34, 35, 40, 45, 45, 45, 52, 59, 78, 79, 83, 90, 103, 103	2, 27, 27

Die Herabdrückung der agglutinatorischen Werte bei A_1B ist gering, da es sich um ein Röhrchen handelt (z. B. von 128 auf 64).

Wir sehen demnach, daß A_1 von B selten und nur wenig zurückgedrängt wird, wohl aber A_2. Verff. formulieren zwar das Ergebnis folgendermaßen:

Werden die A_1B-Individuen mitgezählt, so ergeben sich mehrere Fälle, wo die A_1-Empfindlichkeit tiefer liegt als der Durchschnitt, da der A_1-Receptor, wie THOMSEN nachgewiesen hat, häufiger z. B. die Familie 21 und 79, jedoch nicht immer z. B. Familie 27 und 40 vom B-Receptor etwas gedrückt wird. Dadurch wird die Erkenntnis der Zweiteilung der AB-Gruppe indessen nicht erschwert, denn dementsprechend ist eben, falls der A_2-Receptor in der A_2B-Gruppe, und zwar sehr stark und nach unseren Erfahrungen auch konstant, gedrückt. Siehe Titer gegenüber B-Serum, Familie 2, 34 und 35.

Falls es sich nicht um Druckfehler handelt, so ergeben die Protokolle nicht immer die angegebenen Unterschiede. So z. B. in der Familie 2 zeigt das Blut der Mutter A_2 den Titer 16, das Blut des Kindes A_2B den Titer 28. Die obenerwähnte Zusammenstellung zeigt, falls man sie natürlich verallgemeinern dürfte, in einem leichten Widerspruch zu den Verff., daß A_1 nur selten zurückgedrängt wird, A_2 etwa in 80%. Bei der Prüfung mit einem Anti-Immunserum findet man übrigens eine Unterempfindlichkeit des A-Receptors in AB nicht.

Die Annahme, daß das Rinderserum und die Extraagglutinine den recessiven 0-Receptor charakterisieren, müßte vom serologischen Standpunkte aus durch Hilfshypothesen gestützt werden. Man kann bei intensiver Absorption, wie erwähnt, das Agglutinin Anti-0 nicht nur mit AB-Blut, sondern auch mit sämtlichen anderen Blutsorten absorbieren, trotzdem ja zwischen ihnen auch reine Typen (also ohne 0) vorkommen müssen. Die Erklärung ist in diesen Fällen plausibel, daß das Rinderserum nicht den 0-Receptor, sondern den Artreceptor charakterisiert. Es würde sich

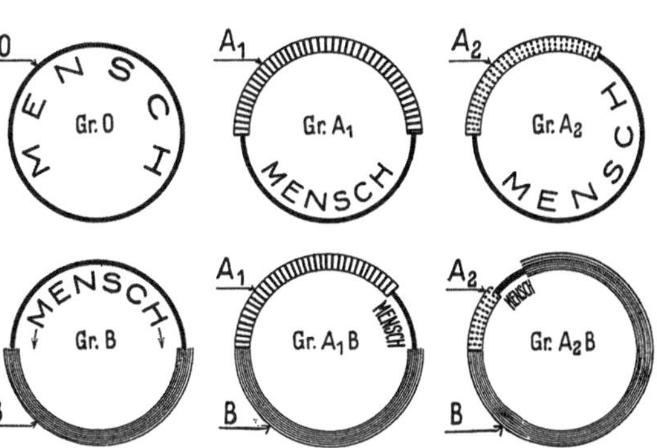

Abb. 2. Schema der hypothetischen Beziehungen zwischen Art- und Gruppenreceptoren.

also nicht etwa um eine spezifische 0-Agglutinabilität, sondern um eine gegen die Artagglutinine spezifisch eingestellte Agglutinationsfähigkeit handeln. Vielleicht liegt die Sache so, daß an der Oberfläche der Erythrocyten nur eine beschränkte Anzahl verschiedener Receptoren angebracht werden kann, so daß, je mehr Gruppenreceptoren, um so weniger Artreceptoren und vice versa vorhanden sind. Die Reaktion mit dem Rinderserum wäre demnach gleichsam nur das Spiegelbild der Gruppenreceptoren und die Reaktionsfähigkeit mit Anti-0-Seren und Anti-A_2-Seren würde dann einfach besagen, daß keine oder wenige Gruppen- und viele Artreceptoren vorhanden sind. Ich bringe eine schematische Zeichnung, die diese Überlegungen illustriert und die wohl auch WITEBSKY in diesem Sinne vorgeschwebt ist (s. Abb. 2). Das Menschenblut der Gruppe 0 enthält nach diesem Schema nur die Artbestandteile (von Nebengruppenreceptoren wird natürlich bei der Zeichnung abgesehen). Das Blut der Gruppe A und B enthält (schematisch) die Hälfte der Oberfläche besetzt von den Gruppenreceptoren, die andere ist frei und enthält nur artspezifische Elemente. Das Blut der Gruppe A_2 wäre intermediär, indem die Gruppenreceptoren nur (schematisch) $^1/_3$ der Oberfläche besetzten, entsprechend ihrer geringen Bindungsfähigkeit. Da A_2 sich von A_1 *etwas unterscheidet*, so sind auch die

Linien, die A_2 charakterisieren, gestrichelt und für A gerade. Bei AB ist der artspezifische Bestandteil nun schmal geworden, so daß er vielleicht dadurch durch die direkte Isoagglutination nicht nachgewiesen werden kann, sondern nur durch die Absorption. Entsprechend dem Befund von THOMSEN, daß die Receptoren A bei AB schwächer ausgeprägt sind, bringe ich die Artreceptoren bei AB auf Kosten der A-Gruppe, so daß die A-Oberfläche geringer ist als die B-Oberfläche. Der letzte Kreis bedeutet die Gruppe A_2B, und zwar wird dieses letzte Schema wahrscheinlich modifiziert werden müssen, um evtl. größere Mengen von Artreceptoren zu demonstrieren. Es liegen aber meines Wissens keine vergleichenden *Absorptionsversuche* zwischen A_1B und A_2B mit Rinderserum vor. Die Beobachtung von GRIENFIELD, wonach die aus AB gewonnenen „reinen" Agglutinine das 0-Blut nicht beeinflussen, würden sich dann dadurch erklären, daß vor allem α und β Antikörper gebunden und zurückgewonnen wurden.

Es wurden außer den Rinderseren auch Isosera Anti O und Anti A_2 beschrieben. Bei Individuen A_1B wurden solche Sera von LANDSTEINER und WITT, LANDSTEINER und LEVINE, WIEMER, LAUER, THOMSEN, bei Individuen A_1 von LANDSTEINER und LEVINE, MORZYCKI in meinem Laboratorium (unveröffentlichte Versuche); bei Individuen B von LANDSTEINER und LEVINE, OTTENBERG und JOHNSON, WILHELM und OSGOOD, BECK, THOMSEN u. a. beobachtet. FRIEDENREICH und ZACHO nehmen an, daß es sich in diesen Fällen um die gleichen Receptoren handelt, die durch Rindersera definiert werden. Es könnte aber sein, daß es sich nur um die gleiche Einteilung handelt. Vielleicht enthalten manche Blutkörperchen keine Artreceptoren und daher haben die zugehörigen Sera der LANDSTEINERschen Regel folgend die Agglutinine für die Blutkörperchen der eigenen Art. Weitere Untersuchungen wären erwünscht.

Diese Feststellungen machen es begreiflich, daß gerade die größten Fehlerquellen bei der Bestimmung der AB-Gruppe auftreten. THOMSEN betont, daß die Feststellung des A-Receptors in der A_2B-Gruppe häufig nur mit den stärksten Seren gelingt und FRIEDENREICH und ZACHO rechnen mit der Möglichkeit, daß sogar A_1 in A_1B-Blut dem Nachweis entgehen kann. Jedenfalls ist bei A_2 besondere Vorsicht auch bei der Vaterschaftsausschließung am Platze.

BERNSTEIN stützte zunächst seine Kritik auf die Feststellung, daß $(\overline{A} + \overline{AB}) \times (\overline{B} + \overline{AB}) > \overline{AB}$, während nach der ersten Erbformel die beiden Werte gleich sein sollten. Mein Einwand, daß die technische Möglichkeit der Feststellung der Gruppenzugehörigkeit verschieden sein könnte und daß man vielleicht zu wenig AB findet, war demnach richtig. Allerdings können die Differenzen quantitativ die Abweichungen nicht erklären und anderweitiges Familienmaterial hat inzwischen die zweite Erbformel sichergestellt.

Es sei noch bemerkt, daß LAUER im Jahre 1928 eine Familie beschrieben hat, bei welcher die Blutkörperchen in eine stark und eine schwach agglutinable Klasse getrennt werden konnten, und daß er bereits damals die Vermutung geäußert hat, daß das Agglutinogen des Vaters aus zwei erblich verschiedenen Agglutinogenen zusammengesetzt ist, so daß ein Teil der Kinder das Agglutinogen mit dem niedrigen Titer, der andere mit dem mittleren Titer geerbt haben. Die beiden Agglutinogene werden A und „A" genannt. Er nimmt an, daß zwischen den beiden A fluktuierende Übergänge bestehen, die durch Genquanta erklärt werden können. Die Vorstellung, daß verschiedene Genquanta die phänotypisch verschiedene Receptoren bedingen, ist an sich möglich. Die Seltenheit der intermediären Typen im Material von THOMSEN und seiner Mitarbeiter spricht aber eher für eine qualitative Differenz der Gene. Es sei bemerkt, daß LAUER auf Grund der obenerwähnten Feststellung die Priorität beansprucht, daß er die vererbungsmäßige Grundlage des schwachen A-Typus erstmalig wahrscheinlich gemacht hat. Thomsen nimmt in der letzten Mitteilung (Festschrift für Streng) an, daß quantitative Differenzen in Genquanta die Ausbildung von A_1 und A_2 bedingen können, womit allerdings seine Anschauungen sich denjenigen von Lauer sehr nähern würden.

Anmerkung bei der Korrektur: Weitere Untersuchungen über die Vererbung von A_1 und A_2 stammen von Wiener und Rothberg. Ihr Material wurde nur mit Seren, die nach v. Dungern und Hirszfeld absorbiert wurden, vorgenommen und die A_2-Fälle wurden somit durch geeignete Anti-A_2-Rinder- oder Menschensera nicht kontrolliert. Trotzdem somit die Beweisbarkeit des Materials noch erhöht werden kann, sollen die Zahlen mitgeteilt werden.

Ehen	Zahl der Familien	Kinder						Zusammen
		O	A_1	A_2	B	A_1B	A_2B	
$A_1 \times O$	29	57	85	5	—	—	—	147
$A_1 \times B$	8	5	11	1	9	9	2	37
$A_1B \times O$	2	—	3	—	8	—	—	11
$A_1B \times B$	2	—	6	—	3	1	—	10
$A_1 \times A_1$	9	4	27	—	—	—	—	31
$A_1 \times A_1B$	5	—	13	—	5	8	—	26
$A_2 \times O$	15	41	2	33	—	—	—	76
$A_2 \times B$	6	8	—	11	8	—	3	30
$A_2B \times O$	2	—	—	6	7	—	—	13
$A_2B \times B$	2	1	—	3	6	—	1	11
$A_2 \times A_2$	3	7	1	10	—	—	—	18
$A_1 \times A_2$	5	3	16	6	—	—	—	25
$A_1B \times A_2$	1	—	2	—	2	—	1	5
	89	126	166	75	48	18	7	440

Man sieht, daß die Dominanz von A_1 über A_2 in 2 Familien durchbrochen wurde (die Fälle werden unterstrichen). In der einen Familie, wo beide Eltern A_2 hatten und ein Kind $\dot{A}_1$, hat die Mutter die Nachprüfung abgelehnt und antwortete in einer Weise, die die Legitimität des Kindes als zweifelhaft erscheinen ließen. Bei einer anderen Familie hat die Nachprüfung die erste Untersuchung bestätigt. Es handelt sich um folgende Gruppen: Vater A_2, Mutter 0, erstes Kind A_2, zweites Kind 0, drittes Kind und viertes Kind (6 und 7 Jahre) hatten A_1. Schließlich in einer Familie $0 \times A_1$ waren 2 Kinder 0, 4 Kinder A_1 und 1 Kind A_2. Nun muß der Genotypus des einen A-Elterns $A_1 0$ sein, da sonst nicht 2 0-Kinder entstehen könnten, daher muß das A_2-Kind ebenfalls als eine Ausnahme gewertet werden. Verff. halten die Annahme von Allelomorphie von A_1 und A_2 als in Prinzip richtig und verlangen daher für die Ausnahmen weitere Erklärungen und Nachprüfung. Vielleicht wird die Nachprüfung mit Anti-A_2-Serum diese Ausnahmen erklären, denn es ist schließlich nicht unmöglich, daß nicht alle schwache A_1—A_2 waren. Es gibt in diesem Material zu denken, daß A_2 relativ zu häufig vorkommt; bei den Eltern 65 A_1, 33 A_2, bei den Kindern 166 A_1, 75_2 (etwa in 30%).

Wolff und Jonson befürworten die Anwendung von A_1 und A_2 für gerichtlich medizinische Fälle. Sie hatten kein sicheres Familienmaterial in der Hand, doch hat die Untersuchung bei 673 Vaterschaftsprozessen zahlenmäßige Ergebnisse gezeigt, wie sich unter der Annahme der Dominanz von A_1 über A_2 zu erwarten war. Die Mutter-Kinderkombinationen der Verff. gibt folgende Tabelle wieder.

Eine definitive A_2-Diagnose soll nicht gestellt werden ehe das Kind $1^1/_2$ Jahr alt ist. Übergangsfälle wurden bei Berücksichtigung der Absorption anscheinend nicht gefunden. Dagegen wurden in 7,9% doppelt, d. h. mit α_1 und α_2 reagierende Fälle beobachtet (was bei der Annahme der Dominanz nicht auftreten sollte), die aber durch anderweitige Kontrollen Verff. als A_1 oder A_2 zu erkennen glauben. Verff. machen auch aufmerksam, daß man bei Heranziehung der Großeltern weitere Ausschließungsmöglichkeiten gewinnen kann und stellen dies in folgender Tabelle zusammen.

Mutter	Kinder					
	O	A_1	A_2	B	A_1B	A_2B
182 O	111	35	17	19	—	—
190 A_1	47	110	17	6	8	2
50 A_2	16	10	22	0	—	2
58 B	15	3	4	32	2	2
15 A_1B	—	9	—	4	2	—
5 A_2B	—	1	3	—	—	1
	189	168	63	61	12	7

Ich gebe die Zusammenstellung von WOLFF und JONSON in einer etwas modifizierten Form, die mir aber klarer erscheint.

Ausschließung der Vaterschaft mit Hilfe der Gruppenbestimmung der Großeltern.

Eltern des vermutlichen Vaters	Vater muß sein		Eltern der Mutter	Mutter		Kinder	
	Phäno-typus	Geno-typus		Phäno-typus	Geno-typus	können nicht sein	müssen enthalten
O oder B	A_1	A_1O	?	O	?	A_2	A_1 oder O
				B	?	A_2, A_2B	A_1, O, B, A_1B
				A_1B	A_1B	A_2B, O	A_1, B, A_1B
				A_2B	A_2B	A_2B, O	A_1, A_2, B, A_1B
?	O	OO	O oder B	A_1	A_1O	A_2	A_1, O
	B	?				A_2	A_1, O, A, A_1B
O oder B	A_1	A_1O	O oder B	A_1	A_1O	A_2	A_1 oder O
A_2B	A_1	$A_1 A_2$	?	O	OO	O	A_1, A_2
				A_1	?	O	A_1, A_2
				A_2	?	O	A_1, A_2
				B	?	O, B	A_1, A_2, A_1B, A_2B
				A_1B	A_1B	O, B	A_1, A_1B, A_2B
				A_2B	A_2B	O, B	A_1, A_2, A_1B, A_2B

III. Über die Unterteilung der Isoantikörper Anti-A.

Wie aber die Sache sein mag, konstatiert man 2 Receptoren A_1 und A_2, die mit dem Serum B reagieren können. Würde man rein formell die Reaktionsfähigkeit mit *einem* Antikörper auf *eine* serologische Eigenschaft, *einen* Receptor zurückführen, so müßte man ex definitione diese beiden Receptoren als identisch betrachten und die von LANDSTEINER gefundenen qualitativen Differenzen auf Nebenreceptoren zurückführen, die nur häufig mit den Grundreceptoren A zusammen vorkommen, wie dies THOMSEN vermutet. Nun wissen wir seit den grundlegenden Arbeiten von LANDSTEINER, daß strukturell etwas abweichende Antigene mit den gleichen Antikörpern reagieren können. Da A_1 anscheinend stärker mit Anti-A reagiert als A_2, so könnte man annehmen, daß *ein* Antikörper sich mit ungleicher Avidität mit zwei *etwas* differenten Körpern verbindet. Es wäre aber möglich, daß auch die Antikörper verschiedene Aviditätsgrade aufweisen. Daß Antikörper von verschiedener Avidität in Immunseren vorhanden sind, ist bekannt. Ich habe mit BIALOSUKNIA die Multiplizität der Antikörper im Normalserum wahrscheinlich gemacht. Wir fanden, daß *die Absorption bei einer bestimmten Temperatur nur solche Antikörper bindet, die bei der betreffenden Temperatur hämagglutinierend wirken, dagegen werden Antikörper, die bei niederen Temperaturen noch wirksam sein können, nicht gebunden.*

Ich führte die temperaturspezifischen Absorptionen auf *Aviditätsunterschiede* zurück und nahm an, daß im *Normalserum Antikörper von verschiedener Avidität vorhanden sind.* Daraus erkennt man schon, daß die Kälteagglutinine keine besondere *Art* der Isoantikörper sein können („Konstitutionsserologie" S. 137):

Ich nenne die Temperaturen, bei welchen die Agglutination stattfinden kann, die Wärmeamplitude der betreffenden Antikörper. ... Wir konnten nun zeigen, daß die Differenzen in der Amplitude nur quantitativ sind. Absorbiert man ein Serum von einer großen Wärmeamplitude mit Blutkörperchen bei einer bestimmten Temperatur, so agglutiniert es nicht mehr bei der zur Absorption benutzten Temperatur, wohl aber bei niederen Temperaturen. Die Wärmeamplitude läßt sich somit durch Absorption in vitro beliebig verengern. Wir sehen, daß die engere Amplitude der Autoantikörper eine ähnlich zweckmäßige Erscheinung ist wie die Tatsache, daß die zirkulationseigenen Zellen keine Antigene sind. Was in diesem Falle die Zirkulationsfremdheit bedeutet, ist bei den Autoantikörpern die Körperwärme, die der Verbindung der Autoantikörper mit dem Autoantigen im Wege steht. Wir wissen, daß die Absorptionsvorgänge durch die Kälte verstärkt werden; daher wirken alle die Blutkörperchen agglutinierenden Sera in der Kälte stärker als in der Wärme, wobei bei einer bestimmten Temperatur eine jede Agglutination reversibel ist. Die Wärmeamplitude ist bei starken Seren gewöhnlich breiter, doch ist dies keineswegs die Regel und es finden sich Sera, die einen relativ niedrigen Titer und trotzdem eine hohe Wärmeamplitude haben. Ich habe daher die Vermutung ausgesprochen, daß die Breite der Wärmeamplitude einen Ausdruck der Affinität darstellt in dem Sinne, daß Antigen-Antikörperverbindungen mit einer starken Affinität sich dem ungünstigen Einfluß der Wärme widersetzen können. Unsere Absorptionsversuche zeigten, daß im Serum *Antikörper von verschiedener Wärmeamplitude vorhanden sind.* Wir konnten auch nach dem Vorgang von LANDSTEINER „gereinigte" Agglutinationslösungen herstellen und ebenfalls ihre „Wärmespezifität" zeigen. ...

Die Versuche ergeben demnach, daß die agglutinierende Fähigkeit der normalen Sera bei einer gegebenen Temperatur die Summe der Wirkungen von Antikörpern ist, die bei der betreffenden Temperatur absorbiert werden. Man könnte das auch so ausdrücken, daß die agglutinierende Fähigkeit bei niederen Temperaturen eine Summe der Fähigkeiten bei höheren Temperaturen darstellt, wobei einer jeden Temperatur ein besonderer charakteristischer Wert zukommt. Die temperaturspezifische Absorption gelingt bei quantitativen Arbeiten; absorbiert man mit großen Blutmengen selbst bei 37⁰, so verschwinden leicht die Antikörper, die bei niederen Temperaturen wirken. ..."

Nach KETTEL beeinflußt die Temperatur die Reaktionsgeshwindigkeit, bei niedriger Temperatur soll die Dissociation der Verbindung langsamer stattfinden.

Die vorstehenden Ausführungen zeigen, daß eine Multiplizität der Antikörper in Normalsera postuliert werden kann, in dem *Sinne, daß im Serum Antikörper von verschiedener Wärmeamplitude, also von einer verschiedenen Avidität vorhanden sind.* Auch die Möglichkeit der temperaturspezifischen Absorption *in vivo* wurde von mir in der „Konstitutionsserologie" diskutiert. S. 137 schrieb ich:

„Wir sehen demnach, daß nicht alle Autoantikörper fehlen, sondern nur diejenigen, die bei Körpertemperatur wirken können. Worauf diese eigentümliche Erscheinung beruht, wissen wir nicht. Man könnte sich vorstellen, daß der *Organismus Panagglutinine produziert* und daß die Autoagglutinine von höherer Wärmeamplitude in der Zirkulation ständig absorbiert werden oder daß das Blutagglutinogen in gelöster Form im Serum vorhanden ist und die Autoantikörper an Wirkung verhindert."

Der Mangel der Autoantikörper, die bei Körperwärme wirken können, wurde demnach *hypothetisch* auf die temperaturspezifische Absorption *in vivo* zurückgeführt[1]. FRIEDENREICH hat die Tatsache der temperaturspezifischen Absorption in vitro bestätigt und diskutiert ebenfalls die Anschauung, daß im Normalserum Antikörper von verschiedener Avidität vorhanden sind.

FRIEDENREICH scheint allerdings der Ansicht zu sein, daß ich eine Vielheit der normalen Antikörper von gleicher Avidität nur für artfremde Antikörper postulierte und ihre Konsequenzen für die Spezifität der in der Wärme wirkenden Iso- und in der Kälte wirkenden Autoagglutinine nicht diskutierte. Die obenerwähnten Zitate zeigen, daß diese Gesichtspunkte bereits in der „Konstitutionsserologie" besprochen wurden. Aus Gründen, die ich später angebe, halte ich allerdings den intimeren Mechanismus der Abwesenheit von Autoantikörpern noch nicht für klar.

Wir können demnach mit *Wahrscheinlichkeit* annehmen, daß neben der verschiedenen Avidität der Antigene auch die Isoantikörper aus einer Reihe von Elementen von ungleicher Avidität bestehen. FRIEDENREICH entwickelte ähnliche Gesichtspunkte, daß das Isoagglutinin aus einem stark und einem schwach aviden Anteil besteht, wobei Verf. die Frage offen läßt, ob es sich um zwei verschiedene Substanzen oder nur um Extreme einer Reihe verwandter Substanzen handelt. Die Tatsache, daß bei manchen A_2-Individuen Anti-A_1 vorhanden ist, wird darauf zurückgeführt, daß nur die stark aviden Elemente eines hypothetischen Panagglutinins an das eigene Blut gebunden werden, wogegen die schwach aviden, mit A_2 bei Körperwärme *nicht* reagierenden noch übrig bleiben. Die Schwäche des Receptors A_2 ist zwar nach FRIEDENREICH nicht unbedingt nötig, sie begünstigt aber das Auftreten von Anti-A_1 innerhalb der Gruppe A_2. Daher findet man dieses abnorme Agglutinin häufiger innerhalb der AB-Gruppe, weil dort der A_2-Bestandteil schwächer ausgeprägt ist.

Der Tatbestand ließe sich vielleicht so formulieren, daß die *Verbindungstendenz der Isoantigen-Antikörpergemische eine additive Eigenschaft der beiden Bestandteile ist, so daß der weniger avide Receptor A_2 mit dem mehr aviden Isoantikörper α_1 reagiert.*

Der gegenwärtige Stand des Wissens läßt sich mit Wahrscheinlichkeit so beschreiben, daß A_1 und A_2 ähnliche, aber nicht identische Receptoren sind von einer ungleichen Affinität für Anti-A und daß die Anti-A-Antikörper, wie anscheinend *alle* normalen Agglutinine aus einer Skala von Antikörpern von abnehmender Wärmeamplitude und Bindungsaffinität bestehen.

---

[1] Wie wir sehen, ist das Problem der Autoagglutinine zunächst ein physiologisches. Wie aus ihnen eine pathologisch erhöhte Amplitude sich entwickelt, wissen wir nicht, trotzdem einzelne experimentelle Befunde dafür sprechen, daß eine Autoimmunisation durch Gewebsresorption die Autoagglutinine vermehrt. Interessant ist übrigens die Angabe von IWAI und MEISAI sowie DE GOFF über starke Autoagglutination bei RAYNAUDscher Krankheit. Ich hob bereits früher hervor, daß evtl. bei Erfrierung der Extremitäten eine Autoagglutination zur Erklärung herangezogen werden kann.

Ich vermutete, daß eine physiologisch vorhandene höhere Amplitude hereditär sein könnte. Eine größere Kasuistik liegt aber nicht vor. — DEBENEDETTI beschrieb 3 Fälle, darunter 2 Familien. — Dieser Annahme widerspricht keineswegs, wenn äußere Faktoren die Amplitude verstärken (paroxysmelle Hämoglobinurie, Organresorption usw.). Übrigens beschrieb JERMOLENKO Autoagglutinine, die noch bei 39^0 wirkten. Die gefundene Thrombose wurde auf eine Autoagglutination zurückgeführt, da sie unter dem Einfluß der Wärme auseinanderging.

IV. Über die durch Immunagglutinine feststellbaren gruppenspezifischen Eigenschaften des menschlichen Blutes.

Immunisiert man Tiere mit Menschenblut, so lassen sich häufig gruppenspezifische Agglutinine hevorrufen. Dabei *entstehen die gruppenspezifischen Antikörper anscheinend nur dann, wenn die betreffende Antigene nicht im Blut oder in den Organen der immunisierten Tiere vorhanden sind.* Es zeigte sich nun, namentlich auf Grund von glänzenden Untersuchungen von LANDSTEINER und LEVINE, daß man dabei auch mehrere Receptoren findet, die anscheinend durch die Isoantikörper nicht oder sehr selten [1] erkannt werden können. Um einen Einblick in den Werdegang dieser Arbeiten zu ermöglichen, will ich sie zunächst in ihrer historischen Entwicklung schildern.

Durch Immunisierung von Kaninchen [2] mit Menschenblut und nachträglicher Absorption der Artagglutinine konnten LANDSTEINER und LEVINE zunächst neue Blutbestandteile feststellen. Verff. nannten sie M und N und P. Antikörper Anti-P kommen, wenn auch selten, auch bei Menschen vor (LANDSTEINER und LEVINE, NIGG). Die Verteilung dieser Receptoren ergab sich zunächst aus folgender Tabelle.

Der Bestandteil M wurde innerhalb verschiedener Gruppen und verschiedener Rassen in folgender Häufigkeit gefunden:

	0	A	B	AB	Zusammen	Totalzahl der Untersuchungen
Weiße	79,2	83,5	81,4	75,0	80,5	1708
Farbige	72,1	70,1	73,0	77,8	71,9	739
Indianer	97,4	87,8	—	—	95,1	205

Der Bestandteil N wurde innerhalb verschiedener Gruppen und verschiedener Rassen in folgender Häufigkeit angetroffen:

	0	A	B	AB	Zusammen	Totalzahl der Untersuchungen
Weiße	76,0	73,5	65,4	72,7	73,9	532
Farbige	70,7	69,8	74,5	100,0	72,4	181
Indianer	35,9	53,1	—	—	40,0	205

Diese bemerkenswerten Untersuchungen zeigen demnach, daß die verschiedenen Rassen sich auch in bezug auf die Häufigkeit der Eigenschaften M, N (auch P s. sp.) verschieden verhalten. Bemerkenswert ist die Angabe, daß dunkle Rassen häufiger P-haltig sind. Verff. vermuteten daher, daß *die anthropologischen Rassen sich voneinander nicht durch bestimmte, streng abgegrenzte*

---

[1] Es wurden nur selten Isoantikörper gegen die Bestandteile M, N und P festgestellt (WOLFF und JONSSON, GROVE usw.), während α und β fast immer vorkommen. Es handelt sich wahrscheinlich um familiäres Vorkommen.

[2] Theoretisch müssen die Aussichten, gruppenspezifische Immunagglutinine hervorzurufen, um so größer sein, je näher die antigen- und antikörperliefernde Art ist. LANDSTEINER und LEVINE versuchten Schimpansen mit Menschenblut zu immunisieren, erzielten aber nur artspezifische Agglutinine (s. auch FISCHER).

serologische Eigenschaften unterscheiden, sondern durch die verschiedene Kombination serologischer Elemente.

Es wurden Blutkörperchen mit M oder mit N oder mit beiden dieser Receptoren festgestellt, *es gelang aber nicht, solche zu finden, die weder M noch N enthielten.* Diese Beobachtung wurde zur Grundlage einer geistreich durchdachten Vererbungstheorie, die durch die Beobachtung durchaus bestätigt wurde.

Bevor ich die Vererbung dieser neuen Receptoren bespreche, möchte ich kurz über einige Beobachtungen der Verff. bei Tieren berichten. LANDSTEINER und LEVINE fanden den Betandteil N bei 10 Schimpansen, vermißten ihn bei 5 Gibbons und 2 Orang-Utans. Der Bestandteil M wurde auch bei Schimpansen festgestellt. Diese beiden Bestandteile waren mit den menschlichen nicht vollkommen identisch. Bei anderen Säugetieren und Vögeln, darunter 2 Makaken und 1 Nemur wurden die neuen Bestandteile nicht festgestellt.

Verff. untersuchten zunächst 166 Familien auf die Vererbung der Eigenschaften M und 64 auf die Vererbung der Eigenschaften M und N. Die Beobachtungen zeigten zunächst, daß es sich anscheinend um *eine dominante Vererbungsart handelt, indem das Vorhandensein von M und N dominant, ihr Fehlen recessiv ist.* Zahlenmäßige Betrachtungen zeigten, daß einfache Dominanzverhältnisse vorlagen und daß es sich um eine unabhängige Vererbung zweier Allelomorphenpaare handeln *könnte:* M und nicht M, N und nicht N. Verff. machten jedoch auf Tatsachen aufmerksam, die dieser einfachen Deutung widersprachen. Falls es sich um eine unabhängige Vererbung dieser Allelomorphenpaare handeln würde, so müßte man in einer gewissen Anzahl von Fällen auch Individuen treffen, bei welchen das Fehlen von M und N zusammen vorkommt (M— N—). *Bei einer großen Anzahl von Untersuchungen wurden solche Individuen ohne M und ohne N nicht angetroffen.* Einen Aufschluß gab die *gleichzeitige* Prüfung von Vererbung auf M und N. Dieses Protokoll soll daher angeführt werden:

Eltern	Familienzahl	M+ N+	M+ N—	M— N+	Kinderzahl
M+ N+ × M+ N+	11	31	17	7	55
M+ N+ × M— N+	17	40	1	34	75
M+ N+ × M+ N—	24	60	40	3	103
M+ N— × M— N+	5	17	0	1	18
M+ N— × M+ N—	4	0	17	0	17
M— N+ × M— N+	3	0	0	18	18

Zur Erklärung werden zwei Hypothesen diskutiert. Die eine postuliert 2 Gene, die, wenn homozygot, den Phänotypus M+ N— bzw. M— N+ bedingen, während der Phänotypus M+ N+ heterozygot wäre. *Diese Hypothese würde das Fehlen des Typus M— N— erklären* und zeigt auch eine quantitative Übereinstimmung mit der Beobachtung. Allerdings würde das angegebene Material 5 Ausnahmen, die auf Illegitimität zurückgeführt werden müßten, enthalten. Nach der anderen Hypothese müßte man eine Koppelung zwischen M und N annehmen mit Existenz eines Letalfaktors, die Typen Mn und mN könnten dann im Übergewicht sein.

Die Untersuchungen wurden in Amerika von WIENER und VAISBERG bestätigt. Folgende Tabelle gibt das Material der betreffenden Verfasser wieder:

Vererbung von M und N nach WIENER und VAISBERG.

Ehen	Familienzahl	M+ N+	M+ N—	M— N+	Kinderzahl
M+ N+ × M+ N+	25	58	29	29	111
M+ N+ × M— N+	36	83	1	92	176
M+ N+ × M+ N—	43	119	97	—	216
M+ N— × M— N+	10	46	—	—	46
M+ N— × M+ N—	14	1	68	—	69
M— N+ × M— N+	3	—	—	19	19
Zusammen	131	307	195	140	642

Die Untersuchungen zeigten, daß die Vererbung von M und N nach dem MENDELschen Gesetz folgt. Gegen die Allelomorphie von M und N sprachen dagegen noch 2 Ausnahmen, die Verff. auf Grund von allgemeinen Überlegungen auf Illegitimität zurückzuführen geneigt waren. Die in Europa gewonnenen Zahlen bestätigen nicht nur die MENDELsche Art der Vererbung, sondern auch die von LANDSTEINER und LEVINE vermutete Allelomorphie von M und N. Zunächst trat SCHIFF mit einer Reihe von sehr durchdachten Vererbungsversuchen hervor. SCHIFF führte aus, daß das Material von LANDSTEINER und LEVINE doch aus niederen Kreisen stammt und er publizierte Vererbungsstudien an seinem Bekanntenkreis, die über den Zweck der Untersuchung aufgeklärt waren. Die SCHIFFschen Zahlen sind folgende:

Eltern	Familienzahl	M+ N—	M— N+	M+ N+	Kinderzahl
M+ N— × M+ N—	1	1	—	—	1
M— N+ × M— N+	3	—	10	—	10
M+ N+ × M+ N+	23	13	12	28	53
M+ N— × M— N+	6	—	—	15	15
M+ N+ × M+ N+	12	19	—	16	35
M— N+ × M+ N+	27	—	39	39	78
Zusammen	72	33	61	98	192

THOMSEN und CLAUSEN publizierten folgendes Material:

Eltern	M+ N—	M— N+	M+ N+	Kinderzahl
M+ N— × M+ N—	13	—	—	13
M— N+ × M— N+	—	5	—	5
M+ N+ × M+ N+	8	7	9	24
M+ N— × M— N+	—	—	14	14
M+ N— × M+ N+	12	—	17	29
M— N+ × M+ N+	—	9	11	20
Zusammen	33	21	51	105

BLAUROCK hat im Kölnischen Hygienischen Institut den Erbgang von M und N in 80 Familien mit 280 Kindern geprüft:

Eltern	Familienzahl	M+ N—	M— N+	M+ N+	Kinderzahl
M+ N— × M+ N—	8	23	—	—	23
M— N+ × M— N+	4	—	10	—	10
M+ N— × M— N+	5	—	—	15	15
M+ N+ × M+ N+	23	25	25	40	90
M+ N+ × M+ N—	21	38	—	36	74
M+ N+ × M— N+	19	—	40	28	68
Zusammen	80	86	75	119	280

Lattes und Garrasi untersuchten in Italien 117 Familien auf die Vererbung von M und N. Ihre Zahlen sind folgende:

Eltern	Familien-zahl	Kinder			Kinderzahl
		M+ N−	M− N+	M+ N+	
M+ N− × M+ N−	12	22	—	—	22
M− N+ × M− N+	4	—	6	—	6
M+ N− × M— N+	8	—	—	9	9
M+ N+ × M+ N+	54	16	17	65	98
M+ N+ × M+ N—	24	23	—	17	40
M+ N+ × M— N+	15	—	12	15	27
Zusammen	117	61	35	106	102

Crome untersuchte 32 Familien, und zwar

Eltern	Familien-zahl	Kinder			Kinderzahl
		M+ N−	M− N+	M+ N+	
M+ N− × M+ N−	5	16	—	—	16
M− N+ × M− N+	1	—	3	—	3
M+ N− × M— N+	4	—	—	11	11
M+ N+ × M+ N+	9	4	4	10	18
M+ N+ × M+ N—	9	13	—	14	27
M+ N+ × M— N+	4	—	1	6	7
Zusammen	32				82

Es wurde fernerhin der Erbgang von 486 Mutter-Kind-Paaren mit 498 Kindern untersucht. Das Material setzte sich zusammen aus 415 Müttern mit 416 Neugeborenen und einige Vaterschaftsfällen. In keinem Falle wurde bei homocytgoten Müttern ein entgegengesetzt homocygotes Kind beobachtet. Auf 3800 Einzelfälle wurde das gleichzeitige Fehlen von M und N niemals beobachtet.

Die grundlegende Beobachtung für die Erbformel besteht in der Feststellung, daß *M und N wohl isoliert oder zusammen vorkommen, daß sie aber nicht gleichzeitig fehlen können.* Diese Beobachtung führte, wie erwähnt, Landsteiner und Levine zu der Vermutung, daß es sich (im Gegensatz zu 0, A und B) um *zwei* Allelomorphe M und N handelt, trotzdem das Material der Verfasser Ausnahmen enthielt. Die weiteren Versuche und Überlegungen von Schiff, von Wiener und Vaisberg, von Koller, Thomsen und Wellisch u. a. zeigten aber, daß diese Annahme als sicher gelten darf. Ich pflege in den Vorlesungen ein Schema zu benutzen, das vielleicht vom Nutzen sein wird (Abb. 3).

Die Receptoren 0, A und B sind verschieden gekennzeichnet. Wir haben bei A und B und 0 mit drei biochemischen Urrassen zu tun, die vier Phänotypen ergeben können. Der schwarze 0-Receptor befindet sich auf dem Schema im inneren der Blutkörperchen, um auszudrücken, daß er äußerlich nicht feststellbar ist. Es gibt entsprechend *drei* biochemischen Urrassen *dreierlei* reife Geschlechtszellen. Der Typus AB ist stets „unrein", da aber die beiden Receptoren im Phänotypus zum Ausdruck kommen, so sind sie an der Oberfläche der Erythrocyten gezeichnet. In bezug auf die Eigenschaften *MN hätten wir nur zwei Urrassen, denn die zugehörige 0-Gruppe ist nicht vorhanden.* Die Bestandteile M und N sind im Phänotypus sichtbar, daher werden die beiden Receptoren an der Oberfläche gezeichnet. Man sieht demnach, daß wir vorläufig *zweierlei allelomorphe Systeme* bei der Vererbung des Blutes unterscheiden müssen, A, B und 0, mit drei verschiedenen Genen, die drei biochemischen Urrassen und M und N, mit zwei Genen, die zwei biochemischen Urrassen entsprechen. Dadurch, *daß den letzten der „0-Receptor" fehlt, können wir die reinen Typen von den unreinen serologisch unterscheiden.* Die zugehörigen Geschlechtszellen sind entweder M oder N, und zwar wäre die Erbformel des Blutes, welches nur mit M reagiert MM, welches nur mit N reagiert NN. *Das Blut MN ist ähnlich wie AB stets unrein.* Es ist übrigens

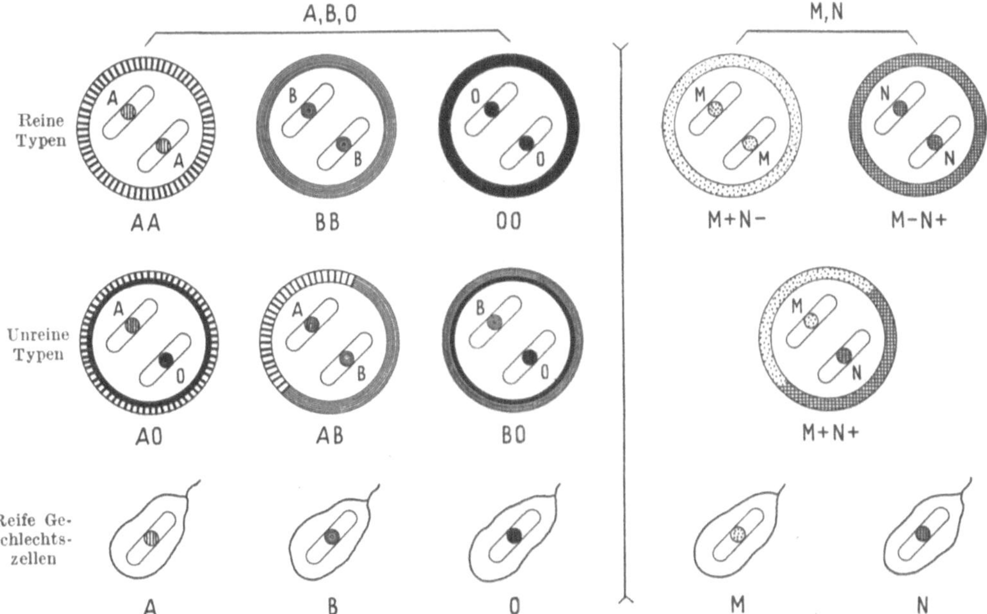

Abb. 3. Schema der Vererbung der allelomorphen Reihen des Menschenblutes.

von großem Interesse, daß die Agglutinabilität der unreinen MN-Blutkörperchen geringer ist, als der reinen M oder N Blutkörper. Auch diese Befunde werden schematisch dargestellt, indem bei AB-Blut der B-Bestandteil etwas stärker gezeichnet ist als der A-Bestandteil und bei MN der Mischling nur die Hälfte von M und N enthält. (Statistische Betrachtungen über die Unabhängigkeit der Vererbung von 0, A, B und M und N s. BERNSTEIN, WIENER).

Auf Grund dieser Zeichnung lassen sich die Eltern und die Kinderkombinationen leicht ableiten, wie folgende Tabelle zeigt:

Elternverbindungen		Kinder (Phänotypus)		
Phänotypus	Genotypus	M	N	MN
M × M	MM × MM	100 %	—	—
N × N	NN × NN	—	100 %	—
M × N	MM × NN	—	—	100 %
MN × MN	MN × MN	25 %	25 %	50 %
MN × M	MN × MM	50 %	—	50 %
MN × N	MN × NN	—	50 %	50 %

Die Befunde lassen sich in folgenden zwei Sätzen zusammenfassen: a) Die Eigenschaften M und N können bei den Kindern nicht auftreten, wenn sie bei den Eltern fehlen (Landsteiner-Levinsche Dominanzregel); b) die Eigenschaften M und N können nicht verschwinden, wenn sie bei den Eltern allein, d. h. homozygot vorhanden waren (Doppel-Allelomorphenregel nach Landsteiner und Levine und Schiff usw.).

Die Allelomorphie von M und N wurde, wie erwähnt, von Landsteiner und Levine diskutiert, sie ging aber nicht mit genügender Sicherheit hervor, da noch Ausnahmen vorhanden waren. Das Material von Schiff, später auch von anderen, hat aber diese Vermutung unterstützt. Rechnet man, wie dies Schiff getan hat, die Mutter-Kind-Kombinationen zusammen, so kommt man zu stattlichen Zahlen, die diese Vererbungsregel wohl sicherstellen. Landsteiner und Levine untersuchten 46 Mütter mit 286 Kindern, Schiff 72 Mütter mit 192 Kindern, Wiener und Vaisberg 131 Mütter mit 642 Kindern. Das geburtshilfliche Material von Schiff bestand aus 660 Müttern und 566 Kindern, das Material von Wiener, Rotberg und Fox aus 461 Müttern mit 497 Kindern, Crome 486 Mütter mit 498 Kinder usw.

Also zusammen sehen wir über 3000 Fälle ohne Widerspruch gegen die zweite Regel: *das Kind einer homozygoten M- oder N-Mutter kann niemals diskordant homozygot sein.*

Die Richtigkeit der angenommenen Erbformel kann nach Schiff noch anders geprüft werden. Bezeichnet man die relativen Häufigkeiten der Erbfaktoren M bzw. N mit p bzw. q, so besteht eine einfache Beziehung zwischen Genhäufigkeit und Klassenhäufigkeit, was aus folgender Übersicht hervorgeht:

Klassenbezeichnung	M+ N−	M− N+	M+ N+
Genotypus	MM	mm	Mm
Genhäufigkeiten.	p^2	q^2	$2pq$

Hat man die Häufigkeiten der einzelnen Klassen in Prozentwerten ausgedrückt, dann ist auch $p^2 + 2\,pq + q^2 = 100$.

Da p^2 mit der beobachteten prozentualen Häufigkeit der Klasse MM zusammenfällt, q^2 entsprechend mit der prozentualen Häufigkeit der Klasse mm, so ergeben sich die Genhäufigkeiten p und q durch einfaches Wurzelziehen.

Für diese Genhäufigkeit muß dann die Gleichung gelten $p + q = 10$.

Die Berechnung der beiden Genhäufigkeiten als Wurzeln aus bestimmten Beobachtungszahlen liefert also eine einfache Möglichkeit, um die Richtigkeit der angenommenen Vererbungsformel nachzuprüfen. (Andere Berechnungen siehe Koller, Wiener, Wellisch, Thomsen usw.)

Die bisher veröffentlichten Zahlenreihen zeigen, daß Theorie und Beobachtung gut übereinstimmen.

Die Zusammenstellung der Werte $p + q$ für verschiedene Bevölkerungsgruppen nach Schiff.

Verfasser	Material	Personenzahl	p	q	p + q
Landsteiner u. Levine .	Familien New York	425	5,22	4,63	9,85
,, ,,	Indianer	205	2,21	7,75	9,96
Wiener, Vaisberg . . .	Familien New York	904	5,53	4,61	10,14
Schiff	Wolgadeutsche	180	4,83	5,27	10,10
,, (alte Serie Berlin) .	Berlin	1420	5,489	4,566	10,055
,, (neue Serie) . .	Berlin	1913	5,614	4,326	9,940

Ich gebe diese Berechnung nach Schiff, da sie demonstrativ ist und, wie Schiff richtig bemerkt, an die Relation $p + q + r = 100$ erinnert und demnach für die Gegenüberstellung von drei (A, B, 0) und zwei (M, N) Urrassen sehr geeignet sind. Andere Berechnungsmethoden siehe Koller und Wiener. Für die Kontrolle der Vererbungsformel kann man sich der Gleichung $(MN)^2 = 4 MM \times NN$ bedienen.

Die gerichtlich medizinischen Konsequenzen lassen sich ohne weiteres aus der Tabelle ableiten. Zur Veranschaulichung gebe ich noch eine Ausschliessungstabelle (s. Schiff).

Ausschließung der Vaterschaft auf Grund von M und N (statt N kann man auch die Bezeichnung des Allelomorphen m anwenden).

Kind	Mutter	Vater kann nicht sein
MM	MM oder Mm	mm
mm	mm ,, Mm	MM
Mm	MM	MM
Mm	mm	mm

Die Ausschließungschancen sind von Schiff, Wiener und Koller durchgeführt worden. Die Chancen für die einzelnen Kombinationen nach Schiff gibt folgende Tabelle:

Kind	Mutter	Häufigkeit des Nachweises bei Nichtvaterschaft	
		Formel	%
MM	MM oder Mm	p^2q^2	6,280
mm	mm ,, Mm	p^2q^2	6,280
Mm	MM	p^4q	4,145
Mm	mm	pq^4	2,385
Im ganzen		$pq(1 = pq)$	19,090

Die Tabelle ergibt, daß bei Kindern MM oder NN bereits die Ausschließung von etwa 12% der zu Unrecht als Erzeuger angegebenen Männern erlauben. Bei anderen Kombinationen, d. h. Kindern MN, kommen noch weitere 6%, so daß im ganzen die Ausschließungschancen über 18% betragen. Bei Berücksichtigung der beiden Merkmalgruppen 0, A, B und M, N müsse sich in 36% eine Ausschließung erzielen lassen (Schiff).

Man kann demnach, bei Berücksichtigung von O, A, B, AB und M und N einen jeden dritten unrichtig beschuldigten Mann, als Nicht-Vater erkennen. Weitere Berechnungen siehe Thomsen, Wiener, Koller usw.

Was die Technik anbelangt, so muß man im Auge behalten, daß nicht alle Tiere Antikörper bilden. Kräftige M-spezifische Sera erhält man nur von wenigen Tieren, so daß man etwa 10 Tiere immunisieren soll. Antikörper gegen N bilden fast alle Kaninchen, um aber hochwertige Antisera zu erhalten, empfiehlt sich ebenfalls, mehrere Tiere zu immunisieren. Die größere antigene Fähigkeit von N kommt auch zum Ausdruck, wenn man Tiere mit Blut immunisiert, die gleichzeitig M und N enthalten (Jadin). Zur Absorption wird das inaktivierte Immunserum in einer Verdünnung $1:15 = 1:30$ mit einem halben Volumen gewaschener sedimentierter Erythrocyten behandelt, welchen das betreffende Agglutinogen fehlt. Eine zweite Behandlung ist meistens nicht nötig. Nach Lattes und Gabrasi läßt sich auch gekochtes Blut gut zur Absorption verwenden. Landsteiner und Levine empfehlen zur Untersuchung auf M die Mischung eine Stunde bei Zimmertemperatur stehen zu lassen, zum Nachweis von N 30—60 Minuten bei Brutschranktemperatur. Schiff hat das Zentrifugierverfahren empfohlen, wobei die Anwendung der Brutschranktemperatur entbehrlich ist. Als Kontrollen muß man sowohl reine M und N, wie auch das Blut MN benutzen, weil bei der homozygoten Klasse die Agglutinabilität stärker ausgesprochen ist.

Ein Abguß gilt als stark genug, wenn er die Testproben auch noch in 10facher Verdünnung deutlich makroskopisch agglutiniert. Die absorbierten Sera schwächen sich nach einigen Wochen bis einigen Monaten ab. Eine zu starke Absorption ist zu vermeiden, weil namentlich das Anti-N allmählich auch unspezifisch gebunden wird. Nach eigener Erfahrung ist es häufig zweckmäßig, ein nicht vollständig absorbiertes Serum zu benutzen und die Röhrchen nach dem Zentrifugieren bei etwa 40—42° einige Minuten lang zu halten. Die Artagglutinine sind dann bei dieser Temperatur nicht wirksam, während die Gruppenagglutinine relativ ungeschwächt bleiben. Man muß sich natürlich überzeugen, daß die Wärmeamplitude der Antikörper diese Unterscheidung ermöglicht.

Für die Blutfleckuntersuchung kommen die Eigenschaften M und N einstweilen nicht in Betracht, trotzdem theoretisch eine Hemmungserscheinung durch Extrakte möglich sein müßte. Die Technik wurde aber noch nicht ausgearbeitet. Bei gerichtlich-medizinischen Untersuchungen zur Abstammungsprüfung sollte aber die Methode stets vorgenommen werden. Schiff hat über 537 solcher Fälle berichtet. Namentlich ist von Wichtigkeit, daß man manchmal auf die Untersuchung der Gruppe der Mutter verzichten kann. Schiff erwähnt einen interessanten Fall einer Vaterschaftsausschließung bei einem Mann mit 17jährigen Jungen, dessen Mutter vor Jahren gestorben war. Der vermeintliche Vater hatte das Kind adoptiert, aber nachträglich an seiner Vaterschaft Bedenken bekommen, die durch die Blutuntersuchung ihre Bestätigung fand.

Auf die anthropologische Bedeutung dieser Faktoren machte Landsteiner selbst aufmerksam, da er bei Weißen, bei Negern und bei Indianern verschiedene Untergruppenhäufigkeiten feststellte (s. S. 103). Innerhalb der weißen Rasse liegen anscheinend keine Unterschiede in der Häufigkeit von M und N, ebensowenig innerhalb der schwarzen Rasse und den Japanern. Dagegen haben Landsteiner und Levine bei Indianern ein Überwiegen von M festgestellt. Es wäre also möglich, daß N erst später eingeführt wurde. Es scheint somit, daß ähnlich wie in der Anthropologie, die serologischen Typen sich durch eine Reihe verschiedener Eigenschaften werden charakterisieren lassen.

Ich gebe die Häufigkeit der drei MN-Klassen in verschiedenen Ländern in einer Zusammenstellung von Schiff, die auch manche nichtpublizierte Angaben verschiedener Autoren wiedergibt:

	Autor	Anzahl	M %	N %	MN %
I. Weiße					
Deutsche (Berlin und Umkreis)	Schiff	8144	29,7	19,6	50,7
darunterEinzelpers. aus Berlin selbst .	,,	3635	30,65	19,5	49,75
Frankfurt a. M. . . .	Laubenheimer	2000	30,0	20,0	50,0
Hamburg, Einzelpers.	Lauer	1293	29,46	19,27	48,87
Köln	Blaurock	2000	29,4	21,5	49,1
Stuttgart	Mayser	2053	28,05	23,44	48,51
Bonn	Cromer	—	32,5	18,5	49,0
Danzig	Wagner	1500	29,6	19,2	51,2
Wolgadeutsche . . .	Schiff	180	23,4	27,8	48,8
Dänen	Thomsen-Clausen	1485	29,96	21,15	48,89
darunter Einzelpers.	,, ,,	335	28,3	26,3	45,4
Schweden ,,	Wolff	410	35,6	17,1	47,3
Finnländer	Elovuori	400	23,0	17,5	59,5
Polen	Amzel	480	39,0	27,2	33,8
Polen (Warschau) . .	Morzycki	600	28,2	22,8	49,0
Belgier (Löwen) . .	Schockaert	559	39,0	27,2	33,8
	,,	557	38,96	—	—

	Autor	Anzahl	M %	N %	MN %
Franzosen (Paris) . .	Kossovitch, Dujarric	400	33,0	21,2	45,8
Italiener	Lattes-Garrasi	430	27,2	15,3	57,4
Nordamerikaner (New York)	Landsteiner, Levine	1708	—	19,1	—
	,, ,,	532	26,1	20,3	53,6
	Wiener-Vaisberg	904	30,53	21,24	48,23
	Wiener-Rothenberg-Fox	958	29,33	20,15	50,52
II. Japaner	Shigeno (2. u. 3. Serie)	202	30,2	23,8	46,0
III. Neger (New York) .	Landsteiner, Levine	181	27,6	24,9	47,5
IV. Indianer	,, ,,	205	60,0	4,9	35,1

Auf die Möglichkeit einer interessanten Anwendung hat Bernstein hingewiesen. Bei *Panmixie* müssen bestimmte Beziehungen zwischen M und N existieren, die sich durch folgende Formel bestimmen lassen:

$$\frac{MN}{2} = \left(MM + \frac{MN}{2}\right)\left(NN + \frac{MN}{2}\right).$$

Liegt Inzucht vor, so ist die Gleichung nicht erfüllt, man erhält eine Differenz, die den Inzuchtgrad anzeigt.

Wir haben bereits erwähnt, daß man mit der gleichen Technik (Immunisierung von Kaninchen mit Menschenblut mit x-Receptor und nachträglicher geeigneter Absorption mit Blut ohne x) auch andere Bluteigenschaften definieren kann. Durch normale tierische Sera lassen sich ebenfalls nach einer geeigenten Absorption neue Receptoren entdecken, entsprechend den früheren Beobachtungen von v. Dungern und Hirszfeld. Eine solche Eigenschaft wurde von Landsteiner und Levine zuletzt beschrieben und P genannt. Diese Eigenschaft kann demnach anscheinend sowohl durch Immun- und Normalagglutinine der Tiere, ja sogar durch manche abnorme menschliche Isoagglutinine charakterisiert werden. Diese Eigenschaft findet sich häufiger bei Negern und sie scheint sich ebenfalls zu vererben, auch wenn eine genaue Erbformel noch nicht bekannt ist.

Der Bestandteil P läßt verschiedene Grade der Agglutinabilität unterscheiden. Notiert nach Intensität der Reaktion erhalten wir folgende Tabelle:

	++	+	±	—	Totalzahl der Untersuchungen
Weiße	8,3	42,3	31,3	18,1	265
Farbige	30,3	56,6	10,9	2,2	267

v. Dungern und Hirszfeld haben bereits vor 20 Jahren die Ansicht geäußert, daß es gelingen wird, durch Zusammenstellung mehrerer Merkmale ein jedes Blut individuell zu charakterisieren Mit raschen Schritten geht die Forschung diesem Ziel entgegen. So beobachtete in der letzten Zeit Schiff ein Anti-N-Immunserum, welches auch N-freie Blutkörperchen agglutinierte. Eine genaue Analyse ergab die Anwesenheit eines Antikörpers für einen besonderen Receptor, den Schiff G nannte. Der Receptor trat bei 107 der untersuchten Blutproben 55mal auf. Seine im Vergleich zu anderen

Blutfaktoren ungewöhnliche Häufigkeit erklärte es, warum er längere Zeit den Beobachtungen entging. Merkwürdigerweise wurde dieser Faktor durch die direkte Agglutination im 0-Blut nicht gefunden und nur die Absorption ergab seine Anwesenheit. Schließlich fand Schiff einen neuen Faktor, den er H nannte. Nach persönlicher Mitteilung ist noch nicht genau bekannt, ob es sich um ein Immun- oder ein tierisches Normalserum (Hammel) handelt. Wir sehen demnach bis jetzt folgende Gruppierungen: Erstens 0, A_1, A_2 B als erste Allelomorphenreihe und zweitens M und N als eine zweite Allelomorphenreihe, schließlich P, H und G. Das ergibt schon 72 Klassen. Noch andere Receptoren wurden gelegentlich beobachtet. Neben den Unterteilungen, die v. Dungern und Hirszfeld durch tierische Sera feststellten, kommen auch gelegentlich solche durch Isosera in Betracht. Manche dieser seltenen Isoantikörper hängen von der *physiologischen* Unterteilung von A, A_1 und A_2 ab, indem Individuen A_2, namentlich aber A_2B-Isoantikörper gegen A_1, Individuen A_1, namentlich A_1B-Isoantikörper gegen 0 und A_2 aufweisen. Solche Isoantikörper sind sensu strictu nicht abnorm und sie entsprechen auch der Landsteinschen Regel, nur daß offenbar bei den meisten Menschen die Isoantikörperbildungsbereitschaft gegen diese Bestandteile gering ist. (Bei A und AB siehe Landsteiner und Levine, Landsteiner und Witt, Thomsen, Friedenreich und Zacho, Morzycki, Unger u. a.) Innerhalb der B-Gruppe wurden manche auf 0 oder B wirkende Sera beschrieben (Meyer und Ziskovin, Thomsen, Landsteiner und Levine, Ottenberg und Johnson, Wilhelm und Osgood, Beck). Innerhalb der 0-Gruppe wurden solche Anti-0-Antikörper von Unger, Philips, Landsteiner und Levine und Thomsen beobachtet. (Größere Versuchsreihen siehe Landsteiner und Levine, Jones und Glynn, Thomsen.) Es werden nun dabei häufig individuelle Unterschiede gefunden, die auf andere Receptoren als 0, A oder B hinweisen. So z. B. bei Landsteiner und Levine agglutinierte das Serum B nur *manche* Blutsorten B oder 0. Mable und Osgood sahen ein Serum B, welches ein Drittel aller B-Blutkörperchen und etwa die Hälfte aller 0 agglutinierte. Die Blutkörperchen wurden durch mehrere Sera der B-Gruppe beeinflußt. Bei den Eltern und Geschwistern dieses Individuums wurden die abnormen Receptoren und Agglutinine nicht gesehen.

Ottenberg und Johson sahen z. B. abnorme Isoagglutinine bei einem Menschen der Gruppe B in bezug auf Individuen 0 und B. Nach Absorption mit geeignetem Blut A wirkte das Serum noch auf viele Blutsorten A. Landsteiner, Levine und Janes sahen im Anschluß an Transfusion bei einem Patienten der Gruppe 0 einen Isoantikörper auftreten, der nach Absorption von α und β isoliert wurde und der von 112 Blutsorten verschiedener Gruppen 45mal agglutinierte.

Die Beobachtung, daß innerhalb der Hauptgruppen 0, A und B noch weitere Receptoren vorhanden sind, legt den Gedanken nahe, daß manche pathologischen Symptome nach Transfusionen gruppengleichen Blutes auf solche außerhalb der 4 Blutgruppen liegende Differenzen beruhen und daß daher unter Umständen nach wiederholter Transfusion Immunisoagglutinine gegen die Untergruppen auftreten können (s. auch Braun und Witebsky). Landsteiner, Levine und Janes hatten Gelegenheit, mehrere solche Fälle bei wiederholter Transfusion zu untersuchen. Es handelte sich anscheinend nicht um Gruppierungen M und N, die man mit Immunseren beobachten kann. In einem anderen Falle bei der Gruppe A wurden schwache Agglutinine gegen die Gruppe 0 und A gefunden.

Einen interessanten Fall von Schädigung nach der zweiten Bluttransfusion beschrieben György und Witebsky. Es handelt sich um eine Transfusion vom *Vater* auf Kind. Beide gehörten der Gruppe 0. Es trat bei der zweiten Transfusion ein anaphylaktischer Shock auf Serumproteine auf. Antikörper ließen sich durch Komplementbindung nachweisen. Auch die cutane Probe ergab Überempfindlichkeit für das Serum des Vaters, nicht gegen das eigene und dasjenige der Mutter. Mir gelang es durch Injektion meines eigenen Blutes (Gruppe 0, M, N) bei meinem Assistenten Dr. P. (Gruppe 0, M) eine leichte Serumkrankheit bei der Reinjektion hervorzurufen. Manchmal sind solche Transfusionsschäden durch Nahrungsproteine bedingt (Brem, Ducke und Stoffer, zit. nach Landsteiner, Mikr. Kongr. 1930 in Paris). Es ist eine praktisch wichtige Frage, ob es geboten ist, ein Spenderblut wegen der Anwesenheit irregulärer Agglutinationen zurückzuweisen. Einige Autoren (Unger, Ottenberg) führen darauf manche Zwischenfälle bei den Transfusionen zurück. Landsteiner hält den Zusammenhang nicht für sehr wahrscheinlich und belegt diese Ansicht durch 4 Fälle, wo die Transfusion normal verlief, obwohl im Empfängerserum irreguläre für das Spenderblut selbst bei 37⁰ wirkende Agglutinine vorhanden waren. Doch sind weitere Erfahrungen, namentlich bei wiederholten Transfusionen, notwendig. Park und Krischner haben einen tödlich verlaufenden Fall beschrieben, wo Empfänger und Geber der 0-Gruppe gehörten. Wiener bei gruppengleicher Transfusion der A-Gruppe. Stewart und Harvey beschrieben 2 Fälle mit Kälteagglutininen. Die Transfusion war mit Shock verbunden. Ich habe einen Fall beobachtet, der in diesem Sinne vielleicht gedeutet werden könnte. Ein Patient leidet an perniziöser Anämie und seit 3 Jahren bekommt er ungefähr alle 2 Monate 500—1000 ccm Blut. Der Patient gehört der Gruppe B, M. Einmal reagierte er mit krankhaften Erscheinungen auf die Injektion eines Blutes B, M, N. Seit dieser Zeit bekommt er nur Blut der Gruppe B, M ohne Zwischenfall. In vitro konnte ich allerdings Antikörper Anti-N, nicht nachweisen.

Nach der Injektion von 0-Blut bei A- oder B-Individuen wurden wiederholt Nebenerscheinungen beobachtet (Breitner, Schiff und Halberstätter, Boeler [zit. nach Thomsen], Grünwald, Wiener, Halter (tödlicher Ausgang).

Aus rein theoretischem Grunde würde es sich empfehlen, stets das gruppengleiche Blut zu injizieren. Bei stark anämischen Patienten ist die Blutkörperchenmenge manchmal so gering, daß das Serum des injizierten 0-Blutes die Blutkörperchen der Patienten lösen kann. In solchen Fällen ist die Verwendung des 0-Blutes direkt kontraindiziert. Die bei Wiederholung der Transfusion sich verstärkenden Symptome sind auf neue Isoantikörper zu untersuchen. Bowcook beschrieb solche Hämolysine für den gruppengleichen Spender, die anscheinend Schüttelfrost und Fieber bewirkten.

Ich betrachte in diesem Kapitel nicht solche Abnormitäten, die sich in dem Defekt der Isoantikörper dokumentieren, sie sollen in dem Kapitel über die Vererbung des Isoantikörper besprochen werden. Dagegen möchte ich im Anschluß an die Beschreibung der *nachweisbaren* serologischen Eigenschaften des menschlichen Blutes auch das Problem der *latenten* Eigenschaften einer Besprechung unterziehen.

V. Über die übertragbare Agglutinabilität des Blutes.
(Phänomen von Hübener, Thomsen-Friedenreich.)

Bond und Careri (zit. nach Thomsen) bemerkten, daß das Blut von Menschen und Tieren beim Stehen autoagglutinabel werden kann. Hübener, aus dem Institut von Schiff, bemerkte, daß Blutkörperchen eines Individuums A nach 12tägigem Aufenthalt im Eisschrank durch das eigene sowie durch das AB-Serum agglutiniert wurden. Auch Blutkörper der 0-Gruppe verfielen der Reaktion. Das gleiche fanden Schiff und Halberstädter beim Blut der Gruppe B. Die Agglutination trat bei Zimmertemperatur und im Eisschrank auf, nicht aber oder schwach bei 37⁰. Das Agglutinin war spezifisch und konnte durch Absorption dem Serum entzogen werden. Der Lecithinzusatz und die Verdünnung, die das Senkungsphänomen aufheben, waren ohne Einfluß. Von 23 untersuchten Personen konnte eine solche *erworbene Agglutinabilität* in 3 Fällen beobachtet werden. Thomsen beobachtete im Jahre 1927, daß Blutkörperchen gelegentlich beim Stehen durch das eigene Serum sowie durch andere Sera der gleichen Gruppe agglutiniert werden können und es gelang ihm, *diese sekundär erworbene Agglutinabilität auf andere Blutkörperchen zu übertragen.* Thomsen entdeckte demnach ein Phänomen, welches im gewissen Sinne an Bakteriophagenwirkung oder an Autokatalyse erinnert, indem man das Agens ständig von neuem restituieren kann. Ich beobachtete in *Unkenntnis dieser Arbeit* bei der Durchführung der Vererbungsstudien auf dem Lande, daß der größte Teil der untersuchten Blutsorten scheinbar der AB-Gruppe gehörte. Ich wiederholte die Prüfung am nächsten Tag, entnahm aber das Blut aus der Vene und zu meiner großen Verwunderung erwies sich das steril entnommene Blut nicht als AB, sondern meistens als 0 oder A. Dadurch kam ich auf die Idee, daß es sich um eine bakterielle Verunreinigung handeln könne und fand in der Tat, daß ich andere 0-Blutsorten durch Zusatz von agglutiniertem Blut agglutinabel machen kann. Bei der Durchsicht der Literatur fand ich, daß einige Wochen früher Thomsen seine Beobachtung beschrieb und ich verzichtete daher auf eine Publikation und begnügte mich mit der kurzen Erwähnung in der „Konstitutionsserologie".

Thomsen vermutete, daß es sich um eine bakterielle Beeinflussung handelt und beauftragte seinen Mitarbeiter Friedenreich, diese Bakterien zu isolieren. Friedenreich konnte nun aus einem solchen künstlich agglutinabel gemachten Blut Bakterien isolieren, indem *er das Blut eintrocknete* und dann nach einem Monat auf Agar überimpfte. Es handelt sich um einen kurzen Bacillus, schwach beweglich, mit einer Geißel, schwach grampositiv, welcher nach einigen Tagen auf gewöhnlichen Nährboden grünlich-gelbliches Pigment bildete. Der Bacillus wächst diffus auf Bouillon, fermentierte keinen Zucker, löste langsam Gelatine auf. In Stichkulturen wächst er nur auf der Oberfläche, verträgt die Erhitzung auf 50⁰, wird bei 55⁰ getötet, ist für die Laboratoriumstiere nicht pathogen. Die Kultur ändert nicht die Form und die osmotischen Eigenschaften der Blutzellen. Die Geschwindigkeit, mit welcher die Kultur die Blutkörperchen ändert, hängt von der Bakterienzahl ab, z. B. 1 Tropfen wirkt in 12 Stunden, $^1/_{10}$ in 18 Stunden, $^1/_{100}$ in 36 Stunden. Die Umwandlung hat ihr Optimum bei 15⁰, bei welcher Temperatur das Blut in 2 Tagen agglutinabel wird. Bei 37⁰ tritt keine Änderung auf. Die geringste Zeit der Umwandlung beträgt 10 Stunden; tote Bakterien sind unwirksam. Die Blutagglutination ist — nach Friedenreich — nicht eine Folge der Agglutination der Bakterien, da auch gewaschene Blutkörperchen die erworbene Agglutinabilität behalten. Es wurden weiter Corynebakterien isoliert, die M und J genannt wurden. Die Fähigkeit zur Erzeugung des Phänomens wurde bei 3 Stämmen von Vibria cholerae, 2 von Vibrio Miecznikow, 1 von Vibrio Nasik und 1 von Vibrio Phosphorescenz gefunden. Alle 3 Bakterienarten bringen aus den Blutkörperchen denselben Receptor hervor, es ist also möglich, daß sie das gleiche Enzym produzieren.

Friedenreich untersuchte auch die Kinetik dieser Erscheinung. Die Geschwindigkeit der Beeinflussung, nicht aber der Grad der Hemmagglutination, ist abhängig von der Filtratmenge. Das wirksame Prinzip wird durch die Blutkörperchen sofort fixiert, dann beginnt der Prozeß der Transformation, der nach einer Stunde nachweisbar wird, während die Substanz wieder restituiert wird. Sterile Filtrate bewirken die gleiche Veränderung, das Enzym wird bei 37^0 wirksam. Das Prinzip dialysiert nicht, wird bei 50^0 inaktiviert, seine Wirksamkeit ist an ein bestimmtes p_H gebunden. Der Prozeß wird als eine Katalyse aufgefaßt.

Die allgemeinen Eigenschaften der Blutkörperchen, namentlich ihre Suspensionsstabilität, werden durch diesen Vorgang nicht verändert. FRIEDENREICH und AMSEL fanden entgegen den Angaben von EISLER und FUIOKA, daß die veränderten Blutkörperchen durch Pflanzenfiltrate oder Schwermetallsalze oder Immunsera nicht stärker agglutiniert werden als normale. Es handelt sich demnach um ein Enzym, wodurch ein serologisch nicht feststellbarer Bestandteil der Blutkörperchen in einen spezifischen Receptor umgewandelt wird. AMSEL, FRIEDENREICH, LATTES und CRAMA, HIROTA, ERMILOW und MOLDAWSKAJA-KRICEWSKAJA zeigten, daß auch tierische Blutkörperchen dieser Umwandlung unterliegen können, ohne daß sie ihre Artspezifität einbüßen; diese Untersuchungen wurden an den Blutkörperchen von Hammeln, Pferden, Kaninchen, Meerschweinchen, Schweinen und Ratten durchgeführt. Durch gegenseitige Absorptionen konnte AMSEL eine Artspezifität der so geänderten Blutkörperchen noch feststellen. Veränderte Blutkörperchen können auch Immunagglutinine hervorrufen (HALLAUER). Die Artkomponente erhält demnach eine neue Spezifität, ohne daß die originäre völlig unterdrückt wird. Arteigene veränderte Blutkörperchen rufen nach HALLAUER keine Antikörper hervor. Alle Verfasser sind sich einig, daß es sich nicht um eine Paragglutination handeln kann: Immunsera gegen die betreffenden Bakterien agglutinieren nicht die veränderten Blutkörperchen. AMSEL bemerkte, daß die Absorptionsfähigkeit des veränderten Blutes erhöht ist, was sich dadurch dokumentierte, daß es auf dem Filtrierpapier von der Porengröße $1,5\,\mu$ fast vollkommen zurückgehalten wurde. Nach FRIEDENREICH beobachtet man aber diese Absorbierbarkeit nicht, wenn man mit Filtraten und nicht mit lebenden Bakterien arbeitet, sie wäre demnach nicht charakteristisch für die „umgewandelten" Blutkörperchen.

THOMSEN dachte zunächst, daß diese Agglutinine, die sich in jedem Serum vorfinden und die das veränderte Blut agglutinieren, gewöhnliche Kälteagglutinine sind, daß demnach unter dem Einfluß des Agens die Blutzellen eine erhöhte Affinität zu ihren Antikörpern erwerben. Eine ähnliche Vorstellung entwickelten dann LATTES und CREMA, indem sie zeigten, daß durch die veränderten Bakterien das Kälteagglutinin gebunden wird, was durch den Absprengungsversuch demonstriert werden kann. FRIEDENREICH und AMSEL zeigten aber, daß diese Bindung des Kälteagglutinins ein sekundäres Phänomen ist, beruhend wahrscheinlich auf der Koppelung der Antikörper (oder Sekundärbindung) und wiesen nach, daß es sich um ein besonderes Receptor-Agglutininpaar handelt, eine Vorstellung, die von THOMSEN, KETTEL usw. geteilt wird.

Wir sehen demnach, daß unter dem Einfluß mancher Bakterien die Blutzellen so verändert werden, daß sie neue biochemische Affinitäten gewinnen. Ob es sich bei den beschriebenen Fällen aber um dieselbe bakterielle Einwirkung handelt, bleibt dahingestellt. Mir ist es nicht gelungen, selbst aus altem Blute solche Bakterien zu gewinnen, was natürlich die Existenz solcher Bakterien, die

vielleicht geringere Resistenz zeigten und vielleicht mir deshalb entgangen sind,
nicht ausschließt. Friedenreich und Munk sowie Hirota zeigten auch, daß die
betreffenden neuen Receptoren auch die Hämolyse ermöglichen (s. auch Schiff).
Mit Menschenblutkörperchen wurde diese übertragbare Hämolyse nicht festgestellt, es gelang dagegen in der Kombination Meerschweinchenblutkörperchen
und Meerschweinchenserum. Das Hämolysin ist komplex, d. h. bestehend aus
Komplement und Amboceptor. In der Kälte wird der Amboceptor stärker
gebunden, und zwar liegt das Optimum zwischen 15—20°. Wenn die Bindung
zuerst in der Kälte stattfindet und dann die Röhrchen bei geeigneter Temperatur
stehen bleiben, so ist ein geringerer Effekt nachzuweisen, als wenn man sofort
die optimale Temperatur verwendet. Verf. macht auf das analoge Verhalten
der Autohämolysine aufmerksam. Injektion des eigenen aber umgewandelten
Blutes führt bei Meerschweinchen in bestimmten Fällen zu einem schweren
Transfusionsshock, wobei eine intravitale Hämolyse nachgewiesen werden kann.
Auch Organe können eine ähnliche Veränderung erleiden (Friedenreich und
Andersen). Es sei noch erwähnt, daß nach Lacy einige Stämme von B. acidi
lactici und B. lactici aerogenes den Blutkörperchen auch eine Agglutinabilität
verleihen können. Altschüler gibt an, daß Erythrocyten und Serum durch
Vermischung mit Alttuberkulin zusammenballende Eigenschaften annehmen.
Eisler fand, daß durch den Stuhl die Blutkörperchen so verändert werden,
daß sie von gruppengleichem Serum agglutiniert werden. Das Filtrat von
mehreren von Stuhl isolierten Bakterien war dabei unwirksam. Tbr. sera
sollen einer solchen Veränderung nicht fähig sein. Prati, Grove und Crum
berichten, daß flüssige Sera, wenn verunreinigt, eine unspezifische Agglutinationsfähigkeit erwerben. Palmieri beschrieb eine Hämagglutination mit
faulenden Leichensera. Die Erklärung und der Zusammenhang mit den
oben bezeichneten Vorgängen ist aber nicht klar. Krainskaja und Moldawskaja zeigten, daß diese Phänomene auch bei der Untersuchung von Blutflecken eine Rolle spielen *können*. Praktisch wurden solche Fehlerquellen nicht
beobachtet, was allerdings in Anbetracht der spärlichen Kasuistik noch nichts
besagt. Über dieses Phänomen siehe weitere Arbeiten von Andersen, Friedenreich und Munk, Lattes und Kremer, Hirota, Sandström, Eisler und
Fuioka, Siniukowa, Jermilow, Moldawskaja und Kritschewskaja, Krainskaja, Ignatowa, Hallauer und manche andere.

Theoretisch ist dieses Phänomen insofern bemerkenswert, da wir ersehen,
daß neue Affinitäten unter dem Einfluß der Infektion entstehen können. Es
wäre daher nicht unmöglich, daß Bakterien existieren, die auch bei Körpertemperatur Enzyme hervorbringen, die das Gewebe des Organismus so verändern, daß sie im Organismus antigene Fähigkeiten erwerben können. Friedenreich und Munk haben daher mit Recht gerade die paroxysmale Hämoglobinurie einer solchen Betrachtung unterzogen.

Was die Terminologie selbst anbelangt, so liegen die Verhältnisse verwirrt. Der Begriff des *latenten Receptors* setzt voraus, daß eine besondere
Substanz existiert, die unter dem Einflusse des Enzyms manifest wird. Es
könnte sich aber um eine Veränderung der nicht speziell prädestinierten
Substrate handeln. Die Transformation besteht wohl in der Bildung eines
komplexen Antigens (s. auch Thomsen, Hallauer). Den gebildeten Receptor
nennt Friedenreich *T-Receptor* zu Ehren von Thomsen. Diesen Vorschlag

kann man natürlich akzeptieren. Bei der Beschreibung des Phänomens rächt sich aber die Gewohnheit, die Phänomene mit dem Namen der Forscher zu belegen. THOMSEN selbst nennt das Phänomen „das THOMSENsche Phänomen". SCHIFF, um die zuerst in seinem Laboratorium erhobenen Befunde zu betonen, spricht von HÜBENER-THOMSENschen Phänomen. WITEBSKY und HIROTA sprechen von THOMSEN-FRIEDENREICHschen Phänomen, um die Verdienste dieses letzten Gelehrten um die Klarlegung des Phänomens hervorzuheben. Der Leser wird dabei natürlich nur verwirrt. Es ist daher immer besser, daß die Bezeichnung das Wesen des Phänomens wiedergibt, ohne den Namen der Forscher und ohne eine Theorie aufzuzwingen. Ich habe mit Frl. AMSEL vorgeschlagen, das Phänomen als erworbene *übertragbare Agglutinabilität* der Blutkörperchen (Agglutinabilité transmissible) zu bezeichnen, was den Tatbestand formell gut charakterisiert.

VI. Über die Gruppenbildung im embryonalen und postembryonalen Leben.

Zu einer vollständigen Gruppenbildung gehören die Zellreceptoren und die Isoantikörper. Der Neugeborene hat in der Regel die Isoreceptoren bereits ausgebildet, die Isoantikörper, die wir bei ihm vorfinden, sind aber gewöhnlich mütterlichen Ursprungs. Wie wir sehen werden, hängt die Anwesenheit dieser passiv erhaltenen Isoantikörper in ihrem quantitativen Ausmaß von bestimmten serologischen Beziehungen zwischen Mutter und Frucht. Daher bin ich genötigt, in diesem Kapitel ziemliche heterogene Dinge nebeneinander zu besprechen: Zunächst das Wachstum und Vermehrung der Isoreceptoren, dann das Wachstum der eigenen Isoantikörper und schließlich die näheren Gesetzmäßigkeiten der passiven Übertragung der Isoantikörper von Mutter und Frucht. Unberührt bleibt in diesem Kapitel die Vererbung der Isoantikörper.

In der „Konstitutionsserologie" wurden frühere Arbeiten von v. DUNGERN und HIRSZFELD, SCHIFF, HAB, KIRIHARA, OHNESORGE, DÖLTER, KLAFTEN u. a. besprochen, die das Auftreten der Isoreceptoren im embryonalen Leben sicherstellten. Mehrere Arbeiten beschäftigten sich seit dieser Zeit mit der Ontogenese der Blutgruppen. KNUDTZON TORBEN fand den Gruppenreceptor bei einem zweimonatlichen Fetus, OKU bei einem zweimonatlichen (bei jüngeren Feten war die Blutmenge zu gering). KEMP sogar bei einer 37 Tage alten Frucht von der Länge 1,8 cm. DICHNO und DERCZYNSKI beschrieben ein Fetus von $3^{1}/_{2}$ Monaten mit ausgebildeten Isoreceptoren. Bei der Prüfung der Organe und des Blutes mit Hilfe der Absorption fanden SEMZOWA und TEREHOWA eine deutliche Bildung erst nach 6 Monaten und Verff. nehmen daher an, daß eine gruppenspezifische Differenzierung erst nach $6^{1}/_{2}$ Monaten intrauteriner Entwicklung zustande kommt. Nun ist aber nach SCHIFF und OKABE die gruppenspezifische Differenzierung der Organe nicht gleichmäßig und auch die Receptoren sind bei der Frucht noch schwach ausgebildet. Daher tritt die serologische Differenzierung, wenigstens der Blutkörperchen, früher als im 6. Monat ein. Es existiert nur eine Angabe von ITO, der an 184 nicht ausgetragenen Embryonen die Agglutinationsreaktion ausführte und behauptete, daß zunächst alle Embryonen von 3 cm Länge AB sind (selbst in Familien ohne A oder B) und daß mit den fortschreitenden Monaten die Häufigkeit von AB abnimmt. Die Befunde widersprechen unseren Vorstellungen von der Dominanz A und B.

AOKI fand im Knochenmark von Kaninchen sowie in den embryonalen Blutkörperchen Gruppenmerkmale. FUJITAKA gibt an, daß fetales Blut und solches der Gruppe AB ein „embryonales" Antigen enthalten. Die Deutung dieser Beobachtung liegt nicht vor, namentlich die Angabe, daß bei Föten in über 50% AB festgestellt werden kann. OKU lehnt die Befunde ab. Yamatamo gibt allerdings an, daß Junge von Kaninchen der 0-Gruppe im embryonalen Stadium A-haltig sein können und nimmt sogar einen Erbfaktor an, der die A-Elemente zerstören soll.

Die schwächere Ausprägung der Gruppenreceptoren bei Feten wurde von mehreren Verff. betont und sie gehen aus folgender Zusammenstellung nach Knudtzon hervor:

	0	A	B	AB
Feten nach Knudtzon	56,0%	28,0%	12,0%	4,0%
Neugeborene nach Morville	43,2%	42,9%	10,2%	3,7%

Die relativ größere Anzahl der 0-Feten und die geringere Anzahl der A-Feten führt Knudtzon auf verspätete Entwicklung des A-Receptors zurück. Eine Steigerung der Agglutinabilität mit zunehmendem Alter wurde nicht beobachtet. Kemp hat bei 55 6 Wochen bis zu 8 Monaten alten Menschenfrüchten den Empfindlichkeitsgrad der A- und B-Receptoren durch direkte Titrierung mit steigenden Verdünnungen agglutinierender Sera zu bestimmen versucht. Der Empfindlichkeitsgrad steigt nach dem Verfasser allmählich mit dem Alter der Früchte. In Fortsetzung dieser Versuche gaben Bjorum Axel und Kemp Tage an, daß *der Empfindlichkeitsgrad der Blutkörperchen auch während der postembryonalen Entwicklung zunimmt.* Verff. zitieren folgende vergleichende Tabelle der Gruppenverteilung in Dänemark, die sie in oben erwähntem Sinne deuten:

				0	A	B	AB
Thomsen	1151	Individuen	65—102 Jahre	44,1%	43,1%	8,3%	4,5%
Johannsen	489	,,	20— 90 ,,	42,2%	43,4%	11,7%	2,7%
Rosling	339	,,	unter 15 Jahren	46,6%	34,2%	14,5%	4,7%
Bjorum u. Kemp	651	,,	0— 16 Jahre	46,1%	38,5%	11,1%	3,3%

Zahlen für Kinder, wenigstens für A, sind demnach kleiner als bei Erwachsenen. Betrachtet man nun die Empfindlichkeit der Blutkörperchen für bestimmte Isoagglutinine und berechnet den Mittelwert, indem man den Empfindlichkeitsgrad der Erwachsenen mit 100 festlegt, so erhält man folgende Tabelle:

Die Agglutinabilität der Blutzellen in Zusammenhang mit dem Alter nach Bjorum Axel und Kemp Tage.

Altersklasse	Anzahl untersuchter Individuen	Prozent der Empfindlichkeit für Erwachsene	
		A	B
Früchte und Neugeborene .	105	14	20
0—$^1/_2$ Jahr	100	20	21
$^1/_2$— 1 ,, ...	103	29	23
1— 2 Jahre.	115	34	31
2— 7 ,, ...	102	45	47
7—16 ,, ...	126	73	56
20—30 ,, ...	90	100	100

Der Anstieg der Empfindlichkeit verläuft demnach parallel für beide Receptoren, bei Neugeborenen beträgt er etwa $^1/_5$ und in der Altersklasse 7—15 $^3/_4$ Empfindlichkeit der Erwachsenen.

SCHIFF und Mitarbeiter haben bereits früher die Agglutinabilität der Blutkörperchen untersucht und fanden eine ausgesprochene Variationsbreite. Bei der Benutzung der frischen Blutkörperchen und Auseinanderhaltung von A_1 und A_2 schien es, daß die Reaktionsfähigkeit ziemlich wenig schwankt (SHIGENO). KEMP und WORSAAE haben aber bei der Nachprüfung der eigenen Resultate ihre Schlüsse zurückgezogen. Die Mehrzahl der A_1-Individuen wies bereits im Kindesalter dieselbe Agglutinabilität wie bei den Erwachsenen auf. Bei einzelnen Kindern betrug die Agglutinabilität 50—75%, was innerhalb der Schwankungsbreite normaler Agglutinabilität liegt. Bei A_2 sind die Differenzen etwas größer, die Agglutinabilität ist im ersten Jahre gering und erst im zweiten steigt sie bei den meisten Individuen bis zur Norm an und nur einzelne Individuen weisen im späten Kindesalter eine geringere Agglutinabilität als Erwachsene auf. Auch die B-Receptoren scheinen im 1.—2. Lebensjahr ihre volle Entwicklung zu erlangen. Diese Angaben harmonieren viel besser mit den früheren Befunden von SCHIFF, der nur eine gewisse Variabilität in der Agglutinabilität betont. SCHOCKAERT fand, daß der Bestandteil M bei Feten ebenso stark ausgeprägt ist wie bei Erwachsenen. Wir haben stets im Anschluß an die Autoren von der Receptorenentwicklung gesprochen. Man muß aber betonen, daß es sich nur um eine symbolische Ausdrucksweise handelt, denn die Agglutinabilität der Blutkörperchen hängt auch von physikalischen Faktoren ab. Meines Wissens liegen keine Angaben über die Änderung der Suspensionsstabilität während des embryonalen Wachstums vor. Die Absorptionsfähigkeit, die von manchen Autoren vorgenommen wurde, berücksichtigt ja nur die Oberfläche und nicht die Receptoren, die im Innern vorhanden sind (SCHIFF-SHIGENO). Die Art der Titrierung ist ziemlich grob (geometrische Reihe). Trotzdem somit KEMP und WORSAAE ihre Angaben widerrufen haben, halte ich auf Grund von allgemeinen Überlegungen für wahrscheinlich, daß sie Recht hatten und daß die Zellenreceptoren im postembryonalen Leben eine Entwicklung erfahren, deren nähere Gesetzmäßigkeit noch unbekannt ist und die nur durch die technische Unvollkommenheit der Methodik noch nicht sicher nachgewiesen werden kann.

Wollen wir jetzt das zweite Problem ventilieren, wann die Isoantikörper im Serum der Frucht bzw. des Neugeborenen auftreten. In der „Konstitutionsserologie" habe ich verschiedene Ansichten referiert und auf Grund meiner eigenen Erfahrung mit ZBOROWSKI der Annahme Ausdruck gegeben, daß die Isoagglutinine, die man bei der Frucht oder bei Neugeborenen vorfindet, immer oder fast immer mütterlichen Ursprungs sind. Sie sind also eigentlich körperfremd und es ist zu erwarten, daß sie nach der Geburt langsam eliminiert werden. MORVILLE untersuchte Neugeborene in regelmäßigen Zwischenpausen und fand in der Tat, ähnlich wie HARA und WAKAO, daß das bei der Geburt vorhandene Isoagglutinin langsam verschwindet. Das Auftreten eigener Agglutinine findet MORVILLE erst bei 3 Monate alten Kindern. DYCHNO und DETTSCHINSKI finden in der dritten Woche ein Verschwinden der Agglutinine, im zweiten Lebensmonat ein Wiederauftreten. STRASZYNSKI untersuchte in einer Fürsorgeanstalt 637 Kinder. Eine solche Untersuchung ist besonders wertvoll, da sich die Kinder unter den gleichen epidemiologischen Bedingungen entwickeln, so daß die Möglichkeit der Schwankung des Titers, die nach HIRSZFELD, HALBER und MAYZNER durch verschiedene infektiöse Reize bewirkt wird, hier relativ gering ist. Folgende Tabelle demonstriert die Befunde von STRASZYNSKI:

Alter der Kinder	Anzahl	Isoagglutinine und Hammel-hämolysine zusammen	Nur Iso-agglutinine	Nur Hammel-hämolysine	Normale Antikörper in Prozenten
1 Woche	36	—	—	1	2,7
2 Wochen	42	—	—	—	—
3 ,,	31	—	—	3	9,6
4 ,,	59	—	2	3	8,4
2 Monate	44	—	8	5	29,5
3 ,,	43	4	7	5	36,2
4 ,,	48	11	3	8	45,8
5 ,,	40	9	8	2	47,5
6 ,,	39	22	5	3	76,8
7 ,,	36	19	6	8	91,6
8 ,,	34	31	1	2	100,0
9 ,,	28	25	2	1	100,0
10 ,,	22	22	—	—	100,0
1 Jahr	40	40	—	—	100,0
über 1 Jahr	95	95	—	—	100,0

Diese Tabelle zeigt die „leere" Zwischenpause und demonstriert die Tatsache, daß erst *zwischen dem 6.—12. Monat normale Antikörper bei den meisten Kindern erscheinen.* Die Vermutung, daß Neugeborene keine eigenen Antikörper enthalten, wird daraus abgeleitet, daß das kindliche Serum fast nie das mütterliche Blut agglutiniert. Polayes, Lederer und Wiener konnten auch an 500 Neugeborenen nie solche gegen das Mutterblut gerichtete Isoantikörper nachweisen.

Das gleiche betonen Karshner, Thomsen u. a. Manche Autoren finden allerdings solche autochtonen Agglutinine etwas häufiger, so z. B. Liedberg in 7 auf 200 Fälle, Bruynoghe in 9 Fällen auf 100, Mitschel usw. Ich selbst neige, wie erwähnt, der Annahme zu, daß Neugeborene in der Regel keine eigenen Iso-antikörper enthalten, was natürlich der Tatsache nicht widerspricht, daß manchmal eine solche serologische Frühreife zur Beobachtung kommen kann. Ich möchte allerdings betonen, daß ein Übertritt von mütterlichen Isoagglutinogenen in den Kreislauf des Kindes nicht ausgeschlossen werden kann. Wir wissen, daß gelöste Isoagglutinogene die Isoagglutination spezifisch hemmen und es wäre möglich, daß gelöste mütterliche Isoagglutinogene den an sich schon geringen Titer der kindlichen Isoantikörper noch weiter herabsetzen oder zum Verschwinden bringen. Wir sehen aber, daß auch solche Antikörper fehlen, deren Anwesenheit von einem etwaigen Übertritt mütterlicher Bestandteile nicht im Sinne der Zurückdrängung beeinflußt wird. Der Mangel der eigenen Antikörper hat nicht nur eine theoretische, sondern auch eine praktische Bedeutung. Straszynski betont, daß auch die Wassermannsche Reaktion selbst bei syphilitischen Neugeborenen negativ sein kann, um erst nach einigen Monaten manifest zu werden.

Hirszfeld und Zborowski fanden, daß bestimmte Unterschiede in der Durchlässigkeit der Placenta für Isoantikörper in Abhängigkeit von den Blutgruppen der Mutter und der Frucht existieren. Sie fanden bei den Kombinationen Mutter 0, Kind 0, die Isoantikörper im kindlichen Serum in 87,5% der untersuchten Fälle, bei den Kombinationen B auf B in 32,6%, A auf A nur in 9,7%, A auf 0 — 13,%, B auf 0 — 20%. Die Feststellung des ungleichmäßigen

Überganges wurde in den letzten Jahren von sämtlichen Verff. bestätigt. Oku findet die Isoagglutinine im Serum der Frucht bereits im 5. Monat, und zwar am häufigsten, wenn die Mutter und die Frucht der 0-Gruppe angehören. Ähnliche Angaben finden wir bei Grünwald, Rooks, Liedberg, Morville und Thomsen. Der Prozentsatz der Neugeborenen, bei welchen die betreffenden Verff. Isoantikörper gefunden haben, ist zwar verschieden und hängt von der Untersuchungstechnik ab. Ich möchte eine Tabelle bringen, wo die Untersuchungen dänischer Forscher zusammengestellt wurden, da Thomsen in seiner Zusammenfassung Ansichten äußert, die in seinen eigenen Protokollen und denjenigen von Liedberg und Morville keine Unterlagen finden:

Mutter	Kind	Anzahl	Isoantikörper festgestellt in Prozenten	Verfasser
0	0	52	96,2 (— 92,3)	Liedberg
		143	95,1	Morville
		107	93,5 (— 73,8)	Thomsen
A	A	57	50,9	Liedberg
		160	45,0	Morville
		118	22,9	Thomsen
B	B	6	100,0	Liedberg
		—	54,5	Morville
		—	75,0	Thomsen
A	0	20	25,0	Liedberg
		167	19,2	Morville
		55	34,5	Thomsen
B	0	7	71,0	Liedberg
		14	85,7	Morville
		16	75,0	Thomsen

Die Tabelle zeigt, daß der Nachweis der Isoantikörper im Serum der Neugeborenen, meinen früheren Angaben entsprechend, je nach den Gruppenkombinationen zwischen der Mutter und der Frucht, verschieden häufig positiv ausfällt. Der Titer der Isoagglutinine im kindlichen Serum ist stets geringer als in dem mütterlichen. Die dänischen Autoren finden ebenfalls, daß Anti-A die Placenta leichter passiert als Anti-B, denn *es findet sich in fast 87,9% der Fälle, während das Anti-B bei geeigneten Gruppenkombinationen nach* Thomsen *nur in 45,4% der Fälle ermittelt wird.* Das Anti-A findet sich demnach bei der Frucht zweimal häufiger als Anti-B. Und dieser Übergang hängt keineswegs von der absoluten Höhe der Isoagglutinine bei der Mutter ab. Es ist mir daher nicht verständlich, daß Thomsen in einer und derselben Arbeit sich über diese Befunde folgendermaßen ausspricht:

Archiv für Rassenbiologie, Bd. V, S. 137: „Dies, d. h. der ungleichmäßige Übergang kann unmöglich auf Zufall beruhen, über die etwaigen Gründe lassen sich nur Vermutungen aussprechen ... Ohne sichere Erklärung ist ferner der Umstand, daß Anti-A und Anti-B in der für das Vorkommen des Agglutinins in Nabelschnurblut günstigsten Kombination 0 : 0 weit häufiger angetroffen wird als in den übrigen Kombinationen. Speziell die Kombination A : A weist auffallend seltenes Vorkommen von Anti-B auf. Hieraus geht jedenfalls hervor, daß die Homo- bzw. Heterospezifität an sich belanglos ist. Mehrere Faktoren mögen sich dabei geltend machen: einerseits je nachdem, ob es sich um eine Placenta der

0-, A- oder B-Gruppe handelt — *ein Unterschied in der Durchläsisgkeit der Placenta* [1] für den Antistoff und andererseits in der Fähigkeit des Kindes, den passiv erhaltenen Antistoff auszuscheiden."

THOMSEN *bestätigt* demnach den von uns erhobenen Befund, daß die verschiedenen Isoantikörper in ungleicher Häufigkeit im Serum der Neugeborenen gefunden werden und daß dies von den Gruppenkombinationen zwischen Mutter und Frucht abhängig ist und diskutiert die von mir hervorgehobene ungleiche, gruppengebundene Durchlässigkeit der Placenta. Es ist daher höchst befremdend, daß er bereits auf der nächsten Seite, und zwar in der Zusammenfassung seine Befunde formuliert: „Es findet sich keinerlei Anhaltspunkt für den von HIRSZFELD und ZBOROWSKI angenommenen elektiven Durchgang durch die Placenta."

Wir haben bis jetzt Fälle betrachtet, bei welchen die mütterlichen Isoantikörper die Blutkörperchen der Frucht nicht agglutinieren konnten. Untersucht man aber solche Kombinationen, bei welchen die kindlichen Blutkörperchen vom Serum der Mutter beeinflußt werden könnten, so stellt man gewöhnlich keine freien Antikörper im Serum der Frucht fest. Es liegen dann folgende Möglichkeiten vor: Entweder sind Isoantikörper der Mutter nicht in die Zirkulation der Frucht eingedrungen oder sie sind eingedrungen, wurden aber durch die kindlichen Receptoren absorbiert oder vom Kinde eliminiert. Beide Vorstellungen müssen diskutiert werden. HIRSZFELD und ZBOROWSKI fanden, daß diejenigen Isoantikörper der Mutter, die das Blut der Frucht agglutinieren könnten, im retroplacentaren Blut häufig fehlen oder in einer geringeren Menge vorhanden sind als in der Zirkulation der Mutter. NILS LIEDBERG sowie HAMBURGER haben diesen Befund bestätigt. Ich vermutete daher, daß wir es mit einer gruppenspezifischen Hemmung zu tun haben, durch Substanzen bedingt, die von der Frucht ausgehend durch die Placenta hindurchdiffundieren und *außerhalb* der Frucht die Isoantikörper binden. Die Isoagglutinogene sind relativ einfach gebaute Substanzen, sie befinden sich anscheinend nicht nur in den Blutkörperchen, sondern auch im gelösten Zustande im Plasma. Falls daher Isoantikörper durch die Placenta hindurchgehen können, so muß man mit der Möglichkeit rechnen, daß auch das Isoagglutinogen des Kindes die Placenta passieren kann. Der gelegentliche Befund der Anwesenheit kindlicher Isoagglutinogene in der Decidua parietalis von WITEBSKY und REICH könnte in diesem Sinne interpretiert werden. HIRSZFELD und AMSEL konnten in der Tat im retroplacentaren Blut fast immer gelöste Isoagglutinogene der Frucht nachweisen. Nun fand PUTKONEN, daß das Fruchtwasser isoagglutinogenhaltig ist, und zwar der Gruppe des Kindes entsprechend. HAMBURGER, der diese Tatsache bestätigte, rechnet damit, daß die Abnahme der Isoantikörper im retroplacentaren Blute durch Beimischungen des Fruchtwassers erklärt werden muß. Daß das im Fruchtwasser gelöste Isoagglutinogen, zugesetzt in vitro zum Serum den Titer herabsetzen muß, ist selbstverständlich und dieser Befund besagt nichts zu dem Problem, ob die Isoagglutinogene des Kindes die Placenta passieren können oder nicht. Der sichere Beweis eines physiologischen intravitalen Übergangs ist allerdings nicht leicht zu führen. Beweisend wäre der Nachweis der kindlichen Isoagglutinogene im zirkulierenden Blut der Mutter oder etwa in ihrem Urin, was MICHAELIS mißlang, was aber noch genauer untersucht werden müßte.

---

[1] Im Original nicht kursiv.

Ein solcher Befund wäre auch praktisch von großer Bedeutung, da man unter Umständen die Gruppe des Kindes noch vor der Geburt erkennen könnte.

Eine andere Vorstellung diskutiert MORVILLE, und THOMSEN schließt sich ihr an. MORVILLE fand in 3 Fällen im Serum des Kindes Isoantikörper, die anscheinend von der Mutter stammten und die die Blutkörperchen der Individuen der Gruppe, zu der das Blut des Kindes gehörte, agglutinierten. Eine gewisse Absorption hat anscheinend stattgefunden, denn die betreffenden Sera agglutinierten die eigenen Blutkörperchen des Kindes nicht. MORVILLE möchte diese Beobachtung verallgemeinern und nimmt an, daß in *sämtlichen Fällen die Isoantikörper der Mutter in den Kreislauf des Kindes übergehen, um erst dort entweder absorbiert oder eliminiert zu werden.* Da bei Kombinationen 0 × 0 die Isoantikörper häufiger gefunden wurden als bei den Kombinationen A × A, so rechnet MORVILLE mit der Möglichkeit, daß Kinder verschiedener Gruppen die verschiedenen Antikörper ungleich schnell eliminieren [1].

Eine Verallgemeinerung dieser Beobachtung ist aber zunächst nur hypothetisch. Wir können vorderhalb meiner Ansicht nach zwischen folgenden Hypothesen nicht entscheiden: a) Die Isoagglutinogene können ähnlich wie die Isoantikörper intravital die Placenta passieren oder b) die Placenta ist gesperrt für die Isoagglutinogene, läßt aber im ungleichen Grade die Isoantikörper von der Mutter auf die Frucht übergehen, so daß die Frucht, falls sie der Mutter gruppenfremd ist, ständig gegen sich gerichtete Antikörper enthält. Dieser erste Mechanismus ist wahrscheinlicher, da man sich schwerlich vorstellen kann, daß die Isoantikörper die Placenta leichter passieren sollen als die gelösten einfach gebauten Isoagglutinogene. Dieser Mechanismus wäre auch zweckmäßiger, da die Isoantikörper der Mutter *außerhalb* der Frucht abgeschwächt wären. THOMSEN neigt der zweiten Annahme zu und entwickelt dabei Vorstellungen, die nicht ganz klar sind. Bei der quantitativen Prüfung der Sera der Neugeborenen findet er gruppenspezifische Hemmung, die der Hemmung der Sera der Erwachsenen nicht nachstehen soll und er glaubt, daß das Serum der Frucht in stärkerem Maße die mütterlichen Isoantikörper auffängt und so die Zelle vor den Isoantikörpern schützt. Nun kann aber die stärkere Hemmung bei Neugeborenen ein Kunstprodukt sein, bewirkt durch die Läsion der Blutzellen nach der Geburt. NOLENS gibt sogar an, daß vorsichtig aufgefangene Sera überhaupt keine Isoagglutinogene enthalten. Dann ist aber die Auffassung, daß die Reaktion zwischen dem gelösten Isoagglutinogen im Plasma und den Isoantikörpern für die Frucht unschädlich ist, durchaus hypothetisch. Die Vorstellung, daß man eine Schädigung der kindlichen Blutkörperchen vor allem an der Autoagglutination der Blutkörperchen erkennen müsse, ist durchaus nicht zwingend. Wir wissen nichts darüber, ob unterschwellige ständig zugeführte Antikörperdosen nicht die Zelle schädigen, ob die wachsende Zelle nicht gegen die Isoantikörper empfindlich ist, ob eine Reaktion zwischen dem gelösten

---

[1] Es scheint übrigens, daß eine derartige Umgehung der LANDSTEINERschen Regel, wenn auch äußerst selten, auch bei Erwachsenen vorkommt. So sahen LLOYD und CHAMBRE eine stark anämische Patientin AB, die sowohl Anti-A wie Anti-B enthielt. Eine genaue Prüfung auf evtl. Untergruppen innerhalb von A und evtl. von B wäre hier von großer Wichtigkeit. Hierher gehören auch Fälle mit Autoantikörpern von einer breiten Amplitude (eigene Beobachtung, MISAWA und OHTA, DEBENETTI, WIENER, JERMOLENKO usw.). Bei WIEMER war die Agglutination für das Blut 0 sogar bei 48 positiv.

Isoagglutinogen der Frucht und den Isoantikörpern für die Frucht indifferent ist u. dgl. Die Ergebnisse mancher Verfasser sprechen dafür, daß die Heterospezifität als konstitutionelle Ursache von Abort in Betracht zu ziehen ist. So hat TRANQUILLI-LEALI in 41 Fällen von kryptogenetischem Abort in 38 Fällen Verschiedenheit und nur in 3 Übereinstimmung. Man kann sich jetzt für keine der zitierten Hypothesen entscheiden.

In manchen Publikationen verficht THOMSEN Ansichten, die mit seinen oben zitierten Anschauungen nicht übereinstimmen. So schreibt er in der Z. gerichtl. Med. Bd. 6, H. 1 gegen LAUER, „daß es sehr zweifelhaft ist, ob die Blutkörperchen nicht durch den Antistoff geschädigt werden, während er allmählich an sie gebunden wird", während er jetzt sich der Ansicht von MORVILLE anschließt, der eine solche symptomlose Absorption in vivo für möglich hält.

Wir werden diesem Problem einer evtl. symptomlosen Absorption in vivo bei der Besprechung der Spezifität der Isoantikörper noch einmal begegnen.

Das Rätsel der serologischen Symbiose zwischen Mutter und Frucht versuchte WITEBSKY auf eine originelle Weise zu lösen. Zusammen mit OETTINGEN zeigte er, daß die Placenta als ein gruppenneutrales Organ zwischen Mutter und Kind eingeschaltet ist. TSCHEROKOVER und SEMCOWA bestätigten diese Angaben. Nach SCHIFF können aber in wässerigen Placentasuspensionen gruppenspezifische Receptoren nachgewiesen werden, allerdings nur mit dem sehr empfindlichen Hämolysehemmungsverfahren. WITEBSKY und REICH untersuchten daher genauer die Verhältnisse und fanden mit Hilfe der Hämolysehemmungsmethode, daß in der Decidua parietalis das Merkmal A bei der Mutter A stets vorhanden ist, die Decidua basalis enthält beträchtlich weniger Isoreceptoren und in den *Placentazotten ist das Merkmal nicht zu finden,* falls man sie blutfrei wäscht. Das Chorion frondosum von A-Kindern ist A-frei. Der Mangel von Gruppensubstanzen in der Placenta wurde von SCHMIDT und BERGER bestätigt.

Verff. halten es in Übereinstimmung mit SCHIFF für möglich, daß eine Inteferenz des Blutgruppenfermentes vorliegt. Verff. vermuten daher, daß gruppenindifferente Organe zwischen Mutter und Frucht eingeschaltet sind. Die gleiche Vermutung äußert OKU. Diese Vorstellungen sind sinnvoll, denn sie suchen die serologische Symbiose zwischen Mutter und Frucht dadurch zu erklären, daß sowohl die Mutter wie das Kind von der Antigen-Antikörper-Reaktion geschützt sein müssen. Verff. rechnen mit der Möglichkeit einer Imbibition der Decidua parietalis durch das Amnion, ein Vorgang, der vielleicht auf den von mir vermuteten Übertritt gelöster kindlicher Isoagglutinogene in den Kreislauf der Mutter hinweist.

VII. Über die Entstehung und Entwicklung der Isoantikörper.

In der „Konstitutionsserologie" habe ich das Problem folgendermaßen definiert:

„Die Annahme der genotypischen Bedingtheit normaler Antikörper läßt die Frage auftauchen, wie ihre Wachstumsgesetze sind. Es ist eine bekannte Tatsache, daß Neugeborene keine eigenen Antikörper besitzen. Die Antitoxine, mit welchen das Kind geboren ist, stammen passiv von der Mutter her, ähnlich wie die Isoantikörper, Hammelhämolysine u. dgl. Dieses Auftreten normaler Antikörper können wir unmöglich auf den Einfluß der Infektionserreger zurückführen, da Antikörper auch für nichtinfektionstüchtige Antigene im Serum angetroffen werden. Wir haben dies vor allem auf allgemeine Wachstumsvorgänge zurückgeführt; neben der morphologischen müssen wir eine Serodifferenzierung, eine Serogenese postulieren. . . . Alle Beobachtungen sprechen dafür, daß die Reifungsgeschwindigkeit verschiedener Organe, das Auftreten der Zähne, das Grauwerden der Haare konstitutionell bedingt ist und es ist höchstwahrscheinlich, daß der zeitliche Ablauf der Serogenese ähnlichen Gesetzen untersteht. Die immunisatorische Beeinflussung sowie unspezifische Reize können die Geschwindigkeit der Serogenese bis zu einem gewissen Grade beeinflussen. Auch die Wachstumsgeschwindigkeit der Pflanzen können wir durch Temperatur erhöhen, ohne daß wir an den hereditären Rhythmus des Lebens zweifeln."

Entsprechend dieser Auffassung führte ich auf S. 204 an: „Wir wissen nicht, ob die Reifungsgeschwindigkeit der normalen Antikörper bei verschiedenen Gruppen, Völkern oder Rassen, verschiedenen sozialen Schichten, verschieden verläuft. Eine vergleichende Konstitutionsserologie, die Prüfung, ob verschiedene Rassen die gleiche Fähigkeit haben, bestimmte normale oder Immunantikörper zu bilden, und zwar im Zusammenhang mit manchen epidemiologischen Beobachtungen, sind die nächstliegenden Aufgaben der Konstitutionsserologie."

Diese Anregungen wurden in der Zwischenzeit teilweise realisiert. Bevor ich über diese Untersuchungen berichte, möchte ich das Problem diskutieren, ob peristatische Einflüsse nicht den Titer der Isoantikörper beeinflussen können. Dies scheint bis zu einem gewissen Grad der Fall zu sein. So z. B. findet man nach SCHNEIDER und GRÜNWALD etwas höhere Werte der Isoagglutinine während der Schwangerschaft. Aus den Versuchen von EDGECOMBE scheint hervorzugehen, daß während der Schwangerschaft eine Zunahme des Titers stattfindet, namentlich wenn der Fetus einer anderen Gruppe gehört als die Mutter. Nach LATTES nimmt nach der Geburt der Titer der Isoagglutinine zu, namentlich dort, wo er während der Schwangerschaft gering war (s. auch GRÜNWALD, der bei Wöchnerinnen eine Titersteigerung sah).

W. FISCHER fand, daß während der Menstruation der Titer abnimmt. Nach MIYAZAKI soll der Titer der Isoantikörper Saisonschwankungen aufweisen, am größten im hohen Sommer und im Winter, am geringsten in der Übergangszeit. ASCOLI, MOLDAWSKAJA und PAULI, RUBASCHKIN, MARINI, SCHNEIDER, MINKIEWICZ und RASCHKIN, SPECK und KORTBECK geben an, daß während der Infektionskrankheiten eine Zunahme der Isoagglutinine stattfinden kann, nach VULKAN tritt sie auch bei Narkosen ein.

HÖLSCHER findet bei Patienten mit fortgeschrittener Tuberkulose eine Verminderung des Agglutinintiters, was allerdings nach ZANTOPF eher auf Altersunterschieden beruhen soll. Eine Verminderung soll nach SCHUSTEROFF auch während des Hungers stattfinden. EINAUDI stellte dasselbe bei Kresbskranken, KARSTNER bei perniziöser Anämie, SCHIFF bei Leukämie fest, was ich an einem Fall bestätigen kann.

Eine solche Schwankung kann sowohl spezifische wie unspezifische Gründe haben. Die Tatsache, daß das Pepton (SCHIFF) und das Toxin evtl. Anatoxin (OTTENSOOSER und ZOROGZOGLU) die A-Substanz enthalten, läßt z. B. vermuten, daß manche mit Anatoxin geimpfte Kinder eine *biologisch spezifische* Zunahme von Anti-A aufweisen und es wäre denkbar, daß die Infektion mit manchen Bakterien, namentlich solchen, die das FORSSMANsche Antigen enthalten, manchmal das Anwachsen von Anti-A bewirken kann. Auch eine Art negativer Phase wäre denkbar, die die Beobachtung von GELLI und TAROZZI erklären könnten, daß während der Serumkrankheit bei diphtheriekranken Kindern der Titer für einige Tage abnehmen soll. Andererseits zeigten HANNA HIRSZFELD, HALBER und MAYZNER, daß auch unspezifische Reize, etwa Typhusvaccination oder Pockenimpfung den Isoagglutinintiter vorübergehend steigern können. Es ist daher möglich, daß gewisse Variationen in der Agglutinabilität der roten Blutkörperchen und in der fällenden Kraft der Isoantikörper teilweise durch physikalische Änderungen des Blutes (Globulinvermehrung, Kolloidoklasie usw.) bedingt sind. Diese Schwankungen paratypischer Art müssen bei der Auswahl des zur Untersuchung gewählten Materials berücksichtigt werden, denn es wäre möglich, daß die Krankenhauspatienten sich teilweise auch auf einem pathologisch erhöhten Niveau der Isoantikörper befinden. Selbst die gleichzeitige Prüfung der Kranken höheren Alters ist, wenigstens vorderhand, noch nicht genügend, da vielleicht Erwachsene in bezug auf Isoantikörper auf Maximalleistung eingestellt sind, so daß sie auf spezifische und unspezifische Reize nicht oder mit einer geringeren Titererhöhung reagieren als Kinder, diese reagieren wieder sicherlich stärker als Säuglinge. Vielleicht beruht darauf die Angabe, daß durch Transfusion gruppenfremden Blutes der Isoagglutinintiter nicht erhöht werden kann (THOMSEN).

Wir sehen somit, daß kranke Individuen vielleicht Schwankungen des Isoagglutinintiters aufweisen, die die Aufstellung einer physiologischen Wachstumskurve der Antikörper illusorisch machen können. In der „Konstitutionsserologie" habe ich auf die Notwendigkeit hingewiesen, die Prüfung der Wachstumsgesetze normaler Antikörper bei verschieden durchseuchten Bevölkerungsgruppen, bei verschiedenen Rassen, in verschiedenem Alter zu prüfen. Die Anregung, die Wachstumskurve der normalen Antikörper aufzustellen, wurde in der Zwischenzeit von FRIEDBERGER, BOCK und FÜRSTENHEIM, sowie von THOMSEN und KARSTEN und KETTEL befolgt. Die ersten haben den Titer

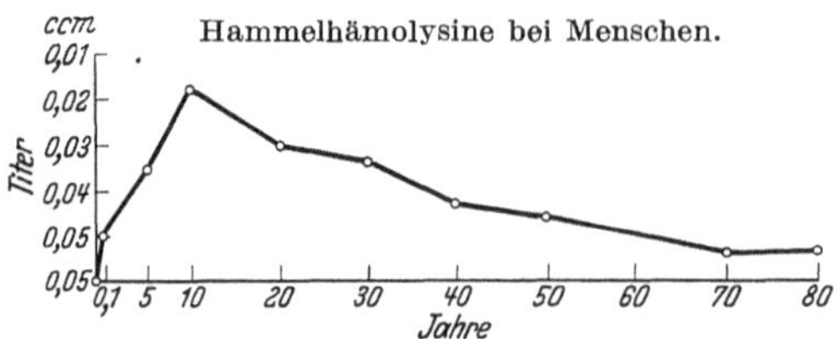

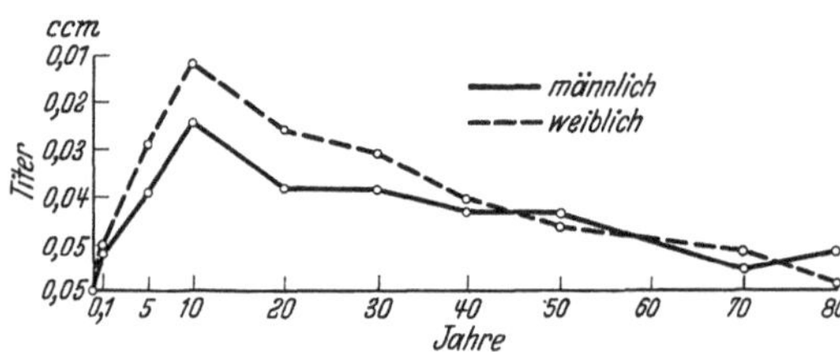

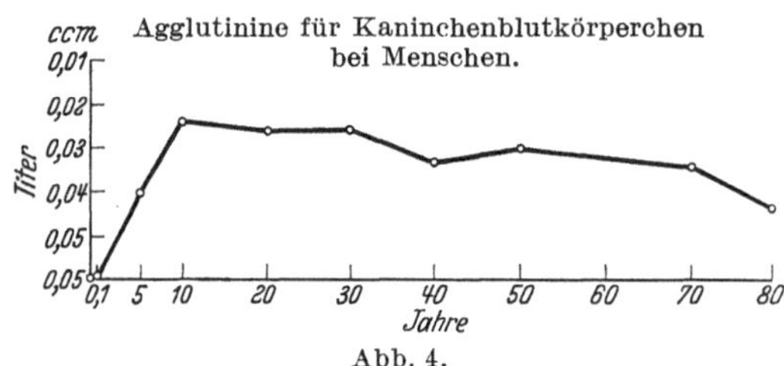

Abb. 4.

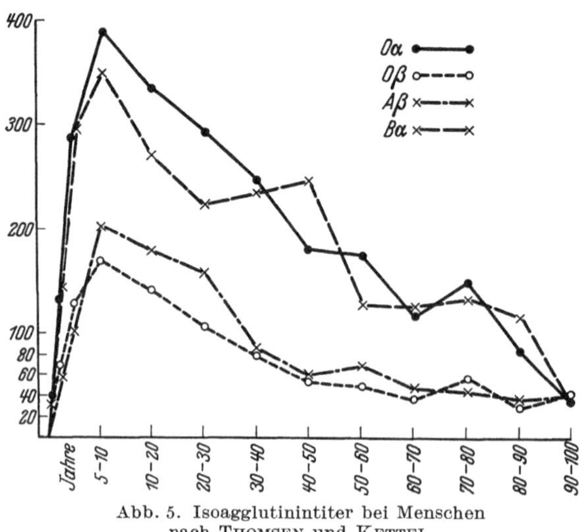

Abb. 5. Isoagglutinintiter bei Menschen nach THOMSEN und KETTEL.

der Hammelhämolysine sowie Kaninchenblutagglutinine im menschlichen Serum bestimmt und fanden, daß die Hammelhämolysine ihren höchsten Titer im 10. Jahr erreichen, um dann langsam abzunehmen. Die Agglutininkurve für das Kaninchenblut ist flacher, der Höhepunkt liegt zwischen dem 10. und 30. Lebensjahr. Die Kurven (Abb. 4) erläutern das Gesagte.

THOMSEN und KETTEL prüften den Isoantikörpertiter. Die beiliegende Tabelle und die Kurve (Abb. 5) demonstriert das Gesagte, wobei die Zahlen den Durchschnittstiter ergeben:

Altersklasse Isoanti- körper	$^1/_2$–1	1–2	2–5	5–10	10–20	20–30	30–40	40–50	50–60	60–70	70–80	80–90	90–100
0α	27	130	287	386	291	291	246	179	174	118	149	81	39
0β	17	69	124	162	139	105	76	53	46	37	42	28	38
$A\beta$	18	55	99	214	176	156	81	566	66	44	51	33	40
$B\alpha$	31	143	295	350	269	224	234	245	127	124	131	116	35

Wir sehen also wieder das Anwachsen, den Höhepunkt und die Abnahme der Isoantikörper im Alter. Die Tabelle demonstriert den Begriff des Wachstums der Antikörper, sowie auch den der serologischen Involution, wie dies bereits SCHIFF und MENDLOWITSCH früher gefunden haben. Auffallend ist, daß der Gipfel der Wachstumskurve zwischen dem 5. und 10. Jahre liegt und daß dann bereits die Involution eintritt. Falls es sich nicht um eine künstliche Höhe des Titers (kranke Kinder) handelt, so wäre die serologische „Jugend" sehr kurz, um dem serologischen Greisentum Platz zu lassen. Daß ähnliche Gesetze das Auftreten der Antikörper gegen Infektionserreger beherrschen, ist wahrscheinlich. Eine Reihe von Beobachtungen über die SCHICKsche und DICKsche Reaktion und über Diphtherieantitoxin bei Bevölkerungen, wo die betreffenden Krankheiten nicht vorhanden sind, sowie bemerkenswerte Differenzen bei Bevölkerungen, die im gleichen Lande leben, legen die Vermutung von rassengebundenen Differenzen nahe (BAY SMITH, HEIMBECKER, KLEINE u. a.).

Bei Tieren wurde schon längst festgestellt, daß die normalen Antikörper bei jungen Tieren nur schwach ausgebildet sind (SORDELLI, HIRSZFELD und SEYDEL, SZYMANOWSKI, KACZKOWSKI usw.). Bei Schweinen und Hammeln sind die Isoantikörper erst im 6.—8. Monat voll entwickelt (KÄMPFFER). Eine genaue Wachstumskurve der normalen Antikörper bei Tieren wurde aber noch nicht aufgestellt.

Alle diese Befunde sprechen mit Wahrscheinlichkeit dafür, daß die normalen Antikörper den Wachstumsgesetzen unterliegen. Sollten sich die obenerwähnten Befunde in ihrem quantitativen Ausmaße bestätigen, so würden sie beweisen, daß der Rhythmus der Entwicklung verschiedener normaler Antikörper bei verschiedenen Individuen verschieden ist.

In der „Konstitutionsserologie" wurden diese Probleme folgendermaßen definiert:

„Es ist klar, daß wir im Prinzip für alle normalen Antikörper eine ähnliche Entstehungsursache suchen müssen, so daß die Tatsache der SCHICK-Negativität unter ähnlichen Gesichtspunkten analysiert werden muß wie das physiologische Vorhandensein der Isoantikörper nach LANDSTEINER. ... Es wäre denkbar, daß die normalen Isoantikörper einen Zweck haben, indem sie irgendwelche Rolle bei gruppenfremden Schwangerschaften spielen. ...

Diese Hypothese läßt sich aus der Erfahrung nicht begründen. ... Bei den Isoantikörpern sehen wir, daß die Anwesenheit der isoagglutinablen Substanz das Fehlen der Isoantikörper bedingt. Man könnte nun einen gewissen, so zu s. serologischen Imperialismus postulieren, indem alle Antikörper entstehen müssen, die nicht durch zirkulationseigene

Antigene zurückgedrängt werden. Wir haben gesehen, daß diese Vorstellung namentlich bei Tieren nicht volle Geltung hat, indem Isoantikörperdefekte häufig sind. Wie sich die Sache bei anderen Antikörpern verhält, wissen wir nicht.

Wie können wir die Entstehung speziell der Isoantikörper denken?

In der Konstitutionsserologie habe ich auf S. 182 folgendes auseinander-gesetzt:

„Es fragt sich, ob abgesehen von den anscheinenden Hemmungsmechanismen, die durch die Anwesenheit der Blutstrukturen bedingt sind, auch eine bestimmte Reaktionsfähigkeit, eine Isoantikörperbildungsbereitschaft, vorhanden ist. Bei Menschen war die Realisierung dieser Gesichtspunkte dadurch erschwert, daß fast alle Menschen Isoantikörper enthalten, die Defekte sind bekanntlich äußerst selten. Daher ist eine Kreuzung von Individuen mit diesbezüglichen verschiedenen Merkmalen kaum möglich. Anders liegen die Verhältnisse bei Tieren, wo Individuen ohne den Bestandteil A (Gruppe 0) manchmal Anti-A enthalten, ein anderes Mal nicht. Ich konnte mit Przesmyoki diese Befunde bei Pferden, meine Mitarbeiter Bialosouknia und Kaczkowski bei Hammeln, Szymanowski und Wachler bei Schweinen erheben. Es existieren somit Tiere der Gruppe 0, von denen manche Anti-A enthalten, andere nicht, so daß die Kreuzung von differenten Merkmalsträgern möglich ist. Szymanowski und Wachler publizierten Stammbäume von 5 Schweinefamilien. ... Diese Befunde, zwar gering an der Zahl, könnten im Sinne der konstitutionellen Bedingtheit der Isoantikörper gedeutet werden. Nun verfüge ich über größere Versuchsreihen von Kaczkowski bei Hammeln. ...“

Die Versuche von Szymanowski und Kaczkowski zeigten, daß bei der Kreuzung von Schweinen oder Hammeln, die zur Gruppe 0 gehören, aber kein Anti-A enthalten, *auch die Jungen stets Isoantikörperdefekte aufwiesen.* Ich schloß daraus, daß die Fähigkeit bzw. Unfähigkeit bestimmte Antikörper zu bilden nicht nur an die Anwesenheit bzw. an den Mangel eines zugehörigen Receptores im Blute gebunden ist. Innerhalb der 0-Gruppe existieren Tiere mit und ohne Anti-A und da nun die letzten anscheinend keine Nachkommenschaft mit Anti-A gezeigt haben, so habe ich geschlossen, daß *der Mangel der Isoantikörper recessiv und ihr Vorhandensein dominant sind.* Ich schloß demnach, daß *die Abwesenheit der Isoantikörper von zwei verschiedenen Faktoren abhängig ist*; ihr Mangel ist einerseits an die Anwesenheit der isoagglutinablen Substanz gebunden, andererseits schien ihr Mangel innerhalb der 0-Gruppe sich recessiv zu vererben.

Diese Ausführungen zeigen, daß eine besondere Anlage für die Bildung der Isoantikörper angenommen werden muß, die unabhängig von den Genen für bestimmte Receptoren ist. Die Menschen haben sich anscheinend auf eine Maximalleistung bei der Isoantikörperbildung eingestellt, so daß Individuen ohne Isoantikörper nur ganz selten angetroffen werden. Dadurch dürfte es sich erklären, daß die Immunisierung nach Thomsen keine Verstärkung der Isoagglutinine bewirkt. Da aber im Prinzip die Verhältnisse nicht anders liegen können als bei Tieren, so müssen wir auch bei Menschen eine besondere Anlage für die Bildung der Isoantikörper annehmen. Furuhata hat schon früher versucht, die Isoagglutinine zur Grundlage der Erbformel heranzuziehen, indem er die Isoantikörper α oder β eben als recessiv auffaßte, da praktisch die Anwesenheit der Isoantikörper an den Mangel von A oder B, also an das Fehlen von dominanten Merkmalen gebunden ist. Ich führte demgegenüber aus, daß bei der Isoantikörperbildung nicht nur die Blutstrukturen eine Rolle spielen, sondern auch eine spezifische Funktionstüchtigkeit derjenigen Zellen, die normale Antikörper produzieren (wahrscheinlich das Reticuloendothel) — Konstitutionsserologie S. 69. *„Es handelt sich demnach um Eigenschaften verschiedener Organsysteme, deren Vererbung keiner einheitlichen Betrachtung* *unterzogen werden darf."* Den gleichen Gesichtspunkt formulierte zuletzt auch KÄMPFFER. Dieser Verf. führte die Gedanken folgendermaßen aus: „Allelomorphe sind in der Regel solche Gene, die die Eigenschaften des gleichen Organs beeinflussen. Nach FURUHATA liegen Gene für dieselbe Eigenschaft an verschiedenen Stellen des entsprechenden Chromosoms, während an der gleichen Stelle ein Gen für eine andere Eigenschaft liegt. Zu dieser Konzeption ist FURUHATA gezwungen, da er absolute Koppelung zwischen den Genen der Blutkörperchen und Serumeigenschaften annimmt. Zweitens nimmt FURUHATA willkürlich drei Erbeinheiten (ab, AB, aB) an. Es ist nicht einzusehen, warum eine vierte Einheit AB, wenn nicht durch Austausch, so doch durch Mutation entstanden, nicht möglich sein soll, um so mehr, als das entsprechende Koppelungspaar aber für die Agglutinine vorhanden ist."

Die Annahme von THOMSEN, daß das Gen A oder B die etwaige Gene α oder β unterdrückt, war aus den gleichen Gründen von vornherein unwahrscheinlich und wurde vom Verf. schließlich zurückgezogen. Diese Gesichtspunkte wurden durch eine interessante Arbeit von KÄMPFFER bekräftigt, die unter der Leitung von SCHERMER entstanden ist. Verf. hat im Anschluß an die obenerwähnten Ausführungen und Arbeiten von SZYMANOWSKI, BIALOSUKNIA und KACZKOWSKI Schweine gekreuzt, wobei als Merkmal nicht nur die An- oder Abwesenheit des Receptors A, sondern wie bei uns auch die An- oder Abwesenheit der Isoantikörper berücksichtigt wurden, da bei Schweinen Isoantikörperdefekte häufig sind. Die Arbeit enthält eine mathematische Analyse, auf die ich nicht weiter eingehen will und begnüge mich mit der Angabe der Tabelle, die die Gesamtbefunde beleuchtet:

Eltern-kombination [1]	Anzahl der Familien	Gruppen der Kinder						Anzahl der Kinder
		A_0		0_0		0α		
		abs.	%	abs.	%	abs.	%	
$A_0 \times A_0$	16	55	61,8	18	20,2	16	18,0	89
$A_0 \times 0\alpha$	71	134	52,2	30	11,7	93	36,2	257
$A_0 \times 0_0$	11	21	65,7	5	15,6	6	18,7	32
$0\alpha \times 0\alpha$	24	—	—	5	5,6	84	94,4	89
$0\alpha \times 0_0$	13	—	—	12	27,3	32	72,7	44
Zusammen	135	210	41,1	70	13,7	231	45,2	511

[1] A_0 bedeutet Gruppe A, 0_0 Gruppe 0 ohne Isoantikörper, 0α Gruppe 0 mit Isoantikörpern.

Dieses Protokoll zeigt *zunächst, daß bei Schweinen der Erbgang der Eigenschaft A dominant ist*, ähnlich wie dies SZYMANOWSKI und WACHLER bereits postulierten. Man sieht nun, daß die Serumeigenschaft Anti-A sich bei Jungen vorfinden kann, trotzdem sie bei den Eltern phänotypisch nicht nachweisbar war. Andererseits sehen wir entsprechend den obenerwähnten Ausführungen, daß in den Kombinationen $0_\alpha \times 0_0$ die Anwesenheit der Isoantikörper dominant ist.

Für die genotypische Bedingtheit mancher Antikörper liegen noch andere Beweise vor: Für das seltene Vorkommen eines Isoagglutinin Anti-P hat Miß NIGG eine gehäuftes familiäres Auftreten beschrieben. Auch bei Kaninchen trat Anti-P bei Inzucht gehäuft auf.

Genaue Berechnungen machten es wahrscheinlich, daß die *Anlage für die Bildung von Isoantikörpern sich von den Isoantigenen unabhängig vererbt.* Die

Formulierung, die die Isoantikörperbildungsbereitschaft als eine schlechthin Arteigenschaft auffaßt, ist somit irreführend.

Aus den obenerwähnten Versuchen ist der Schluß zu ziehen, daß *bei den Eltern A die Anlage für Anti-A vorhanden ist und nur ihre phänotypische Ausprägung durch die Anwesenheit des Receptors A unterdrückt wird.* Diese Verhältnisse wurden bereits in meiner „Konstitutionsserologie" S. 137 folgendermaßen zusammengefaßt:

„Man könnte sich vorstellen, daß der Organismus Panagglutinine produziert und daß die Autoagglutinine von höherer Wärmeamplitude in der Zirkulation ständig absorbiert werden, oder daß das Autoblutagglutinogen in gelöster Form im Serum vorhanden ist und die Autoantikörper an Wirkung verhindert. (Diese letzte Vorstellung wurde teilweise auch von Bernstein diskutiert.) Man kann in der Tat häufig beobachten, daß bei *Mischungen* der α- und β-Seren der Endtiter abnimmt, was in diesem Sinne gedeutet werden könnte. Wir müssen auch mit der Möglichkeit rechnen, daß eine primäre Unfähigkeit besteht, Autoantikörper zu produzieren, sei es durch Mangel einer angeborenen Anlage oder durch spezifische Lähmungen der Antikörperproduktion u. dgl."

Früher wurde der Tatbestand so formuliert, daß keine Antikörper entstehen, die an den zirkulationseigenen Zellen angreifen können. Diese Formulierung muß etwas erweitert werden, da der gesamte Organismus gruppenspezifisch differenziert ist. Sehr interessant sind die Untersuchungen der Sachsschen Schule bei Kaninchen. Bekanntlich können nicht alle Kaninchen Anti-A bilden. Dölter und Witebsky zeigten, daß im allgemeinen nur dann die Immunisierung mit Menschenblutkörperchen der Gruppe A vom Erfolg gekrönt war, wenn das Kaninchen bereits von vornherein ein präformiertes, gruppenspezifisches Anti-A enthielt. Nun fand Witebsky, daß die Organe von Kaninchen keineswegs frei von solchen Bestandteilen sind, die auch im Menschenblut der Gruppe A enthalten sind. Namentlich in der Lunge mancher Kaninchen findet man starke gruppenspezifische A-Merkmale, die sich durch Bindung alkoholischer Extrakte mit Immun-Anti-A-Seren nachweisen lassen. Witebsky hat bereits die Auffassung vertreten, daß für die Gewinnung gruppenspezifischer Antisera von Kaninchen das Fehlen oder das Vorhandensein gruppenspezifischer Strukturen in den Organen maßgebend sind, als deren sekundärer Ausdruck die Präformation der normalen Antikörper im Serum erscheint. Mai, Schüler von Sachs, hat untersucht, ob nicht ein gesetzmäßiger Zusammenhang zwischen der immunisatorischen Bildung gruppenspezifischer A-Antikörper und dem Fehlen der A-Struktur in den Kaninchenorganen besteht. Mai zeigte, daß gruppenspezifische Anti-A-Antikörper nur von denjenigen Kaninchen gebildet werden, deren Organe gruppenspezifische Antigene *nicht* enthalten. Verf. nimmt daher an, daß das Wesentliche und das Primäre das Fehlen der A-Merkmale in den Organen ist, das die Bildung von Immun-Antikörpern Anti-A erst ermöglicht, ohne daß die α-Antikörper physiologisch vorhanden sein müssen. Hara hat im Serum mancher Kaninchen mit der Methodik von Brahn und Schiff die A-Substanz nachgewiesen, was mit der Anwesenheit von A in den Organen im Zusammenhang steht. Treibman bestätigte und erweiterte die Befunde. Diese Arbeiten gehen demnach von der Voraussetzung aus, daß im Prinzip Anti-A Antikörper bei *allen* Tieren entstehen können, so daß das Fehlen von Anti-A *nur* hypostatisch bedingt ist. Bei Menschen scheint in der Tat ein solcher Mechanismus meist vorzuliegen. Es ist eine allgemeine Erfahrung, daß Isoantikörperdefekte äußerst selten sind (in Dänemark z. B. nach Thomsen bei 3500 Fällen nur 6 mal).

Wir haben aber gesehen, daß bei Hammeln und Schweinen zwei konstitutionelle Momente den Mechanismus der Isoantikörperbildung beherrschen: a) die *primäre* Unfähigkeit der Isoantikörperbildung bei der 0-Gruppe und b) eine Hemmung von seiten der Gruppenreceptoren.

Auf Grund von Versuchen mit Frl. HALBER (unveröffentlicht) glaube ich, daß auch bei Kaninchen dieser *doppelte* Mechanismus vorliegt. Wir fanden in Übereinstimmung mit WITEBSKY, HARA und MAI, daß Tiere, die den Bestandteil A im Serum oder in den Organen enthalten, keine Anti-A-Antikörper bilden, daß aber auch manche Tiere ohne A zur Anti-A-Bildung unfähig sind. Es ist meiner Ansicht nach zu erwarten, daß auch bei Menschen eine *primäre Unfähigkeit* der Isoantikörperbildung gelegentlich vorgefunden werden kann.

Eine interessante Familie, wo die Isoantikörperdefekte allerdings durch eine phänotypisch unsichtbare Receptorenbildung ihre Erklärung fanden, beschrieb LAGUNA. Dieser Verf. beobachtete ein Individuum B ohne Anti-A. Die Untersuchung der Familie ergab: Beide Eltern B, der Mutter fehlt Anti-A. Zwei Geschwister A, vier Geschwister B, *davon zwei ebenfalls ohne Anti-A.* Die Anwesenheit der A-Gruppe bei den Kindern spricht dafür, daß die Mutter nicht B, sondern AB hatte. THOMSEN, FRIEDENREICH und WORSAAE fanden in zwei Fällen, die sie als AB auffassen möchten, den Phänotypus B_0. Wie erwähnt enthalten manche Tierarten die Organe A, welche im Blute fehlen. Es wäre daher möglich, daß es sich hier um solche Verhältnisse handelt. Die Prüfung von Speichel, Urin usw. wäre in solchen Fällen erwünscht.

Die Entscheidung, in welchen Fällen eine primäre und in welchen nur eine sekundär bedingte Zurückdrängung der Isoantikörper vorliegt, ließe sich wohl durch Familienuntersuchungen herbeiführen. Nach unseren Untersuchungen und denjenigen von SCHERMER und KÄMPFFER vererbt sich die *primäre* Fähigkeit der Bildung dominant. Die sekundäre hypostatische ist an den Mangel der Struktur, also an eine recessive Eigenschaft gebunden. Es ist daher zu erwarten, daß man bei Vererbungsstudien bei „defekten" Individuen Isoantikörper bald als eine dominante, bald als eine gleichsam recessive d. h. an Recessivität gebundene Eigenschaft feststellen wird, woraus auf Grund der obenerwähnten Überlegungen der Mechanismus des Fehlens vielleicht zu erkennen wäre.

Mit dieser Feststellung ist aber der intime Mechanismus der hypostatischen Hemmung nicht geklärt. Es könnte sein, daß Panagglutinine gebildet werden, die sich auf die gesamten Zellen des Organismus verteilen und dadurch absorbiert werden. Der Organismus wäre dann im Zustande einer chronischen, nie aufhörenden Sensibilisierung durch unterschwellige Autoantikörperdosen. Eine solche Hypothese wurde allerdings ohne die physiologischen Konsequenzen von BERNSTEIN und zuletzt von FRIEDENREICH diskutiert. Inwieweit ein solcher Mechanismus ohne pathologische Folgen existieren kann, kann man noch nicht entscheiden. Oder vielleicht wirkt das gelöste Agglutinogen als „Halbhapten" hemmend, wobei keine Fällungen eintreten, so daß eine solche Antigen-Antikörperreaktion im Organismus gleichgültig wäre?

Es liegen andererseits manche Beobachtungen vor, daß bei Immunisierungen mit starken Antigendosen die Antikörper verspätet auftreten. VAN DER SCHEER hat dies zuletzt für das FORSSMANsche Antigen bestätigt (s. auch TSEN, SCHIEMANN, LOEWENTHAL und HACKENTHAL). Vielleicht handelt es sich bei dem Mangel der Autoantikörper nicht um eine Hemmung der *gebildeten*, sondern um Paralyse der Antikörper*produktion*. Man könnte sich daher vorstellen, daß die eigenen Zellen als Antigen gerade durch das Übermaß *nicht* wirken können.

Es scheint mir nicht, daß die Kenntnis der serologischen Phänomene die Lösung dieses Problems gegenwärtig erlaubt. Die Tatsache der hypostatischen Zurückdrängung von α und β scheint mir sicher, der intime Mechanismus dieser Zurückdrängung ist noch unbekannt.

VIII. Über den Nachweis der Isoagglutinogene in Körperflüssigkeiten und Organen.

Die Vererbbarkeit der Blutgruppen, die Tatsache, daß man von diesen Beobachtungen ausgehend eine Reihe anthropologischer und konstitutionsserologischer Probleme diskutieren konnte, hat die Gruppenforschung auf Bahnen gelenkt, die Schiff richtig als „Beziehungsserologie" bezeichnete. Man wollte sehen, ob bestimmte pathologische und physiologische Eigenschaften mit den Blutgruppen korreliert sind. Wie ich bereits in der „Konstitutionsserologie" auseinandersetzte, ist eine derartige einfache Beziehung aus theoretischen Gründen unwahrscheinlich. Es scheint, daß eine neue Richtung angebahnt wird, die vielleicht manches pathologische und physiologische Geschehen zu beleuchten imstande sein wird. Es handelt sich um die Erkenntnis, daß *nicht nur die Blutzellen, sondern der gesamte Organismus gruppenspezifisch differenziert* ist. Das Problem wurde bereits von v. Dungern und Hirszfeld aufgestellt, die 1910 schrieben: „Die Tatsache, daß gruppenspezifische Antikörper entstehen, denen Blut einer fremden Tierart einverleibt wird, gibt uns die Möglichkeit, auch die gruppenspezifischen Strukturen menschlicher Gewebe zu analysieren[1]." Die erste experimentelle Untersuchung stammt von v. Dungern und Hirszfeld, die bei Hunden durch Injektion einer Hundeniere gruppenspezifische Agglutinine erzeugen konnten. Ich konnte dann 1926 mit Frl. Halber durch Injektion des Aortenendothels (sicher blutfrei) des Menschen A bei Kaninchen Anti-A erzeugen[2]. Vermutlich hatten auch Dervieux (1921) und Süssman (1925) gruppenspezifische Antikörper in der Hand, als sie die individuumspezifische Einstellung der Spermapräcipitine zeigten. Diese Richtung wurde dann in der Zwischenzeit großartig ausgebaut. Nach den Angaben von Ken-Itiosida (Ann. Med. Legal Jg 8, Nr 6, S. 249) hat der japanische Forscher Shirai im Jahre 1925 in den Organen eine die Isoagglutination spezifisch hemmende Substanz nachgewiesen. Verf. konnte in folgenden Organen die isoagglutinable Substanz nachweisen: die Schilddrüse, Lunge, Thymus, Leber, Niere, Milz, Eierstock, Hoden, Mundepithel, Magen, Darm, Uterus, Vagina, Harnblase und Knochenmark. Die absorbierende Fähigkeit war schwächer ausgesprochen im Gehirn, im Herzen, im Uterus, fehlte ganz im Knochen und im Knorpel. Es konnte eine gruppenspezifische Hemmung durch Serum, durch Speichel, Sperma, Tränen, Urin, Schweiß, seröse entzündliche Flüssigkeiten, Cysteninhalt, Extrakte aus allen Geweben, ausgenommen Gehirn, beobachtet werden. Verf. nimmt daher an, daß für die Identifizierung eines Individuums nicht nur die Blutkörperchen, sondern alle anderen Zellen, sowie Sekrete und

---

[1] Ich erinnere mich übrigens, im Jahre 1910 mit v. Dungern die Agglutinabilität der Spermatozoen eines Menschen AB untersucht zu haben. Die Spermatozoen wurden nicht agglutiniert (unveröffentlichter Versuch). Ebensowenig gelang es Lattes, Agglutination oder Immobilisierung der Spermatozoen durch Isosera nachzuweisen.

[2] Studien über die Konstitutionsserologie. Z. Immun.forsch. Bd. 48, Seite 52.

Exkrete benutzt werden können und empfiehlt die Methode für die gerichtliche Medizin. Im Jahre 1926 hat der japanische Forscher YAMAKAMI die Ergebnisse der mit SHIRAI ausgeführten Spermaversuche in englischer Sprache veröffentlicht. In dieser Arbeit wird erwähnt, daß Sperma von 49 Personen untersucht wurden. Auch der flüssige Teil des Spermas übte eine hemmende Wirkung aus. YAMAKAMI berichtet, daß auch der Speichel und Vaginalsekret gruppenspezifisch hemmen.

LANDSTEINER und LEVINE haben im Jahre 1926 über ähnliche Erfahrungen bei Sperma berichtet, die sie unabhängig von den japanischen Forschern erhoben hatten. (Die Versuche mit Sperma wurden bei mir, von KRAINSKAJA-IGNATOWA, von STEUSING, von SCHIFF, SCHMIDT und ECK u. a. bestätigt.) Inzwischen hat LANDSTEINER und SCHIFF die Alkohollöslichkeit der Gruppensubstanzen festgestellt und WITEBSKY hat den Haptencharakter der A-Substanz durch geeignete Immunisierung erhärtet. Im Anschluß an diese Arbeiten haben WITEBSKY sowie WITEBSKY und OKABE im Jahre 1927 mitgeteilt, daß alkoholische Organextrakte der Menschen A (Niere, Leber, Darm, Serum, nicht aber Gehirn) Komplementbindungen mit Immunseren Anti-A geben können. In demselben Jahre und unabhängig davon haben KRITSCHEWSKI und SCHWARZMANN die Gruppenspezifität der Organzellen mit Hilfe von Absorptionen vorgenommen, indem sie die gewaschenen Organzellen mit Isoseren vermischten. Manchmal wurde allerdings auch das nichthomologe Isoagglutinin absorbiert. Durch quantitative Prüfung schließen Verff., ähnlich wie WITEBSKY, aus, daß lediglich die Blutreste den Gruppencharakter der Organe vortäuschen können. SCHWARZMANN hat im Jahre 1928 den Gruppencharakter der Ovarien bestätigt (s. SHIRAI und KAN ITIOSIDA). In der Linse haben KRITSCHEWSKI und SCHAPIRO keine Antigene gefunden. Die Versuche mit der Absorptionsmethode wurden von KRAINSKAJA-IGNATOWA, SEMZOWA und TERECHOWA, THOMSEN, SCHAPIRO, MESSIK und TSCHERIKOW bestätigt. WIECHELS und LAMPE (1928) teilten mit, daß weiße Blutkörperchen von an myeloischer Leukämie Leidenden gruppenspezifisch agglutiniert werden können (was von THOMSEN später nur teilweise bestätigt wurde; sie sollen spezifisch binden, aber nicht agglutiniert werden). Japanische Forscher fanden die Agglutinabilität der Leukocyten.

Diese Ausführungen zeigen, daß die *Vermutung* und die ersten tastenden Versuche von v. DUNGERN und HIRSZFELD angesetzt wurden. Größere, bereits beweisende Versuche wurden von SHIRAI und KANITIOSIDA, LANDSTEINER und LEVINE, namentlich aber von WITEBSKY und KRITSCHEWSKI und ihren Mitarbeitern ausgeführt. Wie somit häufig in der Wissenschaft, haben mehrere Verff. an der Erkenntnis, daß der gesamte Organismus gruppenspezifisch differenziert ist, mit Erfolg gearbeitet. Die gruppenspezifischen Eigenschaften im Serum wurden von SHIRAI (1924) festgestellt und auch von KONIKOFF wahrscheinlich gemacht. SCHIFF zeigte dies im Jahre 1924 durch Präcipitationsversuche mit Immunserum und wiederholte dies mit Erfolg später durch Amboreceptorbindung, was von DOLD und ROSENBERG bestätigt wurde. Die Befunde der Agglutinogene im Serum wurden von THOMSEN mit einer geringfügigen Abänderung der Technik bestätigt. Auch OUCHI hat den Gruppencharakter der Sera gezeigt, ähnlich auch WITEBSKY und OKABE. Nach NOLENS hat allerdings das vorsichtig gewonnene Serum kein Isoagglutinogen. SACHS empfiehlt das Kochen der Sera oder Urine, namentlich in der Versuchsanordnung von Brahn und Schiff. Schließlich hat Putkonen (1928—1930) seine exakten Versuche mit den Organflüssigkeiten publiziert. Die Gruppensubstanzen wurden im Speichel, im Sperma und im Fruchtwasser gefunden. Bemerkenswert war die Angabe, daß das Fruchtwasser nur kindliche Elemente enthält.

Im Prinzip wurden somit zwei Methoden benutzt: die Absorption bzw. die Hemmung der Isoagglutination und die Komplementbindung mit alkoholischen Extrakten und Immunseren. Kritschewski und Messik beanstanden die Methodik der Komplementbindung und nehmen an, daß Witebsky lediglich das Forssmansche Antigen nachwies. Dieser Einwand trifft aber sicherlich nicht zu, da Forssman-Seren, falls sie kein Anti-A enthalten, mit Menschenorganen mit Ausnahme mancher Nieren (eigene Erfahrung) *nicht* reagieren. Die Komplementbindung für die Feststellung der A-Substanzen arbeitet ausgezeichnet. Komiya hat unter der Leitung von Sachs die beiden Methoden verglichen. Im Prinzip konnte die elektive Bindung der Isoantikörper durch Organzellen bestätigt werden, die Ergebnisse waren aber nicht so regelmäßig, indem manchmal unspezifische Absorptionen interferierten, andererseits war das Ausmaß der spezifischen Absorptionen verhältnismäßig gering. Im Jahre 1928 haben Hirszfeld, Halber und Laskowski mit Hilfe der Komplementbindungsmethoden die Verteilung der Isoagglutinogene in menschlichen Organen untersucht. Die Gruppensubstanzen wurden nicht nur im Normalgewebe, sondern auch im (in Bestätigung einer gelegentlichen Angabe von Witebsky) Krebsgewebe festgestellt. Diese Beobachtung ermöglichte Hirszfeld, Halber und Laskowski sowie Witebsky eine genauere Analyse der im Krebs vorkommenden Substanzen, was zur Entdeckung von für Krebs spezifischen Antigenen führte. Die Anwesenheit von Gruppensubstanzen in Krebsen wurde von Goldstein und Kreisel, von Thomsen u. a. bestätigt. Nach Iwato sollen schnell wachsende Tumoren die Gruppe des Trägers nicht wiedergeben, was ich nicht beobachtete. Es ist allerdings auffallend, daß nach Zacho benigne Tumoren die Eigenschaft M oder N *nicht* enthalten, wogegen die malignen meistens. Mit Hilfe von Immunisierungen mit wässerigen Organaufschwemmungen wurden die Gruppensubstanzen von mehreren Forschern festgestellt: Hirszfeld und Halber im Aortenendothel (1926), dann mit Laskowski im Krebs und Organen, ebenso Witebsky und Mitarbeiter, Steusing und Siracusa im Sperma, Brahn und Schiff sowie Lehrs im Speichel usw.

Bei der Prüfung auf Gruppenelemente wurden die Organe zunächst gewaschen bis alles Blut entfernt ist. Es sei daher bemerkt, daß die Stromate vor allem isoagglutinogenhaltig sind (Ottensooser und Zurukzoglu, Sedda und Pecorella, Davidson). Nach Ottensooser beträgt die Aktivitätsabnahme nach Abzentrifugieren der Stromata 97%. Nach Schütz und Wöhlisch sowie Hallauer kann man die Isoagglutinogene aus den Blutkörperchen (also wahrscheinlich auch aus Organen) durch langes Waschen auswaschen. Die Auswaschung der B-Substanzen gelingt bereits nach 5—10maliger Auswaschung. Plattner und Hintner leugnen allerdings die leichte Auswaschbarkeit der Receptoren und nehmen an, daß es sich um strukturgebundene Eigentümlichkeiten der menschlichen Blutkörperchen handelt. Eine quantitative Betrachtung der Minimalmenge von Blutkörperchen, die eine Komplementbindung bzw. Absorption bewirken, zeigt, daß eine Blutbeimischung als Fehlerquelle bei der Gruppenbestimmung der Organe nicht in Betracht kommt. Namentlich bei Verwendung alkoholischer Extrakte, wie mit Recht Witebsky ausführte, spielt diese Fehlerquelle keine Rolle. Schließlich haben die obenerwähnten Autoren auch mit Zellen gearbeitet, die nur wenig Blut enthalten, wie das Aortenendothel, Magen, Darmepithel, oder blutarme Krebse. Daß es sich nicht um Blutbeimischungen handeln kann, ergibt sich aus dem Vorkommen von Gruppensubstanzen im Sperma, Speichel, Urin, Duodenalsaft usw. THOMSEN hat die Befunde früherer Autoren über die gruppenspezifische Differenzierung verschiedener Organe nachgeprüft und bestätigt, und zwar hat er nach seiner Angabe auf Blutbeimischungen besonders geachtet. Da aber schon andere Verff. ebenfalls Kontrollen anstellten und THOMSEN und seine Schüler weder methodologisch noch inhaltlich neue oder andere Befunde hatten, so ist es durchaus unverständlich, wenn Verf. etwa mit folgenden Worten berichtet: THOMSEN, im Handbuch der Blutgruppenkunde: „WITEBSKY und OKABE haben gruppenspezifische Differenzierung der Organe zeigen zu können gemeint" und ANDERSEN benutzt in der Zeitschrift für Physiologie folgende Wendung: „HIRSZFELD und seine Schüler glauben festgestellt zu haben, Carcinome von Individuen der A-Gruppe enthalten die Eigenschaft" und einige Zeilen später: „THOMSEN weist nach, daß wässerige Extrakte aus Organen A- oder B-Individuen gegenüber den Agglutininen Anti-A oder Anti-B eine spezifische Hemmungswirkung hat". Es ist wirklich selten, daß eine nachprüfende und bestätigende Arbeit in dieser Weise publiziert wird.

Alle diese Beobachtungen, mit den verschiedensten Methoden gewonnen, sind im Prinzip richtig, mögen auch einzelne Protokolle durch die technischen Unvollkommenheiten verbesserungsfähig erscheinen. Weder die Kritik von KRITSCHEWSKY an der Methodik von WITEBSKY noch der Zweifel THOMSENs sind berechtigt [1].

In den letzten Jahren haben schließlich BRAHN und SCHIFF (1929) eine neue Methodik ausgearbeitet. Bekanntlich enthalten manche Immun-Anti-A-Seren Hammelhämolysine. Verff. stellten fest, daß *A-haltige Antigene die Eigenschaft haben, diese Amboreceptoren abzulenken.* Die Theorie dieser interessanten Reaktion soll später genauer besprochen werden. Mit dieser Methode konnten Verff. in verschiedensten Organflüssigkeiten die Gruppensubstanzen A nachweisen und sie versuchten auch, die Methodik quantitativ auszuarbeiten. Schließlich kann man auch mit Hilfe von Immunseren durch Präcipitation die Gruppensubstanz häufig nachweisen (vor allem SCHIFF).

Es existieren somit folgende Methoden, die für den Nachweis der Gruppensubstanzen in *nichtagglutinablen* Zellen angewandt werden können:

a) Die spezifische Absorption aus Isoseren für A und B, b) die Komplementbindung bei Verwendung von Immunsera mit alkoholischen Extrakten für A, c) die Absorption von Hammelhämolysinen aus geeigneten Anti-A-Immunseren (für A). Für *gelöste Isoagglutinogene:* a) Eine spezifische Hemmung der Isoagglutination, b) eine spezifische Hemmung der Schafbluthämolyse für die A-Substanz, c) evtl. die spezifische Präcipitation. Der Vorteil der b)-Reaktion liegt in den markanten Ausschlägen und großer Empfindlichkeit. Das Verfahren wurde quantitativ verwertet: diejenige Menge A-haltiger Flüssigkeit, welche eine nach 20 Minuten komplett lösende Dosis von A-spezifischen Schafhämolysinen eben noch deutlich hemmt, wird von SCHIFF als Wirkungseinheit „WE" bezeichnet. Wir werden den Versuch von SCHIFF, die Verteilung von Isoagglutinogenen und ihren Metabolismus, mit Hilfe dieser Methodik zu beleuchten, noch besprechen.

Wollen wir jetzt über Untersuchungen berichten betreffs die Verteilung der Agglutinogene im Körper. Schon SHIRAI soll angegeben haben, daß das Gehirn,

---

[1] Mit Recht spricht KRITSCHEWSKY „von der Grundlosigkeit der durchaus unmotivierten Zweifel THOMSENs". Andererseits geht es aber zu weit, an der Beobachtung THOMSENs zu zweifeln, wie KRITSCHEWSKY und BASKIN tun.

das Herz und der Uterus sich im Hemmungsversuch als weniger wirksam
erweisen. Witebsky fand mit Hilfe von Komplementbindung, daß in der Leber
der Receptor A in geringeren Mengen nachweisbar ist als in der Niere, sagt aber,
daß dies für den Receptor B nicht zutrifft (s. auch Mai). Hirszfeld, Halber
und Laskowski versuchten mit Hilfe der Komplementbindung mit Immunseren
unter Verwendung von alkoholischen Extrakten sich Rechenschaft über die
Verteilung der Isoagglutinogene zu geben. Sie benutzten 7 verschiedene Anti-A
und 3 heterogenetische Seren. Die Technik der Komplementbindung, wie
sie Witebsky einführte, ist sehr gut und beruht auf Folgendem:

$^1/_{20}$ des untersuchten Immunserums, 0,25 ccm vorher verdampfter und in der Konzentration 1 : 1 in Kochsalzlösung aufgenommener Lipoidaufschwemmung, 4 lösende Dosen
Komplement. Die alkoholischen Extrakte werden zubereitet nach Dölter, indem das Blut
bzw. gewaschener Organ- oder Carcinombrei, zu 10, mit 96%igem Alkohol versetzt und
nach 9 Tagen Brutschrank filtriert wird.

Hirszfeld, Halber und Laskowski untersuchten verschiedene Organe von
28 Leichen der Gruppe 0 und 15 der Gruppe B. In keinem Falle konnte der
Bestandteil A oder das Forssmansche Antigen festgestellt werden. Im Krebs
kann, entgegen den Angaben von Lehman-Facius, das Forssmansche Antigen
ebenfalls *nicht* gefunden werden. In den Organen der Gruppe A konnte in
Bestätigung der Angaben von Witebsky und Okabe, Kritschewsky und
Schwarzmann der A-Bestandteil nachgewiesen werden. Das Vorhandensein
der Gruppenantigene in den Organen beruht sicherlich *nicht* auf Beimischungen
von Blut. So z. B. ist die blutarme Lunge oder Magen stets gruppenhaltig,
während ein so blutreiches Organ wie die Leber relativ selten Isoagglutinogene
enthält. Man kann auch rechnerisch leicht feststellen, daß die Gruppenspezifität
der Organe nicht auf Blutbeimischungen, die nach der Auswaschung etwa
übrigbleiben, beruhen können (Sachs, Witebsky und Okabe, Krischewski
und Mitarbeiter, Schwarzmann usw.). Hirszfeld, Halber und Laskowski
unterschieden daher absolute, fakultative und negative Gruppenträger, die sie in
beistehender Tabelle zusammen-
faßten.

Absolute Gruppenträger	Fakultative Gruppenträger	Negative Gruppenträger
Blut	Leber	Gehirn
Magen	Gallenblase	Hoden
Darm	Schilddrüse	
Niere	Herz	
Nebenniere	Aorta	
Lunge	Muskel	
Milz	Serum	
Pankreas		
Carcinom		

(Daß die Organe möglichst
blutfrei ausgewaschen werden,
versteht sich von selbst.)

Wodurch die Verteilung
der Gruppensubstanzen bedingt
wird, dürfte nicht in jedem
Falle klar sein. Daß eine Hyperämie einem Organ eine Gruppenspezifität verleihen kann, ist
a priori zuzugeben. Es *ist auffallend, daß die bei uns beobachteten* Fälle von
Stauungsleber negativ reagierten. Es wäre möglich, daß diese eigentümliche
Verteilung der Gruppensubstanzen und die individuellen Unterschiede auf
konstitutionellen *Momenten beruhen.* Es könnte sich auch um physikalische,
sekundäre Momente handeln. So fand Mai im Sachsschen Institut, daß
die erhitzten Antiseren nicht mehr mit A-haltigen Organextrakten reagieren,
obwohl sie mit Extrakten aus Menschenblut der Gruppe A noch eine Komplementbindung ergaben.

PUTKONEN und SCHIFF haben in sehr genauen Arbeiten versucht, die Menge der Gruppensubstanzen in verschiedenen Organflüssigkeiten in bestimmten Hemmungseinheiten vergleichend auszudrücken. Diese Werte sind nicht als absolute zu betrachten. Sie können, wie SCHIFF angibt, vom Alter der untersuchten Individuen abhängig sein. Auf Grund der Untersuchungen von PUTKONEN, HIRSZFELD und AMSEL und SCHIFF muß man auch individuelle Unterschiede ins Auge fassen. Individuen der Gruppe A „groß" hemmen mehr als A „klein" (SCHIGENO, HIRSZFELD und AMSEL, THOMSEN, SCHIFF, AKUNE usw.). Immerhin demonstrieren folgende Tabellen die Verteilung nachweisbarer Isoagglutinogene im menschlichen Organismus.

Verteilung der Isoagglutinogene in den Körperflüssigkeiten nach PUTKONEN.

Speichel	128—1024
Sperma	128—1024
Fruchtwasser	64—256
Rote Blutkörperchen (Konz. des Blutes)	8—32
Tränenflüssigkeit	2—8
Harn	2—4
Cerebrospinalflüssigkeit	0

Unter 229 Personen fanden sich 14%, wo im Speichel die Gruppensubstanz fehlte. Für die übrigen ergab sich eine fluktuierende Variabilität. Individuelle Unterschiede in der Ausscheidung fanden auch mehrere Verff. bei Menschen und Tieren im Speichel und Urin (LEHRS, BRAHN und SCHIFF, PUTKONEN, HIRSZFELD und AMSEL, THOMSEN). Manche von diesen Unterschieden sind anscheinend genotypisch bedingt (s. später SCHIFF und SASAKI, STIMPFL, MORSYCKI).

Für die Ermittlung des quantitativen Gehaltes an Gruppensubstanz ist, wie SCHIFF richtig bemerkte, diese Methode noch nicht ausreichend. Weder die Agglutinabilität der Erythrocyten noch die Agglutinationsfähigkeit einer Zellaufschwemuung ist ein richtiger Maßstab für den Gehalt an Gruppensubstanz. Bei der Agglutinabilität oder Absorption bestimmen wir ja lediglich nur die an der Oberfläche sich befindenden Receptoren. Bei der Hemmung von seiten der Extrakte wissen wir nicht, ob alle Gruppensubstanzen in Lösung übergingen. Bei der Bestimmung der Komplementbindung haben wir nur annähernde Werte, indem wir nicht alle Gruppensubstanzen ausziehen und die wasserlösliche Form der Gruppensubstanzen nicht berücksichtigen.

Eine sorgfältige Art der Prüfung wurde von SCHIFF unternommen, indem er solange Organe extrahierte, bis der Rückstand unwirksam war und neben der Lipoidfraktion auch die wasserlöslichen Substanzen berücksichtigte. Organstücke wurden nach Befreiung von anhaftendem Blut zunächst feucht gewogen, dann zur Gewichtskonstanz getrocknet und mit Alkohol, Äther und Chloroform extrahiert, die Organrückstände wurden getrocknet und mit Wasser zunächst bei 40, dann bei 100⁰ eingeengt. Alle Auszüge wurden vereinigt und auf Hämolysehemmung geprüft. Die Werte sind natürlich Relativzahlen, da sie von dem gewählten System abhängen. Da sie aber die zuverlässigsten Angaben sind, über die wir gegenwärtig verfügen und da sie einen annähernd quantitativen Maßstab der Gruppenverteilung geben, so sollen sie in folgender Tabelle zitiert werden.

Die Tabelle zeigt die großen Differenzen zwischen den Organen. Das Gehirn hätte, auf Feuchtgewicht berechnet, am wenigsten Gruppensubstanz. Schiff selbst rechnet mit der Möglichkeit, daß diese schwache Reaktion auf Blutreste oder Bindegewebe bzw. Gefäßzellen zurückgeht. Gewisse Unterschiede zwischen den Ergebnissen von Hirszfeld, Halber und Laskowski und von Schiff dürften auf die Differenzen der Technik zurückführbar sein. So enthalten Pankreas, Niere und Lunge viele Gruppensubstanzen und sie gehören auch zu unseren absoluten Gruppenträgern. Muskel, Aorta und Leber enthalten weniger und sie wurden von uns zu den fakultativen Gruppenträgern gerechnet. Nur das von Schiff untersuchte Herz hat im

Hemmende Dosen pro Gramm nach Schiff.

	Feuchtgewicht	Trockengewicht
Lunge	22	111
Gehirn	4	26
Muskel	10	36
Herz	34	107
Aorta	10	24
Leber	16	48
Niere	29	86
Pankreas . . .	310	1390

Vergleich zu unseren Befunden auffallend viel Gruppensubstanzen. Es wäre daher möglich, daß unsere „fakultativen" Gruppenträger häufig Gruppensubstanzen enthalten, aber in einer geringen Menge, die nur bei radikalen Extraktionsverfahren, wie sie Schiff übte, nachgewiesen werden können. Schiff rechnet auch mit der Möglichkeit, daß die Relation zwischen den wasserlöslichen und den lipoidalen Substanzen Schwankungen unterworfen ist. Es ist nicht ausgeschlossen, daß manchmal einem Minus an Lipoidform ein Plus der anderen Form entspricht. Verff. machen auch auf Analogien zwischen der Verteilung des Forssmanschen Antigens und den Gruppensubstanzen aufmerksam. Auch hier und dort ist die Niere und Lunge besonders antigenreich, während im Gegenteil das Gehirn arm ist. Es könnte sich allerdings um physiko-chemische Momente handeln, wie sie Mai diskutierte.

Wie werden die Isoagglutinine ausgeschieden? Sie werden häufig, aber nicht immer in den Sekreten und Exkreten gefunden. In der Milch findet man die Isoantikörper am häufigsten bei der 0-Gruppe, am seltensten bei A (eigene Erfahrung). Größere Versuchsreihen stammen von japanischen Autoren und es ist bemerkenswert, daß ähnliche Unterschiede, wie sie bei Neugeborenen festgestellt werden (S. 120) auch hier vorzuliegen scheinen. So fand Yosida im Sperma bei 0-Gruppe auf 14 untersuchte 12mal positiv, bei A nur 2 auf 10, bei B 7 auf 12. Im Liquor findet man Isoagglutinine nur bei entzündlichen Prozessen (Herman und Halber, Kral). Inwieweit hier auch genotypisch bedingte Unterschiede vorliegen, ist unbekannt.

Diese Richtung, die die Blutgruppenverteilung und ihre Ausscheidung quantitativ zu erfassen sucht, verspricht interessante Ausblicke. Schiff fand, *daß die Ausscheidung der Gruppensubstanzen je nach dem Alter verschieden ist. Berechnet pro Kilogrammgewicht werden im verschiedenen Alter ganz verschiedene Mengen ausgeschieden.* So scheiden im Urin Kinder bis 10 Jahren 12—16 Einheiten aus, während erwachsene Menschen 1,1—1,4—0,4 und eine Person 5 Einheiten ausgeschieden hatte. Wir sehen demnach, daß die Ausscheidung der Gruppensubstanzen vielleicht zu einem Maßstab der Stoffwechselintensität wird dienen können. Wir sehen, daß es dabei nicht genügt, einen normalen Harn der gleichen Gruppe zum Vergleich heranzuziehen, daneben muß man auch das Alter, vielleicht die Konstitution usw. berücksichtigen. Es sei noch bemerkt, daß nach SCHÜTZ und WÖHLISCH sowie HALLAUER Menschenerythrocyten durch Auswaschen ihre Gruppensubstanzen verlieren können [1], was mit der Ausscheidung zusammenhängen kann. Im Verdauungstractus fanden SCHIFF und OKABE bald viel, bald wenig Gruppenstoff, relativ wenig im Rectum, dagegen sehr viel in der Magenschleimhaut, was auch wir beobachteten. Der Liquor Cerebrospinalis enthält nur minimale Mengen an Gruppensubstanz, weit höher der Urin, am meisten der Speichel und der Magensaft. Von dem letzteren können nach SCHIFF noch in 0,00001 ccm die Gruppensubstanzen nachgewiesen werden. Verff. vermuten, daß die Drüsen und die mit Drüsen reichlich versehenen Schleimhäute entweder aktiv die Gruppensubstanzen aufbauen oder aber bei dem Sekretionsprozeß eine Anreicherung der im Blute zirkulierenden Gruppenstoffe vornehmen. Es scheint, daß die verschiedenen Organe in ungleichem Tempo die Gruppensubstanzen entwickeln. Bei Feten von 3—5 Monaten fanden SCHIFF und OKABE noch keine Spur, in der Lunge und im Herz, wenig in der Niere, bereits sehr viel im Magen. Im Speichel fanden SCHIFF und SASAKI die M- und N-Substanzen nicht.

Die Gruppensubstanzen sind Haptene. Behandelt man Organe oder Blut mit Alkohol, dann geben die Extrakte mit Immunseren gruppenspezifische Reaktion (Flockung, Komplementbindung) (LANDSTEINER und WITT, LANDSTEINER, SCHIFF, DÖLTER, WITEBSKY, HIRSZFELD, HALBER und LASKOWSKI) und rufen mit Schweineserum gruppenspezifische Immunkörper hervor. Die chemische Charakterisierung wurde namentlich für A versucht.

Ein Fortschritt in der chemischen Charakterisierung der Gruppensubstanzen scheint noch auf anderem Wege erzielt worden zu sein. Angeregt durch die Beobachtung, daß die menschliche Magenwand durch einen ungewöhnlich hohen Gehalt an Gruppensubstanzen ausgezeichnet ist, haben SCHIFF und WEILER untersucht, wie sich das Pepsin und das Trypsin verhalten [2]. Es wurde zunächst festgestellt, daß das Pepsin die Schafbluthämolyse durch das A-Immunserum verhindert, daß es somit die A-Substanz enthält. Noch 0,000025 g Pepsin waren wirksam. Auch die untersuchten Trypsinpräparate enthielten die A-Substanz, wenn auch in geringen Mengen. Die Hemmungswirkung der Pepsin- und Trypsinpräparate hat mit ihrem Fermentgehalt nichts zu tun, es handelt sich offenbar um Gruppensubstanzen, die in der Schleimhaut vorhanden sind. Die Blutgruppenstoffe vertragen vielstündiges Kochen sowie die Einwirkung starker Alkalien. Weitere Untersuchungen haben BRAHN, SCHIFF und WEINMANN unternommen. Wie erwähnt, haben BRAHN und SCHIFF zuerst blutfreie Körperflüssigkeiten auf Gruppenstoffe *chemisch* untersucht. Bei der Verarbeitung größerer Harnmengen haben sie nach Reinigung Präparate gewonnen, die *weder Eiweiß in nachweisbaren Mengen, noch freie Kohlehydrate enthielten.* Nach Hydrolyse mit Salzsäure ließen sich aber deutliche Mengen eines Kohlehydrates

---

[1] Nach OTTENSOORER reagieren die gereinigten Stromate ebenso stark wie die Ausgangsblutkörperchen, namentlich wenn man sie durch verdünnte Natronlauge in der Wärme zur Quellung bringt. Die Stromata sollen sich besser für die Prüfung eignen als das Blut.

[2] Anmerkung bei der Korrektur. Das Wesen dieser Peptonwirkung scheint möglicherweise nach neueren Befunden doch komplizierter zu sein. So berichten EISLER und HOWARD, daß die Agglutination gewisser Blutarten durch Normalsera ebenfalls durch Pepton gehemmt wird. Die hemmende Substanz wurde durch Stuhl ebenfalls abgebaut. Es wäre hier zu untersuchen, ob nicht gruppenspezifische Heteroagglutinine des Normalserums interferieren.

nachweisen. Der Befund wurde in Parallele gestellt zu den Beobachtungen über das Forssmansche Antigen und das heterogenetische Antigen des Shiga-Kruse-Bacillus. Brahn, Schiff und Weinmann berichten über weitere Reinigungsmethoden. In der kurzen vorläufigen Mitteilung wird diese Methode folgendermaßen beschrieben:

Die Lösung des konzentrierten Pepsins in kaltem Wasser wurde durch Erhitzen enteiweißt, dann wurden wasserlösliche Begleitstoffe mit Pikrinsäure und Pikrolonsäure ausgefällt. Aus dem eingeengten, wässerigen Filtrat fiel auf Zusatz von Alkohol eine hochwirksame Substanz (2,5 g aus 50 g Ausgangsmaterial). Diese enthielt noch 7% N. Ihre 5%ige Lösung dreht polarisiertes Licht in 2-dm-Rohr etwa 1^0 nach links. Wird die Lösung mit Bleiessig behandelt, von den ausgefällten Verunreinigungen abgetrennt und mit Ammoniak versetzt, so fällt ein Niederschlag aus, welchem nach Entbleiung mit H_2S ein Präparat von mindestens der gleichen Wirkungsstärke zurückerhalten wird. Dies ist ein farbloses Pulver, sehr leicht löslich im Wasser, unlöslich in Alkohol und den meisten organischen Lösungsmitteln. Es enthält noch 5,5% N. Die serologischen Eigenschaften gehen durch 1stündige Hydrolyse mit $n/_2 H_2SO_4$ verloren. Erst nach dieser Hydrolyse gibt die Substanz mit Phosphorwolframsäure und Cyankalium blaue Färbung. Die Substanz reduziert Fehling nicht, wohl aber das Hydrolysat. Die nähere Untersuchung des Hydrolysates zeigte, daß Pentosen reichlich vorhanden waren. Beim Erhitzen des Hydrolysates mit p-Bromphenylhydrazin in 25%iger Essigsäure auf dem Wasserbad kristallisiert eine Verbindung (etwa $^5/_4$ des Substanzgewichtes), die roh bei 156—159°, nach einmaligem Umkrystallisieren aus Alkohol + Aceton bei 159—160° (unkorrigiert) schmilzt.

Eine sehr einfache Anreicherungs- und Reinigungsmethode beruht darauf, daß die Substanz in kaltem Eisessig unlöslich ist, während die übrigen Bestandteile der enteiweißten Pepsinlösung davon aufgenommen werden.

Die gewonnenen Substanzen sind hochwirksam, man kann sie noch in $^1/_{200}\,\gamma$ nachweisen. Kürzlich haben Freudenberg, Eichel und Dirschl mitgeteilt, daß sie aus A-Harn eine hochwirksame Substanz hergestellt haben, die polarisiertes Licht nach links dreht. Untersuchungen über die Absorptionsfähigkeit verschiedener Extrakte bringen v. Eisler und Moritsch. Landsteiner stellte aus Pferdespeichel durch Behandlung mit Säure und Aceton und Fällung mit Alkohol eine Substanz dar, die bei einem Gehalt von 7,43 Stickstoff eine schwache Biuretreaktion gab. Der Gehalt an Kohlehydrat betrug auf Glykose bezogen sowohl bei den Präparaten aus Pepsin wie aus Pferdespeichel etwa 50%. Ein zweites Präparat wurde nach Absorption mit Kaolin und Kohle erhalten. Es enthielt C 44,65%, H 6,76%, N 7,46%, berechnet für aschfreie Substanz. Die interessanten Beobachtungen zeigen, daß wir nicht weit entfernt sind, die chemische Struktur der Gruppensubstanzen zu erkennen. Diese Untersuchungen wurden an Harn, Speichel oder Pepsin vorgenommen. Aus den Erythrocyten lassen sich die Gruppensubstanzen zum Teil mit Alkohol, zum Teil mit Wasser extrahieren. Die beiden Substanzen werden durch Hemmungsversuche angezeigt. Ähnlich wie beim Forssmanschen Antigen handelte es sich um Kohlehydratverbindungen. In den von Schiff angegebenen Versuchen wurde zur Reinigung der Harnpräparate mit Bleiacetat gefällt und die Mutterlauge weiter untersucht. Ähnlich verfuhren Freudenberg und Eichel und fanden durch Hemmung der Schafhämolyse den A-Bestandteil in der Mutterlauge, während der Bleiniederschlag unwirksam war. Jorpes und Norlin fanden nun, daß der größte Teil der A- und B-Agglutinogene *gemessen an der Hemmung der Agglutination mit dem Bleiniederschlag entfernt wird.* Es gelang demnach eine Trennung der isoagglutininbindenden und die Schafhämolyse hemmenden Eigenschaften der Präparate aus A-Harn. Die schafhämolysehemmende Wirkung war im Polysaccharidpräparat konzentriert, die isoagglutininbindende Eigenschaft konnte aus dem Tanninniederschlag, nach Entfernung des Tannins in beinahe quantitativer Ausbeute gewonnen werden. Die isoagglutininbindende Fähigkeit, sowohl der Harntrockenpräparate als auch der mit Tannin ausgefällten Eiweißreaktion, wurde durch aktiviertes Papain und Trypsin zerstört.

Diese Versuche würden dafür sprechen, entweder, daß verschiedene chemische Substanzen das gleiche gruppenspezifische Gepräge haben, oder daß die Gruppensubstanzen an verschiedene Stoffe gebunden sind, die ihnen verschiedene Fällbarkeit und Reaktionsfähigkeit verleihen.

Der Befund der Gruppensubstanz in Pepton hat eine interessante Beobachtung zur Folge gehabt. OTTENSOOSER berichtet, daß das Diphtherietoxin, sowie die Anatoxine, wie ja zu erwarten ist, A-Substanz enthalten. Es ist daher möglich, daß bei manchen immunisierten Kindern eine Anti-A-Erhöhung stattfindet. Inwieweit damit zusammenhängende Unterschiede in der Immunisierbarkeit bei Kindern verschiedener Gruppen vorliegen, ist nicht bekannt.

Die neue Methodik, die Gruppensubstanzen außerhalb der Blutzellen in gelöster Form den verschiedenen Flüssigkeiten nachzuweisen, hat nicht nur für die Chemie der Blutgruppen und ihren Metabolismus, sondern auch für die Genetik eine Bedeutung. BRAHN und SCHIFF fanden bei Tieren Typenunterschiede in der Ausscheidung (Pferd — Speichel, Schaf — Harn). LEHRS fand Unterschiede in der B-Ausscheidung bei zwei durch viele Monate beobachteten Personen. PUTKONEN fand, in Übereinstimmung mit SCHIFF, daß manche Menschen im Speichel die Gruppensubstanz nicht enthalten. Ähnliche Beobachtungen erhoben AKUNE, HIRSZFELD und AMSEL. SASAKI fand im SCHIFFschen Laboratorium, daß der 0-Receptor mit Hilfe der Rindersera auch im Speichel, Sperma, Magensaft und Milch nachgewiesen werden kann. Die absorbierten Rinderseren reagierten unter Hemmung allerdings auch mit A und B, so daß die Feststellung der 0-Ausscheidung durch gleichzeitige Prüfung auf 0, A und B und Ausschließung von A und B geschehen kann. Im Speichel, Magensaft und Milch sowie im Urin findet man ähnliche Verhältnisse, nach STIMPFL auch im Fruchtwasser. Das durch Serumpräcipitin fällbare Arteiweiß findet sich unabhängig von den Ausscheidungstypen. SCHIFF und SASAKI *fanden, daß die Fähigkeit, die Gruppensubstanzen durch den Speichel auszuscheiden, hereditär ist.* Man kann sowohl die Gruppensubstanz A und B, wie auch die 0 - Substanz durch Hemmung der Agglutination bei Verwendung geeigneter Rinderseren nachweisen, evtl. durch Präcipitation mit Immunseren (für A). Die Erblichkeit des „Ausscheidungstypus" ergab sich aus Beobachtungen an 52 Zwillingspaaren. Es wurden 4 diskordante Fälle beobachtet, welche sämtliche 2eiige Zwillinge betrafen. Stellt man das bis jetzt untersuchte Material zusammen, erhält man folgende Zahlen:

Eltern	Zahl der Familien	Kinder		Summe
		S	s	
S × S	33	93	15	108
S × s	30	60	29	89
s × s	5	—	18	18
Zusammen	68	153	62	215

S bezeichnet Ausscheider, s bezeichnet Nichtausscheider.

Die Annahme, daß es sich bei der Ausscheidung um zwei sich allelomorph vererbbare Merkmale handelt, fand bei der Berechnung eine ausgezeichnete Bestätigung, wie folgende Tabelle zeigt:

Ehen	Beobachtet		Berechnet		Formel	
	S	s	S	s	S	s
S × S	43,25	6,98	44,21	6,18	$p^2(3-2p)$	p^2q^2
S × s	27,9	13,49	26,8	14,44	$2pq^2$	$2pq^3$
s × s		8,37		8,42		q^4

Der Anteil der Nichtausscheider beläuft sich auf weniger als $^1/_3$ der Bevölkerung. Der Nachweis der 0-Substanz ist anscheinend schwerer, es wurden S bei der 0-Gruppe in 63,4%, bei A in 76%, bei B und AB in 86,9% nachgewiesen. Es ist von hohem Interesse, daß bei den Nichtausscheidern auch im Magen (Sasaki), Fruchtwasser (Stimpfl) und anderen Organflüssigkeiten die Gruppensubstanzen fehlen.

Die wichtigen Befunde von Schiff und Sasaki wurden in meinem Laboratorium von J. Morzycki nachgeprüft. Bei der Berechnung gingen wir etwas anders vor und befolgten die in der „Konstitutionsserologie" näher besprochenen Methoden. Nach dem Mendelschen Gesetz müssen wir bei der Kreuzung von zwei unreinen Typen Ss × Ss die bekannte Relation I SS, 2 Ss und I ss vorfinden. Bei der Kreuzung Ss mit ss die Hälfte der Kinder muß Ss, die andere ss sein. Wir müssen demnach wissen, wie häufig S unrein ist. Dies können wir ablesen aus der Tabelle von Hultkranz und Dahlberg (s. Konstitutionsserologie S. 61). Z. B. beträgt der Prozentsatz der Ausscheider 67%. Die Tabelle zeigt, daß bei dieser Häufigkeit 49,98% unrein sein muß, 26,02% rein, der Rest recessiv. Auf Ausscheider allein berechnet bedeutet, daß 65,7% aller Ausscheider unrein, 34,3% rein sein muß. Von den 34,3% reinen Ausscheidern werden alle Kinder Ausscheider sein. Von den 65,7% unreinen Ausscheidern (Ss) wird die Hälfte der Kinder Ausscheider sein, d. h. 32,8% (Ss). Wir bekommen demnach 67,1% (32,8 + 34,3) Ausscheider, der Rest 32,7% muß nicht Ausscheider sein. Trotz der geringen Zahl stimmt die Berechnung mit der Realität ausgezeichnet und bestätigt demnach die grundlegende Feststellung von Schiff und Sasaki von der Allelomorphie der Gene für die Ausscheidung und Nichtausscheidung. Folgende Tabelle demonstriert unsere Erfahrungen.

Die Vererbung des Ausscheidungstypus.

Typus der Eltern	Zahl der Ehen	Zahl der Kinder	Kinder					
			abs. Zahl		% S		% s	
			S	s	gefunden	berechnet	gefunden	berechnet
S × S	29	72	64	8	88,1	89,2	11,9	10,8
S × s	11	34	22	12	64,7	67,1	35,3	32,9
s × s	4	9	—	9	—	—	100	100
Summe	44	115	86	29	—	—	—	—

Diese Tabellen ergeben die interessante Tatsache, *daß die Fähigkeit der Ausscheidung über die Nichtausscheidung dominiert.* Die Vererbung dieser Fähigkeit ist von den Blutgruppen unabhängig, so daß damit ein neues Merkmal gewonnen wurde, mit den Konsequenzen für den Entwurf einer Chromosomenkarte sowie für die gerichtliche Medizin.

Nach NOLENS soll vorsichtig aufgefangenes Serum die Gruppenbestandteile nicht enthalten. Es wäre von Interesse, ob hier ebenfalls nicht konstitutionell bedingte Differenzen vorliegen.

Die Beobachtungen von SCHIFF, PUTKONEN, THOMSEN, NOLENS, eigene Beobachtungen zeigten, daß auch manchmal im Urin der Gruppenbestandteil fehlt. Ob hier konstitutionelle oder auch pathologische Momente vorliegen, ist unbekannt.

Die Möglichkeit, die Gruppenspezifität der Organe zu erkennen, hat bereits dazu geführt, ihr Antigenmosaik einer Analyse zu unterziehen. HIRSZFELD, HALBER und LASKOWSKI und WITEBSKY haben gleichzeitig und unabhängig voneinander die antigene Spezifität des Krebses festgestellt, über ähnliche Überlegungen berichtet auch LEHMAN-FACIUS. Schließlich hat WITEBSKY in der Hypophyse, in verschiedenen Organen und Darmpartien organspezifische Elemente vom Haptencharakter entdeckt.

Es fiel auf, daß im Stuhl die Gruppensubstanzen fehlten, trotzdem ja die Darmzellen gruppenhaltig sind. Dieser Widerspruch wurde von SCHIFF und AKUNE in schönen Untersuchungen klargelegt. Es stellte sich heraus, *daß dem Stuhl eine gruppenabbauende Eigenschaft zukommt.* Das wirksame Prinzip wird durch Kochen zerstört. 1stündiges Erwärmen auf 56° schwächt das Agens nicht ab. Auch der Speichel vermag die Gruppensubstanzen zu zerstören und der Abbau unterbleibt, wenn man den Speichel fünfminutenlang kocht. Das Ferment ist resistent gegen 3% Formalin und 0,1% Karbol, ja bei Speicheluntersuchungen blieb bei 0,5% Karbol die Fermentwirkung erhalten, so daß es leicht gelingt, Stuhlschwemmungen zu erhalten, welche bei ungeschwächtem Abbauvermögen steril sind. Am empfindlichsten war das Ferment gegen Silbernitrat, Sublimat und Kupfersulfat (STIMPFL). SCHIFF, CAHEN und STIMPFL stellen fest, daß bei Verlängerung der Bebrütungsdauer auf 3—6 Tage noch die Organe fermenthaltig gefunden werden (Speicheldrüsen, Nieren, Lunge, Uterus, Muskel, auch Tumor, nicht aber das Gehirn). Es scheint, daß die Fermente, die A und B abbauen, verschieden sind und sich durch ihre Wärmeresistenz unterscheiden. Nach 10 Minuten bei 56° wird das A-Ferment zerstört, B-Ferment erst nach 30 Minuten bei 61° (STIMPFL). Eine Beziehung zu den bekannten Fermenten (Pankreasamylase, Trypsin, Erepsin, Lipase) scheint nicht vorzuliegen. Der Wirkungsbereich von P_H ist 4—7,0. Das Forsmanantigen und das Menschenblutantigen in Para-B und SHIGA-Bakterien werden nach EISLER durch den Stuhl nicht abgebaut, die Substanz A wird in den Blutkörperchen schwächer abgebaut als im Pepton. WITEBSKY und SATOH geben an, daß man das Ferment in Serum-Meconiumgemischen weiterzüchten kann. Die Physiologie, die Chemie und Genetik begegnen sich hier und eröffnen neue experimentelle Möglichkeiten und Perspektiven.

Anmerkung bei der Korrektur. WITEBSKY und HENLE stellten fest, daß der Speichel eine „speichelspezifische" Substanz enthält, die anscheinend beim Stehen des Speichels abgebaut wird; auch der artspezifische Bestandteil des Speichels kann dem Abbau unterliegen. Ob es sich um das gleiche Ferment handelt, ist allerdings nicht sicher.

Anhang.

Über die Anwendung der Blutgruppenforschung in der gerichtlichen Medizin.

Die Gesichtspunkte und die Methodik gehen aus den früheren Kapiteln hervor. Ich möchte daher hier nur einige technische Angaben und namentlich einige eigene kasuistische Daten mitteilen.

Die häufigste Anwendung findet die Gruppenforschung bei den Vaterschaftsprozessen. Die Zahlen, die ich einer Arbeit von SCHIFF-LEVINE entnehme, sind in der Tat imponierend. So wurden in Deutschland nach SCHIFF 4519 Sachen geführt, in Österreich nach WERKGARTNER 700, in Danzig nach PUSCHEL 600, in Dänemark von SAND, MUNK und KONUTSON 500 und von THOMSEN 120, in Schweden von WOLF 259. Ich hatte in Polen 66 Prozesse zu begutachten gehabt. Die Statistik anderer gerichtlich-medizinischer Institute ist mir unbekannt. Nach meiner Erfahrung wird der Serologe häufig berufen, Fälle zu begutachten, die an Interesse und manchmal auch an Tragik sich von den gewöhnlichen Alimentationsprozessen herausheben. So z. B. hatte ich einmal folgenden Fall zu begutachten:

In einer Klinik gebaren vor 5 Jahren an 1 Tage 2 Frauen. Das Kind der Familie I entwickelte sich normal, das Kind der Familie II ist zurückgeblieben. Nach 5 Jahren trat der Vater des zurückgebliebenen Kindes mit der Behauptung auf, daß die Kinder vertauscht wurden. Die serologische Untersuchung ergab:

Familie I	*Familie II* (briefliche Angabe)
Vater B	Vater A
Mutter 0	Mutter B
Kind AB	Kind 0

Das normale Kind AB der Familie I enthält somit den Bestandteil A, das bei den Eltern fehlte, außerdem widerspricht es der zweiten Regel (Mutter 0, Kind AB). Dieses normale Kind AB kann aber der Familie II entstammen und umgekehrt. Wir sehen die besondere Tragik, indem nach 5 Jahren die Eltern erfahren müssen, daß sie ein zurückgebliebenes Kind ihr eigen nennen können und das bei ihnen aufgewachsene Kind zurückgeben. Die gerichtliche Entscheidung ist mir unbekannt.

Ich hatte zwischen dem geschiedenen und dem neuen Ehemann, oder zwischen dem Ehemann und dem Liebhaber zu entscheiden gehabt, wem das Kind gehöre. Einmal kamen zu mir 2 Männer mit einer 20jährigen jungen Dame. Der eine war der Ehemann, der andere der Liebhaber einer Frau, die längst gestorben ist. Die junge Dame war die Tochter, die eine Untersuchung verlangte, weil sie wissen wollte, „wem sie Vater sagen soll". Oder die Ehefrau will das illegitime Kind ihres Ehemannes adoptieren unter der Bedingung, daß die serologische Analyse die Vaterschaft ihres Mannes nicht ausschließt usw.

Bei der gerichtlichen medizinischen Anwendung verwenden die meisten Verff. nur die allelomorphe Reihe 0, A und B. Die Vererbung von M und N

Gruppe der Angeklagten	Ausschließungschancen	Gruppe der Angeklagten	Ausschließungschancen
O, M	50,71	B, N	49,56
O, N	56,00	B, M, N	14,38
O, M, N	25,18	AB, M	58,36
A, M	40,37	AB, N	62,77
A, N	46,67	AB, M, N	36,81
A, M, N	9,05	Unbekannt	33,07
B, M	43,59		

Die Tabelle gilt für Nordamerika.

ist genügend klargelegt, um in der gerichtlichen Medizin Anwendung zu finden, was auch sämtliche Verff. betonen, die sich damit praktisch beschäftigten

(Schiff, Thomsen, Lauer, Blaurock, Laubenheimer, Wolff usw.). Die Ausschließungschancen sind für Männer verschiedener Gruppen nach Wiener in Tabelle auf S. 144 zusammengefaßt.

Die Vererbung von P, G und H ist für die gerichtliche medizinische Anwendung noch nicht reif. Zweifellos ist aber das Material ernst genug, um diesbezüglich die größten Hoffnungen zu erwecken und wohl in baldiger Zukunft wird die Anzahl der gruppenspezifischen vererbbaren Receptoren groß genug sein, um eine Vaterschaftsausschließung fast in jedem Falle zu ermöglichen, was bis jetzt, wie erwähnt, nur in $^1/_3$ der Fälle möglich ist.

Auf die Möglichkeit der Anwendung der Gruppenforschung in der Kriminologie hat Landsteiner und Richter bereits im Jahre 1900 aufmerksam gemacht. Verff. empfahlen die Bestimmung der Isoagglutinine zur Feststellung der Gruppen in den Blutflecken. Der Vorschlag von Landsteiner wurde von Lattes technisch ausgebaut. Die Technik von Lattes, in mehreren ausführlichen Publikationen mitgeteilt, beruht auf der Maceration der ausgeschnittenen Flecke. Mit einer Capillarpipette wird der Extrakt aus dem zwischen zwei Objektträgern zusammengepreßten Stoff aufgenommen; bei niedriger Temperatur und unter Ventilation werden kleine Extrakttropfen auf dem Objektträger eingetrocknet. Dieser blutigen Kruste setzt man eine verdünnte Blutkörperchensuspension zu und bedeckt sie mit dem Deckglas ohne zu mischen. Die Agglutination tritt im Umkreise der Krusten auf. Diese Methode hat in den Händen von Lattes Gutes geleistet und wurde von mehreren Forschern, auch von Schiff, empfohlen. Ich konnte mich persönlich eines Gefühles der Unsicherheit nie erwehren. In der Hand von Holzer, Higuchi, Goroncy, Mayser, Strassmann, Jamakami hat die Methode ebenfalls nicht ganz befriedigende Resultate geleistet. Andererseits kommen bei Verwendung von konzentrierten Seren manchmal Hemmungen vor, die häufig mit Hämolyse einhergehen (Schiff, Pondman und Brandwijk). Ich hatte einmal einen solchen Fall zu begutachten gehabt, bei welchem eine falsche Gruppenbestimmung nach Lattes wahrscheinlich darauf zurückzuführen war. Es ist daher notwendig, aus den Eigenschaften der Blutkörper die Blutgruppenzugehörigkeit zu bestimmen. Dies kann man sowohl durch die Absorption mit eingetrocknetem Blut, welches extrahiert und dann pulverisiert wird, oder durch die Absorption mit Hilfe des befleckten Wäsche- oder Kleiderstückes, oder schließlich durch die Hemmung von seiten des gelösten Blutfleckenextraktes erreichen. Holzer, Higuchi und Aliew bestimmen die Blutgruppen durch Absorption der Isoantikörper mit getrocknetem Blut. Higuchi z. B. schneidet die Blutflecken aus, benetzt sie mit Kochsalzlösung, trocknet den Extrakt und absorbiert die Isosera 3 Stunden. Holzer empfiehlt den Absorptionsversuch mit gepulvertem Blut, er hat ein größeres Material gesammelt und konnte in 90% der Fälle brauchbare Resultate erhalten. Strassmann und Christensen bestätigen die Befunde. Higuchi konnte bei einer Anzahl von Versuchen, wobei die Flecken ein Alter bis zu 19 Jahren hatten, mit Hilfe von Absorptionsmethode die Gruppe bestimmen. Die Agglutinine konnte er schon nach 6 Monaten nicht nachweisen. Fujiwara hat in 3 Fällen die Diagnose durchführen können, wobei er anscheinend mit einem zerschnittenen und befleckten Tuch direkte Absorptionsversuche ansetzte. Bei Anwesenheit einer größeren Menge benutzte er den Absorptionsversuch. Iosida beschreibt eine Methode, indem er den Blutfleck mit den Isoseren im Kontakt läßt, dann das Stück entfernt und die Blutkörperchen zusetzt. Mit dieser Methode konnte Verf. ähnlich wie HIRSZFELD und AMSEL in Stiefeln und Jacke, Handtüchern, Bleistiften — ja im Stuhl Isoagglutinogene nachweisen.

Die gerichtliche medizinische Kasuistik ist nicht groß. LATTES, der ja seit längerer Zeit sich mit diesen Problemen mit Erfolg beschäftigt, gibt in seinem Vortrag in Düsseldorf eine Kasuistik von 10 Fällen an und in der englischen Ausgabe seines Buches fügt er noch weitere 6 Fälle hinzu. GORONCY (1928) berichtet von 5 Fällen; in 3 Fällen gelang es ihm die Blutgruppe zu bestimmen, in 2 Fällen nicht. POPOW berichtete über 2 Fälle, RAESTRUPP 2 eigene Fälle, CHRISTENSENS 6 Fälle, FUJIWARA 2, MARTIN und ROCHAIX 1, WERNEBURG 1 usw. Bei M und N ist die Anwendung noch nicht ausgearbeitet, es liegen nur 2 Angaben von LAUER vor. (Eigene Erfahrung s. später.)

Alle diese Verfahren müssen mit großer Umsicht verwertet werden. Bei der Absorptionsmethode mit Blutpulver entsteht die große Schwierigkeit, daß in der dickflüssigen Masse die Agglutination mechanisch verhindert wird, was eine spezifische Absorption vortäuschen kann. Man kann diese Schwierigkeit umgehen, indem man die Prüfung der absorbierten Sera mit der SCHIFFschen Zentrifugiermethode vornimmt. Bei der Prüfung der Absorption mit ausgeschnittenen Gewebsstoffen findet man manchmal (nach eigener Erfahrung) unspezifische Absorption. ZIPP hat den Einfluß von Gewebsstoffen auf den Verlauf der Isohemmagglutination genau untersucht, indem er 1 qcm einer Stoffprobe zerfaserte, mit 0,2 ccm α- oder β-Serum versetzte und 24 Stunden auf Eis stellte. Er untersuchte 34 baumwollene, 18 wollene und 13 seidene Proben und fand bei 34 Proben eine unveränderte Agglutination, bei 12 Proben eine verspätete, bei 11 Proben war die Agglutination nur mikroskopisch sichtbar, bei 7 Proben fehlte die Agglutination und bei 1 Probe trat Hämolyse ein. Auch wenn ZIPP vielleicht zu streng in der Annahme der positiven Absorption vorgeht, bemerkt er richtig, daß Gewebsstoffe manchmal alle Agglutinine unspezifisch binden.

RUTH WERKMEISTER-FREUND untersuchte mittels des Absorptionsversuches Blutflecken der Gruppe A, B und AB, die durch Sand, Gartenerde, Sägespäne, Lack, Leim und Stroh verunreinigt waren. Wichtig ist die Angabe, daß das Blut im Freien nach wenigen Tagen das Bindungsvermögen verliert, in der prallen Sonne sogar nach 3 Stunden. BERGER untersuchte zuletzt 64 Blutproben mit den verschiedensten, praktisch in Betracht kommenden Beimengungen und in verschiedenen zeitlichen Abständen. Bei 50 Fällen ließ sich die Blutgruppe einwandfrei bestimmen, wobei die Anwendung beider Methoden (direkte und indirekte) befürwortet wird. Die Vertiefung unserer Kenntnisse wird jedem klar, der praktisch mit diesen Problemen zu tun hat. Wir kennen nicht die Lebensdauer der Gruppenstoffe unter verschiedenen Bedingungen, auf verschiedenen Stoffen usw.

Ich halte die Bestimmung der Blutflecke lediglich auf Grund der Isoantikörper für ungenügend und ziehe die direkte Bestimmung bei weitem vor. Nachdem aber auch LATTES, der mit der indirekten Methode die größte Erfahrung hat, die Verwendung auch der direkten Methoden befürwortet, so sollte prinzipiell bei allen derartigen Versuchen *immer* eine Bestimmung der gelösten Isoagglutinogene herangezogen werden. Wir können gelöste Isoagglutinogene bestimmen durch die Methode der Hemmung der Isoagglutination, die Methode der Hemmung der Hammelhämolyse und die Komplementbindung mit alkoholischen Extrakten. ADANT teilt mit, daß er mit der Hämolysehemmung auf 25 Fälle 9mal Mißerfolge hatte. Es ist schwer den Grund dafür anzugeben. Die Methodik ist ausgezeichnet, sie verlangt nur ausgedehnte Kontrolle und quantitatives Arbeiten.

Diese letzten 2 Methoden sind nur für die Eigenschaft A verwendbar, dabei ist die Methode von BRAHN und SCHIFF die empfindlichere und sie soll stets mit herangezogen werden. Die Methode der Absorption ist nach meiner Erfahrung brauchbar; sie setzt aber voraus, daß eine größere Menge von Blut eingetrocknet wird. Den Vorteil der Hemmungsmethoden erblicke ich auch darin, daß *der gleiche* Extrakt mit verschiedenen Methoden geprüft werden kann. Bei der Untersuchung der Blutflecken in verschiedenen Gegenständen ist eine Reihe von technischen Handgriffen sowie Kontrollen nötig, die eine besondere Besprechung verlangten. Statt das benetzte und extrahierte Wäschestück zwischen 2 Objektträgern zu pressen, empfehle ich das Zentrifugieren, indem die befleckten und ausgeschnittenen Teile mit einem Bindfaden durchstochen und in ein kleines Zentrifugierglas gebracht werden. Man kann das Wäschestück an dem Bindfaden hochheben, den Faden an den Korken fixieren und zentrifugieren (HIRSZFELD-AMSEL). Die gewonnenen Extrakte können häufig ohne weitere Konzentration verwandt werden. Falls sie eingeengt werden müssen, so empfehlen wir die Trocknung im FAUST-HEIMschen Apparat und nicht das Kochen, weil die Komplementhemmung (statt der Amboreceptorhemmung) der gekochten Substanzen oft sehr stark ist.

Bei der Prüfung der Isoagglutination muß man sich dabei unbedingt der Zentrifugiermethode nach SCHIFF bedienen, indem absteigende Mengen eines isoagglutinierenden Serums, mit den zu untersuchenden Blutfleckenextrakten versetzt, 1 bis mehrere Stunden im Eisschrank gehalten, dann in jedes Röhrchen gut agglutinable Blutkörperchen A bzw. B zugesetzt und frühestens nach 30 Minuten wieder zentrifugiert wird. Der Abguß muß mit einer dünnen Capillare vorsichtig entfernt werden und nach Zusatz frischer Kochsalzlösung wird die Isoagglutination notiert. Die Isoseren werden in geometrischer Reihe verdünnt, die Hemmung, die durch Zusatz des Extraktes bewirkt ist, muß eine Abnahme des Titers in mindestens 2 Röhrchen bewirken. Als Kontrolle muß hämolysiertes Blut 0, A_1 und A_2 und B benützt werden, wobei die *Farbennuance der Kontrollen derjenigen des untersuchten Extraktes entsprechen soll.* Stets soll der Hämolysehemmungsversuch nach BRAHN und SCHIFF angesetzt werden.

Man muß sich Rechenschaft geben, wie weit die Feinheit der verschiedenen Methoden ist. Die BRAHN-SCHIFFsche Methode der Hämolysehemmung ist nach unserer Erfahrung etwa 10mal empfindlicher als die gewöhnliche Methodik der Hemmung der Isoagglutination. Aber auch hier muß man praktisch wissen, bei welcher Verfärbung des Extraktes die Methode noch die Gruppenelemente des Blutes angezeigt werden können.

Nach meiner Erfahrung kann bei einer Konzentration, die der absoluten Menge $^1/_{3000}$—$^1/_{5000}$ ccm entspricht, die Hämolysehemmung noch positiv ausfallen. Selbstverständlich gilt das für die gegebenen Versuchsbedingungen und man erhält häufig Ausschläge bei einer Blutmenge 1 : 10 000 ccm. Jedenfalls sieht man, daß bei Verwendung des frischen Blutes die Farbennuance rot-gelb bis gelb sein muß, bei einer Farbennuance hell-gelb und darunter versagt selbst die Methode von BRAHN und SCHIFF. Findet man noch positive Ausschläge bei fast farblosen Extrakten, so kann man mit Wahrscheinlichkeit annehmen, daß die positiven Ausschläge nicht auf Blut beruhen[1]. Man darf sich aber auf die Nuance allein nicht verlassen, sondern man muß stets die Kontrolle mitlaufen lassen, ob die nichtbefleckten Wäscheteile nicht isoagglutinogenhaltig sind. Der Befund, daß die Organflüssigkeiten gruppenspezifisch differenziert sind, hat zur Folge, daß Wäsche und Kleider auch ohne Berührung mit den Blutgruppen spezifisch differenziert sind. Hirszfeld und Amsel untersuchten Taschentücher, Hosentaschen, Schweißblätter usw. und stellten fest, daß *man sehr häufig an den blutnichtbefleckten Wäschestücken Gruppenelemente feststellen kann, die meistens die Gruppe des Trägers wiedergeben.* Ich halte die Kontrolle mit unbefleckten Wäscheteilen für so dringend notwendig, daß *ich deren Versäumnis für einen Kunstfehler halte.* Die Isoagglutininbestimmung kann hier meistens nicht vor den Fehlern befreien. Falls auf ein mit Schweiß A durchtränktes Taschentuch das Blut 0 fällt, so muß mit der Möglichkeit gerechnet werden, daß Anti-A des Blutes durch den Schweiß A absorbiert werden. Wir erhalten dann das Agglutinogen A, welches vom Schweiß stammt und das Agglutinin Anti-B, welches noch vom Blut 0 übrig bleibt. Mit anderen Worten: Das Blut 0, welches auf ein Wäschestück fällt, das mit Schweiß A durchtränkt ist, kann unter Umständen als A-Blut diagnostiziert werden. Übrigens enthalten die Organflüssigkeiten häufig Isoagglutinine, so daß man sie dadurch von Blut nicht sicher unterscheiden kann. Macht man nun diese Kontrolle, so stellt man etwa in $^1/_4$ der Fälle fest, daß eine Entscheidung nicht möglich ist, da das unbefleckte Wäschestück des Verdächtigen mit den Gruppenelementen durchtränkt ist. Meine Kasuistik ist in der Beziehung sehr lehrreich. Ich gebe die Zusammenstellung von mir begutachteten Prozeßfällen in etwas schematischer Weise an, aus welchen die Bedeutung dieser Kontrolle klar hervorgeht (s. nebenstehende Tabelle).

Ich hatte bis jetzt 56[2] Fälle zu begutachten gehabt, davon konnte bei 20 aus äußeren Gründen eine Prüfung nicht vorgenommen werden. Bei den übrigen fand ich in 10 Fällen die Gruppensubstanzen sowohl an den befleckten wie an den unbefleckten Teilen konstatiert. Nur in wenigen Fällen konnte das Entlastungsindiz geführt werden, davon zweimal bei einem Einbruch (Sachen, S. 149, Nr. 25 und Nr. 46).

Ich möchte daher einige Fälle mitteilen, die besonders demonstrativ sind, z. B. Fall: Mord an einem Polizisten. Der Verdächtigte hat Blutflecken am Hemd, die nach seiner Behauptung von seiner Frau stammen. Die Frau hat Gruppe 0, das Opfer A, am Blutflecken wird A festgestellt. Also die Antwort war naheliegend, daß das Blut wohl dem Opfer, nicht aber der Frau entstammen *könne.* Nun ergab die Untersuchung, daß von 5 unbefleckten dem Hemde des Verdächtigen entnommenen Ausschnitten in 3 die Gruppeneigenschaft A vorhanden war. Wir können demnach nicht mit Sicherheit behaupten, daß auch die in den befleckten Teilen festgestellte Eigenschaft A dem Blute des Opfers entstammen könne, nicht aber dem Blute der Frau, da es sich um dieselben A-Elemente handeln kann, die auf dem unbefleckten Hemde hervortraten.

Ich möchte noch über einen Fall kurz berichten, der in Polen ein ungeheueres Aufsehen gemacht hat. In Lemberg wurde die 15jährige Tochter eines Mannes ermordet. Des Mordes wurde die Frau G. beschuldigt, die die Mätresse des Vaters war und im Hause wohnte, da

---

[1] *Anmerkung bei der Korrektur.* Ich verwende in der letzten Zeit eine Kontrolle mit konzentrierter Salpetersäure, da die Blutextrakte noch in hohen Verdünnungen die Ringprobe geben, während der Speichel, der Urin, der Schweiß usw. negativ reagieren. Falls der Blutfleckextrakt z. B. mit einer Verdünnung 1:10 mit Salpetersäure nicht reagiert, so ist die Feststellung der Gruppenelemente, die auf Blut zurückzuführen wären, nicht zu erwarten.

[2] *Anmerkung bei der Korrektur.* Inzwischen ist die Anzahl auf 100 angewachsen.

Zusammenstellung der gerichtlich-medizinischen Untersuchungen,
ausgeführt im Staatlichen Hygienischen Institut in Warschau.

Nr. der Sache	Gruppe		Gruppeneigenschaften in		Bemerkungen
	des Opfers	des Verdächtigen	befleckten Partien	unbefleckten Partien	
10	A	0	A	A	
22	A	0	A	A	
9 [1]	B	AB	AB	AB	Befleckte und unbefleckte Partien
27	AB	B	AB	AB	weisen die gleichen Gruppeneigen-
1	A	?	A	A	schaften auf. Schlüsse unmöglich.
14	A A A	?	A	A	
50	A	?	A	A	
3 [1]	0	?	A	A	
53 [1]	0	?	A	A	
17 [1]	?	A	A	A	
10 [1]	A	0	—	—	
54	A	0	—	—	
2	A	?	—	—	In den Blutflecken wurde das Blut des
8	A	?	—	—	Opfers *nicht* festgestellt.
23	A	?	—	—	
62	A	?	—	—	
43	A	?	—	—	
34	A	?	B	—	Das Blut des Opfers wurde nicht fest-
12	AB	?	A	A	gestellt, dagegen andere Gruppen-
11	AB	?	A	A	eigenschaften.
3 [1]	0	?	A	A	
53 [1]	0	?	A	A	Die Gruppeneigenschaften des Opfers
31	0	?	B	—	können in den Blutflecken verborgen
47	0	B	—	—	sein.
9 [1]	B	AB	AB	AB	
44	0 A AB	0	$\alpha\beta$ AB	AB	Isoantikörper $\alpha\beta$ und wurden auf Ob-
		B	AB	B	jekten, die mit Gruppeneigenschaften A und B durchtränkt waren, festgestellt.
5	A	?	A	—	Das Blut auf dem Fleck könnte vom
13	A	?	A	—	Opfer stammen.
20	A	?	A	—	
X	AB	AB	—	—	
6	A	A	—	—	Das Opfer und der Verdächtigte gehören
24	A	A	—	—	der gleichen Gruppe an. Die Angabe des
29	A	A	—	—	Verdächtigen, das Blut stamme von ihm,
36	A	A	—	—	konnte nicht widerlegt werden.
40	A	A	—	—	
41	0	0	—	—	
17 [1]	?	A	A	A	
55	?	0	—	—	Die Blutgruppe des Opfers unbekannt.
		B	B	—	Die Gruppenbestimmung des Blutfleckes
57	?	0	—	—	zwecklos.
60	?	?	B	—	
25	Einbruch	B	A	—	Auf der Einbruchstelle wurde das Blut
46	,,	B	A	—	einer anderen Gruppe als das des Verdächtigen festgestellt.

[1] Wo die Fälle in mehrere Rubriken gehören.

die legitime Frau geisteskrank und interniert war. Die Kleider der Beschuldigten waren blutbefleckt und auch ein blutbeflecktes Taschentuch wurde im Keller gefunden. Der als Sachverständige herangezogene Serologe hat nach seinem Bericht mit der Methodik von LATTES an den Blutflecken die Gruppe A festgestellt. Das Opfer gehörte der Gruppe A, die Mörderin der Gruppe 0. Das Gericht verlangte von mir eine Nachuntersuchung, die geradezu ein Beispiel war, wie leicht man sich mit der alten Methodik und ohne die Benutzung von Kontrollen irren konnte. So wies z. B. die als Mörderin beschuldigte bei der Prüfung der Isoantikörper in dem ersten Röhrchen eine deutliche Hemmung der A-Agglutination auf, die man gelegentlich vorfindet und die dann meistens mit einer verspäteten Hämolyse einhergeht (s. auch HOLZER und SCHIFF). Bei der steigenden Verdünnung oder bei Verwendung inaktiven Serums bemerkte man erst, daß beiderlei Agglutinine im Serum vorhanden sind. Bei einer lediglich qualitativen Prüfung glaubt man im Serum der Person nur Anti-B zu finden und stellt dann eine irrtümliche Diagnose auf A. Ich vermute, daß der Fehler der früheren Expertise darauf zurückzuführen ist, denn bei der Prüfung der Blutflecken selbst mit der subtilsten Methode der Hammelhämolysehemmung konnte ich keine A-Substanz an dem Pelz nachweisen. In dem blutbefleckten Taschentuch fand sich nun die A-Eigenschaft, die Kontrollen mit den unbefleckten, selbst spektroskopisch hämoglobinfreien Stücken des Taschentuches ergaben aber ebenfalls die A-Substanz.

Man kann an Briefumschlägen, Zigaretten usw. häufig wichtige Erhebungen machen. LATTES konnte an hinterlassenen Zigaretten die Gruppe der Verbrecher feststellen. SCHIFF konnte einmal durch Feststellung der Gruppe des Sperma bei einer vergewaltigten und getöteten Frau einen verdächtigen Mann ausschließen. ASADA gibt an, bei einem Kuvert, welches 20 Jahre alt war, die Gruppensubstanzen gefunden zu haben (s. auch ASADA, HANAGUTI, KRAINSKAJA, IGNATOWA usw.).

Die Untersuchung auf Isoantikörper kann jedoch manchmal von Nutzen sein, ja in 1 Fall ist es mir gelungen, das 0-Blut auf einem AB-haltigen Wäschestück durch die Feststellung von α und β wahrscheinlich zu machen. Man muß aber im Auge behalten, daß nur der positive Befund maßgebend ist. *Nie darf man aus dem Mangel eines Isoantikörpers schließen, daß der betreffende Blutreceptor vorhanden ist.* Ich vermisse in den meisten Arbeiten die Betonung dieser Kontrollen, befürchte daher, daß sie nicht vorgenommen wurden. Weder die Blut-, noch Sperma- oder Urinfleckbestimmung sind beweisend ohne die Kontrolle mit dem unbefleckten Wäschestück. Es wäre an der Zeit, etwa durch eine Sachverständigenkommission die Richtlinien für die bei solchen Expertisen zu verwendete Technik festzusetzen. Ich bringe keine fremde Kasuistik und auch keinen ausführlichen Bericht über die bisher beschriebenen gerichtlich-medizinischen Prozesse, da nach meiner Überzeugung die neue Methodik und Kontrollen erst die gerichtliche Anwendung der Gruppenforschung garantieren kann.

Über die gruppenspezifische Differenzierung bei Tieren und Bakterien.

Über die Ursache der serologischen Differenzierung innerhalb der Art wissen wir ebenso wenig, wie über die Ursache des Auftretens anatomischer Rassenmerkmale. Es sei in diesem Zusammenhange auf Untersuchungen hingewiesen, daß durch Kreuzung verschiedener Arten eine serologische Gruppenbildung zustande kommen kann. LANDSTEINER und VAN DER SCHEER fanden noch im Jahre 1924, daß das Maultierblut beiderlei elterliche serologische Bestandteile enthält. Dabei wirkte das Pferdeblut anscheinend antigen stärker: Immunseren gegen Maultierblut waren mit Anti-Pferdeimmunseren identisch.

In Fortsetzung dieser Versuche hat LANDSTEINER Meerschweinchen (Cavia porcellus und Cavia refuscens) miteinander gekreuzt. Die Tochtergeneration blieb fortpflanzungsfähig. Durch Immunisierung der einen Art mit den Blutkörperchen der anderen gelang es, ein hämolytisches Immunserum zu erhalten, das nur die Blutkörperchen der einen Art auflöste. Bei den Blutkörperchen der Hybriden trat nur schwache Hämolyse auf. IRWIN, angeregt durch diese Untersuchungen, kreuzte die einheimischen Tauben (Streptopelia risoria) mit Männchen einer asiatischen Art (Spilopelia chinensis), Pearlneck genannt. Bei den Hybriden konnten durch Absorptionsversuche die Artelemente der Eltern erkannt werden, daneben entstanden anscheinend neue, bei den Eltern nicht vorhandene Komplexe, da Immunseren, hervorgerufen durch Injektion des Hybridenblutes, nach Absorption mit dem Blut der Eltern noch das Blut der Jungen agglutinieren. Diese Befunde wurden bei allen 14 untersuchten Jungen erhoben und fanden sich auch bei der Kreuzung der gewöhnlichen Taube (C. livia) und den obenerwähnten einheimischen Streptopelia.

Bei der Besprechung der gruppenspezifischen Differenzierung bei Tieren werden häufig drei Fragestellungen verwechselt.

Es handelt sich darum, a) ob serologische Differenzen innerhalb der Art vorhanden sind, b) ob diese Differenzen durch normale oder Immuniso- oder Heteroantikörper charakterisiert werden können und c) ob die verschiedenen gruppenspezifischen Strukturen, die man bei verschiedenen Tieren findet, untereinander identisch oder wenigstens ähnlich sind. Leider werden in der Literatur die häufiger festgestellten Receptoren A, die selteneren B genannt und die Autoren schreiben dann, daß sie bei Tieren eine ähnliche Gruppenbildung wie bei Menschen finden, ohne durch geeignete Absorptionsversuche sich überzeugt zu haben, daß es sich wirklich um die gleichen Strukturen handelt.

Wollen wir nun die verschiedenen serologischen Differenzen innerhalb der Art betrachten. MUTTERMILCH hat eine Reihe von Versuchen mitgeteilt, aus welchen hervorzugehen scheint, daß das FORSSMANsche Antigen nicht bei allen Hammeln vorkommt. Auch wenn das Fehlen äußerst selten zu sein scheint, so dürfen wir immerhin auch das FORSSMANsche Antigen bei Hammeln nicht als ein art-, sondern als ein gruppenspezifisches Merkmal betrachten, was mit Rücksicht auf eine gewisse biochemische Ähnlichkeit zwischen dem FORSSMANschen Antigen und der A-Substanz sehr bemerkenswert ist. Dieses Problem ist nicht genügend bei den Tierarten vom Meerschweinchentypus erforscht.

Eine zweite Art gruppenspezifischer Differenzierung wurde von HIRSZFELD und HALBER bei Rindern festgestellt. Bekanntlich bewirkt die Injektion von Rinderblut bei Kaninchen auch Hammelhämolysine und man hat gewöhnlich angenommen, daß das Rinder- und das Hammelblut gemeinsame Receptoren enthalten. Wir haben aber gefunden, daß man zwei Rinderblutsorten unterscheiden muß: Ein „hämolysierbares" Rinderblut, welches durch Hammelimmunsera gelöst wird und ein „nichthämolysierbares", welches anscheinend keine gemeinsamen Receptoren mit dem Hammelblut enthält. Das „hämolysierbare" Rinderblut vermindert den Titer eines hammelhämolytischen Serums für das Hammelblut und absorbiert vollkommen alle Rinderhämolysine, während das „nichthämolysierbare" Rinderblut in dieser Beziehung wirkungslos ist. Es hat somit den Anschein, daß das *„hämolysierbare" und nichthämolysierbare Rinderblut gemeinsame Artreceptoren enthalten,* außerdem aber enthält das hämolysierbare Blut gemeinsame Receptoren mit dem Hammelblut. Die Strukturformel des Rinderblutes wäre demnach schematisch folgende:

Hämolysierbares Rinderblut	Nichthämolysierbares Rinderblut	Hammelblut	Meerschweinchenniere
$R_1 + R_2$	R_1	$F + R_2$	F

während man gewöhnlich angenommen hat:

Rinderblut	Hammelblut	Meerschweinchenniere
R	R + F	F

Bemerkung: Unter R versteht man den bei allen Rindern vorkommenden Receptor, unter F das FORSSMANsche Antigen. Die artspezifischen Rinderblutreceptoren, die vielleicht mit R_1 identisch sind, werden in dem Schema nicht berücksichtigt.

Wir sehen demnach, daß bei Rindern Receptoren vorhanden sind, die auch bei Hammeln vorkommen und die ein gruppenspezifisches Merkmal darstellen.

Wir gehen jetzt zu dem Problem über, ob innerhalb der Tierarten solche gruppenspezifische Strukturen vorhanden sind, die durch Isoantikörper charakterisiert werden können. Dabei müssen wir im Auge behalten, daß Isoantikörperdefekte bei Tieren außerordentlich häufig vorkommen, während sie bei Menschen zur Seltenheit gehören (HIRSZFELD und PRZESMYCKI, BIALOSUKNIA und KACZKOWSKI, KACZKOWSKI, SZYMANOWSKI, STETKIEWICZ und WACHLER, KÄMPFER und SCHERMER u. a.).

Ein zweites Moment bildet die Interferenz von Kälteagglutininen. Sie treten bei Tieren außerordentlich häufig auf, und sie verwischen die Unterscheidbarkeit der Gruppenreceptoren manchmal schon bei Zimmertemperatur. Während die Wärmeamplitude der Autoantikörper bei Menschen relativ eng ist, ist sie bei Tieren, namentlich bei Pferden, sehr breit, so daß man z. B. schon bei Zimmertemperatur manchmal falsche Resultate erhalten kann. Die Wärmeamplitude der Auto- und Isoantikörper muß somit für jede einzelne Tierart bekannt sein.

Nach diesen einleitenden Worten wollen wir die in der Zwischenzeit erhobenen Befunde bei verschiedenen Tierarten beschreiben, wobei wir des Zusammenhanges wegen auch manche frühere Angaben werden zitieren müssen.

SZYMANOWSKI und WACHLER untersuchten 1500 Schweine und stellten in etwa $^1/_3$ der Fälle die Isoagglutination vermittelnde Receptoren fest, die mit A bezeichnet wurden. Unter den Individuen mit inagglutinablem Blut konnte man zwei Typen unterscheiden, die sich in bezug auf das A-Blut verschieden verhalten: Das Serum des einen Typus agglutinierte die Blutkörperchen A, das Serum des anderen nicht. Die serologische Blutdifferenzierung war unabhängig von der anatomischen Rasse. Es schien, daß man durch geeignete Absorptionen auch Untergruppen feststellen kann. Bemerkenswert war die Angabe, daß der Receptor A des Schweineblutes eine Ähnlichkeit mit dem Bestandteil A des Menschenblutes aufweist. Die Isoagglutinine des Schweineblutes ließen sich durch das menschliche A-Blut absorbieren. Das Schweineblut A konnte allerdings das menschliche Isoagglutinin Anti-A nicht immer binden, was zu mindestens auf quantitative Differenzen im Receptorenapparat hinweist. Das Schweineblut 0 und A absorbierte entsprechend den früheren Angaben von v. DUNGERN und HIRSZFELD das menschliche Isoagglutinin Anti-B. *Das Schweineserum Anti-A agglutinierte im Brutschrank das Hammelblut A, nicht aber das Hammelblut 0.* Die Versuche wurden in größerem Ausmaße von SCHERMER und seinen Mitarbeitern aufgenommen. SCHERMER, KAYSER und KÄMPFFER bestätigten im Prinzip die Existenz von zwei Gruppen 0 und A, wobei innerhalb der 0-Gruppe wieder Unterteilungen gemacht werden konnten, je nachdem ob ein Anti-A vorhanden war oder nicht. Durch Kälteagglutinine können auch Unterteilungen festgestellt werden. Die Agglutination, die unter diesen Bedingungen hervortritt, verschwindet zwar größtenteils bei 22^0, manchmal bleibt sie noch bei 37^0 bestehen. Verff. arbeiteten auch mit „reinen" Agglutininen und fanden ebenfalls, daß neben dem Isoagglutinin auch Heteroagglutinine gebunden werden können, so daß rein methodologisch die Bindung bei 37^0 stattfinden muß. KÄMPFFER hat an 507 Schlachthofschweinen, fast ausschließlich zur Rasse des hannoverschen veredelten Landschweines gehörend, auch eine zweite Eigenschaft, die er B nannte, festgestellt. An 385 Tieren fand er [1]:

I.	$O_{\alpha\beta}$ — 5,45%					
	O_α — 13,25%	} 30,13%				
	O_β — 1,04%					
	O_0 — 10,39%		und			
II.	A_β — 5,71%	} 24,41%	II.	A_α — 0,52%		
	A_0 — 18,70%			$A_{(\alpha\beta)}$ — 1,30%		
III.	B_α — 17,40%	} 21,03%	III.	B_β — —		
	B_0 — 3,63%			$B_{\alpha\beta}$ — 1,82%		
IV.	AB_0 — 16,9 %		IV.	AB_α — 2,07%		
	92,47%			AB_β — 1,04%	} 3,83%	
				$AB_{\alpha\beta}$ — 0,78%		
				7,53%		

Schließlich haben SCHERMER und KÄMPFFER in ausgedehnten Versuchsreihen nicht nur unsere Annahme bestätigt, daß sich die Isoantikörperbildungsbereitschaft dominant vererbt, sondern haben auch die Unabhängigkeit dieser Vererbung von derjenigen der Blutreceptoren wahrscheinlich gemacht. Die Untersuchungen von BERCY an 526 Schweinen haben die Resultate von SZYMANOWSKI und seinen Mitarbeitern bestätigt. KAYSER konnte die Existenz von Blutgruppen bei Schweinen auch durch Absorption und „reine" Agglutinine erhärten. WU LIEN TEH und JETTMAR untersuchten schwarze mandschurische Schweine und fanden O_0 12%, O_α 41, A_0 47%.

Die Isoagglutination bei Schafen wurde zuerst in meinem Laboratorium von BIALOSUKNIA und von KACZKOWSKI untersucht und ebenfalls die zwei Gruppen 0 und A mit der Unterteilung O_α und O_0 festgestellt. KAYSER hat bei SCHERMER diese Befunde bestätigt und fand die Gruppe A bei etwa 40% der Hammeln, die Gruppe 0 mit Anti-A war etwa 2mal weniger häufig als die Gruppe 0 ohne Isoantikörper. Allerdings ist in diesen Untersuchungen der Altersfaktor noch nicht genügend berücksichtigt, so daß alle Angaben über die Häufigkeit des Fehlens oder der Anwesenheit der Isoantikörper bei Tieren noch nicht genau sind. (Über die Beziehungen vom menschlichen A zum Hammel A siehe später.)

Unsere Versuche bei Rindern zeigen zunächst keine durch die Isoagglutination feststellbaren Gruppen und die Versuche von KAYSER und KUNS verliefen auch negativ, während OTTENBERG und FRIEDMAN Isoagglutinationen nach

---

[1] Ich gebe diese Zahlen einfachheitshalber in der von den Verff. angegebenen Form. Es wäre aber richtiger, die Prozente nur für A und B und 0 und innerhalb der Gruppe 0 für O_α und O_0 gesondert auszurechnen, da es sich um unabhängige Bestandteile handelt, so daß eine *gemeinsame* prozentuelle Ausrechnung etwas verwirrend ist.

bestimmten Gruppierungen geordnet feststellen konnten. Diese Autoren fanden ebenfalls diese drei Unterteilungen A_0, 0_α, 0_0. Die Untersuchungen von Jettmar bei mongolischen und mandschurischen Hausrindern bestätigten die Befunde von Ottenberg und Friedman. Little konnte bei 209 Kühen und 31 Bullen drei Hauptgruppen und eine weitere unregelmäßige Gruppe aufstellen. Zu einem ähnlichen Ergebnis führen die Untersuchungen von Fetth, der ebenfalls vier „Gruppen" aufstellen konnte, von denen die ersten die Strukturen 0_0, A_0, 0_α, aufwiesen, während die vierte Gruppe nur unbestimmte Reaktionen gab. Karshner stellte Isoagglutinationen bei Rindern fest (Holstein und Durhamrasse). Diese Agglutinationen schienen häufiger aufzutreten bei Verwendung von Blut und Serum verschiedener Rassen. Nach dem Verf. ist isoagglutinables Blut selten, während die Isoantikörper häufiger angetroffen werden. Wu Lien Teh und Jettmar fanden allerdings bei mandschurischen Rindern die isoagglutinable Eigenschaft relativ häufig: $0_0 = 19,1\%$, $0_\alpha = 30,4\%$, $A_0 = 50,5\%$. Kayser stellte zunächst keine Isoagglutinationen fest. Diese Versuche wurden im Schermerschen Institut wieder von Hofferber und Winter aufgenommen, die bei 133 amerikanischen und 50 deutschen Rindern in 6577 Einzelversuchen 86mal, also in 1,3%, eine Isoagglutination feststellten. Die positiven Ergebnisse verteilen sich sowohl auf die deutschen wie auf die amerikanischen Tiere und es scheint, daß zwei isoagglutinable Eigenschaften nachgewiesen wurden. Schließlich hat in demselben Institut Rank durch das Einengungsverfahren die schwachen Agglutinine des Rinderserums verstärkt und konnte sowohl bei Schweinen wie Rindern Isoagglutinationen relativ häufig feststellen. Es wurden zwei Agglutinogen-Agglutinineigenschaften A und Anti-A, B und Anti-B nachgewiesen, wobei auch die Autoagglutinine nicht selten auftraten. Während bei Schweinen durch die Verwendung eingeengter Seren die Gruppeneinteilung nicht wesentlich beeinflußt wurde, ergaben sich bei Rindern sehr beträchtliche Unterschiede. Für Blutgruppenuntersuchungen bei Rindern sei Anwendung eingeengter Sera daher von großem Wert.

Die Isoantikörper können anscheinend immunisatorisch verstärkt werden, worauf bereits die ersten Untersuchungen von Todd hinweisen. Jettmar immunisierte Jaks, Mongolrinder und Haynyks. Die intravenösen Injektionen von arteigenem Blut erzeugten beim Mongolrind Agglutinine, die aber nicht ganz gruppenspezifisch waren. Bei den vorbehandelten Haynyks konnten nur in $1/4$ der Fälle Antikörper nachgewiesen werden. Inwieweit die hier festgestellten Differenzen mit dem menschlichen A, das bei Rindern sicher vorkommt, identisch sind, ist nicht bekannt.

Das Interesse der Forscher konzentrierte sich aus begreiflichen Gründen auf Pferden. Einer Arbeit von Schermer, Hofferber und Kämpffer entnehme ich folgende Zusammenstellung, die die große bis jetzt geleistete Arbeit demonstriert (s. Tabelle S. 155).

Außerdem finde ich eine Angabe von Zeltenkov in Rußland, der bei 22 Pferden 4 Blutgruppen fand, ohne „defekte" Blutgruppen festzustellen. Allerdings ist die Unterscheidung zwischen den einzelnen Gruppen bei Pferden nicht immer leicht. Und selbst auf Grund der Literatur kann man sich kein genaues Bild machen. Tomoff z. B. gibt an, daß bei Pferden die gleichen Gruppen vorkommen wie bei Menschen (an 32 Versuchspferden und 68 Militär-

Zusammenstellung der Blutgruppenuntersuchungen verschiedener Autoren.

Autoren	Zahl der Pferde	Hauptgruppen in %				Neben-gruppen in %
		0	A	B	AB	
KLEIN, FISCHBEIN, WESCECZKY, PANNISSET und VERGE, WALSH, HECTOEN, SEMMLER	Agglutinationen beobachtet, aber keine Einteilung gegeben					
HIRSZFELD und PRZESMYCKI						
poln. 1921	45	9	70	15	—	6
franz. 1923	45	30	55	15	—	—
SCHWARZ, 1926	100	4	26	14	38	18
NOWODOFF, 1927	1730	30	18	18	36	4—6
SCHERMER und HOFFERBER, 1927/28 .	50	18	32	18	16	16
DUJARRIC DE LA RIVIÈRE und KOSSOWITSCH, 1928/30.	105	13	32	16	39	—
K. SANDNER, 1928	115	Im ganzen nur 0,85 % pos. Reaktion				
SCHERMER, HOFFERBER und KÄMPFFER	508	3,9	28,3	13	24,8	30

pferden) — er findet folgende prozentuelle Verteilung: 0 — 12%, A — 70%, B — 5% und AB — 13%. Verf. weist darauf hin, daß durchweg das Agglutinin Anti-B schwerer zu erfassen ist als Anti-A. Nach seinen Erfahrungen ist es selbst bei höherem Titer des Testserums nicht immer möglich, mit den bekannten serologischen Methoden die Pferdegruppenreagine zu erfassen. SCHERMER, HOFFERBER und KÄMPFFER haben sehr genaue Untersuchungen bei 508 Pferden angestellt und weisen ebenfalls auf Untergruppen hin. Die Verff. fanden folgende Gruppenverteilung bei 508 Pferden:

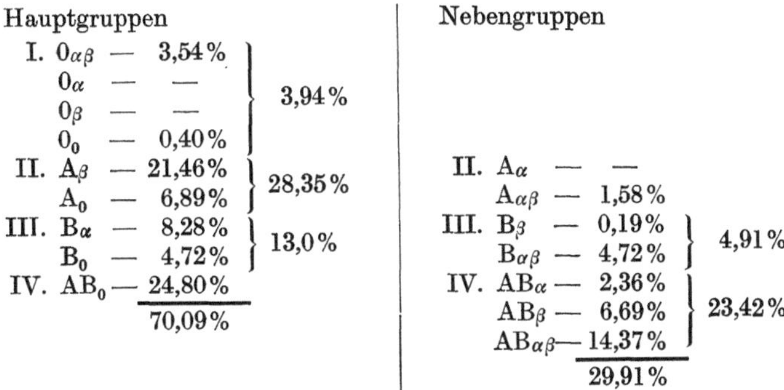

Gruppenverteilung bei 508 Pferden.

Hauptgruppen

$$
\begin{aligned}
\text{I.} \quad & 0_{\alpha\beta} & - & \ 3{,}54\% \\
& 0_{\alpha} & - & \ - \\
& 0_{\beta} & - & \ - \\
& 0_{0} & - & \ 0{,}40\%
\end{aligned} \Big\} \ 3{,}94\%
$$

$$
\begin{aligned}
\text{II.} \quad & A_{\beta} & - & \ 21{,}46\% \\
& A_{0} & - & \ 6{,}89\%
\end{aligned} \Big\} \ 28{,}35\%
$$

$$
\begin{aligned}
\text{III.} \quad & B_{\alpha} & - & \ 8{,}28\% \\
& B_{0} & - & \ 4{,}72\%
\end{aligned} \Big\} \ 13{,}0\%
$$

$$
\text{IV.} \quad AB_{0} - 24{,}80\%
$$

$$
\overline{\ \ 70{,}09\%\ \ }
$$

Nebengruppen

$$
\begin{aligned}
\text{II.} \quad & A_{\alpha} & - & \ - \\
& A_{\alpha\beta} & - & \ 1{,}58\%
\end{aligned}
$$

$$
\begin{aligned}
\text{III.} \quad & B_{\beta} & - & \ 0{,}19\% \\
& B_{\alpha\beta} & - & \ 4{,}72\%
\end{aligned} \Big\} \ 4{,}91\%
$$

$$
\begin{aligned}
\text{IV.} \quad & AB_{\alpha} & - & \ 2{,}36\% \\
& AB_{\beta} & - & \ 6{,}69\% \\
& AB_{\alpha\beta} & - & \ 14{,}37\%
\end{aligned} \Big\} \ 23{,}42\%
$$

$$
\overline{\ \ 29{,}91\%\ \ }
$$

Ich gebe diese Zahlen an, trotzdem ich im einzelnen die Tabelle 2 der Verff. etwas anders zu interpretieren geneigt wäre [SCHERMER, HOFFERBER und KÄMPFFER: Arch. Tierheilk. 64, H. 6 (1932)].

So z. B. Pferde Nr. 10, 15 und 62 enthalten wohl andere Receptoren als Pferde 9, 11, 13 usw. Das Pferd 30 und 50 würde ich als A bezeichnen, vielleicht mit kleinen Nebenreceptoren u. dgl. Ich stimme mit dem Verf. überein, daß die gesamte Betrachtung zu dem Ergebnis führt, daß neben den Hauptgruppen A und B noch Nebenreceptoren auftreten und das entspricht auch durchaus meinen Erfahrungen mit PRZESMYCKI, sowie auch dem Eindruck, den ich auf Grund nichtpublizierter Versuche gewonnen habe. Es wäre nur richtig, auch mit Rücksicht auf die Untersuchungen von SCHERMER und KÄMPFFER nicht von Nebengruppen zu sprechen, falls es sich um defekte Gruppen handelt.

HOFFERBER und WINTER versuchten durch intravenöse Injektion des Blutes B bei 3 Pferden A ohne Anti-B die Isoagglutinine zu provozieren. Der Versuch gelang. Wir dürfen somit geradeso wie bei Hunden und Hammeln annehmen, daß eine *relative* Unfähigkeit der Bildung von Isoantikörpern besteht, die durch Anwendung eines stärkeren, immunisatorischen Reizes durchbrochen wird. Bei 2 Pferden konnte daneben eine schwache Reaktion mit dem A-Blut eines bestimmten Pferdes beobachtet werden, was auf Nebengruppen hinweist. Ähnliche Beobachtungen erhob auch THOMOFF.

ANDERSON fand bei 61 Pferden in England ähnliche Verhältnisse, die Gruppe 0 wurde bei 24,5%, A 31%, B 37,2%, AB 6% festgestellt. Isoagglutinine fehlten häufig. Auch die Differenzierung in stark und schwach agglutinable Blutsorten innerhalb der Gruppe A wurde von SCHERMER und KÄMPFFER festgestellt, etwa entsprechend A_1 und A_2. Die gleichen Verff. fanden außerdem noch 4 neue Eigenschaften mit den zugehörigen Isoantikörpern. Weitere Arbeiten s. BURGHARDT, der mit eingeengten Seren arbeitete, BERENSTEIN, REINFELD und MARTYNENKO.

SCHERMER, HOFFERBER und KÄMPFFER teilen auch die ersten Untersuchungen über die Vererbung der Blutgruppen bei Pferden mit, die in größerem Maßstabe vorliegen. Ich möchte aus diesem Grunde das betreffende Material angeben. Die Versuche wurden an 65 Stuten, 25 Hengsten und 87 Fohlen durchgeführt. Bei Tieren wurden, wie erwähnt, häufig Autoagglutinine gefunden. Die geklammerten Ausdrücke besagen, daß in diesen Kombinationen gerade solche Autoagglutinine vorhanden waren:

Eltern	Familienzahl	Gruppen der Kinder									Zahl der Kinder
		Hauptgruppen						Nebengruppen			
		$0_{\alpha\beta}$	A_β	A_0	B_α	B_0	AB_0	$B_{\alpha\beta}$	AB_0	$AB_{\alpha\beta}$	
$A_\beta \times A_\beta$	10	—	12	—	—	—	—	—	—	—	12
$B_\alpha \times A_\beta$	8	—	4	—	4	—	—	—	—	6	14
$A_\beta \times AB_0$	1	—	—	—	—	—	—	—	1	—	1
$A_0 \times AB_0$	3	—	—	—	—	1	2	—	—	—	3
$B_\alpha \times AB_0$	3	—	—	—	—	—	1	1	—	1	3
$B_0 \times AB_0$	2	—	—	—	2	2	—	—	—	—	4
$AB_0 \times AB_0$	3	—	—	—	—	1	2	—	—	1	4
	30	—	16	—	6	4	5	1	1	8	41
$B(\alpha\beta) \times B(\alpha\beta)$	4	1	—	—	3	—	—	1	—	—	5
$AB(\alpha\beta) \times A(\alpha\beta)$	18	—	6	2	—	1	3	—	—	7	19
$AB(\alpha\beta) \times B(\alpha\beta)$	8	—	1	—	—	—	1	5	—	2	9
$AB(\alpha\beta) \times AB(\alpha\beta)$	10	—	2	1	1	2	6	1	—	—	13
	40	1	9	3	4	3	10	7	—	9	46
Ingesamt	70	1	25	3	10	7	15	8	1	17	87

Die Versuche zeigen demnach, daß *die Merkmale „A" und „B" sich nach dem* MENDEL*schen Gesetz vererben und über 0 diminieren.* Es scheint, daß es sich ähnlich wie bei Menschen um drei allelomorphe Bestandteile handelt, da *in dem ganzen Familienmaterial niemals und in den außerdem untersuchten 35 Mutter-Kind-Kombinationen nur einmal bei der Mutter AB ein 0-Kind auftrat.*

Die Versuche über die Vererbung bei unseren Zuchttieren haben nicht nur theoretisches Interesse. Sollte es gelingen, die für die Zucht wertvollen Eigenschaften etwa in bestimmten Chromosomen zu lokalisieren, so wäre vielleicht für die Züchter manche Erleichterung bei der Auswahl der Tiere gegeben. Daher wäre die Fortsetzung der Versuche unter einer größeren Heranziehung gruppenspezifischer Eigenschaften, wie die Forschung bei Menschen inzwischen gegeben hat, von großem Wert.

Die Versuche an *Hunden* von v. Dungern und Hirszfeld haben insofern ein historisches Interesse, als sie zum erstenmal die Vererbung der Isoreceptoren zeigten. Wir fanden damals, daß Isoreceptoren wohl existieren, nicht aber normale Isoantikörper. Sie mußten bei unseren Hundeseren immunisatorisch erzeugt werden. Die damaligen Versuche von Brokman zeigten, auch entsprechend unseren Beobachtungen bei anderen Tieren, daß die Blutkörperchen des Hundes das Anti-B der Menschen absorbieren können. Auch Weszecky fand isoagglutinable Substanzen bei Hunden, ebenso wie Hirschbein, der allerdings eine Gruppeneinteilung für zweifelhaft hält. Zwetkow untersuchte 85 Hunde und teilte die Tiere in 5 Gruppen ein, wobei er nicht die Isoreceptoren allein zur Grundlage, wie es richtiger wäre, benutzte. Lauer hat bei 40 Hunden aller Rassen Untersuchungen angestellt ohne Isoagglutinationen zu beobachten, was auch nicht verwunderlich ist, da feststellbare Isoantikörper erst bei der Immunisierung auftreten. Der Verf. bestätigte die Befunde von v. Dungern und Hirszfeld und Brokman, daß alle Hundeblutkörperchen das menschliche Agglutinin Anti-B absorbieren sowie daß in den Hundeseren die Eigenschaft Anti-A nachgewiesen werden konnte.

Ingebriksten hat 40 Katzen untersucht und beobachtete Isoagglutinationen ohne eine Gruppeneinteilung nachzuweisen.

Bei Kaninchen haben Weszecky, Fishbein, Fleischer, Snyder, Shimidzu, Fischer und Klinkhart, Thomsen und Kempf zunächst keine, v. Gara nur vereinzelte Gruppenbildung gefunden, Jonesco-Mihaiesti und D. Dimitrseco in 10^0 einen als A und in 0,6% als B bezeichneten Receptor beschrieben. Es wurde allgemein unsere (v. Dungern und Hirszfeld) Beobachtung bestätigt, daß Kaninchenblutkörperchen das menschliche Agglutinin Anti-B binden, und daß das Kaninchenserum häufig A-Blutkörperchen agglutiniert. Fischer und Klinkhart und Landsteiner und Levine haben aber gruppenspezifische Differenzen durch Immunagglutinine nachweisen können. Landsteiner und Levine beobachteten, daß von 5 untersuchten Kaninchen, deren Blutkörperchen mit einem bestimmten Isoimmunserum nicht reagierten, 4 Isoagglutinine gebildet hatten.

Kaninchen gehören demnach zu dem gleichen Typus wie Hunde und Ziegen, nämlich, daß Isoreceptoren vorhanden sind, ohne daß sie einen Ausdruck im Auftreten normaler Isoagglutinine zu finden brauchen. Es ist nun von Interesse, daß die menschencharakteristische Substanz A bei Kaninchen vorkommt, allerdings nicht in den Blutkörperchen, sondern im Serum und in den Organen, namentlich in der Lunge (Witebsky, Mai, Komyia). Die von Levine und Landsteiner sowie Fischer und Klinkhart bei Kaninchen festgestellten Isoreceptoren befinden sich im Blut; es handelt sich demnach wahrscheinlich um andere Substanzen als die menschliche Substanz A. Es wäre aber trotzdem interessant, die Beziehungen dieser Isoreceptoren zu der A-Substanz der Menschen genauer zu untersuchen.

Bei Meerschweinchen wurden anscheinend keine gruppenspezifische Substanzen festgestellt (Weszecky, Fleischer und Herlyn, Shimidzu). Bei weißen Ratten fanden Rohdenberg, Friedberger und Taslakowa nur ausnahmsweise eine Interagglutination; auch ich habe bei unseren Ratten keine Isoagglutination festgestellt.

Bei wilden Ratten haben FRIEDBERGER und TASLAKOWA eine Gruppenbildung gesehen, sowie interessanterweise eine häufige Interagglutination zwischen zahmen und wilden Ratten.

Bei Mäusen haben McDOWELL und HUBBARD sowie WÜNSCHE keine Isoagglutination beobachtet. Es wurden untersucht weiße und japanische Mäuse, sowie deren Kreuzungen und gewöhnliche Hausmäuse.

Bei Hühnern hat KARSNER Isoagglutinationen beschrieben, und zwar bei gewöhnlichen sowie reinrassigen White Leghorns, auch LANDSTEINER und MILLER sahen Ähnliches. Bei unseren polnischen Hühnern habe ich Isoagglutination häufig beobachtet. Eine Gruppenbildung bei Hühnern konnten LANDSTEINER und MILLER mit Hilfe von Immunseren und nachträglicher Absorption zeigen. Nach TODD kann man durch Vermischung von Immunisoagglutininen und geeigneter Absorption eine sehr weitgehende individuelle Differenzierung von Hühnerblut vornehmen. Es ist von hohem Interesse, daß im Blut von Kücken die beiden Bestandteile gefunden werden konnten: Nur wenn die Immunseren mit dem Blut von Vater und Mutter absorbiert wurden, wurden die Antikörper für das Kückenblut gebunden. LANDSTEINER und LEVINE konnten mit Rinderseren, die mit verschiedenen Blutsorten absorbiert wurden, fast eine individuumspezifische Agglutination bei Hühnern erzielen: Von 12 untersuchten Hühnern konnten alle unterschieden werden. Es scheint, daß dieser Vielheit einzelne vererbbare Elemente zugrunde liegen. Auffallenderweise reagieren manche FORSSMAN-Sera mit den Blutkörperchen solcher Hühner, die nicht oder nur schwer durch Rindersera beeinflußt werden. Die weitgehende Differenzierung des Hühnerblutes wurde sowohl durch Heteroagglutinine, sowie durch Isoagglutinine (TODD) untersucht und sichergestellt. Die Beziehungen zwischen den Strukturen bei Eltern und Jungen wurden von TODD und WIENER beleuchtet. TODD zeigte, daß man den Befunden am besten Rechnung trägt, wenn man bei den Eltern einen besonderen väterlichen und besonderen mütterlichen und außerdem einen gemeinsamen Blutreceptor postuliert. Diese Annahme macht begreiflich, daß trotz der weitgehenden Differenzierung des Hühnerblutes die Absorption mit dem Elternblut das Serum für Kinderblut unwirksam macht. WIENER analysierte die Protokolle von TODD und zeigte, daß TODDS polyvalentes Serum 15—20 verschiedene Agglutinine enthalten muß. Da es in TODDS Versuchen sich um Inzucht von 3 Familien handelte, so ist die Anzahl der Blutreceptoren sicherlich größer. Folgendes Protokoll z. B. demonstriert (nach WIENER) die Vererbung solcher Blutreceptoren, wobei unter A väterliche Receptoren, unter B mütterliche, unter C gemeinsame Receptoren verstanden werden.

Tabelle der Vererbung von Blutreceptoren bei Hühnern nach TODD-WIENER.

Immunserum, absorbiert mit Blutkörperchen von	Anzahl der Individuen	Wahrscheinliche Receptoren	Immunserum, absorbiert mit Blutkörperchen von	Anzahl der Individuen	Wahrscheinliche Receptoren
Vater	1	A_1, A_2, A_3, C	Kinder Typus 7	2	A_1, B_3
Mutter	1	B_1, B_2, B_3, C	„ „ 8	1	A_2, B_1
Kinder Typus 3	4	A_1, A_2, B_1, C	„ „ 9	1	A_3, C
„ „ 4	3	A_3, B_1	„ „ 10	1	A_1, B_1, C oder
„ „ 5	2	B_2			A_2, B_1, C
„ „ 6	2	B_3	„ „ 11	1	A_3, B_2

Bedenkt man, daß Hühner nur 9 Chromosomenpaare enthalten und daß die Receptoren sich zu mindesten teilweise unabhängig vererben, so sieht man, daß das Problem der Koppelung bei der Vererbung mit Hilfe von Blutstrukturen bei Hühnern in Angriff genommen werden kann. Es ist übrigens von Interesse, daß Hühnerseren häufig das Menschen-0- und -B-Blut stark agglutinieren, als das A-Blut im Gegensatz zu den Seren der meisten Säugetiere (HIRSZFELD und HALBER). KARSNER sah, daß Seren der Gruppe A bedeutend weniger Heteroagglutinine für Hühnerblut enthielten, als menschliche Sera der Gruppe B.

Bei Kaltblütern haben DO AMARAL und v. KLOBUSITZKY keine Auto- oder Isoagglutinine gefunden.

Besonders genau wurden in den letzten Jahren die Verhältnisse bei Affen studiert. So fand LANDSTEINER und LEVINE, daß Antimenschen-Immunsera sowohl das Menschen-, wie das Schimpansenblut agglutinieren. Das Blut von Gibbon reagierte schwächer mit Antimenschenserum, das Blut von Orang verhielt sich etwa wie Schimpansenblut. Genaue Absorptionsversuche zeigten, daß ein Teil der Receptoren zwischen Menschen- und Schimpansenblut gleich ist, daneben besteht aber eine unterscheidbare artspezifische Quote. Das Schimpansenblut, aber auch das Orangblut, unterscheidet sich demnach qualitativ vom Menschenblut, und es scheint auch, daß die Ähnlichkeit zwischen den beiden Anthropoiden größer ist als zwischen Affen- und Menschenblut. Durch Immunisierung von Schimpansen- mit Menschenblut haben LANDSTEINER und LEVINE nur artspezifische Agglutinine erhalten. Die Untersuchungen von v. DUNGERN und HIRSZFELD, von LANDSTEINER und MILLER zeigten, daß Schimpansen meistens der A-Gruppe gehören. Von sechs von LANDSTEINER und MILLER untersuchten Orang-Utans wurde sowohl die A- wie die B-Gruppe festgestellt, ein untersuchter Gibbon zeigte A. Diese Untersuchungen wurden von TROISIER bestätigt und erweitert, bei 21 Schimpansen wurde die Gruppe A gefunden. Menschenseren A agglutinieren das Schimpansenblut nicht, Schimpansenseren agglutinieren lediglich Menschenblutkörperchen B und AB. Auch WORONOFF und ALESANDRESCO haben ausgedehnte Versuche angestellt, und zwar bei 14 Menschenaffen und 94 Catarrhinen. Die afrikanischen Affen gehörten zu den Gruppen 0 und A, während Orang und Gibbon teilweise auch zu der Gruppe B und AB gehörten. Bei den niederen Affen fanden Verf. in 18% das Element A, bei 34 das Element AB. Bei den übrigen konnte eine bestimmte Gruppenbildung nicht beobachtet werden. WEINERT untersuchte schließlich im Zoologischen Garten in Berlin und Leipzig mehrere Anthropoiden und stellt die gesamten Ergebnisse der Forscher in folgender Tabelle zusammen:

	Blutgruppe				Zusammen
	0	A	B	AB	
Schimpansen	6	56	—	—	62
Gorilla	—	4	—	—	4
Orang-Utan	—	4	5	2	11
Gibbon	—	2	6	2	10 + 2 ohne Ergebnis

Nach Weinert waren die Befunde bei Gibbon unsicher. Verf. betont auf Grund seiner Erfahrungen, daß die Gruppe A am häufigsten bei den afrikanischen Affen angetroffen wird, während die Gruppe B bei den asiatischen Affen festgestellt werden kann. Weinert, Landsteiner und Miller sowie auch Thomsen nehmen daher an, entsprechend der früheren Auffassung von v. Dungern und Hirszfeld, daß die Isoagglutinogene bei Affen sich entwickelt haben, bevor der Mensch und die anthropoiden Affen sich aus der gemeinsamen Stammform differenziert hatten. „Die normalen Blutgruppeneigenschaften 0, A, B und AB können in der Gesetzmäßigkeit ihres prozentsatzmäßig verschiedenen Auftretens innerhalb der Menschheit sicherer erklärt werden, wenn durch weitere Untersuchungen der Nachweis gelingt, daß ihr augenscheinliches, durch Konvergenz begründetes gleichartiges Auftreten bei den Menschenaffen geographisch ebenso verschieden ist wie bei Menschen" (Weinert).

Landsteiner und Miller haben ausgedehnte Versuche mit niederen Affen angesetzt. Bei 46 Affen, angehörend 18 Spezies von Altweltaffen (Cercopithecide) wurden mit menschlichen Anti-A- und Anti-B-Seren keine Agglutinationen beobachtet, während Neuweltaffen (Platyrrhinen) mit Anti-B-Seren reagierten. In gleicher Weise reagierten manche Spezies aus der Familie der Lemuride, allerdings einige auch mit Anti-A-Seren. Man sieht also, daß die Altweltaffen die Receptoren B nicht zu enthalten scheinen, wohl aber die Neuweltaffen. Thomsen und Kemp fanden bei einer Reihe von Makaken Blutkörperchen mit dem B-Receptor. Das Serum der meisten Affen enthielt das Isoagglutinin Anti-A für Menschenblut, seltener das Anti-B.

Löffler untersuchte 3 Makaken und 5 Cercopiteken. Die Menschenseren, verschiedener Gruppen agglutinierten die Blutkörperchen der Affen nicht, das Affenserum agglutinierte die Blutkörperchen aller Gruppen, jedoch war der Einfluß auf das Blut der Gruppe 0 sehr labil. Nach Weinert ergab das Blut von 24 Meerkatzen ebensowenig wie von Rhesusaffen keine Agglutination mit den Seren menschlichen gruppenspezifischen Seren. Die Untersuchungen bei den Catarrhinen und Platyrrhinen ergaben in bezug auf die Eigenschaften A und B keine Ergebnisse, die sich als Gruppenbildung deuten ließen. Judina untersuchte 57 Affen teilweise durch Bestimmung der „reinen" Agglutinine. Das Serum von 10 anthropoiden Affen (8 Schimpansen und 2 Orangs) enthielt keine Heteroagglutinine für das Menschenblut; wohl aber wurden im menschlichen Serum Agglutinine gegen das Blut dieser Affen gefunden. Bei Makaken und Pavianen wurden Heteroagglutinine gegen Menschenblutkörperchen festgestellt, sowie auch Agglutinine Anti-A. G. Lawson und Knowlton T. Redfield nehmen an, daß es wohl eine Möglichkeit gibt, die Affen in Blutgruppen einzuteilen, die mit denen des Menschen vergleichbar sind, daß dies aber unsicher ist. Der Zweifel wird damit begründet, daß beim Zusammenbringen von Zellen und Serum verschiedener Gruppen von Affen eine Agglutination auch ausbleiben kann. Hayashi Hirano findet bei philippinischen Affen Cynomolgus philippinensis Agglutinine gegen die menschlichen Agglutinogene A. Dagegen werden Affenblutkörperchen von den menschlichen Seren in einer gewissen Anzahl unabhängig von der Blutgruppe agglutiniert. Absorptionsversuche ergaben, daß die Agglutinogene in dem Menschen- und in dem Affenblut voneinander verschieden waren. *Das Anti-Affen-A war verschieden von dem Anti-Menschen-A sowohl im Affen- wie im Menschenserum.*

BUCHBINDER fand bei den untersuchten Rhesusaffen das Agglutinin Anti-A. Der B-Bestandteil im Blut wurde nicht nachgewiesen und die Agglutination der Blutkörperchen beruhte nur auf Heteroagglutininen. Auch bei der Immunisierung von Rhesusaffen mit Menschenblut wurden in Bestätigung von LANDSTEINER und LEVINE nur artspezifische Antikörper erhalten, bei Immunisierung mit A-Blut außerdem noch Anti-A. Alkoholische Extrakte aus Menschen- und Rhesuserythrocyten enthalten gemeinsame Bestandteile.

Die vorstehenden Ausführungen zeigen, daß eine Gruppenbildung bei sehr vielen Tierarten nachgewiesen werden kann. Vollständige Gruppenbildung mit einer regelmäßigen Anwesenheit von Isoantikörpern scheinen nur bei Menschen vorzuliegen, während bei Tieren die Isoantikörperdefekte entweder häufig sind (Pferd, Schwein, Hammel) oder die Isoantikörper fehlen meist und erst durch Immunisierung werden sie hervorgerufen (Ziege, anscheinend Hunde, teilweise Rinder, wenigstens mit nicht konzentrierten Seren). Es fragt sich, ob alle diese gruppenspezifischen Isoreceptoren, die man bei verschiedenen Tierarten findet, untereinander gleich sind.

Daß in der Tat gewisse Beziehungen zwischen den isoagglutinablen Substanzen verschiedener Tierarten bestehen müssen, wurde bereits von v. DUNGERN und HIRSZFELD dadurch wahrscheinlich gemacht, daß in manchen tierischen Seren selten vor, meistens nach der Absorption mit einem menschlichen 0-Blut noch Antikörper übrigbleiben, die die Blutkörperchen A oder B agglutinieren. Für diese normalen gruppenspezifischen Heteroantikörper der tierischen Sera haben v. DUNGERN und HIRSZFELD bereits angegeben, daß sie von den menschlichen Isoantikörpern etwas verschieden sind. Da die menschlichen Bestandteile A bei manchen Tieren im Blut oder in den Organen vorhanden sind, so wäre nicht ausgeschlossen, daß sie für das Auftreten der gruppenspezifischen Heteroantikörper mit eine Rolle spielen. In der Tat konnten v. DUNGERN und HIRSZFELD zeigen, daß das Blut vieler Säugetiere die menschlichen Isoantikörper Anti-B häufig bindet, was von sämtlichen Verff. bestätigt wurde (BROKMAN, LANDSTEINER und MILLER, THOMSEN und KEMP, SCHERMER und Mitarbeiter, LAUER u. a.). Die gleichen Blutkörperchen können aber nach unserer Beobachtung das Anti-B tierischer Sera nicht binden, was bereits auf eine Differenz zwischen dem tierischen und dem menschlichen B-Bestandteil hinweist. FRIEDENREICH und WITH fanden, daß die verschiedenen Tierblutkörperchen sich in bezug auf die Absorptionsfähigkeit in einer von Anti-B bestimmten Reihenfolge verhalten, und zwar Kaninchen, Hund, Ratte, Schwein, Rind, Meerschweinchen, Schaf und Ziege. Die Receptorenanalyse ergab, daß menschliche Blutkörperchen außer einen für Mensch und Kaninchen charakteristischen B_2-Receptor noch einen B_1-Partialreceptor enthalten. Das bei Kaninchen vorhandene, oder immunisatorisch erhaltene Anti-B ist somit Anti-B_1. Das menschliche Anti-B ist individuell verschieden, manchmal enthält es Anti-B_1, welche bei anderen Seren fehlen. Eine Reihe von Säugetierblutkörperchen enthält somit B_2, aber nicht B_1, und es ist wahrscheinlich, daß auch die tierischen B untereinander etwas verschieden sind. Das Anti-B bei Tieren ist somit stets vom Typus Anti-B_1, bei Hühnern Anti-B_2. Der Befund, daß das Anti-B bei verschiedenen Menschen verschieden ist, erklärt die von v. DUNGERN und HIRSZFELD festgestellte Tatsache, daß die tierischen Blutkörperchen aus manchen Seren das Anti-B binden, aus anderen nicht. Die Verhältnisse liegen demnach ähnlich wie bei A und

Schweineblut und Hammelblut. MARBERG bestätigte die Befunde mit Hilfe
von Hemmungsversuchen mit lackfarbenem Blut und Komplementbindung mit
alkoholischen B-Blutextrakten. Die gleiche Form von B fand sich im Speichel.
Diese Differenz macht verständlich, daß Tiere mit B-ähnlichem Receptor Anti-
Menschen-B enthalten können, welches gegen den nichtähnlichen Receptor
gerichtet ist. In meinem Laboratorium zeigten BIALOSUKNIA und KACZKOWSKI,
AMSEL, HALBER und HIRSZFELD, daß das Hammelblut gruppenspezifisch differenziert ist. Das isoagglutinable Hammelblut A absorbierte häufig, aber nicht immer
den Isoantikörper Anti-A menschlicher Sera und umgekehrt absorbierte das
Menschen-A manchmal den Isoantikörper der Hammel. Hammel-A und Menschen-A
sind daher sehr ähnlich, wenn auch nicht vollkommen identisch. Eine isoagglutinable Substanz, die anscheinend mit Menschen-A identisch ist, fanden SZYMA-
NOWSKI und WACHLER bei Schweinen, was von WITEBSKY, von SCHERMER und
Mitarbeitern bestätigt wurde. Den A-Bestandteil, der mit dem menschlichen
identisch oder ähnlich ist, fand WITEBSKY bei Rindern. Auch WU LIEN TEH
und JETTMAR fanden, daß die Absorption der Rindersera mit A-Blutkörperchen
der Menschen die Isoagglutinine wegnimmt. Ähnlich wirkt die Absorption mit
Hammelblut-A und Schweineblut-A. Endlich fanden WITEBSKY, MAI und
KOMIYA, daß in den Organen der Kaninchen, namentlich in der Lunge, eine
alkohollösliche A-Substanz nachgewiesen werden kann, die anscheinend mit der
menschlichen identisch oder ähnlich ist. Wir können diese Befunde bestätigen
(unver. Versuche). HIRSZFELD und HALBER haben mit Hilfe von Immunseren
bzw. von „reinen" Agglutininen die gegenseitigen Beziehungen zwischen den
Gruppenmerkmalen bei Hammeln, Schweinen, Pferden und Hühnern untersucht.
Diese Versuche zeigten, daß in der Tat im Blute von Menschen, Hammeln,
Schweinen und Rindern anscheinend eine identische oder ähnliche A-Substanz
vorliegt. Die gruppenspezifischen Eigenschaften bei Hühnern und Pferden,
feststellbar durch Isoreaktionen, waren mit den A-Substanzen nicht identisch. Es
ist aber auffallend, daß nach SCHIFF die Injektion von Pferdespeichel manchmal
bei Kaninchen das Auftreten von Anti-A bewirkt. Es könnte somit sein, daß bei
manchen Pferden der A-Bestandteil, identisch oder ähnlich mit dem menschlichen A, im Organismus vorhanden ist, ohne daß die Blutkörperchen ihn
enthalten. Es wäre daher möglich, daß bei Pferden ähnlich wie bei Kaninchen
ein dem menschlichen A ähnlicher Receptor in den Organen und Organflüssigkeiten vorhanden ist, daß aber *außerdem* die Blutkörperchen Receptoren
enthalten, die mit dem menschlichen A *nicht* identisch sind und die die Isoagglutination vermitteln. Die Tatsache, daß tierische Blutsorten menschen-
ähnliche A- oder B-Receptoren enthalten, muß bei der Analyse des Antigenmosaiks
tierischer Zellen im Auge behalten werden. SCHIFF und ADELSBERGER nehmen
z. B. an, daß zwischen dem Hammelblut und dem Menschen-A-Blut eine antigene
Ähnlichkeit vorliegt. HIRSZFELD und HALBER haben demgegenüber auf die
Gruppendifferenzierung bei Hammeln aufmerksam gemacht und gezeigt, daß
manche Hammel den A-Bestandteil enthalten und daß daher eine Verwandtschaftsreaktion auf eine zufällige Verwendung von Hammel-A beruhen könnte.
ARONSOHN hat unter der Leitung von SCHIFF unsere Befunde nachgeprüft und
er lehnt unsere Deutung ab, da die untersuchten Hammelblutsorten aus den
homologen *hammel*hämolytischen, Anti-A-haltigen Immunseren Anti-A gebunden
haben. Diese Versuchsanordnung entspricht aber nicht der unserigen. Aus

dem Hammelimmunserum absorbiert das homologe Antigen, d. h. das Hammelblut alles, unabhängig von der Blutgruppe des Hammels. Wenn man aber ein Menschenimmunserum Anti-A mit Hammelblut 0 oder A absorbiert, so findet man die Differenz sofort. ARONSOHN bestätigte auch an zwei von zehn menschlichen Seren, daß Anti-A nur von einem von uns zugeschickten Schafblut A absorbiert wurde. Bei SACHS wurden diese Untersuchungen durch KOMIYA nachgeprüft und unsere Befunde von dem Vorhandensein von A-Receptoren bei *manchen* Hammeln durchaus bestätigt. Es fragt sich daher, ob das FORSSMAN-Antigen des Hammelblutes überhaupt befähigt ist, Anti-A-Antikörper hervorzurufen. Hier sind natürlich nur positive Versuche maßgebend. WITEBSKY und OKABE stellten nun fest, daß auch das Hammelblut 0 bei geeigneten Kaninchen Anti - A erzeugen kann; Verf. finden allerdings in Übereinstimmung mit unseren Befunden, daß manchmal auch das Menschenblut 0 Hammelhämolysine erzeugt, so daß Verf. die Frage ventilieren, daß das FORSSMANsche Antigen ein Mosaik darstellt, dessen Splitter auch bei der 0 - Gruppe des Menschen gelegentlich vorkommen. Es gelingt auch auf verschiedene Weise Anti-A-Sera zu erhalten, die keine Hammelhämolysine enthalten. Ein gewöhnliches Anti-A-Immunserum kann durch Absorption mit Hammelblut vollkommen der Hammelhämolysine beraubt werden, ohne daß der Titer Anti-A darunter leidet. Hämolysinfreie Sera erhält man durch Immunisierung von Meerschweinchen mit A-Blut und es gelang auch WITEBSKY durch Vorbehandlung von Kaninchen mit alkoholischen Schweineserumextrakten Immunsera zu erhalten, die mit Extrakten aus Hammelblut oder Meerschweinchenniere keine Komplementbindung gaben, wohl aber mit den A-Extrakten. SCHIFF und die meisten Verf. nehmen daher an, daß das A-Blut des Menschen nur einen „Schafanteil" besitzt, der diese gemeinsame Reaktionsfähigkeit bedingt. ANDERSEN vermutet daneben, daß das FORSSMAN-Antigen zwar nicht identisch, aber verwandt mit der A-Substanz ist, so daß die letzte die am meisten avide Antistoff der FORSSMAN-Seren bindet. Diese letzte Annahme ist aber kaum richtig, da die FORSSMAN-Seren mit und ohne Anti-A sich keineswegs durch ihre Stärke oder Avidität unterscheiden müssen.

Zusammenfassend sehen wir, daß die Isoreceptoren verschiedener Tierarten teilweise ähnlich oder identisch, teilweise verschieden sind. Besonders interessant und auch schwierig zu interpretieren sind die Beziehungen des FORSSMAN-Antigen zu dem Bestandteil A. Unser Standpunkt, daß man mit Hammelblut 0 arbeiten muß, wurde von WITEBSKY anerkannt. Dieser Verf. fand aber, daß selbst das Hammelblut 0 bei Kaninchen eine Anti-A-Bildung hervorrufen kann und so neigen alle Verf. der Ansicht zu, daß das FORSSMANsche Antigen als solches gemeinsame Receptoren mit dem A-Blut hat. Die Sache scheint mir doch komplizierter zu sein.

Von LANDSTEINER und H. WITT und von HIRSZFELD und HALBER wurde die Beobachtung gemacht, daß nicht nur die homologen, sondern auch die heterologen Isoagglutinine durch die Blutkörperchen gelegentlich absorbiert werden. Ähnliches beobachtet man bei der Absorption normaler Heteroantikörper. So z. B. kann nach unserer Beobachtung auch das Rinder- und Schweineblut bis zu einem gewissen Grade FORSSMANsche Hämolysine binden. Die gereinigten, in der Wärme zurückgewonnenen Antikörper, reagieren dann dementsprechend nicht spezifisch, sie lösen auch das Hammelblut auf. HIRSZFELD und HALBER fanden, daß selbst die Typhusagglutinine des Pferdes in der Kälte an die eigenen Blutkörperchen gebunden werden. Wir sprachen kurz von einer *physiologischen Koppelung der Antikörper*, um auszudrücken, daß nicht homologe Antikörper manchmal mitgebunden werden, ohne einen besonderen Mechanismus zur Diskussion zu stellen. Thomsen und Worsaae fanden, daß die mit einem Isoantikörper sensibilisierten Blutkörperchen den anderen noch unspezifisch binden können und sprechen daher von einer „Sekundärbindung".

Welche Beobachtungen sind geeignet, für die Klärung dieser Koppelung herangezogen zu werden ?

Eisler und Moritsch haben beobachtet, daß die Isoagglutinine aktiver Sera manchmal unspezifisch gebunden werden, während die Absorption der inaktiven Sera sich häufig spezifisch gestaltet. Diese Tatsachen weisen darauf hin, daß die durch die Inaktivierung eliminierten Reaktionen bei der Koppelung der Antikörper eine Rolle spielen.

Wollen wir zunächst die Befunde von Eisler und Moritsch beleuchten. Hirszfeld und Klinger sowie Sachs zeigten, daß sensibilisierte Antigene, im Gegensatz zu nativen, Fällungen im aktiven Serum bewirken. Eine solche Fällung kann manchmal optisch oder durch die Wassermannsche Reaktion, erhöhte Komplementbindung u. dgl. nachgewiesen werden. Die Inaktivierung stabilisiert nun die Serumkolloide, das Serum erstarrt gleichsam durch Erhitzung auf 56° Während also bei aktiven Seren eine Globulinfällung leicht bewirkt werden kann, gehört bei inaktiven Seren nur eine große Avidität eines Antigens dazu, um Zustandsänderung zu bewirken. Die Beobachtung von Eisler und Moritsch über die größere Spezifität der inaktiven Sera könnte dafür sprechen, daß es sich einfach um Globulinfällungen handelt, durch welche nicht nur das Mittelstück des Komplementes, sondern gelegentlich auch normale oder Immunantikörper mitgerissen werden. Die Inaktivierung, die der Labilität der Sera entgegenwirkt, würde dann die größere Absorptionsspezifität bewirken. Es fragt sich, ob ein ähnlicher Mechanismus nicht die merkwürdige Hemmung der Hammelhämolyse durch A-Antigene erklären kann. Wie erwähnt, beruht die Schwierigkeit der Auffassung darin, daß sehr viele Substanzen, injiziert bei Kaninchen, das Auftreten der Forssmanschen Antikörper bewirken und sie auch dann spezifisch ablenken. Die einfache Vorstellung ist, daß das Hammelblut wirklich diese Vielheit der Receptoren enthält. Vielleicht liegt aber die Sache so, daß *die heterogenetischen Antikörper besonders leicht ablenkbar sind*, d. h. dort, wo eine spezifische Affinität mitspielt und Fällungen selbst in inaktiven Seren auftreten, daß auch das Hammelhämolysin heterogenetischer Art mitgebunden ist.

Diese Hypothese bedeutet, daß das homologe Antigen etwa durch eine starke Avidität Zustandsänderungen bewirkt, bei welchen manche andere aufgetretene Antikörper mitgefällt und abgelenkt werden. Ich erwähnte schon die Untersuchungen von Hirszfeld und Halber, die die Bindung in der Kälte von Typhusagglutininen an das eigene Pferdeblut beschrieben hatten. Auch Kettel zeigte, daß, wenn ein kälteagglutininhaltiges Serum der Gruppe A oder 0 mit den Blutkörperchen der *gleichen Gruppe* absorbiert wird, auch das Isoagglutinin häufig sekundär gebunden wird.

Dieser Versuch zeigt die Grenzen bei der Bewertung der „reinen" Agglutinine. Bei einer zu starken Affinität lassen sich, wie wir gefunden haben, die homologen Antikörper häufig nicht zurückgewinnen und daher kann der negative Ausfall einer Reaktion mit reinen Agglutininen nicht mit vollkommener Sicherheit in dem Sinne gedeutet werden, daß der betreffende Receptor fehlt. Andererseits binden die Antigene häufig auch solche Antikörper, die nicht als homolog betrachtet werden können und wahrscheinlich nur auf Grund sekundärer Vorgänge, unspezifischer Absorptionen, Fällungen antikörperhaltigen Globuline u. dgl. mitgebunden werden („Koppelung", Sekundärbindung usw.). Auch SCHERMER und KÄMPFFER beobachteten unlängst ähnliche unspezifische Absorptionen bei Schweineblut.

Diese Bemerkungen schienen mir notwendig nicht nur wegen der Beziehungen von A zu FORSSMAN-Antigen, sondern auch um das Problem der Gruppenbildung bei Bakterien zu beleuchten. Daß eine Rassenbildung bei verschiedenen Bakterien existiert, ist bekannt. Dank den Untersuchungen von AVERY und HEIDELBERGER, LANDSTEINER und FÜRT, KURT MAYER usw. ist bekannt, daß diese Substanzen, die die Typenbildung bedingen, kohlehydratartiger Natur sind und es ist daher von hohem Interesse, daß nach BRAHN, SCHIFF und WEINMANN, FREUNDENBERG, EICHEL und DIRSCHL auch die Substanz A anscheinend chemisch ebenfalls zu Kohlehydrat gehört. Ich muß zunächst mit wenigen Worten über die eventuelle Anwesenheit des FORSSMANschen Antigens bei Bakterien berichten, da diese Probleme eng die Frage der A-Substanz bei Bakterien berühren. Bekanntlich hat zuerst ROTHACKER gefunden, daß Antiparatyphusseran Hammelhämolysine enthalten. SEIFERT fand, daß Paratyphuskeime die FORSSMANschen Antikörper nur aus dem homologen Serum, nicht aber aus einem Anti-Hammelblutimmunserum absorbieren. Auch JUNGEBLUT und ROSS stellten die Bildung von Hammelhämolysinen nach Injektion von Paratyphus B, nicht aber von GÄRTNER-Bacillen fest. Eine Arbeit von KURT MAYER zeigte, daß für den Bindungserfolg nur die 0-Antigene, nicht aber die H-Antigene von Bedeutung sind. JIJIMA und FUITA fanden die Fähigkeit, FORSSMANsche Antikörper hervorzurufen, bei Shigabakterien, POWELL bei B. lepisepticus, NICOLLE und BAILEY und SHORB bei Pneumokokken. LANDSTEINER und LEVINE untersuchten verschiedene Paratyphusstämme und stellten fest, daß aus einem Anti-Aertryk-Immunserum nur solche Stämme fähig waren die Hämolysine zu binden, die den thermoresistenten Bestandteil I nach WHITE enthielten. Alle diese Bakterien mit wenigen Ausnahmen absorbieren die Hammelhämolysine lediglich nur aus den homologen Seren, nicht aber aus den isogenetischen. Nach POWELL und LANDSTEINER und LEVINE sind nur die Bakterien B. lepisepticus imstande, aus den isogenetischen Immunseren Hammelhämolysine zu absorbieren und über ähnliches haben BAILEY und SHORB bei Pneumokokken der Gruppe I berichtet. Diese Versuche zeigen demnach, daß zwischen den Bakterien und den Metazoenzellen verwandtschaftliche Beziehungen bestehen können. Das Interesse für diese Substanzen für unsere Probleme entsteht dadurch, als wir sie auch im Menschenblut A feststellen. Auch hier sehen wir die Bildung von Hammelhämolysinen nach der Injektion der A-Blutkörperchen und wir beobachten auch hier das gleiche Phänomen, daß die A-Blutkörperchen aus dem homologen Serum restlos alle Antikörper binden, während sie mit einem isogenetischen FORSSMAN-Serum, falls es kein Anti-A enthält, überhaupt nicht reagieren. Die Beziehungen gewannen nur ein besonderes Interesse, als es EISLER *gelang, durch Injektion von Paratyphus B bei Kaninchen nicht nur Hammelhämolysine, sondern auch Anti-A*-Antikörper zu erzeugen. Denn hier entstand das grundlegende Problem, ob eine Substanz, die anscheinend bei der Differenzierung der Menschheit und der Tiere eine so große Rolle spielte, auch bei Bakterien vorhanden ist.

Eisler hat die gegenseitigen Beziehungen zwischen dem Forssmanschen Antigen, der Substanz A und den Bakterien analysiert. Diese Untersuchungen, wie wir noch sehen werden, bedürfen noch in mehreren Punkten einer Ergänzung. Wegen der großen Wichtigkeit der hier inaugurierten Richtung sollen sie tabellarisch belegt werden.

Ich bringe eine kleine Tabelle, die in gekürzter Form die Befunde von Eisler demonstriert:

	Serum 229 gegen Paratyphus B		Serum 334 gegen Hammelblut		Serum 339 gegen Menschenblut A		Menschenserum $B\alpha$
	Hammel-blut	Menschen-blut A	Hammel-blut	Menschen-blut A	Hammel-blut	Menschen-blut A	Menschen-blut A
Kontrolle . . .	+++	+++	+++	+++	+++	+++	+++
Abs. mit Para B	—	—	+++	+++	+++	+++	+++
Abs. mit Hammelblut .	—	—	—	—	—	++	+
Abs. mit Meerschweinchenniere	+	+	+	—	—	++±	+
Abs. mit Menschenblut	++±	—	++	—	—	—	—
Abs. mit Pepton	+++	—	+++	—	—	—	—

Die Versuche ergeben demnach zunächst die allgemeine Erscheinung, daß das homologe Antigen stets alle Antikörper bindet. Daneben findet man aber Verhältnisse, die sehr schwer zu deuten sind. Zunächst sehen wir drei verschiedene Typen von Forssmanschen Antikörpern: Ein jedes Antigen hat Antikörper hervorgerufen, welches durch die heterologen Antigene *nicht* gebunden werden. Aus dem Paratyphus-B-Serum kann das Menschenblut A nicht alle Hammelhämolysine absorbieren und schließlich können aus dem Immunserum Anti-A weder das Paratyphus B, noch das Hammelblut die Anti-A-Antikörper binden. Daraus kann man natürlich eine Verschiedenheit der Antigene postulieren und annehmen, daß ein jedes Antigen ein Mosaik darstellt mit teilweise ähnlichen, teilweise verschiedenen Receptoren. Eisler fand nun, daß auch die Shigabakterien bei Kaninchen Hammelhämolyse hervorrufen, die aber kein Anti-A enthalten und außerdem, daß diese Bakterien bei Ziegen Antikörper hervorrufen, die mit dem Menschenblut aller Gruppen reagieren. Da nun die A-Antikörper nicht entstanden sind, so mußte wieder das Forssmansche Antigen bei Shigabakterien eine Struktur haben, die mit dem Menschenblut A sich nicht, im Gegensatz zu Para B, deckt. Also eine ungeheuere Vielheit von „Teilreceptoren".

Ich glaube, daß noch mehrere Untersuchungen und Kontrollen notwendig sind, bis man an die Lösung der Probleme herantreten kann. Schon dieses Protokoll ergibt ein Beispiel. Das Serum 229 gegen Paratyphus B gerichtet, verliert Anti-A-Antikörper nach der Absorption mit dem Hammelblut. Sollen wir schon jetzt daraus schließen, daß Paratyphus B, das Hammelblut und die A-Substanz ähnliche Teilreceptoren besitzen, die bei den anderen untersuchten

Kombinationen nicht vorkommen? Wir wissen, daß das Hammelblut manchmal A-Receptoren enthält und solange die Kontrolle nicht durchgeführt wurde, mit welchem Hammelblut A oder 0 die Absorption vorgenommen wurde, sind wir nicht imstande, den Versuch richtig zu deuten, denn *vielleicht* hat das Hammelblut dank dem Receptor A aus dem Serum 229 das Anti-A sensu strictu absorbiert. Oder ein anderes Beispiel: Shigabakterien haben in den Versuchen von EISLER bei Kaninchen Anti-A-Antikörper nicht hervorgerufen. Sollen wir daraus schließen, daß die Identität zwischen dem FORSSMAN-Antigen und den Shigabakterien solche Teilquoten von FORSSMAN-Antigen berührt, die mit A nichts gemeinsam haben? Der Schluß ist wieder ungerechtfertigt, denn wir wissen, daß nur manche Kaninchen befähigt sind, Anti-A zu bilden. Wenn daher zufällig mit Shigabakterien ein Kaninchen immunisiert wird, welches in den Organen den Receptor A hat, so werden wir FORSSMANsche Antikörper ohne Anti-A erhalten. Daß diese Überlegungen reell sind, zeigen die Versuche von EISLER. Danach sind Shigabakterien befähigt, nur bei Ziegen, nicht aber bei Kaninchen Menschenblutantikörper hervorzurufen. Wie früher auseinandergesetzt wurde, sind hier zwei Erklärungen möglich: Entweder sind Kaninchen konstitutionell unfähig, *primär* diesen Typus von Antikörpern zu produzieren, oder enthalten sie gerade solche Receptoren, die zwischen Shigabakterien und Menschenblut gemeinsam sind und dadurch können sie ebensowenig den shigaähnlichen Anti-Menschenantikörper produzieren, wie etwa die A-Kaninchen den Anti-A-Antikörper. Das zweite ist wahrscheinlicher und in Analogie damit möchte ich vermuten, daß manchmal die zwischen Shigabakterien und Menschenblut A gemeinsamen Receptoren eben bei Kaninchen vorkommen und sekundär die Bildung von Antimenschenblutkörper verhindern. Wir müssen eben den tierischen Organismus als ein Instrument betrachten, welches auf manche Reize nicht reagiert, etwa wie ein Klavier, bei welchem manche Saiten gesprungen sind und daher nicht alle Töne hervorbringen kann.

Daher ist meiner Ansicht nach die Frage noch nicht diskussionsfähig, welche Bakterien (abgesehen von Para B) die A-Antikörper hervorrufen. Die wichtige Feststellung von EISLER macht mir persönlich wahrscheinlich, daß alle Tiere, die zur Anti-A-Bildung fähig sind, auf die Injektion solcher Bakterien, die FORSSMANsche Antikörper hervorrufen, auch Anti-A bilden werden. Die Anti-A-Bildung wäre dann in ihrem Wesen ein ähnliches Phänomen wie die Bildung heterogenetischer Antikörper überhaupt. Ob damit der Beweis geliefert ist, daß A-Substanzen bei Bakterien vorkommen? Nach dem *gegenwärtigen Stand* des Wissens müßte man die Frage zunächst mit Ja beantworten. Und da zu vermuten ist, daß nur die homologen Bakterien das Anti-A absorbieren werden, so müßte man folgerichtig annehmen, daß die A-Substanz einen Schafanteil, einen Paratyphus-B-Anteil, vielleicht einen Shigaanteil usw. enthält, und vermutlich ähnlich wie bei Hammeln wird man Shiga A_1 und A_2, Paratyphus A_1 und A_2 usw. unterscheiden müssen. Wir kommen dann zu einer solchen Vielheit der Antigene, die kaum ein harmonisches Bild geben kann. Es ist daher plausibler anzunehmen, daß *eine* Substanz mit verschiedenen Antikörpern auf Grund von kleinen Nebenreceptoren reagiert, wie LANDSTEINER für das FORSSMAN-Antigen vermutet, oder auch, daß das homologe Antigen nicht auf Grund struktureller Ähnlichkeit, sondern physikalischer Zustandsänderungen (Koppelungen oder Sekundärbindungen) mit FORSSMAN-Antikörpern oder Anti-

A-Antikörpern reagiert. Für die *Entstehung* dieser beiden Reaktionsarten müßten allerdings Hilfshypothesen gemacht werden.

Ich habe die theoretischen Grundlagen dieser Richtung ausführlicher besprochen, trotzdem die experimentellen Daten noch spärlich sind. Ich glaube aber, daß aus diesen wichtigen Feststellungen obenerwähnter Autoren folgende Konsequenzen vielleicht noch zu ziehen sein werden: Diagnostische, da unter Umständen die spezifische Hämolysinbindung bei Bakterien uns eine ähnliche subtile Reaktion noch geben wird, wie der Nachweis von A in der Versuchsanordnung von BRAHN und SCHIFF. Andererseits wäre es nicht unmöglich, daß die eigentümlichen Beziehungen zwischen der Reaktionsfähigkeit und der Anwesenheit der betreffenden Substanzen in den Bakterien und im tierischen Organismus uns noch eine Erklärung für die ungleiche Immunitätslage der Menschen und Tiere geben wird.

Literatur.

ABADJEFF, BORIS: Über antigene Eigenschaften von Gehirnlipoiden. Z. Immun.forsch. **56**, H. 5/6, 507—517 (1928).

ABBRUZZEZE: Rapporti fra mestruazione e gruppe sanguigno dal punto di vista costituzionale. Riv. ital. Ginec. **5**, H. 2 (1926).

— Gruppi sanguigni e tumori nel campo ginecilogico. Riv. ital. Ginec. **6**, H. 4 (1927).

— La disaffinità paterno-materna nelle tossicosi, gravidiche. Riv. ital. Ginec. **7**, 257 (1928).

— Rapporti fra affinità o disaffinità costituzionale dei genitori e grado di sviluppo fetale. Riv. ital. Ginec. **11**, 401 (1930).

ABRUZZEZE, G.: Ricerche della isoagglutinine nel secreto vaginale in rapporto alle cause di sterilita. Riv. ital. Ginec. **13**, 294—305 (1932).

ABEN-ATHAR: Iso-agglutininas do sangue dos brasileiros. Sci. Med. **5**, 145 (1927).

ADANT, M.: Au sujet del'identification des tâches du sang. Bull. Acad. Méd. Belg., 25. Juni **1932**.

ADLERSHOFF: Blood group terminology. Nederl. Tijdschr. Geneesk. **71**, 1365 (1927).

AGAZZI: Über den Wert der Isolysinbefunde für die Diagnose bösartiger Geschwülste. Berl. klin. Wschr. **1910**, 1455.

AISENBERG: Zur Frage über die isoagglutinierten Blutgruppen beim Menschen. Med. biol. J. **1927**, 5.

AKUNE: Untersuchungen über die beiden Typen der Gruppeneigenschaft A des Menschen. Z. Immun.forsch. **73**, 75—109 (1931).

— Zur Kenntnis der Faktoren M und N von LANDSTEINER und LEVINE. Z. Immun.forsch. **71**, 147—171 (1931).

AKUNE. M.: Zur serologischen Anthropologie der Japaner. Z. Morph. u. Anthrop. **30**, 373—381 (1932).

ALBERT-WEIL, JEAN: Les conceptions modernes des substances antigènes et les theories de LANDSTEINER. Presse méd. **1931** I, 656—658.

ALEXANDROW: Klinische Beobachtungen über Isohämoagglutination bei gewissen Erkrankungen. Dniepropetrowsk. med. J. **1928**, Nr 5/6.

ALI: Blood groups among lepers. J. egypt med. Assoc. **14**, 119 (1931).

ALIEFF: Bestimmung der Blutgruppe mittels Absorption der Agglutinine. Russk. Klin. **7**, 55 (1927).

ALLEN: Interagglutination of maternal and fetal blood in late toxemias of pregnancy. Bull. Hopkins Hosp. **38**, 217 (1926).

ALOIGI: Gruppi sanguigni e tubercolosi polmonare. Riv. Clin. med. **30**, No 20 (1930).

ALTOUNYAN: Blood transfusion in Syria: analysis of 1149 blood groupings. Lancet **1927 II**, 1342.

— Blood group percentages for Arabs, Armenians and Jews. Analysis of 1758 groupings. Brit. med. J. **1928** I, 535.

ALTSCHULER: Autohämagglutination in vitro unter dem Einfluß von Tuberkulin. Vorl. Mitt. Münch. med. Wschr. **1930 II**, 1796—1798.

AMADON: Studies of Blood typing in horses and oxen. Vet. Med. **25**, 60 (1930).

AMSEL: La distribution de l'élément M du sang dans la population polonaise. C. r. Soc. Biol. Paris **1930**, 4, 1083.

— Sur le phénomène de l'agglutinabilité transmissible. C. r. Soc. Biol. Paris **99**, 1164—1166 (1928).

ANDERSEN: Das Verhältnis zwischen dem F-Antigen und dem A-Antigen in Menschen-Erythrocyten der Gruppen A und AB. Z. Rassenphysiol. **4**, 49—87 (1931).

ANDERSON, J.: Blood grouping in man and animals with special reference to its occurence in the equine. Vet. Rec., Juni **1932**.

ANDO: Distribution of four groups of isohemagglutination in Malays. Malayan med. J. **4**, 13 (1929).

ANDREN, URRA J.: Über die Blutgruppenverteilung in Spanien. Klin. Wschr. **1930 II**, 9303—2304.

ANISOWA, A.: Hämagglutination bei Trachomatösen. Russk. oftalm. Ž. **9**, 170—178 (1929).

ANNEN: Die Blutgruppenbestimmung bei Neugeborenen. Inaug.-Diss. Basel 1927.

AOKI, G.: Über die Blutgruppenstoffe des Knochenmarks und der fetalen Blutkörperchen von Kaninchen. Mitt. med. Ges. Tokyo **45**, 1835—1863 (1931).

— et KUBO: Hokkaido. med. J. **1926**, H. 3, 6.

APERT: Les groupes sanguins et leur rapport avec la race. Presse méd., 19. Dez. **1928**, 1619.

ARCE LARRETA: Contribution al estudio de los grupos sanguineos en el Peru. Rev. de Cinecias (Lima) **1929**, No 377.

— Doscientas determinaciones de grupos sanguineos en les Indios del Norte del Peru. An. Hosp. Cruz y Pablo Barcelona **3**, 74 (1930).

— Individualidad sanguinea en el curso de la primera infancia. Rev. med. Peruana **1931**, 1—2.

— Herencia mendélica de los grupos sanguineos. Crón. méd., April **1931**.

ARONSOHN: Über Untergruppen der Blutgruppen A des Menschen. Z. Immun.forsch. **64**, 418—440 (1929).

ASADA: Blood group determination by means of a trace of saliva on an envelope. Hanzaigaku Zasshi (jap.) **3**, 112 (1930).

— The Works in my Institut concerning blood groups. Race Hyg. **1**, 93 (1931).

— HAJIME, HARMNITSU HÔDYO, SÉM'ITI YOIDA, ITIOKU HARAGUITI, KIYOSTI HUDITA, IETUKITI MIYARAKI, KÔYI NISI, NOLUSTARO, NIWASE, YOSIAKI, IWATO etc. TITÔ YAMAMOTO: Untersuchungen über die gruppenspezifische Differenzierung des menschlichen Organismus. Jap. J. med. Sci., Trans. Soc. Med. **1**, 255 (1932).

ASCHNER: Zur Lösung des Problems der Blutgruppenvererbung. Klin. Wschr. **1929**, 113.

ATZENI-TEDESCO E ASUNI: I gruppi sanguigni in rapporto alle costituzioni. Endocrinol. e Pat. costituz. **3**, 247 (1929).

AUBERTIN, FOULON et BRETEY: La grande auto-agglutination des hématies rendant impossible toute numeration globulaire. Presse méd. **1929**, 417.

AUSBERGER: Superfoecundation und Blutgruppenbestimmung. Klin. Wschr. **6**, Nr 42 (1927).

BACIGALUPO and DE VEYGA: Blood group Statistics. Semana méd. **1926 II**, 734.

BADINO: Sul miglior modo di preparazione dei sieri-testo per la diagnosi individuale del sangue. Policlinico **33**, 433 (1926).

— Gravidanza etero-specifica etossicosi gravidiche. Riv. ital. Ginec. **6**, H. 2 (1927).

— Rapporti serologici materno-fetali. Riv. ital. Ginec. **6**, 656 (1927).

— I gruppi sanguigni e le loro principali applicazioni nel campo ostetricoginecologico. Clin. ostetr. **1928**.

BAER: Die Gruppierung des Blutes vor der Transfusion. Mschr. Geburtsh. **74**, 284 (1926).

BAHL: Beitrag zur Frage der Blutgruppenänderung. Münch. med. Wschr. **1929**, 152.

BANSILLON: Signification clinique et thérapeutique des cas d'agglutination reciproque des globules rouges de la mère et de l'enfant nouveau-né. J. Méd. Lyon, Okt. **1929**, 635.

BARINSTEIN: Zur Frage des biochemischen Rassenindexes der Bevölkerung Odessa. Ukrain. Zbl. Blutgruppenforsch. **2**, 58 (1928).

— Bluttransfusion. Monographie. Odessa.

BARRERAS y BARROSO: Informe sobre investigacion de la paternidad. Rev. med.-leg. Cuba **1929**, 377.

Barsach u. Feldmann: Die agglutinative Erscheinung des Blutes bei progressiver Paralyse. Vrač. Delo (russ.) **1928**, 3.

Barsky: Zur Frage über die Konstanz der Iso-agglutinationscharakteristik des Blutes. Mschr. Geburtsh. 74, 66 (1926).

— Isoagglutination in der gerichtlichen Medizin. Z. Usoverš. Vrač. (russ.) **1926**.

— Über die Vererbung der Isoagglutinogen und ihre gerichtlich-medizinische Bedeutung. Kazan. med. Ž. 1926, 6.

— Isoagglutinative Eigenschaften des Menschenblutes und ihre Bedeutung für die Gynäkologie. Ž. akad. bol. 38, 194 (1927).

— Zwillinge und Blutgruppe. Dnepropet. med. Ž. **1927**, 1—2.

— Das Problem der Eklampsie. Ž. Usoverš. Vrač (russ.) **1927**, 5.

Bauer: Zur Lösung des Problems der Blutgruppenvererbung. Klin. Wschr. 7, 1588 (1928).

— Zur Genetik der menschlichen Blutgruppen. Z. Abstammgslehre 50, 3—62 (1929).

— Erwiderung. Klin. Wschr. 1929, 114—116.

Bay-Smith: Untersuchungen über die Rassenbiologie in Grönland. Ugeskr. Laeg. (dän.) 88, 880 (1926); Acta path. scand. (København.) 4, 310 (1927).

— Blutsenkungsgeschwindigkeit und Blutgruppen. Acta path. scand. (København.) 6, 351 (1929).

— Versuche über die Schicksche Reaktion bei Eskimos in Grönland. Klin. Wschr. 8, 974—976 (1929).

— Blutgruppenbestimmung bei Eskimos. Acta path. scand. (København.) 7, 107—116 (1930).

— Blutsenkungsgeschwindigkeit und Blutgruppen. Hosp.tid. (dän.) 24, 202 (1931).

Bayon: Gruppi sanguini e transfusione di sangue. Edit. S. Bucciarelli. Roma 1930.

Beck, A.: Die richtige Bewertung der Blutgruppenbestimmung. Münch. med. Wschr. 1928, Nr 12, 522.

Belc: Komplikationen während und nach der Bluttransfusion. Ukrain. Zbl. Gruppenforsch. 6, 93 (1932).

Beljajew, A.: Die Blutgruppen bei Tuberkulose. Ukrain. Zbl. Gruppenforsch. 6, 56 (1932).

— u. Tschekalin: Die Isoagglutininreaktion bei Kindern im Säuglingsalter. Jb. Kinderheilk. 124, 88 (1929); Kazan. med. Z. **1928**, 1024.

Belkina: Blutgruppen in der Altaj-Bevölkerung. 3. russ. Kongr. Anat. 1927.

Benassi e Atzeni: Contributo allo studio dei gruppi sanguini e dei principali caratteri etno-antropologici nella popolazione sarda. Atti Soc. Cult. Sci. med. e nat. Cagliari **2** (1929, Dez.).

Bendien: Blutgruppen bei Ca-Patienten. Nederl. Tijdschr. Geneesk. **1926 I**, 2856.

Benoit et Kosovitsch: Les groupes sanguins chez les Berbérophons. C. r. Soc. Biol. Paris 109, 198 (1932).

Benvenuti: Sulla modificabilità dei gruppi sanguini nella paralisi progressiva. Atti Soc. Toscana Sci. nat. 11 (1930).

Berardi, A.: L'iso-emagglutinazione nei rapporti fra madre e figlio. Pediatria 6 (1928); 36, 250.

Berenstein: Weitere Untersuchungen über die nichtspezifische Agglutination der Erythrocyten. Ukrain. Zbl. Blutgruppenforsch. 4, 296—307 (1930).

— Martinenko u. Reinfeld: Zum Problem der Iso-Agglutination. Ukrain. Zbl. Blutgruppenforsch. 6, 38 (1932).

— — — Zur Frage der Blutgruppen bei Pferden. Ukrain. Zbl. Blutgruppenforsch. 6, 25 (1932).

— u. Martynenko: Zur Frage des Einflusses der Vagosympathicotropenstoffe auf die Agglutinabilität der Erythrocyten. Ukrain. Zbl. Gruppenforsch. 5, 145 (1931).

— u. Zvetkof: Die Gruppierung des Blutes und die Blutkatalase. Ukrain. Zbl. Blutgruppenforsch. 1, 44.

— — Zur Frage der nichtspezifischen Agglutination der Erythrocyten. Ukrain. Zbl. Blutgruppenforsch. 3, 289.

Beretvas: Sulla determinazione dei gruppi sanguini: contributodi tecnica. Riv. Pat. sper. 4, 205 (1929).

Berg: Die Verwertung der Blutgruppenuntersuchung vor Gericht. Fortschr. Med. 12, 470 (1930).

BERG: Die Blutgruppenfrage, ihre Grundlage und praktische Bedeutung. Ver. Ärzte Düsseldorf. Münch. med. Wschr. **1931**, 1583.

BERGER, K.: Blutgruppenbestimmung an verunreinigten Blutflecken. Z. Rassenphysiol. **6**, 3—16 (1933).

BERLIN u. BISKIN: Individueller Charakter des Blutes als konstitutioneller Charakter und Tuberkulose. Vopr. Tbk. (russ.) **6**, 6 (1928).

BERLINER: Über den heutigen Stand der Blutgruppenforschung. Berl. med. Ges. **1928**; Klin. Wschr. **25**, 1129 (1928).

— Der heutige Stand der Blutgruppenforschung. Z. Morph. u. Anthrop. **1928**.

— Blutgruppenzugehörigkeit und Rassenfrage. Z. Morph. u. Anthrop. **27**, 161—170 (1928).

— Neuere Erfahrungen und Erkenntnisse auf dem Gebiete der Blutgruppenforschung. Fol. haemat. (Lpz.) **38** (1929).

— Serologische Untersuchungen zur Verwandtschaft und Rassenbestimmung. Fol. haemat. (Lpz.) **46**, 103—111 (1931).

BERNDT: Chemisch-physikalische Blutuntersuchungen, ihr Wert für die Beurteilung der Konstitution und Leistungsfähigkeit und ein Beitrag zur Blutgruppenbestimmung zum Zwecke des Individualnachweises. Wiss. Arch. Landw. **1**, 652 (1929).

BERNHARDT: Trockenseren zur Blutgruppenbestimmung nach dem Verfahren von MÜLLER und ihre Eigenschaften. Inaug.-Diss. Zürich 1927.

BERNSTEIN, F.: Über den anthropologischen Wert der Blutgruppen nach MENDES-Correa. Anthrop. Anz. **6**, 336 (1930).

— Über die Erblichkeit der Blutgruppen. Z. Abstammgslehre **54**, 400—426 (1930).

— Fortgesetzte Untersuchungen aus der Theorie der Blutgruppen. Z. Abstammgslehre **56**, 233—273 (1930).

— Zur Frage der Blutgruppenvererbung. Klin. Wschr. **1931**, 1496, 1497, 1911.

— Die geographische Verteilung der Blutgruppen und ihre anthropologische Bedeutung. Internat. Kongr. über statistische Probleme. Rom 1931.

— Zur Grundlegung der Chromosomentheorie der Vererbung beim Menschen mit besonderer Berücksichtigung der Blutgruppen. Z. Abstammgslehre **57**, Nr 2/3 (1931).

— Bemerkung zu der Arbeit von WAALER, Häufigkeitsberechnung bei den menschlichen Blutgruppen. Z. Abstammgslehre **55**, 266 (1930).

— Über die Ausgleichung der Blutgruppen mit den Genzahlen. Z. Rassenphysiol. **6**, 36 (1933).

BERNSTEIN u. O. KORCOVI: Zur Frage des Vorkommens der Blutgruppen bei Vögeln. Ukrain. Zbl. Gruppenforsch. **1932 I**, 4.

BEYERLE: Bekanntmachung des Justizministeriums vom 9. Dez. 1926 über Blutgruppenuntersuchung und ihre gerichtliche Bedeutung. Amtsbl. württemb. Justizminist. **1926**, 17.

BEYERLEIN, G.: Beitrag zur Blutgruppenforschung bei Hautkrankheiten. Inaug.-Diss. Erlangen 1929.

BIANCALANA: Sulliso-agglutinazione e su di una particolare attività selettiva delle eteroagglutinine del sangue di ratto albino sui globuli rossi umani. Boll. Soc. Biol. sper. **2**, 743 (1927).

— e TENEFF: Le pouvoir isagglutinant des sérums est susceptible d'activation aspécifique et spécifique. Boll. sez. Soc. internaz. Microbiol. **2**, 397 (1930).

BIER, O. and CLEOMONES MACHADO: Blood groups in Sao Paolo. Fol. clin. biol. **5**, 41—44 (1933).

BIRÒ, S.: Gruppenspezifische Eigenschaften der Frauenmilch und des Colostrums. Mschr. Geburtsh. **93**, 354—358 (1933).

BIRSTEIN: Blutgruppen und MANOILOWsche Reaktion bei Lungentuberkulose. Ukrain. Zbl. Blutgruppenforsch. **5**, 222 (1931).

BISKIN: Material zur Lehre von den Blutgruppen. Ž. éksper. Biol. i Med. (russ.) **9**, 23 (1928).

BJILMER, H.: Blutgruppenuntersuchung in den Molukken. Geneesk. Tijdschr. Nederl.-Indië **71**, 1479—1485 (1931).

— Untersuchungen über das Verhalten der Blutgruppen und einige andere anthropologische Merkmale bei der Bevölkerung von Halwaheira. Geneesk. Tijdschr. Nederl.-Indië **72**, 1151 (1932).

BJÖRUM u. KEMP: Untersuchungen über den Empfindlichkeitsgrad der Blutkörperchen gegenüber Isoagglutininen im Kindesalter. Acta path. scand. (Københ.) **6**, 218—235 (1929).

BJÖRUM u. KEMP: De la sensibilité des hématies à l'égard des isoagglutinines pendant l'enfance. C. r. Soc. Biol. Paris **101**, 587 (1929).

— — De la sensibilité des hématies aux isoagglutinines dans le premier âge, chez les individus du type AB (IV). C. r. Soc. Biol. Paris **101**, 589 (1929).

BLANC FORTACIN y MARTINEZ PENEIRO: Curso de transfusion de sangue. Siglo méd. **1927**.

BLANKOW: Ein neuer biochemischer Rassenindex. Ukrain. Zbl. Blutgruppenforsch. **4**, 35 (1929).

BLASZÓ: Blood groups in relation to syphilis of nerves and nervous system. Orv. Hetil. (ung.) **75**, 6 (1931).

BLAUROCK, G.: Über die agglutinablen Eigenschaften M und N der roten Blutkörperchen. Wiss.-med. Ges. Köln, 3. Juni 1932. Münch. med. Wschr. **1932 II**, 1552—1556.

— Über die Vererbung der agglutinablen Blutkörperchenbestandteile M und N und die Technik der M- und N-Untersuchung. Z. Immun.forsch. **79**, 377—399 (1933).

BÖHMER: Blutgruppen und Rechtspflege. Dtsch. Juristenztg **31**, 1607 (1926).

— Blutgruppen und Kriminalistik. Forschgn u. Fortschr. **9**, 141 (1927).

— Die Vererbung der Blutgruppen und ihre Bedeutung für das bürgerliche Recht. Forschgn u. Fortschr. **9**, 166 (1927).

— Die forensische Bedeutung der Blutgruppen. Z. Med.beamte **1929**, Nr 22.

— Die Blutgruppenbestimmung im Zivilprozeß. Münch. med. Wschr. **1929**, 319.

— Die Blutgruppen als Beweismittel. Kriminal. Mh. **3**, 145 (1929).

BOELE: Objective process for the quantitative determination of the intensity of haemagglutination. Nederl. Tijdschr. Geneesk. **1929**, 388.

BÖTTNER: Experimentelle und klinische Untersuchungen zur Frage der Bluttransfusion und Anaphylaxie. Dtsch. med. Wschr. **1924 I**, 599.

BOGATINA: Isohämogruppen bei Frauen verschiedener Konstitutionen. Ukrain. Zbl. Blutgruppenforsch. **4**, 44 (1929).

BOGOJAVLESKY, WOLK, HALPERIN u, ORLINKOFF: Die Bedeutung anthropologischer Untersuchungen und einiger biologischer Eigenschaften in bezug auf Fähigkeit zu bestimmten Muskelaktionen. Voyenno-sanitarni Sborn. **1927**, 4.

BOYD, W. and A. DEROW: Proof of the presence of Agglutinogen A in all the Erythrocyten of type AB. J. of Immun. **24**, 545—550 (1933).

BOLLER: Hämolyse nach einer Transfusion von Universalspenderblut auf einen Empfänger der Blutgruppe II. Klin. Wschr. **1929**, 404.

BOS, H.: Das Verhältnis der Blutgruppen bei den Papuas von Biak und Soepiori (Schantur-Inseln). Holländisch. Vgl. Ber. Biol. **23**, 481.

BOTE GARCIA: Prime osservazione sui gruppi sanguigni in Madrid. Arch. wiss. Cardiol. **9**, 54 (1928).

BOXWELL, W. and J. BIGGER: Autohaemagglutination. J. of Path. **34**, 407—417 (1931).

BRAHN, B. u. F. SCHIFF: Über gruppenspezifische Receptoren. Berl. mikrobiol. Ges. Zbl. Bakter. **44**, 95 (1929).

— — Das chemische Verhalten der serologischen Gruppenstoffe A und B, ihr Vorkommen und ihr Nachweis in Körperflüssigkeiten. Klin. Wschr. **1929**, 1523.

— — Über die chemische Natur der II. Gruppensubstanz. Klin. Wschr. **11**, 1592 (1932).

— — u. F. WEINMANN: Über die chemische Natur der Gruppensubstanz. Klin. Wschr. **1933**, 1592.

BRAVETTA: Sul tipo febbrile della malaria inoculata. Note Psichiatr. **58**, 2 (1929).

— Gruppi sanguigni e constituzione morbosa. Note Psichiatr. **59**, No 2 (1930).

— Reazione di LANDSTEINER e paralisi progressive. Note Psichiatr. **60**, 2 (1931).

BREITNER, B.: Die Sprache des Blutes als biologisches Gesetz. Klin. Konstitutionslehre. Wien u. Leipzig: Urban & Schwarzenberg.

— Praktische Fragen der Bluttransfusion. Wien. klin. Wschr. **3** (1928).

BREKENFELD: Blutgruppen in Ostpreußen. Med. Klin. **24**, 1826 (1928).

BREM: Blood transfusion with special reference to group tests. J. amer. med. Assoc. **67**, 190 (1916).

— ZEILER and HAMMACK: Use of fasting donors in blood transfusions: preliminary report. Mer. J. med. Sci. **175**, 96 (1928).

BRESTKIN and TCHUDO: Versuch der Verwendung der Isoagglutination für Bestimmung der Widerstandsfähigkeit des Menschen. Sborn. trud. nauchn. Otdyela Kursow physich. Obrazovania **1925**.

BREVDO: Isoagglutination in Lungentuberkulose. Vrač. Gaz. **31**, 754, 810 (1927).

BRICE: A rapid technic for the multiple typing of blood by the macroscopic agglutination method. J. Labor. a. clin. Med. **13**, 773 (1928).

BRINES: Fatal post-transfusion reactions. J. amer. med. Assoc. **94**, 1114 (1930).

BRINNITZER, N.: Morbus Werlhoffi mit allergischer Reaktion auf mütterliches Blut der gleichen Blutgruppe. Z. Kinderheilk. **51**, 566—781 (1931).

BRYAN: Value of dessication and identification of blood-typing serums. Proc. Soc. exper. Biol. a. Med. **29**, 875 (1932).

BRUYNOGHE: L'emploi de l'épreuve des isoagglutinines dans la recherche de la paternite. Bull. Acad. Méd. Belg. **2**, 358 (1931).

— et WALRAWENS: L'indice biologique des indigènes du Haut. Katanga. C. r. Soc. Biol. Paris **27**, 95 (1926).

BRUYNOGHE, M. et ADAMS: Au sujet de l'identification des tâches de sang. Bull. Acad. Méd. Belg., 25. Juni **1932**.

BUCHBINDER: The bloodgrouping of Macacus Rhesus. J. of Immun. **25**, 34 (1933).

BUCHNER, STEFFAN u. WELLISCH: Die Blutgruppen und ihre Beziehungen zu Pigment und Kopfform. Z. Rasenphysiol. **5**, 81—86 (1932).

BUDDE: Die Blutgruppenverteilung in der Bremer Bevölkerung. Münch. med. Wschr. **75**, 517 (1928).

BÜRKLE DE LA CAMP: Über die Unzuverlässigkeit der Testsera. Dtsch. Z. Chir. **240**, 450 bis 452 (1933).

BUINING, D.: Einige Betrachtungen über die Erblichkeitshypothesen der Blutgruppen. Geneesk. Tijdschr. Nederl.-Indië **72**, 322 (1932).

BUINNING: Die Vererbung der Blutgruppen. Klin. Wschr. **1932 I**.

— Recherches sur les groups sanguin aux Indes Néederlandaises. L'Anthrop. **43**, 289 bis 312 (1933).

— Die Technik der Blutgruppendiagnostik in Niederländisch-Indien. Geneesk. Tijdschr. Nederl.-Indië **71**, 755—760 (1931).

BURGHARDT: Blutgruppen beim Pferde. Z. Vet.kde **45**, 33—52 (1933).

BURNHAM: Transfusion from Group A donor to Group B recipient without fatal result. Arch. int. Med. **46**, 502 (1930).

— La diagnosi individuale di gruppo nelle macchia di saliva. Arch. di Antrop. crimin. **52**, 265—277 (1932).

— La diagnosi individuale di gruppo nelle macchia di muco nasale. Arch. die Antrop. crimin. **52**, 448—456 (1932).

BUSATTO, S.: Un caso di diagnosi individuale e regionale di sangue in macchia. Arch. di Antrop. crimin. **52**, 615—618 (1932).

BUSSYGIN, W.: Hämoagglutination bei Augenkrankheiten. Russk. oftalm. Ž. **9**, 735—744 (1929).

BUTLER: Auto blood transfusion in two cases of ruptured tubal pregnancy. Brit. med. J. **1929 II**, 1006.

CAGIKJAN, N.: Die Blutgruppen bei armenischen und türkischen Rekruten aus Stadt und Rayon Eriwan vom Jahre 1908. Ukrain. Z. Kroojan Ugrup. **1**, 34—35 (1932).

CAILLON et DISDIER: A propos des groupes sanguins; leurs rapports avec les differentes races de la Tunisie. Arch. Inst Pasteur Tunis **19**, 41 (1930).

— — Les groupes sanguins d'une tribu berbère tunisienne, les Douiret. Arch. Inst. Pasteur Tunis **19**, 50 (1930).

CALISOV, M. u. N. POGIBKO: Blutgruppen und Konstitution. Ukrain. Zbl. f. Gruppenforsch. **5**, 176—202 (1931).

CALISOW, M.: Die Blutgruppen bei den Inguschen. Ukrain. Zbl. Gruppenforsch. **1932 I**, 4.

CANUTO: La distribuzione dei gruppi sanguigni nei criminali piemontesi. Arch. di Antrop. crimin. **48**, 687 (1928).

CAPPELLINI: Sul potere isoemoagglutinante delle varic frazioni proteide del plasma umano. Haematologica (Palermo) **1**, 13, 477—480 (1932).

CARIDROIT et REGNIER: Les transplantations testicuaires homoplastiques et les groupes sanguins chez les oiseaux. C. r. Soc. Biol. Paris **102**, 818, 819 (1929).

CARO: Blutproben und Kammergericht. Juristen-Wschr. **57**, 31 (1929).

CERKASOV: Blutgruppen bei Scharlachkranken. Vrač. Delo (russ.) **12**, 1418 (1929).

CHAIGNEAU, S. M., CHAUSY et F. GUERRIERO: Les groupes sanguins des indigènes de race noire. Arch. Inst. Pasteur Tunis 20, 452 (1932).

CHAUDHURI: Blood groups and heredity. Indian Med. Gaz. 46, 193 (1931).

CHOMINSKY and SHUSTOVA: Blutgruppenverteilung bei Irren. Sovrem. Psichonevr. (russ.) 1927, 5—6.

— — Zur Frage des Zusammenhanges zwischen Blutgruppe und psychischer Erkrankung. Z. Neur. 115, 303.

CHRISTENSEN, L.: Über die Anwendung der Gruppeneigenschaften innerhalb der Kriminologie mit besonderem Hinblick auf die Untersuchung von Blutflecken. Dtsch. Z. gerichtl. Med. 20, H. 2, 89—115 (1932); Ugeskr. Laeg. (dän.) 1932, 187—198.

CHUE, CH. et K. WANG: A system for obtaining chinese blood donors. An analytical study of 1265 cases with special reference to the incidence of blood group and syphilis. China med. J. 46, 31 (1932).

CIOTOLA: Fenomenos de reunion de los globulos rojos en rollos de monedas y en aglomerados irregulares. Velocidad de sedimentacion de los globulos rojos; grupos sanguineos; tecnicas. Lima, Imprenta Amer. 1928.

CLARENBURG: On the haemo-iso-agglutination reaction in the ox. Does it correspond the reaction in man? Ber. staätl. Gesdh. Nederl. 8, 1237 (1927).

CLAUSEN, J.: Blood Types (Subtypes) M and N. Hosp.tid. (dän.) 75 (1932).

— Über die serologischen Eigenschaften M und N und ihre Bedeutung für die gerichtliche Medizin. Z. Rassenphysiol. 6, H. 2, 49—65 (1933).

CLELAND, B.: Blood Grouping of Australian aboriginals. Austral. J. exper. Biol. a. Med. Sci. 3, 33 (1926).

— and J. BURTON: Further results in blood grouping central Australian aborigines. Austral. J. exper. Biol. a. Med. Sci. 7, 79—89 (1930).

— — The blood grouping of Central Australian aborigines, 1930. J. trop. Med. 34, 353—358 (1931).

— and WOOLLARD: Further results in blood grouping of South Australian Aborigenes. Med. J. Austral. 2, 7 (1929).

COCA: Note concerning differences between the clumping of pseudo-agglutination and that of iso-agglutination. J. of Immun. 20, 263 (1931).

— Slode Method of titrating blood-grouping serums. J. Labor. a. clin. Med. 16, 405 (1931).

CORREA: Os grupos sangu neos na genéticus. Anais da faculdade de sciéncias da porto. Extracto da toms 16.

— As tentativas de definicas bioquimica da raca e do individuo Aguia No 37 a 48, Janeiro a Junko 1926.

CORVIN: Über die Verteilung der Blutgruppen bei der Wiener Bevölkerung. Wien. med. Wschr. 1931, 181.

— Blutgruppenformel der Wiener Bevölkerung. Wien. med. Wschr. 1932 II, 1143.

CROME, W.: Unsere Untersuchungen der Blutgruppeneigenschaft M und N. Dtsch. Z. gerichtl. Med. 20, 315—324 (1933); 21, 435—450 (1933).

CROWE: Analysis of blood groups of children and infants. Arch. Dis. Childh. 3, 114 (1928).

CSÖRSZ: Statistische konstitutionelle undVererbungsuntersuchungen aus der ungarischen Tiefebene. Z. Konstit.lehre 14, 271 (1928).

CUBONI: Gruppi sanguigni e transfusione di sangue. Terapia 16, 289 (1926).

— Contributo allo studia della distribuzione dei gruppi sanguigni in Italia. Boll. Ist. sieroter. milan. 6, 3 (1928).

— Sul potere anti-emo-agglutinante specifico delle saliva. Boll. Ist. sieroter. milan. 7, 1 (1928).

— Le isoemoagglutinine nel sangue di cavallo. Boll. Ist. sieroter. milan. 7, 7 (1928).

— Possono le transfusioni di sangue riuscire pericolose malgrado la compatibilita di gruppo? Terapia 20, 134 (1930).

— Lamelle a double cellule pour la determination des groupes sanguins. Boll. Soc. Microbiol. Giorn. Batter. 5, 123 (1930); Sperimentale 84, 57 (1930).

CURRAN, ROSENOW and FENG: Blood groups in Shansi. Nat. med. J. China 16, 75 (1930).

CUTTING: Emergency blood matching, typing and transfusion. Amer. J. Surg. 6, 405 (1929).

CWIRKO-GODYCKI et KOSSOVITCH: Recherches anthropologiques et sérologiques sur les cancereux. 15. Congr. internat. Anthrop. et Aetiol. Préhistorique 1931.
— — Recherches sur la correlation entre la morbidité par la cancer et la types anthropologique et serologique chez les Français. C. r. Soc. Biol. Paris **106**, 1193 (1931).
DALLA VOLTA e AZZI: La grande autoagglutinazione delle emazie e il suo valore semeiologico. Arch. Pat. e Clin. med. **9**, 382 (1930).
D'ANTONA: A proposito della grande autoagglutinazione delle emazie. Rinasc. med. **7**, 1811 (1930).
DARANYI: Serologische Bezeichnung der Isohämagglutinin-Sera bei den Blutgruppen. Wien. klin. Wschr. **41**, 738 (1928).
DAVIDSOHN: The production of group specific human hemagglutinins, with a note on the reparation of the isoagglutinogens from the red corpuscles. J. of Immun. **20**, 239 (1931).
DEBENEDETTI, E.: La grande autoagglutination des hematies. Autoagglutination familiale. Presse méd. **1929**, 1688—1692.
DE BLOEME: Blood-groups and tuberculosis. Nederl. Tijdschr. Geneesk. **1928**, Nr 39.
DECASTELLO, A.: Grundlagen der Transfusion. Wien. med. Wschr. **1931**, 559—561, 605—608.
DEILMANN: Die Blutgruppenforschung und ihre praktischen Verwendungsmöglichkeiten. Allg. dtsch. Hebammenztg **44**, 129 (1929).
— Blutgruppenbestimmungen bei 150 Müttern und ihren Neugeborenen. Z. Geburtsh. **96**, 102—121 (1929).
DEL CARPIO: La distribuzione dei gruppi sanguigni nella provincia di Catania. Boll. Soc. Biol. sper. **4**, 6 (1926); Boll. sez. Soc. internaz. Microbiol. **1929**, 8.
— I gruppi sanguigni nella provincia di La Spezia (Liguria). Giorn. Batter. **4**, 1094 (1929); Osservat. Med. **7**, 12 (1929).
— Gruppi sanguigni ed eredità. Rass. Studi sess. **10**, 138 (1930).
DEMIDOFF: Ein Fall von Autoagglutination. Vrač. Delo (russ.) **1928**, 4.
DEML, A.: Die Blutgruppenangehörigkeit der bayerischen Strafgefangenen. Diss. München 1932.
DIAMANTOPOULOS: Die Blutgruppen bei verschiedenen Krankheiten. Dtsch. med. Wschr. **1928**, 44.
— Sur la fréquence des groupes sanguins en Grèce. Rev. d'Anthrop. **41**, 73 (1931).
DI SALVO, REALMUTOE BONAENO: I gruppi sanguigni nella tuberculosi polmonare. Riv. San. Sicil. **1930**, No 12.
DO AMARAL u. KLOBUSICKI: Über die natürlichen Hämagglutinine der Schlangen und anderer Kaltblüter. Z. Immun.forsch. **77**, 315—326 (1932).
DOBRZAMECKI: Haemotransplantation and several blood groups. Ann. Surg. **90**, 936 (1929).
DÖRLE: Blutgruppenuntersuchungen an den südbadischen Bevölkerung. Münch. med. Wschr. **1930**, 635—636.
DOGLIOTTI: Comportamento del sangue materno e paterno rispetto a quello dei figli dal punto di vista della agglutinazione e dell emolisi. Clin. chir., Sept. **1926**.
— La transfusione del sangue. Torino 1929.
DOLBEY and MOORO: Blood-transfusion in Egypt. Med. Scholl Cairo. Pathologica (Genova) **16**, 609 (1924).
DOLD: Das präcipitatorische Verhalten von Hammelblutantiseren (von Kaninchen) gegenüber den Stromataextrakten der vier menschlichen Blutgruppen. Z. Immun.forsch. **60**, 3, 4 (1929).
— u. ROSENBERG: Nachweis von Isopräcipitinen im menschlichen Blut. Nachweis der vier menschlichen Blutgruppen durch Isopräcipitation. Klin. Wschr. **7**, 394 (1928).
DORMANNS, E.: Blutgruppenstudien im Kanton (China). Münch. med. Wschr. **76**, 539 (1929).
— Blutgruppenstudien im Kanton (1000 Blute). Abh. med. Fak. Univ. Canton **1**, 273—281 (1929).
— Erwiderung an B. LIANG. Münch. med. Wschr. **1929**, 1467.
DOWNS-JONES-KORBER: Incidence and properties of isohemolysins. J. inf. Dis. **44**, 412 (1929).
DUCUING: Les donneurs de sang dangereux malgré les épreuves sanguines. Soc. méd. Chir. et Pharm. Toulouse, April 1928.

DÜRKEN, B.: Bemerkungen zum Problem der Blutgruppenvererbung. Dtsch. Z. gerichtl. Med. **19**, 149—165 (1932).

DUFOURT, A., E. MARTIN et G. MARTIN: Tuberculose pulmonaire et groupes sanguins. C. r. Soc. Biol. Paris **112**, H. 14. 1407.

DUJARRIC DE LA RIVIÈRE et KOSSOVITCH: Au sujet des groupes sanguins des tuberculeux et des cancereux. C. r. Soc. Biol. Paris **97**, 137 (1927).

— — La question des groupes sanguins en médecine legale. Ann. Méd. lég. etc. **7**, 390 (1927); **8**, 138 (1928).

— — Recherches sur les groupes sanguins dans quelques etats pathologiques. Ukrain. Zbl. Blutgruppenforsch. **3**, 1 (1928).

— — Action du sérum de cheval sur les globules rouges de l'homme. Congr. anthrop. Amsterdam 1927. Ukrain. Zbl. Blutgruppenforsch. **3**, 127 (1929).

— — Recherches sur les groupes sanguins. Ann. Inst. Pasteur **45**, 107—153 (1930).

DYCHNO u. DERTSCHINSKY: Zur Frage nach dem Zeitpunkt des Auftretens der isohäm-agglutinatorischen Eigenschaften des Blutes beim Menschen. Kazan. med. Ž. **1**, 579; **11**, 1213 (1928).

— — Über den Zeitpunkt des Erscheinens der isohämoagglutinierenden Eigenschaften des menschlichen Blutes. Arch. Gynäk. **142**, 741 (1930).

DYKE and BUDGE: On the inheritance of the specific iso-agglutinable substances of human red cells. Proc. roy. Soc. Med., path. sect. **16**, 35 (1923).

DZIALOSZYŃSKI: Die Bedeutung der Bluttransfusion für die Heilung. Zbl. Gynäk. **1932**.

EDGECOMBE: Iso-hemagglutination: the influence of the foetus upon the titre of the mothers blood during pregnancy. J. of Path. **33**, 963—979 (1930).

EINAUDI: Ricerche sugli eventuali rapporti fra tumori e gruppi sanguigni. Minerva med. **7**, 3 (1927).

— Les iso-agglutinines dans le sang des individus atteints de tumeurs malignes. Boll. sez. Soc. Microbiol. **3**, 18 (1931).

EISENBERG, A.: Zur Frage nach den Isoagglutinationsgruppen des Blutes des Menschen. Fol. haemat. (Lpz.) **36**, 316 (1928).

EISLER, M.: Über die Blutantigene in Paratyphus und Dysenterie Shiga-Bakterien Z. Immun.-forsch. **73**, 37—53 (1931).

— Über Beziehungen der Blutantigene in Paratyphus B und Dysenterie. Shiga-Bakterien. in gewissen tierischen Zellen und mecnchlichen Erythrocyten. Z. Immun.forsch. **73**, 352—414 (1931).

— Über das Verhalten bacterieller Blutantigene und menschlicher Erythrocyten gegen-über Stuhlauszügen. Z. Immun.forsch. **75**, 418—424 (1931).

— u. FUJIOKA: Über die Fähigkeit von Zellipoiden zur Bindung verschiedener Agglutinine und Lysine. Z. Immun.forsch. **57**, 421 (1929).

— u. A. HOWARD: Über das FORSMANsche Antigen der Pneumokokken. Z. Immun.forsch. **76**, 461—468 (1932).

— — Das FORSMANsche und Menschenblutantigen in Paratyphus-B und Shiga-Bakterien nach Phagenwirkung. Z. Immun.forsch. **75**, 366—770 (1932).

— u. HOWARD: Untersuchungen von Blutantigen mittels Heteroagglutininen. Z. Immun.-forsch. **79**, 3—4 (1933).

— u. KOWACS: Über die Verwendung von getrocknetem Menschenserum (Trocken-Hümo-test) zur Blutgruppenbestimmung. Münch. med. Wschr. **1930**, 709, 710.

— u. MORITSCH: Untersuchungen über gruppenspezifische Reaktionen im mensch-lichen Blute. Z. Immun.forsch. **57**, 421 (1928).

ELOVUORI: Das Vorkommen der M- und N-Faktoren in Finnland. Acta Soc. Medic. fenn. Duodecim **13**, H. 3, Nr 10, 1—9 (1931).

EMIL-WEIL, P. et P. LAMY: Remarques sur les incompatibilitis sanguine; fixité du groupe sanguin; causes des erreurs de determination; dangers des certains donneurs universell Presse méd. **1932**, 1181.

— et STIEFFEL: Quelques remarque sur les hémoglobinaris post-transfusionelles. Presse méd. **1932**, 721.

ENGEL: Über Blutgruppenbestimmung und Verklumpungsanämie. Med. Klin. **5**, 191 (1929).

ENGELBRECHT: Über Blutgruppenbestimmung bei Hautkrankheiten. 12. Sitzg norddtsch. dermat. Ges. Danzig 1927.

ENGERTH-STUMPFL: Unterschiede im Fieberverlauf der Impfmalaria und ihre Beziehung zur Isoagglutination. Z. Neur. 118, 256 (1928).

EPSTEIN u. PODVINEC: Über Isoagglutinine in der Frauenmilch. Jb. Kinderheilk. 120, 3, 4 (1928).

ERHARDT, A.: Der Wert der Immunitätsreaktionen für phylogenetische Untersuchungen in der Zoologie. Z. Immun.forsch. 60, 156—166 (1929).

ERMILOV u. MOLDAVSKAJA-KRICEVSKAJA: Zur Frage der Veränderung der isoagglutinatorischen Eigenschaften der Erythrocyten unter dem Einfluß der Bakterien M und I. Ukrain. Zbl. Blutgruppenforsch. 4, 179 (1930).

ERNST: Blutgruppen und Tuberkulose. Klin. Wschr. 1928, 22.

FARJOT: La distribution des groupes sanguins dans le nord de la France. C. r. Soc. Biol. Paris 113, 23, 771 (1933).

— Réaction de SCHICK et les groupes sanguins. C. r. Soc. Piol. Paris 113, 23, 773 (1932).

FATTOVICH: Gruppi sanguigni e malattie mentali. Riv. Neur. 1, 207 (1928).

FAVERO et FERREIRA: Determinacao da paternidade pelos grupos sanguineos. Arch. Soc. Med. leg. e Criminol. Sao Paulo 2, 53 (1927).

FELSEN: Simple method of testing for blood compatibility. Arch. Path. a. Labor. Med. 4, 552 (1927).

FERNANDEZ: I gruppi sanguigni nella tubercolosi polmonare. Riv. San. Sicil. 1930, No 12.

FERRARO: Di alcune ricerche sui gruppi sanguigni nell'infanzia. Riv. Clin. pediatr. 24, 758 (1926).

— Potere isoagglutinante del latte umano e reazione di Candido. Riv. Clin. pediatr. 28, 2 (1930).

FETSCHER: Diagnose der Elternschaft aus Erbmerkmalen des Kindes. Z. Sexualwiss. 12, 266 (1925).

— Der gegenwärtige Stand der Blutgruppenforschung beim Menschen. Med. Welt 1928, 51.

FISCHER, W.: Schwankungen des Isohämagglutinationstiters beim Menschen. Arb. Staatsinst. exper. Ther. Speyer Haus 20, 49 (1927).

— Die Blutgruppenforschung und ihre Bedeutung für den praktischen Arzt. Allg. med. Ztg 1928, Nr 21/23.

— Untersuchungen über die Vererbung der Disposition bei Scharlach. Arb. Staatsinst. exper. Ther. Frankf. 21 (1928).

— Beitrag zur Technik und Bewertung der Blutgruppenuntersuchung. Arb. Staatsinst. exper. Ther. Frankf. 22, 64 (1929).

— Beitrag zur Frage der Gültigkeit der BERNSTEINschen Blutgruppenformel. Z. Rassenphysiol. 2, 153 (1930); Med. Klin. 26, 130 (1930); 1932, Nr 45, 1563—1565.

— u. KLINKHART: Über Isohämagglutination uud Isohämolyse beim Kaninchen. Arb. Staatsinst. exper. Ther. Frankf. 22, 31 (1929); 23, 65—80 (1930).

— — Über Hämagglutination und Hämolyse bei Macacus cynomolgus und Ismia rhesus. Z. Immun.forsch. 75, 513 (1932).

FLAMM u. FRIEDRICH: Blutgruppen und chirurgische Erkrankungen. Dtsch. Z. Chir. 219, 1 (1929).

FLICK u. TRAUM: Versuche über die klinische Verwertbarkeit der Blutagglutinationsprobe nach J. CLEMENS. Zbl. Chir. 55, 1091 (1928).

FÖRSTER: Ein Beitrag zur Technik der Blutgruppenbestimmung bei serologischen Reihenuntersuchungen. Z. Immun.forsch. 59, 434 (1928).

— Blutgruppen und Verbrechen. Dtsch. Z. gerichtl. Med. 11, 487 (1928).

— Blutgruppen und Verbrecher. Med. naturwiss. Ges. Münster 1927, S. 12. Klin. Wschr. 1928, 332.

— Der heutige Stand der Blutgruppenforschung in seiner gerichtsärztlichen Bedeutung. Z. Med.beamte 44, 241 (1931).

FOLOMINA: Über einige Besonderheiten bei Verbrechern, verteilt nach den Blutgruppen. Arch. Kriminol. 1, Nr 2/3 (1927).

— Isohämagglutinationsgruppen bei Verbrechern. Arch. Kriminol. 84, 144 (1929).

FORSSMAN, J.: Zur Kontrolle der isohämagglutinierenden Sera. Klin. Wschr. 1931, 24—25.

— Standardisierung von hämagglutinierenden Seren durch Metallsalze. Acta pat. scand. (Kobenh.) 10, (1933).

FORSSMAN, J. u. FOLGEGREN: Ein Todesfall nach Bluttransfusion von Person zu Person mit gleicher Blutgruppe. Klin. Wschr. **6**, 1663 (1927).

— WADTEIN u. FISCHER: Der Einfluß verschiedener Salzkonzentrationen auf die Hämagglutination. Acta path. scand. (Københ.) **7**, 205 (1930).

FRANCOTTE: Les isoagglutinines chez le nouveau-né et chez le nourisson. Rev. franç. Pédiatr. **1**, 109 (1929).

FREEMAN a. WHITEHOUSE: The dangerous universal donor. Amer. J. med. Sci. **1926**, Nr 5.

FRENCHEN, Jb.: Die Blutgruppenverteilung bei den Grönländern und ihre Bedeutung. Z. Hyg. **113**, 574—581 (1932).

FRENKEL: Das Blutgruppenuntersuchungsverfahren vor dem Schwurgericht. Z. Strafrechtswiss. **48**, 671 (1928).

FRIEDBERGER u. BOCK: Der Gehalt des Blutserums an normalen Antikörpern beim Menschen in seinem Zusammenhang mit dem Lebensalter. Zugleich ein Beitrag zur Frage der Deutung des SCHICK-Test, DICK-Test usw. Klin. Wschr. **1929**, 1858—1859.

— u. TASLAKOWA: Über Blutgruppen bei der zahmen und wilden Ratte. Z. Immun.forsch. **59**, 271 (1929).

FREUDENBERG, K., H. EICHEL u. W. DÖRSCHERL: Die Substanz des Gruppenmerkmals A. Naturwiss. **20**, 657—658 (1932).

FRIEDBERGER, E., G. BOCK u. A. FÜRSTENHEIM: Zur Normalantikörperkurve der Menschen durch die verschiedenen Lebensalter. Z. Immun.forsch. **64**, 294 (1929).

FRIEDENREICH: Bacterie provoquant la pan-agglutinabilité des hématies humaines (phénomène de THOMSEN). C. r. Soc. Biol. Paris **96**, 1079 (1927).

— Nouvelles recherches sur le mode d'action de la bactérie active dans le phénomène de l'hémo-agglutination de THOMSEN. C. r. Soc. Biol. Paris **97**, 1266 (1927); Acta pathol. scand. (Københ.) **5**, 59 (1928).

— Recherches sur le phénomène de l'hémo-agglutination de THOMSEN. Nature de la substance transformante. C. r. Soc. Biol. Paris **98**, No 14, 1267—1269 (1928).

— Forme inédite d'hémoagglutination bactérienne d'hémalligation. C. r. Soc. Biol. Paris **99**, 1755.

— Untersuchungen über das von O. THOMSEN beschriebene vermehrungsfähige Agens als Veränderer des iso-agglutinatorischen Verhaltens der roten Blutkörperchen. Z. Immun.forsch. **55**, 84 (1928).

— Invesigation into the THOMSEN hemagglutination phenomenon. Acta path. scand. (Københ.) **5**, 59 (1928).

— Die serologische Auffassung des THOMSENschen Blutkörperchenreceptors. Z. Immun.-forsch. **64**, H. 5/6, 455—473 (1929).

— The THOMSEN hemagglutination phenomenen. Levin and Munksgaard, Thesis. Copenhagen University, 1930.

— Über die Serologie der Untergruppen A_1 und A_2. Z. Immun.forsch. **71**, 283 (1931).

— Sur les sous-groupes du groupe sérologique A. C. r. Soc. Biol. Paris **106**, 574, 578, 770, 773 (1931).

— Wie wird das Vorkommen der Isoagglutinine reguliert? Z. Immun.-forsch. **71**, 314 (1931).

— and MUNCK: On haemolysis conditioned by the THOMSEN bloodcorpuscle receptor. Acta path. scand. (Københ.) **7**, 117 (1930).

— et WAALER: Sur les sous-groupes du groupe sérologique A. Ya-t-il une relation entre la sensibilité du recepteur de globules et l'apparition de l'agglutinine α_1 „irrégulière"? C. r. Soc. Biol. Paris **106**, 773—776 (1931).

— u. O. WORSAE: Über die Existenz der Untergruppen in der Blutgruppe II. Acta path. scand. (Københ.) **5**, 62 (1930); C. r. Soc. Biol. Paris **102**, 884.

— u. ZACHO: Differentialdiagnose zwischen den Untergruppen A_1 und A_2. Z. Rassenphysiol. **1931**, 164.

FRIEDENREICH, v. u. WITH: Über B-Antigen und B-Antikörper bei Menschen und Tieren. Z. Immun.forsch. **78**, 152—172 (1933).

FRIEDMANN: Die Blutgruppen grusinischer Kinder und der Zusammenhang des Gruppenmerkmals mit anderen erblichen Merkmalen. Ukrain. Zbl. Blutgruppenforsch. **4**, 279 (1930).

— u. ISCHKANJA: Blutgruppen und der Durchmesser der Blutkörperchen. Fol. haemat. (Lpz.) **48**, 261 (1932).

Fujioka: Über das Vorkommen heterophiler Hämolysine in den Menschenseren verschiedener Gruppen und ihr Verhältnis zu den Isoantikörpern. Z. Immun.forsch. **1929**, 239.

Fujitaka: Blutgruppen in den menschlichen Feten. Mitt. med. Ges. Tokyo **1929**, 1237.

— Über die Agglutinabilität und das embryonale Antigen der Blutkörperchen des menschlichen Fetus mit besonderer Berücksichtigung der Blutkörperchen von AB. Mitt. med. Ges. Tokyo **1930**, 324.

Fujiwara: Einige Erfahrungen mit der Blutgruppenbestimmung an Flecken in Kriminalfällen. Dtsch. Z. gerichtl. Med. **15**, 470—477 (1930).

Furuhata: Können AB-Eltern O-Kinder haben? Iji Shimbun, Sept. **1928**, 1778.

— The blood group distribution of the Ainu, Formosan aborigines and the inhabitants of Micronesian Islands. Jap. med. World 8, 315—320 (1928).

— The distribution of blood groups of the Japanese (3. report). Jap. med. World 8, 11 (1928); Ukrain. Zbl. Blutgruppenforsch. **3**, 116 (1929).

— Über die Vererbung der Blutgruppen. Z. Abstammgslehre Suppl. 1, 705 (1928); Igaku-Chuo-Zasshi (jap.), Juli **1929**, 549.

— Vaterschaftsdiagnose durch Bestimmung der Blutgruppen. Hanzaigaku Zasshi (jap.) **2**, 2 (1929).

— A summarized review on the gen. hypothesis of the blood groups. Ukrain. Zbl. Blutgruppenforsch. **3**, 1 (1928); Amer. J. physic. Anthrop. **13**, 109 (1929).

— Two paternity suits. Hanzaigaku Zasshi (jap.) **3**, 204 (1930).

— The origin of the aborigines of Formosa and of the Ainu of Hokkaido from the point of view of the blood groups. Hanzaigaku Zasshi (jap.) **4**, 1 (1931).

— The advancement of Bloodgroop Researches and necessity of their internat. cooperation. Race Hyg. (jap.) **1**, 70 (1931).

— Value of bloodgrouping in Anthropologi, Juni 1933.

— and Kishi: A study on the Ainu race from a serological standpoint. Jap. med. World 8, 4 (1928).

— — A study of the geographical distribution of blood groups of the Japanese (2. report). Jap. med. World **1928**, 5.

— and Kuwabara: Über die Verteilung der Blutgruppen in der Provinz Kii. Nagai-Chiryo (jap.) **1927**, 5.

— and Uemichi: Über die Differenzierung der Heterozygoten von den Homozygoten bei den Blutgruppen. Nippon-so-Ikai (jap.) **1928**, 80.

Furukawa: Die Erforschung der Temperamente mittels der experimentellen Blutgruppenuntersuchung. Z. angew. Physiol. **31**, 271 (1928).

— A study of temperament and blood groups. J. of Soc. psychol. 1 (1930); Race Hyg. 1, 98 (1930).

Gärtner, A.: Serologische Untersuchungen an Wanderzigeunern. Z. Hyg. **113**, 7—41 (1932).

Gaetano: La distribizione dei gruppi sanguigni nella provincia di Napoli. Terapia **21**, 135 (1931).

Gala u. Pribrsky: Blutgruppen vom Standpunkte der gerichtlichen Medizin. Čas. lék. česk. **69**, 1145, 1188 (1930).

Gara, v.: Blutgruppenuntersuchungen an normalen und mit abgetöteten Typhusbacillen vorbehandelten Kaninchen. Klin. Wschr. **9**, 209 (1930).

Garry, G.: Die Benutzung von nichtpassendem Blut als therapeutisches Mittel bei Infektionen. Arch. klin. Chir. **166**, 780—783 (1931).

Gates: Blood groups of Canadian Indians ans Eskimos. Amer. J. physic. Anthrop. **12**, 475 (1929).

Gauch: Die Blutgruppen. Dtsch. Erde **30**, 84 (1929).

Gauther: Dürfen wir den Nachweis einer Superföcundatio durch die Blutgruppenbestimmung bei menschlichen Zwillingspaaren erwarten? Klin. Wschr. **1928**, Nr 10.

Gedda, L. e Pecorella: Ricerche sulle proprieta dell'isoantigene. Giorn. Batter. **5**, 1633 (1930).

Gedroyc, M.: Änderung des Gruppencharakters des Blutes durch Imprägnation und Beziehung zu Shocksymptomen. Polska Gaz. lek. **193** 684—690.

— Hemmung bzw. Änderung der Shocksymptome bei Injektion von Erythrocyten fremder Gruppe, die vorher imprägniert waren. Polska Gaz. lek. **10**, 175—180 (1932).

GEDROYC, M: La changement des groupes sanguins par imprégnation des hématies. C. r. Soc. Biol. Paris **107**, 871 (1931).
— Les phénomèns de choc en relation avec le changement du groupe sanguin par l'imprégnation. C. r. Soc. Biol. Paris **107**, 872 (1932).
— L'arret du choc après l'infusion du sang heterogene. C. r. Soc. Biol. Paris **109**, 295 (1932).
— Le changement du choc après l'infusion du sang d'un autre group. C. r. Soc. Biol. Paris **109**, 298 (1932).
— Presence dans le sèrum de la meio et de l'embryon des substancs inlibitrices pour les agglutinines renfermies dans le hemetien. C. r. Soc. Biol. Paris **109**, 1022 (1932).
— Presence dans le sérum des substances inhibstrices de l'autoagglutination. C. r. Soc. Biol. Paris **109**, 1025 (1932).
— Présence des éléments de groupes autogénes dans les organes inactivant les agglutinines. C. r. Soc. Biol. Paris **111**, 305 (1932).
— Absorption des agglutinines provenans d'un hemolyes. C. r. Soc. Biol. Paris **111**, 306 (1932).
— De certaines propriétés physiques et biochimiques des agglutinines provenent des hématies. C. r. Soc. Biol. Paris **111**, 308 (1932).
GEINATS, S.: Beobachtungen über Bluttransfusion, Bd. 6, S. 72. 1932.
GELLI e TAROZZI: Il comportamento della isoagglutinazione umana nella malattia da siero. Biochemica e Ter. sper. **17**, 10 (1930).
GENISSOW: Isohämagglutination bei der Leiche. Sud. Med. exper. **1928**, Nr 2.
GERASSIMOW: Beitrag zum Blutgruppenstudium bei Tataren-Bevölkerung. Kazan. med. Ž. **1929**, 35.
GERSZON: Le isoemagglutinine nel sangue umano ed il loro titolo. Minerva med. **10**, 315 (1930).
GESSELEVITCSH: Zur Frage der Konstitution und der Hämagglutinationsgruppen des Blutes. Ukrain. Zbl. Blutgruppenforsch. **2**, Nr 2 (1928).
— Die Korrelation zwischen den Körperbautypen und den Blutgruppen und ihre graphische Darstellung. Z. Konstit.lehre **17**, 199 (1932).
GIANNANTONI: I gruppi sanguigni in relazione ad alcune malattie oculari. Ann. Oftalm. **56**, 654, 673 (1928).
GILARDINO: L'eterogeneita costituzionale dei coniugi quale fattore di alcune sterilita senza base anatomica. Riv. ital. Ginec. **1931**, 201.
GINI: Considerazioni sull'eredita Mendeliana nelle forme poliploidi. Congr. ital. genetica e eugenetica Roma, Sept. 1929.
GINKIN: Vererbung der Blutgruppen bei den Buriaten. Werneudinsk 1927.
GINSBOURG: L'héridité des groupes sanguins. Bull. Labor. Reims **1**, 11 (1929).
GIOVANNI, PECORELLO e ANGELERI: Su di un metodo rapido di titolarione des sieri isoagglutinanti. Riforma med. **1**, 8—10 (1931).
GLOSMAN-DYMHITZ-NIKIFOROW: Über die Frage der Isoagglutination. Med.-biol. Ž. **5**, 86 (1929).
GLOSSMANN, O.: Materialien zur Frage der Isohämagglutination. Vestn. Mikrobiol. (russ.) **8**, 11—13 (1929).
GOCHT: Blutgruppenuntersuchungen in Mühlheim a. d. Ruhr. Z. Rassenphysiol. **6**, 153—158 (1932).
GÖRL: Zur Frage der Bluttransfusion. Dtsch. Arch. klin. Med. **151**, 311 (1926).
GOFF, LE: Sur la forte autoagglutination du sang dans certaines maladies periferiques. Presse méd. **6**, 286 (1933).
GOLDSTEIN: La ripartizione dei gruppi sanguigni fragli individui affetti da carcinoma. Boll. Ist. sieroter. milan. **8**, 5 (1929).
— e KRESISEL: La specifita gruppale delle cellule carcinomatose. Boll. Ist. sieroter. milan. **9**, 105 (1930).
GOODNER: Incedence of blood groups among the Maya Indians of Yucatan. J. of Immun. **18**, 432—435 (1930).
GOREW: Der Einfluß von Chloroform auf die isoagglutinablen Eigenschaften des Blutes. Irkutsk. med. Ž. **1926**, Nr 3/4.
— u. BUCHANOW: Beiträge zur Frage der Konstanz der Blutgruppen. Ukrain. Zbl. Blutgruppenforsch. **4**, 259 (1930).

GORONCY: Praktische Ergebnisse der Blutgruppenbestimmung in Blutflecken bei Kapital-
verbrechen. Dtsch. Ges. u. soz. Med. 1927.
— Blutgruppenbestimmungen in zivilen und kriminalen Sachen. Eesti Arst **1928**.
— Blutgruppenbestimmungen in der gerichtsärztlichen Praxis. Dtsch. med. Wschr. **55**,
306 (1929).
— Zur serologischen Verwandtschaftsbestimmung nach ZANGMEISTER. Dtsch. med. Wschr.
1929, 43.
— Über Blutgruppen bei Mutter und Kind und das Verhalten von Entwicklungsgrad und
Schwangerschaftsdauer. Z. Geburtsh. **97**, 30 (1930).
— Über Meineidprozesse gegen Kindermütter im Anschluß an Blutuntersuchungen. Dtsch.
Z. gerichtl. Med. **22** I, 36—42 (1933).
GRAFF u. WERKGARTNER: Die Vererbung der Gruppeneigenschaften der roten Blutkörper-
chen. Beitr. gerichtl. Med. **7**, 98 (1928).
GRAUBERG-ROSENTHAL-HERMAN: Über Blutgruppen bei Nervenkranken. Ref. Zbl. Neur.
54, 745 (1930).
GREEN, R.: The relationship of the bloodgroup to immunity from malaria. Trans. roy.
soc. trop. Med. Lond. **23**, 161—166 (1929).
GREENFIELD: Experimentelle Untersuchungen über gruppenspezifische Antigene und
Antikörper. Z. Immun.forsch. **56**, 107 (1928).
GRIFOLS y ROIG: Reparticion de los grupos sanguineos en Espana. Congr. Microbiol. Paris
1930.
— De herencia de los grupos sanguineos y el diagnostico de la paternidad. Padioterapie
8, 5971 (1930).
GRIGOROWA: Die Isoagglutination bei Kindern im Zusammenhang mit den konstitutionellen
Eigenschaften. Z. Rassenphysiol. **4**, 155 (1931).
GRINGOT u. MELKICH: Gruppenspezifische Eigenschaften des Blutes und der WASSERMANN-
schen Reaktion. Russk. Klin. **7**, 752 (1927).
GROLL: Blutuntersuchungen mit Isohämagglutination zur Rassenbeurteilung. Züchtgskde
2, 65 (1927).
— Neue Untersuchungen mit Isoagglutinationen zur Rassenbeurteilung. Züchtgskde
1928, 6.
GROOTEN et KOSSOVITCH: Sur les groupes anguins chez les enfants poliomyélitiques. C. r.
Soc. Biol. Paris **105**, 428, 429 (1930).
— — Classification des groupes sanguins chez les Alsaciens. C. r. Soc. Biol. Paris **106**,
1059, 1060 (1931).
GROSOF: Rapid blood-grouping method. J. Labor. a. clin. Med. **15**, 85 (1929).
GROVE and CRUM: Transfusion of incompatible blood without reaction and error due to
contamination of grouping sera with Mustard bacillus. J. Labor. a. clin. Med. **16**,
259 (1930).
GRUBINA: Die Blutgruppen unter den Schulkindern der Bevölkerung von Ksyl-Orda (Kasak-
stan). Ukrain. Zbl. Blutgruppenforsch. **4**, 240 (1930).
GRÜNEWALD, W.: Vorschläge zur Einführung eines einheitlichen Blutspendernachweises.
Münch. med. Wschr. **1933**, 616, 617.
GRÜNFELD u. SCHMUNDAK: Über den Zusammenhang einiger biologischer Eigenschaften und
morphologischen Merkmale des weiblichen Organismus mit der Konstitution. Ukrain.
Zbl. Blutgruppenforsch. **3**, 154 (1929).
GRÜNWALD: Die Beeinflussung der Isoagglutininmengen durch Schwangerschaft, durch
Entzündung und durch Röntgenbestrahlung. Z. Rassenbiol. **3**, 71—93 (1930).
GRUSDIEFF: Blutgruppenuntersuchungen bei den Matrosen in Kronstadt. Vrač. Gaz.
(russ.) **1926**, 407.
GUARDABASSI e OTTAVIANI: Rapporto tra gruppi sanguigni e costituzione. Congr. Soc.
ital. Med. internaz. 1926, p. 199.
GUDOWITSCH: Isoagglutinierende Eigenschaften von der Cerebronalflüssigkeit bei Leichen.
Sud. Med. exper. **1928**, Nr 8.
GUNDEL: Rassenbiologische Untersuchungen an der Schleswig-Holsteinschen Bevölkerung.
Blutgruppen und Krankheiten. Z. Immun.forsch. **56**, 60 (1928).
— Blutgruppenuntersuchungen bei Strafgefangenen. Dtsch. Z. gerichtl. Med. **11**, 99
(1928).

Gundel: Rassenbiologische Untersuchungen an der schleswig-holsteinischen Bevölkerung unter Anwendung der Blutgruppenbestimmung. Z. Immun.forsch. **59**, 156 (1928).

— Weitere Untersuchungen über Lues und Blutgruppenzugehörigkeit. Münch. med. Wschr. **1928**, 1337.

— u. Tornquist: Über Beziehungen zwischen Blutgruppen und Geisteskrankheiten. Arch. f. Psychiatr. **86**, 4 (1929).

Gurewicz u. Gellermann-Gurewicz: Isohämagglutionseigenschaften des Blutes bei Syphilitikern. Russk. Klin. **9**, 622 (1928).

Gutierrez, Angelo: Blutgruppen und Psychose. Archivos Cardiol. **13**, 414—444 (1932).

Gutner, M. D.: Die Eklampsie im Zusammenhang mit den Konstitutionsunterschieden zwischen Mutter und Kind. Ž. Usoverš. Vrač. **1928**, 2.

György, E.: Blutgruppenuntersuchungen an syphilitischen Kranken. Orv. Hetil. (ung.) **1932**.

Gyorgy u. Witebsky: Anaphylaxie durch Bildung von Serum-Isoantikörpern nach wiederholter Transfusion gruppengleichen väterlichen Blutes. Münch. med. Wschr. **1928**, 195.

Haecker, Rubaschkin u. Korotkin: Beiträge zur Gruppenvererbungslehre. Ukrain. Zbl. Gruppenforsch. **3**, 1.

Haeker, W. u. Krainskaja Ignatowa: Zur Methodik der Isoagglutination bei den gerichtlich-medizinischen Untersuchungen der Blutflecken. Ukrain. Zbl. Blutgruppenforsch. **3**, 3, 269.

Hagedorn, A. C. u. A. L. Hagedorn: Die Bedeutung der Blutgruppenuntersuchung für die Medizin und allgemeine Biologie. Nederl. Tijdschr. Geneesk. **11**, 3794—3807 (1931).

Hallauer: Zur Isolierung der gruppenspezifischen Antigene menschlicher Erythrocyten. Schweiz. med. Wschr. **1929**, 121; Z. Immun.forsch. **63**, 287 (1929).

— Zur Frage der Isolierung gruppenspezifischer Antigene menschlicher Erythrocyten. Z. Immun.forsch. **76**, 119—126 (1932).

Hallauer, C.: Beitrag zur Kenntnis der Erythrocytenveränderung nach Thomsen. Z. Immun.forsch. **65**, 15—24 (1930).

Halter: Tödlicher Zwischenfall nach Bluttransfusion. Wien. klin. Wschr. **1930**, 236.

Hamada: Untersuchungen über Individualität der Milch oder des Harns beim normalen Menschen mittels Isohämagglutination. Nagasaki Igakk. Zasshi (jap.) **8**, 631 (1930).

Hamburger, Chr.: Correlation between blood types and insanity together with significance of determination of blood types in inoculation malaria. Hosp.tid. (dän.) **72**, 1188 (1929).

— Über den Isoagglutiningehalt des Retroplacentarblutes. Z. Rassenphysiol. **3**, 66—70 (1930).

— Untersuchungen über die Agglutinabilität und Absorptionsfähigkeit gewaschener Blutkörperchen. Acta path. scand. (København) **7**, 191 (1930).

— Untersuchungen über die Agglutinabilität und Absorptionsfähigkeit aufbewahrter Blutkörperchen. Acta path. scand. (København) **7**, 199—203 (1930).

Hamburger, M.: L'iso-agglutination. Groupes sanguins du nouveau-né et du nourrisson. Paris: Louis Arnette 1927.

Hamedy, A.: Le phénomène de l'isoagglutination chez les cheveaux avant et après leur hyperimmunisation antitoxique. C. r. Soc. Biol. Paris **106**, 1090 (1931).

— Le phénomène d'isoagglutination chez les cheveaux producteurs de serums antitoxiques. C. r. Soc. Biol. Paris **106**, 1097 (1931).

Handbuch der Blutgruppenforschung, bearbeitet von Bürkle de la Camp, D. Schott, M. Hesch, P. Steffan, S. Baertrup, O. Thomsen, S. Wellisch, herausgeg. von P. Steffan. Lehmans Verlag 1932.

Hanns, A.: A propos de l'isoagglutination. Presse méd. **1931**, 496.

Hansen: Methodologisches über Blutgruppenforschung durch Massenuntersuchung. Z. Rassenphysiol. **2**, 73 (1929).

Hara: Über den Antagonismus zwischen Gruppenmerkmalen und gruppenspezifischen Antikörpern im Kaninchenserum. Z. Immun.forsrh. **67**, 125 (1930).

— Zur Methodik der Blutgruppenbestimmung. Z. Immun.forsch. **67**, 174 (1930).

Haraguti: Individual discrimination of blood group from a used cigaretteend and a used tooth-pick. Bulteno de la Jurmed. Inst. Nagasaki (jap.) **1**, 45 (1929).

HARPER: Blood groups: need of uniformity of terminology in classification. J. Labor. a. clin. Med. 14, 240 (1928).

HARVEY, W. F.: Variations in blood grouping. Indian J. med. Res. 17, 1307 (1930).

HASELHORST: Die Blutgruppen, ihre klinische und forensische Bedeutung. Ärztl. Ver. Hamburg, 17. Mai 1927. Klin. Wschr. 1927, Nr 32, 1539.

— Blutgruppen und Vaterschaft. Klin. Wschr. 1928, Nr 38, 1816.

— Blutgruppenuntersuchungen bei Mutter und Kind in 2300 Fällen, darunter solche bei Vater und Kind in 1000 Fällen. Z. Konstit.lehre 15, 177 (1930).

— u. LAUER: Über eine Blutgruppenkombination Mutter AB und Kind O. Z. Konstit.lehre 15, 205 (1930); 16, 227 (1931).

HASSELMANN: Beiträge zur Blutgruppenverteilung der Bevölkerung von Frankfurt a. M. Z. Rasssnphysiol. 4, 24 (1931).

— Zur Kasuistik der Blutgruppenverteilung bei bestimmten Krankheiten. Arch. f. Dermat. 164, 44—46 (1931).

HECHT-ELIDA: Zur Impfmalaria der Syphilis. Über den Einfluß der klimatischen Verhältnisse und Blutgruppen auf die Inkubationsdauer der Impfmalaria bei Luikern. Arch. f. Dermat. 156, 377 (1928).

HEIM: Blutgruppenlehre und Bluttransfusion in der Frauenheilkunde. Mschr. Geburtsh. 81, 229 (1929).

HEINBECKER and PAULI: Blood grouping of polar Eskimos. J. of Immun. 13, 279 (1927).

— — Blood grouping of Baffin Islands Eskimos. J. of Immun. 15, 407 (1928).

HELLMUTH: Die Blutgruppenverteilung in Unterfranken, sowie ihre Beziehungen zu gynäkologischen Erkrankungen. Med. Welt 1931, 1528.

HELLSTERN: Fingerabdruckverfahren und Blutgruppenbestimmung im Strafvollzug. Reichsgesdh.bl. 2 III, 724 (1927).

HELLWIG, A.: Blutgruppenuntersuchung bei strittiger Vaterschaft. Zbl. Jugendrecht 18, 116 (1926).

— Meineidsverhütung durch Blutgruppenprobe. Kriminal. Mh. 3, 75 (1929).

— Der Sieg der Blutgruppenprobe in Vaterschaftsprozessen. Jur. Rdsch. 1930, 217.

— Die Blutgruppenprobe in der forensischen Praxis. Dtsch. med. Wschr. 57, 723 (1931).

— Die Verwertung der Blutgruppenprobe im Strafverfahren. Klin. Wschr. 1932, Nr 3. 1893—1895.

HENKE: Blutprobe im Vaterschaftsbeweise. Verl. Ärztl. Rdsch. München: O. Gmelin 1928.

HENLE, W.: Zur Frage der Ausscheidung von gruppen- und speichelspezifischen Substanzen. Z. Immun.forsch. 80, 171—180 (1933).

HENNEMANN: Über Blutgruppenbestimmungen an Strafgefangenen. Dtsch. Z. gerichtl. Med. 16, 126—138 (1931).

HÉRIVAUX, A.: Les groupes sanguins dans le lèpre. Bull. Soc. Path. exot. Paris 24, 618 (1931).

— et RAHVERSON: Des groupes sanguins chez les Malgaches. Bull. Soc. Path. exot. Paris 24, 247—250 (1930).

HERLYN: Über Blutgruppen bei Tieren. Züchtgskde 3, 377 (1928).

— Blutgruppenforschung und Blutübertragung. Z. Rassenphysiol. 2, 1 (1929).

HERMANN u. HLISNIKOWSKI: Blutgruppen und Impfmalaria. Med. Klin. 1928, 44.

HERS, F., v. HERWERDEN u. BOELE NIJLAND: Bloodgroup Investigation in the Hoeksche Ward. Akad. Wetensch. Amsterd., Vol. 36, p. 9. 1933.

HERTWIG: Kritisches zur Faktorenaustauschhypothese der Blutgruppengene. Klin. Wschr. 1930, Nr 39.

HERWERDEN, v.: Untersuchungen über die Blutgruppen in Holland. Internat. anthrop. Inst. 3. Mitt. Amsterdam 1927.

— Gerichtlich-medizinische Bestimmung der Blutgruppe für Vaterschaftsausschließung. Nederl. Tijdschr. Geneesk. 1, 834 (1929).

— Zwei Bemerkungen über Heterozygoten und Homozygoten bei der Blutgruppenforschung. Arch. Rassenbiol. 23, 78 (1930).

— Über die Blutgruppenforschung in Holland. Arch. Rassenbiol. 24, 198 (1931).

— Zeitliche Aufhebung der Hämagglutinationsfähigkeit mittels Formol. Nederl. Tijdschr. Geneesk. 75, 2517 (1931); Med. Welt 1931, Nr 33.

— and BOELE-NYLAND: Investigation of blood groups in Holland. Proc. Akad. Wetensch. Amsterd. 33, 659 (1930).

HERWERDEN, V. u. DE KONING: Die Verteilung der Blutgruppen in einer großen Familie. Nederl. Tijdschr. Geneesk. **72**, 1675 (1928).

HESCH, M.: Papillarmuster bei Eingeborenen der Loyalty-Inseln. Beziehungen zu Blutgruppen. Z. Rassenphysiol. **5**, 163—168 (1932).

HESSE: Blutgruppenzugehörigkeit und Pneumatisation des Warzenfortsatzes. Fol. otolaryng. **17**, 240 (1928).

HIGUCHI: Specific immune bodies in human blood groups and their antigens. Fukuoka Ikawaidaigaku Zasshi (jap.) **21**, 98 (1928).

— Über den Nachweis der vier menschlichen Blutgruppen in Blutflecken. Z. Immun.-forsch. **60**, 3, 4 (1929).

— Über die menschlichen Isohämolysine. Dtsch. Z. gerichtl. Med. **13**, 428 (1929).

HILGER-WOHLFEIL-KNÖTZKE: Beiträge zur Blutgruppenforschung. Klin. Wschr. **1928**, 2101.

HINE: Blood groups among Chinese. Nat. med. J. China **14**, 300 (1928).

HIRANE, H.: Blood groups in Philippine monkeys, Vol. 47, p. 449—462. 1932.

HIROTO, J.: Zur Kenntnis der agglutinierenden und hämolytischen Serumwirkungen gegenüber bakteriell verändertem Blute. Z. Immun.forsch. **58**, H. 1/2, 78 (1928).

HIRSZFELD, L.: Blutgruppen in der Pathologie. Warszaw. Czas. lek. (poln.) **5**, 661—663, 667—682 (1928).

— Über Ausschließung der Vaterschaft durch biologische Methoden. Warszaw. Czas lek. (poln.) **1929**, 1.

— Zur Frage der Blutgruppenvererbung. Klin. Wschr. **41** (1931).

— Le groupes sanguins en rapport avec le serologie constitutionelle et le problem du cancer. Congr. internat. Microbiol. Paris 1933. Med. doświadcz. i społ (poln.) **13**, 31 (1931).

— Gruppenspezifische Differenzierung der Organismen und gerichtliche Medizin. Czas. sadowo lek. (poln.) **1931**, 1.

— Gegenwärtige Probleme der Lehre von der gruppenspezifischen Differenzierung des menschlichen Organismus. Warszaw. Czas. lek. **1931**, 30, 31.

— Über die genetische Bedingtheit der Isoagglutinine auf Grund der Blutgruppenuntersuchung bei Schweinen. Klin. Wschr. **1932** I, 950, 951.

— Prolegomena zur Immunitätslehre. Klin. Wschr. **47**, 2153—2159 (1931).

— Zur gerichtlich-medizinischen Bewertung der Blutgruppen. Polska Gaz. lek. **16** (1933); Arch. roum. Biol. **1933** (im Druck).

— u. R. AMSEL: Über den Nachweis der von der Frucht stammenden Substanzen im Retroplacentarblut der Mutter. Klin. Wschr. **1931**, Nr 30; C. r. Soc. Biol. Paris **109**, 252—257.

— — Sur la présence des élements de groupe dans les objets en contact immédiat avec l'homme. C. r. Soc. Biol. Paris **109**, 249 (1931).

— — Über Methoden und Technik der Feststellung der Gruppeneigenschaften in Blutflecken und Flüssigkeiten des Organismus. Med. doświadcz. i społ. (poln.) **13**, 5, 6 (1931).

— — Beitrag zur gerichtlich-medizinischen Verwertung der Blutgruppen. Dtsch. Z. gerichtl. Med. **19**, 133 (1932).

— u. HALBER: Über gegenseitige Beziehungen gruppenspezifischer Strukturen bei Menschen und Tieren. Z. Immun.forsch. **59**, 17—51 (1928).

— — Différences biochimiques et rapport mutuel des groupes sanguins chez l'homme et chez les animaux. C. r. Soc. Biol. Paris **99**, 1166—1168 (1928).

— — Untersuchungen über Verwandtschaftsreaktionen zwischen Embryonal- und Krebsgewebe. I. Mitt. Rattenembryonen und Menschentumoren. Z. Immun.forsch. **75**, 193—208 (1932). Poln. Akad. Wiss. **1932**.

— — u. LASKOWSKI: Untersuchungen über die serologischen Eigenschaften der Gewebe. I. Über gruppenspezifische Differenzierung der Normal- und Krebsgewebe. Z. Immun.-forsch. **64**, 62—80 (1929).

— — — Über serologische Eigenschaften der Neubildungen. Z. Immun.forsch. **64**, 81 bis 113 (1929).

— — — Über die serologische Spezifität der Krebszelle. Klin. Wschr. **34**, 1563—1568 (1929).

— — — Über serologische Eigenschaften von Normal- und Krebsgewebe. Warszaw. Czas. lek. **1929**, 20.

— — — Serologische Untersuchungen über Krebs. Med. doswiadcz. i spo. (poln.) **10**, 5, 6 (1929).

HIRSZFELD, HALBER u. ROZENBLAT: Untersuchungen über Verwandtschaftsreaktionen zwischen Embryonal- und Krebsgewebe. II. Mitt. Menschenembryo und Menschenkrebs. Z. Immun.forsch. **75**, 209—216 (1932).

— u. H. HIRSZFELD: Über Immunität der jungen Organismen. Warszaw. Czas. lek. (poln.) **1931**, Nr 23—25.

— — A propos de la reaction de SCHICK. Les bases constitutionelles de reactions cutanees. Ann. Méd. **29**, 5 (1931).

HITTMAIR u. AUHUBER: Icterus haemolyticus bzw. familiäre hämolytische Anämie mit besonderer Berücksichtigung der Blutgruppenvererbung. Fol. haemat. (Lpz.) **13**, 80 (1930).

HOCHE: Über blutgruppenspezifische pathologisch-biologische Vorgänge. Wien. klin. Wschr. **1929**, Nr 15.

— Über das gegenseitige Verhalten der Blutgruppen A und B im Blut der Gruppe AB. Wien. klin. Wschr. **1932 II**, 1088, 1089.

HOCHEIM u. ROSENTHAL: Ein Fall von Panagglutination bei agranulocytärer Reaktion. Med. Klin. **1930**, Nr 31.

HODOYO, H.: Blutgruppenvermutung durch Menschenkot. Dtsch. Z. gerichtl. Med. **22**, H. 2, 95—101 (1933).

HODYO: The question of group-specific antibodies. Bultenuno Jurmed Inst. Nagasaki **1**, 43 (1929).

— Blood group determination in human faeces. Bulteno Jurmed Inst. Nagasaki **1**, 59 (1929).

HÖLSCHER, F.: Untersuchungen über den Blutgruppentiter bei fortgeschrittener Tuberkulose. Z. Immun.forsch. **66**, 193—203 (1930).

HOFFERBER u. WINTER: Die Wirkung intravenöser Injektion von arteigenem, aber gruppenfremdem Blute auf die Isoagglutinine des Pferdes. Z. Rassenphysiol. **5**, 87—90 (1932).

— — Isohämagglutinationen und Blutgruppen bei Rindern. Arch. Tierheilk. **64** (1932).

HOLZER, T.: Verwendung der Herzbeutelflüssigkeit zur Blutgruppenbestimmung an Leichen. Klin. Wschr. **1929**, 2427.

— Ein einfaches Verfahren zur Gruppenbestimmung an vertrocknetem Blut durch Agglutininbindung. Dtsch. Z. gerichtl. Med. **16**, 445—458 (1931).

— Über eine wenig beachtete Hemmungserscheinung bei der Isohämagglutination. Klin. Wschr. **1932 I**, 243.

HOOKER and BOYD: The chances of establichung nonpaternity by determination of blood groups. J. of Immun. **16**, 451—462 (1929); Amer. J. Police Sci. **1930 I**, 121.

HOPF: Die Bedeutung von Blutgruppenkonstellation und Entwicklungsstadium der Plasmodien für Malariatyp und Inkubationszeit. Münch. med. Wschr. **1928**, 1755.

HOSTERS, H. u. KROHN: Über Vererbung und Erbgebundenheit der Blutgruppen Dtsch. Arch. klin. Med. **173**, 251—282 (1932).

HÜTTL: Constitution and blood groups. Mschr. ung. Mediziner **2**, 117 (1929).

HUGUININ, R. et J. DELAGE: Groupes sanguins et cancer. C. r. Soc. Biol. Paris **112**, 157 (1933).

HUIE WONG D. and F. CHEN: Blood groups in relation to syphilis and ith treatmans. Nat. med. J. China **17**, 354 (1931).

HYOS SAINZ, DE: Una hoja para el estudio de la herencia en el hombre: grupos sangioneos y caracteres antropologicos. Mem. Soc. españ. Hist. nat. **15**, 845 (1929). Congr. internat. Microbiol Paris 1931.

ICHIDA: Studies on the inheritance of blood groups. I. Theoretocal considerations an Records. II. Statistical considerations. III. Summary and critical observations. Juzenkwai-Zasshi (jap.) **32**, Nr 8/9 (1927).

— Mathematico-statistical considerations on inheritance of human blood groups. J. of Immun. **16**, 81 (1929).

IHARA and YANAGISHI: Über Krankheitsdisposition und Isohämagglutination. Z. Rassenphysiol. **2**, 32 (1929).

INCZA, G.: Untersuchungen zur Ausscheidung der Blutgruppen A_1 und A_2. Orv. Hetil. (ung.) **1933**, 667—669.

IRSIGLER, F.: Intravitale Isohämolyse nach Blutüberleitung bei gleichzeitiger Speicherung des Reticuloendothels. Hämoglobinämische Nephrose. Dtsch. Z. Chir. **237**, 80—96 (1932).

IRWIN, M.: Dissimilarities betwen antigenic properties of red blood cells of dore hybrid and parenteral genera. Proc. Soc. exper. Biol. a. Med. **29**, 850 (1932).

ISHIKAWA: Case of death after blood transfusion. Ikken, Iho (jap.) **6**, 63.

ITO, M.: Über die Erythrocytenblutgruppen menschlicher Embryonen. Mitt. med. Ges. Tokyo **46**, 1092 (1932).

— Über die Blutgruppe der Organe und besonders die des Hirns bei menschlichen Feten. Mitt. med. Ges. Tokyo **46**, 1119—1139 (1932). (Deutsche Zusammenfassung.)

ITSIGLER: Intravitale Isohämolyse nach Blutüberleitung bei gleichzeitiger Speicherung des Reticuloendothels. Hämoglobinämische Nephrose. Dtsch. Z. Chir. **237**, 80 (1932).

IWANAMI, H.: Beobachtungen über die Blutgruppen der Schüler der Marineschule Nauraigaku Zasshi (jap.) **6**, 18 (1932).

JACOBI: Übersicht über die Lehre und bisherigen Stand der Blutgruppenforschung mit besonderer Berücksichtigung des Forensischen. Psychiatr.-neur. Wschr. **29**, 46 (1927).

JACOBS, S.: Untersuchungen über den Übertritt der Blutgruppen-Agglutinine von der Mutter auf die Frucht. Diss. Köln 1932.

JADIN, J.: La valeur antigénique des agglutinogénes M et N dans les globules. C. r. Soc. Biol. Paris **110**, 123 (1932).

JANKOVITCH: The significance of the blood groups in forensic medicine. Orvosképzés (ung.) **19**, 36 (1929).

JANNUZZI: Gruppi sanguigni e otosclerosi. Arch. ital. Otol. **1929**, 40.

JENKINS: Random mating and blood groups. J. of Immun. **1931**, 279.

JERMILOW u. MOLDAWSKAJA-KRITSCHEWSKAJA: Zur Frage der Veränderung der isoagglutinatorischen Eigenschaften der Erythrocyten unter dem Einfluß der Bakterien M und T. Ukrain. Zbl. Blutgruppenforsch. **4**, 179 (1930).

JERMOLENKO, H.: Über das Phänomen der Autohämagglutination. Kazan. med. Ž. **11**, 1136—1140 (1929).

JETTMAR, H.: Contribution to the serology of the blood of yacks and cat cattle. Mand. Plag. prevent. Service **1928/29**, 27—30.

— Beiträge zur Serologie des Yaks- und Rinderblutes. Z. Immun.forsch. **65**, 288—311 (1930).

— Blutgruppenuntersuchungen in der Nordostmongolei und der Nordmandschurei. Mand. Plag. Service Rep. **1929/30**, 32—46; Mitt. anthrop. Ges. Wien. **60**, 39 (1930).

JOHANNSEN: Negle Studier over de menneskelige Iso-haemagglutinine. Habil.schr. Kopenhagen 1926.

— A classification of cancer patients according to their blood groups and some investigations concerning Iso-haemagglutination. Acta path. scand. (Københ.) **4**, 3 (1927).

— Human iso-agglutinins with special reference to conditions in cancer. Bibl. Laeg. (dän.) **119**, 42 (1927).

JONESCO-MIHAIESTI et DIMITRESCO: Groupes sanguins chez le lapin. C. r. Soc. Biol. Paris **98**, 1637 (1928).

JONESCU, P. u. E.: Beiträge zum Studium der Blutgruppen in Rumänien. Fol. haemat. (Lpz.) **42**, 91 (1930).

JORDAN, E.: Influence of age on amount of normal agglutinines in the blood of cattle. Proc. Soc. exper. Biol. a. Med. **30**, 446 (1933).

JORPES, E. u. G. NORDLIN: Über die chemische Natur der Blutmerkmale. Z. Immun.forsch. **81 I**, H. 2, 152—162 (1933).

JOUSTRA: On true and pseudo-agglutination. Nederl. Mschr. Geneesk. **14**, 201 (1927).

JUDINA: Die spezifischen Rassen- und nichtspezifischen Artagglutinine sowie die Elemente des Menschenblutes A und B im Blute der Affen. Ukrain. Zbl. Blutgruppenforsch. **5**, 209 (1931).

JUHASZ-SCHÄFFER: Beitrag zur Frage der Vererblichkeit der Blutgruppen. Schweiz. med. Wschr. **58**, 1132 (1928); Z. Abstammgslehre **50**, 416 (1929).

— Beiträge zur Frage der Vererbung der Blutgruppen. Klin. Wschr. **1931**, 1497.

— Die Vererbung der Blutgruppen. Klin. Wschr. **1932 I**, 725.

— u. A. VANOTTI: Über Isolierung der gruppenspezifischen Agglutinogene der roten Blutkörperchen. Z. exper. Med. **86**, 809—816 (1933).

JUNG, P.: Die Verwendung der Blutgruppenbestimmungen in der Geburtshilfe. Schweiz. med. Wschr. **1932 I**, 436—437.

JUNGEBLUT, C.: The power of normal human series to inactivita the bilor of poliomyelitis in its relation, to blood grouping. J. of Immun. **23**, 157—172 (1933).
— and L. SMITH: Bloodgroup in Poliomyelitis. J. of Immun. **23**, 30—48 (1932).
JURGELIUNAS u. RAVENSBERG: Die Verteilung der Blutgruppen beim litauischen Volk. Z. Rassenphysiol. **2**, 39 (1929).
JUST: Blutgruppe und Vererbung. Med.ber. Greifswald, 22. Jan. **1932**.
KABOTH, G.: Blutgruppe und Vaterschaftsbestimmung. Ber. Gynäk. **21**, 241—254 (1932).
KADING: Über Blutgruppenforschung. Z. ärztl. Fortbildg **3**, 101 (1928).
KAEMPFER, A.: Über die Vererbung der Blutgruppen des Schweines. Z. Abstammgslehre **61**, 261—300 (1932).
KAEMPFFER, A.: Über ein zweites Isoagglutinogen-Agglutininpaar B—β im Schweineblut. Z. Rassenphysiol. **5**, 53 (1932).
KAMINSKY: Die isohämagglutinatorischen Eigenschaften des Blutes bei den Kranken der Limankurorte. Ukrain. Zbl. Blutgruppenforsch. **2**, 4 (1928).
KAN ITIYOSIDA: Contribution à l'étude des iso-hemagglutinines au point de vue medico-légal. Ann. Méd. lég. etc. **8**, 249 (1928).
— Über die gruppenspezifischen Unterschiede der Transsudate, Exsudate, Sekrete, Exkrete, Organextrakte und deren rechtsmedizinischen Anwendungen. Z. exper. Med. **63**, 331 (1928).
— A simple method of blood-group determination with non-blood-containing substances. Bulteno Jurmed. Inst. Nagasaki **2**, 6 (1930).
KAPUSTO: Ergebnisse der Arbeiten des anthropometrischen Kabinetts des städtischen Kinderambulatoriums zu Taschkent. Med. Mysl' (russ.) **1928**; Ukrain. Zbl. Blutgruppenforsch. **3**, 333 (1929).
KARNAUCHOWA: Blutgruppen und Epilepsie. Ukrain. Zbl. Blutgruppenforsch. **4**, 232 (1930).
KARSHNER: Hemo-agglutination in blood infants. J. Labor. a. clin. Med. **13**, 1134 (1928).
— Hemo-agglutination II. Hemoagglutination in the blood of bovines. J. Labor. a. clin. Med. **14**, 225 (1928).
— and M. WARNER: Hemoagglutination III. Hemoagglutination in the blood of Chickens. J. Labor. a. clin. Med. **14**, 346 (1929).
KASEVAROW: Blutgruppe, Konstitution und Psychosen. Psychiatr. Clin. Kasan. Univ. **1928**, Nr 2, 144.
KASSANDROW: Blutgruppen bei Läufern. Ukrain. Zbl. Blutgruppenforsch. **5**, 237 (1931).
KATHE: Die Blutgruppenforschung und ihre Ergebnisse. 101. Jber. dtsch. Ges. vaterländ. Kultur **1929**, 11—16.
KATSUNUMA, S., K. GENSAKU, A. SHIRO: The variability of the blood groups and its clinical significance. Proc. imp. Acad. Tokyo **5**, 291 (1929).
KAYSER: Individualitätsreaktionen des Blutes von Schafen, Ziegen, Schweinen und Rindern. Arch. Tierheilk. **69**, 89 (1929).
KEMP: Recherches sur le degré de sensibilité des hématies des embryons humains vis-à-vis des iso-hemagglutinines du sang des adultes et sur le teneur en iso-hemagglutinines du serum des embryons humains. C. r. Soc. Biol. Paris **99**, 419 (1928).
— On the degree of agglutinability of the blood corpuscle opposite isoagglutinins in human fetuses. Acta path. scand. (København.) Suppl. **5**, 62, 63, 68—74 (1930).
— Recherches sur le degré de sensibilité des hématies des nouveau-nés vis-à-vis des iso-hemagglutinines du sang des adultes. C. r. Soc. Biol. Paris **99**, 417 (1928); Acta path. scand. (København.) **7**, 146 (1930).
KENNEDY: Blood-group classification used in hospitals in the United States and America. J. amer. med. Assoc. **90**, 1323 (1928).
— Blood-group classification used in hospitals in the United States and Canada. J. amer. med. Assoc. **92**, Nr 8, 610 (1929).
— Isohemagglutination: The work of Jan Jansky with a critical analysis. J. of Immun. **20**, 117—141 (1931).
KETTEL: Studien über die Frage der Kälteagglutination des Blutes beim Menschen. Acta path. scand. (København.) **5**, 306 (1928).
— Undersögelser over Kuldhämagglutininer i menneskeserum. Kopenhavn: Levin e Munksgaard 1930.
— u. THOMSEN: Quantitative Untersuchungen über die menschlichen Isoagglutinine Anti-A und Anti-B. Z. Immun.forsch. **65**, 245—253 (1930).

Kirihara, Shinichi and Hakurinsai: The hereditary law of the human bloodgroups. Nagoya J. med. Sci. **2**, Nr 2, 75—102 (1927).
Kirwan-Taylor: The inheritance of blood-group factors. J. of Path. **33**, 313 (1930).
Kishi: Juzenkwai-Zasshi (jap.) **31**, Nr 1 (1926).
— Juzenkwai-Zasshi (jap.) **32**, Nr 6 (1927).
— The biochemical racial index in vatious Japanese ports. Juzenkwai-Zasshi (jap.) **32**, Nr 8 (1927).
— Unterschiede zwischen Bernsteins und Furuhatas Genhypothese. Shakai med. Zasshi (jap.), 20. März **1928**, Nr 494.
— Kanazawa Juzenkwai-Zasshi (jap.) **32**, 11 (1928).
— Hanzaigaku-Zasshi (jap.) **2**, 2 (1929).
Kiss u. Teveli: Blutgruppe und Scharlach. Jb. Kinderheilk. **127**, 1, 2 (1930).
Klein: Beitrag zur Kenntnis der Agglutination roter Blutkörperchen. Wien. klin. Wschr. **1902**, 16.
— Ergebnis der Blutgruppenbestimmungen in Oberlahnstein und St. Goarshausen. Z. Rassenphysiol. **1**, 12 (1928).
— Weitere Ergebnisse der Blutgruppenbestimmung aus dem Kreise St. Goarshausen. Z. Rassenphysiol. **2**, 111—113 (1930).
Kliewe: Über die Blutgruppenzusammensetzung der Bevölkerung Oberhessens. Nachtrag zu Kliewe u. Nagel. Klin. Wschr. **7**, 406 (1928).
Klopstock, A.: Zur Kenntnis der sog. Untergruppen von A. Z. Immun.forsch. **74**, 211—228 (1932).
Knights: Influence of blood groups in malarial transfusion. J. Labor. a. clin. Med. **15**, 980 (1930).
Knobloch: Gerichts-medizin. Bedeutung in Vaterschaftssachen. Čas. lék. česk. **66**, 338, 377 (1927); Dtsch. Z. gerichtl. Med. **10**. 572.
— Gruppenbestimmung in Blutflecken. Čas. lék. česk. **66**, 1968 (1927).
Knudtson-Torben: Über Bluttypeneigenschaften bei Feten. Dtsch. Z. gerichtl. Med. **13**, 358 (1929).
Köding-Münster: Über Blutgruppenforschung. Münch. med. Wschr. **1928**, 548.
Körwer, H.: Blutgruppe und Scharlach. Z. Kinderheilk. **136**, 59—70 (1932).
Kössler: Die Blutprobe als Wiederaufnahmegrund nach der österreichischen Zivilprozeßordnung. Gerichtsztg **77**, 244 (1926).
— Die richterliche Würdigung der verweigerten Zustimmung zur Blutprobe. Notariatsztg **68**, 93 (1926).
— Die Blutproben und ihre Bedeutung für den Paternitätsprozeß. Österr. Anwaltsztg **3**, 7 (1926).
— Die Blutprobe als Beweismittel in Vaterschaftsstreitigkeiten. Arch. Kriminol. **81**, H. 2/3 (1927).
Koftunowicz: Isohämaagglutination und die Existenz von mehr als 4 Blutgruppen. Vestn. Chir. (russ.) **10**, 76 (1927).
Koga, Hikojiro: Über Beziehungen zwischen den verschiedenen Blutgruppen und der Senkungsgeschwindigkeit. Nagasaki Igakkai Zasshi (jap.) **10**, 177 (1932).
Koller: Untersuchung über das Verhältnis der Blutgruppen bei Müttern und Neugeborenen. Arch. Klaus-Stiftg **2**, H. 3/4 (1926).
— u. Meier: Isoagglutinine im Serum der Neugeborenen. Arch. Klaus-Stiftg **3**, H. 3 (1927).
Koller, S.: Statistische Untersuchungen zur Theorie der Blutgruppen und zu ihrer Anwendung vor Gericht. Z. Rassenphysiol. **3**, 121 (1931).
— Gegenwärtiger Stand der erbstatistischen Methodik beim Menschen. Arch. soz. Hyg. **6**, 194—199 (1931).
— Über die Wirkung von Fehlbestimmungen der Blutreaktion N auf die Erblichkeitsstatistik. Z. Rassenphysiol. **5**, 102 (1932).
— u. Sommer: Zur Kritik der von S. Wellisch angewandten mathematischen Methoden in der Blutgruppenforschung. Z. Rassenphysiol. **3**, 27—44 (1930).
— — Bemerkungen zur Berechnung der Faktorenaustauschziffern bei der Blutgruppenvererbung durch Weinberg. Arch. Rassenbiol. **25**, (1931).
Komiya: Zur Analyse des A-Receptors des Hammels. Z. Immun.forsch. **67**, 319—331 (1930).
— Untersuchungen zur Methodik des Nachweises gruppenspezifischer Organstrukturen. Z. Immun.forsch. **65**, 502—514 (1930).

Kornel: Die Blutgruppenuntersuchung als Beweis in Vaterschaftsprozessen. Schweiz. Juristenztg 22; Österr. Richterztg 19, 159 (1926).

Kosonen, O.: Isoagglutinationsuntersuchungen in Nord-Karjala. Acta Soc. Medic. fenn. Duodecim 13, H. 3, Nr 8, 1—18 (1931).

Kossovitch: La race arménienne d'après ses groupes sanguins. Le Foyer, 5. Jan. 1929.

— Les groupes sanguins. Revue anthrop. 39, 244 (1929).

— Les groupes sanguins chez les Français et les règles de l'hérédité. Revue anthrop. 39, 374 (1929); C. r. Soc. Biol. Paris 106, 1087 (1931).

— Les groupes sanguins chez les Français et les règles de l'hérédité. 15. Congr. internat. d'Anthropologie et d'Aetiologie Préhistorique 1931.

— Les groupes sanguins. Revue anthrop. 41, 131 (1931).

— A propos de l'hérédité des groupes sanguins. C. r. Soc. Biol. Paris 106, 1087—1089 (1931).

— Recherches anthropolométriques et sérologiques (groupes sanguins) chez les Israelites du Maroc. C. r. Soc. Biol. Paris 109, 9—11 (1932).

Kossowitsch, M.: Recherches anthropométique et sérologiques chez les Israelitis du Maroc. C. r. Soc. Biol. Paris 109, 9—11 (1932).

— et M. F. Benoit: Les groupes sanguins chez les Berbérophones He de Djerba, Heggas, Maroc). C. r. Soc. Biol. Paris 109, 198 (1932).

— — Contribution à l'étude anthropologique et sérologique des juifs Revue anthrop. 1932, 4—6.

Kotler: Isoagglutination u. morphologischer Index bei Tuberkulose. Vopr. Tbk. (russ.) 6, 132 (1929).

Krainskaja-Ignatowa: Über die Gruppeneigenschaften des Spermas. Zur Frage der individuellen Zugehörigkeit von Samenflecken. Dtsch. Z. gerichtl. Med. 13, 441 (1929).

— Zur Frage der Artspezifität der Agglutination. Ukrain. Zbl. Blutgruppenforsch. 5, 20 (1931).

— Zum Studium der Artagglutination. Z. Immun.forsch. 75, 489—502 (1932).

— u. Hecker: Zur Methodik der Isoagglutination bei der gerichtlich-medizinischen Untersuchung von Blutflecken. Ukrain. Zbl. Blutgruppenforsch. 4, 117 (1930); Vrač. Delo (russ.) 13, 40 (1930).

— — u. Aleksandrovsky: Zur Frage der defekten Gruppen. Ukrain. Z. Krovjan. Ugrup. 1, 27—31 (1932).

— u. Moldarskaja-Kricevskaja: Das Thomsensche Phänomen bei gerichtlich-medizinischen Untersuchungen. Bjul. Komiss. vivean Krovjan. Ugrup. 4, 117—122 (1930).

— u. Sobolewa: Die Artagglutination in ihrer Anwendung auf gerichtlich-medizinische Untersuchungen. Dtsch. Z. gerichtl. Med. 19, 446—453 (1932).

Kral: Über Isoagglutinine im Liquor cerebrospinalis. Med. Klin. 1931, Nr 18; Dtsch. Z. Nervenklin. 1931, 122—136.

Kramar: Über pathologische Hämagglutination; zugleich ein Beitrag zu den Transfusionsschäden. Dtsch. med. Wschr. 1928, Nr 50.

— u. Reiner: Über Ursache und Entstehung der pathologischen Hämagglutination Naunyn-Schmiedebergs Arch. 137, 315 (1928).

— — u. Barla Szabo: Weitere Untersuchungen über die Entstehung der pathologischen Hämagglutination. Naunyn-Schmiedebergs Arch. 145, 64 (1929).

Kraus: Zur Frage der internationalen Regelung des Hämotestes zur Blutgruppenforschung. Klin. Wschr. 1927, 40.

— u. Medvei: Die Blutgruppenverteilung bei Hyperthyreoidismus. Münch. med. Wschr. 1929, 493.

Krehninger, v.-Guggenberger: Blutgruppenuntersuchungen am Retroplacentar- und Nabelschnurblut. Mschr. Geburtsh. 80, 104 (1928).

Kritschewski u. Baskin: Die gruppenspezifische Differenzierung der Organe des Menschen. VIII. Zur Untersuchungsmethodik der Gruppendifferenzierung menschlicher Organe. Z. Immun.forsch. 75, 284—297 (1932).

— — Die gruppenspezifische Differenzierung der Organe bei Menschen, sowie Thomsens Entgegnung. Z. Immun.forsch. 79, 69—77 (1933).

— u. Messik: Die gruppenspezifische Differenzierung der menschlichen Organe. Über das Verhältnis des Forssmannschen Antigens zu den gruppenspezifischen Antigenen des Menschen und über die Lipoidenatur derselben. Z. Immun.forsch. 65, 405 (1930).

Kritschewski u. Schapiro: Die gruppenspezifische Differenzierung der menschlichen Organe. Zur Frage der gruppenspezifischen Differenzierung der Linse. Z. Immun.-forsch. **59**, 264 (1929).

— u. Schwarzmann: Die gruppenspezifische Differenzierung der menschlichen Organe. Klin. Wschr. **1927**, 2090; **1928**, 896; Trudy mikrobiol. naučn.-izsled. Inst. (russ.) 4, 215 (1928).

Kubanyi: Weitere Untersuchungen über die Beziehung zwischen Hämophilievererbung und Blutgruppencharakter. Klin. Wschr. **1931**, Nr 13.

— Die Bedeutung der Agglutinationstiterbestimmungen vor der Bluttransfusion. Zbl. Gynäk. **1932**, 190.

Kuhn, W.: Die Isoagglutinationsprobe als Mittel zur Hämolyseverhütung beim Pferde. Arch. Tierheilk. **65**, 480 (1932).

Kukolewa: Die Blutgruppen und die Impfung mit Typhus und Paratyphus. Vrač. Delo (russ.) **1928**, Nr 5.

Kumagai u. Namba: Weitere Beiträge zur Kenntnis der paroxysmalen Hämoglobinurie. Dtsch. Arch. klin. Med. **46**, 257 (1927).

Kumaris: Zur Frage der Geschlechtsgebundenheit bei der Blutgruppenvererbung. Z. Rassenphysiol. **4**, 6 (1931).

Kyrklund, R.: Die Blutgruppenverteilung unter Kindern in Turku und Varsinais-Iuomi. Acta Soc. Medic. fenn. Duodecim A **15**, Nr 14 (1932).

Laguna: Über scheinbares Fehlen des A-Receptors in der Gruppe AB. Klin. Wschr. **9**, 547 (1930); Med. doświadcz. spo. **12**, 212 (1930).

— Blutgruppenuntersuchungen in einem Falle von Zwillingsgeburt. Polska Gaz. lek. **1933**, 323—324.

Lahiri: Observations on blood grouping with a note on blood groups, in a polyandrous family. Indian J. med. Res. **16**, 969 (1929).

Lambert: Absence of iso-agglutinins in rats. Amer. Naturalist **61**, 382 (1927).

Lamy: Les groupes sanguins. Sang **1927**, 3.

Landsteiner, K.: Serologische Individualdifferenzierung und die menschlichen Blutgruppen. Wien. med. Wschr. **22**, 744 (1927).

— Zur Frage der Gruppenbestimmung bei Transfusion. Klin. Wschr. **7**, 112 (1928).

— Die Blutgruppen in der gerichtlichen Medizin. Wien. klin. Wschr. **1928**, Nr 18.

— Sur les propriétés sérologiques du sang des Anthropoides. C. r. Soc. Biol. Paris **99**, 658 (1928).

— Cell antigens and individual specificity. J. of Immun. **15**, 589 (1929).

— Zur Frage der Untergruppen der Blutgruppe A und der Agglutinine in der Gruppe AB. Dtsch. Z. gerichtl. Med. **13**, 1 (1929).

— Über einige neuere Ergebnisse der Serologie. Naturwiss. **2** (1930).

— Individual differences in human blood. Science (N. Y.) **73**, 403 (1931).

— Serological tests with the blood of Cavia porcellus and Cavia rufescens. Proc. Soc. exper. Biol. a. Med. **28**, 981, 982 (1931).

— Note on the group specific substance of horse salive: Science (N. Y.) **11**, 351 (1932).

— u. Levine: On individual differences in human blood. J. of exper. Med. **47**, 757 (1928).

— — On the inheritance of agglutinogens of human blood demonstrable hy immune agglutinins. J. of exper. Med. **48**, 731 (1928).

— — On the racial distribution of some agglutinable structures of human blood. J. of Immun. **16**, 123 (1929).

— — On the inheritance and racial distribution of agglutinable properties of human blood. J. of Immun. **18**, 87—94 (1930).

— — Note on individual differences in human blood. Proc. Sci. exper. Biol. a. Med. **28**, 309, 310 (1930).

— — The differentiation of a type of human blood by means of normal animal serum. J. of Immun. **20**, 179—185 (1931).

— — Immunisation of chimpanses with human blood. J. of Immun. **22**, 397—400 (1932).

— — On the Forssman Antigen in B. Paratyphus B and B. Dysenterie. Shiga. J. of Immun. **22**, 75—87 (1932).

— — On individual differences in chicken blood. Proc. Soc. exper. Biol. a. Med. **30**, 209 (1932).

LANDSTEINER, K., LEVINE and JANES: On the development of iso-agglutinin following transfusion. Proc. Soc. exper. Biol. a. Med. **25**, 672 (1928).
LANNER: Zur Hämagglutininforschung. Klin. Wschr. **30**, 1477 (1925).
LASAS: VI. Über die Blutgruppen der Litauer, Letten und Ostpreußen. Arch. Rassenbiol. **22**, 270—274 (1929).
LATTES: Encore à propos des groupes sanguins. Ann. Méd. lég. etc., April **1928**.
— I gruppo sanguigni e la ricerca della paternita. Atti Soc. lombarda Sci. med. e biol. **16** (1928).
— Blutgruppendiagnose von Blutflecken. Ukrain. Zbl. Blutgruppenforsch. **2**, 2 (1928).
— Erfahrungen mit Trockenseris (Globulinpulver) für Blutgruppenbestimmung. Beitr. gerichtl. Med. **9**, 25 (1929).
— Gruppi sanguigni ed ereditarieta. 2. Congr. Genetica ed Eugenica Roma, Sept. 1929.
— Sieri gruppo-specifici e spermatozoi. Boll. Soc. Biol. sper. **4**, 84—87 (1929).
— L'eredita delle proprieta individuali del sangue. Amer. J. Physiol. **90**, 2 (1929).
— Le fonti biochemiche dell'individualita umana. Boll. Soc. Biol. sper. **4**, 1068 (1929); Atti Soc. progr. Sci. Firenze **1929**.
— I gruppi sanguigni e la pratica medica. 1. Congr. internat. Microbiol. Paris 1930; Haematologica (Palermo) **1**, 171 (1930).
— Le piú recenti acquisizioni in tuna di gruppi sanguigni. Atti Congr. naz. Microbiol. **1930**.
— Un caso pratico di diagnosi individuale di trace di sangue sul cadavere. Boll. Ematol. **1930**, No 7.
— Ereditarieta dei gruppi sanguigni. Rass. Med. **10**, 249 (1930).
— Recenti notizie sui gruppi sanguigni in medicina legale. Arch. di Antrop. crimin. **50**, Suppl. (1930); Atti Accad. Sci. Lett. Arti Modena **4**, 3 (1930); Atti Med. Accad. Sci. Modena **4**, 3, 3—6 (1932).
— Sugli autoanticorpi fisiologici. (Istit. di Med. Leg. Univ. Modena.) Boll. Soc. Biol. sper. **6**, 589—591 (1931).
— La dottrina dei gruppi sanguigni e la medicina militare. Tip. S. Bernardino. Siena 1931.
— Il ricambio delle sostanze gruppo-specifiche. Rass. clin. scient. **9**, 259 (1931).
— Desarrollo de la doctrina de la individualidad celular. Arch. Méd. lég. etc. **1**, 16 (1931).
— Azione di alcuni antisettica sul titolo di isoagglutinazione (con osservazione nelle variazioni spontanee della sensibilita globulare). Boll. Soc. Biol. sper. **6**, 592 (1931).
— Le variazioni quantitative dèlle proprieta gruppo-specifiche. Congr. Microbiol. Milano 1931. Boll. Soc. Microbiol. **3**, 570 (1931).
— Blutgruppendiagnose von Blutflecken. Ukrain. Zbl. Blutgruppenforsch. **2**, 2, 36.
— Le moderne conquiste biologiche in tema di ricerca della paternita. La Guistizia penale **1932 IV.**
LATTES, L.: Individulité du sang dans la biologie, la clinique et la médicine legale. Paris: Masson & Co. 1929.
— Individuality of the blood in biology, Clinical and forensie Medicin, 1932. p. 4130. Oxford University Press.
— BADINO E JUHASZ: Contributo allo studia dell'eredita deu gruppi sangnigni. Giorn. Batter. **3**, 151 (1928).
— Diagnozi di gruppo sanguino in omicida mediante mozziconi di sigaretto. Arch. di Antrop. crimin. **52**, 711—732 (1932).
— Eccenzionale Contributo casistico alle diagnosi Individuale delle tracce di saliva. 4. Congr. Microbiol. 1932.
— e CANUTO: Ancora un caso di diagnosi individuale di macchie sanguigni (con nuovo precedimento tecnico). Rass. internaz. Clin. **7**, 4 (1926).
— e CREMA: Sui rapporti tra il fenomeno di THOMSEN e la pan-emoagglutinazione da freddo. Soc. Biol. sper. **1928**; Z. Immun.forsch. **57** (1928).
— e GABRASI: Sulle allegate reazioni specifiche individuali fra genitor e neonati. Boll. Soc. Biol. sper. **4**, 438 (1929); Atti Accad. Sci. Lett. ed Arti Modena **1929**.
— e G. GARAZZI: Premières recherches italiennes sur les antigènes individuelles M et N. Soc. internat. Microbiol. 1933. p. 1—2.
— e SACERDOTE: Un caso di sindrome isterica oculare con simulazione di emorragia (accertata mediante diagnosi individuale del sangue). Arch. di Antrop. crimin. **48**, 21 (1927).
— SCHNEIDER, v. BEÖTHY: Sul potere assorbente gruppospecifico dei lipoidi del sangue. Boll. Soc. Biol. sper. **1928**; Wien. klin. Wschr. **1928**.

LAUBENHEIMER, K.: Über die Eigenschaften M und N der roten Blutkörperchen des Menschen und ihre gerichtlich-medizinische Bedeutung. Med. Klin. 1, 6—9 (1933).
LAUDA et ISRAELSOHN: Les groupes sanguins in dermatologic. Ann. de Dermat. 3 (1932).
LAUER: Zur Kenntnis der erblichen Blutstrukturen. Dtsch. Z. gerichtl. Med. 11, 264 (1928).
— THOMSENs „Neue Blutgruppen". Klin. Wschr. 9, 398 (1930).
— Zur Kenntnis menschlicher Blutgruppen. Naturwiss. 18. 86 (1930).
— Blutgruppendifferenzierung bei Hunden. Z. Immun.forsch. 68, 434—436 (1930).
— BERNSTEINsche Theorie der Blutgruppenvererbung vor dem Hanseatischen Oberlandesgericht. Dtsch. Z. gerichtl. Med. 19, H. 1 (1931).
— Die neue Blutuntersuchung nach M und N vor dem Hanseatischen Oberlandesgericht. Dtsch. Z. gerichtl. Med. 19, 457—459 (1932).
— Versuchte Personenunterschiebung bei einer forensischen Blutuntersuchung. Dtsch. Z. gerichtl. Med. 19, 79—81 (1932).
— Zur Technik der Blutfleckdiagnose nach M und N. Dtsch. Z. gerichtl. Med. 22, H. 2, 86—95 (1933).
LAUSCH, M. u. D. PENSITZ: Blutgruppen und Konstitutionsindexe. Ukrain. Zbl. Blutgruppenforsch. 4, 3, 187.
LAUTER: Beitrag zur Frage der Blutgruppenänderung. Med. Klin. 1929, Nr 52.
LAVSON, G. and KNOWLTON T. REDFIELD: Isohemagglutinins in the lower animals. J. Labor. a. clin. Med. 15, 629—632 (1930).
LEBEDEWSKY, B. u. PETRULEWITSCH: Die Isohämoagglutination. Beziehungen zu Nerven- und Kehlkopfkrankheiten. Vestn. Rino. i pediatrija (russ.) 1929, 64—69.
LECCHINI: I gruppi sanguigni in Toscana con particolare riguardo al territorio Senese. Atti Accad. Fisiocritici Siena 5 (1930).
LEDEUTU, G.: Groupes sanguins et trypanosoma gambiense. Bull. Soc. Path. exot. Paris 24, 664 (1931).
LEFÈVRE: Da hereditariedade dos grupos sanguineos e sua applicacao na investigaçao da paternidade. Thèse de Sao Paulo 1927.
LEHMANN: Investigations on the constancy of isoagglutination in man. Hosp.tid. (dän.) 5, 156—169 (1928).
— Blutgruppenuntersuchungen im Malaischen Archipel. Z. Morph. u. Anthrop. 27, 117 (1928).
LEHMANN-FACIUS: Zur Methodik der serologischen Differenzierung der Untergruppen A_1 und A_2. Dtsch. Z. gerichtl. Med. 19, 38—53 (1932).
— Qualitative Verschiedenheit der beiden Typen der Blutgruppe A. Klin. Wschr. 29, 1222—1229 (1932).
LEHNER: Blood theory of Melanesian New Guinea. J. Polynesian Soc. 37, 426 (1928).
LEHRS: Über gruppenspezifische Eigenschaften des menschlichen Speichels. Z. Immun.-forsch. 66, 175—197 (1930).
LEINBURG, D.: Zur Frage der Autohämagglutination. Ukrain. Zbl. Blutgruppenforsch. 6, 104 (1932).
LEISERMANN: Die Blutgruppen bei Malariakranken. Verh. Komm. Blutgruppenforsch. 1, 2 (1927).
LEISERMANN, L.: Die Blutgruppen bei den Grubenarbeitern. Ukrain. Zbl. Gruppenforsch. 1932 I, 4, 36, 37.
— u. N. RUBASCHKIN: Die Isohämagglutinationsgruppen und die Konstitutionsindexe bei aus Ukrain gebürtigen Angehörigen der Roten Armee. Ukrain. Zbl. Blutgruppenforsch. 4, 3, 175.
LEITMANN: Die Isohämagglutination bei Eltern und Kindern. Sud. Med. exper. 1928, Nr 8.
— Untersuchungsmethoden der Isohämagglutination. Ž. eksper. Biol. i Med. (russ.) 9, 22 (1929).
LEITSCHIK: Die Blutgruppen und die Untersuchungen der Vererbung der agglutinierenden Substanzen bei den übergesiedelten Hebräern des Odessaer Gebiets. Ukrain. Zbl. Blutgruppenforsch. 2, 36 (1928).
LEITSCHIK, M. u. P. SEREBRJANIKW: Über die Tauglichkeit des Leichenblutes zur Gewinnung von isohämagglutinierenden Standardseren, Bd. 3, S. 931 (1931).
LEMKE: Kommen bei den Asthenikern und Tuberkulösen einzelne Blutgruppen besonders häufig vor? Z. Konstit.lehre 14, 3 (1928).

LENART: Icterus neonatorum: eine Folge von Isoagglutinationserscheinungen. Jb. Kinderheilk. **120**, H. 3/4 (1928).

— Über die Pathogenese des Icterus neonatrum. Klin. Wschr. **1928**, Nr 24, 1177.

— u. BIRO: Die Isoagglutination bei den Neugeborenen und ihre Beziehung zum Icterus neonatorum. Jb. Kinderheilk. **129**, H. 1/2 (1929).

— u. KÖNIG: Die Isoagglutine in den Gewebsflüssigkeiten. Magy. orv. Arch. **28**, 58, 3 (1928).

— — Über den Isoagglutiningehalt des Gewebssaftes und seine Beziehung zur Gewebstransplantation. Klin. Wschr. **1928**, 12.

LEONHARD: Unmöglichkeit der Empfängnis und Blutuntersuchung. Z. ärztl. Fortbildg **25**, 194 (1928); Dtsch. Juristenztg **1929**, 135.

LEPUKALE, A.: Über Isohämagglutination bei Kaninchen und die Bedeutung einer mikroskopischen Kontrolle bei Bestimmung der Blutgruppen. Vrač. Delo (russ.) **1929**, 15.

LE RASLE: Les groupes sanguins et leur importance dans la transfusion du sang, 1926.

LERMANN: Über die Konservierung der Standardseren für die Hämoisoagglutinationsreaktion. Verh. Komm. Blutgruppenforsch. **1**, 69 (1927).

LESSER: Blutgruppenbestimmung und Vaterschaft. Z. Sex.wiss. **16**, 529 (1930).

LEVINE: On pseudoagglutination and cold agglutination. Ukrain. Zbl. Blutgruppenforsch. **2**, 3 (1928).

— Menschliche Blutgruppen und individuelle Blutdifferenzen. Erg. inn. Med. **34** (1928).

— Bemerkungen zu dem Artikel: Zur Frage der Artspezifität der Agglutination. Ukrain. Z. Krovjan. Ugrup. **1**, 38, 39 (1932).

— and LANDSTEINER: On immune isoagglutinins in rabbits. II. J. of Immun. **21**, 513—515 (1931).

LIANG: Blutgruppenstudien in Kanton (China). Münch. med. Wschr. **1929**, 1466, 1467.

— Blutgruppenforschung, insbesondere in China. „Medizinisch-Naturwissenschaftliche Gesellschaft" Schanghai.

LIBMAN: Die verwandtschaftlichen Beziehungen einiger türkischer Völker Mittelasiens nach den isoagglutinatorischen Eigenschaften. Ukrain. Zbl. Blutgruppenforsch. **5**, 112 (1931).

LICKINT u. TRÖLTSCH: Ist die Blutgruppenbestimmung als differentialdiagnostisches Hilfsmittel verwendbar? Dtsch. med. Wschr. **1929**, 1339.

LIEBHART, S. u. TELEZYNSKI: Blutkörperchensenkungsgeschwindigkeit und Grundumsatz. Ginek. polska **11**, 461 (1932).

LIEDBERG: Untersuchungen über Isoantikörper bei Mutter und Fetus. Acta path. scand. (København) **6**, 1—38 (1929).

LIENGMÉ: Contribution a l'étude des groupes sanguins humains dans l'hémophilie. C. r. Soc. Phys. et Hist. natur. Genève **48**, 3 (1931).

LIFSCHITZ: Blutgruppen bei Malaria im Zusammenhang zu der Krankheitsdauer. Vrač. Delo (russ.) **1928**, 15.

LIMA, E.: Die Blutgruppen. Arch. Inst. Nina Rodigua (port.) **1932 I**, 124.

LIODT et POJARSKI: Application de l'isohémagglutination à l'étude des races indigènes de l'Afrique equatoriale française. C. r. Soc. Biol. Paris **101**, 889 (1929).

LISSER, K.: Blutgruppenbestimmung und Vaterschaft. Kritik des Hanseatischen Oberlandesgerichts. (Dezember-Heft dieser Zeitschrift, S. 417.) Z. Sex.wiss. **16**, 529—541 (1930).

LISUNOWA, A u. SPIGANOWIC: Blutgruppencharakteristik bei Kleinkindern. Ž. Izuč. rann. det Vozr. (russ.) **10** (1930). (Deutsche Zusammenfassung.)

LITTLÉ: Isoagglutinins in the blood of cattle, I—IV. J. of Immun. **17**, 377, 391, 401, 411 (1930).

LIU HENG and WANG: Iso-agglutination tests on one thousand Chinese blood. Nat. med. J. China **6**, 118 (1920).

LJAKOWETZKY u. ROSANOWA: Zur Frage der Verteilung der Agglutinationsblutgruppen bei den Völkern des Ostens. Ukrain. Zbl. Blutgruppenforsch. **2**, 1 (1928).

— Beiträge zur Frage der Vererbung der Blutgruppen. Ukrain. Zbl. Blutgruppenforsch. **4**, 159 (1930).

LLOYD and CHANDRA: Highly abnormal blood group associated with autoagglutination in the cold. Indian med. Gaz. **65**, 1 (1930).

LOBEK, E.: Blutgruppen und Glaukom. Graefes Arch. **128**, 620 (1932).

LÖFFLER: Kurze Mitteilung über Blutgruppenuntersuchungen an niederen Affen. Verh. Ges. physik. Anthrop. **40**, 5 (1931).

LÖFQUIST: Blood groups in North Finland. Acta Soc. Medic. fenn. Duodecim. **9**, 3 (1928).
LOESCHKE: Blutgruppe und Krankheit. Med. Ver. Greifswald, 29. Jan. 1932. Klin. Wschr. **1932**, 788.
LÜDICKE, K.: Der heutige Stand der Blutgruppenuntersuchung und ihre Bedeutung für den Unterhaltungsprozeß. Selbstverlag 1933.
LÜTZELLER: Über den gegenwärtigen Stand und die Bedeutung der Lehre von den Blutgruppen nebst Mitteilung über eigene Untersuchungen. Arch. Gynäk. **131**, 171 (1928).
— u. DORMANNS: Blutgruppenstudien an der Leiche. II. Mitt. Krankheitsforsch. **7**, 144 (1929).
LUSENA: Studia sperimentale sulla transfusione del sangue. Sperimentale **75**, 461 (1921).
— Una causa d'errore nella determinazione dei gruppi sanguigni. Minerva med. **9**, 647 (1929).
LUTZELER: Die Bedeutung der Wärme für die Isoagglutination und Bluttransfusion. Zbl. Gynäk. **1932**, 1909.
— Experimentelle Untersuchungen über die Isoagglutinationshemmung durch Wärme und ihre Bedeutung für die Blutübertragung. Dtsch. Z. Chir. **239**, Nr 1, 18—33 (1932).
MABLE, M. and E. OSGOOD: An usual bloodgroup. Arch. int. Med. **52**, 133—136 (1933).
MAI: Über den Nachweis von Gruppenmerkmalen in den Organen und ihre Bedeutung für die serologische Reaktionsfähigkeit des Organismus. Z. Immun.forsch. **66**, 213—239 (1930).
MAKAROW: Klinische Verwendung der Isohämagglutine. Vrač. Delo (russ.) **1928**, 17.
MALININ u. STRUKOW: Die isoagglutinatorischen Eigenschaften des Blutes bei Aussätzigen. Ukrain. Zbl. Blutgruppenforsch. **4**, 97 (1930); Vrač. Delo (russ.) **1930**, 3.
MALONE and LAHIRI: The distribution of the blood groups in certain races and castes in India. Indian J. med. Res. **16**, 963 (1929).
MANAI e SIMULA: La determinazione dei gruppi sanguigni negli abitanti dellezone settentrionali dell isola di Sardegna. Minerva med. **9**, 202 (1929).
MANHEIMS, P. J. and E. BRUNNER: Faulty blood grouping due to autoagglutinine: an usual case. J. amer. med. Assoc. **101**, 207 (1933).
MARBERG, K.: Beitrag zur Kenntnis der gruppenspezifischen B-Receptoren und ihrer Antikörper. Z. Immun.forsch. **80**, H. 3/4, 340—351 (1933).
MARCIALIS e QUADU: Ricerche sugli eventuali rapporti fra tuberculosi e gruppi sanguigni. Giorn. Phtisiol. **6**, 65 (1929).
MARRA, S. u. S. FRANKE: Blutgruppen von Indianern und Autochttonen im Norden Argentiniens. Prensa méd. argent. **14**, 10, 408, 409 (1927).
MARTLEY, F.: The importance of bloodgrouping tests in paternity cases. Med.-leg. Soc. Lond. **1932**, 25—38.
MARX, A.: Blutgruppenbestimmung in Paternitätsprozessen und ärztliche Sachverständige. Med. Klin. **23**, 787—790 (1932).
MATIEGKA: On blood groups in relation to racial classification. Anthropologie, V. Prague 1927.
MATSON, G. A.: Unexpected differences in distribution in bloodgroups among American Indians. Proc. Soc. exper. Biol. a. Med. **30**, 1380—1382 (1933).
— and SCHRADER: Bloodgrouping among the „Blackfeet" and Bloodtreips of American Indians. J. of. Immun. **25**, Nr 2, 155 (1933).
MATSUNAGA: Untersuchung über die Isohämolysine. Mitt. med. Akad. Kioto **5** (1931). (japanisch, deutsche Zusammenfassung).
MATSUOKA: Über ein embryonales Antigen der roten Blutkörperchen des menschlichen und tierischen Fetus, mit besonderer Berücksichtigung der menschlichen Blutkörperchen vom AB-Typus. Mitt. med. Ges. Tokyo **44**, 307 (1930).
MAU: Über neuere Methoden zur Vaterschaftsbestimmung. Med. Ges. Magdeburg 1928, Nr. 1. Münch. med. Wschr. **1929**, 392.
MAUGERI: Gruppi sanguigni transfusione. Applicazione nel campo del servizio sanitari militare. Giorn. Med. mil. **75**, 357 (1927).
MAYSER: Zur Kenntnis der Blutgruppenbestimmung zwecks Feststellung der Vaterschaft. Z. ärztl. Fortbildg **24**, 20 (1927).
— Erfahrungen mit gerichtlichen Blutgruppenuntersuchungen. Dtsch. Z. gerichtl. Med. **10**, 638 (1927).
— Die Rolle der Blutgruppenuntersuchung in einem Vaterschaftsprozeß. Ärztl. Sachverst.ztg **33**, 155 (1927).

MAYSER: Blutgruppenbestimmung und Transfusion. Münch. med. Wschr. **1928**, 856.
— Die Blutgruppenuntersuchung; ihre Grundlage und Anwendung. Ärztl. Sammelbl. **23**, 192 (1930).
— Zur Arbeit von DÜRKEN: „Bemerkungen zum Problem der Blutgruppenvererbung". Dtsch. Z. gerichtl. Med. **19**, 166 (1932).
— Die Verwertung der Bluteigenschaften M und N in gerichtsärztlichen Gutachten. Ärztl. Sachverst.ztg **1932**, 198—202.
MAZZA y FRANKE: Grupos sanguineos de Indios y de autoctonos del norte Argentina. Prensa méd. argent. **14**, 408 (1927); Bol Inst. Clín. quir. Univ. Buenos Aires **2**, 137 (1927), 3. sesion Soc. arg. Pat. Norte. Tucuman.
MAZZA, SCHÜRMAN u. GUTDEUTSCH: Neue Beobachtungen über Blutgruppen von Eingeborenen von Argentinien. Reun. Soc. argent. **11**, 885—888.
MEDULLA: La distribuzione dei gruppi sanguigni in Cirenaica. Arch. ital. Sci. med. colon. **12**, 14 (1931).
MEIXNER: Die Blutgruppen in der gerichtlichen Medizin. Wien. klin. Wschr. **41**, 4—5 (1928).
— Die Bedeutung der Blutgruppen in Rechtsfragen. Wien. klin. Med. **80**, 1511, 1618 (1930).
MELKICH: A. Der neue biochemische Rassenindex. Verh. Komm. Blutgruppenforsch. **1**, 32 (1927).
— Noch einmal über meinen biochemischen Rassenindex. Ukrain. Zbl. Blutgruppenforsch. **2**, 2 (1928).
— Über die Berechnung der Häufigkeit der primären serologischen Rassen nach den Formeln von BERNSTEIN und WELLISCH. Ukrain. Zbl. Blutgruppenforsch. **4**, 12 (1929).
— Die Berechnung der Häufigkeit der primären serologischen Rassen und der neuen (zweiten) Rassenindex. Ukrain. Zbl. Blutgruppenforsch. **4**, 26 (1929).
— Blutgruppen und biochemischer Rassenindex bei den westlichen Burjaten. Ukrain. Zbl. Blutgruppenforsch. **4**, 171 (1930).
MELNIKOFF: Über die Beziehungen der hämolytischen und der Komplementfunktion zu der Isohämagglutination. Ž. èksper. Biol. i Med. (russ.) **4**, 638 (1927).
MENDES-CORREA: Sur la valeur anthropologique des groupes sanguins. Sang **1927**.
MERKEL: Über Beziehungen der Blutgruppen zu Krankheiten. Hetero-agglutination. Münch. med. Wschr. **74**, 1920 (1927).
— Die Blutgruppenbestimmung in ihrer praktischen Bedeutung für die Frage nach der Abstammung des Kindes. Arch. Gynäk. **131**, 188 (1927).
— Bewertung der Blutgruppenuntersuchung im Vaterschaftsverfahren vor dem Schwurgericht. Münch. med. Wschr. **1931**, 468.
— Über Zwillingsschwangerschaft und Blutgruppenforschung. Münch. med. Wschr. **1931**, 522, 523.
MEYER: Die Blutgruppenverteilung in der schlesischen Bevölkerung, sowie die Beziehungen der Blutgruppen zu Geisteskrankheiten. Dtsch. med. Wschr. **1928**, 35.
MEYER, FR.: Die Beziehungen zwischen Blutgruppe, Pigment, Kopfform und Körpergröße bei 378 Männern der Provinzialanstalt Lüben. Z. Rassenphysiol. **3**, 98—102 (1931).
MEYER, K.: Der Beweiswert der Blutgruppenuntersuchung im Zivilprozeß bei streitiger Vaterschaft, 1928.
MEYER, O.: Über den gegenwärtigen Stand der Blutgruppenforschung. Wiss. Ver. Ärzte Stettin. Münch. med. Wschr. **3**, 156 (1928).
MICHAELIS: Über Isoagglutinationsbestimmungen in der Schwangerschaft bei Mutter und Kind. Zbl. Gynäk. **1933**, 19.
MICHAILOWSKY: Beiträge zur Erforschung der Frage nach der Veränderlichkeit der Blutgruppe bei Kranken unter dem Einfluß von Röntgenstrahlen. Ukrain. Zbl. Blutgruppenforsch. **3**, 316 (1929).
MICHON: Les groupes sanguins. La transfusion sanguine. Schemas d'application pratiques. Paris: Masson & Co. 1930.
— Individualité humorale et groupes sanguins. C. r. Soc. Biol. Paris **100**, 745.
— Sur le vieillissement des sérums agglutinants. C. r. Soc. Biol. Paris **109**, 869—870 (1932).
MIKELJAN u. TRANSPOLSKY: Materiale über die Bedeutung der Konstitution für das Trachom. Klin. Mbl. Augenheilk. **83**, 46 (1929).
MILDERS: Blood transfusion in a patient with autoagglutination. Nederl. Tijdschr. Geneesk. **1928**, Nr 34.

MILLER: Blood transfusion up to date. N. Y. med. J. **20**, 4 (1931).

MINKIEWICZ u. RASKIN: Zur Frage über die Veränderungen der hämagglutinierenden und hämolytischen Fähigkeiten des Serums bei Infektionskrankheiten. Ukrain. Zbl. Blutgruppenforsch. **2**, 1 (1928).

MINO e GEDDA: Sul potere isoagglutinante del siero umano conservato. Riforma med. **1929**, No 45.

— e MORRA: Osservazioni e ricerche sulle emo-agglutinine della madre e del feto. Arch. Sci. med. **49**, 12 (1927).

MIRJASAN: Blutgruppenbestimmung bei Malariakranken. Russk. Z. trop. Med. 8, 79 (1929).

MISAVA u. OHTA: Beiträge zur Kenntnis der Kälteagglutination. Ž. Immun.forsch. **76**, 378—386 (1932).

MISSAWA, TAKAYOSHI: Beiträge zur Kenntnis der Natur der Normalhämolysine. Jap. J. med. Sci Trans. Soc. Med. **1**, 105—173 (1932).

MITCHELL: Origin and fate of isoagglutinins in blood from the umbilical cord. Amer. J. Dis. Childr. **37**, 1008—1015 (1929).

MITA, S.: Essence of Hemagglutinosa and Agglutine Race Hyg. **1**, 7—9 (1931).

MITRA: The influence of blood group in certain pathol. states. Indian. J. med. Res. **20**, 4. April 1933.

MIYASI, S.: Heredity of Blood groups. Race Hyg. **1**, 188 (1931).

MIYAZAKI: Charakter des Schweineblutes. Bult. Jurmed. Inst. Nagasaki (jap.) **1**, 42 (1929).

— Gruppencharakter des Blutes bei Tieren (jap.). Bult. Jurmed. Inst. Nagasaki (jap.) **2**, 423 (1930).

— Beziehung zwischen Blutsenkung und Blutgruppe bei Tieren. Bult. Jurmed. Inst. Nagasaki (jap.) **2**, 429 (1930).

MIYZAKI and TERAO: Einfluß der Körperbewegung auf die Isoagglutination des Menschen. Bult. Jurmed. Inst. Nagasaki (jap.) **2**, 437 (1930).

MIZU, M.: On blood groups of the phetos. Race Hyg. **1**, 121 (1931).

MIZUNUMA: On the group specific lipoidophile antibody contained in the human sera of blood type 0. Jap. J. exper. Med. **7**, 341 (1929).

MOCHIZUKI: Colloidal character of serum of the four types viewed from the standpoint of isoagglutination. J. of orient. Med. **14**, 5 (1931).

MOLITORIS: Die Blutgruppenforschung und ihre forensische Bedeutung. Klin. Wschr. **1930**, 568.

MOLLISON, T. u. GIESELA: Bibliographie der Serologie und Blutgruppenforschung. Anthrop. Anz. 7 (1931); 8—9 (1932).

MONTILLI: Hereditebility of Blood-Groups. Arch. Ostetr. Ginecologis (Nephr.) 18 (1931).

MOREI, F.: Les groupes sanguins. Gaz. Hôp. **15**, 389—399 (1930).

MORI, S.: Über die Blutgruppenverteilung bei der chinesischen Bevölkerung. J. of orient. Med. **15**, 139 (1931).

MORITSCH: Ein Vorschlag zur internationalen Regelung für im Handel erhältliches Testsera zur Blutgruppenbestimmung. Wien. klin. Wschr. **11**, 256 (1927).

— Zur Technik der Bluttransfusion. Wien. med. Wschr. **1931**, 880—883.

— u. EISLER: Über den komplizierten Aufbau der gruppenspezifischen Blutkörperchenstruktur. 3. Tagg alpenländ. Chir. Innsbruck. Münch. med. Wschr. **1927**, 2158.

MORVILLE: Un cas de transfusion de sang incompatible. Bruxelles med. **6**, 1562 (1926).

— Undersøgehr over Iso-haemagglutinine hos módre og nyfølot. Thesis of Copenhagen **1928**.

— Investigation into isohemagglutination in mothers and new-born children. The development of the blood characteristic during the Ist year of life. Acta path. scand. (København.) **6**, 39 (1929).

MORZYCKI, J.: Über die Vererbung der Ausscheidung der Gruppensubstanzen durch den Speichel. C. r. Soc. Biol. Paris u. Med. doświadez. ispoł. (poln.) **1933**, Bd. XVII.

MOSCHKOWSKI, SCHABSAI, SAID SINTY u. MOHAMMED RIHAB: Beobachtung über Blutgruppen bei Arabern. Ukrain. Z. Krajan. Ugrup. **1**, 36, 37 (1932).

MOSES, A.: Über Isoagglutination bei Haustieren. Ann. Acad. brasil. **3**, 171—173 (1931).

MOSKOV: Die Bedeutung der Gruppenforschung in Vaterschaftsuntersuchung. Beitr. gerichtl. Med. **11**, 124—129 (1931).

— Le titre d'agglomeration et son importance dans les recherches sanguines et pour la determination de la paternité. Ann. Méd. lég. **10**, 599 (1930); Beitr. gerichtl. Med. **11**, 124 (1931).

Moskow, I.: Beitrag zur Individualdiagnose des Blutes. Dtsch. Z. gerichtl. Med. **19**, 309—313 (1932).

Moss and Kennedy: Blood groups in Peru, San Domingo, Yucatan, and among immates of the Mexican and Blue Ridge prison farm in Texas. J. of Immun. **16**, 159 (1929).

Mueller, B.: Zivilrechtlicher Ausschluß der Vaterschaft bei Rassenabweichungen zwischen dem Kinde und dem angeblichen Vater. Dtsch. Z. gerichtl. Med. **18** (1932).

Müller, M. A.: Das Agglutinin-Anreicherungsverfahren, ein neues Verfahren zur Blutgruppenbestimmung an altem, eingetrocknetem Blute. Dtsch. Z. gerichtl. Med. **11**, 120 (1928).

Müller-Hess: Die praktische Bedeutung der Blutgruppenforschung. Dtsch. med. Wschr. **6**, 201—204 (1933).

— Möglichkeit des Vaterschaftsnachweises durch Blutgruppen. Dtsch. med. Wschr. **1933**, 859.

— u. Hübner: Die sexualpathologischen, psychiatrisch-psychologischen und gerichtlich-medizinischen Lehren des Hußmannprozesses. Dtsch. Z. gerichtl. Med. **14**, 158 (1928).

Müller, H. R.: Untersuchungen über die Bedeutung der Blutgruppen und der intravenösen und intracutanen Technik für den Fieberverlauf der Impfmalaria. Dtsch. Z. Nervenheilk. **120**, 162—183 (1931).

Müller, R.: Die Blutgruppen bei Pyliomyelitis. Münch. med. Wschr. **1933**, Nr 24, 942.

Munter u. Nitschke: Ist eine Blutgruppenveränderung unter therapeutischen Eingriffen möglich? Med. Klin. **1930**, 1516.

Muramatsu: Effect of Roentgen ray upon isohemagglutination. Jap. med. World **7**, 287 (1927).

Muzyka, M. et E. Lille: Rapport entre les groupes sanguins et la vitesse de la sedimentationde hematies. C. r. Soc. Biol. Paris **113**, 1275 (1933).

Naito: Blutgruppe und Wassermannsche Reaktion. Kanazawa Juzenkwai Zasshi (jap.) **33**, Nr 5 (1928).

Nakai: Zwei Fälle von individueller Blutdiagnose mit Hilfe von Isoagglutination. Hanzaigaku Zasshi (jap.) **14**, 2755 (1930).

Nakamura, I-ichi: Untersuchungen über immune Isoreaktionen des Blutes von koreanischen Rindern. 4. jap. Soc. Vet. Sci. **9**, 338—350 (1930).

— Studien über die Entstehung des Autohämoagglutinins. Keyo S. Med. **2**, 421—451 (1931).

Naranjo, L. A.: Die Blutgruppen und ihre Beziehung im Konstitutionstypus Kreschmers. Archivos Cardiol. **13**, 153, 154 (1932).

Nardelli: I gruppi sanguigni nelle dermatosi. Giorn. ital. dermat. **1928**, H. 3.

Nasso: L'immunita del gruppo sanguigno nei neonati e poppanti. Pediatria **34**, 1157 (1926).

Nevodoff: Isohämoagglutination bei Pferden. Mikrobiol. Ž. (russ.) **5**, 2 (1927).

Niceforo et Pittard: Consideration sur les rapports présumés entre le cancer et la race d'après des statistiques anthropologiques et medicales de quelques pays d'Europe. Soc. des Nations. Commission du Cancer. C. H. 1926, 492, 135.

Nicoletti: La distibuzione dei gruppi sanguigni in Sicilia. Riv. Sanit. Sicil. **1928**, No 13.

— Sui gruppi sanguigni. Culture med. moderna **7**, 14 (1928).

— La distribuzione dei gruppi sanguigni in alcune Colonie Albanesi della Sicilia. Riv. Bioter. e Immun. **9**, 502 (1931); Congr. med.-leg. Bologna 1930. Culture med. moderna **9**, 18 (1930).

— Rapporti fra caratteri antropologici e gruppo sanguigni dal punto di vista ereditario. Boll. Soc. microbiol. milan. **3**, 690 (1931).

Nielsen: Die vier Blutgruppen bei Menschen. Ugeskr. Laeg. (dän.) **89**, 909 (1927).

Nigg: Blood groups among American Indians. J. of Immun. **11**, 319 (1926).

— Studies on agglutinogens in human blood. J. of Immun. **19**, 1—14 (1930).

— A study of the blood-group distribution among Polynesians. J. of Immun. **19**, 93—98 (1930).

Nisi: Die embryonale Entwickelung der Blutgruppen. Bult. Jurmed. Inst. Nagasaki (jap.) **2**, 355 (1930).

Nolens: La présence des iso-agglutinogènes dans les urines. C. r. Soc. Biol. Paris **110**, 121 (1932).

Nosengo: Ricerche sulla emo-agglutinante del sangue dei malarici. Policlinico **12**, 38 (1901).

Nowak, H.: Über Blutgruppen und konstitutionelle Disposition zu Infektionskrankheiten. Wien. med. Wschr. **1932**, 1405.

Nowak, K.: Beiträge zur Frage der Konstanz der Blutgruppe. Klin. Wschr. **25**, 1075—1077 (1932).
— Besteht ein Unterschied in der Diphtherieempfänglichkeit bei den Angehörigen der verschiedenen Blutgruppen? Mschr. Kinderheilk. **51**, 257—282 (1932).
— Tuberkulinallergie und Blutgruppen beim Kind. Z. Rassenphysiol. **5**, 120—122 (1932).
Nuck: Blutuntersuchung als Beweismittel bei Feststellung der Vaterschaft. Z. ärztl. Fortbildg **24**, 494 (1927).
Obermeyer u. Wendlberger: Blutgruppen und Impfmalaria. Wien. klin. Wschr. **1928**, Nr 37.
Oehlecker: Ist die Bluttransfusion völlig ungefährlich, wenn vorher eine Blutgruppenbestimmung gemacht worden ist? Med. Klin. **1928**, 37.
— Über den heutigen Stand der Bluttransfusion. Vortrag ärztl. Verein Hamburg. Klin. **1928**, 11.
v. Oettingen u. Witebsky: Placenta und Blutgruppen. Münch. med. Wschr. **1928**, 385.
Ohnesorge: Über Blutgruppenbestimmungen bei Müttern und Neugeborenen. Beitrag zur Frage der gruppenspezifischen Beziehungen zwischen Mutter und Kind. Zbl. Gynäk. **1925**, 2884.
Ohya: Über die Wirkung von mit Lipoiden aus menschlichen Blutkörperchen hergestellten Immunsera. Z. Immun.forsch. **1929**, H. 5/6.
Okabe: Studien über die Antigenfunktion menschlicher Blutkörperchen verschiedener Gruppen. Z. Immun.forsch. **1928**, H. 1/2.
Oku: Group specificity of gynecological tumors. Jap. J. Obstetr. **1930**, 440.
— Blood groups in immature human fetuses. Jap. J. Obstetr. **1930**, 472.
— Group specificity of various organ cells in the human fetus. Jap. J. Obstetr. **1930**, 524.
— Heredity of blood type in man. I. Results of the present inquiry into former hypotheses. Okayama Igakkwai Zasshi (jap.) **1930**, 2693.
— Effect of the homospecific and heterospecific pregnancies upon the mother and the fetus. Jap. J. Ostetr. **14**, 478—484 (1931).
— and Gennosuku: Heredity of blood type in man. III. Numerical observation on various hypotheses of inheritance of human blood types. Okayama-Igakkai-Laschi (jap.) **43**, 460—488 (1931).
— — Supplement to biological vieu on twins. I. The type of blood group in twins. Okayama Igakkai-Zasshi (jap.) **43**, 1441—1449 (1931).
— and Magoshire: Blood groups in obstetries and gynecology. Pt. III. Group specificity of various organ cells in human fetus. Jap. J. Obstetr. **13**, 524—539 (1930).
— Blood groups in obstetries and gynecology. Pt. II. Blood groups of immature human fetueses. Jap. J. Obstetr. **13**, 472—523 (1930).
Olivi: Ereditarieta di gruppi sanguigni. Boll. Soc. Microbiol. **1931**, 602.
— Varianti di tecnica nelle determinazioni qualitative gruppo-speciche del sangue. Giorn. Batter. **7**, 683—690 (1931).
Omichi: Okayama-Ikadaigaku Zasshi (jap.) **1927**, 137; Okayama Igakkwai Zasshi (jap.) **1928**, 333; Hifuka oyobi-Hinyokika Zasshi (jap.) **1928**, 33.
Omura: Some cases of expert investigation, particularly into the use of blood group examinations in criminal cases. Hanzaigaku Zasshi (jap.) **1930**, 4.
Onetto, E. u. H. Castillo: Über Blutgruppen bei den Arankanen. Rev. Inst. bacter. Chile **1**, 17, 24 (1930).
Ottenberg and Beres: The heredity of the blood groups. New knowledge of bacteriology.
Ottensooser: Über die Reinigung der Gruppensubstanz A menschlicher Blutkörperchen. Z. Immun.forsch. **1932**, 77.
— Untersuchungen über Isoagglutinogen. Zbl. Bakter. I Orig. **122** (1931).
Ottensooser, F.: Über die Gruppensubstanz des Peptons und des Diphtherietoxins. Klin. Wschr. **1932**, 1518.
— u. H. Zurukzoglu: Über eine gruppenspezifische Reagensglasreaktion der Erythrocyten-Stromata. Klin. Wschr. **1932** I, 719—721.
— — Unterscheidung der Untergruppen A_1 und A_2 durch die pepsine Hemmungsreaktion. Klin. Wschr. **1933**, 1715.
Ouchi: Über die normalerweise sich im Menschenserum gelöst befindlichen Isohämagglutinogene. Z. Immun.forsch. **1928**, 262, Bd. 53.

PALMA, R.: Accidente di trasfusione fra individue dello stesso gruppo sanguigno. Riforma med. **1931 I.**

PALMIERI: Die Verteilung der Blutgruppen unter geisteskranken Verbrechern. Dtsch. Z. gerichtl. Med. **1928,** 496.

— La distribuzione dei gruppi sanguigni fra i criminali alienati. Riforma med. **1928,** 691.

— Statistiche Nazionali e statistiche regionali sulla ripartizione dei gruppi sanguigni in Italia. Arch. di Antrop. crimin. **1929,** 1.

— Le nostre attuali conoscenze sui gruppi sanguigni. Ediz. Rass. internaz. Clin. **1929.**

— La isoprecipitazione per la diagnosi individuale del sangue. Arch. di Antrop. crim. **1929,** 661.

— Sulla panagglutinazione putrefattiva e sulle variazioni quantitative delle caratteristiche gruppospecifiche nei cadaveri. Boll. Soc. Microbiol. **1931,** 588.

— Interferenze microbiche nei fenomeni di isoagglutinazione. Rass. internaz. Clin. **1931,** 9.

— Die Blutgruppenbestimmung aus der Leiche. Dtsch. Z. gerichtl. Med. **18,** 446 (1932).

PANKRATOFF: Blutgruppenproblem und Geisteskrankheit. Sovrem. Psichonevr. (russ.) **1929,** 851.

PARIN: Blutgruppen bei Zyrjanern. Ž. èksper. Biol. i Med. (russ.) **1927,** 21.

— Blutgruppe und biologischer Rassenindex bei den Votjaken (Urdmuts). Vrač. Gaz. (russ.) **1928,** 12.

— Die Blutgruppen der Permiaken (Komi). Ukrain. Zbl. Blutgruppenforsch. **1929,** 3.

— Die Blutgruppen bei den Ostfinnen. Z. Rassenphysiol. **2,** 179—183 (1929).

PAROLI: La disarmonia costituzionale paterno-materna quale elemento patogenetico di aborto. Riv. ital. Ginec. **1928,** 4.

PARR: Studies in isohemagglutination. J. of Immun. **1929,** 99.

— Negative results obtained in the attempt to relate tuberculosis susceptibility or resistance to a particular blood group. J. prevent. Med. **1929,** 237.

— Die Blutgruppenverteilung in der Bevölkerung des nahen Ostens und Nordafrika. Ukrain. Zbl. Blutgruppenforsch. **1930,** 80.

— On isohemagglutination, the hemolytic index, and heteroagglutination. J. inf. Dis. **46,** 173—185 (1930).

— and KRISCHNER: Hemolytic Transfusion fatality with donner and recipient in the same blood group. J. amer. med. Assoc. **98,** 43 (1932).

— and W. LELAND: Blood studies on peoples of Western Asia and North Africa. Amer. J. physic. Anthrop. **16,** 15—29 (1931).

— — The presence and significance of isohemagglutinins in the body outside the blood streams. J. Labor. a. clin. Med. **17,** 333—336 (1932).

PECORELLE e ANGELERI: Su di un metodo rapido di titolazione dei sieri isoagglutinanti. Riforma med. **1931,** No 1.

PEKKARAINEN, J. u. Y. SUOMONEN: Über die Bestimmung des Isoagglutinintiters. Z. Immun.-forsch. **78,** 145—151 (1933).

PENNACCHI: I gruppi sanguigni nella demenza precoce. Ann. Osp. psichiatr. prov. Perugia, **1928,** H. 1/2.

— La distribuzione dei gruppi sanguigni nelle provincie dell'Umbria. Ann. Osp. psichiatr. prov. Perugia **1931,** H. 1/2.

PENNATI e BIANCHINI: La distribuzione dei gruppi sanguigni nella provincia di Padova. Giorn. Clin. med. **1931,** 83.

PENNING, v. HERWERDEN und BOELE-NIJLAND: Bloodgroup-investigation in the Over Veluwe. Proc. soc. Acad. Amsterd. **35** (1932); Z. Morph. u. Anthop. **31,** 395—402 (1933).

PENROSE: The bloodgrouping of Mongolian imbeciles. Lancet **1932,** 394.

PENROSE, M. and L. S. PENROSE: The bloodgroup distribution in the eastern countries of England. Brit. J. exper. Path. **14,** 160—161 (1933).

PENZIK: Die Blutgruppenverhältnisse bei Polyarthritikern. Ukrain. Zbl. Blutgruppenforsch. **1930,** 250.

— u. LAWRIK: Blutgruppen und Konstitutionsindexe. Ukrain. Zbl. Blutgruppenforsch. **1930,** 187.

PERANTONI SATTA: I gruppi sanguigni nella sifilide, blenorragia, e in alcune dermatosi. Studi sassar. **1930,** No 3.

PERKEL and ISRAELSON: Blutgruppenverteilung bei Syphiliskranken. Trudy odess. dermato-venerol. Inst. **1927**.
— Blutgruppenverteilung bei Syphilis des Zentralnervensystems der inneren Organe und der Haut. Dermat. Z. **1928**, 261.
PETROFF: Verteilung der Blutgruppen bei Finnen. Tr. 3. Congr. Soc. Zool. anat. i Histol. Leningrad **1927**, 14—20.
— Zur Frage des biochemischen Rassenindexes der Wotjaken und Mari (Tscheremissen). Ukrain. Zbl. Blutgruppenforsch. **1928**, Nr 2.
— Zur Frage des korrelativen Zusammenhanges anthropometrischer Merkmale mit den Blutgruppen. Ukrain. Zbl. Blutgruppenforsch. **1931**, 73.
PFANNENSTIEL: Blutgruppenforschung. Arch. Pharmaz. **1929**, 267, 489.
PHILIPS, G.: An introduction to the study of the isohaemagglutination reactions of the blood of Australian aboriginals. Med. J. Austral. **1928**, 429.
— The blood groups of the Maori. Human. Biol. **3**, 282—287 (1931).
PIJPER: The blood groups of the South African Dutch. Proc. roy. Acad. Amsterd. **1929**, 1159.
— The blood groups of the Bantu. Trans. roy. Soc. S. Africa, **18**, 311—315 (1930).
PIJPER, A.: Bloodgroup of bushman. J. afric. med. J., Jan. **1932**.
PIKKARAINCU u. SUOMINCU: Über die Bestimmung des Isoagglutinintiters. Z. Immun.-forsch. **78**, 75—151 (1933).
PILCZ: Die Blutgruppen in der gerichtlichen Medizin. Klin. Wschr. **1927**, 1022.
— Untersuchungen über die Blutgruppenzugehörigkeit bei Geisteskranken. Jb. Psychiatr. **1927**, 120.
PISMENNAJA u. WILENSKY: Blutgruppen bei Gemütskranken. Dnjepro-Petr. Med. J. **1929**, 32.
PISSAREFF: Isoagglutination bei Kosaken (Kirgisen). Russk. Ž. trop. Med. **1927**, 9.
PLACEO: Ricerche sulla sopravvivenza dei globuli rossi del donatore nelle trasfusioni di sangue umano. Accad. med. Torino **1928**, p. 871.
PLATTNER, F. u. H. HINTNER: Zur Frage der Art der Verankerung der isoagglutinablen Eigenschaften an die menschlichen Blutkörperchen. Wien. klin. Wschr. **11**, 882—885 (1931).
PLINIO DE LIMA: Da immatabilidade dos grupos sanguineos post mortem. Arch. Soc. Méd. lég. etc. **1932**, 35.
PLITITSCHER: Isoagglutinatorische Eigenschaften des Blutes nicht normaler Kinder, Fragen der normalen und pathologischen Pädologie. Ukrain. Zbl. Blutgruppenforsch. **1928**, 324.
POEHLMANN: Ergebnisse der Blutgruppenforschung in ihrer Bedeutung für die Venereologie und Dermatologie. Zbl. Hautkrkh. **29**, 1—9 (1929).
— Änderung der Blutgruppe oder Mängel der Technik. Münch. med. Wschr. **1929**, 412.
— Blutgruppe und Syphilis. Münch. med. Wschr. **1930**, 1007.
POLAYES, S., LEDERER and WIENER: Studies in isohemagglutination. II. LANDSTEINER bloodgroups in mothers and infants. J. of Immun. **17**, 545—554 (1929).
POLDROCK: Blutgruppen der Leprakranken in Esthonia. Arch. Schiffs- u. Tropenhyg. **1929**, 440.
POLEVITIKI, K.: Blood types in pyorrhea alveolaris. J. dent. Res. **9** (1925).
POLL: Über den Nachweis der Vaterschaft mit Hilfe der Erblichkeitsuntersuchung. Kriminal. Mh. **1927**, 151.
PONDER: On the spherical form of the Mammalian erythrocyte. Brit. J. exper. Biol. **1929**, 387.
PONDMAN u. BRANDWIJK: Hemmungserscheinungen bei Blutgruppenbestimmungen. Nederl. Tijdschr. Hyg. **7**, 195, 196 (1932).
PONZI: Sulla presenza di isoagglutinine nel colostro. Riv. Ostetr. **12** (1929).
— La distribution des groupes sanguins dans la province de Parme. Boll. sez. Soc. Micro-biol. **1930**, 415.
— Contributo agli studi sui gruppi sanguigni. Ateneo parm. **2**, 584—602 (1930).
PONZI, P.: Ricerche sull'affinite sierologica maternofoetale les ne quelle dei coniugi. Ann. Ostetr. **2**, 200 (1932).
POPOFF: Über die Notwendigkeit einer einheitlichen Nomenklatur der Blutgruppen. Vrač. Delo (russ.) **9**.
POPOFF, N.: Die individuelle Blutfleckendiagnose mit Hilfe der Isoagglutination. Bd. 3, Nr 3, S. 177.

POPOFF u. L. SERNICKY: Über die gegenseitigen Beziehungen zwischen Koagulationsgeschwindigkeit und Blutgruppen, Bd. 1, S. 42—63.

POPPOFF, N. W.: Isoagglutination und ihre forensische Anwendung in Rußland. Dtsch. Z. gerichtl. Med. 9, 711—760 (1927).

PRATI: Der Einfluß der Mikroorganismen auf die Hämoagglutinationsdauer. Z. Immun.-forsch. 53, 1 (1928).

PREIDT, H.: Ein Beitrag zur Blutgruppenforschung. Veröff. Med.verw. 1930, 41—48.

PRUSSKY: Die Bedeutung der Blutkörperchensenkung und ihre Beziehung zur Isohämoagglutination. Nov. chir. Arch. (russ.) 1927, 4.

PUCCIONI: Il comportamento delle agglutinine e degli agglutinogeni in gravidanza e in puerperio. Giorn. Batter. 1931, 494; Boll. Soc. Microbiol. 1931, 686.

PUDOR: Die Blutgruppenforschung. Bl. Homöopathie 1930, 49.

PUENTE: Los grupos sanguincos en la lepra. Prensa méd. argent. 1930, 1.

PÜSCHEL, J.: Serologische Erfahrungen an Blutgruppenbestimmungen in 600 Vaterschaftssachen. Z. Rassenphysiol. 5, 69—80 (1932).

PUNTIGAN, F.: Ein weiterer Vorschlag zur Einführung eines einheitlichen Blutspendernachweises. Münch. med. Wschr. 1933, 893, 894.

PUPACHER: Die Blutprobe zum Beweise der Unmöglichkeit der Zeugung eines bestimmten Mannes. Entscheidungen des obersten Gerichtshofes. Österr. Richterztg 1927. Festschrift zum österreichischen Richtertag.

PUPPE: Biologischer Blutnachweis. Z. Med.beamte 1914 II, Beil. 35.

PUTKONEN, T.: Über die Blutgruppenspezifität des Fruchtwassers. Acta path. scand. (København.) Suppl. 1930, 64.

— Über die gruppenspezifischen Eigenschaften verschiedener Körperflüssigkeiten. Acta Soc. Medic. fenn. Duodecim 12, 1—109; 14, H. 2 (1932).

RABBENO: Relazione sull'indagine sulle famiglie numerose del comune di Camerino. Congr. internaz. Studi sulla popolaz Roma 1931.

RABBIOSI: Sulle eteroagglutinazioni dei ratti e loro comportamento verso il sangue umano. Giorn. Batter. 1931, 67.

RAESTRUP: Blutgruppenzugehörigkeit und Recht. Arch. Kriminol. 1928, 278.

RAFALKES: Das Phänomen der Isoagglutination und einige biochemische Reaktionen. Ukrain. Zbl. Blutgruppenforsch. 1928, 2.

— Bibliographie der Blutgruppen. Ukrain. Zbl. Immun.forsch. 1929, 63.

RAHM: Die Blutgruppen der Araukaner (Mapuches) und der Feuerländer. Forschgn u. Fortschr. 1931, 310.

RAHM, G.: Wissenschaftliche Expedition nach der Magalhaesgegend, Jan.-März 1926. Rev. Inst. bacter. Chile 2, 4 18—426 (1931).

RAISKAIA-OSSIPOWA: Zur Frage der Dauer der Erhaltung der roten Blutkörperchen und ihrer Isohämoagglutinogenen. Eigenschaften in der Leiche. Sud. Med. exper. 1928, 328.

RANG, F.: Untersuchungen über die Isohämoagglutination im Blute des Schweines und Rindes. Diss. Göttingen 1931.

RAPHAEL, SEARLE, SFHOLTEN: Blood groups in schizophrenia and manic depressive psychosis. Amer. J. Psychiatr. 1927, 153.

RASKIN u. MINKIENITSCH: Zur Frage der Veränderung der hämoagglutininen und hämolytischen Fähigkeiten der Seren bei Infektionskrankheiten. Ukrain. Zbl. Blutgruppenforsch. 2, 61.

RASKINA: Über die Verteilung der Blutgruppen bei einigen Arten von Geisteskrankheiten. Ukrain. Zbl. Blutgruppenforsch. 1930, 192.

RAVINA: Groupes sanguins et leurs rapports avec la race. Presse méd. 1929.

RAZDOLSKY: The problem of isohemagglutinins in the cerebrospinal fluid. Vestn. Chir. (russ.) 1930, 334.

RECHE: Anthropologische Beweisführung und Vaterschaftsprozesse. Österr. Richterztg 1926, 157.

— Theoretisches zur Physiologie der Agglutinogene und Agglutinine. Z. Rassenphysiol. 4, 1—5 (1931).

— Zur Blutgruppenuntersuchung der menschlichen Primitivrassen. Z. Rassenphysiol. 4, 88—90 (1931).

REHFELDT: Blutgruppenuntersuchungen in der kriminalistischen Praxis. Kriminal. Mh. 1927, 175.

REICH: Soldatenuntersuchungen nach Blutgruppen und Konstitutionstypen. Z. Rassenphysiol. **1929**, 147.
REICH, H.: Die gruppenspezifische Differenzierung der Placentarorgane. Z. Immun.forsch. 77, 449—472 (1933).
REINHELMER: Kritische Übersicht über den gegenwärtigen Stand des individuellen Blutnachweises für forensische Zwecke. Dtsch. Z. gerichtl. Med. **1926**, 560.
REMUND, M. H.: Die gerichtlich-medizinischen Bemühungen zur Feststellung der Vaterschaft unter besonderer Berücksichtigung der Blutgruppenbestimmung. Schweiz. med. Wschr. **1932 I**, 81—85.
RICHARD: Klinische Bedeutung der Isoagglutinine bei Frauenmilch. Z. éksper. Biol. i Med. (russ.) **1927**, 133.
RIEBELING, C.: Über einen Fall sog. Panagglutination. Med. Klin. **1933**, 43.
RIFE, DWIGHT: Blood groups of Indians in certain Maya areas of central America. J. of Immun. **22**, 207—210 (1932).
RINGEISEN, J.: Die Blutgruppenforschung bei Mensch und Tier und ihre praktische Bedeutung. Münch. tierärztl. Wschr. **1932**, 601—605.
RINKEL: Das Blutgruppenbild der Bevölkerung am Niederrhein. Z. Rassenphysiol. **3**, 1 (1930).
ROMANESE: Contributo allo studio della distribuzione dei gruppi sanguigni nella provincia di Cagliari. Rass. internaz. Clin. **1926**, 272.
RONA u. KREBS: Physikalisch-chemische Untersuchungen über Isohämoagglutination: Die Bedeutung der Elektrolyte für die Isohämoagglutination. Biochem. Z. **1926**, 266.
ROOKS: On the practical use of the blood groups in forensic medicine. Eesti Arst. **1928**.
— Die Isohämoagglutination bei Neugeborenen und ihren Müttern. Eesti Arst. **10**, 473—483 und deutsche Zusammenfassung 1931. S. 483.
ROSANOWA u. L. LJACHOWETZKY: Zur Frage der Verteilung der Blutgruppen bei den Völkern des Ostens. Ukrain Zbl. Gruppenforsch. II, I, 75.
ROSENBERG, C.: Leukocyten und Blutgruppen. Z. exper. Med. **60**, H. 5/6 (1928).
ROSENFELD: Die Senkungsgeschwindigkeit der Erythrocyten und die Blutgruppen. Vopr. phys. Wojen. Trude **1928 I**.
ROSENTHAL: Die Receptorenformel der Erythrocyten. Fol. haemat. (Lpz.) **1929**, 86.
— et SALOMON: Les récepteurs des érythrocytes du groupe 1—0. C. r. Soc. Biol. Paris **1929**, 890.
ROSLING: Undersögelser over Difteridisposition og Difteriimunitet. Habil.skr. Kopenhagen 1928.
— Zur Kritik der HIRSZFELD-Hypothese über den genetischen Zusammenhang zwischen Blutgruppe und SCHICKsche Reaktion. Z. Immun.forsch. **1928**, 521.
— Über den Einfluß der Blutgruppe und des Geschlechts auf das Vorkommen und den Verlauf der Diphtherie, nebst einigen Beobachtungen über Altersverschiebung der Blutgruppenverteilung in der normalen Bevölkerung. Acta path. scand. (København.) **6**, 153—191 (1929).
ROSZTOCZY, v.: Untersuchungen über Isohämoagglutination in der Umgebung von Szegedin. Z. Rassenphysiol. **4**, 145—157 (1931).
ROTH: Die gelegentliche Bedeutung der Agglutinintiterhöhe bei gerichtlichen Blutgruppengutachten im Strafprozeß. Ärztl. Sachverst.ztg **1931**, 115.
ROUTIL, R.: Über den Wert der Blutgruppenbefunde in Vaterschaftsprozessen. Z. Rassenphysiol. **6**, H. 2, 70—84 (1933).
Royal Antr. Institut (22. April 1932). Lancet **1932**, 1024. (HALDANE, PLUDORE, WOOLLARD, SATE etc.)
RUBASCHEWA: Die Blutgruppen und ihre Beziehungen zu den Infektionskrankheiten. Pediatria **4** (1923).
— u. JACOBY: Untersuchungen an Familien im Zusammenhang zu der DICKschen Reaktion. Pediatria **1927**, 1, 4.
RUBASCHKIN: Die Blutgruppen (russ.) Staatsverlag 1929.
— Über die Methodik der Blutkonservierung bei Massen- und Kontrolluntersuchungen. Ukrain. Zbl. Blutgruppenforsch. **1928**, 1.
— Über die graphische Darstellung der serologischen Rassen. Ukrain. Zbl. Blutgruppenforsch. **1928**, 4.

RUBASCHKIN u. DERMANN: Isoagglutination als Prüfungsmethode der Konstitution. Wratsch. Dielo 1153, 1929.
— HECKER u. KOROTKIN: Beiträge zur Blutgruppenvererbungslehre. Ukrain. Zbl. Blutgruppenforsch. 1928, 1.
— u. LEISERMAN: Blutgruppen und Krankheiten. Ukrain. Zbl. Blutgruppenforsch. 3, 303 (1929).
— — Die Isohämoagglutinationsgruppen und die Konstitutionsindexe bei aus der Ukraine gebürtigen Angehörigen der Roten Armee. Ukrain. Zbl. Blutgruppenforsch. 4, 1955 (1930).
— MOLDAWSKAYA u. PAULI: Blutgruppen und Malaria. Arch. Schiffs- u. Tropenhyg. 31, 329 (1927).
RUBINSTEIN: Die Gruppencytotropine. Z. Immun.forsch. 65, 431 (1930).
RUDSCHENKO: Blutgruppen bei den Leprösen. Trop. Med. i Vet. 1930, Nr 3.
RONTIL, Q.: Die Bedeutung der Blutgruppe für die Anthropologie und Ethnologie. Afrikan. Anthropes 28, 284—288 (1932).
— Welche Bedeutung haben die menschlichen Blutgruppen für eine Rassendiagnose. Biol. generalis (Wien) 8, 283—300 (1932).
RYLL-NARDZEWSKA: Blutgruppenuntersuchungen an dem Material der Geburtshilfe-Klinik in Wilna. Pam. Tow. Lek. VI. 1 (1930).
RYTI: Über die Isoagglutinationstechnik. Acta Soc. Medic. fenn. Duodecim 12, 1 (1930).
— u. PIKKARAINEN: Über die Blutgruppenverteilung in Finnland. Acta Soc. Medic. Duodecim 12 (1930).
SABOLOTNY: Zur Frage der Blutgruppenvererbung. Dtsch. Z. gerichtl. Med. 16, 277 (1931); Ukrain. Zbl. Blutgruppenforsch. 4, 267 (1930).
SACHAROW: Beziehungen zwischen Blutgruppen und Konstitution. Dniepropietr. Med. J. (ukrain.) 1930, 427—443.
SACHS: Antigenstruktur und Immunisierungsversuche. Zbl. Bakter. Beih. 1927, 128.
— Zur Technik und Methodik der Blutgruppenbestimmung. Klin. Wschr. 1927, 2422.
— Die Bedeutung der Blutgruppenlehre für Theorie und Praxis. Wiss. Mitt. aus und für Baden 1929, Nr 8.
— Die gerichtliche Verwertbarkeit der Blutgruppenbestimmung. Dtsch. Juristenztg 34, 541 (1929).
— Zum Nachweis gruppenspezifischer A-Merkmale in Körperflüssigkeiten. Klin. Wschr. 1930, 2002—2004.
— u. KLOPSTOK: Isoagglutination. ABDERHALDENs Handbuch der biologischen Arbeitsmethoden, Abt. 13, Teil 2, H. 6. 1927.
— — Methoden der Hämolyseforschung mit Einschluß der Hämagglutination, Bd. 6, S. 235. Wien u. Berlin: Urban & Schwarzenberg 1928.
SALE: Gruppi ematici e predisposizione alla tubercolosi. Tubercolosi 19, 181 (1927).
SALEK: Blutgruppen und Geisteskrankheiten. Med. Nat. Ver. Tübingen 1929. Klin. Wschr. 1929, 2405.
— Bestehen Beziehungen zwischen Blutgruppen und Geisteskrankheiten? Z. Immun.-forsch. 74, 280—287 (1932).
SAND, K.: Über forensische Blutgruppenuntersuchungen im gerichtlich-medizinischen Institut. Ugeskr. Laeg. (dän.) 1933, 610—615.
SAND, MUNCK u. KNUDTZON: Blutgruppenbestimmung in Paternitätssachen. Die ersten 500 Sachen des Institutes. Dtsch. Z. gerichtl. Med. 15, 535—563 (1930); Nord. med. Tidsskr. 1930, Nr 2.
SANDSTROM: Untersuchungen über das Verhüten der bakteriell bedingten Panagglutinabilität (THOMSENs Phänomen), einer Fehlerquelle bei der Blutgruppenbestimmung. Zbl. Bakter. 117, 1—4 (1929).
SANGUINETTI: Blood grouping with special reference to its forensic importance. W. Lond. med. J. 33, 99 (1929).
SANTORIO: Gruppi sanguigni e tubercolosi. Riv. San. sicil. 1930, No 14.
SASANO: Study in blood groups: Tubercolosi. Amer. Rev. Tbc. 203, 207—213 (1931).
SAUTER, R.: Beitrag zur Frage der Blutgruppenänderung. Med. Klin. 1929, 2003.
SAVERIO: Gruppi sanguigni e tubercolosi polmonare. Riv. Clin. med. 20, No 170 (1929).
SCHAEDE: Blutgruppenuntersuchungen in Ostpreußen. Z. Rassenphysiol. 1, 157 (1929).

Schaper: Blutgruppenforschung bei Menschen und Tieren und ihre Bedeutung für Medizin und Biologie. Z. Züchtg **20**, 419 (1931).
— Über Blutuntersuchungen im Dienste der Konstitution, Rasse- und Leistungsforschung bei landwirtschaftlichen Nutztieren. Tierzüchtg u. Züchtgsbiol. **24**, 449—496 (1932).
Schapiro: Die Wassermannsche Reaktion im Zusammenhange mit den Isoagglutinationseigenschaften des Blutes. Z. Immun.forsch. **64**, 1—2 (1929).
— Weitere Beobachtungen über den Zusammenhang der Wassermannschen Reaktion mit den Blutgruppen. Z. Immun.forsch. **70**, 381—388 (1931).
— Hämatologische und serologische Beobachtungen bei Abdominaltyphus und Blutgruppen. Z. Rassenphysiol. **5** (1932).
— Beobachtungen über den Zusammenhang der Wassermannschen Reaktion mit den Blutgruppen. 2. Mitt. Z. Immun.forsch. **70**, 381—387 (1931).
Scheidt: Die rassenbiologische Bedeutung der Isohämagglutination. Med. Klin. **1932**, 1.
Schermers: Über das Vorkommen von Blutgruppen bei Pferden. Med. Ges. Göttingen, 1928. S. 848.
— Untersuchungen über die Blutgruppen des Pferdes. Z. Immun.forsch. **58**, 1—2 (1928).
— Neues über die Blutgruppen der Haustiere. Tierärztl. Rdsch. **1932**, 859—861.
— u. Hofferber: Individualitätsreaktionen (Isohämagglutination, Isolysis, Heteroagglutination und Heterolysis) des normalen Pferdeblutes. Arch. Tierheilk. **77** (1927).
— — Die Struktur der sog. Nebenblutgruppen des Pferdes. J. Immun.forsch. **67**, 497 bis 506 (1930).
— — Über das Vorkommen von Blutgruppen bei Pferden. Münch. med. Wschr. **1928**, Nr 19, 848.
— u. Kaempffer: Neue Ergebnisse über die Vererbung der Blutgruppen bei den Haustieren. Z. Züchtg **24**, 103—109 (1932).
— — Über die genetische Bedingtheit der Isoagglutinine auf Grund von Blutgruppenuntersuchungen beim Schwein. Klin. Wschr. **1932 I**, 335, 336.
— — Weitere Untersuchungen über die Blutgruppen des Pferdes einschließlich ihrer Vererbung. Arch. Tierheilk. **64**, 518 (1932).
Schermer, S. u. A. Kaempfer: Weitere gruppenspezifische Differenzierungen im Pferdeblut. Z. Immun.forsch. **80**, 146 (1933).
— Kayser u. Kaempfer: Vergleichende Untersuchungen über die Isoagglutinine im Blute des Menschen und des Schweines. Z. Immun.forsch. **68**, 437—449 (1930).
Scheurlein, v.: Blutgruppenzugehörigkeit und Meineidsprozesse. Reichsgesdh.bl. **1928**, 4—6.
— Die Blutgruppenlehre. Z. Bahnärzte **24**, 228 (1929).
— Die Blutgruppen und die Senatsbeschlüsse des preußischen Kammergerichts. Münch. med. Wschr. **1929**, 847.
Schiff, F.: Über den praktischen Wert der Blutgruppenbestimmung (Landsteinersche Reaktion). Dtsch. med. Wschr. **54**, Nr 1, 57 (1928).
— Blutprobe und Rechtsprechung. Ärztl. Sachverstztg **34**, 43 (1928).
— Über Versuche mit dem Bacillus Thomsen. Zbl. Bakter. **89**, 142 (1928).
— Über Blutgruppenuntersuchungen an Müttern und Kindern, insbesondere Neugeborenen. Klin. Wschr. **7**, 1317 (1928).
— Die sog. Blutprobe und ihre soziale Bedeutung. Fortschr. Ges.fürs. **1928**, Nr 9.
— Zur Serologie der Berliner Bevölkerung. Klin. Wschr. **8**, 448 (1929).
— The medico-legal significance of blood groups. Lancet **1929 II**, 921.
— Abstammungsproben in alter Zeit. Dtsch. med. Wschr. **1929**, Nr 27.
— Die Erfolgsaussichten der Blutprobe nach der Gruppenzugehörigkeit von Mutter und Kind. Ärztl. Sachverst.ztg **35**, 161 (1929).
— Die Blutgruppenvererbung in ihrer gerichtlichen Anwendung. Med. Welt **1929**, Nr 34.
— Die biologischen Grundlagen der Bluttransfusion. Immunität, Allergie u. Infektionskrankheiten **2**, 6 (1929—30).
— Zur Verbreitung der Faktoren M. N. von Landsteiner-Levine. Zbl. Bakter. I **96**, 336 (1930).
— Die Vererbungsweise der Faktoren M und N von Landsteiner und Levine. Klin. Wschr. **9**, 1956 (1930). Congr. Microbiol. Paris 1930.
— Die Anwendungsgebiete der serologischen Abstammungsuntersuchung. Med. Welt **1930**, Nr 14/16.

SCHIFF, F.: Zur Kenntnis heterogenetischer Antigene. Zbl. Bakter. I 98 (1930).
— Reichsgericht und Blutgruppenuntersuchung. Med. Welt **1930**, Nr 40.
— Beziehungen zwischen Blutgruppenuntersuchung und Fürsorge. Z. Gesdh.verw. 1 (1930).
— Ein wichtiger Fortschritt auf dem Gebiete der serologischen Abstammungsuntersuchung. Jur. Wschr. **1931**, H. 21.
— Über die gruppenspezifischen Substanzen des menschlichen Körpers. Habil.schr. G. Fischer 1931.
— Die gerichtlich-medizinische Bedeutung der serologischen Eigenschaften M und N von LANDSTEINER und LEVINE. Dtsch. Z. gerichtl. Med. 18, 41 (1931).
— Übertragung von Syphilis durch Bluttransfusion. Med. Welt **1931**, Nr 17, 592.)
— Reichsgericht und Blutgruppenuntersuchung. Med. Welt **1931**, Nr 35, 1259.
— Nachweis von Gruppeneigenschaften an Sperma und Organen in einem gerichtlichen Falle. Arch. klin. Med. 89, 44, 45 (1931).
— Die Technik der Blutgruppenuntersuchung für Kliniker und Gerichtsärzte, 3. Aufl. Berlin: Julius Springer 1932.
— Über eine wenig beachtete Hemmungserscheinung bei der Isohämagglutination. Bemerkungen zu der Arbeit von HOLZER in Jg. 1932, S. 243 dieser Wochenschrift. Klin. Wschr. **1932** I, 509, 510.
— Über einen eigenartigen serologischen Faktor des Menschen. Acta Soc. Medic. fenn. Duodecim A 15, Nr 8, 1—18 (1932).
— Zur Methodik der serologischen Differenzierung der Untergruppen A und A′. Bemerkung zu der Arbeit von LEHMANN-FACIUS in Bd. 19, S. 38 dieser Zeitschrift. Dtsch. Z. gerichtl. Med. 19, 454, 555 (1932).
— Ein neues serologisches Erbmerkmal des Menschen. Naturwiss. **20**, 35, 658 (1932).
— Die Blutgruppen und ihre Anwendungsgebiete mit einem Beitrag von E. UNGER. Berlin: Julius Springer 1933.
— Beziehungen von Blutgruppen und Schwangerschaftserbrechen. Med. Welt **17**, 612 (1932).
— Die allgemeinen Grundlagen der Blutgruppenlehre. Dtsch. med. Wschr. **6**, 199—201 (1933).
— Gruppenspezifische Immunpräcipitine für zellfreie Flüssigkeiten. Klin. Wschr. **1933**, 313.
— u. AKUNE: Blutgruppen und Physiologie. Münch. med. Wschr. **1931**, 657—660.
— u. SASAKI: Der Ausscheidungstypus, ein auf serologischem Wege nachweisbares mendelndes Merkmal. Klin. Wschr. **11**, 1426—1429 (1932).
— STIMPFL u. CAHEN: Über Blutgruppenfermente. Berl. mikrobiol. Ges., 11. April 1932.
— u. VERSCHUER: Serologische Untersuchungen an Zwillingen. Klin. Wschr. **1931**, 723—726.
— u. S. WEILER: Fermente und Blutgruppen. I. Biochem. Z. **235**, 454—465 (1931).
— — Fermente und Blutgruppen. II. Biochem. Z. **239**, 489—492 (1931).
SCHILLING: Ein prinzipiell wichtiges forensisches Gutachten in der Blutgruppenfrage. Fol. haemat. (Lpz.) **43**, 301 (1931).
SCHINDLER: Der gegenwärtige Stand der Lehre von den Blutgruppen. Ukrain. Zbl. Blutgruppenforsch. 4, 14 (1932).
— u. RUDNICKY: Die Aufgabe des allukrainischen Instituts für Hämatologie, Abt. für Gruppenforsch. 4 (1932).
SCHIRZAK: Blutgruppen in Cherson. Ukrain. Zbl. Blutgruppenforsch. 3, 322 (1929).
SCHLAGER: Untersuchung des Blutes und der Papillarlinien im Alimentationsprozeß. Münch. med. Wsch. **1928**, 1969.
— Die Blutgruppenuntersuchungen. Med. Klin. **1930**, 913.
SCHLOSSBERGER: Blutgruppen und Rassendifferenzierung. Umschau 30, 1025 (1926).
— Blutgruppenuntersuchungen an Schulkindern in Niedgau und in der südlichen Wetterau. Z. Rassenphysiol. 1, 111 (1929).
— LAUBENHEIMER, FISCHER u. WICHMANN: Blutgruppenuntersuchungen an Schulkindern in der Umgebung von Frankfurt a. M. Med. Klin. 24, 851 (1928).
SCHMIDT: Blutgruppenbestimmungen an Strafgefangenen. Dtsch. Z. gerichtl. Med. **73**, 373 (1929).
— Blutgruppenuntersuchungen an Zigeunern der Batschka. Z. Rassenphysiol. 3, 14—19 (1930).
— Blutgruppenbestimmung an der Batschkaer Bevölkerung. Z. Rassenphysiol. 3, 57—66 (1930).

SCHMIDT, A. u. H. BERGER: Zur Frage der Gruppenspezifität des Placentalgewebes. Zbl. Gynäk. **1933**, 1868, 1869.
SCHMITT: Über die Häufigkeit der einzelnen Blutgruppen bei Lungentuberkulosen. Dtsch. med. Wschr. **1928**, 48.
— Ergebnisse von 3585 Blutgruppenbestimmungen in der Provinz Hannover. Z. Rassenphysiol. 4, 192 (1931).
SCHMUNDA, D. u. GRÜNDFELD: Über den Zusammenhang einiger biologischen Eigenschaften in der Konstitution des Blutes. Ukrain. Zbl. Blutgruppenforsch. **3**, 2, 159.
SCHNEIDER, G. H.: Ein Beitrag zur Blutgruppenforschung mit Untersuchungsergebnissen der 1. Internat. Arbeiterolympiade. Z. Rassenphysiol. 5, 140—143 (1932).
SCHOCKAERT: Sur les hemoagglutinogenes de LANDSTEINER. C. r. Soc. Biol. Paris **100**, 445 (1929).
— Sur la frequence en Belgique de l'hémoagglutinogéne N de LANDSTEINER-LEVINE. C. r. Soc. Biol. Paris **103**, 544 (1930).
SCHÖTT, E.: Einige Resultate aus Blutgruppenbestimmungen an schwedischer und lappländischer Bevölkerung Schwedens unter besonderer Berücksichtigung der Blutgruppenbestimmungstechnik. Acta med. scand. (Stockh.) Suppl. **26**, 292—306, 315—318 (1928).
— Einige Hinweise auf die Blutgruppenuntersuchung an schwedischer und lappländischer Bevölkerung Schwedens unter besonderer Berücksichtigung der Blutgruppenbestimmungstechnik. Acta med. scand. (Stockh.) Suppl. **1928**.
— How can mistakes in bloodgroup determination be avoided. particularly when it has to be carried out as quickly as possible. Uppsala Läk.för. Förh. **34**, 681 (1928).
— Blutgruppenbestimmung zu anthropologischen Zwecken. Z. Rassenphysiol. **3**, 1 (1928).
— Einige Worte über Titrierung bei Blutgruppenuntersuchungen. Acta med. scand. (Stockh.) **71**, 115 (1929).
— Über die Individualität des Blutes. Sv. Läkartidn. **1930 II**.
— Ein Gutachten betreffend Vaterschaftsbeweis durch die Blutprobe. Acta med. scand. (Stockh.) Suppl. **24**, 362 (1930).
— On the individuality of the blood. Sv. Läkartidn. **1930 II**, 1549.
— Einige Anordnungen zur Hilfe bei Blutgruppenstudien. Acta path. scand. (Københ.) Suppl. **5**, 65—67, 68—74 (1930).
— Some reflexion on bloodgroup determination in bloodtransfusion. Acta med. scand. (Stockh.) **76**, 73—81 (1931).
SCHOTT: Einige Worte über Trockenhämotest. Med. Klin. **1931**, 851.
SCHRADER: Untersuchungen zur Frage der Blutgruppenänderung. Z. Rassenphysiol. **3**, 108—116 (1931).
SCHRIDDE: Über die Blutgruppenzusammensetzung in einigen Odenwalddörfern mit altangesessener Bevölkerung. Z. Rassenphysiol. 2, 63 (1929).
SCHRODER, W.: Die physikalisch-chemischen Eigenschaften der gruppenspezifischen Agglutininen, zugleich ein Beitrag zur Theorie des Mechanismus der Isohämagglutination. Z. Immun.forsch. **65**, 81—119 (1930).
— Die physikalisch-chemischen Eigenschaften der Isohämoagglutinogenkörper. Ž. eksper. Biol. (russ.) 7, 497—516 (1931); Z. Immun.forsch. 7, 7—99 (1932).
SCHTSCHIGOLOVA, A.: Zur Frage des konstitutionellen Charakters der isoagglutininen Eigenschaften des Blutes. Ukrain. Zbl. Blutgruppenforsch. 2, 7, (1929).
SCHUHKNECHT, HORST: Die Blutgruppenverteilung im Erzgebirge nebst einem Beitrage zur Frage der Vererbung der Blutgruppen. Diss. Leipzig 1932.
SCHULTESS: Blutuntersuchung als Beweismittel in Vaterschaftsprozessen. Schweiz. Juristenztg **23**, 1 (1927).
SCHUMACHER, W.: Das Blutprobeverfahren als prozessuales Beweismittel in der Rechtsprechung. Ärztl. Mschr. **29**, 570—572 (1932).
SCHWARZACHER: Diskussion mit GORONCY. Dtsch. Z. gerichtl. Med. 11, 409 (1928).
SCHWALBE, J.: Die praktische Bedeutung der Blutgruppenuntersuchung insbesondere für gerichtliche Medizin. Dtsch. med. Wschr. **1928**, 30, 31.
SCHWARZMANN: Isoagglutinine in physiologischen und pathologischen Säften beim Weibe. Z. Geburtsh. **92**, 505 (1928).

SCHWARZMANN: Die Frage der Homoiotransplantation im Lichte der Gruppendifferenzierung
    des menschlichen Blutes. Zbl. Gynäk. **1928**, 40; Ginek. i Akus. **1928**, 1.
— Über den Isoagglutiningehalt im Blute und in anderen physiologischen und pathologi-
    schen Flüssigkeiten und Ausscheidungen des weiblichen Organismus. Z. Geburtsh.
    92, 3 (1928).
— Ursache der Unfruchtbarkeit im Lichte der Gruppenlehre. Gynäkologie und Akus **1928**.
— u. JONKOFF-WEREJNIKOFF: Die gruppenspezifische Differenzierung der Organe. Die
    Isolierung des Gruppenantigens aus den Organzellen. Z. Immun.forsch. **76**, 134 (1931).
SCRIMAGLIO: Aglutininas humanas. Rev. mèd. del Rosario **5**, 229 (1930).
SEIROS DA CUNHA: Grupos hematicos nos Portugueses. Thesis of Oporto **1926**.
SEISOFF u. ZONTSCHEW: Blutgruppenuntersuchungen an Schülern in Sofia. Z. Rassen-
    physiol. **1**, 143 (1929).
SELL: Die Blutgruppen und ihre Beziehung zu Pigment und Kopfform. 6. Nordostrand des
    Harzgebirges. Z. Rassenphysiol. **3**, 49—56 (1930).
SEMENOVA, MASAJEW u. KALININA: Über den Zusammenhang der Pigmentierung des Kopf-
    und Gesichtsindexes mit den Blutgruppen in der russischen Bevölkerung. Ukrain.
    Zbl. Blutgruppenforsch. **5**, 94 (1931).
SEMENSKAYA: Verteilung der Blutgruppen bei Bewohnern von Tiflis. Russk. antrop. Ž.
    25, H. 3/5 (1928).
— Die Blutgruppen der Volksstämme Grusiens. Ukrain. Zbl. Blutgruppenforsch. **5**, 34
    (1931).
SEMMLER: Zur Frage der Blutgruppenbestimmung bei Pferden. Z. Vet.kde **39**, 321 (1927).
SEMZOWA u. TERECHOWA: Die gruppenspezifische Differenzierung der menschlichen Organe.
    II. Die gruppenspezifische Differenzierung des Menschen während der Ontogenese.
    Klin. Wschr. **1929**, Nr 5.
— — Die antigene Gruppendifferenzierung des Menschen im Progress der Ontogenese.
    Ukrain. Zbl. Blutgruppenforsch. **3**, 134 (1929).
— u. TERECHOUA: Die antigene gruppenspezifische Differenzierung des Menschen während
    der Ontogenese. Trudy mikrobiol. naučn.-izsled. Inst. (russ.) **4**, 238—247 (1928).
SEREBRIANIKOW: Technik und gerichtlich-medizinische Bedeutung der Gruppenbestimmung
    in Blutflecken. Odessk. Med. Jurn. **7**, 6 (1927).
— Die Methode der Anreichung der Agglutinine bei der Bestimmung der Blutgruppen an
    Blutflecken. Odessk. med. Ž. **1928**, 7.
— Methoden der elektiven Absorption für die Gruppenbestimmung in Blutflecken.
    Internat. Med. exper. (russ.) **1928**, 8.
— u. LEITSCHIK: Die Tauglichkeit des Leichenblutes zur Herstellung und Verwendung
    isohämagglutinierender Standardseren. Dtsch. Z. gerichtl. Med. **12**, 469 (1928);
    Ukrain. Zbl. Blutgruppenforsch. **3**, 1 (1928).
— — Zur Frage der Herstellung und Verwendung von Serumglobulinpulver für Blut-
    gruppenbestimmung. Dtsch. Z. gerichtl. Med. **15**, 125—126 (1930).
SERVANTIE et SOULAGE: Une technique clinique de détermination des groupes sanguins.
    J. Méd. Bordeaux **107**, 926 (1930).
SEUFFERT, V.: Grundsätzliche Fragen bei Vaterschaftsklagen. Med. Welt **1927**, 443.
SHIGENO: Quantitative Untersuchungen über die Empfindlichkeit menschlicher Erythro-
    cyten für gruppenspezifische Agglutinine. Z. Immun.forsch. **66**, 403—473 (1930).
— Das Vorkommen der serologischen Faktoren M und N bei Japanern. Z. Immun.forsch.
    71, 88—101 (1931).
SHIMADA: Acta dermat. (Kioto) **8**, 384 (1926).
SHIMIDZU, TAKEO: Über Hämagglutination bei Tieren. 1. Mitt. Auto- und Isoagglutination
    bei Tieren. Tohoku J. exper. Med. **18**, 97—115 (1931).
— Über Hämagglutination bei Tieren. 2. Mitt. Heteroagglutination. Tohoku J. exper.
    Med. **18**, 526—539 (1932).
SHIRAI: Saikingaku Zasshi (jap.) **1922**, 321, 387; Keio Igaku (jap.) **3**, 311 (1923); Tokyo-
    Iji-Shinshi (jap.) **45**, 2409 (1925).
SHOPE: The quantity of cholesterol in the blood serum of the guinea-pig an an inherited
    character, ist relation to natural resistance to tuberculosis and to tuberculous infec-
    tions. J. of exper. Med. **45**, 59 (1927).
SHOUSHA: Biochemical race index of Egyptians. Egypt. med. Assoc. J. Cairo **11**, 4 (1928).

Shtchigolew: Zur Frage des konstitutionellen Charakter der isoagglutinierenden Eigenschaften des Menschenblutes. Ukrain. Zbl. Blutgruppenforsch. **2**, 4 (1928).

Shusterow: Isoagglutinierende Eigenschaften nach den Untersuchungen von Gefängnisinsassen in Omsk. Moskov. med. Ž. **1927**, 5.

Siegert, D.: Durchführung der Blutgruppenuntersuchung im Strafprozeß. Mschr. Kriminalpsychol. **24**, 434—441 (1933).

Sievers: Studien über die Isoagglutination. Utgifna af finska vetenskaps societeten, H. 81, S. 1. Helsingfors 1927.

— Isoagglutinationsstudien. Acta path. scand. (Københ.) **4**, 285 (1927).

— Blutgruppenverteilung bei Kranken und Gesunden. Finska Läk.sällsk. Hdl. **71**, 636 (1929).

— Blutgruppen bei schwedisch sprechenden Personen. Finska Läk.sällsk. Hdl. **73**, 903—1025 (1931).

Simonin: Combinaison pratique pour l'indentification des groupes sanguins en vue de la transfusion. Presse méd. **37**, 818 (1929).

Simpson: Study of third agglutinating system in human blood. J. of Path. **27**, 279 (1926).

Sincke, G.: Blutgruppenbestimmung auf der Halbinsel Kola. Klin. Wschr. **1930**, 692, 693.

Sin-Iti-Kayano: Do anti-agglutinins against isohae moagglutins exist in the hair? (Original in Esperanto.) Blut. Jurmed. Inst. Nagasaki (jap.) **1**, 36 (1929).

Siracusa: Azione del calore sulle agglutinine del primo gruppo sanguigno. Boll. Soc. Biol. sper. **4**, 410 (1929).

— La proprieta antigene dello sperma di gruppo A. Congr. Microbiol., p. 444—452. Milano 1931.

— e Profili: Sulla attenuazione delle agglutinine del gruppo 0 per opera della putrefazione e sull inconveniente uso diagnostico di globuli rossi conservati. Boll. Soc. Biol. sper. **5**, 94 (1930).

Siveriero, E.: Simulation aspecifique des isoagglutinogènes. Boll. Soc. internaz. Microbiol., sec. ital. **5**, 141 (1933).

Smerling: Über die Beziehungen zwischen Blutgruppe und Körpermaßen sowie der Empfänglichkeit für einige Infektionskrankheiten. Wojeumo med. Ž. (russ.) **1** (1930).

Smernowa and Tschernjajewa: Konstitution und Blutgruppen. Vrač. Gaz. (russ.) **1929**, 15.

Smith: Isoagglutinins in the new born; their placental transmission. Amer. J. Dis. Childr. **36**, 54 (1928).

— Icterus neonatorum; relation to compatibility of blood groups between mother and new born. Amer. J. Dis. Childr. **36**, 70 (1928).

— Blood tests for paternity. J. amer. med. Assoc. **95**, 1194 (1930).

Snyder, H. L.: Blood grouping in relation to legal and clinical medicine. Baltimore: Williams, Wilkins and Co. 1929.

— The blood groups of the Jamaican. Carnegie Inst. Washington **1929**, Nr 395, 277.

— The laws of serologie race-classification-Human Biol., 1930 II, p. 128.

Somogyi, J. u. Lu Angyal: Untersuchungen über Blutgruppen bei Geisteskranken. Arch. f. Psychiatr. **95**, 290—302 (1933).

Speierer: Beziehungen zwischen Blutgruppenzugehörigkeit und Impfmalaria. Münch. med. Wschr. **1930**, 357.

Ssinjuschina: Zur gruppenspezifischen Differenzierung der menschlichen Organe. VI. Zur Frage über das Vorkommen des Thomsen-Antigens in den menschlichen Organen. Z. Immun.forsch. **66**, 491 (1930); Z. Mikrobiol. (russ.) A **9**, Nr 1, 61—63 (1932).

Ssolojew: Die Konstitution in der Gynäkologie. Zbl. Med. Jurn. (russ.) II, I, 1928.

Ssolun: Isoagglutination bei Gefängnisinsassen in Saratof. Med.-biol. Ž. (russ.) **1928**, 122.

Steffan, Pr.: Die Verteilung der Blutgruppen in Europa. Z. Rassenphysiol. **1**, 83, 84 (1928).

— Die Beziehungen zwischen Blutgruppen, Pigment und Kopfform. Z. Rassenphysiol. **1**, 72, 121; **2**, 57 (1929).

— u. Wellisch: Die geographische Verteilung der Blutgruppen. Z. Rassenphysiol. **1** (1929); **2**, 114—115 (1930); **5**, 180—186 (1932); **6**, 28—36 (1933).

Steusing: Classification sérologique des spermatozoides humains. C. r. Soc. Biol. Paris **102**, 430 (1930).

Stewart, W. and Harvey: Blood transfusion in two cases of autoagglutination. Lancet **1931 II**, 399, 400.

STIGLER: Zur Vererbung der Blutgruppengene. Z. Rassenphysiol. **2**, 78 (1929).
— Die Blutrguppe als Erb- und Konstitutionsmerkmal und ihre Bedeutung in der Sexual-
und Rassenphysiologie. Z. Sex.wiss. **16**, 541 (1930).
— Die intravitale Bindung der Isoagglutinine. Biol. generalis (Wien) **8**, 323—336 (1932).
STIMPFL: Zur Kenntnis der Blutgruppenfermente. Z. Immun.forsch. **76**, 159—186 (1932).
— Beitrag zur Kenntnis der Blutgruppensubstanzen im fetalen Haushalt. Ärztl. Verh.
Erlangen **2**, 2 (1933).
— Amnion, Fruchtwasser und Blutgruppe. Zbl. Gynäk. **1933**, 876, 877.
STIRPE: I gruppi sanguigni nei neoplasmi di natura maligna. Gazz. med. Roma **56**, 326
(1930).
STRANDSKOV, H.: A statistical study of the relative goodners of fit of the two proposed
theories of humans blood group inheritance. J. of Immun. **21**, 261; **27**, 277 (1931).
STRASSMANN, G.: Die forensische Bedeutung der Blutgruppenfrage. Z. Med.beamte **1927**,
40—49, 327.
— Die Vaterschaftsdiagnose vor Gericht mittels der Blutgruppenbestimmung. Z. Sex.wiss.
14, 369 (1928).
— Gerichtsärztliche Erfahrungen über Blutgruppenuntersuchungen im Alimentenprozeß.
Arch. Gynäk. **141**, 219 (1930).
— Die Blutgruppenbestimmung an Blutflecken. Dtsch. Z. gerichtl. Med. **19**, 302—308
(1932).
— Der Gruppennachweis an Flecken verschiedener Herkunft. Ärztl. Sachverst.ztg. **33**,
199—206 (1933).
— Die Blutgruppenbestimmung an der Leiche. Dtsch. Z. gerichtl. Med. **21**, 168—183 (1933).
STRASZYŃSKI, A.: Zur Serologie der kongenitalen Lues. Dermat. Wschr. **1929**, Nr 22, 88;
Przegl. dermat. (poln.) **1928 III**.
STRENG: Das Isoagglutinationsphänomen vom anthropologischen Gesichtspunkt. Finska
Läk.sällsk. Hdl. **71**, 805—835 (1929); Acta path. scand. (Københ.) Suppl. **5**, 59 (1930).
— Einige Bemerkungen zur Blutgruppenfrage. Acta. path. scand. (Kobenh.) Supp. **16**,
500 (1933).
STRUKOW, J. u. J. MALININ: Die Blutgruppen bei Aussätzigen. Ukrain. Zbl. Blutgruppen-
forsch. **4**, 2, 97.
SUK: Contribution to the study of blood groups in Czechoslovakia. Publ. de la Fac. Sci.
Univ. Masaryk **1930**, Nr 124.
— Zähne und Blutgruppe. Spisy prirod. Fak. Masaryk **125**, 1—11 (1930).
SUOMINEN, I. K.: Bestimmung des Agglutinintiters bei Geisteskranken. Acta Soc. Medic.
fenn. Duodecim **14**, 1—54 (1933).
SUSSMANN: Die menschlichen Blutgruppen; ihre Bestimmung und praktische Bedeutung.
Ärztl. Ver. Nürnberg, 3. Okt. 1929. Münch. med. Wschr. **1929**, 1946.
SWIDER, KON, MANCEWICZ: Rôle des groupes sanguins dans l'évolution clinique de la Tbc
pulmonaire. C. r. Soc. Biol. Paris **99**, 1023 (1928).
SYLLA: Das Blutbild bei Lungentuberkulose mit Berücksichtigung der Blutkörperchen-
senkung und der Blutgruppen. Med. Klin. **1932**, Nr 20/21.
SZYMANOWSKI, STETKIEWICZ et WACHLER: Les groupes sérologiques dans le sang du porc
et leur relation avec les groupes du sang humain. C. r. Soc. Biol. Paris **14**, No 3, 204,
205 (1926); Med. doświadcz i społ. (poln.) **7**, 37 (1927).
TADDIA: Ricerche sui gruppi sanguigni negli indigeni della Marmarica Orientale. Arch.
ital. i med. colon. **11**, 490 (1930).
TAJIMA: The inheritance of the biochemical structures of human blood. Nagasaki Igakkwai
Zasshi (jap.) **6**, 243 (1928); Tokyo Iji Shimshi (jap.) **1928**, Nr 258, 8.
TAKARA: Blood-group investigations among soldiers in the San-in district. Hanzaigaku
Zasshi (jap.) **3**, 225 (1930).
TALVIK: Blutgruppen in der gerichtlichen Medizin. Eesti Arst **1928**.
TAMBURRI: Gruppi sanguigni e costituzione. Endocrinologia **5**, 2 (1930).
TANAKA: Über die Vererbung der Blutgruppen. Ber. 12. Tagg jap. Ges. gerichtl. Med. **1927**.
TCHALISSOW u. POGIBKO: Blutgruppen und Konstitution. Ukrain. Zbl. Blutgruppenforsch.
5, 176 (1931).
TCHERMAKOWSKY, P. et LA MEHAUTE: Quelques determinations de groupes sanguins chez
les Eskimoaux de race pure (côte est de Groenland). C. r. Soc. Biol. Paris **114**, 878
bis 879 (1933).

TCZERIKOWA u. SEMZOWA: Die gruppenspezifische Differenzierung der Organe des Menschen. VII. Zur Frage der gruppenspezifischen Differenzierung der Eihäute. Z. Immun.-forsch. 67, 240 (1930).

TCZERKASSOW: Blutgruppen bei Scharlachkranken. Vrač. Delo (russ.) 1929, 22.

TEDESCHI: Osservazioni sul soma delle popolazioni indigene della Barca Orientale secondo i concetti costituzionalistici, e ricerche sui gruppi sanguigni. Congr. internaz. Cairo, Dez. 1928. Giorn. ital. Mal. esot. 2, 410 (1929).

— Ricerche sui gruppi sanguigni fra le popolazioni indigene del la Barca e della Marmarica. Giorn. ital. Mal. esot. 2, 407 (1929); Giorn. Med. mil. 1929, No 12.

— et LORENZINI: Ricerche sui gruppi sanguigni delle truppe eritree in Cirenaica. Rinnov. med. 1930, No 7.

TENEFF, ST.: Sulla presensa di isoagglutinine nel liquido cefalo-rachidiono. Giorn. Batter. 9, 998—1003 (1932).

— Valori quantitativi delle prioprietes gruppospecifice e constititione. 4. ital. Kongr. Mikrobiol. 1933.

TERADA: Relation between cancer morbidity and blood types with reference to disposition of cancer. Gann (jap.) 23, 76 (1929).

TERAMOTO: Beiträge zur normalen Erythrocytensenkungsreaktion der Japaner nach Westergren und über ihren Zusammenhang mit Isohämagglutination. Arch. jap. Chir. 7, 149 (1930).

TEXEIRA: Les groupes sanguins des Portugais. C. r. Soc. Biol. Paris 98, 1600 (1928); Arqu. Inst. bacter. Camara Pestana 1932, 291.

THOMOFF: Individualitätsreaktion und Serumtherapie. Z. Immun.forsch. 67, 396—416 (1930).

— Die Blutgruppen des Pferdes. Arch. Tierheilk. 61, 433 (1930).

THOMSEN: Über Beziehungen zwischen Blutgruppen und pathologischen Zuständen. Ugeskr. Laeg. (dän.) 83, 96, 808—812 (1927).

— Über künftige individuelle Vaterschaftsbestimmung. Klin. Wschr. 7, 198 (1928).

— Existence of blood types coordinate with and subordinate to the four LANDSTEINER types. Hosp.tid. (dän.) 71, 253 (1928).

— Investigations into the inheritance of the blood-groups in man. Practical data as to its importance for the proof of paternity and sources of error. Hosp.tid. (dän.) 71, 321 (1928).

— Über die Existenz der vier LANDSTEINERschen Gruppen beigeordneter und untergeordneter Blutgruppen. Z. Immun.forsch. 57, 3—4 (1928).

— Value of determination of blood type in settlement of paternity cases. Ugeskr. Laeg. (dän.) 90, 597 (1928).

— A simple method of identifying representatives of any definite isoagglutinatory type (group) or for the differentiation of the four types (groups) in mass-investigation of blood samples. Acta med. scand. Suppl. 26, 301, 315 (1928).

— Über die Möglichkeit phänotypischer Unterdrückung einer dominanten Bluttypenanlage. Hosp.tid. (dän.) 71, 727 (1928); Ukrain. Zbl. Blutgruppenforsch. 3, 3 (1929).

— Receptor development of blood corpuscles in the new-born and in infants. Hosp.tid. (dän.) 71, 743 (1928).

— Über den Wert der von FURUHATA und seinen Mitarbeitern aufgestellten neuen Hypothese, betreffend die Erblichkeitsverhältnisse der menschlichen Blutgruppen. Acta path. scand. (København.) 5, 246 (1928); Münch. med. Wschr. 1928, 1921.

— Eine Übersicht über die Entwicklung der menschlichen Blutgruppen. Finska Läk.-sällsk. Hdl. 71, 786—803 (1929).

— Über die Möglichkeit von Koppelung der Blutgruppengene. Klin. Wschr. 1929, 114.

— Über die gegenseitige Stärke (Dominanz) der Blutgruppengene A und B. Z. Rassen-physiol. 1, 198 (1929).

— Question of changeability of blood types. Ugeskr. Laeg. (dän.) 91, 196 (1929).

— Immunisation with blood of own species of different types. Ugeskr. Laeg. (dän.) 91, 776 (1929).

— Supposed A B group with non-demonstrable A receptor. Ugeskr. Laeg. (dän.) 91, 1017 (1929).

-- Development of human-blood types. Finska Läk.sällsk. Hdl. 71, 786 (1929).

THOMSEN: Vollständige Bestimmung der Blutgruppen bei kleinen Quantitäten Blut. Klin. Wschr. **1929**, 2286.

— Erblichkeitsverhältnisse menschlicher Blutgruppen. Kritische Bewertung der bisher erschienenen Hypothesen. Med. Welt **1929**, Nr 5/6.

— Über die Beziehungen zwischen den LANDSTEINERschen isoagglutinatorischen Blutgruppen und Krankheit. Seuchenbekämpfg **6**, 3—4 (1929).

— Über die Receptorenentwicklung der Blutkörperchen bei Neugeborenen und Säuglingen. Ukrain. Zbl. Blutgruppenforsch. **3**, 103 (1929).

— Über bakterielle Veränderung der Agglutinabilitätsverhältnisse der roten Blutkörperchen. Acta med. scand. (Stockh.) **70**, 436—448 (1929).

— Immunisierung vom Menschen mit arteigenem gruppenfremdem Blute. Z. Rassenphysiol. **2**, (1930).

— Untersuchungen über die serologische Gruppendifferenzierung des Organismus. Acta path. scand. (Københ.) **7**, 250—278 (1930).

— Die Erblichkeitsverhältnisse der menschlichen Blutgruppen mit besonderem Hinblick auf zwei „neue“ A′ und A′B genannte Blutgruppen. Hereditas (Lund) **13**, 121—163 (1930).

— Von der Ausstattung der menschlichen Erythrocyten mit A- und B-Receptoren. Empfindlichkeit für die Isoagglutinine Anti-A (α) und Anti-B (β). Ukrain. Zbl. Blutgruppenforsch. **4**, 90 (1930).

— Blutgruppendifferenzierung bei Tieren. Z. Immun.forsch. **68**, 261—265 (1930).

— Untersuchungen über die serologische Gruppendifferenzierung des Organismus. Acta path. scand. (Københ.) **7**, 250 (1930).

— Recherches sur la différenciation des groupes sérologiques dans l'organisme. Leucocytes. C. r. Soc. Biol. Paris **104**, 499—501 (1930).

— Recherches sur différenciation des groupes sérologiques dans l'organisme le serum. C. r. Soc. Biol. Paris **104**, 504—506 (1930).

— Recherches sur la différenciation des groupes sérologques dans l'organisme des urines. C. r. Soc. Biol. Paris **104**, 506—508 (1930).

— Übersicht über die Entwicklung der Blutgruppen beim Menschen. Acta path. scand. (Københ.) Suppl. **5**, 57 (1930).

— Researches into the heredity of human-blood groups with special reference to the possibility of two new types A′ and A′B. Norsk. Mag. Laegevidensk. **91**, 369 (1930); Hereditas (Lund) **13**, 121 (1930).

— Der Unterschied in dem Verhalten der beiden menschlichen A-Blutgruppen (A und A′) gegenüber Anti-A-Lysin (in O- und B-Sera). Münch. med. Wschr. **77**, 1190 (1930).

— Die gerichtsmedizinische Bedeutung der scheinbaren und der wirklichen O-Gruppe bei der Nachkommenschaft von einem Elter der AB-Gruppe. Dtsch. Z. gerichtl. Med. **16**, 1—113 (1930).

— Méthode èlementaire pour la détermination des groupes sérologiques A et A′ (groupes A A′ et AA² de LANDSTEINER) chez l'homme. C. r. Soc. Biol. Paris **103**, 1301—1304 (1930).

— Der Wert der Blutgruppenbestimmung in Vaterschaftssachen, wo die Gruppe der Mutter unbekannt ist. Z. Rassenphysiol. **3**, 103—107 (1931).

— Über die quantitative Entwicklung des gruppenspezifischen Receptores im Serum von Neugeborenen. Z. Immun.forsch. **71**, 199—206 (1931).

— Is blood type of significance in choice of spouse? Hosp.tid. (dän.) **74**, 573 (1931).

— Neuere Ergebnisse der Erblichkeitsforschung hinsichtlich der menschlichen Blutgruppen. Z. Rasssnphysiol. **4**, 119 (1931).

— Über die Sekundärbindung als Fehlerquelle bei der Herstellung sogenannter gereinigter Agglutininlösungsn. Z. Immun.forsch. **70**, 140 (1931).

— Über die quantitative Entwicklung der gruppenspezifischen Receptoren im Serum von Neugeborenen. Z. Immun.forsch. **71**, 199—261 (1931).

— Über Gruppenmerkmale des Organismus außerhalb der Erythrocyten. Med. Welt **1931**, 505.

— Über die Erblichkeit der Blutgruppen A′ und A² in einem großen Geschlecht. Z. Rassenphysiol. **5**, 91—102 (1932).

— Das Vorkommen von Isoantistoff im Serum neugeborener Kinder. Z. Rassenphysiol. **5**, 122—139 (1932).

Thomsen: Status of problem of human Bloodtypes in Paternits cases. Ugeskr. Laeg. (dän.)
94, 615 (1932).
— Über die A'- und A²-Receptoren in der sog. A-Gruppe. Acta Soc. Medic. fenn. Duodecim
15, Nr 9, 1—17 (1932).
— Die Bedeutung der Blutgruppenbestimmung bei zweifelhafter Vaterschaft. Hosp. tid.
(dän.) 1933, 169—191.
— and Clausen: On the M N agglitonogens in Denmark. Hosp.tid. (dän.) 74, 321
(1931).
— — Das Vorkommen von Landsteiners „Innenreceptoren M und N" in der dänischen
Bevölkerung. Hereditas (Lund) 15 (1931).
— et Friedenreich: Méthode élementaire pour la détermination des gropes sérologiques
A et A' (AA' et AA₂ de Landsteiner) chez l'homme. C. r. Soc. Biol. Paris 103, 1301
(1930).
— — u. Worsae: Die wahrscheinliche Existenz eines neuen mit den drei bekannten Blut-
gruppengenen (0, A, B) allelomorphen, A' genannten Gens mit den daraus folgenden
zwei neuen Blutgruppen A' und A'B. Klin. Wschr. 1930, Nr 2; Hosp.tid. (dän.) 62,
1077 (1929); Acta path. scand. (København.) 7, 157 (1930).
— — — Über das Verhältnis zwischen A- und B-Receptor in der AB-Grupps. Z. Rassenphysiol. 3, 20 (1930); Hosp.tid. (dän.) 1930, 404.
— — — Über die Möglichkeit der Existenz zweier neuer Blutgruppen, auch ein Beitrag
zur Beleuchtung sog. Untergruppen. Acta path. scand. (København.) 7, 157 (1930).
— u. Kemp: Blutgruppendifferenzierung bei Tieren. Z. Immun.forsch. 67, 251 (1930).
— u. Kettel: Die Stärke der menschlichen Isoagglutinine und entsprechenden Blut-
körperchenreceptoren in verschiedenen Lebensaltern. Z. Immun.forsch. 63, 67 (1929).
— u. Thisted: Untersuchungen über Isohämolysin im Menschenserum. I. Reaktivierung.
II. Die relative Stärke des α- und β-Lysins. Z. Immun.forsch. 59, 479, 491 (1928);
C. r. Soc. Biol. Paris 199, 1599—1603 (1928).
— u. Worsae: Über die Möglichkeit eines Zusammenhanges zwischen den in Serum- der
O-Gruppe enthaltenen Isoagglutininen Anti-A (a) und Anti-B (b). Z. Rassenphysiol.
2, 19 (1929); Hosp.tid. (dän.) 72, 815 (1929).
Tiber: Observation on blood grouping and blood transfusion. Ann. Surg. 91, 481 (1930).
Tiedemann: Blutgruppenverteilung bei Lungentuberkulose. Z. Tbk. 55, 235—237 (1929).
Tingrald, Göta: Beiträge zu den Blutuntersuchungen bei Westfinnen. Acta Soc. Medic.
fenn. Duodecim A 13, H. 3, Nr 7, 1—13 (1931).
Todd, C.: Cellular Individuality in higher animals with special reference to the individuality
of the red blood corpuscules. Proc. roy. Soc. 106, 20—44 (1933).
— and R. White: On the recognition of the individuality by hemolytic methods. Proc.
roy. Soc. 82, 416—421.
Togano Nikyuzi: Blutgruppenuntersuchung an einer Familie von der Maculadegeneration
der Netzhaut. Acta Soc. ophthalm. jap. 34, 992—994 (1930).
Tompson, A.: Bloodgroup and susceptibility to dental caries. Proc. Soc. exper. Biol. a.
Med. 29, 103—106 (1931).
Toth, L.: Agglutination und Hämolyse bei Fischen. Z. Immun.forsch. 75, 277—283 (1931).
Tranquilli-Leali: I gruppi sanguigni. Fisiol. e Med. 2, 569 (1931).
— Disaffinita del gruppo sanguigno paterno, materno quale causa constituonale die aborto.
Rev. ital Ginec. 13, 490—532 (1932).
Traum: Bedeutung der Untergruppen für die Bluttransfusion. Mittelrhein. chir. Ver.,
Bd. 8. 1929. Münch. med. Wschr. 1929, 1229.
Traum, E.: Fehlerquelle bei der Blutgruppenbestimmung. Dtsch. Z. Chir. 234 (1931).
— S. Schaaf u. H. Linde: Beitrag zur Frage der Konduktorenbestimmung in hämolyti-
schen Familien. Klin. Wschr. 1931, 111—113.
Traum u. Witebsky: Zur Bedeutung von Untergruppen bei der Bluttransfusion. Chirurg
1929 I, 930.
Traumann: Kammergericht und Blutuntersuchung im Kampf um die Vaterschaftstellung.
Z. Sex.wiss. 14, 401 (1928).
Treibman: Der Antagonismus im A-Gehalt der Zellen des Blutes und der Organe beim
Kaninchen. Z. Immun.forsch. 79, H. 3/4 (1933).
Troisier: Le groupe sanguin II de l'homme chez le chimpanzé. Ann. Inst. Pasteur 42, 363
(1928).

TROSSARELLI: Ricerche sul rapporto fra la costituzione del sangue dei tuberculosi e la tendenza di questi all'emorragia. Giorn. Batter. 4, 52 (1929).

UEMICHI: On the serological proof of the group-specific antigenity of O Blood cells with reference to SCHIFF's report. Kanazawa Juzenkwai Zasshi (jap.) 33, Nr 5 (1928).

— On the production of a group specific antibody by immunization of a rabbit with human blood cells. Kanazawa Juzenkwai Zasshi (jap.) 33, Nr 5 (1928).

— Investigation of the blood groups of 209 families with particular regard to homo- and hetero-zygotism. Tokyo Iji Shinshi (jap.) 1929, Nr 2613.

— On the group specific differences in hetero-agglutinating power of various animal sera with regard to human red corpuscles of each group, and their use. Appendix: Group specific Anti-B activity of fowl serum. Hanzaigaku Zasshi (jap.) 4, 1 (1931).

UNGER: Über Blutspenderorganisation. Dtsch. med. Wschr. 6, 201—204 (1933).

URRA: Los grupos sanguineos. Arch. Med. Cir. y Espec. 28, 365 (1928).

URRA, J.: Über die Blutgruppenverteilung in Spanien. Klin. Wschr. 1930, 2303—2305.

USUELLI: Ricerche sull'emoisoagglutinazione nei bovivi, nei polli e nei tacchini. Congr. microbiol. Milano 1931. Boll. Ist. sieroter. milan. 10, 260, 267 (1931).

— Ricerche sull'emoisoagglutinatione nei bovini. Boll. Ist. sieroter. milan. 10, 260—269 (1931).

— Ricerche sull'emoisoagglutinatione nell sallo domestico e nel sacchino. Boll. Ist. sieroter. milan. 10, 270—274 (1931).

VAN DER MADE: Blood-groups of sundaneso Natives in West Jordan. The Proceedigus Fourita Pacific Sci. Congr. Java 1929.

— Constant and inconstant properties of the blood groups. The distribution of the blood groups in West Java. Diss. Batavia 1930.

VAN DER SCHEER: Zur Frage der quantitativen Bedingungen bei der Lipoidantikörperbildung durch Kombinationsimmunisierung. Z. Immun.forsch. 71, H. 1/2 (1931).

VAN DER SPEK en KORTBECK: Over Iso-agglutinatie. Nederl. Tijdschr. Geneesk. 72, 2048 (1928).

VASCONCELLOS: Modificaçao do typo sanguinco apos anasthesia pelo chloroformio. Soc. Biol. e Hyg. Sao Paulo Vol. 8, p. 7. 1927.

VEGA DE LA JIMENA: La „serologia constitucional y la investigación de los grupos sanguineos. Rev. critico 9, 295—313 (1928).

VEIDEMANIS: Über die Bedeutung der Blutgruppenuntersuchung in Lettland für die Bestimmung der Vaterschaft und über die Konstanz der Blutgruppen. Med. Fak. serige 1, 3 (1929).

VENUTI, A.: Ricerche sull'isoemoagglutinacione nel lettante. Riv. Clin. pediatr. 30, 681—694 (1932).

VERNETTI-BLINA: Sulla costituzione sierologica e predisposizione alle malattie. Med. del Lavoro 21, 490 (1930).

— La perentuale di frequenza dei gruppi sanguigni negli Italiani, calcolata su un quadro regionale completo. Boll. Soc. med.-chir. Pavia 43, H. 4 (1929).

VERZAR: Isohämagglutination im Dienste der Anthropologie. Ukrain. Zbl. Blutgruppenforsch. 2, 1 (1928).

VIOLA: I gruppi sanguigni comme fattore etno-antropologico. Boll. Soc. med.-chir. Pavia 42, H. 5 (1928).

— L'individualità del sangue applicata al problema delle razze. Boll. Soc. med.-chir. Pavia 43, H. 5 (1929).

— Ulteriore contributo allo studio etno-antropologico dei gruppi sanguigni. Boll. Soc. med.-chir. Pavia 44, H. 8 (1930).

— I gruppi sanguigni come fattore etno-antropologico. Contributo alla distribuzione dei gruppi sanguigni in Italia. Riv. Antrop 28, 307 (1930).

— Gruppi sanguini e constitutione fisika. 4. Mikrobiol Kongr. 1932, S. 105—120.

VISNEVSKIJ: Die Blutgruppenfrage auf dem 4. Kongreß der Zoologen, Anatomen und Histologen der U. D. S. S. R. Bjul-Komiss. vivean. Krovjan Ugrup. 5, 47 (1930).

VORONOFF et ALEXANDRESCO: Les groupes sanguins chez les singes. 1. Congr. internat. Microbiol. Paris 1930. Art. méd. 1930, No 106.

VRIESENDORP: On the value of the blood groups. Nederl. Tijdschr. Geneesk. 71, 1670 (1928).

VUORI: Die Vererbung der Blutgruppen und deren Korrelation zu anderen konstitutionellen Eigenschaften. Acta Soc. Medic. fenn. Duodecim. **12**, 1 (1929).

WAALER: The blood groups in paternity cases. Norsk. Mag. Laegevidensk. **90**, 1 (1929).

— Häufigkeitsberechnungen bei den menschlichen Blutgruppen. Z. Abstammgslehre **51**, 442 (1929).

— Über K. H. BAUERs Austauschhypothese für die Blutgruppen. Z. Abstammgslehre **55**, 263 (1930).

— Zwei neue Bluttypen. Norsk. Mag. Laegevidensk. **91**, 511 (1930).

WACHTEL: Ein Beitrag zur Blutgruppenforschung. Zbl. Gynäk. **1929**, 1119.

WAGNER: Hämagglutinationsmethode in Fällen von strittiger Vaterschaft. Ärztever. Danzig. 1. Ec. 1927. Münch. med. Wschr. **1928**, 545.

WAGNER-JAUREGG: Einige Bemerkungen über die Impfmalaria. Wien. klin. Wschr. **42**, 32 (1929).

WAISSENBERG, S.: Zum Artikel von SABOLOTNY, Die Blutgruppen bei den Kareinen und Krimtschaken, Bd. 3, I, S. 10.

WALLE: Von der SCHICK-Probe bei sudanesischen Schulkindern in Bandoeng. Med. Dienst Volksgezdh. Nederl.-Indië **18**, 367—401 (1929).

WARKGARTNER: Zur Frage der Zulässigkeit der Blutgruppenbestimmung als Beweismittel in Vaterschaftsprozessen. Gerichtsztg **19**.

WARNOWSKY: Über Beziehungen der Blutgruppen zu Krankheiten. Münch. med. Wschr. **74**, 1358 (1927).

WAUGH: Inheritance of blood groups and its medico-legal application. Canad. med. Assoc. J. **18**, 64 (1928).

WEBER: Untersuchungen über die Veränderlichkeit des Agglutinationstiters von menschlichem Serum und menschlichen Blutkörperchen nach Narkosen und Operationen, Bd. 17, S. 80. Hannover: Helwingsche Verlagsh. 1930.

— Das Blutprobeverfahren als Beweismittel im Vaterschaftsprozeß. Arch. Rassenbiol. **1931**, 25, 279—292.

WEBLER: Unehelichenrechtsreform und Blutprobenverfahren zur Feststellung der Vaterschaft. Arbeiterwohlf. **5**, 3, 65—71 (1930).

— Das Blutprobenverfahren als Beweismittel im Vaterschaftsprozeß. Arbeiterwohlf. **5**, 581 (1930).

WEIDEMANN: Die Verteilung der Blutgruppen in Lettland. Wien. med. Wschr. **1928**, Nr 41, 1286.

— Über die Konstanz der Blutgruppen nach dem Tode. Eesti Arst **1928**, Nr 8.

— Über die Bedeutung der Blutgruppenforschung in Lettland für die Bestimmung der Vaterschaft und über die Konstanz der Blutgruppen. Thesis of Riga **1929**.

— Die Verteilung der Blutgruppen bei den Leprösen Lettlands. Med. Klin. **2**, 1155 (1930).

WEIDEMANN-KATKIN: Über die Verteilung der Blutgruppen bei Leprösen in Lettland. Med. Klin. **1929**, 19.

WEIL-EMILE et STIEFFEL: Etude analytique et critique de la réaction de DONATH et LANDSTEINER. Sang **1**, Nr 2, 123—133 (1932).

WEINBERG: Über die Berechnung der Faktorenaustauschziffer bei der Blutgruppenvererbung. Arch. Rassenbiol. **22**, 183—191 (1929).

— Zu der Frage der Blutgruppenstatistik. Klin. Wschr. **1930**, Nr 51.

— Zur Blutgruppenfrage II. Arch. Rassenbiol. **25**, 74—75 (1931).

WEINERT: Blutgruppenuntersuchungen an Menschenaffen und ihre stammgeschichtliche Bewertung. Z. Rassenphysiol. **4**, 8—23 (1931).

— Weitere Blutgruppenuntersuchungen an Affen. II. Mitt. Z. Rassenphysiol. **5**, 59—68 (1932).

— Neue Blutgruppenuntersuchungen an Affen, 1932. Z. Rassenbiol. **6**, H. 2, 75—81 (1933).

WELLISCH: Blutsverwandtschaft der Völker und Rassen. Z. Rassenphysiol. **1**, 21 (1928).

— Die Analyse der Dreirassentheorie. Z. Rassenphysiol. **1**, 66 (1928).

— Über die Vererbung der Blutgruppen. Z. Rassenphysiol. **1**, 92 (1928).

— Verschiedenes über die Auswertung der Ergebnisse aus Blutgruppenbestimmung. Z. Rassenphysiol. **1**, (1928).

— Graphische Darstellung der Blutgruppen verschiedener Völker und Rassen. Volk u. Rasse **1928**, 202.

Wellisch: Über die Genhypothesen des Blutes. Klin. Wschr. 7, 545 (1928).
— Die Bedeutung der Mathematik in der Biologie und Blutgruppenforschung. Z. Rassen-physiol. 1, 113 (1929).
— Die Gradationstheorie und ihre Anwendung auf die Blutgruppen. Z. Rassenphysiol. 1, 160 (1929).
— Das Stufenphotometer in seiner Anwendung als Agglutinationsmesser. Z. Rassen-physiol. 2, 41 (1929).
— Über die agglutinablen Faktoren M und N des menschlichen Blutes. Z. Rassenphysiol. 2, 86 (1929).
— Rassenbiologische Untersuchungen an der Schleswig-Holsteinischen Bevölkerung nach der Dreirassentheorie. Z. Immun.forsch. 59, 255 (1929).
— Die Genverhältnisse im Blute der Völker und Rassen. Klin. Wschr. 8, 450 (1929).
— Das Blutgruppenproblem vor Gericht. Z. Rassenphysiol. 2, 172—178 (1930).
— Über die Berechnung der Genhäufigkeiten. Ukrain. Zbl. Blutgruppenforsch. 4, 225 (1930).
— Die Massenerscheinung der Blutgruppen. Z. Rassenphysiol. 4, 27—31 (1931).
— Über die Genauigkeit der Kinderverteilung bei Ehen mit bekannter Aufspaltung. Z. Rassenphysiol. 4, 32—36 (1931).
— Die zahlenmäßigen Rassenanteile der Deutschen. Z. Rassenphysiol. 4, 116 (1931).
— Betrachtungen über erbbiologische Begriffe. Z. Rassenphysiol. 5, 91—95, 145—152 (1932).
— Über die Ausgleichung der Blutgruppen und Genzahlen. Z. Rassenphysiol. 5, 177—179; 6, 38 (1933).
— u. Thomsen: Über die Vier-Gen-Hypothese Thomsens. Z. Rassenphysiol. Hereditas (Lund) 14 (1930).
Wendlberger, J.: Impfmalaria und Isoagglutination. Wien. klin. Wschr. 1930, 932—935.
Werchosin: Die isoagglutinatorischen Eigenschaften des Blutes und die Kaschin-Beck-sche Krankheit im Transbaikalgebiet. Ukrain. Zbl. Blutgruppenforsch. 2, 1 (1928).
Werckmeister-Freund: Blutgruppenbestimmungen an verunreinigten und physikalischen Einflüssen ausgesetztem Blut. Dtsch. Z. gerichtl. Med. 19, 238—243 (1932).
Werkgartner: Ist die Blutprobe zwingend? Jur. Wschr. 57, 857 (1928).
— Nach welchen Gesetzen vererben sich die Blutgruppen und sind Vererbungsregeln in Vaterschaftsprozessen anwendbar? Mitt. Volksgesdh.amt 1928, 137.
— Wie soll die Blutprobe für forensische Zwecke durchgeführt werden? Wien. klin. Wschr. 41, 291 (1928).
Werneburg: Die praktische Bedeutung der Blutgruppenuntersuchung im Anschluß an den Gladbecker Mordfall Daube erörtert. Kriminal. Mh. 2, 180 (1928).
Wichels: Eine Voraussetzung für das Auftreten gruppenspezifischer Eigenschaften bei den verschiedenen Tierarten. Biol. Zbl. 1, 327 (1930).
— u. Lampe: Die gruppenspezifische Differenzierung der Leukocyten. Klin. Wschr. 7, 1741 (1928).
— — Theoretisches und praktisches zur Bluttransfusion. Münch. med. Wschr. 1928, 1243.
Wiemer: Über das Vorkommen eines Agglutinins Anti-O beim Menschen. Dtsch. Arch. klin. Med. 154, 5—6 (1927).
Wiener, A.: Blood tests of paternity. J. amer. med. Assoc. 95, 681 (1930).
— Method of measuring linkage in human genetics with special reference to blood groups. Genetics 17, 335—350 (1931).
— Heredity of agglutinogens M and N. II. Theoretico-statistical considerations. J. of Immun. 21, 157 (1931).
— „Panagglutinable" erythrocytes. J. amer. med. Assoc. 97, 1245 (1931).
— Determination of paternity by blood groups. Amer. J. med. Sci. 181, 605 (1931); 1932 242, 243.
— Chances of detecting interchange of infants with special reference to blood groups. Z. Abstammgslehre 59, 227—235 (1931).
— On the usefulness of Blood-grouping in Medico legal Cases involving Blood-Relationsship. J. of Immun. 24, 443—455 (1933).
— Determination of non-paternity by means of bloodgroups with special reference to M and N. Amer. J. med. Sci. 2 (1933).

WIENER, A., LEDERER and POLAYES: Studies in Isohemagglutination. J. of Immun. **16**, 469—482; **17**, 257 (1929); **19** (1930).
— — — Studies in Isohemagglutination. III. On the heredity of the LANDSTEINER blood groups. J. of Immun. **18**, 201—221 (1930).
— — — Studies in Isohemagglutination. IV. On the chances of proving nonpaternity with special references to blood groups. J. of Immun. **19**, 259—282 (1930).
— u. ROTHBERG: Heredity of the subgroups of group A und AB. Human Biology **5**, 4 (1933).
— S. ROTHBERG and FOX: Heredity of the agglutinogen M and N of LANDSTEINER-LEVINE. Medico-legal application for the determination of non paternity. J. of Immun. **23**, 63—71 (1932).
— and VAISBERG: Heredity of the agglutinogens M and N of LANDSTEINER and LEVINE. J. of Immun. **20**, 371 (1931).
WIETHOLD: Die praktische Anwendung der Lehre von den Blutgruppen. Allg. med. Z.ztg **95**, 16—17 (1929).
WILCKENS: Zur Blutgruppenfrage. Med. Klin. **1929**, Nr 25, 978.
WILCZKOWSKI: Blutgruppenuntersuchungen bei Schizophrenie und progressiver Paralyse. Klin. Wschr. **6**, 4 (1927).; Roczn. psychjatr. (poln.) **1927**, 5.
WILCZKOWSKY: Das Problem der serologischen Konstitution der Psychopaten. Rocmik psychiatryenoy sess. (poln.) **11** (1929).
WILDEGANS: Über die Technik der Blutgruppenbestimmung. Z. ärztl. Fortbildg **25**, 655 (1928).
— Todesfälle nach Bluttransfusionen. Zbl. Chir. **1930**, 2805.
WILLER: Die Ergebnisse der Blutgruppenforschung in ihrer Bedeutung für die Rechtspflege. Z. Strafrechtswiss. **49**, 240 (1928).
WINTER: Blutgruppen in der Dermatologie; Blutgruppenverteilung in Oberhessen. Dermat. Z. **1930**, 432—441.
WINOGRADOWA, S. u. ISLOWJEW: Über den Rassenfaktor in der Pathologie der alveolären Pyorrhöe. Allrussischer Odontologenkongr. 1928.
WISCHNEWSKY: Neue Methode der Rassendiagnose der Chuwaken. Acad. of Sci. Leningrad 1925, Series A.
— Das Problem des biologischen Rassenindexes. Vrač. Delo (russ.) **1925**, 6.
— Rasse und Blut. Priroda **1927**, 1.
— Rassenbedeutung der Isoagglutination des Blutes. Acad. of Sci. Leningrad 1927.
— Blutgruppen und Anthropologie. Verh. komm. Blutgruppenforsch. **1**, 13 (1927).
— Zur Frage über die konstitutionelle und Rassenbedeutung der Isohämagglutination. Z. Konstit.lehre **13**, 272 (1927).
— Zur Erforschung der Blutgruppen der Völker der U.R.R.S. Ukrain. Zbl. Blutgruppenforsch. **3**, 27 (1929).
— Die Blutgruppenfrage auf dem 4. Kongreß der Zoologen, Anatomen und Histologen der UdSSR. Ukrain. Zbl. Blutgruppenforsch. **5**, 47 (1931).
— RUBASCHKIN und seine Arbeiten auf dem Gebiete der Blutgruppenforschung, Bd. 6, S. 1. 1933.
WITEBSKY: Lipoide, Blutgruppenforschung und paroxysmale Hämoglobinurie. Naturhist.-med. Ver. Heidelberg, 15. Febr. 1927. Münch. med. Wschr. **1927**, 520.
— Zur Frage der paroxysmalen Hämoglobinurie. Klin. Wschr. **7**, 20 (1928).
— Über gruppenspezifische Organunterschiede beim Menschen. Klin. Wschr. **7**, 118 (1928).
— Untersuchungen über spezifische Antigenfunktionen von Organen. II. Mitt. Studien über die Augenlinse. Z. Immun.forsch. **58**, 297 (1928).
— Konstitutionsserologische Studien über gruppenspezifische Antikörperbildung. Mit Bemerkungen zu Ausführungen von HIRSZFELD und HALBER. Z. Immun.forsch. **59**, 139 (1928).
— Biologische Spezifizität. Die Lehre von den Blutgruppen. Handbuch der normalen und pathologischen Physiologie. Berlin: Julius Springer 1929.
— Neuartige Wege immunbiologischer Analyse. Seuchenbekämpfg **6**, 110 (1929).
— Disponibilität und Spezifizität alkohollöslicher Strukturen von Organen und bösartigen Geschwülsten. Habil.schr. Heidelberg 1929.
— Die Blutgruppenlehre unter besonderer Berücksichtigung physiologisch-serologischer Fragestellung. Erg. Physiol. **34**, 271—359 (1932).

WITEBSKY u. W. HENLE: Die serologische Sonderstellung des Speichels. Z. Immun.forsch. 80, 108—121 (1933).
— u. OKABE: Iso-agglutinine und gruppenspezifische Lipoide. Z. Immun.forsch. 56, 131 (1927).
— — Über die Erzeugung gruppenspezifischer Menschenblutantikörper bei Meerschweinchen. Z. Immun.forsch. 56, 181 (1927).
— — Über den Nachweis von Gruppenmerkmalen in den Organen der Menschen. Z. Immun.forsch. 52, 56 (1928).
— u. H. REICH: Zur gruppenspezifischen Differenzierung der Placentarorgane. Klin. Wschr. 1932, 1960—1961.
— u. SATOH: Blutgruppenferment und Ausscheidung von Blutgruppensubstanzen, S. 24. 1933.
— u. STEINFELD: Untersuchungen über spezifische Antigenfunktionen von Organen. I. Mitt. Z. Immun.forsch. 58, 271 (1928).
WLADYKIN: Isohämagglutination bei Neugeborenen. Ž. Izuč. rann. Vozr. (russ.) 5, 2 (1927).
WLADIMIRSKI, A.: Die Reaktion von MANOILOW und die Isoagglutination in der gerichtlichen Medizin. Kongr. gerichtl. Med. Prhov, 16.—19. April 1927.
WÖLLISCH: Das vorhandene Untersuchungsmaterial im M-, N-System. Z. Rassenbiol. 6, H. 2, 66—70 (1933).
WOHLFEIL u. ISBRUCK: Beiträge zur Blutgruppenforschung. IV. Über die Blutgruppenverteilung im Rheinland. V. Zur Frage der Korrelation zwischen Blutgruppen und anthropologischen Merkmalen. Klin. Wschr. 1929, Nr 47, 2184—2187.
— u. VOSWINCKEL: Beiträge zur Blutgruppenforschung. 6. Mitt. Über die Unterscheidung der 4 Blutgruppenphänotypen durch aktive Anaphylaxie. Klin. Wschr. 1931, Nr 11, 495, 496.
WOLF, G.: Die Blutgruppen. Mikrokosmos 23, 73—75 (1929/30).
WOLFF, E.: Erfahrungen mit isoagglutinatorischen Blutgruppenbestimmungen in Paternitätssachen. Acta med. scand. (Stockh.) 71, 54—63 (1929).
— Die Technik der Herstellung von Anti-M und Anti-N-Serum. Z. Rassenphysiol. 5, 159—163 (1932).
— -EISNER: Über Blutgruppen und Blutsenkung. Wien. med. Wschr. 1932, 78—82.
— u. B. JOHNSON: Studien über die Untergruppen A$_1$ und A$_2$ mit besonderer Bsrücksichtigung der Paternitätsuntersuchungen. Dtsch. Z. gerichtl. Med. 22, 65—81 (1933).
WOLFF, F., W. SCHILLING u. F. STRASSMANN: Zur rechtlichen Bedeutung der Blutgruppenbestimmung. Med. Welt 1931, 1147.
WOLINSKAJA, A. u. P. SAN: Beiträge zur Frage der Isoagglutination bei den Wotjaken des Glasower Kreises. Ukrain. Zbl. Blutgruppenforsch. 1, 2, 77.
WONG and CHEN: Blood groups in relation to syphilis and its treatment. Nat. Med. J. China 17, 1354 (1931).
WORSAE: Ein Fall von scheinbarer 0-Gruppe bei einem Kinde von einem AB-Elter. Klin. Wschr. 1930, 938—939.
WOSKOBOOINIKOW: Über die Isoagglutination. Sud. Med. exper. 1928, Nr 8.
WÜNSCHE, O.: Verfahren zur Konservierung von Blutgruppenreaktionen. Bd. 5, S. 169—176. 1932.
— Über Gruppensubstanzen im Blute der Mäuse. Z. Immun.forsch. 81, 293—316 (1933).
WURZ: Die Blutgruppenverteilung in der Schizophrenie. Schweiz. med. Wschr. 58, 353 (1928).
YAMADA: The blood groups of soldiers in the districts of Ishikawa and Fukui. Hanzaigaku Zasshi (jap.) 4, 1 (1931).
YAMAMATO, T.: Die ontogenetische und Vererblichkeitsuntersuchung der A-Merkmale bei Kaninchen. Mitt. med. Ges. Tokyo 46, 953—985.
YANG-FUNG-MIN: „Tung Yen Hui". Med. J. Tokyo 2, 1—2 (1929); nach LIANG-BACKIANG.
YOSHIMURA: Investigation of isohaemagglutination in human blood. Med. Soc. Tokyo 41, 1816 (1927).
YOSIDA, KASS-STI: Über die gruppenspezifischen Unterschiede der Transsudate, Exsudate, Sekrete, Exkrete, Organextrakte und Organzellen des Menschen und ihre rechtsmedizinischen Anwendungen. Z. exper. Med. 63, 331—339 (1928).
YOUNG, MATTHEW: The problem of the racial significance of the blood groups. Man. London, September 1928.

Younowitsch: Les caractères serologiques des juifs asiatiques. C. r. Soc. Biol. Paris **113**, 226, 1101 (1933).

Younowitsch, Rina.: Contribution a l'étude sérologique dse juifs de Yemen. C. r. Soc. Biol. Paris **111**, 929—931 (1932).

— Étude sérologique des juifs Jamaritains. C. r. Soc. Biol. Paris **112**, 10, 970.

Yu: Über die Frigid-Hämoagglutinine. Zbl. Bakter. Orig. **106**, 388 (1928).

Zabolotnij: Zur Frage der Vererbung der Blutgruppen. Biul. Komiss. vivean. Krovjan. Ugrup. **4**, 267—272 (1930); Dtsch. Z. gerichtl. Med. **16**, 233—282 (1931); Z. Immun. forsch. **75**, 520 (1932).

Zacho, A.: Recherches sur la présence des recepteurs specifiques $\dot{M}$ et N dans le tissu tumoral. C. r. Soc. Biol. Paris **112**, 108—112 (1933).

Zagikjan, N.: Die Blutgruppen bei armenischen und tjurkischen Rekruten aus Stadt und Rayon Edivan vom Jahre 1908. Ukrain. Zbl. Blutgruppenforsch. **6**, 34 (1932).

Zangmeister: Die serologische Bestimmung der väterlichen und mütterlichen Abstammung. Med. Welt **1929**, Nr 25.

— Zur serologischen Verwandtschaftsbestimmung nach Zangmeister. Dtsch. med. Wschr. **1930**, Nr 13.

Zannoni: Gruppi sanguigni e ricerca della paternità. Gazz. internaz. med.-chir. **39**, 208 (1931).

Zantop, H.: Untersuchungen über den Blutgruppentiter bei Tuberkulose. Z. Immun.-forsch. **68**, 277—285 (1930).

Zarnick: Kritische Beiträge zur Theorie der Vererbung der Blutgruppen. Dodisn. Svene. jugosl., 1924/29. S. 214—249.

— Die Wahrscheinlichkeit zur Ausschließung der Vaterschaft. Med. Pregl. (serb.-kroat.) **5**, 1 (1930).

Zeltenkow: Die Blutgruppen bei immunisierten Pferden. Vestn. Mikrobiol. (russ.) **9**, 329 (1930).

Zinsser, H. u. A. Coca: Remarks concerning Landsteiners discovery of isoagglutination and the blood groups with special reference to a paper by Kennedy. J. of Immun. **20**, 252—262 (1931).

Zipp: Über den Einfluß von Gewebstoffen auf den Verlauf der Isohämagglutination. Dtsch. Z. gerichtl. Med. **18**, 66—71 (1931).

Zitnikoff: Blood groups and scarlet fever. Vrač. Gaz. (russ.) **1927**, 22.

Zolotarew: Application de l'isohèmagglutination a l'étude des Lapons et des Caréliens. C. r. Soc. Biol. Paris **103**, 492—497 (1930).

Zürcher: Die ärztliche Diagnose und Umgrenzung der Allgemeinerkrankungen der Schulkinder. Berlin: Richard Schoetz 1930.

Zucchi: Le isoemagglutinine nei trasudati, negli essudati, e nel liquido cefalorachidiano. Haematologica (Palermo) **11**, 189 (1930).

Zwetkow: Die Blutgruppen des Hundes. Verh. ukrain. Komm. Blutgruppenforsch. **1**, 59 (1927).

— u. Berenstein: Die Gruppierung des Blutes auf Grund der Isoagglutinationsreaktion und der Blutkatalase. Verh. ukrain. Kommiss. Blutgruppenforsch. **3**, 1—44 (1927).

— — Zur Frage der nichtspezifischen Agglutination der Erythrocyten. Ukrain. Zbl. Blutgruppenforsch. **3**, 289 (1929).

III. Die Salmonella-Gruppe
mit besonderer Berücksichtigung der Nahrungsmittelvergifter.

Von

F. KAUFFMANN - Kopenhagen

Aus dem Staatlichen Seruminstitut Kopenhagen (Direktor: Dr. TH. MADSEN).

Inhalt.

Einleitung.

In der vorliegenden Arbeit soll keine erschöpfende Darstellung der gesamten *Salmonella*-Literatur gegeben werden, zumal im Jahre 1931 vom Verfasser ein kritisches Übersichtsreferat über den Stand der Forschung im Zentralblatt für die gesamte Hygiene erstattet wurde, auf das hier verwiesen sei. An dieser Stelle wird der Hauptwert auf einige prinzipiell wichtige und bisher noch nicht allgemein bekannte Dinge, auf die Definition, die Nomenklatur, auf eine eingehende Darstellung der Technik, besonders der Serologie sowie auf die Nahrungsmittelvergiftung gelegt.

I. Definition und Nomenklatur.

Die *Salmonellagruppe* (Typhus-Paratyphusgruppe) umfaßt zahlreiche Typen, die durch bestimmte morphologische, färberische, kulturelle, biochemische, serologische und pathogene Eigenschaften ausgezeichnet sind. Es sei ausdrücklich betont, daß die Aufstellung der Salmonellagruppe nicht nur auf Grund eines einzigen Merkmals, z. B. der Serologie, erfolgt ist, sondern auf Grund aller soeben erwähnten Eigenschaften.

Salmonellabacillen sind gramnegative, sporen- und kapsellose, meist bewegliche Bacillen, die auf den üblichen Nährböden wachsen, die stets Dextrose mit oder ohne Gasbildung spalten, die dagegen Adonit, Lactose und Saccharose bei 30tägiger Bebrütung bei 37° C nicht angreifen, die Gelatine nicht verflüssigen, die kein Indol bilden und Antigene der Salmonellagruppe enthalten.

Die Zusammengehörigkeit dieser Stämme geht aus dem Gehalt an bestimmten gemeinsamen oder verschiedenen Körperbestandteilen — *Antigenen* — hervor, die unter die einzelnen Stämme mosaikartig verteilt sind und durch *serologische* Methoden, vor allem durch die *Agglutination* nachgewiesen werden. Das entscheidende Merkmal liegt hierbei in dem Gehalt an verschiedenen, serologisch definierten, thermostabilen *O-Antigenen,* die in die Gruppe der Kohlehydrate gehören und die Einteilung der Salmonellagruppe in mehrere Untergruppen, *A, B, C, D* und *E,* ermöglichen. Jede dieser Untergruppen zerfällt ihrerseits wieder in mehrere *Typen,* die neben kulturellen Eigenschaften hauptsächlich durch die serologische Verschiedenheit des thermolabilen *H-Antigens* definiert sind.

Obwohl O-Antigene der Salmonellagruppe auch bei anderen, nicht zur Salmonellagruppe gehörenden Keimen, z. B. in der Pseudotuberkulosegruppe (H. SCHÜTZE) vorkommen, so wird dadurch die Salmonelladefinition in keiner Weise berührt, da sie nicht nur durch serologische, sondern auch durch kulturelle Methoden gesichert ist.

Nomenklatur. Die von der Internationalen Vereinigung für Mikrobiologie eingesetzte Nomenklaturkommission (K. AOKI, R. ST. JOHN-BROOKS, E. O. JORDAN, F. KAUFFMANN, H. SCHÜTZE, W. M. SCOTT und P. BRUCE WHITE) hat unter möglichster Berücksichtigung der botanischen Nomenklaturregeln die Namengebung in der Salmonellagruppe international festgesetzt.

Betreffs Einzelheiten sei auf die demnächst erscheinende Veröffentlichung dieser Kommission verwiesen. An dieser Stelle soll nur ein Auszug, der die wichtigsten Daten enthält, gegeben werden.

1. Salmonella paratyphi A (BRION und KAYSER).
Antigenstruktur: I. II., a.
1898 isoliert von GWYN, 1899 von SCHOTTMÜLLER, 1902 von BRION und KAYSER.
Synonym: Bacterium paratyphi, Typus A von BRION und KAYSER.
2. Salmonella senftenberg, KAUFFMANN.
Antigenstruktur: I. III., g s.
1928 isoliert von KAUFFMANN und 1929 beschrieben.
3. Salmonella senftenberg, KAUFFMANN var. *newcastle* (WARREN und SCOTT).
Antigenstruktur: I. III., g s.
Von WARREN in Newcastle isoliert und 1930 von WARREN und SCOTT beschrieben. Unterscheidet sich kulturell von Salmonella senftenberg.
4. Salmonella paratyphi B (BRION und KAYSER) WARREN und SCOTT.
Antigenstruktur: IV. V., b, 1, 2.
1896 von ACHARD und BENSAUDE in Frankreich, 1900 von SCHOTTMÜLLER in Deutschland isoliert.
Synonyma: Paratyphusbacillus von SCHOTTMÜLLER, dem an der Abgrenzung dieses Typus das größte Verdienst zukommt. Paratyphus B-Bacillus. SCHOTTMÜLLER-Bacillus. Bacterium paratyphi, Typus B von BRION und KAYSER.
5. Salmonella typhi murium (LOEFFLER), CASTELLANI und CHALMERS.
Antigenstruktur: IV. V., i, 1, 2, 3.

1890 von Loeffler aus einer Mäuseepidemie isoliert.

Synonyma: Bacillus typhi murium Loeffler (1892). Bacillus psittacosis Nocard (1893). Breslau-Bacillus. Kaensche-Bacillus. Bacillus aertrycke, de Nobele (1899, 1901). Bacillus paratyphosus B, Mutton type von Schütze (1920). Mäusetyphusbacillus. Bacterium enteritidis Breslau.

6. Salmonella typhi murium (Loeffler) Castellani und Chalmers var. *binns* (Schütze).

Antigenstruktur: IV. V,—, 1, 2, 3.

1917 von McNee in Frankreich isoliert.

Synonyma: Bacillus paratyphosus B. Binns Type von Schütze (1920). Typus Binns von Kauffmann.

7. Salmonella stanley (Schütze) Warren und Scott.

Antigenstruktur: IV. V., d, 1, 2.

1911 von Peck und Thompson in Chesterfield isoliert und 1917 von Hutchens in Stanley.

8. Salmonella heidelberg (Habs).

Antigenstruktur: IV. V., r, 1, 2, 3.

1933 isoliert von Habs in Heidelberg. Bacterium enteritidis Typ Heidelberg.

9. Salmonella reading, Schütze.

Antigenstruktur: IV., e h, 1, 4, 5.

1916 isoliert von Schütze aus „water supply" in Reading.

10. Salmonella derby (Savage und Bruce White) Warren und Scott.

Antigenstruktur: IV., f g.

Isoliert von Peckham in Derby (1923).

11. Salmonella abortus equi (Good, Meyer und Boerner).

Antigenstruktur: IV., e n x.

1893 isoliert von Th. Smith; später von Good, von Meyer und Boerner.

Synonyma: Bacillus abortivo equinus, Good (1911). Bacterium abortus equi, Meyer und Boerner (1913).

12. Salmonella abortus ovis (Schermer und Ehrlich).

Antigenstruktur: IV., c, 1, 4, 6.

Von Schermer und Ehrlich isoliert (1921). Bacillus paratyphi abortus ovis.

13. Salmonella brandenburg, Kauffmann und Mitsui.

Antigenstruktur: IV., e n l v.

1929 isoliert von Kauffmann und Mitsui.

14. Salmonella paratyphi C (Andrewes und Neave).

Antigenstruktur: VI. VII., c, 1, 4, 5.

Nicht zu verwechseln mit der Salmonella C-Gruppe, die sämtliche Typen umfaßt, welche das Antigen VI. enthalten.

Synonyma: Bacillus Erzindjan, Neukirch (1918). Paratyphoid C-Bacillus von Hirsch-feld (1919). Bacillus paratyphosus C, Andrewes und Neave (1921). Paratyphus C 2 von Weigmann (1925). Paratyphus N 1 von Iwaschenzoff (1926). Typus Orient von Kauff-mann (1931).

15. Salmonella cholerae suis (Smith).

Antigenstruktur: VI. VII., c, 1, 3, 4, 5.

1885 isoliert von Salmon und Smith. Synonyma: Hog cholera-Bacillus, Bacillus cholerae suis, Smith (1894). Bacillus suipestifer, Kruse (1896). Bacillus paratyphosus B. Arkansas type von Schütze (1920). Suipestifer Amerika von Kauffmann (1931).

Unterscheidet sich kulturell scharf von Salmonella typhi suis.

16. Salmonella cholerae suis (Smith) var. *kunzendorf* (Pfeiler).

Antigenstruktur: VI. VII., —, 1, 3, 4, 5.

Synonyma: Europäischer Hog cholera-Bacillus. Bacillus suipestifer, Kruse. Para-typhus C-Bacillus von Heimann (1912). Typus Suipestifer Kunzendorf, Pfeiler (1917). Bacillus paratyphosus B. G-Type, Schütze (1920).

Unterscheidet sich kulturell scharf von Salmonella typhi suis var. voldagsen und von Salmonella thompson var. berlin.

17. Salmonella typhi suis (Glässer).

Antigenstruktur: VI. VII., c, 1, 3, 4, 5.

Synonyma: Ferkeltyphusbacillus. Bacillus typhi suis, GLÄSSER (1909). Bacillus Glässer, NEUKIRCH (1918). Typus GLÄSSER, KAUFFMANN (1931).

Unterscheidet sich kulturell scharf von Salmonella cholerae suis.

18. Salmonella typhi suis (GLÄSSER) var. *voldagsen* (DAMMANN und STEDEFEDER).

Antigenstruktur: VI. VII., —, 1, 3, 4, 5.

Synonyma: Bacillus suipestifer Voldagsen, DAMMANN und STEDEFEDER (1910). Bacillus voldagsen, NEUKIRCH (1918). Typus Voldagsen, KAUFFMANN (1931).

Unterscheidet sich kulturell scharf von Salmonella cholerae suis var. kunzendorf und von Salmonella thompson var. berlin.

19. Salmonella thompson, SCOTT.

Antigenstruktur: VI. VII., k, 1, 3, 4, 5.

Isoliert von SCOTT in England 1926. Synonym: Typus Thompson, KAUFFMANN (1931).

20. Salmonella thompson SCOTT var. *berlin* (KAUFFMANN).

Antigenstruktur: VI. VII., —, 1, 3, 4, 5.

1928 isoliert von KAUFFMANN. Synonyma: Typus Berlin, KAUFFMANN (1929) und Typus Thompson-Berlin, KAUFFMANN und MITSUI (1930).

Unterscheidet sich kulturell scharf von Salmonella cholerae suis var. kunzendorf und von Salmonella typhi suis var. voldagsen.

21. Salmonella virchow, KAUFFMANN.

Antigenstruktur: VI. VII., r, 1, 2, 3.

1927 isoliert von KAUFFMANN.

22. Salmonella oranienburg, KAUFFMANN.

Antigenstruktur: VI. VII., m t.

1929 isoliert von KAUFFMANN.

23. Salmonella potsdam, KAUFFMANN und MITSUI.

Antigenstruktur: VI. VII., e n l v.

Isoliert von SELIGMANN und CLAUBERG; diagnostiziert von KAUFFMANN und MITSUI (1930).

24. Salmonella bareilly, BRIDGES und SCOTT.

Antigenstruktur: VI. VII., y, 1, 3, 4, 5.

1928 in Bareilly in Indien isoliert und von BRIDGES und SCOTT beschrieben.

25. Salmonella newport (SCHÜTZE).

Antigenstruktur: VI. VIII., e h, 1, 2, 3.

1915 von SCHÜTZE vom Aertrycke-Typ abgetrennt.

26. Salmonella newport var. kottbus, KAUFFMANN.

Antigenstruktur: VI. VIII., e h, 1, 3, 4, 5.

1929 von KAUFFMANN als Newport beschrieben, 1934 vom Newport-Typus abgetrennt.

27. Salmonella newport var. puerto rico, KAUFFMANN.

Antigenstruktur: VI. VIII., —, 1, 2, 3.

1930 von JORDAN in Puerto Rico isoliert; 1934 von KAUFFMANN diagnostiziert.

28. Salmonella bovis morbificans (BASENAU).

Antigenstruktur: VI. VIII., r, 1, 3, 4, 5.

1893 isoliert von BASENAU aus einer Kuh.

29. Salmonella muenchen (MANDELBAUM).

Antigenstruktur: VI. VIII., d. 1, 2.

1931 isoliert von MANDELBAUM. Synonym: Typus München, SILBERSTEIN, der 1932 die Antigenstruktur genau klärte.

30. Salmonella typhi (SCHRÖTER) WARREN und SCOTT.

Antigenstruktur: IX., d.

Zuerst isoliert von GAFFKY: Typhus Bacillus von GAFFKY (1884). Bacillus des Abdominaltyphus von EBERTH (1880). Bacillus typhosus, ZOPF (1885). Bacillus typhi, SCHRÖTER (1886).

31. Salmonella enteritidis (GÄRTNER), CASTELLANI und CHALMERS.

Antigenstruktur: IX., g o m.

1888 isoliert von A. GÄRTNER in Frankenhausen. Synonyma: Bacillus enteritidis, GÄRTNER. Typus Gärtner Jena, KAUFFMANN (1930).

32. Salmonella enteritidis (GÄRTNER) var. *danysz* (BAHR).

Antigenstruktur: IX., g o m.

Isoliert von DANYSZ (1900). Der Ratin-Stamm der Ratin-Gesellschaft, Kopenhagen, wurde 1902 von NEUMANN aus dem Urin eines kranken Kindes isoliert. Synonyma: DANYSZ-Typ von BAHR (1928). Typus Gärtner-Ratin, KAUFFMANN (1931).
Unterscheidet sich kulturell von Salmonella enteritidis.

33. Salmonella enteritidis (GÄRTNER) *var. dublin* (BRUCE WHITE), WARREN und SCOTT.
Antigenstruktur: IX., g p.
1891 isoliert von C. O. JENSEN bei Kälberruhr. Synonyma: GÄRTNER-JENSEN-Typ von BAHR (1928). DUBLIN-Typ, BRUCE WHITE (1929). Typus Kiel, KAUFFMANN (1930). In der Veterinärliteratur oft *Paracolibacillus* genannt.

34. Salmonella enteritidis (GÄRTNER) *var. rostock,* KAUFFMANN.
Antigenstruktur: IX., g p u.
Von POPPE in Rostock isoliert, von KAUFFMANN diagnostiziert (1930).

35. Salmonella enteritidis (GÄRTNER) *var. moskau* (BRUCE WHITE und HICKS), WARREN und SCOTT.
Antigenstruktur: IX., g o q.
Synonyma: Paratyphus C 1 von WEIGMANN (1925). Paratyphus N 2, IWASCHENZOFF (1926). Typus Gärtner Moskau, KAUFFMANN (1930).

36. Salmonella sendai, BRUCE WHITE.
Antigenstruktur: IX., a, 1, 4, 5.
Isoliert von AOKI und SAKAI in Sendai bei „paratyphoid" Fieber.
Synonyma: Atypische Paratyphus A-Bacillen, AOKI und SAKAI (1925). Typus Sendai, KAUFFMANN (1931). Nach einer Mitteilung von AOKI identisch mit den „K"-Stämmen von SHIMOJO.

37. Salmonella dar-es-salaam, SCHÜTZE.
Antigenstruktur: IX., e n l w.
1922 von BUTLER in Dar es Salaam isoliert, diagnostiziert von SCHÜTZE.

38. Salmonella eastbourne, LESLIE und SHERA.
Antigenstruktur: IX., e h, 1, 3, 4, 5.
Isoliert in Eastbourne, England von LESLIE und SHERA (1931).

39. Salmonella panama, KAUFFMANN.
Antigenstruktur: IX., l v, 1, 3, 4, 5.
1931 isoliert von JORDAN in Panama, diagnostiziert von KAUFFMANN (1934).

40. Salmonella gallinarum (KLEIN).
Antigenstruktur: IX.
1889 isoliert von KLEIN in England. Synonyma: Bacillus gallinarum, KLEIN. Bacillus sanguinarium, MOORE (1885). Bacillus typhi gallinarum alcalifaciens, PFEILER und REHSE (1913).
Unterscheidet sich kulturell von Salmonella pullorum.

41. Salmonella pullorum (RETTGER).
Antigenstruktur: IX.
1900 von RETTGER in Nordamerika isoliert. Synonyma: Bacterium pullorum, RETTGER (1909).

42. Salmonella london, KAUFFMANN.
Antigenstruktur: X. III., 1, v, 1, 4, 6.
Isoliert von BRUCE WHITE in Reading von Patient „L", 1926. Synonyma: Salmonella, Typ L. BRUCE WHITE (1926). Typus London, KAUFFMANN (1930).

43. Salmonella anatum (RETTGER und SCOVILLE).
Antigenstruktur: X. III., e h, 1, 4, 6.
Isoliert von RETTGER und SCOVILLE aus Enten in Nordamerika. Synonyma: Bacterium anatum, RETTGER und SCOVILLE (1919). Von RETTGER und SCOVILLE vom Aertrycke-Typ abgetrennt, in der Antigenstruktur geklärt von KAUFFMANN und SILBERSTEIN (1934).

44. Salmonella anatum (RETTGER und SCOVILLE) *var. muenster,* KAUFFMANN und SILBER-STEIN.
Antigenstruktur: X. III., e h, 1, 4, 5.
Isoliert von BESSERER, Münster, diagnostiziert von KAUFFMANN und SILBERSTEIN (1934).

Wie in der Botanik, so kann auch in der Bakteriologie neben der *wissenschaft-lichen* Nomenklatur die *triviale* Nomenklatur angewandt werden; man kann also auch von „BRESLAU-Bacillen", „GÄRTNER-Bacillen" oder allgemein von „Enteritis-Bacillen" im Gegensatz zu „Paratyphus-Bacillen" sprechen.

Tabelle 1. Das KAUFFMANN-WHITE-Schema.

Gruppe	Typus	O-Antigen	H-Antigen spezifisch	H-Antigen unspezifisch
A	1. S. paratyphi A	I. II.	a	—
	2. S. senftenberg	I. III.	gs	—
	3. S. senftenberg var. newcastle		gs	—
B	4. S. paratyphi B	IV. V.	b	1, 2
	5. S. typhi murium		i	1, 2, 3
	6. S. typhi murium var. binns		—	1, 2, 3
	7. S. stanley		d	1, 2
	8. S. heidelberg		r	1, 2, 3
	9. S. reading	IV.	eh	1, 4, 5
	10. S. derby		fg	—
	11. S. abortus equi		enx	—
	12. S. abortus ovis		c	1, 4, 6
	13. S. brandenburg		enlv	—
C	14. S. paratyphi C	VI. VII.	c	1, 4, 5
	15. S. cholerae suis		c	1, 3, 4, 5
	16. S. chol. suis var. kunzendorf		—	1, 3, 4, 5
	17. S. typhi suis		c	1, 3, 4, 5
	18. S. typhi suis var. voldagsen		—	1, 3, 4, 5
	19. S. thompson		k	1, 3, 4, 5
	20. S. thompson var. berlin		—	1, 3, 4, 5
	21. S. virchow		r	1, 2, 3
	22. S. oranienburg		mt	—
	23. S. potsdam		enlv	—
	24. S. bareilly		y	1, 3, 4, 5
	25. S. newport	VI. VIII.	eh	1, 2, 3
	26. S. newport var. kottbus		eh	1, 3, 4, 5
	27. S. newport var. puerto rico		—	1, 2, 3
	28. S. bovis morbificans		r	1, 3, 4, 5
	29. S. muenchen		d	1, 2
D	30. S. typhi	IX.	d	—
	31. S. enteritidis		gom	—
	32. S. enteritidis var. danysz		gom	—
	33. S. enteritidis var. dublin		gp	—
	34. S. enteritidis var. rostock		gpu	—
	35. S. enteritidis var. moskau		goq	—
	36. S. sendai		a	1, 4, 5
	37. S. dar es salaam		enlw	—
	38. S. eastbourne		eh	1, 3, 4, 5
	39. S. panama		lv	1, 3, 4, 5
	40. S. gallinarum		—	—
	41. S. pullorum		—	—
E	42. S. london	X. III.	lv	1, 4, 6
	43. S. anatum		eh	1, 4, 6
	44. S. anatum var. muenster		eh	1, 4, 5

Die Nomenklatur der Antigene. Nachdem durch eine Vereinbarung zwischen P. BRUCE WHITE und F. KAUFFMANN die Bezeichnung der Antigenfaktoren einheitlich geregelt wurde, werden jetzt allgemein die O-Antigene mit I.—X., die spezifischen H-Antigene mit a—y und die unspezifischen H-Antigene mit

1—6 bezeichnet. Bei Auffinden weiterer Antigene soll sinnentsprechend verfahren werden, speziell sollen neue spezifische H-Antigene z_1, z_2 usw. heißen.

Die durch gemeinsame O-Antigene gekennzeichneten Typen werden zu Gruppen zusammengefaßt, und zwar soll die Salmonella A-Gruppe durch das Antigen I. (oder II.), die Salmonella B-Gruppe durch das Antigen IV. (oder V.), die Salmonella C-Gruppe durch das Antigen VI. (VII. oder VIII.), die Salmonella D-Gruppe durch das Antigen IX. und die Salmonella E-Gruppe durch das Antigen X. (oder III.) gekennzeichnet sein. Diese Gruppenbezeichnung Salmonella A—E darf nicht mit der Bezeichnung A—C bei den einzelnen Typen (Salmonella *paratyphi* A, B oder C) verwechselt werden.

Wir gebrauchen diese zusammenfassende Gruppenbezeichnung, um eine bessere Übersicht zu schaffen und um die einzelnen Typen, sofern sie nicht exakt in ihrer Typenzugehörigkeit bestimmt werden, wenigstens in die betreffende Gruppe einordnen zu können. Liegt z. B. ein Bovis morbificans-Stamm vor, so ist es schon als Fortschritt zu betrachten, wenn der betreffende Untersucher die Diagnose „Stamm der Salmonella C-Gruppe" stellen kann, während er wohl bisher in der Regel einen solchen Stamm als „Breslau"- oder „atypischen Breslau"-Stamm diagnostiziert hat, soferne er ihn überhaupt erkannte. Innerhalb der Salmonella D-Gruppe kann man die durch das thermolabile Antigen g gekennzeichneten Typen zur „Gärtner-*Gruppe*" zusammenfassen.

Es ist wahrscheinlich, daß den einzelnen Antigenen, von denen bisher 40 verschiedene serologisch nachgewiesen sind, ebenso viele *chemische* Verbindungen entsprechen. Die systematische Anordnung der einzelnen Antigene innerhalb der Salmonellagruppe hat mit dem periodischen System der Elemente Ähnlichkeit, so daß wir auch hier voraussagen können, welche Typen noch zu entdecken sind. Obwohl also theoretisch eine sehr große Zahl von Salmonellatypen möglich ist, so kann diese Mannigfaltigkeit der Formen — genau so wie in der Chemie der Kohlenstoffverbindungen — keineswegs zur Verwirrung führen, da die Grundzüge des gesetzmäßigen Antigenaufbaues durch die Arbeiten von Weil und Felix, F. W. Andrewes, H. Schütze, Savage und P. Bruce White, W. M. Scott und F. Kauffmann klar erkannt sind.

Das auf Grund dieser Arbeiten aufgestellte „Kauffmann-White-*Schema*" gibt der wissenschaftlichen Arbeit erstmalig eine klare Übersicht und feste Grundlage, es berücksichtigt nicht nur die serologisch, sondern auch die kulturell unterscheidbaren Typen, es ermöglicht in der bakteriologischen Praxis eine exakte und schnelle Diagnose fraglicher Stämme und Seren und trägt damit zur Aufklärung epidemiologischer Zusammenhänge entscheidend bei.

Wir sind uns bewußt, daß dieses Schema nur den Ausschnitt eines in Wirklichkeit viel größeren Mosaikbildes darstellt und daß es wie jedes Schema künstlich begrenzt und anfechtbar ist. In dem unerschöpflichen Formenreichtum der Natur ist aber ein fester Standpunkt, ein System, notwendig, um nicht jede Orientierung zu verlieren.

II. Die Methoden der kulturellen Typenbestimmung.

Das erste und wichtigste Erfordernis für eine erfolgreiche Isolierung und Diagnose von Salmonellastämmen ist die Verwendung geeigneter Nährböden. *Die Beschaffenheit des Nährbodens ist für die Entwicklung des Antigens, speziell des H-Antigens, von ausschlaggebender Bedeutung.*

Der Agar muß weich (2—2$^1/_4$%, abhängig von der jeweiligen Beschaffenheit des benutzten Agar-Agarpräparates), feucht und dick gegossen sein (zwischen 0,5—1,0 cm). Es schadet nichts, wenn er zu weich ist und bei der Beimpfung einmal einreißt oder wenn er nicht genügend getrocknet ist, so daß zuweilen eine Kolonie auf ihm verläuft. Auf trockenem, hartem oder dünn gegossenem Agar wird das H-Antigen nur schwach entwickelt oder fehlt sogar ganz. Auch ist eine geringe, normalerweise im Fleisch enthaltene Traubenzuckermenge für die Brauchbarkeit des Nährbodens von Bedeutung, da in völlig zuckerfreien Medien die Antigenentwicklung nicht optimal ist. *Um eine Schädigung des Geißelapparates der Salmonellastämme zu vermeiden, muß bereits bei der ersten Isolierung der Stämme aus Faeces oder Urin auf alle Nährböden verzichtet werden, die das Schwärmen des Proteus verhindern, so erwünscht es auch sonst wäre.*

Es sollen bei der Faecesdiagnostik nur Agarplatten verwendet werden, die außer Lactose, Lackmuslösung und Krystallviolett (1 : 200 000) nichts weiter enthalten.

Die Versendung von Faecesproben erfolgt am besten in folgender Glycerinlösung:

250 ccm Glycerin (d 1,23) + 750 ccm Aq. dest. + 5 g NaCl autoklaviert. Zur Untersuchung müssen die Faeces- und Urinproben 1. *direkt* auf feste Agarnährböden (modifizierte DRIGALSKI-Platte) ausgestrichen werden und 2. in einen *Anreicherungsnährboden* (kombinierter Anreicherungsnährboden nach KAUFFMANN) gebracht werden. Aus dem Anreicherungsnährboden wird nach BOECKER erstmalig nach 5—7stündiger Bebrütung und zweitens nach etwa 20stündiger Bebrütung bei 37° C auf DRIGALSKI-Agar ausgeimpft. Außerdem ist es ratsam, auf die von M. KRISTENSEN, LESTER und JÜRGENS angegebene Brillantgrünplatte (modifiziert) auszuimpfen. Auf diese Platte kann der Urin auch direkt verimpft werden.

Bei der Untersuchung von Reinkulturen sind nur Fleischwasseragarplatten und Fleischwasserbouillonröhrchen sowie die unten angegebenen Differentialnährböden zu verwenden.

Die Aufbewahrung der Kulturen erfolgt in Stichkulturen von 1—2% Fleischwasseragar, die nach 24stündiger Bebrütung bei 37° in Zimmertemperatur aufgehoben werden.

Nach A. FELIX und W. M. SCOTT sind die zur Tuberkelbacillenzüchtung gebrauchten *Eiernährböden* das optimale Medium für die Konservierung des O- und H-Antigens der Salmonellabacillen. Eine Bestätigung dieser Methode erfolgte kürzlich durch VOGELSANG, der das völlige Fehlen von Rauhformen auf Eiernährböden feststellte. Obwohl der Verfasser über keine eigenen Erfahrungen mit diesem Nährboden verfügt, möchte er besonders auf diese Methode hinweisen, die speziell bei der Aufbewahrung bestimmter Teststämme von Bedeutung sein dürfte.

1. Feste Nährböden.

Der Fleischwasseragar. Als Grundlage dient das Fleischwasser wie es zur Herstellung der Bouillon benutzt wird. Pepton WITTE oder RIEDEL 1%, NaCl 0,3%, sekundäres Natriumphosphat 0,2%, Agar-Agar 2—2$^1/_4$%, 7,4—7,6 p$_H$.

DRIGALSKI-*Agar* (modifiziert). Fleischwasseragar wie oben, Lackmuslösung nach KUBEL-TIEMANN von Kahlbaum-Schering, Berlin, 15%, Lactose 1,5%, Krystallviolett 1 : 200 000 (5 ccm einer 1⁰/₀₀igen Lösung auf 1 Liter), 7,8—8,0 p_H.

Brillantgrünagar. Diese Platte enthält an Stelle des Fleischwasseragars Liebigs Fleischextraktagar und ist eine Modifikation des von M. KRISTENSEN, LESTER und JÜRGENS [1] angegebenen Nährbodens. Bei Verwendung von Fleischwasseragar treten die typischen Farbunterschiede nicht deutlich genug hervor. Pepton RIEDEL 1%, Liebigs Fleischextrakt $^1/_2$%, NaCl $^1/_2$%, Lactose 1,5%, Phenolrotlösung 4% (Phenolrotlösung: 40 ccm NaOH $^1/_{10}$ n + 460 ccm Aqua destillata + 1 g Phenolrot), Brillantgrünlösung Höchst $^1/_2$%, 3—3,5 ccm auf 1 Liter; muß jedesmal austitriert werden. Agar 2—2$^1/_4$%, 7,0—7,2 p_H.

2. Flüssige Nährböden.

Fleischbouillon. Rind- oder Pferdefleisch 500 g, Pepton WITTE oder RIEDEL 10 g, NaCl 3 g, sekundäres Natriumphosphat 2 g, Aqua destillata 1000 ccm, p_H 7,4—7,6.

Lackmusmolke nach PETRUSCHKY wird fertig von Kahlbaum-Schering, Berlin, bezogen.

Zur Prüfung der *Vergärung* von Kohlehydraten oder Alkoholen werden meist Modifikationen der BARSIEKOW-*Lösungen* angewandt. Vom Verfasser erprobt sind folgende 2 Modifikationen:

A. 1. Peptonwasser: Pepton WITTE 10 g, NaCl 5 g, Aqua destillata 1000 ccm. 2. Lackmuslösung (nach KUBEL-TIEMANN von Kahlbaum-Schering, Berlin) = 50 ccm. 3. Kohlehydrat 10 g.

B. LIEBIGs Fleischextraktbouillon: Pepton RIEDEL 10 g, Liebigs Fleischextrakt 5 g, NaCl 5 g, Leitungswasser 1000 ccm, p_H etwa 7,4 (blau mit grünlichem Ton), Kohlehydrat 5 g. Pro Liter 12 ccm der folgenden Bromthymolblaulösung: 1 g Bromthymolblau + 25 ccm $^1/_{10}$ n NaOH + 475 ccm Aqua dest.

d-Tartratnährboden. Bactopepton 1% in Aqua destillata, Bromthymolblaulösung 12 ccm auf 1 Liter (Lösung wie oben), $^1/_{10}$ n Natronlauge bis zur Blaufärbung mit grünlichem Ton (10—12 ccm auf 1 Liter). d-Tartrat 1%.

Nach W. SILBERSTEIN kann das Bactopepton durch die Trypsinbouillon nach NEISSER und PRINGSHEIM ersetzt werden: Trypsinbouillon p_H 7,4 100 ccm, d-Tartrat 1 g, Bromthymolblaulösung 0,1%ig 2,5 ccm. Nach dem Abfüllen 20—25 Minuten im Dampftopf sterilisieren.

Trypsinbouillon nach NEISSER und PRINGSHEIM, zum Indolnachweis. Rezept in BOECKER und KAUFFMANN, Bakteriologische Diagnostik, 1. Aufl., S. 24.

An Stelle der Trypsinbouillon kann nach M. KRISTENSEN, LESTER und JÜRGENS [1] trypsinverdautes Casein, Stammlösung 1 : 3 verdünnt, benutzt werden.

Die Rezepte der *Rhamnosemolke* nach BITTER, WEIGMANN und HABS sowie der STERNschen *Glycerinfuchsinbouillon* sind in der Münch. med. Wschr. **73**, 940 (1926) und im Zbl. Bakter. **78**, 481 (1916) angegeben.

---

[1] KRISTENSEN, LESTER u. JÜRGENS: Brit. J. exper. Path. **6**, 291 (1925).

Das Rezept des *kombinierten Anreicherungsnährbodens* nach Kauffmann findet sich im Zbl. Bakter. **119**, 148 (1930). Es sei nur erwähnt, daß es notwendig ist, das Brillantgrün *Höchst* der I. G. Farbenwerke Höchst zu benutzen, also: Tetrathionat Original + Brillantgrün Höchst 1 : 100 000 + unverdünnte Rindergalle 5%.

III. Das kulturelle Verhalten der Typen.

Die Wuchsformen. Auf den üblichen Nährböden wie auf Agar und in Bouillon kommt es bei der Mehrzahl der Salmonellatypen zu sehr üppigem Wachstum; nur bei einigen Typen wie Salmonella paratyphi A, abortus ovis, typhi suis, sendai und pullorum ist das Wachstum zart. Der Typhusbacillus nimmt eine Mittelstellung ein, nähert sich aber in seinem Wachstum mehr den zuletzt genannten Typen. In Bouillon entsteht bei allen Typen eine diffuse Trübung, sofern es sich um Glattformen handelt; bei Rauhformen kommt es zu krümeligem Bodensatzwachstum unter Klarbleiben der Bouillon.

Die Kolonieform ist auf Agarplatten bei ausgesprochenen Glatt- und Rauhformen deutlich verschieden, wenn auch fließende Übergänge vorkommen. *Die Glattform ist durch runde, glatte, spiegelnde, gewölbte und feuchte Kolonien gekennzeichnet, die Rauhform dagegen durch unregelmäßig begrenzte, rauhe, matte, geriffelte, flache und trockene Kolonien.*

Eine Typendiagnose läßt sich aus den Wuchsformen auf Agar- oder Gelatineplatten ebensowenig stellen wie aus dem von G. Elkeles beschriebenen Verwurzelungsphänomen. Wenn auch die von Reiner-Müller beschriebene Knopfbildung der Paratyphus B-Bacillen auf 1% Raffinoseagar kein absolut zuverlässiges Differenzierungsmittel ist, ganz abgesehen davon, daß die Methode in der Praxis zu lange Zeit beansprucht, so ist sie ebenso wie das *Wallbildungsphänomen* (v. Drigalski, B. Fischer, Reiner-Müller) und der Bakteriophagenversuch (Sonnenschein) trotzdem in Zweifelsfällen praktisch verwertbar.

Der Wallversuch wird in der Weise angesetzt, daß man eine Agarplatte mit 3—4 Makrokolonien (durch Nadelstich erzeugt) nach 24stündiger Bebrütung bei 37° weiterhin mehrere Tage bei Zimmertemperatur stehen läßt. Es entsteht dann meist schon nach 24 Stunden Zimmertemperatur ein deutlicher Schleimwall, der aber bei dicht aneinander stehenden Kolonien fehlen oder nur rudimentär ausgebildet sein kann.

Die Schleimwallbildung erfolgt bei fast allen frisch isolierten Paratyphus B-Stämmen und fehlt meist bei Mäusetyphus-(Breslau-)Stämmen. Andererseits kann es zur Wallbildung auch bei anderen Typen wie Salmonella abortus equi, cholerae suis, enteritidis u. a., ja auch bei Colistämmen kommen. Der Wallversuch kann daher nur zur Unterstützung der vergärungsmäßig und serologisch zu stellenden Diagnose herangezogen werden und ist in den meisten Fällen überflüssig.

Die vergärungsmäßige Typendiagnose. Der oben erwähnte Satz: Das erste und wichtigste Erfordernis für eine erfolgreiche Isolierung und Diagnose von Salmonellastämmen ist die Verwendung geeigneter Nährböden, hat für die Prüfung der Vergärung besondere Bedeutung. Um gleichmäßige Resultate zu erhalten, ist die Benutzung konstanter und exakt hergestellter Nährböden das erste Erfordernis. Wenn es auch das Ideal ist, mit einheitlichen, chemisch genau definierten Nährböden zu arbeiten — eine Forderung, die kürzlich Tiede erhob — so genügt es, in der allgemeinen Praxis die oben erwähnten Nährlösungen, die Peptonwasser zur Grundlage haben, zu benutzen. Man erhält hiermit sehr regelmäßige, leicht ablesbare Resultate und kann die Spaltung von Kohlehydraten, Alkoholen oder organischen Säuren mit Sicherheit feststellen. Die Analyse des Verwendungsstoffwechsels, die wir vor allem H. BRAUN und seinen Mitarbeitern verdanken, bleibt natürlich ein wichtiges Gebiet wissenschaftlicher Forschung, doch können wir sie in der bakteriologischen Praxis, speziell in der Salmonellatypendiagnose, völlig entbehren.

Um den Ausbau der kulturellen Differentialdiagnose haben sich in erster Linie Veterinärmediziner wie C. O. JENSEN, LÜTJE, L. BAHR, STANDFUSS u. a. verdient gemacht.

Es muß mit Nachdruck darauf hingewiesen werden, wie gleichmäßig Vergärungsversuche bei Salmonellastämmen ausfallen. Die einzelnen Typen halten ihre vergärungsmäßigen Eigenschaften mit so großer Beharrlichkeit fest, daß Ausnahmen praktisch überhaupt nicht vorkommen.

Das bekannteste und erste Beispiel hierfür liefern die xylose-positiven und xylose-negativen Typhusstämme, auf deren epidemiologische Bedeutung besonders M. KRISTENSEN und DEVANTIER HENRIKSEN hingewiesen haben. Ein Bacillenausscheider eines xylosepositiven Typhusstammes kann nicht der Ausgangspunkt einer Typhusepidemie von xylosenegativen Typhusstämmen sein und umgekehrt.

Das Entsprechende gilt im allgemeinen von den *„vergärungsmäßig definierten Typen des Paratypus B-Bacillus"*, die M. KRISTENSEN und BOJLÉN eingehend untersucht haben.

Nachdem bereits MOLTKE auf das konstante, teils positive, teils negative Verhalten der verschiedenen Paratyphus B-Stämme dem Inosit gegenüber aufmerksam gemacht hatte, konnten M. KRISTENSEN und K. BOJLÉN unter Heranziehung der Rhamnose fünf verschiedene Vergärungstypen des Paratyphus B feststellen. Es wird hierbei erstens das Verhalten in der Rhamnose nach BITTER, WEIGMANN und HABS, zweitens die Schnelligkeit der Rhamnosevergärung und drittens das Verhalten gegen Inosit berücksichtigt. Diese Untersuchungen, denen eine große epidemiologische Bedeutung zukommt, sind noch weiter ausbaufähig, da unter Heranziehung verschiedener Differenzierungsmittel wie des d-Tartrats, der Glycerinfuchsinbouillon nach STERN u. a. eine erheblich größere Zahl von Vergärungstypen nachweisbar ist, und zwar nicht nur beim Paratyphus B, sondern auch bei anderen Typen.

Dieses Vorkommen zahlreicher Vergärungstypen innerhalb eines einheitlichen serologischen Typus bedeutet nun aber — trotz des epidemiologischen Wertes — für die kulturelle Differentialdiagnose eine erhebliche Erschwerung und häufig die Unmöglichkeit, allein mit Hilfe kultureller Methoden die Typendiagnose zu stellen. Die Zahl derjenigen Medien, die entweder stets gespalten oder stets unbeeinflußt bleiben, ist bei den einzelnen Typen ziemlich gering; die Mehrzahl der angewandten „Zucker" wird von den verschiedenen Stämmen desselben Typus teils vergoren, teils nicht angegriffen. Es sei aber betont, daß ein und derselbe Stamm sich in seiner Vergärung sehr konstant verhält.

Als Beispiel für die Schwierigkeit einer rein kulturellen Typendiagnose sei der Paratyphus B-Typus erwähnt: Wie bei allen Salmonellastämmen wird Adonit, Lactose und Saccharose nicht, dagegen Dextrose prompt gespalten.

Auch Mannit, Arabinose und Sorbit werden regelmäßig angegriffen, doch zeigt sich bei Verwendung des Dulcit, Inosit, Glycerin, der Rhamnose und des d-Tartrates ein wechselndesVerhalten der einzelnen Stämme — es treten Vergärungstypen auf. Wenn auch die Mehrzahl der Paratyphus B-Stämme das Dulcit, Inosit, Glycerin und die Rhamnose prompt spalten, während sie sich im d-Tartrat negativ verhalten, so kommen doch nicht selten Stämme vor, welche die eine oder die andere der „Zucker"-Arten langsam oder gar nicht spalten oder im d-Tartrat ein positives Verhalten zeigen.

Auch die Rhamnose nach BITTER, WEIGMANN und HABS ist kein sicheres Differenzierungsmittel für Paratyphus B-Stämme, da einige Stämme in diesem Medium eine positive Reaktion ergeben.

Wie bereits eingangs erwähnt, ziehen wir daher in allen Fällen sowohl die kulturellen als auch die serologischen Methoden *vereint* zur Diagnose heran. Wir betrachten beide in der *allgemeinen* Salmonella-Diagnose als gleichwertig, müssen aber betonen, daß die Leistungsfähigkeit beider Methoden in der *Differentialdiagnose* der Typen *nicht* gleich ist, so daß in bestimmten Fällen bald die eine, bald die andere, meist jedoch die *serologische* Methode, bessere Dienste leistet.

Der Wert der kulturellen Methode. 1. Mit Hilfe der kulturellen Methode wird die Entscheidung getroffen, ob ein Keim überhaupt zur Salmonellagruppe gehören kann. So schließt z. B. die Feststellung von Indolbildung oder Saccharosespaltung das Vorliegen eines Salmonellastammes mit Sicherheit aus.

2. Durch zahlreiche Differentialnährböden wird ein Hinweis auf die Typenzugehörigkeit eines Stammes gegeben oder sogar die Typendiagnose (z. B. beim Ratintypus) überhaupt erst ermöglicht.

3. Serologisch einheitliche Typen wie z. B. der Paratyphus B können mit Hilfe kultureller Methoden in zahlreiche, epidemiologisch bedeutungsvolle, „vergärungsmäßig definierte" Untertypen aufgespalten werden.

Der Wert der serologischen Methode. 1. Die Feststellung von bekannten O- und H-Antigenen ermöglicht die Salmonella- und spezielle Typen-Diagnose mit großer Leichtigkeit, Schnelligkeit und Sicherheit.

2. Die Feststellung des Fehlens von Salmonellaantigenen schließt im allgemeinen das Vorliegen eines Salmonellastammes aus, da jeder der bekannten Typen mit irgendeinem anderen Salmonellatypus gemeinsame O- oder H-Antigene besitzt. Ausnahmen kommen nur bei geissellosen Rauhformen vor.

3. Verschiedene kulturelle Untertypen können durch die serologische Methode in ihrer Zusammengehörigkeit erkannt werden. *Die serologische Methode führt also im Gegensatz zur kulturellen zu einer größeren Vereinheitlichung, da die Zahl der kulturellen Typen erheblich größer ist als die der serologischen Typen.* Die Aufstellung eines übersichtlichen Schemas der Salmonellagruppe, die scharfe Definition der Typen und das Auffinden neuer Typen gelang *nur* mit Hilfe der Serologie.

Erläuterungen zur Kulturtabelle. Die unten angegebene Kulturtabelle ist nicht als vollständig und allgemein gültig zu betrachten, da die verschiedenen serologischen Typen in zahlreichen, bisher nicht genügend berücksichtigten „Vergärungstypen" auftreten. Trotz dieser notwendigen Einschränkung leisten aber die meisten Angaben wie z. B. die über das Verhalten in der Lackmusmolke und über die vorhandene oder fehlende Gasbildung in Dextrose im Verein mit der übrigen Vergärung, speziell für die Typhusdiagnose, wertvolle Dienste. Man muß stets unterscheiden, ob ein betreffender Typus sich in einem bestimmten Medium entweder stets positiv, stets negativ oder je nach seinem Vergärungstyp wechselnd verhält. Sämtliche Salmonellatypen verhalten sich in *Adonit, Lactose* und *Saccharose* negativ, sie bilden kein *Indol* und verflüssigen nicht die *Gelatine*. Keiner der Salmonellatypen spaltet — soweit wir bis heute darüber unterrichtet sind — das *Salicin* innerhalb der ersten 3 Tage; doch können einige Stämme mancher Typen das Salicin verzögert spalten.

Sämtliche Salmonellatypen verhalten sich positiv in der *Dextrose*, die sie entweder mit oder ohne Gasbildung spalten. Bei sämtlichen Typhusstämmen erfolgt diese Spaltung stets ohne Gasbildung. Die übrigen Typen bilden fast stets Gas aus Dextrose und den meisten übrigen Kohlehydraten, doch kommen auch gelegentlich gaslose Stämme vor. So handelt es sich z. B. bei der von WIKTOROFF beschriebenen „Übergangsgruppe zwischen dem Bacillus typhi abd. und dem Bacillus enteritidis GÄRTNER" nach W. SILBERSTEIN um nichts weiter als um gaslose Salmonella enteritidis var. dublin-Stämme; eine Feststellung, die der Verfasser inzwischen bestätigen konnte. Ferner sei bei dieser Gelegenheit erwähnt, daß nach Untersuchungen von F. KAUFFMANN und W. SILBERSTEIN (die Arbeit erscheint im Zbl. Bakter.) der „Paratyphus alvei"-Stamm von L. BAHR kein Angehöriger der Salmonellagruppe ist.

In der *Lackmusmolke* verursachen sämtliche Stämme der Typen Paratyphus A, Abortus ovis, GLÄSSER-VOLDAGSEN, Typhus, Sendai und Pullorum nur eine Rötung, während alle übrigen Typen darüber hinaus einen späteren Umschlag in Blau bewirken. Dieses Verhalten in der Lackmusmolke ist völlig konstant, so daß dieser Nährboden in der Differentialdiagnose gute Dienste leistet.

Mannit wird mit Ausnahme der GLÄSSER-VOLDAGSEN-Stämme von fast allen Stämmen sämtlicher Typen gespalten, doch können auch einige GLÄSSER-VOLDAGSEN - Stämme Mannit verzögert spalten, während andererseits auch bei anderen Typen selten Stämme vorkommen können, denen die Fähigkeit, Mannit zu spalten, fehlt.

Die *Arabinose* und *Trehalose* sind besonders für die Diagnose der Suipestifer-stämme wertvoll, die diese Stoffe niemals angreifen. Auch die Abortus ovis-Stämme lassen die Trehalose unbeeinflußt.

Dem *Inosit* gegenüber verhalten sich alle Paratyphus A-, Abortus equi- und ovis-, Suipestifer, GLÄSSER-VOLDAGSEN, Paratyphus C- und sämtliche GÄRTNER-Stämme negativ, während bei Paratyphus B- und Mäusetyphusstämmen verschiedene Vergärungstypen vorkommen. Es ist bemerkenswert, daß sämtliche Angehörige der Salmonella D-Gruppe sich im Inosit negativ verhalten.

Diese Hinweise, die nur einige wichtige Punkte der Kulturtabelle hervorheben sollen, mögen genügen, um auf die Bedeutung und die Grenzen der kulturellen Differentialdiagnose hinzuweisen.

Für eine vollständige kulturelle Untersuchung ist folgendes notwendig: *Prüfung des Verhaltens in Adonit, Lactose, Saccharose, Salicin, Dextrose, Mannit, Maltose, Arabinose, Dulcit, Sorbit, Inosit, Xylose, Rhamnose, d-Tartrat, Rhamnose nach* BITTER, WEIGMANN *und* HABS, *Glycerinfuchsinbouillon nach* STERN, *Lackmusmolke, Indolbouillon, Bleiacetatagar und Gelatine.* Für besondere Zwecke empfiehlt es sich, weitere Nährböden heranzuziehen, z. B. *Dextrin* und *Trehalose* sowie die *organischen Säuren*, auf die wir im folgenden noch näher eingehen.

Kulturtabelle.

Typus	Lackmus-molke	Gas aus Dextrose	Mannit	Maltose	Arabinose	Dulcit	Sorbit	Inosit	Rhamnose	Rhamnose Bitter	Glycerin Stern	Xylose	Trehalose	Dextrin	d-Tartrat	H_2S
S. paratyphi A .	rot	+	+	+	+	(+) −+	+	−	+	−	−	−	+	+	−	− (+)
S. senftenberg .	blau	+	+	+	+	+	+	−	+	+	+	+	+	+	+	+
S. newcastle . .	„	+	+	+	+	+	+	−	+	+	+	+	+	+	+	−
S. paratyphi B .	„	+	+	+	+	+ (−+)	+	− +	+	− (+)	− +	(−) +	+	+	−− (+)	+
S. typhi murium	„	+	+	+	+	+	+	− +	+	(−−) +	− +	+	+	+	(−) +	+
S. binns	„	+	+	+	+	+	+	− +	+	+	+	+	+	+	+	+
S. stanley . . .	„	+	+	+	+	+	+	−	+	+	+	+	+	+	+	+
S. heidelberg . .	„	+	+	+	+	+	+	+	+	+	+	+	+	+	+	+
S. reading . . .	„	+	+	+	+	+	+	+	+ −+	− +	− +	+	+	+	+	+
S. derby . . .	„	+	+	+	+	+	+	+	+	+	+	+	+	+	+	+
S. abortus equi .	„	+	+	+	+	+	+	−	+	− +	−	+	+	+	−+	− +
S. abortus ovis .	rot	+	+	+	− −+	+ −+	+	−	−	−	−	+	−	− +	+ −+	− +
S. brandenburg	blau	+	+	+	+	+	+	−	+	− +	+	+	+	+	+	+
S. paratyphi C .	„	+	+	+	+	+	+	−	−+	−	−	+	−+	+	+	+
S. cholerae suis.	„	+	+	+	−	− −+	+	−	+	−	−	+	−	+	+	−
S. kunzendorf .	„	+	+	+	−	− −+	+	−	+	−	−−	+	−	+	+	+
S. typhi suis . .	rot	−+ −	(−+)	+ −+	+	−+	+ −+	−	+ −+	−−	−	+	+	− +	−	−
S. voldagsen . .	„	−+ −	(−+)	+ −+	+	−+	+ −+	−	+ −+	−	−	+	+	+	−	−
S. thompson . .	blau	+	+	+	+	+	+	+	+	+	+	+	+	+	+	+
S. berlin . . .	„	+	+	+	+	+	+	+	+	+	+	+	+	+	+	+
S. virchow . . .	„	+	+	+	+	+	+	+	+	− +	+	+	+	+	+	+
S. oranienburg .	„	+	+	+	+	+	+	−	+	+	+	+	+	+	+	+

Kulturtabelle (Fortsetzung).

Typus	Lackmus-molke	Gas aus Dextrose	Mannit	Maltose	Arabinose	Dulcit	Sorbit	Inosit	Rhamnose	Rhamnose Bitter	Glycerin Stern	Xylose	Trehalose	Dextrin	d-Tartrat	H_2S
S. potsdam	blau	+	+	+	+	+	+	+	+	+	+	+	+	+	+	+
S. bareilly	,,	+	+	+	+	+	+	+	+	+	+	+	+	+	+	+
S. newport	,,	+	+	+	+	+	+	−	+	+	+	+	+	+	+	+
S. newport kottbus	,,	+	+	+	+	+	+	+	+	+	+	+	+	+	+	+
S. newport puerto rico	,,	+	+	+	+	+	+	−	+	+	+	+	+	+	+	+
S. bovis morbificans	,,	+	+	+	+	+	+	+	+/−+	−/+	+	+	+	+	+	+
S. muenchen	,,	+	+	+	+	+	+	+	+	+	+	+	+	+	+	+
S. typhi	rot	−	+	+	−/+	−+	+	−	−	−	−	−/+	+	+	−/+	+
S. enteritidis	blau	+	+	+	+	+	+	−	+	+	+	+	+	+	+	+
S. danysz (ratin)	,,	+	+	+	+	+	+	−	+	(−/+)	−	+	+	+	+	+
S. dublin (kiel)	,,	+	+	+	−/−+	+	+	−	+	−	−+	+	+	+	−	+
S. rostock	,,	+	+	+	+	+	+	−	−	−	−	+	+	+	−/−+	+
S. moskau	,,	+	+	+	+	−+	+	−	+	+	−+	+	+	+	+	+
S. sendai	rot	−	+	+	+	−+	+	−	+	−	−	−+	+	+	−	−
S. dar-es-salaam	blau	+	+	+	+	+	+	−	+	+	+	+	+	+	−	+
S. eastbourne	,,	+	+	+	+	+	+	−	+	−	+	+	+	+	+	+
S. panama	,,	+	+	+	+	−+	+	−	+	+	+	+	+	+	+	+
S. gallinarum	,,	−	+	+	+/−+	+/−+	−/−+	−	−+	−	−	−+	+/−+	+	+/−+	−/+
S. pullorum	rot	+	+	−	+	−	+/−+	−	+	−	−	+/−+	+/−+	−	−	+
S. london	blau	+	+	+	+	+	+	+	+	+	+	+	+	+	+	+
S. anatum	,,	+	+	+	+	+	+	−	+	+	+	+	+	+	+	+
S. anatum muenster	,,	+	+	+	+	+	+	+	+	+	+	+	+	+	+	+

Zeichenerklärung: + positiv. − negativ. −/+ negativ oder positiv. (−/+) meist negativ, selten positiv. (−)/+ meist positiv, selten negativ. −+ anfangs negativ, später positiv. −/−+ dauernd negativ oder anfangs negativ und später positiv. +/−+ positiv oder anfangs negativ und später positiv. +/− schwach positiv. −+/− anfangs negativ, später schwach positiv.

Die Verwendung *organischer Säuren* oder ihrer Salze zur Differentialdiagnose in der Salmonellagruppe wurde zuerst von BROWN, DUNCAN und HENRY angegeben, die Citronensäure, d-, l- und i-Weinsäure, Schleimsäure und Fumarsäure empfahlen. Als Grundsubstanz wurde eine 1%ige Lösung von Bacto-Pepton genommen, der die Säuren zu 1% zugesetzt wurden, und zwar das Zitrat als neutrales Natriumcitrat, das d-Tartrat in Form von Natriumtartrat, die l- und i-Weinsäure, die Schleimsäure und Fumarsäure als solche, worauf die p_H-Zahl mit NaOH auf 7,4 eingestellt wurde. Nach 48-stdg. Bebrütung wurde eine Bleiacetatlösung (für Mukat gleichzeitig Essigsäure) zugesetzt, so daß bei negativem Ausfall der Reaktion ein voluminöser Bodensatz entstand, während bei positiver Reaktion dieser Bodensatz nur gering war.

M. KRISTENSEN und K. BOJLÉN veränderten diesen Nährboden, indem sie Bromthymolblau als Indikator zusetzten und auf diese Weise den nachträglichen Zusatz von Bleiacetat meist überflüssig machten. Die Autoren betonten besonders den Wert des d-Tartrates für die Paratyphus B-Mäusetyphus-Differentialdiagnose, worauf auch der Verfasser wiederholt hingewiesen hat.

In Fortsetzung dieser Versuche hat dann W. SILBERSTEIN den Nährboden dadurch modifiziert, indem er das nur in Amerika erhältliche Bacto-Pepton durch die Trypsinbouillon nach NEISSER und PRINGSHEIM ersetzte und die Züchtung bei 25° C vornahm. Seine Ergebnisse bei der Differentialdiagnose der verschiedenen Salmonella-Typen sind in der folgenden Tabelle 2 wiedergegeben. Die Allgemeingültigkeit dieser Tabelle muß aber in der gleichen Weise

Tabelle 2. Vergärung der organischen Säuren (nach W. SILBERSTEIN).

	d-Tartrat	L-Wein-säure	M-Wein-säure	Fumar-säure	Citronen-saures Natrium	Schleim-säure
S. paratyphi A	−	−	−	−	−	−
S. senftenberg	+	−	−	−	±	+
S. newcastle	+	+	−	±	−	+
S. paratyphi B	−	+	−	− od. +	− od. +	+
S. typhi murium	+	+	+	+	− od. +	+
S. stanley	+	+	−	+	−	+
S. reading	+	−	−	+	− od. ±	+
S. derby	+	+	±	+	+	+
S. abortus equi	−	−	−	−	−	−
S. abortus ovis	−	−	−	−	−	−
S. brandenburg	+	−	−	+	−	−
S. paratyphi C	+	−	−	−	+	−
S. cholerae suis	+	−	−	−	−	−
S. kunzendorf	+ od. −	−	−	−	−	−
S. typhi suis u. voldagsen	−	−	−	−	−	−
S. thompson u. berlin	+	+	− od. ±	− od. ±	+	+
S. virchow	+	+	−	±	±	+
S. oranienburg	+	−	−	±	+	+
S. potsdam	±	+	−	−	+	+
S. newport	+	+	+	+	+	+
S. bovis morbificans	+	+	− od. ±	− od. +	− od. ±	+
S. typhi	−	−	−	−	±	−
S. enteritidis	± od. +	+	−	−	+	+
S. dublin	−	−	−	−	−	+
S. rostock	−	−	−	−	− od. +	+
S. moskau	+	+	−	−	−	+
S. sendai	−	−	−	−	−	−
S. dar-es-salaam	−	−	−	−	−	+
S. london	+	−	−	−	±	+

wie die der vorhergehenden Kulturtabelle eingeschränkt werden, da bei den meisten Typen nur wenig Stämme untersucht werden konnten, so daß die verschiedenen Vergärungstypen ein und desselben serologischen Typus noch nicht genügend berücksichtigt sind.

IV. Die Methoden der serologischen Typenbestimmung.

Die serologische Typenbestimmung erfolgt mit Hilfe der *Agglutination. Jede Agglutination in der Salmonella-Gruppe muß den O- und H-Antigenen der Bacillen Rechnung tragen.*

Es ist ein *Kunstfehler*, wenn Agglutinationen ohne Rücksicht auf das O- und H-Antigen angestellt oder mitgeteilt werden. Dasselbe gilt innerhalb des H-Antigens von den *Phasen*, die — sofern es sich um diphasische Typen handelt — stets *getrennt* untersucht und angegeben werden müssen.

Zur Typenbestimmung sind *optimale Nährböden* (s. S. 226 und 227) und *geeignete Immunseren* eine unerläßliche Voraussetzung.

Als Nährboden kommen nur der *Fleischwasseragar* und die *Fleischwasserbouillon* in Betracht. Der Agar muß weich (2—2$^1/_4$%), feucht und dick gegossen sein, Agar und Bouillon dürfen nicht ganz frei von Traubenzucker sein (es genügt der normale Traubenzuckergehalt des Fleisches). Die p_H-Zahl muß 7,4—7,6 betragen.

Bei den Immunseren sind sowohl die O- als auch die H-Titer zu berücksichtigen. Bei diphasischen Typ-Seren sind 3 Angaben erforderlich: *1. Der O-Titer, 2. der spezifische H-Titer und 3. der unspezifische H-Titer.*

Bei der Beurteilung der Immunseren kommt es weniger auf die Höhe des Titers als auf die Spanne zwischen den O- und H- oder den spezifischen und unspezifischen H-Titern an. *Die Qualität eines Immunserums hängt mehr von der Größe des Unterschiedes zwischen den O- und H-Titern als von seiner Reichweite ab.*

So soll z. B. ein spezifisches Paratyphus B-Immunserum einen niedrigen O-Titer, einen niedrigen oder besser noch einen fehlenden unspezifischen H-Titer, dagegen einen hohen spezifischen H-Titer haben: z. B. O-Titer 1:200; unspezifischer H-Titer 1:100; spezifischer H-Titer 1:12800.

Setzt man dieses Serum in den Verdünnungen ab 1:400 zur Agglutination an, so erzielt man damit rein spezifische H-Agglutinationen des Paratyphus B.

Bewertung der Agglutination. *Bei jeder Agglutinationsablesung in der Salmonellagruppe muß zwischen der flockigen (H)- und der körnigen (O)-Agglutination unterschieden werden.* In jeder Agglutinationstabelle müssen beide Agglutinationsarten getrennt angegeben werden: die flockige Agglutination am einfachsten durch ein liegendes Kreuz = × und die körnige durch ein stehendes Kreuz = +. Eine sehr starke Agglutination wird durch Verdoppelung der Kreuze: × × oder + +, eine schwache Agglutination durch × oder + und eine gemischt flockige und körnige Agglutination durch + × ausgedrückt.

In der gleichen Weise können bei der mikroskopischen Agglutination die Immobilisation mit × und die Polagglutination mit + bezeichnet werden. Bei Anwendung von lebenden Kulturen und von gewöhnlichen Immunseren tritt in der Regel eine gemischt flockige und körnige Agglutination ein, und zwar nur in den Serumverdünnungen, in denen auf den betreffenden Stamm passende O- und H-Agglutinine vorhanden sind. Da der O-Titer der Seren meist niedriger ist als der H-Titer, so hat die gemischte Agglutination bald, z. B. bei 1:400, ihr Ende erreicht, während die flockige Agglutination noch weiter, z. B. bis 1:6400 geht. Das Ende der Agglutinationsreihe weist also in der Regel eine flockige Agglutination auf. Da beide Agglutinationsarten zeitlich verschieden ablaufen, so kann man unter Berücksichtigung der Zeit beide weitgehend voneinander unterscheiden. So hat die schnell eintretende flockige Agglutination schon nach $^1/_2$ Stunde Aufenthalt bei Zimmertemperatur oder 37°, spätestens aber nach 2 Stunden 37° ihren Titer erreicht, während die O-Agglutination erst nach 2 Stunden 37° deutlich in Erscheinung tritt und erst nach 20—24 Stunden Zimmertemperatur ihren Titer erreicht hat. Auf die $^1/_2$-stündige Ablesung hat als erster O. LENTZ hingewiesen.

Es ist daher notwendig, jede Agglutination mit lebenden Bacillen 3 mal abzulesen:

1. Nach $^1/_2$ Stunde Zimmertemperatur oder 37°, um hierdurch die flockige Agglutination, die noch nicht durch die körnige Agglutination gestört ist, zu erfassen.

2. Nach 2 Stunden 37°, zur O- und H-Ablesung und

3. nach weiteren 20 Stunden Aufenthalt bei Zimmertemperatur, wobei man nur die körnige Agglutination zu berücksichtigen hat.

Zur Demonstration einer rein flockigen Agglutination kann z. B. ein spezifisches Mäusetyphusserum dienen, das mit SCHOTTMÜLLER-Bacillen abgesättigt ist und mit spezifischen Mäusetyphusbacillen nachagglutiniert wird oder ein Typhusserum, das mit spezifischen STANLEY-Bacillen agglutiniert wird.

Zur Demonstration der körnigen Agglutination kann z. B. ein Mäusetyphusserum dienen, das mit Mäusetyphusbacillen agglutiniert wird, die vorher $^1/_2$ Stunde auf 100° C erhitzt waren oder ein Typhusserum, das mit lebenden GÄRTNER-Bacillen angesetzt wird.

Bei der Agglutinationsablesung von abgesättigten Seren wird erstmalig nach 2 Stunden 37° abgelesen, da nach $^1/_2$ Stunde auch die flockige Agglutination noch nicht genügend ausgebildet ist.

Die Unterscheidung zwischen flockiger und körniger Agglutination ist auch bei der Objektträgeragglutination möglich. Will man aber hierbei prompte und starke O-Agglutination erzielen, so dürfen die Seren nur wenig verdünnt werden, also z. B. nur in der Verdünnung von 1:10 oder 1:20 angewandt werden. Zur H-Agglutination müssen dagegen die Seren in Verdünnungen von 1:100—400 angewandt werden, um eine gleichzeitige O-Agglutination zu verhindern.

Die Beurteilung des Agglutinationstypus ist leichter, wenn man für die H-Agglutination Formalin-Bouillonkultur und für die O-Agglutination gekochte Bacillen benutzt.

Das Formalin hat die Eigenschaft, die O-Agglutination zu verzögern, so daß man nach 2-stündiger Ablesung bei 37° keine gleichzeitige O-Agglutination erhält. Später nach 4—20 Stunden kommt es auch in den Formalin-Röhrchen zu einer O-Agglutination, die zuweilen schwer von einer H-Agglutination zu unterscheiden ist.

Bei der Verwendung von gekochten Bacillen oder von reinen O-Seren kann es nur zur körnigen Agglutination kommen, so daß keinerlei Schwierigkeiten auftreten können.

Es muß der oberste Leitsatz sein, bei allen Agglutinations-Ablesungen zwischen O- und H-Agglutination scharf zu unterscheiden.

1. Die Objektglas(Objektträger)-Agglutination (Tropfenagglutination).

Die Objektglasagglutination ist die grundlegende serologische Methode der Typendifferenzierung.

Wie bei jeder Agglutination müssen die O- und H-Antigene der Bacillen getrennt berücksichtigt werden.

Zum Zwecke der Typenbestimmung in der Salmonellagruppe wurde die Objektglasagglutination zur Diagnose des H-Antigens zuerst von KAUFFMANN, die des O-Antigens zuerst von W. SILBERSTEIN angegeben.

Für die *O-Agglutination* werden O-Immunseren in der Verdünnung von 1:10 oder 1:20 benutzt, für die *H-Agglutination* spezifische und unspezifische H-Seren in Verdünnungen von 1:100, 200 oder mehr, d. h. in Verdünnungen, in denen keine O-Agglutinationen mehr auftreten.

Zur Objektglasagglutination werden stets *lebende* 24stündige Agarkulturen benutzt, und zwar sowohl für die O- als auch für die H-Agglutination. Mit den benutzten Immunseren müssen stets negative und positive Kontrollen angesetzt werden. Ein spezifisches Paratyphus B-Immunserum muß z. B. gegen einen spezifischen B-Stamm und gegen einen spezifischen und unspezifischen Mäusetyphusstamm geprüft werden. Es muß der B-Stamm prompt agglutiniert werden, dagegen sollen beide Phasen des Mäusetyphusstammes unbeeinflußt bleiben.

Bei der Objektglasagglutination spielt die Unterscheidung zwischen flockiger und körniger Agglutination in der Praxis keine große Rolle, da wir einerseits mit reinen O-Seren und andererseits mit H-Serumverdünnungen arbeiten, in denen keine O-Agglutination mehr auftritt.

Die Objektglasagglutination soll im positiven Falle eine augenblickliche, starke Zusammenballung des homologen Stammes ergeben, die schon mit bloßem Auge zu erkennen ist. Der negative Ausfall wird durch eine Lupe (6fach) kontrolliert und ist durch eine homogene, milchige Trübung des Tropfens gekennzeichnet.

Einzelheiten der Technik. Auf einen gewöhnlichen, gläsernen Objektträger (7,5 cm × 2,5 cm), der auf einer schwarzen Unterlage liegt, werden ein oder mehrere Tropfen eines oder mehrerer Immunseren in bestimmten Verdünnungen nebeneinander getan, am besten aus langgezogenen Capillaren, die man auf einem kleinen Holzgestell waagerecht nebeneinander gefüllt liegen hat. In jedem Tropfen verreibt man mit der Öse eine derartige Bacillenmenge, daß eine deutliche, homogene Trübung entsteht. Zur Kontrolle wird die gleiche Kultur in einem Tropfen physiologischer NaCl-Lösung verrieben, um ihre Stabilität darin zu prüfen.

Nach erfolgter Verreibung wird der Objektträger mit der linken Hand vor die Augen gegen das Fensterkreuz gehalten und sowohl mit bloßem Auge als auch mit der Lupe betrachtet, worauf er in ein Glas mit 20% Schwefelsäure versenkt wird.

So einfach auch diese Methode auf den ersten Blick hin erscheint, so muß sie doch wie jede Technik praktisch erlernt werden, da manche Fehler, die den Erfolg in Frage stellen, hierbei möglich sind.

Die Bedeutung dieser Objektglasagglutination wird heute meist noch unterschätzt. Sie ist nicht nur eine orientierende, sog. Probeagglutination, sondern liefert dem Geübten definitive, exakte Resultate. So kann man nach Boecker und Kauffmann allein mit ihrer Hilfe die Schottmüller-Breslau-Differentialdiagnose in wenigen Minuten exakt stellen und kann nach Silberstein mit ihrer Hilfe jeden Salmonellastamm sofort in seinem O-Antigen bestimmen. Allgemein gesagt: *Jeder serologisch unterscheidbare Salmonellatyp kann mit Hilfe der Objektträgeragglutination schnell und sicher diagnostiziert werden.*

2. Die Reagensglasagglutination. (Ausführliche Agglutination.)

Die O-Agglutination. Es gibt zwei Möglichkeiten, das O-Antigen im Reagensglase zu bestimmen,

a) mit Hilfe reiner O-Seren und

b) mit Hilfe der gewöhnlichen OH-Seren.

a) Bei Anwendung reiner O-Seren, die durch Vorbehandlung von Kaninchen mit gekochten Bacillen der OH-Form oder mit lebenden oder bei 60° abgetöteten Bacillen der O-Form hergestellt sind, werden zur Agglutination entweder lebende oder gekochte Bacillen benutzt.

b) Bei Anwendung der gewöhnlichen OH-Seren, die durch Vorbehandlung von Kaninchen mit lebenden oder bei 60° abgetöteten Bacillen der OH-Form hergestellt sind, müssen zur Agglutination gekochte Bacillen benutzt werden.

Schematisch dargestellt:

Serum	Bacillen
O OH	gekocht oder lebend $\big\}$ = O-Agglutination gekocht

Für die O-Agglutination genügt es, die Bacillen $^1/_2$ Stunde lang im Wasserbade zu kochen, für die O-Serumherstellung dagegen empfiehlt es sich, die Bacillen 1—2 Stunden lang zu kochen.

Man kann zur O-Agglutination a) Aufschwemmungen in NaCl-Lösung von 24stündigen Agarplatten oder b) 24stündige Bouillonkulturen benutzen, die dann beide $^1/_2$ Stunde lang gekocht werden.

Benutzt man zur O-Agglutination gekochte Aufschwemmungen in NaCl-Lösung, so liest man die Agglutination nach 2 stündigem Aufenthalt bei 37 oder 50° (Wasserbad oder Thermostat) und nach weiteren 20 Stunden Zimmertemperatur ab.

Benutzt man zur Agglutination gekochte Bouillonkulturen, so liest man die Agglutination frühestens nach 4 und spätestens 16—20 Stunden Aufenthalt bei 50° Wasserbad ab, da diese Agglutination langsamer erfolgt.

Die Agglutination kann entweder in kleinen Röhrchen und in der Gesamtmenge von 0,4 ccm (0,2 ccm Serumverdünnung + 0,2 ccm Kultur) oder in großen Röhrchen und in der Gesamtmenge von 1,0 ccm angesetzt werden. Im letzten Falle gibt man zu 0,5 ccm Serumverdünnung in NaCl-Lösung (fortlaufend um das Doppelte verdünnt) 0,5 ccm der Kultur.

Als Kontrolle dient ein Röhrchen mit 0,5 ccm NaCl-Lösung + 0,5 ccm Kultur.

Bei der O-Agglutination müssen die Serumverdünnungen mit 1:10 (End-verdünnung des Röhrchens nach Zusatz der Kultur = 1:20) beginnen und fortlaufend um das Doppelte verdünnt bis zum O-Titer des Serums reichen. Nach Zusatz der Kultur werden die Röhrchen kräftig geschüttelt und in das Wasserbad oder in den Thermostaten gestellt. Nach den angegebenen Zeiten erfolgt die Ablesung mit bloßem Auge und mit der Lupe (6fach), wobei die Röhrchen mit der linken Hand gegen das Fensterkreuz gehalten werden.

Der Typus der O-Agglutination ist körnig oder fetzig.

Die H-Agglutination. Das Ansetzen der H-Agglutination im Reagensglase erfolgt in der gleichen Weise wie es soeben bei der O-Agglutination beschrieben ist, nur daß man hier in der Regel mit Serumverdünnungen ab 1:100 oder 1:200 beginnt.

Die Ablesung der H-Agglutination erfolgt nach $^{1}/_{2}$stündigem und nach 2stündigem Aufenthalt bei 37° Wasserbad oder Thermostat. Eine spätere Ablesung soll unterbleiben.

Zur Agglutination werden OH-Seren benutzt, die einen niedrigen O-Titer haben sollen und deren Verdünnungen am besten oberhalb des O-Titers beginnen.

Als Kultur nimmt man a) *lebende Bacillenaufschwemmungen* von Agarplatten in NaCl-Lösung oder b) *Formalinbouillonkulturen.*

Die Formalinbouillonkultur verdient vor der lebenden Aufschwemmung den Vorzug, da sie 1. empfindlicher ist, 2. eine Hemmung der O-Agglutination bedingt, 3. steril ist und 4. in größeren Mengen im Eisschrank vorrätig gehalten werden kann. Vor dem Gebrauch müssen die Formalinkulturen kräftig ge-schüttelt werden, um den Bodensatz gleichmäßig zu verteilen.

Um unspezifische Reaktionen (Sedimentationen) zu vermeiden, sollen H-Agglutinationen mit Formalin *nicht später als nach* $^{1}/_{2}$ *und* 2 *Stunden* 37° abge-lesen werden. Der Agglutinationstiter ist nach 2 Stunden völlig erreicht.

Bei der Ablesung der H-Agglutination ist zu beachten, daß die Röhrchen vor der Ablesung nicht geschüttelt werden, um die flockige Agglutination nicht zu zerstören. Erlaubt ist höchstens ein vorsichtiges Schwenken der Röhrchen, um eine am Boden liegende Flocke aufzuwirbeln.

Herstellung der Formalin-Bouillonkultur. a) Für *Daueremulsion.* Zu einer 16—20stündigen Bouillonkultur, die auf ihre Beweglichkeit hin geprüft sein muß, wird 0,2% Formalin zugesetzt, worauf die Kultur 1 Tag bei 37° oder Zimmertemperatur gehalten wird. Man benutzt als Ausgangspunkt das 33%ige Formalin, das als 100% gerechnet wird.

Es muß darauf hingewiesen werden, daß sich nicht alle Stämme zur Her-stellung von Formalinbouillonkulturen eignen, und daß es notwendig ist, Stämme, die eine Neigung zur Spontanagglutination zeigen, auszuschalten. Durch die mikroskopische Betrachtung des hängenden Tropfens einer 20stündigen Bouillon-kultur kann man derartige Stämme, die eine Polagglutination erkennen lassen, feststellen. Die Fähigkeit des Formalin, die Agglutinabilität der Kulturen zu steigern, kann sich unter Umständen in verhängnisvoller Weise auswirken, zumal solche Kulturen keineswegs von allen Seren, sondern nur von einigen wenigen ganz unspezifisch geflockt werden können. Man kann sich also auch durch Kontrollen nicht sicher vor unspezifischen Reaktionen schützen. Daher ist es besonders nötig, Stämme zu verwenden, deren Eignung für die Formalin-kultur durch Erfahrung festgestellt ist.

b) Bei der *Routineuntersuchung* frisch isolierter Stämme empfiehlt es sich 0,5% Formalin zuzusetzen, da die betreffenden Röhrchen bereits nach 1 Stunde 37° steril sein sollen und auch nicht weiter aufgehoben werden, so daß unspezifische Ausflockungen nicht zu befürchten sind.

Im Untersuchungsamt des Staatlichen Seruminstitutes Kopenhagen werden zur Bestimmung des O-Antigens gekochte Bouillonkulturen und zur Bestimmung des H-Antigens Formalinbouillonkulturen benutzt.

3. Die Mikroskopagglutination *(Immobilisation und Polagglutination).*

Die von MANDELBAUM in die Praxis eingeführte mikroskopische Agglutination zum Zwecke der Antigenbestimmung in der Salmonellagruppe beruht auf der von ARKWRIGHT zuerst beschriebenen und wiederholt bestätigten Erscheinung, daß die O- und H-Agglutinationen (Näheres s. S. 247) sich auch bei mikroskopischer Betrachtung als wesensverschieden erweisen: Bei der H-Agglutination kommt es zur *Immobilisation* (Lähmung der Beweglichkeit) und bei der O-Agglutination zur *Polagglutination* unter Erhaltensein der Beweglichkeit.

Für diese Reaktion sind außer den notwendigen Seren Bouillonkulturen erforderlich, die sehr gut beweglich sein müssen.

Auf ein Deckgläschen bringt man eine Öse von Immunserum in bestimmter Verdünnung und verreibt darin eine zweite Öse von der Bouillonkultur. Dieser Tropfen wird als hängender Tropfen unter dem Mikroskop mit starkem Trockensystem oder mit Ölimmersion betrachtet.

Fehlerquellen sind ungenügende Verreibung, unbewegliche oder schlecht bewegliche Bacillen oder Kulturen, die durch andere, bewegliche Bacillen verunreinigt sind.

Die Reaktion hat den großen Vorteil, mit minimalen Serum- und Kulturmengen zu arbeiten und sehr empfindlich zu sein, dagegen den Nachteil des etwas umständlichen hängenden Tropfens und der Beanspruchung der Augen beim Mikroskopieren. Vor allem aber macht es zuweilen Schwierigkeiten, die erforderlichen Teststämme bei fortlaufenden Passagen sehr beweglich zu erhalten. Diese Nachteile werden jedoch dadurch aufgewogen, daß man den Typus der Agglutination im Mikroskop scharf erkennen kann.

Die mikroskopische Agglutination liefert keine prinzipiell anderen Ergebnisse als die gewöhnliche Objektglasagglutination, da sie ja nur eine mikroskopische Ablesung der Agglutination ist. MANDELBAUM war daher mit Hilfe der mikroskopischen Agglutination in der Lage, die Antigentabelle von KAUFFMANN-WHITE zu bestätigen und mit ihrer Hilfe einen neuen Typus „Salmonella muenchen" aufzufinden.

Die Mikroskopagglutination gestattet genau so wie die Objektglasagglutination eine sichere Typendiagnose, so daß es mehr von der Gewohnheit und Übung des einzelnen Untersuchers abhängt, welche Methode er anwendet. Da jedoch die Objektglasagglutination dem hängenden Tropfen an Schnelligkeit überlegen ist, so gibt der Verfasser der Objektglasagglutination den Vorzug.

In wichtigen Fällen ist es wertvoll, seine Ergebnisse durch eine zweite Methode bestätigen zu können.

Zusammenfassend kann gesagt werden, daß wir mehrere Methoden der O- und H-Antigenbestimmung besitzen, von denen jede zuverlässige Resultate liefert:

1. Die Objektglasagglutination,
2. die Reagensglasagglutination und
3. die Mikroskopagglutination.

Bei der Reagensglasagglutination können wir zur H-Antigenbestimmung lebende oder durch Formalin abgetötete Bacillen, zur O-Antigenbestimmung entweder lebende, gekochte oder mit Alkohol behandelte Bacillen verwenden. Bei der Objektglas- und Mikroskopagglutination müssen stets lebende Bacillen verwandt werden.

4. Die GRUBER-WIDALsche Reaktion.

Der „Widal", die Prüfung des Patientenserums auf vorhandene Agglutinine, wird in der gleichen Weise angesetzt und abgelesen wie es bei der Reagensglas-Agglutination beschrieben ist, wobei man gewöhnlich Serumverdünnungen von 1:50—1:200 oder mehr anwendet.

Es sind stets Kontrollen mit NaCl-Lösung, sog. negative Kontrolle, und mit homologem Immunserum, sog. positive Kontrolle, erforderlich. Betreffs Einzelheiten sei auf die aus dem Laboratorium von Prof. BOECKER erschienene Arbeit von FRIEDEL verwiesen[1]. Neben der Reagensglasagglutination kann man den Widal auch in Form der mikroskopischen Agglutination nach MANDELBAUM ansetzen, besonders wenn nur sehr geringe Serummengen zur Verfügung stehen. Die Frage, welche Stämme man zum Widal benutzen soll, ist nicht leicht und auch nicht allgemeingültig zu beantworten, da die Verbreitung der Salmonellatypen in den einzelnen Gegenden sehr verschieden ist. So kann man z. B. in Nordeuropa ohne Schaden auf den Paratyphus A-Stamm verzichten, da solche Infektionen in diesen Gegenden praktisch nicht vorkommen.

Im allgemeinen dürfte es bei Vorliegen eines typhösen Krankheitsbildes in Nordeuropa genügen, folgende Stämme zum Widal anzusetzen:

Bei Verwendung lebender Kulturen:
1. einen Typhusstamm,
2. einen spezifischen Paratyphus B-Stamm und
3. einen unspezifischen Paratyphus B-Stamm.

Bei Benutzung lebender Kulturen ist die O- und H-Agglutination bei einiger Übung im gleichen Röhrchen gut voneinander zu unterscheiden. Will man mit sterilen Reagenzien arbeiten und O- und H-Agglutinationen getrennt nachweisen, so muß man für die H-Agglutination Formalin-Bouillonkulturen und für die O-Agglutination gekochte oder mit Alkohol behandelte Kulturen nehmen. In diesem Falle benötigt man folgende Stämme:

1. Typhus H-Form, 2. Typhus O-Form, 3. spezifische Paratyphus B H-Form, 4. unspezifische Paratyphus B H-Form, 5. Paratyphus B O-Form.

Ferner ist es möglich, die O-Agglutinationen auch mit lebenden Bacillen anzusetzen, ohne durch gleichzeitige H-Agglutinationen gestört zu werden, indem man die von FELIX herausgegebenen O-Formen des Typhus und Paratyphus benutzt. Betreffs Einzelheiten sei auf die Arbeit von FELIX im Lancet **1930**, 505 verwiesen.

Bei Vorliegen einer *akuten Gastroenteritis* oder eines unklaren Krankheitsbildes muß es das Ziel sein, möglichst viele Antigene im Widal zu verwenden, wenn möglich auch den eigenen Patientenstamm.

---

[1] FRIEDEL: Zbl. Bakt. **125**, 494 (1932).

In jedem Falle sollte man mindestens folgende Stämme verwenden:
1. spezifische Mäusetyphus H-Form, 2. unspezifische Mäusetyphus H-Form, 3. Gärtner H-Form, 4. Suipestifer O-Form.

Mit Hilfe dieses letzten Stammes (man kann hierzu auch andere Stämme der C-Gruppe, wie Potsdam, benutzen) ist es möglich, eine Salmonella C-Infektion durch Auftreten einer körnigen Agglutination nachzuweisen.

Sobald der Erreger einer Infektion feststeht, muß der Widal naturgemäß mit dem homologen Stamme angesetzt werden. Handelt es sich z. B. um eine Newportinfektion, so ist eine spezifische Newport H-Form, eine unspezifische Newport H-Form und eine Newport O-Form zu verwenden.

In jedem Falle gilt die Grundregel, auch beim Widal die O- und H-Antigene sowie die Phasen getrennt nachzuweisen.

Unter Berücksichtigung dieser Punkte wird man in den meisten Fällen, auch bei akuter Gastroenteritis, 2—3 Wochen nach Beginn der Erkrankung Agglutinine im Patientenserum finden. Da der Titer dieser Agglutinine zuweilen jedoch nicht hoch ist, so muß der Widal, besonders bei der O-Agglutination in der Verdünnung 1 : 20 beginnen.

In fraglichen Fällen soll die Mikroskopagglutination mitherangezogen werden.

5. Der CASTELLANIsche Absättigungsversuch.

Beim Absättigungsversuch sind genau so wie bei der Agglutination die O- und H-Antigene sowie die Phasen getrennt zu berücksichtigen. Der Absättigungsversuch dient zur Identifizierung der verschiedenen Antigene und Agglutinine.

Zum Nachweis der Identität zweier Stämme ist es erforderlich, daß die Stämme kreuzweise ihre Immunseren restlos erschöpfen, d. h. sämtliche Agglutinine aus den Seren entfernen. So sind z. B. Stamm a und Stamm b erst dann serologisch identisch, wenn sowohl der Stamm a als auch der Stamm b die beiden Immunseren A (mit a hergestellt) und B (mit b hergestellt) ihrer Agglutinine völlig berauben: Die Nachagglutination der abgesättigten Seren muß mit den beiden Stämmen negativ ausfallen. Tritt dieses Ergebnis aber nicht ein, erschöpfen beide Stämme zwar ihre homologen Seren, nicht aber die heterologen, so besitzen sie verschiedene Antigene. Setzen wir voraus, daß die Stämme a und b von beiden Seren A und B agglutiniert werden, so gibt es noch zwei andere Möglichkeiten als die soeben erwähnten. Der Stamm a erschöpft sowohl das Serum A und B, nicht aber der Stamm b, der nur sein homologes Serum B erschöpft, in A aber noch Agglutinine für a darin läßt. Hierdurch sind im Stamm a 2 Antigene (1,2) nachgewiesen, während der Stamm b nur 1 Antigen (1) besitzt. Auch der umgekehrte Fall ist möglich: a = 1 und b = 1,2.

Schematisch dargestellt sind folgende vier Möglichkeiten des Absättigungsversuches möglich, wenn wir von zwei Stämmen und ihren beiden Immunseren ausgehen und annehmen, daß jedes der Seren beide Stämme agglutiniert.

Tabelle 3.

Fall 1.

Serum A behandelt mit Stamm a = Agglutination negativ für a und b.
,, A ,, ,, ,, b = ,, ,, ,, a ,, b.
,, B ,, ,, ,, a = ,, ,, ,, a ,, b.
,, B ,, ,, ,, b = ,, ,, ,, a ,, b.
Ergebnis: Serum A und Stamm a = 1; Serum B und Stamm b = 1.

Fall 2.
Serum A behandelt mit Stamm a = Agglutination negativ für a und b.
„ A „ „ „ b = „ positiv für a und negativ für b.
„ B „ „ „ a = „ „ „ b „ „ „ a.
„ B „ „ „ b = „ negativ für a und b.
Ergebnis: Serum A und Stamm a = 1,2; Serum B und Stamm b = 1,3.

Fall 3.
Serum A behandelt mit Stamm a = Agglutination negativ für a und b.
„ A „ „ „ b = „ positiv für a und negativ für b.
„ B „ „ „ a = „ negativ für a und b.
„ B „ „ „ b = „ „ „ a „ b.
Ergebnis: Serum A und Stamm a = 1,2; Serum B und Stamm b = 1.

Fall 4.
Serum A behandelt mit Stamm a = Agglutination negativ für a und b.
„ A „ „ „ b = „ „ „ a „ b.
„ B „ „ „ a = „ positiv für b und negativ für a.
„ B „ „ „ b = „ negativ für a und b.
Ergebnis: Serum A und Stamm a = 1; Serum B und Stamm b = 1,2.
Die Absättigungen A—a und B—b müssen in allen Fällen ein negatives Ergebnis haben.

Technik des Absättigungsversuches. Beispiel: Zu 5 ccm Immunserumverdünnung 1:100 in NaCl-Lösung (bei einem Serumtiter von etwa 1:10000) werden 5 ccm NaCl-Abschwemmung von einer oder mehreren Agarschalen (lebend oder abgetötet) gegeben, gut gemischt und für 2 Stunden in den Brutschrank von 37° und für weitere 20 Stunden in Zimmertemperatur gestellt. Zur Kontrolle wird unabgesättigtes Immunserum 1:200 in NaCl gleichzeitig in den Brutschrank für 2 Stunden und 20 Stunden in Zimmertemperatur gestellt. Das mit Bacillen behandelte Immunserum wird nun klar zentrifugiert und unter Verwerfen des Bodensatzes wird das abgesättigte Serum (oder Restserum) auf seinen Agglutiningehalt hin im ausführlichen Agglutinationsversuch geprüft; ebenso das unabgesättigte Serum, das zur Kontrolle mitläuft. Zu 0,5 ccm Serumverdünnung kommen 0,5 ccm lebender oder abgetöteter Bacillenaufschwemmung. 2 Stunden 37° und 20 Stunden Zimmertemperatur. Ablesung nach 2 und 20 Stunden; eine frühere Ablesung als nach 2 Stunden hat bei abgesättigten Seren keinen Zweck.

Für die notwendige Serumverdünnung bei der Absättigung und die erforderliche Bacillenmenge lassen sich keine allgemein gültigen Regeln aufstellen, da sich dieses nach dem Titer und der Verdünnung der Seren richtet.

Bei allen Absättigungsversuchen muß daran festgehalten werden, daß ein Versuch nur dann einwandfrei ist, wenn der betreffende Stamm sein homologes Immunserum restlos erschöpft hat. Will man z. B. feststellen, ob der Stamm a das Serum B erschöpft, so muß man gleichzeitig den Stamm a mit dem homologen Serum A ansetzen.

Es sei nochmals betont, daß bei allen Absättigungsversuchen das O- und H-Antigen sowie die Phasen getrennt zu berücksichtigen sind.

Bei der Prüfung auf Identität zweier diphasischer Stämme sind also sechs Immunseren miteinander zu vergleichen:

1. Die beiden O-Seren; 2. die beiden spezifischen H-Seren und 3. die beiden unspezifischen H-Seren.

6. Die Immunserumherstellung.

Zur Herstellung diagnostischer Immunseren werden Kaninchen benutzt, die mit lebenden oder abgetöteten Bacillen in bestimmten Abständen wiederholt intravenös gespritzt werden. Allgemein gültige Regeln für die Dosierung lassen sich nicht geben, da dieses von dem beabsichtigten Zweck, der Art der Bacillen und der Reaktion der Tiere abhängt. Als Anhaltspunkt kann folgendes gelten: Bei Verwendung von Formalin-Bouillonkulturen oder gekochten Bouillonkulturen werden 0,2—0,5 ccm, dann 0,5—1 ccm und schließlich 1—1,5 ccm gespritzt. Bei Verwendung von Aufschwemmungen das Entsprechende, sofern die Aufschwemmungen von der gleichen Dichte sind wie die Bouillonkulturen. Die Kaninchen werden in Abständen von 5 Tagen 3—4mal intravenös gespritzt und 5 Tage nach der letzten Injektion aus der Carotis steril entblutet. Das Blut wird in einem sterilen Glase aufgefangen, nach Gerinnen mit einem Glasstabe von der Wand gelöst und mehrere Stunden bei Zimmertemperatur stehen gelassen. Darauf wird das abgesetzte Serum abgegossen und klar zentrifugiert. Zur Konservierung wird entweder zu gleichen Teilen Glycerin oder 0,5% Phenol zugesetzt. Im Eisschrank aufbewahrt sind die Seren jahrelang haltbar.

Die Herstellung der O-Seren. Bei Anwendung von OH-Formen muß die Aufschwemmung in NaCl-Lösung oder die Bouillonkultur 1—2 Stunden lang auf 100° C erhitzt werden, um das H-Antigen zu zerstören. Bei Verwendung von reinen O-Formen kann man mit lebenden Bacillen oder mit Bacillen immunisieren, die $^1/_2$—1 Stunde bei 58—60° C abgetötet sind.

Die Herstellung der H-Seren. Das Haupterfordernis besteht in der Benutzung von äußerst beweglichen Kulturen, und zwar am einfachsten von 16 bis 20stündigen Bouillonkulturen, die mit 0,5% Formalin versetzt werden und darauf 1 Tag bei Zimmertemperatur stehen bleiben oder auch für 1 Tag in den Brutschrank gestellt werden. Für alle Injektionen wird die gleiche Kultur im Eisschrank aufbewahrt. An Stelle der Bouillonkultur können jedesmal frisch hergestellte Aufschwemmungen in NaCl-Lösung von Agarplatten aus benutzt werden, die $^1/_2$—1 Stunde lang bei 58—60° im Wasserbade abgetötet sind. Die Formalin-Bouillonkulturen verdienen den Vorzug, da sie weniger toxisch sind. Zur Herstellung von typenspezifischen oder unspezifischen Immunseren ist es notwendig, die zur Immunisierung bestimmten Kulturen und Aufschwemmungen stets von geprüften Einzelkolonien aus anzulegen, da man nur auf diese Weise mit Sicherheit spezifische oder unspezifische Immunseren erhält. Da die Abspaltung der Phasen in der Bouillon im allgemeinen größer zu sein scheint als auf festen Nährböden, so ist es bei Verwendung von Bouillonkulturen zur Immunisierung besonders wichtig, mit Stämmen zu arbeiten, die nur in einem sehr geringen Prozentsatz die andere Phase abspalten. Aus diesem Grunde empfiehlt es sich auch, die Bouillonkulturen nicht länger als nötig, d. h. nicht über 16 Stunden zu bebrüten, da bei längerer Bebrütung die Abspaltung größer wird.

Nach den bisherigen Erfahrungen des Verfassers sind die Aufschwemmungen von einzelnen Agarkolonien der Bouillonkultur an Spezifität überlegen, wenn es auch bequemer ist, mit einer einmal hergestellten Formalin-Bouillonkultur zu immunisieren. Zu einer klaren Entscheidung, welche Methode den Vorzug verdient, sind aber noch ausgedehntere praktische Erfahrungen erforderlich.

Überhaupt ist es im heutigen Stadium der Forschung verfehlt, eine für alle Zeiten gültige Methode festzulegen. Wir wollen nur verschiedene Möglichkeiten angeben, mit denen man zum Ziele kommt und zu weiterer Arbeit an der Vervollkommnung dieser Methoden auffordern.

Bevor wir auf die allgemeine Serologie der Typen näher eingehen, seien die Hauptregeln für die Technik und Bewertung der Antigenanalyse in der Salmonellagruppe nochmals kurz zusammengestellt:

1. Geeignete Nährböden. Fleischwasser-Peptonagar, etwa 2% Agargehalt, etwa 7,4—7,6 p_H, dick gegossen und feucht; Fleischwasser-Bouillon.

2. Geeignete Stämme. Glattstämme von äußerster Beweglichkeit, mit Ausnahme der unbeweglichen O-Formen. Ein minimaler Grad von Rauheit ist oft leicht durch den hängenden Tropfen einer 24stündigen Bouillonkultur festzustellen, in welchem es in solchen Fällen zu einer mehr oder weniger ausgesprochenen, spontanen Polagglutination kommt. Zu wissenschaftlichen Arbeiten über das H- und normale O-Antigen dürfen nur Stämme verwendet werden, die keine Spur von Polagglutination im Mikroskop zeigen und die von optimaler Beweglichkeit sind; d. h. die Mehrzahl der Bacillen muß sich sehr schnell durch das Gesichtsfeld fortbewegen. Bei älteren Laboratoriumsstämmen ist es oft sehr schwer oder unmöglich, diese Forderungen zu erfüllen, so daß solche Stämme ausgeschieden werden müssen, falls man nicht absichtlich Untersuchungen über Rauhformen anstellt.

3. Geeignete Immunseren. *a) O-Seren* von genügend hohem und gruppenspezifischem Titer. *b) H-Seren* mit einer genügend hohen Spanne zwischen O- und H-Titer. *Spezifische* H-Seren, die möglichst rein spezifisch sind; *unspezifische* H-Seren, die möglichst rein unspezifisch sein sollen.

4. Geeignete Agglutinations- und Absättigungs-Technik.

a) Berücksichtigung der O- und H-Agglutination in allen Fällen.

b) Reindarstellung der einzelnen Faktoren durch Absättigungsversuche, soweit als möglich. Bei der Analyse der spezifischen H-Agglutinine müssen alle O- und unspezifischen H-Agglutinine, bei der Analyse der unspezifischen H-Agglutinine alle O- und spezifischen H-Agglutinine vorher oder gleichzeitig aus dem Serum entfernt werden.

c) Anwendung einer geeigneten Serumverdünnung. Im allgemeinen muß bei der Bestimmung der einzelnen Agglutinine im Absättigungsversuch mit starken Serumkonzentrationen (1 : 10—1 : 100) gearbeitet werden; doch lassen sich allgemeingültige Angaben hierfür nicht machen, da die Verdünnung von dem jeweiligen Titer der einzelnen Agglutinine abhängt.

d) Anwendung einer geeigneten Bacillenmenge, die bei allen Absättigungsversuchen sehr groß sein soll. Da die Agglutininbindung völlig spezifisch eingestellt ist, so braucht man nicht den Fehler einer zu starken Bacilleneinsaat, sondern nur den einer unvollständigen Absättigung zu befürchten. Wir benutzen daher zu Absättigungsversuchen prinzipiell fast zähflüssige Bacillenaufschwemmungen in NaCl-Lösung von Agarplatten aus, die dann der Serumverdünnung zu gleichen Teilen zugesetzt werden.

e) Es dürfen nur Faktoren als selbständig anerkannt werden, die trotz stärkster Absättigung im Serum erhalten bleiben.

Hierdurch wird gewährleistet, daß die im KAUFFMANN-WHITE-*Schema* angegebenen Faktoren mit absoluter Sicherheit als vorhanden anzusehen sind. Andererseits wird die Möglichkeit zugegeben, daß einzelne, nebensächliche, schwach ausgebildete Faktoren, speziell beim O-Antigen, bewußt übersehen werden, zumal es sich hierbei auch um Rauhantigene handeln kann.

V. Die allgemeine Serologie der Typen.

Die Arbeiten von WEIL und FELIX über die *O- und H-Antigene* und die von F. W. ANDREWES über die *spezifischen* und *unspezifischen Phasen* bilden die Grundlage der Salmonellaserologie.

Mit Hilfe dieser Erkenntnisse wurde die Typendifferenzierung in der Salmonellagruppe hauptsächlich durch H. SCHÜTZE, SAVAGE, BRUCE WHITE, W. M. SCOTT und KAUFFMANN durchgeführt.

Der antigene Aufbau der Salmonellatypen ist einem *Formenwechsel* unterworfen, der zu einer Veränderung des Keimes innerhalb des konstanten Typus führt und im allgemeinen reversibel ist:

1. Der Wechsel von der OH- zur O-Form (WEIL und FELIX), der in dem völligen Verlust des thermolabilen Antigens, bei Unversehrtbleiben des thermostabilen Antigens besteht. Das H-Antigen kann auch nur teilweise verloren gehen.

2. Der Wechsel von der spezifischen zur unspezifischen Phase (F. W. ANDREWES), der nur das thermolabile Antigen betrifft und durch zwei serologisch verschiedene Substanzen charakterisiert ist.

3. Der Wechsel von der α- zur β-Phase (KAUFFMANN und MITSUI), der ebenso wie der vorige nur das H-Antigen betrifft, jedoch nicht zur Bildung einer unspezifischen Phase führt, sondern bei einigen Typen das thermolabile Antigen in prinzipiell anderer Weise in sich selbst aufspaltet (z. B. thermolabile Receptoren der Massenkultur des Dar-es-Salaam-Typus = enlw; Receptoren der α-Phase = enw, der β-Phase = lw).

4. Der Wechsel von der Glatt- zur Rauhform, der sich innerhalb des thermostabilen Antigens in qualitativer Hinsicht abspielt, wobei das normale O-Antigen durch ein neues O-Antigen (Rauhantigen) ersetzt wird und das thermolabile Antigen entweder unbeeinflußt bleibt, eine quantitative Verminderung erfährt oder auch ganz verloren geht.

5. Der Wechsel von der Glatt- zur Schleimform, der durch das Auftreten einer schleimigen Substanz gekennzeichnet ist, wobei die H-Agglutination verschwindet.

Wir haben es also in der Serologie der Salmonellagruppe nicht mit einem stationären und unveränderlichen, sondern innerhalb der konstanten Typen mit einem teils fließenden, teils sprunghaft wechselnden Zustand des Antigens zu tun.

Zur Erzielung gleichmäßiger Resultate ist daher die Kenntnis des serologischen Formenwechsels und die Einhaltung bestimmter experimenteller Bedingungen zu seiner Beherrschung unerläßlich.

Variabilität und Typspezifität schließen sich gegenseitig nicht aus, sondern innerhalb des konstanten Typus kommt es zur Variation des Antigens, die bisher niemals zu einer einwandfreien Typumwandlung geführt hat.

Um ein Beispiel für den serologischen Formenwechsel zu geben, so kann der Paratyphus B in folgenden Formen vorkommen:

1. glatte spezifische Phase, 2. glatte unspezifische Phase, 3. rauhe spezifische Phase, 4. rauhe unspezifische Phase, 5. glatte O-Form, 6. rauhe O-Form, 7. Schleimform (bei der es möglicherweise auch noch glatte und rauhe Formen gibt).

1. Die O- und H-Formen.

Nach FELIX WEIL und liegen die Proteusstämme, von denen die Untersuchungen ausgehen, in zwei Formen vor, und zwar entweder in der schwärmenden

Hauchform, der H-Form, oder in der nicht schwärmenden, ohne Hauch wachsenden O-Form.

Die H-Form (eigentlich OH-Form) besteht aus O- und H- Antigen, und zwar wird das H-Antigen durch den Geisselapparat und das O-Antigen durch die übrige Leibessubstanz dargestellt. Die geißellose O-Form besteht nur aus O-Antigen. Das Geisselantigen der H-Form ist hitzeunbeständig = thermolabil, dagegen ist das O-Antigen beider Formen hitzebeständig = thermostabil; es widersteht einer Temperatur von 100⁰ C, die das Geisselantigen der H-Form zerstört.

Diese beiden Antigene, die in übertragenem Sinne auch in der Salmonellagruppe als thermolabiles oder thermostabiles Antigen mit „H" und „O" bezeichnet werden, erzeugen bei der Immunisierung von Tieren gänzlich verschiedene Agglutinine. Der H-Form entspricht die grobflockige, besser „*flockige*", lose, schnell eintretende, leicht zerschüttelbare, bildlich gesprochen wolkenartige, graue *H-Agglutination,* im Gegensatz zu der feinflockigen, besser „*körnigen*", festen, langsamer eintretenden, schwer zerschüttelbaren, hagelkornartigen, oft auch scheibenförmigen oder fetzigen, weißen *O-Agglutination,* vom Typus der Ruhragglutination.

Es ist empfehlenswert, die soeben erwähnten Ausdrücke „*flockig*" und „*körnig*" an Stelle der von Weil und Felix eingeführten Worte „grobflockig" und „feinflockig" anzuwenden, da hierdurch Irrtümer vermieden werden. Die Ausdrücke „grob- und feinflockig" können nämlich insofern falsch aufgefaßt werden, als man darin nur einen quantitativen Unterschied, verleitet durch die Worte „grob" (oder groß) und „fein" (oder klein) sehen kann, während es sich in Wirklichkeit um rein qualitative Unterschiede zwischen „flockig" (englisch: flocular) gleich H und „körnig" (englisch: granular) gleich O handelt.

Daß bei der H- und O-Agglutination tatsächlich qualitative Unterschiede vorliegen, zeigte Arkwright durch die direkte mikroskopische Beobachtung im hängenden Tropfen. Während bei der H-Agglutination schlagartig eine völlige Lähmung der Beweglichkeit = *Immobilisation* eintritt, die anscheinend durch Verkleben der Geißeln bedingt ist, worauf es zu einer losen Zusammenballung kommt, bleibt bei der O-Agglutination die Beweglichkeit erhalten, auch bei den agglutinierten Bacillen, die sich nur an ihren Polen aneinander legen. Diese Art der Zusammenballung, die *Polagglutination,* hat als erster Mandelbaum erkannt, der auch die mikroskopische Agglutination in die diagnostische Praxis einführte. Bei der Polagglutination entstehen sehr charakteristische Figuren wie Ketten, Sterne, Girlanden u. a., die alle beweglich sind und im Gesichtsfelde herumschwimmen. Die These: „Der Angriffspunkt des H-Agglutinins ist der Geisselapparat, derjenige des O-Agglutinins der übrige Körper", ist durch die Untersuchungen von Mandelbaum erneut bestätigt und nur dahin verschärft worden, daß man heute sagen muß: *Die Angriffspunkte der H-Agglutinine sind die Geißeln, die der O-Agglutinine die Pole der Bacillenleiber.*

Das O-Antigen. Die mit O bezeichnete thermostabile Substanz widersteht der Einwirkung einer Temperatur von 100⁰ C sowie der Behandlung mit absolutem Alkohol, im Gegensatz zum thermolabilen H-Antigen, das hierdurch zerstört wird. Will man also bei normalen, geißelhaltigen Bacillen (der OH-Form) das O-Antigen rein darstellen, so erhitzt man am einfachsten die Bacillen-

aufschwemmung oder die Bouillonkultur auf 100⁰ C. Während für Aggluti-
nationszwecke eine $^1/_2$stündige Erhitzung in kochendem Wasser genügt, empfiehlt
es sich, für die O-Immunserumherstellung die Bacillen 1—2 Stunden lang zu
kochen.

Es kann besonders bei älteren oder unzweckmäßig fortgezüchteten Kulturen
vorkommen, daß bei Erhitzung auf 100⁰ eine spontane Ausflockung der Bacillen
eintritt, ein Zeichen dafür, daß Rauhformen vorliegen. Solche Kulturen sind
zur Agglutination und Immunserumherstellung unbrauchbar, sofern man nicht
absichtlich Untersuchungen über Rauhformen anstellt. Es muß aber auf Grund
jahrelanger Erfahrung betont werden, daß eine Ausflockung durch das Kochen
bei frischen und sachgemäß fortgezüchteten Stämmen sehr selten ist, so daß
die Methode der Erhitzung auf 100⁰ hierdurch nicht in ihrer Bedeutung beeinträchtigt wird. Handelt es sich aber tatsächlich um Stämme, die das Kochen
nicht ohne Ausflockung vertragen, so kann man das O-Antigen dadurch bestimmen, daß man zur Agglutination reine O-Seren und lebende Bacillen nimmt.
Ferner sei auf die geißellosen O-Formen hingewiesen, mit denen man auch
in lebendem Zustande agglutinieren oder immunisieren kann, ohne durch
Geißelantigen gestört zu werden.

Das H-Antigen. Das thermolabile oder H-Antigen, das dem Geißelapparat
entspricht, bleibt bei einer Erhitzung auf 60⁰ C erhalten, wird aber darüber
hinaus geschädigt und bei 100⁰ C völlig zerstört.

*Die Beschaffenheit des Nährbodens ist für die Entwicklung des H-Antigens
von ausschlaggebender Bedeutung.*

Der Agar muß weich (2—2$^1/_4$%ig, abhängig von der Beschaffenheit der
jeweilig benutzten Agar-Agar-Substanz), feucht und dick gegossen sein (zwischen
0,5—1,0 cm). Es schadet nichts, wenn er zu weich ist und bei der Beimpfung
einmal einreißt oder wenn er nicht genügend getrocknet ist, so daß zuweilen eine
Kolonie auf ihm verläuft. Auf trockenem, hartem oder zu dünn gegossenem
Agar wird das H-Antigen nur schwach entwickelt oder fehlt sogar ganz.

Es dürfen keine Ersatzpräparate für den Fleischwasser-Peptonagar (s. S. 226
u. 227) oder für die Fleischwasser-Peptonbouillon benutzt werden, da z. B.
schon auf Liebigs Fleischextraktagar die Antigenentwicklung der Salmonellastämme erheblich schlechter ist als auf dem Fleischwasser-Peptonagar. Auch
eine geringe, normalerweise im Fleisch enthaltene Traubenzuckermenge ist
für die Brauchbarkeit des Agars und der Bouillon von Bedeutung, da in völlig
zuckerfreien Medien die Antigenentwicklung nicht optimal ist. Schließlich ist
es erforderlich, die p_H-Zahl auf 7,4—8,0 einzustellen und die Kulturen 20 bis
24 Stunden bei 37⁰ zu bebrüten.

*Um eine Schädigung des Geißelapparates der Salmonellastämme zu vermeiden,
muß bereits bei der ersten Isolierung der Stämme aus Faeces oder Urin auf alle
Nährböden verzichtet werden, die das Schwärmen des Proteus verhindern, so erwünscht es auch sonst wäre.*

Es sollen bei der Faecesdiagnostik nur Agarplatten verwendet werden, die
außer Lactose und dem Indikator nichts weiter enthalten. Ein geringer Zusatz
von Krystallviolett (1 : 200 000) zum Agar schädigt das H-Antigen nicht wesentlich. Ebenfalls findet in dem von KAUFFMANN angegebenen kombinierten Anreicherungsnährboden (Tetrathionat + 5% Galle + Brillantgrün *Höchst* 1 : 100 000)
mit nachträglicher Ausimpfung auf Platten keine Antigenschädigung statt.

2. Die spezifischen und unspezifischen Phasen.

Das H-Antigen liegt bei den Salmonellastämmen entweder in *mono-phasischer* oder in *diphasischer* Form vor.

Die monophasische Form kann entweder monophasisch spezifisch (z. B. beim Typhusbacillus) oder monophasisch unspezifisch (z. B. beim KUNZENDORF-Bacillus) sein.

Die diphasische Form besteht entweder in dem Wechsel zwischen der *spezifischen* und *unspezifischen* Phase nach F. W. ANDREWES oder in dem Wechsel zwischen der α- und β-Phase nach KAUFFMANN und MITSUI. Daneben kommt es sehr selten zu dem Auftreten einer *gemischt spezifisch-unspezifischen Phase* nach KAUFFMANN.

Das O-Antigen wird von dem Phasenwechsel nicht beeinflußt und ist bei beiden Phasen eines Stammes stets dasselbe. Auch kulturell verhalten sich die Phasen völlig gleich.

Die Bestimmung der spezifischen und unspezifischen Phasen. Zur Erläuterung der Phasenbestimmung wollen wir auf die Serologie des Paratyphus B-Bacillus näher eingehen. Ein Paratyphus B-Stamm liegt in zwei serologischen Erscheinungsformen vor: Entweder in der *spezifischen* oder in der *unspezifischen* Phase. Eine Massenkultur enthält in der Regel beide Phasen nebeneinander. Ein Paratyphus B-Stamm ist also keine serologische Einheit, sondern besteht aus zwei serologisch verschiedenen Individuen. Eine biologische Deutung der Phasen ist heute unmöglich; wir können nur feststellen, daß der einzelne Bacillus entweder spezifisch oder unspezifisch ist und in wechselnder Stärke die Fähigkeit besitzt, die andere Phase hervorzubringen. Dieser Phasenwechsel ist von Stamm zu Stamm in dem Prozentsatz seiner Häufigkeit verschieden und kann auch bei dem gleichen Stamme unter verschiedenen Bedingungen, z. B. in der Kultur und im Tierkörper, Schwankungen unterworfen sein.

Prüft man mehrere Paratyphus B-Kolonien von einer originalen Stuhlplatte in gewöhnlichen Paratyphus B- und Mäusetyphus-Immunseren, die spezifische und unspezifische Agglutinine enthalten, auf dem Objektglase, so ergibt ein Teil der Kolonie nur im Paratyphus B-Serum eine positive, flockige Agglutination = die spezifische Phase, während der andere Teil der Kolonien in beiden Seren eine flockige Agglutination ergibt = die unspezifische Phase. Benutzt man aber zur Objektglasagglutination spezifische und unspezifische Paratyphus B- und Mäusetyphus-Immunseren, so erhält man Resultate wie sie aus der Tabelle 4 zu ersehen sind.

Tabelle 4. Objektglasagglutination von Paratyphus B- und Mäusetyphus-kolonien in Immunseren von Paratyphus B und Mäusetyphus.

Stämme	Seren	Paratyphus B			Mäusetyphus		
		spe-zifisch	unspe-zifisch	ge-mischt	spe-zifisch	unspe-zifisch	ge-mischt
Para-typhus B	spezifische Kolonie	×	—	×	—	—	—
	unspezifische Kolonie	—	×	×	—	×	×
Mäuse-typhus	spezifische Kolonie	—	—	—	×	—	×
	unspezifische Kolonie	—	×	×	—	×	×

× = flockige Agglutination; — = negativ.

Voraussetzung für das Gelingen dieses Versuches sind geeignete Immunseren und Verdünnungen, in denen keine O-Agglutination mehr eintritt. *Die Phasenzüchtung* erfolgt am besten auf festen Agarnährböden, die vor allem weich, feucht und dick gegossen sein müssen, damit das H-Antigen gut entwickelt wird. Von einer Kolonie oder der zu untersuchenden Massenkultur wird eine Spur in einigen Kubikzentimetern NaCl-Lösung verrieben und darauf mit der Öse fraktioniert auf Platten ausgestrichen, so daß zahlreiche Einzelkolonien entstehen. Mit Hilfe der Objektglasagglutination wird die Phasenzugehörigkeit der einzelnen Kolonien bestimmt.

Zur Fortzüchtung der Phasen ist es stets notwendig, von Einzelkolonien auszugehen, die in der Objektglasagglutination als spezifisch oder unspezifisch identifiziert worden sind. Die Fortzüchtung von ungeprüften Einzelkolonien oder Massenkulturen ist ein Kunstfehler. Die Weiterzüchtung der Phasen gelingt mit großer Regelmäßigkeit, da meist nur ein minimaler Teil der Kultur in die andere Phase umschlägt.

Dieser Phasenwechsel ist, wie schon gesagt, in dem Prozentsatz seiner Häufigkeit verschieden. Es kommen selten diphasische Stämme vor, die lange Zeit, oft Monate hindurch in der rein spezifischen Phase vorliegen, ohne die unspezifische Phase abzuspalten. Meist gelingt es, bei wiederholter Untersuchung sehr zahlreicher Einzelkolonien unspezifische Kolonien aufzufinden. Derartige Stämme, die sehr selten einen Phasenwechsel aufweisen, eignen sich besonders gut zur Herstellung typenspezifischer Immunseren.

Ebenso wie einige diphasische Stämme in der rein spezifischen Form vorliegen können, so auch in der rein unspezifischen Form. Während aber auch hier in der Mehrzahl der Fälle bei wiederholter Untersuchung ein Phasenwechsel nachweisbar ist, so kommen einige unspezifische Stämme vor, die trotz genauester Untersuchung niemals die spezifische Phase abspalten. Um solche Stämme handelt es sich bei den BINNS-, KUNZENDORF- und BERLIN-Stämmen, die also nur in monophasisch-unspezifischer Form vorliegen.

Bei diphasischen Stämmen, die nur sehr selten einen Phasenwechsel aufweisen, läßt sich nach SCOTT dieser Phasenwechsel erzwingen, indem man die betreffende Phase in homologer Immunserum-Bouillonkultur züchtet, also die unspezifische Salmonella typhi murium-Phase in unspezifischem Salmonella typhi murium-Serum. Diese Kulturen werden täglich von der Oberfläche aus überimpft, solange bis eine Abspaltung der anderen Phase nachweisbar ist. Meist gelingt dies nach einigen Passagen, kann aber durch das unerwünschte Auftreten von Rauhformen gestört werden. Die soeben erwähnten BINNS-, KUNZENDORF- und BERLIN-Stämme bleiben aber auch in diesem Verfahren rein unspezifisch.

In der Mehrzahl der Fälle liegen diphasische Stämme sowohl in spezifischer als auch in unspezifischer Form vor, wobei rein zufällig einmal die spezifische, einmal die unspezifische Phase überwiegen kann. Derartige Stämme, in ihrer Phase getrennt fortgezüchtet, spalten in der Regel die andere Phase in einem ziemlich gleichbleibenden Prozentsatz (z. B. von 5%) ab, so daß man keine Mühe hat, beide Phasen zu isolieren. In diesem Falle läßt sich der Phasenwechsel folgendermaßen schematisch darstellen:

Geht man also stets von einer Kolonie aus, so sind 95% der Nachkommen von der gleichen Phase, während 5% der anderen Phase angehören.

Die gemischt spezifisch-unspezifische Phase.

Obwohl rein theoretisch das Vorkommen einer gemischt spezifisch-unspezifischen Phase angenommen werden mußte, da es nur von dem Prozentsatz der Phasenabspaltung abhängt, wie groß der Anteil der spezifischen und unspezifischen Bacillen an einer Kolonie ist, so konnte trotz jahrelanger Beschäftigung mit diphasischen Stämmen diese Phase nicht festgestellt werden. Erst kürzlich bot ein frisch isolierter Salmonella paratyphi B-Stamm dem Verfasser hierzu Gelegenheit. Bei der Untersuchung dieses Stammes wurden 2 Arten von Kolonien festgestellt.

1. Eine *spezifische* Paratyphus B-Kolonie, die nur im spezifischen Paratyphus-B-Serum agglutinierte und

2. eine *gemischt spezifisch-unspezifische* Kolonie, die sowohl im spezifischen Paratyphus B-Serum als auch im unspezifischen Serum flockig agglutinierte. Die genaue Untersuchung der Abspaltung ergab nun als Erklärung hierfür, daß die spezifische Kolonie in etwa 10% die gemischte Kolonie und die gemischte Kolonie in etwa 50% die spezifische Kolonie abspaltete. Die spezifische Kolonie bestand also zu 90% aus spezifischen und zu 10% aus unspezifischen Bacillen, während die gemischte Kolonie zu 50% aus spezifischen und zu 50% aus unspezifischen Bacillen bestehen mußte. Zur Entstehung von unspezifischen Kolonien, die im spezifischen Paratyphus B-Serum negativ reagierten, kam es hier nicht, da der Rückschlag in die spezifische Phase etwa 50% betrug, die halbe Kolonie also stets aus spezifischen Bacillen bestand und daher auch im spezifischen Paratyphus B-Serum agglutinierte [1].

Die Untersuchung dieses Stammes deckte also die Tatsache auf, daß der Prozentsatz der Abspaltungen bei beiden Phasen nicht der gleiche zu sein braucht, und daß es bei etwa 50% Abspaltung der anderen Phase zur Entstehung „gemischter" Kolonien kommt.

Während es sich in dem soeben erwähnten Falle infolge der verschieden großen Abspaltung beider Phasen noch erkennen ließ, daß es sich um einen diphasischen Stamm handelt, würde dieses mit Hilfe der Objektglasagglutination unmöglich sein, wenn sowohl die spezifische als auch die unspezifische Phase zu etwa 50% die andere Phase abspalten würden. In diesem Falle, der noch nicht bisher beobachtet werden konnte, kann es nur zur Bildung von gemischt spezifisch-unspezifischen Kolonien kommen. Mit Hilfe der mikroskopischen Agglutination könnte man aber auch in diesem Falle noch das Vorliegen eines diphasischen Stammes aufdecken: Bei Zusatz eines rein spezifischen oder rein

---

[1] Bei Untersuchungen dieses Stammes, die $^1/_2$ Jahr später ausgeführt wurden, konnte neben der spezifischen und der gemischten Phase auch die unspezifische Phase nachgewiesen werden.

unspezifischen Immunserums würde immer nur ein Teil der Kultur unbeweglich werden, während zahlreiche Bacillen voll beweglich bleiben müßten.

Zur Vermeidung von Irrtümern sei aber nochmals ausdrücklich betont, daß die Mehrzahl aller diphasischen Salmonellastämme bei frischer Isolierung in beiden Phasen vorliegen, meist überwiegend in spezifischer Form, so daß es keine Schwierigkeiten bereitet, die spezifische Phase zu isolieren und fortzuzüchten. Der Phasenwechsel hält sich im allgemeinen in engen Grenzen und beträgt meist etwa 1—10%. *Die Mehrzahl der frisch isolierten Salmonella paratyphi B-Stämme, etwa 90% der Stämme, liegt in der spezifischen Phase vor, besteht also zu etwa 90% aus spezifischen Kolonien.*

3. Die α- und β-Phasen.

In ihrer Arbeit „Zwei neue Paratyphustypen mit bisher unbekanntem Phasenwechsel" stellten KAUFFMANN und MITSUI eine neuartige Aufspaltung des H-Antigens fest, und zwar bei den Typen Brandenburg, Potsdam und Dar-es-Salaam. Anläßlich der Receptorenanalyse dieser Typen wurde der Nachweis geführt, daß zunächst beim Dar-es-Salaam-Typus zwei serologisch gänzlich verschiedene Koloniearten vorlagen, die als α- und β-Phasen bezeichnet wurden. Die α-Phase enthielt die Faktoren enw, während die β-Phase die Faktoren lw enthielt. Das O-Antigen beider Phasen war das gleiche, auch unterschieden sich die Phasen nicht kulturell voneinander. Eine unspezifische Phase kam nicht vor. Mit Hilfe der Objektglasagglutination und Immunseren von Abortus equi und London spez. ließen sich beide Phasen mit Leichtigkeit voneinander unterscheiden. Die α-Phase wurde nur vom Abortus equi-Serum (enx), die β-Phase nur vom spezifischen Londonserum (lv) agglutiniert. Die Aufspaltung dieser Phasen folgte den gleichen Gesetzen wie die der spezifischen und unspezifischen Phasen. Die α-Phase spaltete in geringem Prozentsatz die β-Phase ab und umgekehrt. In der gleichen Weise wie der Dar-es-Salaam-Typus spalteten auch die Typen Brandenburg und Potsdam in α- und β-Phasen auf.

Tabelle 5.

Typus	Antigen	α-Phase	β-Phase
Dar-es-Salaam .	IX. enlw	IX. enw	IX. lw
Brandenburg .	IV. enlv	IV. env	IV. lv
Potsdam	VI. VII. enlv	VI. VII. env	VI. VII. lv

4. Die Glatt- und Rauhformen.

Die Rauhform besteht in einer Veränderung des normalen thermostabilen O-Antigens, die nach BRUCE WHITE durch den Verlust des normalen Kohlehydrates und das Auftreten einer neuen thermostabilen Substanz gekennzeichnet ist.

Wenn auch Rauhformen in der Literatur (SOBERNHEIM und SELIGMANN, BAERTHLEIN, BERNHARDT, V. LINGELSHEIM, GILDEMEISTER u. a.) schon lange bekannt sind, so ist ihre wahre Bedeutung erst durch die Arbeiten von ARKWRIGHT, SCHÜTZE, SAVAGE und BRUCE WHITE klar geworden. Rauhformen können spontan bei allen Typen auftreten und sind meist schon äußerlich durch das mattere, rauhe Aussehen der unregelmäßig konturierten Kolonien gekennzeichnet. Sie kommen in allen Graden der Rauheit vor und flocken gewöhnlich spontan in 0,85% NaCl-Lösung. Daneben können Veränderungen hinsichtlich der Morphologie der Bacillen, der Agglutinationsfähigkeit, der Beweglichkeit, der Virulenz und anderer Eigenschaften auftreten. Das Geißelantigen ist also entweder bei den Rauhformen unverändert, häufiger jedoch reduziert oder fehlt ganz.

Das Arbeiten mit Rauhformen ist durch ihre häufige Instabilität in 0,85%iger NaCl-Lösung erschwert, oft unmöglich, so daß man zu niedrigeren NaCl-Konzentrationen wie 0,4, 0,2 oder 0,1% greifen muß, um dieses Hindernis zu überwinden. Gelangt man auch hiermit nicht zum Ziele, so müssen die Kulturen nach BRUCE WHITE mit Alkohol vorbehandelt werden. Es sei betont, daß Veränderungen des O-Antigens in Richtung der Rauhformen vorliegen können, ohne daß die Kolonien äußerlich als solche erkennbar sind und ohne daß sie in NaCl-Lösung von 0,85% spontan flocken. Neuere Untersuchungen über Rauhformen sind kürzlich von VOGELSANG mitgeteilt worden, der auf Eiernährböden das Ausbleiben von Rauhformen feststellte.

5. Die Schleimformen (Mucosusformen).

Eine besondere Erscheinungsform der Salmonellabacillen liegt in der Schleimform vor, bei der nach 24stündiger Bebrütung bei 37° C die Kolonie einem homogenen Schleimtropfen gleicht.

Derartige Formen sind von verschiedenen Autoren (FLETCHER, TJØTTA und EIDE, VOGELSANG, M. KRISTENSEN und BOJLÉN, SONNENSCHEIN, NELSON, BRUCE WHITE, HÖRING u. a.) bei zahlreichen Typen beschrieben und in nahe Beziehung zum bakteriophagen Lysin gesetzt worden (BORDET und CIUCA, KAUFFMANN, SONNENSCHEIN, BREINL und HODER).

Das serologische Verhalten der Schleimformen weicht im Gegensatz zum biochemischen Verhalten erheblich von der Norm ab und ist kürzlich von HABS und BLAU — zum Teil in Bestätigung früherer Angaben von BRUCE WHITE u. a. — endgültig klargestellt worden:

Die Schleimformen enthielten das gleiche Antigen wie die Normalform, und zwar sowohl O- als auch spezifisches und unspezifisches H-Antigen; doch war das H-Antigen durch die Schleimsubstanz derartig maskiert, daß es bei Agglutinations- und Bindungsversuchen nicht in Erscheinung trat. Die Schleimform des Paratyphus B-Bacillus wurde daher von Seren der Salmonella B-Gruppe körnig agglutiniert und absorbierte aus einem Paratyphus-B-Serum nur die O-Agglutinine. Bei der Immunisierung von Kaninchen lieferte die Schleimform dagegen ein Immunserum, das sowohl O- als auch spezifische und unspezifische H-Agglutinine enthielt. Ein besonderes, für die Schleimform charakteristisches Antigen konnte nicht nachgewiesen werden.

Die Schleimformen schlagen zuweilen in die Normalform zurück; ein Vorgang, der nach SONNENSCHEIN durch Züchtung in Galle beschleunigt werden kann.

In der Praxis müssen die Schleimformen, die bei alten Paratyphus-B-Fällen nicht selten sind, vor allem durch biochemische Reaktionen und durch die O-Agglutination mit Hilfe gekochter Kulturen (Reagensglas-Agglutination) diagnostiziert werden.

6. Die Chemie des Antigens.

Bei der chemischen Analyse der thermostabilen Antigene in der Salmonellagruppe wurden im wesentlichen Substanzen von Kohlehydrat- und Proteincharakter isoliert, so von HAPPOLD, BRUCE WHITE, W. CASPER, HEIDEL-

BERGER, SCHWARTZMANN und COHN, FURTH und LANDSTEINER, COMBIESCO und STAMATESCO, MEISEL und MIKULASZEK.

Das wesentlichste Ergebnis dieser Arbeiten, besonders der von FURTH *und* LANDSTEINER *sowie von* MEISEL *und* MIKULASZEK *ist die Feststellung, daß den O-Antigenen der Salmonella A-, B-, C- oder D-Gruppe Kohlehydrate entsprechen, mit denen man gruppenspezifische Präcipitationen erhält.* Während die Kohlehydrate der 3 ersten Pneumokokkentypen deutliche chemische Unterschiede aufweisen, konnten FURTH und LANDSTEINER derartige Unterschiede bei den Kohlehydraten der verschiedenen Salmonellatypen nicht nachweisen, obwohl sie serologisch verschieden reagierten. Dagegen bestanden chemische Unterschiede der Salmonellakohlehydrate gegenüber solchen aus Proteusbacillen, Choleravibrionen und Pneumokokken hinsichtlich ihrer verschiedenen Resistenz gegenüber Säuren und Alkalien.

Die aus Rauhformen von Paratyphus B- und Mäusetyphus-Bacillen hergestellten Kohlehydrate wurden nicht durch die Immunseren der Glattformen präcipitiert, sondern nur durch Rauhimmunseren; in Bestätigung der von SAVAGE und BRUCE WHITE angegebenen serologischen Verschiedenheit der Glatt- und Rauhantigene. Die aus den Glattformen hergestellten Substanzen wurden dagegen sowohl von den Glatt- als auch von den Rauhimmunseren präzipitiert.

MEISEL und MIKULASZEK bestätigten, daß die Verteilung der Kohlehydrate bei glatten Stämmen der Salmonellagruppe mit der Verteilung der O-Antigene identisch sei. Alle glatten Stämme von Typhus, GÄRTNER und Pullorum, die ein gemeinsames O-Antigen besitzen, das von dem der Salmonella A-, B- und C-Gruppe verschieden ist, besaßen auch ein gemeinsames Kohlehydrat.

Die serologisch wirksamen Kohlehydrate der Glatt- und O-Formen waren identisch, aber völlig verschieden von denen der Rauhformen. Die Kohlehydrate aus Rauhformen reagierten nicht mit Glattimmunseren und umgekehrt die Kohlehydrate der Glattstämme nicht mit Rauhimmunseren. Sämtliche Kohlehydrate aus Rauhstämmen verhielten sich identisch; sie reagierten nur mit Rauhimmunseren.

Die Untersuchungen über die Chemie der Salmonellaantigene bedürfen noch weiterer Vervollkommnung und müßten auf sämtliche Typen, vor allem auch auf das H-Antigen, das bisher noch gar nicht berücksichtigt ist, ausgedehnt werden.

7. Das heterogenetische Antigen.

Das Vorkommen heterogenetischer Antigene in Salmonellabacillen ist neuerdings von M. EISLER, K. MEYER sowie von LANDSTEINER und LEVINE näher untersucht worden.

Auch durch diese Arbeiten wurde die serologische Verschiedenheit der Salmonella A-, B-, C- und D-Gruppe bestätigt.

K. MEYER rief mit Vertretern der B-, C- und D-Gruppe bei Kaninchen die Bildung heterogenetischer Hämolysine hervor, die sich für jede Gruppe und Untergruppe als *streng spezifisch* erwiesen, da sie nur von Stämmen der entsprechenden Gruppe gebunden wurden. Und zwar waren für die Bindung nur die O-Antigene entscheidend, nicht dagegen die H-Antigene. Demnach muß — entsprechend früheren Befunden an SHIGA-Bacillen — angenommen werden, daß das heterogenetische Antigen an die Kohlehydratfraktion gebunden ist, da nach Furth und Landsteiner der serologische Charakter der O-Antigene hauptsächlich durch die Kohlehydrate der Bacillen bestimmt wird.

In Übereinstimmung mit den Befunden K. Meyers stehen die Versuche von M. Eisler, die ergaben, daß die heterogenetischen Hämolysine eines Paratyphus B-Serums durch fast alle Paratyphus B- und die Mehrzahl der Mäusetyphus-Stämme, dagegen nicht durch Gärtner- und Salmonella C-Stämme gebunden wurden.

Nach den Untersuchungen von Landsteiner und Levine werden die hämolytischen Antikörper eines Mäusetyphusimmunserums gegen Hammelblutkörper nur durch Mäusetyphus-, Paratyphus B- und Stanley-Stämme gebunden, d. h. durch Stämme, die das gleiche O-Antigen IV., V. besitzen. Der Faktor V. muß hierbei entscheidend sein, da Reading-, Derby- und Abortus equi-Stämme, die nur den Faktor IV. besitzen, die Hämolysine nicht banden.

Aus den chemischen Untersuchungen der Autoren geht hervor, daß sowohl das Forssman-Antigen der Mäusetyphusbacillen als auch die O-Antigene (für Agglutination und Präcipitation) kohlehydratartiger Natur sein müssen. Das Forssman-Antigen in Mäusetyphusbacillen ist jedoch nicht identisch mit den O-Antigenen für Agglutination und Präcipitation. Ein Mäusetyphusserum, das O-Agglutinine und Präcipitine enthält, braucht nicht Hämolysine zu enthalten. Ferner kann man (nach vorheriger Entfernung des Faktors IV. durch Abortus equi-Bacillen) durch Schafblut das Hämolysin entfernen, ohne die O-Agglutinine und Präcipitine für den Faktor V. zu beseitigen.

Der V. Faktor muß also komplex gebaut sein, ebenso wie auch der komplexe Bau des IV. Faktors durch die Untersuchungen von Kauffmann[1] über die Beziehungen dieses Faktors zu dem Antigen der Pseudotuberkulosetypen II A und II B bekannt ist.

8. Die Gruppen- und Typendiagnose.

Die Verschiedenheit der O-Antigene bedingt die Einteilung der Salmonellagruppe in 5 Gruppen, die wir mit A, B, C, D und E bezeichnen.

Die Diagnose der O-Antigene erfolgt durch die Agglutination, und zwar am einfachsten durch die *Objektglasagglutination* nach W. Silberstein mit Hilfe reiner O-Seren und lebender Bacillen. Absättigungsversuche können bei der Gruppenbestimmung entbehrt werden; sie sind nur zur exakten Bestimmung der Untergruppen erforderlich. Meist kann man bereits aus den Titerunterschieden bei der einfachen Reagensglasagglutination erkennen, ob z. B. ein Kunzendorf- oder ein Newportstamm vorliegt. Auch die Objektglasagglutination deutet schon meist auf die betreffende Untergruppe durch die mehr oder weniger starke Agglutination hin. So reagiert ein Kunzendorfstamm prompt und kräftig im VI., VII. Serum, dagegen langsam und schwach im VI., VIII. Serum und umgekehrt. Dieses Ergebnis ist natürlich von dem Titer und der benutzten Verdünnung der Seren abhängig.

Die O-Antigene besitzen einen hohen Grad von Gruppenspezifität, so daß übergreifende O-Antigene praktisch keine Bedeutung haben und daher in der Antigentabelle vernachlässigt sind.

Es können aber gelegentlich Stämme vorkommen, deren übergreifende Receptoren stärker als gewöhnlich ausgebildet sind, und die sich daher zur O-Serenherstellung nicht eignen.

---

[1] Kauffmann: Z. Hyg. **114**, 97 (1932).

Durch Absättigungsversuche sind bisher 10 verschiedene O-Antigene nachgewiesen worden, die wir mit I.—X. bezeichnen und deren Verteilung auf die einzelnen Typen aus der Antigentabelle hervorgeht. Aus dieser Tabelle ist ersichtlich, daß die Gruppen im allgemeinen scharf voneinander getrennt sind, daß aber zwischen der A- und E-Gruppe durch den Senftenbergtypus Beziehungen bestehen. Es wäre möglich gewesen, beide Gruppen in einer einzigen Gruppe zu vereinen, doch haben wir davon Abstand genommen, weil der Paratyphus A mit dem Londontypus kein gemeinsames O-Antigen besitzt.

Um ein Beispiel für die sehr einfache Gruppenbestimmung mit Hilfe der Objektglasagglutination zu geben, ist im folgenden das Verhalten einiger Typen wiedergegeben.

Tabelle 6. Ergebnis der Objektglasagglutination mit O-Seren 1:10 verdünnt.

Stämme	O-Antigen	O-Immunseren							
		I. II.	I. III.	IV. V.	IV.	VI. VII.	VI. VIII.	IX.	X. III.
S. paratyphi A .	I. II.	+ +	+	—	—	—	—	—	—
S. senftenberg . .	I. III.	+	+ +	—	—	—	—	—	+
S. paratyphi B .	IV. V.	—	—	+ +	+	—	—	—	—
S. reading . . .	IV.	—	—	+	+ +	—	—	—	—
S. paratyphi C. .	VI. VII.	—	—	—	—	+ +	+	—	—.
S. newport . . .	VI. VIII.	—	—	—	—	+	+ +	—	—
S. typhi	IX.	—	—	—	—	—	—	+ +	—
S. enteritidis. . .	IX.	—	—	—	—	—	—	+ +	—
S. london	X. III.	—	+	—	—	—	—	—	+ +
S. anatum . . .	X. III.	—	+	—	—	—	—	—	+ +

Die Typenbestimmung. Wurde die Gruppenzugehörigkeit durch das thermostabile O-Antigen bestimmt, so bildet das thermolabile H-Antigen die Grundlage der serologischen Typenbestimmung. Die spezifischen H-Antigene werden mit kleinen Buchstaben a—y, die unspezifischen mit arabischen Zahlen 1—6 bezeichnet. Die Verteilung der spezifischen und unspezifischen Antigene geht aus der Antigen-Tabelle (S. 224) hervor.

Die Typenbestimmung erfolgt am einfachsten mit Hilfe der Objektglasagglutination nach Kauffmann.

Für die praktische Diagnose sämtlicher bisher bekannter Typen sind folgende Immunseren notwendig:

O-Immunseren:

1. S. paratyphi A = I. II.
2. S. paratyphi B = IV. V.
3. S. paratyphi C = VI. VII.
4. S. newport   = VI. VIII.
5. S. enteritidis   = IX.
6. S. london   = X. III.

An Stelle der erwähnten Seren können natürlich auch andere der gleichen Gruppe treten, so z. B. an Stelle von Salmonella paratyphi C ein Kunzendorf-O-Serum.

H-Immunseren:

a) Spezifische H-Seren:

1. S. paratyphi A   = a
2. S. paratyphi B   = b
3. S. typhi murium = i
4. S. paratyphi C   = c
5. S. thompson   = k
6. S. virchow   = r
7. S. oranienburg = mt
8. S. bareilly   = y
9. S. newport   = eh
10. S. typhi   = d
11. S. enteritidis = gom
12. S. london   = lv

b) Unspezifische H-Seren:

1. S. typhi murium var. binns   = 1, 2, 3
2. S. cholerea suis var. kunzendorf   = 1, 3, 4, 5.

Es sind also im ganzen 6 O-Seren, 12 spezifische H-Seren und 2 unspezifische H-Seren, zusammen 20 Immunseren erforderlich, um alle heute bekannten Salmonella-Typen sicher zu diagnostizieren.

Die Agglutinationsergebnisse mit den 12 spezifischen H-Seren sind in der Tabelle 7 wiedergegeben; die 2 unspezifischen H-Seren agglutinieren sämtliche unspezifischen Phasen, so daß sich eine Tabelle erübrigt. Das unspezifische Mäusetyphusserum (1, 2, 3) agglutiniert die unspezifischen Phasen 1, 2 und 1, 2, 3 besser als die übrigen 1, 3, 4, 5 oder 1, 4, 5 oder 1, 4, 6, während das Kunzendorfserum sich umgekehrt verhält. Es empfiehlt sich daher, speziell in der Objektglasagglutination, mit diesen beiden unspezifischen Seren zu arbeiten.

Tabelle 7. Agglutinationsergebnisse mit 12 spezifischen H-Immunseren.

Typus	Spezifisches H-Antigen	1. S. para-typhi A (a)	2. S. para-typhi B (b)	3. S. typhi murium (i)	4. S. para-typhi C (c)	5. S. thompson (k)	6. S. virchow (r)	7. S. oranienburg (mt)	8. S. bareilly (y)	9. S. newport (eh)	10. S. typhi (d)	11. S. enteritidis (gom)	12. S. london (lv)
S. paratyphi A	a	×	—	—	—	—	—	—	—	—	—	—	—
S. senftenberg	gs	—	—	—	—	—	—	—	—	—	—	×	—
S. paratyphi B	b	—	×	—	—	—	—	—	—	—	—	—	—
S. typhi murium	i	—	—	×	—	—	—	—	—	—	—	—	—
S. stanley	d	—	—	—	—	—	—	—	—	—	×	—	—
S. heidelberg	r	—	—	—	—	—	×	—	—	—	—	—	—
S. reading	eh	—	—	—	—	—	—	—	—	×	—	—	—
S. derby	fg	—	—	—	—	—	—	—	—	—	—	×	—
S. abortus equi	enx	—	—	—	—	—	—	—	—	×	—	—	—
S. abortus ovis	c	—	—	—	×	—	—	—	—	—	—	—	—
S. brandenburg	enlv	—	—	—	—	—	—	—	—	×	—	—	×
S. paratyphi C	c	—	—	—	×	—	—	—	—	—	—	—	—
S. cholerae suis	c	—	—	—	×	—	—	—	—	—	—	—	—
S. typhi suis	c	—	—	—	×	—	—	—	—	—	—	—	—
S. thompson	k	—	—	—	—	×	—	—	—	—	—	—	—
S. virchow	r	—	—	—	—	—	×	—	—	—	—	—	—
S. oranienburg	mt	—	—	—	—	—	—	×	—	—	—	×	—
S. potsdam	enlv	—	—	—	—	—	—	—	—	×	—	—	×
S. bareilly	y	—	—	—	—	—	—	—	×	—	—	—	—
S. newport	eh	—	—	—	—	—	—	—	—	×	—	—	—
S. bovis morbificans	r	—	—	—	—	—	×	—	—	—	—	—	—
S. muenchen	d	—	—	—	—	—	—	—	—	—	×	—	—
S. typhi	d	—	—	—	—	—	—	—	—	—	×	—	—
S. enteritidis	gom	—	—	—	—	—	—	×	—	—	—	×	—
S. dublin	gp	—	—	—	—	—	—	—	—	—	—	×	—
S. rostock	gpu	—	—	—	—	—	—	—	—	—	—	×	—
S. moskau	goq	—	—	—	—	—	—	—	—	—	—	×	—
S. sendai	a	×	—	—	—	—	—	—	—	—	—	—	—
S. dar-es-salaam	enlw	—	—	—	—	—	—	—	—	×	—	—	×
S. eastbourne	eh	—	—	—	—	—	—	—	—	×	—	—	—
S. panama	lv	—	—	—	—	—	—	—	—	—	—	—	×
S. london	lv	—	—	—	—	—	—	—	—	—	—	—	×
S. anatum	eh	—	—	—	—	—	—	—	—	×	—	—	—

Zeichenerklärung: × = flockige Agglutination; — = negative Agglutination.

VI. Die Pathogenität der Salmonella-Typen.

Die Pathogenität der Salmonellabacillen ist heute in allen Fällen erwiesen: Die einzelnen Typen sind entweder für Mensch und Tier oder für einen von beiden pathogen. Die Pathogenität für den Menschen, die uns Humanmediziner besonders interessiert, ist bei den meisten Typen nachgewiesen, nachdem erst kürzlich durch REINER MÜLLER die Menschenpathogenität der Gallinarumstämme festgestellt wurde. Es bleiben daher nur noch die Pferde- und Schafabort-, die GLÄSSER-VOLDAGSEN- sowie die Pullorumstämme übrig, die bisher noch nicht beim Menschen gefunden wurden, deren Apathogenität trotzdem aber keineswegs behauptet werden darf.

Die beim Menschen durch Salmonellabacillen ausgelösten Erkrankungen gehen meist vom Intestinaltractus aus und erzeugen in der Regel entweder ein *typhöses* oder ein *gastroenteritisches* Krankheitsbild. Von klinischen Gesichtspunkten ausgehend lassen sich daher die Salmonellatypen in 2 Hauptgruppen einteilen:

A. Absolut menschenpathogene Typen, bei denen wir 1. die *Typhusbacillen* und 2. die *Paratyphus A, B und C-Bacillen* unterscheiden. Alle diese Typen sind die Erreger typhöser Krankheitsbilder und von Mensch zu Mensch ansteckend.

B. Relativ menschenpathogene Typen, die häufig als „Enteritisbacillen" bezeichnet werden, da sie in der Regel ein enteritisches Krankheitsbild verursachen. Zu ihnen gehören mit Ausnahme der oben erwähnten absolut menschenpathogenen Typen fast alle übrigen Typen. Da es aber bekanntlich in der Natur keine scharfen Grenzen gibt, so kommen Typen vor, die eine Mittelstellung einnehmen oder die zuweilen ein typhöses, zuweilen ein mehr gastroenteritisches Krankheitsbild verursachen.

Auf Grund einer langjährigen Erfahrung muß aber trotz dieser Einschränkung — die Ausnahme bestätigt nur die Regel — mit Nachdruck darauf hingewiesen werden, daß der Paratyphus B-Bacillus nur in sehr seltenen Fällen eine typische akute Gastroenteritis verursacht. Eine Bestätigung dieser Angabe befindet sich neuerdings bei VOGELSANG, der 50 Paratyphus B-Patienten eingehend verfolgen konnte. Bei 45 dieser Patienten hatte die Krankheit während des ganzen Verlaufes ein typhöses Gepräge. Bei 5 Patienten begann sie akut, entwickelte sich aber allmählich zu einem typhösen Krankheitsbild. „In keinem einzigen Falle hat die Krankheit während des ganzen Verlaufes den Charakter einer akuten Gastroenteritis gehabt."

Andererseits muß betont werden, daß die mit Enteritisbacillen bezeichneten Typen nicht selten fieberhafte, typhusartige Erkrankungen verursacht haben, so z. B. die Typen der Salmonella C-Gruppe. SELIGMANN und CLAUBERG haben hierüber eingehend berichtet und Angaben über 27 Personen gemacht, bei denen folgende Typen isoliert waren: Suipestifer Kunzendorf 16mal, Newport 5mal, Berlin 3mal, Potsdam 2mal und Thompson 1mal. Es waren 46 Stämme isoliert worden: 43 aus Stuhl, 1 aus Urin, 1 aus Blut und 1 aus Rindfleisch. Von diesen Befunden betrafen 5 Suipestifernachweise und 1 Newportnachweis gesunde Personen. Bei 19 Patienten war der Verlauf 11mal gastroenteritisch, 2mal typhös und 3mal dysenterisch; 1mal lag ein „Grippe", 1mal eine Cholantitis und 1mal eine Sepsis vor.

Ähnliche fieberhafte Krankheitsbilder, auch Meningitis, sind wiederholt bei Infektionen durch Salmonella enteritidis (GÄRTNER), Salmonella enteritidis var. dublin und andere Typen nachgewiesen worden.

Bei dieser Gelegenheit sei nochmals auf die Menschenpathogenität der RATIN-*Bacillen* hingewiesen, deren Vorkommen bei menschlichen Erkrankungen in ursächlichem Zusammenhange mit der RATIN-Auslegung unter Anwendung der erforderlichen kulturellen und serologischen Methoden erstmalig durch BOECKER und KAUFFMANN nachgewiesen wurde. In Dänemark haben M. KRISTENSEN und K. BOJLÉN bei 10 Ausbrüchen von akuter Gastroenteritis mit etwa 50 Fällen Bacillen der RATIN-Gruppe beim Menschen nachgewiesen, und zwar in einigen dieser Fälle in sicherem ursächlichen Zusammenhange mit der RATIN-Auslegung.

Auf die Pathogenität der RATIN-Bacillen für Hasen hat als erster TIEDE hingewiesen.

Auf die verschiedenen Krankheitsbilder bei Salmonellainfektionen wollen wir hier nicht näher eingehen, da hierbei das Hauptwort der Kliniker zu sprechen hat. Er darf dies aber nur tun, wenn er vom Bakteriologen zuverlässige Typendiagnosen erhält, an denen es bisher oft gefehlt hat.

Die Frage der Menschenpathogenität oder Menschenapathogenität der Salmonellabacillen ist dahin zu beantworten, daß alle Angehörigen der Salmonellagruppe unter Umständen als menschenpathogen bezeichnet werden müssen.

Der Widal und die Bacillenausscheidung bei Nahrungsmittelvergiftungen.

1. Der Widal. Systematische Untersuchungen über den Widal bei Nahrungsmittelvergiftungen liegen bisher spärlich vor; vor allem nicht unter Berücksichtigung aller in Frage kommenden Salmonellaantigene. BOECKER und SILBERSTEIN sowie FRIEDEL haben aus dem Institut ROBERT KOCH über ihre Erfahrungen auf diesem Gebiet berichtet. Entgegen der bisher meist vertretenen Annahme, daß es bei Breslauinfektionen selten zu einem positiven Widal kommt, stellten BOECKER und SILBERSTEIN fest, „daß ein positiver Widal bei Breslau-Infektionen zum mindesten bei Personen mit Bacillenbefund keineswegs selten auftritt". Sie berichten über Widaluntersuchungen bei 29 Erkrankten und Genesenen mit Breslaubacillenbefund, bei denen der Widal in 5 Fällen negativ, in 3 Fällen zweifelhaft und in 21 positiv war.

Über die im Institut ROBERT KOCH angewandte Technik des Widal gibt die Arbeit von FRIEDEL Auskunft, auf welche hier verwiesen werden muß.

Über positive Widalreaktionen bei Erkrankungen, die durch andere Typen der Salmonellagruppe als durch Breslaubacillen bedingt waren, ist mehrfach berichtet worden, so von KAUFFMANN bei 2 Berlininfektionen und einer Mischinfektion von Berlin und Senftenberg, bei einer Stanleyinfektion und einer Readinginfektion. CLAUBERG und THIMM beschrieben einen positiven Brandenburg-Widal, RIMPAU und STEINERT teilten positive Newport- und Oranienburg-Widalreaktionen mit. PERRY und TIDY beschrieben mehrere positive Newportreaktionen. SILBERSTEIN teilte einen positiven München- und London-Widal bei Fällen von H. BRAUN und JACOBSTHAL mit. Außerdem hat SILBERSTEIN über positive Widalreaktionen bei Berlin-, Newport-, Morbificans bovis- und Suipestifer Amerika-Infektionen Mitteilungen gemacht. Über positive Widal-reaktionen in der Salmonella C-Gruppe haben ferner Seligmann und Clauberg berichtet, die unter ca. 1000 Widalproben 32mal positive Reaktionen bei 30 Patienten für Suipestifer- oder Newport-Stämme erhielten.

Auf Grund dieser Erfahrungen, die noch weiter ausgebaut werden müssen, kann man annehmen, daß *bei der Mehrzahl aller Infektionen mit Erregern der Salmonellagruppe, auch bei akuter Gastroenteritis, positive Widalreaktionen auftreten können.* Zum Nachweis der betreffenden Agglutinine ist es jedoch notwendig, die jeweils passenden Antigene im Widal anzuwenden.

2. Die Bacillenausscheidung. Im Gegensatz zur Typhus- und Paratyphus B-Infektion, bei der man mit lange dauernder Bacillenausscheidung rechnet, nahm man bisher an, daß bei Fällen von akuter Gastroenteritis, die durch Breslaubacillen oder andere Salmonellatypen bedingt sind, die Bacillenausscheidung im Stuhl nur von kurzer Dauer sei. Neuere Untersuchungen haben jedoch ergeben, daß dies keineswegs immer der Fall ist. So berichtete Leuchs über zum Teil sehr lange, in einem Falle über 1 Jahr dauernde Ausscheidung von gaslosen Breslaubacillen. Auch von Seligmann und Clauberg, von Linden u. a. liegen Beobachtungen über längere Ausscheidungsdauer vor. Kauffmann wies auf die länger anhaltende Bacillenausscheidung bei Newport-, Stanley- und Readingerkrankungen hin. Boecker und Silberstein stellten an 27 Patienten, bei denen der Tag der Breslauerkrankung bekannt war, 5mal eine Ausscheidungsdauer von mehr als 2 Wochen, bis zu 7 Wochen, fest. Silberstein hob hervor, daß es bei Infektionen mit Bacillen der Salmonella C-Gruppe (Berlin, Newport, Morbificans bovis, Suipestifer) zu lange anhaltender Bacillenausscheidung kommen kann. So schied ein Patient mit Suipestifer Amerika-Infektion mehrere Monate lang Suipestiferbacillen aus. Ein Berlinfall war noch nach 56 Tagen und ein Newportfall noch nach 44 Tagen im Stuhl positiv.

Aus dieser kurzen Aufzählung geht bereits hervor, daß man nicht nur beim Mäusetyphusbacillus, sondern auch bei allen anderen Typen der Salmonellagruppe unter Umständen mit einer lange dauernden Bacillenausscheidung über Wochen und Monate hinaus zu rechnen hat. Daß trotzdem keine oder seltene Kontaktinfektionen vorkommen, liegt nur an der *geringen, relativen Infektiosität dieser Erreger,* die meist *Nahrungsmittelvergifter* sind und als solche erst nach Anreicherung im Nahrungsmittel pathogen wirken können.

Der häufig lange währenden Bacillenausscheidung entspricht das häufig positive Ergebnis der Widalreaktion sowie das gelegentliche Vorkommen dieser Bacillen im *Blute* der Patienten, so daß diese Erkrankungen nicht immer streng auf den Darm beschränkt bleiben, sondern auch zu einer *allgemeinen Infektion* führen können.

Über Phasenwechsel, Antikörperbildung und Immunität bei der
Mäusetyphusinfektion der weißen Maus.

Auf die grundlegenden Untersuchungen über den Infektionsablauf und die experimentelle Epidemiologie der Mäusetyphusinfektion bei der weißen Maus kann hier nicht eingegangen werden, so daß nur auf die Arbeiten von Topley und seinen Mitarbeitern, von Webster und Mitarbeitern, von Ørskov und Moltke, von B. Lange und Yoshioka, Sollazzo u. a. hingewiesen sei. An dieser Stelle soll nur auf die Fragen des Phasenwechsels, der Antikörperbildung und Immunität bei der Maus näher eingegangen werden, da sie prinzipielles

Interesse haben und unter Berücksichtigung aller in Frage kommenden Antigene des Mäusetyphusbacillus genau untersucht sind. Es handelt sich hierbei um die Arbeiten von B. Lange und F. Kauffmann: „Experimentelle Untersuchungen über die Immunität beim Mäusetyphus."

Die Virulenz der Phasen. Der Mäusetyphusstamm, der aus einer spontanen Mäusetyphusepidemie im Laboratorium stammte, lag in beiden Phasen vor und erwies sich als hoch virulent. Vergleichende Untersuchungen mit peritonealer, subcutaner und intravenöser Infektion ergaben, daß auf sämtlichen Wegen die Infektion noch bis zu den kleinsten Keimmengen herunter Erfolg hatte. Die dosis minima inficiens entsprach der mittels des Verdünnungsverfahrens festgestellten kleinsten Bacillenmenge, die auf künstlichen Nährböden noch Wachstum zeigte, d. h. 10^{-8} bis 10^{-10} Öse Agarkultur. Bei den Mäusen, die mit kleinsten Mengen etwa 10^{-10} Öse, auf verschiedenen Wegen infiziert waren, trat der Tod zuweilen erst nach 2—3 Wochen ein. Gelegentlich kam es jedoch vor, daß eine mit derartiger, kleinster Dosis infizierte Maus schon nach 4 Tagen verendete, ein Zeichen dafür, daß auch der parenteralen Infektion gegenüber die natürliche individuelle Resistenz sich geltend machte. Die subcutane Infektion war insofern etwas weniger wirksam als die peritoneale und intravenöse, als die Krankheitsdauer der von der Haut aus infizierten Tiere im Durchschnitt eine etwas längere war. Am kürzesten war im Durchschnitt die Lebensdauer nach intravenöser Infektion; doch waren die Differenzen zwischen der Lebensdauer der verschiedenen Gruppen von Mäusen nicht immer deutlich.

Eine vergleichende Virulenzprüfung der spezifischen und unspezifischen Phase des Mäusetyphusstammes (i. p. mit 10^{-5} bis 10^{-9} Öse) ergab keinen Unterschied der beiden Phasen in ihrer Virulenz. Von größerem Interesse war das Verhalten der beiden Phasen bei der natürlichen (per os) Infektion. Hier war die Mortalität der mit unspezifischer Phase infizierten Mäuse um ca. 10% geringer als die der mit spezifischer Phase infizierten Tiere. Während von den spezifisch infizierten Mäusen durchschnittlich 98% starben, so erlagen von den unspezifisch infizierten nur durchschnittlich 87% der Infektion.

Der Phasenwechsel im Tierkörper. Der Phasenwechsel des benutzten Mäusetyphusstammes in künstlicher Kultur war sehr gering. Bei der Fortzüchtung auf Agarplatten waren 300 Kolonien der spezifischen Phase völlig rein geblieben, ebenso wie 300 Kolonien der unspezifischen Phase. Unter 600 Kolonien war also kein Phasenwechsel aufgetreten. Bei der Züchtung in Bouillonkultur (24 Stunden 37^0, von einer Kolonie aus beimpft) fanden sich nach Aussaat auf Agarplatten unter 200 Kolonien der spezifischen Phase nur 1 unspezifische Kolonie und unter 200 Kolonien der unspezifischen Phase nur 2 spezifische Kolonien. Bei der Züchtung in Brillantgrünbouillon (1:100000) blieben je 100 Kolonien nach Aussaat auf Agarplatten in ihrer Phase konstant. In flüssiger Kultur fanden sich also unter 300 Kolonien der spezifischen Phase nur 1 unspezifische Kolonie und unter 300 Kolonien der unspezifischen Phase 2 spezifische Kolonien. Rechnen wir feste und flüssige Nährböden zusammen, so fand unter 1200 Kolonien nur 3mal ein Phasenwechsel statt; er betrug also 0,25%.

Um über die Häufigkeit und den Grad des Phasenwechsels im Tierkörper eine Vorstellung zu gewinnen, haben B. Lange und F. Kauffmann bei ihren Immunisierungsversuchen eine große Zahl von Mäusen (vorbehandelte und

Kontrollen), die einer per os- oder i. p.-Infektion erlagen, daraufhin untersucht, welcher Phase die aus den inneren Organen gewonnenen Kolonien der Bacillen angehörten. Es genügt, in diesem Zusammenhange allein die Kontroll-Mäuse zu berücksichtigen, d. h. Mäuse, die ohne jede Vorbehandlung nur einer per os- oder i. p.-Infektion ausgesetzt wurden.

1. Nach per os-Infektion. Es handelte sich stets um direkte Aussaaten auf Drigalski-Agar von Herzblut, Milz, Leber und Gehirn, zuweilen nur von Herzblut. Prinzipielle Unterschiede zwischen den einzelnen Organen hinsichtlich Phasenwechsel bestanden nicht. Es fand ein Phasenwechsel bei 11 von 22 mit spezifischer Phase infizierten Mäusen statt, also bei 50% und ferner bei 6 von 19 mit unspezifischer Phase infizierten Mäusen, also bei 32%. Berücksichtigen wir die Zahl der untersuchten Kolonien und berechnen daraus den Prozentsatz der Häufigkeit des Phasenwechsels, so waren von 500 Kolonien nach spezifischer Infektion 60 unspezifisch = 12% und von 40 Kolonien nach unspezifischer Infektion 7 spezifisch = etwa 2%. Es war also der Phasenwechsel nach spezifischer Infektion 6mal so groß wie nach unspezifischer Infektion. Bei den immunisierten Mäusen zeigte sich ein solcher Unterschied nicht, sondern der Phasenwechsel betrug bei beiden Phasen etwa 12% der Kolonien.

Im Durchschnitt betrug der Phasenwechsel bei etwa 3000 geprüften Kolonien 10% (und zwar bei den Kontrollen und immunisierten Mäusen zusammen), er war also wesentlich häufiger als der Phasenwechsel in künstlicher Kultur, der für denselben Mäusetyphusstamm etwa 0,25% betrug. Was den Grad des Phasenwechsels bei den einzelnen untersuchten Tieren betrifft, so schwankte er in sehr weiten Grenzen. Am häufigsten wurden Werte um 10% gefunden, gelegentlich zeigten aber sämtliche untersuchten Kolonien einen Umschlag.

2. Nach i.p.-Infektion. Von 8 Mäusen, die eine spezifische per os-Infektion überlebt hatten, dann wieder mit spezifischer Kultur i. p. infiziert wurden, sind nach ihrem Tode 180 Kolonien untersucht worden, wobei ein Phasenwechsel bei 21, also in 12% festgestellt wurde. Von 2 die unspezifische per os-Infektion Überlebenden, dann wieder unspezifisch i. p. infizierten Mäusen wurden 40 Kolonien untersucht und nur 1mal ein Umschlag = 2,5% festgestellt. Bei erstmalig spezifisch und unspezifisch i. p. infizierten Mäusen (ohne jede Vorbehandlung) waren von 40 Kolonien nach spezifischer Infektion 2 unspezifisch = 5%, von 70 Kolonien nach unspezifischer Infektion keine spezifisch = 0%.

Im ganzen wurde bei 24 von 330 Kolonien, also in 7%, ein Phasenwechsel festgestellt. Nach diesen allerdings kleinen Ziffern wurde häufiger ein Umschlag der spezifischen in die unspezifische Phase festgestellt als umgekehrt.

Der Phasenwechsel im Stuhl der Mäuse. Ähnliche Resultate hatten die Stuhluntersuchungen der Mäuse auf Phasenwechsel. Ein deutlicher quantitativer Unterschied im Phasenwechsel bei spezifisch und unspezifisch infizierten Tieren war nicht nachweisbar; er betrug ebenfalls etwa 10%. Was den Zeitpunkt des Auftretens des Phasenumschlags betrifft, so war er im ganzen etwas häufiger bei den Tieren, die längere Zeit nach der Infektion am Leben blieben. Es wurde aber schon bei vereinzelten Tieren im Stuhl 2 Tage nach der Infektion ein Phasenwechsel festgestellt.

Zusammenfassend kann also gesagt werden, daß ein Mäusetyphusstamm, der in künstlicher Kultur einen Phasenwechsel von 0,25% zeigte, im Körper der Maus einen solchen von etwa 10% aufwies.

Der Nachweis von Agglutininen gegen Mäusetyphusbacillen im Serum der Maus.

Die Untersuchungen von B. Lange und F. Kauffmann über das Auftreten von Agglutininen im Serum der Maus betrafen sowohl immunisierte Tiere als auch Mäuse, die ohne Vorbehandlung mit Mäusetyphusbacillen infiziert waren.

Die Immunisierung erfolgte

1. mit der spezifischen Phase = IV. V., i,
2. mit der unspezifischen Phase = IV. V., 1, 2, 3,
3. mit der spezifischen und unspezifischen Phase gemischt = IV. V., i, 1, 2, 3 (Nr. 1—3 auf 58—60° erhitzt),
4. mit der spezifischen + unspezifischen Phase, auch 100° erhitzt = IV. V.,
5. mit einer reinen O-Form, auf 58—60° erhitzt = IV. V.

Diesen verschiedenen Antigenen (IV. V., i, 1, 2, 3) entsprachen nun im Serum von immuniserten und erkrankten Tieren ebensoviele Agglutinine, die wir kurz als „spezifische", „unspezifische" und „O"-Agglutinine bezeichnen. Da nun jedes dieser Agglutinine sowohl allein als auch mit anderen kombiniert auftreten kann, so ergeben sich für den diphasischen Widal sieben Möglichkeiten, die alle in den Versuchen von Lange und Kauffmann nachgewiesen werden konnten. Da diesen Feststellungen *Allgemeingültigkeit bei jeder diphasischen Salmonellainfektion* zukommt, seien in der folgenden Tabelle 8 die sieben Möglichkeiten eines diphasischen Widal wiedergegeben.

Tabelle 8. Die 7 Möglichkeiten eines diphasischen Salmonella-Widal.
1. Reine O-Agglutination.
2. Rein spezifische H-Agglutination.
3. Rein unspezifische H-Agglutination.
4. O + spezifische H-Agglutination.
5. O + unspezifische H-Agglutination.
6. O + spezifische + unspezifische H-Agglutination.
7. Spezifische + unspezifische H-Agglutination.

Aus der Tabelle 8 ist ersichtlich, daß *bei jedem Widal 1. das O-Antigen, 2. das spezifische und 3. das unspezifische H-Antigen getrennt zu berücksichtigen sind.*

Das Auftreten der einzelnen Agglutinine im Serum der vorbehandelten Mäuse ging der jeweiligen Vorbehandlung völlig parallel: Bei Immunisierung mit der spezifischen Phase entstanden nur spezifische, bei der Immunisierung mit der unspezifischen Phase nur unspezifische Agglutinine, während bei der Vorbehandlung mit einem O-Antigen nur O-Agglutinine im Serum der Maus auftraten. Zuweilen fehlte jedoch jede Agglutininbildung, speziell die O-Agglutininbildung.

Zur Frage der Immunität gegen Mäusetyphusbacillen haben B. Lange und F. Kauffmann ihre Ergebnisse wie folgt zusammengefaßt:

„In Übereinstimmung mit früheren Beobachtungen erwies sich auch uns das *O-Antigen der Mäusetyphusbacillen als ausschlaggebend für den Immunisierungserfolg.* Das H-Antigen scheint demgegenüber bedeutungslos zu sein oder doch nur eine sehr geringe Rolle zu spielen. Hiermit steht auch unsere Feststellung gut in Einklang, daß es *für den Immunisierungseffekt gleichgültig ist, ob zur Vorbehandlung die spezifische oder unspezifische Phase verwandt wird* und ferner für die Demonstration der Immunität belanglos, ob die mit einer

Phase vorbehandelten Tiere *mit derselben Phase oder mit der anderen Phase* infiziert werden.

Im Serum schutzgeimpfter Mäuse wurden, wenn Vollantigen zur Impfung verwandt worden war, O- und H-Agglutinine nachgewiesen, regelmäßig war dies aber nur bei der i. p. und i. v. Vorbehandlung der Fall. Die sc. Impfung ließ nicht so selten nur H-Agglutinine entstehen, oft genug führte sie überhaupt nicht zur Agglutininbehandlung. *Der O-Agglutinationstiter war bei ip. und iv. Vorbehandlung wesentlich höher als bei sc., nach der oralen wurde er in der Regel ganz vermißt.*

Von 10 Mäusen, die eine Infektion per os überstanden hatten, und deren Widal von uns geprüft wurde, wiesen 5 Agglutinine auf, 4 von ihnen nur O-Agglutinine, 1 O- und H-Agglutinine, 5 waren im Widal ganz negativ.

Der nach der Schutzimpfung oder nach dem Überstehen einer Infektion gewonnene Agglutinationstiter sinkt in der Folgezeit langsam ab. Auffallenderweise wird dieses Absinken in der Regel durch eine oder mehrere Infektionen mit virulenten Erregern, die überwunden werden, nicht aufgehalten. Nur selten kommt es im Anschluß an solche Infektionen bei schutzgeimpften Tieren zu einem Anstieg des O-Titers.

Im allgemeinen entspricht der Höhe des erreichten O-Agglutinationstiters der Grad der Widerstandsfähigkeit der Tiere der Prüfungsinfektion gegenüber. Diejenige Applikationsweise des Impfstoffes, die *regelmäßig hohe Agglutinationstiter* zur Folge hatte (die wiederholte ip. und iv. Vorbehandlung) ergab uns auch bei weitem *den besten Immunisierungserfolg. Die subcutane und orale Vorbehandlung, die überhaupt nicht oder nur zu geringem O-Titer führten, hatten unter unseren Versuchsbedingungen keinen oder nur einen schwachen Immunisierungserfolg.*

Ein Parallelismus zwischen Höhe des O-Agglutinationstiters und der Widerstandsfähigkeit gegen die Prüfungsinfektion war allerdings nicht für jedes einzelne Tier nachweisbar. Wir beobachteten nicht so selten, daß Mäuse trotz hohen O-Agglutinationstiter der Infektion erlagen und auch das Umgekehrte. Niemals haben wir aber gesehen, daß Mäuse eine Prüfungsinfektion mit 100% Mortalität (bei unvorbehandelten Tieren) überlebten, die keine O-Agglutinine im Blut hatten.

Unsere experimentellen Erfahrungen sprechen zwar zugunsten der Annahme eines Parallelismus zwischen O-Agglutininbildung und Immunität, ein solcher Parallelismus ist aber bis heute noch nicht sicher nachgewiesen, und es wäre verfrüht, wollten wir aus unseren Versuchen den Schluß ziehen, daß auch für den Menschen eine Methode der Schutzimpfung gegen Typhus, die bisher fast ausschließlich angewandte subcutane deswegen von nur geringem Erfolg sein kann, *weil sie beim Menschen analog dem Ergebnis unserer Mäusetyphusversuche entweder überhaupt nicht oder nur zu geringem O-Agglutinationstiter im Serum führt.*

Wenn auch heute noch die experimentelle Forschung eine Reihe von wichtigen Fragen betreffend die Immunität bei Typhus und Paratyphus nicht hat lösen können, so glauben wir doch, *daß sie uns für die Beurteilung der Immunitätsverhältnisse auch beim Menschen wichtige Anhaltspunkte gibt."*

Als bereits gesicherte Tatsache haben die neueren Antigenstudien von ARKWRIGHT, IBRAHIM und H. SCHÜTZE sowie von H. SCHÜTZE ergeben, daß *Rauhformen* zur Impfstoffherstellung ungeeignet sind. *Bei der Herstellung von*

*Typhus- und Paratyphusimpfstoffen kommt es daher nicht darauf an, den Impf-
stoff möglichst polyvalent zu machen, sondern es muß vor allem darauf geachtet
werden, daß nur Glattstämme zur Impfstoffbereitung verwendet werden.*

VII. Die Nahrungsmittelvergiftung.

Die *Nahrungsmittelvergiftung* ist eine akute Gastroenteritis, die durch verschiedene, meist mit Bakterien der Salmonellagruppe infizierte Nahrungsmittel
verursacht wird. Häufig handelt es sich hierbei um eine *Fleischvergiftung*, da
infiziertes Fleisch die Ursache der Erkrankung ist.

Nachdem zuerst BOLLINGER auf die Bedeutung der Fleischvergiftung für die
menschliche Hygiene hingewiesen hatte, betonte HÜBENER, daß es sich bei
der Fleischvergiftung ätiologisch um Bakterien der Salmonellagruppe handele.
Es ist daher der Zweck der veterinärpolizeilichen Fleischbeschau, alles mit derartigen Bakterien behaftete Fleisch vom Verkehr fernzuhalten. Dieses Ziel ist
jedoch nicht immer zu erreichen, da häufig weder das lebende Vieh noch das
Fleisch irgendwelche verdächtigen Anzeichen für eine Salmonellainfektion
aufweisen. In der Mehrzahl der Fälle bestehen jedoch begründete Verdachts-
momente, welche die Vornahme der bakteriologischen Fleischbeschau veranlassen: „Beim Vorliegen des Verdachtes auf Blutvergiftung sowie in allen
anderen Fällen von Erkrankungen der Schlachttiere oder Mängeln des Fleisches,
in denen das Vorhandensein von Erregern der Fleischvergiftung vermutet werden
kann, ist, soweit möglich, die bakteriologische Fleischuntersuchung vorzunehmen" (v. OSTERTAG).

Tierkrankheiten, die zu Fleischvergiftungen Anlaß geben können, sind in
erster Linie Magen-Darmerkrankungen, dann Erkrankungen im Zusammenhange mit der Geburt, ferner Verletzungen, Transportschäden, verschiedene
Infektionen mit Eitererregern u. a. Erkrankungen. Vor allem aber hat die
Erfahrung in Deutschland gelehrt, daß *Notschlachtungen* von besonderer Bedeutung für das Zustandekommen der Fleischvergiftung sind. In den Jahren
1923—25 entfielen im Deutschen Reich 31,1% aller Fleischvergiftungsepidemien, 48,1% aller Erkrankungen und 39,7% aller Todesfälle auf Notschlachtungen (nach v. OSTERTAG).

Zweitens ist das *Hackfleisch* von verhängnisvoller Wirkung: „Im Jahre 1927
waren fast die Hälfte aller Fleischvergiftungsepidemien und über zwei Drittel
aller Erkrankungen auf Hackfleisch zurückzuführen." „Im Durchschnitt
der letzten 6 Jahre waren auf Hackfleisch ein Drittel aller Todesfälle, über ein
Drittel aller Fleischvergiftungsepidemien und über die Hälfte aller Erkrankungen
zurückzuführen" (v. OSTERTAG).

Berücksichtigen wir nun gar beide Faktoren: die Notschlachtung und das
Hackfleisch zusammen, so entfallen auf *Hackfleisch, das von Notschlachtungen*
herrührte, in den letzten 6 Jahren:

63,3% der Fleischvergiftungsepidemien, 79,1% der Erkrankungen und *57,4%
der Todesfälle* (nach v. OSTERTAG).

Es beruhten also *etwa 80%* aller Erkrankungen an Fleischvergiftungen auf
Hackfleisch, das aus Notschlachtungen herrührte.

*Aus diesem Grunde soll aus Fleisch von Notschlachtungen herrührend kein
Hackfleisch hergestellt werden,* und soll bei der Herstellung, Aufbewahrung und

dem Verbrauch des Hackfleisches besondere Vorsicht walten. Da die Fleischvergiftungen besonders häufig in den Monaten Juli—September auftreten,
sollte man in dieser Zeit möglichst kein Hackfleisch verwenden. Außerdem
sollte sämtliches Fleisch aus Notschlachtungen für *minderwertig* erklärt werden,
d. h. nur nach gründlichem Kochen in den Verkehr gelangen.

Unter Berücksichtigung dieser Maßnahmen und durch eine möglichst ausgedehnte bakteriologische Fleischbeschau könnte man die Mehrzahl aller Fleischvergiftungen verhindern, da nach Ansicht des Verfassers die überwiegende
Zahl aller Fleischvergiftungen auf *intravitale* Infektionen des Schlachtviehes
mit Erregern der Salmonellagruppe zurückzuführen ist, so daß der *postmortalen*
Verunreinigung des Fleisches nur eine untergeordnete Bedeutung zukommt.
Wenn in dieser prinzipiell wichtigen Frage noch keine Einigkeit erzielt ist,
so liegt der Grund hierfür in der Natur der Sache: die direkte Feststellung
einer intravitalen Infektion ist meist unmöglich, weil die Untersuchung erst
nach dem Tode des betreffenden Tieres durch die bakteriologische Fleischbeschau
erfolgt und man geneigt war, eine intravitale Infektion von vornherein möglichst
abzulehnen. Man hat daher, wie z. B. in dem kürzlich erschienenen, sonst
ausgezeichneten Lehrbuch der Schlachtvieh- und Fleischbeschau von R. v. OSTER
TAG eine Reihe von Regeln aufgestellt, die erfüllt sein sollen, damit das Vorliegen
einer intravitalen Infektion anerkannt wird. Wenn wir aber auf Grund unserer
heutigen Kenntnisse diese Regeln einer näheren Prüfung unterziehen, so
müssen wir feststellen, daß die Mehrzahl dieser Regeln heute nicht mehr
stichhaltig ist, so daß also trotz Vorliegen der angeführten Merkmale in jedem
Falle eine intravitale Infektion des Schlachtviehes *nicht* mit Sicherheit auszuschließen ist.

Ohne Anspruch auf eine erschöpfende Darstellung des Problems zu machen,
die einem Veterinärmediziner überlassen bleiben muß, sollen im folgenden nur
einige wesentliche Punkte zur Frage der intravitalen und postmortalen Fleischinfektion näher besprochen werden.

So können z. B. die folgenden Angaben von R. v. OSTERTAG zur Kennzeichnung der postmortalen Infektion des Fleisches nicht als allgemeingültig
anerkannt werden:

„Eine nachträgliche Infektion des Fleisches ist anzunehmen, wenn die Tiere, von denen
das Fleisch stammt, bei der Fleischbeschau gesund befunden wurden, oder wenn bei kranken
Tieren die bakteriologische Untersuchung im Fleische keine Fleischvergifter ergeben hat,
oder wenn die Erkrankungen nur nach Genuß von verarbeitetem (geschabtem, gehacktem,
verwurstetem) Fleische auftreten, während sich das Fleisch desselben Tieres im übrigen bei
der küchenmäßigen Zubereitung ganzer Stücke als unschädlich erweist. Endlich ist nachträgliche Infektion anzunehmen, wenn sich Erkrankungen nur nach Genuß kalten, gekochten oder gebratenen Fleisches einstellen, während der Genuß frischen rohen und des
gekochten oder gebratenen Fleisches unmittelbar nach der Zubereitung ohne Nachteil war."

Wenn auch in derartigen Fällen eine postmortale Infektion des Fleisches
möglich erscheint, so ist dennoch das Vorliegen einer *intravitalen* Infektion des
Schlachtviehes niemals sicher auszuschließen:

1. Die Fleischbeschau ohne bakteriologische Untersuchung ist nicht in
der Lage zu entscheiden, ob ein gesund erscheinendes Tier Träger von Salmonellabacillen ist.

2. Die bakteriologische Fleischuntersuchung kann bei Anwesenheit spärlicher
Salmonellabacillen im Fleisch versagen.

3. Wenn nach Genuß von Hackfleisch Fleischvergiftungen auftreten, nicht aber nach Genuß ganzer Fleischstücke, so kann die nur im Hackfleisch erfolgte Anreicherung der sonst spärlichen Salmonellabacillen Schuld an der Erkrankung sein.

4. Dasselbe ist auch von ungenügend gekochtem oder gebratenem Fleisch anzunehmen, in dem sich erst nach längerer Aufbewahrung — von innen heraus — lebend gebliebene Salmonellabacillen anreichern können.

Ebenso können die folgenden Angaben über den Zusammenhang von Fleischvergiftung und Fleischgenuß nicht als allgemein gültig anerkannt werden:

„Die Annahme eines Zusammenhanges zwischen Erkrankungen der Menschen und Fleischgenuß ist nur dann begründet, wenn die aus den Patientenstühlen und aus dem Fleische isolierten Bakterien sich vollkommen gleich verhalten und vom Patientenserum hochwertig (und zwar bei wiederholter Untersuchung in steigender Tendenz, KUTSCHER) agglutiniert werden, und die Annahme einer intravitalen Fleischinfektion bei einer Massenerkrankung nach Fleischgenuß, wenn lokale Erkrankungen (lokale Entzündungsprozesse, Abscesse) beim Schlachttier nicht vorlagen, ist nur dann berechtigt, wenn nicht nur ein Fleischstück, sondern das Fleisch des ganzen Tieres, insbesondere die unverarbeiteten Viertel und größeren Fleischstücke, Bakterien enthalten, die mit den aus den Patientenstühlen gezüchteten in allen Eigenschaften übereinstimmen und vom Patientenserum hochwertig (bei wiederholter Untersuchung in steigender Tendenz) agglutiniert werden."

Die Forderung, daß „die aus den Patientenstühlen und aus dem Fleisch isolierten Bakterien sich vollkommen gleich verhalten", müßte auf Grund unserer heutigen Kenntnisse lauten: „daß die aus den Patientenstühlen und aus dem Fleisch isolierten Bakterien zu dem gleichen vergärungsmäßigen und serologischen *Typus* gehören". Es ist nämlich möglich, daß im Fleische ein anderer Vergärungstypus vorliegt als im Patienten oder daß im Fleische die spezifische Phase des betreffenden Typus gefunden wird, während aus den Patientenstühlen die unspezifische Phase isoliert wird. Während im ersten Falle ein Zusammenhang abzulehnen ist, muß er im zweiten angenommen werden. Die Agglutination mit einem spezifischen oder unspezifischen Immunserum würde in diesem Falle zwar eine erhebliche serologische Verschiedenheit beider Stämme ergeben, doch würden sie zum gleichen Typus gehören und ätiologisch zusammenhängen. Die Erfahrung hat dem Verfasser gezeigt, daß z. B. die Diagnose rein spezifischer Mäusetyphusstämme in der Praxis Schwierigkeiten bereitete oder sogar unmöglich war, sobald der betreffende Untersucher nur ein rein unspezifisches Mäusetyphusserum zur Verfügung hatte. So wurden wiederholt spezifische Mäusetyphusstämme zur Typenbestimmung übersandt, die mangels eines spezifischen Serums vom Einsender nicht diagnostiziert werden konnten.

Die Forderung: „und vom Patientenserum hochwertig (und zwar bei wiederholter Untersuchung in steigender Tendenz, KUTSCHER) agglutiniert werden", muß fallen, da ein positiver Widal bei Fleischvergiftungen entweder ganz fehlen kann oder nicht hochwertig zu sein braucht und schließlich bei wiederholten Untersuchungen eine steigende Tendenz vermissen lassen kann. Auch hierbei ist der Phasenwechsel zu berücksichtigen, da z. B. trotz ursprünglich phasenspezifischer Infektion der Widal überwiegend unspezifisch sein kann: Agglutination der spezifischen Phase 1:50 $\pm$, Agglutination der unspezifischen Phase 1:2000 +.

Da diese Tatsachen in der Praxis bisher kaum Beachtung gefunden haben, so sind aus früheren negativen WIDAL-Reaktionen überhaupt keine sicheren Schlüsse zu ziehen.

Man ersieht aus diesen kurzen Angaben, wie schwierig es ist, das Vorliegen einer intravitalen Fleischinfektion mit Sicherheit auszuschließen oder exakt zu beweisen, so daß wir meist auf indirekte Feststellungen angewiesen sind, welche die Annahme einer intravitalen Fleischinfektion rechtfertigen:

Der hohe Prozentsatz, den die Notschlachtungen bei der Fleischvergiftung ausmachen, weist mit zwingender Notwendigkeit auf eine sehr häufige intravitale Fleischinfektion hin. Würde nämlich die postmortale Infektion die Hauptrolle spielen, so ist es nicht einzusehen, warum diese postmortale Infektion gerade Fleisch aus Notschlachtungen befallen sollte. Es müßte der Wahrscheinlichkeitsrechnung nach der Anteil der Notschlachtungen an Fleischvergiftungen äußerst gering sein, weil bekanntlich der Prozentsatz des Fleisches aus Notschlachtungen an dem Gesamtfleischverbrauch sehr klein ist. Wenn wir also eine postmortale Infektion als die Regel annehmen wollten, so müßte der überwiegende Teil aller Fleischvergiftungen auf normal geschlachtetes Fleisch entfallen. Da dieses aber in keiner Weise zutrifft, so bleibt nur der Schluß übrig, daß die intravitale Infektion der notgeschlachteten Tiere mit Salmonellabacillen die Hauptrolle bei der Entstehung von Fleischvergiftungen spielt. Damit ist aber bereits in etwa 30% aller Fleischvergiftungsepidemien und in etwa 50% aller Erkrankungen (s. oben) *die intravitale Fleischinfektion als Hauptursache der menschlichen Gastroenteritis* nachgewiesen. Da nun aber zweifellos nicht alle mit Salmonellabacillen behafteten Tiere notgeschlachtet werden, sondern auch der gewöhnlichen Schlachtung zugeführt werden, so muß auch hierbei mit dem Vorkommen von intravitaler Fleischinfektion gerechnet werden, zumal der Nachweis von menschenpathogenen Salmonellastämmen in den Organen anscheinend gesunder Schlachttiere und der von Bacillenträgern im Laufe der letzten Jahre wiederholt gelungen ist. Obwohl hierüber eine umfangreiche Literatur vorliegt, so sind diese Untersuchungen noch keineswegs als abgeschlossen zu betrachten, sondern verlangen von veterinärmedizinischer Seite her einen weiteren Ausbau. Im Rahmen dieser Mitteilung kann auf Einzelheiten nicht eingegangen werden, sondern es sei nur auf die speziellen Veröffentlichungen und mein Referat im Zentralblatt für die gesamte Hygiene verwiesen.

Wenn wir im vorhergehenden der intravitalen Fleischinfektion die überragende Rolle zugeschrieben haben, so liegt es uns doch völlig fern, das Vorkommen einer *postmortalen* Infektion des Fleisches zu verkennen und einer Vernachlässigung ihrer Verhütungsmaßnahmen Vorschub zu leisten. Die postmortale Infektion des Fleisches mit Salmonellabacillen kann durch erkrankte Personen, menschliche und tierische Bacillenträger wie Ratten und Mäuse, durch infizierte Gefäße und anderes mehr erfolgen. Auch Wasser, Eis und irgendwelche Zutaten können eine nachträgliche Infektion des Fleisches verursachen.

Abgesehen vom Fleische der größeren Schlachttiere können die verschiedensten infizierten *Nahrungsmittel* Erkrankungen an akuter Gastroenteritis verursachen. Folgende Nahrungsmittel kommen hierfür hauptsächlich in Betracht: *Milch, Sahne, Käse, Eier, chinesisches Eigelb, Gelatine, Cremespeisen, Gebäck, Speiseeis, Fische, Wild, Räucherwaren wie Sprotten und Gänsebrust, Konserven, eingemachte Früchte sowie Geflügel aller Art wie Hühner, Enten, Tauben, Gänse* u. a. Besonders sei noch auf die Bedeutung der *Eier,* speziell der *Enteneier,* hingewiesen, durch die wiederholt menschliche Erkrankungen verursacht wurden.

In allen praktisch wichtigen, speziell gerichtlichen Fällen darf der Zusammenhang einer akuten Gastroenteritis mit dem angeschuldigten Nahrungsmittel erst nach eingehendster kultureller und serologischer Untersuchung, die eine genaue Kenntnis der modernen Salmonellabakteriologie und Serologie erfordert, angenommen werden.

Das Vorkommen der einzelnen Salmonellatypen bei Nahrungsmittelvergiftungen.

Wenn wir auch bei einzelnen der neuen Typen noch nicht über ein großes Material verfügen, so genügen die heute vorliegenden Angaben doch, sich ein Bild von der Verteilung der verschiedenen Salmonellatypen bei Nahrungsmittelvergiftung zu machen. Verwertbare Angaben, die auf exakter Typendiagnose beruhen, liegen bisher nur von englischer und deutscher Seite vor, die unter sich eine fast völlige Übereinstimmung zeigen.

An der Spitze der Nahrungsmittelvergifter, die Ausbrüche an akuter Gastroenteritis verursacht haben, steht der *Mäusetyphus*-(Breslau-Aertrycke)-Bacillus mit einer Häufigkeit von etwa 60—65%.

Es folgen — *im Gegensatz zu der bisherigen Annahme* — die Typen der *Salmonella-C-Gruppe* wie Suipestifer, THOMPSON-Berlin, Newport, Oranienburg, Morbificans bovis u. a. mit einer Häufigkeit von etwa 20%.

Dagegen stehen die GÄRTNER-*Typen* (S. enteritidis, S. dublin u. a.) erst an dritter Stelle mit einer Häufigkeit von etwa 10—15%.

Der Rest von etwa 5—10% verteilt sich auf die übrigen Typen wie STANLEY, Reading, Senftenberg, London u. a.

Tabelle 10. Anteil der Salmonellatypen an Ausbrüchen von Nahrungsmittelvergiftung.

Mäusetyphus	= etwa 60—65%
C-Typen	= etwa 20%
GÄRTNER-Typen	= etwa 10—15%
Übrige Typen	= etwa 5—10%

Aus der Tabelle 10 ist ersichtlich, daß die *neuen, bisher meist unberücksichtigten Typen in etwa 25—30% Häufigkeit* vorkommen, wobei natürlich mit örtlichen und zeitlichen Schwankungen in diesen Prozentzahlen zu rechnen ist.

1. Das englische Material. Aus England liegen Mitteilungen über die Erreger von akuter Gastroenteritis während eines Zeitraumes von etwa 15 Jahren von SAVAGE und BRUCE WHITE, von W. M. SCOTT, dem englischen Gesundheitsministerium und von J. SMITH vor. In ihrem Bericht über 100 Ausbrüche an Nahrungsmittelvergiftung, die sehr eingehend analysiert wurden, teilen SAVAGE und BRUCE WHITE 20 Ausbrüche mit, die mit Sicherheit durch Bacillen der Salmonellagruppe bedingt wurden. Verschiedene andere Ausbrüche, die zwar wahrscheinlich auch durch Salmonellabacillen verursacht waren, bei denen es aber nicht gelang, lebende Bacillen zu isolieren, sind in der folgenden Betrachtung unberücksichtigt geblieben. Durch den Nachweis von Agglutininen in den Patienten oder durch den von Salmonellaantigenen in den Nahrungsmitteln (durch Immunisierung von Kaninchen mit Extrakten der Nahrungsmittel) sowie durch den sehr schwierigen Toxinnachweis konnten SAVAGE und BRUCE WHITE zeigen, daß 66% der Ausbrüche an Nahrungsmittelvergiftung durch Vertreter der Salmonellagruppe bedingt waren. In dieser Zahl von 66% sind die oben erwähnten

20 Ausbrüche, bei denen lebende Salmonellabacillen isoliert wurden, mit enthalten. Abgesehen von 1 Botulismusausbruch sowie 2 Vergiftungen durch Chemikalien, interessieren besonders 8 Ausbrüche durch Käse, deren Ätiologie jedoch nicht geklärt werden konnte.

Bei den 20 Ausbrüchen an Nahrungsmittelvergiftung wurden folgende Typen der Salmonellagruppe isoliert:

$$\begin{array}{lr}
\textit{Mäusetyphus} & 14 = 70\% \\
\textit{Newport} & 3 = 15\% \\
\text{GÄRTNER} & 1 = 5\% \\
\textit{Derby} & 2 = 10\%
\end{array}$$

Tabelle. 9. Verteilung der Salmonellatypen bei 20 Ausbrüchen nach SAVAGE und BRUCE WHITE.

Jahr	Erkrankungen	Todesfälle	Ausbrüche	Typus des Erregers
1914	370	0	1	Mäusetyphus 1
1920	über 52	5	3	Mäusetyphus 2, Newport 1
1921	145	5	6	Mäusetyphus 4, Newport 1, Derby 1
1922	219	3	7	Mäusetyphus 5, Newport 1, GÄRTNER 1
1923	400—1000	1	3	Mäusetyphus 2, Derby 1
	1000—2000	14	20	

Die folgende Tabelle 11, die mir in dankenswerter Weise Dr. W. M. SCOTT zur Verfügung stellte, ist inzwischen vom englischen Gesundheitsministerium veröffentlicht worden und gibt ein Bild von der Verteilung der Salmonellatypen bei Nahrungsmittelvergiftung in England.

Tabelle 11. Verteilung der Salmonellatypen in England nach W. M. SCOTT.

Jahr	Erkrankungen	Todesfälle	Ausbrüche	Typus des Erregers
1923	421	1	6	Mäusetyphus 4, Derby 1, GÄRTNER 1.
1924	65	1	4	Mäusetyphus 2, Suipestifer 1, THOMPSON 1.
1925	92	2	4	Mäusetyphus 2, Suipestifer 1, GÄRTNER 1
1926	159	3	8	Mäusetyphus 7, Morbificans 1.
1927	405	5	11	Mäusetyphus 9, Morbificans 1, Suipestifer 1
1928	145	3	19	Mäusetyphus 10, Morbificans 1, THOMPSON 3, GÄRTNER 1, Dublin 1, unbestimmt 3.
1929	68	4	9	Mäusetyphus 4, THOMPSON 4, Newcastle 1
1930	292	16	11	Mäusetyphus 6, GÄRTNER 2, Newcastle 1, Suipestifer 1, THOMPSON 1
1931	425	10	18	Mäusetyphus 13, THOMPSON 1, GÄRTNER 2, Morbificans 1, Dublin 1
1932	186	8	24	Mäusetyphus 16, Newport 2, GÄRTNER 2, THOMPSON 1, unbestimmt 3
Gesamt	2258	53	114	

Rechnen wir in der Tabelle von SCOTT die einzelnen Typen zusammen, so erhalten wir folgende Zahlen:

Mäusetyphus = 73   = etwa 67%
Suipestifer   = 4 ⎫
THOMPSON   = 11 ⎬ = etwa 20% C-Typen
Newport   = 2 ⎪
Morbificans = 4 ⎭
GÄRTNER   = 9 ⎫ = etwa 10% GÄRTNER-Typen
Dublin   = 2 ⎭
Derby   = 1 ⎫
Newcastle   = 2 ⎬ = etwa 3% Rest
____
108 (unbestimmt 6)

Die neuen Typen erscheinen also in der Tabelle von SCOTT in einer Häufigkeit von etwa 23%

Weiteres Material aus England (Schottland) stammt von J. SMITH, Aberdeen, der aus einem Zeitraum von 4 Jahren (1929—1932) 30 Ausbrüche von akuter Gastroenteritis mit 46 Fällen beschrieb. Die einzelnen Typen verteilen sich auf die einzelnen Ausbrüche wie folgt:

Mäusetyphus   = 18 = 60%
THOMPSON   = 6 ⎫ etwa 27%
Suipestifer   = 2 ⎭
GÄRTNER-Dublin = 4 etwa 13%
____
30

Die neuen Typen lagen hier also in einer Häufigkeit von etwa 27% vor. (In diesen Berechnungen ist der Dublintypus nicht als neuer Typus mitgezählt, sondern zu den GÄRTNER-Typen gerechnet worden.)

Fassen wir die Zahlen von SAVAGE und BRUCE WHITE, von W. M. SCOTT und J. SMITH zusammen, so entfallen bei 158 Ausbrüchen auf

Mäusetyphus   = etwa 66%
C-Typen   = etwa 20%
GÄRTNER-Typen = etwa 10%
übrige Typen   = etwa 4%.

Die neuen Typen kommen in dem gesamten englischen Material in einer Häufigkeit von etwa 24% vor.

2. Das deutsche Material. Die ersten Mitteilungen aus Deutschland über das Vorkommen der neueren Salmonellatypen bei akuter Gastroenteritis stammen von KAUFFMANN und sind für die Jahre 1928 und 1929 von BOECKER und KAUFFMANN zusammenfassend dargestellt worden. Mit Ausnahme des Paratyphus B-Typus wurden in diesem Zeitraum 73 Salmonellastämme isoliert, und zwar 17 Mäusetyphus-, 22 GÄRTNER-, 9 Berlin-, 11 Newport-, 8 STANLEY- und 6 Salmonellastämme, die nicht genau bestimmt wurden. Die neuen Typen Berlin, Newport und STANLEY kamen also in diesem Material 28mal vor, d. h. in einer Häufigkeit von 38%. Unter Berücksichtigung der verschiedenen Ausbrüche an akuter Gastroenteritis lagen die Typen in folgender Häufigkeit vor:

Mäusetyphus 11   = etwa 40%
Berlin . . . . 4 ⎫ = etwa 26%
Newport . . . . 3 ⎭
GÄRTNER 7   = etwa 26%
STANLEY 2   = etwa 8%
____
27

Die neuen Typen Berlin, Newport und STANLEY erscheinen also in einer Häufigkeit von 33% bei allen Ausbrüchen. Die GÄRTNER-Typen treten hier zufälligerweise in einem etwas höheren Prozentsatz als sonst auf, übertreffen aber an Zahl nicht die C-Typen.

In Fortsetzung dieser Veröffentlichung haben BOECKER und SILBERSTEIN den Bericht vom 1. 1. 1928 bis zum 31. 3. 1932 ausgedehnt und folgende Angaben gemacht:

Mit Ausnahme des Paratyphus B-Typus sind 175 Salmonellastämme isoliert worden, deren Verteilung auf die einzelnen Typen aus der Tabelle 12 hervorgeht.

Tabelle 12. Verteilung der Salmonellatypen in Deutschland
nach BOECKER und SILBERSTEIN.

Typus	Stämme	Ausbrüche	Prozent
Senftenberg	2	2	2,6
Mäusetyphus.	98	46	59,0
STANLEY	9	2	2,6
Reading	6	2	2,6
Suipestifer-Amerika . .	2	1	1,3 ⎫
THOMPSON-Berlin . . .	15	6	7,7 ⎪
Oranienburg	3	1	1,3 ⎬ = 18%
Newport	13	5	6,4 ⎪
Morbificans bovis . . .	3	1	1,3 ⎭
GÄRTNER-Jena	17	10	12,8 ⎫ = 15,4%
GÄRTNER-Kiel (Dublin) .	7	2	2,6 ⎭
Zusammen.	175	78	

Die neuen Typen kommen also unter den Stämmen in einer Häufigkeit von etwa 30%, unter den Ausbrüchen von 26% vor. Da im Betriebe eines Untersuchungsamtes die Zahl der gezüchteten Stämme, die alle einzeln diagnostiziert werden müssen, ausschlaggebend ist, so muß bei Vorliegen von akuter Gastroenteritis in *etwa 30% der Fälle* mit den neuen, bisher kaum beachteten Typen gerechnet werden.

Diese von BOECKER und SILBERSTEIN mitgeteilten Zahlen erfuhren eine Ergänzung durch Veröffentlichungen von CLAUBERG sowie von SELIGMANN und CLAUBERG aus dem Hauptgesundheitsamt der Stadt Berlin. Leider sind diese Angaben aber für unsere Zwecke nicht voll verwertbar, da die Autoren absichtlich die Zahlen für Paratyphus B und Mäusetyphus zusammen gerechnet haben. Unter einem Material von 382 Salmonellastämmen, von denen 263 Paratyphus B + Mäusetyphusstämme waren, befanden sich 74 Stämme der C-Gruppe und 45 Stämme der GÄRTNER-Gruppe. Die C-Stämme übertrafen also an Zahl erheblich die GÄRTNER-Stämme und lagen in einer Häufigkeit von etwa 20% vor, wobei aber zu berücksichtigen ist, daß in der Gesamtzahl die Paratyphus B-Stämme mit eingerechnet sind. Unter alleiniger Berücksichtigung der Erreger von akuter Gastroenteritis würden daher die C-Stämme in einem weit höheren Prozentsatz (wahrscheinlich zwischen 30—40%) erscheinen. Unter den C-Stämmen befanden sich folgende von KAUFFMANN diagnostizierte Typen: Suipestifer-Amerika und Kunzendorf, Newport, Oranienburg, Morbificans bovis, Potsdam und THOMPSON-Berlin.

Ferner lassen sich aus einer Mitteilung von HILGERS und SHIMAZU über das Ergebnis der deutschen Paratyphussammelforschung (1927—1929) einige Rückschlüsse auf das Vorkommen der neuen Typen in Deutschland ziehen, obwohl es sich um ein ausgesuchtes Material handelt, das zu einem großen Teil von veterinärmedizinischer Seite stammt. Unter Fortlassung der Paratyphus B-Stämme kommen 163 Salmonellastämme in Betracht, und zwar:

Mäusetyphus   61 = etwa 38%,
C-Typen   18 = etwa 11%,
Gärtner-Typen   79 = etwa 48%,
Stanley   4 } = etwa 3%.
Reading   1 }

In diesem Material kommen die neuen Typen in einer Häufigkeit von etwa 14% vor. Der hohe Prozentsatz der Gärtner-Stämme erklärt sich aus dem großen Anteil der tierischen Stämme an diesem Material. Unter den 79 Gärtner-Stämmen befand sich nur 17mal der eigentliche Gärtner-Typus (S. enteritidis) und 55mal der Kieltypus (S. dublin). Einige Stämme sind nicht exakt bestimmt worden.

Stellen wir die vergleichbaren Angaben von Savage und Bruce White, von Scott und von Smith denen von Boecker und Silberstein gegenüber, so ergibt sich eine fast völlige Übereinstimmung.

Aus diesen Angaben geht die Bedeutung der neuen Typen, speziell die der C-Typen, klar hervor, so daß es jetzt die Aufgabe der Veterinärmedizin ist, das Vorkommen dieser Typen bei unserem Schlachtvieh und die Verteilung auf die einzelnen Tierarten nachzuweisen. Speziell sind unter Anwendung der heutigen kultu-

Vergleich der englischen und deutschen Angaben über die Verteilung der Salmonellatypen bei Gastroenteritis.

Typus	Englisches Material	Deutsches Material
Mäusetyphus .	etwa 66%	59%
C-Typen . . .	etwa 20%	18%
Gärtner-Typen	etwa 10%	etwa 15%
Übrige Typen .	etwa 4%	etwa 8%

rellen und serologischen Methoden eingehende Untersuchungen über das Vorkommen von *Suipestiferbacillen* (S. cholerae suis) bei viruspestkranken Schweinen erforderlich. Die scheinbar völlige Unschädlichkeit des Fleisches viruspestkranker Schweine für den Menschen darf nicht als Argument gegen die Menschenpathogenität des Suipestiferbacillus, die über jeden Zweifel erhaben ist, verwertet werden. Es ist nämlich in keiner Weise erwiesen, daß in allen Fällen von Viruspest gleichzeitig Suipestiferbacillen im Schweine anwesend sind; nach Beller und Henninger nur in etwa 30% der Fälle von künstlicher Viruspestinfektion. Außerdem sind trotz Anwesenheit von Suipestiferbacillen im Darm oder in den Organen viruspestkranker Schweine die äußeren Bedingungen für das Zustandekommen einer Fleischvergiftung nicht immer gegeben, so daß trotz der erwiesenen Menschenpathogenität der Suipestiferbacillen eine Erkrankung ausbleiben kann; ganz abgesehen davon, daß Erkrankungen an akuter Gastroenteritis in leichten Fällen nicht beachtet oder ätiologisch falsch diagnostiziert werden.

Zum Schlusse sei es gestattet, die Aufmerksamkeit auf das Vorkommen von *Salmonella anatum* bei Ente und Mensch als Krankheitserreger hinzulenken. In einer im Druck befindlichen Arbeit (Zbl. Bakter.) berichten F. Kauffmann und W. Silberstein eingehend über die Antigenstruktur dieses von Rettger und Scoville bei Enten isolierten Typus sowie über sein Vorkommen beim

Menschen als Erreger von akuter Gastroenteritis. Bei Enten und ihren Eiern, auf deren epidemiologische Bedeutung besonders W. M. Scott hinwies, müssen wir jetzt also mit dem Vorkommen von mindestens 3 verschiedenen menschenpathogenen Salmonellatypen rechnen: 1. mit *Mäusetyphus-*, 2. mit Gärtner- und 3. mit *Anatumbacillen.*

Literatur.

Annual Report of the chief medical officier of the Ministry of Health for the year 1932. London 1933.

Beller, K. u. E. Henninger: Über das Vorkommen und die Differenzierung von Bakterien der Paratyphusgruppe bei der Viruspest der Schweine. Zbl. Bakter. **114**, 493 (1929).

Boecker, E. u. F. Kauffmann: Zur Differentialdiagnose zwischen den Typen Schott-müller und Breslau der Paratyphus B-Gruppe. Z. Hyg. **109**, 464 (1929).

— — Über die bei dem laufenden Material des Untersuchungsamtes des Institutes „Robert Koch" in den Jahren 1928/29 beobachteten Paratyphustypen. Zbl. Bakter. **116**, 458 (1930).

— u. W. Silberstein: Über die bei dem laufenden Material des Untersuchungsamtes des Institutes Robert Koch in den Jahren 1928—1932 (31. März) beobachteten Paratyphustypen. Zbl. Bakter. **125**, 257 (1932).

Bridges, R. F. and M. W. Scott: A new organism causing paratyphoid fever in India, Salmonella type „Bareilly". J. Army med. Corps **56**, 241 (1931).

Clauberg, K. W.: Praktische Erfahrungen über das Vorkommen und die klinische Bedeutung von Paratyphus C-Stämmen beim Menschen. Klin. Wschr. **10**, 540 (1931).

Eisler, M.: Über die Blutantigene in Paratyphus- und Dysenterie-Shiga-Bakterien. Z. Immun.forsch. **73**, 37 (1931).

— Über die Beziehungen der Blutantigene in Paratyphus B- und Dysenterie-Shiga-Bakterien zu gewissen tierischen Zellen und menschlichen Erythrocyten. Z. Immun.-forsch. **73**, 392 (1932).

Friedel, H.: Zur Widal-Reaktion in der Typhus-Paratyphusgruppe. Zbl. Bakter. **125**, 494 (1932).

Habs, H.: Über einen neuen Bakterientyp aus der Paratyphus-Enteritisgruppe. Zbl. Bakter. **130**, 367 (1933).

— u. N. Blau: Untersuchungen über Variationsformen von Paratyphus B-Bakterien, insbesondere über die Mucosusformen. Zbl. Bakter. **128**, 441 (1933).

Hilgers, P. u. T. Shimazu: Was kann die Praxis aus den Ergebnissen der neueren Paratyphusforschungen für die Differentialdiagnose dieser Bakteriengruppe verwerten? 2. Mitt.: Untersuchung von Stämmen der Paratyphussammelforschung. Zbl. Bakter. **129**, 97 (1933).

Ibrahim, H. M. and H. Schütze: A comparison of the prophylactic values of the H, O und R antigens of Salmonella aertrycke, together with some observations on the toxicity of its smooth and rough variants. Brit. J. exper. Path. **9**, 353 (1928).

Kauffmann, F.: Der heutige Stand der Paratyphusforschung. Kritisches Übersichtsreferat. Zbl. Hyg. **25**, 273 (1931); sowie die dort angegebene Literatur.

— u. Ch. Mitsui: Zwei neue Paratyphustypen mit bisher unbekanntem Phasenwechsel. Z. Hyg. **111**, 740 (1930).

— u. W. Silberstein: Untersuchungen über einige neue Salmonellatypen. Zbl. Bakter. **1934** (im Druck).

Kristensen, M. u. K. Bojlén: Vergärungsmäßig definierte Typen des Paratyphus B-Bacillus. Zbl. Bakter. **114**, 86 (1929).

— — Ratin-Infektion hos Mennesket. Hospitid. (dän.) **74**, 489 (1931).

Landsteiner, K. and Ph. Levine: On the Forssman antigens in B. paratyphosus B and B. dysenteriae Shiga. J. of Immun. **22**, 75 (1932).

Lange, B. u. F. Kauffmann: Experimentelle Untersuchungen über die Immunität beim Mäusetyphus. 1. u. 2. Mitt. Z. Hyg. **114**, 720; **115**, 110 (1933).

Leslie, P. H. and A. G. Shera: A new serological type of Salmonella. J. of Path. **34**, 533 (1931).

Lovell, R.: Abortion in sheep caused by a Salmonella. J. of Path. **34**, 13 (1931).

MANDELBAUM: Eine unter dem Bilde der „Cholera nostras" verlaufende, tödlich endende Infektion durch einen neuen Bacillentyp aus der Paratyphus C - Gruppe. Münch. med. Wschr. **79**, 1566 (1932).

MEISEL, H. u. E. MIKULASZEK: Restantigen und Dissoziation in der Typhus-Paratyphusgruppe. Z. Immun.forsch. **73**, 448 (1932).

MEYER, K.: Über die heterogenetischen Antigene der Paratyphusbacillen. Z. Immun.-forsch. **71**, 331 (1931).

OSTERTAG, R. v.: Lehrbuch der Schlachtvieh- und Fleischbeschau. Stuttgart: Ferdinand Enke 1932.

SAVAGE, W. G. and P. BRUCE WHITE: Food Poisoning. A study of 100 recent outbreaks. Med. Res. Counc. Spec. Rep. Ser. **1925**, Nr 92.

— — Relationship of paratyphoid fever to food poisoning outbreaks. J. of Hyg. **24**, 37 (1925).

SCHÜTZE, H.: The importance of somatic antigen in the production of aertrycke and gärtner immunity in mice. Brit. J. exper. Path. **11**, 34 (1930).

SELIGMANN, E. u. K. W. CLAUBERG: Die neueren Paratyphusforschungen und die praktische Gestaltung der bakteriologischen Paratyphusdiagnose. Z. Hyg. **112**, 254 (1931).

— — Zur Epidemiologie der Paratyphusgruppe. Zbl. Bakter. **125**, 266 (1932).

SILBERSTEIN, W. Neue kulturelle Methoden zur Differentialdiagnose in der Paratyphusgruppe. Zbl. Bakter. **122**, Beih. 131* (1931).

— — Neuere Untersuchungen in der Paratyphusgruppe. Zbl. Bakter. **127**, Beih. 162* (1932).

— Die Paratyphus C-Gruppe. Z. Hyg. **114**, 124 (1932).

SILBERSTEIN, W.: Über eine gaslose Minusvariante des B. enteritidis GÄRTNER, Typus Kiel. Z. Hyg. **116**, 64 (1934).

SMITH, J.: Sporadic infections in Aberdeen due to food-poisoning organisms of the Salmonella group. J. Hyg. **33**, 224 (1933).

TIEDE: Über tödliche Infektionen durch „Ratin" bei Hase und Hamster in freier Wildbahn. Zbl. Bakter. **122**, 541 (1931).

— Über die praktische Bedeutung der Typendifferenzierung innerhalb der Enteritis-GÄRTNER-Gruppe. Zbl. Bakter. **127**, Beih. 156* (1932).

VOGELSANG, TH. M.: „B. paratyphosus B". Bergen: J. W. Eide 1933.

WHITE, P. BRUCE: The Salmonella Group. A System of Bacteriology **4** (1929).

WIKTOROFF, L. K.: Über eine neue Übergangsgruppe zwischen dem B. typhi abd. und dem B. enteritidis GÄRTNER. Zbl. Bakter. **113**, 133 (1929).

IV. Die experimentelle Erzeugung von Antikörpern, insbesondere von komplementbindenden Antikörpern in Blut und Liquor von Kaninchen.

Von

G. BLUMENTHAL - Berlin.

(Aus dem Institut für Infektionskrankheiten „Robert Koch"-Berlin.)

Mit 6 Abbildungen.

Inhalt.

A. Einleitung.

Unter normalen Verhältnissen pflegt der Liquor beim Menschen und auch beim Tier keine Antikörper zu enthalten, eine Beobachtung, die in dem anatomischen Bau des Subarachnoidalraums begründet liegt. Dieser stellt nämlich einen im Innern gefächerten Sack dar, der nach außen hin verschiedene, mit einander kommunizierende Ausbuchtungen zeigt, gegen das Blut- und Lymphgefäßsystem aber streng abgetrennt ist und dadurch die volle Identität seiner Funktionen zu wahren vermag.

So kann man verstehen, daß z. B. die sog. Normalhämolysine, die im Blut in mehr oder minder großer Stärke stets vorhanden zu sein pflegen, im *normalen Liquor* mit Regelmäßigkeit vermißt werden.

Im Gegensatz dazu ist der Weg vom Liquor cerebrospinalis zum Blut für körperfremde Stoffe rasch passierbar. Z. B. treten nach intralumbaler oder suboccipitaler Punktion in die Rückenmarksflüssigkeit eingebrachte Farblösungen nach wenigen Minuten im Urin auf, und ebenso rasch gelangen Bakteriengifte, Antikörper der Heilsera und körperfremde Substanzen vom Subarachnoidalraum aus in die Blutbahn.

Ja, dieser Weg ist sogar für corpusculäre Elemente von der Größe der meisten Bakterien [BIELING und WEICHBRODT (1)] leicht gangbar, während umgekehrt bei intakten Hirnhäuten selbst Krystalloide nur unter Schwierigkeiten die Blutliquorschranke passieren können und kolloidale Substanzen völlig zurückgehalten werden.

Die Beobachtungen, die beweisen, daß artfremde Sera vom Liquor ins Blut rasch abgegeben werden, sind schon lange bekannt. So fand RANSOM (2), daß subarachnoidal eingeführtes Tetanustoxin und -Antitoxin sofort ins Blut übergehen, während diese Stoffe umgekehrt bei subcutaner oder intravenöser Einverleibung nicht in das Innere des Zentralnervensystems gelangen. Dasselbe gilt für Heilsera oder Farbstofflösungen, die aus therapeutischen Gründen intralumbal injiziert werden, von denen man deshalb keinen allzu langen Kontakt mit den Geweben des Zentralnervensystems erwarten darf.

Auch die praktisch wichtige Frage, ob in das Blut eingebrachte Sera in die Rückenmarksflüssigkeit übergehen, muß verneint werden. Lediglich bei sehr starker Anreicherung des Blutes mit Antikörpern kann bei intakten Hirnhäuten ein minimaler Bruchteil in den Subarachnoidalraum übertreten, der etwa den 5000. bis 10 000. Teil des im Serum vorhandenen Immunkörpertiters betragen kann.

Als Hauptquelle des Liquors wird jetzt wohl allgemein neben den den Subarachnoidalraum einschließenden Geweben der Plexus chorioideus angesehen, doch sind die Ansichten über die Art seiner Entstehung noch geteilt. Wenigstens geht diese in einer Weise vor sich, daß die im Plexus und in der Tela chorioidea gelegene sog. Blutliquorschranke nicht alteriert wird.

Erst *bei pathologischen Zuständen* kommt es zu einer Störung der Permeabilität und als deren Folge zu dem Erscheinen von im Blute kreisenden Substanzen im Liquor. So haben z. B. WEIL und KAFKA (3) das Übertreten der Normalhämolysine aus dem Blut für die Diagnose der akuten Meningitis und progressiven Paralyse nutzbar zu machen gesucht.

Ferner zeigt der Übertritt intravenös eingespritzter Antikörper in den Liquor bei der experimentellen Meningokokkenmeningitis der Affen (AMOSS und EBERSON (4) und die WEIL-FELIXsche Reaktion im Liquor Fleckfieberkranker, daß unter diesen Umständen nicht unerhebliche Antikörpermengen auftreten können.

LAPIN und SENEVET (5) fanden z. B. bei einem Fleckfieberkranken im Liquor eine positive WEIL-FELIX-Reaktion bis zur Verdünnung 1:100, während das Blut gleichzeitig nur den dreimal stärkeren Titer von 1:300 aufwies. Dagegen weisen BIELING und WEICHBRODT, die bei mit Proteus X 19 vorbehandelten Paralytikern durch Erzeugung einer Recurrensmeningitis einen Übertritt von Agglutininen in den Liquor erzielten, ausdrücklich darauf hin, daß der Gehalt des Liquors an Antikörpern mindestens hundertmal schwächer blieb als der des Serums.

Bei einer keimfreien Meningitis, wie sie z. B. die Meningitis serosa des Menschen darstellt, läßt nun das Auftreten von Hämolysinen und Komplement in der

Rückenmarksflüssigkeit an die Herkunft dieser Antikörper aus der Blutbahn
denken. Doch wird man bei den durch Mikroorganismen hervorgerufenen
Meningitis- bzw. Encephalitiserkrankungen einwenden dürfen, daß die im Liquor
nachgewiesenen Antikörper innerhalb des Subarachnoidalraumes entstanden
sein könnten, daß es sich also in solchen Fällen vielleicht um eine lokale Antikörperbildung handelt. Diese Möglichkeit wird man von vornherein nicht
ablehnen, da frühere Untersuchungen bewiesen haben, daß eine Antikörperbildung, wenn auch in verschieden starkem Maße, in den mannigfaltigsten
Geweben des Körpers vorkommt und zunächst nicht einzusehen wäre, weshalb
gerade das Zentralnervensystem eine Ausnahme machen sollte.

So könnte bei der WEIL-FELIX-Reaktion im Liquor des Fleckfieberkranken
diese Möglichkeit gegeben sein, nachdem EUGEN FRÄNKEL (6) beim Fleckfieber
die charakteristische entzündliche Gefäßerkrankung an den Capillaren und
Präcapillaren als spezifisches Reaktionsprodukt des Fleckfiebererregers beschrieben hatte, die sich in den Gefäßgebieten des Körpers im Einzelfall in verschiedener Ausbreitung findet, aber gerade an den Gehirn- und Meningealgefäßen
oft beobachtet und für die cerebralen Symptome des Fleckfiebers verantwortlich
gemacht wird.

Auch die positive Wa.R. im Liquor bei Lues III und IV dürfte in zahlreichen
Fällen auf dem Durchtritt komplementbindender Stoffe aus dem Blutserum
beruhen. Daß es aber auch eine lokale Entstehung der Wa.R. im Liquorraum,
z. B. bei der Paralyse, geben muß, dafür sprechen schon die relativ häufigen
Befunde von gleichzeitig negativer Wa.R. im Blut und positiver Wa.R. im
Liquor, vor allem aber die Forschungsergebnisse, namentlich der letzten Jahre,
über die experimentelle Erzeugung von Antikörpern im Subarachnoidalraum.

B. Die experimentelle Erzeugung von Antikörpern im Liquor.

I. Versuche anderer Autoren.

Zwar hatte L. NEUFELD (7), der als erster an Kaninchen derartige Versuche
unternahm, mit der endolumbalen Einführung von Hammelblutkörperchen
keinen Erfolg. Er fand bei den Tieren lediglich ein starkes Ansteigen des Hämo-
lysintiters im Blut, ein Ergebnis, das nur die alte Beobachtung bestätigte, daß
intralumbal eingeführte Antigene, auch corpusculärer Art, fast ebenso rasch
wie bei der intravenösen Einverleibung in die Blutbahn gelangen. Er zieht
aus seinen Befunden den Schluß, daß eine positive Wa.R. des Liquors bei negativer Wa.R. des Blutserums nicht als lokale Antikörperreaktion aufzufassen
sei und deutet sie vielmehr als Folge einer toxischen Einwirkung der Stoffwechselprodukte oder Leibessubstanzen des Syphiliserregers auf die Zusammensetzung der Liquoreiweißkörper.

1. Hämolysine und Agglutinine.

Im Gegensatz dazu hat MUTERMILCH (8) eine lokale Hämolysinbildung in
der Rückenmarksflüssigkeit des Kaninchens gefunden. Während der Hämolysintiter des Serums 8 Tage nach der zweiten intraduralen Injektion von
Hammelblutkörperchen von ursprünglich 1:4 bis 1:16 auf 1:2000 bis 1:16 000
emporgeschnellt war, ließ sich im Liquor ein Anstieg von 0 auf 1:32 bis 1:128
feststellen. Ein Vergleich dieser Werte legt natürlich die Vermutung nahe, daß

diese im Vergleich zum Blut eigentlich geringfügige Titerhöhe des Liquors eben durch den Übertritt der im Blutserum überaus reichlich gebildeten Antikörper in den Subarachnoidalraum vorgetäuscht sei und somit eine lokale Antikörperbildung nicht vorliegen könne. Doch ist dabei in Erwägung zu ziehen, daß im Liquor etwa entstehende Antikörper nicht in der gleichen Stärke aufzutreten pflegen wie im Blut.

Daß es sich hier tatsächlich um intramural gebildete Antikörper handelte, hat MUTERMILCH durch weitere Kontrollversuche wahrscheinlich gemacht, indem er einmal bei intravenös gegen Hammelblut hochimmunisierten Tieren die Wirkungslosigkeit zahlreicher suboccipitaler Punktionen bezüglich der Auslösung von Antikörpern im Liquor zu zeigen vermochte und andrerseits die rasche und restlose Resorption von Hämolysinen nach deren subduraler Einspritzung demonstrierte.

Noch instruktiver waren die Kreuzversuche, die MUTERMILCH gleichzeitig an demselben Tiere mit intraperitonealen Injektionen von Typhusbacillen, sowie subduralen Injektionen von Choleravibrionen und umgekehrt anstellte. Sie ergaben mit Regelmäßigkeit im Blut Agglutinine gegen beide Mikrobenarten, im Liquor entsprechende Antikörper lediglich gegen die subdural eingeführten Organismen.

L. NEUFELD und SZYLE (9) vermochten diese Befunde offenbar deshalb nicht zu bestätigen, weil sie zur endolumbalen Vorbehandlung der Tiere zu wenig Injektionen ausgeführt haben.

Daß ferner CUCCIA (10), sowie L. NEUFELD und SZYLE im Liquor bei tuberkulöser Meningitis vergeblich nach komplementbindenden Substanzen gefahndet haben, mag wohl durch das verwendete Antigen bedingt gewesen sein. Wenigstens haben wir (11) mit dem von uns angegebenen Tuberkuloseextrakt auch in derartigen Fällen mit Liquor eine positive Komplementbindung erhalten. Desgleichen konnten SALIN und REILLY (12) bei Hunden im Liquor durch intralumbale Injektionen komplementbindende Antikörper gegen Tuberkulose erzeugen.

Ferner verfügen wir (13) über zwei Fälle von Gehirnechinococcus, bei denen im Liquor die spezifische Echinokokkenkomplementbindung positiv ausfiel. Allerdings reagierte das Blutserum eines dieser Kranken ebenfalls mit Echinokokkenantigen positiv, während aber der andere im Blut ein glatt negatives Ergebnis zeigte.

ILLERT (14) sah ebenfalls eine beträchtliche autochthone Hämolysinbildung im Subarachnoidalraum. Ferner fielen bei ihm Kreuzversuche im Sinne MUTERMILCHs mit X 19- und Paratyphus B-Bacillen eindeutig positiv aus.

Entsprechende Ergebnisse hatte auch SCHAMBUROW (15), ebenso FLAUM (16), der gleichzeitig die interessante Beobachtung machte, daß die im Liquor neu gebildeten Agglutinine (gegen Paratyphus B-Bacillen) beim Erhitzen keine Unterschiede gegenüber den Serumagglutininen aufwiesen und daß für ihre Entstehung die Anwesenheit von Globulinen nicht nötig war.

2. Spirochätozide Antikörper.

Auch spirochätozide Antikörper können im Liquor autochthon entstehen. Bekanntlich treten bei der natürlichen menschlichen Recurrensinfektion im Blut lytische Substanzen auf, die man im Schutzversuch gegenüber der

Recurrensinfektion bei Mäusen nachweisen kann. Diese Schutzwirkung des Blutes von Recurrenskranken bzw. -Rekonvaleszenten, die bei der natürlichen Recurrensinfektion schon genau studiert war, hat dann zuerst WEICHBRODT (17) auch bei der künstlichen Recurrensinfektion der Paralytiker gezeigt, wobei er als erster das gleichzeitige Auftreten von Schutzstoffen im Liquor nachwies. Es handelte sich um drei subcutan und einen intralumbal mit Recurrens infizierten Paralytiker. Von den drei subcutan infizierten Fällen ergab der Liquor nur einmal einen absoluten Schutz, sonst nur eine Verlängerung der Inkubationszeit, während die Sera stets absoluten Schutz verliehen. Bei allen gab das Serum stärkeren Schutz als der Liquor. Anders verhielt sich der intralumbal infizierte Paralytiker. Hier lieferte das Serum nur relativen Schutz (verlängerte Inkubationszeit), hingegen der Liquor absoluten Schutz. Bei den Vergleichsuntersuchungen bezüglich des Antikörpergehaltes von Blutserum und Liquor war hier der Liquortiter viermal höher als der Serumtiter. Natürlich läßt sich an diesem einen Falle nicht entscheiden, ob dieser Befund durch Zufall oder durch die Art der Infektion bedingt ist. Doch ist zu bemerken, daß WEICHBRODT seine Vergleichsuntersuchungen frühestens zwei Monate nach der Infektion angestellt hat, also zu einem Zeitpunkt, wo die Recurrensmeningitis, die zu einer Erhöhung der Permeabilität und damit zu einem Durchtritt von Recurrensantikörpern aus dem Blut in den Liquor hätte Anlaß geben können, schon abgeklungen gewesen sein muß. Bei dem intralumbal infizierten Fall waren sogar fast 3 Monate verflossen, als die erste Untersuchung durchgeführt wurde. Das Gelingen des Nachweises von Recurrensantikörpern zu einem so späten Zeitpunkt, also nach Abklingen der Recurrensmeningitis — bei dem intralumbal geimpften Falle gab der Liquor sogar noch nach 9 Monaten absoluten Schutz — dürfte die lokale Entstehung von Antikörpern im Liquor sehr wahrscheinlich machen.

Ferner haben KUDICKE, FELDT und COLLIER (18) ebenfalls Vergleichsuntersuchungen zwischen Blut und Liquor auf Schutzstoffe — allerdings nur bei einem Falle von Recurrensparalyse — vorgenommen. Sie fanden im Liquor schon frühzeitig spirochätozide Stoffe zu einem Zeitpunkt, als er noch keine Spirochäten enthielt und glauben daher, daß diese Antikörper nicht etwa durch Anwesenheit der Spirochäten im Liquor entstanden, sondern aus dem Serum in ihn hineindiffundiert seien.

Zur Klärung dieser Frage hat nun PLAUT (19) eine Anzahl von Recurrensparalysen bald nach der subcutanen Infektion — also während der Erkrankung — in siebentägigen Abständen untersucht. Kurze Zeit nach dem Erscheinen der spezifischen Antikörper im Serum traten auch entsprechende Schutzstoffe im Liquor auf, die schnell die gleiche Konzentration wie im Blut erreichten. Es handelte sich also nicht um eine allmähliche Anreicherung dieser Stoffe im Liquor, sondern um ein plötzliches explosionsartiges Erscheinen. Danach stieg der Serumtiter an, aber der Liquor folgte nicht, blieb eine Zeitlang stabil und sank später ab. In der Rekonvaleszenz konnte weiter das Serum noch Schutzwirkung ausüben, während der Liquor schon wirkungslos war. Die Antikörper hielten sich also im Serum länger als im Liquor. Das frühere Verschwinden der Schutzstoffe im Liquor war etwas durchaus Gesetzmäßiges.

Dazu ist noch zu bemerken, daß beim Auftreten der Liquorantikörper nicht etwa ein starker Reizzustand der Meningen, der eine Lockerung der Blutliquorschranke hätte herbeiführen können, zu beobachten war, da sich die Pleocytose zu diesem Zeitpunkt vollkommen auf der Höhe der sonst bei Paralyse üblichen Zellzahl verhielt. Damit war bewiesen, daß bei der Impfrecurrens des Menschen das Eindringen der Recurrensspirochäten in das Nervensystem von einer lokalen Bildung spezifischer Antikörper begleitet wird.

3. Antivirus.

Interessant sind in diesem Zusammenhange die Versuche von BERCZELLER (20), der Staphylokokkenantivirus [nach BESREDKA (21)], Kaninchen in den Lumbalraum brachte und diese dadurch gegen eine nachträgliche tödliche Staphylokokkeninfektion zu schützen vermochte. Sie leiten über zu Versuchen über die Immunisierung des zentralen Nervensystems gegen die Wirkung von Bakteriengiften, z. B. von Tetanus- oder Diphtheriebacillen.

4. Antitoxine.

Schon ROUX und BORREL (22) sahen Tiere, die subcutan gegen Tetanus immunisiert worden waren, nach der intracerebralen Injektion von Tetanustoxin zugrunde gehen, obwohl das Blut kolossale Mengen spezifischen Antitoxins beherbergte. Es gehen ja bei intakter Blutliquorschranke, wie STARKENSTEIN und ZITTERBART (23), sowie SINGER und MÜNZER (24) zeigen konnten, trotz einer sehr hohen Konzentration der Immunkörper im Blut nur Spuren derselben in den Liquor über, worauf eingangs bereits hingewiesen wurde.

Für die Diphtherie fanden v. PLANNER und POTPESCHNIG (25) entsprechende Verhältnisse vor. Erst nach Überwindung der zentralen Barriere vermittels der sog. „Pumpung", wie sie NIKITIN und PONOMAREW (26) ausführten, gelangen intravenös einverleibte Diphtherieantitoxine in den Liquor und vermögen auch dort ihre neutralisierende Wirkung gegen die mehrfach tödliche, subarachnoidal eingeführte Toxindosis zu entfalten.

Auf Grund und in Fortsetzung der Versuche von PONOMAREW und TSCHESCHKOW (27), die bei Kaninchen nach suboccipitaler Einspritzung einer Lyssagehirnemulsion einen gewissen Grad von Immunität gegen die subdurale Infektion mit Virus fixe auftreten sahen, nahmen NIKITIN und PONOMAREW an Kaninchen und Hunden aktive Immunisierungsversuche des Zentralnervensystems gegen Diphtherietoxin vor. Die mit Diphtherieanatoxin in die Gehirnsubstanz bzw. in den meningealen Raum geimpften Tiere vertrugen tatsächlich etwa 12 Tage nach der Vaccination die intracerebrale und subarachnoidale Injektion großer Dosen von Diphtherietoxin, und zwar die Kaninchen 10, die Hunde sogar 100 und 250 tödliche Dosen.

Gleichzeitig ließ sich im Liquor ein Antitoxingehalt von durchschnittlich $^5/_7$ A.E. nachweisen, während das Blut höchstens einen doppelt so hohen Titer aufwies. Dieses bemerkenswerte Verhältnis von 1:2 kann nur durch eine lokale Antikörperproduktion erklärt werden, um so mehr als die entsprechenden Vergleichszahlen bei den Agglutininen und Hämolysinen nach ILLERT und MUTERMILCH mindestens 1:10 betrugen.

Unabhängig von NIKITIN und PONOMAREW konnten auch MUTERMILCH und SALAMON (28) bei Kaninchen, die sie suboccipital mit Diphtherie, bzw. Tetanusanatoxin immunisierten, eine deutliche Anreicherung spezifischer Immunstoffe im Liquor wie im Blutserum und eine dementsprechende Immunität des Zentralnervensystems feststellen.

Ferner erzielten U. Friedemann und Elkeles (29) bei Kaninchen durch die suboccipitale Einführung von Diphtherieanatoxin im Blutserum überraschenderweise wesentlich höhere Antitoxintiter als nach intravenöser Einverleibung des Impfstoffs.

5. Komplementbindende Antikörper.

Die Erzeugung komplementbindender Antikörper im Liquor gelang zuerst Grabow und Plaut (30), und zwar zunächst gegen Typhusbacillen, dann aber vor allem gegen Forssmansche Antigene, wobei diese Autoren durch zahlreiche Kontrollversuche Fehlerquellen nach Möglichkeit auszuschalten suchten. Als Versuchstiere dienten Kaninchen, bei denen die Liquorentnahme suboccipital vorgenommen und das betreffende Antigen im Anschluß daran durch die gleiche Punktionsnadel, die liegen blieb, eingespritzt wurde. Durch einen Vorversuch wurde bewiesen, daß die suboccipitale Injektion einer einprozentigen Natriumcitratlösung zwar eine starke meningeale Reizung, aber nicht einen Übertritt von hämolytischen Normalamboceptoren in den Liquor auslöste. Nachdem dann weitere Versuche mit intralumbaler Einführung von Hammelblutkörperchen bzw. Typhusbacillenaufschwemmungen für eine lokale Entstehung von Antikörpern im Liquorraum nicht ganz sicher beweisende Resultate ergeben hatten, ferner Kreuzversuche ebenfalls nicht eindeutig für die obige Anschauung ausgefallen waren, gingen sie zur Anwendung komplexer Antigene — Lipoide + Eiweiß —, im Sinne der Kombinationsimmunisierung von Landsteiner und Simms (31), über. Zunächst wurden die Tiere mit Pferdeherzlipoid + Schweineserum hoch immunisiert, und zwar auf dem intravenösen Wege. Dann erfolgte die suboccipitale Reinjektion teils mit Schweineserum (Gruppe I), teils mit reinem Lipoid (Gruppe II), teils mit Vollantigen (Gruppe III). Während nun bei den ersten beiden Gruppen ein geringer Antikörpergehalt im Liquor nachzuweisen war, stieg bei der dritten Gruppe der Liquortiter schon am 4. Tage ziemlich hoch an, erreichte am 15. Tage sein Maximum und blieb bis zum 18. Tage nachweisbar. Jedoch war der Gehalt des Serums an Antikörpern zu allen Zeiten deutlich höher. So könnten diese Versuche als ein Beweis für eine intramurale Antikörperentstehung angesehen werden.

Ideale Verhältnisse liegen in dieser Hinsicht aber erst dann vor, wenn die Antikörper im Blutserum auf ein Minimum reduziert werden können oder überhaupt nicht während des ganzen Versuches auftreten.

Dies ist jedoch den bis jetzt erwähnten Autoren nicht gelungen. Gerade beim Kaninchen sind ja wegen seiner bekannten Serumlabilität, auf die wir noch zurückkommen wollen, die diesbezüglichen Schwierigkeiten recht groß.

II. Eigene Versuche.

Auch wir haben uns in der letzten Zeit mit der Erzeugung von Immunkörpern im Subarachnoidalraum beschäftigt und suchten dabei nach Möglichkeit eine gleichzeitige Antikörperbildung im Blut zu vermeiden. Dies ist uns nun in den meisten Fällen durch Abänderung der Technik tatsächlich gelungen.

Da unsere Versuche zu einem gewissen Abschluß gelangt sind, möchten wir im folgenden darüber berichten.

1. Vorbemerkungen.

Die bedeutungsvollen Untersuchungen von SACHS, KLOPSTOCK und WEIL (32) über die künstliche Erzeugung der für Syphilis charakteristischen Blutveränderung haben das Kaninchen wieder für derartige Versuche in den Vordergrund des Interesses gerückt.

Diese Autoren hatten nämlich mit Hilfe der bereits erwähnten Kombinationsimmunisierung nach LANDSTEINER und SIMMS bei Kaninchen durch intravenöse Injektion körpereigener Organlipoide in Verbindung mit Schweineserum ihren bekannten Modellversuch der künstlich erzeugten Wa.R. ausgeführt und daraus ein allgemeines Gesetz über die Entstehung von Lipoidantikörpern abgeleitet. Sie gaben für ihre Versuche die Erklärung, daß hier Autolipoidantikörper mit Hilfe des als Schlepper dienenden artfremden Serums entständen, und faßten auf Grund ihrer Ergebnisse die Wa.R. als eine Antigen-Antikörper-Reaktion auf, bei der das Organlipoid des an Lues erkrankten Organismus erst durch die Kombination mit dem Serum bzw. dem Spirochäteneiweiß zur Wirkung als immunisierendes Antigen gelangt.

F. KLOPSTOCK (33) konnte ferner zeigen, daß Aufschwemmungen der Spirochaeta pallida bei Kaninchen allein als Vollantigen zu fungieren imstande waren und bei diesen typische WASSERMANN-Antikörper im Blut entstehen ließen, die ebensogut mit Pallidalipoiden wie mit beliebigen anderen für die Wa.R. brauchbaren Organlipoiden, z. B. mit Rinderherzextrakten, reagierten, Versuche, die von HOELTZER und POPOFF (34) weitgehend bestätigt wurden und die F. KLOPSTOCK (35) in letzter Zeit auch am Pferd gelangen.

In dasselbe Gebiet gehören die Befunde von LANDSTEINER und VAN DER SCHEER (36), denen es glückte, Kaninchen durch Vorbehandlung mit abgetöteten Trypanosomen wassermannpositiv zu machen.

Jedoch sind alle diese Versuche bei einer Tierart angestellt worden, die bereits normalerweise zu lipophilen Reaktionen hinneigt.

Schon MICHAELIS (37), ferner LANDSTEINER und MÜLLER (38), FLEISCHMANN (39) u. a. hatten im Blut von normalen, unbehandelten Kaninchen einen in weiten Grenzen schwankenden Gehalt an komplementbindenden Stoffen gefunden. Als dann CITRON und MUNK (40) durch Injektion wäßriger Luesleberextrakte bei vorher anscheinend negativ reagierenden Kaninchen eine positive Wa.R. erzeugt hatten, während alkoholische Luesleberextrakte und wäßrige Normalleberextrakte zur Auslösung dieser Reaktion offenbar nicht imstande waren, hatten wiederum LEDERMANN und HERZFELD (41) vor einer zu weitgehenden Bewertung derartiger Befunde mit Rücksicht auf obige Feststellungen gewarnt.

Im Einklang mit diesen Beobachtungen hielt auch BLUM (42) die Frage für nicht entschieden, „ob die positive Wa.R. im Serum luischer Menschen und Tiere und im Serum normaler Kaninchen etwas Identisches sei oder ob es sich um etwas prinzipiell Verschiedenes handle".

2. Intraperitoneale Versuche.

Wir selbst haben ebenfalls gelegentlich von Studien über das Wesen der ABDERHALDENschen Reaktion vor nunmehr 15 Jahren Immunisierungsversuche an Kaninchen durchgeführt und nach intraperitonealer Einverleibung von je

2 g Kaninchennieren-, bzw. Lebersubstanz im Blut neben dem Auftreten von mehr oder weniger spezifischen Fermenten ein deutliches Ansteigen des komplementbindenden Titers gegen Extrakte gesehen, die zur Wa.R. benutzt wurden, ohne damals daraus weitergehende Schlüsse zu ziehen.

Ferner haben wir auf die Veröffentlichung von Sachs, Klopstock und Weil hin eine Reihe von normalen Kaninchen längere Zeit bezüglich des Vorhandenseins komplementbindender Antikörper im Blut beobachtet und dann durch bestimmte Maßnahmen den Gehalt an diesen Stoffen zu ändern gesucht.

Wir haben damals gleichzeitig außer der Wa.R. (mit Luesleber- und Rinderherzextrakten) fast regelmäßig die Sachs-Georgi- und Meinicke-Trübungsreaktion mit angesetzt, um vor gelegentlichen Schwankungen, die in der Natur der Komplementbindung begründet sind, nach Möglichkeit gesichert zu sein. Da ein ziemlich weitgehender Parallelismus im Ausfall aller drei Reaktionen insofern bestand, als an Tagen, an denen die Wa.R. stärker positiv war, auch die Flockungs- bzw. Trübungsreaktionen mehr oder minder deutliche Ausschläge ergaben, können wir bei der Mitteilung der Ergebnisse alle drei Reaktionen zusammen besprechen.

Es wurden 16 Tiere in den Versuch gestellt, von denen die Hälfte lediglich regelmäßig alle 8 Tage geblutet und mit den erwähnten Methoden geprüft wurde. Die übrigen 8 Tiere erhielten nach erstmaliger Feststellung ihres Gehaltes an komplementbindenden Antikörpern im Blut jeden 6. Tag verschiedene Substanzen, z. B. reine Lipoide aus Rinder- oder Kaninchennieren, ferner reine Hefe und schließlich Mischungen dieser Stoffe oder Kombinationen derselben mit Schweineserum intraperitoneal, also nicht intravenös, wie es Sachs, Klopstock und Weil als notwendig erkannt hatten. Später wurden auch bei dieser Serie die Injektionen eingestellt und die Tiere ohne Behandlung weiter beobachtet.

Die Resultate lassen sich dahin zusammenfassen, daß sich irgendeine Gesetzmäßigkeit im Reaktionsvermögen des Blutes der einzelnen Tiere nicht erkennen ließ. Vielmehr gab es Kaninchen, die von Anfang an bereits in der Verdünnung 1:80 wassermannpositiv bzw. in der Verdünnung 1:8 Sachs-Georgi — und Meinicke — positiv reagierten und diesen verhältnismäßig hohen Titer ohne oder mit Behandlung unter mehr oder minder geringen Schwankungen beibehielten. Außerdem fanden wir wiederum anfangs negativ oder fast negativ reagierende Tiere, die plötzlich — ohne erkennbaren Grund — positiv wurden, so daß wir schon mit Rücksicht auf die Erfahrungen von Schwartz und Flemming (43), Lüdke (44), Nakamura (45), Bieling (46) u. a. Stoffwechselvorgängen einen Teil der Schuld zuschieben zu müssen glaubten.

3. Hungerversuche.

Zur Klärung dieser Frage legten wir daher in gewissen Abständen — meist alle 14 Tage —, 3 Hungertage ein und verglichen dann die Ergebnisse der Blutuntersuchungen vor und nach dem Hungern miteinander. Dabei ließen sich bei verschiedenen Tieren mehr oder minder deutliche Einwirkungen der Nahrungsentziehungen erkennen, insofern als die Sachs-Georgi- und die Meinicke-Trübungs-Reaktion oft merklich, die Wa.R. bisweilen sogar ganz deutlich von 1:20 auf 1:160 verstärkt wurde.

Wahrscheinlich hängt diese Beeinflussung, insbesondere der Wa.R. nach der positiven Seite hin mit dem unter der Wirkung des Hungerns sich erhöhenden Gehalt des Blutes an Aminosäuren zusammen, wie ihn z. B. RACCHIUSA (47), LABBÉ (48), sowie MARINO (49) beschrieben haben, und der sich nach längerer Nahrungsentziehung sogar bis auf 300% steigern läßt.

Aus allen diesen Gründen möchten wir bei Kaninchen wegen der allzu großen Labilität ihres Blutserums die intravenöse Vorbehandlung und die Untersuchung des Blutes für unzureichend zur Entscheidung von Fragen halten, die die Entstehung und Bewertung komplementbindender Wa.R. Antikörper betreffen.

Auch die bis zu hohen Titern gelungene Erzeugung dieser Stoffe im Blute von Kaninchen, wie sie zuerst SACHS und seine Mitarbeiter nach intravenöser Einverleibung der bekannten Lipoid-Schweineserumgemische erzielten, könnte vielleicht doch durch die ganz besonderen Labilitätsverhältnisse des Kaninchenblutes eine Beeinflussung erfahren haben.

Gestützt werden diese Bedenken noch durch die Tatsache, daß bis jetzt die künstliche Erzeugung der gleichen Blutveränderung durch entsprechende Gemische bei anderen Tieren, z. B. Meerschweinchen [HENNING (50)], Ratten [HERONIMUS und AWRECH (51)], und sogar beim Menschen [MARTIN (52), FREI und GRÜNMANDEL (53), FÖRTIG (54)] nie gelungen ist. Die schwach positiven Resultate von HECHT und SCHUBERT (55), sowie von CUCCIA (l. c. 10) sieht selbst SACHS nicht als beweisend an.

Es ist lediglich KROÓ und SCHULZE (56) gelungen, im Serum nicht syphilitischer, wassermannegativer Menschen durch intraglutäale Injektionen massiver Dosen von serumfrei gewaschenen Pallidaaufschwemmungen in Kochsalzlösungen komplementbindende Antikörper gegen Pallidaextrakte, aber nicht gegen cholesterinierte Rinderherzextrakte zur Entwicklung zu bringen. Außerdem konnten sie bei Kaninchen durch intravenöse Immunisierung mit Spirochätenaufschwemmungen Sera erhalten, die mit Regelmäßigkeit lediglich mit dem zugehörigen Pallidaextrakt und zum Teil, aber in schwächerem Maße, mit dem SACHSschen Rinderherzextrakt reagierten. Sie schlossen aus diesen Befunden und zugleich aus der Tatsache, daß ihr Spirochätenextrakt — im Gegensatz zu dem entsprechenden Antigen von F. KLOPSTOCK — nur etwa die Hälfte der mit den üblichen WASSERMANN-Extrakten positiv reagierenden Sera anzeigt, daß die Komplementbindung mit Pallidaextrakt auf der einen und mit dem WASSERMANN-Extrakt auf der anderen Seite verschiedene Serumzustände aufdeckt. Dieser Auffassung ist auch PLAUT (57) beigetreten, der die Versuche von KROÓ und seinen Mitarbeitern nicht nur an Kaninchen, sondern auch an Ratten und Meerschweinchen bestätigt hat.

4. Intravenöse Versuche.

Trotzdem haben wir zur Orientierung intravenöse Versuche mit der Kombinationsimmunisierung nach SACHS, KLOPSTOCK und WEIL unternommen.

Die Tiere wurden erst regelmäßig in unbehandeltem Zustande 2—3 Monate lang in bestimmten Zeitabständen geblutet und ihr Serum auf seine Bindungsfähigkeit gegenüber je einem Luesleber-, Rinderherz- und Spirochätenextrakt geprüft. Gleichzeitig wurde die Flockungsreaktion von KAHN angesetzt, die sich unter gewissen Kautelen nach den Erfahrungen von SAITO (58) als weitgehend unabhängig von der hohen Serumlabilität der Kaninchen erwiesen hatte.

Dabei wurde der Wert der mit den Serumverdünnungen, sowohl bei der KAHN-Reaktion wie bei der Komplementbindung erhaltenen Reaktionen in der Weise ermittelt, daß die Anzahl der Kreuze mit der jeweiligen Verdünnung

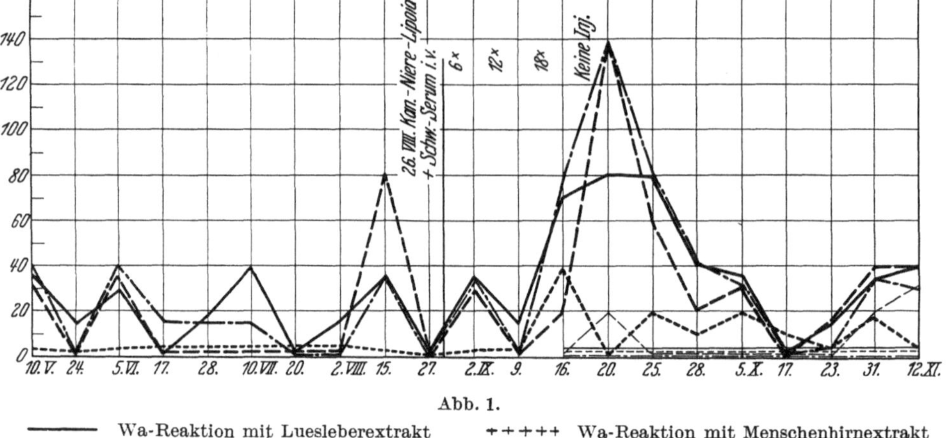

Abb. 1.

——— Wa-Reaktion mit Luesleberextrakt	+ + + + +	Wa-Reaktion mit Menschenhirnextrakt
—·—·— ,, ,, Rinderherzextrakt	+ - + - + -	,, ,, Rinderhirnextrakt
— — — ,, ,, Spirochätenextrakt	··········	Kahn-Reaktion
Dicke Linien 56° Serum	Dünne Linien 63° Serum.	

multipliziert und dann die deutlich positive (+ + + bzw. + + + +) Reaktion eingetragen wurde, die in der geringsten Serumverdünnung zur Beobachtung gelangte.

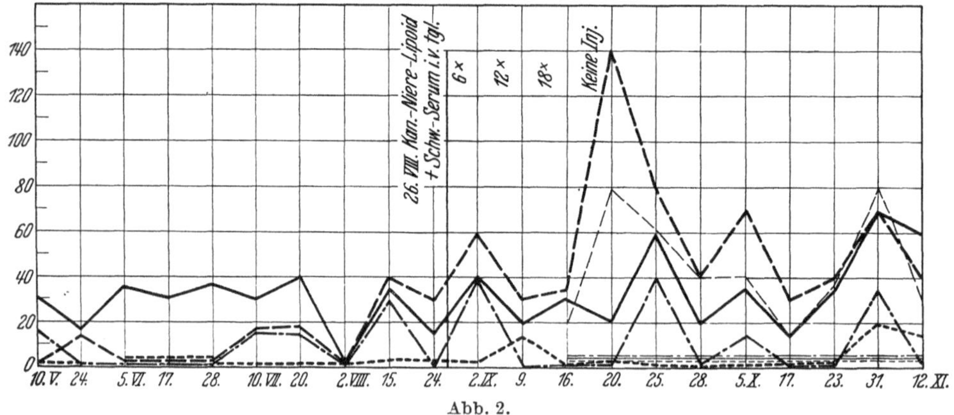

Abb. 2.

Erst nach der erwähnten langen Beobachtungszeit haben wir die Vorbehandlung der Tiere durchgeführt, und zwar erhielt eine Gruppe von 8 Kaninchen ein Kaninchennierenlipoid-Schweineserumgemisch bis zu 18mal.

Die Zahl und Reihenfolge der Injektionen, sowie der Reaktionsverlauf ist aus den Kurven ersichtlich.

Die Prüfung der Sera erfolgte nun mit zwei verschieden erhitzten Serumportionen, die entweder eine halbe Stunde bei 56° oder die gleiche Zeit bei 63° gehalten wurden, um analog den Beobachtungen von TAKENOMATA (59) bzw.

Kroó und seinen Mitarbeitern (60) eine Trennung der sog. Lipoidantikörper von den Eiweißantikörpern herbeiführen zu können.

Wir erhielten dabei zwei verschiedene charakteristische Reaktionstypen, die in Abb. 1 und 2 auf S. 286 wiedergegeben sind.

Das Serum von Kaninchen Nr. 50 z. B. reagierte — in der üblichen Weise inaktiviert —, mit einer stürmischen Vermehrung der komplementbindenden Antikörper, wobei Spirochäten- und Rinderherzextrakt gemeinsam höchste Werte erreichten. Auch die Kahn-Reaktion ging — wenn auch nicht so gleichmäßig und so charakteristisch — in die Höhe. Da sich mehrere Tiere gleichartig verhielten, so könnte man geneigt sein, in ihrer Reaktionsweise eine Bestätigung der Befunde von Sachs und seinen Mitarbeitern zu erblicken. Dem widerspricht aber der jedesmalige Reaktionsverlauf an denselben Tagen nach Erhitzung einer Serumportion desselben Tieres auf 63°, da dessen

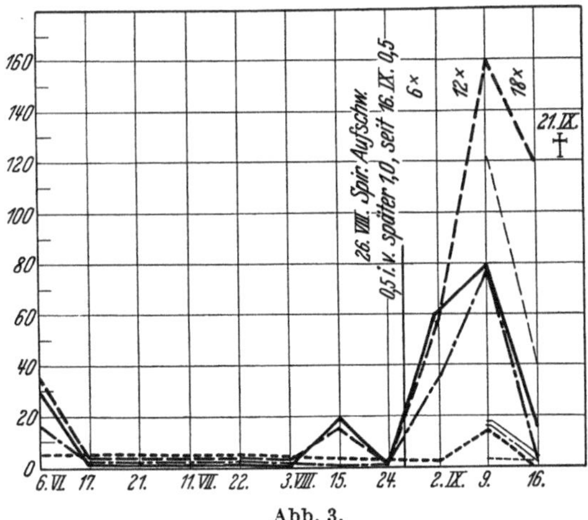

Abb. 3.

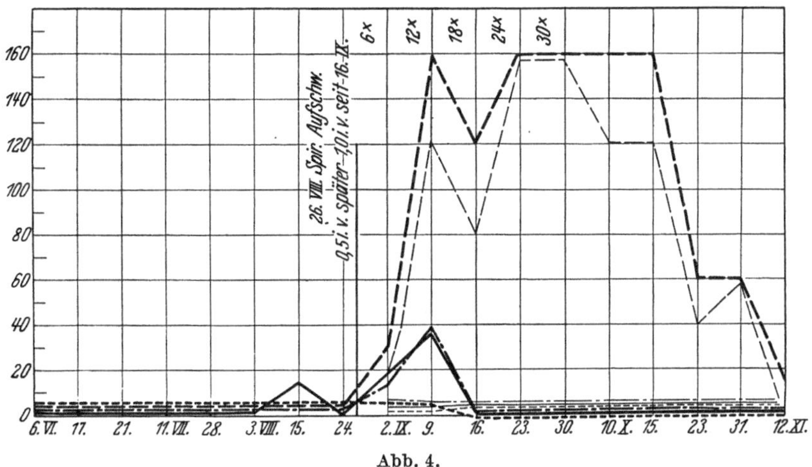

Abb. 4.

Komplementbindungsfähigkeit mehr oder weniger völlig erloschen war. Die Kahn-Reaktion blieb während der ganzen Beobachtungszeit gleichmäßig negativ.

Eine andere Gruppe von Kaninchen zeigte als Reaktion auf die intravenösen Kaninchennierenlipoid-Schweineserum-Injektionen ein ganz anderes Verhalten. Bei Kaninchen Nr. 46 steigt das Komplementbindungsvermögen seines Serums sowohl nach Erhitzen auf 56° wie 63° lediglich gegenüber dem Spirochätenextrakt auf eine beachtliche Höhe, die es noch eine geraume Zeit — wenn auch unter Schwankungen —, ziemlich gleichmäßig inne hält, während die Kahn-

Reaktion glatt negativ bleibt und die Komplementbindung mit Luesleber-
und Rinderherzextrakt nur mit dem 56°-Serum einige nicht ganz charakteristische Ausschläge aufweist.

Die intravenöse Injektion von Spirochätenaufschwemmungen allein lieferte
ebenfalls zwei verschiedene, aber nicht ganz so scharf getrennte Reaktionstypen.

Bei beiden (Abb. 3 u. 4 auf S. 287) erfolgte zunächst mit dem 56°-Serum
ein gleichmäßiger Anstieg der Komplementbindung, wobei natürlicherweise
der Spirochätenextrakt stets an der Spitze blieb. Aber auch hier zeigte sich
bereits ein kleiner Unterschied bei der KAHN-Reaktion, die teils — wenn auch
nur schwach — mitreagierte, teils negativ ausfiel. Noch größer wurde die Differenz bei den auf 63° erhitzten Seren. Bei Kaninchen Nr. 60 blieb die Komplementbindung bei allen drei Extrakten nach der Erhitzung auf 63° — wenn auch
abgeschwächt —, bestehen, um dann ohne Rücksicht auf die regelmäßig weiter
erfolgenden intravenösen Injektionen wieder abzusinken, während die KAHN-
Reaktion von Anfang an negativ war.

Bei Kaninchen Nr. 63 wiederum wurde die schon anfangs mäßig hohe Komplementbindung mit Luesleber- und Rinderherzextrakt durch die Erhitzung
des Serums auf 63° völlig ausgelöscht, die KAHN-Reaktion blieb ebenfalls negativ.
Nur die Komplementbindung mit dem Spirochätenextrakt erreichte mit dem
63°-Serum annähernd dieselbe Höhe wie mit dem 56°-Serum und fiel nach Aufhören der Injektionen in mehr oder minder charakteristischer Weise wieder
zur Norm herab.

Was dürfen wir nun aus diesen Befunden schließen?

Das gleichzeitige Auftreten thermolabiler, komplementbindender Antikörper
von beachtlicher Stärke gegen Luesleber-, Rinderherz- und Spirochätenextrakte
und ebenso thermolabiler Flockungsreaktionskörper auf der einen Seite und
das Entstehen thermostabiler komplementbindender Antikörper lediglich gegen
den Spirochätenextrakt von der gleichen Stärke und schwächerer, thermolabiler komplementbindender und Flockungs-Antikörper gegen die übrigen
Extrakte auf der anderen Seite als Folge der Kombinationsimmunisierung
erschweren eine eindeutige Erklärung außerordentlich.

Der Ausfall der ersten Versuchsserie würde vielleicht die Anschauung der
SACHSschen Schule unterstützen, daß hierbei reine Lipoidantikörper aufgetreten
sind. Damit steht aber die Hitzeempfindlichkeit der gleichzeitig erzeugten
Flockungsantikörper und das Vorliegen von offenbaren Eiweiß- und Lipoidantikörpern bei der zweiten Versuchsreihe, die bei der Flockung auch hitzelabil
waren, im Widerspruch.

Bei der Immunisierung mit der Spirochätenaufschwemmung (also mit
Spirochätenlipoid + -eiweiß) erhielten wir wiederum teils deutlich thermostabile komplementbindende Antikörper gegen den Spirochätenextrakt und
entsprechende Antikörper, jedoch von wesentlich geringerer Hitzeresistenz, gegen
die beiden anderen Extrakte, ferner thermolabile Flockungsreaktionskörper
— also vielleicht Lipoidantikörper (?) —, teils hochwertige thermostabile
komplementbindende Antikörper lediglich gegen den Spirochätenextrakt —,
also vielleicht spezifische Reaktionskörper gegen Eiweißsubstanzen (?) —,
außerdem wesentlich schwächere, thermolabile komplementbindende Antikörper gegen die beiden übrigen Extrakte und gar keine Flockungsreaktionskörper.

Es folgt also im Einklang mit den bereits oben besprochenen Bedenken auch aus diesen Versuchen, daß die mannigfachen, sich oft direkt widersprechenden Ergebnisse der intravenösen Kaninchenimmunisierung irgendwelche sicheren Schlüsse auf die Natur der syphilitischen Blutveränderung nicht zulassen, und daher bei diesem Tier der intravenöse Weg für die Aufklärung derartiger Fragen, eben wegen der bekannten und unberechenbaren Labilität ihres Serums besser vermieden werden sollte.

Daher glaubten wir, für die Immunisierung einen anderen Weg wählen zu sollen, wollten aber doch am Kaninchen als Versuchstier festhalten, zumal es Sachs und seinen Mitarbeitern ausschließlich für ihre bedeutungsvollen Studien gedient hat.

5. Subdurale Versuche.

So wählten wir den intralumbalen Weg in der Erwartung, daß sich die Lumbalflüssigkeit des Kaninchens im Gegensatz zu dessen sehr labilem Blut besser für die Untersuchung komplementbindender Wa.R.-Antikörper eignen würde.

Wir glaubten zu dieser Hoffnung um so mehr berechtigt zu sein, als Plaut und Mulzer (61) unter einer großen Anzahl normaler Kaninchen im Liquor stets eine negative Wa.R. fanden, auch bei solchen Tieren, deren Blut gleichzeitig mehr oder weniger stark positive Ausschläge mit der Komplementbindung ergab, eine Beobachtung, die wir an einer ganzen Reihe von Tieren — wir haben bis jetzt 100 Kaninchenliquoren untersucht —, ausnahmslos bestätigen konnten. Außerdem konnte die Befähigung des Arachnoidalraumes zur Bildung von Antikörpern durch die eingangs besprochenen Versuche als sehr wahrscheinlich angesehen werden.

a) Untersuchungstechnik.

Unsere Technik der Liquorgewinnung beim Kaninchen lehnte sich eng an die von Plaut (62) seinerzeit für die Praxis ausgearbeitete Methodik an.

Die Tiere mittlerer Größe erhalten jedesmal vor der Punktion je 1—2 ccm einer 2%igen Morphiumlösung subcutan. Im Dämmerschlaf, der durchschnittlich nach einer Stunde eine genügende Tiefe erreicht hat, wird dann das Tier von einer Hilfskraft mit stark nach unten und vorn gebeugtem Kopf gehalten. Im Gegensatz zu Plaut orientieren wir uns nicht an den Halswirbeln aufwärts, sondern vom Schädel nach abwärts in der Weise, daß wir vom stark hervorspringenden Hinterhauptshöcker aus genau in der Mittellinie auf die Halswirbelsäule den Finger auflegen, dort etwa 1 cm unterhalb das Tuberculum posterius des Atlas aufsuchen und dann langsam mit einer ganz kurz abgeschliffenen, 1,2 mm dicken und 45 mm langen Nadel so weit einstechen, bis ein leichter elastischer Widerstand zu fühlen ist.

Wird jetzt die Nadel unter geringem Druck etwa 1 mm weiter geführt, so tropft gewöhnlich wasserklarer, nur in seltenen Fällen blutig gefärbter Liquor ab. Wir haben auf diese Weise regelmäßig 0,5—2 ccm Liquor gewinnen können und bei den einzelnen Tieren meist ohne besondere Zwischenfälle bis zu zwölf Punktionen vorgenommen.

Allerdings erhält man bei zu häufiger Entnahme bisweilen blutigen Liquor oder sogar reines Blut. In solchen Fällen haben wir aus den erwähnten Gründen dann die mit Blut vermengte Cerebrospinalflüssigkeit zur Untersuchung nicht verwendet, sondern nur die Reaktionen der einwandfreien Liquorproben in unsere Tabellen aufgenommen.

Ferner haben wir im Vergleich zu allen bisher erwähnten Autoren, die sich mit subduralen Experimenten beschäftigt haben, die Versuchsanordnung in grundsätzlicher Weise geändert.

Wir haben nämlich die Injektion des Antigens nicht durch das Hinterhauptsloch, also an derselben Stelle durchgeführt, an der die Punktionen erfolgten, sondern auf einem Wege, den UTENKOW (63) für die intracerebrale Impfung des Tollwutvirus empfohlen hat, und der die gleiche Sicherheit für die richtige Applikation gewährt wie der Hinterhauptsstich.

Die Hinterhauptsschuppe besitzt nämlich nasalwärts von der Protuberantia occipitalis externa eine etwa 1,5 cm lange und zu beiden Seiten von der Mittellinie ungefähr 3—4 mm breite Fläche, die aus spongiösem Knochen besteht. Sticht man dort mit einer kurz abgeschnittenen, etwa 0,9 mm dicken Nadel mit leichtem Druck ein, so gelangt man in den Subduralraum, ohne eine Verletzung des darunterliegenden wurmartigen Teiles des Kleinhirnes befürchten zu müssen. Die richtige Lage der Kanüle erkennt man an dem Hochsteigen des Liquors in derselben und dann nach Aufsetzen der Spritze daran, daß die Injektionsflüssigkeit keinen Widerstand findet. Natürlich sollen möglichst nur 0,2 ccm, höchstens 0,5 ccm eingespritzt werden. Ferner ist die genaueste Antisepsis bei allen Manipulationen eine selbstverständliche Voraussetzung. Wir rupfen vorher an der betreffenden Stelle die Haare aus, die während des ganzen Versuchsverlaufes kaum nachzuwachsen pflegen und desinfizieren jedesmal vorher und nachher mit 70%igem Alkohol.

Diese getrennte Applikationsart bietet nämlich zwei Vorteile. Einmal bleibt das Hinterhauptsloch für die erforderlichen Punktionen allein reserviert. Vor allem aber haben wir nach den intrakranialen Injektionen, die bis zu fünfzehn von den Tieren meist anstandslos vertragen wurden, viel weniger meningitische Reizungen und daher weit geringere Zellvermehrungen erlebt, als nach den suboccipitalen Einspritzungen, ein Vorteil, der sich in einem selteneren Übertritt des eingeführten Antigens ins Blut und als Folge davon oft in dem gänzlichen Fehlen der entsprechenden Antikörper im Blutserum kundtut.

b) Die Kombinationsimmunisierung.

Zwecks Durchführung der Kombinationsimmunisierung erhielt nun eine Serie von Kaninchen subdural 5—15, meist tägliche Injektionen des Kaninchennierenlipoid-Schweineserumgemisches nach SACHS, KLOPSTOCK und WEIL, eine zweite Gruppe Gemische von Rindernierenlipoid + Schweineserum und eine dritte Pferdenierenlipoid + Schweineserum.

Die Prüfung erfolgte gegen einen Luesleberextrakt, einen alkoholischen Spirochätenextrakt und, falls das Material ausreichte, gegen einen cholesterinierten Rinderherzextrakt. Schließlich wurde noch die Siliquid-Reaktion nach BLUMENTHAL und SHIRAKAWA (64), eine einzeitige kolloidale Reaktion, und zum Teil auch die Mastix-Reaktion angesetzt.

Die SACHSschen, intravenös erhaltenen, Befunde konnten dabei nicht bestätigt werden. Auch bei täglicher, bis zu 15mal durchgeführter subduraler Behandlung war mit keinem der erwähnten Gemische auch nur die geringste

Änderung der normalerweise negativen Liquorreaktionen zu erzielen. Von besonderem Interesse ist dabei, daß auch die Siliquid-Reaktion, die ja der Mastix-Reaktion im allgemeinen parallel zu verlaufen pflegt und aus Materialmangel meist allein ausgeführt wurde, stets negativ blieb. Dieses Verhalten ist ein Zeichen dafür, daß nicht nur steril gearbeitet wurde, sondern daß auch — bei der großen Empfindlichkeit der kolloidalen Reaktionen —, nicht das geringste Anzeichen für eine Änderung der Cerebrospinalflüssigkeit im Sinne einer syphilitischen Liquorveränderung nachzuweisen war.

c) Die Wirkung von Spirochätenaufschwemmungen.

Erst als wir (65) als Immunisierungsmaterial eine Aufschwemmung von serumfrei gewaschenen Pallidareinkulturen nahmen, die nach dem Vorschlage von Kroó hergestellt wurden, änderte sich das Bild vollkommen. Wie erwähnt, hatte bereits F. Klopstock Spirochätenmaterial — allerdings zur intravenösen Vorbehandlung der Kaninchen — verwendet und im Blute dieser Tiere komplementbindende Antikörper regelmäßig gegen Pallidaextrakte und meist gegen Wassermann-Extrakte erhalten, jedoch hatte die „große Häufigkeit der Wa.R. (sc. bei unbehandelten Kaninchen) ein sicheres und zuverlässiges Resultat verhindert".

Wie sich nun im weiteren Verlauf unserer Versuche herausstellte, bewirkte zwar die subdurale Immunisierung mit Spirochätenmaterial in dreitägigen Abständen das Auftreten von komplementbindenden Antikörpern gegen Luesund Spirochätenextrakte in beachtlicher Stärke, gegen den Rinderherzextrakt aber in nur ungenügender Menge. Die Resultate waren also bei dieser Applikationsart nicht eindeutig.

Erst die tägliche subdurale Vorbehandlung der Tiere mit Spirochätenaufschwemmungen führte mit Regelmäßigkeit zu einwandfreien Ergebnissen.

So läßt sich in der Tabelle 1 auf S. 292 sehr schön der Anstieg der komplementbindenden Antikörper im Liquor von Kaninchen 168 und 169 verfolgen.

Vier Tage nach der sechsten Injektion sind bereits komplementbindende Antikörper vorhanden, und zwar werden zunächst solche gegen das Injektionsmaterial, die Spirochäten, und erklärlicherweise gleichzeitig in annähernd derselben Stärke gegen den Luesleberextrakt gebildet, während die Reaktionskörper gegen den unspezifischen Rinderherzextrakt anfangs nur in geringerer Menge entstehen. Nach Aufhören der Injektion geht interessanterweise der Gehalt an Antikörpern gegen den Rinderherzextrakt auffallend rascher als gegen die beiden spezifischen Antigene zurück. Kaninchen 168 zeigt sogar 4 Monate nach der letzten Injektion noch eine deutliche Komplementbindung (+++) mit dem Spirochätenextrakt.

Demnach ist es gelungen, durch subdurale Einführung reiner Pallidaspirochäten im Liquor von Kaninchen komplementbindende Antikörper hervorzurufen, die mit Extrakten, die für die Wa.R. verwendet werden, typisch reagieren.

Den Einwand, daß es sich hier lediglich um den Übergang von entsprechenden, komplementbindenden Antikörpern aus dem Blut, die auf den Reiz dorthin übergetretener Antigene entstanden sind, handelte, steht zunächst die Tatsache gegenüber, daß parallel mit der Stärke der komplementbindenden Antikörper auch die kolloidale Siliquidreaktion im Liquor, die von der Wa.R. im

Tabelle 1.

Kanin-chen	Injektions-material	Subdurale Injektionen (Anzahl und Datum)
168	Spirochäten-Aufschwemmung	1. 2. 3. 4. 5. 6. 7. 8. Inj. 9. 10. 11. 12. 13. 14. 18. 20. VII. 9. 10. 11. 12. 13. 14. 15. Inj. 21. 22. 23. 24. 25. 26. 27. VII.
169	Spirochäten-Aufschwemmung	1. 2. 3. 4. 5. 6. 7. 8. Inj. 9. 10. 11. 12. 13. 14. 18. 20. VII. 9. 10. 11. 12. 13. 14. 15. Inj. 21. 22. 23. 24. 25. 26. 27. VII.

Wa.-R. / Siliquid-R. } im Liquor

Kaninchen 168:

	9.	18.	30. VII.	1.	3.	8.	14.	20.	28. VIII.	3. IX.	9. X.	26. XI.	17. XII.
L.L.E.	—	3*	4	4	4	4	4	4	4	4	blutig	blutig	$\pm$
O.H.E.	—	2	4	4	$4/3$	$4/3$	$4/3$	$4/3$	$4/3$	$4/3$	blutig	blutig	—
Spir.E.	—	3	4	4	4	4	4	4	4	4	blutig	blutig	3
Si.-R.	—	—	1	1	$\times$	1	1	$\pm$	—	—	blutig	blutig	—

Kaninchen 169:

	9.	18.	30. VII.	1.	3.	14.	20. VIII.	3. IX.	26. XI.
L.L.E.	—	3	4	4	4	4	4	4	$3/4$
O.H.E.	—	$3/2$	$3/4$	$4/3$	$2/3$	1	1	1	$\pm$
Spir.E.	—	4	4	4	4	4	$4/3$	$4/3$	$2/3$
Si.-R.	—	1	1	1	$\times$	$\pm$	—	—	—

* Die Zahlen bedeuten die Anzahl der Kreuze, je nach der Stärke der Reaktion.

Blut unabhängig ist, an Deutlichkeit zu- bzw. abnimmt. Vor allem müßten dann bei den mit Autolipoid-Schweineserum-gemischen subdural vorbehandelten Tieren die nach den Feststellungen von Sachs und seinen Mitarbeitern charakteristi-schen komplementbindenden Antikörper auch entsprechend der Annahme von L. Neufeld und Szyle in der gleichen Weise im Blut entstehen und dann in den Liquor übergehen, was bei uns sogar nach fünfzehn Injektionen nicht der Fall war.

Es lag nun der Gedanke nahe, auch bei der Spirochäte die Lipoidkompomente als auslösendes Moment für die Erzeu-gung der komplementbindenden Anti-körper anzunehmen. Daher wurden analog dem Vorgehen von Sachs, Klopstock und Weil eine Anzahl von Kaninchen subdural (in einer dem reinen Spiro-chätenmaterial entsprechenden Stärke) mit einem Gemisch von Spirochäten-lipoid $+$ Schweineserum vorbehandelt.

Der Erfolg war negativ. Kein einziges Tier wurde — selbst nach fünfzehn Injek-tionen — positiv; nicht einmal eine schwache Reaktion ist aufgetreten.

Jedenfalls haben unsere Befunde ein-wandfrei ergeben, daß subdurale Injek-tionen von reinen Spirochäten die für Syphilis charakteristische Veränderung im Liquor hervorzurufen imstande sind und Antikörper erzeugen, die sich nicht nur durch die Komplementbindung, sondern auch durch die kolloidalen Me-thoden nachweisen lassen.

Um nun dem Einwande zu begegnen, daß es sich hier vielleicht doch um den Übertritt von komplementbindenden Stoffen aus dem erfahrungsgemäß sehr labilen Blut der Kaninchen handeln könnte, haben wir [Blumenthal und Zühdi (66)] ferner bei einer neuen Tier-reihe, die ebenfalls täglich mit Spiro-chätenaufschwemmungen subdural be-handelt wurde, gleichzeitig das Blut und den Liquor untersucht.

Wie Kaninchen 862 (Abb. 5 auf S. 293), das aus zahlreichen ähnlichen Fällen als besonders charakteristisches Beispiel herausgegriffen sei, zeigt, beginnt nach fünf Injektionen im Liquor unabhängig von den Befunden im Blutserum ein langsamer Anstieg der komplementbindenden Antikörper gegen alle Antigene, der auf die weiteren Einspritzungen hin immer höhere Werte erreicht. Dabei gingen bezeichnenderweise ein Menschen- und ein Rinderhirnextrakt, die aus besonderen Gründen, auf die wir noch zurückkommen wollen, gleichzeitig mitliefen, mit dem Spirochätenextrakt direkt parallel.

In dieser Zeit verharren Komplementbindungs- und Flockungsreaktion im Blut teils auf dem negativen Stande, teils läßt die Komplementbindung mit dem Spirochätenextrakt zu der Zeit, als der Liquor noch negativ ist, eine deutliche Zacke erkennen, um dann weiterhin — während des gleichzeitigen Erscheinens der Liquorantikörper — glatt negativ zu bleiben.

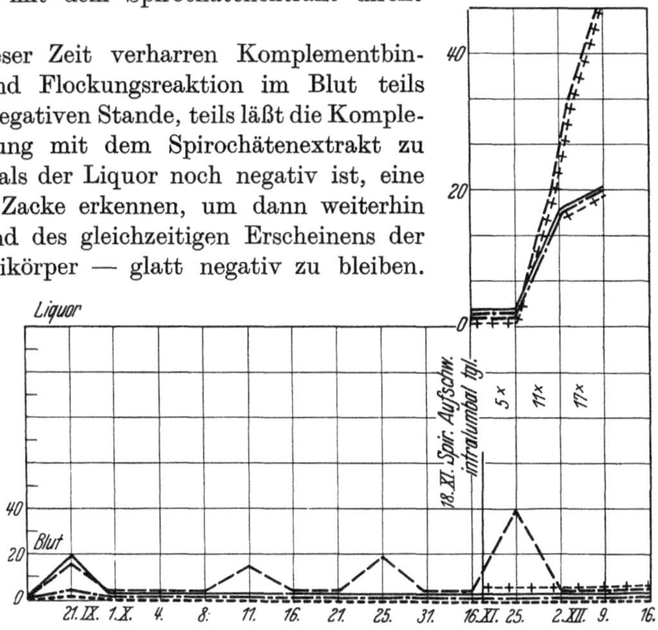

Abb. 5.

In diesem Verhalten liegt ein klarer Beweis dafür, daß hier von einem Übertritt von Reaktionskörpern in den Liquor bestimmt keine Rede sein kann.

Es gelingt demnach, durch intracerebrale Injektionen von Spirochätenaufschwemmungen in Kochsalzlösung mit Regelmäßigkeit eine Veränderung im Liquor zu erzeugen, die sich von der syphilitischen nicht unterscheiden läßt und demzufolge sowohl durch Spirochätenextrakte wie durch alle für die Wa.R. brauchbaren Organextrakte (Luesleber-, Rinderherz-, sogar Gehirnextrakte) deutlich angezeigt wird und dabei von der gleichzeitig bestehenden Komplementbindungsfähigkeit des Blutserums vollkommen unabhängig ist.

Im Gegensatz dazu hat nun KROÓ beim Menschen, wie erwähnt, nach intraglutäaler Einverleibung relativ größerer Dosen von Spirochätenaufschwemmungen lediglich eine deutliche Komplementbindung mit dem Pallidaantigen und keine Reaktion mit den üblichen Organextrakten erhalten.

Vielleicht liegt der Grund für diese Differenzen lediglich in der verschiedenen Applikationsweise der Spirochäten. Andernfalls würde nach diesen Befunden ein wesentlicher Unterschied in der Qualität der Antikörper nach der Immunisierung mit abgetöteten bzw. nach der Infektion mit lebenden Spirochäten bestehen.

d) Die Wirkung von Trypanosomenaufschwemmungen.

Nun ist es Kroó, Schulze und v. Jancsó (67) beim Menschen gelungen, durch intraglutäale Injektion beträchtlicher Mengen von Trypanosomenaufschwemmungen komplementbindende Antikörper zu erzeugen, welche alle Zeichen einer typischen Wa.R. darboten, also hohe Titer mit Luesleber- wie Rinderherzextrakten und natürlich auch mit Trypanosomenextrakten erreichten.

Nur eine Besonderheit bestand. Die erhaltenen Trypanosomenimmunsera reagierten nicht mit Spirochätenextrakten. Entsprechend hatten auch die Pallidaimmunsera (vom Menschen) seinerzeit eine Reaktionsfähigkeit mit Trypanosomenextrakten völlig vermissen lassen. Wassermannpositive Luessera schließlich werden durch Trypanosomenextrakte ebenfalls nicht angezeigt, durch Spirochätenextrakte ohne Cholesterinzusatz in etwa 50% der Fälle.

Diese, zum Teil paradox anmutenden Beobachtungen haben wir ebenfalls mit der subduralen Methodik aufzuklären gesucht. Wir haben 8 Kaninchen 12—18mal mit Trypanosomenaufschwemmungen intracisternal behandelt und dann deren Blut und Liquor gegenüber je einem Luesleber-, Rinderherz-, Spirochäten- und Trypanosomenextrakt geprüft.

Im Blut fanden wir auch bei ihnen die üblichen schwankenden Labilitätsreaktionen gegenüber dem Luesleber-, Rinderherz- und Spirochätenextrakt. Der Trypanosomenextrakt zeigte jedoch bemerkenswerterweise mit allen Blutseren stets gleichmäßig negativ an.

Der Liquor verhielt sich bei 7 Kaninchen ebenso. Bei diesen lieferte er mit sämtlichen Antigenen glatt negative Resultate. Lediglich bei einem einzigen Tier war die Reaktionsfähigkeit seiner Rückenmarksflüssigkeit gegenüber dem Trypanosomenextrakt auf $+++$ und gleichzeitig gegenüber dem Rinderherzextrakt auf $++$ angestiegen, während sie gegenüber den anderen Extrakten, insbesondere gegenüber dem Spirochätenextrakt, unverändert negativ geblieben war.

Diese, nur einmal beobachteten, recht schwachen Hemmungen lassen sich natürlich nicht im positiven Sinne verwerten.

Demnach haben unsere subduralen Versuche mit Trypanosomenaufschwemmungen die von Kroó am Menschen erhobenen Befunde nicht bestätigen können. Komplementbindende Antikörper von einwandfreier Stärke waren nicht zur Entwicklung gekommen.

Wir haben dann noch nach einer anderen Art von Antikörpern, nach trypanoziden Stoffen gefahndet und solche im Mäuseversuch tatsächlich bei vier mit zehn subduralen Injektionen von Trypanosomenaufschwemmungen behandelten Kaninchen feststellen können. Während bei diesen das Blutserum keine schützenden Stoffe gegenüber dem Ausgangs-Naganastamm enthielt, vermochte der Liquor, obgleich er etwas früh, schon 2 Tage nach der Beendigung der Behandlung, abgenommen worden war, bereits in der Verdünnung 1:2 eine hemmende und in der Verdünnung 1:4 eine verzögernde Wirkung zu entfalten.

e) Die sog. Hirnantikörper.

Noch eine weitere Frage haben wir mit der subduralen Versuchsanordnung bearbeitet, nämlich die in letzter Zeit besonders aktuelle Frage, ob es tatsächlich, wie manche Autoren glauben, Gehirnantikörper gibt.

Schon WEIL und BRAUN (68) hatten das pathologische Geschehen bei der progressiven Paralyse mit der Wirkung von Gehirnautoantikörpern in enge Beziehung gebracht. WITEBSKY und STEINFELD (69) gingen dann in Fortsetzung der Arbeiten von BRANDT, GUTH und MÜLLER (70), A. J. WEIL (71), GEORGI und FISCHER (72), HEIMANN und STEINFELD (73) an die experimentelle Erzeugung und genaue Analyse derartiger Gehirnautoantikörper, die ihnen allerdings wiederum nur bei Kaninchen durch deren intravenöse Vorbehandlung gelang.

Vorher hatte bereits STEINFELD (74) darauf hingewiesen, daß Paralytikerliquor mit einem alkoholischen Hirnextrakt einwandfrei positiv reagieren konnte, während das Serum derselben Patienten gleichzeitig eine eindeutig negative Reaktion aufwies. Er hatte geglaubt, damit den Nachweis von Hirnantikörpern geführt zu haben, eine Ansicht, der sich GEORGI und FISCHER auf Grund ausgedehnter Tier- und Menschenversuche anschlossen.

ABADJIEFF (75), der durch noch eingehendere Vorbehandlung des Gehirns, als sie GEORGI und FISCHER vornahmen, nämlich mit Aceton und Äther vor dessen Extraktion mit Alkohol, die Reaktionsfähigkeit und Spezifität der Gehirnextrakte bedeutend erhöhte und diese ebenfalls gleichzeitig für die Komplementbindungs- sowie für die Flockungsreaktion an Seren aller Luesstadien und an sonstigen Seren benutzte, vermochte den organspezifischen Charakter einer mit Hirnextrakten auftretenden positiven Komplementbindungs- oder Flockungsreaktion nicht anzuerkennen. PLAUT hat sich dieser Anschauung auf Grund seiner Untersuchungen mit KASSOWITZ (76) voll und ganz angeschlossen. Auch er sieht in allen Befunden einer positiven Wa.R. mit Gehirnextrakten bei Paralyse oder Lues cerebri keinen schlüssigen Beweis für das Vorhandensein derartiger Gehirnantikörper und erkennt darin nur das „Fungieren eines solchen Extraktes als banales WASSERMANN-Antigen", da er genau wie die anderen, für die Wa.R. brauchbaren, Organextrakte neben spezifischen noch ubiquitär verbreitete, nicht differenzierte Lipoide enthalte.

So haben wir uns für die subdurale Immunisierung der Kaninchen ebenfalls Hirnextrakte hergestellt, und zwar als Ausgangsmaterial in Übereinstimmung mit GEORGI und FISCHER, sowie ABADJIEFF nur die einzig brauchbare graue (nicht die weiße) Substanz eines Paralytikergehirns, eines normalen Menschen- und eines Rindergehirns genommen, die nach dem Vorgehen von ABADJIEFF getrocknet, pulverisiert und mit Aceton und Äther vorbehandelt wurden.

Für die Darstellung der Hirnextrakte, die für die Komplementbindung verwendet werden sollen, geht man nach unseren Erfahrungen am besten von der feuchten Substanz aus. Diese wurde mit der neunfachen Menge absoluten Alkohols übergossen, 24 Stunden bei 60⁰ gelassen, 48 Stunden im Schüttelapparat geschüttelt, 3 Tage bei Zimmertemperatur extrahiert und pro Kubikzentimeter mit 2 mg Cholesterin versetzt.

Die Austitrierung erfolgte nach der üblichen Methode, wobei an Hand von einigen positiven Lues- und einigen Normalseren die Dosis ermittelt wurde, die mit den Normalseren einwandfrei negative und mit positiven Seren gleichzeitig deutlich positive Ausschläge ergab.

Dabei konnten auch wir die Ansicht von ABADJIEFF und PLAUT vollauf bestätigen, daß es sich bei der Reaktion dieser Antigene mit Seren von Paralytikern, Tabikern oder Luescerebri-Kranken nicht um Gehirnantikörper, sondern um Reaktionskörper gegen ubiquitär vorhandene alkohollösliche Substanzen handelt. Unsere sämtlichen, nach der Titrierung als brauchbar befundenen Extrakte, also ein Paralytikerhirn-, ein normaler Menschenhirn- und ein Rinderhirnextrakt, zeigten mit zahlreichen Seren von Syphilitikern ohne Beteiligung des Zentralnervensystems sowohl bei Flockung wie bei Komplementbindung unterschiedslos und mit genau der gleichen Stärke positiv an wie unsere Luesleber- bzw. Rinderherzextrakte.

Entsprechend verhielten sich diese Extrakte auch bei experimentell syphilitischen wie bei normalen Kaninchen und machten genau wie die übrigen Organextrakte ebenfalls die bekannten Labilitätsschwankungen des Serums

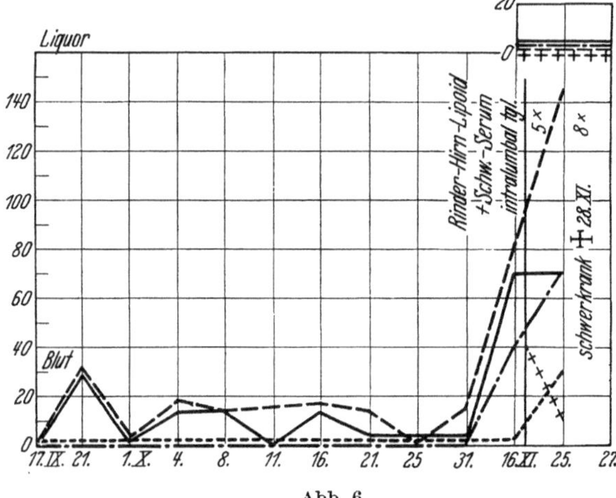

Abb. 6.

dieser Tiere in typischer Weise mit.

Eine Anzahl von Kaninchen wurde nun bis zu zehnmal täglich mit einer Aufschwemmung von Paralytikergehirnlipoid in Schweineserum subdural behandelt.

Die spätere Liquoruntersuchung, die nicht nur mit je einem Menschenhirn- und Rinderhirnextrakt, sondern auch mit je einem Luesleber-, Rinderherz- und Spirochätenextrakt durchgeführt wurde, ergab nur glatt negative Befunde, während das Blutserum gleichzeitig teils negativ reagierte, teils die üblichen uncharakteristischen Schwankungen aufwies.

Die gleichen eindeutig negativen Resultate lieferten die Liquoren von Kaninchen, die bis zu 17mal mit Lipoiden von normalem Menschenhirn bzw. Rinderhirn in Verbindung mit Schweineserum subdural vorbehandelt wurden.

Bei verschiedenen Tieren, z. B. Kaninchen 860 (Abb. 6 auf S. 296), das leider frühzeitig einging und daher nur nach fünf Injektionen untersucht werden konnte, ließ sich recht schön die zwischen Blutserum- und Liquorreaktion bestehende Unabhängigkeit erkennen. Hier zeigte nicht nur die Flockungs-, sondern auch die Komplementbindungsreaktion mit dem Luesleber- und Rinderherzextrakt deutliche, mit dem Spirochätenextrakt sogar ganz starke Labilitätsausschläge, die ohne erkennbare äußere Ursache bereits kurze Zeit vor Beginn der Behandlung plötzlich, aber gleichmäßig eingesetzt hatten. Trotzdem blieben alle Liquorreaktionen — unbeeinflußt davon —, mit sämtlichen Antigenen einwandfrei negativ.

Es geht also aus diesen Versuchen hervor, daß sich durch die subdurale Einführung von Hirnkombinationsgemischen Hirnantikörper im Liquor nicht erzeugen lassen.

Das bereits oben erwähnte, dem Spirochätenextrakt parallel verlaufende Reagieren der gleichen Hirnextrakte mit experimentell subdural erzeugten Liquorspirochätenantiseren beweist ferner, daß hier der negative Ausfall der

Hirnextrakte, der gleichsinnig mit den übrigen Extrakten beobachtet wurde, nicht auf einem Mangel an deren Reaktionsfähigkeit, sondern eben auf dem Fehlen jeglicher Antikörperbildung beruhte. Die Hirnextrakte sprechen also, wie PLAUT mit Recht annimmt, lediglich auf die Reaktionskörper an, die alle für die Wa.R. brauchbaren Organextrakte gemeinsam — mehr oder weniger stark und regelmäßig — anzeigen, daher auch auf die mit Spirochätenaufschwemmung erzeugten, der syphilitischen Liquorveränderung entsprechenden Antikörper im Liquor.

f) Die Wirkung von Bakterienaufschwemmungen.

Somit hatten unsere Versuche einwandfrei ergeben, daß es lediglich mit Spirochätenaufschwemmungen gelingt, im Liquor eine positive Wa.R. zur Entwicklung zu bringen.

Zur engeren Abgrenzung der Rolle, die die Spirochäten dabei spielen, haben wir nun noch ähnliche Immunisierungsversuche mit Bakterien durchgeführt.

KRAH und WITEBSKY (77) haben nämlich vor einiger Zeit über die gelegentliche Beobachtung von Diphtherielipoidantikörpern in Seren von Diphtherierekonvaleszenten berichtet. Sollten sich ähnliche Befunde auch bei der subduralen Einführung der Bacillen feststellen lassen, so müßte natürlich unsere Auffassung bezüglich der streng spezifischen Aufgabe der Spirochäten eine Revision erfahren.

Leider bereitet die subdurale Immunisierung der Kaninchen auch mit abgetöteten Bakterien insofern große Schwierigkeiten, als die Tiere offenbar durch die Wirkung der Bakteriengifte rasch geschädigt werden. Wir haben zwei bakterielle Krankheitserreger, Proteus X 19-Bacillen und Diphtheriebacillen sechs- bis zehnmal eingespritzt. Während nun die Tiere die Injektionen von Spirochäten oder Trypanosomen ausnahmslos gut vertragen hatten, stiegen die Verluste bei der Behandlung mit den Proteus X 19- und mit den Diphtheriebacillen bis zu 30% an.

Die Resultate fielen aber eindeutig aus. Da es sich für uns hierbei vorläufig nur um das Prinzip der Antikörperbildung handelte, haben wir nach Aussetzen der Injektionen bei allen Tieren den Liquor nur einmal zu einem Zeitpunkt untersucht, zu dem wir Antikörper zu finden glaubten, und deren Anwachsen bzw. Verschwinden nicht weiter genau verfolgt. Diese Beobachtungen sollten späteren Untersuchungen vorbehalten bleiben.

Zur Sicherstellung der Befunde haben wir aber jedesmal nicht nur Serum und Liquor gleichzeitig geprüft, sondern mit ihnen außerdem zwei verschiedene Reaktionen angesetzt, die Komplementbindung und die Agglutination.

Dabei bereitete anfangs die Agglutination mit den Diphtheriebacillen einige Schwierigkeiten, da eine einwandfreie Emulsionierung der Bacillen auf dem gewöhnlichen Wege nicht gelingen wollte. Erst nachdem wir entsprechend dem Vorgehen von VAN RIEMSDIJK (78) die Verreibung einer 24stündigen Kultur $2^1/_2$ Stunden im Wasserbad bei 50° stehen ließen und dann die über dem Bodensatz stehende trübe Flüssigkeit als Antigen verwendeten, kamen wir zum Ziel.

Für die Komplementbindung bereiteten wir uns alkoholische (aus abgeschwemmtem und getrocknetem Material) und wäßrige (Aq. dest.) Bakterien-

Tabelle 2. Komplementbildung.

	Kaninchen 361 (behandelt mit Dibacillen-Lipoid + Schw. S.)								Kaninchen 380 (behandelt mit Dibacillen-Aufschw.)								Kaninchen 371 (behandelt mit X 19-Bacillen-Aufschw.)							
	Serum		Liquor						Serum		Liquor						Serum		Liquor					
	1/5	1/10	konz.	1/2	1/5	1/10	1/20	1/50	1/5	1/10	konz.	1/2	1/5	1/10	1/20	1/50	1/5	1/10	konz.	1/2	1/5	1/10	1/20	1/50
L. L. E.	3	—	—	—	—	—	—	—	4	±	—	—	—	—	—	—	3	±	—	—	—	—	—	—
O. H. E.	2	—	—	—	—	—	—	—	2	—	—	—	—	—	—	—	±	—	—	—	—	—	—	—
Spir. E.	—	—	—	—	—	—	—	—	2	—	—	—	—	—	—	—	3	1	—	—	—	—	—	—
Trypan. E.	—	—	—	—	—	—	—	—	—	—	—	—	—	—	—	—	—	—	—	—	—	—	—	—
Di-Bac. E.	—	—	—	—	—	—	—	—	—	—	4	4/3	—	—	—	—	±	—	±	—	—	—	—	—
X 19-Bac. E.	—	—	—	—	—	—	—	—	—	—	±	—	—	—	—	—	±	±	4	3	—	—	—	—
Kontr.	—	—	—	—	—	—	—	—	—	—	—	—	—	—	—	—	—	—	—	—	—	—	—	—
Siliquid-R.	·	·	—	·	·	·	·	·	·	·	—	·	·	·	·	·	·	·	—	·	·	·	·	·
Agglutination.																								
Di-Bac.	—	—	—	—	—	—	—	—	—	—	4	4	3	3	—	—	—	—	—	—	—	—	—	—
X 19-Bac.	±	—	—	—	—	—	—	—	—	—	—	—	—	—	—	—	—	—	4	4	4	4	3	—

extrakte. Aber nur die wäßrigen Antigene, die bis zum Gehalt von 0,5% mit Phenol versetzt wurden, lieferten einwandfreie Resultate.

Was zunächst die Diphtherieversuche anlangt, so haben wir eine Reihe von Kaninchen intracisternal mit Diphtherieaufschwemmungen in Kochsalzlösung, eine weitere Reihe mit der Kombination Diphtheriebacillen-Lipoid + Schweineserum vorbehandelt. Von diesen blieben fünf bzw. drei Tiere am Leben.

Die Ergebnisse waren innerhalb jeder Serie annähernd gleichmäßig, so daß wir in Tabelle 2 nur die Resultate bei je einem Tier als Beispiel für die anderen wiedergegeben haben (S. 298).

Während die Kombinationsimmunisierung mit Diphtheriebacillenlipoid + Schweineserum auch nach zehn Injektionen — analog den erwähnten Befunden mit Spirochätenlipoid + Schweineserum — bei allen Tieren im Liquor keine Antikörperbildung, weder gegen den Luesleber- bzw. Rinderherz-, noch gegen den Spirochäten- bzw. Trypanosomenextrakt, noch gegen das Diphtheriebacillenantigen (bzw. den Proteus X 19-Extrakt) auszulösen vermochte, hat die Injektion der ganzen Bacillen in den Subarachnoidalraum im Liquor lediglich zur Bildung von Diphtheriebacillenantikörpern, aber nicht von Wassermann-Antikörpern geführt.

Diese spezifischen Antikörper mußten wiederum autochthon entstanden sein und waren nicht aus dem Blut übergetreten, da dieses zur gleichen Zeit nur mit den Wassermann-Antigenen die üblichenLabilitätsreaktionen zeigte, mit dem Diphtheriebacillenextrakt aber glatt negativ reagierte.

In entsprechender Weise verliefen die Agglutinationsversuche, die im Blut keinen Titer ergaben und im Liquor bis zur Verdünnung 1:10 positiv ausfielen.

Mit der intracisternalen Injektion vom Proteus X 19-Bacillen erhielten wir an fünf Tieren gleichsinnige Resultate. Auch hier ließen sich zwar nicht im Blut, dafür aber im Liquor bis zur Verdünnung 1:20 spezifische komplementbindende und agglutinierende Substanzen zur Darstellung bringen.

Somit haben auch diese Versuche wiederum die Möglichkeit einer einwandfreien spezifischen Antikörperbildung in Subarachnoidalraum, außerdem aber noch den Nachweis erbracht, daß die Wa.R. erzeugende Funktion der Spirochäten auf deren strikten Spezifität beruht. Im Zusammenhang damit ist durch sie erneut die alte Anschauung von v. Wassermanns (79) bestätigt worden, daß bei der Wa.R., abgesehen von unspezifischen Lipoiden noch spezifische Substanzen der Spirochaeta pallida eine Rolle spielen.

C. Schlußbemerkungen.

Wenn auch die subdurale Methodik gewisse technische Schwierigkeiten bietet, so bildet sie doch — wenigstens beim Kaninchen, das uns unter den Kleintieren als bester Antikörperbildner allein zur Verfügung steht — den einzigen einwandfreien Weg zur experimentellen Analyse des Wesens der komplementbindenden Antikörper.

Allerdings stehen wir erst im Anfang der experimentellen Liquorforschung.

Soviel läßt sich aber jetzt schon sagen, daß die Cerebrospinalflüssigkeit keineswegs nur ein totes Füllmaterial darstellt.

Vielmehr besteht nach den Forschungsergebnissen der letzten Zeit die Gewißheit, daß sie neben ihrer schon lange bekannten druckregelnden und die Ernährung des Nervengewebes unterstützenden Funktion vor allem — genau wie das Blut — die interessante und wichtige Fähigkeit besitzt, im Subduralraum gebildete biologische Schutzstoffe aufzunehmen und spezifische Reaktionen, insbesondere gegenüber den Krankheitserregern, auszulösen.

D. Zusammenfassung.

1. Für die experimentelle Erforschung des Wesens der komplementbindenden Antikörper ist die intravenöse Vorbehandlung von Kaninchen und die Untersuchung ihres Blutes wegen der allzu großen und unberechenbaren Labilität ihres Serums nicht geeignet.

2. Vielmehr empfiehlt sich für die Bearbeitung derartiger Fragen der subdurale Weg, nachdem durch Versuche zahlreicher Autoren das einwandfreie Reaktionsvermögen des normalen Kaninchenliquors und die Befähigung des Subarachnoidalraums zur selbständigen Bildung von Antikörpern bewiesen wurde.

3. Die subdurale Immunisierung führt nur dann zu eindeutigen Ergebnissen, wenn durch Trennung des Ortes der Einspritzung und der Liquorentnahme eine Reizung der Meningen und dadurch ein Übertritt der Antigene in das Blut vermieden wird.

4. Die subdurale Einführung von Autolipoid- bzw. Heterolipoid-Schweineserumkombinationsgemischen bewirkt in keinem Falle das Auftreten komplementbindender Antikörper im Liquor.

5. Dagegen gelingt es mit Regelmäßigkeit, im Liquor durch subdurale Injektionen reiner Pallidaspirochäten eine Veränderung zu erzeugen, die von der syphilitischen nicht zu unterscheiden ist.

6. Die einwandfreie autochthone Entstehung dieser Antikörper wird durch Vergleich mit der zu derselben Zeit negativen Reaktion des Blutserums derselben Tiere sichergestellt.

7. Aufschwemmungen von Trypanosomen wiederum bzw. von Bakterien (Diphtherie- und X 19-Bacillen) vermochten zwar nach subduraler Einverleibung spezifische trypanocide bzw. komplementbindende und agglutinierende Substanzen zur Entwicklung zu bringen, aber keine für Syphilis charakteristische Umstimmung des Liquors herbeizuführen, wodurch die spezifische Funktion der Spirochäten bei der Erzeugung der Wa.R. im Liquor (und dementsprechend natürlich auch im Blut) bewiesen wird.

8. Die subdurale Kombinationsimmunisierung mit Lipoiden von Spirochäten oder Diphtheriebacillen in Verbindung mit Schweineserum, ferner Versuche über die Auslösung von sog. Hirnantikörpern nach dem gleichen Prinzip sind stets negativ ausgefallen.

9. Auch aus unseren Versuchen geht von neuem die große Bedeutung des Subduralraumes als Quelle von biologischen Schutz- und Abwehrstoffen hervor.

Literatur.

1. Bieling, R. u. R. Weichbrodt: Untersuchungen über die Austauschbeziehungen zwischen Blut und Liquor cerebrospinalis. Arch. f. Psychiatr. **65**, 552 (1922).
2. Ransom, F.: Die Injektion von Tetanustoxin bzw. Antitoxin in den subarachnoidalen Raum. Hoppe-Seylers Z. **31**, 282 (1900/01).
3. Weil, E. u. V. Kafka: Über die Durchgängigkeit der Meningen besonders bei der progressiven Paralyse. Wien. klin. Wschr. **1911**, 335.
4. Amoss, L. and F. Eberson: The passage of meningococcic agglutinins from the blood to the spinal fluid of the monkey. J. of exper. Med. **29**, 597 (1919).
5. Lapin, J. et G. Senevet: La réaction de Weil-Felix dans le typhus exanthématique. Faible pouvoir agglutinant du liquide céphalorachidien. Bull. Soc. Path. exot. Paris **12**, 592 (1919).
6. Fränkel, Eugen: Zur pathologischen Anatomie des Fleckfiebers. Münch. med. Wschr. **1921**, 969.
7. Neufeld, L.: Liquor cerebrospinalis und Antikörper. Krkh.forsch. **2**, 63 (1925).
8. Mutermilch, S.: L'immunisation active de la cavité méningée. C. r. Soc. Biol. Paris **95**, 945 (1926). — Immunité antimicrobienne de la cavité méningée. C. r. Soc. Biol. Paris **96**, 397 (1927).
9. Neufeld, L. u. D. Szyle: Liquor cerebrospinalis, Antikörper und Wa.R. Z. exper. Med. **60**, 355 (1928).
10. Cuccia: Riv. Path. sper. **1926 I**, 276. Zit. nach H. Sachs u. A. Klopstock. Dtsch. med. Wschr. **1927**, 394.
11. Blumenthal, G.: Zur Serodiagnostik der Tuberkulose. I. Methodik der Komplementbindungsreaktion. Dtsch. med. Wschr. **1924**, 673.
12. Salin, H. et J. Reilly: Origine et passage des anticorps dans le liquide céphalorachidien (première note). C. r. Soc. Biol. Paris **75 II**, 635 (1913).
13. Blumenthal, G.: Echinokokkenkrankheit. Handbuch der pathogenen Mikroorganismen, 3. Aufl., Bd. 6, S. 1225. 1929.
14. Illert, G.: Experimenteller Beitrag zur Frage der Antikörperbildung im Kaninchenliquor nach suboccipitaler Einverleibung von Antigenen. Z. Hyg. **108**, 90 (1928).
15. Schamburow, D. A.: Zur Frage der Antikörperbildung im Subarachnoidalraum (experimentelle Untersuchung). Z. Hyg. **111**, 278 (1929).
16. Flaum, A.: A study of antibodies in their relation to globulins in the cerebrospinal fluid. Acta path. scand. (København) **5**, 16 (1928).

17. WEICHBRODT, R.: Recurrensinfektionen bei Psychosen und experimentelle Untersuchungen über Recurrensspirochäten. Dtsch. med. Wschr. **1920**, 678. — Studien bei der Recurrensinfektion zwecks Beeinflussung von Psychosen. Z. Immun.forsch. **33**, 267 (1922).
18. KUDICKE, R., A. FELDT u. W. A. COLLIER: Untersuchungen über die Spirochäten aus Blut und Liquor von Recurrenskranken und über die Heilungsvorgänge beim Recurrens. Z. Hyg. **102**, 135 (1924).
19. PLAUT, F.: Das Nervensystem als Bildungsstätte für Antikörper bei Recurrens. Wien. klin. Wschr. **1928**, 1005.
20. BERCZELLER, A.: De l'immunisation locale du lapin contre la méningite cérébrospinale à staphylocoques au moyen de l'antivirus spécifique. C. r. Soc. Biol. Paris **98 I**, 1401 (1928).
21. BESREDKA, A.: Die lokale Immunisierung. Spezifische Verbände. Übertragung ins Deutsche von G. BLUMENTHAL. Leipzig: Johann Ambrosius Barth 1926.
22. ROUX, E. et A. BORREL: Tétanos cérébral et immunité contre le tétanos. Ann. Inst. Pasteur **12**, 225 (1898).
23. STARKENSTEIN, E. u. R. ZITTERBART: Experimentelle und klinische Untersuchungen über das Verhalten gleichzeitig anwesender Antigene und Antikörper. (Zur Bewertung der GRUBER-WIDALschen Reaktion bei Fleckfieber.) Wien. klin. Wschr. **1918**, 1317.
24. SINGER, E. u. FR. TH. MÜNZER: Experimentelle Beiträge zur Frage der sog. „meningealen Permeabilität". Z. Immun.forsch. **47**, 532 (1926).
25. PLANNER, v. u. POTPESCHNIG: Experimentelle Untersuchungen über die Haftung des Diphtheriegiftes. Wien. med. Wschr. **1905**, Nr 10.
26. NIKITIN, N. u. A. PONOMAREW: Über die passive und aktive Immunisierung des zentralen Nervensystems gegen Diphtherieintoxikation. Z. exper. Med. **70**, 551 (1930).
27. PONOMAREFF, A. et A. TCHECHKOFF: Les conditions de l'action du sérum antirabique dans l'organisme. C. r. Soc. Biol. Paris **97**, 376 (1927).
28. MUTERMILCH, S. et E. SALAMON: Formation locale des antitoxines dans le liquide céphalorachidien. C. r. Acad. Sci. Paris **188**, 205 (1929).
29. FRIEDEMANN, U. u. A. ELKELES: Über cerebrale Immunisierung gegen Diphtherietoxin. Klin. Wschr. **1930**, 1907.
30. GRABOW, C. u. F. PLAUT: Experimentelle Untersuchungen zur Frage der Antikörperbildung im Liquorraum. Z. Immun.forsch. **54**, 335 (1927/28).
31. LANDSTEINER, K. and S. SIMMS: Production of heterogenetic antibodies with mixtures of the binding part of the antigen and protein. J. of exper. Med. **38**, 127 (1923).
32. SACHS, H., J. KLOPSTOCK u. A. J. WEIL: Die Entstehung der syphilitischen Blutveränderung. Dtsch. med. Wschr. **1925**, 589. — Die Reaktionsfähigkeit des Organismus gegenüber Lipoiden. Dtsch. med. Wschr. **1925**, 1017.
33. KLOPSTOCK, F.: Die Entstehung der syphilitischen Blutveränderung und ihr Nachweis mittels alkoholischen Spirochätenextrakts. Dtsch. med. Wschr. **1926**, 226. — Die Entstehung der syphilitischen Blutveränderung und die Eigenschaften eines Spirochätenimmunserums. Dtsch. med. Wschr. **1926**, 1460.
34. HOELTZER, R. R. u. W. J. POPOFF: Versuche über Herstellung des syphilitischen Antigens aus Pallidakulturen. Z. Immunforsch. **59**, 501 (1928).
35. KLOPSTOCK, F.: Lipoidantikörper. 4. Über Entstehung und Nachweis der syphilitischen Blutveränderung. Zbl. Bakter. I Orig. **119**, 78 (1930).
36. LANDSTEINER, K. and J. VAN DER SCHEER: Experiments with trypanosomes in relation to the WASSERMANN reaction. Proc. Soc. exper. Biol. a. Med. **23**, 641 (1926).
37. MICHAELIS, L.: Die WASSERMANNsche Syphilisreaktion. Berl. klin. Wschr. **1907**, 1103.
38. LANDSTEINER, K. u. R. MÜLLER: Bemerkungen zu der Mitteilung: „Über die Beeinflussung von Antistoffen durch alkoholische Organextrakte." Wien. klin. Wschr. **1908**, 230.
39. FLEISCHMANN: Zur Theorie und Praxis der Serumdiagnose der Syphilis. Berl. klin. Wschr. **1908**, 490.
40. CITRON, J. u. F. MUNK: Das Wesen der Wa.R. Dtsch. med. Wschr. **1910**, 1560.
41. LEDERMANN, R. u. E. HERZFELD: Über Veränderungen im Antikörpergehalt der Kaninchensera. Z. klin. Med. **78**, 147 (1913).
42. BLUM, K.: Über die Wa.R. im Serum normaler und syphilitischer Kaninchen. Z. Immun.forsch. **40**, 195 (1924).

43. Schwartz u. Flemming: Beitrag zu den Untersuchungen über das Verhalten des Ehrlich-Hata-Präparates im Kaninchenkörper. Münch. med. Wschr. **1910**, 2140.
44. Lüdke: Weitere Beiträge zur Hämolyse. II. Zbl. Bakter. I Orig. **40**, 576 (1906).
45. Nakamura, M.: Über serochemische Untersuchungen an Hungertieren. Jb. Kinderheilk. **108**; III. F. **58**, 195 (1925).
46. Bieling, R.: Die Bildung antiinfektiöser Immunkörper bei hungernden Kaninchen. Z. Hyg. **106**, 188 (1926).
47. Racchiusa, S.: Contributo allo studio delle alimentazioni incomplete. W. Ricerche analitische riguardanti il residuo secco e varie frazioni azotate del sangue di colombi alimentati con riso brillato e di colombi digiuni. Ann. Clin. med. e Med. sper. **11**, 271 (1921).
48. Labbé, M.: L'acidose du jeûne. J. Méd. Paris **1922**, 667.
49. Marino, S.: Contributo allo Studio degli amino-acidi del sangue. Nota II. Gli amino-acidi del sangue nel digiuno prolungato. Arch. Farmacol. sper. **36**, 56 (1923).
50. Henning, Lydia: Gelingt es bei Meerschweinchen mit Gemischen aus alkoholischen Extrakten arteigener Organe und Schweineserum positive Seroreaktionen, sowie anaphylaktische Lipoid-Antikörper zu erzeugen? Z. Immun.forsch. **55**, 19 (1928).
51. Heronimus, E. u. W. Awrech: Die Wa.R. bei Immunisierung mit eigenen Lipoiden. Z. Immun.forsch. **53**, 541 (1927).
52. Martin, H.: Experimentelle Untersuchungen am Menschen über das Zustandekommen der syphilitischen Serumveränderungen. Dermat. Z. **46**, 176 (1926).
53. Frei, W. u. S. Grünmandel: Gelingt es, beim Menschen mit Gemischen aus alkoholischem Placentaextrakt und Serum eine positive Wa.R. zu erzeugen? Z. Immun.forsch. **51**, 517 (1927).
54. Förtig, H.: Experimentelle Beiträge zur Frage der Erzeugung der syphilitischen Blutveränderung am Menschen und Kaninchen. Z. Immun.forsch. **52**, 328 (1927).
55. Hecht, H. u. J. Schubert: Über das Zustandekommen der syphilitischen Blutveränderungen. Dtsch. med. Wschr. **1925**, 2151.
56. Kroó, H. u. F. O. Schulze: Untersuchungen über die Immunitätsvorgänge bei Syphilis. III. Stammspezifische Komplementbindung und Schutzkörper. Klin. Wschr. **1929**, 1203.
57. Plaut, F.: Serologie der Lipoide in ihrer Beziehung zur Syphilis und Metasyphilis. Z. Neur. **123**, 365 (1930).
58. Saito, T.: Über die Verwertbarkeit der Kahnschen Reaktion für die Serumdiagnostik der experimentellen Kaninchensyphilis. Z. Hyg. **110**, 603 (1929).
59. Takenomata, N.: Über die Erzeugung heterogenetischer Antisera durch Vorbehandlung mit alkoholischem Pferdenierenextrakt und Schweineserum und über einige Eigenschaften der derart erhaltenen Immunsera. Z. Immun.forsch. **41**, 190 (1924).
60. Kroó, H., F. O. Schulze u. J. Zander: Untersuchungen über die Immunitätsvorgänge bei Syphilis. II. Die syphilitische Blutveränderung. Klin. Wschr. **1929**, 783.
61. Plaut, F. u. P. Mulzer: Über Liquorbefunde bei normalen und syphilitischen Kaninchen (1. Mitt.). Über Liquorbefunde bei normalen und syphilitischen Kaninchen (2. Mitt.). Münch. med. Wschr. **1921**, 833, 1211.
62. Plaut, F.: Mikromethoden für die Untersuchung von Liquor cerebrospinalis und des Kammerwassers. Z. Neur. **65**, 69 (1921). — Liquorentnahme und Liquoruntersuchung bei syphilitischen Kaninchen. 13. Kongr. dtsch. dermat. Ges. München 1924. Arch. f. Dermat. **145** (1924).
63. Utenkow, M. D.: Eine neue intracerebrale Methode der Impfung des Tollwutvirus. Zbl. Bakter. I Orig. **91**, 490 (1924).
64. Blumenthal, G. u. T. Shirakawa: Über den Wert der Wa.R. und der kolloidalen Reaktionen für die Liquordiagnostik. Med. Klin. **1924**, 1738.
65. Blumenthal, G.: Die experimentelle Erzeugung syphilitischer Liquorveränderungen. Z. Hyg. **110**, 93 (1929).
66. Blumenthal, G. u. M. Zühdi: Weitere experimentelle Untersuchungen über das Wesen der Wa.R. Zbl. Bakter. I Orig. **121**, 85 (1931).
67. Kroó, H., F. O. Schulze u. N. v. Jancsó: Untersuchungen über die Immunitätsvorgänge bei Syphilis. 4. Mitt. Experimentell erzeugte Wa.R. Klin. Wschr. **1930**, 1108.
68. Weil, E. u. H. Braun: Über Antikörperbefunde bei Lues, Tabes und Paralyse. Berl. klin. Wschr. **1907**, 1570.

69. WITEBSKY, E. u. J. STEINFELD: Untersuchungen über spezifische Antigenfunktionen von Organen. 1. Mitt. Z. Immun.forsch. **58**, 271 (1928).
70. BRANDT, R., H. GUTH u. R. MÜLLER: Zur Frage der Organspezifität von Liquorantikörpern. Klin. Wschr. **1926**, 655. — Zur Frage der Lipoid-Autoantikörperbildung als Ursache der positiven Wa.R. Klin. Wschr. **1926**, 2311.
71. WEIL, A. J.: Experimentelle Grundlagen der Antikörperbildung gegen arteigene Lipoide. Z. Immun.forsch. **46**, 81 (1926).
72. GEORGI, F. u. OE. FISCHER: Gehirnantikörper bei Syphilis. 1. Mitt. Nachweis einer Hirnbeteiligung durch Serumreaktion bei Syphilis aller Stadien. Klin. Wschr. **1927**, 948. 2. Mitt. Flockungsversuche mit Gehirnextrakten. Klin. Wschr. **1927**, 2031. 3. Mitt. Absorptionsversuche. Klin. Wschr. **1927**, 2278. 4. Mitt. Tierversuche. Klin. Wschr. **1927**, 2328. 5. Mitt. Bedeutung für die Klinik. Klin. Wschr. **1927**, 2423. — Zur Frage des Gehirnantikörpernachweises bei der menschlichen Syphilis. Klin. Wschr. **1931**, 207.
73. HEIMANN, F. u. J. STEINFELD: Über das Verhalten der Hirnlipoide und ihrer Antisera. Z. Immun.forsch. **58**, 181 (1928).
74. STEINFELD, J.: Aussprache 38. Kongr. inn. Med. Wiesbaden 1926. — Nachweis spezifischer Antikörper bei Metalues, eine Grundlage für neue Wege in der Spätsyphilistherapie (endolumbale Lipoidbehandlung). (1. Mitt.) Klin. Wschr. **1930**, 1253.
75. ABADJIEFF, B.: Über antigene Eigenschaften von Gehirnlipoiden. Z. Immun.forsch. **54**, 507 (1928).
76. PLAUT, F. u. H. KASSOWITZ: Über die Entstehung von Gehirnantikörpern bei der Immunisierung normaler und syphilitischer Kaninchen mittels Hirnsuspensionen. Z. Immun.forsch. **63**, 428 (1929).
77. KRAH, E. u. E. WITEBSKY: Studien über Diphtheriebacillen-Antikörper. Z. Immun.-forsch. **66**, 59 (1930).
78. RIEMSDIJK, M. VAN: Über die bakteriologische Diphtheriediagnose und die große Rolle, welche Bacillus Hofmanni dabei spielt. Zbl. Bakter. I Orig. **75**, 229 (1915).
79. WASSERMANN, A. V.: Diskussionsbem. Berlin. mikrobiol. Ges., Sitzg 5. Nov. 1923. Zbl. Bakter. I Ref. **76**, 94 (1924).

V. Les Aspects physico-chimiques de l'Immunité.

Par

P. LECOMTE DU NOÜY.
Chef de Service à l'Institut Pasteur, Paris.

Avec 13 figures.

Matières.

Introduction.

L'Immunité, phénomène fondamental auquel est dû en partie la persistance de l'espèce humaine sur la terre, peut être considérée comme l'un des mécanismes les plus universellement répandus dans le domaine biologique en général.

Pour cette raison, il semble logique de penser que l'immunité n'est peut-être que l'expression biologique d'un principe encore beaucoup plus général, tel que le principe de la réaction opposée spontanément à toute action tendant à détruire un équilibre, émis sous une forme un peu différente par LE CHÂTELIER. Il est bien évident qu'il ne s'agit que d'équilibre dynamique, puisque les êtres vivants évoluent forcément dans le temps. Ce principe n'est pas, à l'heure actuelle admis par toute le monde, et certains auteurs ont objecté que le mot «équilibre», en lui-même, suppose la coexistence de l'action et de la réaction. Mais nous allons montrer tout à l'heure dans quel sens nous entendons ce principe, dont la validité absolue ne peut faire l'objet d'une discussion ici. Notre but est en effet, non pas d'affirmer son universalité ni sa vérification dans le cas de l'immunité, mais simplement d'essayer de faire rentrer l'immunité en bloc dans le cadre des sciences exactes, dans ce domaine auquel elle appartient déjà par des quantités de mécanismes de détail. En d'autres termes, pour prendre une comparaison empruntée à la thermodynamique, nous savons qu'un système tend toujours vers l'état d'équilibre correspondant au minimum d'énergie libre compatible avec l'énergie totale du système; de même, une loi générale, peut-être même un principe, emprunté aux sciences physiques ou chimiques, gouverne probablement l'immunité tout entière. Et la connaissance de ce principe, si l'on pouvait être certain de son existence, rendrait de grands services dans l'étude de l'immunité car il serait comme un étalon absolu auquel on pourrait toujours se rapporter, comme un cadre dans lequel toutes les hypothèses devraient trouver place.

C'est pourquoi nous avons mentionné le «principe de LE CHATELIER» ou principe de réaction. En effet, il est bien certain aujourd'hui, que l'immunité, naturelle ou acquise, est due à une réaction de défense de l'organisme luttant contre un élément destructeur, la toxine, un ennemi qui s'oppose à l'évolution normale dans le temps. Dès 1894, le Dr. ROUX se fit le champion de cette thèse, contre la théorie adverse qui postulait la simple neutralisation de la toxine par l'anti-toxine préexistante. Les cellules entrent en effet en jeu dans tous les mécanismes de défense, et il n'existe pas de proportionnalité entre la dose de toxine injectée, par exemple, et la quantité d'antitoxine produite. Vingt unités de toxine ne déterminent pas deux fois plus d'antitoxine que dix unités. Bien plus, dix injections successives de cinq unités ne produiront pas du tout le même effet que cinq injections de dix unités. De même qu'un membre souvent employé se développe, et qu'un membre inutilisé s'atrophie, de même que l'adaptation morphologique est une loi assez générale, de même, à une toute autre échelle, l'adaptation chimique, spécifique, beaucoup plus rapide celle-là, tend à mettre l'organisme en état de résistance, c'est à dire à lui permettre de persister, normalement en apparence, dans des conditions différentes. Nous pensons que c'est ainsi qu'il faut concevoir l'immunité. Cette façon de voir est confirmée par un certain nombre d'expériences intéressantes qui ont démontré que, même *in vitro,* la neutralisation de la toxine par l'antitoxine, n'était pas due à une destruction véritable de la toxine, mais à la formations de complexes inactifs. Par exemple, le floculat résultant de la neutralisation du venin de serpent par l'anti-serum est inoffensif (CALMETTE). Mais son inocuité n'est pas la conséquence d'une démolition chimique de molécules toxiques due à une combinaison réelle entre poison et contrepoison, car si on le chauffe dans certaines conditions, l'antitoxine est détruite et le floculat redevient dangereux. Les groupes actifs ont donc simplement été masqués par des groupes plus thermolabiles.

Ici, une objection s'élève tout naturellement: ce qui précède peut se soutenir dans le cas de l'immunité, mais il semble bien que ce soit exactement le contraire qui se passe dans l'anaphylaxie, phénomène diamétralement opposé dans ses conséquences, sinon dans toutes ses manifestations. Or, il existe un parallélisme certain entre les deux phénomènes: les réactions de précipitation, de floculation etc., qui décèlent in vitro, l'existence de l'immunité, fonctionnent de façon identique dans la sensibilisation. Sauf en ce qui concerne le résultat physiologique final, immunisation et sensibilisation semblent évoluer identiquement. Ceci est démontré, non seulement par les réactions antigène-sérum spécifique, mais encore par un phénomène purement physique et non spécifique, la tension superficielle (LECOMTE DU NOÜY). Il existe entre les substances à proprement parler immunisantes, et les substances sensibilisantes, une différence importante: les premières sont spécifiquement toxiques, les secondes ne le sont pas. Une seule dose de toxine peut empoisonner l'organisme immédiatement, tandis qu'une seule dose de substance sensibilisante ne détermine pas d'accidents. Les toxines, quelles qu'elles soient, sont spécifiquement dangereuses pour l'organisme, même en quantités extrêmement faibles. Les protéines, en général, injectées ou absorbées pour la première fois, même en quantités importantes, ne le sont pas. Il ne faut donc pas s'étonner si les réactions *in vivo* sont différentes. Mais nous savons d'autre part que, si l'on utilise des doses très faibles de substances sensibilisantes, c'est à dire si l'on se rapproche des quantités antigéniques des toxines, on arrive, dans un grand nombre de cas, à immuniser exactement ou, ce qui revient au même, à désensibiliser, comme dans le cas des toxines. Il est bien évident que la contre-expérience est impossible, c'est à dire qu'on ne peut employer des doses massives de toxine pour voir s'il ne se produirait pas de sensibilisation, car l'animal succomberait aussitôt. Mais cette observation permet de jeter un pont entre l'anaphylaxie et l'immunité qui ne sont que deux manifestations différentes d'un même phénomène et dont les divergences ne sont dues qu'aux différences, spécifiques et massiques, entre les antigènes.

Loin de nous cependant l'intention de confondre ces vues de l'esprit avec des faits démontrés. Jusqu'à présent, dans cette science qu'on nomme l'Immunologie, il existe un nombre énorme de faits, et un nombre déjà assez considérable de théories. Les faits demeurent, et les théories passent. L'inconcevable complexité chimique du sérum sanguin et des microbes sont la meilleure excuse de la lenteur du progrès, dont la direction avait été prévue autrefois par Bordet. Au lieu d'avancer comme dans la majorité des sciences, en progressant du simple au complexe, nous ne pouvons ici simplifier sans détruire. Le pouvoir antigénique que apparait comme une des conséquences biologiques de la complexité — à peu près complétement mystérieuse — de la molécule de protéine. Nous verrons plus tard que la spécificité, au contraire, est une propriété dépendant de groupes chimiques simples, et partant, beaucoup moins labiles, de la molécule.

Aspects chimiques de la Spécificité.

En d'autres termes, c'est le pouvoir antigénique qui constitue le problème le plus difficile à résoudre. C'est lui qui caractérise la vie, tandis que la spécificité ne joue qu'un rôle d'orientation, et ne fait intervenir que des réactions relativement très simples au point de vue chimique. On conçoit aisément que le nombre des immunités possibles soit immense. En effet, une molécule de protéine antigénique comporte un nombre considérable d'atomes, probablement supérieur à 2.000. (Osborne donne pour l'ovalbumine 2.224 atomes, correspondant à un poids moléculaire de 15.703. Or les diverses déterminations expérimentales, Sörensen, Cohn, Lecomte du Noüy, s'accordent sur une valeur proche de 33.000 en moyenne, ce qui correspondrait à plus de 4.000 atomes.) Or, si la proprieté antigénique est fonction de certaines configurations particulières des atomes, dans l'espace, le nombre des arrangements possibles correspondant à un pouvoir antigénique déterminé est limité. Le nombre des permutations possibles de 4.000 objets un à un s'exprime par le symbole mathématique: 4.000! (factorielle 4.000) et représente un nombre tellement énorme qu'il est inconcevable. Pour en donner une idée, rappelons seulement que 13 objets peuvent être arrangés de 6 198 912 000 de façons différentes et 20 objets, de plus de deux milliards de milliards de façons. Or, il est bien évident qu'il n'y a pas 4 000! espèces d'immunité, car dans le nombre des permutations, il en est une quantité immense qui ne correspondent plus du tout à une protéine, et seraient incompatibles avec le pouvoir antigénique. Il y a donc, dans chaque molécule albuminoïde, un certain nombre d'atomes et de groupes d'atomes qui jouissent d'une certaine liberté d'arrangement, et dont dépend la spécificité. Il suffit qu'il y en eut un assez petit nombre dans ce cas pour que les possibilités soient considérables: Les chiffres que nous venons de citer permettent de s'en rendre compte. Or, si chaque permutation n'est pas forcément l'origine d'une immunité particulière, il faut reconnaitre, ainsi que nous le verrons bientôt, qu'il suffit de bien petites différences dans la structure stéréochimique d'un antigéne — une simple rotation de 180⁰ de deux atomes par exemple, donc une véritable permutation — pour changer complètement la nature de l'immunité qu'il confère.

Les lignes qui précèdent suffisent à montrer que la conception actuelle du mécanisme de l'immunité doit être essentiellement structurale, stéréochimique. La conception purement physico-chimique, brillamment soutenue autrefois par BORDET, à qui l'Immunologie doit tant d'admirables et fondamentales découvertes, semble difficilement défendable. D'autres savants ont aussi voulu voir dans les réactions d'immunité des phénomènes d'adsorption. Il est infiniment probable en effet, que l'adsorption joue souvent un rôle, mais ils ont été forcés de faire appel à la notion d'«adsorption spécifique». Or, que peut être un pouvoir adsorbant «spécifique» sinon une conséquence de modifications structurales, c'est à dire chimiques, des groupes externes des molécules ? Ce n'est qu'une divergence apparente et pour ainsi dire académique, non un désaccord fondamental.

La plus frappante illustration de la nature chimique des phénomènes de l'immunité se trouve dans les remarquables travaux de OBERMAYER, de PICK et de LANDSTEINER surtout. On se souvient en effet que c'est à LANDSTEINER que l'on doit la notion d'*haptène*. Il a montré de façon magistrale et lumineuse le rôle directeur de certains groupements chimiques dans la détermination de la spécificité, et séparé cette faculté dirigeante de la faculté antigénique proprement dite. C'est lui qui a donc prouvé de façon indiscutable le caractère chimique de la spécificité, conditionnée par de très faibles différences dans des groupes relativement simples et petits par rapport aux grosses molécules si complexes d'albuminoïdes, responsables de l'action antigénique: l'acide tartrique gauche, par exemple, combiné à une protéine quelconque, détermine la production d'anticorps différents de ceux que produit l'acide tartique droit.

Travaux de LANDSTEINER, de AVERY etc. (pneumocoque).

Ses travaux ont eu un grand retentissement, et sont à la base des recherches de AVERY et HEIDELBERGER et de leurs collaborateurs, DUBOS, GOEBEL etc., qui ont récemment étudié le pneumocoque, dont, on le sait maintenant, la substance toxique est localisée dans la capsule.

C'est à MICHAEL HEIDELBERGER, un brillant chimiste et l'un des premiers collaborateurs d'OSWALD AVERY, que l'on doit la découverte que ces substances solubles, auxquelles la spécificité de type est due, appartenaient à la famille des hydrates de carbone, c'est à dire des sucres. Quel que soit le type du pneumocoque dont on les extrait, elles possèdent toujours en commun les propriétés chimiques des sucres complexes, les Polysaccharides. Mais, chose remarquable, le polysaccharide dérivé de chaque type spécifique de pneumocoque est chimiquement différent, chacun possédant des propriétés particulières qui permettent de le distinguer nettement des autres. De plus, des solutions de ces sucres, chimiquement purifiés, manifestent, au point de vue immunologique, la même spécificité que les microbes dont ils sont issus, et, pour donner une idée de leur étonnante activité, il suffira de mentionner le fait qu'au moyen du sérum correspondant, on peut déceler leur présence à une concentration de un cinq-millionnième, soit 0,000 000 2 grammes par centimètre-cube de solution[1].

Au point de vue du médecin, mais plutôt du sérologiste, de l'immunologiste, cette découverte était de première importance, à deux points de vue: d'abord, parce qu'on avait cru, jusque là, que les réactions d'immunité étaient uniquement dues aux protéines, substances extrêmement compliquées et dont la chimie est très mal connue; et, deuxièmement, parce que, en démontrant que les sucres capsulaires étaient aussi distincts chimiquement qu'ils étaient sérologiquement spécifiques pour chaque type de pneumocoque, Avery et Heidelberger apportèrent une nouvelle preuve frappante de la relation étroite existant entre la constitution chimique et la spécificité des microbes.

Ainsi, la spécificité des divers types de pneumocoques dépend de la nature chimique du sucre qui forme la capsule. Que se passerait-il si l'on pouvait débarasser le microbe de cette coque? Mourrait-il? Conserverait-il sa virulence? De quelle nature serait sa spécificité et quels accidents occasionnerait-il chez l'animal? Tous ces problèmes furent résolus de la façon la plus complète par Avery, avec la collaboration de René Dubos. Mais il a fallu pour cela plusieurs années, car on ne trouvait pas de ferment, de diastase, capable, d'attaquer, de dissoudre, de digérer, en un mot, ces sucres. Dubos finit, enfin, par isoler un microbe du sol qui secretait une diastase digérant la capsule du pneumocoque type III, sans tuer la cellule. On obtint alors des cultures de pneumocoques ayant totalement perdu la spécificité du type, dépourvus de virulence et incapables d'envahir l'animal auquel on les injectait. Cependant, ces microbes n'avaient pas perdu la faculté de se recouvrir d'une nouvelle capsule qui leur rendait leur virulence spécifique: mais on réussit à faire acquérir à ces cellules la proprieté de s'entourer d'un sucre caractéristique *de type différent* et de se transformer en un pneumocoque type I ou II. Un microbe dégénéré peut donc produire n'importe quel saccharide spécifique, suivant les conditions dans lesquelles il se trouve.

L'idée vint alors aux auteurs d'injecter dans le corps d'animaux d'expérience — des souris — des doses de cette diastase, afin de se rendre compte si, in vivo, elle digérerait la capsule des pneumocoques virulents, et rendrait ceux-ci inoffensifs: ils constatèrent que tout se passait suivant leurs prévisions, et qu'ils parvenaient à protéger spécifiquement les souris contre le type III, et uniquement contre celui-là.

Les auteurs étudièrent ensuite les propriétés chimico-immunologiques des polysaccharides capsulaires: ces sucres ne sont pas toxiques et ne semblent pas pouvoir être rendus responsables des accidents qui accompagnent l'infection pneumococcique. Mais certains faits indiquent qu'ils peuvent s'opposer indi-

---

[1] Signalons en passant que Heidelberger et Avery ont effectué le même travail, avec le même succès, sur les types A et C du bacille de Friedländer. Il n'est pas sans intérêt de signaler qu'il faut 75 litres de bouillon de culture de huit jours, autolysé, pour fournir environ I gramme de polysaccharide.

rectement aux mécanismes normaux de la lutte contre la maladie. En effet, en raison de l'avidité avec laquelle ils se combinent avec les anticorps, ils ont tendance à neutraliser les substances résultant des processus d'immunisation et empêchent ainsi ces agents protecteurs d'atteindre les foyers d'infection. De plus, les pneumocoques encapsulés dans leur coque de sucre résistent à la phagocytose, tandis que les microbes nus, dépourvus de capsule, sont énergiquement absorbés et détruits par les phagocytes; nous avons vu que les pneumocoques artificiellement privés de leur capsule perdaient leur virulence et ne pullulaient pas comme les autres: cela était dû en partie à la vigoureuse offensive des phagocytes, qui dévoraient leurs ennemis privés de leur cuirasse protectrice.

Mais les polysaccharides capsulaires des pneumocoques, purifiés chimiquement, ont perdu la proprieté d'induire la formation d'anticorps dans les animaux à qui on les injecte. En d'autres termes, ils cessent de fonctionner comme antigènes véritables, tout en conservant la faculté de se combiner avec les anticorps spécifiques résultant de l'injection du microbe entier. Ce sont des haptènes.

Puisque ces sucres, ces hydrates de carbone, sont antigéniques quand ils sont accompagnés de la cellule microbienne, AVERY en vint à la conclusion qu'ils ne doivent pas, dans ce cas, exister en tant que polysaccharides libres, mais sous quelque autre forme, par exemple, combinés chimiquement avec une protéine ou une autre substance qui leur donne le pouvoir antigénique, dont ils sont eux-mêmes dépourvus.

Afin de savoir quelle serait la conséquence de l'introduction d'un radical «hydrate de carbone» dans la molécule de protéine, au point de vue de l'orientation de la spécificité du composé nouveau ainsi formé, AVERY et GOEBEL choisirent deux sucres simples (monosaccharides): le glucose et le galactose. Ces deux corps ont la même composition, la même formule chimique, et ne se distinguent l'un de l'autre que par leur configuration dans l'espace, les groupes H et OH fixés à l'un des atomes de carbone occupant une place différente dans chaque cas. Partant de ces deux sucres, GOEBEL réussit à synthétiser les «para-amino-phénol glucosides» correspondants. Puis, chacun des ces dérivés du sucre fut combiné à une protéine (globuline du sérum ou albumine d'oeuf), de façon à obtenir des composés définis: «sucre-azo-protéines», que l'on peut appeler, pour simplifier: galacto-globuline, galacto-albumine, gluco-globuline et gluco-albumine.

Des lapins furent immunisés au moyen de ces corps et les anti-sérums (contenant les anticorps) furent soumis à des réactions immunologiques semblables à celles dont nous avons parlé plus haut. On observa que la spécificité de chacun des composés ainsi fabriqués était *uniquement déterminée par le radical sucre,* et tout à fait indépendante de la nature de la protéine à laquelle il était combiné. Ce fait était capital: l'introduction d'un simple sucre dans la protéine confère au complexe entier une spécificité nouvelle et celle-ci est déterminée par la structure chimique de l'hydrate de carbone. Les sucres dont il s'agit ne diffèrent que par les relations spatiales des groupes OH et H fixés sur le quatrième atome de carbone: une simple rotation de 180 degrés autour de cet atome suffit à changer complétement la spécificité sérologique de deux substances, par ailleurs identiques. Les différences marquées entre les accidents pathologiques peuvent donc être dues au simple déplacement d'un groupe chimique dans une molécule.

Ainsi, AVERY et GOEBEL étaient en mesure d'attaquer le problème final, gros de signification et de conséquences, la synthèse d'un antigène bactérien artificiel, obtenu en combinant le polysaccharide du pneumocoque avec une protéine étrangère. Dans ce but, ils choisirent le sucre du type III, qui, totalement dépourvu d'azote, peut être considéré comme une entité chimique définie et n'a jamais, à lui seul, entraîné aucune réponse immunologique de la part d'un animal injecté. Non seulement il est inactif à l'état pur, mais le microbe dont on l'a isolé ne posséde pas, dans la majorité des cas, le pouvoir de faire apparaître des anticorps dans le lapin.

Au point de vue chimique, l'énorme difficulté consistait à préparer par synthèse les corps dérivé du polysaccharide capable de s'accoupler à une protéine sans que les groupes chimiques dont dépend la spécificité soient neutralisés ou masqués. Goebel, jeune et brillant élève de Heidelberger, réussit ce tour de force. Il obtint l'«amino-benzyle-ether» du sucre type III, qu'il combina avec une protéine animale étrangère: la globuline du sérum de cheval. Cet antigène soluble ne possède en commun avec le pneumocoque type III que le polysaccharide capsulaire, et cependant les lapins auxquels il fut injecté réagirent en fabriquant dans leur sérum des anticorps spécifiques *antipneumococciques*. Le sérum de ces animaux, non seulement précipite l'antigène synthétique, mais il agglutine spécifiquement les cultures de pneumocoque du type III vivantes, et protège les souris contre l'infection déchaînée par des microbes virulents de ce type.

Intérêt des méthodes physico-chimiques et Interprétation des résultats.

Nous avons estimé nécessaire de nous étendre assez longuement sur ces travaux afin de montrer, d'une part, que la nature chimique des phénomènes d'immunité était bien établie expérimentalement, et d'autre part, qu'on peut s'attendre au point de vue pratique à des développements nouveaux et très importants de cette conception. Elle permet de prévoir que dans un avenir prochain, quand la chimie des protéines aura progressé, l'immunologie rentrera dans le domaine des sciences quantitatives classiques, la chimie et la physique. Certes, les très grosses molécules seront toujours douées de propriétés spéciales dues à leurs dimensions. Mais elles n'échappent pas pour cela aux lois générales et particulières de la chimie, et nous ne devons nous estimer satisfaits que lorsque l'explication que nous donnons du mécanisme d'un phénomène biologique en général est basée sur une possibilité chimique et physique.

Mais si tous les phénomènes immunologiques sont fondamentalement de nature chimique, on peut nous demander ce que signifie le titre même de cet article, quel rôle jouent les proprietés physiques des molécules et pourquoi nous sommes obligés d'y recourir.

Nous y sommes forcés pour la raison bien simple que la chimie des protéines est très mal connue et que nous ignorons totalement quels peuvent être les caractères chimiques qui déterminent le pouvoir antigénique. Car, jusqu'ici, seule la nature chimique de la spécificité est établie sur des preuves expérimentales. Le pouvoir antigénique lui-même, complément indispensable, nécessaire à la production d'anticorps, reste entouré de mystère. Ce pouvoir semble bien caractériser les grosses molécules albuminoïdes, et c'est pour cela que, jusqu'ici les progrès dans cette voie ont été lents. Or, certaines méthodes physiques sont d'une sensibilité telle qu'elles permettent de mettre en évidence des modifications qui échappent à toutes les méthodes chimiques et ne se manifestent que par des phénomènes immunologiques. De plus, les méthodes physiques ne détruisent pas les molécules albuminoïdes et respectent leur structure.

Par conséquent, *si nous ne considérons les méthodes physicochimiques et physiques que comme des outils plus délicats, il ne faut pas admettre, a priori, un succès obtenu au moyen d'une de ces méthodes comme l'indication que les phénomènes eux-mêmes sont de nature physique ou physico-chimique,* mais simplement comme une preuve de notre impuissance momentanée à déceler certaines variations structurales, chimiques. En d'autres termes, cela nous permet seulement de constater une fois de plus notre ignorance.

Nous ne devons pas non plus nous illusionner sur la nature des renseignements ainsi obtenus. Ils sont toujours très superficiels. Leur importance provient, dans l'état actuel de nos connaissances, du fait qu'ils tendent à jeter un pont entre des phénomènes biologiques fondamentaux et les sciences quantitatives. Il est évident d'autre part, que les lignes qui précèdent n'ont qu'un intérêt actuel qui correspond à la nécessité où nous sommes d'établir des classifications arbitraires dans les sciences par suite de notre ignorance. Dans la nature, il n'y a pas de semblables cloisons étanches: toutes les sciences se pénêtrent mutuellement et c'est l'infirmité de l'homme qui l'a contraint d'établir des barrières imaginaires correspondant en général à des échelles différentes de phénomènes. Mais provisoirement, nous sommes forcés de suivre le principe de la méthode cartésienne, et de «diviser nos difficultés en autant de parties que cela est requis pour les mieux résoudre». Nous avons créé *des* sciences par ce que nous n'étions pas capables de construire *La* Science.

Les résultats expérimentaux que nous allons exposer, et qui ont été obtenus dans nos laboratoires, soit à l'Institut ROCKEFELLER, soit à l'Institut PASTEUR, sont de deux sortes. Les premiers ont eu pour conséquence de mettre en évidence, in vitro, les modifications apportées aux molécules complexes de sérum par l'immunisation et la sensibilisation; les seconds permettent de se faire une idée un peu plus claire des mécanismes encore si mystérieux connus en immunologie sous le nom de: destruction du complément et destruction de la sensibilisatrice.

C'est volontairement que nous employons le terme «destruction». En effet, les phénomènes observés ne nous permettent pas encore d'atteindre la nature même de l'alexine, ni de la sensibilisatrice, ou, plus exactement, la nature des équilibres et des dispositions atomiques qui se manifestent biologiquement par ces propriétés. Nous ne pouvons, momentanément, connaitre ces phénomènes que dynamiquement; nous entendons par cette expression que, leur nature absolue nous échappant, nous sommes réduits à étudier leurs variations en fonction d'un paramètre connu et mesurable, tel que temps ou la température.

Nous allons donc commencer par un exposé rapide de la première série de phénomènes qui mettent en évidence les modifications physicochimiques des complexes protéino-lipidiques du sérum.

Pouvoir antigénique (non spécifique). Variations dans la tension superficielle statique des solutions de sérum immunisé.

Nous passerons sous silence les détails de la technique employée car ils sont exposés dans notre livre «Equilibres superficiels des solutions colloïdales» ainsi que dans les mémoires originaux (voir bibliographie), et nous rappellerons seulement que nous employâmes exclusivement le Tensiomètre (DU Noüy) qui permet la mesure aisée de la tension superficielle *statique*. Pour la même raison, nous ne parlerons pas des raisons expérimentales et théoriques qui nous conduisirent à la conclusion que, pour le sérum de lapin dans des conditions bien déterminées, le minimum absolu de tension superficielle statique observé entre les dilutions du 1/10.000 et 1/11.000, devait, selon toute vraisemblance, correspondre à une couche monomoléculaire orientée (Loc. cit. p. 64 à 72 et HERIK).

Puisque le sérum dilué nous montrait une chute de tension plus grande que le sérum pur, et une faible valeur absolue, nous avions tout avantage à étudier les solutions de sérum (dans la solution isotonique), plutôt que le sérum pur. De plus, si notre hypothèse était vraie en ce concerne l'existence d'une couche monomoléculaire orientée de molécules protéiques à la surface de l'eau nous pouvions espérer déceler les changements apportés par l'immunisation dans la structure des molécules protéiques du sérum, en mesurant les variations du champ de force de chaque molécule. Cette mesure n'est évidemment possible que dans le cas où toutes les actions individuelles peuvent s'additionner, de façon à atteindre un ordre de grandeur suffisant.

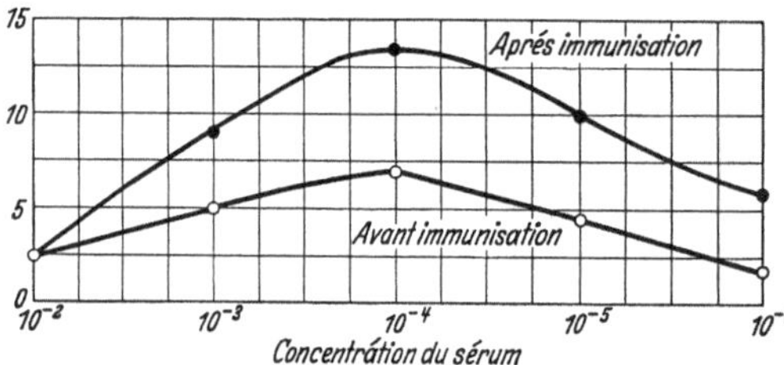

Fig. 1. Cette figure, comme la Fig. 6, représente la chute de la tension (différence entre la tension initiale et la tension statique, prise au bout de 2 heures) en fonction de la dilution en solution physiologique. [Extraite de: LECOMTE DU Noüy, J. of exper. Med. **37**. 659 (1923).]

Or, dans nos verres de montre, nous avons environ 140 mille milliards de molécules (en admettant un instant que le diamètre des molécules constituant le sérum soit le même que celui des molécules d'ovalbumine), disposées par hypothèse verticalement, côte à côte, en une sorte de mosaïque. La moindre variation dans le champ de forces individuel horizontal de chaque molécule sera donc multipliée 140 mille milliards de fois. Cette variation, d'origine chimique, mais que les méthodes de la chimie ne nous permettent pas de déceler, peut être simplement due à un déplacement de groupes chimiques.

A priori, on peut donc être certain que le phénomène, s'il existe, présentera un maximum d'intensité dans une couche molaire, où la sommation des effets est possible, et non pas inhibée par d'autres couches de molécules, dont l'orientation n'est pas certaine.

Une première série d'expériences fut effectuée dans le but de vérifier cette hypothèse, et donna les résultats suivants, exprimés par la fig. 1.

Trente et un lapins, quatre chiens et dix-huit poulets reçurent des injections de sérum de chien (lapins), de blancs d'oeuf et de globules de lapin (chiens et poules). Les témoins reçurent de l'eau physiologique isotonique, des globules homologues et de la térébenthine sous la peau. Tous les animaux injectés montrèrent une augmentation nette de leur chute de tension, et rien de semblable ne se produisit chez les animaux témoins. Nous entendons par «chute de tension» la différence entre la valeur dynamique de la tension superficielle et la valeur statique mesurée au bout de 2 heures.

Ces expériences sont, à notre connaissance, les premières qui aient permis de mettre en évidence, par une méthode directe et purement physique, les modifications physico-chimiques du sérum consécutives à l'injection d'un antigène.

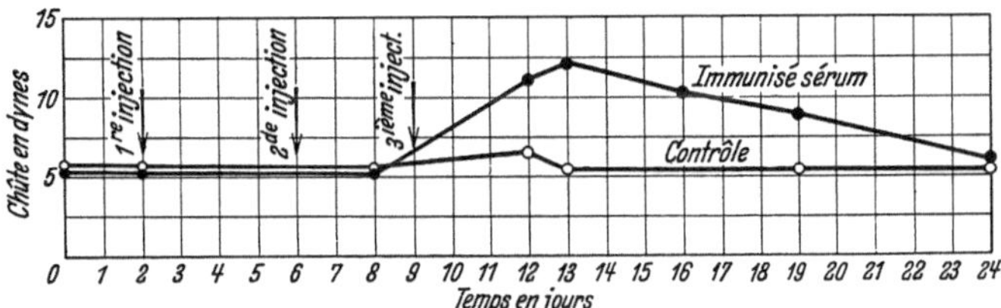

Fig. 2. Chute de tension superficielle du sérum dilué au 1/10.000 immunisé et normal, en fonction du temps. [Extraite de: J. of exper. Med. 37, 659 (1923).]

L'existence d'un phénomène mesurable étant ainsi démontrée, l'étude de son évolution en fonction du temps s'imposait. La fig. 2 donne les résultats d'une série d'expériences. Dans ce dernier cas, la courbe des témoins représente les valeurs moyennes de huit animaux. La fig. 3 exprime d'autres résultats donnés par des témoins (expériences contrôles).

Ces courbes sont tout à fait analogues à celles obtenues en portant en ordonnées la quantité d'anticorps résultant d'expériences similaires et dosée suivant les méthodes ordinaires *in vitro*. Un parallélisme semblait donc exister entre le phénomène de tension superficielle et la formation des anticorps. Il est clair, en effet, que les expériences faites avec

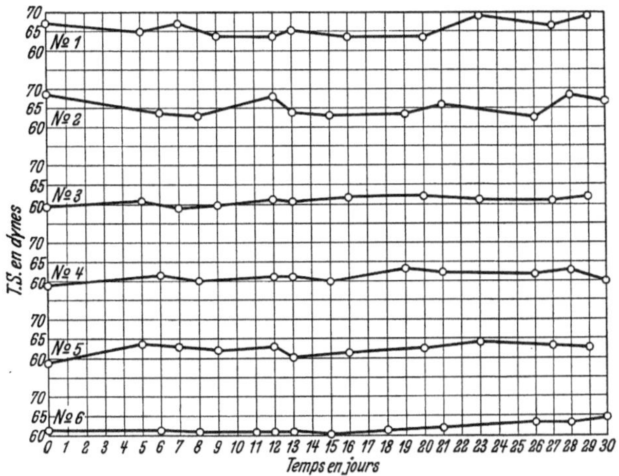

Fig. 3. Cette figure représente les valeurs absolues de la tension superficielle statique en fonction du temps écoulé aprés l'injection (en jours). [Extraite de: LECOMTE DU NOÜY, J. of exper. Med. 41, 779 (1925).]

des substances non antigéniques (RINGER, globules homologues, térébenthine) ne révélaient rien de semblable (fig. 3) l'importance quantitative du phénomène semble confirmer l'hypothèse de l'orientation moléculaire dans les conditions déterminées où nous nous étions placés, (concentration et rapport constant Surface/volume de la solution) puisque les chiffres étaient beaucoup plus faibles avec du sérum pur, et que souvent le phénomène, dans ce dernier cas, n'était pas mesurable.

Ce phénomène moléculaire, dans tous les cas observés jusqu'à présent présente un *maximum d'amplitude* entre le 12ème et le 16ème jour. Ensuite on observe une décroissance progressive, et vers le 25ème jour, le sérum semble être redevenu normal (fig. 2, 4, 5). Nous sommes trop complétement ignorants de la structure des molécules protéiques pour tenter de fournir une explication. Tout ce que nous pouvions faire était de l'étudier dans ses rapports avec ce que l'on appelle les «anticorps», afin d'établir s'il s'agissait là d'une manifestation physico-chimique due à ces substances hypothétiques, ou bien si l'on avait affaire à deux phénomènes distincts, consécutifs à l'injection d'antigène.

Tout d'abord, il était important de vérifier si l'immunisation bactérienne et la vaccine produisait des résultats comparables. Le fait fut démontré exact pour le Colibacille, qui fournit une courbe identique, et pour la vaccine. Les résultats d'une série d'expériences faites avec le vaccin du Dr. Noguchi sont donnés dans les tableaux 1 et 2. L'immunisation des lapins fut contrôlée par

Tableau 1. *Chûte de tension de solutions au I/10.000 de 4 sérums de lapin avant et après vaccination anti-variolique.*

		Normal (dynes)	13 jours après vaccination (dynes)	Augmentation de la chute pour cent.	
n° 1	Valeur initiale	64,0	75,0		
	2 heures après	55,0	57,5		
	Chûte (difference). . . .	9,0	17,5	94	
n° 2	Valeur initiale	63,0	76,0		
	2 heures après	54,5	56,5		
	Chûte	8,5	19,5	130	
n° 7	Valeur initiale	66,0	73,5		Immunisés
	2 heures après	56,0	57,0		
	Chûte	10,0	16,5	65	
n° 8	Valeur initiale	69,5	76,0		
	2 heures après	58,0	58,5		
	Chûte	11,5	17,5	52	

Tableau 2. *Chûte de tension de solutions au 1/10.000 de 6 sérums de lapins avant et après vaccination anti-variolique.*

		Normal (dynes)	13 jours après vaccination (dynes)	Réaction	Augmentation de la chûte pour cent	
n° 9	Valeur initiale . .	70,0	76,0	positive		
	2 heures après . .	58,0	61,0	jusqu' à 1/10		
	Chûte (difference)	12,0	15,0		25	
n° 10	Valeur initiale . .	68,0	75,5	positive		
	2 heures après .	57,0	62,5	jusqu' à 1/10		
	Chûte	11,0	13,0		18	
n° 3	Valeur initiale . .	76,0	77,0	positive		
	2 heures après . .	67,2	65,5	jusqu' à 1/10		
	Chûte	8,8	11,5		31	
n° 4	Valeur initiale . .	73,5	76,5	positive		Immunisés
	2 heures après . .	65,0	59,8	jusqu' à 1/100		
	Chûte	8,5	16,7		97	
n° 5	Valeur initiale . .	75,5	77,0	positive		
	2 heures après . .	65,5	64,0	jusqu' à 1/100		
	Chûte	10,0	13,0		30	
n° 6	Valeur initiale . .	75,5	77,0	positive		
	2 heures après . .	66,5	66,0	jusqu' à 1/10		
	Chûte	9,0	11,0		22	

une revaccination postérieure. On peut constater au treizième jour, une augmentation de la valeur de la chute de tension superficielle, variant entre 18 et 130 pour cent.

Il est à remarquer que ce phénomène est essentiellement *non spécifique*, c'est à dire que le présence d'anticorps dans le sérum, *quels qu'ils soient,* affectent la chute de la tension de la même manière, en l'augmentant toujours.

Au cours des expériences relatées plus haut, qui durèrent environ seize mois, nous éprouvâmes les plus grandes difficultés à trouver des animaux véritablement normaux. Les valeurs de la chûte de tension variaient entre 6 et 18 dynes, sans raison apparente. Or, un animal présentant une chûte de 18 dynes ne manifestera aucun accroissement de la valeur de cette chûte — ou bien un accroissement très faible — s'il est soumis à une injection d'antigène. Il faut donc en conclure — pour le lapin par exemple — qu'un animal même normal et d'apparence saine, n'ayant jamais servi à aucune expérience, et qui présente une chûte de plus de 10 dynes, possède des anticorps dans sa circulation, et est impropre aux expériences. Il nous arriva fréquemment dans un lot de 25 lapins neufs d'en éliminer plus de quinze, qu'on garda à vue. Dans un délai de quelques jours, la plupart de ces animaux manifestaient des symptômes non douteux de la maladie connue sous le nom de «snuffles» ou «maladie de nez» (infection des organes respiratoires propre aux lapins). Certains d'entre eux mouraient: et pourtant au moment de leur livraison, rien ne semblait faire prévoir une semblable épidémie. Ceux qui ne manifestèrent aucun signe de maladie, bien que leur sérum manifestat une chûte de plus de 10 dynes, étaient probablement des animaux en voie de guérison, et, par conséquent, également impropres aux expériences.

Dorénavant, tous les animaux présentant une chûte de plus de 10 dynes furent écartés. Et depuis lors, le phénomène put être observé avec une grande régularité. Cette remarque, qui permet d'effectuer un choix rigoureux dans les animaux, et d'obtenir, pour toutes les expériences d'immunité, des résultats plus constants, indique que sur l'homme par exemple, l'étude de la chûte de tension sera incapable de fournir aucun renseignement, à moins qu'on ne s'adresse aux très jeunes enfants. L'expérience prouva en effet que la chûte normale de l'homme adulte variait entre 15 et 22 dynes. Le sérum de 66 enfants en bas âge (de 6 mois à 8 ans) en traitement au Babies Hospital de New York donna des résultats que l'on peut schématiser de la façon suivante:

Chute en dynes:	16 à 20	14 à 16	12 à 14	10 à 12	7 à 10
Nombre d'enfants	33	16	11	4	2

Tous ces enfants à l'exception de trois avaient reçu une injection d'antitoxine diphtérique. Un de ceux qui manifestèrent une chûte comprise entre 7 et 10 dynes (8, 7 dynes) n'avait pas reçu cette injection et l'autre l'avait reçu trois jours avant la saignée (7 dynes). Le troisième présenta une chûte de 10 dynes 5. Ni l'un ni l'autre n'avait de maladie infectieuse, et l'un d'eux était agé de six mois. Il est difficile de rien conclure, si ce n'est qu'il doit être presqu'impossible de rencontrer chez l'être humain un sérum absolument dépourvu d'une immunité quelconque, naturelle ou acquise, si nous acceptons le critérium de la chûte de tension superficielle du sérum dilué.

Plusieurs problèmes se posaient comme conséquences des expériences précédentes; notre connaissance du phénomène dépendait de leur solution:

1° — L'augmentation de la chûte de la tension superficielle due à l'injection d'antigène correspondait-elle véritablement à une diminution de la *valeur statique absolue* de cette solution ?

2° — Les animaux, sauf dans le cas de la vaccine simplement frottée sur la peau, avaient tous reçu 3 ou 4 injections d'antigène. Que se passerait-il s'ils ne recevaient qu'une seule injection ? Le maximum de chûte se produirait-il au bout du même nombre de jours ou d'un temps plus court et la chûte serait-elle aussi importante ?.

3° — L'amplitude de la chûte serait-elle fonction — dans certaines limites — de la quantité d'antigène injectée ?

4° — L'épaisseur moyenne de la couche molaire adsorbée serait-elle affectée par l'immunisation de façon mesurable, c'est à dire la modification du champ de force individuel de chaque molécule serait-elle accompagnée d'une variation dans les dimensions de la molécule ?

5° — Une nouvelle injection d'antigène, immédiatement après le maximum, produirait-elle une recrudescence du phénomène, ou un plateau dans la courbe ?

6° — Pourrait-on répéter le phénomène en injectant une nouvelle quantité d'antigène vers le trentième jour, au moment où le sérum semble être redevenu semblable à ce qu'il était au début ? En d'autres termes, y a-t-il quelque chose de modifié d'une façon plus ou moins permanente dans le sérum (immunité) quand tout semble être rentré dans l'ordre ?

7° — Le phénomène ne pourrait-il ne pas être dû à la présence d'antigène dans la circulation ?

8° — La proportion des globulines et de l'albumine est-elle changée au $13^{\text{ème}}$ jour ?

9° — De quelle façon ce phénomène est-il lié à ce qu'on nomme les anticorps ? Comment se comportent les anticorps par rapport à lui ?

Nous allons étudier ces problèmes succéssivement. Mais comme un même type d'expériences permettra de répondre à plusieurs questions à la fois, nous allons en décrire une en détail.

Un groupe de douze lapins neufs fut choisi, parmi lesquels six devaient servir de témoins. Ils furent isolés, et étudiés pendant deux mois, afin de s'assurer qu'ils étaient véritablement normaux et comparables. Tous donnèrent une chûte de moins de 10 dynes. La saignée fut répétée trois fois pendant deux mois, avec le même résultat. Les six animaux d'expérience reçurent une injection intraveineuse d'un antigène préparé par le Dr. Landsteiner, et qui fut choisi à cause de la régularité de ses effets et son innocuité relative[1].

Le n° 1 reçut 4 cc. d'antigène, les n° 2 et 3, chacun 5 cc.; les n° 4 et 5 chacun 10 cc. Le n° 12 mourut juste avant le commencement de l'expérience. Les animaux en expérience et les témoins furent naturellement soignés et nourris de façon identique. Ils furent saignés à intervalles réguliers. Les témoins et les animaux expérimentaux furent saignés alternativement, sauf au $12^{\text{ème}}$ et au $13^{\text{ème}}$ jour où l'on pensait observer le maximum du phénomène. On n'executa pas de saignée quotidiennes pour deux raisons principales: d'abord par crainte

---

[1] Cet antigène est préparé de la facon suivante: un rein de cheval est broyé et additionné de solution physiologique dans la proportion de 1:10. On ajoute 0,5% de phénol pour en assurer la conservation. On laisse le mélange reposer et l'on recueille le liquide surnageant.

que les saignées successives n'affectassent les animaux exagérément, et ensuite en raison des difficultés techniques que cela eut entraînées. En effet, on étudiait chaque fois 17 dilutions différentes du sérum ce qui représentait une quantité assez considérable de verrerie propre. Etant donné qu'on effectuait chaque fois deux mesures à 2 heures d'intervalle, cela signifiait 34 mesures pour chaque sérum. Aux 12ème et 13ème jour, où tous les sérums furent étudiés, cela représentait 374 mesures par jour. Ceci est possible pendant deux jours, mais, même avec une bonne organisation, on ne pourrait continuer pendant longtemps. La première série d'expériences que nous rapportons exigea un total de 4420 mesures, ce qui fut rendu possible par l'emploi de trois tensiomètres fonctionnant simultanément, sur des tables spéciales permettant les mesures en série.

Nous avons dit que 17 dilutions de sérum de chaque animal étaient préparées; cela, de façon à nous mettre à même d'observer un déplacement possible du minimum. On pouvait ainsi déceler une différence de 5% dans l'épaisseur de la couche adsorbée. En considérant les conditions des expériences, et les changements dans la concentration des protéines du sérum qui pouvaient se produire, il était imprudent de demander une plus grande précision. L'expérience prouva que la valeur moyenne de la concentration était à peu de chose près la même au début de l'expérience et aux environs du 13ème jour, de même qu'au trentième.

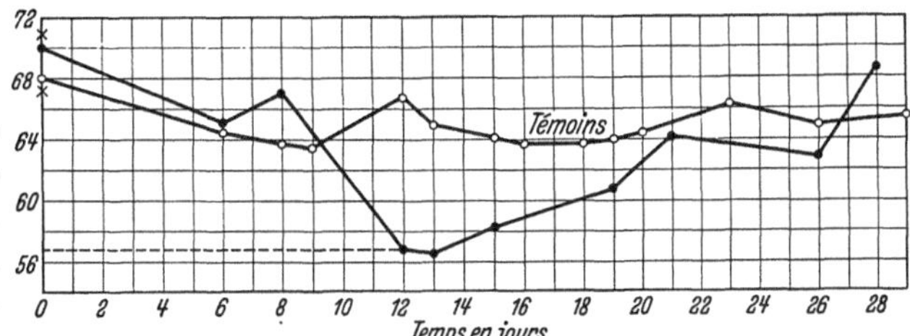

Fig. 4. Evolution de la tension superficielle de solutions au 1/10.000 de sérum de lapin immunisé et normal en fonction du temps en jours. [Extraite de: LECOMTE DU NOÜY: J. of exper. Med. 41, 779 (1925).]

La valeur moyenne de la concentration des sérums témoins fut très légérement plus faible, mais d'une quantité qui est de l'ordre de grandeur des erreurs expérimentales (environ 2%). Il semble donc bien que la longueur de la molécule moyenne des protéines du sérum ne soit pas modifiée par l'immunisation, ou du moins, d'une quantité inférieure à 5% de sa longueur, soit inférieure à 1, 2 × 10^{-8} cm. Ceci est la réponse à la question n° 4. La réponse aux questions n° 1, 2, 3, 5, 6 résulte de l'examen des figures 4 et 5. On y voit, en effet que:

1° — Dans tous les cas il se produit un minimum absolu de la valeur statique de la tension superficielle (question 1).

2° — Que dans le sérum des animaux qui n'ont reçu qu'une injection d'antigène, le minimum se produit à peu près au bout du même nombre de jours, entre le 12ème et le 15ème, comme pour ceux qui avaient subi 4 injections (question 2).

3° — Que dans une certaine mesure la valeur absolue du minimum semble être fonction de la quantité d'antigène injecté: le n° 5 atteint la valeur extrêmement basse de 50 dynes, qui est de 18 dynes inférieure à sa valeur statique normale. Le n° 4 atteint 51 dynes. Tous deux ont reçu 10 cc. d'antigène (question 3).

Le 15ème jour après l'injection d'antigène, les lapins 4 et 5 reçurent une nouvelle dose intraveineuse de 10 cc. du même extrait. Il est facile de se rendre compte que l'allure habituelle de la courbe n'en est nullement affectée: elle remonte rapidement pour rejoindre entre le 21ème et le 27ème jour sa valeur normale. Ceci répond à la question 5 et aussi, dans une certaine mesure, à la question 7; le phénomène est évidemment *indépendant de la présence d'antigène dans la circulation.* Les trois premiers animaux furent réinjectés d'une quantité d'antigène égale à la première, au trentième jour. Leur sérum, étudié 13, 14 et 15 jours plus tard ne présenta aucun minimum. Cette expérience fut répétée sur plusieurs animaux, avec un résultat toujours négatif. (Il arrive parfois que la valeur statique à la fin des 30 premiers jours soit plus haute qu'au début. Mais elle conserve ensuite cette valeur pendant plusieurs mois.) Il y avait donc quelque chose de changé dans le sérum de façon permanente au point de vue physicochimique. D'autre part, la teneur en anticorps, révélée par l'hémolyse in vitro se trouva augmentée. Ceci répond à la 6ème question et indique que le phénomène correspondant au minimum de la tension superficielle n'est pas dû à la présence des anticorps, mais qu'il est simplement coexistant, au début de l'immunisation. Ces deux manifestations de l'immunité diffèrent donc, non seulement par leur durée, mais encore par le fait qu'une injection subséquente détermine une recrudescence d'anticorps, et est incapable de déterminer

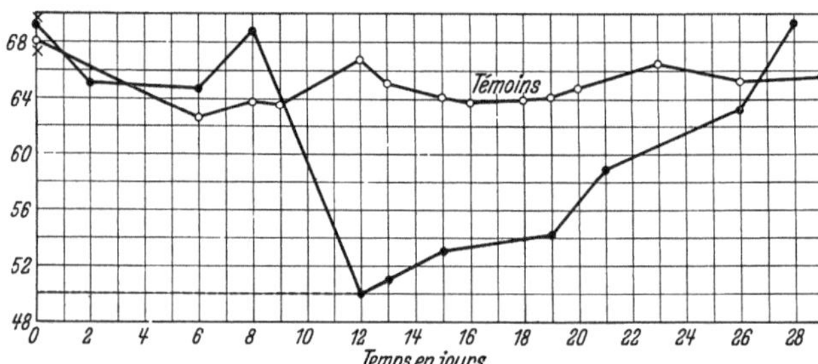

Fig. 5. Evolution de la tension superficielle de solutions au 1/10.000 de sérum immunisé et normal, en fonction du temps en jours. [Lecomte du Noüy: J. of exper. Med. **41**, 779 (1925).]

un nouveau minimum. Tout se passe donc comme si les protéines du sérum avaient acquis un caractère permanent comme l'immunité elle-même. A l'heure actuelle il est impossible de répondre plus définitivement à la 9ème question.

La fig. 3 représente les résultats des mesures effectuées avec le sérum des animaux témoins. Quand à la valeur de la tension dynamique ou initiale des solutions pendant une série d'expériences, elle est sensiblement constante aux environs de 75 dynes. *Le phénomène ne se manifeste que par son action sur la valeur statique des solutions* au bout de deux heures, ce que nous avions prévu a priori.

En ce qui concerne la teneur en globulines et albumines, on peut affirmer que le phénomène en question en est tout à fait indépendant. L. Baker exécuta une série d'analyses qui nous permirent de constater que chez les lapins, en employant comme antigène: le colibacille, les globules de mouton, l'albumine d'oeuf et les extraits d'organes, les rapport $\dfrac{\text{albumine}}{\text{globuline}}$ varie peu, et certainement pas plus dans les animaux immunisés que chez les animaux témoins.

Pour répondre d'une façon encore plus complète à la 7ème question (action de l'antigène sur le sérum) on mélangea une dose d'antigène correspondant à la quantité injectée, avec le sérum normal de 7 lapins; et le tout fut incubé pendant 13 jours à 37°. La chûte de tension des sérums fut mesurée avant l'addition d'antigène, et au bout des 13 jours. Aucune augmentation ne fut observée dans la valeur moyenne de la chûte, qui oscilla autour de 10 dynes.

Il faut donc en conclure que, de même que pour l'immunisation, la présence des cellules vivantes est nécessaire pour la production du phénomène de diminution de la tension superficielle. L'antigène est incapable, par son action

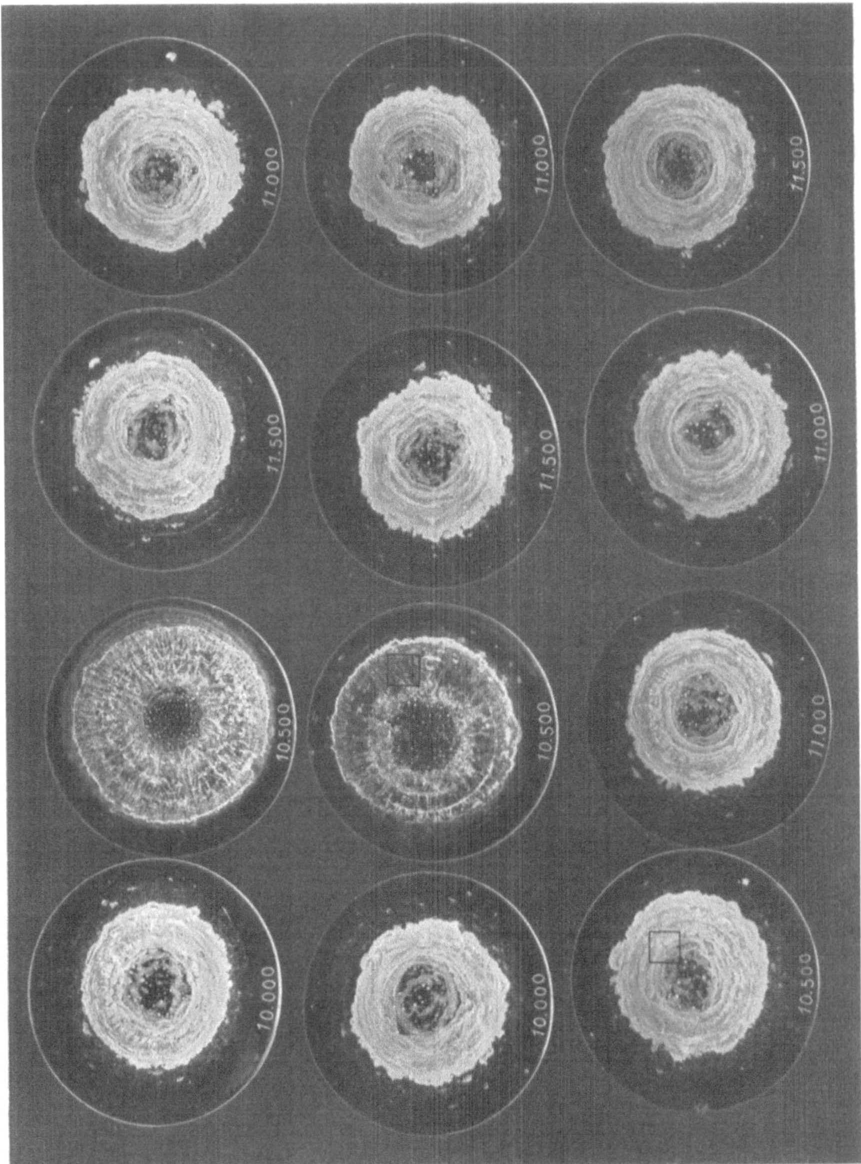

Fig. 6. Aspect des cristaux de NaCl abandonnés par évaporation dans des verres de montre. Concentration de NaCl = 0,9 pour cent. Concentration de sérum = de 1/10.000 à 1/11.500. Les deux colonnes de gauche correspondent à des sérums immunisés. La colonne de droite à un sérum témoin, non immunisé.

directe sur les molécules du sérum, de déterminer un changement dans la valeur de leur champ de forces.

Dans certains cas, la profonde perturbation subie par les molécules aux environs de $13^{\text{ème}}$ jour, époque du maximum, se manifeste d'une façon très frappante par son action sur les molécules salines de la solution. L'aspect des cristaux est complétement différent suivant qu'il s'agit de sérum normal ou immuniseé, *mais à une seule concentration* (pour le lapin entre 1/10.000 et 1/11.000), celle qui correspond à la tension superficielle minima (fig. 6, 7 et 8).

L'èxistence d'une telle modification dans les molécules semblait devoir se manifester par d'autres phénomènes physiques, une variation dans l'indice

Fig. 7. Aspect d'une plage de cristaux de NaCl (encadrée de noir sur la fig. 6, deuxième colonne), conc. du serum: 1/10.500 Sérum Immunisé (Lapin) on constate l'aspect très diffèrent de celui de la fig. 8. Grossissement: 10. Lum. polarisée. Filtre bleu.

de réfraction par exemple. Des mesures en série montrèrent cependant qu'il n'en est pas ainsi, ou que tout au moins les variation, si elles existent, affectent seulement la cinquième décimale. Le réfractomètre employé était le modèle d'Abbe, construit par Hilger. Nous nous proposons de reprendre ces mesures en employant un instrument plus sensible.

Nous avons montré l'injection d'une substance antigénique déterminait, *in vivo*, certaines modifications dans les complexes protéino-lipidiques de sérum, que nous avons parfois, pour simplifier appelé «molécules de sérum». Ces modifications, importantes si l'on en juge par le changement qu'elles apportent dans la valeur de la tension superficielle de solutions diluées de sérum, correspondent à des altérations structurales dont nous n'avons encore aucune idée. Nous avons constaté également que ces modifications sont momentanées, passent par un maximum environ le 13ème jour, et tendent à disparaître vers le 30ème. Nous ne sommes pas davantage capables de dire si, au bout de ces 30 jours, les groupes surface-actifs de la molécule sont revenus à leur état primitif, ou bien si l'altération persiste et si ses effets sur la tension superficielle sont progressivement masqués par d'autres modification surajoutées. Il est probable

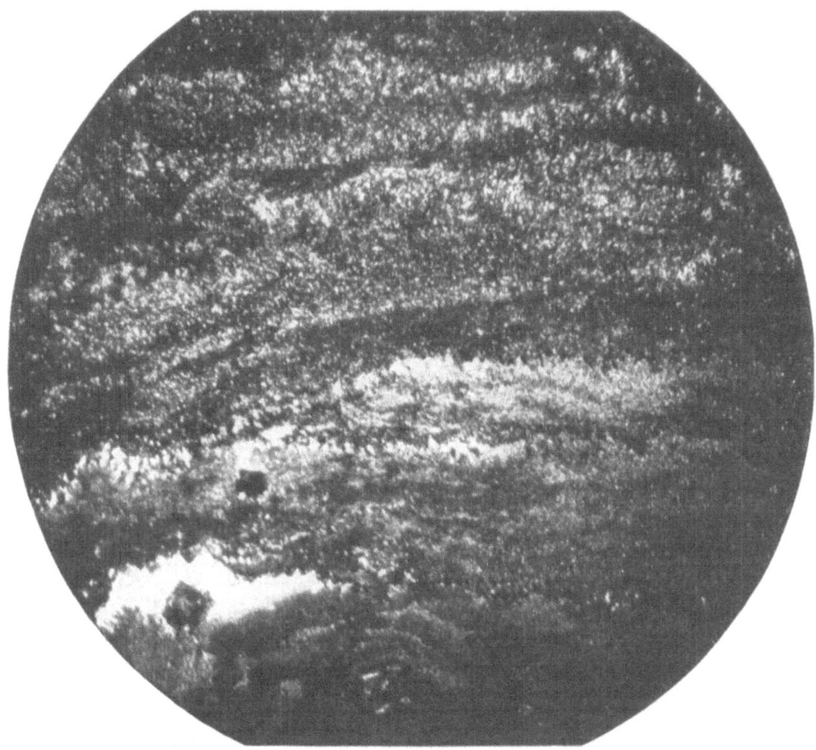

Fig. 8. Aspect d'une plage de cristaux de la figure 6 au microscope, × 10 en lumière polarisée. Concentration: 1/10.500. (Troisième colonne) Sérum non immunisé; rangée inférieure. (Lapin témoin.)

qu'il en est ainsi, puisque les autres réactions spécifiques, précipitation, hémolyse, floculation, ne sont pas supprimées. Nous savons que l'Immunité persiste. Mais le phénomène humoral qui est le témoin, sinon l'outil, de l'Immunité cellulaire, évolue en trente jours vis-à-vis de la tension superficielle, c'est à dire vis-à-vis de la réaction *non-spécifique*.

Autres travaux.

Zunz et la Barre ont observé que la tension superficielle du plasma de cobaye sensibilisé, récoltée dans la carotide à la fin de la troisième semaine après l'injection sensibilisante, n'était pas modifiée. Les expériences citées plus haut permettent de se rendre compte qu'il devait bien en être ainsi pour plusieurs raisons, la plus importante étant que le phénomène était déjà depuis environ huit jours en décroissance (voir fig. 2 et 4). De plus, ainsi que du Noüy l'a montré, il est nécessaire de mesurer la valeur statique et d'employer du sérum dilué.

Au contraire, S. G. Ramsdell, qui se plaça dans les mêmes conditions que du Noüy, confirma toutes les observations de ce dernier, sur le cobaye.

Tension superficielle et Anaphylaxie.

Une certaine phrase de Doerr qui date de 1923 conserve toujours son actualité; il dit notamment que ,,die wir so gut wie nichts oder doch wenig wissen, was über den Rahmen der Spekulation und der von vielen Autoren gebrauchten, oder richtiger mißbrauchten, kolloidchemischen Phraseologie hinausgeht''. Il en sera malheureusement ainsi tant que la chimie des protéines n'aura pas fait de grands progrès.

On connait les travaux de A. Lumière, pour qui le shock anaphylactique est dû à l'apparition d'un floculat très léger. Cet auteur pense qu'il n'y a pas de relation entre la tension superficielle et l'anaphylaxie. Friedberger et Putter partagent cet avis. Mais un expérimentateur de grande valeur, Ed. Zunz est d'un avis différent et a démontré, seul et avec son collaborateur La Barre que le shock anaphylactique était suivi d'un abaissement faible de la tension dynamique. Il est à remarquer néanmoins que la méthode qu'il employait au début était sujette à caution, puisqu'il obtenait pour la plasma des valeurs supérieures à celles de l'eau.

Les travaux de Zunz ne cadrent pas toujours avec les observations de Ramsdell (loc. cit.). Mais cela est dû uniquement à des questions techniques. Nous avons montré dans plusieurs mémoires de quelles précautions il faut s'entourer pour obtenir toujours des résultats concordants (voir L. du Noüy, Equilibres superficiels des solutions colloïdales).

Homès, a également observé un abaissement de la tension statique. De même, Benhamon et Béguet dans la Malaria et le shock hypoglycémique (sérum humain).

Il semble donc qu'on puisse admettre qu'il se produit une baisse de tension après le shock anaphylactique dans le sérum. D'autre part, l'interprétation de ce phénomème est difficile car, ainsi que Ramsdell l'a montré dans le cas de sérum de cheval injecté au cobaye, suivant la dose, suivant les temps écoulé entre la réinjection du sérum et la prise de sang, suivant le temps qui s'écoule entre l'injection du sérum et le commencement du shock, on n'observe parfois aucune action sur la tension superficielle, ou même une augmentation. Ces observations permettent d'expliquer les divergences observées par les auteurs.

D'ailleurs du Noüy a montré que le sérum, comme toutes les solutions de grosses molécules, ou les solutions colloïdales en général (colloïdes métalliques par exemple) étaient «tamponnés» au point de vue tension superficielle («phénomène de du Noüy»). En d'autres termes, ces solutions s'opposent à toute action tendant à faire baisser la tension. Le mécanisme de ce phénomène est très simple, car il s'agit d'une adsorption des molécules surface-actives sur les plus grosses. Le phénomène évolue en fonction du temps, ainsi qu'on peut s'en rendre compte par la figure ci-dessous (fig. 9). On comprend donc que suivant la méthode employée, si celle-ci ne tient pas compte du phénomène de chûte en fonction du temps, et suivant le moment ou le sang a été recueilli, on puisse obtenir expérimentalement des résultats très discordants. Il est donc essentiel, dans l'avenir, chaque fois qu'une mesure de tension superficielle doit être faite, de tenir compte:

1° — De la chûte de tension en fonction du temps.

2° — du phénomène antagoniste.

Il serait également souhaitable de n'employer qu'une méthode statique car seuls les chiffres fournis pas ces méthodes sont comparables et significatifs, les méthodes dynamiques et semi-dynamiques (gouttes pendantes) n'étant nullement applicables aux solutions colloïdales, ni au sérum, pour des raisons que nous avons exposées il y a longtemps. Enfin, il est indispensable d'effectuer les mesures sur des sérums récoltés régulièrement, ainsi que le prouvent les figures 2, 4 et 5; par exemple, tous les deux jours après l'injection. Zunz et La Barre ont également signalé une corrélation intéressante

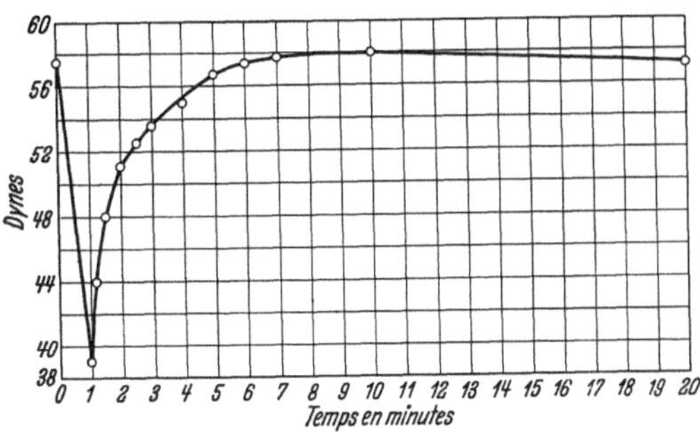

Fig. 9. Phénomène antagoniste. [Lecomte du Noüy: J. of exper. Med. **36**, 115 (1922).]

entre le shock anaphylactique et le p_H du sérum. Ils ont observé une diminution progressive de la valeur du p_H, en fonction de la quantité de sérum de cheval injecté (entre 0,01 et 0,25 cc.) dans la jugulaire. La valeur du p_H, normalement égale à 7,34 en moyenne descendant à 6,90; les symptômes de shock sont, d'après ces auteurs, d'autant plus graves que le p_H et la tension superficielle sont bas.

Tableau 3.

Quantité de sérum de cheval injecté dans la veine jugulaire	Symptomes	p_H	Tension super-ficielle
0,0		7,31—7,36	75,4—75,7
0,01		7,34—7,35	75,1—75,5
0,05	legers	7,26—732	71,8—72,7
0,05	,,	7,90—7,16	71,0—71,4
0,1	,,	7,22—7,30	71,3—72,5
0,1	sérieux	7,04—7,20	69,4—72,0
0,2	,,	7,06—7,18	69,6—71,8
0,2	violents	7,02—7,12	69,3—71,4
0,25	très violents	6,90—7,04	68,7—70,4

Immunité et Viscosité (réaction spécifique).

Si la tension superficielle ne permet pas de mettre en évidence une réaction spécifique, la mesure de la viscosité s'y prête.

Lorsqu'on mesure au moyen d'un viscosimètre à lecture continue (du Noüy) la viscosité d'un sérum immunisé, à température constante, en fonction du temps, et qu'on ajoute la valeur d'une goutte d'antigène spécifique pour 1 cc. de sérum, on observe une augmentation immédiate de la viscosité qui dans

21*

certains cas peut atteindre 300 pour cent et même davantage en 10 minutes (fig. 10). Par exemple, la viscosité spécifique (par rapport à l'eau) étant 1,7, elle monte à 4 en 10 minutes, puis redescend aussitôt, à la même vitesse, de sorte qu'au bout de 14 minutes elle est retombée à 2,6. La chute continue ensuite plus lentement, avec d'importantes fluctuations et au bout d'une heure, on atteint une valeur qui n'est plus très éloignée de la valeur initiale: 1,8 à 2. Quand on répète l'expérience en ajoutant une goutte d'un antigène quelconque, non spécifique, on n'observe rien de semblable, mais tout simplement une petite diminution, ou une petite variation de l'ordre de 10 à 30 pour cent due à la viscosité propre de l'antigène, ou à la modification momentanée de la température.

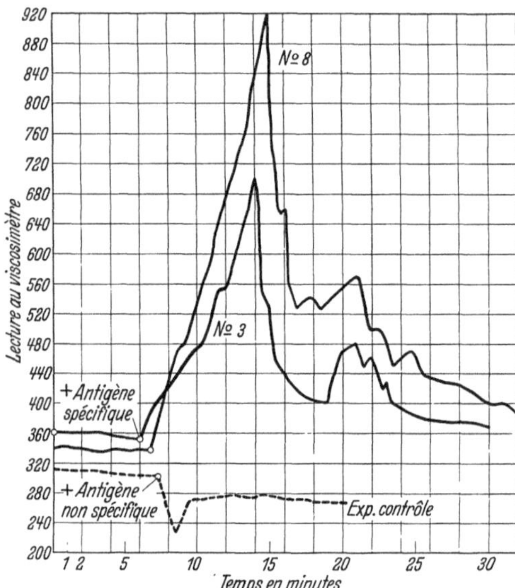

Fig. 10. ——— Viscosité d'un sérum de lapin immunisé, avant et après addition d'une goutte d'antigène spécifique, en fonction du temps. ...... Viscosite du même sérum avant et après addition d'une goutte d'antigène non-spécifique: sér. de mouton.

Ce phénomène se produit, par exemple, dans le cas ou la réaction immunologique entraîne une précipitation. Mais le fait curieux est qu'après avoir atteint son maximum, la viscosité diminue aussitôt. Cet accroissement n'est donc pas dû à l'apparition dans le liquide de particules insolubles, précipitées, puisque la courbe a l'apparence d'un V très aigu à l'envers. Nous assistons donc probablement là à une manifestation physico-chimique presqu'instantanée qui est l'expression, à notre échelle, d'une profonde perturbation chimique dont l'aboutissement est la précipitation sous forme insoluble, de fraction protéiniques normalement solubles. Il est inutile de dire que le mécanisme intime nous échappe complétement. Cependant, si l'on se souvient qu'Einstein a montré que la viscosité d'une solution ne peut augmenter que si le volume du solvant diminue par rapport au volume de la substance dissoute, on est amené conclure que dans le cas qui nous occupe l'accroissement est probablement dû à la formation momentanée de structures dans le sérum. Il s'agirait donc peut-être d'une viscosité *anomale* momentanée. Il serait intéressant de reprendre ces expériences dans de bonnes conditions et d'étudier un grand nombre d'antigènes. Nous n'en n'avons jusqu'ici en effet, étudié qu'un petit nombre (organes broyés).

Pour conclure, nous pouvons dire que les deux phénomènes que nous venons de décrire semblent pouvoir être interprétés, tentativement, de la façon suivante: A la suite d'une injection d'antigène, une réaction se produit. Cette réaction exige la présence de cellules vivantes. *In vitro,* on n'observe rien de semblable. L'une des conséquences de cette réaction est que l'identité chimique, structurale, des protéines du sérum est modifiée, et que cette modification atteint les groupements chimiques de la molécule qui conditionnent la tension superficielle des solutions de ces protéines. Cette réaction est lente et ne se manifeste en général qu'à partir du 7ème ou 8ème jour après l'inoculation. Aux environs du 14ème jour, le phénomène atteint son maximum. Puis une seconde modification se produit, qui annule l'action physico-chimique sur la tension superficielle, au bout de 28 à 30 jours. Mais au point de vue biologique, l'organisme conserve le souvenir de la réaction sous forme d'immunité.

Bien que le sérum ait repris en apparence son aspect et son comportement normal, tout au moins sur les animaux que nous avons étudiés, il a gardé lui aussi le souvenir, l'empreinte de la réaction. Et quand il se trouve en présence de l'antigène qui a déterminé cette réaction, il se produit une modification profonde du sérum qui aboutit à l'un des phénomène connus: précipitation, floculation etc. Ces phénomènes sont accompagnés d'un bouleversement momentané de l'équilibre physico-chimique du sérum qui se manifeste par une augmentation considérable, mais éphémère, de la viscosité.

La température critique du Sérum (55⁰—57⁰); Ses caractères physico-chimiques.

Ainsi donc, si la nature des éléments qui commandent la spécificité, dont le nombre est immense, a pu être déterminé (LANDSTEINER, AVERY etc.), le mécanisme du pouvoir antigénique, sa nature même restent encore entourés de mystère, parce que ce pouvoir est une proprieté des corps les plus mal connus du monde: les albuminoïdes. La seule précision qu'on ait jusqu'à présent est qu'il semble bien que la présence de radicaux aromatiques joue un rôle important (VAUGHAN, WELLS).

D'autre part, pour mettre en évidence l'existence d'anticorps, il faut avoir recours aux réactions immunologiques. Ces réactions reposent sur deux proprietés caractéristiques et également mal connues: l'alexine, ou complément, et la sensibilisatrice. La première est détruite par la chaleur à 55⁰ environ, tandis que la seconde n'est détruite que vers 65⁰. En général, le pouvoir antigénique est également détruit entre 65 et 70⁰. Jusqu'ici, le pouvoir complémentaire a échappé à l'analyse. C'est pourquoi nous nous sommes attaché à cette question importante et nous allons maintenant exposer rapidement les recherches qui nous ont conduit à admettre l'existence d'une «température critique du sérum» au point de vue physico-chimique, température qui correspond précisément à la destruction du pouvoir alexique. Ces expériences permettent de caractériser cette importante altération biologique d'une façon plus précise, et nous ont amené à émettre une hypothèse de travail au sujet de la constitution du sérum et de la nature de la dispersion des protéines.

Le premier phénomène caractéristique que nous avons observé est le suivant: *le sérum chauffé progressivement présente un minimum absolu de viscosité entre 55⁰ et 57⁰.*

En d'autres termes, la viscosité du sérum chauffé pendant 10 minutes en vase clos *ne varie pas* par rapport à celle de l'eau *jusqu'à 55⁰* environ. *A partir 55⁰ elle augmente.* Vers 58⁰ l'augmentation devient rapide. C'est là un phénomène important parce qu'il démontre qu'à partir de 55⁰ (pour les chauffages de l'ordre de 10 minutes) les molécules de sérum s'hydratent (fig. 11).

Le second phénomène, fondamental, est le suivant: *le pouvoir rotatoire du sérum chauffé, constant jusqu'aux environ de 55⁰ augmente à partir de cette tem-*

pérature, à peu près linéairement en fonction de la température. L'accroissement de α est de l'ordre de 0°, 075 par degré, *quelle que soit la durée du chauffage,* entre 5 minutes et 2 heures (sérum de cheval). La seule différence introduite par la durée du chauffage consiste dans le déplacement parallèle de la courbe, qui, pour deux heures, commence assez brusquement vers 50°, tandis que pour cinq minutes, elle ne commence qu'à 55°. Ce phénomène est important parce qu'il prouve qu'il existe une *transformation structurale, chimique,* qui est une conséquence directe du chauffage, et qui doit se manifester immédiatement par des changements dans les propriétés physiques et physico-chimiques des molécules affectées.

C'est ici que nous touchons encore du doigt l'intérêt des méthodes physiques et physico-chimiques qui ont permis de déceler une transformation structurale dans la molécule, *qu'aucune méthode chimique n'a pu jusqu'ici mettre en évidence,* et qui ne nous était connue que par son écho biologique peut-être éloigné: la destruction de l'alexine.

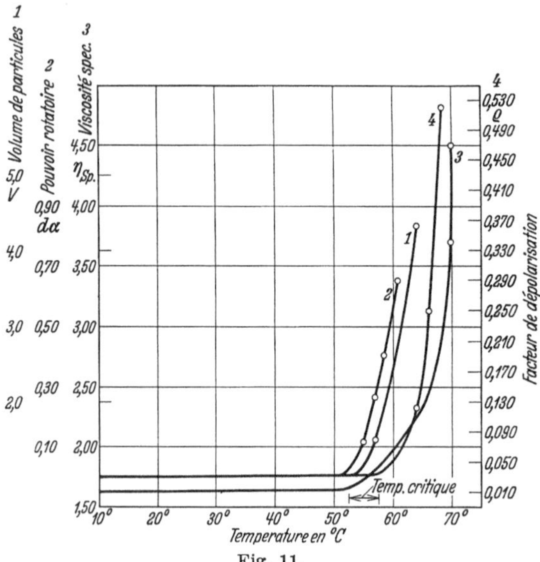

Fig. 11.

Ces deux phénomènes ne sont pas les seuls, comme on pouvait s'y attendre, qui caractérisent ce que nous avons appelé la «température critique du sérum». En effet, nous avons trouvé successivement (fig. 11) que la *lumière absorbée, la lumière diffusée, le facteur de dépolarisation, la résistivité électrique, la vitesse de sédimentation des globulines* après dilution, et *la fixation d'ether,* grandeurs constantes jusqu'aux environs de 55°, commençaient à évoluer à partir de cette température. Les quatre premières augmentent ensuite presque linéairement; les deux dernières manifestent un changement assez brusque et important, qui n'évolue plus à partir de 60° ce qui semble indiquer le passage d'un état d'équilibre à un autre.

Etant donné que le but de cet article est surtout d'étudier l'Immunité sous ses aspects physico-chimiques, nous ne nous étendrons pas sur les conclusions que nous avons tirées de cet ensemble cohérent d'observations. Il nous suffira de rappeler qu'il nous a conduit à émettre l'hypothèse que le sérum, le plasma, n'étaient pas des solutions colloïdales, mais bien des solutions moléculairement dispersées. Il peut être cependant intéressant de rappeler les raisonnements et les faits qui nous ont permis d'affirmer que les éléments solides du sérum ne subissent aucune modification de leur état de dispersion par suite du chauffage, et jusqu'à la coagulation complète.

On sait que le sérum chauffé vers 65° devient opalescent. C'est ce phénomène que nous avons étudié en détails, au moyen de mesures de lumière diffusée à angle droit, et au moyen de mesures de lumière absorbée.

L'étude de la lumière diffusée par les milieux troubles a été faite par Lord RAYLEIGH qui a donné une formule établissant une relation quantitative entre l'intensité de la lumière diffusée, le volume des particules diffusantes et leur nombre.

Or, l'interprétation naturelle de l'apparition du trouble dans le sérum, consiste à admettre que les particules s'accolent les unes aux autres pour former des micelles plus grosses; en d'autres termes, que sa colloïdalité augmente. Mais l'expérience et le raisonnement prouvent qu'il n'en est pas ainsi.

En effet, admettons que la sérum soit essentiellement composé de micelles en suspension colloïdale et que l'accroissement de volume soit dû à un accolement consécutif à l'action de la chaleur. Dans ce cas le nombre de particules qui s'accoleront sera évidemment proportionnel au nombre de chocs, de rencontres, par unité de temps. Dans le sérum pur, le nombre de micelles par unité de volume étant n le nombre de rencontres entre micelles sera proportionnel à n^2. Si nous répétons l'expériences en employant du sérum dilué de moitié avec une solution isotonique, il y aura moitié moins de micelles par unité de volume, soit $\frac{n}{2}$ et par conséquent le nombre de chocs sera proportionnel à $\left(\frac{n}{2}\right)^2$, c'est à dire 4 fois moins grand. Le nombre de particules qui s'accolent étant proportionnel à ce chiffre, il y aura quatre fois moins d'accolements, la vitesse d'accroissement des micelles sera quatre fois moins grande: or, les expériences prouvent qu'il n'en est rien et que loin d'être quatre fois moins grande, la vitesse n'est pas même diminuée de moitié par rapport au cas du sérum pur. On peut d'ailleurs prévoir exactement quelles valeurs on devrait obtenir s'il ne se produisait pas d'accolement: le calcul indique en effet que le volume des particules devrait augmenter en fonction de la température suivant la formule:

$$V = \frac{V \text{ (volume des particules calculé d'après le sérum pur)}}{\sqrt{2}}.$$

V' et V étant calculés au moyen de la formule de Lord RAYLEIGH, d'après les mesures faites par diffusion au photomètre de VERNES, un peu modifié. Or, l'accord est excellent entre les observations et le calcul. *Il n'y a donc pas d'accolement*, le degré de dispersion reste le même jusqu'à la coagulation et l'aspect laiteux est dû à *une diffusion moléculaire de la lumière.*

L'importance de cette affirmation et du changement d'attitude qu'elle entraîne vis-à-vis du plasma et du sérum exige l'accumulation de plusieurs preuves indiscutables. Voici la dernière, dûe au Professeur BOUTARIC, de la Faculté des Sciences de Dijon.

Reprenant nos observations et nos mesures, BOUTARIC a montré par un raisonnement des plus élégants et ingénieux que, le volume total φ des particules étant une fonction $f\left(\frac{\eta}{\eta_0}\right)$ de la viscosité relative de la suspension par rapport au solvant, et le coefficient h d'absorption lumineuse étant proportionnel au volume v des particules, le quotient $\frac{f\left(\frac{\eta}{\eta_0}\right)}{h}$ donne le nombre n de ces particules.

Or, les calculs effectués sur les résultats expérimentaux lui ont montré nettement que le nombre n de particules diffusantes reste constant quand on chauffe le sérum jusqu'à la coagulation. Les molécules gonflent donc par fixation d'eau sans que leur nombre varie.

Le «nombre d'éther» (Ätherzahl).

En ce qui concerne la destruction de l'alexine par la chaleur, il existe, parmi les travaux que nous avons énumerés plus haut, un groupe de recherches que nous avons résumés par ces simple mots: «fixation d'éther», qui méritent un développement plus important, car ce sont les seuls, à notre connaissance, qui ont abouti à la mise en évidence d'un phénomène purement physico-chimique présentant un parallélisme frappant avec la destruction du complément et la réactivation postérieure du sérum. Ces recherches sont dues à Franz Seelich, dans notre laboratoire. Nous allons les exposer brièvement.

Le sérum normal non chauffé est capable de fixer une quantité considérable d'éther (700 p. 100) à condition que l'addition d'éther se fasse par petites quantités et que le vase soit continuellement et énergiquement secoué. Dans ce cas, le sérum devient de plus en plus visqueux et finit par se solidifier en un

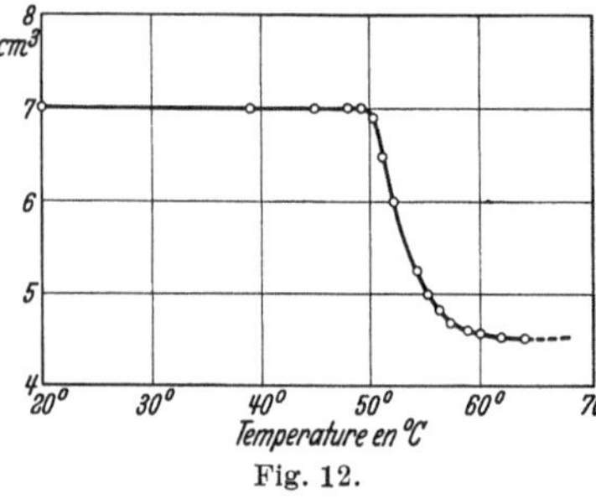

Fig. 12.

gel transparent. Au delà de 700 p. 100, l'éther n'est plus fixé. L'addition de quelques gouttes en excès détermine, sous l'influence de l'agitation, une rupture du gel en fragments avec exsudation d'une partie de l'éther fixé préalablement. Le point de saturation est aussi bien défini que dans une titration à 5 % près. Quand le sérum a ainsi fixé le maximum d'éther, le gel est instable et l'exsudation de l'éther commence aussitôt que l'agitation cesse. Après l'élimination de l'éther provenant de l'exsudation, on peut le fixer à nouveau en l'ajoutant par petites quantités. Il s'agit donc d'un phénomène réversible et quantitatif. Le sérum, chauffé à 50°, se comporte comme s'il n'avait pas été chauffé. Mais s'il est porté pendant 10 minutes à une température supérieure à 50°, la quantité d'éther pouvant être fixée diminue en fonction de la température à laquelle le sérum a été porté, jusqu'à 58°, après quoi elle redevient constante. Le sérum chauffé à 58° fixe une quantité d'éther égale aux $^2/_3$ de la quantité fixée par le sérum non chauffé. A partir de 64°, les valeurs ne sont plus régulières, probablement à cause de l'accroissement de la viscosité. L'allure générale du phénomène est représentée par la figure ci-jointe (fig. 12). Les points de la courbe expriment les valeurs moyennes de trois expériences.

Seelich a proposé une hypothèse pour expliquer ce phénomène. On sait, d'après Lecomte du Noüy, Marinesco et d'autres, que les molécules des complexes protéine-lipidiques du sérum ne sont pas sphériques, mais allongées et polarisées. Leur orientation aux surfaces en est la preuve. Il n'est donc pas impossible d'admettre que, dans la masse du liquide au repos, une certaine orientation existe, et même des chaînes formées de molécules accolées polairement. Par suite de l'agitation violente, les molécules sont libérées, et la fixation de l'éther est devenue possible en raison de la libération des pôles ou, autrement dit, par l'inclusion stérique.

Le phénomène de l'exsudation de l'éther par le sérum en repos s'expliquerait par la réorientation des molécules. Le gel saturé d'éther ne permet plus à l'agitation de déplacer les molécules individuelles. Le gel se brise en fragments qui glissent dans l'excès croissant d'éther.

Mais il n'existe encore aucune explication de la différence entre le pouvoir de fixation du sérum non chauffé et du sérum chauffé entre 50⁰ et 60⁰. Il s'agit probablement là d'un phénomène structural, chimique.

Poursuivant ses expériences, SEELICH a observé que la dilution du sérum non chauffé avait pour effet d'augmenter légèrement sa capacité totale de fixation d'éther. Par exemple, 0,5 cc. de sérum fixe 3,5 d'éther. Si l'on ajoute 0,5 cc. d'eau, la quantité d'éther fixée sera égale à 7 cc., comme si l'on avait agi sur 1 cc. de sérum. Mais l'accroissement de capacité dû à 0,5 cc. d'eau reste le même si on l'ajoute à 1 cc. de sérum, c'est à dire que 1 cc. de sérum + 0,5 d'eau fixeront $7 + 3,5 = 10,5$ cc. d'éther. L'eau distillée et la solution physiologique de NaCl agissent de la même façon. Si l'on ajoute à 0,5 cc. d'eau à 0,5 cc. de sérum préalablement chauffé (10 m. à 57⁰), on observe la même augmentation de 3,5 cc. d'éther, soit $2,25 + 3,5 = 5,75$ cc.

Nous nous sommes ensuite demandé si l'addition de sérum frais n'aurait pas un effet plus marqué: l'expérience a confirmé cette hypothèse. SEELICH, dans le but de rechercher jusqu'à quel point le parallèlisme se maintenait entre le phénomène en question et la destruction de l'alexine par la chaleur, suivie de réactivation par addition de très faibles quantités de sérum frais, a diminué la quantité de sérum frais ajouté, et a constaté qu'*il suffit d'ajouter une goutte* (environ 0,05 gr.) *de sérum frais à 1 cc. de sérum chauffé* pendant 10 minutes à 57⁰, *pour réactiver presque totalement le sérum* et faire passer sa capacité de fixation d'éther de 4,5 cc. à une valeur très proche ou égale à 7 cc. (entre 6,5 et 7,0). Il y a donc là un nouvel effet, indépendant — au-dessus d'une certaine valeur limite minima — du volume du sérum ajouté, et dépendant uniquement des propriétés du sérum frais.

Le parallélisme entre les deux phénomènes est frappant. Malheureusement, jusqu'ici, le mécanisme du phénomène physico-chimique est aussi mystérieux que l'autre, et ne peut encore être utilisé pour une explication.

D'autre part, on pouvait se demander s'il ne serait pas possible d'être renseigné de façon plus précise sur les groupes chimiques responsables de la proprieté complémentaire. Les immuno-chimistes admettent en général (WELLS) que la présence de radicaux aromatiques est indispensable pour déterminer le pouvoir antigénique: en effet, la gélatine par exemple, qui en est dépourvue, n'est pas antigénique. D'autre part, la spécificité de type ne dépend pas de ces radicaux, mais peut dépendre de toutes petites variations dans la structure de groupes chimiques non cycliques, comme nous l'avons montré plus haut. Au point de vue physique, nous savons que l'alexine est détruite entre 55⁰ et 60⁰, tandis que la sensibilisatrice ne l'est qu'au-dessus de 65⁰. Il existe donc des seuils différents de fragilité de la protéine, correspondant chacun à des propriétés différentes.

Lorsque nous parlons de la fragilité des protéines, il faut distinguer la fragilité de l'ensemble et la fragilité des éléments constitutifs qui sont des groupes chimiques plus petits, doués en général d'une grande stabilité. Les propriétés physico-chimiques et immunologiques d'une protéine dépendent, non seulement des groupes stables, mais aussi de leurs combinaisons qui sont de plus en plus fragiles à mesure que le nombre de groupes combinés augmente: un amino-acide isolé ne possède pas de pouvoir antigénique.

Il faut donc, grossièrment, distinguer deux sorte de propriétés dans une molécule de protéine: 1⁰ — propriétés chimiques dues à la nature et à la disposition de certains éléments composants (spécificité) et 2⁰ — propriétés plus ou moins stables dues à l'accouplement d'un nombre plus ou moins grand de groupes chimiques (propriétés physico-chimiques, alexine). La façon dont réagissent les groupes dont dépend la spécificité n'est d'ailleurs pas simple, et se conditionnent par leur liaison chimique à d'autres groupes. *De la combinaison naissent des propriétés et une fragilité nouvelle.*

Spectre d'absorption Ultra-violet.

Or, l'étude du spectre d'absorption, dans l'ultra-violet, du sérum chauffé pendant dix minutes révèle un autre fait intéressant, à savoir qu'au-dessous de 65⁰, la courbe caractéristique ne subit en général pas de modification systématique, tandis que celle du sérum chauffé à 65⁰ est déplacée tout entière et que chaque point correspond à un accroissement important d'absorption (Fig. 13). En d'autres termes, outre l'augmentation de volume des molécules par hydration, augmentation qui se produit à partir de 55⁰, nous l'avons vu, et se continue de façon sensiblement linéaire jusqu'à le coagulation (66⁰) et au-delà, il se produit, aux environs immédiats de 65⁰ une modification chimique différente de celle qui

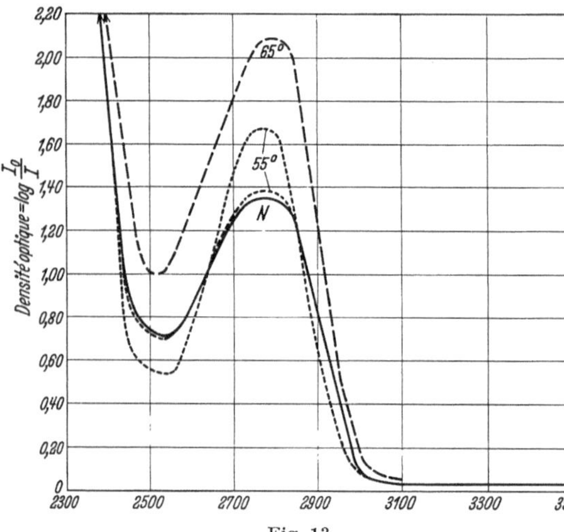

Fig. 13.

accompagnait l'hydratation au-dessous de cette température. Nous savons qu'au point de vue sérologique, cette température est nécessaire pour la destruction de la spécificité. On en déduit immédiatement que les deux mécanismes de destruction de l'alexine et de la sensibilisatrice, bien que dûs tous deux à l'agitation thermique, sont essentiellement différents au point de vue chimique. En effet, la destruction du complément coïncide avec l'hydratation intramoléculaire (du Noüy), l'augmentation du volume des molécules et du pouvoir rotatoire, mais ces phénomènes n'ont guère d'influence sur le spectre d'absorption. Le seuil de ces deux séries de phénomènes: biologique et physico-chimique est sensiblement le même. Le pouvoir complémentaire peut donc, en première analyse, être considéré comme une proprieté structurale, spatiale, d'ensemble de groupes chimiques, déplacés par la pénétration des molécules d'eau, ou comme une proprieté chimique détruite par la fixation d'eau, par exemple sur les groupes carbonyles. Mais ces phénomènes n'affectent pas, ou très peu, la courbe d'absorption du sérum.

Tandis que la spécificité de groupe ou de type est une proprieté plus profonde, qui ne peut être altérée que par une énergie cinétique plus grande des molécules d'eau, et qui se manifeste par un déplacement de la courbe d'absorption tout entière par rapport aux ordonnées (densité optique). Il est impossible, dans l'état actuel de notre ignorance en ce qui concerne les molécules de protéine, d'avoir une idée nette de ces phénomènes. C'est malheureusement là que gît une des clés du problème de la défense de l'organisme contre les maladies infectieuses et du problème de la sensibilisation.

Conclusion.

Ce rapide exposé de quelques résultats obtenus par une science qui en est à ses débuts dans un champ immense et d'importance fondamentale: l'Immunité, suffit à montrer, d'une part, que les résultats obtenus ne sont pas encore bien considérables, mais d'autre part, qu'aucune autre discipline n'eût permis de les obtenir. Et il nous semble que cette constatation est extrêmement encourageante.

Il importe surtout — et c'est sur ce point que nous insistons particulièrement — de ne pas commettre d'erreur d'interprétation, et de ne pas croire que, ainsi que nous l'avons dit plus haut, parce qu'on a employé une méthode physique, les phénomènes observés sont de nature physique. L'hémièdrie est un caractère géométrique, le pouvoir rotatoire est un caractère physique, mais le phénomène réel, fondamental, est un caractère chimique, structural. Il serait imprudent — pour ne pas dire plus — d'attribuer la digestion sélective des protéines levorotatoires à une propriété physique: et cependant, dans ces deux exemples, c'est une méthodes purement physique qui nous permet d'étudier le phénomène. Il en va de même pour d'autres méthodes physiques et physico-chimiques. C'est pour cela que nous avons insisté sur la nature chimique des phénomènes de spécificité immunologique. Il n'est nullement assuré que des phénomènes physiques (adsorption par exemple) ne jouent pas un rôle dans certains phénomènes non-spécifiques, mais il nous semble que la distinction arbitraire entre les classes de phénomènes, distinction évidemment due, comme nous le faisions remarquer au début de cet article, à l'infirmité de notre cerveau et à notre ignorance, est plus capable de freiner le progrès que de l'activer, surtout lorsqu'on atteint les frontières si mal délimitées entre les sciences.

Si l'on est bien convaincu de ce qui précède, et de ce que seuls les faits bien observés et leurs rapports quantitatifs ont une valeur absolue, alors rien ne s'oppose à ce qu'on ait recours à des théories et à des hypothèses, si hardies soient-elles. Elles constituent en effet un outil de travail indispensable qui ne devient dangereux que si l'on s'y attache au point d'hésiter à le remplacer par un autre le jour où il ne s'accorde plus avec les faits. Une hypothèse doit être une échelle, non une cage.

Bibliographie.

AVERY, O.: Longue série de travaux, seul et en collaboration avec M. HEIDELBERGER, GOEBEL, DUBOS etc., de 1923 à 1933. J. of exper. Med. (New York).

BENHAMON et BEGUET: La tension superficielle du sérum dans quelques états de choc chez l'homme. C. r. Soc. Biol. Paris **107**, 1542 (1931).

BOUTARIC, A.: Remarques sur l'étude des transformations pouvant se produire dans les milieux troubles. Bull. Soc. Chim., IV. s. **49**, 389 (1931).

COHN, E. J., HENDRY and PRENTISS: The molecular weights of the proteins. J. of Biol. Chem. **63**, 721 (1925).

DOERR: Cité d'après E. FRIEDBERGER et PUTTER. Z. Immun.forsch. **36**, 221 (1923).

EINSTEIN, A.: Eine neue Bestimmung der Moleküldimensionen. Ann. Physik **19**, 289 (1906).

— Berichtigung zu meiner Arbeit: Eine neue Bestimmung der Moleküldimensionen. Ann. Physik **34**, 591 (1911).

Friedberger, E.: Bestehen Beziehungen zwischen der Anaphylatoxinbildung in vitro und der Änderung der Oberflächenspannung. Z. Immun.forsch. 36, 215 (1923).

Hercik, F.: Oberflächenspannung in der Biologie und Medizin. Dresden: Theodor Steinkopff 1934.

Homes, G.: Tension superficielle statique du plasma dans le choc anaphylactique sérique. C. r. Soc. Biol. Paris 97, 1173 (1927).

Kunitz, M.: An Empirical formula for the relation between viscosity of solution and volume of solute. J. gen. Physiol. 9, 715 (1926).

Landsteiner, K. and J. van der Scheer: Serological differentiation of steric isomers (Antigens containing tartaric acids) et tous ses travaux classiques. J. of exper. Med. 50, 407 (1929).

Lecomte du Noüy, P.: Equilibres superficiels des solutions colloïdales. Paris: Masson & Co. 1929; et aussi dans l'édition américaine Surface Equilibria etc. New York 1926.

— A new apparatus for measuring Surface Tension. J. gen. Physiol. 1, 521 (1919).

— Sur l'équilibre superficiel du serum et de certaine solutions colloïdales. C. r. Acad. Sci. Paris 174, 1258 (1922).

— Signification de la chute maxima de tension superficielle du sérum sanguin. C. r. Acad. Sci. Paris 177, 1140 (1923).

— Chûte spontanée de la tension superficielle du sérum et de ses solutions. C. r. Soc. Biol. Paris 89, 1015 (1923).

— Tension superficielle du sérum. Relation entre la chûte en fonction du temps et les anticorps. C. r. Soc. Biol. Paris 89, 1146 (1923).

— Les phénomènes de tension superficielle en biologie. C. r. Soc. Biol. Paris 89, 1076 (1923).

— Tension superficielle du sérum. Chûte de la tension superficielle due à l'addition de certaines substances et action antagoniste du sérum. C. r. Soc. Biol. Paris 89, 1148 (1923).

— Au sujet d'une couche monomoléculaire adsorbée sur les globules rouges et les parois des capillaires. C. r. Soc. Biol. Paris 90, 1450 (1924).

— The surface equilibrium of colloïdal solutions and the dimensions of some colloïdal molecules. Science (N. Y.) 59, 580—582 (1924).

— Dimensions des molecules et poids moléculaires des protéines du sérum. C. r. Acad. Sci. Paris 178, 1904 (1924).

— Surface tension of colloidal solutions and dimensions of certain organic molecules. Philos. Mag. 48, 264—277 (1924).

— Surface equilibrium of colloïdal solutions; antagonistic action of colloïds. Science (N. Y.) 60, Nr 1554, 337—338 (1924).

— Die Bestimmung der Oberflächenspannung mit der Ringmethode (Torsionswaage). Biochem. Z. 155, 113 (1925).

— Une méthode physique aussi sensible que les réactions anaphylactiques pour déceler des traces de protéines en solution. C. r. Soc. Biol. Paris 92, 1194 (1925).

— A highly sensitive physical method for detecting proteins in a solution. Science (N. Y.) 61, 472 (1925).

— Modification physico-chimique momentanée du serum consécutive à l'injection d'antigène. C. r. Soc. Biol. Paris 93, 14 (1925).

— Some new aspects of the Surface tension of colloïdal solutions which have led to the determination of molecular dimensions. Monograph Series, 3 rd Colloïd Symposium. New York 1925.

— Studi sperimentali sulla tensione superficiale del siero. Biochimica e Ter. sper. 12, H. 2, 1 (1925).

— Die Oberflächenspannung von Serum. (Über physikalisch-chemische Änderungen im Serum als Folge der Immunisierung.) Biochem. Z. 165, 134 (1925).

— Surface Tension of Serum. I Spontaneous decrease of the surface Tension of serum. J. of exper. Med. 35, 575—597 (1922, April).

— Action of time on the surface tension of serum solutions. J. of exper. Med. 35, 707—735 (1922).

— Recovery after lowering by surface active substances. J. of exper. Med. 36, 115—134 (1922).

— Action of temperature. J. of exper. Med. 36, 547—558 (1922).

— Relation between time-drop and serum antibodies. J. of exper. Med. 37, 659—696 (1923).

LECOMTE DU NOÜY, P.: The study of immune serum. Time-drop and initial value of surface tension. J. of exper. Med. **38**, 87—92 (1923).
— Significance of the maximum time-drop of serum solutions. J. of exper. Med. **39**, 37—41 (1924).
— Further evidence indicating the existence of a superficial polarized layer of molecules at certain dilutions. J. of exper. Med. **39**, 717—724 (1924).
— Time-drop and smallpox vaccination. J. of exper. Med. **40**, 129—132 (1924).
— On the thikness of the monomolecular layer of serum. J. of exper. Med. **40**, 133—149 (1924).
— An improvement of the technique for measuring surface tension. J. gen. Physiol. **6**, 625—628 (1924).
— A technique for the accurate study of the drop in function of the time. J. of exper. Med. **41**, 663—672 (1925).
— On certain physiochemical changes in Serum as a result of immunization. J. of exper. Med. **41**, 779—793 (1925).
— Concerning the change in surface tension occuring as a result of immunization. J. of exper. Med. **42**, Nr I, 9—15 (1925).
— The thickness of the Monolayer of rabbit Plasma. J. of exper. Med. **61**, 1—6 (1927).
— Cytological measurements to test DU NOÜYs thermodynamical hypothesis of cell size. Anat. Rec. **34**, Nr 5 (1927).
— Sur la viscosité du sérum sanguin en fonction de la température. C. r. Soc. Biol. Paris **96**, 1203 (1927).
— Sur la nature de la dispersion des substances constituant le plasma et le sérum; et sur les dimensions possibles de la «molécule de plasma». C. r. Soc. Biol. Paris **96**, 1205 (1927).
— Etude sur la viscosité du sérum sanguin en fonction de la température et sur l'hydratation de ses protéines. Ann. Inst. Pasteur **42**, 742 (1928).
— Some physico-chemical characteristics of immune serum. Alexander Colloïd Chemistry, Chem. Cat. Co. New York 1928.
— Sur la capacité d'adsorption des protéines du sérum vis-à-vis des sels biliaires. C. r. Soc. Biol. Paris **99**, 1097 (1928).
— The viscosity of blood serum as a function of temperature. J. gen. Physiol. **12**, 363 (1929).
— Sur l'indice de réfraction, le coefficient de température et la dispersion du sérum sanguin. C. r. Soc. Biol. Paris **100**, 490 (1929).
— Sur le pouvoir rotatoire du sérum en fonction de la température. C. r. Acad. Sci. Paris **188**, 660 (1929).
— A device for measuring surface tension automatically. Science (N. Y.) **69**, 251 (1929).
— On the rotatory power of serum. Science (N. Y.) **69**, 552 (1929).
— Etude sur le pouvoir rotatoire et la dispersion rotatoire du serum en fonction du temps et de la température. Ann. Inst. Pasteur **43**, 749 (1929).
— Recherches sur la température critique du sérum, (55—56⁰) au moyen de mesures photométriques. C. r. Soc. Biol. Paris **101**, 359 (1929).
— Recherches sur la température critique du sérum (55—56⁰) au moyen de mesures photométriques. Ann. Inst. Pasteur **44**, 109 (1930).
— Transmission and diffraction of light by normal serum as a function of temperature. Science (N. Y.) **71**, 108 (1930).
— Température critique du sérum. Mesure du facteur de dépolarisation en fonction de la température. C. r. Soc. Biol. Paris **104**, 146 (1930).
— Sur la température critique du sérum et la coagulation du sérum par la chaleur. C. r. Soc. Biol. Paris **106**, 289 (1930).
— Sur le mécanisme de la coagulation par la chaleur. C. r. Soc. Biol. Paris **106**, 377 (1930).
— Recherches sur la température critique du sérum. Mécanisme de la coagulation Ann. Inst. Pasteur **45**, 251 (1930).
— On the critical temperature of blood serum. Depolarization factor and hydration of serum molecules. Science (N. Y.) **72**, 224 (1930).
— Recherches sur les équilibres ioniques du serum. C. r. Soc. Biol. Paris **106**, 85 (1931).
— Recherches sur les équilibres ioniques du sérum. C. r. Soc. Biol. Paris **106**, 352 (1931).

Lecomte du Noüy, P.: Spectrophotométrie du sérum dans le visible et le proche Infrarouge. C. r. Soc. Biol. Paris **108**, 657 (1931).
— Mesure de la concentration en ions hydrogènes des liquides au moyen d'une électrode rotative. C. r. Acad. Sci. Paris **193**, 1417 (1931).
— Recherches sur la température critique du sérum. Equilibres ioniques du sérum en fonction de la température. Ann. Inst. Pasteur **48**, 187 (1932).
— Études sur la température critique du sérum. Spectre d'absorption du sérum de cheval dans l'Ultra-violet. C. r. Acad. Sci. Paris **194**, 1815 (1932).
— Sur un sérum pathologique incoagulable par la chaleur. C. r. Soc. Biol. Paris **110**, 333 (1932).
— Sur la température critique du sérum (55—57°). Phénomènes ioniques. La conductivité du sérum normal et immunisé en fonction de la température. C. r. Soc. Biol. Paris **110**, 486 (1932).
— Recherches sur la température critique du sérum. Le spectre d'absorption dans l'Ultra-violet, le visible et le proche Infra-rouge. Ann. Inst. Pasteur **49**, 762 (1932).
— Recherches sur le sérum et sa température critique. La conductivité électrique du sérum en fonction de la température. Ann. Inst. Pasteur **50**, 127 (1933).
— Spectrophotométrie du sérum dans l'Ultra-violet. Sur une altération profonde des protéines suivie de mort. C. r. Soc. Biol. Paris **112**, 1267 (1933).
Lumiere, A.: Tension surperficielle et choc anaphylactique. C. Acad. Sci. Paris **172**, 544, 1071 (1921).
Marinesco, N.: Propriétés diélectriques et structure des colloïdes hydrophiles. C. r. Acad. Sci. Paris **187**, 718 (1928).
— Polarisation diélectrique et structure des colloïdes hydrophiles. C. r. Acad. Sci. Paris **189**, 1274 (1929).
Osborne, T. B.: Sulphur in Proteins Bodies. J. amer. chem. Soc. **24**, 160 (1902).
Ramsdell, S. G.: Surface tension of serum of the sentitized Guinea Pig. J. of exper. Med. **47**, 987 (1932).
Rayleich, Lord (J. W. Strutt): On the light from the sky, its Polarization and Colour. Philosophic. Mag. **41**, 107, 274 (1871).
— On the Scattering of Light by small Particles. Philosophic. Mag. **41**, 447 (1871).
Seelich, F.: Über eine quantitative und reversible Reaktion des Serums mit Äther sowie über deren Abhängigkeit von der Temperatur. Biochem. Z. **250**, 549 (1932).
— Über die Ätherzahl des Serums. Biochem. Z. **268**, 34 (1934).
Sörensen, S. P. L.: Studies on proteins. C. r. Trav. Labor Carlsberg **12** (1915—17).
Wells, H. G.: The Chemical Aspects of Immunity. Chem. Cat. Co. New York 1925.
Zunz, E.: The modifications of the Dynamic Surface Tension of Plasma and serum. Alexander Colloid Chem. Vol 2, p. 625, Chem. Cat. Co. New York 1928.
— et J. la Barre: Sur les modifications physico-chimiques du sang lors du choc anaphylactique. C. r. Soc. Biol. Paris **86**, 286 (1922).
— — Sur les modifications physico-chimiques du sang lors de l'injection du sérum traité par l'agar. C. r. Soc. Biol. Paris **87**, 805 (1922).
— — Sur les modifications du p_H du plasma lors du choc anaphylactique et ses rapports avec l'abaissement de la tension superficielle. C. r. Soc. Biol. Paris **88**, 990 (1923).
— — Observations complémentaires sur les modifications de la tensions superficielle du plasma lors de l'anaphylaxie. C. r. Soc. Biol. Paris **92**, 223 (1925).

VI. Die Gesetzmäßigkeiten der menschlichen Lebensdauer.

Von

KARL FREUDENBERG - Berlin.

1. Methodologische Einleitung.

Der Streit, welcher mehrere Jahrzehnte lang zwischen den Anhängern der tafelmäßigen Darstellung der Sterblichkeit und denen der Berechnung der Sterblichkeitsintensität ausgefochten wurde, ist grundsätzlich schon seit der diesbezüglichen Untersuchung dieser Materie durch v. BORTKIEWICZ (3) entschieden. Es hat sich dort gezeigt, daß je nach der im Einzelfalle vorliegenden Fragestellung an sich beide Methoden die gleiche Berechtigung haben und v. BORTKIEWICZ hat in strenger Konsequenz seiner Schlußfolgerungen hinzugefügt, daß bei der Berechnung der Sterblichkeitsintensität eigentlich die Berücksichtigung des Altersaufbaus gar nicht begründet sei; es heiße [(3) S. 382] „den Begriffen Zwang antun, wenn man der Messung der Intensität des Sterbens ihre Selbständigkeit dadurch rauben will, daß man die letztere auf die biometrische Betrachtung zurückzuführen sucht."

Als zur gleichen Zeit die Messung der Sterblichkeitsintensität dadurch auf neuen Wegen gefördert wurde, daß WESTERGAARD die Berechnung von Sterbeziffern nach der Methode der erwartungsmäßigen Ereignisse empfahl und ungefähr gleichzeitig KÖRÖSY die Methode der Standardbevölkerung in die Statistik einführte, hat sich auch v. BORTKIEWICZ, der hierzu der Berufenste war, nochmals öffentlich über diesen Gegenstand ausgesprochen (6) und unter besonderem Hinweis auf die Fehlerquellen der Methode der Standardbevölkerung das Anwendungsgebiet derselben umgrenzt, nämlich „besonders zur Untersuchung der Sterblichkeitsverhältnisse von demographischen Gruppen, deren Altersaufbau nicht vornehmlich durch die Vorgänge der natürlichen Bevölkerungsbewegung bestimmt wird, wie z. B. von verschiedenen Berufsklassen". Daneben stellte er auch die üblicherweise als Methode der erwartungsmäßigen Ereignisse bezeichnete, und eine spätere Untersuchung des gleichen Autors (10) legte die exakten analytischen Beziehungen zwischen diesen beiden Methoden dar.

Was dagegen das charakteristische der Sterbetafelmethode darstellt, das hat gleichfalls v. BORTKIEWICZ (4) am schärfsten ausgeführt, daß nämlich bei dieser Methode im Gegensatz zu den beiden vorgenannten die Verschiedenheiten des Altersaufbaus nicht etwa grundsätzlich ausgeschaltet werden, sondern nur insoweit, als sie von Veränderungen der Geburtenfolge herrühren, daß aber gerade die bedeutsamen Unterschiede des Altersaufbaus, die auf der verschiedenen Sterblichkeit selbst beruhen, bei der Berechnung der Sterbetafeln erhalten bleiben.

In neuester Zeit hat sich mit dem Gegensatz zwischen Häufigkeitskoeffizienten und tafelmäßig zusammengestellten Wahrscheinlichkeiten namentlich WINKLER befaßt (1) und hierbei den Standpunkt vertreten, daß die tafelmäßige Darstellung den überlegenen Erkenntniswert besitze.

Zweck dieser Untersuchung soll es sein, die Gesetzmäßigkeiten darzutun, welchen die Verteilung der Lebensdauern von Menschen unterworfen ist, wobei das Wort „*Gesetzmäßigkeiten*" im Gegensatz zu „*Gesetz*" gewählt wurde, um von vornherein der Anschauung Ausdruck zu geben, daß es sich hierbei nicht um mehr oder weniger starre Gesetze im Sinne der Naturwissenschaften oder gar der Mathematik, d. h. um funktionelle Abhängigkeiten, handeln kann, sondern nur um stochastische Beziehungen. Für eine solche Untersuchung hat der Gegensatz zwischen der Tafelmethode und der Methode der Sterblichkeitsintensität vernünftigerweise niemals Sinn haben können; denn in diesem Fall kann nur das Schicksal einer Generation — sei es einer wirklichen, sei es einer fiktiven — Gegenstand der Beobachtung sein, während die Methoden der Intensitätsmessung überhaupt nur für Vergleiche einen Sinn geben, aber nicht etwas Absolutes darstellen können, wie es doch erforderlich ist, wenn man sich nicht damit begnügen will, nach den Ursachen zu forschen, welche die Verschiedenheiten des Sterblichkeitsablaufs bei verschiedenen Völkern, Angehörigen verschiedener Berufe, in verschiedenen Zeiten usw. bewirken, sondern letzten Endes hinter diesen Verschiedenheiten die gleichförmigen Grundursachen suchen will.

Es kommt also als Grundlage für die nachstehenden Untersuchungen *nur die Verwendung von Sterbetafeln* in Betracht. Die früher so eifrig diskutierte Frage nach dem Vorrange der direkten oder der indirekten Sterbetafeln kann hierbei völlig als erledigt angesehen werden; denn der Vorzug der direkten Tafeln, daß sie das sozusagen durch alle Altersklassen fortlaufende einheitliche Leben der gleichen Generation verfolgen, hat dadurch seinen Wert stark eingebüßt, daß man aus den Sterbetafeln der letzten Jahrzehnte erkennen kann, wie die gleiche Generation hinsichtlich ihrer Sterblichkeit in den einzelnen Altersklassen — abgesehen selbstverständlich von den Unterschieden, die das Alter als solches verursacht — weitgehende Verschiedenheiten aufweist. So betrug z. B. nach der Allgemeinen Deutschen Sterbetafel 1881—1890 die Sterbewahrscheinlichkeit 35 Jahre alter Frauen für das nächste Lebensjahr $9{,}86\,^0/_{00}$ und nach der Allgemeinen Deutschen Sterbetafel 1891—1900 die 45 Jahre alter Frauen $9{,}81\,^0/_{00}$. Es handelt sich also in beiden Fällen genau um die gleichen

Geburtenjahrgänge, welche im erstgenannten Jahrzehnt das Alter von 35 und im zweitgenannten das von 45 Jahren durchschritten, und trotz des Älterwerdens um 10 Jahre, welches in diesem Alter nach aller Erfahrung die Sterbewahrscheinlichkeit erheblich erhöht, ist dieselbe sogar gesunken. Hieraus und aus vielen anderen ähnlichen Beobachtungen ergibt sich, daß für die Höhe der Sterblichkeit in irgendeinem gegebenen Alter nicht die Zeit der Geburt maßgeblich ist, sondern die jeweils im einzelnen Lebensabschnitt gerade herrschenden Umwelteinflüsse (in weitem Sinne zu verstehen), welche als solche Einfluß auf die Sterblichkeit haben, wie z. B. wirtschaftliche Verhältnisse, hygienische Lebensbedingungen, Stand der ärztlichen Kunst u. dgl. m. Einflüsse der Geburtszeit selbst wären zwar denkbar, nämlich in dem Sinne, daß die erblich bestimmte Lebenskraft verschiedener Generationen infolge positiver oder negativer Auslesewirkungen verschieden sein könnte, doch gehen diesbezügliche Veränderungen, wenn sie überhaupt nachweisbar sind, jedenfalls so langsam vor sich, daß sie in dem erst etwa ein Jahrhundert umfassenden Zeitraum, aus welchem wir hinlänglich genaue Beobachtungen über den Sterblichkeitsverlauf besitzen, im Vergleich zu den großen umweltbedingten Sterblichkeitsänderungen des gleichen Zeitraums völlig bedeutungslos sein müßten.

Fällt also der Vorzug fort, welchen die direkten Sterbetafeln aufzuweisen schienen, so bleibt ohne Gegengewicht nur der der indirekten bestehen, daß sie die Sterblichkeit abbilden, welche unter dem Einfluß gleicher äußerer Verhältnisse auf alle Altersklassen besteht, und daneben tritt schließlich der praktisch maßgebliche Vorteil der indirekten Sterbetafeln, daß nur zur Berechnung von solchen überhaupt ausreichendes Beobachtungsmaterial zur Verfügung steht.

Welche der üblichen Methoden für die Berechnung indirekter Sterbetafeln, die durch v. Bortkiewicz (9) kritisch zusammengestellt wurden, man verwendet, hat keine große Bedeutung, da alle gegenwärtig noch in der amtlichen Statistik oder in der Versicherungswissenschaft angewandten zu ganz ähnlichen Ergebnissen führen, wobei nur die im allgemeinen vorgenommene Extrapolation der Sterbewahrscheinlichkeiten für die höchsten Altersklassen auszunehmen ist, von der späterhin noch ausführlich zu sprechen sein wird. Es können also alle aus den letzten Jahrzehnten vorliegenden Sterbetafeln gleichmäßig Verwendung finden, sofern es für den Gang der geplanten Untersuchung von Wert ist. Darüber hinaus wird es sich als notwendig erweisen, in Fällen, in denen nur die Sterblichkeitskoeffizienten der einzelnen Alter und nur unter Zusammenfassung größerer Altersklassen, vorliegen, Sterbetafeln aber nicht berechnet sind, solche behelfsmäßig herzustellen.

Eine solche Berechnung kann auf der Grundlage der durch Farr in die Statistik eingeführten Näherungsformel vorgenommen werden, wonach, wenn m den Sterblichkeitskoeffizienten und q die Sterbewahrscheinlichkeit bedeutet, $q = \dfrac{m}{1 + \dfrac{m}{2}}$. Bezeichnet in der üblichen Weise p die Überlebenswahrscheinlichkeit, also p = 1 — q, so kann man für den vorliegenden Zweck, da man doch zur Berechnung der Absterbeordnung die Werte von p braucht, die Farrsche Formel in der Umformung $p = \dfrac{2 - m}{2 + m}$ verwenden. Hat man, wie es für die Statistik kleinerer Gebiete meist der Fall ist, die Werte von m mit Ausnahme des ersten Lebensjahres nur für 5jährige Altersklassen zur Verfügung, so stellt also das so ermittelte p einen Mittelwert für die einzelnen Jahre dieser Altersklasse dar, und um die Zahlen der Lebenden am Anfang und am Ende der betreffenden Klasse zu ermitteln, muß man demnach, wenn das Alter beim Eintritt in die Klasse $= x$ ist und dieselben Altersjahre umfaßt, ansetzen: $l_{x+n} = l_x \cdot p^n$.

Dieses Verfahren soll bis zum Alter von 70 Jahren durchgeführt werden; für die höheren Alter wird es dagegen nach der Art der vorliegenden Aufgabe darauf ankommen, Sterbewahrscheinlichkeiten und mit denselben also auch Zahlen der nach der Absterbeordnung Sterbenden für jedes einzelne Altersjahr zu erhalten und infolgedessen wird für die Fortführung der Sterbetafel ein anderes Verfahren einzuschlagen sein. Für diesen Fall wird der Weg gewählt werden, daß die gesamte auf den Altersaufbau einer hinsichtlich ihrer Sterblichkeitsverhältnisse genau bekannten Vergleichsbevölkerung standardisierte Sterblichkeit für alle Alter von 70 Jahren aufwärts bei dem betreffenden Geschlecht in Proportion zur Gesamtsterblichkeit dieser Alter bei der Vergleichsbevölkerung gesetzt wird; mit dem sich so ergebenden Faktor werden dann alle Sterbewahrscheinlichkeiten dieser Alter in der Sterbetafel für die Vergleichsbevölkerung multipliziert, und mangels genauerer Kenntnis über das Absterben der zu untersuchenden Bevölkerung kann man dann annehmen, auf diese Weise die brauchbarsten Ziffern zu erhalten. Selbstverständlich werden die Ergebnisse nicht mit der unmittelbar beobachteten Sterblichkeitsintensität nach Jahrfünften und deren Umrechnung auf mittlere Sterbewahrscheinlichkeiten in denselben genau zusammenstimmen, da in den einzelnen Jahrfünften jenseits des 70. Lebensjahres die Sterblichkeit nicht bei allen zur Beobachtung kommenden Bevölkerungen genau proportional verläuft. Da aber gerade in diesen Altern die Beobachtungszahlen, d. h. die Zahlen der Lebenden in kleineren Gebieten und für kürzere Zeiträume ziemlich gering sind, dürften die Abweichungen von der Proportionalität der Zahlen vielfach zufällig sein, was man im einzelnen Falle noch mittels der χ^2-Methode nachprüfen kann, während der durch das Verhältnis der standardisierten Ziffern für die Gesamtgruppe dieser Alter charakterisierte Gesamtverlauf als solcher von Zufälligkeiten nur wenig beeinflußt sein kann. Infolgedessen dürfte es sich empfehlen, die Abweichungen von den unmittelbar beobachteten Zahlen für die einzelnen Jahrfünfte in Kauf zu nehmen und auf die beschriebene Weise einen Sterblichkeitsverlauf zu erzielen, der dem durch die Sterbetafel für die Vergleichsbevölkerung dargestellten durch Proportionalität aller Sterbewahrscheinlichkeiten für die einzelnen Alter völlig analog ist.

Als Beispiel sei erwähnt, daß mittels der eben dargestellten Methode Sterbetafeln für einzelne Landesteile des Deutschen Reiches für die Jahre 1924—1926 konstruiert werden sollen. Die Vergleichsbevölkerung wird in diesem Falle selbstverständlich von der des ganzen Reiches gebildet, für welche für den bezeichneten Zeitraum sowohl die Sterblichkeitskoeffizienten nach fünfjährigen Altersklassen als auch Sterbetafeln seitens des Statistischen Reichsamts [(1) Bd. 360] vorliegen. Zur Nachprüfung der Zuverlässigkeit der Methode sei im nachstehenden für die Alter bis zu 70 Jahren eine Sterbetafel in der bezeichneten Art aus den Sterblichkeitskoeffizienten berechnet und mit der tatsächlichen Sterbetafel verglichen. In der nachstehenden Tabelle 1 bezeichnet p wieder die Überlebenswahrscheinlichkeit für ein Jahr, n die Zahl der bei der Berechnung des Sterblichkeitskoeffizienten vereinigten Jahre, also mit Ausnahme der beiden ersten Altersklassen von einem und von vier Jahren je fünf. Die Tafel ist gemäß der vorher gegebenen Erläuterung bis zum Alter von 70 Jahren fortgeführt, und die fernere mittlere Lebensdauer bei diesem Alter ist dann aus der tatsächlichen Sterbetafel entnommen, um hiernach die Zahl der jenseits des 70. Jahres noch durchlebten Jahre zwecks Feststellung der ganzen Lebenserwartung für jedes darunter liegende Alter berechnen zu können. Es ergeben sich dann folgende Zahlen:

Tabelle 1. Sterbetafel aus den Sterblichkeitskoeffizienten für das Deutsche Reich 1924—1926.

x	männlich				weiblich			
	p_x	p_x^n	l_x	$\sum\limits_{x}^{\omega} 1 - \dfrac{l_x}{2}$	p_x	p_x^n	l_x	$\sum\limits_{x}^{\omega} 1 - \dfrac{l_x}{2}$
0	0,88439	0,88439	100000	5598172	0,90593	0,90593	100000	5883981
1	0,99258	0,97065	88439	5503953	0,99326	0,97331	90593	5788685
5	0,99803	0,99019	85843	5155389	0,99825	0,99128	88175	5431149
10	0,99862	0,99312	85001	4728279	0,99871	0,99357	87406	4992196
15	0,99715	0,98583	84416	4304736	0,99754	0,98776	86844	4556571
20	0,99556	0,97800	83220	3885646	0,99641	0,98218	85781	4125009
25	0,99576	0,97898	81390	3474121	0,99599	0,98011	84253	3699924
30	0,99589	0,97962	79679	3071449	0,99572	0,97878	82577	3282849
35	0,99537	0,97706	78055	2677114	0,99519	0,97618	80824	2874346
40	0,99393	0,97002	76264	2291316	0,99430	0,97182	78899	2475039
45	0,99174	0,95938	73978	1915711	0,99277	0,96437	76676	2086101
50	0,98786	0,94076	70973	1553334	0,98972	0,94965	73944	1709551
55	0,98185	0,91248	66768	1208981	0,98505	0,92745	70221	1349139
60	0,97180	0,86673	60925	889749	0,97624	0,88671	65126	1010771
65	0,95598	0,79844	52805	605424	0,96173	0,82275	57748	703586
70	.	.	42162	368006	.	.	47512	440436

Vergleicht man nun die so erhaltenen Sterbetafeln mit den tatsächlichen, so sieht man, daß die Übereinstimmung bis zum Alter von 60 Jahren eine vorzügliche und bis zu 70 Jahren eine noch durchaus befriedigende ist. Dies zeigt sich aus der nebenstehende Zusammenstellung der Zahlen der Überlebenden in der gemäß Tabelle 1 konstruierten und in der tatsächlichen Sterbetafel (s. Tab. 2).

Was schließlich noch die Zusammenfassung der gesamten Sterbetafel, nämlich die mittlere Lebensdauer des Neugeborenen betrifft, so ergibt sich diese nach der in

Tabelle 2. Überlebende in der aus Sterblichkeitskoeffizienten berechneten und in der tatsächlichen Sterbetafel.

Alter	Überlebende			
	männlich		weiblich	
	berechnet	tatsächlich	berechnet	tatsächlich
0	100000	100000	100000	100000
1	88439	88462	90593	90608
5	85843	85855	88175	88169
10	85001	85070	87406	87452
15	84416	84469	86844	86877
20	83220	83268	85781	85808
25	81390	81429	84253	84275
30	79679	79726	82577	82597
35	78055	78111	80824	80847
40	76264	76313	78899	78917
45	73978	74032	76676	76704
50	70973	71006	73944	73943
55	66768	66818	70221	70236
60	60925	60883	65126	65076
65	52805	52715	57748	57671
70	42162	41906	47512	47255

Tabelle 1 konstruierten Tafel für das männliche Geschlecht mit 55,98 gegenüber der genauen Zahl von 55,97 und für das weibliche mit 58,84 gegenüber 58,82. Aus diesen Vergleichen geht also mit hinlänglicher Deutlichkeit hervor, daß diese Methode wenigstens dann brauchbar ist, wenn es sich um eine Gesamtbevölkerung handelt; für die Angehörigen eines einzelnen Berufs z. B. würde dagegen die Methode nur mit großer Vorsicht anzuwenden sein, da in diesem Falle ein erheblicher Zugang oder ein starkes Ausscheiden bei Lebzeiten während eines einzelnen Jahrfünfts stattfinden könnte, das erste z. B. wegen Beendigung der normalen Ausbildungszeit, das zweitgenannte wegen der Pensionierungseinrichtungen.

Die Wiedergabe einer ganzen Sterbetafel durch eine einzige Zahl erfolgt herkömmlicherweise dadurch, daß man einen der üblichen statistischen Mittelwerte aus der Verteilung der tafelmäßigen Sterbealter angibt. Üblich ist hierfür das arithmetische Mittel, das in diesem Falle als mittlere Lebensdauer oder Lebenserwartung bezeichnet wird, ferner der Medianwert unter dem Namen der wahrscheinlichen Lebensdauer und schließlich der dichteste Wert, der hier wahrscheinlichste Lebensdauer oder normale Lebensdauer genannt wird. Die anderen Mittelwerte, die gelegentlich in der Statistik Verwendung finden und die in neuester Zeit von Flaskämper kritisch zusammengestellt wurden, sind bisher auf die Verteilung der Sterbealter wohl noch niemals angewendet worden, und es scheint auch, als ob sich durch diese keine wesentlichen neuen Erkenntnisse ergeben würden. Es bleibt also die Anwendung der drei üblichen Mittelwerte allein vorzunehmen. Welcher von diesen dreien aber die Verteilung am besten charakterisiert, das läßt sich ohne eine petitio principii nicht im voraus angeben, dies soll vielmehr erst aus der Betrachtung der Reihen selbst erschlossen werden.

Die Aufsuchung von Gesetzmäßigkeiten der menschlichen Lebensdauer, d. h. also ihrer Verteilung auf Grund von Sterbetafeln, ist schon oft vorgenommen worden, wie in der späteren geschichtlichen Übersicht über die diesbezüglichen Versuche kurz dargelegt werden wird. Die nachstehende Untersuchung wird sich von den bisherigen Arbeiten auf diesem Gebiete in zweierlei Hinsicht unterscheiden, nämlich:

Erstens zogen die bisherigen Arbeiten ihre Schlüsse zwar vielfach nicht aus einer einzigen Sterbetafel, sondern verwendeten hierzu mehrere Tafeln, jedoch im allgemeinen jede Tafel besonders; demgegenüber soll hier die Verschiedenheit der Tafeln für *verschiedene Länder* und die Entwicklung durch *verschiedene Zeiten* der Betrachtung unmittelbar dienstbar gemacht werden.

Zweitens benützten die bisherigen Arbeiten die durch die Sterbetafeln gegebenen Zahlen der Sterbewahrscheinlichkeiten, der in den einzelnen Altersjahren tafelmäßig Sterbenden usw. ohne Zerlegung, während die Verteilung z. B. der Sterbewahrscheinlichkeiten auf die einzelnen Todesursachen nur gelegentlich andeutungsweise herangezogen wurde; demgegenüber soll hier die Verteilung der Zahlen auf *Todesursachen* für die zu entwickelnden Schlüsse besondere Berücksichtigung finden.

2. Allgemeine Übersicht über die menschliche Lebensdauer.

Um zunächst durch ein einheitliches, kurz ausdrückbares Maß die Unterschiede in der Lebensdauer menschlicher Bevölkerungen darzustellen, wird im

nachstehenden hauptsächlich die mittlere Lebensdauer verwendet, wie sie
sich in der allgemein üblichen Methode aus Sterbetafeln ergibt, wobei gemäß
den Ausführungen im ersten Kapitel der Vorbehalt gemacht wird, daß hiermit
in keiner Weise vorweggenommen werden soll, ob dieser Mittelwert der zur
Charakterisierung geeignetste ist. Für seine Wahl zu einer allgemeinen Übersicht ist insbesondere der Umstand bestimmend, daß Ungenauigkeiten bei der
Ermittlung der für die Sterbetafel erforderlichen Daten, wie sie in Ländern und
in Zeiten primitiverer Kultur unvermeidlich sind, das arithmetische Mittel der
Lebensdauer, an dem die Sterblichkeit im Kindesalter besonders beteiligt ist,
weniger beeinflussen, als dies hinsichtlich des Medianwertes und des dichtesten
Wertes der Fall ist.

In der nachstehenden Tabelle 3 seien zu einer geographischen Übersicht
der mittleren Lebensdauer in der neuesten Zeit diejenigen Werte derselben
zusammengestellt, welche die letzte diesbezügliche Übersicht des Statistischen
Reichsamts [(1) Bd. 401] darbietet und durch die entsprechenden Angaben des
Internationalen statistischen Instituts ergänzt:

Tabelle 3. Die mittlere Lebensdauer in verschiedenen Ländern in neuester Zeit.

Land	Zeitraum	Mittlere Lebensdauer in Jahren	
		männlich	weiblich
Deutsches Reich	1924—1926	55,97	58,82
Österreich (altes Gebiet)	1906—1910	40,69	42,88
Schweiz.	1920—1921	54,48	57,50
Niederlande	1910—1920	55,1	57,1
Dänemark	1921—1925	60,3	61,9
Schweden	1911—1920	55,60	58,38
Norwegen	1911—1920	55,62	58,71
Finnland	1911—1920	43,41	49,12
England und Wales	1920—1922	55,62	59,58
Schottland	1921	53,08	56,35
Island	1901—1910	48,3	53,1
Italien	1910—1912	46,97	47,79
Frankreich	1920—1923	52,17	55,86
Ukraine.	1925—1926	43,57	46,72
Japan	1909—1913	44,25	44,73
Britisch-Südafrika (Europäer)	1920—1922	55,61	59,18
Vereinigte Staaten von Amerika (Weiße des Registrationsgebiets)	1919—1920	55,33	57,52
Australien.	1920—1922	59,15	63,31
Neu-Seeland.	1921—1922	62,76	65,43

Was nun die zeitliche Entwicklung der mittleren Lebensdauer innerhalb
der einzelnen Länder betrifft, so ist zu berücksichtigen, daß amtliche Sterbetafeln,
die sich auf die Bevölkerungen ganzer Länder beziehen, selbst in den Ländern
mit frühester Entwicklung der Statistik, wie insbesondere Schweden, erst seit
etwa einem Jahrhundert vorliegen, in den meisten Ländern sogar erst seit
ungefähr 1850. Um ältere Zeiträume erfassen zu können, muß man daher die
von einzelnen Gelehrten in der Frühzeit der statistischen Wissenschaft berechneten Sterbetafeln heranziehen und hierbei allerdings beachten, daß in
jenen Zeiten die Altersangaben der Gestorbenen sehr unzuverlässig waren und
daß auch die Methodik der Berechnung anfangs noch recht roh war. Außerdem

sind die Berechnungen heranzuziehen, welche durch nachträgliche Rekonstruktion
aus genealogischen Daten vorgenommen wurden; für die deutsche Frühzeit
stehen in dieser Hinsicht die Arbeiten von KEMMERICH und von PRINZING (1)
zur Verfügung.

Über die Entwicklung der menschlichen Lebensdauer im Altertum und frühen
Mittelalter gibt es überhaupt keine verwertbaren Angaben. Der biblische Satz
,,Unser Leben währet 70 Jahre, und wenn es hoch kommt, 80 Jahre" kann vielleicht auf die normale Lebensdauer bezogen werden, ist aber, wenn er auch
in dieser Hinsicht eine treffliche Beobachtungsgabe verraten mag, mangels
exakter statistischer Unterlagen doch zu unzuverlässig, und die Bestimmungen
der Römer über die Ablösungswerte von Leibrenten beruhen gleichfalls nur
auf Schätzungen. Für das spätere Mittelalter und die Neuzeit sind die Zahlen
verhältnismäßig sicher, welche KEMMERICH für die Familien der Deutschen
Kaiser und einige deutsche Fürstenfamilien berechnet hat; hiernach betrug
für den Durchschnitt beider Geschlechter in diesen Familien die mittlere
Lebensdauer

im Zeitraume 800—1300 . . . . 31 Jahre
,,   ,,   1300—1450 36   ,,
,,   ,,   1450—1600 37   ,,
,,   ,,   1600—1780 32   ,,
,,   ,,   1780—1908 41   ,,

Über die Sterblichkeit der bürgerlichen und bäuerlichen Bevölkerung Deutschlands in der gleichen Zeit wissen wir durch PRINZING, daß dieselbe wesentlich
höher, die mittlere Lebensdauer also kürzer war als in den Fürstenfamilien,
außerdem auch größere Schwankungen aufzuweisen gehabt haben dürfte.

Die älteste überhaupt vorhandene Sterbetafel, nämlich die von GRAUNT,
ist von diesem mangels unmittelbarer Angaben über die Alter der Gestorbenen
nach einer rohen Schätzung derselben auf Grund der Todesursachen und einer
gleichfalls recht primitiven Interpolationsformel konstruiert. Die Ergebnisse,
welche sich auf die Bevölkerung Londons in der ersten Hälfte des 17. Jahrhunderts beziehen, können deshalb keinerlei Anspruch auf Zuverlässigkeit
erheben; trotz der bestimmt sehr großen Abweichungen im Verlaufe der Absterbeordnung von der Wirklichkeit führen sie aber, wenn man aus ihnen die
mittlere Lebensdauer zu berechnen versucht, zu einer leidlich glaubwürdigen
Zahl, nämlich ungefähr 18 Jahren. Die erste wirkliche, nämlich auf Grund von
Altersangaben der Gestorbenen unter Heranziehung der Geborenenzahlen berechnete Sterbetafel, die berühmte Tafel von HALLEY, welche er auf Grund der
Bevölkerungsbewegung in der evangelischen Bevölkerung von Breslau 1687—1691
berechnete, führt auf eine mittlere Lebensdauer von 29 Jahren. Fast genau
das gleiche Ergebnis, und zwar eine mittlere Lebensdauer von 28,5 Jahren,
liefert die ein halbes Jahrhundert später, nämlich um die Mitte des 18. Jahrhunderts aus deutschem Material entstandene Sterbetafel von SÜSZMILCH (2) und
BAUMANN. Allerdings ist hinsichtlich der letztgenannten Tafel zu berücksichtigen,
daß dieselbe von der Fiktion einer stationären Bevölkerung ausgeht, während
in Wirklichkeit damals die Bevölkerung, wie sich aus den von SÜSZMILCH selbst
dargebotenen Zahlen ergibt, in ziemlich erheblicher Vermehrung begriffen war,
so daß also die Konstruktion der Sterbetafel unter Berücksichtigung der Veränderungen der Geburtenfolge eine längere mittlere Lebensdauer ergeben hätte.

Die anderen Sterbetafeln des 18. Jahrhunderts wie insbesondere von KERSSE-BOOM und DÉPARCIEUX sind nicht aus der Statistik ganzer Bevölkerungen, sondern von Rentnern u. dgl. berechnet und daher zur Beleuchtung der fortschreitenden Entwicklung der menschlichen Lebensdauer in Europa weniger geeignet.

Wie sich die Lebensdauer im 19. Jahrhundert entwickelt hat, sei zunächst an den Zahlen für die Länder mit einer weit zurückreichenden Sterbetafelberechnung dargetan. So betrug die mittlere Lebensdauer in Schweden:

Zeitraum	männlich	weiblich	Zeitraum	männlich	weiblich
1816—1840	39,50	43,56	1871—1880	45,30	48,60
1841—1845	41,94	46,60	1881—1890	48,55	51,47
1846—1850	41,38	45,59	1891—1900	50,94	53,63
1851—1855	40,51	44,64	1901—1910	54,53	56,98
1856—1860	40,48	44,15	1911—1920	55,60	58,38
1861—1870	42,80	46,40			

Die Entwicklung ungefähr in der gleichen Zeit in England und Wales ergibt als Zahlen der mittleren Lebensdauer:

Zeitraum	männlich	weiblich	Zeitraum	männlich	weiblich
1838—1854	39,91	41,85	1901—1910	48,53	52,38
1871—1880	41,35	44,62	1910—1912	51,50	55,35
1881—1890	43,66	47,18	1920—1922	55,62	59,58
1891—1900	44,13	47,77			

Die Entwicklung der mittleren Lebensdauer in Dänemark war der in Schweden ganz ähnlich, in Norwegen lagen die Zahlen anfangs etwas günstiger, während in der neuesten Zeit ein völliger Ausgleich erfolgt ist. Die deutschen Sterbetafeln reichen leider nur bis zu dem im Jahre 1871 beginnenden Zeitraum zurück, sie weisen als mittlere Lebensdauer auf:

Zeitraum	männlich	weiblich	Zeitraum	männlich	weiblich
1871/72—1880/81	35,58	38,45	1901—1910	44,82	48,33
1881—1890	37,17	40,25	1924—1926	55,97	58,82
1891—1900	40,56	43,97			

Die Allgemeine Deutsche Sterbetafel 1910—1911 ist hierbei und in zukünftigen Betrachtungen unberücksichtigt gelassen, da sie hinsichtlich der Zeitabgrenzung von den anderen Tafeln der Vorkriegszeit abweicht und weil sie namentlich das abnorme Jahr 1911 mit seiner ungewöhnlichen Sommerhitze und seiner deshalb aus der Reihe der Nachbarjahre fallenden Säuglingssterblichkeit ohne genügenden Ausgleich durch eine Anzahl anderer Jahre enthält.

Die Sterbetafeln Italiens beginnen leider noch später, nämlich erst mit dem Zeitraume von 1876—1887. Sie weisen Zahlen der mittleren Lebensdauer auf, welche den gleichzeitigen in Deutschland ähnlich sind. Hingegen reichen die französischen Sterbetafeln sehr weit zurück und gestatten deshalb, die Veränderungen während eines vollen Jahrhunderts zu verfolgen. Die Zahlen der mittleren Lebensdauer lauten:

Zeitraum	männlich	weiblich	Zeitraum	männlich	weiblich
1817—1831	38,3	40,8	1898—1903	45,74	49,13
1840—1859	39,3	41,0	1908—1913	48,50	52,42
1861—1865	39,10	40,55	1920—1923	52,17	55,86
1877—1881	40,83	43,42			

Beim Vergleich der Zahlen für verschiedene Länder darf nicht übersehen werden, daß die mittlere Lebensdauer stets die durchschnittliche Lebenserwartung des Lebendgeborenen darstellt, der Begriff der Lebendgeburt bisher aber in verschiedenen Ländern verschieden war; insbesondere bleiben hierdurch in Frankreich, Belgien und England die kürzesten Lebensdauern außerhalb der Berechnung, so daß die durchschnittliche Lebensdauer dort höher erscheint, als es der Fall wäre, wenn auch in diesen Ländern jedes Kind, das geatmet hat, als Lebendgeburt verzeichnet worden wäre.

Die kürzeste mittlere Lebensdauer, welche jemals mittels einwandfreier statistischer Methodik gefunden worden ist, dürfte die sein, welche v. Bortkiewicz für den Zeitraum 1874—1883 für die Bevölkerung Rußlands (nur orthodoxer Konfession) berechnete [(1) und (2)]. Hiernach betrug die mittlere Lebensdauer für das männliche Geschlecht 26,31 und für das weibliche 29,05 Jahre. Die Sterbetafeln Britisch-Indiens, welche noch niedrigere Werte ergeben, beruhen auf allzu unzuverlässigen Angaben, als daß sie als einigermaßen brauchbar betrachtet werden könnten. Demgegenüber wird die höchste bisher beobachtete mittlere Lebensdauer durch die Sterbetafel von Neu-Seeland 1921—1922 dargestellt, welche für das männliche Geschlecht 62,76 und für das weibliche 65,43 Jahre ergab.

Hält man sich zunächst an die mittlere Lebensdauer als den Mittelwert, welcher durch alle Einzelwerte der gesamten Verteilung gebildet wird, so sieht man, daß dieselbe insgesamt Schwankungen zeigt, welche für die extremen Werte ein Verhältnis etwa wie $1:2^1/_2$ ergeben. Auch bei Ausschaltung der zeitlichen Komponente durch Vergleich von Zahlen für denselben Zeitraum bleiben in der neuesten Zeit noch recht erhebliche Unterschiede übrig, welche z. B. für die letzte Zeit vor dem Kriege für das männliche Geschlecht Schwankungen zwischen 43 und 56 Jahren darstellen. Noch größer sind die Unterschiede der mittleren Lebensdauer für das gleiche Land in verschiedenen Zeiten, welche sich darin ausdrücken, daß in dem Zeitraume ungefähr zwischen 1870 und 1925 die mittlere Lebensdauer durchweg Steigerungen aufweist, welche im Deutschen Reiche 20 Jahre erreichen, in vielen anderen Ländern zwar nicht so viel, aber immerhin etwa 15 Jahre.

Wie die dürftigen Zahlen für weiter zurückliegende Zeiträume mit hinlänglicher Wahrscheinlichkeit erkennen lassen, ist diese schnelle Steigerung der mittleren Lebensdauer, die wir seit etwa 1870 beobachten können, durchaus nicht in die Vergangenheit extrapolierbar; vielmehr hat sich bis nahe zu dieser Zeit durch viele Jahrhunderte die mittlere Lebensdauer fast gar nicht und auch nur mit starken Verlaufswellen gehoben, und erst dann kam plötzlich die jähe Änderung des Differentialquotienten dieser Linie. Der Aufstieg erlitt durch den Weltkrieg insofern selbstverständlich eine Unterbrechung, als die mittlere Lebensdauer sank, wenn man die Kriegstodesfälle mitrechnet, im übrigen war die Sterblichkeit der Kriegszeit auch durch die Grippeepidemie von 1918 beeinflußt, welche aber keine unmittelbare Kriegsfolge darstellen kann, da sie in neutralen Ländern am verheerendsten wütete. Die Unterernährung, unter welcher Deutschland und die verbündeten Länder damals so fürchterlich litten, hat zwar vorübergehend einen kleinen Einfluß auf die Sterblichkeit gehabt, der jedoch sehr schnell vollständig ausgeglichen war, so daß wenige Jahre nachher nicht etwa nur die Lebensdauer der Vorkriegszeit wieder erreicht wurde, sondern so weit gestiegen war, wie es der Fall gewesen wäre, wenn die Entwicklungslinie der Vorkriegszeit sich ohne Unterbrechung fortgesetzt hätte.

Dieses Verhalten und ebenso der Umstand, daß in England mit seiner seit Beginn des 19. Jahrhunderts schnell fortschreitenden Industrialisierung und gleichfalls in Frankreich, welches nach der napoleonischen Zeit und besonders unter dem zweiten Kaiserreich schon ein Land erheblichen Wohlstands war, dennoch die Verlängerung der mittleren Lebensdauer genau so wie in Ländern mit ganz anderem Verlauf der wirtschaftlichen Entwicklung erst um 1870 fühlbar einsetzte, deuten stark darauf hin, daß die wirtschaftliche Lage nicht oder wenigstens nicht unmittelbar der entscheidende Faktor für die Unterschiede in der Lebensdauer verschiedener Länder und verschiedener Zeiten ist. Auch durch die erheblichen Differenzen in der Sterblichkeit bei den Angehörigen verschiedener Berufe, die vielfach beobachtet wurden, läßt sich ein unmittelbarer Einfluß der wirtschaftlichen Lage nicht beweisen. Wenn auch z. B. für Bremen im Zeitraume 1901—1910 durch Funk nachgewiesen werden konnte, daß die Sterblichkeit der Ärmeren im Vergleich zu der der Wohlhabenden sich im Säuglingsalter wie 5:1, im Kleinkindesalter sogar wie 9:1 und im Alter zwischen 30 und 60 Jahren immer noch wie 2:1 verhielt, wobei die Zahlen für den Mittelstand zwischen diesen Extremzahlen lagen, so scheint sich dies in Deutschland doch in neuester Zeit grundlegend geändert zu haben; denn nach den Berechnungen von Freudenberg (2) ergab sich für die 20 Verwaltungsbezirke der Viermillionenstadt Berlin 1924—1926, daß die Unterschiede zwischen der Sterblichkeit von Bevölkerungsschichten verschiedener wirtschaftlicher Lage nur noch im Säuglingsalter und Kleinkindesalter merklich waren, und zwar auch hier in äußerst vermindertem Maße, daß sie aber in den weiteren Altersklassen fast völlig verschwunden waren. Noch mehr spricht für die starke Unabhängigkeit zwischen Sterblichkeit und wirtschaftlicher Lage, daß die Sterblichkeit an Tuberkulose, die früher als besonders beeinflußt durch die Wirtschaftslage galt, nach den Untersuchungen von Geiszler in den letzten Jahren in Baden und einigen anderen deutschen Landesteilen bei den Arbeitern bis auf denselben Stand wie bei den „Selbständigen" abgesunken ist.

Daß bei der Aufgliederung der Sterblichkeit nicht nach sozialen Klassen, sondern nach einzelnen Berufszweigen noch erhebliche Unterschiede zu finden sind, läßt sich zwanglos in den meisten Fällen durch die Wirkung unmittelbarer Berufsschädlichkeiten erklären, wie sie für einzelne Berufsarten trotz aller Bestrebungen der Gewerbehygiene noch nicht beseitigt werden konnten, wie z. B. Steinhauer, Bergarbeiter im Erzbergbau oder auch Kellner, bei welch letztgenannten der schädigende Einfluß des Berufes allerdings nicht unmittelbarer Art ist, sondern hauptsächlich auf der vermehrten Gelegenheit zum Alkoholgenuß beruht. Zu einem anderen, gleichfalls recht wesentlichen Teil lassen sich ferner die Unterschiede zwischen der Sterblichkeit der Angehörigen verschiedener Berufe durch die verschiedene Berufsauslese erklären, welche dadurch entsteht, daß zu manchen Berufen überhaupt nur gesunde Personen zugelassen werden und in anderen die körperlichen Ansprüche so erheblich sind, daß auch diese Berufe meist nur von Gesunden ergriffen werden, während andere Berufe wegen der weniger anstrengenden Lebensweise um so häufiger von Personen gewählt werden, deren schwächliche Konstitution eine kurze Lebensdauer erwarten läßt, die dann also weder eine Folge der Berufstätigkeit noch der wirtschaftlichen Lage der Angehörigen dieses Berufes ist.

Auch klimatische Einflüsse können nicht von großer Bedeutung für die mittlere Lebensdauer sein. Zur Erklärung der zeitlichen Veränderungen kommen sie ohnehin nicht in Betracht, und die große Mehrsterblichkeit, welche in allen Ländern der heißen Zone im Vergleich mit dem größten Teile Europas und mit Nordamerika zu beobachten ist, kann nicht unmittelbar hierauf beruhen, da bei der weißen Bevölkerung der Kolonialländer eine solche Übersterblichkeit völlig fehlt; dies mag zwar, worauf PRINZING (3) hinweist, teilweise darauf beruhen, daß die in den Tropen weilenden Europäer im Falle längerer Krankheiten in die Heimat zurückkehren, teilweise mag es auch eine Folge davon sein, daß schwächliche Personen sich überhaupt nicht erst in die Tropen begeben, immerhin aber kann die Mehrsterblichkeit der Weißen in den Tropen im Vergleich zur Heimat nicht erheblich sein, und insbesondere ist sie nicht mit der Sterblichkeit der Eingeborenen vergleichbar, deren genaue Höhe wir allerdings gar nicht kennen, weil sich eine einigermaßen zuverlässige Statistik des Bevölkerungsstandes nach Altersklassen und der Bevölkerungsbewegung für die Eingeborenen nicht ermöglichen läßt. Es müssen also andere Gründe die große Übersterblichkeit der eingeborenen Bevölkerung in den Tropen verursachen; die meist recht ungünstige wirtschaftliche Lage als solche dürfte hierfür nicht verantwortlich zu machen sein, da in Europa auch kein Einfluß derselben zu bestehen scheint. Es muß vielmehr eine andere Ursache bewirken, daß die Sterblichkeit mitunter bei gleichem Klima und gleicher Wirtschaftslage verschieden und in anderen Fällen wieder in verschiedenem Klima oder bei verschiedener Wirtschaftslage gleichartig ist.

Die einzige Möglichkeit, alle diese Erscheinungen zu erklären, dürfte darin liegen, daß man *das Maß hygienischer Kenntnisse und ihrer Verbreitung und Anwendung* als den Faktor betrachtet, der die Lebensdauer am stärksten beeinflußt. So erklärt es sich, daß in den Ländern mit der höchsten Kulturstufe, also in allen germanischen Ländern, die Verlängerung des menschlichen Lebens zu der Zeit begann, als die Fortschritte der Medizin den Kampf gegen die gefährlichsten Seuchen erfolgreich aufnehmen ließen, als in Deutschland insbesondere durch das Impfgesetz die Pocken ausgerottet wurden, und daß mit der Entwicklung der Bakteriologie der schnelle Anstieg der Lebensdauer in diesen Ländern zusammenfällt, unterstützt durch die Fortschritte derjenigen Zweige der Medizin, welche nicht die Verhütung von Erkrankungen, aber immerhin die Heilung derselben zum Gegenstand haben. In den romanischen Ländern Europas und besonders Südamerikas drangen die Elemente hygienischer Bildung erst später vor, und in den slawischen Ländern ist auch heute hiervon noch kaum etwas zu merken, erst recht natürlich nicht bei der farbigen Bevölkerung der überseeischen Länder; auch der große Unterschied zwischen den Lebensgewohnheiten von Weißen und Negern in den Vereinigten Staaten von Amerika drückt sich in einem ebenso erheblichen der Sterblichkeit aus. Zusammenfassend kann man vielleicht die Verhältnisse auf die Formel bringen, daß die Höhe der Sterblichkeit in einem Lande und zu einer Zeit in einer gleichsinnigen Beziehung zu der Zahl der Analphabeten im gleichen Lande und zur gleichen Zeit steht, die mittlere Lebensdauer sich also umgekehrt verhält.

Diese Formel hat aber nur für die Zeit Geltung, in welcher in vielen Ländern der große Aufstieg der mittleren Lebensdauer einsetzte und gleichzeitig die Unterschiede derselben sich vergrößerten, also, wie im vorstehenden bereits wiederholt abgegrenzt wurde, ungefähr seit 1870. In früheren Zeiten, in denen die Lebensdauer innerhalb des gleichen Landes sich nur sehr langsam änderte, scheinen auch die Unterschiede zwischen den verschiedenen Ländern nicht groß gewesen zu sein. Dies steht nicht im Widerspruch zu der für die gegenwärtigen Verhältnisse aufgestellten Formulierung, wonach die Lebensdauer eine Funktion der hygienischen Verhältnisse und damit also des Bildungsniveaus einer Bevölkerung sei; denn ehe die primitivsten hygienischen Grundsätze gefunden worden waren, konnten dieselben eben auch von den geistig Höchststehenden nicht berücksichtigt werden, und bei einer solchen Gleichheit der hygienischen Verhältnisse in verschiedenen Völkern und verschiedenen Volksschichten war also eine verhältnismäßig gleichartige mittlere Lebensdauer bei allen zu erwarten, die nur durch die in früheren Jahrhunderten weit krasseren unmittelbaren Einflüsse der wirtschaftlichen Lage, insbesondere durch die damals mitunter sehr starken Hungersnöte beeinflußt wurde; es ist sogar schon die Vermutung ausgesprochen worden, daß wenigstens die Wochenbettsterblichkeit bei den bestgestellten Schichten höher gewesen sein müsse als in der übrigen Bevölkerung, weil die bei jenen verbreitertere Hinzuziehung von Ärzten in der Zeit vor Einführung der Asepsis, also mindestens bis zur Mitte des 19. Jahrhunderts, die Infektionsgefahr durch ärztliche Betätigung mehr erhöhte, als die ärztliche Kunst jener Zeit nützen konnte.

So erscheint es begreiflich, daß bis über die Mitte des 19. Jahrhunderts die Unterschiede im Durchschnittswert der menschlichen Lebensdauer und in ihrer Verteilungskurve örtlich und zeitlich nicht groß waren, ausgenommen allein, soweit der Einfluß der ungeheuerlichen Seuchenzüge jener Zeiten Änderungen hervorrief, die dann allerdings mitunter über die größten gegenwärtig zu findenden Sterblichkeitsunterschiede hinausgegangen zu sein scheinen. Infolgedessen ist es auch nicht verwunderlich, daß — unter gesonderter Behandlung der Seuchenjahre — die Statistiker jener Zeiten an eine durch göttliches oder natürliches Gesetz ein für allemal festgelegte Verteilung der Lebensdauern, d. h. mit dem genannten Vorbehalt der Besonderheiten der Seuchenjahre an eine konstante Absterbeordnung glaubten.

Wie vorher aber dargetan wurde, hat diese Anschauung vergangener Jahrhunderte ihre Berechtigung völlig verloren, die mittlere Lebensdauer, welche zunächst als Mittelwert berücksichtigt wurde, weist ganz gewaltige örtliche und zeitliche Unterschiede auf. Nun stellt jedoch die mittlere Lebensdauer einen ausgesprochen nichttypischen Mittelwert dar, worauf im Anschluß an LEXIS schon ŽIŽEK hingewiesen hat, und es bleibt daher noch festzustellen, wieweit das für ihn gefundene Verhalten auch für die anderen üblichen Mittelwerte gilt. Von diesen ist hauptsächlich die wahrscheinlichste Lebensdauer zu berücksichtigen.

Die wahrscheinlichste Lebensdauer hat nach der HALLEYschen Tafel für
Breslau 1687—1691, wenn man die ausgeglichene Tafel (nach JOHN) zugrunde
legt, $71^1/_2$ Jahre betragen. Ihre Entwicklung seit der Berechnung deutscher
Sterbetafeln bis zur Gegenwart war dagegen folgende:

Zeitraum	Wahrscheinlichste Lebensdauer		Zeitraum	Wahrscheinlichste Lebensdauer	
	männlich	weiblich		männlich	weiblich
1871/72—1880/81	70,1	72,7	1901—1910	72,9	74,5
1881—1890	71,5	72,6	1924—1926	75,4	76,2
1891—1900	71,6	73,3			

Demgegenüber sei erwähnt, daß die Sterbetafeln für die orthodoxe Bevölkerung Rußlands von v. BORTKIEWICZ [(1) und (2)] für 1874—1883 als Wert
der wahrscheinlichsten Lebensdauer für das männliche Geschlecht 64,0 Jahre
und für das weibliche 64,1 Jahre ergeben.

Die Unterschiede der wahrscheinlichsten Lebensdauer sind also im Vergleich
zu denen der mittleren Lebensdauer verhältnismäßig geringfügig, und dies
läßt erkennen, daß die Sterblichkeitsunterschiede, welche die großen Verschiedenheiten der mittleren Lebensdauer bedingen, die einzelnen Altersklassen
verschieden stark betreffen. Zu einem weiteren Eindringen in die Gesetzmäßigkeiten der menschlichen Lebensdauer erscheint daher eine vergleichende Betrachtung der *Sterblichkeitsverhältnisse der einzelnen Altersklassen* geboten.

3. Die Sterblichkeit in den einzelnen Altersklassen.

Die nachstehende Tabelle 4 zeigt, wie sich die Sterblichkeit in 5jährigen
Altersklassen nach den Allgemeinen Deutschen Sterbetafeln gestaltet hat. Die

Tabelle 4. Die Entwicklung der Sterblichkeit nach Altersjahrfünften
im Deutschen Reich seit 1871.

Alter in Jahren	Von 1000 in das Altersjahrfünft Eintretenden starben während desselben									
	männliche Personen					weibliche Personen				
	1871/72 bis 1880/81	1881 bis 1890	1891 bis 1900	1901 bis 1910	1924 bis 1926	1871/72 bis 1880/81	1881 bis 1890	1891 bis 1900	1901 bis 1910	1924 bis 1926
0—5	351,3	338,7	308,1	257,9	141,5	318,7	306,2	273,8	226,7	118,3
5—10	42,9	39,3	26,4	18,6	9,1	42,4	40,0	27,2	19,3	8,1
10—15	19,3	17,1	13,5	11,3	7,1	20,8	19,4	15,3	12,6	6,6
15—20	26,4	23,6	21,3	18,9	14,2	24,3	22,5	19,6	17,7	12,3
20—25	40,4	34,0	28,9	25,0	22,1	34,5	29,8	25,4	23,3	17,9
25—30	42,9	37,1	30,0	26,0	20,9	43,3	38,0	31,3	27,9	19,9
30—35	48,5	44,9	35,3	29,6	20,3	50,0	44,7	36,3	31,1	21,2
35—40	58,7	55,8	45,8	38,5	23,0	56,9	50,4	41,6	35,4	23,9
40—45	71,8	68,0	59,7	51,0	29,9	60,0	53,8	45,7	39,3	28,0
45—50	89,3	83,6	76,1	68,4	40,9	66,7	59,4	52,6	46,3	36,0
50—55	113,6	107,5	99,4	93,1	59,0	87,0	79,3	71,2	64,0	50,1
55—60	148,3	141,9	132,0	127,1	88,8	121,4	113,0	102,6	93,0	73,5
60—65	203,1	194,8	183,1	176,4	134,2	181,6	169,5	155,9	142,6	113,8
65—70	284,3	270,0	258,8	247,9	205,0	262,7	247,7	235,6	217,3	180,6
70—75	394,8	380,2	364,9	351,9	308,0	375,5	362,6	346,4	324,9	279,9
75—80	531,3	521,4	502,4	489,0	446,0	519,6	500,5	482,9	463,3	420,7
80—85	675,3	672,7	659,3	642,6	603,4	660,3	647,3	634,9	615,2	575,3
85—90	798,2	811,4	803,0	787,4	749,0	789,0	777,9	769,9	762,0	718,6

Zahlen sind von FREUDENBERG (3) unmittelbar aus den Zahlen der tafelmäßig Überlebenden am Anfang und Ende jedes Altersjahrfünfts zusammengestellt und bedeuten die 5jährige Sterbewahrscheinlichkeit.

Wie sich hiernach in dem Gesamtzeitraum von der ersten bis zur letzten vorstehend berücksichtigten Sterbetafel die Sterbewahrscheinlichkeit in den einzelnen Altersjahrfünften im Verhältnis zum Ausgangszeitraum entwickelt hat, ergibt unter Fortlassung der Zahlen für die dazwischen liegenden Zeiträume die nebenstehende Tabelle 5.

Die Zahlen der Tabelle 5 zeigen, daß in diesem Zeitraum von etwa einem halben Jahrhundert die bereits auf Grund des Verhaltens der mittleren Lebensdauer festgestellte gewaltige Sterblichkeitssenkung sich auf die einzelnen Altersklassen sehr ungleichmäßig erstreckt hat, wie aus dem verschiedenen Verhalten von mittlerer und wahrscheinlichster Lebensdauer schon zu schließen war. Mit einigen Unregelmäßigkeiten des Verlaufs, welche im einzelnen bei Betrachtung des Einflusses der verschiedenen Todesursachen zu erörtern sein werden, ist die Sterblichkeit im Kindesalter am stärksten gesunken, im Alter zwischen etwa 15 und 50 Jahren etwas schwächer, aber innerhalb dieses Alters ziemlich gleichmäßig; in den Altersklassen von 50 Jahren an zeigt sich deutlich eine Verminderung des Sterblichkeitsrückgangs mit zunehmendem Alter, und zwar innerhalb dieser Altersklassen so regelmäßig, daß fast genau die Sterbewahrscheinlichkeit von 1924—1926 so viel Prozent derjenigen des gleichen Alters von 1871/72—1880/81 ausmacht, wie die Zahl der Jahre des betreffenden Alters angibt, also eine lineare Abnahme des relativen Sterblichkeitsrückgangs mit zunehmendem Alter.

Tabelle 5. Vergleich der Sterblichkeit nach Altersjahrfünften im Deutschen Reich 1871/72—1880/81 und 1924—1926.

Alter in Jahren	Fünfjährige Sterbewahrscheinlichkeit 1924–1926 in % der von 1871/72—1880/81	
	männlich	weiblich
0—5	40	37
5—10	21	19
10—15	37	32
15—20	54	51
20—25	55	52
25—30	49	46
30—35	42	42
35—40	39	42
40—45	42	47
45—50	46	54
50—55	52	58
55—60	60	61
60—65	66	63
65—70	72	69
70—75	78	75
75—80	84	81
80—85	89	87
85—90	94	91

Gegenüber diesen Unterschieden der zeitlichen Sterblichkeitsveränderung in den einzelnen Altersklassen seien nachstehend die Unterschiede zwischen den örtlichen Sterblichkeitsabweichungen der einzelnen Altersklassen betrachtet. Da im allgemeinen die Sterbetafeln der verschiedenen Länder sich nicht auf gleiche Zeiträume beziehen, spielen unvermeidlicherweise allerdings auch zeitliche Verschiedenheiten der Sterblichkeit hinein. Die Berechnung dieser Verschiedenheiten ist derart erfolgt, daß die seitens des Statistischen Reichsamts [(1) Bd. 401] zusammengestellten neuesten Zahlen tafelmäßiger Sterbewahrscheinlichkeiten in verschiedenen Ländern für die einzelnen Altersklassen auf ihre Streuung geprüft wurden. Es handelt sich also um die Sterbetafeln für:

Deutsches Reich 1924—1926 — Schweiz 1920—1921 — Italien 1910—1912 — Finnland 1911—1920 — Norwegen 1911—1920 — Dänemark 1921—1925 — England und Wales 1920—1922 — Niederlande 1910—1920 — Frankreich 1908—1913 — Japan 1909—1913 — Australien 1920—1922 — Schweden 1911—1920.

Die Berechnung der Durchschnittswerte und der mittleren Abweichungen der Sterbewahrscheinlichkeiten für die einzelnen herangezogenen Alter ist ohne

Berücksichtigung der Gewichte der für die Herstellung der Sterbetafeln verwendeten Grundzahlen erfolgt, da es zum mindesten sehr zweifelhaft ist, ob die Berechnung gewogener Werte beim Vergleich verschiedener Länder zweckmäßiger oder auch nur ebenso zweckmäßig wie die ungewogener ist; hinsichtlich des zu diesem Ergebnis führenden Gedankenganges sei auf meine (6) Darstellung dieses Themas verwiesen, worin ich die Frage statistischer Gewichte im Zusammenhang behandelt habe.

Die für die Streuungsberechnung verwendeten Sterbewahrscheinlichkeiten sind die für alle durch 5 teilbaren Altersjahre von 5 bis einschließlich 85, und zwar jeweils die einjährigen Sterbewahrscheinlichkeiten. Das ebenfalls durch 5 teilbare Alter von 0 Jahren ist unberücksichtigt geblieben, weil im frühesten Kindesalter die zeitlichen Veränderungen der Sterblichkeit im Vergleich zu den örtlichen Verschiedenheiten besonders bedeutsam sind, und außerdem, weil gerade für das Alter von 0 Jahren die Sterbewahrscheinlichkeit von der Art der Definition der Lebendgeburt mit ihren internationalen Verschiedenheiten abhängig ist.

Die Ergebnisse dieser Berechnung sind in der nachstehenden Tabelle 6 zusammengestellt:

Tabelle 6. Die Streuung der Sterbewahrscheinlichkeiten für verschiedene Alter.

Alter	Sterbewahrscheinlichkeiten aus 12 neuesten Tafeln (vgl. Text) in $^o/_{oo}$					
	Durchschnitt		mittlere Abweichung		Variationskoeffizient	
	männlich	weiblich	männlich	weiblich	männlich	weiblich
5	4,58	4,57	2,06	2,22	0,45	0,49
10	2,32	2,38	0,89	1,08	0,38	0,45
15	3,07	3,67	1,10	1,75	0,36	0,48
20	6,26	5,13	3,18	2,28	0,51	0,44
25	6,29	5,71	2,67	2,22	0,42	0,39
30	6,10	5,88	2,20	1,85	0,36	0,31
35	6,58	6,31	2,17	1,77	0,33	0,28
40	7,65	6,93	2,25	1,61	0,29	0,23
45	9,66	7,85	2,61	1,35	0,27	0,17
50	12,70	9,96	3,23	1,44	0,25	0,14
55	17,80	13,53	4,04	1,95	0,23	0,14
60	25,70	19,82	4,82	2,77	0,19	0,14
65	38,21	31,04	6,52	4,61	0,17	0,15
70	58,49	50,01	9,30	7,46	0,16	0,15
75	91,18	81,51	12,50	12,15	0,14	0,15
80	139,81	128,36	16,48	18,58	0,12	0,14
85	206,19	193,98	19,24	26,44	0,09	0,14

Die Variationskoeffizienten verlaufen trotz des mit dem weiteren Verhalten übereinstimmenden Grundzuges in den ersten Altersklassen ziemlich unregelmäßig, was teilweise aus den verhältnismäßig kleinen Grundzahlen für diese Altersklassen zu erklären sein dürfte. Etwa für die Alter von 25—85 Jahren ist der Verlauf dagegen bei jedem der beiden Geschlechter recht regelmäßig; berechnet man für diese 13 Altersklassen allein die Lage der Regressionslinien der Variationskoeffizienten auf das Alter, so findet man als Variationskoeffizienten der Sterbewahrscheinlichkeit, wenn x das Alter in Jahren bedeutet,

für das männliche Geschlecht . . . . $v = 0{,}51 - 0{,}0050\,x$,
für das weibliche Geschlecht . . . . $v = 0{,}39 - 0{,}0035\,x$.

Diese Regressionslinien, von denen der Verlauf im einzelnen innerhalb der genannten Altersklassen nicht erheblich abweicht, bestätigen den unmittelbar aus den Zahlen zu gewinnenden Eindruck, daß der Variationskoeffizient der Sterbewahrscheinlichkeit in ausgesprochen negativer Korrelation zum Alter steht und daß diese Abhängigkeit beim männlichen Geschlecht wesentlich stärker als beim weiblichen ist; dies kommt dadurch zustande, daß der Variationskoeffizient für das männliche Geschlecht in den jüngeren Altern bedeutend höher als für das weibliche liegt, während im höheren Alter beide ungefähr dem gleichen Tiefstande zustreben.

Einen weiteren Einblick in die Streuungsgröße der Sterblichkeit nach Altersklassen gewährt ein Vergleich der Sterblichkeitskoeffizienten in den verschiedenen Teilen Deutschlands im durchweg gleichen Zeitraume, nämlich den Jahren 1924—1926. Hier handelt es sich im Gegensatze zu dem vorstehend verwerteten Material um Ziffern, die in völlig einheitlicher Art berechnet sind, wobei die Gleichheit des Zeitraums auch noch einen weiteren Vorteil darstellt; als Nachteil steht dem freilich unvermeidlicherweise gegenüber, daß die Unterschiede der Sterblichkeit innerhalb Deutschlands natürlich weit weniger hervortreten als in den ganz verschiedenartigen vorher betrachteten Ländern.

Die dieser Berechnung zugrunde gelegten Ziffern der durchschnittlichen jährlichen Sterblichkeit in den Jahren 1924 bis 1926 nach Geschlecht und Altersklassen für die Länder und Landesteile des Deutschen Reichs sind seitens des Statistischen Reichsamts im amtlichen Quellenwerk [(1) Bd. 360] zusammengestellt. Bei der Auswertung sind im Gegensatz zu der entsprechenden in Tabelle 6 wiedergegebenen Berechnung

Tabelle 7. Statistische Gewichte der Sterbeziffern für die Länder und Landesteile des Deutschen Reichs 1924—1926.

Land bzw. Landesteil	Gewicht
Prov. Ostpr.	0,036
Stadt Berlin	0,065
Prov. Brandbg.	0,042
Prov. Pomm.	0,030
Prov. Grenzm. Pos.—Westpr.	0,005
Prov. Niederschles.	0,050
Prov. Oberschles.	0,022
Prov. Sachsen	0,053
Prov. Schlesw.-Holst.	0,024
Prov. Hannover	0,051
Prov. Westf.	0,077
Prov. Hessen-Nassau	0,038
Rheinprov.	0,116
Hohenzollern	0,001
Bayern r. d. Rh.	0,103
Bayern l. d. Rh.	0,015
Sachsen	0,080
Württemberg	0,041
Baden	0,037
Thüringen	0,026
Hessen	0,022
Hamburg	0,018
Meckl.-Schw.	0,011
Oldenburg	0,009
Braunschw.	0,008
Anhalt	0,006
Bremen	0,005
Lippe	0,003
Lübeck	0,002
Meckl.-Str.	0,002
Waldeck	0,001
Schaumburg-Lippe	0,001
Deutsches Reich	1,000

die Gewichte der Ziffern für die einzelnen Länder und Landesteile berücksichtigt, und zwar für alle Altersklassen einheitlich die Gesamteinwohnerzahlen nach der Volkszählung vom 16. Juni 1925. Demgemäß ergaben sich die in Tabelle 7 zusammengestellten Gewichte für die Ziffern der einzelnen Länder und Landesteile.

Die Beweisführung dafür, daß es in einem Falle wie diesem zur Erzielung sinngemäßer Ergebnisse notwendig ist, die Gewichte der einzelnen Reihenglieder zu berücksichtigen, habe ich an der bereits genannten Stelle (6) geboten und kann mich deshalb hier damit begnügen, darauf zu verweisen.

In der nachstehenden Tabelle 8 sind die Sterbeziffern nicht im einzelnen angeführt, da sie dem amtlichen Quellenwerk an der angeführten Stelle unmittelbar entnommen werden können, sondern nur die Reichsdurchschnitte für die einzelnen Altersklassen, und diesen sind die Werte der gewogenen mittleren Abweichung und des Variationskoeffizienten für jedes Geschlecht und jede Altersklasse beigefügt:

Tabelle 8. Die Streuung der Sterbeziffern für die verschiedenen Altersklassen im Deutschen Reich 1924—1926.

| Alters-klasse | Jährliche Sterbeziffern in den Ländern und Landesteilen des Deutschen Reichs 1924—1926 in $^0/_{00}$ | | | | | |
| | Durchschnitt | | mittlere Abweichung | | Variationskoeffizient | |
	männlich	weiblich	männlich	weiblich	männlich	weiblich
0—1	115,61	94,07	23,68	19,10	0,20	0,20
1—5	7,45	6,76	1,15	1,15	0,15	0,17
5—10	1,97	1,75	0,23	0,21	0,12	0,12
10—15	1,38	1,29	0,18	0,16	0,13	0,12
15—20	2,85	2,46	0,35	0,28	0,12	0,11
20—25	4,45	3,60	0,57	0,33	0,13	0,09
25—30	4,25	4,02	0,45	0,30	0,11	0,07
30—35	4,12	4,29	0,38	0,35	0,09	0,08
35—40	4,64	4,82	0,45	0,34	0,10	0,07
40—45	6,09	5,72	0,51	0,37	0,08	0,06
45—50	8,29	7,26	0,87	0,52	0,10	0,07
50—55	12,21	10,33	1,31	0,86	0,11	0,08
55—60	18,32	15,06	1,88	1,27	0,10	0,08
60—65	28,60	24,05	2,74	2,31	0,10	0,10
65—70	45,01	39,02	4,02	3,91	0,09	0,10
70—75	72,55	64,87	6,00	6,19	0,08	0,10
75—80	115,42	106,37	9,34	9,16	0,08	0,09
80—85	177,66	165,05	12,81	13,13	0,07	0,08
85—90	265,25	245,91	21,88	20,77	0,08	0,08
über 90	317,64	298,26	56,14	47,32	0,18	0,16

Die Streuungszahlen der Tabelle 8 stellen die gesamte Streuung dar; mit Rücksicht darauf, daß einige Altersklassen sehr schwach besetzt sind, in diesen also die kombinatorische Streuung verhältnismäßig bedeutsam sein könnte, wurde deshalb noch der Anteil der „wesentlichen Schwankungskomponente" berechnet. Da die Gesamtstreuung mit Berücksichtigung der Gewichte berechnet ist, mußte in entsprechender Weise die kombinatorische mittlere Abweichung ermittelt werden, indem im Nenner nicht das harmonische Mittel, sondern das arithmetische Mittel aus den Zahlen der beobachteten Lebenden eingesetzt wurde. Es wurde deshalb für jedes Geschlecht und jede Altersklasse, da 32 Länder und Landesteile in Tabelle 7 berücksichtigt sind, als arithmetisches Mittel der Zahlen der Lebenden der 32. Teil der für dieses Geschlecht und Alter im ganzen Reiche am 16. Juni 1925 gezählten Personen nach den Ergebnissen des Statistischen Reichsamts [(2) Jg. 1928] verwendet; nennt man diese Zahl jeweils M, so beträgt das Quadrat der kombinatorischen mittleren Abweichung der jährlichen Sterbeziffern, da es sich um einen dreijährigen Zeitraum handelt, $\frac{p\,q}{3\,M}$. In der von

v. BORTKIEWICZ (5) angegebenen Weise wurde dann für jedes Geschlecht und Alter dieses Quadrat der kombinatorischen mittleren Abweichung vom Quadrate der gesamten mittleren Abweichung subtrahiert, und die Wurzel aus der Differenz stellt die „wesentliche Schwankungskomponente" dar. Die Werte dieser wesentlichen mittleren Abweichung und der hieraus durch Division mit den Durchschnittswerten gewonnenen bereinigten Variationskoeffizienten sind in der nachstehenden Tabelle 9 zusammengestellt.

Durch die Bereinigung der Zahlen von der kombinatorischen Schwankungskomponente verändern sich bis auf sehr unbedeutende Differenzen nur die Zahlen für die Altersklasse von mehr als 90 Jahren. Die bereinigten Variationskoeffizienten der Tabelle 9 ergeben ein ähnliches Bild wie die in Tabelle 6 zusammengestellten Variationskoeffizienten der Sterbewahrscheinlichkeiten aus den Sterbetafeln verschiedener Länder. Ein unmittelbarer Vergleich zwischen der Größe der Werte für die mittleren Abweichungen und die Variationskoeffizienten in Tabelle 6 einerseits und Tabelle 9 andererseits ist nicht möglich, da die Ziffern der Tabelle 6 nicht von der kombinatorischen

Tabelle 9. Die wesentliche Schwankung der Sterbeziffern für die verschiedenen Altersklassen im Deutschen Reich 1924—1926.

| Alters-klasse | Jährliche Sterbeziffern in den Ländern und Landesteilen des Deutschen Reichs 1924–1926 | | | |
| | Wesentliche mittlere Abweichung auf 1000 Lebende | | Bereinigter Variationskoeffizient | |
	männlich	weiblich	männlich	weiblich
0—1	23,64	19,06	0,20	0,20
1—5	1,14	1,13	0,15	0,17
5—10	0,21	0,19	0,11	0,11
10—15	0,16	0,14	0,12	0,11
15—20	0,33	0,26	0,12	0,11
20—25	0,56	0,31	0,13	0,09
25—30	0,43	0,27	0,10	0,07
30—35	0,35	0,33	0,09	0,08
35—40	0,42	0,30	0,09	0,06
40—45	0,48	0,32	0,08	0,06
45—50	0,84	0,48	0,10	0,07
50—55	1,28	0,82	0,10	0,08
55—60	1,84	1,23	0,10	0,08
60—65	2,69	2,26	0,09	0,09
65—70	3,95	3,85	0,09	0,10
70—75	5,87	6,10	0,08	0,09
75—80	9,10	9,00	0,08	0,08
80—85	12,20	12,75	0,07	0,08
85—90	20,05	19,59	0,08	0,08
über 90	51,88	44,54	0,16	0,15

Schwankungskomponente befreit werden können, weil sie aus Sterbetafeln stammen, die mehr oder weniger ausgeglichen sind; daneben ist ein unmittelbarer Vergleich auch deshalb nicht genau möglich, weil es sich in Tabelle 6 um Zahlen für einzelne Altersjahre handelt, zu denen die benachbarten Altersjahre nur im Wege der Ausgleichung beigetragen haben, in Tabelle 9 dagegen um Zahlen für ganze Altersjahrfünfte ohne jegliche Ausgleichung. Immerhin sieht man deutlich die charakteristischen Grundzüge dieser Tabellen; einerseits sind die Variationskoeffizienten in Tabelle 6 im allgemeinen bedeutend größer als die in Tabelle 9, was völlig begreiflich ist, da es sich in jener Tabelle um die Unterschiede zwischen getrennten Staaten und noch dazu zugleich um zeitliche Verschiedenheiten handelt, in Tabelle 9 dagegen um die Unterschiede zwischen den Teilen des gleichen Reiches und zur gleichen Zeit; andererseits aber ist die Verlaufsrichtung der Variationskoeffizienten durch die Altersklassen und mit Berücksichtigung des Unterschiedes zwischen den Geschlechtern in Tabelle 9 eine ganz ähnliche wie die bereits beschriebene in Tabelle 6, d. h. der Variationskoeffizient nimmt im allgemeinen bei beiden Geschlechtern mit steigendem Alter ab, in der Kindheit und im Greisenalter unterscheidet er sich nicht nach Geschlechtern, während er im erwachsenen Alter beim männlichen Geschlecht deutlich höher als beim weiblichen ist, und zwar ist nach dem Material der deutschen Statistik dieser Unterschied zwischen der Variation der Sterblichkeit beider Geschlechter in den beiden Jahrfünften zwischen 20 und 30 Jahren am größten.

Das gleiche Material, welches den Tabellen 8 und 9 zugrunde gelegt ist, nämlich die Verschiedenheiten der Sterblichkeit in den Ländern und Landesteilen des Deutschen Reichs 1924—1926 dient im folgenden zu einer weiteren Berechnung, welche sich zur Ausgleichung aller kleinen Schwankungen der Altersklassen unter Zusammenfassung beider Geschlechter auf die großen Altersgruppen bezieht, die in der bisherigen Statistik des Deutschen Reichs (bis einschließlich 1931) allein bei der Auszählung der Sterbefälle nach Todesursachen unterschieden wurden. Es handelt sich also hierbei nur um folgende Altersgruppen:

0—1 Jahre	30—60 Jahre
1—5 ,,	60—70 ,,
5—15 ,,	über 70 ,,
15—30 ,,	

Da die Altersgruppe von 30—60 Jahren und die von mehr als 70 Jahren Alter von recht verschiedener Sterblichkeit zusammenfassen, die örtlich und zeitlich erhebliche Unterschiede der Besetzung aufweisen, wurden für diese beiden Altersgruppen noch für alle Länder und Landesteile Sterblichkeitsziffern berechnet, die nach Geschlechtern und fünfjährigen Altersklassen standardisiert sind, wobei der Aufbau der Reichsbevölkerung nach Geschlecht und Alter als Standardbevölkerung zugrunde gelegt wurde. Die Sterbeziffern für die einzelnen Länder und Landesteile sind aus dem amtlichen Quellenwerk [(1) Bd. 360] zu ersehen, die standardisierten für die beiden genannten Altersgruppen sind in der nebenstehenden Tabelle 10 angegeben.

Tabelle 10. Die standardisierten Sterbeziffern für die Länder und Landesteile des Deutschen Reichs 1924—1926 für die Altersgruppen von 30—60 und von mehr als 70 Jahren.

Land bzw. Landesteil	Standardisierte Sterbeziffer auf 1000 Lebende jährlich für die Altersgruppe	
	30—60	über 70
Prov. Ostpr.	7,54	89,36
Stadt Berlin	8,54	100,38
Prov. Brandbg.	7,32	93,22
Prov. Pomm.	7,35	91,94
Prov. Grenzm. Pos.—Westpr.	6,63	89,14
Prov. Niederschles.	8,57	109,27
Prov. Oberschles.	8,68	103,56
Prov. Sachsen	7,27	100,30
Prov. Schlesw.-Holst. . . .	6,64	84,26
Prov. Hannover	7,20	94,07
Prov. Westf.	8,00	103,57
Prov. Hessen-Nassau	7,56	109,33
Rheinprov.	7,63	105,82
Hohenzollern	6,51	116,72
Bayern r. d. Rh.	8,26	114,25
Bayern l. d. Rh.	7,46	105,81
Sachsen	7,10	99,59
Württemberg	7,73	111,87
Baden	8,31	114,89
Thüringen	7,05	101,56
Hessen	7,35	106,33
Hamburg	8,34	98,56
Meckl.-Schw.	7,30	93,69
Oldenburg	6,80	86,32
Braunschw.	7,24	99,39
Anhalt	7,05	100,63
Bremen	8,08	99,46
Lippe	6,24	98,20
Lübeck	8,52	95,13
Meckl.-Str.	6,75	88,90
Waldeck	6,99	108,05
Schaumburg-Lippe	6,50	93,37
Deutsches Reich	7,72	101,77

In der folgenden Tabelle 11 sind nunmehr die Werte der mittleren Abweichung und des Variationskoeffizienten für die genannten Altersgruppen zusammengestellt, wobei von der Berechnung der wesentlichen Schwankungskomponente diesmal völlig abgesehen wurde, weil bei den großen Grundzahlen für diese Altersgruppen hierdurch keine merkliche Veränderung der Ziffern entstünde.

Bei dieser Zusammenfassung der Altersklassen in größere Gruppen unter Verzicht auf die Trennung nach Geschlechtern verschwindet zwar die

Tabelle 11. Die Streuung der Sterbeziffern für große Altersgruppen
im Deutschen Reich 1924—1926.

Altersgruppe	Jährliche Sterbeziffern in den Ländern und Landesteilen des Deutschen Reichs 1924—1926 in $^0/_{00}$		
	Durchschnitt	mittlere Abweichung	Variationskoeffizient
0—1	105,16	21,41	0,20
1—5	7,10	1,15	0,16
5—15	1,54	0,17	0,11
15—30	3,56	0,34	0,10
30—60 (roh)	7,72	0,54	0,07
30—60 (standardisiert)	7,72	0,55	0,07
60—70	32,86	2,68	0,08
über 70 (roh)	101,77	7,09	0,07
über 70 (standardisiert)	101,77	7,85	0,08

Besonderheit der Variationskoeffizienten für das männliche Geschlecht, in den
Altern zwischen 20 und 30 Jahren und auch noch den nächsten nach oben hin
anschließenden wesentlich höhere Werte als für das weibliche Geschlecht
anzunehmen, aber um so deutlicher tritt jetzt der bereits charakterisierte Grundzug des Verlaufs der Variationskoeffizienten hervor, daß *die Streuung der
Sterbeziffern im Verhältnis zu ihrem Durchschnittswert mit zunehmendem Alter
erheblich sinkt*, d. h. daß eine hochgradig negative Korrelation zwischen dem
Alter und dem Variationskoeffizienten der Sterblichkeit besteht. Diese offenbar
sehr regelmäßig auftretende Erscheinung wird späterhin zu Schlüssen über die
ein solches Verhalten bewirkende Gesetzmäßigkeit zu dienen haben.

Vor einer Untersuchung über die Korrelation zwischen der Sterblichkeit in
den einzelnen Altersklassen sei zunächst noch vorausgeschickt, wie die Streuung
der Gesamtziffern der Sterblichkeit in den Ländern und Landesteilen des
Deutschen Reichs 1924—1926 war. Auch für diese Berechnung, welche wie
alle derartigen unter Berücksichtigung der in Tabelle 7 zusammengestellten
statistischen Gewichte vorgenommen ist, sind die diesbezüglichen Ziffern der
amtlichen Statistik [(1) Bd. 360] verwendet. Die Ergebnisse der Streuungsberechnung sowohl für die rohen als auch für die standardisierten Sterbeziffern
sind in der nachstehenden Tabelle 12 mitgeteilt:

Tabelle 12. Die Streuung der Gesamtsterbeziffern im Deutschen Reich
1924—1926.

Geschlecht	Jährliche Sterbeziffern in den Ländern und Landesteilen des Deutschen Reichs 1924—1926 in $^0/_{00}$		
	Durchschnitt	mittlere Abweichung	Variationskoeffizient
männlich (roh)	12,42	1,22	0,10
männlich (standardisiert)	12,41	0,94	0,08
weiblich (roh)	11,52	1,15	0,10
weiblich (standardisiert)	11,52	0,84	0,07

Diese Gegenüberstellung zeigt also, daß ein nicht unbedeutender Teil der
Streuung der Sterbeziffern innerhalb des Deutschen Reichs auf den Verschiedenheiten des Altersaufbaus beruht und deshalb bei Standardisierung der Ziffern
verschwindet.

Eine kleine Veränderung der Streuungsziffern würde noch eintreten, wenn man imstande wäre, die Todesfälle anstatt auf die Sterbeorte auf die Wohnorte zu beziehen. Im allgemeinen macht dies zwar bei einer nach Ländern bzw. Landesteilen gegliederten Statistik nicht viel aus, da der Tod außerhalb des Wohnorts meistens in der über größere Krankenanstalten verfügenden Provinzhauptstadt oder provinzialen Universitätsstadt erfolgt; es gibt aber Fälle, wo die Verwaltungseinteilung das Zentrum einer Gegend von der Peripherie abtrennt und zur besonderen Verwaltungseinheit macht wie z. B. Berlin, Hamburg oder Bremen. Diese letztgenannten Länder bzw. Landesteile erhalten daher in der Reichsstatistik mehr Todesfälle zugeschrieben, als ihnen eigentlich zukommen, und zwar höchstwahrscheinlich in erster Linie auf Kosten der ihnen räumlich zunächst liegenden Gebiete. Die Statistik der Rheinprovinz z. B. dürfte also durch solche Vorgänge nach keiner Richtung hin berührt werden, während indessen z. B. die Sterbeziffer von Hamburg zu hoch und dafür wahrscheinlich vor allem die von Schleswig-Holstein zu niedrig erscheinen muß. Diese Verschiebung der Ziffern betrifft nun die verschiedenen Altersklassen in verschieden hohem Maße. Eine ausführliche Statistik hierüber ist zwar nicht vorhanden, da die deutschen statistischen Ämter das Problem der Ortsfremden viel zu wenig berücksichtigen, einen Anhaltspunkt hierüber gibt aber die nachstehende Tabelle 13 über den Anteil der ortsfremden Gestorbenen an allen Todesfällen des betreffenden Alters und Geschlechts in Berlin im Jahre 1926[1].

Tabelle 13. Der Anteil der Ortsfremden an den Gestorbenen in Berlin 1926.

Alter	Todesfälle		davon solche von Ortsfremden		Todesfälle von Ortsfremden auf 1000 Todesfälle überhaupt	
	männlich	weiblich	männlich	weiblich	männlich	weiblich
0—1	2194	1671	71	48	32	29
1—15	870	705	33	29	38	41
15—20	426	459	26	19	61	41
20—30	1445	1528	97	67	67	44
30—40	1451	1756	77	70	53	48
40—50	2536	2329	105	79	41	34
50—60	4018	3158	139	96	35	30
60—70	4769	4460	133	97	28	22
über 70	4468	7145	73	78	16	11
unbek.	19	5	—	—	.	.
zusammen	22196	23216	754	583	34	25

Das Maximum des Anteils der Ortsfremden an den Todesfällen des betreffenden Alters liegt also bei beiden Geschlechtern im Alter zwischen 15 und 40 Jahren, und es ist beim männlichen Geschlecht weit höher als beim weiblichen; auch im Durchschnitt aller Altersklassen sind unter den Todesfällen von Männern verhältnismäßig mehr solche von Ortsfremden als unter denen von Frauen. Hiermit dürften manche scheinbare Unregelmäßigkeiten des Sterblichkeitsverlaufes zusammenhängen, so z. B. daß (im Durchschnitt beider Geschlechter) Berlin für alle Altersgruppen von 15—70 Jahren überdurchschnittliche Sterbeziffern aufweist, in den jüngeren und höheren Gruppen dagegen unterdurch-

---

[1] Vom Statistischen Amt der Stadt Berlin auf Grund handschriftlichen Materials freundlichst mitgeteilt.

schnittliche und daß sowohl Hamburg als auch Bremen in allen Altersgruppen von 5—70 Jahren überdurchschnittliche Sterbeziffern haben, in den jüngsten und höchsten Altern dagegen unterdurchschnittliche; ebenso daß sowohl in Berlin als auch in Hamburg, Bremen und Lübeck die standardisierte Gesamtsterbeziffer des männlichen Geschlechts über dem Reichsdurchschnitt liegt, die standardisierte des weiblichen Geschlechts dagegen unter dem Reichsdurchschnitt. Könnte man durch Beziehung aller Gestorbenen auf ihre Wohnorte diesen Mangel der amtlichen Statistik beseitigen, so würde wahrscheinlich, wie man aus den vorstehenden Angaben schließen kann, der Verlauf der Variationskoeffizienten der Sterblichkeit mit steigendem Alter noch regelmäßiger abnehmen und die Überhöhung der Variationskoeffizienten des männlichen Geschlechts im mittleren Alter unbedeutender werden.

Diese Beeinflussung der Ergebnisse durch die Todesfälle von außerhalb ihrer Wohnprovinz gestorbenen Personen darf man auch nicht völlig außer acht lassen, wenn man die Korrelationen zwischen der Sterblichkeit der einzelnen Altersgruppen in den verschiedenen Ländern und Landesteilen berechnen will. Diese Korrelationen sind auf Grund der gleichen Ziffern berechnet, wie sie für die Tabellen 11 und 12 zugrunde gelegt sind, und zwar selbstverständlich wieder unter Berücksichtigung der gleichen Gewichte. Zunächst sind die Ziffern für die Korrelation zwischen den einzelnen Altersgruppen in der nachfolgenden Tabelle 14 zusammengestellt:

Tabelle 14. Die Korrelation der Sterbeziffern für die Altersgruppen im Deutschen Reich 1924—1926.

Altersgruppe	Korrelation zwischen der Sterbeziffer der links bezeichneten Altersgruppe mit der der Altersgruppe						
	0—1	1—5	5—15	15—30	30—60	60—70	über 70
0—1	.	+ 0,73	+ 0,23	— 0,10	+ 0,46	+ 0,13	+ 0,25
1—5	+ 0,73	.	+ 0,67	+ 0,32	+ 0,45	+ 0,25	+ 0,27
5—15	+ 0,23	+ 0,67	.	+ 0,75	+ 0,17	— 0,05	— 0,16
15—30	— 0,10	+ 0,32	+ 0,75	.	+ 0,08	— 0,12	— 0,36
30—60	+ 0,46	+ 0,45	+ 0,17	+ 0,08	.	+ 0,82	+ 0,62
60—70	+ 0,13	+ 0,25	— 0,05	— 0,12	+ 0,82	.	+ 0,86
über 70	+ 0,25	+ 0,27	— 0,16	— 0,36	+ 0,62	+ 0,86	.

Desgleichen seien nachstehend noch die wichtigsten Korrelationen zwischen den rohen und standardisierten Ziffern der Gesamtsterblichkeit jedes Geschlechts, also nach dem der Tabelle 12 zugrunde liegenden Material zusammengestellt. Hierbei ergeben sich folgende Korrelationskoeffizienten:

Zwischen der rohen Sterbeziffer für das männliche und der standardisierten für das männliche Geschlecht . . . . + 0,72

Zwischen der rohen Sterbeziffer für das weibliche und der standardisierten für das weibliche Geschlecht . . . . + 0,65

Zwischen der rohen Sterbeziffer für das männliche und der rohen für das weibliche Geschlecht . . . . + 0,98

Zwischen der standardisierten Sterbeziffer für das männliche und der standardisierten für das weibliche Geschlecht . . . . + 0,87

Es zeigt sich also, daß zwischen dem Verhalten der rohen und der standardisierten Sterbeziffer eine recht unvollkommene Korrelation besteht, was sich dadurch erklärt, daß erhebliche Verschiedenheiten im Altersaufbau vorhanden sind.

Zwischen den Sterbeziffern für das männliche und denen für das weibliche Geschlecht besteht sowohl hinsichtlich der rohen als auch hinsichtlich der standardisierten Ziffern eine äußerst hochgradige Korrelation, was also die ohnehin leicht erkennbare Tatsache beweist, daß das Verhalten der Sterblichkeit im gleichen Gebiete und der gleichen Zeit für beide Geschlechter sehr gleichmäßig ist. Besonders stark ist die Korrelation zwischen der Sterblichkeit des männlichen und der des weiblichen Geschlechts im Säuglingsalter, wo sie nach dem gleichen Material $+ 0{,}99$ beträgt.

Die Korrelationen zwischen den Sterbeziffern für die einzelnen Altersgruppen, die in Tabelle 14 zusammengestellt sind, sind sehr verschieden hoch, teilweise kommen sie bis nahe an $+1$, während einzelne sogar negativ sind. Im allgemeinen entspricht das Bild dem zu erwartenden, daß nämlich die Korrelationen um so stärker positiv sind, je näher die in Beziehung gesetzten Altersgruppen einander stehen, d. h. also je näher die Korrelationskoeffizienten in der Anordnung der Tabelle 14 an der Diagonale derselben liegen. Es ist also z. B. die Korrelation zwischen der Sterblichkeit im Säuglingsalter und der im Kleinkindesalter sehr hoch und ebenso etwa auch die zwischen der Sterblichkeit im Alter von 60—70 und der im Alter von mehr als 70 Jahren. Wenn dagegen z. B. die Sterblichkeit im Alter von 15—30 Jahren mit der in den anderen Altersgruppen auffallend niedrige Korrelationen aufweist, so dürfte dies vor allem daher rühren, daß in diesem Alter die Sterbeziffern für die einzelnen Länder und Landesteile besonders unzuverlässig sind, weil in ihm ein besonders großer Teil aller Todesfälle außerhalb des Wohnorts erfolgt, wie mittels der Ziffern der Tabelle 13 dargetan wurde.

Was insbesondere die Korrelation zwischen der Sterblichkeit im Säuglings- und im Kleinkindesalter betrifft, so ist diese zur Nachprüfung einer für England von BROWNLEE vorgenommenen Berechnung durch PRINZING (2) auch für deutsche Verhältnisse nachgeprüft worden, und ähnlich wie jener fand er auch in den untersuchten reichsdeutschen Gebieten für die Vorkriegszeit eine ausgesprochen positive Korrelation, während sie für Österreich nicht nachweisbar war. PRINZING (2) schloß hieraus unter eingehender Begründung, daß eine allgemeine feste Beziehung zwischen Säuglings- und Kleinkindersterblichkeit nicht bestehe. Andererseits zeigt die in Tabelle 14 angegebene Korrelation für das Deutsche Reich und eine wesentlich spätere Zeit, daß die schon früher meistens beobachtete, nämlich positive Korrelation auch jetzt noch hervortritt.

Am wenigsten von dem oben genannten Fehler betroffen sind die Sterbeziffern der beiden jüngsten und besonders der beiden ältesten Altersgruppen. Deshalb dürfte es als richtig anzusehen sein, daß zwischen der Sterblichkeit im Säuglings- und Kleinkindesalter einerseits und der in den Altern über 60 Jahren anderseits innerhalb des Deutschen Reichs fast keine Korrelation zu finden ist. Dasselbe gilt übrigens auch beim Vergleich zwischen der Sterblichkeit in verschiedenen Ländern, welcher ebenfalls ergibt, daß zwischen den Schwankungen der Sterblichkeit im Kindesalter und denen der Sterblichkeit im höheren Alter kaum irgendeine statistische Beziehung besteht.

Demgemäß ist es nicht verwunderlich, daß die verschiedenen Grade der Säuglingssterblichkeit und die der Greisensterblichkeit innerhalb des Deutschen

Reichs ganz verschiedene Grundzüge der geographischen Verteilung aufweisen. Um dies darzutun, sind in der nachstehenden Tabelle 15 die geographische Breite und die geographische Länge (von Greenwich) der Hauptorte der einzelnen Länder und Landesteile zusammengestellt und die durchschnittliche jährliche Säuglingssterblichkeit sowie die durchschnittliche jährliche standardisierte Sterblichkeit im Alter von mehr als 70 Jahren danebengestellt:

Tabelle 15. Die geographische Lage der Länder und Landesteile des Deutschen Reichs und die Säuglings- und Greisensterblichkeit in denselben 1924—1926.

Land bzw. Landesteil	Hauptort	Geographische		Jährliche	
		Breite	Länge	Säuglingssterblichkeit	Standardis. Sterblichkeit über 70 Jahren
				in °/₀₀	
Prov. Ostpr.	Königsberg	54,7	20,5	120,30	89,36
Stadt Berlin	Berlin	52,5	13,4	90,12	100,38
Prov. Brandbg.	Berlin	52,5	13,4	117,27	93,22
Prov. Pomm.	Stettin	53,4	14,6	118,83	91,94
Prov. Grenzm. Pos.–Westpr.	Schneidemühl	53,1	16,7	123,66	89,14
Prov. Niederschles. . . .	Breslau	51,1	17,0	132,60	109,27
Prov. Oberschles.	Oppeln	50,7	17,9	146,61	103,56
Prov. Sachsen	Magdeburg	52,1	11,6	113,19	100,30
Prov. Schlew.-Holst. . . .	Schleswig	54,5	9,5	91,83	84,26
Prov. Hannover	Hannover	52,4	9,7	79,22	94,07
Prov. Westf.	Münster	51,9	7,6	92,57	103,57
Prov. Hessen-Nassau . . .	Kassel	51,3	9,5	72,36	109,33
Rheinprov.	Koblenz	50,3	7,6	93,35	105,82
Hohenzollern	Sigmaringen	48,1	9,2	106,73	116,72
Bayern r. d. Rh.	München	48,2	11,6	141,97	114,25
Bayern l. d. Rh.	Speyer	49,3	8,4	93,27	105,81
Sachsen	Dresden	51,1	13,8	93,28	99,59
Württemberg	Stuttgart	48,8	9,2	87,83	111,87
Baden	Karlsruhe	49,0	8,4	95,01	114,89
Thüringen	Weimar	51,0	11,3	100,88	101,56
Hessen	Darmstadt	49,8	8,7	72,26	106,33
Hamburg.	Hamburg	53,5	10,0	80,63	98,56
Meckl.-Schw.	Schwerin	53,7	11,4	135,37	93,69
Oldenburg	Oldenburg	53,2	8,2	79,57	86,32
Braunschweig	Braunschweig	52,3	10,5	94,64	99,39
Anhalt	Dessau	51,8	12,2	115,38	100,63
Bremen	Bremen	53,1	8,8	78,96	99,46
Lippe	Detmold	51,9	8,9	68,46	98,20
Lübeck	Lübeck	53,9	10,7	96,94	95,13
Meckl.-Str.	Neustrelitz	53,4	13,1	144,60	88,90
Waldeck	Arolsen	51,4	9,0	56,53	108,05
Schaumburg-Lippe	Bückeburg	52,3	9,1	81,36	93,37
Deutsches Reich	.	(51,2)	(11,4)	105,16	101,77

Zwischen den beiden Faktoren der geographischen Lage und den beiden in Tabelle 15 angeführten Sterblichkeitsziffern ergeben sich — wieder unter Berücksichtigung der Gewichte — folgende Korrelationen:

Zwischen geographischer Breite und Säuglingssterblichkeit . . . . —0,23
Zwischen geographischer Länge und Säuglingssterblichkeit . . . . . . + 0,56
Zwischen geographischer Breite und standardisierter Greisensterblichkeit —0,90
Zwischen geographischer Länge und standardisierter Greisensterblichkeit — 0,30

Bei der Beurteilung der vorstehenden Werte des BRAVAISschen Korrelationskoeffizienten muß jedoch berücksichtigt werden, daß scheinbare Einflüsse der geographischen Breite in Wirklichkeit solche der geographischen Länge sein

können und umgekehrt, da im Deutschen Reich geographische Breite und
Länge nicht unabhängig voneinander sind, sondern die Hauptachse des Reichs-
gebiets deutlich von Südwest nach Nordwest verläuft; demgemäß ergibt sich
zwischen den geographischen Breiten und den geographischen Längen der in
Tabelle 15 angeführten Hauptorte ein gewogener Korrelationskoeffizient von
$+ 0{,}34$. Um diese Verkoppelung der beiden Faktoren der geographischen Lage
auszuschalten, empfiehlt es sich, die partiellen Korrelationskoeffizienten zu
berechnen, so daß also, wenn die geographische Breite unter den beiden kor-
relierten Variablen vorkommt, die geographische Länge konstant gehalten wird
und umgekehrt. Diese partiellen Korrelationskoeffizienten weisen folgende
Werte auf:

Zwischen geographischer Breite und Säuglingssterblichkeit . . . . $- 0{,}54$
Zwischen geographischer Länge und Säuglingssterblichkeit . . . . $+ 0{,}69$
Zwischen geographischer Breite und standardisierter Greisensterblichkeit $- 0{,}88$
Zwischen geographischer Länge und standardisierter Greisensterblichkeit $+ 0{,}01$

Im zweiten Kapitel wurde an Hand von Durchschnittszahlen der Sterblichkeit dargetan, daß die Lebensdauer in unmittelbarem Zusammenhange mit
der Kulturhöhe eines Landes steht. Andererseits zeigt aber Tabelle 14, daß diese
allgemeine Fassung sich zwar auf die mittlere Lebensdauer und folglich auf
deren reziproken Wert, die Sterbeziffer einer Tafelbevöl-
kerung, beziehen kann, jedoch nicht gleichmäßig auf die
Sterblichkeitsziffern aller Altersklassen, da deren gegen-
seitiges Verhältnis in verschiedenen Ländern durchaus
nicht gleichartig ist. Was nun die beiden Altersgruppen mit
der höchsten Sterblichkeit betrifft, nämlich die am Anfang und die am Ende des Lebens, so geben die aus Tabelle 15 abgeleiteten vorstehend genannten Ziffern der
partiellen Korrelation einen deutlichen Einblick in die
diesbezüglichen Verhältnisse innerhalb Deutschlands.

Die Säuglingssterblichkeit nimmt hiernach von Norden
gegen Süden hin zu, sie nimmt aber noch stärker von Westen
gegen Osten hin zu. Die Säug-

Tabelle 16. Säuglingssterblichkeit 1924—1926
und Volkseinkommen 1928 in den Ländern und
Landesteilen des Deutschen Reichs.

Land bzw. Landesteil	Jährliche Säuglings-sterblichkeit 1924—1926 in ⁰/₀₀	Einkommen 1928 je Kopf in RM.
Prov. Ostpr.	120,30	814
Stadt Berlin	90,12	1822
Prov. Brandbg.	117,27	1140
Prov. Pomm.	118,83	921
Prov. Grenzm. Pos.—Westpr.	123,66	837
Prov. Niederschles.	132,60	1057
Prov. Oberschles.	146,61	850
Prov. Sachsen	113,19	1155
Prov. Schlesw.-Holst. . . .	91,83	1164
Prov. Hannover	79,22	1069
Prov. Westf.	92,57	1080
Prov. Hessen-Nassau	72,36	1226
Rheinprov.(mit Hohenzollern)	93,48	1218
Bayern	135,76	1041
Sachsen	93,28	1423
Württemberg	87,83	1183
Baden	95,01	1135
Thüringen	100,88	1095
Hessen	72,26	1158
Hamburg	80,63	1754
Übrige Länder	102,17	1155
Deutsches Reich	105,16	1185

lingssterblichkeit steht also offenbar in einer unmittelbaren Beziehung zu den
Einkommensverhältnissen der Bevölkerung, und zwar derart, daß sie mit der
Einkommenshöhe negativ korreliert ist. Um dies zu erkennen, genügt es, einen
Blick in die Tabelle zu werfen, welche das Einkommen je Kopf der Bevölkerung

in den größeren deutschen Ländern und den Provinzen Preußens im Jahre 1928 nach der amtlichen Reichsstatistik [(3) Jg. 1932] wiedergibt und deren Zahlen in der vorstehenden Tabelle 16 mit den aus Tabelle 15 entnommenen bzw. umgerechneten Ziffern der Säuglingssterblichkeit 1924—1926 zusammengestellt sind:

Hiernach ergibt sich also zwischen der Säuglingssterblichkeit und dem je Kopf berechneten Einkommen in den Ländern bzw. Landesteilen, die in Tabelle 16 angeführt sind, eine gewogene Korrelation von — 0,50 und eine Berechnung der Regression aus den Zahlen der Tabelle 16 ergibt, daß im gewogenen Durchschnitt der Länder und Landesteile des Deutschen Reichs einer Verminderung des durchschnittlichen Einkommens je Kopf um 100 RM. eine Steigerung der Säuglingssterblichkeit um 4,35 auf 1000 Lebendgeborene entspricht. Dies bestätigt also den unmittelbar gewonnenen Eindruck, daß die Säuglingssterblichkeit in einer deutlichen Abhängigkeit von den Einkommensverhältnissen steht. Allerdings scheinen die Einkommensverhältnisse nicht allein maßgeblich zu sein, vielmehr deuten mehrere Beispiele von Landesteilen mit niedriger Säuglingssterblichkeit bei unterdurchschnittlichem Einkommen, aber hoher Intelligenzstufe der Bevölkerung (z. B. Hannover) und andererseits weniger deutlich hervortretende Fälle umgekehrten Verhaltens darauf hin, daß auch die kulturellen Verhältnisse nicht ohne Einfluß auf die Höhe der Säuglingssterblichkeit sind.

Die Abhängigkeit der Säuglingssterblichkeit von den wirtschaftlichen Verhältnissen, wie sie sich aus Tabelle 16 ergibt, ist auch bei anderen Untersuchungen schon wiederholt gefunden worden. Als Beispiel aus außerdeutschen Ländern sei zunächst an das Verhalten der Säuglingssterblichkeit nach der Berufszugehörigkeit des Vaters in der Statistik von England und Wales erinnert, wo sich für 1921 folgende Ziffern aus der dortigen amtlichen Statistik ergaben, die in Tabelle 17 wiedergegeben seien, wobei zu erwähnen ist, daß I die Oberschicht nebst gehobenem Mittelstand bedeutet, die anderen Klassen entsprechend anschließend, schließlich V die ungelernten Arbeiter:

Tabelle 17. Die Säuglingssterblichkeit nach sozialen Klassen
in England und Wales 1921.

Soziale Klasse des Vaters	Von 1000 ehelich Lebendgeborenen starben 1921 im Alter von				
	unter 4 Wochen	4 Wochen bis 3 Monaten	3—6 Monaten	6—12 Monaten	0—12 Monaten zusammen
I	23,4	4,9	4,3	5,8	38
II	28,3	9,5	8,1	9,6	55
III	33,7	13,5	12,4	17,2	77
IV	36,7	15,8	15,6	21,3	89
V	36,9	17,8	17,7	24,6	97
zusammen	33,9	14,0	13,2	18,0	79

Eine ausgesprochene Abhängigkeit der Säuglingssterblichkeit von den wirtschaftlichen Verhältnissen fand auch HERSCH für die Stadtteile von Paris.

Die Abhängigkeit der Säuglingssterblichkeit in den einzelnen Teilen einer Großstadt von den wirtschaftlichen Verhältnissen, war nach BERNOUILLI schon vor 100 Jahren bekannt, und sie wurde noch in der letzten Vorkriegszeit in hohem Maße in Bremen gefunden, worauf im zweiten Kapitel bereits hingewiesen wurde; sie bestand auch in der Nachkriegszeit noch in Berlin, wo die Sterblichkeit im erwachsenen Alter bereits keine Abhängigkeit von sozialen Verhältnissen mehr aufwies; nach der Berechnung von FREUDENBERG (2) ergab sich 1924—1926 für die 20 Verwaltungsbezirke von Berlin zwischen dem „Sozialindex" und der Sterblichkeit ehelicher Säuglinge eine Korrelation von — 0,83, während zwischen „Sozialindex" und Sterblichkeit unehelicher Säuglinge die Korrelation scheinbar nur — 0,17 betrug, welch letztgenannte Ziffer jedoch wegen der erheblichen methodologischen Schwierigkeiten der Berechnung der Sterblichkeit unehelicher Säuglinge gewiß hinsichtlich ihres absoluten Wertes zu klein ist.

Ein Einfluß der kulturellen Verhältnisse innerhalb der Teile der gleichen Stadt läßt sich kaum erfassen, er ist auch immer teilweise in dem der wirtschaftlichen Verhältnisse enthalten, und er läßt sich überhaupt nicht isoliert darstellen, wenn auch kulturelle Verhältnisse bei der Berechnung des „Sozialindex" herangezogen werden, wie dies bei der erwähnten Statistik von Berlin zwecks Gewinnung einer möglichst vollständigen Charakteristik der Stadtteile durch Einbeziehung des Anteils der Besucher höherer Schulen an allen Schülern geschah. Auch die „sozialen Klassen" der englischen Statistik stellen nicht nur die wirtschaftliche Lage, sondern gleichzeitig auch die Kulturhöhe der einzelnen Bevölkerungsschichten dar. Trotzdem scheint es gerechtfertigt zu sein, zu behaupten, daß gerade die Säuglingssterblichkeit — die der Kleinkinder offenbar ebenso — besonders stark von wirtschaftlichen Verhältnissen abhängt, während die kulturellen in ihrer Wirkung auf die Sterblichkeit dieser Altersklassen zurücktreten, dafür aber um so maßgeblicher die Sterblichkeit in den mittleren Altersklassen beeinflussen.

Die Sterblichkeit im Greisenalter ist hingegen, wie die aus Tabelle 15 errechneten Zahlen der partiellen Korrelation zeigen, völlig unabhängig von der geographischen Länge innerhalb Deutschlands und daher offenbar auch von wirtschaftlichen Verhältnissen, was auch unmittelbar bestätigt wird, wenn man aus den Zahlen der standardisierten Greisensterblichkeit in Tabelle 15 (unter Umrechnung der Zahlen auf die Gebietseinteilung der Tabelle 16) und den Zahlen über die durchschnittliche Einkommenshöhe in Tabelle 16 die Korrelation zwischen diesen beiden Reihen berechnet, welche sich nämlich mit — 0,03 ergibt, was also eine völlige Unabhängigkeit der beiden Reihen voneinander bedeutet; ebenso scheint die Sterblichkeit im Greisenalter auch von der geistigen Stufe der Bevölkerung unabhängig zu sein.

Die Unterschiede der Gesamtsterblichkeit in verschiedenen Ländern und zu verschiedenen Zeiten sind von der Sterblichkeit im Greisenalter wenig abhängig, da gemäß Tabelle 5, 6 und 9 die Sterblichkeit in dieser Altersgruppe verhältnismäßig die geringste Streuung aufweist; infolgedessen kann die Gesamtsterblichkeit hinsichtlich ihrer Beziehung zu verschiedenen ursächlichen Faktoren ein wesentlich anderes Bild bieten als die Sterblichkeit im Greisenalter allein. Deutlich ist jedenfalls innerhalb Deutschlands die hochgradige Abhängigkeit der Greisensterblichkeit von der geographischen Breite, die sich derart ausdrückt, daß die Sterblichkeit im hohen Alter von Süden gegen Norden hin kontinuierlich abnimmt. Auch außerhalb Deutschlands macht sich ein solches Verhalten in ganz Europa bemerkbar, und zwar auch unter ausgesprochenen Abweichungen von dem Verhalten der Sterblichkeit in den übrigen Altersklassen. So weist z. B. die Sterbetafel für Finnland 1911—1920 in den jüngeren und mittleren Altern sehr hohe Sterbewahrscheinlichkeiten auf, im Greisenalter dagegen nur wenig über dem Durchschnitt liegende, während z. B. umgekehrt die Sterbetafel für die Schweiz 1920—1921 in den jüngeren und mittleren Altersklassen ungewöhnlich günstige Werte ergibt, im Greisenalter dagegen erheblich überdurchschnittliche Sterbewahrscheinlichkeiten. Aus diesem besonderen Verhalten der Sterblichkeit im Greisenalter dürfte sich der Schluß ziehen lassen, daß hier exogene Einflüsse nahezu völlig bedeutungslos sind, sondern von ausschlaggebender Wirkung eine rassenmäßige Erbanlage der „normalen" Lebensdauer sein muß. Die Sterblichkeit im Greisenalter ergibt die normale Lebensdauer im Sinne von LEXIS, und diese normale Lebensdauer, welche nicht wie die mittlere und wahrscheinliche Lebensdauer vor allem von den vorzeitigen Todesfällen abhängt, wäre hiernach um so länger, je größer innerhalb einer Bevölkerung der Anteil der nordischen Rasse ist.

Es muß freilich zugegeben werden, daß die erwähnte Gesetzmäßigkeit im Verhalten der Greisensterblichkeit sich nicht durch *alle* Länder Europas verfolgen läßt. Hierbei darf aber andererseits auch nicht unberücksichtigt bleiben, daß gerade für das Greisenalter in allen Ländern tieferer Kulturstufe, die also die interessantesten Ergebnisse bieten könnten, besonders ungenaue Altersangaben der Lebenden und der Verstorbenen zur statistischen Auswertung gelangen, so daß gerade aus diesen Zahlen nichts Sicheres zu entnehmen ist.

Als selbstverständlich muß noch betont werden, daß es in der Natur keine schroffen Übergänge gibt und sich die Erscheinungen des Lebens nicht strenge auf Formeln bringen lassen. Infolgedessen ist es nur eine Annäherung, aber für die Gegenwart anscheinend eine ziemlich enge an die Wirklichkeit, wenn das Ergebnis dieser Untersuchungen über die Sterblichkeit nach Altersklassen folgendermaßen zusammengefaßt wird:

Die Sterblichkeit ist *im Säuglings- und Kleinkindesalter* vorwiegend *von den wirtschaftlichen Verhältnissen abhängig, im erwachsenen Alter* überwiegend *von den kulturellen*, während sie *im Greisenalter* von äußeren Einflüssen aller Art nahezu unabhängig ist und hier einen *Ausdruck vererbter Faktoren* darstellt; die Streuung der Sterblichkeit nimmt mit steigendem Alter ab, ist also im Greisenalter, wo die Sterblichkeit überwiegend auf inneren Faktoren beruht, am geringsten.

4. Die formelmäßigen Ausdrücke für die Verteilung der menschlichen Lebensdauern.

Wenn auch der Begriff des Kollektivgegenstandes erst aus weit späterer Zeit stammt, der Ausdruck sogar erst von FECHNER geschaffen worden ist, so haben doch offenbar schon die ersten, welche sich mit Bevölkerungsstatistik befaßten, also selbst schon GRAUNT, welchen sein großer Fortsetzer SÜSZMILCH als den Columbus der Statistik bezeichnete, den Begriff des Kollektivgegenstandes auf die Verteilung der menschlichen Lebensdauern zur Anwendung gebracht, indem sie die deutliche Vorstellung hatten, daß die Lebensdauern der Glieder einer Generation sich nach irgendwelchen mehr oder weniger konstanten *Gesetzmäßigkeiten* anordneten. Ob diese Gesetzmäßigkeiten nun als naturbedingte aufgefaßt wurden oder als unmittelbarer Ausfluß des göttlichen Willens, ist hierbei ohne grundlegende Bedeutung; die zweitgenannte Auffassung findet sich vor allem bei Süszmilch, der sie z. B. mit folgenden Worten [(1) 1. Bd., S. 52f.] ausgedrückt hat:

„Der Ewige lässet uns in der Zeit gleichsam vor seinem Angesichte vorbey gehen, bis wir nach Erreichung des, einem jeden gesteckten Zieles, wiederum von diesem Schauplatze abtreten. Der Auftritt, der Vorübergang vor den Augen des Herrn der Heerschaaren und der Abtritt, alles geschieht mit einer bewunderungswürdigen Ordnung. Unser Auftritt im Lande der Lebendigen geschieht allmählich, ohne Gedrenge und nach bestimmten Zahlen, die zu dem Heer der Lebendigen, wie auch der Wiederabgehenden, jederzeit ein regelmäßiges Verhältniß haben. .... Hier ist nun zwar kein Zug so groß, wie der andere; aber es hat doch allezeit ein jeder seine richtige Proportion gegen das ganze Heer, und wird dadurch bestimmet. Sodann haben alle Haufen auch gegen sich unter einander ein beständiges ordentliches Verhältniß.‟

Überall ist also bei Süszmilch die Rede von festen zahlenmäßigen Verhältnissen hinsichtlich dessen, was wir heute als Absterbeordnung bezeichnen, wobei übrigens schon Süszmilch darauf hinwies, daß eine solche Ordnung nur aus großen Zahlen ersichtlich sei, während man im kleinen eine „sehr unproportionierliche Vermischung‟ antreffen würde; die Gesetze der Wahrscheinlichkeitsrechnung, auf denen dies beruht, waren ihm zwar noch nicht bekannt, aber seine Intuition führte ihn von der unmittelbaren Beobachtung zu dieser Erkenntnis, wobei ihm als Analogie nur ein Ausspruch des Philosophen s'Gravesande diente, welcher lautet: „Saepe vero regularitas, quae consideratis paucis effectibus nos fugit, ubi plures ad examen vocantur, detegitur.‟

Im großen war also schon Süszmilch davon überzeugt, daß die Lebensdauern der Menschen sich nach bestimmten Gesetzmäßigkeiten verteilen und auch seine Vorgänger machten sich schon ähnliche Vorstellungen. Wie weit allerdings bis zur Zeit Süszmilchs und darüber hinaus bis zum Ende des 18. Jahrhunderts die angegebenen Formeln als unmittelbarer Ausdruck natürlicher oder göttlicher Gesetze betrachtet wurden und wie weit etwa nur als Annäherungen zum Gebrauch als Interpolationsformeln, läßt sich schwer erkennen.

Der Begründer der Bevölkerungsstatistik, Graunt, welcher mangels Angaben über die Alter der Verstorbenen auf rohe Hilfsmethoden angewiesen war, scheint seine Formel noch als reine Interpolationsformel angesehen zu haben, um mittels derselben überhaupt zu einer gewissen Vorstellung von der Absterbeordnung gelangen zu können, da er mit seinen Hilfsmethoden nur auf einen Punkt derselben gelangte, wonach nämlich von 100 Geborenen nach 6 Jahren noch 64 am Leben seien, während er eine weitere Überlegung hinsichtlich der das 70. Lebensjahr Überlebenden nicht auswertete. Seine Formel besteht nun darin, daß er vom vollendeten 6. Jahre an die Zahl der Überlebenden in einer Exponentialreihe absinken läßt, deren Basis sich dadurch bestimmt, daß schätzungsweise von 100 Geborenen nur einer 76 Jahre alt würde. Die Absterbeordnung in Form einer Exponentialreihe entspricht also einer nach dem 6. Lebensjahre konstanten Sterbewahrscheinlichkeit.

Diejenige Sterbetafel, welche man als die eigentlich erste zu betrachten pflegt, nämlich die von Halley wurde durch de Moivre zur Ableitung einer Formel benützt, welche nicht minder einfach war als die von Graunt. de Moivre entnahm nämlich der genannten Tafel die Abstraktion, daß die Zahl der Überlebenden vom 12. Lebensjahre an in einer arithmetischen Reihe absinke, was also zu der Annahme eines Alters führt, bei welchem die Zahl der Überlebenden = 0 sein müsse; dieses Alter wurde von ihm mit 86 Jahren angenommen. Indessen hat DE MOIVRE seine Formel vielleicht nicht als eine eigentliche Gesetzmäßigkeit angesehen, wie man aus der Stelle schließen kann, daß „die Überschüsse auf der einen Seite nahezu ausgeglichen werden durch die Abgänge auf der anderen" und auch daraus, daß er Formeln für die Berechnung von Leibrentenwerten ableitet mit der „Annahme", die Absterbeordnung entspreche einer Geraden. Er hat also wohl nur die Ableitung versicherungsmathematischer Formeln durch eine möglichst einfache analytische Funktion der Absterbeordnung erleichtern wollen.

Schon eher als Versuch zur Schaffung eines „Gesetzes" könnte die Formel von LAMBERT (zitiert nach MOSER) angesehen werden, obwohl ihr Autor derselben anscheinend keine unbedingte Gültigkeit beimaß. Sie lautet:

$$l_x = 10\,000 \left\{\frac{96-x}{96}\right\}^2 - 6176 \left\{e^{-x:13{,}682} - e^{-x:2{,}43114}\right\}.$$

Noch umständlicher ist die Formel für die Sterbewahrscheinlichkeit, welche YOUNG 1826 veröffentlicht hat (zitiert nach MOSER) und unter anderem ein Glied mit quadratischem und linearem x in der Potenz $\frac{3}{2}$, ferner einen Bruch mit einer zweiten und einer sechsten Potenz von x im Nenner sowie verschiedenste andere Potenzen von x enthält.

Der erste, der eine mathematische Formel auf dem Gebiete der Absterbeordnung als ein Naturgesetz angesehen zu haben scheint, ist MOSER. Dieser sagt nach einer Kritik anderer Formeln, welche im vorstehenden teilweise erwähnt sind, wörtlich (S. 281):

„Nach vielfältigen Versuchen, die ich in der einen und anderen Rücksicht anstellte, bin ich endlich glücklich genug gewesen, dasjenige Gesetz zu entdecken, wonach die Sterblichkeit regulirt ist. Es lautet so: Die Anzahl der Todten bis zu einem gewissen Lebensalter ist proportional der vierten Wurzel aus diesem Lebensalter."

Diese Annahme führt also darauf, daß die Zahl der Überlebenden beim Alter x bezogen auf die Zahl der Lebendgeborenen, $= 1 - a \sqrt[4]{x}$. Dieses „Gesetz" hielt MOSER für ungefähr bis zum Alter von 30 Jahren einwandfrei gültig, für die weiteren Alter war er zur Anbringung von Korrekturgliedern gezwungen. In der genannten Formel stellt a die einjährige Sterbewahrscheinlichkeit des Neugeborenen dar, und diese betrug in jener Zeit ungefähr 0,2. Die Auflösung der Gleichung für die = 0 gesetzte Zahl der Überlebenden würde also bei diesem Wert von a darauf führen, daß die ganze Generation erst bei einem Alter von 625 Jahren ausgestorben wäre. Deswegen brachte MOSER Korrekturglieder an, deren Koeffizienten so gewählt waren, daß hierdurch die Sterblichkeit in jüngeren Jahren nicht beeinflußt wurde, und so kam er schließlich auf die Formel, wonach für alle Alter die mit y bezeichnete Zahl der mit x Jahren noch Lebenden, bezogen auf die Zahl der Lebendgeborenen, sei:

$$y = 1 - a\,x^{\frac{1}{4}} + b\,x^{\frac{9}{4}} - c\,x^{\frac{17}{4}} - d\,x^{\frac{25}{4}} + e\,x^{\frac{33}{4}}.$$

Während der Wert von a wieder aus dem Material der allgemeinen Bevölkerungsstatistik bestimmt wurde, wählte MOSER für eine numerische Berechnung der übrigen Koeffizienten die BRUNEsche Sterbetafel für Männer und so ergaben sich folgende Werte der Koeffizienten:

$$a = 0{,}2 \qquad\qquad d = 0{,}1542 \cdot 10^{-12}$$
$$b = 0{,}4416 \cdot 10^{-5} \qquad\qquad e = 0{,}6630 \cdot 10^{-16}$$
$$c = 0{,}5243 \cdot 10^{-8}$$

Da die berechnete Zahl der Überlebenden auch nach dieser Erweiterung der Formel in den Altern über 80 Jahren durchaus noch nicht mit den aus der Beobachtung stammenden Sterbetafeln übereinstimmte, gab MOSER an, daß noch weitere Glieder erforderlich seien, welche alle von der Form $i x^{\frac{8k+1}{4}}$ seien. Hiermit glaubte er (S. 315), „das Wesen des mathematischen Gesetzes mehr und mehr zu enthüllen".

Mit Rücksicht auf eine spätere Analogie sei noch erwähnt, daß MOSER glaubte, auch eine einfache mathematische Beziehung zwischen den Koeffizienten seiner Formel für das Absterben der Lebenden und der Höhe der Totgeburtlichkeit gefunden zu haben. MOSER nahm übrigens nicht etwa an, daß die Koeffizienten seiner Formel allgemeingültig wären, sondern er betrachtete diese als an verschiedenen Orten, anscheinend auch als zu verschiedenen Zeiten verschieden; nur sollten am gleichen Orte und zur gleichen Zeit die Sterbewahrscheinlichkeiten der einzelnen Alter sich so verhalten, daß eine tafelmäßige Darstellung der Absterbeordnung bei geeigneter Wahl der Koeffizienten für die Exponentialglieder in eine solche Form gebracht werden könnte.

Ungefähr in derselben Zeit, nämlich im mittleren Drittel des 19. Jahrhunderts wurden noch etliche andere Formeln ersonnen und veröffentlicht, welche analog der von MOSER konstruiert sind, nämlich die Zahlen der Überlebenden als Funktion des Alters derart erscheinen lassen, daß dieses in irgendwelchen Potenzen auftritt; sie sind in der umfassenden Darstellung von CZUBER (2) ausführlich wiedergegeben.

Der gleichen Reihe von Autoren gehört auch WITTSTEIN an, dessen Überlegung allerdings — vielleicht unter dem Einflusse der unterdessen veröffentlichten Formeln von GOMPERTZ und MAKEHAM, von denen noch zu sprechen sein wird — den entgegengesetzten Weg wie die von MOSER ging. WITTSTEIN behandelte nämlich zunächst die Sterblichkeit im erwachsenen und höheren Alter und fügte an diese Formel erst ein Korrekturglied für die Kindersterblichkeit an. Wenn es auch aus seinen Worten nicht unmittelbar hervorgeht, so scheint es doch, als ob er die Sterblichkeit etwa von 20 Jahren an als „normal"; d. h. naturbedingt angesehen hätte, während er die Kindersterblichkeit insofern als abnorm betrachtet, als man die natürliche Sterblichkeit für mit dem Alter monoton steigend halten müsse, und der Sterblichkeitsverlauf bis gegen Ende des Schulalters, in welcher Altersspanne die Sterbewahrscheinlichkeit mit dem Alter abnimmt, auf der „Verwahrlosung der Kinder" beruhe (S. 28), „welche die Sterblichkeit der Kinder so außerordentlich und widernatürlich erhöht". Deshalb sollte das Korrekturglied, das die Sterbewahrscheinlichkeit im Kindesalter auf ihre tatsächlich beobachtete Höhe ergänzt, einen Parameter haben, der den Grad der „Kinderverwahrlosung" anzeige. Demgemäß meinte WITTSTEIN, daß der zweite Teil seiner Formel, die sich also auf die Kindersterblichkeit bezieht, für Fürstenkinder „dem Verschwinden nahe kommen" würde. Unter Zugrundelegung verschiedener Sterbetafeln wie insbesondere wieder der von BRUNE für Männer und der der 20 englischen Lebensversicherungsgesellschaften zur Berechnung der Konstanten kam WITTSTEIN schließlich auf die Formel für die mit w bezeichnete einjährige Sterbewahrscheinlichkeit beim Alter x:

$$w = a^{-(M-x)^n} + \frac{1}{m} a^{-(mx)^n}, \text{ worin } a = 1{,}42423,\ M = 95,\ n = 0{,}63033,\ m = 5.$$

Wie man aus der Formel unmittelbar ersieht, stellt hierbei die Zahl 95 das Alter dar, in welchem die einjährige Sterbewahrscheinlichkeit $= 1$ wird, so daß also mit 96 Jahren die ganze Generation ausgestorben wäre; (es ist zu berücksichtigen, daß das zweite Glied in höheren Altern praktisch $= 0$ wird). WITTSTEIN hielt es für wahrscheinlich, daß die Sterbetafeln für ganz verschiedene Bevölkerungen wenigstens, soweit es sich um den ersten, also „natürlichen" Teil der Formel handelt, der übrigens vom Alter von etwa 25 Jahren an praktisch allein übrig bleibt, fast gleiche Werte der übrigen Konstanten aufwiesen und sich nur durch die Höhe des Grenzalters, d. h. durch den Wert von M, voneinander unterschieden. Hiernach würde also jede Sterbetafel mit Ausnahme des Kindesalters durch das Grenzalter allein charakterisiert sein, der Verlauf aller Werte der Tafel vom Grenzalter bis zu 20 oder 25 Jahren rückwärts wäre durch dasselbe zwangsläufig festgelegt.

Eine Abänderung der Formel von WITTSTEIN wurde von RAHTS vorgeschlagen, der jedoch die so abgeänderte Formel anscheinend nicht als Naturgesetz ansah, sondern sie nur zur Extrapolation der Sterbewahrscheinlichkeiten für die höchsten Alter, nämlich jenseits des 90. Lebensjahres verwendete. Die vorgenommene Änderung besteht nur darin, daß vor das in diesen Altern allein auftretende erste Glied der WITTSTEINschen Formel ein für jede Sterbetafel konstanter Faktor gesetzt wird, so daß für kein Alter die Sterbewahrscheinlichkeit 1 erreicht wird, sondern diese schließlich gleich dem gewählten Faktor wird.

Formeln für die Analyse der Absterbeordnung hat auch PEARSON (2) berechnet, der für die Verteilung der tafelmäßig Gestorbenen auf die Altersjahre unter Zerlegung des ganzen Lebens in 5 Abschnitte 5 Kurven der von ihm (1) eingeführten Typen aufstellte. Als Kuriosum sei erwähnt, daß er, viel weitergehend als MOSER, welcher nur die Totgeburtlichkeit in eine analytische Beziehung zur Säuglingssterblichkeit brachte, den ganzen Verlauf des Absterbens während des embryonalen Lebens durch Extrapolation aus seiner Formel für die Säuglingssterblichkeit zu bestimmen suchte.

Anderer Art ist die ursprünglich von GOMPERTZ stammende Formel. Diese läßt die „Sterblichkeitsintensität" in einer Exponentialfunktion mit zunehmendem Alter ansteigen, wobei also das erreichte Alter den Exponenten darstellt, dessen Basis > 1. Durch Multiplikation mit einem konstanten Faktor wird erreicht, daß der absolute Wert der Sterblichkeitsintensität auf ein beliebiges Niveau gebracht werden kann.

Bekannter geworden ist die GOMPERTZsche Formel in der abgeänderten Form, welche MAKEHAM (1 und 2) ihr gab. Dieser fügte nämlich zu der von GOMPERTZ mittels einer Exponentialfunktion ausgedrückten Formel der Sterblichkeitsintensität noch ein konstantes Glied, so daß sich als Sterblichkeitsintensität beim Alter x ergibt

$$\mu_x = a + b\, c^x,$$

wobei a, b und c Konstante darstellen, welche aus den gerade gegebenen Sterblichkeitsverhältnissen jeweils zu bestimmen sind.

Die Zahl der Lebenden beim Alter x ergibt sich nach der Formel von MAKEHAM mit

$$k\, s^x\, g^{c^x},$$

worin k, s, g und c wieder Konstante sind. Der Verlauf der Sterbetafeln bringt es mit sich, daß in der zuletzt genannten Formel $c > 1$, dagegen g und $s < 1$.

Infolgedessen nehmen beide Faktoren, in welchen x vorkommt, mit zunehmendem x monoton ab, jedoch kann keines dieser beiden Glieder und somit auch nicht das Produkt bei irgendeinem Werte von x = 0 werden. Bei dieser Formel nimmt zwar in extrem hohen Altern die Zahl der Lebenden bis auf ganz winzige Werte ab, eine Grenze, bei welcher dieselbe exakt = 0 würde, liegt jedoch nicht vor.

Den Formeln von Gompertz und Makeham einerseits und von Wittstein andererseits ist trotz ihrer sonstigen erheblichen Unterschiede eines gemeinsam, daß sie nämlich im Gegensatze zu den älteren Formeln, welche mit der von Moser kulminieren, nicht die Zahlen der Überlebenden als Funktion des Alters betrachten, sondern primär die Sterblichkeitsintensität oder die mit letztgenannter nahe verwandte einjährige Sterbewahrscheinlichkeit. Daß aus diesen Ausdrücken der für die Zahl der Überlebenden durch algebraische Umformung gebildet werden kann und umgekehrt, ändert nichts an der Verschiedenheit des Grundgedankens.

Auf einem ganz anderen Prinzip, welches bis dahin in der Sterblichkeitsstatistik überhaupt nicht bekannt war, beruht hingegen das von Lexis (1) angegebene Gesetz des Sterblichkeitsverlaufs. Den Schritt, welchen Quetelet vorher auf einem ganz anderen Gebiete der Statistik getan hatte, das Gesetz von Gausz über die Verteilung der Zufallsfehler bei wiederholten Messungen des gleichen Gegenstandes auf die Verteilung der Glieder eines Kollektivgegenstandes hinsichtlich der Größe eines veränderlichen Merkmals zu übertragen, den unternahm nunmehr Lexis auf dem Gebiete der Sterblichkeitsstatistik. Als Kollektivgegenstand faßte er die Lebensdauern einer Gruppe von Menschen auf, wobei also die zeitliche Dauer das veränderliche Merkmal darstellt. Im Gegensatze zu allen anderen bisher hier angeführten Autoren, die durchweg entweder die Sterblichkeitsintensität als Funktion des Alters darzustellen versuchten oder ebenso mit den Zahlen der Überlebenden verfuhren, ging Lexis also unter ausdrücklicher Ablehnung dieses Prinzips in der genannten Weise vor; er sagte [(1) S. 42]:

„Die Sterblichkeitsverhältnisse sind also unter einem anderen Gesichtspunkte als dem der mechanischen Gesetzmäßigkeit aufzufassen.

Es liegt die Annahme nahe, daß der organische Typus des Menschen, wie er eine gewisse normale Körpergröße bedingt, so auch auf eine gewisse normale *Lebenslänge* eingerichtet ist. Diese Lebenslänge müßte sich als typisch nachweisen lassen, d. h. sie müßte bei zahlreichen Beobachtungen vollendeter Lebenslängen nicht nur als ein Dichtigkeitsmittel erscheinen, sondern es müßten sich auch die Abweichungen nach der positiven und negativen Seite der Funktion F_u gemäß gruppieren."

Unter diese Formel, welche also die Lebenslängen oder, was dasselbe bedeutet, die Zahlen der in den einzelnen Altersabschnitten Gestorbenen der Sterbetafel, nach der Gauszschen Formel verteilt, lassen sich aber nur die Todesfälle im höheren Alter bringen. Die anderen Autoren hatten teilweise überhaupt darauf verzichtet, auch die Sterblichkeit im jugendlichen Alter durch eine Formel zu erfassen, oder sie hatten hierfür besondere Korrekturglieder benützt wie insbesondere Wittstein. Diesen letztgenannten Weg beschritt Lexis nicht, sondern er verzichtete wie jene Gruppe völlig auf die formelmäßige Darstellung der Sterblichkeit im jugendlichen und sogar auch im mittleren Alter, er tat dies aber nicht, weil er die mathematischen Schwierigkeiten eines solchen Versuches vermeiden wollte, sondern aus wohlerwogenen Gründen, da er nämlich erkannte, daß die Sterblichkeit in diesem Teile des Lebens nicht einem Naturgesetze folge, wie er dies für die Sterblichkeit im „normalen" Alter annahm. Bei der Wichtigkeit dieser Überlegung von LEXIS für die bisherige, vor allem aber voraussichtlich für die künftige Entwicklung der Theorie der menschlichen Sterblichkeit sei diese Darstellung [(1) S. 44] wörtlich wiedergegeben:

„Unsere Auffassung würde folgendem Bilde entsprechen.

Man denke sich, jemand werfe von einem festen Standpunkte aus Kugeln mit der Absicht, dieselben auf eine in einer Entfernung von etwa 70 Fuß am Boden angebrachte Marke aufschlagen zu lassen. In Wirklichkeit werden die Endpunkte der Flugbahn der Kugeln teils vor teils hinter dem Ziele liegen, aber bei einer großen Versuchsreihe werden sich dieselben näherungsweise nach der mathematischen Fehlertheorie verteilen, mit um so geringerer Dispersion, also um so größerer Präzision, je größer die Geschicklichkeit des Werfenden ist.

Ferner aber nehmen wir an, daß ein gewisser Teil der Kugeln, die der Werfende ergreift, für den Wurf ungeeignet, etwa hohl sind und zu wenig Masse besitzen. Mit diesen Hohlkugeln stellt der Schleuderer gar keinen Versuch an, sondern er wirft sie einfach vor sich hin und sie kommen weiter nicht mehr in Betracht. Endlich aber sei eine andere Person damit beschäftigt, auf einer gewissen Strecke der Bahn die geschleuderten Kugeln im Fluge *aufzufangen*, und zwar so, daß sie auf der Strecke von 15—40 Fuß Entfernung vom Ausgangspunkt auf jeden Fuß im ganzen fast gleich häufig eingreift oder doch mit nur geringer Zunahme der Häufigkeit bei wachsender Entfernung.

Über eine Distanz von 45 oder 50 Fuß hinaus soll die relative Häufigkeit dieser Eingriffe rasch abnehmen, während nach und nach immer mehr Kugeln in ungestörter Flugbahn den Boden erreichen; bald wird die Zahl der auf eine Strecke von einem Fuß von selbst niederfallenden Kugeln schon größer als die Zahl der aufgefangenen pro Fuß der mittleren Strecke, und in einer Entfernung von etwa 60 Fuß hören jene Eingriffe so gut wie ganz auf.

Wenn in dieser Weise viele tausend Kugeln verwendet worden wären, so würde sich also folgendes ergeben: Eine gewisse Anzahl derselben würde in der Nähe des Ausgangspunktes angehäuft sein; es wären diese die als unbrauchbar verworfenen. Ein anderer Teil würde annähernd symmetrisch vor und hinter dem Ziele liegen, in dem sich das Dichtigkeitsmittel fände, während die Gruppierung zu beiden Seiten der Funktion F_u entspräche. Denkt man sich endlich die aufgefangenen Kugeln in den Entfernungen niedergelegt, wo sie eingehalten wurden, so bilden sie eine dritte Gruppe, die anfangs mit zunehmender Entfernung nur langsam dichter wird, schließlich aber in ihrer Dichtigkeit schnell abnimmt und in der Nähe von 60 Fuß Distanz verschwindet, nachdem sie in der letzten Strecke mit dem einen Ausläufer der zweiten Gruppe teilweise zusammengefallen ist. Es ist leicht einzusehen, daß die der Theorie entsprechende Anordnung der *zweiten* Gruppe durch das vorzeitige Einhalten eines Teiles der Kugeln (eben der dritten Gruppe) nicht beeinträchtigt wird.

Die erste Gruppe in diesem Bilde entspricht nun den ‚jugendlichen‘, die dritte den ‚vorzeitigen‘ und die zweite den ‚normalen‘ Sterbefällen."

Wenn es auch in dieser schematischen Darstellung nicht zum Ausdruck kommt, so hat LEXIS dennoch erkannt [(1) S. 49], daß die „vorzeitigen" Todesfälle nicht nur bis in den Anfangsteil der „normalen" hineinragen, sondern daß auch während des ganzen Alters der „normalen" Sterblichkeit noch als „vorzeitig" zu bezeichnende Todesfälle vorkommen.

Eine Darstellung der Sterblichkeit durch eine Gesetzmäßigkeit, welche sich in ihrem Wesen unmittelbar an die Anschauung von LEXIS anlehnt, hat in neuester Zeit GUMBEL zu entwickeln versucht. Als Argument der Verteilung verwendet er jedoch nicht das Sterbealter, sondern das mittlere Sterbealter der über x Jahren Verstorbenen, also $x + e$. Dann sollen nach seiner Anschauung die Zahlen der Überlebenden bei x Jahren nach dem Zufallsgesetze verteilt sein.

5. Prüfung der wichtigsten Formeln für die Verteilung der menschlichen Lebensdauern.

Wenn Graunt die Zahlen der Überlebenden während des größten Teiles des Lebens durch eine Exponentialfunktion darstellte, deren Wert also eigentlich erst für $x = \infty$ auf 0 käme, so wollte er damit eine derartige Folgerung nicht etwa wirklich ziehen, sondern es sollte sich hierbei nur um eine Näherungsformel für Interpolationszwecke handeln, wie daraus hervorgeht, daß er selbst die Zahl der Überlebenden beim Alter von 80 Jahren mit 0 angibt. Die übrigen Formeln, welche im vorigen Kapitel vor der von Gompertz genannt sind, sind ohnehin so konstruiert, daß sie sämtlich im Endlichen für die Überlebenden den Wert 0 erreichen. Am deutlichsten sieht man dies an der Formel von de Moivre, aber mit geringer Mühe auch an den anderen, insbesondere der von Wittstein, von welcher dieser Autor selbst nachwies, daß eine näherungsweise Darstellung derselben auf die Formel von de Moivre führe. Ausgenommen werden muß hier das Formelsystem von Pearson, wo ein Schnitt der Kurve der Überlebenden mit der Abszissenachse nicht stattfindet; jedoch kann auf eine Berücksichtigung dieser Formeln wegen ihres ganz gekünstelten Charakters wohl verzichtet werden.

Bei den übrigen Formeln, welche vor der von Gompertz genannt sind, wird hiernach immer irgendwo im Endlichen die Zahl der Überlebenden $= 0$, und dies heißt also, daß ein Jahr zuvor die einjährige Sterbewahrscheinlichkeit genau $= 1$ werden muß. Die Vorstellung, daß es ein solches Alter geben sollte, in welchem die Sterbewahrscheinlichkeit nicht nur in praktischer Annäherung, sondern mit funktioneller Exaktheit den Extremwert 1 erreicht, widerspricht aller biologischen Anschauung, und dies erst recht, seitdem — besonders durch v. Mises — selbst in die anorganischen Naturwissenschaften an Stelle der funktionellen Gesetzmäßigkeit der Begriff des Ablaufs nach den Regeln der Wahrscheinlichkeitsrechnung gebracht wurde. Also verraten alle diese Formeln schon durch die Erreichung von $q_x = 1$ bei endlichem x, daß sie nicht der Ausdruck echter Naturgesetzmäßigkeiten sein können.

Von der Unmöglichkeit an dieser einen Stelle könnte man aber schließlich absehen, wenn man den Wert dieser Formeln als Darstellung naturgegebener Gesetzmäßigkeiten prüfen will. Noch wichtiger ist es daher, daß alle diese Formeln einschließlich derer von Pearson, welche den erstgenannten Mangel nicht aufweisen, analytische Ausdrücke darstellen, denen jede Beziehung zu irgendwie erklärlichen Kausalitäten fehlt, wobei es gleichgültig sein soll, ob man überhaupt an eine wirkliche „Kausalität" im alten Sinne glauben oder an deren Stelle eine stochastische Verbundenheit setzen will. Schon bei der Hypothese, welche von allen diesen vielleicht noch am sinnvollsten sein dürfte, nämlich der von de Moivre, fehlt jede Vorstellung, warum von einer gegebenen Ausgangszahl in gleichen Zeiten gleich viele Personen sterben sollen, und — was das Entscheidende ist — dieser Mangel würde nicht etwa behoben, wenn die Formel sich der Wirklichkeit gut anpassen würde, was nach allen vorliegenden Sterbetafeln gar nicht der Fall ist. Noch weniger können natürlich Formeln wie die von Moser oder die von Wittstein als *Erklärung* der Absterbeordnung bzw. des Verlaufs der Sterbewahrscheinlichkeiten angesehen werden, sondern eben nur als *Beschreibung*. Besonders die Formel von Moser ist gewiß sehr anpassungsfähig, durch Hinzufügung immer weiterer Glieder läßt sich jede aus der Beobachtung gegebene Reihe mit beliebiger Genauigkeit darstellen. Eine solche Formel, für die es nicht der von MOSER gewählten Glieder mit gebrochenen Potenzexponenten bedurft hätte, die sich vielmehr auch mit lauter ganzzahligen Exponenten darstellen ließe, bedeutet nichts anderes als das, was in der heutigen statistischen Terminologie als „Trend" bezeichnet wird. Ein solcher Trend kann nach der von LORENZ (1) angegebenen Methode durch Polynome mit lauter ganzzahligen rationalen Exponenten durch Fortführung bis zu beliebigen Graden beliebig genau der tatsächlich beobachteten Reihe angeglichen werden; aber hier ist man sich von vornherein klar darüber, daß diese Funktion nicht etwa die Kurve kausal deuten soll, sondern daß es sich um eine rein empirische Ausgleichung zu rechnerischen Zwecken handelt.

Die Forscher, von welchen die so charakterisierten Formeln stammen, waren zum größten Teile vorzügliche Mathematiker, insbesondere auch MOSER und WITTSTEIN. Um so mehr kennzeichnet es die mangelnde Naturerkenntnis ihrer Zeit, daß auch diese beiden glaubten, mit ihren Formeln echte „Naturgesetze" gefunden zu haben. Gewiß haben alle diese Autoren erkannt, daß ihre Formeln insofern keine allgemeine Gültigkeit beanspruchen könnten, als die Parameter für verschiedene Menschengruppen verschieden sein könnten, aber den eigentlichen Inhalt der Formeln hielten sie für unveränderlich, wie dies besonders aus dem Gedanken von WITTSTEIN deutlich wird, daß die ganze Kurvenschar aller überhaupt vorkommenden Absterbeordnungen aus lauter nur durch einen einzigen Parameter voneinander unterschiedenen Kurven bestünde, so daß man aus einem einzigen Werte, nämlich dem x, für welches $1_x = 0$, den ganzen Kurvenverlauf bestimmen könnte.

Alle solche Formeln, welche uns heute als reine Spielereien erscheinen, konnten wohl nur in Zeiten aufgestellt werden, in welchen die Sterblichkeit nur langsame Veränderungen aufwies, auch die gleichzeitige Sterblichkeit in verschiedenen Ländern oder bei verschiedenen Menschengruppen innerhalb des gleichen Landes nur geringe Verschiedenheiten darbot, wie dies im zweiten Kapitel ausgeführt wurde. Die Verschiedenheiten aber, die damals schon tatsächlich bestanden haben mögen, waren großenteils nicht bekannt, weil nur ein geringer Teil der Sterblichkeitsverhältnisse genau genug erfaßt war, um daraus Sterbetafeln konstruieren zu können. Infolgedessen stand den Statistikern jener Zeiten nicht eine größere Anzahl von Sterbetafeln zur Verfügung, die erhebliche Abweichungen voneinander aufzuweisen gehabt hätten, und so fehlte ihnen eine solche Gelegenheit, ihre Formeln an verschiedenartigen Tafeln zu erproben. Bei der rein empirischen Art, in der diese Formeln aufgestellt wurden, hätte nur ein Vergleich mit der Wirklichkeit, welcher nicht oder erst nach Hinzufügung vieler Glieder und vollständiger Änderung der Parameter zu leidlich befriedigender Übereinstimmung geführt hätte, die Überzeugung gebracht, daß diese Formeln nicht der Ausdruck von Gesetzmäßigkeiten seien.

Die Formel von GOMPERTZ und ihre von MAKEHAM ergänzte Form vermeidet einen gewaltsamen Abbruch, indem sie die Zahl der Überlebenden und die Überlebenswahrscheinlichkeit für die Zeiteinheit asymptotisch gegen 0 konvergieren läßt; auch bemüht sich die Vorstellung von MAKEHAM, eine wirkliche „Erklärung" für den Sterblichkeitsverlauf im mittleren und höheren Alter zu finden, indem die Sterblichkeitsintensität zunächst einen konstanten Summanden enthalten soll, der die nach seiner Auffassung vom Alter unabhängige Wirkung äußerer Ursachen, insbesondere Unfälle, darstellen soll, und außerdem den von GOMPERTZ allein verwendeten Summanden, der auf der Auffassung beruht, daß die „natürliche" Sterblichkeitsintensität mit zunehmendem Alter in Form einer Exponentialfunktion ansteigt. In Wirklichkeit ist aber auch diese Auffassung nicht als Erklärung geeignet; das erste Glied könnte es sein, wenn man den reinen Anteil äußerer Ursachen aussondern könnte, während nach den tatsächlichen Beobachtungen die Sterbewahrscheinlichkeit infolge rein äußerer Ursachen, d. h. durch gewaltsamen Tod mit steigendem Alter monoton zunimmt (abgesehen vom Säuglingsalter mit seinem Gipfel der Häufigkeit gewaltsamer Todesfälle infolge von Kindesmord) und nicht erkenntlich ist, wie sich das Bild gestalten würde, wenn man zahlenmäßig ·auswerten könnte, daß hieran die größere Letalität im höheren Alter infolge der Mitwirkung innerer Faktoren beteiligt ist; in dem zweiten Gliede aber gibt es kaum eine wirkliche Erklärung auf Grund von Vorstellungen über den Kausalzusammenhang dafür, daß die an sich zweifellos bestehende Zunahme der Sterblichkeitsintensität mit wachsendem Alter gerade in Form einer Exponentialfunktion verlaufen soll; auch der diesbezügliche Versuch von BERNSTEIN (2) beruht offenbar auf einer Petitio principii.

Die Formel von MAKEHAM ist deswegen viel benützt worden, weil sie sich nach den älteren Sterbetafeln etwa vom Alter zwischen 15 und 20 Jahren an bis weit ins Greisenalter dem wirklichen Verlauf recht gut anpaßt, und außerdem, weil die Ausgleichung der Sterbetafeln unter Zugrundelegung dieser Formel bestimmte versicherungsmathematische Berechnungen, nämlich die für Versicherungen auf verbundene Leben, sehr erleichtert. Aber dies sind selbstverständlich nur praktische Erwägungen, welche nichts mit der Frage nach einer Darstellung von Naturgesetzmäßigkeiten zu tun haben. Bei der Forderung nach einer solchen Formel muß also auch die von MAHEKAM a priori ausscheiden.

Um entscheiden zu können, ob derartige Formeln, welche die Sterblichkeitsverhältnisse durch eine größere Reihe von Altersjahrzehnten darstellen sollen, überhaupt *möglich* sind, sei schon an dieser Stelle darauf hingewiesen, daß die Gesamtsterblichkeit jedes einzelnen Altersabschnittes sich aus einer großen Anzahl von Faktoren zusammensetzt, welche weitgehend voneinander unabhängig sind. Großenteils handelt es sich hierbei um die medizinischen Begriffe, welche in der Statistik als „Todesursachen" ausdrücklich verwendet werden, wenigstens soweit diese exakt voneinander abgegrenzte Begriffe darstellen wie z. B. die einzelnen akuten Infektionskrankheiten.

Tabelle 18. Die Sterblichkeit an einigen Infektionskrankheiten im Deutschen Reich 1921—1930.

Jahr	Todesfälle auf 10 000 Lebende an			
	Scharlach	Masern und Röteln	Diphtherie und Krupp	Keuchhusten
1921	0,2	0,7	1,0	0,8
1922	0,2	0,5	0,7	1,2
1923	0,1	1,3	0,7	1,1
1924	0,1	0,3	0,6	0,8
1925	0,1	1,1	0,5	1,0
1926	0,2	0,6	0,4	0,9
1927	0,2	0,6	0,4	0,7
1928	0,3	0,4	0,5	0,6
1929	0,2	0,5	0,7	0,5
1930	0,2	0,5	0,9	0,6

Um zunächst bei diesen eben genannten Krankheiten als Beispiel zu bleiben, sei darauf hingewiesen, daß die Sterblichkeit an denselben sich durchaus nicht gleichmäßig verhält, d. h., daß ihre örtlichen oder zeitlichen Veränderungen nicht in erheblicher Korrelation untereinander stehen. Zur Kennzeichnung dieses Verhaltens sind in der vorstehenden Tabelle 18 die vom Reichsgesundheitsamt (Jg. 1930 und 1932) veröffentlichten Zahlen für die Sterblichkeit an den wichtigsten akuten Infektionskrankheiten des Kindesalters in den Jahren 1921—1930 wiedergegeben.

Die Zahlen für die Vorkriegszeit sind nicht so charakteristisch wie die vorstehenden der Nachkriegszeit, weil damals die nach unten gehende Entwicklungslinie der Mortalität an allen diesen Krankheiten die Einzelbewegungen überdeckte, so daß diese nur mittels einer Trendberechnung herausgeschält werden könnten. Bei der Berechnung für die Nachkriegszeit braucht auf die ständigen Verschiebungen im Altersaufbau keine Rücksicht genommen zu werden, weil in Tabelle 18 nur Krankheiten aufgenommen sind, welche ganz überwiegend nur im Kindesalter Todesfälle herbeiführen, und trotz verschiedener Bedrohung der einzelnen Altersjahre im Kindesalter doch hiervon das Verhältnis der erwartungsmäßigen Mortalitätsziffern untereinander nicht wesentlich berührt wird, weil den Haupteinfluß hierauf bei allen diesen Krankheiten der Anteil der Kinder etwa bis zu 10 Jahren im ganzen an der Bevölkerung hat.

Unter diesen Voraussetzungen, welche also einen unmittelbaren Vergleich der auf die Gesamtbevölkerung bezogenen Mortalitätsziffern gestatten, sieht man, wie verschiedenartig die zeitliche Entwicklung im einzelnen war. Dies gilt sogar — wenn auch in geringerem Grade — von Masern und Röteln einerseits, Keuchhusten andererseits, welche fast genau das gleiche Alter betreffen, nämlich die allerersten Jahre; noch deutlicher zeigt sich die Verschiedenartigkeit der Entwicklung im Vergleich zu diesen Krankheiten bei Diphtherie und Krupp.

Wenn auch die vier genannten Krankheiten insoweit ähnliche Alter betreffen, als es hierdurch ermöglicht wird, beim Vergleich zeitliche Verschiedenheiten des Altersaufbaus zu vernachlässigen, so ist die verschiedene durch sie bedingte Bedrohung der einzelnen Altersjahre doch nicht als unbedeutend zu betrachten, wenn es sich darum handelt, die Auswirkung ihrer verschiedenen zeitlichen Entwicklung auf die Gesamtsterblichkeit der einzelnen Altersklassen zu erwägen. Um dies zu verdeutlichen, sind in Tabelle 19 auf Grund der Zahlen der preußischen Statistik (16. Jg.) die Ziffern der Sterblichkeit an den genannten vier Todesursachen für den Durchschnitt beider Geschlechter im Durchschnitt der Jahre 1925 und 1926 zusammengestellt.

Tabelle 19. Die Sterblichkeit an einigen Infektionskrankheiten in Preußen 1925—1926 nach Altersklassen.

Alters-klasse	Jährliche Todesfälle auf 10000 Lebende jeder Altersklasse 1925—1926 an			
	Scharlach	Masern und Röteln	Diphtherie und Krupp	Keuchhusten
0—1	0,6	16,4	3,8	38,7
1—2	1,1	16,3	4,9	12,2
2—3	1,0	5,2	3,4	2,5
3—5	1,1	2,0	2,7	0,8
5—10	0,5	0,7	1,1	0,1
10—15	0,2	0,1	0,1	0,0

Geht z. B. die Sterblichkeit an Masern zurück, während gleichzeitig die an
Diphtherie ansteigt, so muß sich, wenn die einzelne Krankheit die verschiedenen
Alter im gleichen Verhältnis wie früher betrifft, die Sterblichkeit in den beiden
ersten Lebensjahren günstiger gestalten als die im Alter von 2—5 Jahren.
Schon durch diese Überlegung wird es also sehr unwahrscheinlich gemacht,
daß die Sterblichkeit in den einzelnen Altersjahren, selbst wenn diese einander
benachbart sind, durch eine einheitliche Formel bestimmt sein könnte.

Viel größer sind noch die Abweichungen von einem etwa vermuteten einheitlichen „Gesetz", die aus dem verschiedenartigen Verhalten von Todesursachen
folgen, welche weiter auseinander liegende Altersklassen zu befallen pflegen.
Es sei etwa an einen besonders krassen Fall erinnert, nämlich Tuberkulose und
Krebs. Die Krebssterblichkeit hat in den letzten Jahrzehnten scheinbar sehr
stark zugenommen, und zwar auch, wenn man — wie dies bei einer solchen
Untersuchung selbstverständlich ist — die Veränderungen des Altersaufbaus
berücksichtigt; allerdings rührt diese scheinbare Steigerung, welche bei Ausschaltung der Veränderungen des Altersaufbaus übrig bleibt, nur von der immer
besser werdenden Erfassung dieser Todesursache her, die wirkliche Sterblichkeit
an Krebs, auf welche es doch allein ankommt, ist in den einzelnen Altersklassen
offenbar so gut wie völlig konstant geblieben. Andererseits aber ist die Sterblichkeit an Tuberkulose in den letzten 50 Jahren um drei Viertel zurückgegangen,
und der wirkliche Rückgang ist wegen der auch bei dieser Krankheit allmählich
vollständiger werdenden Erfassung wahrscheinlich noch größer; Veränderungen
des Altersaufbaus können bei dieser Todesursache außer acht gelassen werden.
Die Sterblichkeit an Tuberkulose weist in den einzelnen Altersklassen nur verhältnismäßig geringe Unterschiede auf, während die an Krebs mit zunehmendem
Alter ungemein steil ansteigt; sie beträgt auf 10 000 Lebende in den Altern
unter 20 Jahren weniger als 0,1, während ihre wirkliche Höhe im Alter von
mehr als 80 Jahren nach der Berechnung von FREUDENBERG (4) etwa 150 sein
dürfte. Bei der großen zahlenmäßigen Bedeutung der beiden zuletzt genannten Todesursachen ergibt sich schon aus den eben angeführten Tatsachen,
daß bei dieser Entwicklung in den letzten Jahrzehnten die Sterblichkeit in den
mittleren Altersklassen verhältnismäßig stärker sinken mußte als die im
Greisenalter, wie dies gemäß Tabelle 4 tatsächlich der Fall war.

Die zeitliche Entwicklung, welche bei manchen Todesursachen einen starken
Rückgang herbeiführte, bei anderen dagegen noch keine Veränderung erkennen
läßt, beruht ebenso wie die örtlichen Unterschiede zwischen Ländern verschiedener Kulturstufe überwiegend darauf, daß Medizin und Hygiene auf ihrem
heutigen Stande die erfolgreiche Bekämpfung zahlreicher Krankheiten, und
zwar hauptsächlich der Infektionskrankheiten ermöglichen, während sie andere
Todesursachen erst wenig zu beeinflussen vermögen, und zwar in besonders
geringem Maße die Krankheiten des höheren Alters, welche weniger auf äußeren
Ursachen als auf der natürlichen Abnutzung des Organismus beruhen. Also
führt auch diese Betrachtung der verschiedenen Entwicklung der Sterblichkeit
an verschiedenen Todesursachen wieder zu dem Schlusse, daß in früheren Zeiten,
als die ärztliche Kunst dem Tode noch ziemlich ohnmächtig gegenüberstand,
die Sterblichkeit mit Ausnahme der besonderen Züge der schwersten Seuchen
in jeder Hinsicht recht konstante Verhältnisse aufweisen mußte und deshalb
viel eher als in der Gegenwart der Glaube an „Gesetze" der menschlichen

Sterblichkeit entstehen konnte, welche ohne biologische Begründung rein empirisch aus den Zahlenverhältnissen der damals vorhandenen Sterbetafeln gewonnen waren.

Hinsichtlich der Sterblichkeit derjenigen Altersklassen, in welchen die Infektionskrankheiten als Todesursache am bedeutsamsten sind, d. h. also etwa bis gegen 30 Jahre hin, ist auch noch zu bedenken, daß die Gefährdung durch diese Krankheiten sehr stark durch die Immunisierung des einzelnen Organismus infolge einer bereits durchgemachten Erkrankung mit dem gleichen Erreger beeinflußt wird und daß die Immunisierung auch ohne erkenntliche Erkrankung „stumm" eintreten kann. Eine Häufung von Erkrankungen im frühen Alter, durch welche die Sterblichkeit in diesem erhöht wird, wird daher im allgemeinen zu einer besseren Immunisierung und hierdurch zu einer geringeren Sterblichkeit in späteren Altern führen und umgekehrt. Also wird hier selbst ohne äußeres Eingreifen ein verschiedenartiges Verhalten der Sterblichkeit in verschiedenen Altersklassen auftreten müssen.

Die Sterblichkeit infolge gewaltsamer Einwirkungen läßt sich selbstverständlich überhaupt durch keine Formel erfassen, wenn sie auch einige Grundzüge aufweist, die verhältnismäßig konstant sind, wie z. B., daß die Selbstmordhäufigkeit bei beiden Geschlechtern mit zunehmendem Alter im wesentlichen ansteigt und einen Nebengipfel im Alter um 20 Jahre aufweist, und andererseits, daß die Sterblichkeit infolge von Unfällen nach einem ersten Gipfel im Spielalter stark abfällt und dann mit zunehmendem Alter wieder ansteigt, wobei das Verhalten bei beiden Geschlechtern jedoch insofern sehr verschieden ist, als diese Ziffern beim männlichen Geschlechte im Alter der Hauptberufstätigkeit infolge der Berufsunfälle gleichfalls sehr hoch liegen, während beim weiblichen Geschlechte dieser Zwischengipfel begreiflicherweise fast unmerklich niedrig ist.

Schließlich sei noch auf die Sterblichkeit infolge von Schwangerschaft und Geburt hingewiesen. Diese ist selbstverständlich in erster Linie abhängig von der Zahl der auf die Frauen einer Altersklasse jährlich entfallenden Geburten und Fehlgeburten, auch von dem gegenseitigen Verhältnis dieser beiden Möglichkeiten der Beendigung einer Schwangerschaft, da bekanntlich die Letalität der Fehlgeburten eine andere, und zwar höhere als die der eigentlichen Geburten, d. h. bei über den 6. Monat ausgetragener Schwangerschaft ist. Daneben ist sowohl die Letalität der Geburten als auch die der Fehlgeburten mit der Zeit gesunken, die letztgenannte sogar ziemlich schnell, wie man daraus ersieht, daß sie in Halle nach der Berechnung des dortigen Statistischen Amtes 1919—1921 noch 2,0% betrug, in Magdeburg 1927 dagegen nach ROESLE nur noch 0,8%, wobei beides mit ungefähr gleichzeitigen Beobachtungen an anderen Orten gut übereinstimmt, ebenso auch mit Zahlen, die nicht durch unmittelbare Beobachtung, sondern durch Schlüsse aus statistischem Material gewonnen sind.

Wenn also die Sterblichkeit an Kindbettfieber und anderen Geburtsfolgen in erster Linie von der Fruchtbarkeit der einzelnen Altersklassen abhängig ist, so muß auch hierdurch jede formelmäßige Darstellung des Sterblichkeitsverlaufs in den in Betracht kommenden Altersklassen unmöglich werden. Es darf nicht vergessen werden, daß die allgemeine Fruchtbarkeitsziffer einer Altersklasse auch von der Verteilung der lebenden Frauen dieser Altersklasse nach dem Familienstande abhängt, so daß man bei dem Versuch, die Gesamtsterblichkeit dieser Alter in eine Formel zu bringen, als irgendeinen Parameter dieser Formel auch die Heiratshäufigkeit berücksichtigen müßte!

Was die Sterblichkeit infolge von Fehlgeburten betrifft, so hängt diese natürlich in erster Linie, wie schon gesagt, von der Häufigkeit der Fehlgeburten, d. h. in erster Linie der Abtreibungen ab, und als bestimmender Faktor für die Sterblichkeit des weiblichen Geschlechts wäre in dieser Hinsicht also die Verbreitung der Präventivmethoden anzusehen!

Auch dieser Teil der Sterblichkeit war in früheren Zeiten verhältnismäßig konstant, ehe nämlich die Beeinflussung durch die Fortschritte der Geburtshilfe und andererseits der Geburtenrückgang einsetzte. Also auch diesbezüglich ist es zu verstehen, daß man in der Zeit etwa bis 1870 an allgemeine, unveränderliche Gesetze der Sterblichkeit für alle Altersklassen glauben konnte.

Der Tod ist als ein „natürlicher" nur in den allerersten Monaten möglich, soweit es sich nämlich dort um von vornherein lebensunfähige Kinder handelt, den „Hohlkugeln" in dem Vergleiche von LEXIS entsprechend, und dann erst im höheren Alter, im allgemeinen dort wohl frühestens von 60 Jahren an, d. h. dem Alter, in welchem die amtliche deutsche Statistik den Begriff „Altersschwäche" erst gelten läßt. Die Todesfälle in den dazwischen liegenden Altersklassen sind also überwiegend von äußeren Faktoren bedingt, wenn auch selbstverständlich die Konstitution als solche den tödlichen Ausgang einer Erkrankung oder Verletzung erleichtern kann. Wie nun aus den vorhergehenden Ausführungen ersichtlich ist, läßt sich die Sterblichkeit infolge solcher äußerer Ursachen auf keinerlei allgemeines Gesetz bringen, und deshalb muß hinsichtlich dieses Teiles der Sterblichkeit jedes an irgendwelchem Material gewonnene empirische Gesetz bei der Überprüfung an Hand anderer statistischer Erfahrungen einmal versagen, weil es eben den Verlauf der Sterblichkeit nur beschreibt, ohne ihn kausal erklären zu können.

Dies gilt nicht nur von den rein empirisch gewonnenen Formeln, sondern auch von der immerhin einer gedanklichen Überlegung entspringenden von MAKEHAM. Würde diese Formel allgemeine Geltung haben, so müßte zunächst die Sterblichkeit in allen Altersklassen, für welche die Formel gelten soll, also etwa von 15 Jahren ab mit steigendem Alter monoton zunehmen, wobei das Verhalten der Ableitungen höherer Ordnung für den Anfang unberücksichtigt bleiben kann. Aber selbst diese primitivste Folge einer angenommenen Geltung der Formel von MAKEHAM besteht nicht einmal durchweg, vielmehr weisen viele Sterbetafeln in den Altersklassen ungefähr zwischen 20 und 30 Jahren und auch darüber hinaus Sterbewahrscheinlichkeiten auf, die auf der genannten Altersstrecke mit steigendem Alter abnehmen. Besonders deutlich trifft dies für das männliche Geschlecht zu, und die deutschen Sterbetafeln zeigen, daß im Verlaufe der letzten Jahrzehnte diese Erscheinung sich noch verstärkt hat. Man sieht dies aus der nachstehenden Tabelle 20, welche unter Weglassung der Sterbetafeln für die dazwischen liegenden Zeiträume aus drei Allgemeinen Deutschen Sterbetafeln die Werte der Sterbewahrscheinlichkeit für die Alter von 15—35 Jahren zusammenstellt.

Für das männliche Geschlecht sieht man aus diesen Zahlen also ohne weiteres, daß sich in allen diesen Sterbetafeln eine Strecke findet, auf der $\dfrac{\triangle q_x}{\triangle x}$ negativ wird, und zwar reicht dieselbe in den beiden älteren Tafeln nur vom Alter von

Tabelle 20. Die Sterbewahrscheinlichkeiten für die Alter von 15—35 Jahren nach einigen Allgemeinen Deutschen Sterbetafeln.

| Alter | Tausendfache Sterbewahrscheinlichkeit nach der Allgemeinen Deutschen Sterbetafel | | | | | |
| | 1871/72—1880/81 | | 1891—1900 | | 1924—1926 | |
	männlich	weiblich	männlich	weiblich	männlich	weiblich
15	3,87	4,22	3,06	3,49	1,94	1,81
16	4,51	4,51	3,65	3,74	2,32	2,13
17	5,31	4,87	4,33	3,96	2,81	2,49
18	6,10	5,27	4,96	4,16	3,36	2,82
19	6,85	5,70	5,44	4,36	3,88	3,10
20	7,50	6,14	5,76	4,59	4,27	3,32
21	8,05	6,58	5,91	4,85	4,51	3,47
22	8,53	7,01	5,91	5,13	4,57	3,60
23	8,52	7,43	5,85	5,42	4,50	3,74
24	8,47	7,83	5,83	5,70	4,43	3,86
25	8,48	8,20	5,90	5,94	4,39	3,94
26	8,55	8,54	5,98	6,15	4,33	3,97
27	8,68	8,85	6,04	6,35	4,23	4,01
28	8,85	9,13	6,13	6,54	4,11	4,06
29	9,05	9,39	6,31	6,74	4,04	4,10
30	9,28	9,65	6,54	6,96	4,05	4,14
31	9,54	9,92	6,80	7,17	4,07	4,20
32	9,84	10,20	7,10	7,37	4,08	4,27
33	10,19	10,50	7,47	7,57	4,09	4,34
34	10,58	10,80	7,89	7,78	4,14	4,41
35	11,01	11,10	8,35	8,02	4,25	4,52

22 bis zu dem von 24 Jahren, in der neuesten aber, gleichfalls bei 22 Jahren beginnend, bis zu 29 Jahren. Wie schon vorher gesagt, ist gleichzeitig auch die Abnahme von q_x auf dieser Strecke in der Tafel 1924—1926 weit stärker als in den früheren, und dies sogar hinsichtlich des absoluten Wertes, erst recht also bei Beziehung auf die in der säkulären Entwicklung beträchtlich gesunkenen Werte der q_x.

Aber auch die Zahlen der Tabelle 20 für das weibliche Geschlecht, welche nirgends eine Abnahme der Sterbewahrscheinlichkeit mit zunehmendem Alter aufweisen, entsprechen durchaus nicht den Bedingungen der MAKEHAMschen Formel. Diese Formel stellt doch, wie im 4. Kapitel ausgeführt wurde, die Sterblichkeitsintensität als Exponentialfunktion dar, deren Basis > 1 ist. Infolgedessen muß nicht nur die 1. Ableitung stets positiv sein, also der Wert der Funktion selbst beim Steigen der unabhängigen Veränderlichen monoton anwachsen, sondern es muß auch die 2. Ableitung stets positiv sein, also die 1. Ableitung gleichfalls monoton steigen, desgleichen übrigens auch alle Ableitungen höherer Ordnung. Die Sterbewahrscheinlichkeiten für das weibliche Geschlecht nach der Tafel 1924—1926 zeigen aber stellenweise mit zunehmendem Alter schon eine Abnahme der 1. Differenzen; dies war auch schon in den älteren Tafeln der Fall, aber ebenso wie die entsprechende Erscheinung beim männlichen Geschlecht tritt auch diese in der neuesten Tafel besonders stark hervor. So ist z. B. die Differenz zwischen den Sterbewahrscheinlichkeiten bei 23 und bei 22 Jahren $0,14 \cdot 10^{-3}$, zwischen denen bei 26 und bei 25 Jahren aber nur $0,03 \cdot 10^{-3}$.

Ein unmittelbares Bild davon, wie wenig sich die Sterbewahrscheinlichkeiten der allgemeinen deutschen Sterbetafel 1924—1926 für die betrachteten Alter, neben die für die nächst höheren Alter gestellt, mit dem „Gesetz" von MAKEHAM vereinigen lassen, gibt eine Berechnung von FREUDENBERG (5), welche mittels der Methode von KING-HARDY aus den Zahlen der Überlebenden in den Altern von 35, 40, 45, 50 Jahren der gleichen Tafel, getrennt nach Geschlechtern, die Werte der Sterbewahrscheinlichkeit für die Alter von 20, 25, 30 Jahren ermittelt, wie sie bei Geltung des MAKEHAMschen Gesetzes zu finden sein müßten. Diese Zahlen sind unter Gegenüberstellung der tatsächlichen in der nebenstehenden Tabelle 21 wiedergegeben.

Die Berechnung der Zahlen der tafelmäßig Überlebenden beim Alter von 20 Jahren auf gleichen Grundlagen ergibt für das männliche Geschlecht 82 440 gegen eine wirkliche Zahl von 83 268, beim weiblichen Geschlecht 86 332 gegen 85 808.

Tabelle 21. Nach dem MAKEHAMschen Gesetz erwartete und beobachtete Sterbewahrscheinlichkeiten der Allgemeinen Deutschen Sterbetafel 1924—1926.

x	1000 q_x für das			
	männliche Geschlecht		weibliche Geschlecht	
	berechnet	beobachtet	berechnet	beobachtet
20	2,62	4,27	4,25	3,32
25	2,95	4,39	4,30	3,94
30	3,45	4,05	4,37	4,14

An den Zahlen der Tabelle 21 und der beigefügten Ergänzung betreffend die Zahlen der Überlebenden ist noch von besonderer Bedeutung, daß die Abweichungen der berechneten von den beobachteten Zahlen durchweg bei den beiden Geschlechtern entgegengesetzt gerichtet sind, was schon allein die Annahme einer allgemeinen Gültigkeit des „Gesetzes" zerstören müßte. Dazu kommt natürlich die teilweise ganz gewaltige Höhe der Abweichungen hinsichtlich ihrer absoluten Werte im Vergleich zu der Größenordnung der betreffenden Zahlen selbst.

Eine Vergleichung nach der anderen Seite hin ergibt auf Grund der gleichen Parameter, die aus den Zahlen der Lebenden in den Altern von 35, 40, 45, 50 Jahren berechnet und Tabelle 21 zugrunde gelegt sind, die in Tabelle 22 angegebenen Werte der Sterbewahrscheinlichkeit in den nächst höheren Altern, welchen wieder die tatsächlichen der gleichen Sterbetafel beigefügt sind.

Tabelle 22. Nach dem MAKEHAMschen Gesetz erwartete und beobachtete Sterbewahrscheinlichkeiten der Allgemeinen Deutschen Sterbetafel 1924—1926 für einige weitere Alter.

x	1000 q_x für das			
	männliche Geschlecht		weibliche Geschlecht	
	berechnet	beobachtet	berechnet	beobachtet
55	14	15,48	18	12,73
60	21	23,62	38	19,47
65	31	36,92	83	31,55
70	47	58,08	185	51,98

Im Gegensatze zu den in Tabelle 21 zusammengestellten Zahlen sind diesmal die wieder bei beiden Geschlechtern entgegengesetzt gerichteten Unterschiede in umgekehrter Richtung vorhanden, d. h. in Tabelle 22 bleiben die nach dem MAKEHAMschen Gesetz berechneten Sterbewahrscheinlichkeiten für das männliche Geschlecht hinter den tatsächlichen zurück, während die für das weibliche Geschlecht die beobachteten übersteigen, und im Gegensatz zu Tabelle 21 sind diesmal die Unterschiede beim weiblichen Geschlecht weit höher als beim männlichen. Sie sind beim weiblichen so gewaltig, daß bei einiger Entfernung von den Altern, aus deren Zahlen die Parameter berechnet sind, überhaupt gar keine Ähnlichkeit mehr zwischen den berechneten und den beobachteten Zahlen zu finden ist.

Aus den Zahlen von Tabelle 21 und Tabelle 22 zusammen ergibt sich insbesondere auch mit größter Deutlichkeit, daß eine Formel nach Art der von MAKEHAM, welche auch für die mittleren Alter gelten soll, gar nicht gleichmäßig für beide Geschlechter aufgestellt werden kann. In Tabelle 21 und 22 sind zur besseren Anpassung an die verschiedenen Sterblichkeitsverhältnisse der beiden Geschlechter schon Parameter zugrunde gelegt, welche für jedes Geschlecht getrennt berechnet sind, und trotzdem dieses völlige Versagen der Formel!

Die tieferen Gründe dafür, daß eine solche Formel in jüngeren und mittleren Altersklassen keinesfalls für alle Länder und alle Zeiten zutreffen kann, sind bereits vorher entwickelt worden, so daß das soeben gefundene Ergebnis hiernach nicht mehr überraschen kann. Zu den angeführten Gründen gehört auch die Beeinflussung der Sterblichkeit beim weiblichen Geschlechte durch die besondere Gefährdung während der Fortpflanzungsperiode. Dieser Teil der Sterblichkeit kann ausgeschaltet werden, wenn man sich auf diejenigen Altersklassen beschränkt, welche völlig jenseits der Fortpflanzungsperiode liegen. Zu diesem Zwecke wurden, und zwar wieder für die Allgemeine Deutsche Sterbetafel 1924—1926 die Parameter der MAKEHAMschen Formel auch aus den Zahlen der Überlebenden in den Altern 50, 55, 60, 65 nach der Methode von KING-HARDY berechnet; während für die jüngeren Alter die Unmöglichkeit eines Passens der MAKEHAMschen Formel von vornherein sinnfällig war und deshalb eine rohe Berechnung (mit 5stelligen Logarithmen) genügte, wurde sie diesmal genauer, nämlich mit 7stelligen Logarithmen durchgeführt. Die Werte, welche sich hierbei ergeben, sind in Tabelle 23 zusammengestellt.

Tabelle 23. Die Parameter der MAKEHAMschen Formel aus den Zahlen der Überlebenden bei 50, 55, 60, 65 Jahren der Allgemeinen Deutschen Sterbetafel 1924—1926.

Para-meter	Wert aus der Sterbetafel für das	
	männliche	weibliche
	Geschlecht	
$\log c$	0,0399 300	0,0505 240
$\log g$	— 0,0004 142	— 0,0000 517
$\log s$	— 0,0004 843	— 0,0017 270
$\log k$	4,9165 978	4,9726 126

Mit Hilfe dieser Parameter sind dann für die nach oben hin anschließenden Alter die hiernach zu erwartenden Sterbewahrscheinlichkeiten berechnet und in Tabelle 24 neben die wirklichen der gleichen Sterbetafel gestellt.

Wie man aus dem Vergleich der Verhältnisse, welche Tabelle 24 darbietet, mit Tabelle 21 und 22 erkennt, paßt die MAKEHAMsche Formel für die höheren Alter, also zur Darstellung der Sterblichkeit von 50 Jahren aufwärts verhältnismäßig gut, während dies für die jüngeren Alter doch ganz und gar nicht zutrifft. Die Ursache hierfür dürfte wohl in folgendem liegen:

Tabelle 24. Nach dem MAKEHAMschen Gesetz erwartete und beobachtete Sterbewahrscheinlichkeiten der Allgemeinen Deutschen Sterbetafel 1924—1926 für die höheren Alter.

x	$1000\,q_x$ für das			
	männliche Geschlecht		weibliche Geschlecht	
	berechnet	beobachtet	berechnet	beobachtet
70	57	58,08	53	51,98
75	88	93,91	90	85,29
80	135	141,96	153	133,71

Wie im 3. Kapitel an Hand umfangreichen statistischen Materials dargetan werden konnte, sind die örtlichen Unterschiede und zeitlichen Veränderungen der Sterblichkeit im höheren Alter weitaus geringer als im jüngeren und mittleren. Die Fortschritte, welche auf medizinischem wie auf wirtschaftlichem Gebiete

zu verzeichnen sind und zu einer so starken Senkung der Sterblichkeit in den
jüngeren und mittleren Altern in den Kulturstaaten geführt haben, haben offenbar
nur den Teil der Todesfälle vermindern können, welcher sonst auf Grund äußerer
Ursachen eingetreten wäre, in erster Linie also, wie bereits erwähnt wurde, die
Todesfälle infolge von Infektionskrankheiten, außerdem auch die, welche früher
infolge unzweckmäßiger Behandlung, insbesondere Ernährung der Säuglinge
und Kleinkinder in ungeheuerlicher Zahl eintraten. Dies waren also die ,,vor-
zeitigen'' Todesfälle im Sinne von Lexis, außerdem ein Teil der Todesfälle, die
von ihm als ,,Hohlkugeln'' bezeichnet wurden, wobei aber, um bei dem Bilde
zu bleiben, diese Kugeln in Wirklichkeit genug Masse enthielten, daß sie durchaus
nicht als unbrauchbar weggeworfen werden mußten, sondern nur durch eine
leichtere Berührung zu Boden geschleudert werden konnten, als es bei vollwertigen der Fall ist. Die ,,normalen'' Todesfälle dagegen beruhen auf der
Abnutzung des Körpers als solcher, soweit es sich nicht um die teilweise Überlagerung durch ,,vorzeitige'' in den gleichen Altern handelt, und diese
Überlagerung wird vermutlich immer geringer, je höher man in das Alter
der ,,normalen Sterblichkeit hinaufkommt. Die solcherart auf inneren
Ursachen beruhenden Todesfälle lassen sich aber anscheinend gegenwärtig
nur in geringem Grade hinausschieben, und deshalb ist die Sterblichkeit im höheren Alter nicht nur weit konstanter als im früheren, sondern
sie hängt insbesondere auch viel unmittelbarer als die im jüngeren und

Tabelle 25. Die Sterblichkeit an Tuberkulose und an Gehirnschlag im Deutschen
Reich 1924—1926 nach Altersklassen.

Alters-klasse	Todesfälle auf 10 000 Lebende im Durchschnitt der Jahre 1924—1926 an	
	Tuberkulose	Gehirnschlag
0—1	12,4	2,0[1]
1—5	6,5	0,2
5—15	2,9	0,1
15—30	13,7	0,2
30—60	12,1	3,5
60—70	14,6	33,2
über 70	11,5	96,0

mittleren Alter vom Alter als solchem ab, läßt sich also viel eher durch eine
Formel ausdrücken, die das Alter als unabhängige Veränderliche enthält. Ein
ganz einfacher Vergleich zwischen der Sterblichkeit an zwei ausgewählten
Todesursachen, welcher nur die rohe Einteilung der Altersklassen nach der
bisherigen deutschen Todesursachenstatistik [(1) Bd. 360] verwendet, wird genügen, um dies klarzumachen; er ist in der vorstehenden Tabelle 25 enthalten.

Die Sterblichkeit an Tuberkulose ist nach dieser Tabelle mit Ausnahme der
Alter zwischen 1 und 15 Jahren während des ganzen Lebens so gut wie völlig
konstant, während die an Gehirnschlag mit dem Alter rapid ansteigt.

Makeham hat zwar im Anschluß an einen schon von Gompertz ausgesprochenen Gedanken dessen Formel dadurch verbessert, daß er die Sterblichkeitsintensität in zwei Teile zerlegte, von denen nur der eine vom Alter
abhängig ist, der andere dagegen konstant; dieser letztgenannte Teil würde
also für die Sterblichkeit an Tuberkulose, wie diese sich nach der gegenwärtigen
deutschen Statistik gestaltet, einen sehr gut geeigneten Ausdruck darstellen,
er versagt aber, wie bereits gezeigt wurde, hinsichtlich der Sterblichkeit infolge
anderer exogener Ursachen, selbst hinsichtlich der Sterblichkeit infolge ge-

---

[1] Diese Ziffer ist überhöht und beruht darauf, daß alle größeren Länder außer Preußen
die Todesfälle infolge Gehirnblutung bei Neugeborenen in dieser Rubrik anstatt unter
Geburtsschädigungen auszählten.

waltsamer äußerer Einwirkungen, an welche GOMPERTZ und MAKEHAM hier vornehmlich gedacht zu haben scheinen. Die endogen bedingte Sterblichkeit dagegen, welche nach dem 50. Lebensjahre zu überwiegen beginnt, hängt zweifellos vom Alter ab, und zwar steigt sie, wie die Erfahrung zeigt, mit dem Alter an. Dieser Teil der Sterblichkeit könnte also durch eine Formel nach Art der von MAKEHAM angegebenen recht wohl wiedergegeben werden. Das wirkliche Verhalten der Sterblichkeit im Alter zwischen 50 und 80 Jahren ließe sich gleichfalls in diesem Sinne deuten; der tatsächliche Verlauf der Sterblichkeit in den höchsten Altern paßt allerdings wieder nicht in die Formel, wovon späterhin in anderem Zusammenhange zu sprechen sein wird.

Aber selbst wenn die tatsächliche Sterblichkeit in allen Altern jenseits des 50. Jahres der Formel von MAKEHAM noch so gut entspräche, so würde die Formel den Sterblichkeitsverlauf doch nur *beschreiben*, es würde aber hiermit noch nicht der mindeste Anhaltspunkt dafür gegeben sein, daß eine solche Formel für die Sterblichkeitsintensität, die das Alter als Exponenten enthält, auch zum *Erklären* dienen könne; denn es fehlt doch jegliche Begründung aus allgemeineren Gesichtspunkten dafür, daß gerade die Exponentialfunktion der adäquate Ausdruck für die Steigerung der Sterblichkeitsintensität mit zunehmendem Alter sei.

Es gilt somit auch für das MAKEHAMsche Gesetz das gleiche wie für die vielen zum Teile hier erwähnten anderen, welche sich aus praktischen Gründen weniger eingebürgert haben, daß es nämlich keine Darstellung des Kausalzusammenhanges der statistischen Beobachtungen zu geben vermag und deshalb nicht nur bei einer Veränderung der Sterblichkeitsverhältnisse unzutreffend werden kann, sondern selbst, wo es zutrifft, doch letzten Endes nur eine geeignete Interpolations- oder Ausgleichungsformel darstellt, aber kein „Gesetz".

Demgegenüber beruht die Auffassung von LEXIS auf einer Anwendung der Wahrscheinlichkeitsrechnung. Vor der Prüfung seiner Theorie sei aber noch kurz der beiden Versuche gedacht, welche sich in dieser Hinsicht an LEXIS anschließen, nämlich von PEARSON einerseits und andererseits von GUMBEL.

Von den verwickelten mathematischen Funktionen, mittels deren Aneinanderreihung PEARSON den Verlauf der menschlichen Sterblichkeit zu erklären versuchte, sagte schon LEXIS [(2) S. 119] kurz nach dem Erscheinen der diesbezüglichen Arbeiten PEARSONs, daß im Gegensatz zu der GAUSZschen Funktion hier jede Möglichkeit einer *anschaulichen* Vorstellung fehle, man könne sich „nicht vorstellen, wie es zugehe, daß z. B. die positiven Störungen mit der Wahrscheinlichkeit $\frac{5}{8}$ und die negativen mit der Wahrscheinlichkeit $\frac{3}{8}$ auftreten". In ähnlichem Sinne, wenn auch in vom Standpunkte des Statistikers sehr milder Form äußert sich CZUBER [(3) Bd. 2, S. 77]:

„So interessant diese Darstellung ist, so läßt sich nicht leugnen, daß ihre rechnerische Durchführung neben Schwierigkeiten auch Willkürlichkeiten einschließt."

Von der Darstellung GUMBELs sagt — ganz ähnlich wie die eben genannten Autoren von der PEARSONs — LORENZ (2), daß im Gegensatz zu dem unmittelbar anschaulichen Begriff von LEXIS der Begriff, von dem GUMBEL ausgeht, nicht unmittelbar anschaulich ist, sondern eine statistische Abstraktion und ein nicht nur unanschauliches, sondern auch kompliziertes Gebilde.

Wenn also PEARSON und GUMBEL sich ebenso wie LEXIS auf die Begriffe der Wahrscheinlichkeitsrechnung stützen, so ist dies doch nur eine äußerliche

Übereinstimmung, wie dies vorstehend durch die Aussprüche berufener Kritiker belegt wurde, welchen auch jeder andere Statistiker bei tieferem Eindringen in die Materie nur vorbehaltlos zustimmen kann. In Wirklichkeit stellen auch diese Formeln nichts Besseres dar als all die vielen seit DE MOIVRE aufgestellten, die nur eine äußerliche Darstellung des Sterblichkeitsverlaufs bieten, aber keine Beziehung zu den *Ursachen* der menschlichen Sterblichkeit herzustellen vermögen.

Der Gegensatz, in welchem die Theorie von LEXIS zu all den anderen steht, wird wohl am besten durch seine eigenen Worte [(1) S. 63] ausgedrückt:

„Unsere *theoretische* Formel ist nicht mit einer *empirischen* zu verwechseln; sie stellt den Lauf der Dinge nach dem abstrakten Wahrscheinlichkeitsgesetz dar und sie gibt die einzig mögliche rationelle Erklärung der Symmetrie der Sterbefälle, die wenigstens auf einer gewissen Strecke ober- und unterhalb des Dichtigkeitsmittels unverkennbar nachzuweisen ist, eine Symmetrie, die durch eine empirische Formel nur als rätselhaftes Phänomen hingestellt, nicht aber *erklärt* werden könnte."

Im bewußten Gegensatz zu den Autoren, welche die gesamte menschliche Sterblichkeit in eine mehr oder weniger einheitliche Formel pressen wollen, hat LEXIS mit seiner Formel nur einen Teil der Gesamtsterblichkeit erfaßt und war sich deshalb klar darüber, daß diese Formel mit der Erfahrung nur innerhalb verhältnismäßig enger Grenzen übereinstimmen könne. Aber innerhalb der ihr zugewiesenen Abgrenzung soll seine Formel eben dazu bestimmt sein, diesen Teil der Sterblichkeit tatsächlich zu erklären.

Eine Nachprüfung durch Vergleich mit der Wirklichkeit ist andererseits auch bei einer theoretisch noch so gut fundierten Formel notwendig, und LEXIS selbst hat eine solche Nachprüfung an umfangreichem statistischem Material vorgenommen. Diese Nachprüfung soll nunmehr auf neuere Sterbetafeln ausgedehnt werden, wobei als erstes zu prüfen ist, ob unter den veränderten Sterblichkeitsverhältnissen der Anteil der „Normalgruppe" an der Tafelgeneration angewachsen ist, wobei gleichzeitig auch die Präzision der Verteilung innerhalb dieser Gruppe betrachtet werden kann. Zum Vergleich sind in der nachstehenden Tabelle 26 zunächst die von LEXIS selbst vorgenommenen älteren (1) und neueren (2) diesbezüglichen Berechnungen zusammengestellt; die Präzision ist zur bequemeren Anschaulichkeit nicht unmittelbar angegeben, sondern statt dessen die auf Grund derselben von LEXIS selbst berechnete wahrscheinliche Abweichung.

Tabelle 26. Normalgruppe und wahrscheinliche Abweichung innerhalb derselben für verschiedene Sterbetafeln nach den Berechnungen von LEXIS.

Sterbetafel	Normalgruppe in % der Generation		Wahrscheinliche Abweichung in Jahren	
	Männer	Frauen	Männer	Frauen
Ältere Berechnungen:				
Belgien	46,8	38,2	8,73	6,28
Frankreich	40,0	44,8	6,28	6,72
Norwegen.	49,6	54,0	7,01	6,76
Schweiz	45,6	46,2	6,03	6,29
Bayern	31,2	35,2	6,27	6,33
England	39,9	42,6	6,72	6,82
Schweden.	42,8	43,8	6,21	5,92
Preußen	33,8	36,0	6,44	5,98
Niederlande.	36,6	37,8	6,75	6,43

Tabelle 26. (Fortsetzung).

Sterbetafel	Normalgruppe in % der Generation		Wahrscheinliche Abweichung in Jahren	
	Männer	Frauen	Männer	Frauen
Neuere Berechnungen:				
Frankreich 1880—1882 . . .	45,0		6,81	
Belgien 1881—1883	45,2		6,65	
Schweiz 1881—1883	46,2		6,45	
Preußen 1881—1883	41,2		6,80	
Italien 1881—1883	34,6		6,10	
Norwegen 1881—1882	39,6		5,44	
Schweden 1881—1882	46,6		6,01	

Das „Normalalter", d. h. das der wahrscheinlichsten Lebensdauer schwankte nach den älteren Berechnungen zwischen 67 und 75, nach den neueren zwischen 70 und 78 Jahren.

Hieran anschließend sind nun für die Allgemeinen Deutschen Sterbetafeln die entsprechenden Berechnungen ausgeführt, wobei das Verfahren nur insofern etwas vereinfacht ist, als die wahrscheinliche Abweichung vom Normalalter nach oben hin nicht aus der Präzision berechnet, sondern unmittelbar bestimmt ist, was nach der eigenen Angabe von LEXIS (1) keine wesentliche Abweichung ergibt. Die Zahlen sind in der nachstehenden Tabelle 27 zusammengestellt:

Tabelle 27. Normalgruppe und wahrscheinliche Abweichung innerhalb derselben nach den Allgemeinen Deutschen Sterbetafeln.

Sterbetafel	Normalalter	Lebende der Tafel beim Normalalter	Normalgruppe in % der Generation	Wahrscheinliche Abweichung
Männer:				
1871/72—1880/81	70,09	17620	35,2	6,44
1881—1890	71,46	17465	34,9	6,07
1891—1900	71,60	21468	42,9	5,94
1901—1910	72,87	21667	43,3	5,94
1924—1926	75,39	27936	55,9	5,53
Frauen:				
1871/72—1880/81	72,69	17474	34,9	5,60
1881—1890	72,56	19994	40,0	5,89
1891—1900	73,33	22270	44,5	5,84
1901—1910	74,45	24253	48,5	5,67
1924—1926	76,21	30515	61,0	5,53

Im Gegensatz zu den verhältnismäßig starren und nur örtliche Abweichungen zeigenden Zahlen der den Berechnungen von LEXIS zugrunde gelegten Zeiten etwa von den vierziger bis zu den achtziger Jahren des 19. Jahrhunderts hat also in der Zeit von den siebziger und achtziger Jahren bis zum Triennium 1924—1926 die Abnahme der „jugendlichen" und der „vorzeitigen" Sterbefälle es bewirkt, daß trotz erheblich steigenden Normalalters der Anteil der Normalgruppe an der Generation in hohem Maße gestiegen ist.

Man muß sich darüber klar sein, daß das Normalalter aus einer gegebenen Sterbetafel zwar mittels beliebig verfeinerbarer Interpolationsmethoden bis auf jede gewünschte Dezimale berechnet werden kann, eine genaue Bestimmung, wie sie in Tabelle 27 durchgeführt wurde, jedoch tatsächlich nur formale Bedeutung hat; denn in der Nähe des Normalalters, wo die Zahlen der tafelmäßig Sterbenden der GAUSzschen Funktion entsprechend fast horizontal verlaufen, wird dasselbe in der unausgeglichenen Tafel schon durch geringe Zufälligkeiten stark beeinflußt, und erst recht ist es in der ausgeglichenen Tafel von der Methode der Ausgleichung abhängig; z. B. beträgt es nach der Allgemeinen Deutschen Sterbetafel 1891—1900 für das männliche Geschlecht bei Bestimmung aus der unausgeglichenen Tafel 71,80 Jahre, aus der ausgeglichenen Tafel 71,60 Jahre, für das weibliche Geschlecht bei Bestimmung aus der unausgeglichenen Tafel 73,11 Jahre, aus der ausgeglichenen Tafel 73,33 Jahre. Infolgedessen kann bei tatsächlich so gut wie unveränderten Verhältnissen ein kleiner Zufall oder eine Änderung der Ausgleichungsmethode das Normalalter leicht um etwa ein Jahr verschieben. Wenn die Verschiebung aber hierauf beruht, dann muß gleichzeitig eine entsprechende Veränderung der Größe der Normalgruppe eintreten, d. h. diese muß sich mit zunehmendem Normalalter verkleinern und umgekehrt.

Wenn also trotz steigenden Normalalters gleichzeitig auch der Anteil der Normalgruppe gestiegen ist, so bedeutet dies eine nicht durch Zufälligkeiten bedingte, sondern echte Änderung in diesem Sinne. Über die Vergrößerung der Normalgruppe ist gar nichts weiter zu sagen, da sie die selbstverständliche Folge der Sterblichkeitssenkung in den jüngeren Altern ist; denkt man sich die Sterblichkeit durch Infektionskrankheiten, gewaltsame Todesursachen und ähnliche völlig beseitigt, so daß also überhaupt kein Mensch vor dem Alter von 50 oder 60 Jahren sterben würde, so müßte die Normalgruppe nahezu 100% der Generation darstellen, ohne daß in ihr selbst eine Veränderung erfolgt zu sein brauchte. Anders steht es hingegen hinsichtlich der Erhöhung des Normalalters selbst. Diese könnte so zu erklären sein, daß die tatsächliche normale Lebensdauer sich erhöht hätte; näher liegt aber wohl die Annahme, daß die Überlagerung der Normalgruppe bis zu ihrem Maximum oder selbst darüber hinaus, mit welcher Möglichkeit schon LEXIS gerechnet hatte, mit „vorzeitigen" Sterbefällen das Maximum der durch diese Superposition entstehenden Gesamtkurve gegenüber dem der Normalgruppe allein nach links verschiebt und demgemäß diese Verschiebung mit der Verminderung der vorzeitigen Todesfälle geringer wird, das Maximum der Gesamtkurve sich also aus diesem Grunde nach rechts bewegt hat.

Die wahrscheinliche Abweichung innerhalb der Normalgruppe hat sich nach den deutschen Sterbetafeln im Laufe der Jahrzehnte verkleinert, jedoch nicht in so charakteristischer Weise, wie es der Erhöhung des Normalalters entspräche. Eine sichere Deutung für diese Entwicklung der wahrscheinlichen Abweichung, welche doch nur aus dem rechten Kurvenaste bestimmt ist, dürfte also kaum möglich sein.

Für die Allgemeine Deutsche Sterbetafel 1924—1926 wurde nun eine genauere Prüfung der Theorie von LEXIS vorgenommen, und zwar zunächst an dem Teil, welcher nach der Theorie ein verhältnismäßig reines Hervortreten der Normalgruppe erwarten läßt, d. h. vom Maximum der Todesfälle aufwärts; dieses Maximum beträgt, wie in Tabelle 27 erwähnt ist, für das männliche Geschlecht 75,39, für das weibliche 76,21 Jahre. Zur Berechnung der mittleren Abweichung wurde die im amtlichen Quellenwerk [(1) Bd. 360][1] mit der Zahl der Überlebenden von 100 Jahren abschließende Tafel zunächst durch Extrapolation bis dorthin

---

[1] Die Zahlen der Gestorbenen sind dort (S. 176) beim männlichen Geschlecht für die Alter von 96—99 Jahren je eine Zeile zu tief gedruckt.

ergänzt, wo von 100 000 Lebendgeborenen keiner mehr übrig ist, und dann aus den d_x, d. h. den in jedem Altersjahre Sterbenden der Tafel die gewünschte Berechnung der mittleren Abweichung von dem als arithmetisches Mittel betrachteten dichtesten Werte für die rechte Hälfte der Verteilungskurve vorgenommen. Mittels der so gewonnenen mittleren Abweichung wurde dann die theoretisch zu erwartende Verteilung der Todesfälle jenseits der wahrscheinlichsten Lebensdauer gemäß der Φ-Funktion errechnet und hiernach die erwartungsmäßige Gestaltung der gesamten Sterbetafel von dem Normalalter an. Im Gegensatz zu der Konstruktion der empirischen Sterbetafel, welche von den Sterbewahrscheinlichkeiten ausgeht, beruht diese auf den Zahlen der tafelmäßig Gestorbenen als Ausgangspunkt. Die d_x, die also die Grundzahlen der Berechnung darstellen, sind deshalb in den folgenden Tabellen 28 und 29 für die tatsächliche Sterbetafel und die nach der Theorie von Lexis berechnete zusammengestellt, dann ebenso die Zahlen der Lebenden und schließlich die Sterbewahrscheinlichkeiten, deren Berechnung für die höheren Alter auf diesem Wege nur summarisch erfolgte, indem für je 5 Jahre das geometrische Mittel aus den Überlebenswahrscheinlichkeiten berechnet wurde, während schließlich für die Alter von 100 Jahren an die Berechnung unter der Annahme einer konstant bleibenden Sterblichkeit aus der ferneren mittleren Lebensdauer beim

Tabelle 28. Beobachtete und nach der Theorie von Lexis erwartete Zahlen der Allgemeinen Deutschen Sterbetafel 1924—1926 (männliches Geschlecht) vom Normalalter ab.

x	d_x		l_x		$1000\ q_x$	
	beobachtet	erwartet	beobachtet	erwartet	beobachtet	erwartet
75,39	1661	1735	27936	27936	·	·
76	2686	2816	26275	26201	102,24	107
77	2600	2743	23589	23385	110,23	117
78	2510	2629	20989	20642	119,57	127
79	2413	2481	18479	18013	130,58	138
80	2281	2299	16066	15532	141,96	148
81	2121	2098	13785	13233	153,85	159
82	1952	1883	11664	11135	167,39	169
83	1771	1667	9712	9252	182,33	180
84	1570	1447	7941	7585	197,69	191
85	1356	1238	6371	6138	212,85	202
86	1143	1042	5015	4900	227,99	213
87	942	860	3872	3858	243,09	223
88	748	702	2930	2998	255,47	234
89	583	564	2182	2296	267,12	246
90	455	441	1599	1732	284,69	
91	343	344	1144	1291	299,57	275
92	252	263	801	947	314,54	
93	181	195	549	684	329,58	
94	127	143	368	489	344,69	
95	87	109	241	346	359,86	
96	57	75	154	237	375,07	
97	38	53	97	162	390,33	329
98	24	36	59	109	405,62	
99	15	26	35	73	420,92	
100	9	16	20	47	436,23	
101	5	11	11	31	·	
102	3		6	20	·	373
103	2	20	3	·	·	
104	1		1	·	·	
105	0		0	·	·	

Tabelle 29. Beobachtete und nach der Theorie von LEXIS erwartete Zahlen der Allgemeinen Deutschen Sterbetafel 1924—1926 (weibliches Geschlecht) vom Normalalter ab.

x	d_x beobachtet	d_x erwartet	l_x beobachtet	l_x erwartet	$1000\,q_x$ beobachtet	$1000\,q_x$ erwartet
76,21	2298	2435	30515	30515	.	.
77	2882	3039	28217	28080	102,17	108
78	2848	2957	25335	25041	112,40	118
79	2776	2829	22487	22084	123,45	128
80	2636	2658	19711	19255	133,71	138
81	2451	2462	17075	16597	143,58	148
82	2271	2246	14624	14135	155,25	159
83	2091	2014	12353	11889	169,29	169
84	1890	1779	10262	9875	184,13	180
85	1660	1541	8372	8096	198,37	190
86	1422	1319	6712	6555	211,87	201
87	1189	1110	5290	5236	224,65	212
88	973	919	4101	4126	237,24	223
89	772	747	3128	3207	246,89	233
90	620	599	2356	2460	263,08	
91	480	476	1736	1861	276,64	
92	365	366	1256	1385	290,29	264
93	271	281	891	1019	304,02	
94	197	207	620	738	317,83	
95	140	159	423	531	331,71	
96	98	116	283	372	345,66	
97	66	79	185	256	359,65	317
98	45	58	119	177	373,70	
99	29	40	74	119	387,79	
100	18	27	45	79	401,92	
101	11	18	27	52	.	
102	7	13	16	34	.	
103	4		9	21	.	
104	2		5	.	.	359
105	1	21	3	.	.	
106	1		2	.	.	
107	1		1	.	.	
108	0		0	.	.	

Alter von 100 Jahren vorgenommen wurde. Diese Zahlen sind in Tabelle 28 für das männliche und in Tabelle 29 für das weibliche Geschlecht zusammengestellt.

Die wichtigsten Werte zur Charakterisierung der durch die Tabellen 28 und 29 dargestellten Absterbeordnungen, darunter die mittlere Abweichung der Zahlen der Gestorbenen vom Normalalter ab, auf Grund deren die erwartungsmäßigen Zahlen berechnet sind, sind für beide Geschlechter in der nachstehenden Tabelle 30 zusammengestellt:

Tabelle 30. Die Reihencharakteristica der Absterbeordnungen gemäß Tabelle 28 und 29.

Charakteristicum	Wert in Jahren			
	männlich		weiblich	
	beobachtet	erwartet	beobachtet	erwartet
Dichtester Wert	75,39	75,39	76,21	76,21
Mittlere Abweichung	7,83	7,83	7,89	7,89
Durchschnittliche Abweichung . .	6,36	6,24	6,38	6,31
Wahrscheinliche Abweichung . .	5,53	5,29	5,53	5,33
Oberes Quartil	80,92	80,68	81,74	81,54

Das Gesamtbild, welches sich aus den Tabellen 28, 29 und 30 ergibt, wiederholt nicht nur die bereits auf einfacherem Wege gemachte Feststellung, daß
nach der Allgemeinen Deutschen Sterbetafel 1924—1926 beim männlichen
Geschlecht 55,9% und beim weiblichen 61,0% der gesamten Generation in die
„Normalgruppe" im Sinne von LEXIS fallen, sondern es zeigt darüber hinaus
auch, daß der Gesamtverlauf, wie er vom Normalalter an beobachtet ist, mit
dem auf Grund seiner mittleren Abweichung erwarteten gut übereinstimmt.
Die Übereinstimmung ist besser als bei den meisten der von LEXIS selbst durch-
gerechneten Beispiele aus älteren Sterbetafeln, wo dieselbe nur scheinbar genauer
ist, weil die Sterbetafeln auf kleinere Grundzahlen reduziert sind.

Die Abweichungen, welche die Zahlen der tafelmäßig Sterbenden in Tabelle 28
und 29 darbieten, sind gemäß vorstehendem nicht sehr erheblich, sie weisen
aber bei beiden Geschlech-
tern eine ganz einheitliche
und daher offenbar nicht
zufällige Verteilung auf.
Dies sei dadurch verdeut-
licht, daß in der neben-
stehenden Tabelle 31 die
Zahlen für ganze Alters-
jahrfünfte zusammenge-
zogen werden, womit jetzt
gleichzeitig auch die Er-
gänzung vom Alter des
dichtesten Wertes nach
unten hin verbunden wird.

Bei beiden Geschlech-
tern bleibt also die Zahl
der nach der wirklichen

Tabelle 31. Beobachtete und nach der Theorie von
LEXIS erwartete Zahlen der Gestorbenen nach der
Allgemeinen Deutschen Sterbetafel 1924—1926.

Alter	Gestorbene			
	männlich		weiblich	
	beobachtet	erwartet	beobachtet	erwartet
0—55	33 182	257	29 764	220
55—60	5 935	1 123	5 160	1 001
60—65	8 168	3 777	7 405	3 521
65—70	10 809	8 568	10 416	8 422
70—75	12 908	13 102	13 227	13 634
75—80	12 932	13 513	14 317	14 977
80—85	9 695	9 394	11 339	11 159
85—90	4 772	4 406	6 016	5 636
über 90	1 599	1 732	2 356	2 460
zusammen	100 000	55 872	100 000	61 030

Sterbetafel eingetretenen Todesfälle in den ersten 5 Jahren nach dem Normalalter hinter der gemäß der GAUSZschen Verteilungskurve zu erwartenden zurück,
übersteigt die erwartungsmäßige Zahl in den Altern etwa von 80—90 Jahren
und ist jenseits des 90. Lebensjahres wieder geringer als die erwartungsmäßige.
Diesem Bilde eines negativen Exzesses der Zahlen der Gestorbenen nach der
tatsächlichen Tafel entspricht selbstverständlich, daß gemäß Tabelle 30 bei
beiden Geschlechtern die durchschnittliche und die wahrscheinliche Abweichung
im Vergleich zur mittleren Abweichung in der beobachteten Sterbetafel größer
ist, als es den Verhältnissen zwischen den verschiedenen Streuungsmaßen in
der normalen Häufigkeitskurve entsprechen würde. Die Anpassung der Sterbetafel an die nach der Theorie von LEXIS zu erwartende Form würde also eine
noch bessere, wenn ohne Veränderung der wahrscheinlichen und mit geringer
Änderung der durchschnittlichen Abweichung die mittlere anwachsen würde,
was dann der Fall wäre, wenn das rechte Ende der Gesamtverteilung der Gestorbenen ein Stück weiter nach rechts gestreckt würde.

Eine solche Änderung der Absterbeordnung kann selbstverständlich nicht
willkürlich vorgenommen werden, um die Sterbetafel einer — vielleicht nur
auf Grund eines Vorurteils herangezogenen — mathematischen Formel an-
zupassen, sondern wenn man mit der Möglichkeit rechnet, daß eine solche

Änderung die wirkliche Absterbeordnung besser hervortreten läßt, so kann man
sie nur nach Prüfung mittels Beobachtung der Wirklichkeit annehmen. Um
darüber ins klare zu kommen, daß eine Abänderung in diesem Teile der Sterbetafel durchaus nicht von vornherein eine Vergewaltigung der Tatsachen zu
bedeuten braucht, muß man nur bedenken, daß die Allgemeine Deutsche Sterbetafel 1924—1926 sowie auch die älteren nur bis zum Alter von 90 Jahren auf
Sterbewahrscheinlichkeiten beruhen, die — mit ziemlich geringfügigen Aus-
gleichungen — der Beobachtung entnommen sind, während sie für die Alter
über 90 Jahren mittels Extrapolation errechnet sind.

Im Gegensatze zu der Extrapolation der früheren Sterbetafeln, welche nach
der im 4. Kapitel erwähnten an die Wittsteinsche Formel angelehnten Methode
von Rahts vorgenommen wurde, ist die Berechnung für die Allgemeine Deutsche
Sterbetafel 1924—1926 nach der Formel von Makeham erfolgt, und zwar gemäß
der textlichen Darstellung im amtlichen Quellenwerk [(1) Bd. 401], weil die
Anwendung der von Rahts benützten Formel auf die neue Sterbetafel zu Werten
der Sterbewahrscheinlichkeit in den höchsten Altern geführt hätte, die weit
unter denen der Allgemeinen Deutschen Sterbetafel 1901—1910 lägen, indem
z. B. die Sterbewahrscheinlichkeit der 100jährigen Männer dann 0,35079 betragen
und damit um 29,4% niedriger sein würde als nach der Sterbetafel 1901—1910,
wo sie mit 0,49668 berechnet war. Wenn das Statistische Reichsamt es als
durchaus unwahrscheinlich bezeichnet, daß die Sterblichkeit im Alter von
100 Jahren derartig gesunken sein sollte, so wird man dem durchaus beipflichten
müssen, wenn man sich die im 3. Kapitel, und zwar besonders in Tabelle 5
zusammengestellten Zahlen vergegenwärtigt, wonach etwa vom Alter von
40 Jahren an die Senkung der Sterblichkeit mit zunehmendem Alter immer
geringer wird. Andererseits aber ist dies kein Beweis dafür, daß die vom
Statistischen Reichsamt mittels der Formel von Makeham für 1924—1926
berechnete Sterbewahrscheinlichkeit der 100jährigen Männer von 0,43623 tatsächlich zutreffend ist, sondern es könnte auch die früher benützte Methode
Sterbewahrscheinlichkeiten in den höchsten Altern ergeben haben, welche schon
für die damalige Zeit zu hoch waren. So zeigt die Allgemeine Deutsche Sterbetafel 1891—1900, für welche sowohl die unausgeglichenen als auch die ausgeglichenen Sterbewahrscheinlichkeiten seitens des Statistischen Reichsamts
[(1) Bd. 200] veröffentlich sind, daß in den Altern zwischen 90 und 100 Jahren
bei beiden Geschlechtern die unausgeglichenen Wahrscheinlichkeiten fast durchweg wesentlich niedriger sind als die von Rahts nach seiner Methode extrapolierten. Ob die von Rahts in diesem Zusammenhang ausgesprochene Meinung,
die unmittelbar erhaltenen Sterbewahrscheinlichkeiten für diese Alter fielen
wegen der Ungenauigkeit der Altersangaben bei der Volkszählung zu gering aus,
für die damalige Zeit richtig war, kann dahingestellt bleiben; denn es kann jedenfalls angenommen werden, daß für den Zeitraum 1924—1926 derartige Fehler
nicht mehr in nennenswertem Maße auf die Ergebnisse eingewirkt haben können,
die absoluten Zahlen, auf welchen die letztgenannte Sterbetafel beruht, also als
zuverlässig angesehen werden dürfen.

Zur Nachprüfung der Sterbewahrscheinlichkeiten in den höchsten Altern,
welche die Tafel 1924—1926 durch Extrapolation liefert, seien die zugrunde
liegenden absoluten Zahlen in der nachstehenden Tabelle 32 wiedergegebe n[1]

---

[1] Die Zahlen sind nicht veröffentlicht, sie wurden mir seitens des Statistischen Reichsamts durch Herrn Direktor Dr. Burgdörfer dankenswerterweise zur Verfügung gestellt.

wobei die als „Nenner" für die Sterbewahrscheinlichkeit bezeichnete Zahl jeweils den Ausdruck bedeutet, welcher nach der Berechnungsmethode des Statistischen Reichsamts [(1) Bd. 401] den Nenner des Bruchs darstellt, der mit der absoluten Zahl der im Beobachtungszeitraum Gestorbenen als Zähler die Sterbewahrscheinlichkeit für das betreffende Altersjahr ergibt:

Tabelle 32. Die Grundzahlen für die Allgemeine Deutsche Sterbetafel 1924—1926 für die Alter von 85 Jahren aufwärts.

Alter	Gestorbene		Nenner		1000fache unausgeglichene Sterbewahrscheinlichkeit	
	männlich	weiblich	männlich	weiblich	männlich	weiblich
85	6774	9317	31572	47158	214,56	197,57
86	5244	7557	23272	35471	225,34	213,05
87	4106	5764	16714	25814	245,66	223,29
88	3074	4646	12131	19491	253,40	238,37
89	2314	3546	8624	14410	268,32	246,08
90	1655	2588	5982	10256	276,66	252,34
91	1146	1754	4062	6990	282,13	250,93
92	709	1210	2749	4732	257,91	255,71
93	518	832	1921	3215	269,65	258,79
94	285	556	1254	2147	227,27	258,97
95	200	349	777	1303	257,40	267,84
96	117	220	417	734	280,58	299,73
97	67	132	243	428	275,72	308,41
98	38	73	167	296	227,54	246,62
99	19	51	96	193	197,92	264,25
100 u. m.	21	58	107	200	196,26	290,00

Benutzt man vom Alter von 85 Jahren ab die unausgeglichenen Sterbewahrscheinlichkeiten, wie sie in Tabelle 32 zusammengestellt sind, so ergibt sich hieraus eine unausgeglichene Absterbeordnung, und zwar ist diese in Tabelle 33 mitgeteilt und die entsprechenden Zahlen der ausgeglichenen Tafel des Statistischen Reichsamts sind dort zum besseren Vergleich danebengestellt.

Die Sterbewahrscheinlichkeiten der Tabelle 32 sind selbstverständlich — namentlich im Alter von 95 Jahren aufwärts — wegen der Kleinheit der Grundzahlen mit erheblichen Zufallsfehlern behaftet. Aus ihrem Verlauf im einzelnen kann deshalb nicht ohne weiteres auf die „wahren" Zahlen geschlossen werden, wohl aber ist es möglich, wie sich zeigen wird, die Durchschnittssterblich-

Tabelle 33. Unausgeglichene Allgemeine Deutsche Sterbetafel 1924—1926 für die Alter von 85 Jahren aufwärts.

Alter	Überlebende nach der			
	unausgeglichenen Tafel		ausgeglichenen und extrapolierten Tafel des Statistischen Reichsamts	
	männlich	weiblich	männlich	weiblich
85	6371	8372	6371	8372
86	5004	6718	5015	6712
87	3877	5287	3872	5290
88	2924	4106	2930	4101
89	2183	3127	2182	3128
90	1597	2358	1599	2356
91	1155	1763	1144	1736
92	830	1320	801	1256
93	616	983	549	891
94	450	728	368	620
95	347	540	241	423
96	258	395	154	283
97	186	277	97	185
98	134	191	59	119
99	104	144	35	74
100	83	106	20	45

ke it des gesamten 10. Lebensjahrzehnts mit hinlänglicher Sicherheit zu erfassen. Die Durchschnittssterblichkeit für ein Altersjahr, welche mit Hilfe eines geometrischen Mittels errechnet und deshalb als G_q bezeichnet werden soll, ergibt sich nämlich für einen Zeitraum von k Jahren als

$$G_q = 1 - \sqrt[k]{p_1\,p_2\,p_3 \cdots p_k}.$$

Berechnet man nun den mittleren Fehler von G_q, so ist dies leicht möglich, wenn die Annäherung gestattet ist, daß die Werte der Überlebenswahrscheinlichkeit p für alle k Altersjahre als gleich angesehen werden können, wie dies gemäß Tabelle 32 im vorliegenden Falle unbedenklich erscheint. Nennt man das gewogene arithmetische Mittel der Sterbewahrscheinlichkeit für die betrachteten Altersjahre schlechthin q, so beträgt das Quadrat des mittleren Fehlers der durchschnittlichen Sterbewahrscheinlichkeit für k Altersjahre, wenn in der üblichen Weise n die Zahl der Beobachteten für ein einzelnes Altersjahr und $H_{(n)}$ das harmonische Mittel aus den k Werten von n bedeutet:

$$\mu^2_G = \frac{k\,p\,q}{H_{(n)}}.$$

Von dem Quadrate des mittleren Fehlers der nicht nach Altersjahren gegliederten Gesamtsterblichkeit für die betrachteten k Jahre unterscheidet sich dieses Quadrat des mittleren Fehlers von G_q also dadurch, daß es im Verhältnis des arithmetischen Mittels zum harmonischen Mittel aus den k Beobachtungszahlen größer ist; im vorliegenden Falle ist also k = 10, und aus den absoluten Zahlen der Tabelle 32 ergeben sich als Durchschnittswerte der jährlichen Sterbewahrscheinlichkeit in dem Jahrzehnt von 90—100 Jahren unter Hinzufügung des in vorstehender Art berechneten Fehlers (alles mit 1000 multipliziert)

für das männliche Geschlecht . . . . 256 ± 7,2,
für das weibliche Geschlecht . . . . 267 ± 5,2.

Mit diesen Zahlen aus der unausgeglichenen Sterbetafel seien nunmehr in Tabelle 34 die Durchschnittszahlen der Sterbewahrscheinlichkeit im gleichen Altersjahrzehnt verglichen, welche sich einerseits aus der extrapolierten Tafel des Statistischen Reichsamts ergeben und andererseits aus den Zahlen der Tabellen 28 und 29, welche die Absterbeordnung wiedergeben, wie sie sich nach der Theorie von LEXIS gestalten, wenn aus der ausgeglichenen Tafel das Normalalter und die mittlere Abweichung bestimmt werden:

Tabelle 34. Vergleich von Durchschnittswerten der Sterbewahrscheinlichkeit für das Alter von 90—100 Jahren.

Absterbeordnung	Durchschnittliche Sterbewahrscheinlichkeit	
	männlich	weiblich
Unausgeglichene Tafel	256	267
Nach der MAKEHAMschen Formel extrapolierte Tafel . . .	355	327
Nach der Theorie von LEXIS berechnete Tafel	303	291

Unter Berücksichtigung des vorher erwähnten mittleren Fehlers von ± 7,2 bzw. ± 5,2 ergibt sich also, daß die nach der Formel von MAKEHAM berechneten Zahlen in einem Ausmaße von den der Beobachtung entnommenen abweichen, welches weit außerhalb aller Zufallsmöglichkeit liegt; ein Vergleich der nach

Jahrfünften getrennten Durchschnittszahlen zeigt, daß diese Abweichung im Alter von 95—100 Jahren weit größer als in dem von 90—95 Jahren zu sein scheint, jedoch ist dies nicht voll beweisbar, da in dem höheren Altersjahrfünft der mittlere Fehler zu groß wird. Jedenfalls zeigt schon der Vergleich der Durchschnittszahlen für das ganze Altersjahrzehnt, daß eine Extrapolation mittels der Formel von MAKEHAM auf Grund der vom Statistischen Reichsamt benutzten Überlebenswahrscheinlichkeiten für die Alter von 80, 84 und 88 Jahren zu Sterbewahrscheinlichkeiten führt, welche vom 90. Lebensjahr ab viel zu steil ansteigen. Im Gegensatz zu den Altern zwischen 50 und 80 Jahren, für welche gemäß Tabelle 24 die Formel von MAKEHAM eine gerade noch leidliche Übereinstimmung mit der Beobachtung ergibt, versagt dieselbe also in den höchsten Altern wieder ganz, wenn auch immerhin nicht in so überwältigendem Maße wie gemäß Tabelle 21 und 22 in den Altern unter 50 Jahren.

Selbst die Sterbewahrscheinlichkeiten, welche nach der Theorie von LEXIS für das Alter von 90—100 Jahren berechnet sind, liegen immer noch bedeutend über denen der unausgeglichenen Tafel. Sie nähern sich ihnen aber doch weit mehr als die nach MAKEHAM extrapolierten, und insbesondere sind sie den wirklichen auch insofern weit ähnlicher, als sie für dieses Altersjahrzehnt nur einen geringen Unterschied zwischen den Sterbewahrscheinlichkeiten der beiden Geschlechter ergeben.

Es kann nach vorstehendem nunmehr als sicher angesehen werden, daß die Allgemeine Deutsche Sterbetafel 1924—1926 in der Form, in welcher sie seitens des Statistischen Reichsamts veröffentlicht ist, das obere Ende der Absterbeordnung unzutreffend wiedergibt und *in Wirklichkeit die Sterblichkeit in den höchsten Altersklassen bedeutend kleiner*, die Zahl der Überlebenden beim Alter von 100 Jahren also weit größer ist als nach der amtlichen Tafel. Es sei aus Tabelle 33 nochmals erwähnt, daß die Zahl der Überlebenden einer Generation von 100000 Lebendgeborenen beim Alter von 100 Jahren für die beiden Geschlechter nach der unausgeglichenen Tafel 83 bzw. 106, nach der vom Statistischen Reichsamt extrapolierten aber nur 20 bzw. 45 beträgt, also nach der unausgeglichenen für das männliche Geschlecht rund 4mal, für das weibliche rund $2^1/_2$mal so groß wie nach der extrapolierten ist.

Sind also offenbar selbst die Zahlen des Statistischen Reichsamts, welche in der geschilderten Art nach der Methode von MAKEHAM extrapoliert sind, für die Überlebenden von 100 Jahren weitaus zu klein, so ist es um so verwunderlicher, daß BURKHARDT die fast genau ebenso hohen Zahlen von 21 bzw. 44 überlebenden Männern bzw. Frauen, welche er bei Anwendung der gleichen Methode auf die von ihm berechnete Sterbetafel Sachsens 1924—1926 erhält, noch für zu hoch hält und ohne Beweis, rein gefühlsmäßig sagt (S. 108): „Diese Zahlen dürften zweifellos auch bei den gegenwärtigen stark gebesserten Sterblichkeitsverhältnissen zu hoch sein." Wie sich aus den unausgeglichenen Zahlen, welche er zusammengestellt hat, ergibt, unterscheiden sich die Sterblichkeitsverhältnisse Sachsens, welche auch sonst 1924—1926 nur wenig von denen des Reichsdurchschnitts abwichen, im Alter von 90—100 Jahren fast gar nicht von diesen, und zwar betrug die durchschnittliche Sterbewahrscheinlichkeit für dieses Altersjahrzehnt, ohne Berücksichtigung des Altersaufbaus innerhalb desselben aus den Summen der absoluten Zahlen berechnet, in Sachsen für das männliche Geschlecht 269$^0/_{00}$ und für das weibliche 261$^0/_{00}$, für das Reich bei dieser Berechnungsart $269^0/_{00}$ bzw. $256^0/_{00}$. Die Zahlen der Überlebenden, wie sie sich aus den tatsächlichen Sterblichkeitsverhältnissen ergeben würden, können sich also von den für das Reich geltenden höchstens insofern unterscheiden, als sie wegen der etwas günstigeren Sterblichkeit Sachsens in den jüngeren Altern und der demgemäß etwas größeren Zahlen der das Alter von 90 Jahren Erreichenden dortselbst etwas höher sein können, schwerlich aber niedriger als die für das Reich errechneten von 83 bzw. 106. Da BURKHARDT aber gemäß vorstehendem selbst die Zahlen noch für zu hoch hält, welche er findet, indem er so wie das Statistische Reichsamt vorgeht, also nach der Formel von MAKEHAM aus den Zahlen für 80, 84 und 88 Jahre extrapoliert, so hat er eine andere Methode eingeschlagen, nämlich gleichfalls die Formel von MAKEHAM angewendet, diese jedoch in einer nicht näher geschilderten Weise auf die ganze Absterbeordnung vom 20. Altersjahre ab basiert. Hierbei kam er auf 4 männliche bzw. 7 weibliche mit 100 Jahren noch Lebende aus der Generation von 100000 Lebendgeborenen, also Zahlen, welche noch nicht einmal den 10. Teil derjenigen darstellen, die sich ergeben, wenn man sich an die tatsächlich beobachteten Zahlen hält.

Daß BURKHARDT zu solchen offenbar unmöglichen Ergebnissen kam, indem er auf seine sonst zweifellos sehr zuverlässige Sterbetafel die Formel von MAKEHAM vom 20. Jahre ab anwandte, wäre ein weiterer Beweis dafür, daß diese Formel den gegenwärtigen Sterblichkeitsverhältnissen in keiner Weise mehr entspricht, wenn es nach der auf Grund der Reichssterbetafel durchgeführten Analyse für die einzelnen Altersklassen von 20 Jahren aufwärts überhaupt noch eines solchen Beweises bedürfte.

Da also das obere Ende der Allgemeinen Deutschen Sterbetafel 1924—1926 den tatsächlichen Verlauf der Sterblichkeit jenseits des 90. Lebensjahres unzutreffend wiedergibt, wurde die Berechnung auch mit Verwendung der unausgeglichenen Zahlen durchgeführt, welche in Tabelle 33 angegeben sind. Da sich hierbei die Verteilung der Todesfälle weiter nach rechts hinzieht, müssen die mittlere und die durchschnittliche Abweichung höhere Werte ergeben, als es bei Berechnung nach der extrapolierten Tafel der Fall ist, und zwar, wie bereits erwähnt wurde, die mittlere Abweichung in stärkerem Verhältnis als die durchschnittliche. Im Vergleich zu den in Tabelle 30 angeführten Zahlen der mittleren Abweichung vom Normalalter nach oben auf Grund der extrapolierten Sterbetafel, welche 7,83 Jahre für das männliche und 7,89 Jahre für das weibliche Geschlecht betrug, ergibt sich, ausgehend von dem gleichen Normalalter von 75,39 bzw. 76,21 Jahren, aus der unausgeglichenen Tafel als mittlere Abweichung beim männlichen Geschlecht eine solche von 7,91 und beim weiblichen von 7,94 Jahren. Mit diesen Werten wurde dann die nach der Theorie von LEXIS zu erwartende Verteilung der Sterbefälle oberhalb des Normalalters nochmals berechnet, und es ergaben sich die in Tabelle 35 zusammengestellten Reihencharakteristica der beobachteten unausgeglichenen und der hiernach zu erwartenden Absterbeordnung sowie die in Tabelle 36 mitgeteilten Zahlen der Gestorbenen für beide eben genannte Absterbeordnungen.

Im Vergleich zu den Zahlen von Tabelle 30 und 31 ergaben die von Tabelle 35 und 36, wie aus der Art der Veränderung von vornherein erschlossen werden konnte, eine noch bessere Übereinstimmung zwischen beobachteten und erwarteten Zahlen; dies gilt insbesondere für die stärkere Annäherung der nach Tabelle 30 zu hohen beobachteten Zahlen der durchschnitt-

Tabelle 35. Die Reihencharakteristica der unausgeglichenen Allgemeinen Deutschen Sterbetafel 1924—1926 und der hieraus nach der Theorie von LEXIS berechneten Absterbeordnung.

Charakteristicum	Wert in Jahren			
	männlich		weiblich	
	beobachtet	erwartet	beobachtet	erwartet
Dichtester Wert	75,39	75,39	76,21	76,21
Mittlere Abweichung	7,91	7,91	7,94	7,94
Durchschnittliche Abweichung	6,39	6,31	6,42	6,34
Wahrscheinliche Abweichung	5,53	5,34	5,53	5,36
Oberes Quartil	80,92	80,73	81,74	81,57

Tabelle 36. Beobachtete und nach der Theorie von LEXIS erwartete Zahlen der Gestorbenen nach der unausgeglichenen Allgemeinen Deutschen Sterbetafel 1924—1926.

Alter	Gestorbene			
	männlich		weiblich	
	beobachtet	erwartet	beobachtet	erwartet
0—55	33 182	279	29 764	232
55—60	5 935	1 165	5 160	1 028
60—65	8 168	3 839	7 405	3 567
65—70	10 809	8 570	10 416	8 429
70—75	12 908	12 982	13 227	13 564
75—80	12 932	13 393	14 317	14 882
80—85	9 695	9 378	11 339	11 132
85—90	4 774	4 456	6 014	5 675
über 90	1 597	1 810	2 358	2 521
zusammen	100 000	55 872	100 000	61 030

lichen und der wahrscheinlichen Abweichung an die aus der mittleren für den Fall einer GAUSzschen Verteilung berechneten. Demgemäß bleiben in Tabelle 36 die beobachteten Zahlen der Gestorbenen in dem Jahrzehnt beiderseits des dichtesten Wertes nur noch in wesentlich geringerem Verhältnis hinter den theoretischen zurück, der negative Exzeß der tatsächlichen Verteilung besteht also noch, ist aber deutlich kleiner geworden. Beachtenswert ist auch noch, daß in dem auf seine Sterblichkeitsverhältnisse besonders zu untersuchenden Jahrzehnt zwischen 90 und 100 Jahren die durchschnittliche Sterbewahrscheinlichkeit, welche nach der Theorie von LEXIS zu erwarten ist, im Gegensatz zu der Berechnung auf Grund der extrapolierten Tafel, d. h. gemäß Tabelle 34 beim männlichen Geschlecht $303^0/_{00}$ und beim weiblichen $291^0/_{00}$, bei gleicher Berechnung auf Grund der unausgeglichenen Tafel, also mit den Werten der Tabelle 35 nur 297 bzw. $288^0/_{00}$ beträgt, also den unausgeglichenen Zahlen der Tabelle 34 ein Stück näher gekommen ist, wenn allerdings auch diese durchschnittliche Sterbewahrscheinlichkeit im Vergleich zur unausgeglichenen beobachteten immer noch außerhalb der angegebenen Zufallsgrenzen liegt, so daß auch in diesem Jahrzehnt keine völlige Übereinstimmung von Beobachtung und Erwartung angenommen werden kann.

Eine gleichartige Abweichung der nach der Theorie von LEXIS zu erwartenden Form des rechten Astes der Verteilung der Gestorbenen von der Sterbetafel findet sich begreiflicherweise auch sonst überall dort, wo in den höchsten Altern die Sterbewahrscheinlichkeiten durch Extrapolation mittels einer so wirkenden Formel oder auf willkürlichem Wege überhöht sind, insbesondere, wenn die Extrapolation so durchgeführt ist, daß die Sterbewahrscheinlichkeit im Endlichen den Wert von 1 erreicht, also z. B. die Formel von Wittstein oder eine ähnliche Formel Verwendung gefunden hat. Als Beispiel hierfür sei die von Abel berechnete letzte deutsche Versicherungssterbetafel angeführt; diese ergibt einen dichtesten Wert der tafelmäßig Gestorbenen beim Alter von 71,81 Jahren, und eine mittlere Abweichung von 8,95 Jahren. Die Werte der durchschnittlichen und der wahrscheinlichen Abweichung stimmen hiermit schlecht überein; rechnet man aber die Sterbetafel derart um, daß vom Alter von 85 Jahren an bis zum vollständigen Aussterben der Beobachteten die unausgeglichenen Sterbewahrscheinlichkeiten zugrunde gelegt werden, so wird die Übereinstimmung etwas besser, wie die Zusammenstellung der Reihencharakteristica für beide Fälle in Tabelle 37 zeigt:

Tabelle 37. Die Reihencharakteristica der ausgeglichenen und der unausgeglichenen Versichertensterbetafel von Abel und der hieraus nach der Theorie von Lexis berechneten Absterbeordnungen.

Charakteristicum	Wert in Jahren			
	ausgeglichen		unausgeglichen	
	beobachtet	erwartet	beobachtet	erwartet
Dichtester Wert	71,81	71,81	71,81	71,81
Mittlere Abweichung	8,95	8,95	9,02	9,02
Durchschnittliche Abweichung	7,30	7,14	7,33	7,20
Wahrscheinliche Abweichung	6,43	6,04	6,43	6,08
Oberes Quartil	78,24	77,85	78,24	77,89

Hinsichtlich des praktischen Zweckes einer für den Bedarf der Lebensversicherung bestimmten Sterbetafel ist es selbstverständlich keineswegs ein Fehler, wenn die Sterbewahrscheinlichkeiten jenseits des 90. Lebensjahres unter völliger Vernachlässigung der Beobachtung so hoch angesetzt werden, daß z. B., wie es bei der genannten Sterbetafel von Abel der Fall ist, schon mit 100 Jahren die Sterbewahrscheinlichkeit 1 erreicht wird, d. h. so, als ob mit 101 Jahren die ganze Generation ausgestorben wäre; denn einerseits ist es aus praktischen Gründen immer mehr üblich geworden, Lebensversicherungen nur auf ein Schlußalter von höchstens 85 oder 90 Jahren abzuschließen, bei Erreichung dieses Alters also die Versicherungssumme zur Auszahlung zu bringen, wie wenn der Versicherte, welcher noch lebt, zu dieser Zeit gestorben wäre, so daß also die Sterbewahrscheinlichkeiten für die darüber hinaus liegenden Alter keine praktische Bedeutung mehr haben, und andererseits werden in der Lebensversicherung wegen der starken Wirkung der Division durch die Aufzinsungsfaktoren die Zahlen der Absterbeordnung in den hohen Altern im Verhältnis zu denen der jüngeren Alter ohnehin fast völlig bedeutungslos. Wenn man aber die menschliche Sterblichkeit ohne finanzielle Zwecke, rein vom naturwissenschaftlichen Standpunkt aus erforschen will, so fällt die Anwendung der Zinseszinsrechnung fort, und dann hat demgemäß die Sterblichkeit gerade der höchsten Alter, weil sie eben die natürliche Sterblichkeit darstellt, eine weit höhere Bedeutung, und sie muß daher ohne Extrapolationen, die nur für praktische Zwecke geeignet sind, betrachtet werden.

Aber auch, wenn man durch Verwendung der unausgeglichenen Sterbetafel an Stelle der von ABEL veröffentlichten die genaue Anpassung der Sterbetafel an die Beobachtungen erreicht hat, deren Wirkung Tabelle 37 zeigte, bleibt gemäß der gleichen Tabelle immer noch ein starker negativer Exzeß bestehen, d. h. das Mittelstück der Verteilung der Gestorbenen ist abgeflacht, mit anderen Worten, es ist seitwärts auseinandergezogen. Das gleiche war gemäß Tabelle 35 auch bei der Allgemeinen Deutschen Sterbetafel 1924—1926 zu beobachten, jedoch in weit geringerem Grade. Dieses Zusammentreffen in beiden Fällen, aber in deutlich verschiedenem Ausmaße, läßt sich zwanglos erklären, ohne den Boden der Theorie von LEXIS irgendwie zu verlassen.

Die Sterbetafel von ABEL beruht nämlich auf der Beobachtung der Sterblichkeit an den Versicherten der deutschen Lebensversicherungsgesellschaften in einem Zeitraum von vollen 30 Jahren, nämlich von 1876—1906, d. h. einer Zeit, in welcher, wie im 2. Kapitel ausführlich dargelegt wurde, die Sterblichkeit in der Gesamtbevölkerung des Deutschen Reichs sich sehr geändert hat, was auch für den Teil der Bevölkerung gelten dürfte, der unter Beobachtung der Lebensversicherungsgesellschaften stand, wenn auch für diesen wahrscheinlich in geringerem Ausmaße. Ebenso stellt die Allgemeine Deutsche Sterbetafel 1924—1926 ihrem Namen gemäß eine solche für die gesamte Bevölkerung des Reichs dar, also für den Durchschnitt aller irgendwie abgegrenzt gedachten gesellschaftlichen Schichten und insbesondere auch für den Durchschnitt der Bevölkerungen aller Landesteile. Im 3. Kapitel wurde in Tabelle 11 gezeigt, daß zwar im Alter von mehr als 70 Jahren die Sterblichkeit innerhalb des Reichs eine geringere Streuung aufweist als in den Altern unter 30 Jahren, daß aber andererseits die in Tabelle 10 zusammengestellten Ziffern der standardisierten Sterblichkeit im Alter von mehr als 70 Jahren immerhin nicht unbeträchtliche Abweichungen darbieten; gemäß diesen beiden Tabellen 10 und 11 betrug die standardisierte Sterblichkeit in der Altersgruppe über 70 Jahren im Reichsdurchschnitt 101,77 auf 1000 gleichaltrige Lebende, die mittlere Abweichung dieser Ziffer ergab sich mit 7,85 und selbst ohne Berücksichtigung kleiner Länder und Landesteile, deren Zahlen vom Zufall erheblich beeinflußt sein können, ergab sich eine Variationsbreite von 84,26 (Prov. Schleswig-Holstein) bis 114,89 (Baden) oder 114,25 (Bayern rechts des Rheins). Da gemäß Tabelle 14 die Korrelation zwischen der Sterblichkeit im Greisenalter und der in jüngeren Altern nicht hoch ist und die Sterblichkeit im Greisenalter im Gegensatz zu der im Kindes- und im Erwachsenenalter von wirtschaftlichen und von kulturellen Verhältnissen völlig unabhängig ist, dafür aber in um so deutlicherem Grade innerhalb Deutschlands von Norden nach Süden hin anwächst, wurde im 3. Kapitel hieraus der Schluß gezogen, daß die Greisensterblichkeit in erster Linie von der rassischen Zusammensetzung der Bevölkerung abhänge. Im Rahmen der Theorie von LEXIS läßt sich dies ohne weiteres dahin deuten, daß die normale Lebensdauer, d. h. in dem wiedergegebenen Bilde von LEXIS die Entfernung der am Boden angebrachten Marke von dem Standpunkte des Werfenden bei verschiedenen Rassen etwas verschieden ist, was ohne weiteres eine verschiedene Sterbeziffer innerhalb des Alters von mehr als 70 Jahren zur Folge haben muß, und zwar sowohl bei einfacher Standardisierung als auch bei tafelmäßiger Berechnung.

Um diese Verschiedenheiten innerhalb Deutschlands nachzuprüfen, wurden für die Jahre 1924—1926 für einige Länder bzw. Landesteile nach einheitlicher Methodik besondere Sterbetafeln berechnet, nämlich bis zu 70 Jahren in der im 1. Kapitel geschilderten Art der Tabelle 1, deren Zuverlässigkeit bis zu diesem Alter mittels Tabelle 2 nachgeprüft wurde, und zwar wieder wie dort auf Grund der Sterbeziffern des Statistischen Reichsamts [(1) Bd. 360] für 5jährige Altersklassen in dem bezeichneten Zeitraum. Für die Alter von mehr als 70 Jahren wurde dann die Sterbewahrscheinlichkeit für jedes einzelne Altersjahr so berechnet, daß angenommen wurde, sie hätte in jedem zur Sterbewahrscheinlichkeit der Reichsbevölkerung im gleichen Verhältnis gestanden wie die standardisierte Sterblichkeit der ganzen Altersgruppe über 70 Jahren in dem betreffenden Lande oder Landesteil zu der des ganzen Reichs. Mit dieser Verhältnisziffer für das betreffende Land oder den betreffenden Landesteil, getrennt nach Geschlechtern, wurden dann die Ziffern der Sterbewahrscheinlichkeit der Allgemeinen Deutschen Sterbetafel 1924—1926 für jedes Geschlecht in allen Altersjahren von 70 an multipliziert und aus den so erhaltenen Sterbewahrscheinlichkeiten für die einzelnen Länder und Landesteile vollständige Absterbeordnungen berechnet.

Eine solche Berechnung wurde für vier Länder bzw. Landesteile durchgeführt, und zwar

eines mit geringer Säuglingssterblichkeit und geringer Greisensterblichkeit, nämlich die Provinz Schleswig-Holstein,

eines mit geringer Säuglingssterblichkeit und hoher Greisensterblichkeit, nämlich Württemberg,

eines mit hoher Säuglingssterblichkeit und geringer Greisensterblichkeit, nämlich die Provinz Ostpreußen,

eines mit hoher Säuglingssterblichkeit und hoher Greisensterblichkeit, nämlich Bayern rechts des Rheins.

Zwecks Raumersparnis sind in Tabelle 38 nicht alle Elemente der vollständigen Sterbetafeln angegeben, insbesondere also nicht die Sterbewahrscheinlichkeiten, welche sich aus der folgenden Angabe der Verhältnisziffern gegenüber der Allgemeinen Deutschen Sterbetafel 1924—1926 leicht errechnen lassen, auch nicht die aus den Zahlen der Überlebenden ohne weiteres zu entnehmenden Zahlen der in den einzelnen Altersjahren Sterbenden, ebenso nicht die Summen der durchlebten Jahre und nicht die für die charakteristischen Alter späterhin besonders zu erwähnenden Zahlen der mittleren Lebensdauer, sondern nur die Zahlen der Überlebenden für die durch fünf teilbaren Alter bis zu 70 Jahren und die einzelnen Altersjahre zwischen 70 und 100 Jahren. Die Verhältnisziffern der Sterbewahrscheinlichkeit gegenüber dem = 1 gesetzten Reichsdurchschnitt im Alter von mehr als 70 Jahren lauten:

Land bzw. Landesteil	Verhältnisziffer	
	männlich	weiblich
Prov. Schleswig-Holstein .	0,828	0,826
Württemberg	1,086	1,108
Prov. Ostpreußen	0,898	0,861
Bayern r. d. Rheins . . .	1,099	1,140

Hieraus erhält man dann in der vorstehend geschilderten Weise die Zahlen der Überlebenden für die vier genannten Länder bzw. Landesteile, welche in der nunmehr folgenden Tabelle 38 angegeben sind:

Tabelle 38. Abgekürzte Absterbeordnung 1924—1926 für vier ausgewählte Länder bzw. Landesteile.

Alter	Prov. Schleswig-Holstein		Württemberg		Prov. Ostpreußen		Bayern rechts des Rheins	
	männlich	weiblich	männlich	weiblich	männlich	weiblich	männlich	weiblich
0	100000	100000	100000	100000	100000	100000	100000	100000
1	89826	91867	90229	92278	87081	88912	84207	87499
5	87683	90101	88122	90290	84124	86055	81373	84838
10	86918	89508	87385	89665	83090	85155	80627	84145
15	86290	88972	86849	89141	82365	84510	80089	83633
20	85102	87962	85755	88019	81121	83492	79136	82742
25	83112	86568	84079	86485	79125	82021	77742	81443
30	81499	84936	82460	84798	77225	80289	76303	79935
35	79906	83292	80837	83074	75643	78597	74853	78200
40	78266	81516	79003	81091	73860	76737	73213	76211
45	76236	79371	76749	78727	71548	74619	70943	73843
50	73743	76736	73713	75877	68552	72200	67955	70887
55	70168	73451	69385	71987	64504	68714	63712	66765
60	65057	69075	63371	66410	59174	64046	57771	61317
65	57965	62800	54587	58163	52181	57674	49648	53625
70	47815	53873	43244	47082	43072	48504	39088	42953
71	45516	51560	40517	44371	40825	46333	36593	40408
72	43106	49135	37703	41571	38481	44062	34021	37785
73	40594	46599	34822	38694	36050	41692	31390	35094
74	37999	43937	31902	35728	33550	39208	28727	32327
75	35321	41141	28953	32678	30985	36607	26039	29487
76	32574	38242	26000	29590	28372	33919	23352	26620
77	29817	35291	23113	26526	25767	31191	20728	23785
78	27095	32313	20346	23523	23217	28447	18217	21014
79	24413	29313	17704	20594	20724	25694	15823	18322
80	21774	26324	15194	17777	18294	22963	13552	15745
81	19214	23416	12851	15143	15962	20319	11438	13345
82	16767	20639	10704	12734	13756	17807	9504	11161
83	14443	17992	8758	10544	11689	15427	7756	9186
84	12262	15447	7024	8566	9775	13178	6202	7413
85	10255	13123	5516	6818	8040	11089	4854	5857
86	8448	10973	4241	5320	6503	9195	3719	4532
87	6853	9052	3191	4071	5171	7518	2787	3438
88	5474	7373	2348	3058	4043	6064	2042	2557
89	4316	5928	1697	2254	3115	4825	1469	1866
90	3361	4719	1205	1637	2368	3799	1038	1341
91	2569	3694	832	1160	1763	2939	713	939
92	1932	2850	561	804	1288	2239	478	643
93	1429	2166	370	546	924	1679	313	430
94	1039	1622	237	362	651	1240	200	281
95	742	1196	149	234	449	900	124	179
96	521	869	90	148	304	643	75	111
97	359	621	54	91	202	452	44	67
98	243	436	31	55	131	312	25	40
99	161	302	17	32	83	212	14	23
100	105	205	9	18	52	141	7	13

Da es zur Vermeidung von Zufallsergebnissen für die schwach besetzten hohen Alter erforderlich war, in vorstehend geschilderter Weise von dem nach Landesteilen beobachteten Einzelverlauf der Sterblichkeit in den einzelnen Altersklassen jenseits des 70. Jahres zu abstrahieren und statt dessen die Sterbewahrscheinlichkeiten für alle Altersjahre vom 71. Jahr an in ein starres Verhältnis zu den entsprechenden Ziffern für das Reich zu bringen, können zweifellos die so entstandenen Zahlen der Absterbeordnung die Feinheiten des Verlaufs nicht genau wiedergeben. Es muß daher, um nicht eine Genauigkeit dieser Zahlen vorzutäuschen, welche ihnen nach der Art ihrer Entstehung nicht zukommt, darauf verzichtet werden, diese Absterbeordnungen in ihren Einzelheiten mit der Form zu vergleichen, welche sich für die rechte Hälfte nach der Theorie von Lexis ergeben müßte; aus demselben Grunde sind auch für die Berechnung über das 90. Lebensjahr hinaus trotz der im vorstehenden dagegen dargelegten Bedenken die extrapolierten Zahlen des Statistischen Reichsamts für die Berechnung verwendet worden.

Als im vorliegenden Zusammenhange wichtigste Zahlen sollen nunmehr außer denen der gesamten mittleren Lebensdauer nur noch die mitgeteilt werden, welche die fernere mittlere Lebensdauer in den runden Altersjahren um die normale Lebensdauer herum angeben, sodann diese wahrscheinlichste Lebensdauer selbst, die Zahl der Überlebenden zu diesem Zeitpunkte und die fernere mittlere Lebensdauer für das gleiche Alter; einschließlich der zum Vergleiche beigefügten Zahlen für das ganze Reich sind alle diese Angaben in der nachstehenden Tabelle 39 zusammengestellt:

Tabelle 39. Einige Reihencharakteristica der Absterbeordnung 1924—1926 für vier ausgewählte Länder bzw. Landesteile.

Land bzw. Landesteil und Geschlecht	Mittlere Lebensdauer	Fernere mittlere Lebensdauer beim Alter			Wahrscheinlichste Lebensdauer		
		70	75	80	Alter	Überlebende	Fernere mittlere Lebensdauer
Prov. Schleswig-Holstein							
männlich	58,83	9,89	7,47	5,58	76,22	31967	6,98
weiblich	62,04	10,47	7,90	5,96	78,67	30303	6,40
Württemberg							
männlich	57,59	8,26	6,09	4,44	75,06	28776	6,07
weiblich	59,82	8,67	6,36	4,64	75,61	30794	6,13
Prov. Ostpreußen							
männlich	55,00	9,38	7,04	5,22	75,86	28738	6,70
weiblich	58,16	10,20	7,67	5,74	78,29	27649	6,33
Bayern r. d. Rheins							
männlich	53,05	8,21	6,05	4,40	74,96	26147	6,07
weiblich	55,87	8,51	6,23	4,53	75,46	28168	6,06
Deutsches Reich							
männlich	55,97	8,74	6,50	4,77	75,39	27936	6,36
weiblich	58,82	9,27	6,87	5,06	76,21	30515	6,38

Da eine genaue Berechnung der wahrscheinlichsten Lebensdauer nach Ländern bzw. Landesteilen teilweise gar nicht möglich war, bzw. dort, wo eine solche vorliegt — wie z. B. durch Schott für Württemberg — wegen der im Vergleich zum gesamten Reiche weit kleineren Grundzahlen durch Zufallsergebnisse beeinflußt sein kann, ist es nicht verwunderlich, daß die Zahlen für die wahrscheinlichste Lebensdauer in Tabelle 39 einige Besonderheiten aufweisen, von denen man nicht wissen kann, ob sie tatsächlich in der Natur des Materials begründet oder nur durch die ungenaue Methodik und durch Zufälligkeiten vorgetäuscht sind. Hierher gehört vor allem die merkwürdige Erscheinung, daß in den beiden Gebieten mit geringerer wahrscheinlichster Lebensdauer, d. h. den beiden in Tabelle 38 und 39 berücksichtigten süddeutschen Gebieten die wahrscheinlichste Lebensdauer der Frauen nur um etwa ein halbes Jahr länger als die der Männer sein soll, in den beiden norddeutschen Gebieten mit ihrer für beide Geschlechter längeren wahrscheinlichsten Lebensdauer dagegen diese Verlängerung besonders stark bei den Frauen hervortritt, so daß dort die wahrscheinlichste Lebensdauer der Frauen etwa $2^1/_2$ Jahre länger als die der Männer ist. Es ist möglich, daß hier ein verschiedenes Verhältnis zwischen dem Anteil von „normalen" und „vorzeitigen" Todesfällen, welch letztgenannte immer stärker die Männer betreffen, maßgeblich ist, für eine sichere Entscheidung darüber fehlt aber noch das Material.

Ferner ist zu betonen, daß der Anteil der „normalen" Sterbefälle im Sinne von LEXIS, welcher durch das doppelte der Zahl der beim „Normalalter" Überlebenden, bezogen auf die ganze Generation, ausgedrückt wird, in Tabelle 39 deswegen verhältnismäßig nur geringe Abweichungen zeigt, weil schon kleine Unterschiede in der Lage des Normalalters die Zahl der bei diesem Überlebenden erheblich beeinflussen, und zwar derart, daß hierdurch eine Kompensation erzielt wird; die Unterschiede in der Lage des Normalalters, welche dies bewirken, sind aber gemäß vorstehendem hinsichtlich ihres Ausmaßes nicht als zuverlässig anzusehen, wenn auch ihre Richtung im allgemeinen einwandfrei feststeht.

Trotz aller im einzelnen erforderlichen Vorsicht steht es aber fest, daß die *wahrscheinlichste Lebensdauer* in verschiedenen Teilen des Reichs *Unterschiede* aufweist, welche *einige Jahre* betragen können. Dazu kommt aber noch, daß auch die Bevölkerung der einzelnen Teilgebiete keineswegs homogen ist, sondern jede solche Bevölkerung ihrerseits wieder einen Durchschnitt aus zahlreichen Teilbevölkerungen darstellt. Es handelt sich also um zahlreiche Gruppen, welche je in sich homogen sein können, sich aber hinsichtlich des Mittelwertes ihrer natürlichen Lebensdauer voneinander unterscheiden, während die Statistik nur das Konglomerat aller zur Verfügung hat und versuchen muß, dieses zu analysieren.

Bei allen bisherigen Berechnungen von mittleren Abweichungen der Lebensdauer ist die SHEPPARDsche Korrektur nicht zur Anwendung gekommen, da sie bei der Verwendung von einjährigen Klassenbreiten und der Größenordnung der tatsächlich beobachteten mittleren Abweichung der Lebensdauer bedeutungslos ist. Hingegen ist nunmehr eine Berechnung zu erwähnen, welche auf eine Formel führen kann, die der SHEPPARDschen Korrektur analog ist.

Bei der Analyse der Verteilungskurven der Körpergrößen von Kindern wurde im Anschluß an einen diesbezüglich von v. PFAUNDLER ausgesprochenen Gedanken von mir (1) darauf hingewiesen, daß die Verteilung der gemessenen Kinder über eine bestimmte Altersstrecke eine Erhöhung der mittleren Abweichung gegenüber derjenigen bewirken müsse, welche man erhalten würde, wenn man aus derselben Bevölkerung eine hinlängliche Anzahl von Kindern messen könnte, welche alle ein genau gleiches Alter aufweisen. Unter der Annahme, die gemessenen Kinder verteilten sich gleichmäßig über das Altersintervall und ihr Wachstum während desselben könne als linear betrachtet werden, ergab sich, wenn man den Unterschied zwischen der durchschnittlichen Größe am Anfang und am Ende des Altersintervalls mit b bezeichnet, daß durch die Zusammenfassung von Kindern mit verschiedenen, bis zu b voneinander abweichenden Durchschnitten der einzelnen Verteilungskurven das Quadrat der mittleren Abweichung gegenüber dem einer einzelnen homogenen Gruppe um $\frac{b^2}{12}$ erhöht wird. Bei der Berechnung der mittleren Abweichung der Kindergrößen, um die es sich dort handelte, machte diese Korrektur, welche also unter den gemachten Annahmen genau der von SHEPPARD entspricht, sehr wenig aus, weil man vernünftigerweise die zu messenden Kinder in verhältnismäßig kleine Altersgruppen einteilt, so daß das Wachstum während des Durchlaufens des betreffenden Altersintervalls zahlenmäßig unbedeutend ist. Um etwas anderes handelt es sich dagegen hier, wo eine Menge von Teilbevölkerungen zu einer Gesamtbevölkerung zusammengefaßt ist und die Teilbevölkerungen sich hinsichtlich des Durchschnitts der hier zu betrachtenden Eigenschaft, nämlich der Lebensdauer, recht erheblich voneinander zu unterscheiden scheinen, während jedoch eine Zerlegung in Untergruppen mit geringerer Abweichung innerhalb derselben im Gegensatz zu der Trennung von Kindern nach dem Alter nicht durchführbar ist.

In dem vorliegenden Fall gibt es auch keinen Anhaltspunkt dafür, wie die Durchschnittswerte der Lebensdauer für die einzelnen Gruppen in der Gesamtheit vertreten sind; die Annahme, daß diese Durchschnittswerte analog denen der Größen von Kindern aufeinanderfolgender Alter innerhalb eines bestimmten Intervalls gleichmäßig verteilt sein und außerhalb desselben völlig fehlen sollten, ist äußerst unwahrscheinlich, jedoch fehlt es an Unterlagen für eine richtigere Vorstellung. Infolgedessen ist im nachstehenden die ganze Berechnung für den denkbar einfachsten Fall durchgeführt, daß nämlich bei jedem Geschlecht nur zwei Gruppen zu unterscheiden seien, welche gleich stark besetzt und daher symmetrisch zum Gesamtdurchschnitt gelegen sind. Wie ein Versuch ergab, zeigt sich dann die beste Übereinstimmung mit den tatsächlichsten Zahlen der Allgemeinen Deutschen Sterbetafel 1924—1926, wenn das Intervall zwischen den Durchschnitten der beiden Gruppen 9 Jahre beträgt; an Stelle der einheitlichen Verteilungen mit einem Durchschnittswert von 75,39 bzw. 76,21 Jahren treten nunmehr also je zwei mit Durchschnitten von 70,89 und 79,89 bzw. von 71,71 und 80,71 Jahren, auf welche je die Hälfte des betreffenden Gesamtkollektivs entfallen muß. Die mittlere Abweichung innerhalb jeder Teilgruppe muß jetzt natürlich kleiner sein als vorher in der Gesamtverteilung für das betreffende Geschlecht, und zwar muß ihr Quadrat um $4{,}5^2 =$ 20,25 kleiner als das Quadrat der ursprünglichen mittleren Abweichung sein. Da gemäß Tabelle 35 die mittlere Abweichung der Lebensdauer jenseits des Maximums der Gesamtverteilung beim männlichen Geschlecht 7,91 und beim weiblichen 7,94 Jahre beträgt, ergibt sich nunmehr die mittlere Abweichung innerhalb jeder Teilgruppe beim männlichen Geschlecht mit 6,50 und beim weiblichen mit 6,54 Jahren. Mittels dieser Zahlen und der vorher genannten für das Durchschnittsalter jeder Teilgruppe sind die Zahlen der Sterbenden berechnet, bezogen auf eine Gesamtbesetzung der Normalgruppe, wie sie der beobachteten entspricht. Die Gruppe mit dem um 4,5 Jahre unter dem Gesamtdurchschnitt liegenden Durchschnittsalter ist als Gruppe I, die mit dem 4,5 Jahre über dem Gesamtdurchschnitt liegenden als Gruppe II bezeichnet. Für beide

Geschlechter sind die so erhaltenen Zahlen der tafelmäßig Sterbenden jeder der beiden Gruppen in Tabelle 40 angegeben, und die hinzugefügte Addition der Zahlen für die beiden Gruppen zeigt, wie sich hieraus die Gesamtverteilung ergibt.

Tabelle 40. Der Aufbau der Absterbeordnung aus zwei je der Theorie von Lexis entsprechenden Teilgruppen.

Alter	Männliches Geschlecht			Weibliches Geschlecht		
	Sterbende der		zusammen	Sterbende der		zusammen
	Gruppe I	Gruppe II		Gruppe I	Gruppe II	
70	1710	602	2312	1827	550	2377
71	1705	745	2450	1859	693	2552
72	1662	899	2561	1845	845	2690
73	1581	1058	2639	1791	1015	2806
74	1468	1215	2683	1698	1186	2884
75	1333	1365	2698	1573	1354	2927
76	1180	1496	2676	1422	1512	2934
77	1023	1601	2624	1259	1647	2906
78	865	1674	2539	1085	1758	2843
79	713	1710	2423	917	1828	2745
80	576	1705	2281	755	1859	2614
81	452	1662	2114	607	1845	2452
82	350	1582	1932	478	1791	2269
83	261	1468	1729	367	1698	2065
84	192	1332	1524	277	1573	1850
85	137	1180	1317	203	1422	1625
86	97	1023	1120	145	1259	1404
87	65	865	930	100	1085	1185
88	45	713	758	70	917	987
89	28	576	604	46	755	801
90	18	452	470	31	607	638
91	11	350	361	20	478	498
92	7	261	268	12	367	379
93	5	192	197	6	277	283
94	2	137	139	4	203	207
95 u. m.	3	281	284	7	440	447

In der nachstehenden Tabelle 41 sind nunmehr die Zahlen der Summenspalten von Tabelle 40 nach fünfjährigen Altersgruppen zusammengestellt und mit den beobachteten der Allgemeinen Deutschen Sterbetafel 1924—1926 verglichen, wie diese letztgenannten aus Tabelle 36 zu ersehen sind:

Tabelle 41. Beobachtete und nach der Zerlegung gemäß Tabelle 40 erwartete Zahlen der Gestorbenen nach der unausgeglichenen Allgemeinen Deutschen Sterbetafel 1924—1926.

Alter	Gestorbene			
	männlich		weiblich	
	beobachtet	erwartet	beobachtet	erwartet
70—75	12908	12645	13227	13309
75—80	12932	12960	14317	14355
80—85	9695	9580	11339	11250
85—90	4774	4729	6014	6002
über 90	1597	1719	2358	2452

Die Zahlen der Tabelle 41 zeigen, wie man ohne weiteres sieht, eine ganz vortreffliche Übereinstimmung von Beobachtung und Erwartung. Ein noch genaueres Zusammenpassen würde bei einem statistischen Material wie diesem überhaupt kaum im Bereiche der Wahrscheinlichkeit liegen. Andererseits soll aber mit dieser Feststellung *nicht* etwa behauptet werden, daß der Verlauf der Sterblichkeit vom 70. Jahre aufwärts im Deutschen Reich durch zwei getrennte Verteilungen von der Art, wie sie durch Tabelle 40 dargelegt ist, tatsächlich zu erklären wäre; hierzu sind doch die Annahmen, die Tabelle 40 zugrunde gelegt sind, zu roh, und diese ganze Berechnung soll also nicht eine wirkliche Erklärung des Verlaufs bieten, sondern nur zeigen, daß eine solche für die in Frage stehenden Alter möglich ist, ohne den Boden der Theorie von LEXIS zu verlassen, wobei die vorgenommene Zerlegung zwar gewiß die Wirklichkeit nicht genau wiedergibt, aber immerhin eine Annäherung an dieselbe im Vergleich zu der Annahme einer einheitlichen Φ-Verteilung für ein ganzes Reich bedeutet.

Die Nachprüfung der Theorie von LEXIS an der tatsächlichen menschlichen Sterblichkeit, welche insbesondere mittels der deutschen Sterbetafeln vorgenommen wurde, hat also gezeigt, daß der Anteil der „Normalgruppe" im Sinne von LEXIS im allgemeinen in kulturell höher stehenden Ländern größer als in anderen ist und insbesondere, daß in Deutschland ihr Anteil mit der Zeit stark gewachsen ist; gemäß Tabelle 27 ist im Durchschnitt beider Geschlechter dieser Anteil von etwa 35% in den siebziger Jahren des 19. Jahrhunderts auf etwa 58% im Zeitraume 1924—1926 angestiegen. Dies erklärt sich aus der vorher gezeigten Erscheinung, daß die Sterblichkeit in jüngeren Jahren weitaus stärker gesunken ist als im Alter der normalen Sterblichkeit, so daß also ein weit größerer Teil einer Tafelgeneration als früher in dieses Alter kommt, während andererseits innerhalb desselben keine größere Veränderung bemerkbar ist.

Weiterhin hat sich gezeigt, daß vom Alter der wahrscheinlichsten Lebensdauer aufwärts die Allgemeine Deutsche Sterbetafel 1924—1926 für jedes Geschlecht eine ungefähre Übereinstimmung der Verteilung der Gestorbenen mit der Theorie von LEXIS zeigt, daß ferner diese Übereinstimmung deutlicher wird, wenn man sich für die Extrapolation der Sterbewahrscheinlichkeiten in den Altern von über 90 Jahren von den bisher hierfür üblichen Formeln frei macht und eine genauere Anpassung an die unausgeglichenen Beobachtungen herstellt, und schließlich daß die Übereinstimmung dann eine ganz vorzügliche wird, wenn man die Fiktion einer einheitlichen Gruppe, d. h. einer solchen mit gleichem „typischem" Mittel und einer GAUSZschen Verteilung um dieses preisgibt und statt dessen eine Mischung von mehreren Gruppen annimmt, von denen aber jede in sich der Theorie genau genügen kann. Diese Erklärung ist völlig ungezwungen, wenn man sich den Sinn der Theorie von LEXIS vor Augen hält, daß die Lebensdauer für eine menschliche Rasse einen Typus darstellt, von dem die Abweichungen nach beiden Seiten hin nach den Regeln der Wahrscheinlichkeitsrechnung zu erwarten sind. Es ist genau dasselbe wie etwa die Verteilung der bereits als Analogie herangezogenen Körpergrößen von Menschen; auch diese bilden sicher GAUSZsche Verteilungen, aber selbstverständlich nur, wo es sich um einigermaßen homogene Bevölkerungen handelt; die Verteilung würde aber von der GAUSZschen ähnliche Abweichungen zeigen wie die der „Normalgruppe" der Gestorbenen, wenn man gleichaltrige Menschen

aus Schleswig-Holstein und aus Oberbayern in einer Gruppe gemeinsam messen
wollte. Wenn die vorher recht wahrscheinlich gemachte Annahme rassen-
mäßiger Verschiedenheiten des Typus der Lebensdauer zutrifft, dann ist also
eine solche Zerlegung der Verteilung nicht nur ein Notbehelf, sondern durch
die Art des statistischen Materials unmittelbar gefordert, die hierdurch vervoll-
ständigte Übereinstimmung mit der Theorie von LEXIS daher eine vollkommen
natürliche.

Es ist zu erwarten, daß eine solche Gesetzmäßigkeit, die für *Menschen* ganz
allgemein zu gelten scheint, auch dort, wo sie durch einen übergroßen Anteil
früherer Todesfälle verdeckt wird, auch bei *Tieren* anzutreffen sein müßte.
Die Erfahrung ergibt denn auch, daß jede Tierart einen gewissen Typus ihrer
Lebensdauer aufweist, über die vollständige zeitliche Verteilung der Todesfälle — selbstverständlich nur der ohne Eingreifen des Menschen eintretenden —
ist jedoch wenig Beobachtungsmaterial vorhanden. Solches ist von GREEN-
WOOD gesammelt und ausgewertet worden. Er berechnete aus den von HILL
und von MURRAY stammenden Beobachtungen über das Aussterben von Mäuse-
generationen und denen von PEARL an der Drosophila (Taufliege) die Sterbewahrscheinlichkeiten für gleich lange Zeiträume (von 50 Tagen bei Mäusen
und 6 Tagen bei Taufliegen) und verglich diese mit der Verteilung nach der
Formel von GOMPERTZ, der erweiterten von MAKEHAM und schließlich einer
von PEARL angegebenen. Er kam zu dem Ergebnis, daß alle späteren Formeln
die Absterbeordnung nicht so gut wiedergeben wie die einfache Formel von
GOMPERTZ, welche wenigstens für die Mäuse eine gute Übereinstimmung mit
der Beobachtung brachte, während bei den Fliegen alle Formeln versagten.
GREENWOOD war sich darüber klar, daß die gute Übereinstimmung des Absterbens der Mäuse mit der Formel von GOMPERTZ vielleicht nur auf der Kleinheit der Zahlen beruht und zeigte dies durch eine Umrechnung einer englischen
Sterbetafel auf entsprechend kleine Grundzahlen, wo sich dann auch für das
Alter zwischen 11 und 86 Jahren eine hinlängliche Übereinstimmung mit der
Formel ergeben würde, die aber bekanntlich völlig wegfällt, wenn man menschliche Sterbetafeln unter Berücksichtigung der tatsächlichen Grundzahlen mit
der Formel von GOMPERTZ vergleicht.

Aus diesen Ergebnissen zog GREENWOOD den Schluß, daß keine der neueren
komplexeren Formeln für ein „Gesetz" der Sterblichkeit eine bessere Beschreibung der Wirklichkeit gebe als die alte Formel von GOMPERTZ, wiewohl
auch diese keine genügende Übereinstimmung darbiete. Soweit es sich um
Formeln handelt, die im Wesen ähnlich aufgebaut sind wie die von GOMPERTZ,
wird man dieser Anschauung zustimmen können, wenn es sich um die Sterblichkeit von Tieren handelt, während andererseits allerdings betont werden
muß, daß beim Menschen die erweiterte Formel von MAKEHAM immerhin weit
eher brauchbar ist als die hier völlig versagende ursprüngliche von GOMPERTZ.
Was dagegen die menschliche Sterblichkeit allein betrifft, so ist es sonderbar,
daß GREENWOOD die Theorie von LEXIS überhaupt nicht erwähnt hat, obwohl
sie doch die einzige ist, die geeignet sein kann, den Verlauf der menschlichen
Sterblichkeit nicht zu beschreiben, sondern zu erklären.

Versucht man, die Theorie von LEXIS auch auf die Sterblichkeit von Tieren
an Hand des von GREENWOOD benützten Materials zur Anwendung zu bringen,
so ist allerdings festzustellen, daß sich hier keinerlei brauchbare Annäherung

ergibt. Bei den Mäusen könnte dies teilweise durch die Kleinheit des Materials bedingt sein, während die Fliegen, wie bereits erwähnt, sich überhaupt keiner Formel anpassen, so daß hier noch irgendwelche besondere Störungen angenommen werden könnten. Solche besondere Umstände dürften aber in Wirklichkeit wahrscheinlich für alle Beobachtungen an Tieren maßgeblich sein, nämlich derart, daß die vorzeitigen Todesfälle dort so stark überwiegen und auch noch im Alter der normalen Sterblichkeit im Vergleich zu den normalen Todesfällen so überaus zahlreich sind, daß hierdurch die Verteilung der normalen Todesfälle allein völlig überdeckt wird. Einen analogen Zustand für die Menschheit können wir uns wohl durch Extrapolation nach rückwärts hin vorstellbar machen, indem wir über die Zeiten hinaus, in denen die Normalgruppe etwa ein Drittel der ganzen Generation umfaßte, in Zeiten wie etwa die bis zum Beginn des 18. Jahrhunderts zurückgehen, in welchen die verheerenden Seuchen jener niedrigen Stufe hygienischer Kultur die Sterblichkeit aller Altersklassen in geradezu regelloser Weise zu erhöhen pflegten. Die alten Statistiker haben sich bemüht, die Ergebnisse der Sterblichkeitsstatistik auch unter Ausschaltung dieser Seuchenzüge zu ermitteln; für die Sterblichkeit von Mäusen und Fliegen ist dies aber mangels Feststellung der einzelnen Todesursachen nicht möglich, und wir müssen daher zwar vorläufig darauf verzichten, die Anwendbarkeit der Theorie von Lexis auf die Sterblichkeit dieser und wahrscheinlich auch aller anderen Tierarten unmittelbar nachzuweisen; der Annahme, daß auch bei den Tieren die „normalen" Todesfälle sich nach dieser Theorie verteilen, steht jedoch kein begründeter Einwand entgegen, und somit kann es bei der Feststellung verbleiben, daß alle neuen Beobachtungen eine immer stärkere Stützung für die Allgemeingültigkeit der Theorie von Lexis bewirken.

In einem — besonders für die damalige Zeit — sehr verdienstvollen Buche hat Fischer eine scharfe, aber gewiß berechtigte Kritik der hier bereits erwähnten Phantastereien des sonst gleichfalls sehr verdienten Moser auf dem Gebiete der „Gesetze" der Sterblichkeit geübt und anschließend gesagt: „Überall aber *muß* es ähnlich ergehen, wo man sich bei Aufstellung von Sterblichkeitsformeln von dem wahren Kern der Sache, den Sterbenswahrscheinlichkeiten, entfernt und nach hergebrachter Manier bloß die Lebenden betrachtet."

Das Urteil von Fischer war gerechtfertigt und eine Auswertung der Zahlen der tafelmäßig Gestorbenen ebenso wie die der tafelmäßig Lebenden gefährlich, solange nicht durch Lexis der wahre Zusammenhang erkannt worden war. Als Beispiel sei wieder auf Moser verwiesen: Dieser Mann, welcher — abgesehen von seinem Eifer, „Gesetze" zu entdecken — einen für jene Zeit ungewöhnlich klaren Einblick in die Sterblichkeitsstatistik besaß, deutete die Tatsache, daß nach allen Sterbetafeln von einem bestimmten Alter — dem „Normalalter" nach heutigen Begriffen — die Zahlen der tafelmäßig Sterbenden wieder abnehmen, folgendermaßen (S. 314):

„Eine solche Verminderung der Totenzahl heißt offenbar: Es gibt unter den Ursachen, die auf das Leben einwirken, irgendwelche, die mit den Jahren eine immer stärker hervortretende *vorteilhafte* und *schützende* Wirkung ausüben."

Hierbei übersah Moser also vollständig die aus anderen Stellen seines Buches klar hervortretende Tatsache, daß auch in den vorstehend bezeichneten Altern die Sterbewahrscheinlichkeit monoton weitersteigt und nur wegen der Multiplikation mit den immer stärker abnehmenden Zahlen der Überlebenden schließlich die Verminderung der tafelmäßig Sterbenden einsetzt.

FISCHER empfahl, wie oben dargelegt, Formeln, welche von den Sterbewahrscheinlichkeiten ausgehen, d. h. in erster Linie die von GOMPERTZ und die von dieser abgeleiteten. Dieser Standpunkt stellte für die damalige Zeit gewiß einen großen Fortschritt dar; seitdem aber der wahre Sachverhalt durch LEXIS entdeckt worden ist, ist auch die Anschauung, welche FISCHER vertrat, überholt, und der wirkliche, weil natürliche Ausgangspunkt für jede Berechnung von Gesetzmäßigkeiten der Sterblichkeit darf also weder in den Zahlen der Lebenden noch in den Sterbewahrscheinlichkeiten gesucht werden, sondern nur in den Zahlen der in gleich langen Zeiträumen Gestorbenen aus einer Generation.

6. Prüfung des LEXISschen Gesetzes mittels Heranziehung der Todesursachenstatistik.

Wenn die Einteilung der Sterbefälle, wie sie von LEXIS geschaffen wurde, richtig ist, so muß es möglich sein, dieselbe auch nachzuprüfen, indem man vergleicht, wie in einer stationären Bevölkerung sich diejenigen Todesfälle allein nach dem Sterbealter verteilen, welche nach der *Todesursache* als „natürliche" Todesfälle bezeichnet werden können. Diesen Schlußstein seines Gedankengebäudes zu setzen, war LEXIS selbst nicht möglich, weil in der Zeit, in welcher er es schuf, eine Statistik der Todesursachen erst in primitiven Anfängen vorhanden war und auch zur Zeit seiner späteren Ergänzungen, d. h. um die letzte Jahrhundertwende, die statistischen Angaben über Todesursachen noch äußerst unzuverlässig waren; am unbrauchbarsten waren die Angaben über die Todesursachen alter Menschen, also gerade derjenigen, deren Sterblichkeit für das hier aufgeworfene Problem allein von Bedeutung ist. Dies rührt natürlich in erster Linie davon her, daß in früheren Zeiten allenthalben die Zahl der Ärzte gering war, die Entfernungen zu ihnen groß und infolgedessen viele Menschen starben, ohne in ärztlicher Behandlung gestanden zu haben, ohne daß also die Todesursache hätte von sachverständiger Seite ermittelt werden können; besonders bei alten Menschen war in früheren Zeiten — namentlich auf dem Lande — die Zuziehung eines Arztes wenig gebräuchlich, man sah wohl das Sterben von Menschen in höherem Alter als etwas Unvermeidliches an, und dazu kamen die erwähnten Schwierigkeiten der Heranziehung ärztlicher Hilfe.

In der Zwischenzeit haben sich die Verhältnisse auf diesem Gebiete zwar noch nirgends ideal gestaltet, sich aber immerhin gegenüber der Schaffenszeit von LEXIS schon erheblich gebessert, wozu in Deutschland neben der großen, beinahe schon übertriebenen Vermehrung der Ärzte die weitgehende Durchführung der Sozialversicherung beitrug, wodurch einem sehr großen Kreise der Bevölkerung die Zuziehung eines Arztes ohne unmittelbare Kosten ermöglicht wurde. Wenn auch leider in vielen Teilen Deutschlands die ärztliche Leichenschau und demgemäß die Angabe der Todesursache durch einen Arzt noch nicht zwingend vorgeschrieben ist, so ist der gewaltige Fortschritt doch unverkennbar. Als Beispiel sei angeführt, daß in Preußen in dem Zeitraum von 1876 bis 1928 die Sterblichkeit an Krebs — selbstverständlich unter Berück-

sichtigung des Altersaufbaus — auf das vierfache angewachsen sein soll, während
eine von FREUDENBERG (4) vorgenommene ausführliche Korrelationsberechnung zwischen den Zahlen der Sterblichkeit an Krebs und denen an charakteristischen anderen Todesursachen es als äußerst wahrscheinlich erkennen läßt,
daß die tatsächliche Krebssterblichkeit bei Berücksichtigung des Altersaufbaus überhaupt keine örtlichen oder zeitlichen Unterschiede in irgendwie beachtlicher Höhe aufweist, also die großen scheinbaren Unterschiede, insbesondere
auch die große scheinbare Zunahme in den letzten Jahrzehnten, soweit es sich
nicht um den Einfluß des Altersaufbaus handelt, durch die verschieden vollständige Erfassung der Fälle entstehen.

Soweit die Angaben der Todesursachen auch heute noch unzuverlässig
sind, verhält es sich noch immer wie früher, daß nämlich die Unzuverlässigkeit
mit zunehmendem Sterbealter ansteigt. Dies drückt sich besonders in der
Diagnose „Altersschwäche" aus, welche nur in einem ziemlich kleinen Anteil
aller diesbezüglichen Fälle besagt, daß tatsächlich der Tod ohne eine andere
Ursache eingetreten ist als allein die Abnützung der Organe im allgemeinen
infolge langer Lebensdauer; meist wird „Altersschwäche" angegeben, wenn
alte Leute sterben und die wirkliche Ursache ihres Todes nicht bekannt geworden ist, z. B. weil überhaupt kein Arzt zugezogen wurde. Nur so sind
die großen Unterschiede zu erklären, welche sich hinsichtlich der Häufigkeit
dieser Todesursache zu verschiedenen Zeiten und — noch stärker — an verschiedenen Orten finden; so starben z. B. nach der amtlichen Statistik Preußens
(16. Jg.) im Jahre 1925 auf 10 000 Lebende über 60 Jahren an „Altersschwäche"
in Berlin 29, in den Landgemeinden des Kreises Gumbinnen dagegen 251, und
in verschiedener Höhe der Sterblichkeit in diesen beiden Gebieten kann der
Unterschied nicht begründet sein, da die Gesamtsterblichkeit der über 60 Jahre
alten Personen im gleichen Jahre in Berlin 528, in den Landgemeinden des
Kreises Gumbinnen 499 auf 10 000 gleichaltrige Lebende betrug.

In dem Altersjahrzehnt von 60—70 Jahren sind die Todesfälle an angeb-
licher „Altersschwäche" in Preußen in der Nachkriegszeit schon auf ein durchaus erträgliches Maß zurückgegangen, sehr erheblich ist ihre Zahl dagegen
noch immer im Alter von 70—80 Jahren und ganz besonders jenseits des
80. Lebensjahres, wo immer noch mehr als die Hälfte aller Todesfälle hierunter
verzeichnet ist, so daß es nicht möglich ist, ein zuverlässiges Bild über die
tatsächliche Verteilung der Todesursachen in diesem Alter zu gewinnen.

Aber selbst, wenn die Todesursachen in allen Fällen so genau angegeben
wären, wie es nach dem Stande der medizinischen Wissenschaft jeweils möglich wäre, dann würde doch eine Einteilung der Todesfälle in „vorzeitige" und
„normale" auf Grund der Todesursachenstatistik noch immer nicht einwandfrei
durchgeführt werden können; denn auch bei genauester Kenntnis des einzelnen
Falles, wie sie am sichersten durch eine Sektion zu gewinnen ist, bleibt doch
bestehen, daß viele Todesfälle nicht auf Grund einer einzigen Ursache eingetreten, sondern nur durch das Zusammenwirken von zweien oder mehreren
zu erklären sind. In manchen Fällen bleibt die eine Todesursache die an Wichtigkeit weit überwiegende, so daß in diesen Fällen hinsichtlich der Eingruppierung
kein Zweifel zu entstehen braucht; in anderen Fällen dagegen ist die Angabe
einer Todesursache nur willkürlich möglich. Als Beispiel kann man zunächst
an die Fälle denken, in welchen Tuberkulöse während einer Grippeepidemie

sterben; wäre die Grippe nicht hinzugekommen, so hätte der Tuberkulöse wahrscheinlich noch eine Reihe von Jahren gelebt, und wäre er andererseits nicht durch die Tuberkulose minder widerstandsfähig gewesen, so wäre er der verhältnismäßig leichten Grippe nicht erlegen, der Tod ist also weder durch die Tuberkulose, noch durch die Grippe allein auch nur annähernd zu erklären. Noch ausgesprochener sind die Fälle im höheren Alter, in welchen eine an sich nicht sonderlich schwere äußere Einwirkung in Gemeinschaft mit den Alterserscheinungen als solchen den Tod herbeiführt und in denen daher vielfach nicht zu entscheiden ist, ob die äußere Ursache (z. B. Infektionskrankheit oder Unfall) oder die „Altersschwäche" als *die* Todesursache betrachtet werden soll.

Trotz dieser erheblichen Ungenauigkeiten, welche auch heute noch in der Todesursachenstatistik stecken und teilweise wohl auch in Zukunft nicht werden entfernt werden können, sei dennoch der Versuch gemacht, die Sterbefälle im Alter der „normalen" Sterblichkeit hinsichtlich ihrer Todesursachen zu gruppieren, um die eigentliche „Normalgruppe" im Sinne von LEXIS auf diese Weise rein zu erhalten. Hierbei seien zunächst drei Gruppen von Todesursachen unterschieden, nämlich:

Gruppe A, die Fälle infolge *äußerer Ursachen* enthaltend, welche also auch in hohem Alter nicht der Normalgruppe zugezählt werden können.

Gruppe B, nur die Todesfälle infolge von *Neubildungen* enthaltend, da es zunächst dahingestellt bleiben soll, ob diese als Todesfälle infolge einer äußeren Einwirkung (vergleichbar einer Infektionskrankheit) oder als natürliche gelten müssen.

Gruppe C, die Todesfälle enthaltend, für deren Eintritt die *„natürliche"* *Abnützung* des Körpers als solche entscheidend war.

Die Aufteilung der Sterbefälle nach Todesursachen erfolgt an Hand der vorliegenden Statistiken, d. h. also nach dem deutschen Todesursachenverzeichnis, welches in der amtlichen Statistik des Reichs und seiner Länder bis einschließlich 1931 Verwendung fand. Die Einreihung der Todesursachen in die genannten drei Gruppen erfolgt folgendermaßen:

In die Gruppe A eingereiht werden sämtliche akute Infektionskrankheiten (Nr. 4—10 des Todesursachenverzeichnisses), Tuberkulose (11), Lungenentzündung nebst Grippe (12, 13), andere übertragbare Krankheiten (14), Krankheiten der Atmungsorgane (15), Krankheiten des Nervensystems außer Gehirnschlag (17b), Krankheiten der Verdauungsorgane (18), gewaltsame Todesfälle (21) und „andere benannte Todesursachen" (22).

Der Gruppe B werden gemäß der für diese gegebenen Definition nur die Todesfälle an Krebs (20a) und an anderen Neubildungen (20b) zugezählt.

In die Gruppe C, die der „natürlichen" Todesfälle, werden demgemäß gerechnet die Fälle an „Altersschwäche" (2), an Krankheiten der Kreislauforgane (16) und Gehirnschlag (17a), an Krankheiten der Harn- und Geschlechtsorgane (19) und schließlich die kleine Gruppe der Fälle unbekannter Todesursache (23).

Selbstverständlich kann die Einteilung nur eine schematische sein, und zwar auch abgesehen von den bereits vorher erwähnten Fällen des Zusammenwirkens mehrerer Todesursachen sowie der Unkenntnis des tatsächlichen Hergangs. So können z. B. unter den „Krankheiten der Atmungsorgane" Fälle von

chronischer Bronchitis, Emphysem u. dgl. sein, welche ganz überwiegend als
natürliche anzusehen wären, umgekehrt unter den Krankheiten der Kreislauforgane solche an Herzklappenfehlern infolge Infektionskrankheiten oder unter den
Krankheiten der Harn- und Geschlechtsorgane, welche im höheren Alter meistens
auf Arteriosklerose beruhen, andererseits doch auch Fälle infolge rein äußerer
Ursachen. Die Verteilung der Todesfälle kann also auch aus diesem Grunde
nicht genau sein, immerhin ist die Gruppeneinteilung so gewählt, daß voraussichtlich diese Fehler einander im wesentlichen ausgleichen; die einzige Abweichung von großer zahlenmäßiger Bedeutung, welche nämlich die Gruppe B
und dementsprechend andererseits die Gruppe C betrifft, wird besonders berücksichtigt werden.

Erstmalig für das Jahr 1932 wird die deutsche Todesursachenstatistik nach
Altersklassen von je fünf Jahren bearbeitet werden. Bisher liegen nach dieser
Methode bearbeitete Ergebnisse noch nicht vor, und die bis 1931 angewendete
Methode der Reichsstatistik ist für den vorliegenden Zweck völlig unbrauchbar, da bei der Auszählung nach Todesursachen seitens des Statistischen Reichsamts die ganze Altersklasse von 30—60 Jahren zusammengefaßt wurde, dann
eine von 60—70 Jahren angesetzt und alle Alter über 70 Jahren wieder in eine
einzige Gruppe zusammengeworfen wurden. Infolgedessen muß die Statistik
Preußens herangezogen werden, wo die Todesursachen wenigstens nach zehn-
jährigen Altersklassen ausgezählt sind und die offene Endklasse erst beim Alter
von 80 Jahren beginnt. Aus den hierfür bekannten Gründen, daß nämlich
Preußen nahezu zwei Drittel der Gesamtbevölkerung des Reichs umfaßt und
außerdem noch hinsichtlich der Bevölkerungszusammensetzung ziemlich in
der Mitte zwischen den übrigen Ländern steht, können die Ergebnisse für
Preußen unbedenklich auf das Reich umgerechnet werden. Um die Zahlen
unmittelbar auf die allgemeine deutsche Sterbetafel 1924—1926 beziehen zu
können, sind die Zahlen für Preußen aus den gleichen Jahren für die in Betracht kommenden Alter der „Normalgruppe" auf Grund der amtlichen preußischen Statistik (14., 15., 16. Jg.) in Tabelle 42 zusammengestellt.

Aus diesen absoluten Zahlen der Tabelle 42 lassen sich ohne weiteres die
Zahlen für die drei vorher unterschiedenen Gruppen zusammenfassen, und
ebenso können dieselben sodann auf die entsprechenden Zahlen der Lebenden
für die einzelnen Altersjahrzehnte bezogen werden. Indessen kann die Unterscheidung nach Jahrzehnten keinesfalls genügen, um die Verteilung der normalen
Todesfälle einigermaßen deutlich hervortreten zu lassen, vielmehr ist eine
Interpolation für einzelne Altersjahre erforderlich. Die Sterblichkeit an den
einzelnen Todesursachen, d. h. also die auf die gleichalterigen Lebenden be-
zogene Zahl, ändert sich für die meisten Todesursachen in den Altern über
50 Jahren von Jahrzehnt zu Jahrzehnt so stark, daß eine unmittelbare Interpolation nach einzelnen Altersjahren nur zu sehr unzuverlässigen Ergebnissen
führen kann. Infolgedessen wird im folgenden ein anderer Weg eingeschlagen,
nämlich die „relative Mortalität" berechnet und der Interpolation zugrunde
gelegt, d. h. für jede Todesursache die Zahl der an dieser Verstorbenen, bezogen
auf die Gesamtzahl aller Todesfälle (anstatt auf die entsprechende Zahl der
Lebenden). Es bedarf wohl keiner näheren Ausführung, daß diese Methode an
sich völlig unbrauchbar ist und keinen Einblick in die Wirksamkeit der einzelnen Todesursachen geben kann, da doch die hierbei entstehenden Zahlen

Tabelle 42. Die Todesfälle über 50 Jahren in Preußen 1924—1926
nach Todesursachen und Altersklassen.

Todesursache	In Preußen 1924—1926 Gestorbene							
	männlich				weiblich			
	im Alter von							
	50—60	60—70	70—80	über 80	50—60	60—70	70—80	über 80
Altersschwäche . .	—	4556	26847	27280	—	6976	38463	39023
Akute Infektionskrankheiten und „andere" Infektionskrankheiten .	1567	1128	450	92	1105	923	503	111
Tuberkulose . . .	7581	5440	1709	155	5558	4780	2019	283
Lungenentzündung, Grippe	7146	11268	10179	2938	5731	11318	11375	3801
Krankheiten der Atmungsorgane .	3563	6833	6434	1848	2225	5388	5980	2087
Krankheiten der Kreislauforgane und Gehirnschlag	20466	38263	35635	10066	18634	38751	43120	14781
Andere Krankheiten des Nervensystems	3488	2941	1463	281	2756	2834	1794	421
Krankheiten der Verdauungsorgane	5989	6986	4398	933	5711	7356	5139	1265
Krankheiten der Harn- und Geschlechtsorgane .	2978	4434	4361	1159	2659	2866	1650	363
Krebs	11848	18742	10971	1542	14972	19441	12958	2541
Andere Neubildungen	1276	1171	564	110	1375	1272	833	166
Selbstmord	3697	2797	1328	273	1164	901	573	131
Mord, Totschlag, Hinrichtung, Unfall	4295	3040	1587	513	787	1115	1377	891
Andere benannte Todesursachen . .	4352	4913	2906	601	4364	6093	4327	997
Unbekannt	314	500	390	125	287	469	430	161
zusammen	78560	113012	109222	47916	67311	110483	130541	67022

für eine Todesursache von der Häufigkeit aller anderen Todesursachen abhängig sind; hier handelt es sich indessen nur um ein Hilfsmittel zwecks besserer
Interpolation, und hierfür sind in den höheren Altern die Zahlen der relativen
Mortalität besser geeignet als die der wirklichen Mortalität an den einzelnen
Todesursachen, weil die Veränderung der relativen Mortalität mit dem Alter
geringer ist.

Vor der endgültigen Berechnung der Zahlen der relativen Mortalität aus
den absoluten Zahlen der Tabelle 42 muß aber noch eine Umrechnung vorgenommen werden, um an Stelle der teilweise äußerst unvollständigen Zahlen
für die Todesfälle an Geschwülsten die möglichst zuverlässig geschätzten wirklichen Zahlen zu setzen. Wie diese wirklichen Zahlen für Krebs erhalten werden,
wurde von mir (4) ausführlich dargestellt, zur Zusammenfassung der ganzen
Gruppe B ist nur noch ein proportionaler Zuschlag für die Todesfälle an anderen
Neubildungen erforderlich, und hieraus ergeben sich für Preußen 1924—1926
als wahrscheinlichste Werte der Sterblichkeit an Neubildungen nach Altersklassen, zunächst unabhängig von anderen Todesursachen betrachtet, also auf
die Zahlen der Lebenden bezogen, die in Tabelle 43 angegebenen:

Tabelle 43. Wahrscheinlichste Höhe der Sterblichkeit an Neubildungen im Alter über 50 Jahren in Preußen 1924—1926.

Alter	Wahrscheinlichste Ziffer der jährlichen Todesfälle an Neubildungen auf 10 000 Lebende	
	männlich	weiblich
50—60	34	41
60—70	87	75
70—80	145	132
über 80	173	151

Diejenigen Todesfälle an Neubildungen, welche sich aus Tabelle 43 gegenüber Tabelle 42 mehr ergeben, sind in der Statistik der gemeldeten Todesursachen hauptsächlich unter „Altersschwäche" versteckt, wahrscheinlich zu einem großen Teile auch unter „Herzschlag", jedenfalls meistens unter Bezeichnungen, welche der Gruppe C zugeteilt sind, so daß die Korrektur der Zahlen zugunsten der Gruppe B derart erfolgen muß, daß die Zahlen der Gruppe C entsprechend gekürzt werden. Die Anteile der einzelnen Gruppen an der Sterblichkeit jeder Altersklasse, welche sich nach dieser Korrektur ergeben, sind in der nachstehenden Tabelle 44 angegeben:

Tabelle 44. Die Anteile der Gruppen von Todesursachen an der Sterblichkeit in Preußen 1924—1926 nach Altersklassen.

Alter	Auf 10 000 Todesfälle gleichen Alters und Geschlechts entfielen solche der Todesursachengruppe					
	A		B		C	
	männlich	weiblich	männlich	weiblich	männlich	weiblich
50—60	5306	4368	2272	3331	2422	2301
60—70	4013	3686	2477	2490	3510	3824
70—80	2788	2535	1701	1693	5511	5772
über 80	1593	1491	891	827	7516	7682

Aus den Spalten der Tabelle 44 kann nunmehr die Interpolation erfolgen, indem jeweils durch die vier Zahlen einer Spalte eine Parabel dritten Grades gelegt wird. Hierbei wird aus praktischen Gründen, aber in guter Annäherung an die Wirklichkeit der Annahme gemacht, die Schwerpunkt der Sterblichkeit in jedem Altersjahrzehnt liege in der Mitte des Jahrzehnts und für die offene Endklasse entsprechend, d. h. also die Zahlen der Tabelle 44 entsprächen den Altern von 55, 65, 75 und 85 Jahren. Das Alter von 45 Jahren wird dann als Nullpunkt der Abscissenachse betrachtet, und bei Durchführung der Berechnungen erhält man folgendes:

Für jede Todesursachengruppe und für jedes Geschlecht laute die Gleichung

$$y = a x^3 + b x^2 + c x + d.$$

Hierin bezeichnet y die relative Mortalität an Todesursachen der betreffenden Gruppe und x das Alter, welches gemäß vorstehendem von 45 Jahren als Nullpunkt gerechnet ist. Die Werte der Parameter für die sechs so entstehenden Gleichungen sind in Tabelle 45 zusammengestellt.

Selbstverständlich sollen diese Gleichungen nicht etwa eine Naturgesetzlichkeit andeuten, sondern sie stellen nur einen reinen Rechenbehelf zur Durchführung der mangels genauer Statistiken unvermeidlichen Interpolation dar. Die Anteile der einzelnen Todesursachengruppen, welche sich mittels dieser Gleichungen aus Tabelle 45 für die Mitte jedes Altersjahres ergeben, können nunmehr auf die Sterbewahrscheinlichkeiten der Allgemeinen Deutschen Sterbe-

Tabelle 45. Die Parameter für die Gleichungen zur Interpolation der relativen Mortalität.

| Para-meter | Wert für die Gleichung der relativen Mortalität der Todesursachengruppe | | | | | |
| | A | | B | | C | |
	männlich	weiblich	männlich	weiblich	männlich	weiblich
a	— 6	+ 96	+ 158	— 19	— 152	— 77
b	+ 72	— 810	— 1438	+ 135	+ 1366	+ 675
c	— 1465	+ 1077	+ 3413	— 1114	— 1948	+ 37
d	+ 6705	+ 4005	+ 139	+ 4329	+ 3156	+ 1666

tafel 1924—1926, getrennt nach Geschlechtern, für jedes Altersjahr bezogen werden, und dann erhält man die gesuchten Sterbewahrscheinlichkeiten für die Gruppen nach Altersjahren und Geschlechtern, welche in der nebenstehenden Tabelle 46 zusammengestellt sind; eine willkürliche Extrapolation war hierbei allerdings für die höchsten Alter erforderlich, in welchen die weitere Anwendung der gefundenen Gleichungen zu offenbar unrichtigen Ergebnissen führen würde, indem nämlich beim männlichen Geschlecht von 86 Jahren an die Sterblichkeit an Ursachen der Gruppe A und beim weiblichen von 84 Jahren an die Sterblichkeit an Ursachen der Gruppe B abnehmen würde, was beides äußerst unwahrscheinlich ist und sicher nur darauf beruht, daß die Gleichungen außerhalb des Intervalls, aus welchem sie bestimmt sind, versagen. Von den bezeichneten Altern an ist deswegen bei beiden Geschlechtern für Gruppe A und für Gruppe B eine konstante Sterbewahrscheinlichkeit angenommen. Die gesamte Sterbewahrscheinlichkeit ist in dieser Tabelle jenseits des Alters von 90 Jahren wegen der bereits

Tabelle 46. Auf Grund der Allgemeinen Deutschen Sterbetafel 1924—1926 berechnete Sterbewahrscheinlichkeiten nach Todesursachengruppen.

| Alter | 1000fache einjährige Sterbewahrscheinlichkeit an Todesursachen der Gruppe | | | | | |
| | männlich | | | weiblich | | |
	A	B	C	A	B	C
55	8,21	3,52	3,75	5,56	4,24	2,93
56	8,70	3,98	4,14	5,99	4,48	3,35
57	9,22	4,46	4,61	6,45	4,73	3,83
58	9,77	4,96	5,17	6,93	5,01	4,39
59	10,36	5,49	5,83	7,47	5,31	5,04
60	10,98	6,04	6,60	8,03	5,64	5,80
61	11,64	6,61	7,50	8,64	6,00	6,70
62	12,35	7,21	8,56	9,37	6,45	7,80
63	13,13	7,83	9,82	10,15	6,94	9,08
64	13,95	8,48	11,26	10,88	7,38	10,47
65	14,82	9,15	12,95	11,63	7,85	12,07
66	15,81	9,87	14,97	12,52	8,41	14,00
67	16,85	10,60	17,27	13,46	9,02	16,25
68	17,78	11,25	19,78	14,39	9,63	18,76
69	18,70	11,85	22,55	15,35	10,24	21,62
70	19,74	12,51	25,83	16,30	10,87	24,81
71	20,96	13,23	29,76	17,18	11,45	28,31
72	22,20	13,94	34,22	18,11	12,06	32,30
73	23,44	14,59	39,17	19,22	12,80	37,16
74	24,82	15,30	45,01	20,48	13,64	42,93
75	26,26	15,98	51,67	21,65	14,40	49,24
76	27,37	16,43	58,44	22,61	15,02	55,81
77	28,20	16,68	65,35	23,53	15,57	63,07
78	29,16	16,98	73,43	24,59	16,19	71,62
79	30,29	17,37	82,92	25,63	16,73	81,09
80	31,26	17,65	93,05	26,31	16,97	90,43
81	32,06	17,86	103,93	26,76	16,97	99,85
82	32,91	18,14	116,34	27,39	16,97	110,89
83	33,70	18,47	130,16	28,25	16,98	124,06
84	34,22	18,64	144,83	28,25	16,98	138,90
85	34,33	19,05	159,47	28,25	16,98	153,14
86	34,33	19,05	174,61	28,25	16,98	166,64
87	34,33	19,05	189,71	28,25	16,98	179,42
88	34,33	19,05	202,09	28,25	16,98	192,01
89	34,33	19,05	213,74	28,25	16,98	201,66
90 u. m.	34,33	19,05	215,26	28,25	16,98	211,31

geschilderten Ungenauigkeit der Bestimmung in diesen höchsten Altern als konstant angesetzt, und zwar gleich der unmittelbar aus den unausgeglichenen

Zahlen der Tabelle 32 entnommenen durchschnittlichen Sterbewahrscheinlichkeit im Alter von 90 Jahren aufwärts.

Da es zunächst noch dahingestellt bleiben soll, ob die Todesfälle an Neubildungen als natürliche oder als vorzeitige zu betrachten sind, sind auf Grund der Zahlen von Tabelle 46 Sterbetafeln für die Todesfälle an natürlicher Ursache nach beiden Möglichkeiten berechnet worden, d. h. einerseits die Sterbetafeln, welche sich ergeben würden, wenn nur Todesfälle gemäß Gruppe C eintreten würden, und andererseits solche, wie sie sich durch die Todesfälle der Gruppe B und der Gruppe C zusammen gestalten würden. Für beide eben genannte Möglichkeiten sind die Sterbetafeln für beide Geschlechter zusammengestellt; einer Angabe der Sterbewahrscheinlichkeiten bedarf es an dieser Stelle nicht, da dieselben aus Tabelle 46 ohne weiteres zu entnehmen sind, infolgedessen sind an Stelle vollständiger Sterbetafeln in Tabelle 47 nur die Zahlen der Überlebenden angegeben, und zwar gemäß Tabelle 46 wieder beginnend beim Alter von 55 Jahren, dessen Wahl als Grenzalter noch besonders zu begründen sein wird.

Tabelle 47. Auf Grund der Allgemeinen Deutschen Sterbetafel 1924—1926 berechnete Absterbeordnungen für die natürliche Sterblichkeit.

Alter	Überlebende bei Zugrundelegung der Todesursachengruppe				Alter	Überlebende bei Zugrundelegung der Todesursachengruppe			
	C		B und C			C		B und C	
	männl.	weibl.	männl.	weibl.		männl.	weibl.	männl.	weibl.
55	10000	10000	10000	10000	81	4610	4780	3430	3654
56	9963	9971	9927	9928	82	4131	4303	3012	3227
57	9921	9937	9847	9851	83	3650	3826	2607	2814
58	9876	9899	9757	9766	84	3175	3351	2220	2418
59	9825	9856	9659	9674	85	2715	2886	1857	2041
60	9767	9806	9549	9574	86	2282	2444	1525	1694
61	9703	9749	9429	9465	87	1884	2036	1230	1383
62	9630	9684	9296	9345	88	1526	1671	973	1111
63	9547	9608	9149	9212	89	1218	1350	758	879
64	9454	9521	8988	9064	90	958	1078	581	687
65	9347	9421	8810	8902	91	751	850	445	530
66	9226	9308	8615	8725	92	590	670	341	409
67	9088	9177	8401	8529	93	463	529	261	316
68	8931	9028	8167	8314	94	363	417	200	244
69	8755	8859	7914	8078	95	285	329	153	188
70	8557	8667	7642	7820	96	224	259	117	145
71	8336	8452	7349	7541	97	176	205	90	112
72	8088	8213	7033	7242	98	138	161	69	86
73	7811	7948	6694	6920	99	108	127	53	67
74	7505	7652	6334	6577	100	85	100	40	51
75	7167	7324	5952	6205	101	67	79	31	40
76	6797	6963	5550	5810	102	52	62	24	31
77	6400	6575	5134	5399	103	41	49	18	24
78	5982	6160	4713	4974	104	32	39	14	18
79	5542	5719	4287	4537	105	25	31	11	14
80	5083	5255	3857	4093					

Aus den vier Absterbeordnungen, welche in Tabelle 47 wiedergegeben sind, lassen sich nun die Zahlen der tafelmäßig Sterbenden ohne weiteres entnehmen, wobei die Reihen über das Alter von 105 Jahren hinaus verlängert zu denken sind, und zwar wegen der gemachten Näherungsannahme einer konstanten Sterblichkeit jenseits des 90. Lebensjahres in Form unendlicher geometrischer Reihen. Für die Verteilungen der tafelmäßig Sterbenden sind sodann die verschiedenen Reihencharakteristica berechnet und in der nachfolgenden Tabelle 48 zusammengestellt; die Zahlen für die Sterblichkeit an allen Todesursachen zusammen, d. h. also die unveränderte Allgemeine Deutsche Sterbetafel 1924 bis 1926, sind zum Vergleich in derselben Weise berechnet und beigefügt. Was die Berechnung der Schiefe betrifft, sei erwähnt, daß diese nach der bei RIETZ (S. 46) angegebenen Formel erfolgt ist, wonach das Maß der Schiefe, genannt S, definiert wird durch die Gleichung:

$$S = \frac{Q_3 + Q_1 - 2\,C}{Q_3 - Q_1},$$

worin in der üblichen Weise Q_3 die Stelle des oberen Quartils, Q_1 die des unteren Quartils und C den Medianwert bedeutet.

Tabelle 48. **Die Reihencharakteristica der Absterbeordnungen gemäß Tabelle 47.**

Todesursachengruppe und Geschlecht	M	D	C	Q_1	Q_3	S
Nur C						
männlich	79,49	82,3	80,18	74,01	85,47	— 0,077
weiblich	79,95	82,0	80,54	74,46	85,87	— 0,066
B und C						
männlich	76,71	79,6	77,32	70,48	83,28	— 0,069
weiblich	77,28	79,6	77,94	71,14	83,79	— 0,075
Alle Todesursachen						
männlich	73,09	75,4	73,36	66,32	79,32	— 0,082
weiblich	74,20	76,2	74,61	67,59	80,82	— 0,061

Wie Tabelle 48 zeigt, weichen selbstverständlich in den drei verschiedenen Fällen, welche dort für jedes Geschlecht behandelt sind, die absoluten Höhen der einzelnen Mittelwerte sehr voneinander ab, an ihrem gegenseitigen Verhältnis ändert sich aber nur wenig, insbesondere ist die Schiefe in allen diesen Fällen fast genau gleich hoch.

Dieses Bild ist notwendigerweise dadurch beeinflußt, daß als Ausgangspunkt der Sterbetafeln, welche in dieser Art berechnet wurden, stets das Alter von 55 Jahren gewählt wurde. Die Festlegung eines anderen Ausgangspunktes, von welchem also eine Sterblichkeit von 0 unterstellt würde, müßte das arithmetische Mittel der Altersverteilung der Sterbenden stark beeinflussen, den dichtesten Wert und den Medianwert dagegen in erheblich schwächerem Maße; es könnte also durch andere Wahl des Ausgangspunktes ein besseres Zusammenfallen von M und D erzielt werden, derer Verhältnis PEARSON (1) unmittelbar als Maß der Schiefe vorgeschlagen hat.

Das Ausgehen vom Alter von 55 Jahren kann zwar letzten Endes nur willkürlich sein, da doch gerade die Theorie von LEXIS, deren Ergebnisse mit dieser Berechnung gestützt werden, zu einer Verteilung der Sterbefälle führt, bei welcher in keinem Alter der Wert 0 vorkommt, andererseits läßt sich aber ein derartiges Vorgehen nicht vermeiden, weil die Todesursachenstatistik es nicht gestattet, mit hinlänglicher Genauigkeit die Todesfälle aus natürlicher Ursache abzusondern. Infolgedessen läßt sich die Trennung z. B. bei den Krankheiten der Kreislauforgane nicht anders bewerkstelligen, und dafür, daß gerade das Alter von 55 Jahren gewählt wurde, war maßgeblich, daß die mittlere

Abweichung des oberen Astes der Normalgruppe im Deutschen Reich 1924 bis
1926 etwa 8 Jahre beträgt, gemäß den Überlegungen, auf welchen Tabelle 40
beruht, aber in einer homogenen Bevölkerung wahrscheinlich niedriger ist, so
daß man etwa mit 7 Jahren rechnen kann; indem man von einem dichtesten
Werte von 76 Jahren die dreifache mittlere Abweichung abzieht, kommt man
also auf ein Alter von 55 Jahren, unterhalb dessen — ebenso wie oberhalb
eines solchen von 97 Jahren — natürliche Todesfälle nur in äußerst geringer
Zahl zu erwarten wären. Allerdings gelten alle diese Zahlen nicht mehr, sobald
man dazu übergeht, auch noch jenseits des dichtesten Wertes der Altersverteilung
vorzeitige Todesfälle anzunehmen, wie dies der Sinn der Tabellen 46 und 47
ist, weil sich dann alle Zahlen verschieben; indessen ist diese nachträgliche
Korrektur, welche nunmehr auf Grund der Ergebnisse dieser Tafeln vorgenommen werden könnte, hinsichtlich des Ausgangsalters nicht von großer
Bedeutung.

Ein Ausgangsalter der natürlichen Sterblichkeit von 55 Jahren wird gewiß
dann sinnlos, wenn man auch die im vorstehenden als „Todesursachengruppe B"
bezeichneten Fälle, d. h. diejenigen infolge von Neubildungen als natürliche
bezeichnen will. Diese Fälle, welche in erheblicher Anzahl schon im 4. Lebens-
jahrzehnt auftreten, würden eine Gauszsche Verteilung der Zahlen der Sterbenden
völlig unmöglich machen. Innerhalb der Alter über 55 Jahren ändert dagegen
die Einbeziehung der Gruppe B in die sonst nur durch Gruppe C dargestellten
natürlichen Todesfälle nichts an dem Grade der Asymmetrie, und deshalb wäre
aus Tabelle 48 allein kein Anhaltspunkt dafür zu entnehmen, ob die Todesfälle
infolge von Neubildungen als natürliche aufzufassen sind oder nicht. Daneben
besteht die Gefahr, daß man diese Fälle nur deshalb als vorzeitige ansieht,
weil andernfalls die Theorie von Lexis hinsichtlich der Verteilung der natürlichen
Todesfälle nicht stimmen würde, man also eine petitio principii beginge, indem die Verteilung der natürlichen Todesfälle nach der Theorie von Lexis
hierbei bereits vorausgesetzt würde, während sie in Wirklichkeit erst zu beweisen ist.

Für die Entscheidung der Frage, ob Todesfälle an Neubildungen als vorzeitige oder als natürliche anzusehen sind, können daher nur andere Erwägungen
maßgeblich sein, welche nicht unmittelbar statistischer Art sind, sondern sich
auf medizinische Erfahrungen stützen müssen. Hiernach würde zwar die
statistische Verteilung der Sterbewahrscheinlichkeiten infolge von Neubildungen,
welche eine steile Zunahme mit steigendem Alter ergibt, den Gedanken nahelegen, daß die Sterblichkeit infolge von Neubildungen (hauptsächlich also Krebs)
auf einer „natürlichen" Abnützung des Körpers beruhe, welche die Widerstandskraft gegen diese Krankheit allmählich aufhebe. Andererseits aber steht dem
gegenüber, daß nach den gegenwärtig herrschenden Anschauungen, welche zwar
nicht völlig sicher, aber doch schon recht gut gestützt sind, wie z. B. von Lenz
zusammengestellt ist, Krebs nur bei Personen auftritt, welche eine erbliche
Veranlagung hierfür besitzen. Da hiernach eine große, wahrscheinlich die größere
Zahl aller Menschen von dieser Todesursache überhaupt ausgeschlossen wäre,
müßte es schon aus diesem Grunde gewaltsam erscheinen, Neubildungen unter
die natürlichen Todesursachen zu rechnen; dies würde nur darauf gestützt sein,
daß alte Leute wegen ihrer geringeren Widerstandskraft dieser Erkrankung
eher zum Opfer fallen als junge; das gleiche gilt indessen auch von vielen anderen

Todesursachen, z. B. von Knochenbrüchen, und doch wird man solche Todesfälle nicht als „natürlich" bezeichnen wollen, wenn auch andererseits das zugegeben werden muß, worauf schon zu Beginn dieses Kapitels hingewiesen wurde, daß nämlich eine scharfe Trennung der Sterbefälle nach Todesursachen nur in der abstrahierenden Statistik, nicht aber in der Wirklichkeit möglich ist, wo die unendlichen Mannigfaltigkeiten der menschlichen Organismen zur Geltung kommen. Dazu kommt die medizinische Erfahrung, daß Erkrankungen an Neubildungen bei rechtzeitigem Aufsuchen ärztlicher Hilfe bereits heute in vielen Fällen zu dauernder Heilung gebracht werden können und daß dieser Anteil gemäß den Fortschritten der ärztlichen Kunst in dauerndem Steigen begriffen ist; daß der Anteil der geheilten Krebsfälle, bezogen auf die Gesamtheit aller derartigen Erkrankungen noch immer nicht gerade imponierend ist, beruht vorwiegend darauf, daß auch in unserem „aufgeklärten" Zeitalter die meisten Personen mit derartigen Erkrankungen erst dann ärztliche Hilfe aufzusuchen pflegen, wenn es für eine Heilung zu spät ist. Jedenfalls aber ist es keine Phantasie, sondern unter Voraussetzungen, die durchaus in der Hand der heutigen Menschen liegen, völlig vorstellbar, daß die meisten Krebsfälle geheilt und bei etwaigem Wiederauftreten abermals geheilt würden, so daß die Sterblichkeit an dieser Ursache keine zahlenmäßige Bedeutung mehr hätte. Eine Todesursache, deren Zurückdrängung in so großem Maße nur vom menschlichen Willen abhängig ist, kann, auch wenn sie vorwiegend alte Menschen betrifft, vernünftigerweise kaum als „natürlich" bezeichnet werden.

Als Ausdruck der natürlichen Sterblichkeit in Deutschland 1924—1926 sind daher die Zahlen der Sterbewahrscheinlichkeiten in Tabelle 46 und demgemäß der Absterbeordnungen in Tabelle 47 anzusehen, welche für die Todesursachengruppe C allein berechnet sind. Die Mittelwerte und Quartile hierfür sind schon in Tabelle 48 zusammengestellt. Wie schon erwähnt, sind die Verteilungen für beide Geschlechter deutlich asymmetrisch; ein Versuch, den vielleicht teilweise auf Zufall beruhenden dichtesten Wert durch die von FECHNER ersonnene Methode des „proportionalen" Wertes an Stelle des „interpolatorischen" zu bestimmen, ändert gleichfalls nichts hieran. Demgemäß ist es nicht verwunderlich, daß die Methode FECHNERs, die Verteilung unterhalb und oberhalb des dichtesten Wertes getrennt, d. h. nach dem „zweiseitigen GAUSZschen Gesetz" zu bestimmen, in diesem Falle zu wenig sinnvollen Ergebnissen führt. Die nach dieser Methode erhaltenen Werte für

Tabelle 49. Die Streuungsmaße der natürlichen Absterbeordnung aus Tabelle 47.

Streuungsmaß	Männlich	Weiblich
Mittlere Abweichung		
des unteren Astes	10,42	10,05
des oberen Astes	7,11	7,46
der Gesamtverteilung	8,81	8,79
Durchschnittliche Abweichung		
des unteren Astes	8,28	7,95
des oberen Astes	5,45	5,77
der Gesamtverteilung	6,96	6,86

die mittlere und die durchschnittliche Abweichung in beiden Kurvenästen sind mit denen des einfachen GAUSZschen Gesetzes in der obenstehenden Tabelle 49 zusammengestellt.

Aus diesen Zahlen darf aber nicht etwa geschlossen werden, daß die natürliche Verteilung der tafelmäßig Sterbenden, wie sie sich aus den Differenzen der Zahlen von Tabelle 47 ergibt, tatsächlich asymmetrisch sei. Es sind vielmehr die Unvollkommenheiten zu bedenken, an welchen schon die Zahlen der Tabelle 44 leiden, erst recht also die aus ihnen abgeleiteten der folgenden Tabellen. Insbesondere muß nochmals darauf hingewiesen werden, daß der Beginn der natürlichen Absterbeordnung willkürlich festgelegt werden mußte und daß gewiß in den ersten Jahren nach diesem Beginne unter den Todesursachen, welche im späteren Alter ganz überwiegend natürlich sind, noch eine erhebliche Zahl von Fällen enthalten ist, die nach ihrer besonderen Entstehungsart gewiß zu den vorzeitigen gehören. Hierdurch wird das arithmetische Mittel der Sterbealter nach unten gezogen, während der dichteste Wert hiervon kaum berührt wird. Andererseits wird die Zuverlässigkeit der Todesursachenstatistik mit wachsendem Alter immer kleiner, ist also insbesondere in der Altersklasse von mehr als 80 Jahren nicht sonderlich hoch zu veranschlagen, d. h. gerade in derjenigen Altersklasse, in welche bei einer Sterblichkeit, die nur auf natürlichen Ursachen beruht, erst das Dichtigkeitsmaximum zu fallen scheint. Infolgedessen ist auch die Bestimmung des dichtesten Wertes nur mit einem fühlbaren Fehler möglich.

Man muß sich also damit begnügen, daß eine genaue Berechnung einer Sterbetafel für die natürliche Sterblichkeit allein nicht möglich ist, daß aber die Zahlen, welche die deutsche Statistik zu liefern vermag, ungefähr eine Verteilung der Sterbealter gemäß dem Gauszschen Gesetz ergeben. Die Theorie, welche Lexis *aus dem oberen Aste der Kurve allein* schuf, wird hierdurch *aus der Gesamtverteilung der Todesfälle natürlicher Ursache* so genau bestätigt, wie es nach der Art des Materials im günstigsten Falle erwartet werden kann!

Auf eine Heranziehung ausländischen Materials zum Vergleiche kann verzichtet werden; denn die wenigen Staaten, deren Todesursachenstatistik genauere Ergebnisse als die deutsche liefert, haben nur kleine Einwohnerzahlen, so daß — insbesondere für die hier allein in Betracht kommenden hohen Alter — die Zahlen der Gestorbenen nach Altersklassen und Todesursachen zu sehr Zufallsfehlern ausgesetzt sein müssen.

Es handelt sich nun noch darum, die erhaltenen Zahlen der Tabelle 47 einer gewissen Ausgleichung zu unterziehen. Wie Tabelle 48 zeigt, fallen bei der natürlichen Sterblichkeit im ausgesprochenen Gegensatze zur Gesamtsterblichkeit die einzelnen Mittelwerte *für beide Geschlechter nahezu völlig zusammen*, und deshalb erscheint es sinngemäß, die Ausgleichung *für beide Geschlechter einheitlich* vorzunehmen. Der Mittelpunkt der Verteilung kann natürlich nicht genau bestimmt werden, er sei deshalb in möglichster Übereinstimmung mit den empirisch gefundenen Werten des arithmetischen Mittels und des Medians auf ein Alter von 80 Jahren angesetzt. Es muß daran erinnert werden, daß nach den früheren Ergebnissen dieser Untersuchung der „Normalwert" der menschlichen Lebensdauer schon innerhalb Deutschlands Verschiedenheiten aufweist, erst recht also offenbar in verschiedenen Ländern. Deshalb kann eine solche Zahl, wie sie soeben mit 80 Jahren angesetzt wurde, keine genaue Allgemeingültigkeit beanspruchen, sondern stellt nur einen *Durchschnitt aus einem Typengemenge* dar.

Die mittlere Abweichung, welche sich aus Tabelle 49 mit 8,8 Jahren ergibt, ist gewiß in Wirklichkeit kleiner, weil gerade die offenbar, aber unvermeidlich zu Unrecht in die Todesursachengruppe C eingereihten Todesfälle nahe an

55 Jahren den Wert der mittleren Abweichung erheblich erhöhen. Die Zahl von 7,3 Jahren, welche sich aus der gleichen Tabelle für den oberen Verteilungsast allein ergibt, ist auch nicht maßgeblich, weil diese von dem dichtesten Werte bei 82,3 bzw. 82,0 Jahren aus berechnet ist. Der richtige Wert dürfte also ungefähr in der Mitte, d. h. bei etwa 8 Jahren liegen. Nun ist aber andererseits noch zu berücksichtigen, daß gemäß den Feststellungen des 5. Kapitels die für ganz Deutschland berechnete Streuung zu groß ist, daß vielmehr die Zerlegung in einheitlichere Gruppen, wie sie in Tabelle 40 schematisch durchgeführt wurde, zu Werten der mittleren Abweichung führte, welche in dem eben genannten schematischen Beispiel um 1,4 Jahre niedriger als die der scheinbar einheitlichen Verteilung waren. Mangels einer genauen Bestimmungsmöglichkeit läßt sich daher nur schätzen, daß für einen rassisch möglichst einheitlichen Bevölkerungstypus die mittlere Abweichung der natürlichen Lebensdauer ungefähr 7 Jahre betragen dürfte, und aus praktischen Gründen wird als genauer Wert die Zahl von $\dfrac{10}{\sqrt{2}} = 7{,}071$ Jahren gewählt; dies hat den Vorteil, daß der bei der Auswertung der GAUSzschen Verteilung als Argument auftretende reziproke Wert der Präzision gerade 10 Jahre beträgt.

Die Ergebnisse dieser ausgleichenden Berechnung einer „natürlichen Sterbetafel" werden im 7. Kapitel dargeboten werden.

7. Zusammenfassung und Auswertung der Ergebnisse.

Wie sich in den vorangegangenen Kapiteln gezeigt hat, können alle mechanischen „Gesetze" der Sterblichkeit, wie sie in reicher Zahl ersonnen wurden, nicht nur *keine ursächliche Begründung* für den Verlauf der menschlichen Sterblichkeit geben, sondern sie versagen auch praktisch sofort, sobald infolge veränderter Umweltverhältnisse die Sterblichkeit sich ändert; dann bleiben der Erfahrung gemäß solche Formeln nicht etwa — nur mit einer Änderung der Parameter — brauchbar, sondern sie *passen in keiner Weise mehr zur Wirklichkeit*, und es zeigt sich so, daß diese Formeln nur die *Beschreibung* des Sterblichkeitsverlaufs unter ganz bestimmten Verhältnissen darstellen, aber keine *Erklärung* bieten können. Dies gilt von allen Formeln, die nicht auf biologischer Grundlage beruhen, insbesondere also auch von der bis in die Gegenwart aus rein praktischen Gründen in hohem Ansehen stehenden Formel von MAKEHAM. Alle diese Formeln konnten für allgemeingültig gehalten werden, solange die Sterblichkeit — mit Ausnahme von Kriegen und besonderen Seuchenzügen — nur sehr langsame Veränderungen aufwies, und sie stimmen immer wenigstens für eine mehr oder minder große Altersstrecke mit der Wirklichkeit überein, weil sie alle — bei Berücksichtigung der Kindheit erst nach deren Ende — mit zunehmendem Alter wachsende Sterbewahrscheinlichkeiten ergeben und dies als Grundzug des Sterblichkeitsverlaufes während des größten Teiles des Lebens immer der Wirklichkeit entsprochen hat. Daß die Übereinstimmung im übrigen schlecht ist und insbesondere — wie soeben erwähnt — diese Formeln nicht den Ausdruck einer kausalen Gesetzmäßigkeit darstellen können, konnte erst erkannt werden, als die Sterblichkeit in den Kulturstaaten sich seit ungefähr 1875 fühlbar zu vermindern begann und sich hierbei die Sterblichkeit in den einzelnen Altersklassen nicht etwa im gleichen Verhältnis oder in einer sonstwie einfachen Beziehung untereinander senkte.

Schon am Beginne dieses Zeitraumes, während dessen die Sterblichkeits-senkung empirisch die Ungültigkeit der mechanischen „Gesetze“ hätte auf-decken müssen, steht das Werk von Lexis, welcher schon damals auf Grund von ziemlich unzulänglichem Material, dafür mit um so großartigerem Scharf-blick das einzige Gesetz des Sterblichkeitsverlaufes schuf, welches auf einer biologischen Grundlage beruht, nämlich auf dem Gedanken eines „typischen Mittels“ der Lebensdauer.

Gerade weil das Gesetz von Lexis eine wirkliche *Erklärung* des Sterblich-keitsverlaufes bietet, ist es nicht dazu bestimmt, den *ganzen* Verlauf der mensch-lichen Sterblichkeit zu beschreiben, sondern es beschränkt sich auf denjenigen Teil der Sterblichkeit, welcher allein einer einfachen Erklärung zugänglich ist, d. h. die „normalen“ Sterbefälle im Sinne von Lexis, wofür hier auch der Ausdruck „natürliche Sterblichkeit“ verwendet wird. Daß die Sterblichkeit infolge der „jugendlichen“ und namentlich der „vorzeitigen“ Todesfälle nicht in eine auch nur einigermaßen einfache Formel gebraucht werden kann, sondern eine derartige Formel — nahezu dem Laplaceschen Gedanken einer allgemeinen Weltformel entsprechend — eine ungeheure Zahl von Parametern enthalten müßte, ist im 5. Kapitel kurz dargelegt worden.

Infolgedessen kann die Theorie von Lexis nur einen Teil der Gesamt-sterblichkeit umfassen, aber dieser Teil wächst mit zunehmender hygienischer Kultur und ärztlicher Kunst dauernd an, weil durch diese Faktoren die Be-kämpfung der vorzeitigen Sterblichkeit erfolgreich durchgeführt werden kann, während die normale Sterblichkeit sich bisher noch als unbeeinflußbar gezeigt hat. Hierdurch ist z. B. im Deutschen Reich von den 70er Jahren bis zum Zeitraume 1924—1926 der Anteil der „Normalgruppe“ im Sinne von Lexis an der gesamten Tafelgeneration im Durchschnitt beider Geschlechter gemäß Tabelle 27 von 35% auf 58% angewachsen. Diese Zahlen als solche sind zu hoch, wenn man die „Normalgruppe“ schärfer faßt, indem man die auch in dieser noch verborgenen vorzeitigen Todesfälle aussondert; dann verringern sich zwar die Anteilszahlen der Normalgruppe, die Steigerung im Laufe der letzten Jahr-zehnte bleibt aber bestehen, wie noch zu zeigen sein wird.

Lexis konnte den Verlauf der von ihm angenommenen Gauszschen Ver-teilung der Sterbefälle nach dem Alter nur aus dem absteigenden Ast der Ver-teilungskurve bestimmen, den ansteigenden hatte er überhaupt nicht zur Ver-fügung, weil dieser von einer dichten Schicht vorzeitiger Todesfälle überlagert wird; ebenso konnte er auch nicht feststellen, wie weit etwa vorzeitige Todesfälle auch noch jenseits des aus der Gesamtsterblichkeit bestimmten Normalalters vorkommen; um so großartiger ist es, daß er schon mit dieser Möglichkeit gerechnet hat. Gegenwärtig steht uns eine zwar noch nicht völlig befriedigende, aber immerhin schon brauchbare Statistik der Todesursachen zur Verfügung, und mit Hilfe derselben konnte im 6. Kapitel der vorliegenden Untersuchung daran gegangen werden, die natürliche Sterblichkeit nicht aus dem a priori zugrunde gelegten Gauszschen Verteilungsgesetz, sondern rein empirisch zu bestimmen. Wegen der Unvollkommenheiten, welche der Todesursachen-statistik immer noch anhaften, und ferner, weil eine scharfe Trennung der Todes-fälle hinsichtlich ihrer Ursachen auch bei bester statistischer Erfassung des tatsächlichen Verlaufs vielfach nicht möglich ist, konnte die so gefundene Ver-teilung der normalen Todesfälle nicht genau einer Formel entsprechen; mit weitgehender Annäherung stimmt sie jedoch mit dem GAUSZschen Verteilungsgesetz überein, und zwar *im Gesamtverlaufe*. Auch im unteren Kurvenaste, welcher der Durchforschung durch LEXIS noch völlig unzugänglich war, tritt die Richtigkeit seiner Theorie nunmehr deutlich hervor!

Hiernach kann es nunmehr als sicher gelten, daß die Theorie von LEXIS im Gegensatze zu allen mechanischen „Gesetzen" der Sterblichkeit keine bloße Zahlenspielerei ist, sondern daß in ihr tatsächlich *ein natürliches Gesetz der menschlichen Sterblichkeit* enthalten ist.

Ein solches Vorkommen einer GAUSZschen Verteilung von Größen ist in der Biologie auch sonst durchaus nichts Ungewöhnliches. Das Verdienst, die Analogie zwischen dem GAUSZschen Fehlergesetz und der Verteilungskurve eines Kollektivgegenstandes gezeigt zu haben, gebührt vor allem QUETELET. Dieser (1) führte aus, wiederholte Messungen einer Statue zeigten eine Verteilung der Meßergebnisse, wie sie natürlich dem GAUSZschen Fehlergesetz entspräche, und wiederholte Messungen eines Längenmaßes an einem lebenden Menschen zeigten eine gleichartige Verteilung, nur mit einem größeren wahrscheinlichen Fehler. Er setzte fort, die Verteilung solcher Maße an einer großen Anzahl *verschiedener* Menschen ergäbe ein ganz ähnliches Bild, und dies sei keine bloße Hypothese, sondern werde durch die damals veröffentlichten Messungen über den Brustumfang von 5738 schottischen Soldaten bestätigt. Er zog daraus den Schluß [(1) S. 138]:

„Le type humain pour des hommes d'une même race et d'un même âge, se trouve si bien établi, que les écarts entre les résultats de l'observation et ceux du calcul, malgré les nombreuses causes accidentelles qui peuvent les provoquer et les exagérer, ne dépassent guère ceux que des maladresses pourraient produire dans une série de mesures prises sur un même individu."

Die gleiche Betrachtungsweise wendete QUETELET auch auf die Körpergröße von Menschen an, wobei eine von ihm (2) veröffentlichte Tabelle über die Größen belgischer Soldaten eine leidliche Anpassung der Beobachtung an die erwartungsmäßige Verteilung ergab.

Derartige Untersuchungen sind später wiederholt vorgenommen worden, und man erzielte eine unvergleichlich bessere Übereinstimmung der Größenverteilung mit der nach dieser Theorie von QUETELET zu erwartenden, wenn man nicht Soldatenmessungen benützte, sondern Messungen von Kindern aus einer kleinen Gegend, welche einen einheitlicheren Typ darstellen und auch eine Auslese nicht zulassen. Eine diesbezügliche Bearbeitung der umfangreichen Messungen von Leipziger Schulkindern und Berliner Kleinkindern aus der Nachkriegszeit durch FREUDENBERG (1) mittels der χ^2-Methode in der durch v. BORTKIEWICZ (7) geschaffenen Form führte hinsichtlich der Körpergrößen auf eine vortreffliche Übereinstimmung des errechneten Wertes von χ^2 mit dem bei Zufallsverteilung zu erwartenden; nur im Bereiche der extremen, wohl fast durchweg pathologisch bedingten Abweichungen vom Mittelwerte gilt das GAUSZsche Gesetz nicht streng.

Von anderen linearen Maßen am menschlichen Körper sind horizontaler und vertikaler Schädelumfang hinsichtlich ihrer Verteilung untersucht worden, und zwar durch FECHNER, dem Begründer der eigentlichen Kollektivmaßlehre selbst. Es ergab sich auch hierbei eine sehr gute Übereinstimmung zwischen der beobachteten Verteilung und der, welche bei Geltung des GAUSZschen

Gesetzes zu erwarten wäre; FECHNER erkannte dies selbst an, glaubte allerdings dennoch, das von ihm eingeführte „zweiseitige GAUSzsche Gesetz" sei zur Darstellung der Verteilung in diesem wie auch in den anderen vorher genannten Fällen besser geeignet, eine Annahme, welcher deshalb widersprochen werden muß, weil eine allzu genaue Übereinstimmung zwischen einem vermuteten Verteilungsgesetz und der Wirklichkeit darauf hindeutet, daß es sich um keine tatsächliche Gesetzmäßigkeit, d. h. um keine Erklärung, sondern um eine Beschreibung handelt; liegt ein vermutetes Verteilungsgesetz tatsächlich zugrunde, so muß nicht ein Minimum von Abweichungen erwartet werden, sondern sozusagen ein Optimum, und dessen Größe ist nach der χ^2-Methode errechenbar. Deshalb konnte auch die Wiederbelebung der FECHNERschen Vorstellung, welche in neuerer Zeit durch RAUTMANN versucht wurde, keinen Erfolg haben.

Wenn also hinsichtlich der linearen Maße des menschlichen Körpers die von QUETELET geschaffene Vorstellung richtig ist, daß die Verteilung in einer einheitlichen Bevölkerung einen Typus erkennen läßt, um den sich die Abweichungen entsprechend verteilen, so muß die scharfe Verurteilung des von QUETELET weiter ausgeführten Gedankens vom „homme moyen" durch WINKLER (2) als übertrieben angesehen werden.

Freilich darf hieraus nicht etwa gefolgert werden, daß alle aus dem menschlichen Leben entnommenen Kollektivgegenstände eine Verteilung aufweisen müßten, wie sie der GAUSzschen entspricht. Es sei z. B. an die Verteilung der Dauern von durch Scheidung aufgelösten Ehen erinnert, welche bekanntlich eine ausgesprochene Linksasymmetrie aufweist. Dies ist aber von vornherein zu erwarten, da die Scheidung nicht das „natürliche" Ende der Ehe darstellt, sondern diese Ehelösungen etwa mit den Todesfällen von Säuglingen infolge angeborener Lebensuntauglichkeit zu vergleichen sind, d. h. den „jugendlichen" Sterbefällen im Sinne von LEXIS. In beiden Fällen muß es sich um einseitig, nämlich links, begrenzte Verteilungen handeln, deren Maximum dieser linken Grenze sehr nahe liegt, weil eine solche Lebensunfähigkeit des Säuglings bzw. eine solche Bestandunfähigkeit der Ehe sich verhältnismäßig schnell auswirken muß.

Auch kann eine einfache GAUSzsche Verteilung nicht bei solchen Kollektivgegenständen erwartet werden, bei welchen es sich um nichtlineare Abhängigkeiten von Verteilungen handelt, die an sich der GAUSzschen entsprechen. Das einfachste Beispiel dieser Art dürfte die Verteilung der Körpergewichte in einer einheitlichen Bevölkerung sein, deren Körpergrößen sich der GAUSzschen Verteilung anpassen. Nimmt man an, daß die Körpergewichte durchschnittlich den 3. Potenzen der Körpergröße proportional sind, eine Vorstellung, welche allerdings nur eine rohe Annäherung an die Wirklichkeit darstellt, so ergibt eine mathematische Analyse der hiernach entstehenden Verteilung der Körpergewichte ohne weiteres, daß diese nicht dem GAUSzschen Gesetze folgen, insbesondere gar nicht symmetrisch sein kann, sondern eine ausgesprochene Linksasymmetrie aufweisen muß, wie es der Wirklichkeit entspricht und bereits QUETELET bekannt war und auch durch die späteren Beobachtungen bestätigt wurde.

Eine Verteilung nach dem GAUSzschen Gesetz findet sich auch bei Eigenschaften, welche nicht zu den Maßen im eigentlichen Sinne des Wortes gehören, und als Beispiel dafür sei daran erinnert, daß z. B. nach JOHANNSEN die Zahl der Strahlen in der Schwanzflosse der Butte Pleuronectes sich bei den einzelnen Individuen nach diesem Gesetze verteilt oder ebenso die Anzahl der Randblüten bei Chrysanthemen.

Es war also eigentlich gar keine so fern liegende Analogie, das gleiche Verteilungsgesetz, das für die linearen Körpermaße der Menschen — und übrigens auch anderer Lebewesen — Geltung hat, auf ein lineares Maß anderer Art zu übertragen, nämlich auf die Dauer der Zeit zwischen Geburt und Tod. Wenn dieser Gedankenschritt trotzdem während der ersten drei Jahrzehnte nach dem Erscheinen von QUETELETs „Lettres sur la théorie des probabilités" nicht gemacht wurde, sondern erst dem gewaltigen Geiste eines LEXIS vorbehalten blieb, und dies noch dazu in einer Zeit, welche sich eingehend mit der statistischen Analyse der menschlichen Sterblichkeit befaßte, so liegt dies offenbar daran, daß eine derartige Gesetzmäßigkeit nur schwer zu erkennen war, weil die „normalen" Todesfälle von der großen Masse der „vorzeitigen" überwuchert wurden, und zwar in der damaligen Zeit in weit höherem Maße als gegenwärtig, wo es der fortschreitenden Wissenschaft schon gelungen ist, die Anzahl der vorzeitigen Todesfälle erheblich einzuschränken und hierdurch die normalen eher hervortreten zu lassen.

Die Verteilung der Lebensdauer nach dem GAUSzschen Gesetz stellt übrigens nicht den einzigen Fall dar, wo solches für Zeitmaße bei Lebewesen gilt, sondern das gleiche ist auch an der Dauer der Schwangerschaft beobachtet worden, welche bis zur Geburt eines Kindes von normaler Reife ausgetragen ist. Eine Darstellung, welche dies zeigt, hat SELLHEIM zusammengestellt, und zwar ergab sich hierbei ein Mittelwert von 269,3 Tagen und eine mittlere Abweichung von 14,3 Tagen; die Verteilung stimmt leidlich mit der GAUSzschen überein; daß dies nicht noch genauer der Fall ist, dürfte wohl daher rühren, daß zur Erzielung hinlänglich großer Zahlen die Breite des Begriffs der normalen Reife ziemlich weit gefaßt werden mußte. Ähnliches fand sich auch für die Schwangerschaftsdauer von unreifen und von überreifen Kindern, bei denen jedoch zu kleine Zahlen vorliegen, als daß dieselben sicher verwertet werden könnten.

Genau dasselbe Ergebnis, nämlich eine GAUSzsche Verteilung der Schwangerschaftsdauern besteht nach den Berechnungen von v. BORTKIEWICZ (8) auch bei Kühen, und er hat an diesem Material sogar die Übereinstimmung der Variationsbreite des Kollektivgegenstandes mit der theoretisch berechneten nachweisen können.

Wenn also die normale Lebensdauer des Menschen die Verteilung einer typischen Größe aufweist, so deutet dies darauf hin, daß dieselbe *erblich bedingt* ist. In entsprechender Weise ist schon seit den umfangreichen Untersuchungen von GALTON bekannt, daß zwischen der Körpergröße der Eltern und der ihrer Kinder eine hochgradige Korrelation besteht, und zwar ergibt z. B. eine auf Grund dieses Materials durch LENZ vorgenommene Berechnung einen BRAVAISschen Korrelationskoeffizienten von $+ 0,45 \pm 0,03$.

Gegen eine solche Korrelationsberechnung könnte allerdings eingewendet werden, daß dieselbe nicht Ausdruck der Erblichkeit zu sein braucht, sondern die Körpergröße nur phänotypisch erfaßt werden kann und daher auch die meistens gleichartige Lebenslage der Eltern und der Kinder hierin zum Ausdruck kommen muß. Deshalb hat in neuester Zeit v. VERSCHUER Studien über die Verhältnisse der Körpergröße und anderer Körpermaße bei eineiigen

und bei zweieiigen Zwillingen angestellt, wo also die Gleichartigkeit des Umwelt-
einflusses in beiden Fällen dieselbe ist, so daß der Einfluß der Erbgleichheit
bei eineiigen Zwillingen als Differenz gegenüber der Korrelation zwischen den
gleichen Maßen bei zweieiigen Zwillingen hervortritt. Er fand mittels dieser
Methode ein Verhältnis von Umwelteinfluß zu Erbeinfluß

bei dem Körpergewicht wie . . . . 1 : 2
bei dem Brustumfang wie . . . . 1 : 2,4
bei der Körpergröße wie . . . . 1 : 10,4
bei der Kopflänge wie . . . . 1 : 5,6

Eine analoge Berechnung über die Erbbedingtheit der menschlichen Lebenslänge mittels der Zwillingsforschung liegt bisher nicht vor und ist auch in abseh-
barer Zeit keinesfalls zu erwarten, weil hierzu ein weit größeres Zahlenmaterial
erforderlich ist, das man wegen der Unzuverlässigkeit einer nachträglichen
Rekonstruktion wohl durch mehrere zukünftige Jahrzehnte verfolgen müßte.
Hierfür sind wir also auf gröbere statistische Methoden angewiesen.

Ein umfangreiches Material über die Korrelation zwischen der Lebensdauer
von Eltern und Kindern oder zwischen der von Geschwistern hat namentlich
PEARL zusammengetragen. Er fand zwischen diesen Zahlen Korrelationen,
welche durchschnittlich um $+ 0,2$ herum liegen; als Durchschnittswert ergab
sich die Korrelation zwischen der Lebensdauer der Eltern und der ins erwachsene
Alter gelangter Kinder mit $+ 0,14$, die Korrelation zwischen den Lebensdauern
von durchweg ins erwachsene Alter gelangten Geschwistern mit $+ 0,28$. Diesem
letztgenannten Wert gegenüber steht eine durchschnittliche Korrelation zwischen
verschiedenen Körpermaßen von Geschwistern in Höhe von $+ 0,52$. Aus diesen
beiden Werten von Korrelationskoeffizienten für Geschwister berechnet PEARL,
daß die Lebensdauer — nach Ausschluß der Kindersterblichkeit — zu 74%
erblich bedingt sei; eine entsprechende Berechnung auf Grund der Korrelations-
verhältnisse für Eltern und Kinder ergibt einen Anteil von 54% für die erblichen
Ursachen der Lebensdauer.

Derartige Erfahrungen, auf welche auch LENZ hingewiesen und sie vom
Standpunkte der Vererbungswissenschaft aus gedeutet hat, sind aber insofern
nicht als beweiskräftig anzusehen, als auch in diesen Zahlen — mindestens
ebensosehr wie in den entsprechenden mehrerer Körpermaße — der Einfluß
der gleichartigen wirtschaftlichen und kulturellen Lage von Eltern und Kindern
bzw. von Geschwistern enthalten sein muß. Die Kindersterblichkeit ist gemäß
den Feststellungen im 3. Kapitel dieser Untersuchung in sehr hohem Maße
von der Wirtschaftslage abhängig, und ihre Ausschaltung, wie PEARL sie vorgenommen hat, beseitigt daher die genannte Fehlerquelle zu einem erheblichen
Teile, aber doch bei weitem nicht vollständig; denn im gleichen Kapitel hat
sich gezeigt, daß auch die Sterblichkeit im erwachsenen Alter, d. h. also die
vorzeitige Sterblichkeit im Sinne von LEXIS Unterschiede aufweist, welche zwar
weniger auf wirtschaftlichen Momenten zu beruhen scheinen, dafür aber auf
den Einflüssen der kulturellen Stufe. Die wirtschaftlichen Einflüsse treten
übrigens wahrscheinlich im erwachsenen Alter nur dann in den Hintergrund,
wenn man die Statistik ganzer Länder oder Landesteile auswertet, sie dürften
dagegen stärker zur Geltung kommen, wenn man in der Art von PEARL die
Sterblichkeit familienweise untersucht, weil dann auch die Unfallwahrschein-
lichkeit darin enthalten ist, welche zwar nur wenig von der wirtschaftlichen

Lage als solcher abhängt, dafür aber in sehr hohem Grade von der Art der Berufstätigkeit.

Aus diesem Grunde können die Beobachtungen über den familienweisen Zusammenhang der Lebensdauer nicht als beweiskräftig angesehen werden, richtig ist aber die Vorstellung von einer erblichen Bedingtheit der Lebensdauer trotzdem. Dies gilt nicht nur insofern, als erbliche Anlagen entscheidend für die Höhe der Frühsterblichkeit der Säuglinge, d. h. also nach der Ausdrucksweise von LEXIS der jugendlichen Sterblichkeit sind, und erbliche Anlagen auch z. B. eine verschiedene Widerstandsfähigkeit gegenüber Infektionskrankheiten schaffen und hierdurch die vorzeitige Sterblichkeit stark beeinflussen, solche auch für die Sterblichkeit an Krebs von größter Bedeutung sind, sondern es muß auch hinsichtlich der normalen Sterblichkeit richtig sein, d. h. also der Typus der Lebensdauer, um welchen sich die normalen Sterbefälle gemäß dem GAUSzschen Gesetz gruppieren, muß erblich angelegt sein.

Dies folgt zunächst aus dem Analogieschlusse, daß die normale Lebensdauer sich bei verschiedenen Tierarten auf das deutlichste unterscheidet, daher also auch zwischen den verschiedenen Menschenrassen Unterschiede aufweisen dürfte, welche entsprechend dem Verhältnis der sonstigen Verschiedenheiten zwischen verschiedenen Tierarten einerseits und zwischen verschiedenen Menschenrassen andererseits natürlich innerhalb der Menschenrassen weit geringer sein müssen als zwischen Tieren ganz verschiedener Gattungen. Eine weitere Analogie liegt darin, daß man nicht nur hinsichtlich der Körpermaße, sondern auch hinsichtlich anderer Zeitmaße als der Lebensdauer deutliche Abweichungen von einem Gesamtdurchschnitt der Menschheit bei den einzelnen Rassen wahrnahmen kann, vor allem hinsichtlich der Zeit zwischen Geburt und Geschlechtsreife.

Demgegenüber sind die Beobachtungen, aus denen die Erblichkeit der normalen Lebensdauer *unmittelbar* erschlossen werden kann, weit dürftiger; es kann aber doch darauf hingewiesen werden, daß in verschiedenen Landesteilen Deutschlands gemäß Tabelle 39 die normale Lebensdauer erhebliche Verschiedenheiten zeigt, und zwar gemäß Tabelle 14 in einer Form, welche keinen Zusammenhang mit der von Umweltwirkungen beeinflußten Sterblichkeit in den jüngeren Altern erkennen läßt; vielmehr weist Tabelle 15 deutlich darauf hin, daß für die Höhe der Greisensterblichkeit und damit also für die normale Lebensdauer selbst innerhalb Deutschlands der Einfluß der verschiedenen Rassenzusammensetzung von Wichtigkeit ist. Erst recht dürfte dies daher für den Vergleich von ganz verschiedenen Menschenrassen zutreffen, der aber nicht unmittelbar durchgeführt werden kann, weil in den Ländern mit farbiger Bevölkerung auch heute noch die Höhe der vorzeitigen Sterblichkeit so gewaltig ist, daß die natürliche Sterblichkeit nicht klar genug herausgeschält werden kann, und weil dort außerdem die statistische Erfassung der Sterblichkeit, sofern sie überhaupt erfolgt, noch viel zu unzuverlässig ist.

Bei diesem noch unzulänglichen Material ist es allerdings kaum möglich, das Verhältnis des Erbeinflusses zum Umwelteinfluß für die Lebensdauer in ähnlicher Weise zahlenmäßig auszudrücken, wie es v. VERSCHUER gemäß vorstehendem für einige Körpermaße getan hat. Sicher dürfte aber sein, daß unter den gegenwärtigen Lebensverhältnissen der Umwelteinfluß auf die Lebensdauer im ganzen (d. h. einschließlich jugendlicher und vorzeitiger Sterblichkeit) sehr groß ist, also im Verhältnis zum Erbeinfluß wahrscheinlich zahlenmäßig noch bedeutender als selbst beim Körpergewicht.

Da unmittelbare statistische Erfahrung und Analogieschlüsse aus anderen Gebieten der Biometrie sich zu dem Schlusse vereinigen lassen, daß es eine „normale" Sterblichkeit im Sinne von LEXIS und mit der von ihm angenommenen GAUSZschen Verteilung dieser Sterbefälle gibt, dürfte es keine bloße Spielerei sein, diese normale Sterblichkeit in Form einer Sterbetafel darzustellen. Diese muß ganz ähnlich aussehen wie die in Tabelle 47 aus den Sterbefällen der Todesursachengruppe C allein konstruierte, nur müssen die dort noch enthaltenen Ungenauigkeiten der Todesursachenerfassung und die Zufallsfehler verschwinden. Dann ergibt sich die Tafel der normalen Sterblichkeit, in welcher die Verteilung der Todesfälle nach dem Alter genau dem GAUSZschen Gesetze folgt.

Die Zahlen der Tabellen 47 und 48 lassen erkennen, daß die natürliche Sterblichkeit allein — im Gegensatze zur Gesamtsterblichkeit — keine merklichen Unterschiede zwischen den Geschlechtern aufweist, die vorhandenen kleinen Abweichungen sind nicht einheitlich gerichtet. Infolgedessen ist es berechtigt, anzunehmen, daß die *natürliche Sterblichkeit für beide Geschlechter die gleiche* ist, und demgemäß eine einheitliche Tafel der natürlichen Sterblichkeit für beide Geschlechter zu berechnen.

Diese Tafel ist von nur zwei Parametern abhängig, nämlich der Abszisse des Maximums der tafelmäßig Sterbenden und von der mittleren Abweichung. Wie schon im 6. Kapitel ausgeführt wurde, scheint das Maximum ziemlich genau bei 80 Jahren zu liegen, und dieser Wert soll deshalb Verwendung finden. Wie ebenfalls dort begründet wurde, ist als Wert der mittleren Abweichung die Zahl von $\frac{10}{\sqrt{2}} = 7{,}071$ Jahren geeignet. Die Berechnungen vereinfachen sich sehr, wenn man nunmehr in den Formeln den Mittelpunkt der Verteilung, d. h. das Alter von 80 Jahren, als Nullpunkt der Abszissenachse verwendet, während als Maßeinheit auf der gleichen Achse der reziproke Wert der Präzision Verwendung findet, d. h. in diesem Falle die Altersstrecke von 10 Jahren. Setzt man dann die durch die GAUSZsche Kurve und die Abszissenachse begrenzte Fläche, welche die Gesamtzahl aller in allen Altersklassen Gestorbenen darstellt, $= 1$, so ergibt sich aus der durch KNAPP und durch LEXIS zur Verwendung in der graphischen Darstellung eingeführten Überlegung, daß die Zahl der Lebenden bei irgendeinem Alter gleich der Summe aller jenseits dieses Alters Gestorbenen sein müsse, für die Zahl der aus der Ausgangsgeneration von 1 beim Alter x noch Lebenden der Wert:

$$l_x = \frac{1}{\sqrt{\pi}} \int_x^\infty e^{-t^2}\, dt.$$

Die Sterbeintensität beim Alter x läßt sich gleichfalls unmittelbar angeben; da sie das Differential der Lebenden, dividiert durch die Lebenden, darstellt, so muß sie beim Alter x folgenden Wert haben:

$$\mu_x = \frac{e^{-x^2}}{\int_x^\infty e^{-t^2}\, dt}.$$

Die Wahrscheinlichkeit für eine x Zeiteinheiten alte Person, im Alter zwischen x und x + a zu sterben, ergibt sich in der üblichen Weise, indem man die Differenz der gemäß der vorletzten Formel für das Alter von x und das Alter von x + a ermittelten Zahlen der Lebenden durch die erstgenannte Zahl dividiert. In den hohen Altern, für welche die Tabellen des GAUSZschen Integrals nicht hinlänglich genaue Werte für die Zahlen der Lebenden ergeben, kann bei verhältnismäßig kleinem a eine Annäherung auf zuverlässigere Werte führen, indem man nämlich die Sterbensintensität in der Mitte des betrachteten Altersintervalls berechnet und diese als während dieses Altersintervalls konstant betrachtet, worauf man den so erhaltenen Wert nach der üblichen Formel — negativ genommen — als Exponenten mit der Basis e ansetzt und hieraus die Überlebenswahrscheinlichkeit erhält. Dann enthält der Exponent nur im Nenner, wo es sich ohnehin weniger auswirkt, eine ungenaue Zahl; im Zähler steht dagegen eine Zahl, welche man, da sie eine einfache Exponentialfunktion darstellt, ohne große Mühe mittels Logarithmentafeln auf eine genügende Anzahl von Stellen genau berechnen kann. Man setzt dann also die Wahrscheinlichkeit für eine x Zeiteinheiten alte Person, im Zeitraume zwischen x und x + a zu sterben, folgendermaßen an:

$$|_a q_x = 1 - e^{-a\,\mu_{x + \frac{a}{2}}}.$$

Die Berechnung der ferneren mittleren Lebensdauer braucht nicht in der bei empirischen Sterbetafeln üblichen Weise zu erfolgen, daß man nämlich für jedes Altersintervall die Anzahl der durchlebten Jahre mittels der Trapezformel bestimmt, sondern sie kann unter Berücksichtigung des der Absterbeordnung zugrunde gelegten analytischen Ausdruckes unmittelbar von diesem aus vorgenommen werden. Für die x Zeiteinheiten alten Personen ergibt sich nämlich die fernere mittlere Lebensdauer als Quotient aus der Anzahl der noch von ihnen zu durchlebenden Jahre und der Zahl der Personen vom Alter x, auf welche die noch zu durchlebende Zeit entfällt. Daher ist:

$$\mathring{e}_x = \frac{\dfrac{1}{\sqrt{\pi}} \displaystyle\int_x^\infty (t - x)\, e^{-t^2}\, d t}{\dfrac{1}{\sqrt{\pi}} \displaystyle\int_x^\infty e^{-t^2}\, d t}.$$

Durch Ausführung des im Zähler stehenden Integrals und Kürzung erhält man hieraus den folgenden Ausdruck:

$$\mathring{e}_x = \frac{\dfrac{1}{\sqrt{\pi}} e^{-x^2}}{\dfrac{2}{\sqrt{\pi}} \displaystyle\int_x^\infty e^{-t^2}\, d t} - x.$$

Hierbei ist absichtlich darauf verzichtet, den das erste Glied des Ausdruckes bildenden Bruch durch $\dfrac{1}{\sqrt{\pi}}$ zu kürzen, da für die hier stehende Form der Nenner unmittelbar aus den üblichen Tabellen des Wahrscheinlichkeitsintegrals abgelesen werden kann.

Mittels dieser Formeln ist die Berechnung einer natürlichen Absterbeordnung vorgenommen worden. Die erforderlichen Werte des Wahrscheinlichkeitsintegrals sind der von CZUBER wiedergegebenen Tabelle [(3) Bd. 1, S. 455 bis 457] entnommen, für die größten vorkommenden Werte des Arguments reichte allerdings die von CZUBER für diese Fälle angegebene Zahl von 11 Dezimalen nicht aus, und die Tabelle wurde deshalb durch eigene Berechnung nach den von CZUBER (1) zusammengestellten Formeln ergänzt.

Die auf solche Art berechnete „natürliche Sterbetafel" wird im nachstehenden mitgeteilt, und zwar, wie oben angekündigt, für ein Normalalter von 80 Jahren und eine mittlere Abweichung des Alters der Sterbenden von 7,071 Jahren, d. h. Zahlen, wie sie für eine einheitliche Bevölkerung gelten dürften, deren normale Lebensdauer etwa den Durchschnitt der in Deutschland vertretenen Typen darstellt. Die folgende Tabelle 50 enthält zunächst diese Sterbetafel bis zum Alter von 100 Jahren.

Zu beachten ist, daß in Tabelle 50 und ebenso auch nachher in Tabelle 51 im Gegensatze zu den vorstehend verwendeten Formeln der einfacheren Übersicht halber unter x das Alter verstanden wird, welches von der Geburt ab gezählt und in Jahren als Zeiteinheiten berechnet ist.

Tabelle 50. Natürliche Sterbetafel für die dem Durchschnitte der deutschen Bevölkerung entsprechende normale Lebensdauer.

Alter in Jahren x	Lebende beim Alter x l_x	Sterbende im Alter x bis $x+1$ d_x	Einjährige Sterbewahrscheinlichkeit in ‰ $1000\,q_x$	Fernere mittlere Lebensdauer $\overset{\circ}{e}_x$	Alter in Jahren x	Lebende beim Alter x l_x	Sterbende im Alter x bis $x+1$ d_x	Einjährige Sterbewahrscheinlichkeit in ‰ $1000\,q_x$	Fernere mittlere Lebensdauer $\overset{\circ}{e}_x$
0	100000	0	0,0	80,00	75	76025	4605	60,6	7,89
					76	71420	4989	69,9	7,37
50	99999	1	0,0	30,00	77	66431	5296	79,7	6,88
51	99998	2	0,0	29,00	78	61135	5512	90,2	6,43
52	99996	3	0,0	28,00	79	55623	5623	101,1	6,02
53	99993	5	0,1	27,00	80	50000	5623	112.4	5,64
54	99988	8	0,1	26,00	81	44377	5512	124,2	5,29
55	99980	14	0,1	25,01	82	38865	5296	136,2	4,97
56	99966	23	0,2	24,01	83	33569	4989	148,6	4,68
57	99943	36	0,4	23,01	84	28580	4605	161,1	4,41
58	99907	56	0,6	22,02	85	23975	4168	173,8	4,16
59	99851	85	0,9	21,03	86	19807	3697	186,6	3,94
60	99766	126	1,3	20,05	87	16110	3215	199,5	3,73
61	99640	185	1,9	19,08	88	12895	2740	212,5	3,54
62	99455	265	2,7	18,11	89	10155	2290	225,5	3,36
63	99190	373	3,8	17,16	90	7865	1875	238,4	3,19
64	98817	512	5,2	16,22	91	5990	1506	251,3	3,04
65	98305	691	7,0	15,30	92	4484	1184	264,2	2,90
66	97614	914	9,4	14,41	93	3300	914	277,0	2,77
67	96700	1184	12,2	13,54	94	2386	691	289,6	2,66
68	95516	1506	15,8	12,70	95	1695	512	302,2	2,54
69	94010	1875	19,9	11,89	96	1183	373	314,7	2,44
70	92135	2290	24,9	11,13	97	810	265	326,9	2,34
71	89845	2740	30,5	10,40	98	545	185	339,1	2,25
72	87105	3215	36,9	9,71	99	360	126	351,2	2,17
73	83890	3697	44,1	9,06	100	234	85	363,1	2,09
74	80193	4168	52,0	8,45					

An die Zahlen der Tabelle 50 schließen sich sodann die der nachfolgenden Tabelle 51 für die Alter von 100 Jahren aufwärts an. Diese Tabelle muß etwas anders aussehen als die vorhergehende, da bei dem schnellen Abnehmen der Zahlen der Lebenden wechselnde Anzahlen von Dezimalstellen berücksichtigt werden müssen und die in diesem Alter sich verstärkende Ungenauigkeit in der Berechnung der Sterbewahrscheinlichkeiten es zweckmäßig erscheinen läßt, diese nicht für jedes einzelne Altersjahr anzugeben, sondern immer für den Durchschnitt aus fünf aufeinanderfolgenden; diese durchschnittliche Sterbewahrscheinlichkeit, welche in der Tabelle mit $q_{M,\,x}$ bezeichnet wird, zwischen den Altern von x und x + 5 Jahren lautet:

$$q_{M,\,x} = 1 - \sqrt[5]{\frac{l_{x+5}}{l_x}}.$$

Die Tabellen 50 und 51 zeigen also, wie das Absterben einer Generation in Deutschland ungefähr verlaufen würde, wenn es keine jugendliche und keine vorzeitige Sterblichkeit gäbe,

Tabelle 51. Endstück der natürlichen Sterbetafel für die dem Durchschnitte der deutschen Bevölkerung entsprechende normale Lebensdauer.

Alter in Jahren x	Lebende beim Alter x l_x	Durchschnitt der einjährigen Sterbewahrscheinlichkeit in den nächsten 5 Jahren in ⁰/₀₀ 1000 $q_{M,\,x}$	Fernere mittlere Lebensdauer $\overset{\circ}{e}_x$
100	233,89	386	2,09
105	20,35	441	1,76
110	1,11	493	1,51
115	0,037155	539	1,33
120	0,000771	581	1,18
125	0,00000983	621	1,07
130	0,0000000769		0,98

sondern alle Todesfälle nur aus natürlicher Ursache eintreten würden. Wie ist nun das Verhältnis zwischen dieser Idealform der Sterblichkeit und der wirklichen?

Es wurde bereits im 3. Kapitel, also vor einem Eingehen auf die Theorie von LEXIS, darauf hingewiesen, daß die örtlichen Abweichungen der Sterblichkeit in den höchsten Altern verhältnismäßig am geringsten sind und daß insbesondere die säkulare Entwicklung der Sterblichkeit eine Senkung ergibt, welche in den höchsten Altersklassen verhältnismäßig am kleinsten ist. Diese Tatsachen sind ohne weiteres verständlich, wenn man erst einmal zu der Erkenntnis durchgedrungen ist, daß in den höheren Altern ein Teil der Sterbefälle zu den normalen gehört, und zwar ein um so größerer, je höher die betrachtete Altersklasse ist; diese normale Sterblichkeit scheint unbeeinflußbar zu sein, und infolgedessen kann die Sterblichkeitssenkung nur für einen mit zunehmendem Alter geringer werdenden Teil der Gesamtsterblichkeit der einzelnen Altersklassen wirksam sein, müßte also, wenn sie die vorzeitige Sterblichkeit in allen Altersklassen in genau gleichem Verhältnis vermindern würde, die Gesamtsterblichkeit der einzelnen Altersklassen in einem Ausmaße verringern, welches, bezogen auf die betreffende Gesamtsterblichkeit, mit wachsendem Alter dauernd abnehmen müßte.

Andererseits hat sich gezeigt, daß die vorzeitige Sterblichkeit kein einheitliches Gebilde darstellt, sondern ein Konglomerat aus sehr vielen Faktoren ist, welche untereinander in einem teilweise nur losen Zusammenhange stehen. Infolgedessen ist die Senkung der vorzeitigen Sterblichkeit nicht so gleichmäßig erfolgt, wie es zunächst für eine schematische Betrachtung vorausgesetzt wurde, sondern mit verschiedentlichen Besonderheiten des Verlaufes.

Es soll nun nachstehend an Hand der ältesten und der jüngsten Allgemeinen Deutschen Sterbetafel nachgeprüft werden, welcher Teil der Gesamtsterblichkeit in den hierfür in Betracht kommenden Altersklassen der normalen Sterblichkeit zuzurechnen ist. Zu diesem Zwecke werden aus Tabelle 50 die Sterbewahrscheinlichkeiten für fünfjährige Altersklassen ermittelt und diesen die tatsächlichen Zahlen für die beiden zu vergleichenden Zeiträume aus Tabelle 4 gegenübergestellt; diese Zahlenreihen folgen in Tabelle 52.

Tabelle 52. Natürliche und wirkliche Sterblichkeit im Deutschen Reich.

Alter	Natürliche Sterbetafel	Allgemeine Deutsche Sterbetafel			
		1871/72—1880/81		1924—1926	
		männlich	weiblich	männlich	weiblich
50—55	0,2	113,6	87,0	59,0	50,1
55—60	2,1	148,3	121,4	88,8	73,5
60—65	14,6	203,1	181,6	134,2	113,8
65—70	62,8	284,3	262,7	205,0	180,6
70—75	174,9	394,8	375,5	308,0	279,9
75—80	342,3	531,3	519,6	446,0	420,7
80—85	520,5	675,3	660,3	603,4	575,3
85—90	671,9	798,2	789,0	749,0	718,6

(Spaltenüberschrift: 1000 fache Wahrscheinlichkeit für eine in das Altersjahrfünft eintretende Person, während desselben zu sterben,)

Über das Alter von 90 Jahren hinaus ist Tabelle 52 nicht fortgeführt, weil gemäß den Darlegungen im 5. Kapitel die tatsächliche Sterblichkeit in dieser Altersklasse nicht sicher genug für die Darstellung in einer Sterbetafel ermittelt werden kann, und dies gilt besonders für die Zeit der siebziger Jahre, in denen die Altersangaben im hohen Greisenalter noch nicht durchweg zuverlässig waren.

Aus den Zahlen der Tabelle 52 sind sodann die Anteile berechnet, welche von der Gesamtsterblichkeit jeder Altersklasse auf die normale Sterblichkeit entfallen. Diese Zahlen sind in Tabelle 53 zusammengestellt; der beigefügte Durchschnitt bezieht sich auf alle Altersklassen von 0 Jahren aufwärts und ist als gewogener Durchschnitt berechnet, indem die Zahlen der tafelmäßig Sterbenden für die einzelnen Altersklassen jeweils aus der betreffenden Sterbetafel entnommen und als Gewichte verwendet wurden. Für die Alter über 90 Jahren wurde hierbei ein Anteil von 100% natürlicher Sterblichkeit an der gesamten angenommen; die Ungenauigkeit dieser Zahl ist für das Gesamtergebnis ohne Bedeutung, da das Gewicht dieser Zahl nach allen verwendeten Sterbetafeln nur gering ist.

Tabelle 53. Der Anteil der natürlichen Sterblichkeit im Deutschen Reich.

Alter	Allgemeine Deutsche Sterbetafel			
	1871/72—1880/81		1924—1926	
	männlich	weiblich	männlich	weiblich
50—55	0,2	0,2	0,3	0,4
55—60	1,4	1,7	2,4	2,9
60—65	7,2	8,0	10,9	12,8
65—70	22,1	23,9	30,6	34,8
70—75	44,3	46,6	56,8	62,5
75—80	64,4	65,9	76,7	81,4
80—85	77,1	78,8	86,3	90,5
85—90	84,2	85,2	89,7	94,8
zusammen (alle Alter von 0—100)	12,9	16,4	34,4	43,0

(Spaltenüberschrift: Sterbefälle aus natürlicher Ursache auf 100 in der bezeichneten Altersklasse überhaupt eingetretene)

Für den Durchschnitt beider Geschlechter — mit dem Verhältnis der Lebendgeborenen als Gewichten — erhält man als Anteil der natürlichen Sterblichkeit

für die Sterbetafel 1871/72—1880/81 . . . . 14,6%
für die Sterbetafel 1924—1926 . . . . 38,6%

Hiernach ist der Anteil der tatsächlichen natürlichen Sterblichkeit immer noch weit kleiner, als es sich in Tabelle 27 nach der Originalmethode von LEXIS, d. h. ohne Berücksichtigung der noch im höheren Alter eintretenden „vorzeitigen" Sterbefälle ergab, wo die entsprechenden Zahlen für den Durchschnitt beider Geschlechter 35,1% bzw. 58,4% lauten. Dynamisch betrachtet, ergibt sich allerdings nach beiden Betrachtungsweisen ein ähnliches Ergebnis, nämlich ein Fortschritt um 23—24% auf dem Wege zur ausschließlichen „normalen" Sterblichkeit.

Die Zahlen der Tabelle 52 gestatten es auch, die Entwicklung der vorzeitigen Sterblichkeit allein zu betrachten. In den dort angeführten Altersklassen ergibt sich die vorzeitige Sterblichkeit ohne weiteres, indem man die natürliche von der gesamten abzieht, und hieraus folgen die in der nebenstehenden Tabelle 54 zusammengestellten Zahlen über die Sterbewahrscheinlichkeit durch vorzeitige Todesfälle.

Diese Zahlen ermöglichen es, auch die Entwicklung der jugendlichen und vorzeitigen Sterblichkeit für sich allein, d. h. nach Ausschaltung der normalen Sterblichkeit zu betrachten. In Tabelle 5 war für das Deutsche Reich die Entwicklung der Sterbewahrscheinlichkeiten von den siebziger Jahren bis zum Zeitraum 1924—1926 nach Altersklassen angegeben, und diese Zahlen werden nunmehr in der nachfolgenden Tabelle 55 zum besseren Vergleich nochmals wiederholt, daneben aber die Zahlen gestellt, welche sich gemäß Tabelle 54 durch Ausschaltung der normalen Todesfälle ergeben.

Bei der Betrachtung der Zahlen von Tabelle 55 dürfte es sich empfehlen, die Verhältniszahlen für die vorzeitige Sterblichkeit des weiblichen Geschlechts in den höchsten berücksichtigten Altersklassen außer acht zu lassen, da diese anscheinend nur infolge der unvermeidlichen Ungenauigkeit bei der Abgrenzung der vorzeitigen Todesfälle in diesen Altersklassen so stark aus dem Rahmen der Zahlen für die vorhergehenden Alter und für das männliche Geschlecht in den gleichen Altern herausfallen.

Nach Vornahme dieser kleinen Korrektur erkennt man deutlich, daß tatsächlich, wie weiter oben ausgeführt, die mit dem Alter wachsende zeitliche Konstanz der Sterbewahrscheinlichkeiten darauf beruht, daß mit zunehmendem Alter die natürliche Sterblichkeit anwächst und diese wohl unveränderlich ist. Die Zahlen, welche in Tabelle 55 für die Sterbewahrscheinlichkeiten infolge jugendlicher und vorzeitiger Todesfälle allein berechnet sind, ergeben im Gegensatz zu denen für die gesamten Sterbewahrscheinlichkeiten einen verhältnismäßig gleichbleibenden

Tabelle 54. Die Sterblichkeit infolge vorzeitiger Todesfälle im Deutschen Reich.

Alter	1000 fache Wahrscheinlichkeit für eine in das Altersjahrfünft eintretende Person, während desselben „vorzeitig" zu sterben			
	Allgemeine Deutsche Sterbetafel			
	1871/72—1880/81		1924—1926	
	männlich	weiblich	männlich	weiblich
50—55	113,4	86,8	58,8	49,9
55—60	146,2	119,3	86,7	71,4
60—65	188,5	167,0	119,6	99,2
65—70	221,5	199,9	142,2	117,8
70—75	219,9	200,6	133,1	105,0
75—80	189,0	177,3	103,7	78,4
80—85	154,8	139,8	82,9	54,8
85—90	126,3	117,1	77,1	46,7

Tabelle 55. Vergleich der gesamten und der jugendlichen und vorzeitigen Sterblichkeit nach Altersjahrfünften im Deutschen Reich 1871/72—1880/81 und 1924—1926.

Alter	Fünfjährige Sterbewahrscheinlichkeit 1924—1926 in % der von 1871/72 bis 1880/81			
	Gesamte Sterblichkeit		Jugendliche und vorzeitige Sterblichkeit allein	
	männlich	weiblich	männlich	weiblich
0— 5	40	37	40	37
5—10	21	19	21	19
10—15	37	32	37	32
15—20	54	51	54	51
20—25	55	52	55	52
25—30	49	46	49	46
30—35	42	42	42	42
35—40	39	42	39	42
40—45	42	47	42	47
45—50	46	54	46	54
50—55	52	58	52	57
55—60	60	61	59	60
60—65	66	63	63	59
65—70	72	69	64	59
70—75	78	75	61	52
75—80	84	81	55	44
80—85	89	87	54	39
85—90	94	91	61	40

Verlauf, in welchem als bedeutsamste Abweichungen vom Durchschnitt der Entwicklung die Zahlen für das Schulalter einerseits und das unmittelbar hieran anschließende Alter andererseits hervortreten; noch etwas deutlicher werden diese Abweichungen, wenn man berücksichtigt, daß die Sterblichkeitssenkung in der Altersklasse von 0—5 Jahren nicht gleichmäßig verlaufen ist, sondern die Senkung im Säuglingsalter nur bis auf 46% bzw. 43% der Ausgangszahl erfolgt ist, dafür im Kleinkindesalter um so stärker, besonders im Alter von 3—4 Jahren, nämlich bis auf 17% bzw. 16%.

Wenn also nach Abtrennung der natürlichen Sterblichkeit die jugendliche und vorzeitige allein einen Rückgang aufweist, der zwar weit gleichmäßiger als der der Gesamtsterblichkeit ist, aber immerhin noch deutliche Verschiedenheiten hinsichtlich seiner verhältnismäßigen Höhe aufweist, so muß sich dies neben der Veränderung der absoluten Höhe der Sterbewahrscheinlichkeiten noch besonders bei einer Zusammenfassung der vorzeitigen Sterblichkeit allein auswirken. Um dies zu zeigen, sei das durchschnittliche Sterbealter der vorzeitigen Todesfälle für die beiden hier verglichenen Zeiträume berechnet. Dies kann zur besseren Übersicht für beide Geschlechter zusammen geschehen. Der Anteil der „jugendlichen" Sterbefälle an der Gesamtheit aller Todesfälle sei mit j bezeichnet, der der „vorzeitigen" mit v, der der „normalen" mit n. Als jugendliche Todesfälle kann man für beide Zeiträume ungefähr 3% der Generation ansetzen, deren Alter beim Tode dicht an 0 lag; der Anteil der normalen Todesfälle betrug gemäß der oben vorgeführten Berechnung 14,6 bzw. 38,6%, ihr durchschnittliches Alter beim Tod 80 Jahre; der Rest entfällt also auf die vorzeitigen Sterbefälle, deren Durchschnittsalter beim Tod sei mit x bezeichnet. Dann ergeben sich also folgende beide Gleichungen:

Für 1871/72—1880/81:
$$3{,}0 \cdot 0 + 82{,}4 \cdot x + 14{,}6 \cdot 80 = 100{,}0 \cdot 36{,}97,$$
$$\text{daher } x = 30{,}7;$$

für 1924—1926:
$$3{,}0 \cdot 0 + 58{,}4 \cdot x + 38{,}6 \cdot 80 = 100{,}0 \cdot 57{,}35,$$
$$\text{daher } x = 46{,}4.$$

Es ist also nicht nur der Anteil der vorzeitigen Todesfälle erheblich zurückgegangen, sondern gleichzeitig hat sich auch das Durchschnittsalter derselben um ungefähr 16 Jahre erhöht. Wie bereits oben erwähnt, rührt dies teilweise daher, daß die vorzeitige Sterblichkeit überhaupt gesunken, daher also ein größerer Teil der auf diese Weise Sterbenden in die mittleren Alter gelangt ist, und zum anderen Teile daher, daß der Rückgang der vorzeitigen Todesfälle gemäß Tabelle 55 in den jüngsten Altern am stärksten war.

Die Ursachen für den Rückgang der vorzeitigen Sterblichkeit und seine verschieden starke Auswirkung auf die einzelnen Altersklassen sind von mir (7) an anderer Stelle ausführlicher dargestellt worden. Es kann deshalb genügen, hier nur eine einzige Tabelle auszugsweise wiederzugeben, welche die standardisierte Sterblichkeit (mit der tafelmäßigen Bevölkerung der Allgemeinen Deutschen Sterbetafel 1924—1926 als Standardbevölkerung) an einigen wichtigen Ursachen in Preußen 1896 und 1926 darstellt. Diese Zahlen folgen in der nachstehenden Tabelle 56.

Wegen der Erläuterungen, betreffend die Eingruppierung der Todesursachen, sei auf die angeführte Veröffentlichung verwiesen.

Tabelle 56. Die standardisierte Sterblichkeit an einigen Todesursachen in Preußen 1896 und 1926.

Todesursache	Standardisierte Sterblichkeit auf 10000 Lebende in Preußen		
	1896	1926	1926 in % von 1896
Lebensschwäche (nur 0—1 Jahre)	8,76	5,93	68
Magen- und Darmerkrankungen (nur 0—2 Jahre) .	5,84	2,42	41
Scharlach	1,32	0,16	12
Masern und Röteln	1,83	0,55	30
Diphtherie und Krupp	4,55	0,37	8
Keuchhusten	2,60	0,90	35
Typhus	1,38	0,31	22
Tuberkulose	26,68	10,20	38
Lungenentzündung	18,23	11,61	64
Andere Krankheiten der Atmungsorgane	13,38	6,97	52
Alle übrigen Ursachen	159,96	125,60	79
zusammen	244,53	165,02	67

Die Zahlen der Tabelle 56 geben einen Anhaltspunkt dafür, welche Ursachen den Sterblichkeitsrückgang hauptsächlich herbeigeführt haben. In erster Linie zu nennen ist hier die erfolgreiche Bekämpfung der Ernährungsstörungen des Säuglingsalters, sodann die verhältnismäßig am stärksten hervortretende Zurückdrängung der Sterbefälle an den akuten Infektionskrankheiten des Kindesalters (insbesondere Diphtherie), schließlich die verhältnismäßig nicht ganz so starke, aber absolut bedeutsamste Ursache des Sterblichkeitsrückgangs, nämlich der Rückgang der Sterblichkeit an Tuberkulose, welcher aus den Zahlen der Tabelle 56 gar nicht in seinem ganzen Ausmaße erkannt werden kann, sondern nur geschätzt, indem man versuchen muß, auch diejenigen Todesfälle an Tuberkulose zu berücksichtigen, welche — namentlich früher — unter unbestimmten Diagnosen verborgen sind.

Der große *Sterblichkeitsrückgang,* welcher gemäß der hier durchgeführten Analyse gänzlich auf einem Rückgang der vorzeitigen Sterblichkeit beruhte, ist, wie die Aufspaltung nach Todesursachen andeutet und eine genauere medizinalstatistische Durchdringung bestätigt, den Fortschritten der medizinischen Wissenschaft und der weiterdringenden Möglichkeit ihrer Anwendung zuzuschreiben, und zwar anscheinend zu einem noch größeren Teil den Erfolgen der Krankheitsverhütung als denen der Krankheitsheilung.

Um den Fortschritt zu ermessen, welchen die Bekämpfung der Sterblichkeit bereits errungen hat, sei wieder von der Statistik des Deutschen Reichs für die siebziger Jahre des 19. Jahrhunderts ausgegangen und von der noch ungünstigeren Sterblichkeit in weiter zurückliegenden Zeiten und bei Völkern niedriger Kulturstufe abgesehen. Wenn man nun hiermit die Sterblichkeit im Deutschen Reich 1924—1926 vergleicht, so ist eine Art des Vergleichs durch die bereits entwickelten Ziffern gegeben, daß der Anteil der normalen Sterbefälle innerhalb dieser Zeitspanne von 14,6 auf 38,6% der Gesamtheit aller Todesfälle gestiegen ist. Andererseits hat sich aber gezeigt, daß nicht nur der Anteil der vorzeitigen Todesfälle entsprechend gesunken, sondern gleichzeitig auch das Durchschnittsalter derselben erheblich gestiegen ist. Man kann es schwerlich für gleichwertig halten, ob ein Mensch mit 3 Jahren an Diphtherie oder mit 30 Jahren an Tuberkulose stirbt, obwohl beides „vorzeitige" Todesfälle sind, und wenn man, wie es hier geschehen ist, auch die Todesfälle an Neubildungen zu den vorzeitigen rechnet, dann ist auch z. B. ein Todesfall, welcher mit 70 Jahren an Krebs erfolgt, zwar ein „vorzeitiger", aber erst recht nicht von gleicher Bedeutung mit den beiden vorher genannten. Infolgedessen genügt es für eine vollständige Erfassung der Sterblichkeit nicht, zu wissen, wieviele Todesfälle vorzeitig erfolgt sind, sondern es muß auch berücksichtigt werden, in welchem Abstande vom normalen Sterbealter sie eingetreten sind, und wenn man dies tut, kommt man zu dem einfachsten Maße der Sterblichkeit, nämlich der mittleren Lebensdauer, als zu demjenigen zurück, welches am vollkommensten geeignet ist, die gesamten Sterblichkeitsverhältnisse in eine einzige Zahl zusammenzufassen.

Rechnet man also mit der mittleren Lebensdauer, welche für den gewogenen Durchschnitt beider Geschlechter in dem erstbetrachteten Zeitraum 36,97 und in dem zweitbetrachteten 57,35 Jahre betrug, dann ist gegenüber der normalen Lebensdauer von etwa 80 Jahren die Verkürzung durch jugendliche und vorzeitige Sterbefälle mit 43,0 bzw. 22,6 Jahren anzusetzen, d. h. die Sterblichkeitsentwicklung hat nach dieser Berechnungsart seit den siebziger Jahren in Deutschland bereits etwa die Hälfte des Weges bis zur reinen „normalen" Sterblichkeit zurückgelegt!

Man kann die Sterblichkeit auch in der herkömmlichen Weise mittels der Sterbeziffer in einer stationären Bevölkerung, d. h. mittels des reziproken Wertes der mittleren Lebensdauer messen. Dann ergeben sich für die beiden verglichenen Zeiträume Sterbeziffern von 27,0 bzw. 17,4$^0/_{00}$, während die normale Sterblichkeit allein dann 12,5$^0/_{00}$ betragen müßte. Bei einer solchen Betrachtungsweise wären also bereits etwa zwei Drittel des Weges zur normalen Sterblichkeit durchmessen. Indessen verdient offenbar die erste Methode des Vergleichs den Vorzug, weil sie ein Vitalitätsmaß darbietet, welches das natürlichste zu sein scheint, da es sich zu einem immer anwachsenden Teil dem einfachsten und natürlichsten Verteilungsgesetz eines Kollektivgegenstandes, nämlich dem GAUSZschen Gesetze anpaßt.

Mehrfach ist versucht worden, den großen Sterblichkeitsrückgang der letzten 50—60 Jahre auf mathematische Formeln zu bringen, anstatt ihn zuerst zu erklären. Solche Formeln sollen durchweg den Verlauf der Sterbewahrscheinlichkeit für die einzelnen Altersjahre als Funktion der Zeit darstellen.

Eine derartige Formel ist von RICHMOND vorgeschlagen worden und lautet
$$q = \alpha + \beta\,\gamma^t,$$
wobei t die Kalenderzeit, gemessen vom Ausgangszeitpunkte ab, darstellt. Ähnlich ist auch die von SACHS (1) angegebene, welche sich von der vorhergehenden im wesentlichen dadurch unterscheidet, daß das konstante Glied fortfällt und andererseits die Parameter so gewählt sind, daß die Höhe des Sterblichkeitsrückgangs unmittelbar als entgegengesetzt gerichtete Funktion des Alters auftritt.

Andererseits hat RIEBESELL (1) vorgeschlagen, den Sterblichkeitsrückgang in den einzelnen Altersklassen als eine lineare Funktion der Zeit aufzufassen, und er (2) hat dies gegen eine Polemik von SACHS (2) nochmals verteidigt.

Die Formel von RIEBESELL ist selbstverständlich von vornherein nur für begrenzte Zeiträume als rohe Annäherung gedacht, da die Extrapolation für die Zukunft schließlich auf negative Sterbewahrscheinlichkeiten führen würde.

Auch SACHS erkennt an, daß seine Formel nicht unbegrenzt brauchbar ist, da die Sterbewahrscheinlichkeiten mit unbegrenzt zunehmender Zeit gegen 0 konvergieren. Hingegen führt die Formel von RICHMOND auf einen Endwert der Sterbewahrscheinlichkeit für jedes Alter, welcher durch den Parameter a in seiner Formel gegeben ist.

Da hiernach die Formeln von SACHS (1) und von RIEBESELL (1) auf jeden Fall nur zur Interpolation oder höchstens zur Zukunftsabschätzung für einen eng begrenzten Zeitraum geeignet sind, können sie nur eine Beschreibung, aber keinesfalls eine Erklärung des Sterblichkeitsverlaufs darstellen. Das gleiche gilt jedoch auch von der von RICHMOND vorgeschlagenen Formel, weil diese die innere Verschiedenheit des Sterblichkeitsverlaufs in den einzelnen Altersklassen nicht zum Ausdruck bringen kann. Der Gedanke von SACHS, welcher in der Formel von RICHMOND nicht ausdrücklich hervortritt, aber durch geeignete Wahl der Parameter für die einzelnen Altersklassen hineingebracht werden kann, daß nämlich der Sterblichkeitsrückgang mit zunehmendem Alter geringer wird, ist zwar im großen ganzen gewiß richtig, wie die Erfahrung zeigt, aber in einer solchen einfachen Form doch viel zu roh ausgedrückt. Wie im 5. Kapitel dargelegt wurde, ist in Wirklichkeit die Sterblichkeitsabnahme in den einzelnen Altersklassen, soweit es sich um die vorzeitigen Todesfälle handelt, von einer unübersehbaren Zahl von Parametern abhängig, kann also niemals durch eine so einfache Formel erklärt werden, und dazu kommt die Zusammensetzung der Sterbewahrscheinlichkeiten aus dem Anteil der vorzeitigen und dem der normalen Sterbefälle.

Der einfache Gedanke, welcher der Formel von RICHMOND zugrunde liegt, daß nämlich die Sterblichkeit nur um so langsamer sinken kann, je niedriger sie bereits ist, findet sich übrigens schon lange vorher deutlich bei MOMBERT (1).

Eine andere formelmäßige Darstellung des Sterblichkeitsrückganges stammt von BERNSTEIN (1). Dieser legt die MAKEHAMsche Formel zugrunde und entnimmt aus dem Vergleich einer älteren und einer neueren Sterbetafel, daß in dem Ausdruck für die Sterblichkeitsintensität $\mu_x = A + B\,c^x$ der Parameter A abgenommen hat, während B und c unverändert geblieben sind, so daß also die äußeren Sterblichkeitsbedingungen zurückgetreten seien, während das von diesen befreite ursprüngliche Gesetz von GOMPERTZ unberührt geblieben sei.

Diese Erklärung des Sterblichkeitsverlaufs stimmt mit der in den vorstehenden Kapiteln gebotenen insofern überein, als die von MAKEHAM hinzugefügte Konstante der vorzeitigen Sterblichkeit von LEXIS entspricht, die ursprüngliche Formel von GOMPERTZ dagegen die normale Sterblichkeit ausdrücken soll. Soweit es sich also nur um eine Analogie handelt, läßt sich auch vom Standpunkt des LEXISschen Gesetzes dieser Darstellung von BERNSTEIN zustimmen, nicht dagegen seiner Ansicht, daß die Formel von GOMPERTZ das Altern der Körperzellen am besten zum Ausdruck bringe. Seine Auffassung, daß die säkulare Entwicklung der Sterblichkeit durch eine Änderung der Parameter in der Formel von MAKEHAM am besten ausgedrückt würde, kann über eine gewisse Annäherung hinaus schon deshalb nicht zutreffen, weil gemäß den Ausführungen im 5. Kapitel die Formel von MAKEHAM durch die neuere Entwicklung der Sterblichkeit ihre Anwendbarkeit völlig eingebüßt hat.

Nachdem nunmehr der Anteil der vorzeitigen Sterblichkeit an der gesamten geklärt ist, kann die Analogie zwischen Verteilung der Todesfälle und Verteilung der Körpergrößen aus dem vorstehenden nochmals herangezogen werden, um das Wesen der normalen Sterblichkeit weiter zu verdeutlichen.

Wie schon ausgeführt, ist die Verteilung der Körpergrößen bis auf geringfügige Abweichungen derart, daß sie dem GAUSzschen Gesetz entspricht, und dies wird verständlich, wenn man an die Feststellung von v. VERSCHUER denkt, daß von allen untersuchten Eigenschaften die Körpergröße am wenigsten von Umwelteinflüssen abhängig ist. Unter Ausschaltung dieser geringen Abweichungen müßte man hiernach für die Körpergröße eine Berechnung vornehmen können, wie sie der natürlichen Sterbetafel entspricht, selbstverständlich nicht für die ganze Menschheit, für welche ebenso auch keine einheitliche Sterbetafel gilt, sondern nur für eine Gruppe mit genotypisch einheitlicher Körpergröße. Von vorzeitigen Todesfällen, d. h. solchen vor Erreichung der endgültigen Körpergröße, muß hierbei abgesehen werden, um die Analogie mit der Sterbetafel hinsichtlich der Zweidimensionalität nicht zu stören.

Nimmt man z. B. für die Männer irgendeiner bestimmten genotypisch einheitlichen Bevölkerung einen Durchschnittswert von 170 cm mit einer mittleren Abweichung von $\frac{10}{\sqrt{2}}$ cm an, so entspricht, vom jeweiligen Mittelwert aus gerechnet, ein Zentimeter Körpergröße einem Altersjahr der Tabelle 50 und 51. Bei Fortführung dieser Analogie hätte jeder derartige Mensch, solange er nicht 140 cm erreicht hat, die mathematische Erwartung, 170 cm groß zu werden, und dann beginnt allmählich die Abweichung derart, daß mit einer Erhöhung der Größe vor einem plötzlich zu denkenden Abschluß des Wachstums, wie er dem Tod in der Sterbetafel entspricht, der Erwartungswert der gesamten Größe zunimmt. Entsprechend Tabelle 50 ergäbe sich bei einer Größe von 150 cm (also 20 Einheiten unter dem Durchschnittswert der Gesamtheit) ein „ferneres mittleres Wachstum" von 20,05 cm, bei 160 cm Größe ein solches von 11,13 cm, bei 170 cm noch von 5,64 cm; dies würde also heißen, daß wer vor vollendetem Wachstum bereits 170 cm groß geworden ist, mit einem Erwartungswert der endgültigen Größe von 175,64 cm rechnen könnte. Mit 180 cm hätte man noch ein „ferneres mittleres Wachstum" von 3,19 cm, mit 190 cm erreichter Größe eines von 2,09 cm, mit 200 cm eines von 1,51 cm usw.

Die vorstehend ausgeführte Analogie paßt zwar nicht ganz genau in die Wirklichkeit, wie es das Schicksal jeder Analogie ist, aber sie dürfte doch geeignet sein, die grundsätzliche Ähnlichkeit zwischen der Verteilung der Körpergrößen und der der Sterbealter — beide Male unter Ausschaltung aller pathologischen Hemmnisse — hervortreten zu lassen und so das Ziel klarer zu zeigen, welchem die Entwicklung der menschlichen Sterblichkeit zustrebt, wenn es allmählich dahin kommt, daß die pathologischen, nämlich die jugendlichen und vorzeitigen Todesfälle kaum mehr stärker hervortreten als die durch ausgesprochen pathologische Verhältnisse bedingten Abweichungen in der Verteilung der Körpergrößen.

Für die *zukünftige Entwicklung der Sterblichkeit* liegt noch keine Betrachtung vor, welche über die vorstehend geschilderten Formeln hinausginge, die nur eine mechanische Interpolation darstellen, eine Extrapolation aber nicht ohne logische Prüfung erlauben. Dennoch drängt sich begreiflicherweise die Frage auf, wie sich wohl die zukünftige Entwicklung der Sterblichkeit bei den Kulturvölkern gestalten wird, und dies trotz der selbstverständlich voranzusetzenden Einschränkung, daß alles Prophezeien nur Stückwerk sein kann.

Zum geschichtlichen Vergleich sei an die diesbezügliche, mit großer Sicherheit vorgetragene Vorhersage von CONDORCET erinnert. Dieser Mann, welcher sich als hervorragender Mathematiker einen Namen gemacht hatte, ließ seinen regen Geist auch über die Grenzen seines Faches hinausschweifen, und seine in sozialistischem Sinne gehaltenen politischen Anschauungen haben insofern dauernd Bedeutung behalten, als sie von Einfluß auf GODWIN waren, dessen gleichartige Ideen den Widerspruch von MALTHUS hervorriefen. Zu den optimistischen Zukunftsphantasien von CONDORCET, welche übrigens durch die tragische Ironie seines Schicksals erst erschienen, als bereits ein Jahr seit seinem Tode infolge der Verfolgung durch die Jakobiner verflossen war, gehört auch die Verlängerung der menschlichen Lebensdauer. Die Sterblichkeit rührte nämlich nach seiner Anschauung überwiegend von wirtschaftlichen Verhältnissen her, und zwar ebensowohl vom Elend wie vom übermäßigen Reichtum, welche Erscheinungen beide in Zukunft verschwinden sollten. Nur nebenbei hoffte er auch noch auf die Fortschritte der ärztlichen Kunst. Er behauptete, daß allmählich die Zeit kommen müsse, wo das menschliche Leben, abgesehen von gewaltsamen Zufällen, nur durch eine ganz allmähliche Erschöpfung der Körperkräfte zu Ende gehen würde (S. 359):

„Sans doute l'homme ne deviendra pas immortel, mais la distance entre le moment où il commence à vivre, l'époque commune où naturellement sans maladie, sans accident, il éprouve la difficulté d'être, ne peut-elle s'accroître sans cesse?"

Die beiden letzten Wörter des vorstehend angeführten Satzes werden auch durch die weiteren Ausführungen bekräftigt, wonach die menschliche Lebensdauer in allmählichem, aber unaufhörlichem Anwachsen bis zu einem unvorstellbaren Ausmaße steigen solle.

Jene Zeit, in der sich die Sterblichkeit tatsächlich kaum veränderte — nur durch das Wüten der französischen Revolution zeitweilig sogar erheblich erhöht wurde, wie dies auch das eigene Schicksal von CONDORCET war —, jene Zeit also konnte nur Spekulationen über den zukünftigen Rückgang der Sterblichkeit hervorbringen, nicht aber Tatsachen als Belege hierfür. Nachdem dagegen in den letzten Jahrzehnten die Sterblichkeit in einem gewaltigen Grade gesunken ist, wäre es jetzt nicht mehr verwunderlich, wenn Menschen auf Grund der rohen Sterbeziffern allein auf den Gedanken kämen, diese Entwicklung werde sich dauernd so fortsetzen, also die mittlere Lebensdauer allmählich immer weiter steigen, ganz wie CONDORCET dies behauptet hat. Vor einer solchen Annahme schützt nur eine genauere Analyse der Sterblichkeitsziffern, wofür auf der sicheren Grundlage der Theorie von LEXIS in den vorstehenden Kapiteln einiges statistische Material zusammengetragen worden ist.

Die „jugendliche" Sterblichkeit beruht im Sinne von LEXIS darauf, daß Kinder geboren werden, welche von vornherein lebensuntauglich sind. Dies wird in Zukunft in den Kulturstaaten hoffentlich in hohem, allmählich in vollständigem Maße verhindert werden können, da die Vererbungswissenschaft die Möglichkeit erschließt, die Zeugung solcher Kinder überhaupt wegfallen zu lassen. Bis jetzt ist in dieser Hinsicht zwar noch kein bedeutsames Ergebnis bemerkbar, doch kann dasselbe mit großer Wahrscheinlichkeit für eine nicht mehr ferne Zeit erwartet werden.

Von den vorzeitigen Sterbefällen lassen sich durch die Fortschritte der hygienischen Kultur die an Infektionskrankheiten und die durch unzweckmäßige Ernährung, besonders der Säuglinge, eintretenden immer mehr ausschalten, gerade in dieser Richtung ist die Menschheit gegenwärtig schon am weitesten vorwärts gekommen. Auch andere vorzeitige Todesfälle, z. B. an Lungenentzündung, würden in überwiegendem Maße vermieden werden können, wenn nicht Schädigungen, die an sich nicht lebensgefährlich zu sein brauchen, Menschen mit minderwertiger Konstitution treffen würden, und solche Menschen braucht es bei fortschreitender Auswirkung der Vererbungswissenschaft in Form der Eugenik kaum mehr zu geben. Das gleiche gilt von Todesfällen infolge Alkoholismus u. dgl. und infolge von Selbstmord, welche gleichfalls überwiegend erblich minderwertige Menschen betreffen. Von vielen Erkrankungen, welche keine hinsichtlich ihrer Grundursache scharf abgegrenzten Gruppen bilden, läßt sich dasselbe erkennen. Es bleibt dann von der vorzeitigen Sterblichkeit nur die an Neubildungen übrig, welche gemäß den Ausführungen im 6. Kapitel zwar vermeidbar ist, wobei jedoch die tatsächliche Erreichung dieses Ziels noch in ziemlicher Ferne zu liegen scheint; indessen treten diese Todesfälle überwiegend in einem Alter ein, welches von dem der normalen Sterblichkeit nicht mehr weit entfernt ist, so daß ihre Auswirkung auf die mittlere Lebensdauer nicht bedeutsam ist, wie aus Tabelle 48 zu ersehen ist, wonach die Mitberücksichtigung dieser Todesfälle die mittlere Lebensdauer nur um 2,8 Jahre beim männlichen bzw. 2,7 Jahre beim weiblichen Geschlecht verkürzt.

Es ist also zu erwarten, daß in fortschreitender Annäherung an die normale Sterblichkeit diese fast allein übrig bleibt, d. h. die mittlere Lebensdauer bis an 80 Jahre anwächst. Dies ist kein bloßes Phantasieprodukt, wie man daraus erkennen kann, daß die Entwicklung der letzten Jahrzehnte in Deutschland schon die Hälfte des Weges bzw. bei Ausgang vom 18. Jahrhundert schon mehr als die Hälfte desselben zurückgelegt hat. In besonders hochstehenden Teilen Deutschlands ist die mittlere Lebensdauer heute schon größer als ungefähr 57 Jahre, welche für den Reichsdurchschnitt gelten, z. B. beträgt sie gemäß Tabelle 39 in Schleswig-Holstein bereits 60,4 Jahre und ist übrigens seit dem Zeitraum 1924—1926 in ganz Deutschland schon weiter angewachsen. Die günstigere Zahl für Schleswig-Holstein, welcher dafür z. B. die um so schlechtere für das rechtsrheinische Bayern gegenübersteht, dürfte allerdings mindestens teilweise darauf beruhen, daß wegen der Rassenzusammensetzung der Bevölkerung auch die normale Lebensdauer in Schleswig-Holstein länger bzw. im rechtsrheinischen Bayern kürzer als im Reichsdurchschnitt ist, so daß die normale mittlere Lebensdauer, welcher die Entwicklung zustrebt, in den beiden genannten Landesteilen mehr bzw. weniger als 80 Jahre beträgt. Noch näher an das Ziel der normalen Lebensdauer ist die tatsächliche mittlere in einigen anderen Ländern bereits gekommen, z. B. in Schweden, wo die Sterbetafel 1921—1925 eine durchschnittliche Lebenserwartung von 61,8 Jahren ergab, und insbesondere in Neu-Seeland, wo 1921—1922 schon über 64 Jahre erreicht waren. Sollte es bei einer bis zur Gegenwart bereits so weit gekommenen Annäherung allzu unberechtigt sein, auch noch die nahezu vollständige Überwindung des Restes von jugendlicher und vorzeitiger Sterblichkeit in den Ländern zu erwarten, deren Kulturhöhe die nötigen Vorbedingungen bietet?

Die Annäherung der mittleren Lebensdauer an ein Alter, welches ungefähr dem Normalalter entspricht, nämlich gegen eine Grenze von 75 Jahren hin, hat schon Bernoulli vermutet, und er gedachte hierbei der vorstehend im

2. Kapitel erwähnten 3000 Jahre alten Weisheit des 90. Psalms von unserem Leben, welches 70, oder wenn es hoch kommt, 80 Jahre währt. Freilich meinte BERNOULLI andererseits, daß neben dieser Sterblichkeit die der Säuglinge und Kleinkinder fortbestehen würde, und zwar so, daß dieselbe nicht unter insgesamt 20% herabgedrückt werden könne. Die bereits heute in hervorragendem Maße eingetretene Unrichtigkeit der letztgenannten und andererseits die sich immer mehr verwirklichende Wahrheit der erstgenannten Prophezeiung geben einen hübschen Einblick in die Verschiedenartigkeit der Einwirkungsmöglichkeit auf die Sterblichkeit in verschiedenen Altersklassen, wie sie in den vorstehenden Kapiteln wiederholt dargetan wurde.

Eine feste Grenze der mittleren Lebensdauer nahm auch MOMBERT (1) ausdrücklich an, indem er sagte, durch die Natur seien „der Verminderung der Sterblichkeit fest bestimmte Grenzen gezogen, über welche hinaus eine weitere Verminderung ausgeschlossen ist." Auch in seinem umfassenden Werk (2) hat er diese Ansicht verwertet. Sie stimmt genau mit der überein, zu der man gelangt, wenn man von den LEXISschen Begriffen aus als höchstmögliches Endziel die Beschränkung der Sterblichkeit auf die „normale" allein ansieht.

Eine unbegrenzte Hinausschiebung des durchschnittlichen Sterbealters, wie CONDORCET sie erträumte, ist also auch für die Zukunft nicht anzunehmen, dafür aber mit um so größerer Zuversicht die Annäherung an ein solches von 80 Jahren. Damit wäre dann der Sterblichkeitsverlauf erreicht, der uns als der natürliche erscheinen muß. Ob die normale Sterblichkeit selbst auch hinausgezögert werden kann, d. h. durch eine tatsächliche „Verjüngung" die natürliche Abnützung des Organismus verlangsamt werden kann, so daß das durchschnittliche Sterbealter noch weiter steigen würde, dafür ist bis jetzt keinerlei Anhaltspunkt vorhanden, so daß es kaum einen Zweck haben kann, sich mit derartigen Zukunftsplänen zu befassen.

Im Anschluß hieran bleibt noch die Frage zu erörtern, *welches Alter das höchste ist*, das nach dem gegenwärtigen Stand unserer statistischen Kenntnisse von Menschen erreicht werden kann. Die Antwort auf diese Frage muß vorweg betonen, daß es ein *absolutes* Höchstalter nicht gibt — das hat schon GOMPERTZ erkannt — sondern nur errechenbare *Wahrscheinlichkeiten* für das Erleben eines bestimmten Alters. Da nunmehr als sicher vorausgesetzt werden kann, daß die Sterblichkeit in den hohen Altern gemäß der Theorie von LEXIS verläuft, verteilen sich in dieser Alterszone die Sterbealter also gemäß dem GAUSZschen Gesetze, und die Berechnung der Extremwerte ist nach den durch v. BORT-KIEWICZ (8) hierfür geschaffenen Grundlagen durchführbar.

Bei dieser Berechnung muß allerdings eine Ungenauigkeit in Kauf genommen werden, daß nämlich für ganz Deutschland und sogar für die ganze Erde ein einheitliches Normalalter zugrunde gelegt wird. Andernfalls würde nicht nur die Rechnung weit unübersichtlicher, was an sich kein Hindernis sein dürfte, sondern es kommt hinzu, daß über die Verschiedenheiten des Normalalters bei den einzelnen Rassen kein brauchbares Material vorliegt, so daß also eine statt dessen vorgenommene Schätzung die Ungenauigkeit größer gestalten würde, als wenn man sich mit einem einheitlichen Normalalter begnügt. Als solches wird also wieder das von 80 Jahren angenommen und als mittlere Abweichung wieder 7,071 Jahre.

Für Deutschland sei eine Zahl von jährlich 1000000 Geborener angenommen, welche in Zukunft alle das Alter der normalen Sterblichkeit erreichen, während in den letzten Jahrzehnten die Geborenenzahlen höher waren, dafür aber ein entsprechender Teil einem jugendlichen oder vorzeitigen Tode zum Opfer fiel. Dann ist nach der durch v. BORTKIEWICZ ermittelten Formel anzunehmen, daß innerhalb eines solchen Geborenenjahrgangs das höchste vorkommende Alter ungefähr 115 Jahre betragen dürfte; in 100 aufeinanderfolgenden Jahrgängen zusammen ist als äußerster Wert ein Sterbealter von 121 Jahren zu erwarten, in 500 Jahren einmal ein solches von 123 Jahren [1].

Für die ganze Erde sei zunächst geschätzt, welches Alter das höchste *bisher* tatsächlich vorgekommene sein dürfte. In Betracht kommen hierfür die Jahrgänge, welche vom Beginn der Menschheitsgeschichte an bis ungefähr 1820 geboren sind, da die später Geborenen noch nicht in einem extremen Alter stehen können. Schätzt man nun — wahrscheinlich zu hoch — daß in den Jahrhunderten vor 1820 auf der ganzen Erde jährlich etwa 20—30 Millionen Menschen geboren und $1/_3$ hiervon für einen normalen Tod in Betracht gekommen sei, diese Zahlen sich aber in der Zeit rückwärts schnell verkleinern, so hat es bis jetzt höchstens etwa 2000 Millionen Menschen gegeben, d. h. etwa ebensoviel wie gegenwärtig gleichzeitig auf der Erde leben, welche für die Erreichung eines extremen Alters in Betracht gekommen wären. Hierfür ergibt sich als Erwartungswert des höchsten vorgekommenen Alters ein solches von 124 Jahren. Wenn immer wieder Nachrichten über Menschen auftauchen, welche z. B. 150 Jahre alt sein sollen, so kann dies zwar nicht als unmöglich bezeichnet werden, aber die Wahrscheinlichkeit dafür, daß überhaupt schon einmal ein Mensch 150 Jahre alt geworden ist, ist ebenso unvorstellbar winzig wie die, daß beim Roulette in einer Reihe von 44 Spielen alle 44mal eine bestimmte Farbe gewinnt!

Nimmt man für die *Zukunft* an, daß jährlich 50 Millionen Menschen auf der ganzen Erde geboren werden und keine jugendlichen und vorzeitigen Todesfälle

---

[1] *Nachtrag bei der Korrektur.* Während des Druckes erschien ein Aufsatz von E. GUMBEL: „Das Alter des Methusalem" (Z. Schweiz. Stat. u. Volkswirtsch. **69**, 516), worin die Frage der höchsten Lebensdauer innerhalb einer Generation nach ähnlicher Methode wie hier behandelt wird, nämlich auf Grund der Theorie von LEXIS über die Verteilung der Todesfälle und unter Anerkennung der Formel von v. BORTKIEWICZ über die Variationsbreite beim GAUSZschen Fehlergesetz, die allerdings durch eine Näherungsformel ersetzt wird. Die Bearbeitung durch GUMBEL unterscheidet sich von der vorstehenden zunächst insofern, als GUMBEL die Geltung der Theorie von LEXIS nicht nachprüft und daher eine genaue Übereinstimmung mit der Beobachtung annimmt, infolgedessen auch die mittlere Abweichung durch einfache Umrechnung mittels des theoretischen Verhältnisses aus der durchschnittlichen Abweichung entnimmt. Da tatsächlich, wie in den vorstehenden Kapiteln gezeigt wurde, die Sterblichkeit jenseits des normalen Alters noch durch eine Anzahl vorzeitiger Todesfälle beeinflußt wird, sind die auf solche Weise gewonnenen Ergebnisse nicht zuverlässig. Außerdem legt GUMBEL als Beobachtungszahl eine Zahl zugrunde, die aus der Gesamtheit aller Todesfälle berechnet ist, auf denen die Sterbetafel beruht, übersieht also, daß dies für eine indirekte Sterbetafel nicht paßt, bei der wegen der wachsenden Bevölkerung die höheren Alter schwächer besetzt sind als in einer stationären Bevölkerung mit einer gleich großen Gesamtzahl von Todesfällen. Daß die von GUMBEL gefundene Übereinstimmung mit der Wirklichkeit trotzdem noch gerade in den Grenzen der Zufallsfehler liegt, dürfte daher rühren, daß er Material aus der Statistik der Vereinigten Staaten von Amerika verwendet und die Altersangaben der mit über 100 Jahren Verstorbenen dort unzuverlässig, d. h. meist übertrieben sein dürften, eine Möglichkeit, die auch GUMBEL selbst zugibt, aber nicht weiter berücksichtigt.

mehr vorkommen, so wäre erst alle 100 Jahre einmal ein Fall zu erwarten, in welchem ein Mensch 125 Jahre alt wird, alle 1000 Jahre ein Höchstalter von 127 Jahren und erst in 10000 Jahren einmal ein solches von 129 Jahren.

8. Schluß.

In dieser Untersuchung ist der Versuch gemacht worden, die Mannigfaltigkeiten des Sterblichkeitsverlaufes im allgemeinen, sowie die seiner örtlichen und zeitlichen Verschiedenheiten zu erklären. Hierbei ergab sich als zweckmäßigster Leitfaden die von LEXIS stammende Einteilung in jugendliche, vorzeitige und normale Todesfälle. Die vorzeitigen beruhen auf einer unübersehbaren Zahl zusammenwirkender Ursachen, welche jedoch alle mit Erfolg bekämpft werden; demgegenüber ist die *normale Sterblichkeit*, die menschlicher Beeinflussung bis jetzt unzugänglich zu sein scheint, von einem einzigen Gesetze abhängig, nämlich dem GAUSZschen Verteilungsgesetze, sie stellt hiernach eine *angeborene Eigenschaft* einer Menschenrasse dar, genau so wie irgendwelche körperliche Merkmale.

Die Wissenschaft, zu dieser Erkenntnis geführt zu haben, ist vorwiegend das Verdienst von drei Männern: GAUSZ schuf das mathematische Verteilungsgesetz, QUETELET wandte es erstmalig auf menschliche Maße an und LEXIS übertrug es auf die menschliche Lebensdauer. Seinen Epigonen bleibt nur der Ausbau seines Werkes.

Literatur.

ABEL, A.: Die Sterbetafeln 1926 des Vereins Deutscher Lebensversicherungs-Gesellschaften. Veröff. dtsch. Ver. Vers.wiss. H. 40 (1926).

BERNOULLI, CH.: Handbuch der Populationistik. Ulm 1841.

BERNSTEIN, F. (1): Säkulare Sterblichkeitsänderung und Prinzip.... Bl. Vers.math. **2**, 390 (1933).

— (2): Die natürliche Lebensdauer des Menschen und ihre statistische und individuelle Beurteilung. Metron **11**, 145 (1933).

BORTKIEWICZ, L. v. (1): Die Sterblichkeit und Lebensdauer der männlichen orthodoxen Bevölkerung des europäischen Rußlands (russ.). St. Petersburg 1890.

— (2): Die Sterblichkeit und Lebensdauer der weiblichen orthodoxen Bevölkerung des europäischen Rußlands (russ.). St. Petersburg 1891.

— (3): Die mittlere Lebensdauer. Jena 1893.

— (4): Kritische Jahrbücher zur theoretischen Statistik, 3. Artikel. Jb. Nat. Ök. u. Stat., III. F. **11** (1896).

— (5): Das Gesetz der kleinen Zahlen. Leipzig 1898.

— (6): Über die Methode der „standard population". Bull. Inst. internat. statist. **14**, 417 (1904).

— (7): Die Iterationen. Berlin 1917.

— (8): Die Variationsbreite beim GAUSZschen Fehlergesetz. Nord. statist. Tidskr. **1**, 11 (1922).

— (9): Artikel „Sterbetafeln". Handwörterbuch der Staatswissenschaften, 4. Aufl. Jena 1926.

— (10): Korrelationskoeffizient und Sterblichkeitsindex. Bl. Vers.math. **1**, 87 (1929).

BROWNLEE, J.: Mortality in Childhood with Reference to Hygiene. J. of Hyg. **21**, 126 (1922).

BURKHARDT, F.: Die neue Sterbetafel für die Gesamtbevölkerung Sachsens im Anschluß an die Volkszählung am 16. Juni 1925. Z. sächs. Stat. Landesamt **74, 75**, 103 (1928 bis 1929).

CONDORCET, Ouvrage posthume: Esquisse d'un tableau historique des progrès de l'esprit humain, 1795.

CZUBER, E. (1): Theorie der Beobachtungsfehler. Leipzig 1891.
— (2): Die Entwicklung der Wahrscheinlichkeitstheorie und ihrer Anwendungen. Jber. dtsch. Math.ver. 7, H. 2 (1899).
— (3): Wahrscheinlichkeitsrechnung und ihre Anwendung...., 4. Aufl. Leipzig u. Berlin 1924—28.
FECHNER, G.: Kollektivmaßlehre. Leipzig 1897.
FISCHER, PH.: Grundzüge des auf menschliche Sterblichkeit gegründeten Versicherungswesens. Oppenheim 1860.
FLASKÄMPER, P.: Beitrag zur Logik der statistischen Mittelwerte. Allg. stat. Arch. 21, 379 (1931).
FREUDENBERG, K. (1): Über die Häufigkeitskurven menschlicher Maße. Arch. soz. Hyg., N. F. 1, 393 (1926).
— (2): Fruchtbarkeit und Sterblichkeit in den Berliner Verwaltungsbezirken in Beziehung zu deren sozialer Struktur. Erg. soz. Hyg. 1, 1 (1929).
— (3): Die Lebensdauer vom Standpunkte der Hygiene. Erg. Med. 13, 501 (1929).
— (4): Die Höhe der Krebssterblichkeit. Z. Krebsforsch. 35, 178 (1932).
— (5): Die Abweichung des Verlaufs der Sterblichkeit vom MAKEHAMschen Gesetz. Dtsch. stat. Zbl. 24, 33 (1932).
— (6): Beiträge zur Lehre von den statistischen Gewichten. Jb. Nat. Ök. u. Stat., III. F. 82, 641 (1932).
— (7): Die Ursachen des Sterblichkeitsrückganges. Allg. stat. Arch. 23, 217 (1933).
FUNK, J.: Die Sterblichkeit nach sozialen Klassen in der Stadt Bremen. Mitt. Brem. Stat. Amt 1911, Nr 1.
GAUSZ, C. F.: Theoria motus corporum coelestium .... Hamburg 1809.
GEISZLER, O.: Das Phänomen des Verschwindens der Tuberkuloseübersterblichkeit der Arbeiterklasse. Klin. Wschr. 1932, 602.
GOMPERTZ, B.: On the Nature of the Function Expressive of the Law of Human Mortality. Philos. Trans. 1825, 513.
GRAUNT, J.: Natural and political observations upon the bills of mortality. London 1661.
s'GRAVESANDE, G. J.: Introductio ad philosophiam; Metaphysicam et Logicam continens. Editio altera. Leidae 1737.
GREENWOOD, M.: „Laws" of Mortality from the Biological Point of View. J. of Hyg. 28, 267 (1928).
GUMBEL, E.: Das Zufallsgesetz des Sterbens. Erg.-H. zu Dtsch. stat. Zbl. 1932, H. 12.
HALLEY, E.: An Estimate of the Degrees of the Mortality of Mankind. London 1693.
HERSCH, L.: L'inegalité devant la mort. Paris 1920.
JOHANNSEN, W.: Elemente der exakten Erblichkeitslehre, 3. Aufl. Jena 1926.
JOHN, V.: Geschichte der Statistik, 1. Teil. Stuttgart 1884.
KEMMERICH, M.: Die Lebensdauer und die Todesursachen innerhalb der deutschen Kaiser- und Königsfamilien. A. v. LINDHEIMs Saluti senectutis. Leipzig u. Wien 1909.
LENZ, F.: E. BAUR, E. FISCHER, F. LENZ' Menschliche Erblichkeitslehre und Rassenhygiene, 3. Aufl. München 1927.
LEXIS, W. (1): Zur Theorie der Massenerscheinungen in der menschlichen Gesellschaft. Freiburg 1877.
— (2): Abhandlungen zur Theorie der Bevölkerungs- und Moralstatistik. Jena 1903.
LORENZ, P. (1): Der Trend. Vjh. Konj.forsch. 1928, Sonderh. 9.
— (2): Ref. Allg. stat. Arch. 22, 615 (1932).
MAKEHAM, W. (1): On the Law of Mortality and the Construction of Annuity Tables. Assurance Mag. a. J. Inst. Actuaries 8, 301 (1860).
— (2): On the Law of Mortality. Assurance Mag. a. J. Inst. Actuaries 13, 325 (1867).
MISES, R. v.: Wahrscheinlichkeit, Statistik und Wahrheit. Wien 1928.
MOIVRE, A. DE: Abhandlung über Leibrenten. Nach der dritten Auflage von 1756 ins Deutsche übertragen von E. CZUBER. Sonderh. Vers. wiss. Mitt. Wien 1906.
MOMBERT, P. (1): Studien zur Bevölkerungsbewegung in Deutschland. Karlsruhe 1907.
— (2): Bevölkerungslehre. Jena 1929.
MOSER, L.: Die Gesetze der Lebensdauer. Berlin 1839.
PEARL, R.: The Biology of Death. Philadelphia u. London 1922.

PEARSON, K. (1): Contributions to the Mathematical Theory of Evolution. II. Skew Variation in Homogeneous Material. Philos. Trans. A **186**, 343 (1895).

— (2): Chances of Death and other Studies in Evolution. London 1897.

PFAUNDLER, M. v.: Körpermaßstudien an Kindern. Z. Kinderheilk. **14**, 6 (1916).

PRINZING, F. (1): Die Sterblichkeit in der bürgerlichen Bevölkerung Deutschlands seit den Zeiten der Karolinger. A. v. LINDHEIMS Saluti senectutis. Leipzig u. Wien 1909.

— (2): Korrelation zwischen Säuglings- und Kleinkindersterblichkeit. Z. Schulgesdh.pfl. u. soz. Hyg. **37**, 313 (1924).

— (3): Handbuch der medizinischen Statistik, 2. Aufl. Jena 1931.

QUETELET, A. (1): Lettres ... sur la théorie des probabilités ... Bruxelles 1846.

— (2): Physique sociale. Bruxelles 1869.

RAHTS, J.: Deutsche Sterbetafeln für das Jahrzehnt 1891—1900. Stat. Dtsch. R. **200**. Berlin 1910.

RAUTMANN, H.: Untersuchungen über die Norm, ihre Bedeutung und Bestimmung. Jena 1921.

RICHMOND, G. W.: Neue Sterblichkeitserfahrungen in Großbritannien. Veröff. dtsch. Ver. Vers.wiss. H. 39 (1926).

RIEBESELL, P. (1): Über Sterblichkeitserfahrungen in Deutschland. Z. Vers.wiss. **1927**, 114.

— (2): Der Kampf um die Formel für die säkularen Sterblichkeitsschwankungen. Bl. Vers.math. **2**, 85 (1931).

RIETZ, H. L.: Handbuch der mathematischen Statistik. Deutsche Ausgabe, herausgeg. von F. BAUR. Leipzig u. Berlin 1930.

ROESLE, E.: Die Präfertilität und Sterblichkeit der ledigen Frauen nach dem Kriege. Dtsch. med. Wschr. **1929**, Nr 25.

SACHS, C. W. (1): Ein empirisches Gesetz der säkularen Sterblichkeitsschwankungen. Bl. Vers.math. **1**, 219 (1929).

— (2): Nochmals: Säkulare Sterblichkeitsschwankungen und Folgerungen daraus. Bl. Vers.math. **2**, 39 (1931).

SCHOTT, A.: Die mittlere (durchschnittliche) Lebensdauer der württembergischen und der Reichsbevölkerung nach den Sterbetafeln für die Jahre 1924—1926. Württemberg. Jb. Stat. u. Landeskde **1928**, 322.

SELLHEIM, H.: Die Bestimmung der Vaterschaft. München 1928.

SÜSZMILCH, J. P. (1): Die göttliche Ordnung in den Veränderungen des menschlichen Geschlechts ...., 3. Aufl. Berlin 1765.

— (2): Die göttliche Ordnung in den Veränderungen des menschlichen Geschlechts ...., 4. Aufl., besorgt von CH. J. BAUMANN. Berlin 1775.

VERSCHUER, O. Frh. v.: Das Erb-Umweltproblem beim Menschen. Forschgn u. Fortschr. **9**, 54 (1933).

WINKLER, W. (1): Die statistischen Verhältniszahlen. Leipzig u. Wien 1923.

— (2): Grundriß der Statistik. Berlin 1931.

WITTSTEIN, TH.: Das mathematische Gesetz der menschlichen Sterblichkeit. Hannover 1883.

ŽIŽEK, F.: Die statistischen Mittelwerte. Leipzig 1908.

Statistisches Amt der Stadt Halle, Statistische Vierteljahreshefte der Stadt Halle.

Statistisches Landesamt, Preußisches, Medizinalstatistische Nachrichten.

Statistisches Reichsamt (Kaiserliches Statistisches Amt) (1): Statistik des Deutschen Reichs.

— (2): Statistisches Jahrbuch für das Deutsche Reich.

— (3): Wirtschaft und Statistik.

Office permanent de l'Institut international de statistique, Aperçu de la démographie des divers pays du monde 1929.

Registrar-General: The Registrar-General's Decennial Supplement, England and Wales 1921. Part. II. London 1927.

Reichsgesundheitsamt: Statistische Sonderbeilage zum Reichs-Gesundheitsblatt.

VII. Die Lehre von der fokalen Infektion.

Von

A. GRUMBACH - Zürich.

(Aus dem Hygiene-Institut der Universität Zürich.)

Inhalt.

I. Einleitung.

Wenn wir einen Einblick gewinnen wollen in die Bedeutung der bakteriologischen Forschung für das allgemeinmedizinische Denken und Handeln, so schlagen wir am besten die Lehr- und Handbücher der allgemeinen Pathologie auf. Hier finden wir in Darstellungen, die „au dessus de la mêlée" stehen, wie im Laufe der vergangenen 50 Jahre die morphologische Nomenklatur immer mehr durch spezifisch-ätiologische Begriffe ersetzt wurde.

Wenn wir dann aber die Krankheitsbilder, an deren ätiologischer Aufklärung die Bakteriologie in erfolgreicher Weise mitgearbeitet hat, näher betrachten, so müssen wir feststellen, daß sowohl Kliniker wie Mikrobiologen ihr Interesse vor allem den Infektionskrankheiten zugewendet haben, denen zufolge ihrer Verbreitung eine über das medizinische Interesse hinausgehende bevölkerungspolitische Bedeutung zukam. Diese Beschränkung der Interessensphäre war zu Zeiten, wo die Welt periodisch unter den Druck schwerer Seuchen gestellt war, durchaus angezeigt. Die Erfolge, welche die Seuchenbekämpfung überall da erzielt hat, wo es gelang, den Erreger aufzufinden und ohne allzu große Schwierigkeiten nachzuweisen, sind denn auch mitbeteiligt an dem Interesse, das die Menschheit der medizinischen Forschung entgegenbringt und bilden wohl eine der besten Waffen im Kampfe um die Festigung der auf naturwissenschaftlicher Basis stehenden Medizin. Sie sind es auch, welche die Prioritätsstellung der Mikrobiologie innerhalb der Hygiene bedingt haben. Wenn sich heute da und dort die Verhältnisse zugunsten der sozialen Hygiene etwas verschoben haben, so liegt das einerseits daran, daß die Erfolge der Seuchenbekämpfung so eklatante sind, daß die Seuchen heute eine viel geringere Rolle spielen — ohne daß man sich an den betreffenden Stellen darüber Rechenschaft gibt, daß das geringste Nachlassen der verantwortlichen Organe sofort wieder alte Probleme aktuell werden lassen könnte —. Andererseits ist die medizinische Bakteriologie vielleicht in ein etwas totes Fahrwasser geraten, weil die spezifische Prophylaxe und Therapie, die doch, wenn auch häufig unterbewußt, jeder bakteriologischen Untersuchung zugrunde liegt, mit der bakteriologischen Diagnostik nicht Schritt zu halten vermochten.

Kein Zweifel kann aber darüber bestehen, daß neben der großen Zahl von Infektionskrankheiten, deren Seuchencharakter wir heute mehr oder weniger kennen, eine Reihe von Krankheitsbildern vorhanden ist, deren infektiöse Natur sich dem Kliniker geradezu aufdrängt, wo aber die bakteriologische Forschung bisher versagt hat. Diese Tatsache ist kein Zufall. Sie ist wohl zum Teil dadurch bedingt, daß die Mehrzahl dieser Krankheiten zunächst als individuelles Leiden imponiert. Da sie häufig nicht tödlich sind, bedurfte es der modernen Morbiditäts- und Mortalitätsstatistiken, um ihre Bedeutung für das Volksganze aufzuzeigen und erst mit dem Ausbau der Versicherungen war zu errechnen, welcher Schaden im Volksvermögen durch sie entsteht.

Hierzu kam, daß die mikrobiologische Forschung durch die führenden Geister, die ihr zu Gevatter standen, in ganz bestimmte Bahnen gezwängt wurde, wodurch sich gewisse Fragestellungen bis in die neueste Zeit hinein nicht durchzusetzen vermochten.

Unter den verschiedenen für die Klinik bedeutsamen Forschungsrichtungen der modernen Bakteriologie ist es wohl in erster Linie die Variabilitätslehre, die nun diagnostisch und experimentell zur Auswirkung kommen muß. Ihr Gegenstück und ihr ebenbürtig ist das Gebiet, das unter den Begriff der Konstitution, im NAEGELISchen Sinne Genotypus und Phänotypus umfassend, eingereiht wird. Diesen beiden Faktoren werden wir im Rahmen der allgemeinen Infektionslehre vermehrte Berücksichtigung schenken müssen.

Ich habe im folgenden versucht, die Lehre der Herdinfektion auf dem Boden der allgemeinen Infektionslehre unter Berücksichtigung der bakteriologischen, pathologisch-anatomischen und klinischen Tatsachen darzustellen. Es soll gezeigt werden, daß schon lange Strömungen zugunsten dieser Lehre vorhanden waren, sich aber nicht durchzusetzen vermochten, weil sie dem momentanen Stand der allgemeinen Anschauung zuwiderliefen. Ich habe schon früher betont, daß eine grundsätzliche Schwierigkeit, der Lehre von der Herdinfektion die gebührende Anerkennung zu verschaffen, von der Bakteriologie ausging, indem die Streptokokken, die durch diese Lehre in den Mittelpunkt des Interesses gerückt werden, mit der im allgemeinen heute gebräuchlichen Charakterisierung nur ganz ungenügend erfaßt werden können. Es ist ein gutes Omen für die Lehre von der Herdinfektion, daß es in erster Linie der pathologische Anatom (ASCHOFF) und Kliniker (FRIEDRICH VON MÜLLER) waren, die auf unsere mangelhafte Streptokokkenkenntnis hinwiesen.

W. LEHMANN hat zwar erst 1930 an dieser Stelle über die Bakteriologie der Streptokokkenerkrankungen ein wertvolles Referat erstattet, aus dem vor allem auch hervorgeht, daß eine bakteriologisch oder klinisch brauchbare Systematik der Streptokokken noch aussteht. SCHOTTMÜLLER selbst weist im Vorwort zur LEHMANNschen Arbeit darauf hin, daß es keinen pathogenen Keim gibt, dessen Biologie noch so viele Probleme aufweist, wie die Streptokokken, „die nach der in allen Lehr- und Handbüchern zum Ausdruck kommenden Auffassung zu den weitaus häufigsten Erregern menschlicher Infektionen gehören".

Es schien mir trotz der LEHMANNschen Arbeit für das Verständnis der Herdinfektionen unumgänglich nötig, die Frage der Streptokokkensystematik, allerdings von einem etwas anderen Gesichtspunkt aus, nochmals aufzurollen und dabei zu zeigen, wie einerseits alte prinzipielle Fragestellungen auch heute noch nicht gelöst sind, wie aber andererseits aus neuester Zeit doch Arbeiten vorliegen, welche uns hoffen lassen, daß wesentliche Gesichtspunkte in nicht zu ferner Zeit zu einer prinzipiellen Abklärung gelangen. Wenn sich allerdings heute wie vor 50 Jahren Unitarier und Pluralisten immer noch gegenüberstehen, so hat man vielleicht doch etwas an der Tatsache vorbeigesehen, daß es sich bei den unter dem Namen „Streptokokken" zusammengefaßten Bakterien schließlich um nichts anderes handelt, als um den morphologischen Ausdruck einer Teilungsart, ein Merkmal also, das bei anderen Bakterienformen doch wohl kaum genügt hätte, um ein halbes Jahrhundert lang den Begriff der Arteinheit ernsthaft zu verteidigen.

II. Die Streptokokken.

1. Geschichte und Einteilungsversuche.

COZE und FELTZ haben Streptokokken schon 1869 in den Lochien infizierter Frauen, NEPVEU 1870 in erysipelatösen Efflorescenzen, HAJALMAR-HEIBERG 1872 in den Auflagerungen von Mitralklappen und in den Embolien von Nieren und Milz einer an Puerperalsepsis gestorbenen Frau gesehen. ORTH und PITOY beobachteten 1873, LUKOWSKI 1874, BOUCHARD 1876, TILLMANNS 1879 streptokokkenähnliche Bakterien bei Erysipel und Puerperalinfektionen.

1874 fand PASTEUR Streptokokken in Abscessen und wies wohl als erster auf ihre spezifisch-pathogene Bedeutung hin. 1880 erschien dann unter PASTEURs

Leitung die Dissertation von Doléris, der nicht nur die Rolle der Streptokokken als Erreger der Puerperalsepsis festlegte, sondern darüber hinaus prinzipielle Beiträge zur Pathogenese der Sepsis lieferte, auf die in anderem Zusammenhang noch zurückzukommen sein wird.

Die Züchtung und die damit verbundene Möglichkeit des Experimentes gelang aber erst Fehleisen in den Jahren 1881—1883. Mit den Arbeiten Fehleisens und den sich in kurzer Zeit folgenden bestätigenden Mitteilungen über den „Erysipelococcus" von Koch, Cornil und Babés, Pawlowsky, Janot, Kurth und Achalme setzt somit die eigentliche Erforschung der Streptokokkenerkrankungen ein.

1884 beschrieben Rosenbach und Passet den Streptococcus als den üblichen Erreger von chronischen Eiterungen und Phlegmonen. Fränkel, Hanot, Barbier, Marot, Veillon wiesen auf seine Bedeutung bei gewissen Formen der Angina hin. Cantini, Weichselbaum, Netter, Mosny und Helme fanden ihn bei Bronchopneumonien, Vignalon und Courtois-Suffit im Eiter von Pleuraempyemen und Netter bei Otitis media.

Die Medizin nimmt heute als selbstverständlich an, daß „der Streptococcus" so durchaus verschiedene Krankheitsbilder wie Erysipel und Endokarditis, Wundeiterungen und Puerperalsepsis, Anginen und Phlegmonen auszulösen vermag. Ein großer Teil der Kliniker, Pathologen und Bakteriologen weigert sich aber auch heute noch, für Krankheitsbilder, wo die Zusammenhänge aus verschiedenen Gründen nicht so eklatant zutage liegen, die Streptokokkengenese anzuerkennen. Den Grund für diese Einschränkung vermag ich nur darin zu sehen, daß man heute vergessen hat, wie genial die Erkenntnis in der ersten Entwicklungszeit der Bakteriologie eigentlich war, daß „ein und derselbe" Erreger verschiedene Krankheitsbilder auszulösen vermag, daß man sich heute doch etwas zu wenig daran erinnert, zu was für grundsätzlichen Auseinandersetzungen mit Naegeli, Billroth und anderen führenden Geistern die radikalen Anschauungen, die Koch in nicht zu übertreffender Weise für den Tuberkelbacillus ausgesprochen und bewiesen, geführt hatten.

Es war naheliegend, daß man in den neunziger Jahren die Streptokokken vorerst nach den Krankheitsbildern benannte, bei denen sie angetroffen wurden. Fehleisen gewann seinen Stamm aus einem Fall von Erysipel und nannte ihn Streptococcus erysipelatos, Rosenbach hatte mit Anderen Streptokokken aus akuten Abscessen isoliert und sie „Streptococcus pyogenes" benannt. Als 1886 Klein Streptokokken aus den Tonsillarbelägen von Scharlachpatienten gewann, schrieb er über „Streptococcus scarlatinae".

Als dann unter dem Einfluß Kochs der Gedanke, daß jeder der genannten Streptokokken verschiedene Krankheitserscheinungen zu erzeugen vermochte und grundsätzlich biologische Merkmale abgrenzender Art nicht zur Verfügung standen, immer mehr durchdrang, einigte man sich, im Streptococcus eine einheitliche Art zu sehen, um, wie Park und Williams betonen, erst in neuester Zeit wieder einzusehen, daß die ersten Untersucher gar nicht so sehr weit von der Wahrheit entfernt waren.

Bereits 1891 schlug von Lingelsheim vor, die Streptokokken auf Grund der Kettenlänge in 2 Gruppen einzuteilen. Er nannte die kürzeren Formen, die Bouillon diffus trübten und meistenteils avirulent waren, „Streptococcus brevis", und stellte diesen den „Streptococcus longus" mit langen Ketten, klarer Bouillon, flockigem und granuliertem Bodensatz gegenüber.

Pasqual unterschied auf Grund des Bouillonwachstums wolkig, klar mit schleimigem Bodensatz und klar mit granuliertem Bodensatz.

Daß die von Marot 1892, Doléris und Bourges 1893, Ziemke 1895 beschriebenen gramnegativen Streptokokken etwas besonderes darstellten, lag auf der Hand. Ebenso hatten die von de Graf und Wittman, Krönig und Menge, Sternberg, Philibert und Bezançon, Schottmüller usf. beschriebenen aneroben Streptokokken, sowie der an der Escherichschen Klinik von Libman und Hirsh entdeckte und 1899 von Thiercelin beschriebene Enterococcus aus der üblichen Gruppe auszuscheiden.

Nachdem Marmorek bereits 1895 das Hämolysevermögen von Streptokokken in vivo, 1902 auch in vitro festgestellt und Besredka 1901 nichthämolytische Streptokokken isoliert hatte, nahm Schottmüller 1903 eine Einteilung der Streptokokken vor und unterschied auf Grund ihres Verhaltens auf der Blutplatte:

1. Streptococcus longus, pyogenes, seu erysipelatos (lange Ketten, die graue Kolonien bilden und das Blut hämolisieren).

2. Streptococcus mitior, seu viridans (kurze Ketten, grüne Kolonien mit sehr geringer Hämolyse).

3. Streptococcus mucosus (kapselbildende Mikroorganismen mit Kolonien von schleimiger Konsistenz), in dem aber Park und Williams bereits 1905 einen Pneumococcus erkannt hatten.

4. Pneumokokken mit intensiv dunkelgrün gefärbten Kolonien ohne makroskopisch sichtbare Hämolyse.

Bereits 1906 schrieben aber Beitzke und Rosenthal, daß der Blutagar nicht den Erwartungen, die Schottmüller daran geknüpft hat, entspricht, daß er zwar ein schätzenswertes Hilfsmittel zur kulturellen Diagnose zwischen Streptokokken und Pneumokokken darstellt, daß das Hämolysevermögen jedoch ebensowenig wie alle anderen bisher zur Klassifizierung herangezogenen Eigenschaften einer Arteinteilung zugrunde gelegt werden kann, da es eine variable Eigenschaft bilde.

Über die Bedeutung der Schottmüllerschen Blutplatte hat sich weiterhin eine recht umfangreiche Literatur herausgebildet, die Lehmann in seinem Referate weitgehend bearbeitet hat. Es kam dabei immer mehr zum Ausdruck, daß nicht nur der Streptococcus, sondern auch Art und Menge des Blutes für den Ausfall der Reaktion eine recht wesentliche Bedeutung spielen, eine Erfahrung, die Dold zur Forderung nach einer Standardisierung der Blutplatte veranlaßte.

Brown hatte bereits 1919 in Fortsetzung einer Arbeit von Smith und Brown (1915) versucht, dieser Forderung gerecht zu werden und auf der Blutplatte unter besonderer Berücksichtigung des mikroskopischen Aussehens der tiefen Kolonien 4 Streptokokkentypen beschrieben.

α-Typ, bildet um die Kolonie herum eine Zone grünlicher Verfärbung, die sich bei mikroskopischer Betrachtung als partielle Hämolyse erweist.

β-Typ ist charakterisiert durch eine scharf begrenzte, vollkommen transparente hämolysierte Zone, die bei mikroskopischer Betrachtung keine intakten Blutkörperchen mehr enthält.

γ-Typ umfaßt die Streptokokken, welche weder Hämolyse noch Entfärbung des Nährbodens bedingten. Praktische Schwierigkeiten in der Abgrenzung von α- und β-Typ veranlaßten BROWN, den α'-Typus aufzustellen, welcher die Streptokokken aufnahm, die eine Zwischenstellung einnahmen.

IDZERDA und VAN EVERDINGEN haben den BROWNschen Typus unter Zuhilfenahme der stereoskopischen Betrachtung sowie des histologischen Schnittverfahrens in einer Reihe von Arbeiten analysiert. In diesem Zusammenhange interessiert uns besonders ihre Feststellung, daß schon eine kleine Verminderung der Wasserstoffionenkonzentration Tiefenkolonien eines α-Typus den Aspekt eines β-Typus verleiht und daß der von den Streptokokken ausgeschiedene Stoff, der die Färbung auf der Blutplatte bedingt, experimentell ersetzt werden kann durch Wasserstoffsuperoxyd.

NOCARD und MOLLEREAU kommt das Verdienst zu, 1887 als erste die Zuckervergärungsmethode zur Streptokokkeneinteilung verwendet zu haben (Dextrose, Lactose).

1902 setzte HISS seinem Serumwasser Dextrose, Lävulose, Galaktose, Maltose, Saccharose, Lactose, Dextrin, Stärke, Glykogen und Inulin zu; als Indicator der Vergärung diente die Serumkoagulation. HISS fand, daß die Streptokokken Dextrose, Lävulose und Galaktose leichter als Saccharose, Lactose und Maltose vergärten. Dextrin, Stärke, Glykogen und Inulin wurden erst nach mehreren Tagen oder überhaupt nicht angegriffen, wogegen Pneumokokken Inulin regelmäßig zu spalten vermochten.

In den Jahren 1903—05 untersuchte GORDON „10 charakteristische Vertreter der Streptokokkengruppe" gegenüber Kohlehydraten, Glucosiden und mehrwertigen Alkoholen. Aus diesen wählte er Saccharose, Lactose, Raffinose, Inulin, Salicin, Koniferin und Mannit aus und ergänzte diese Reihe noch durch Prüfung auf Neutralrotreduktion und Milchgerinnung. Mittels dieser Reihe vermochte er aus 300 aus dem Mundspeichel isolierten Stämmen 48 Varietäten aufzustellen.

HOUSTON (1903—04) fand mit derselben Reihe ohne Coniferin unter 300 aus menschlichen Faeces gewonnenen Streptokokken 40 chemisch verschiedene Typen.

1906 weisen ANDREWES und HORDER darauf hin, daß die Morphologie in einer Streptokokkensystematik doch nicht vernachlässigt werden sollte, und schlagen unter Berücksichtigung der Kettenlänge die Namen „brevissimus", „brevis", „medius", „longus" und „longissimus" vor, weisen gleichzeitig darauf hin, daß die kurzen Typen im allgemeinen die Bouillon gleichförmig trüben, während sie die langen Typen klar lassen mit schleimigem oder granuliertem Bodensatz. Ferner schlagen sie vor, die Wachstumstemperatur (psychrophil und mesophil) zur Klassifizierung zu verwenden. Der Verwendung von Zuckern im Sinne GORDONs stehen sie sehr skeptisch gegenüber, „hätte er an Stelle der 9 zwanzig Reagenzien verwendet, so hätte er an Stelle der 48 wohl hundert oder mehr verschiedene Varietäten gefunden", müssen aber andererseits doch zugeben, daß die Reaktionen für einen gegebenen Fall auffallend konstant sind, und zwar sowohl nach langen Subkulturen wie nach Tierpassagen, was 1914 LYALL an einem großen Material bestätigt.

Schließlich kombinieren ANDREWES und HORDER die GORDONschen Teste mit ihren eigenen Prinzipien vom Gesichtspunkt ausgehend „daß bei der Klassifizierung von Bakterien die Summe aller biologischen Eigenschaften zu berücksichtigen ist". Die Zuckerreaktionen sollen vor allem dazu dienen, innerhalb anderweitig festgelegter Gruppen einzelne Typen zu charakterisieren.

Einen ähnlichen Gesichtspunkt vertrat auch Lingelsheim bereits 1912, als er darauf hinwies, daß alle Klassifizierungen und Bezeichnungen sich nur auf das Erhaschen mehr oder weniger vorübergehender Zustände stützen, insofern aber nicht völlig wertlos sind, als sie in uns das Verständnis für pathogene Beziehungen erwecken können.

1917 versuchten Kinsella und Swift eine Klassifikation der nichthämolytischen Streptokokken, indem sie die bisher gebräuchlichen Unterscheidungsmerkmale noch durch Tierversuch, Agglutination und Komplementbindung ergänzten, ohne die Bedeutung des Vorkommens und immunologischen Verhaltens zu vernachlässigen. Für Kinsella besteht wiederum eine scharfe Grenze zwischen hämolytischen und nichthämolytischen Formen. Die ersteren hält er für eine einheitliche Varietät mit beschränktem Vorkommen beim Menschen und hochentwickeltem Invasions- und Infektionsvermögen, wogegen er sich die Gruppe der nichthämolytischen als eine beim Menschen weit verbreitete heterogene Gruppe denkt, die wohl ausnahmsweise bei bereits bestehender Infektion oder verminderter Resistenz zur Infektion führen kann.

1919 unterzog Brown in Fortsetzung seiner früheren Arbeiten die bisher versuchten Differenzierungsmöglichkeiten einer gründlichen Kritik, in der er darauf hinweist, wie willkürlich man mit der Namenvergebung bisher verfahren sei. Gelegentlich hätte man auf die Herkunft der Stämme abgestellt (Streptococcus pyogenes, erysipelatos, anginosus, faecalis, salivarius) oder morphologische Eigentümlichkeiten in den Vordergrund gestellt (Streptococcus longissimus, brevis, lanceolatus usw.). Namen, wie Streptococcus pyogenes, mitior, mitis, bezögen sich auf Pathogenität und Virulenz, haemolyticus, viridans, acidi lactici, stellten einzelne biologische Merkmale in den Vordergrund, alles in allem Einteilungen, die durchaus ungenügend sind, um, wie Roose und Gray schon 1918 betonten, Bakteriologen und Kliniker zu befriedigen.

Die deutschen Autoren stellten, wie aus dem Vorstehenden hervorgeht, im allgemeinen Morphologie und Verhalten auf der Blutagarplatte in den Vordergrund, die englischen und amerikanischen Autoren berücksichtigten vor allem die fermentativen Eigenschaften unter besonderer Betonung der einen oder anderen Richtung und die Amerikaner (Arnold und Avery) betonten besonders noch die p_H-Werte nach 48stündiger Bebrütungsdauer, wobei p_H 4,5 für die nichtpathogenen und p_H 5,0 für die pathogenen hämolytischen Streptokokken als Grenzzahlen aufgestellt werden, wogegen in der Gruppe der nichthämolytischen die p_H-Werte auch in Kombination mit Methylenblaureduktion keine charakteristischen Werte geben sollen.

Brown versucht nun, seine eigene Klassifizierung mit der von Holman in Verbindung zu bringen. An Stelle der Einteilung in hämolytische und nichthämolytische Gruppen bleibt er aber bei seiner Bezeichnung von α, α', β und γ. Die 3 Zucker: Lactose, Mannit und Salicin ergänzt er durch Sacharose, Raffinose und Inulin, wodurch wieder die Houstonsche Reihe entstand.

Dieser weitgehenden Typisierung Browns gegenüber bedeuten eine Reihe späterer Einteilungsversuche (Barnes 1919, Kendall, Day, Walker und Riyon 1919, Arnold 1921, Dible 1921, Seitz 1922) wieder einen wesentlichen Rückschritt.

1926 erfolgte von seiten deutscher Autoren ein neuer Vorstoß. WIRTH machte den Versuch, die Streptokokkendifferenzierung vermittels 19 verschiedener Merkmale zu fördern. Abgesehen vom Verhalten auf Blutagar, der Berücksichtigung von optimaler Temperatur, Sauerstoffbedürfnis, Hitzeresistenz, dem Verhalten gegenüber taurocholsaurem Natrium, Pathogenität für Mäuse und Bactericidieversuch, berücksichtigt er das Wachstum in Bouillon, Ascites und Blutbouillon, Lakmusmolke, Neutralrot-, Malachitgrün- und Lakmusmilch, sowie das Vergärungsvermögen gegenüber Dextrose, Lactose, Arabinose und Glycerin in Lakmusmilch. Auf Grund einer Kombination der verschiedenen Merkmale unterscheidet er:

Str. haemolyticus mit den Untergruppen pyogenes und lentus, welche ihrerseits wieder aufgeteilt werden.

Str. viridans in 2 Unterarten,

Pneumokokken und Str. mucosus,

Str. longissimus,

Str. pleomorphus,

Str. lactis in 2 Unterarten, wovon die eine thermoresistent,

Str. aerogenes,

Str. anhaemolyticus und schließlich

den anaeroben Str. putrificus.

1929 machte GUNDEL den Versuch, ein biologisches System der Streptokokken aufzustellen. Er prüft das Verhalten der Keime gegenüber Blutagar, Agar, Bouillon, Galle, Optochin, Milchzucker, Lakmusbouillon, Lakmusmilch und Äskulin, berücksichtigt ferner mikroskopische Morphologie und Pathogenität für die weiße Maus. Auf Grund dieser Merkmale unterscheidet er eine

Hauptgruppe A mit stabilen Stämmen:

   I. Str. pyogenes haemolyticus,
  II. Str. viridans,
 III. Str. lanceolatus (Pneumokokken),
 IV. obligat anaerobe Streptokokken.

Hauptgruppe B mit labilen Stämmen:

I. Pleomorphe Streptokokken,
  1. Mundstreptokokken,
  2. Enterokokken mit 2 Untertypen,
  3. Milchstreptokokken.
II. Gruppe der anhämolytischen Streptokokken und Übergangsformen.

LEHMANN versuchte 1930 unter Ablehnung der Arteinheit und in Anlehnung an die klinisch differente Wertigkeit die folgenden 12 „wohl charakterisierten" Streptokokken gegeneinander abzugrenzen: Streptococcus pyogenes haemolyticus, Streptococcus haemolyticus lentus, Streptococcus viridans, Streptococcus anhaemolyticus (Streptococcus vaginalis), Streptococcus mucosus, Streptococcus lactis, Streptococcus faecalis (Enterococcus), Streptococcus longissimus, Streptococcus conglomeratus, Streptococcus pleomorphus, Streptococcus polymorphus, Streptococcus putrificus (anaerobius).

In praktisch klinischer Beziehung sollen Streptococcus pyogenes, haemolyticus, viridans, mucosus und putrificus obenan stehen. Die Bedeutung von Streptococcus anhaemolyticus, Enterococcus und lactis wird als wesentlich

geringer bezeichnet. Streptococcus haemolyticus lentus, longissimus, conglomeratus, pleomorphus und polymorphus sollen apathogen, bzw. nur von geringem
Wert für die Ätiologie von Infektionen sein.

Wir selbst haben jahrelang auf unserer Untersuchungsstation nach den
Methoden von WIRTH und LEHMANN differenziert, um zur Überzeugung zu
gelangen, daß beide Methoden trotz erheblicher Ansprüche an Zeit und Material
eigentlich nur sehr wenig besagen und haben uns auf eine Streptokokkenreihe
beschränkt, die der von GUNDEL sehr nahesteht, indem wir unserer Einteilung
folgende Merkmale zugrunde legten: Verhalten auf der Blutplatte und in Blutbouillon, Lackmusmilch, Äskulin und Galle. Ferner prüften wir auf Hitzeresistenz,
Wachstum bei 22⁰, Blutbaktericidie, Mäusepathogenität und berücksichtigten
das mikroskopische und morphologische Aussehen. Damit unterschieden wir:
Streptococcus haemolyticus, Streptococcus non haemolyticus, anhaemolyticus,
viridans (s. s.), Enterokokken (Typ B von GUNDEL), Pharyngokokken (LOEWEN-
BERG, Typ A GUNDELs) und die Gruppe der Pneumokokken. Die überwiegende
Mehrzahl der isolierten Stämme ließ sich sicher innerhalb dieser Gruppen
unterbringen. Wir haben im Verlauf von etwa 3 Jahren eine große Anzahl
von Stämmen mit Kollegen GUNDEL ausgetauscht, und, inbegriffen die sog.
Übergangsformen von GUNDEL, fast durchwegs übereinstimmende Resultate
erzielt, nur die Abgrenzung des Streptococcus viridans SCHOTTMÜLLER vermochten wir nicht länger aufrechtzuerhalten.

Andererseits drängte sich uns aber im Laufe der letzten Jahre immer
mehr die Überzeugung auf, daß alle diese Einteilungen weder vom bakterio-
logisch-systematischen noch vom biologischen und klinischen Gesichtspunkt
aus betrachtet, irgend etwas besagten und vor allem auch völlig ungenügend
waren, um kompliziertere Zusammenhänge im Sinne der fokalen Infektion
zu erfassen, zu beweisen oder zu widerlegen.

Die Pneumokokkentypisierung hat, wie GUNDEL im deutschen Sprachgebiet,
in einer großen Reihe konsequent durchgeführter Arbeiten zeigte, weiteste
Gesichtspunkte in epidemiologischer, pathogenetischer und therapeutischer
Beziehung eröffnet. Kliniker und Hygieniker anerkennen seit Jahren den
großen Wert einer hochgetriebenen Paratyphusdifferenzierung, sowohl in epidemiologischer wie forensischer Beziehung. Den neuesten Versuchen GUNDELs
wirksame Streptokokkenseren zu gewinnen, liegt offenbar der Gedanke zugrunde,
daß, wie übrigens die modernen Erfolge mit den Scharlachseren beweisen, die
bisherigen schlechten Resultate der Streptokokken-Serumtherapie weitgehend
durch die großen individuellen Differenzen, bzw. die mangelnde Typisierung
bedingt waren.

2. Bedeutung der Variabilität.

Wir haben bei den Versuchen, eine Systematik der Streptokokken wie
übrigens auch aller anderer Bakterien, zu schaffen, zwei Dinge auseinander
zu halten:

1. genetische Beziehungen, wie sie z. B. für die Streptokokken durch die
Kontroverse K. MEYER-GUNDEL bekanntgeworden sind und wie sie z. B. in den
Umwandlungsfragen Coli-Paratyphus-Typhus und Typhus-Gelbkeime (DRESEL,
SOBERNHEIM) zum Ausdruck kommen und

2. eine Systematik, die sich mit praktisch-diagnostischen Möglichkeiten zufrieden gibt, die nichts anderes will, als einen Keim in seinen Eigenschaften so festzulegen, daß er unter Umständen auch nach Passagen in vivo und in vitro wieder zu erkennen ist.

Unseres Erachtens ist die Fragestellung nach genetischen Zusammenhängen verschiedener Bakteriengruppen und selbst -arten noch durchaus verfrüht und vermag jedenfalls die medizinisch-klinische Bakteriologie vorerst nicht zu fördern, wogegen eine Methode, die gestattet, einen Keim in seinen Eigenschaften zu erfassen, sich für die pathogenetische Forschung noch immer als sehr aussichtsreich erwiesen hat.

Die Anschauungen, welche die Lehre der fokalen Infektion, für die ja ganz vorwiegend Streptokokken in Frage kommen, entwickelt hat, stehen und fallen mit einer Streptokokkendifferenzierung, welche solche Zusammenhänge erfassen läßt. Nur vermittels einer hochgetriebenen Typisierung wird es möglich sein, zu entscheiden, ob die bisher weitgehend vernachlässigten pleomorphen und Mundstreptokokken wirklich klinisch bedeutungslos sind.

Wenn wir die bisherigen Einteilungsversuche kritisch überblicken, so müssen wir feststellen, daß sich mit Ausnahme BROWNs alle Autoren das Problem aus durchaus naheliegenden Gründen zu leicht gemacht haben. Man war bestrebt, mit einem Minimum von Merkmalen auszukommen, um die Typisierung möglichst praktisch zu gestalten und hat darüber vergessen, daß auf einem so komplizierten Gebiet vorerst nur maximale Aufteilung weiterführen kann. Daß unter solchen Umständen nur eine Summe von Merkmalen herangezogen werden kann, ist zur Genüge betont worden. Daß es ein erstrebenswertes Ziel darstellt, die Merkmale, die für die einzelne Phase eines Streptococcus charakteristisch sind, auf ein Minimum zu reduzieren, ist selbstverständlich, muß aber vorerst einer weiteren Zukunft vorbehalten bleiben.

Der alte WELCHsche Satz: daß sich der Organismus nicht nur gegen seine Parasiten immunisiert, sondern daß die Mikroorganismen auch die Merkmale der Abwehrkräfte des Makroorganismus tragen, hat seither mancherlei Bestätigung erfahren. Die Milzbrandbacillen, Pneumokokken und gelegentlich auch Streptokokken bilden im tierischen Körper eine Kapsel aus, der mehr als morphologisches Interesse zukommt. Von GRUBER und FUTAKI zeigten ihre Schutzwirkung gegen die Phagocytose. BAIL wies auf ihre immunisatorische Bedeutung hin, die in den grundlegenden Arbeiten von AVERY, HEIDELBERGER und ihren Mitarbeitern bis zum Nachweis der Chemospezifität der Typen ausgebaut wurde. BRAUN und TEICHMANN wiesen auf den für die chronische Trypanosomeninfektion charakteristischen Dimorphismus hin, wo unter dem Einfluß von Antikörpern eine leicht sichtbare Gestaltsveränderung des Trypanosomenleibes erfolgt. Auf ROUGET aufbauend, haben EHRLICH, LEVADITI, MORGENROTH, BRAUN und TEICHMANN gezeigt, daß diesen morphologischen Veränderungen auch eine weitgehende antigenetische entspricht, was in der sog. Serumfestigkeit plastisch zum Ausdruck kommt. An Rekurrensspirochäten haben TOYODA, VON KUDICKE, FELDT und COLLIER gezeigt, daß die Rezidivbildung auf eine Anpassung der Spirochäten an die Antikörper zurückzuführen ist, ein untrüglicher Beweis für die Immunität, die chemisch-strukturelle Veränderungen des Protoplasmas zur Voraussetzung hat.

Bordet hat gezeigt, daß der Keuchhustenbacillus durch Fortzüchtung auf den üblichen Laboratoriumsnährböden seine immunisatorischen Eigenschaften verändert und Neufeld wies auf die Veränderungen hin, welche Streptokokken beim Passieren normaler Schleimhäute erleiden. Cohn, Bail, Müller usw. haben Typhusbacillen gegen Agglutinine gefestigt und Braun und Feiler wiesen als morphologischen Ausdruck dieser Festigung den Geißelverlust nach, wogegen das morphologische Substrat für die Bactericidiefestigkeit offenbar in diskreteren Veränderungen zu suchen ist.

Alle diese Beobachtungen haben zwangsläufig das Interesse an den Variabilitätsstudien erhöht. Man konnte in den Veränderungen der Kolonieformen und in den atypischen Bakterienbildern nicht länger mehr einfache Involutionsformen sehen, wie sie durch Altern auf den künstlichen Nährböden zustande kommen. Das Problem hat sich geradezu umgekehrt, indem die häufigsten und interessantesten Atypien gerade in der Natur, unter dem Einfluß des Makroorganismus entstanden, gefunden werden. Dieser Gesichtspunkt veranlaßte offenbar auch Neisser, den Begriff der Normierung zu schaffen, d. h. aus infektiösen Prozessen gezüchtete Bakterien durch Passagen auf Standardnährböden von allen ihren unter dem Einfluß des Makroorganismus zustande gekommenen morphologischen und biologischen Abweichungen zu befreien, den Phänotypus abzustreifen, um am „Normaltyp" (Genotypus) die Art festzulegen. Wir haben uns früher für diese Auffassung Neissers sehr eingesetzt, sie aber späterhin verlassen, weil es uns zur Zeit für die medizinische Bakteriologie wichtiger erscheint, vermittels der spezifischen Phase, in der sich ein Bacterium befindet, pathogenetische Zusammenhänge zu erfassen, als die bakteriologische Systematik weiter auszubauen. Hierin liegt nach unserer Auffassung die medizinisch diagnostische Bedeutung der Hadleyschen Dissoziationslehre, die ja schließlich nichts mehr und nichts weniger bedeutet, als eine Pathologie und Immunitätslehre der Mikroorganismen. Mit dieser Definition ist aber auch bereits gesagt, daß alle die Veränderungen, die wir am Bacterium beobachten können (mit der einzigen Ausnahme der Griffithschen Umwandlung von Pneumokokkentypen) als Modifikation aufzufassen sind, als Reaktionsprodukte, die man ganz berechtigterweise als Standortsvarianten bezeichnen kann. Daß dieselben über Generationen hinweg fixiert bleiben können, ist durchaus verständlich, wenn man sich mit van Loghem daran erinnert, daß bei den Bakterien das influenzierte Soma der Mutterzelle auf die Tochterzelle übergeht. Genetisch wird man deshalb diese Variabilitätserscheinungen, dort wo sie persistieren, am eindrücklichsten mit Naegeli als „Langdauermodifikation" bezeichnen.

Wenn Lehmann schreibt „nach unserer Ansicht ist die Veränderung der Keime während einer bestimmten Krankheit nur dann bedeutungsvoll, wenn gleichzeitig mit dem Auftreten der umgewandelten Keime auch die für die betreffende Umwandlungsform charakteristischen Krankheitssymptome auftreten", so ist er damit ganz wesentlich vorsichtiger als Demme, welcher der Form und Spielart eines Streptococcus für die Beurteilung und Prognose eines Falles jede Rolle abspricht. Andererseits ist es aber vermittels der von Lehmann geübten Methodik gar nicht möglich, solch feine Zusammenhänge zu erfassen, denn daß die Untersuchungen von Morgenroth und seinen Mitarbeitern Schnitzer, Berger, Engelmann, Jakub, Silberstein, sowie von E. C. Rosenow über eine Umwandlung von Streptokokken in Pneumokokken auf einem

Irrtum beruhte, darf nach den Ausführungen von HEIM und SCHLIRF sowie
H. A. REIMANN als sicher angenommen werden.

Das einzige Merkmal der Streptokokken, dessen Variabilität seit langer Zeit
diskutiert wird, ist das Hämolysevermögen, fälschlicherweise häufig genug noch in
Zusammenhang mit der Virulenz. LEHMANN hat die diesbezügliche Literatur weit-
gehend berücksichtigt, vor allem vom Gesichtspunkt einer Verteidigung des
Streptococcus viridans aus. Daß das Hämolysevermögen bei ein und demselben
Streptococcus unter den verschiedensten Verhältnissen sehr stark variieren
kann, hat LESBRE in vitro gezeigt. Ihm gelang es, „Viridans" und Enterokokken
durch Züchten in tyndalisiertem Eiter von hämolytischen Streptokokken,
Staphylokokken, Pharynxsekret, das Hämolysevermögen zu übermitteln.
J. REICHL schrieb sogar über eine neue Streptokokkenform beim Menschen,
dadurch charakterisiert, daß der Keim auf Blutplatten stark, in Blutbouillon
schwach hämolysiert, ein Phänomen, das ich selbst in Zusammenhang brachte
mit dem SONNENSCHEINschen Phänomen und als „paradoxe Hämolyse" beschrieb.

Alle die bald zahllosen Beobachtungen über Schwankungen im Hämolyse-
vermögen beweisen zum mindesten, daß die Hämolyse keine Grundlage für eine
Einteilung der Streptokokken bilden kann und ebenso sind Bezeichnungen wie
Streptococcus conglomeratus, pleomorphus, polymorphus, mucosus (BITTER,
OPPENHEIM) als mit unseren neueren Anschauungen über Variabilität in Wider-
spruch stehend, abzulehnen. Die Variabilitätsforschung hat in den letzten
Jahren eine Reihe so auffallender Tatsachen zutage gefördert, daß ein kurzer
Überblick über diese neueren Befunde die Haltlosigkeit aller bisherigen Ein-
teilungen darlegen wird.

Zusammenhänge von morphologisch-kultureller Bakterienvaribalität mit
Veränderungen biologischer Äußerungen und antigener Struktur sind heute
schon für eine ganze Reihe von Bakterien einwandfrei festgestellt. Auf ARK-
WRIGHT geht die Unterscheidung von vollvirulenten S-Formen und apathogenen
R-Formen der Dysenteriebacillen zurück. WEIL und FELIX unterschieden bei
Proteus H- und O-Formen, wir klärten gemeinsam mit DIMTZA die Verhältnisse
des Coli mutabile (NEISSER und MASSINI) und Hoder gelang es, das letzte Glied
in unsere Beweiskette einzureihen. HADLEY hat in einer groß angelegten Monographie all die bis 1927 mitgeteilten Variabilitätserscheinungen bei Bakterien
unter dem großen Gesichtspunkt seiner Dissoziationslehre zusammengefaßt.
Auffallenderweise sind aber die Streptokokken trotz ihrer von allen Autoren an-
erkannten Plastizität von diesem Gesichtspunkt aus noch außerordentlich wenig
bearbeitet worden.

3. Morphologische Dissoziation.

Die frühesten Beobachtungen über morphologische Dissoziationserscheinungen an Streptokokken, ja vielleicht an Bakterien überhaupt, liegen schon sehr
weit zurück, schreibt doch schon ROSENBACH 1884: „bei Streptococcus findet
man in einer durch Generationen als Reinzucht erwiesenen Kultur die bedeutsamsten Unterschiede in Größe und Färbungsvermögen der Kokken, welche sich
sogar bei Individuen derselben Kette geltend machen" und belegt dies auch
bereits durch recht anschauliche Abbildungen.

1897 beschrieb dann Thiroloix beim Bacillus d'Achalme Diplokokken-
formen und sprach 1907 zusammen mit Rosenthal bereits von einer Theorie
des Bakterienzyklus. M. und R. Lautier haben in neuester Zeit diesen Polymorphismus des Bacillus d'Achalme nicht nur bestätigt, sondern bis zur Streptokokkenform ausgedehnt. Auch Babes, Arloing und Chantre haben bereits
1895 über morphologische und pathogene Variationen von Streptokokken
berichtet, wo die einzelnen Kokken länger werden, um schließlich Stäbchen zu
bilden mit unregelmäßig gewellten Rändern, und Stolz hat ihre Beobachtung
bestätigt.

1903 weist dann Thiercelin in einer Reihe von Arbeiten, zum Teil gemeinsam
mit Jouhaud bereits eingehend auf den Pleomorphismus der Enterokokken
hin, die sehr plumpe, bacilläre Gestalt annehmen können. Er hält den Enterococcus für die Jugendform eines Bacillus und sieht in all seinen Abweichungen
durch Milieuverhältnise bedingte Involutionsformen mit der Tendenz, sich zum
Bacillus zu entwickeln. Durch eine Reihe sorgfältig gewählter Kunstgriffe erzielten die Autoren je nach Wunsch Wachstum in Ketten, Tetraden, Haufen,
Bacillen oder Fäden, was sie auf Teilungsvorgänge zurückführten.

Erst 1919 kamen Kraskowska und Nitsch auf die Frage zurück und
beschreiben Bilder, wo kugelige und längliche trommelschlägerartige Gestalten,
mit verschiedener Größe und Färbungsintensität, miteinander abwechseln,
um schon nach einigen Überimpfungen zum typischen Streptococcus zu werden.
Ähnliche Bilder wurden 1920 von Krongold-Vinaver beschrieben, die Autorin
sieht im Polymorphismus eine besonders widerstandsfähige Form des Streptococcus.

1922 berichtet Kermorgant über coccobacilläre, bacilläre und Riesenformen
an Streptokokken, die er aus 2 Endokarditisfälle und einem Sepsisfall gewonnen
hat und reproduziert diese Formen mit Hilfe der Blutbactericidie experimentell.
In den Riesenformen sieht er nur theratologische Gebilde, während die bacillären
Formen auch aus diagnostischen Gründen sein Interesse erwecken. Ihre Entstehung führt er vorwiegend auf schlechte Lebensbedingungen, die Anwesenheit
von Blut insbesondere, zurück.

1927 bestätigt Sédallian Kermorgants Befunde und weist vor allem darauf
hin, daß es sich um echte hämolytische und nichthämolytische Streptokokken
und nicht um Enterokokken handelt, denen gelegentlich das Privileg des Polymorphismus zugeteilt wird. Seitz fand in den Dentinkanälchen cariöser Zähne
Stäbchen von mittlerer Stärke und abgerundeten Enden, einzeln und in Ketten-
form, die in Streptococcus lacticus übergingen, was Hilgers bestätigt, und
ebenfalls im Jahre 1927 berichtet Euler in einer von Sédallian inspirierten
Dissertation, die mit ausgezeichneten Abbildungen versehen ist, über 8 Fälle,
in denen bei verschiedenster Herkunft die verschiedensten Formen gefunden
wurden, worunter wir besonders unbestimmte Bakterienmassen, die keine eigentliche Form mehr erkennen lassen, festhalten wollen. Euler teilt diese atypischen
Formen ein in bacilläre mit milzbrandähnlicher und diphtheroider Gestalt,
Riesenformen von variabler Größe und Aussehen und Zwergformen, wogegen
Ramsin und Givkowitch geradezu von Umwandlung in Diphtheriebacillen
sprechen.

1929 veranlaßten wir Ducret 2 Beobachtungen mitzuteilen, wo in Fällen
von Endocarditis lenta 3 bzw. 4mal Streptokokken gezüchtet wurden, die wir

damals noch, vor allem auch auf Grund des Bactericidietestes als Viridans Sᴄʜᴏᴛᴛᴍᴜ̈ʟʟᴇʀ ansprachen und die durch die fusiforme und diphtheroide Gestalt ihrer Glieder ausgezeichnet waren.

Wir haben seither solche Befunde recht oft erhoben und glauben, daß im Urin nicht selten Pseudodiphtheriebacillen diagnostiziert werden, wo es sich um Streptokokken handelt. Die Untersuchungen von Rᴏʙɪɴsᴏɴ und Tᴀʏʟᴏʀ über den „deletären Einfluß" des Harnstoffes auf Streptokokken weisen in dieselbe Richtung, während Gᴜɴᴅᴇʟ, Bᴜᴄʜʜᴏʟᴢ, Bᴇᴄᴋ und Bʀᴀᴜɴ durch Züchtung verschiedenster Streptokokken im Urin außer morphologischen Veränderungen (das Zurückgehen der Ketten auf Diplokokkenform) vor allem eine Wandlung ihrer biologischen Eigenschaften in der Richtung nach Enterokokken (Typ B) wahrnahmen. Pғᴀɴɴᴇɴsᴛɪᴇʟ und Eɪᴄʜʜᴏғғ gelang es, Enterokokken durch Züchtung auf sauren Nährböden des Äskulinspaltungsvermögens, der Thermo- und Galleresistenz zu berauben, während bei Züchtung auf alkalischen Nährböden diese Eigenschaften wieder auftraten. Gʀᴏssᴍᴀɴɴ vermochte einen aus einem Tonsillarabstrich gewonnenen anhämolytischen Streptococcus an Galle zu gewöhnen, womit er auch die Fähigkeit, Äskulin zu spalten, gewann.

Eᴜʟᴇʀ diskutiert Genese und Bedeutung dieser morphologischen Variationserscheinungen, die ihren biologischen Ausdruck finden in Wachstumsverlangsamung, erhöhter Empfindlichkeit und verändertem Aussehen der Kolonien, Faktoren, die in ihrer Gesamtheit den Gedanken an eine Vita minor dieser Keime aufkommen lassen. Als auslösende Faktoren diskutiert Eᴜʟᴇʀ Bakteriophagenwirkung, die nicht leicht nachweisbar ist, Antikörperwirkung, für die gewisse Anhaltspunkte vorliegen, um schließlich bereits den Begriff der Bakterienzyklogenie zur Deutung heranzuziehen. Sᴇ́ᴅᴀʟʟɪᴀɴ und Gᴀᴜᴍᴏɴᴛ gehen in dieser Richtung noch einen Schritt weiter und nähern sich einer von Rᴀᴍsɪɴᴇ vertretenen Auffassung, die über das Vorkommen einer filtrierbaren Form von Streptokokken im Dɪᴄᴋ-Toxin berichtet haben. Auf Grund von Untersuchungen mit Peritonealflüssigkeit von an Streptokokken zugrunde gegangenen Meerschweinchen und Mäusen bestätigen die Autoren diese Mitteilung und ventilieren bereits die Möglichkeit einer Ätio-Pathogenese der filtrierbaren Formen.

Auch Kᴏᴄʜ und Mᴇʟʟᴏɴ bleiben nicht bei der reinen morphologischen Betrachtung der beschriebenen diphtheroiden Formen, wie sie auch von Mᴇʟʟᴏɴ, Rᴀᴍsɪɴᴇ und ᴅᴇ Nᴇɢʀɪ gesehen wurden, stehen, sondern schließen, wie nach ihnen Jᴇɴsᴇɴ und Mᴏʀᴛᴏɴ, aus dieser morphologischen Dissoziation auf die Abwehrkraft des Individuums und versuchen, die Erscheinung prognostisch zu werten.

Wir selbst möchten uns mit aller Vorsicht der Auffassung anschließen, daß diese Dissoziationserscheinungen mit der Immunitätslage des Organismus in einen Zusammenhang gebracht werden können und vielleicht gelegentlich innerhalb gewisser Grenzen eine prognostische Deutung erlauben. Daran ändert auch die Tatsache nichts, daß die Endocarditis lenta, bei der diese Formen ja besonders häufig beschrieben werden, so oft tödlich endet, indem, wie ich einer mündlichen Mitteilung von A. v. Aʟʙᴇʀᴛɪɴɪ (Prosektor am Pathologischen Institut der Universität Zürich) entnehme, eine Untersuchung über die eigentliche Todesursache bei Endocarditis lenta nach dieser Richtung hin recht interessante Daten aufzeigen wird.

Der klinische Verlauf der Endokarditis lenta läßt ja wohl zunächst an eine hohe Immunitätslage des Organismus denken. Dabei ist aber zu berücksichtigen, daß es noch vollständig ungeklärt ist, ob die geringe Virulenz der Keime, wie sie bei diesem Krankheitsbild vorliegt, primär, d. h. schon bei der Infektion vorhanden war, oder sich erst sekundär als Reaktion auf die Immunitätslage des Organismus herausgebildet hat.

4. Kulturelle Dissoziation.

Daß Dissoziationserscheinungen an Streptokokkenkolonien schon seit längerer Zeit bekannt sind, geht daraus hervor, daß Lehmann und Neumann in ihrer bakteriologischen Diagnostik neben den Normal (N-)Kolonien bereits Formen beschreiben mit ausgebuchteten, zackigen, sogar ausgefransten Rändern, Kolonien, die nach Piorkowski den Flatterformen ähnelnde Generationsformen darstellen.

1922 gelang es Cowan, durch über 4 Monate fortgesetzte Selektion aus einem hämolytischen Streptokokkenstamm zwei charakteristische Typen zu gewinnen, einen S-(smooth)-Typ, der die Bouillon mit kurzen Ketten diffus trübte und auf Agar glatte, durchscheinende, feine, granulierte Kolonien bildete, und eine R-(rough-)Form, die in Bouillon einen Bodensatz von langen Ketten bedingte und auf Agar in kleinen, opaken, grobgranulierten, unregelmäßig begrenzten Kolonien auftrat. Das Hämolysevermögen wurde durch die Aufspaltung in R und S nicht beeinflußt, dagegen soll die S-Form pathogener sein.

1923 isolierte Walker aus einem Pleuraexsudat eines an einer Streptokokkeninfektion eingegangenen Kaninchens neben einer Normalform von Streptococcus haemolyticus Kolonien, die auffallend groß, feucht und glatt waren, auf künstlichem Nährboden sehr rasch umschlugen, in dieser atypischen Form aber wesentlich virulenter waren als die Normalform. Eine ähnliche Mitteilung liegt von Rosenow vor, der die feucht-schleimige Kolonie für die virulente „pneumotrope Phase", die trockene für die weniger virulente „neurotrope" Phase hält und auch Dutton gibt an, aus tödlich verlaufenen Streptokokkeninfektionen stets S-Formen isoliert zu haben, während klinisch mittelschwere Fälle R-Typen zeigten. Löwenthal berichtet bei einer durch nasale Infektion bedingten Streptokokkenepidemie bei Mäusen, die er in Analogie setzt zu den in den letzten Jahren in Amerika (Ph. R. Edwards) beschriebenen schweren, durch Streptococcus epidemicus bedingten Anginaepidemien, im Zusammenhang mit der Pathogenität ebenfalls über schleimiges Wachstum. Die frisch isolierten Keime kamen in 2 Formen vor, die auch in Einzelkulturen ineinander übergingen: eine schleimige (M-)Form mit diffusem Wachstum in Serumbouillon, eine nichtschleimige (N-)Normalform mit Bodensatzbildung und eine dritte experimentell erzielte (O-)Form, die sich bei intranasaler Infektion als apathogen erwies.

Mit dieser Auffassung, daß die S-Form die virulente Phase der Streptokokken darstellt, stimmen zahlreiche Befunde bei anderen Bakterien überein. Im Gegensatz dazu betonen aber Todd und Todd und Lancefield, daß hämolytische Streptokokkenstämme aus frischen Fällen von Puerperalsepsis isoliert und hoch mäusepathogen, ausschließlich aus R-Kolonien zusammengesetzt waren und beim Umschlagen in die S-Form sehr viel weniger virulent waren. Solche S-Formen konnten dann auch im Gegensatz zu R-Formen, die durch Passagen auf künstlichen Nährböden ihr pathogenes Vermögen eingebüßt hatten, in ihrer Virulenz nicht mehr gesteigert werden.

1930 berichtete F. P. HADLEY über ihre Untersuchungen an 3 aus Pulpahöhlen frisch isolierten non haemolyticus-(α-Typ-)Stämmen. Über Glucose-Hirnbreibouillon gewann sie auf Blutagar zwei Typen. Während die Originalbouillon, die das Gemisch R—S enthielt, sowie die reine R-Form kaninchenpathogen waren, erwies sich die gleiche Menge von S-Streptokokken als apathogen. Daß es sich um zwei Phasen ein und desselben Organismus handelt, soll daraus hervorgehen, daß eine Umwandlung in der Richtung R—S partiell gelang (S—R blieb negativ), wobei die erzielte S nahestehende Form dann bereits apathogen war, eine Beweisführung, die wir allerdings nicht ohne weiteres anerkennen können. In zwei weiteren Fällen erwies sich die R-Form ebenfalls als die kaninchenpathogene und S war avirulent, leider ist aber auch hier der genetische Zusammenhang der beiden Stämme nicht einwandfrei erbracht.

1931 berichtet R. TUNNICLIFF über atypische schleimige R-Streptokokkenkolonien, die er aus Nase und Rachen von Scharlachrekonvaleszenten und aus Scharlachkomplikationen gewann. Die Ketten der R-Formen zeigten, worauf er bereits früher aufmerksam machte, einen hochgradigen Polymorphismus, in Bouillon flockig, körniges Wachstum, waren kapsellos und für Mäuse avirulent. Das Toxin der dissoziierten Stämme war im Gegensatz zum Scharlachtoxin nur wenig toxisch und wurde durch Scharlachantitoxin nicht neutralisiert. Die Kokken selbst erwiesen sich im Opsonintest (immunisatorisch) und serologisch von den Ketten der Normalstämme different. Das serologische Verhalten ging mit dem morphologischen Rückschlag parallel. Während STEVENS und DOCHEZ solche Formen auf Sekundärinfektion, GUNN und GRIFFITH auf Reinfektion zurückführten, machte es TUNICLIFF wahrscheinlich, daß es sich, wie auch BURTON und BALMAIN bereits angenommen haben, nur um Dissoziation handelt.

DELVES untersuchte Stammkulturen von Scharlachstreptokokken, die der Toxin- und Serumgewinnung dienten, auf Dissoziationserscheinungen. Durch Plattenselektion gewann sie die drei Haupttypen S, SR und R. Die S-Kolonien entsprachen den Normalkolonien von TUNNICLIFF, waren klein, flach, konisch, trübten die Bouillon diffus und verhielten sich im Opsonintest spezifisch. Die SR-Kolonien waren oberflächlich granuliert, etwas unregelmäßig begrenzt und bildeten bereits einen leichten Bodensatz. Die R-Kolonien waren gekörnt, sehr unregelmäßig begrenzt und bildeten bei klarer Bouillon einen dichten Bodensatz. Während die S-Kolonien aus kurzen Ketten kleiner Kokken bestanden, setzten sich die mittellangen SR-Ketten aus großen Kokken zusammen und die R-Kulturen zeigten lange Ketten plumper, an den sich gegenüberliegenden Seiten abgeflachter Kokken, die sich gramlabil verhielten. SR- und R-Formen waren im Opsonintest nicht mehr spezifisch, die S-Form schien virulenter als die R-Form. Mit der morphologischen Rückkehr der R- zur S-Form schwanden auch die biologischen und serologischen Differenzen.

1932 untersucht COOLEY 6 Streptokokkenstämme aus Blut und Rachen von infektiösen Rheumatikern auf Dissoziation und findet ebenfalls außer der normalen S-Form alle Übergänge zu SR und R, verbunden mit mikroskopischen Veränderungen, die sich in der Richtung zu kokkobacillären und bacillären Formen vollziehen. In der gleichen Richtung bewegen sich die Beobachtungen von Hökl sowie Fleck und Elster über Dissoziationserscheinungen bei Streptokokken.

Alle diese Arbeiten beweisen somit tatsächlich, daß eine Reihe von Einteilungsprinzipien (Bouillonwachstum und Kettenlänge) nicht mehr länger aufrechtzuerhalten sind, da sie nur ungenügend über die Phase, in der sich ein Streptococcus befindet, Aufschluß geben. Ferner zeigen sie, daß die Variabilitätserscheinungen nicht mehr länger als Kuriosum zu behandeln sind, sondern daß sich offenbar sehr wesentliche Dinge hinter ihnen verbergen, trotz gewisser Widersprüche, die in den Mitteilungen der einzelnen Autoren vorhanden sind. Solche Differenzen sind, wie auch Delves annimmt, zum Teil durch ungleiche Nomenklatur bedingt, indem die S-Form gelegentlich als Normalform, gelegentlich auch als schleimige Form bezeichnet wird. Ferner entsprechen z. B. die von Todd als „glossy" bezeichneten Kolonien nicht dem R-Typ und die als „matt" bezeichneten nicht dem S-Typ. Die Skala der Dissoziationserscheinungen ist außerordentlich mannigfaltig und kann unmöglich nur nach R- und S-Formen beruteilt werden, worauf wir schon bei der Dissoziation der Pneumokokken hingewiesen haben. Ferner kommt dazu, daß die Tierversuche oft erst nach einer ganz beträchtlichen Zahl von Selektionspassagen auf künstlichen Nährböden vorgenommen wurden, was die Vergleichsmöglichkeit wiederum weitgehend behindert. Dieses Moment ist auch dort zu berücksichtigen, wo Hämolyseverlust und Virulenzverminderung einander koordiniert wurden. In der Vergrünung unter allen Umständen einen Indicator für den Virulenzverlust sehen zu wollen (Schnitzer, Munter) ist entschieden zu weit gegangen, wogegen die Ansicht derselben Autoren, daß der Vergrünung ein immunisatorischer Vorgang zugrunde liegt, viel für sich hat.

Aus der Spärlichkeit der Literatur könnte man vermuten, daß die Dissoziationserscheinungen bei Streptokokken doch relativ selten sind. Nun habe ich aber bereits 1929 und 1930 darauf hingewiesen, daß von 66 aus dem verschiedensten Material laufend isolierten Streptokokkenstämmen nicht weniger als 60% schon in der ersten Agarkultur „Flatterformen" zeigten und daß von den verbleibenden 40% der ganz überwiegende Teil weitgehend dissoziiert war. Wir beschrieben damals auch bereits allerfeinste, nur noch mit der Lupe sichtbare transparente Kolonien, die Hadley dann in einer brieflichen Mitteilung mit dem von ihm bei anderen Bakterien beschriebenen C-Typ in Verbindung brachte, d. h. mit der Kolonieform, die im Entwicklungszyklus die filtrierbare Form enthält, eine Interpretation, die wir zur Zeit zu bestätigen suchen.

Meine damalige Mitteilung über die weite Verbreitung der Dissoziation bei Streptokokken besteht unzweifelhaft zu Recht. Wir finden heute unter den Streptokokken, wie übrigens auch unter den anderen auf der Untersuchungsstation isolierten Keimen, kaum je einen undissoziierten Stamm. Es handelt sich somit um eine Erscheinung, die außerordentlich verbreitet ist und die nun vorerst ganz unbekümmert um das systematische Interesse, das ihr zukommt, auf ihre biologische Bedeutung untersucht werden muß. Erst wenn wir diese Dinge einmal gründlich kennen, können wir daran gehen, die Aufstellung einer auf normalisierten Keimen beruhenden Systematik zu versuchen; ein biologisches System im Sinne Gundels hätten jedenfalls diesen Formen weitgehend Rechnung zu tragen. Vielleicht erweist sich sogar das Studium der Dissoziationserscheinungen für medizinische Zwecke, und zwar sowohl in bezug auf Pathogenese als auf spezifische Therapie als viel bedeutsamer als ein botanisches System. Eine solche Einteilung entspricht schließlich auch der Forderung Bielings, die „Art"-Bestimmung auf die Eigenschaften zu beziehen, welche frisch aus dem Organ entwickelte Stämme zeigen und der Auffassung von Lingelsheims, der die Eigenschaften eines Streptococcus zurückführt auf die Umstände, denen er zeitig ausgesetzt ist, sowie sein vorausgegangenes Schicksal, also das, was wir in Botanik und Zoologie als Konstitution (Genotypus und Phänotypus) bezeichnen.

5. Streptokokkentypisierung nach Warren Crowe.

Der einzige Versuch einer Streptokokkentypisierung, die diesem Wunsche Rechnung trägt, d. h. die Phase, in der sich ein Streptococcus bei seiner Isolierung aus dem Organismus befindet, zu erfassen versucht, ist unseres Erachtens die Typisierung nach Warren Crowe.

Bereits 1896 bezeichneten Gilbert und Fournier eine gelb- bis schokoladenbraune Verfärbung in Blutnährböden als charakteristisch für das Wachstum von Diplokokken. 1899 wies Sternberg darauf hin, daß die Diplokokken auf dem von Voges zur Züchtung von Influenzabacillen angegebenen Nährboden, wo auf 100^0 erhitztem Agar einige Tropfen sterilen, defibrinierten Pferdeblutes zugesetzt werden, eine charakteristische Gelbfärbung bedingen. Diese Reaktion diente ursprünglich dazu, um den Diplococcus pneumoniae von „anderen Streptokokken", die nur eine Aufhellung des Nährbodens bedingen, zu trennen, wogegen eine Unterscheidung einzelner Streptokokkenarten mit bestimmter ätiologischer Bedeutung Boxer auf dieser Basis unmöglich schien.

1921 griff Bieling auf diesen als „Kochblutagar" bezeichneten Nährboden zurück, um mit seiner Hilfe eine möglichst scharfe Trennung der Diplo-Streptokokkengruppe zur Gewinnung spezifischer Immunseren zu erzielen. Nachdem er den Blutzusatz erhöht hatte, unterschied er: Pneumokokken, als grüne bis gelbe Kolonien, umgeben von einer ebenso verfärbten Zone auf der braunen Fläche, wogegen der Streptococcus longus (haemolyticus) graue Kolonien bildete und den Blutfarbstoff unverändert ließ. Weitere Variationen hat er nicht beobachtet. Diese Möglichkeit der Trennung von grünen Streptokokken und Pneumokokken gegen hämolytische Streptokokken wurde 1923 von Presting bestätigt. 1926 berichten Kersten und Stolygvo über Trennungsversuche auf dem milchkaffeebraunen Kochblut-Agar, bestätigen die Bielingschen Angaben ebenfalls, allerdings unter Hinweis darauf, daß die beobachtete Entfärbung mit der Hämolyse nicht parallel geht und auch chemisch nichts mit ihr zu tun hat. Ein Versuch, zur genaueren Differenzierung verschiedener Stämme auf etwa vorhandene charakteristische Erscheinungsformen der Kolonien zurückzugreifen, führte zu keinen bestimmten Resultaten, „da das äußere Aussehen der Kolonien bei den verschiedenen Stämmen, ja sogar bei denselben Stämmen beim Überimpfen äußerst stark variiere". 1930 teilt Tunnicliff mit, daß Erysipelstreptokokken auf Schokoladeagar nach 24—48 Stunden eine tiefe Grünfärbung bedingen, wogegen Scharlachstreptokokken höchstens nach einigen Tagen zu einer leichten Grünfärbung führen, was 1932 von Saelhof bestätigt wurde.

Unabhängig hiervon beschrieb Warren Crowe (1921) einen Glucose-Kochblutagar unter dem Namen „Chocolateagar" und arbeitete die Differenzierung in den folgenden Jahren unter Zugrundelegung dieses Nährbodens weiter aus. Er baute schließlich ein System aus, das folgende Merkmale zur Grundlage hat: Färbung, bzw. Entfärbung der Chocolateplatte, Morphologie der Kolonie bei Betrachtung im Plattenmikroskop, Verhalten gegenüber Saccharose, Lactose, Raffinose, Salicin, Inulin und Mannit (was der Reihe von Houston und Gordon entspricht), Milch, Wachstum in Bouillon und Gelatine, Morphologie der Kokken und Ketten sowie Hitzeresistenz.

Wir haben im Verlaufe von 3 Jahren unsere sämtlichen dem Studium der Fokalinfektion dienenden Fälle, d. h. viele Hunderte, nach dieser, zugegebenermaßen komplizierten Methode, untersucht und haben sie weiterhin noch ergänzt durch unsere kleine Streptokokkenreihe (Blutbouillon, Äskulin, Lakmusmilch und Galleresistenz). Als Resultat unserer Untersuchungen möchten wir vorläufig festhalten, daß sie, wie alle anderen Methoden, die auf einer Reihe der Variabilität unterworfenen Faktoren beruhen, keineswegs Anspruch darauf erheben kann, genetische Zusammenhänge von Streptokokken zu erfassen. Der ungeheure Fortschritt, der sie trotzdem gegenüber allen anderen Versuchen einer Streptokokkentypisierung bedeutet, liegt in der Möglichkeit, Dank dieser verschiedenen Kombinationen von morphologischen und biologischen Merkmalen einen gegebenen Streptococcus in seiner spezifischen Phase als solchen zu erfassen und auch nach Tierpassagen wiederzuerkennen.

Selbstverständlich handelt es sich bei dieser den Dissoziationszustand berücksichtigenden Einteilung um labile Phasen, die aber, wie die Praxis zeigte, bei geeigneter Technik doch wesentlich konstanter sind, als man theoretisch hätte vermuten können. Wesentlich ist, daß das zu untersuchende Material aus dem Organismus möglichst rasch und über möglichst biologische Nährböden hinweg zur Typisierung gelangt. Da, wo eine Vorkultur nötig ist, und wir haben dieselbe aus später zu erwähnenden technischen Gründen fast immer durchgeführt, hat sich uns einzig die Glucose-Hirnbreibouillon nach Rosenow als zweckmäßig erwiesen. Wohl zeigen sich im Koloniebild gelegentlich schon von der ersten zur zweiten Passage kleine Veränderungen, die aber im Schema bereits Berücksichtigung gefunden haben. Selbstverständlich setzt eine so komplizierte Methode eine genaue Innehaltung der Technik voraus, wenn irgendwie vergleichbare Resultate erzielt werden sollen. Es sei deshalb zunächst die Technik der Nährbodenherstellung mitgeteilt. In gemeinsamer Arbeit mit Warren Crowe haben wir sodann die von ihm in den Ann. Pickett-Thomson Res. Labor. 3 (1927) veröffentlichten Tabellen auf den Stand unseres heutigen Wissens gebracht. Daß auch in dieser abgeänderten Tabelle nicht alle Möglichkeiten erschöpft sind, sei ohne weiteres zugegeben, jedoch lassen sich neue Formen nach diesem Prinzip ohne große Schwierigkeiten einordnen. Photographische Reproduktionen wie sie besonders D. und R. Thomson zur Typisierung herangezogen haben, vermögen unzweifelhaft das Einarbeiten in die Technik der Bestimmung zu erleichtern.

Daß diese Klassifizierung keinen Anspruch auf irgend etwas Endgültiges macht, ist selbstverständlich. Wir werden nach wie vor bemüht sein müssen, uns in dem ungeheuren Formenreichtum der Streptokokken zurechtzufinden und auch eine Vereinfachung anzustreben. Inwieweit das durch Heranziehen serologischer Methoden möglich sein wird, muß die Zukunft ergeben. Ein Nachteil mag dieser Typisierung dadurch anhaften, daß sie, weil auf die Phase abgestellt, Keime der nach unserer bisherigen Auffassung einheitlichen Gruppe der Enterokokken nicht durchwegs der gleichen Gruppe zuteilt, und ähnliches mag auch für andere Streptokokkengruppen zutreffen. Eine Begriffsverwirrung wird daraus nicht entstehen, wenn man sich nur darüber klar ist, was diese Typisierung will.

Anleitung für die Herstellung der Nährböden nach WARREN CROWE.

1. *Schokolade-(Kochblut-)Agar.* 1500 ccm steriles, frisches, defibriniertes Rinderblut, 500 ccm 2%igen Peptonagar (p_H 7,4—7,6), 1% Traubenzuckeragar.

Das steril aufgefangene Blut wird defibriniert, durch sterile Mousseline filtriert und im Wasserbad von 60° auf etwa 55° erwärmt. Dem verflüssigten Agar wird der Traubenzucker beigefügt, nach seiner Lösung erfolgt ebenfalls im Wasserbad Abkühlung auf 55°. Bei Temperaturgleichheit werden Blut und Agar gemischt, gut durchgeschüttelt und in Petrischalen 5—7 mm hoch abgefüllt. Der Deckel der Petrischalen wird vor dem Sterilisieren zweckmäßigerweise mit einem Stück Filtrierpapier ausgekleidet, zur Aufnahme des später entstehenden reichlichen Kondenswassers. Nach dem Erstarren werden die Platten an 3 aufeinanderfolgenden Tagen im KOCHschen Topf während je 2 Stunden auf 80 bis 90° erhitzt. Zu diesem Zweck werden sie auf einem durchlöcherten, kartoffelsiebähnlichen Blechgestell in den kalten Apparat gebracht, da sich nur auf diese Weise Blasenbildung verhüten und ein spiegelglatter, schokoladenbrauner Nährboden erzielen läßt. Nach 24stündiger Sterilitätsprüfung werden die Platten bis zum Gebrauch im Kühlraum aufbewahrt, vor dem Ausspateln wird das Filtrierpapier entfernt.

2. *Zuckernährboden.* Die Zuckerreihe besteht, wie erwähnt, aus Saccharose, Lactose, Raffinose, Salicin, Inulin und Mannit.

1 Teil steriles, defibriniertes, durch Mousseline filtriertes Rinder(Pferde-)blut wird mit 3 Teilen destilliertem Wasser versetzt, $1/_2$ Stunde unter ständigem Umrühren bis zum Sieden erhitzt und durch ein grobes Papierfilter filtriert. (Reserven im Autoklav 20 Min. bei 110° sterilisieren.) Von dem Filtrat gibt man 1 Teil (65 ccm) auf 9 Teile 2% neutralisiertes (p_H 7,5) Peptonwasser (585 ccm Aqua dest. + 13 g Pepton). Nach Zusatz von 3 ccm Andradelösung (50 ccm Aqua dest., 10 ccm Normalsodalösung und 0,25 g Säurefuchsin werden über der Flamme bis zum Siedepunkt erhitzt) und sorgfältigem Durchschütteln, füllt man die Lösung zu 100 ccm in 500 ccm Kölbchen ab. Jetzt setzt man je 0,5 g der erwähnten, in Glasampullen eingeschmolzenen Zucker zu und sterilisiert während 20 Min. bei 115—120°. Nachdem die Kolben etwas abgekühlt sind, werden die Glasampullen mit steriler Zange aufgebrochen, die Zucker einige Stunden der Lösung überlassen und in Mengen von 2—3 ccm in kleine Röhrchen steril abgefüllt.

3. *Glucose-Hirnbouillon nach* ROSENOW. Aqua dest. 1000 ccm, 3 g Kochsalz + 2 g Na-Phosphat, 10 g Pepton, Glucose 2 g.

Die Bouillon wird in 25 cm hohen Röhrchen bis zu 12—15 cm abgefüllt, dazu kommen pro Röhrchen 3—4 etwa 1 ccm große Stücke Hirn und einige kleine Stückchen Marmor. Sterilation im Autoklav.

Das erste Merkmal, das für die Typisierung nach H. W. CROWE herangezogen wird, bezieht sich auf die Farbänderung, wofür zum Teil Peroxyde verantwortlich

Fortsetzung des Textes S. 473.

Tabelle 1. Schema der Streptokokkentypisierung nach WARREN CROWE.

Gruppe und Untergruppe	Varietät	Subvarietät und Bemerkungen	Saccharose	Lactose	Raffinose	Salicin	Inulin	Mannit	Milch	Hitze-resistenz 20 Min. 60°	Blut-bouillon	Morphologie und Kettenbildung
A. Farbe des Nährbodens unverändert	(1) mittlere Größe, annähernd kreisrund.	A 1 (1) a	+	+	−	+	−	−	+	−	klar	Diplokokken kurze Ketten
1. Viskös, flach, nie vollkommen transparent		b	+	+	+	+	−	−	+	−	trüb	desgl.
	Subkultur: Rand unregelmäßiger, Opazitätsschwankungen	c	+	+	+	+	+	−	+	−	klar	Diplokokken mittlere Ketten
		d	+	+	−	−	−	−	+	−	desgl.	desgl.
		e	+	+	+	−	+	−	+	−	desgl.	desgl.
		f	+	+	−	+	+	−	+	−	desgl.	desgl.
		g	+	−	+	+	−	−	+	−	trüb	desgl.
		h	+	−	−	+	−	−	−	−	desgl.	desgl.
		i	+	+	+	−	+	+	+	−	desgl.	Diplokokken kurze Ketten
		j bräunliches Pigment im Zentrum	−	−	−	+	−	+	−	−	klar	„ „
	(2) kleiner; feinere Kolonie, transparenter Rand, opakes, erhabenes Zentrum.	A 1 (2) a	+	+	+	+	+	+	+	−	desgl.	lange, schmale Diplokokken, kurze Ketten
		b	+	−	+	+	−	−	−	+	desgl.	desgl.
	Subkultur: opaker	c erhabener, kleiner	+	+	−	+	−	−	+	−	desgl.	Involutionsformen, kurze Ketten
	(3) unregelmäßig begrenzt rund um die Hauptkolonie Tochterkolonien, opakte Partien, auf seichtem, transparentem Grund, sehr glänzend, vgl. A (1) 5 (matt).	A 1 (3) a	+	+	+	+	+	−	+	−	trüb	staphylokokenartig kurze Ketten
	Subkultur: weniger glänzend, opaker	b	+	+	+	+	−	−	+	−	ziemlich klar	desgl.

Gruppe	Beschreibung	Stamm									Trübung	Form
	(4) mehr oder, weniger kreisrund, große Kolonien, Tochterkolonien an der Oberfläche = irisierende Perlen (identisch mit BIRKHAUGs Streptococcus rheumaticus) vgl. A (1) 3 glänzend. *Subkultur:* weniger ausgeprägte Tochterkolonien	A 1 (4) a	+	+	+	+	+	−	+	−	trüb	staphylokokenartig, kurze Ketten
		b	+	−	−	+	−	−	−	−	klar	kurze Ketten
	(5) gleich wie (A (1) 3 aber *nicht* glänzend, Zentrum erhabener, Rand sehr unregelmäßig, selten. *Subkultur:* ähnlich oder opaker	A 1 (5) a	+	+	+	+	+	−	+	−	trüb	Diplokokken, kurze Ketten
	(6) große Form von A (1) 2 mit entsprechend größerem, erhabenem, opakem Zentrum, Rand sehr flach. *Subkultur:* durchwegs opak	A 1 (6) a	+	+	−	+	−	−	+	−	trüb	Involutionsformen, kurze Ketten
		b	−	+	−	+	−	+	+	+		
2. Klein, flach, schildähnlich, Zentrum leicht opak	(1) glatt, rund. *Subkultur:* kann schmutzig grün und opaker werden	A 2 (1) a	+	+	−	+	−	−	+	−	klar	kurze Ketten
		b	+	+	−	+	−	−	+	−	desgl.	desgl.
		c	+	+	−	+	−	−	+	−	trüb	Involutionsformen, kurze Ketten
	(2) konzentrische Oberfläche, rauhere, weniger regelmäßige Kolonien. *Subkultur:* ähnlich	A 2 (2) a	+	+	−	+	−	−	−	−	klar	kurze Ketten
	(3) wie A (2) 1 aber Neigung der Ränder zur Ausbreitung	A 2 (3) a	+	+	−	−	−	±	+	−	desgl.	desgl.

Tabelle 1. (Fortsetzung).

Gruppe und Untergruppe	Varietät	Subvarietät und Bemerkungen	Saccharose	Lactose	Raffinose	Salicin	Inulin	Mannit	Milch	Hitze-resistenz 20 Min. 60°	Blut-bouillon	Morphologie und Kettenbildung
3. Krümelig = S. mutans von KILLIAN, CLARKE	(1) charakteristische Brotkrumen oder Reiskornform. *Subkultur:* neigt dazu, das Typische zu verlieren und flach und transparant zu werden	A 3 (1) a	+	+	+	+	+	+	+	—	klar oder nur schwach trüb	stäbchenartig auf festem Nährboden, kurze Ketten
		b	+	+	—	+	—	—	+	—		
	(2) großer, krümeliger Rand transparentes Zentrum, beim Abheben der Kolonie bleibt im Nährboden eine periphere Rinne, Nährboden kann geschwärzt werden	A 3 (2) a	+	+	+	+	+	+	+	—	klar	
		b	+	+	+	+	—	—	+	—		
4. Sich ausbreitend	(1) typische Kolonie mit erhabenem, opakem Zentrum. *Subkultur:* sich weit ausbreitende Ränder	A 4 (1) a	+	—	—	+	—	—	—	—	klar	mittlere Ketten
		b c d e	+	+	+	+	+	+	+	—	trüb	Kokkoid
			—	+	—	+	—	+	+	—	desgl.	desgl.
			+	+	+	—	—	—	+	—		
	(2) wie (1) aber *Subkulturen* werden grün, Kolonien konzentrisch, opaker, größer und flach	A 4 (2) a	—	⌐	—	+	—	—	—	—	klar	kurze Ketten
5. Eingesunkenes Zentrum	(1) sehr klein, trockene, krümelige Ränder mit glitzernden Punkten. *Subkultur:* neigt zur Abflachung u. Opazität	A 5 (1) a	+	—	—	+	—	—	—	—	desgl.	Kokkoid, kurze Ketten
		b	±	—	—	—	—	—	—	—	desgl.	kleine, zarte Ketten
		c	+	—	—	—	—	—	—	—	desgl.	kurze Ketten
	(2) mittlere Größe, regelmäßig erhabener, begrenzender Wall, transparent.	A 5 (2) a	+	+	—	+	—	—	+	—	klar oder schwach trüb	länger auf festem Nährboden, große Involutionsformen

Gruppe	Beschreibung	Nr.									Trübung	Ketten
	Subkultur: ähnlich aber kleiner	b	+	+	−	+	−	−	+	−	klar	Subkultur grün
		c	+	−	+	+	−	−	+	−	trüb	kurze Ketten
	(3) unregelmäßig in d. Form leicht opak, zentrale Delle, mittlere Größe. Subkultur: erhabenes Zentrum, opaker kreisrund	A 5 (3) a	+	+	−	+	−	−	+	−	desgl.	kleine Diplokokken, kurze Ketten
6. Perlen (in erster Kultur klein in Subkultur größer). Viele Stäbchen bilden ähnliche Kolonien	(1) sehr opak, klein, eiförmig.	A 6 (1) a	−	+	−	+	−	−	+	−	klar	mittelgroße Diplokokken, kurze Ketten
	Subkultur: viel größer, zu Grün- und Gelbbildung neigend, opak, unregelmäßige Oberfläche	b	+	+	−	−	−	−	+	−	desgl.	staphylokokkenartige Anordnung, mittlere Ketten
	(2) eher transparenter. Subkultur: schmutzig grün, transparanter Rand, erhabenes Zentrum, ähnlich A (1) 6 aber unregelmäßigerer Rand	A 6 (2) a	−	−	−	+	−	−	+	−	trüb	staphylokokkenartig, kurze Ketten
	(3) noch transparenter. Subkultur: kein Farbwechsel wie (2) aber gleichmäßig abgeflachter, kreisrunder Rand	A 6 (3) a	−	+	−	+	−	+	−	−	klar	kurze Ketten
		a (Subkultur)	−	+	−	+						
	(4) klein, zentrale Delle, vgl. C (4) 2	A 6 (4) a	+	+	−	+	−	−	+	−	trüb	desgl.
7. Sehr klein, transparent, glänzend, viele sind hämolytisch	(1) typisch, stark lichtbrechend.	A 7 (1) a	+	+	−	+	−	−	+	−	schwach trüb	desgl.
	Subkultur: ähnlich; b und c schmutzig grün (mit Ausnahme von a ungenügend definierte Gruppe)	b	+	−	−	+	−	−	−	−	klar	desgl.
		c	−	+	+	−	−	−	−	−	desgl.	lange Ketten
		c (Subkultur)	+	+	+	+	−	−	+	−		
		d	+	−	+	+	−	−	−	−	trüb	kurze Ketten
8. Gelb pigmentiert	(1) nur ein Typ, einige sind hämolytisch. Subkultur: ähnlich oder ohne Pigment	A 8 (1) a	−	+	+	+	−	+	+	+	desgl.	große Diplokokken, kurze Ketten

Tabelle 1 (Fortsetzung).

Gruppe und Untergruppe	Varietät	Subvarietät und Bemerkungen	Saccharose	Lactose	Raffinose	Salicin	Inulin	Mannit	Milch	Hitze-resistenz 20 Min. 60°	Blut-bouillon	Morphologie und Kettenbildung
B. Gelb (starke H_2O_2-Bildung) 1. Verschieden in Form und Größe, meist unregelmäßig begrenzt, mehr oder weniger transparent, erhabenes, opakes, exzentrische Erhebung (Mundstreptokokken)	(1) rasches Wachstum auf allen Nährböden, nur in Speichel vorkommend, wahrscheinlich nicht pathogen. *Subkulturen:* verändern sich bedeutend	B 1 (1) a	+	+	−	−	−	−	+	−	klar	lange Ketten
		b eigenartige Zuckervariante	+	−	+	−	−	−	−	−	trüb	kurze Ketten
2. Sich ausbreitend	(2) sehr flach. *Subkultur:* ähnlich	B 2 (1) a	+	+	+	−	−	−	+	−	klar	lange Ketten
		b	+	+	−	+	−	−	−	−	desgl.	unregelmäßige Kokken
		c	+	+	−	−	+	−	+	−	desgl.	desgl.
		d	+	+	−	−	−	−	−	−	trüb	lange Ketten
	(2) sich weit ausbreitend, sehr breiter, gelber Hof. *Subkultur:* veränderlich, Haupteigenschaften unverändert	B 2 (2) a	+	+	+	+	+	+	+	−	klar	mittlere Ketten
		b	+	+	+	−	−	−	+	−	desgl.	lange Ketten
		c	+	+	−	−	−	−	−	−	desgl.	desgl.
		d	+	−	−	−	−	−	+	−	desgl.	desgl.
		e	+	+	−	+	−	−	+	−	desgl.	desgl.
		f	+	−	−	−	−	−	−	−	desgl.	desgl.
	(3) erhaben, unregelmäßig, in *Subkultur* sich ausbreitend. *Subkultur:* grüne, weit sich ausbreitende Ränder, gegen die Mitte der Kolonien gelb	B 2 (3) a	+	+	−	+	−	+	+	−	desgl.	desgl.
		b	+	+	+	+	+	−	+	−	desgl.	kurze Ketten
		c	+	+	−	+	−	−	+	−	desgl.	desgl.

Koloniegruppe	Beschreibung	Bez.									Bouillon	Morphologie
3. Krumen (gelb)	(1) typische Reiskornform. *Subkultur:* ähnlich	B 3 (1) a	+	+	+	−	−	−	+	−	trüb	desgl.
		b	+	+	−	−	−	−	+	−	desgl.	unregelmäßige Kokken
4. Mittelgroße Kolonien, unregelmäßige Oberfläche und Rand, mehr od. weniger transparent (häufig im Urin)	(1) maulbeerartige Oberfläche, transparent, glänzend, b aus Blut bei Endokarditis. *Subkultur:* ähnlich	B 4 (1) a	+	+	+	−	−	−	+	−	klar	lange Ketten
		b	+	+	−	−	−	+	+	+	trüb	kurze Ketten
	(2) erhaben, unregelmäßig, weiter oder enger Hof. *Subkultur:* ähnlich	B 4 (2) a	+	+	−	−	−	−	+	−	klar	größere Kokken, Involutionsformen, lange Ketten
		b	+	−	−	−	−	−	−	−	desgl.	lange Ketten
		c	+	+	−	+	−	−	+	−	desgl.	desgl.
		d	+	+	−	−	−	−	−	−	desgl.	desgl.
	(3) sehr flach, annähernd kreisrund, erhabener Rand, selten. *Subkultur:* ähnlich oder kompakter	B 4 (3) a	+	+	−	−	−	−	+	−	desgl.	kurze Ketten
5. Kleine Pillen, sehr großer Hof	(1) sehr kleine, opake Pille. *Subkultur:* schildähnlich	B 5 (1) a	+	−	−	+	−	−	−	−	desgl.	Involutionsformen und Autolyse, kurze Ketten
		b	+	+	−	+	−	−	+	−	desgl.	kurze Ketten
		c	+	−	−	−	−	−	−	−	trüb	mittlere Ketten
	(2) eher weniger opak. *Subkultur:* neigt zur Ausbreitung	B 5 (2) a	+	+	+	−	−	−	+	−	desgl.	kurze Ketten
	(3) rauher, Rand weniger regelmäßig abfallend. *Subkultur:* sehr ähnlich	B 5 (3) a	+	−	−	+	−	−	−	−	klar	desgl.
6. Gekräuselter Rand	(1) nur ein Typ, ziemlich selten, flache Kolonien. Rand fast krumenartig, *Subkultur:* ähnlich	B 6 (1) a	+	+	+	+	−	−	+	−	klar oder schwach trüb	längere Ketten auf festem Nährboden, kurze Ketten in Bouillon
		b	+	+	−	−	−	−	+	−		
7. Kreisrund, erhaben, mit einem oder mehreren Ringen gezeichnet	(1) gestürzter Teller. *Subkultur:* ähnlich	B 7 (1) a	+	+	+	+	−	−	−	−	klar	mittlere Ketten
	(2) gleicht einem englischen Bauernbrot (schildähnlich). *Subkultur:* ähnlich	B 7 (2) a	+	+	+	+	+	−	+	−	trüb	Involutionsformen, Autolyse, kurze Ketten

Tabelle 1 (Fortsetzung).

Gruppe und Untergruppe	Varietät	Subvarietät und Bemerkungen	Saccharose	Lactose	Raffinose	Salicin	Innulin	Mannit	Milch	Hitze-resistenz 20 Min. 60°	Blut-bouillon	Morphologie und Kettenbildung
		b	+	−	−	−	+	−	+	−	klar	mittlere Ketten
		c	+	+	+	+	−	−	−	−	trüb	kurze Ketten
		d	+	+	+	+	−	−	+	−	desgl.	desgl.
		e	+	+	−	+	−	−	+	−	desgl.	desgl.
		f	+	−	−	−	−	−	−	−		
		g	+	+	−	−	−	−	+	−		
		h	+	+	+	−	−	−	+	−		
		i	+	−	+	−	+	−	−	−		
8. Intensiv glänzend (Pneumokokkengruppe)	(1) Pneumokokken: dieTypen sind in der Koloniebildung ziemlich variabel, *sehr* weiter gelber Hof	B 8 (1) 4 Typen a, b, c, d	Die Zuckervergärung der Stockkulturen ist variabel									Kapselbildung
	(2) Strepto mucosus, charakteristischeForm, gelber oder grüner Grund, große wässerige Kolonie	B 8 (2) a										Kapselbildung
	(3) sehr empfindlicher „bronchialer" Streptococcus.	B 8 (3) a	+	+	+	−	−	−	+	−	klar	lange Ketten
			Es hat eine Anzahl Subvarietäten mit verschiedener Zuckervergärung und einige mit kurzen Ketten									
9. Charakteristische matte opake Kolonie	(1) klein, kreisrund, eingesunkenes Zentrum	B 9 (1) a	+	+	+	+	±	−	spät	−	trüb	kurze Ketten
		b	+	+	+	−	+	−	+	−	klar	lange Ketten
		c	+	+	−	+	−	−	+	−	desgl.	desgl.
		d	+	+	−	+	−	−	+	−	trüb	kurze Ketten
		e	+	+	+	+	−	−	+	−	desgl.	desgl.
		f	+	+	+	−	−	−	+	−	klar	lange Ketten
	(2) viel kleiner u. krümelig		72 Std.						72 Std.			
10. Opak, kreisrund, glatt und erhaben, gelber Ring	(1) wie Typ 10. *Subkultur*: ähnlich	B 10 (1) a	+	+	+	+	+	+	−	−	desgl.	desgl.
		b	+	+	+	−	−	−	+	−	desgl.	desgl.

C. Grün (H_2O_2-Bildung gering)

Gruppe	Beschreibung	Kultur		1	2	3	4	5	6	7	8	Bodensatz	Ketten
1. Annähernd kreisrund, milchige Kolonie, Zentrum erhaben	(1) glänzende, glatte Oberfläche, angedeutete, zentrale Erhebung, nur im Stuhl. *Subkultur:* ähnlich	C 1 (1)	a	+	+	+	+	+	−	−	−	klar	kurze Ketten
			b	+	+	+	+	+	−	+	−	trüb	staphylokokkenartig, kurze Ketten
			c	+	+	+	+	−	−	+	−	klar	kurze Ketten
			d	+	+	−	+	+	−	+	−	desgl.	desgl.
	(2) opake, ausgeprägtere zentrale Erhebung, aus Zähnen. *Subkultur:* ähnlich	C 1 (2)	a	+	+	−	−	−	−	+	+	trüb	unregelmäßige Kokken, kurze Ketten
			b	+	+	+	+	−	−	+	−	desgl.	
			c	+	−	+	−	−	+	−	−	klar	
			d	+	+	+	−	−	−	+	−		
2. Sich ausbreitend	(1) sehr flach, mit rauher Oberfläche (glitzerndes Aussehen). *Subkultur:* ähnlich	C 2 (1)	a	+	+	+	+	+	−	+	−	trüb	kurze Ketten
			b	+	+	−	+	−	−	+	−	desgl.	desgl.
	(2) nur in Subkultur sich ausbreitend, Primärkolonie: opak, milchig, unregelmäßige Form. *Subkultur:* neigt zur Gelbfärbung	C 2 (2)	a	+	+	+	+	−	−	+	−	desgl.	Involutionsformen, mittlere Ketten
3. Krumen	(1) groß, geringelt, milchig weiß, „wurmförmig". *Subkultur:* glatter	C 3 (1)	a	+	−	−	+	+	−	−	−	klar	Stäbchenformen, kurze Ketten
	(2) wie A 3 oder B 3. *Subkultur:* ähnlich	C 3 (2)	a	+	+	−	+	−	−	+	−	trüb	staphylokokkenartig, kurze Ketten
	(3) Gekräuselte Ränder, flaches, transparentes Zentrum (dürres Blatt); groß oder fein. *Subkultur:* ähnlich aber kleiner und flacher	C 3 (3)	b	+	+	+	+	−	−	+	−	desgl.	kurze Ketten
			a	+	+	+	+	−	−	+	−	desgl.	
	(4) groß und flach, mit erhobenen, opaken „Adern", geäderte Krume.	C 3 (4)	a	+	+	+	−	−	−	+	−	trüb opaleszent	staphylokokkenartig, kurze Ketten

Tabelle 1. (Fortsetzung).

Gruppe und Untergruppe	Varietät	Subvarietät und Bemerkungen	Saccharose	Lactose	Raffinose	Salicin	Inulin	Mannit	Milch	Hitzeresistenz 20 Min. 60°	Blutbouillon	Morphologie und Kettenbildung
4. Opak, kompakt	*Subkultur:* verliert die Aderzeichnung (1) Rund, gleichmäßig glänzend, verhältnismäßig flach. *Subkultur:* variabel (s. unter Untervarietät)	C 4 (1) a	+	+	+	—	—	—	+	—	trüb	kurze Ketten
		b	+	+	+	+	—	—	—	—	schwach trüb	sehr große Kokken, kurze Ketten
		c Subkultur schmutzig grün	+	+	—	—	—	+	+	—	trüb	kurze Ketten
		d Subkultur gelb, sehr verschieden in Größe	+	+	—	—	—	—	+	—	klar	Stäbchenformen, mittlere Ketten
	(2) opake, perlenähnliche Kolonie, größer als A(6) oder B(5), eingefallenes Zentrum. *Subkultur:* weniger opak, flacher	C 4 (2) a	+	+	—	—	+	+	—	—	trüb	Stäbchenformen, mittlere Ketten
		b	+	+	—	—	—	+	+	—	desgl.	kurze Ketten
	(3) opaker, konzentrisch gefalteter Kegel. *Subkultur:* ähnlich C3, 1	C 4 (3) a	+	+	+	—	—	—	+	—	klar	mittlere Ketten
		b	+	+	—	+	+	—	+	—	desgl.	Stäbchenformen, mittlere Ketten
	(4) Kreiselform. *Subkultur:* ähnlich	C 4 (4) a	+	+	—	+	—	—	+	—	desgl.	lange Ketten
5. Schmutzig grün	(1) ähnlich A (1) 1 wächst aber auf schwach grünem Grund. *Subkultur:* ähnlich A (1) 1, aber grün	C 5 (1) a	+	—	+	+	—	—	—	—	desgl.	staphylokokkenartig, kurze Ketten
		b	+	+	+	+	+	—	+	—	desgl.	kurze Ketten
	(2) ähnlich A (1) 3, wächst aber auf grünem Grund. *Subkultur:* ähnlich	C 5 (2) a	+	+	—	+	+	—	+	—	desgl.	desgl.

	(3) streng anaerob in Primärkultur, selten. *Subkultur:* grünlich	C 5 (3) a	+	+	—	+	+	—	+	—	desgl.	desgl.
	(4) Variabel, im allgemeinen flach, einige umwallt, einige leicht braunes Zentrum, meist kreisrund	C 5 (4) a	+	+	—	+	—	—	+	—	desgl.	desgl.
		b	+	+	+	—	—	—	+	+	trüb	desgl.
		c	—	+	+	+	+	—	+	+	desgl.	desgl.
		d	+	—	+	—	—	—	—	—	klar	desgl.
	e das zentrale Klümpchen ist sehr flach, weniger schmutziggrün	e	+	+	+	+	—	+	+	—	desgl.	Involutionsformen, staphylokokkenartig, kurze Ketten
	f kein Klümpchen im Zentrum	f	—	+	—	+	—	+	—	—	desgl.	desgl.
	g kleiner, grün, und gelb in Subkultur	g	—	—	—	—	—	—	—	—	trüb	desgl.
6. Braun pigmentiertes Zentrum	(1) Nur eine Varietät gleicht C (1) 1 abgesehen vom Pigment, selten. *Subkultur:* ähnlich. Neigung zu Pigmentverlust	C 6 (1) a	+	+	+	+	—	+	+	+	klar	kurze Ketten
7. Winzig klein, glitzernd, glänzend	(1) nur 1 Varietät. Viele Stäbchen wachsen in ähnlicher Form. *Subkultur:* ähnlich	C 7 (1) a	+	+	—	—	+	+	+	—	desgl.	mittlere Ketten
8. Myrtengrün, prachtvoll glänzend	(1) gleicht in Form und Lichtbrechung dem Streptococcus mucosus, später kann sich ein gelber Grund entwickeln. *Subkultur:* kann die Farbe verlieren und erhaben werden (b)	C 8 (1) a	+	+	—	+	—	—	—	—	trüb	kurze Ketten
		b	—	—	+	—	—	—	—	—	desgl.	Involutionsformen, Autolyse, kurze Ketten

Tabelle 1 (Fortsetzung).

Gruppe und Untergruppe	Varietät	Subvarietät und Bemerkungen	Saccharose	Lactose	Raffinose	Salicin	Inulin	Mannit	Milch	Hitze-resistenz 20 Min. 60°	Blut-bouillon	Morphologie und Kettenbildung
D. Schwärzen d. Nährboden. 1. Kreisrund, milchig, typische Enterokokken	(1) schwärzen den Nährboden, wenn in dichter Kultur. *Subkultur:* gleich	D 1 (1) a	+	+	−	+	−	+	+	+	trüb	es sind alles typisch eiförmige Kokken, in Bouillon, kurze Ketten
		b	+	+	−	+	−	+	+	+	desgl.	
		c	+	+	−	+	−	+	−	+	desgl.	
		d	+	−	−	+	−	+	−	−	desgl.	
		e	−	+	−	+	−	−	+	+	desgl.	
		f	−	+	−	+	−	−	+	−	desgl.	
		g	+	+	+ spät	+	−	+	+	+	desgl.	
		h	+	+	−	+	−	+	+	−	desgl.	
		i	+	+	−	+	−	−	−	+	desgl.	
		j	+	+	−	+	−	−	+	+	desgl.	
		k	+	+	−	+	−	−	+	−	desgl.	
		l	+	+	−	+	−	−	−	−	desgl.	
		m	+	+	−	−	−	+	+	+	klar	Diplokokken, kurze Ketten, atypisch
2. Bei dichtem Wachstum grün	(1) Die *Subkultur* zeigt, typischen Enterokokkus, und ist gleich wie D (1) 1	D 2 1 a	+	+	−	+	−	+	+	+	trüb	typisch
		b	+	−	−	+	−	+	−	−	desgl.	desgl.
	(2) beim Abheben der Kolonie bleibt um ein schokoladefarbenes Zentrum ein grüner Ring	D 2 (2) a	−	−	−	+	−	+	−	+	klar	Diplokokken, kurze Ketten, Involutionsformen
	(3) gelb, die typische Form erscheint langsam in den Subkulturen	D 2 (3) a	−	+	−	+	−	−	+	+	trüb	Involutionsformen, kurze Ketten,
3. Sinkt in den Nährboden ein. Verflüssigt Gelatine	(1) sehr stark schwärzend, Streptococcus cymogenes	D 3 (1) a	+	+	−	+	−	+	+	+	desgl.	typisch-eiförmige Kokken der Enterokokkengruppe

sind. Ob die Schwarzfärbung durch Sulfide bedingt wird, ist noch nicht sichergestellt.

Die Gruppe A umfaßt Streptokokken, die keine Farbänderung auslösen und schließt zahlreiche hämolytische Stämme ein. Die Gruppe B, charakterisiert durch die Gelbfärbung, enthält zahlreiche non haemolyticus-Stämme und Pneumokokken. In der durch Grünfärbung charakterisierten Gruppe C finden sich zahlreiche Vertreter der sog. Übergangsformen, während die durch die Schwarzfärbung erkenntliche D-Gruppe vor allem Enterokokken enthält. Die weitere Aufteilung der Gruppen erfolgt zunächst auf Grund der morphologischen Merkmale der einzelnen Kolonien und die weitere Unterteilung mit Hilfe der biologischen Reaktionen, ergänzt durch die Form von Ketten und Kokken.

Wenn auch die auf diese Weise isolierten und identifizierten Formen einen durchaus labilen Charakter tragen, so hat ROSENOW doch eine Technik angegeben, die auch nach unserer Erfahrung die Erhaltung der spezifischen Phase weitgehend begünstigt. ROSENOW verbringt das Zentrifugat von Dextrose-Ascitesbouillon in eine Lösung, die zusammengesetzt ist aus 2 Teilen Glycerin und 1 Teil einer 25%igen Kochsalzlösung. Wir selbst haben häufig die auf den Kochblutagarplatten gewonnenen Kolonien in dieser Lösung aufgeschwemmt und im Kühlraum über Monate hinweg unverändert aufbewahrt.

D. THOMSON wies 1929 auf eine weitere Reaktion hin, welche es ermöglicht, die auf der CROWE-Platte isolierten Keime in zwei große Gruppen aufzuteilen. Die Reaktion beruht darauf, daß die ausgewachsenen Kolonien mit einem Tropfen Lugollösung bedeckt werden. Bei stereoskopischer Betrachtung zeigt sich, daß einige Kolonien unter dem Einfluß des Jods unmittelbar eine dunkelbraune Färbung annehmen, wogegen andere Kolonien unbeeinflußt bleiben oder höchstens eine leichte Gelbfärbung aufweisen, so daß auf diese Weise die Streptokokken in zwei große Gruppen: jodpositive und jodnegative, zerfallen.

Zwischen den fast schwarzen und unbeeinflußten gibt es Zwischenstufen: Braunfärbung wird als positiv, Andeutung von Braunfärbung als $\pm$ bezeichnet. Einzelne Kolonien zeigen die Braunfärbung nur am Rand oder dann auch in Form eines Doppelringes.

Als Vorteil des Jodtestes erwähnt THOMSON die Möglichkeit, morphologisch ähnliche Kolonien unter Umständen leicht zu differenzieren. Als Beispiel des Differentialwertes führt er an, daß

1. BIRKHAUGs Streptococcus erysipelatos stark jodpositiv ist, wogegen die meisten anderen Varietäten hämolytischer Streptokokken jodnegativ sind,

2. BIRKHAUGs Streptococcus rheumaticus sich ebenfalls als jodpositiv erwies, besonders die zentralen Tochterkolonien und die Randpartien.

CROWE identifizierte diesen BIRKHAUGschen Streptococcus als A 1 (4)-Typ. Der Jodtest bestätigte diese Identifizierung, indem der CROWEsche A 1(4)-Typ ebenfalls in gleicher Weise jodpositiv ist und BIRKHAUG seinerseits fand CROWEs A 1(4)-Typ als Toxinbildner. CROWEs Typ A 1(1) ist morphologisch A 1(4) sehr ähnlich, aber A 1(1) ist vollständig jodnegativ. THOMSON schließt in Analogie zu den bekannten anderen Befunden bei positivem Ausfall auf die Anwesenheit von Glykogen.

Daß die Reaktion nicht allein auf Streptokokken beschränkt ist, geht aus der Untersuchung von Pneumokokken hervor. Hier erwies sich Typ I als negativ oder fast negativ, Typ II als positiv (braune Ringe), Typ III als vollständig negativ und Typ IV als positiv (braune Ringe).

6. Streptokokkenagglutination.

Seit van de Velde (1897) zum erstenmal über Beobachtungen von Streptokokkenagglutination durch tierische Seren berichtete, hat eine recht bedeutsame Zahl von Autoren versucht, mittels dieser Methode die Frage nach der Arteinheit oder Vielheit der Streptokokken zu entscheiden. Jahrzehntelang scheiterten aber diese Versuche größtenteils an einem ganz unübersichtlichen Verhalten der einzelnen Stämme zu den gewonnenen Seren, sowie an der außerordentlich häufigen Spontanagglutination, die auch durch die verschiedenen speziell empfohlenen Nährböden (Zusätze von Ascites, Serum, Natriumphosphat zur Bouillon) oft nicht zu beheben waren. So kam es, daß trotzdem diese Versuche immer wieder aufgenommen wurden (Salge und Hosenknopf, Meyer, Moser und Pirquet, Neufeld, Aronson, von Lingelsheim, Moser, Pirquet, Salge, Krumwiede, Valentine usf.) die Methoden bis in die neueste Zeit hinein keinen durchschlagenden Erfolg erzielten.

1919 griffen Dochez, Avery und Lancefield von neuem auf die Agglutination zurück, indem sie zur Immunisierung statt Pferde und Kaninchen Schafe verwendeten. Sie untersuchten 125 Stämme von Streptococcus haemolyticus, die sie anläßlich einer Masernepidemie aus Bronchopneumonien gezüchtet hatten und stellten 4 Typen sowie eine X-Gruppe auf.

Bliss, Tunnicliff, sowie Eagles wollten 1920—22 die Scharlachstreptokokken in einer wohl definierten Gruppe vereinigen; Gordon teilte unter Zuhilfenahme der Absorption 36 hämolytische Streptokokkenstämme in 3 Gruppen auf (1 Stamm war undefinierbar), wobei sich die Scharlachstreptokokken ebenfalls in einer Gruppe (3) befanden, Typ 1 enthielt vor allem Streptococcus pyogenes-Stämme und Typ 2 nur eine seltene Form.

In einer sehr ausgedehnten Untersuchungsreihe gelang es Sédallian (1922 bis 1925) unter Verwendung der Technik von Dochez, Avery und Lancefield von 130 Stämmen 87 vermittels Agglutination bzw. Absorption in 6 Typen einzuteilen. Die Resultate der Castellanischen Absättigung ließen Sédallian annehmen, daß innerhalb eines jeden Typus Keime in 2 Formen vorkommen, solche mit einfachem Antigen, entsprechend dem Gruppenantigen der Pneumokokken und solche mit komplexem Antigen.

Als praktisches Resultat dieser Untersuchungen ist die Erfassung epidemiologischer Zusammenhänge anzuführen, gelang es doch auf diese Weise, eine endemische Puerperalfieberinfektion im Zusammenhang mit Bacillenträgern zu charakterisieren. 1928 berichten Meleney, Zaytzeff, Harvey und Zung-Dau Zau über einen ähnlichen Erfolg anläßlich einer Puerperalfieberepidemie im Sloane-Hospital in New York. Dort traten innerhalb eines Monats unter 136 Gebärenden 24 Sepsisfälle auf, worunter 8 letal verliefen. In einer Probeagglutination erwiesen sich 21 von 31 Stämmen der Patienten und 9 von 23 Stämmen des Spitalpersonals als zur selben Agglutinationsgruppe gehörend. In gekreuzter Agglutination und Agglutininabsorption erwiesen sich 6 Stämme identisch. Zwei derselben stammten aus Blut, 3 aus Vagina und einer aus der Nase einer Schwester. 16 weitere Stämme standen den ersten 6 sehr nahe und 5 weitere agglutinierten nicht mehr, absorbierten das Serum aber noch vollständig.

Wenn die Autoren auf Grund ihrer Versuche eine mehr oder weniger permanente Agglutininaufsplitterung annehmen, so ist hierin vielleicht ein erster Beweis zu sehen für die von LINGELSHEIM bereits 1903 geäußerte Ansicht, daß der Receptorenapparat der Streptokokken durch Tierpassagen tiefgreifende Veränderungen erleidet.

Die Versuche, innerhalb der Gruppe der hämolytischen Streptokokken zu klaren Verhältnissen zu gelangen, bedingten in den folgenden Jahren eine ganze Reihe von Arbeiten, so wollen STEVENS und DOCHEZ, O'BRIEN, OKELL, die Scharlachstreptokokken von den übrigen hämolytischen abtrennen. BIRKHAUG ist der Meinung, daß auch die Mehrzahl der Erysipelstreptokokken einer Gruppe angehören und EAGLES glaubt 1926 innerhalb der Streptokokken drei große Gruppen aufstellen zu können, die sich mit den ältesten Einteilungsversuchen decken sollen. Er unterscheidet auf serologischer Basis Streptococcus scarlatinae, Streptococcus erysipelatos und Streptococcus febris puerperalis.

Diesen etwas optimistischen Auffassungen stehen, soweit die Scharlachstreptokokken in Frage kommen, nun allerdings Befunde von SMITH, GRIFFITH, JAMES, WILLIAMS, KIRKBRIDE, WHEELER und WEST usf. gegenüber, die in den Jahren 1926—30 wohl endgültig festlegten, daß die bei Scharlach im Rachen gefundenen hämolytischen Streptokokken keineswegs einer einheitlichen Gruppe angehören, sondern eine ganze Reihe recht gut charakterisierter Typen bilden, deren einzelne nach GUNN und GRIFFITH sogar mit einer besonderen Pathogenität verknüpft sein können. Daß den so aufgestellten Typen nicht etwa nur lokale Bedeutung zukommt, erhellt daraus, daß z. B. MUELLER und KLISE in neuester Zeit vermittels Agglutination von 225 Stämmen etwa $^2/_3$ in 6 Gruppen einzuteilen vermochten, von denen 4 der GRIFFITHschen Einteilung und 3 den Typen von WILLIAMS entsprachen.

Wenn sich somit die Verhältnisse innerhalb der Gruppe der Scharlachstreptokokken und vielleicht der hämolytischen Streptokokken ganz allgemein etwas abzuklären begonnen haben, so liegen die Verhältnisse innerhalb der Gruppe der nichthämolytischen Streptokokken jedenfalls wesentlich komplizierter. NORTON, KLIGLER, KRUMWIEDE und VALENTINE, KINSELLA und SWIFT, ROOS und GRAY, BROCQ-ROUSSEAU, FORGEOT und URBAIN usf. weisen alle auf die Heterogenität dieser Gruppe hin. Um so überraschender erscheinen denn auch die Mitteilungen von CECIL, NICHOLLS und STAINSBY, die bei chronisch infektiöser Arthritis aus dem Blut, bei Rheumatismus aus den Gelenkpunktaten und Herden besonders „typische" Stämme des α- oder Viridanstyp gefunden haben und darüber hinaus feststellten, daß diese Stämme in 94% von 110 untersuchten Gelenkrheumatismusfällen durch deren Serum in spezifischer Weise agglutiniert wurden. Auf Grund von Vergleichsuntersuchungen betonen die Autoren weiterhin die engen antigenen Beziehungen zwischen ihren „typischen" Stämmen und hämolytischen Scharlach- und Erysipelstreptokokken und stehen aber trotzdem nicht an, die Streptokokkenagglutination für Rheumatismus ebenso spezifisch zu erklären wie den Widal für Typhus. Unterstützt werden diese Beobachtungen nur noch von DAWSON, OLMSTEAD und BOOTS, die ebenfalls angeben, daß die Seren von Patienten mit rheumatoider Arthritis Hämolyticusstämme in der Mehrzahl der Fälle bei 55° bis zu einem ungewöhnlich hohen Titer (1 : 2560 und mehr) agglutinierten, wobei auch hier die Herkunft der Stämme keine Rolle spielte. Wenn DAWSON, OLMSTEAD und BOOTS in der Bewertung der Spezifität der Reaktion auch etwas vorsichtiger sind als Cecil, Nicholls und Stainsby, so halten sie dieselbe doch für charakteristisch genug, um einerseits rheumatische Arthritis und andererseits hämolytische Streptokokken zu bestimmen. Beim Widerspruch, in dem sich diese Autoren mit ihren Befunde gegenüber allen anderen Untersuchern befinden, ist es von Bedeutung, daß die Reaktion in den Händen von Fischer und Wehrsig vollständig versagte. Auch Hartleben konnte mit dem Serum von Kaninchen, die mit dem Originalstamm von Stainsby vorbehandelt waren, keine Agglutination erzielen. (Nachtrag s. S. 582.)

Über sehr differenzierte und außerordentlich charakteristische Agglutinations- und Präzipitationsversuche berichtete auch Rosenow bei Verwendung von Hyperimmunseren. Die Hauptschwierigkeit bestand bei der Labilität der Stämme in der Herstellung einer konstanten Aufschwemmung, die sowohl für die Herstellung der Seren, wie auch als späteres Antigen zu dienen hatte. Als Stämme griff er besonders Streptokokken heraus, die sich im Tierversuch durch ihre spezifische Lokalisation ausgezeichnet hatten. Solche Stämme züchtete er in Dextrosebouillon, der 10% Ascites zugesetzt war. Das Zentrifugat nimmt er nach 48stündiger Bebrütung im früher erwähnten Kochsalzglyceringemisch auf, während die überstehende Flüssigkeit der Präcipitinreaktion dient. Die übliche intravenöse Immunisierung ergänzt er auf folgende Weise: fraktioniert sterilisierte Milch wird mit Lab und Calciumlactat versetzt. Die Streptokokken werden in ihr aufgeschwemmt und subcutan injiziert, und zwar verwendet er auf 10 ccm auf 40° erwärmte Milch 1 ccm einer käuflichen 10%igen alkoholischen Lablösung und 1 ccm einer 5%igen wässerigen Lösung Calciumlactat. Dieses Gemisch garantiert nach der Injektion eine rasche Gerinnung und bedingt ein Antigendepot.

Auf diese Weise immunisierte Pferde lieferten Seren, mit einem außerordentlich hohen Antikörper-, Agglutinin- und Antitoxingehalt. Präcipitin und Agglutininversuche verliefen im großen und ganzen parallel und die überwiegende Mehrzahl der aus Poliomyelitis, Encephalitis, Chorea, Influenza, epidemischem Singultus, Ulcus ventriculi und duodeni, Colitis ulcerosa, Cholecystitis, chronischer Arthritis, Pyelonephritis und Cervicitis gewonnenen Stämme wurden in spezifischer Weise ohne vorherige Absorption durch die entsprechenden Seren agglutiniert. Gewisse übergreifende Reaktionen wurden allerdings festgestellt So zeigte sich, daß sich Stämme von Poliomyelitis und Encephalitis besonders nahe standen, Stämme aus Arthritis und Torticollis spastica Fällen schienen besonders solchen von Chorea nahe zu stehen, Stämme von respiratorischer Arythmie standen Encephalitisstämmen näher als Poliomyelitis und Choreastämmen usf. Rosenow schließt aus diesen Mitreaktionen, daß die nichthämolytischen Streptokokkenstämme, wenn auch unter geeigneten Bedingungen hochspezifisch, unter sich doch näher verwandt sind als mit Pneumokokken oder hämolytischen Streptokokken.

Folgende, der Rosenowschen Arbeit entnommene Tabelle orientiert über die von ihm erhobenen Befunde (vgl. Tab. 2, S. 477 und 478).

Über ähnliche hochspezifische Resultate berichtet in neuester Zeit noch H. W. Crowe, der zur Gewinnung seiner monovalenten Seren die Plattenisolierungsmethode verwendet.

Tillett und Abernethy sowie Pinner und Voldrich berichteten 1932 über Versuche, welche zum mindesten darauf hinweisen, daß neben den

Tabelle 2. Spezifische Agglutination von nichthämolytischen Streptokokken, gewonnen in Untersuchungen über Ulcus ventriculi und duodeni, Chorea, Cholecystitis, Pyelonephritis und Endocervicitis, mit den entsprechenden Schafimmunseren[1].

Herkunft der Stämme	Stamm	Schaf 14 (Arthritis)		Schaf 12 (Ulcus)		Schaf 15 (Chorea)		Schaf 11 (Cholecystitis)		Schaf 13 (Pyelonephritis)		Schaf 16 (Endocervicitis)		Schaf 10	
		N* Febr. 22	I* Aug. 17	N Febr. 15	I Aug. 17	N April 26	I Aug. 17	N Febr. 15	I Aug. 17	N Febr. 15	I März 22	N April 26	I Aug. 17	N Febr. 15	I Juni 22
Ulcus ventriculi oder duodeni	4159. 5	0	0	0	4	0	0	0	2	0	0	0	0	0	0
	4159². 3	0	0	0	3	0	0	0	1	0	0	0	0	0	0
	112³	0	0	0	3	0	0	0	0	0	0	0	0	0	0
	112³	0	0	0	3	0	0	0	0	0	0	0	0	0	0
	D 220. 2	0	0	0	4	0	0	0	0	0	0	0	0	0	0
	4097	1	1	1	3	1	1	1	1	1	1	1	1	1	1
	4106	0	0	0	2	0	0	0	0	0	0	0	0	0	0
	4163	1	1	1	3	1	1	1	1	1	1	1	1	1	1
	6567	3	3	3	3	3	3	3	3	3	3	3	3	3	3
	4879. 3	2	2	2	3	2	2	2	2	2	2	2	2	2	2
	4 Hundeulcus-Stämme	0	0	0	0	0	0	0	0	0	0	0	0	0	0
	590	2	2	2	4	2	2	2	2	2	2	2	2	2	2
	590². 2	2	2	2	3	2	2	2	2	2	2	2	2	2	2
Chorea	4223³. 15	0	0	0	0	0	4	0	0	0	0	0	0	0	0
	4223³. 3	2	2	2	2	2	2	2	2	2	2	2	2	2	2
	4284². 3	0	2	0	0	0	4	0	0	0	0	0	0	0	0
	589	1	1	2	2	2	3	2	2	0	0	0	0	0	0
	4674². 9	0	2	0	0	0	4	1	1	2	2	1	3	1	1
	568	0	0	0	0	0	3	0	0	0	0	0	0	0	0
	4908	0	0	0	0	0	0	0	0	0	0	0	0	0	0
	4908². 3	0	0	0	0	0	2	0	0	0	0	0	0	0	0
	4908². 3	0	0	0	0	0	2	0	0	0	0	0	0	0	0
	4908³. 3	0	0	0	0	0	1	0	0	0	0	0	0	0	0
	4908³. 3	0	0	0	0	0	2	0	0	0	0	0	0	0	0
Chorea	4908³. 3	0	0	0	0	0	2	0	0	0	0	0	0	0	0
		1	2	1	1	1	3	1	1	1	1	1	2	1	1
	4127. 2	0	0	0	3	0	0	0	4	0	0	0	0	0	0

Tabelle 2 (Fortsetzung).

Herkunft der Stämme	Stamm	Schaf 14 (Arthritis) N Febr. 22	Schaf 14 (Arthritis) I Aug. 17	Schaf 12 (Ulcus') N Febr. 15	Schaf 12 (Ulcus') I Aug. 17	Schaf 15 (Chorea) N April 26	Schaf 15 (Chorea) I Aug. 17	Schaf 11 (Cholecystitis) N Febr. 15	Schaf 11 (Cholecystitis) I Aug. 17	Schaf 13 (Pyelonephritis) N Febr. 15	Schaf 13 (Pyelonephritis) I März 22	Schaf 16 (Endocervicitis) N April 26	Schaf 16 (Endocervicitis) I Aug. 17	Schaf 10 N Febr. 15	Schaf 10 I Juni 22
Cholecystitis	4127. 4	0	0	0	2	0	0	0	4	0	0	0	0	0	0
	4144. 3	0	0	0	0	0	0	0	0	0	0	0	0	0	0
	4102. 3	2	2	2	3	2	2	2	4	2	2	2	2	2	2
	140^3. 2	0	0	0	0	0	0	0	2	0	0	0	0	0	0
	140^3. 2	0	0	0	0	0	0	0	2	0	0	0	0	0	0
	140^3. 2	0	0	0	0	0	0	0	2	0	0	0	0	0	0
	140^2. 2	0	0	0	0	0	0	0	3	0	0	0	0	0	0
	140^2. 4	2	2	2	2	2	2	2	4	2	2	2	2	2	2
Pyelonephritis	4103^2. 2	0	0	0	0	0	0	0	0	0	3	0	0	0	0
	4098	0	0	0	0	0	0	0	0	0	3	0	0	0	0
	508^2	2	2	2	2	2	2	2	2	2	3	2	3	2	2
	508^2	0	0	0	0	0	0	0	0	0	3	0	0	0	0
	412^2	1	1	1	1	1	1	1	1	1	4	1	1	1	1
Endocervicitis	4238	0	0	0	0	0	0	0	0	0	0	0	3	0	0
	4238^2	0	0	0	0	0	0	0	0	0	0	0	3	0	0
	4245	0	0	0	0	0	0	0	0	0	0	0	0	0	0
Kontrollen: verschiedene Stämme.															
Parotitis	3923. 2	0	0	0	0	0	0	0	0	0	0	0	0	0	0
	3924	0	0	0	0	0	0	0	0	0	0	0	0	0	0
	4108	0	0	0	0	0	0	0	0	0	0	0	0	0	0
	JR	0	0	0	0	0	0	0	0	0	0	0	0	0	0
Poliomyelitis	4876^2. 31	2	2	2	2	2	2	2	2	2	2	2	2	2	2
Encephalitis	3900^2. 38	0	0	0	0	0	0	0	0	0	0	0	0	0	0
Singultus epid.	4902^2	0	0	0	0	0	0	0	0	0	0	0	0	0	0
Lobäre Pneumonie	3627^{12}. 82^2	0	0	0	0	0	0	0	0	0	0	0	0	0	0
Myositis	593^2	3	3	3	3	3	3	3	3	3	3	3	3	3	3

[1] J. inf. Dis. **45**, 331 (1929).

N* vor der Immunisierung, I* nach ausgedehnter Immunisierung.

Der Exponent rechts von der Stammnummer bedeutet die Zahl der Tierpassagen, die Zahl nach dem Punkt die Zahl der Kulturpassagen.

„spezifischen Agglutininen" sowohl bei akuten Infektionen wie bei Tuberkulose noch ein weiteres „Agglutinationsphänomen" zu beobachten ist. HITCHCOCK und SWIFT erweiterten und bestätigten diese Befunde, indem sie feststellten, daß Serum und in vermehrtem Maße Gelenk-, Pleura- und Perikardexsudat in Verdünnungen von 1 : 10 bis 1 : 10000 Bouillon zugesetzt (Gesamtvolumen 2 ccm in Röhrchen von 12 mm lichter Weite), zwei alte Laboratoriumsstämme von Streptococcus haemolyticus und Staphylococcus aureus zu flockigem Wachstum veranlaßten. Kontrollversuche ergaben einerseits, daß „rheumatischen" Exsudaten diese „agglutinatorische" Fähigkeit in beträchtlich höherem Grade zukam als Exsudaten, die von irgendwelchen anderen Affektionen herrührten und andererseits, daß von zahlreichen zur Prüfung verwendeten Bakterienarten nur Staphylokokken und hämolytische Streptokokken und ganz besonders die zwei alten Stämme das Phänomen zeigten.

Inaktivierung des Exsudates (30 Minuten bei 56⁰) bedingte eine merkliche Verminderung des „Agglutinationstiters", die auch durch Zusatz von Meerschweinchenkomplement nicht mehr behoben werden konnte.

TILLETT und ABERNETHY zeigten, daß Abtötung der Keime durch Hitze den Verlust der Agglutinationsfähigkeit zur Folge hatte, während sie durch Formalinabtötung nicht beeinflußt wird. Das aktive Prinzip des Exsudates wird durch CO_2-Sättigung des verdünnten Serums oder durch Zusatz von 0,75 mol. Ammoniumsulfat zum Exsudat (MORTON) präcipitiert.

Während sowohl die bisher zitierten Autoren sowie auch REIMANN und WEAVER, welche ähnliche Beobachtungen erhoben, diese unspezifische Agglutination in erster Linie auf eine Eigenschaft des Exsudates zurückführen, scheint es mir nicht unwahrscheinlich, daß hier ähnliche Verhältnisse vorliegen, wie wir sie im Anschluß an ALESSANDRINI und SABATUCCI bei der BRUCELLA-Gruppe (Trypaflavin) beobachteten und als Ausdruck einer Bakteriendissoziation deuteten.

7. Komplementbindung bei Streptokokken.

Die ersten Versuche, die Komplementbindung der Streptokokkendiagnostik dienstbar zu machen, gehen auf den Scharlach zurück (BESREDKA und DOPTER, FOIX und MALLEIN, SCHLEISSNER, LIVERIATO, CASTEX), ohne daß sie allerdings ein positives Resultat gezeitigt hätten. Erst 1917 berichteten KINSELLA und SWIFT über bemerkenswerte Resultate von 28 nichthämolytischen Streptokokkenstämmen. Sie gelangten bei der Interpretation ihrer Befunde zum selben Schluß, wie SÉDALLIAN auf dem Boden seiner Agglutinationsversuche, nämlich, daß es Streptokokken mit einfachem und komplexem Antigen gibt. 1918 versuchte HOWELL 65 Stämme, worunter 28 hämolytische und 37 nichthämolytische durch Komplementbindung zu klassifizieren. Er stellte 12 Seren gegen hämolytische und 14 Seren gegen nichthämolytische Keime her ohne zu einem greifbaren Resultat zu gelangen, wogegen SEITZ (1922) die Lanzettkokken der Mundhöhle vermittels dieser Methode in einzelne Typen auflöste und auch WOLFF glaubte, daß es vermittels der Komplementbindung möglich sei, Gruppencharaktere festzulegen, welche die saprophytischen Keime in einen engeren Zusammenhang mit den parasitischen bringen könnten. 1925 versuchte HITCHCOCK, die serologischen Beziehungen zwischen Streptokokken und Pneumokokken festzulegen. Er gewann gegen 3 Stämme von Streptococcus haemolyticus,

16 Stämme von Streptokokken non haemolyticus und 14 Pneumokokkenstämme je ein Immunserum. Auf Grund seiner Resultate zerfallen die nichthämolytischen Streptokokken in 2 Gruppen, von denen die eine den hämolytischen, die andere den Pneumokokken nähersteht. Die Protein- oder Lipoidfraktion der Bakterien wäre für diese Beziehungen verantwortlich. ANDERSEN untersuchte 1926 88 hämolytische Streptokokken vermittels absorbierter Seren im Komplementbindungsversuch. Die Scharlachstreptokokken bildeten eine annähernd homogene Gruppe, wogegen die Verhältnisse bei den aus Erysipel, Eiter, Meningitis, Phlegmonen, Endokarditis usw. gewonnenen Stämme nicht mehr zu überblicken waren.

8. Cutanreaktionen und Streptokokkentoxine.

Der DICK-Test beim Scharlach trug im Verein mit den interessanten Untersuchungen, die BIRKHAUG, SINGER und KAPLAN, STEVENS und DOCHEZ, beim Erysipel erzielt hatten, dazu bei, die Cutanreaktion auch zur Differenzierung nichthämolytischer Streptokokken heranzuziehen, obschon die Versuche bei dieser Gruppe, wo noch kein lösliches Toxin nachgewiesen war, von vornherein auf noch größere Schwierigkeiten stoßen mußten. Ist es doch selbst für die Gruppe der hämolytischen Streptokokken noch nicht abgeklärt, inwieweit das Toxin an der Reaktion beteiligt ist und bis zu welchem Grad allergische Phänomene mit hineinspielen.

1926 isolierte BIRKHAUG aus dem Blut einer 5 Jahre alten Rheumatikerin einen nicht methämoglobinbildenden Streptokokkenstamm, der sich mit dem anläßlich der Sektion aus den Wucherungen der Mitralklappe gewonnenen vollständig deckte. Der Stamm produzierte ein aktives, lösliches Toxin. In der Folge fand BIRKHAUG unter mehr als 400 hämolytischen und nichthämolytischen Stämmen verschiedenster Herkunft 68 weitere, nichtmethämoglobinbildende Stämme, von denen 49 ein nachweisbar toxisches Filtrat erzeugten. Nach intradermaler Injektion von 0,1 ccm einer Verdünnung 1 : 100 zeigten 56% der Erwachsenen und 76% Kinder mit rheumatischer Anamnese positive Hautreaktion. Bei einer Verdünnung von nur 1 : 10 erhöhten sich diese Zahlen auf 67 bzw. 85%. Das Toxin erwies sich als neutralisierbar und wurde durch Hitze zerstört. Durch Präzipitation mit absolutem Alkohol gelang es, die spezifischtoxische Substanz weitgehend zu reinigen und zu konzentrieren.

BIRKHAUG nahm nun 7 Monate lang an sich selbst intradermale Injektionen mit Hauttestdosen des sterilen Filtrates vor, ohne in dieser Zeit eine Verminderung der Reaktion zu beobachten. Dann injizierte er sich intraartikulär ins linke Handgelenk und intramuskulär in den rechten Vorderarm 1 ccm des unverdünnten Toxins. Nach 20 Stunden setzte ein allgemeines Unwohlsein, ein, begleitet mit Schüttelfrösten, Schweißausbrüchen, die von herumziehenden Gelenkschmerzen gefolgt waren. Innerhalb 48 Stunden nach den Injektionen entwickelte sich klinisch das typische Bild von akuter Polyarthritis rheumatica, begleitet von hohem Fieber, raschem Puls, außerordentlichen Schweißausbrüchen und wandernden Schmerzen in den verschiedenen großen Gelenken. Am 4. Krankheitstag nahm er in großen Dosen Salicylate, wodurch das Allgemeinbefinden rasch zur Norm zurückkehrte. Während der ganzen Krankheitsdauer flackerten mit jedem neuen Schub die Hautläsionen wieder auf, worin BIRKHAUG den Ausdruck einer allergischen Reaktion sieht.

1928 testete KAISER 800 Kinder im Alter von 1 Woche bis 6 Jahren intradermal mit dem BIRKHAUGschen Toxin. Etwa 32% reagierten positiv, unter diesen fand er bei 20% anamnestisch keine Anhaltspunkte für Rheumatismus oder rezidivierende Anginen. Bei 35% ließen sich wiederholte Anginen feststellen und 76% waren als Rheumatiker zu bezeichnen. Eine Parallele der BIRKHAUGschen Reaktion mit SCHICK- oder DICK-Test war nicht vorhanden. Ohne entscheiden zu wollen, ob ein positiver BIRKHAUG-Test Sensibilität für Rheuma anzeigt, oder als Ausdruck eines allergischen Phänomens im Sinne der Tuberkulinreaktion zu werten ist, glaubt der Autor, daß zum mindesten eine bestimmte biologische Beziehung besteht zwischen der Reaktion auf das BIRKHAUGsche Toxin und der Hypersensibilität der Haut von rheumatisch Stigmatisierten, was SWIFT, DERICK und HITCHCOCK (1928) gegenüber Filtraten einer speziellen Gruppe anhämolytischer Streptokokken bestätigten. Darüber hinaus stellen aber die letzteren Autoren fest, daß die meisten Patienten im akuten Stadium und viele noch zur Zeit der Rekonvaleszenz gegenüber Filtraten bestimmter Viridansstämme eine ähnliche Überempfindlichkeit zeigen. Das Toxin wird von ihnen als Endotoxin und Produkt einer Autolyse aufgefaßt, und die Reaktion eher im Sinne der Allergie gedeutet.

WEBER und PESCH berichten über Versuche von Cutanreaktionen an 12 granulomfreien Personen, an 5 Individuen mit reaktionslosen Granulomen und 9 mit entzündlichen periapikalen Prozessen. Sie injizierten je 0,1 ccm eines bakterienfreien Filtrates einer 10 Tage alten Serumbouillonkultur aus 3 Streptokokken- und 2 Pneumokokkenstämmen, ferner dasselbe Filtrat nach 1stündigem Erhitzen auf 70⁰ und schließlich ungeimpfte Serumbouillon. Die granulomfreien Personen zeigten keine nennenswerte Reaktion. Unter der 2. und 3. Gruppe dagegen wurden eine Reihe positiver Reaktionen beobachtet, unter denen allerdings auch eine positive Serumbouillonkontrolle war.

KAUFFER, der seinen Patienten in über 400 Granulomfällen eine Bakterienaufschwemmung eigener Stämme injizierte, fand in über 80% negative Reaktionen. Die positiven Befunde teilte er in 2 Gruppen ein. In der ersten Gruppe sind die Fälle zusammengefaßt, die innerhalb 5—15 Minuten als Sofortreaktion eine urtikarielle Schwellung aufwiesen. Die zweite Gruppe zeigte nach 6 bis 36 Stunden eine deutliche Rötung von wechselndem Umfang mit nachfolgender Schuppung.

Die negativ reagierenden Patienten hält er für gute Antikörperbildner, die eine von den Wurzelspitzen ausgehende Allgemeinerkrankung nicht zu befürchten haben. Die positiven Reaktionen führt er auf fehlende Antikörperbildung zurück und hält hier eine Wurzelbehandlung für unangebracht.

MEMMESHEIMER prüfte 14 Granulomträger in Intracutanreaktionen und fand darunter 7 positive, worunter 5 mit eigenen und einem fremden und 2 nur mit einem fremden Stamm.

Während ERLSBACHER und SAXEL die Streptokokkenallergie ganz allgemein mit einem von ihnen hergestellten Kulturfiltrat eines bestimmten Hämolyticusstammes feststellen wollten, verwendete STEIN frisch aus Wurzelgranulomen gezüchtete Stämme zur Cutanreaktion. Bei 33 von 130 Patienten verwendete er für die Intracutanreaktion patienteneigene Stämme. Bei 12 von diesen 33 Patienten fielen die Reaktionen negativ aus, bei 21 positiv. Von den 21 positiven war die Bouillonkontrollinjektion 10mal positiv und 11mal negativ.

Bei den 11 Patienten mit negativer Bouillonkontrolle führte er die Reaktion gleichzeitig mit dem eigenen Stamm mit mehreren Fremdstämmen durch. In 8 Fällen reagierten die fremden Stämme, die ihrerseits bei anderen Patienten positive Reaktionen ergeben hatten, negativ, in 2 Fällen reagierten einzelne derselben positiv. Stein zieht hieraus mit Recht den Schluß, daß sich verschiedene Streptokokkenstämme bei ein und demselben Patienten in bezug auf die Hautreaktion verschieden verhalten können, ohne vorläufig den Schluß zu wagen, ob es sich um Immunitätsreaktionen (im Sinne der Dickschen Reaktion) oder um Allergiereaktionen (im Sinne der Tuberkulinreaktion) handelt. Bei einem septischen Rheumatoid mit Endokarditis, das in Heilung überging, wurde die Reaktion immer schwächer und verschwand schließlich, bei einer anderen Endokarditis, die ad exitum kam, war die Reaktion bei jeder Wiederholung stärker und 14 Tage vor dem Tod besonders stark. Diese beide Fälle werden vorsichtigerweise ohne irgendwelche bindende Schlüsse registriert.

Wir selbst haben in einer Reihe von Fällen, in denen wir Granulom- und Tonsillarstreptokokken nach Warren Crowe isoliert und identifiziert hatten, mit den verschiedenen (4—10), aber stets nur patienteneigenen Stämmen Intracutanreaktionen vorgenommen, unter Verwendung von 0,1 ccm einer bei 60⁰—80⁰ unter Ätherzusatz sterilisierten Bouillonkultur. Wir können aus unseren bisherigen Befunden noch keine bestimmten Schlüsse ableiten, stellen aber jedenfalls fest, daß unter den oft zahlreichen Streptokokken, die den Patienten gleichzeitig im Abstand von einigen Zentimetern intracutan injiziert wurden, der weitaus größte Teil keine Reaktion auslöste. Es waren immer nur 1—2, gelegentlich auch 3 Stämme, die innerhalb 24—48 Stunden deutliche Rötung und Schwellung bedingten. Wenn sich diese Stämme, was wir bis zur Stunde auch noch nicht überblicken können, gleichzeitig als die im Tierversuch spezifischpathogenen entpuppen sollten, so wäre darin eine bedeutsame Stütze der Rosenowschen Auffassung der Organspezifität der Streptokokken und ihrer Toxine zu sehen. Daß es sich bei all diesen Versuchen um Reaktionen recht spezifischer Natur handelt, scheint uns heute schon sicher zu stehen, ohne daß sich allerdings die Frage entscheiden ließe, inwieweit es sich um allergische oder antitoxische Erscheinungen, oder auch eine Kombination von beiden handelt.

9. Antigene Struktur der Streptokokken.

Untersuchungen über die präcipitable Substanz in Streptokokken veranlaßten Hitchcock zur Annahme, daß hämolytische Streptokokken, nichthämolytische Streptokokken und Pneumokokken wohl umschriebene und, soweit die Präcipitinreaktion in Frage kommt, unabhängige Gruppen darstellen. Während die hämolytischen Streptokokken eine praktisch homogene Gruppe bildeten, erwies sich die Gruppe der nichthämolytischen sowohl im Präcipitations- wie im Komplementbindungsversuch als recht heterogen.

Veranlaßt durch die zahlreichen in der Literatur niedergelegten Mitteilungen über mehr oder weniger enge Beziehungen zwischen diesen beiden Streptokokkengruppen einerseits und mit den Pneumokokken andererseits, ging Hitchcock daran, diese Verhältnisse vermittels der Komplementbindung zu untersuchen. Da aber von Eiweiß gereinigte Antigene, welche fast nur noch die präcipitable Substanz enthielten, keine gekreuzten Reaktionen gaben und sich auch Bakterienaufschwemmungen in physiologischer Kochsalzaufschwemmung für solche Untersuchungen längst als unzweckmäßig erwiesen hatten, griff er auf das bereits früher von KINSELLA verwendete Antiformin-Antigen zurück, das praktisch alle Bakterienbestandteile enthält.

Auch bei dieser Technik (Antiformin-Antigen und Komplementbindung) trat die Einheit der hämolytischen Streptokokken zutage. Die Gruppe der nichthämolytischen dagegen zerfiel in zwei große Untergruppen, deren eine, in Übereinstimmung mit KINSELLA und SWIFT, Beziehungen zur Gruppe der hämolytischen Streptokokken aufwies, wogegen die andere den Pneumokokken näher stand. Aber auch die homogene Gruppe der hämolytischen Streptokokken zeigte, wenn auch in vermindertem Maße, sowohl Beziehungen zur Gruppe der nichthämolytischen Streptokokken als zu den Pneumokokken. Ohne die Ursache dieser Verwandtschaftsreaktionen bereits ermittelt zu haben, nahm HITCHCOCK an, daß sie auf Eigenschaften der Protein- oder Lipoid-Proteinfraktion der Bakterienzellen zurückzuführen wären.

LANCEFIELD hat 1927 die HITCHCOCKschen Untersuchungen bestätigt und auf die für typspezifische Kohlehydrate, von ZINSSER und PARK als Residualantigen bezeichnete, charakteristische Diskusform bei der Präcipitation hingewiesen, ohne daß es ihr gelungen wäre, aus den Extrakten die typspezifische Fraktion zu isolieren. Fraktionierte Alkoholpräcipitation der Antiforminextrakte und Methyl- und Äthylalkoholextrakte aus den Bakterien enthielten stets nur die artspezifische Substanz. Erst bei Verwendung von nach PORGES hergestellten HCl-Extrakten gelang ihr der Nachweis der typspezifischen Fraktion, indem den mit diesen Extrakten gewonnenen Seren die artspezifische Fraktion durch Absorption mit heterologen Stämmen entzogen werden konnte.

Schon bei diesen ersten Versuchen zeigte sich bereits die biologisch und experimentell bedeutsame Tatsache, daß die typspezifische Substanz durch fortgesetzte Züchtung auf künstlichen Nährböden verloren gehen kann.

Aus einer Reihe weiterer Untersuchungen resultierte schließlich folgender Aufbau der hämolytischen Streptokokken: ein echtes Antigen bildet nur die weit auf andere grampositive Kokken (Pneumokokken, Staphylokokken) übergreifende Nucleoproteinfraktion P, der sich möglicherweise noch ein weiterer, weniger gut definierter Eiweißkörper Y anschließt. Dazu kommen zwei Fraktionen mit Haptencharakter, nämlich ein für die Art charakteristisches Kohlehydrat C, das die diskusförmigen Präcipitate liefert und ein typspezifisches Protein (Polypeptid?) M.

HEIDELBERGER und KENDALL bestätigten mit einer neu ausgebauten Extraktionstechnik die LANCEFIELDschen Untersuchungen. Auch sie fanden das Nucleoprotein P, daneben eine Fraktion D, die möglicherweise dem Y-Teil LANCEFIELDs entspricht, das artspezifische Polysaccharid C und die typspezifische M-Substanz, die ihnen allerdings nicht als Hapten, sondern wie bei ihrem Eiweißcharakter zu erwarten, als echtes Antigen erschien.

Anaphylaxieversuche bestätigten weitgehend die durch die Präcipitinreaktion gewonnenen Resultate. P erzeugte aktiv und passiv einen anaphylaktischen Shock, wogegen C nur bei passiv sensibilisierten Tieren Shock auslösend wirkte. Nach LANCEFIELD vermochte M allerdings nicht zu sensibilisieren, es ist aber möglich, daß die Differenz durch die sehr viel schonendere Technik der Bakterienaufspaltung von HEIDELBERGER und KENDALL bedingt ist.

Lancefield hatte sodann beobachtet, daß das Serum von gewissen Rheumapatienten komplementbindende Antikörper für Nucleoproteinsubstrate von Viridansstreptokokken enthielt. Das Vorkommen von gekreuzten Reaktionen veranlaßte sie auch hier, den Antigenkomplex vermittels der von Avery und Heidelberger für die Pneumokokken ausgearbeitete Methode zu untersuchen. Die Resultate von gekreuzten Präcipitations- und Komplementbindungsversuchen führten zur Annahme enger Beziehungen zwischen den Nucleoproteinen verschiedener Viridansstämme, wogegen die spezifische Fraktion, in der sie wiederum komplexe Kohlehydrate vermutet, eine Trennung mittels der üblichen serologischen Methoden ohne weiteres zuließ. Entsprechend den komplexen Antigenen der Streptokokken fand sie auch zwei Antikörper. Der eine reagierte mit der spezifisch löslichen Substanz sowohl in Agglutinations- wie in Präcipitationsversuchen stets bis zu einem hohen Titer, wogegen der andere, der an den Nucleoproteinen angriff, durchwegs einen niederen Titer aufwies und sich wohl noch im Präcipitationsversuch, aber kaum mehr durch Agglutination nachweisen ließ.

Der Antigenkomplex von Viridansstreptokokken schien somit durchaus dem der Pneumokokken zu entsprechen. Die spezifisch-lösliche Substanz wirkt nur im unveränderten Zellkomplex antigen. Die durch sie bedingten Antikörper werden durch die spezifisch lösliche Substanz gefällt. Eine lang dauernde Immunisierung läßt die P-(Nucleoprotein) Komponente immer mehr in den Vordergrund treten, sie dürfte deshalb für die unspezifischen gekreuzten Agglutinationen verantwortlich sein.

Ebenfalls vom Rheumaproblem ausgehend, versuchte Hitchcock die indifferenten Streptokokken serologisch näher zu erfassen. Aus 159 Stämmen vermochte er zwei große Gruppen aufzustellen, deren erste biologische und serologische Beziehungen aufwies, während sich die zweite als recht heterogen erwies.

Alle der ersten Gruppe zugehörigen Stämme vergärten Inulin und Salicin. Im Präcipitinversuch entstand die charakteristische Diskusform. Die hierfür verantwortliche Substanz wurde durch 30minütiges Kochen in $^1/_{10}$ Normal-HCl unter Auftreten von Kupfer reduzierenden Substanzen zerstört, zwei Eigenschaften, die wieder außerordentlich an die Verhältnisse bei den Pneumokokken erinnerten. Während sich keinerlei Beziehungen dieser löslichen Substanz mit der artspezifischen Substanz hämolytischer Streptokokken nachweisen ließen, wurden einzelne Viridansstreptokokken durch Typ I Serum agglutiniert und Extrakte aus diesen Stämmen bedingten im Serum auch eine positive Präcipitinreaktion. Leichte Abweichungen innerhalb der ersten Gruppe ließen Hitchcock bereits vermuten, daß die Stämme der ersten Gruppe trotz naher verwandtschaftlicher Reaktionen unter sich doch offenbar nicht identisch sind und sich möglicherweise in weitere Untergruppen auflösen lassen.

Todd und Lancefield versuchten, die bisher erzielten Resultate auf die Dissoziationserscheinungen zu übertragen und vermochten in Übereinstimmung mit Andrewes tatsächlich zu zeigen, daß die typspezifische M-Substanz nur in den von Todd als „matt" bezeichneten virulenten Formen vorkommt. Diese Mattformen sind denn auch potentiell immer virulent und wenn sie in zwei Varietäten auftreten, so handelt es sich nur um quantitative Virulenzunterschiede, indem durch fortgesetzte Züchtung auf künstlichen Nährböden, wie

LANCEFIELD bereits feststellte, die M-Substanz partiell verloren ging, was mit einem Übergang in die Glanzform verbunden ist.

Vier Stämme hämolytischer Streptokokken wurden in ihrer „matt" und „glossy"-Form zur Immunisierung von Kaninchen verwendet. Die Präcipitation zeigte, daß alle gegen Mattstämme hergestellten Seren, gleichviel ob sie virulent oder avirulent waren, den typspezifischen Antikörper M enthielten, wogegen er den „glossy"-Seren fehlte. Anti-M wurde nur durch die homologen Mattkeime absorbiert, wogegen die homologen Glanzkeime keine Reaktion bedingten.

Im Mäuseversuch erwiesen sich nur die Antimattseren gegenüber Infektionen mit dem homologen virulenten Keim schützend, und ebenso gelang die aktive Immunisierung gegen eine nachfolgende Infektion mit homologen virulenten Keimen nur durch Mattstämme. Im Intracutantest am Menschen erwiesen sich Matt- und glossy-Formen gleicherweise als Toxinbildner, ein Beweis, daß Toxizität und Pathogenität nicht in eine Parallele gesetzt werden dürfen.

Auf dem Boden der Präcipitinreaktion gelang es LANCEFIELD aus 106 hämolytischen Streptokokkenstämmen verschiedenster Provenienz (Mensch, Tier, Käse) 5 Gruppen aufzustellen, die durch keine andere Reaktion zu erfassen waren. Die Gruppen wiesen recht bestimmte Beziehungen zur Herkunft der Kulturen auf und LANCEFIELD weist auf die Möglichkeit hin, diese Gruppen mit Hilfe anderer Methoden in Typen aufzulösen.

AGAPI hat die LANCEFIELDschen Präcipitinreaktionen an 53 Scharlach- und 5 anderen Streptokokkenstämmen nachgeprüft. Er hat 7 Seren gegen hämolytische und 1 Serum gegen einen nichthämolytischen Stamm hergestellt. Nach Absorption der Nucleoproteinfraktion aus dem Serum erzielte er spezifische Reaktionen: Typ I umfaßt 16 Stämme, darunter wurden 13 aus dem Hals von Scharlachpatienten, einer aus Herzblut und 2 durch Blutkultur bei Streptokokkensepsis gewonnen. Typ II umfaßt 17 Stämme, von denen 15 aus dem Hals von Scharlachpatienten herrühren, einer aus Blutkultur, einer aus Sepsis, Typ III umfaßt 3 Stämme aus Scharlachfällen und Typ IV entspricht den beiden nichthämolytischen Stämmen. 35,8% der Fälle konnten nicht mehr klassifiziert werden „wohl infolge Verlust der M-Substanz".

Auffallenderweise ergaben 8 Scharlachseren, in der 1.—6. Woche der Erkrankung entnommen, mit keiner der 58 M-Fraktionen eine Präcipitation, wogegen sie die Mehrzahl der Stämme, die der Herstellung der M-Fraktion gedient hatten, bis zu einem Titer von 1 : 160—1 : 1600 zu agglutinieren vermochten.

Vergleichende Untersuchungen zeigten, daß sich ein Zusammenhang zwischen den auf der Basis von Präcipitinreaktion gewonnenen Einteilungen mit solchen, die auf Zuckervergärung beruhen, nicht ermitteln läßt.

Auch COTONI, CESARI und CHAMBRIN vermochten mit der LANCEFIELDschen Methode eine Reihe von Streptokokken in 5 Gruppen einzuteilen, wovon die erste Gruppe vorwiegend tierische und ganz besonders Pferdedrusenstreptokokken umfaßt. Diese wurden allerdings bereits früher durch Komplementbindungsversuche von BROCQ-ROUSSEAU, FORGEOT und URBAIN, sowie durch Agglutination von URBAIN, CARPENTIER und CHAILLOT als etwas Besonderes erkannt. Die zweite Gruppe umfaßt die überwiegende Mehrzahl menschlicher Streptokokkenstämme. Trotzdem es auch vermittels des Präcipitationstestes nicht möglich war, alle Streptokokken einer bestimmten Läsion wie Endokarditis, Erysipel, Puerperalsepsis, Otitis und Scharlach in einzelne Gruppen unterzubringen, weisen die Autoren auf den Wert dieser Klassifikation hin, die es immerhin ermöglichte, eine Reihe von Streptokokken mit verschiedenen antigenen Eigenschaften herauszugreifen und damit die Serotherapie gegenüber Streptokokkeninfektionen vorerst so weit zu fördern, daß zum mindesten ein gegen die experimentelle Kanincheninfektion wirksames Serum geschaffen werden konnte.

10. Elektives Lokalisationsvermögen oder Tropismus der Streptokokken.

Wenn wir das Kapitel des elektiven Lokalisationsvermögens oder des Tropismus hier anschließen, so soll damit grundsätzlich betont werden, daß dieses Problem auch vollständig getrennt von der Frage der Herdinfektion behandelt werden kann.

Wenn Rosenow diese beiden Dinge so eng miteinander verknüpft hat, daß sie heute zahlreiche Autoren nicht mehr auseinander zu halten vermögen, so liegt das wohl daran, daß Rosenow von spezifisch ätiologischen Gedankengängen beherrscht war. Er wollte sich nicht damit zufrieden geben, in den unzweifelhaft vorhandenen chronischen Infektionsherden des Organismus Mikroorganismen, vor allem Streptokokken nachzuweisen, sondern versuchte, den Kausalzusammenhang herzustellen zwischen diesen primären oder sekundären Infektionspforten mit einer Reihe von Krankheitszuständen, deren Ätiologie und Pathogenese bis in die neueste Zeit hinein zur Diskussion standen und zum Teil heute noch stehen. Bei der Lösung dieser Aufgabe kam ihm der Tierversuch zu Hilfe, indem es sich zeigte, daß die unter gewissen Kautelen aus dem Organismus gewonnenen Streptokokken sich nicht nur als Kaninchen pathogen erwiesen, sondern recht häufig beim Kaninchen pathologische Veränderungen auslösten, die in einer Art und Weise den menschlichen Krankheitsbildern entsprachen, wie wir das sonst vom Tierversuch her nur in den seltensten Fällen zu sehen gewohnt sind. Die Frage, ob diese Kaninchenbefunde mit dem pathologisch-anatomischen Befund beim Menschen identifiziert werden dürfen, werde ich in einer Arbeit mit v. Albertini diskutieren. Hier soll zunächst ganz unabhängig davon festgestellt werden, ob wir berechtigt sind, von einem Bakterientropismus zu sprechen, oder ob wir diesen Teil der Rosenowschen Lehre fallen lassen müssen.

Zu diesem Zwecke geben wir zunächst einige Tabellen wieder, welche über die bisher erzielten Untersuchungsergebnisse Rosenows orientieren.

Tabelle 3 orientiert über die Resultate, die mit intravenöser Injektion beim Kaninchen gewonnen wurden, während Tabelle 4 die Verhältnisse wiedergibt, die nach dentalen Infektionen an experimentell devitalisierten Zähnen beim Hund gefunden wurden. Aus Tabelle 3 geht hervor, daß 60% von 222 Kaninchen, die mit Streptokokken aus 85 Fällen von Appendicitis infiziert wurden, Läsionen des Appendix zeigten. Streptokokken aus 354 Fällen von Ulcus ventriculi und duodeni gewonnen, bedingten in 65% von 1539 Tieren Läsionen des Magens oder Duodenums; 206 Fälle von Colitis chronica ulcerosa wurden an 527 Tieren geprüft und bedingten in 58% Läsionen des Colons. Herdstreptokokken aus 24 Fällen von Gelenkrheumatismus bedingten an 71 Tieren geprüft in 66% Gelenkläsionen, in 46% war das Endokard und in 44% das Myokard mitbefallen. 723 Fälle von chronischer Arthritis ohne Veränderungen des Herzens bedingten in 53% der infizierten 1447 Tiere Arthritis und nur in 5% bzw. 0,7% Verände-

Tabelle 3. Elektive Lokalisation von Streptokokken, die bei den verschiedenen Krankheiten isoliert wurden[1].

Krankheit	Anzahl der Fälle und Stämme	Anzahl der injizierten Tiere	Prozentsatz der im Tierversuch erhaltenen Organschädigungen in:													
			Appendix	Magen-duodenum oder beide	Gallenblase	Gelenke	Muskeln	Nerven	Nieren	Haut	Endokard	Myokard	Augen	Lungen	Darm	Leber
Appendicitis	85	222	60	10	1	22,7	7,7	—	2,7	—	19	5,4	1	—	2,7	—
Ulcus ventriculi und duodeni	354	1539	2	65	6,6	8,8	1,9	0,6	4,5	0,6	5	1,4	0,6	0,6	2,7	0,6
Cholecystitis	56	177	—	32	45	9,6	5,6	—	6,8	1,7	6,8	5	—	4,5	12,4	—
Chronische ulcerat. Colitis.	206	527	—	0,8	0,6	1,3	0,4	—	0,8	—	1,3	—	—	—	58	—
Gelenkrheumatismus .	24	71	8,5	41	2,8	66	26,8	—	39,4	5,6	46,5	43,7	9,9	4	12,7	—
Erythema nodosum .	9	53	—	3,8	—	18,9	32	—	7,6	60,4	9,4	—	1,9	1,9	1,9	—
Chronische Arthritis. .	723	1477	0,6	7,9	2	52,8	11,9	0,4	8,3	0,4	5,5	0,7	0,4	2,3	0,5	0,2
Myositis	192	891	0,5	13,7	2,2	29,3	72	8,7	9,2	3,4	10,3	14,5	1,0	6,2	0,7	0,1
Neuritis	24	124	3	5	1,6	12	32	65	9,7	—	4,9	9,7	—	13,7	3	—
Nephritis	17	64	—	4,7	1,6	9,4	11	—	59,4	—	3	4,7	—	—	—	—
Pyelonephritis	50	168	0,6	6,5	1,8	11,9	9,5	0,6	73	—	4,8	4	—	—	3	0,6
Herpes Zoster	29	115	5	21	9,6	13	14,8	—	4,4	60	3,5	3,5	9,6	15,7	13	—
Endocarditis	29	109	—	6,4	1,8	17,4	2,8	—	11,9	0,9	76	9	—	11	7,4	—
Iridocyclitis	87	272	0,4	2,2	0,8	5,2	3,3	1	2,6	0,8	2,9	—	41,6	2,6	0,4	—
Kontrollen.	534	1329	2,3	14,2	4,5	18,4	13,5	2,9	8,7	2,8	10,6	6,4	0,8	8	5,2	1,2

[1] 42. Kongr. inn. Med. 1930. S. 421.

rungen des Endokards und Myokards. 87 Fälle von Iridocyclitis, die an 272 Tieren geprüft wurden, lösten in 41,6% Läsionen der Augen aus usw., wogegen bei 534 Kontrollfällen, die an 1329 Kaninchen geprüft wurden, die Gelenkläsionen mit 18,4% an erster Stelle stehen.

Tabelle 4. Elektive Lokalisation von Streptokokkenstämmen nach Infektion von Hundezähnen[1].

Krankheit	Stamm	Zahl der Hunde	Zahl der Hunde, die Veränderungen zeigten in				
			Nieren (Steine)	Magen	Colon	Gelenken	anderen Organen
Nephrolithiasis . . .	9	34	25 (75%)	—	—	—	—
Magengeschwür . . .	3	20	—	13 (65%)	—	—	—
Colitis ulcerosa. . . .	15	15	—	—	7 (47%)	—	—
Chronische Arthritis .	16	40	—	—	—	—	—
Kontrollhunde, deren Zähne nicht infiziert worden waren . . .	—	1014	51 (5%)	6 (0,6%)	—	—	—

Ähnliche, wenn auch kleinere, aber mit Rücksicht auf den Infektionsmechanismus um so beweisendere Zahlen, liegen über Hundeversuche vor. Hier führten z. B. 9 Fälle von Nephrolithiasis, an 34 Hunden geprüft, in 75% zu Läsionen der Nieren, wogegen unter 1014 Kontrollhunden nur 5% solche Veränderungen als Spontanläsion aufwiesen.

Bestätigende Untersuchungen über elektives Lokalisationsvermögen von aus „Herden" gewonnenen Streptokokken liegen bisher allerdings nur in beschränkter Zahl vor.

BUMPUS und MEISSER, MEISSER und BROCK, sowie MEISSER haben an größeren Versuchsreihen mit aus Zähnen gewonnenen Streptokokken, wie aus der folgenden Tabelle hervorgeht, die Lokalisationstendenz bestätigt.

Tabelle 5. Lokalisation von Streptokokken aus dentaler Fokalinfektion[2].

	Stämme	Tiere	Niere	Blase	Urogenital-system	Gelenke	Muskeln	Magen hämor-rhagisch	Magen hämor-rhagisch u. Ulcus	Duodenum	Endokard	Myokard	Nerven	Gallenblase
Ulcus duodeni . .	22	81	15	—	15	12	9	67	33	1	—	—	1	—
Pyelonephritis. . .	29	111	76	14	78	17	7	10	—	—	—	4	—	2
Cystitis.	10	48	71	46	87	4	10	8	—	2	4	—	—	6
Arthritis	75	239	10	—	10	67	35	9	1	—	1	1	—	1
Myositis	8	26	8	—	8	27	81	15	—	—	—	—	8	8
Hämaturie	7	22	32	5	32	14	5	9	—	—	—	—	—	5
Diagn. incerta . .	59	133	5	—	5	10	15	8	—	—	2	5	—	—

NAKAMURA untersuchte exstirpierte Tonsillen von Patienten mit Ulcus ventriculi, duodeni und Arthritis. Im Tierversuch waren die betreffenden Organe viel häufiger befallen als im Kontrollversuch mit anderen Tonsillarstreptokokken. Auch GIORDANO und BARNES wiesen auf die Lokalisationstendenz fokaler Streptokokken hin, die aus Patienten mit perforiertem Ulcus, Magenblutung und perinephritischem Absceß stammten (postmortale Untersuchung).

[1] Zit. nach STEIN: SCHEFFS Handbuch der Zahnheilkunde Bd. 6, S. 243.
[2] J. amer. dent. Assoc. 1925, 554.

MOENCH gewann von Patienten mit Cervicitis und Arthritis aus der Cervix Streptokokken mit ausgesprochener Gelenkaffinität. BROWN bestätigte den Tropismus für Cholecystitis und Ulcus ventriculi, ROSENOW und ASHBY für Myositis, CANTERO hat nach ROSENOW die Versuchstechnik mit Erfolg auf Schilddrüsenerkrankungen übertragen, BARGEN gelang es, mit Streptokokken die Colitis chronica ulcerosa zu reproduzieren, was BUTTIAUX und SÉVIN mit den BARGENschen, sowie mit einem weiteren von ihnen gefundenen Streptococcus bestätigte. KENNEDY führt die multiplen Ulcerationen von Magen und Duodenum bei Melaena neonatorum auf Streptokokken zurück und HELMHOLZ und BEELER fanden bei Pyelonephritis spezifische Streptokokkenlokalisationen.

HADEN gewann in einem Fall von Magengeschwür aus Zähnen Streptokokken, mit denen er 8 Kaninchen infizierte. Bei 4 Tieren beobachtete er Geschwürsbildung im Magen, bei 6 Gelenkschwellung, bei 3 Muskel- und bei 2 Nierenveränderungen und bei einem Tier war auch der Herzmuskel affiziert. Von einem Fall akuter Myokarditis wurden 2 Kaninchen infiziert. Das eine Tier ging nach 24 Stunden zugrunde, das andere wurde getötet, beide Tiere zeigten bei der Sektion Blutungen in der Herzmuskulatur. In einem Fall von rezidivierender Iridocyclitis wurde „Streptococcus salivarius" und „Streptococcus faecalis" gezüchtet. Von 4 infizierten Kaninchen zeigten 2 eine bilaterale, pericorneale Injektion und 2 Iridocyclitis, außerdem alle Tiere Gelenkschwellungen und Nierenabscesse. In einem Fall von Ulcus duodeni infizierte der Autor 2 Kaninchen mit 2 aus Zähnen isolierten Streptokokken. Beide Tiere zeigten Blutungen in der Duodenalschleimhaut und eines überdies eine Arthritis purulenta. Aus einer Pyelitis wurde ein Streptococcus non haemolyticus gewonnen, der bei 4 Kaninchen Abscesse im Nierenmark, eitrige Gelenkentzündungen und Muskelveränderungen bedingte. Aus einem Thyreoiditisfall gewonnene Streptokokken und Staphylokokken bedingten beim Tier Blutungen in der Schilddrüse und im Thymus. In einem Fall von Facialislähmung wurden 3 Kaninchen mit einer Mischkultur infiziert, wovon eines nach 48 Stunden Lähmung der Hinterbeine zeigte. Die Sektion ergab Injektion der Gehirn- und Rückenmarkshäute, Exsudat an der Hirnbasis und Blutungen im Endabschnitt des Rückenmarks.

ILLINGSWORTH und WILKIE weisen auf das Selektionsvermögen von aus Gallenblasen gezüchteten Streptokokken hin. PRECHT hat 10 Fälle von fokaler Infektion vermittels der ROSENOWschen Technik nachgeprüft und die Lokalisationstendenz für Arthritis, Ulcus ventriculi und Colitis ulcerosa bestätigt. E. C. ROSENOW weist neuerdings darauf hin, daß Streptokokken aus Embolien deutliche Neigung zur Thrombosenbildung haben. STEIN bestätigt, daß verschiedene Stämme, die sich kulturell ähnlich verhalten, im Tierexperiment sehr verschiedene Krankheitsbilder hervorrufen können, und fand bei gleichzeitiger Infektion mehrerer Tiere meist analoge Veränderungen. Ein Stamm der beim Versuchstier Endocarditis verrucosa bedingte, behielt diese Eigenschaft über 6 Generationen hinweg bei.

In der einer Arbeit NICKELs entnommenen Tabelle 6 findet sich der Prozentsatz positiver Organlokalisationen, welche die verschiedenen Autoren mitteilten, zusammengestellt. Die hier wiedergegebenen Zahlen sind durchaus erdrückend. Die unter geeigneten Bedingungen aus einem Fokus gezüchteten Streptokokken haben die Eigenschaft, beim geeigneten Versuchstier sich in einem großen Prozentsatz in denselben Organen zu lokalisieren, die sie beim

Tabelle 6. Lokalisation von aus Herden isolierten Streptokokken nach intravenöser Injektion, wie sie von den verschiedenen Untersuchern gefunden wurden[1].

Prozentsatz der Tiere, die spezifische Läsionen zeigten in Fällen von:

Autor	Arthritis		Myositis		Ulcus des Magens oder Duodenums		Cholecy-stitis		Colitis ulcerosa		Myo-karditis		Endo-karditis		Pyelo-nephritis		Neuritis		Iritis	
	Fälle	Kon-trollen	Fälle	Kon-trollen	Fälle	Kon-trollen	Fälle	Kon-trollen	Fälle	Kon-trollen	Fälle	Kon-trollen	Fälle	Kon-trollen	Fälle	Kon-trollen	Fälle	Kon-trollen	Fälle	Kon-trollen
E. C. Rosenow	66	17	80	12	68	9	80	4			38	4	84	20			66	4	60	10
J. G. Meisser .	67	10	81	15	67	8									76	5				
R. O. Brown. .					67		57													
T. Nakamura .	85	24			70	25														
L. M. Moench .	53	21																		
J. A. Bargen .									52				79							
A. C. Nickel .	77	7	69	4	68	3			50	2	62	3					36	1	62	2
R. L. Haden .					53	7					84	9			89	40			68	13

[1] The Dent. Outlook 15, No 01 (1928).

Menschen befallen haben. Selbst BIELING sieht in diesen Befunden „eine weit über die Möglichkeiten des Zufalls hinausgehende Tendenz".

Unbedingte Voraussetzung für diese positiven Tierversuche ist aber die Innehaltung der ROSENOWschen Technik oder zum mindesten der Bedingungen, die sie selbst erfüllt. ROSENOW hat erkannt, daß unsere üblichen Untersuchungsmethoden, denen die KOCHschen Forderungen nach Reinkulturen zugrunde liegen, die Bakterien in ihrem spezifisch-pathogenen Vermögen so stark schädigen, daß eine Reproduktion des Krankheitsbildes aus diesen Gründen häufig versagt und die in den vorangegangenen Kapiteln angeführten neuesten serologischen Untersuchungen haben der Ansicht ROSENOWs durchaus Recht gegeben. Er war daher gezwungen, von der üblichen Forderung des Experimentierens mit Reinkulturen abzuweichen. Andererseits mußte aber einer Technik, welche die KOCHsche Forderung nach Reinkulturen mit der ROSENOWschen Tendenz der Erhaltung der biologischen Phase vereinigen konnte, vermehrte Beweiskraft zukommen. Den Weg hierfür zeigte H. WARREN CROWE. Seine oben beschriebene Identifizierungsmethode gestattete ihm, einige leicht erkennbare Streptokokkenvarietäten zu finden mit ausgesprochener Gelenkaffinität, also osteotrope Streptokokken. Die Virulenz und das spezifisch-pathogene Verhalten wurden durch eine Passage auf der Kochblut-Agarplatte kaum vermindert, wenn zur Überimpfung wieder ROSENOW-Bouillon verwendet wurde. Die nach der Typisierung aus den affizierten Organen gewonnenen Keime erwiesen sich als durchaus identisch mit den zur Infektion verwendeten, womit der Beweis erbracht ist, daß die zur Typisierung herangezogenen Eigenschaften, wenn auch durchaus variabel, doch so konstant sind, daß sie einer biologischen Einteilung zugrunde gelegt werden können. An Stelle der intravenösen Injektion machte WARREN CROWE auch Versuche mit einem künstlichen Fokus, indem er die spezifisch osteotropen Streptokokken mit Agar vermischt subcutan injizierte und das Gemisch durch Äthylchlorid zum Erstarren brachte. Dadurch wurden Verhältnisse geschaffen, welche, wie die ROSENOWschen Zahnversuche den natürlichen Bedingungen wesentlich näher kamen, ohne daß die Resultate erheblich von den mit der intravenösen Injektion erzielten abwichen.

Wir selbst haben in einer beträchtlichen Zahl von Fällen die kombinierte Technik von ROSENOW und WARREN CROWE verwendet und vorerst über 102 Fälle, an 162 Kaninchen untersucht, berichtet. Zur Verarbeitung gelangten Tonsillareiter, Wurzelgranulome und Zahnwurzelspitzen. Von den 162 Tieren gingen 35 innerhalb 12—36 Stunden zugrunde und zeigten meist keine Organlokalisation. 21 Tiere blieben klinisch gesund und zeigten auch bei der Sektion keinerlei spezifische Organveränderungen, 12 derselben waren mit Kulturen aus Granulomen, 3 aus Tonsillareiter, 1 aus Zahnwurzelspitze, 1 aus Lymphdrüseneiter und 1 aus Darmschleimhaut infiziert. Positive Organlokalisationen erhielten wir 33mal bei einem und 27mal bei mehreren Tieren. Von 8 Patienten wurden die Kulturen von je 2 Granulomen getrennt verimpft, 6mal waren beide Tiere, 2mal nur je ein Tier positiv. Von 3 Patienten infizierten wir mit je 3 Granulomen getrennt Kaninchen, in 2 Fällen enthielt nur 1 Granulom, in einem Fall 2 Granulome kaninchenpathogene Streptokokken. In einem Fall, in dem 4 Granulome getrennt untersucht wurden, ergaben 2 ein positives Resultat. Von sämtlichen positiven Tierversuchen wurden 31 durch Granulome, 9 durch Wurzelspitzen, 32 durch Tonsillareiter, 4 durch Darmschleim, je einer durch Sputum und Nasopharyngealabstrich erzielt.

Tabelle 7 orientiert über die beobachteten Organlokalisationen. Wir fanden 43mal multiple eitrige Gelenkentzündung, 23mal Arthritis purulenta nur eines Gelenkes, 22mal Nierenaffektionen und 13mal ausgedehnte Myositisherde. An Veränderungen des Herzens beobachteten wir 17mal eine Thromboendokarditis der Tricuspidalis, 13mal war die Mitralis, je einmal Aorta und Pulmonalis befallen, 3 Herzen zeigten Parietalthromben. Weiterhin kamen zur Beobachtung: 4mal akute hämorrhagische Appendicitis und Cystitis, 8mal Leberabscesse, 2mal eine Cholecystitis acuta, 2mal Milzinfarkt, 3 Fälle von Perikarditis und einer von Iridocyclitis.

Auf einen zusammenstellenden Vergleich mit den beim Patienten vorliegenden Affektionen hatten wir vorerst verzichtet und nur die Organlokalisation nach Injektion von Misch- und Reinkulturen berücksichtigt.

Wir gingen bei diesen Untersuchungen so vor, daß wir die ROSENOWsche Originalbouillon, also das ganze Bakteriengemisch, 1500—2000 g schweren Kaninchen in einer Menge von 5—7 ccm intravenös injizierten und gleichzeitig Kochblut-Agarplatten ausspatelten, um die darin enthaltenen Streptokokken nach WARREN CROWE zu typisieren. Die den Tierläsionen zugrunde liegenden Bakterien wurden wiederum in ROSENOW-Bouillon aufgenommen und in gleicher

Tabelle 7. Organlokalisation nach intravenöser Injektion von Rosenows Mischkultur und nach Warren Crowe isolierten Streptokokken.

<table>
<thead>
<tr><th rowspan="2">Fall</th><th rowspan="2">Diagnose</th><th rowspan="2">Material</th><th rowspan="2">Monarthritis</th><th rowspan="2">Polyarthritis</th><th colspan="5">Endocarditis</th><th rowspan="2">Perikarditis</th><th rowspan="2">Myositis</th><th rowspan="2">Magen Duodenum</th><th rowspan="2">Colitis</th><th rowspan="2">Leber</th><th rowspan="2">Gallenblase</th><th rowspan="2">Niere</th><th rowspan="2">Milz</th><th rowspan="2">Iridocyclitis</th></tr>
<tr><th>Tricus-
pidalis</th><th>Pulmo-
nalis</th><th>Mitralis</th><th>Aorta</th><th>Parietalis</th></tr>
</thead>
<tbody>
<tr><td>1</td><td>Polyarthritis</td><td>Tonsillareiter</td><td>+</td><td>(+)¹</td><td>(+)</td><td></td><td>(+)</td><td></td><td></td><td></td><td></td><td></td><td></td><td></td><td></td><td>(+)</td><td></td><td></td></tr>
<tr><td>1a</td><td>,,</td><td>,,</td><td>+</td><td>(+)</td><td></td><td></td><td></td><td></td><td></td><td></td><td></td><td></td><td></td><td></td><td></td><td></td><td></td><td></td></tr>
<tr><td>2</td><td>Chronische Iridocyclitis</td><td>Granulom</td><td></td><td>+</td><td>+</td><td></td><td></td><td></td><td></td><td></td><td></td><td></td><td></td><td></td><td></td><td>+</td><td></td><td>+</td></tr>
<tr><td>3</td><td>Polyarthritis chronica</td><td>Tonsillareiter</td><td></td><td>(+)+</td><td>+</td><td></td><td></td><td></td><td></td><td></td><td></td><td></td><td></td><td></td><td></td><td>+</td><td></td><td></td></tr>
<tr><td>4</td><td>Ulcus duodeni</td><td>Granulom</td><td></td><td>+</td><td></td><td></td><td></td><td></td><td></td><td></td><td></td><td></td><td></td><td></td><td></td><td>++</td><td></td><td></td></tr>
<tr><td>5</td><td>Gastroenteritis</td><td>Tonsillareiter</td><td>(+)</td><td>+</td><td></td><td></td><td></td><td></td><td></td><td></td><td></td><td></td><td></td><td></td><td></td><td>++</td><td></td><td></td></tr>
<tr><td>6</td><td>Spondylitis arthritis ank. poet.</td><td>,,</td><td></td><td>(+)+</td><td></td><td></td><td></td><td></td><td>+</td><td></td><td>(+)</td><td></td><td></td><td></td><td></td><td>++</td><td></td><td></td></tr>
<tr><td>7</td><td>Polyarthritis chronica</td><td>Granulom</td><td>+</td><td>+</td><td></td><td></td><td>+</td><td></td><td></td><td></td><td>+</td><td></td><td></td><td>+</td><td>+</td><td>+</td><td></td><td></td></tr>
<tr><td>7a</td><td>,, ,,</td><td>,,</td><td></td><td>+</td><td>+</td><td></td><td></td><td></td><td></td><td></td><td>+</td><td></td><td></td><td></td><td></td><td></td><td></td><td></td></tr>
<tr><td>8</td><td>,, ,,</td><td>Tonsillareiter</td><td></td><td></td><td>+</td><td></td><td></td><td></td><td></td><td></td><td></td><td></td><td></td><td></td><td></td><td></td><td></td><td></td></tr>
<tr><td>9</td><td>,, ,,</td><td>,,</td><td></td><td>(+)</td><td></td><td></td><td></td><td></td><td></td><td></td><td>(+)</td><td></td><td></td><td></td><td></td><td></td><td></td><td></td></tr>
<tr><td>10</td><td>,, ,,</td><td>Granulom</td><td></td><td>+</td><td></td><td></td><td>+</td><td></td><td></td><td></td><td></td><td></td><td></td><td></td><td></td><td></td><td></td><td></td></tr>
<tr><td>11</td><td>Tonsillitis chronica</td><td>Tonsillareiter</td><td></td><td>+</td><td>+</td><td></td><td></td><td></td><td></td><td></td><td></td><td></td><td></td><td></td><td></td><td></td><td></td><td></td></tr>
<tr><td>12</td><td>Polyarthritis</td><td>,,</td><td></td><td>+</td><td></td><td></td><td></td><td></td><td></td><td></td><td></td><td></td><td></td><td></td><td></td><td></td><td></td><td></td></tr>
<tr><td>13</td><td>,,</td><td>,,</td><td></td><td>+</td><td>+</td><td></td><td></td><td></td><td></td><td></td><td></td><td></td><td></td><td></td><td></td><td></td><td></td><td></td></tr>
<tr><td>14</td><td>Tonsillitis chronica</td><td>,,</td><td></td><td>+</td><td></td><td></td><td></td><td></td><td></td><td></td><td></td><td></td><td></td><td></td><td></td><td>+</td><td></td><td></td></tr>
<tr><td>15</td><td>Angina lac.</td><td>,,</td><td></td><td>(+)</td><td></td><td></td><td></td><td></td><td></td><td></td><td></td><td></td><td></td><td></td><td></td><td>(+)</td><td></td><td></td></tr>
<tr><td>16</td><td>,, ,,</td><td>,,</td><td>(+)</td><td></td><td></td><td></td><td></td><td></td><td></td><td></td><td></td><td></td><td></td><td></td><td></td><td></td><td></td><td></td></tr>
<tr><td>17</td><td>,, ,,</td><td>,,</td><td>+</td><td>(+)</td><td>(+)</td><td></td><td>(+)</td><td></td><td></td><td></td><td>(+)</td><td></td><td></td><td></td><td></td><td></td><td></td><td></td></tr>
<tr><td>18</td><td>Multiple Sklerose</td><td>,,</td><td>(+)(+)</td><td></td><td></td><td></td><td></td><td></td><td></td><td></td><td></td><td></td><td></td><td></td><td></td><td></td><td></td><td></td></tr>
<tr><td>19</td><td>Polyarthritis</td><td>,,</td><td></td><td>+</td><td></td><td></td><td></td><td></td><td></td><td></td><td>+</td><td></td><td></td><td></td><td></td><td>+</td><td></td><td></td></tr>
<tr><td>20</td><td>,,</td><td>,,</td><td>(+)</td><td></td><td></td><td></td><td></td><td></td><td></td><td></td><td></td><td></td><td></td><td></td><td></td><td></td><td></td><td></td></tr>
<tr><td>21</td><td>Tonsilitis chronica</td><td>,,</td><td></td><td></td><td>+</td><td></td><td>+</td><td></td><td></td><td></td><td></td><td></td><td></td><td></td><td></td><td></td><td></td><td></td></tr>
<tr><td>22</td><td>Polyarthritis</td><td>,,</td><td></td><td>+</td><td></td><td></td><td></td><td></td><td></td><td></td><td></td><td></td><td></td><td></td><td></td><td></td><td></td><td></td></tr>
<tr><td>23</td><td>,,</td><td>,,</td><td></td><td>++</td><td></td><td></td><td></td><td></td><td></td><td></td><td></td><td></td><td></td><td></td><td></td><td>+</td><td></td><td></td></tr>
<tr><td>24</td><td>,,</td><td>Granulom</td><td>+</td><td></td><td></td><td></td><td></td><td></td><td></td><td></td><td></td><td></td><td></td><td></td><td></td><td></td><td></td><td></td></tr>
<tr><td>25</td><td>,,</td><td>Tonsillareiter</td><td></td><td>+</td><td></td><td></td><td>+</td><td></td><td></td><td></td><td>+</td><td></td><td></td><td></td><td>+</td><td>+</td><td></td><td></td></tr>
<tr><td>26</td><td>,,</td><td>,,</td><td></td><td>++</td><td></td><td></td><td></td><td></td><td></td><td>+</td><td></td><td></td><td></td><td>+</td><td></td><td></td><td></td><td></td></tr>
<tr><td>27</td><td>,,</td><td>,,</td><td></td><td>+++</td><td></td><td></td><td></td><td></td><td></td><td></td><td></td><td></td><td></td><td></td><td></td><td></td><td></td><td></td></tr>
<tr><td>28</td><td>,,</td><td>Granulom</td><td>+</td><td>(+)</td><td></td><td></td><td></td><td></td><td></td><td></td><td></td><td></td><td></td><td></td><td></td><td></td><td></td><td></td></tr>
</tbody>
</table>

¹ (+) bedeutet Injektion mit Reinkulturen.

Nr.	Diagnose	Fokus	1	2	3	4	5	6	7	8	9	Inf.
29	„	Tonsillareiter	(+)									
30	„	„	+									
31	„	„	(+)									
32	Leukämische Reaktion	Granulom	+			+						
33	Klinisch gesund	Tonsillareiter	(+)	+								
34	„ „	Wurzelspitze				+				+	+	
35	Chronische Grippe	Granulom	(+)									
35a	„ „	„	+			+						
36	Klinisch gesund	„		+								
37	„ „	„		(+)								
38	„ „	„		(+)								
39	Magenbeschwerden	„		+				+				+
40	Klinisch gesund	„	+	+				+	+			+
41	Pericementitis	„		+			+					+
42	Klinisch gesund	„		+								
43	„ „	„		+				+				
44	„ „	„	+	+	+							+
45	„ „	„		+	+					+		+
46	„ „	„		+	+							
47	„ „	Wurzelspitze		+	+							
47a	„ „	„			+				+			
48	„ „	Granulom	+									
49	„ „	Wurzelspitze		+								+
50	„ „	„		+								
51	Polyarthritis	Granulom		+						+	+	
52	Klinisch gesund	„		+				+	+(+)+	+	+	
53	„ „	„	(+)	+	+(+)	+(+)		+		+	+	+
53a	„ „	„			+	(+)		+		+		+
54	„ „	„	+						+			
55	Colitis ulc.	Schleimhaut										
55a	„ „	„										
55b	„ „	„		+								
56	Arthritismus	„		+	+	+		+			+	
57	Colitis, Herdnephritis	„										
58	Bronchiektase	Sputum		+	+		+					
59	Colitis acuta	Eiter										
59a	„ „	Schleimhaut		+				+				
60	Subfebril	Nasen-Rachen-abstrich	+			+		+				+

---

[1] Klin. Wschr. **1933**, 409.

Weise typisiert. Dabei zeigte sich gelegentlich, daß bei der Typisierung der Originalkultur der spezifisch-pathogene Stamm übersehen wurde. Eine im Druck befindliche Arbeit von OTT wird aber belegen, daß sich mit zunehmender Übung solche Mißgriffe vermeiden lassen. In einer Reihe von Fällen wurden die im Tierversuch gewonnenen und typisierten Reinkulturen in 2. und 3. Passage im Tier nachgeprüft. Schon diese Versuche zeigten, daß dem gegen die Verwendung von Mischkulturen erhobenen Einwand nur geringe Bedeutung zukommt. Als Nachteil wirkt sich allerdings aus, daß bei der Verwendung der Mischkultur, vor allem, wenn es sich um Tonsillarmaterial handelt, ein nicht unbeträchtlicher Prozentsatz der Tiere innerhalb 24 Stunden zugrunde geht. Diesem Übelstand haben wir später dadurch abgeholfen, daß wir die Originalkultur nur in den seltensten Fällen direkt injizierten, sondern nach 18stündiger Bebrütung CROWE-Platten ausspatelten, nach 48 Stunden sämtliche differenten Streptokokken der CROWE-Platte erneut auf ROSENOW-Bouillon zurückverimpften und dem Kaninchen somit die nur aus Streptokokken bestehende Mischkultur injizierten.

Diese Versuchsanordnung erbrachte u. a. auch den endgültigen Beweis, daß es unmöglich ist, mit den bis heute verwendeten Streptokokkentypisierungen zu operieren. Während bei Ausspatelung auf der Blutplatte nur 2—3 Streptokokkenarten zu unterscheiden sind, ergibt die Platte nach WARREN CROWE eine unverhältnismäßig größere Ausbeute. 6, 8 und 10 verschiedene Typen sind keine Seltenheit, von denen aber, wie der Tierversuch zeigt, die überwiegende Mehrzahl apathogen ist, denn die Zahl der aus den Tierläsionen gewonnenen und somit mit elektivem Lokalisationsvermögen versehenen Streptokokkentypen beträgt meistens 1, in seltenen Fällen mehr als 2.

Die von WARREN CROWE als osteotrop bezeichneten Typen vermochten wir auch als solche zu erkennen, darüber hinaus fanden wir aber bereits einige weitere Stämme. Eine Entscheidung darüber, ob es gelingt, vermittels der Technik von WARREN CROWE, unabhängig vom Tierversuch, aus einem Herd heraus alle spezifisch-pathogenen Streptokokken mit ihrem Tropismus zu erkennen, können wir zur Stunde noch nicht treffen, da wir unser Material nach dieser Richtung hin noch nicht verarbeitet haben. Virulenzunterschiede sind wohl auch bei vorhandenem Tropismus zu erwarten.

Wenn auch, wie aus der ältesten Nomenklatur hervorgeht, der Begriff der Lokalisationstendenz der Streptokokken so alt ist wie die Kenntnis von den Streptokokken selbst, so stieß die ROSENOWsche Lehre vom Organotropismus der Streptokokken doch auf Widerstände, die sich von stiller Ablehnung über leise Skepsis bis zum lauten Protest erstreckten.

So lehnt HARTZELL 1925 in einem Sammelreferat die elektive Lokalisation der Streptokokken ab, indem er sich besonders auf die Arbeiten seines Mitarbeiters HENRICI beruft, der — zwar in Abweichung von der ROSENOWschen Technik — 53 Streptokokkenstämme verschiedenster Provenienz auf 225 Kaninchen überimpfte. Wenn er auf Grund dieser Versuche ganz besonders ablehnt, eine Streptokokkenart als spezifischen Erreger des Rheumatismus anzusehen, da Arthritis, Myokarditis, Endokarditis und Myositis sowohl durch hämolytische als durch nichthämolytische Streptokokken im gleichen prozentualen Verhältnis erzeugt werden, so wissen wir doch heute einerseits, daß dem Hämolysevermögen für die Charakterisierung eines Streptococcus nur eine bescheidene Rolle zukommt und andererseits ist trotz aller Fortschritte der letzten Jahre die Ätiologie des

Rheumatismus, auch für die Befürworter der Streptokokkengenese, noch nicht so weit abgeklärt, daß auf dieser Basis die Lehre des Tropismus verneint werden könnte.

Ein weiterer Angriff erfolgte 1926 von GINS, der die Meinung vertritt, daß die ROSENOWschen Lehren geradezu die Bakteriologie diskreditieren.

1928 nimmt HOLMAN zur Frage Stellung und glaubt, daß durch diese Lehre das Bacterium wieder auf Kosten des Organismus stark überwertet werde. Er hält es für selbstverständlich, daß Streptokokken im Kaninchen überall pathologische Veränderungen zu setzen vermögen, rechnet aber mit einer Möglichkeit von 50%, ob irgendeine besondere Lokalisation durch einen spezifischen oder unspezifischen Stamm erfolgt.

HOLMAN greift in seiner Beweisführung auf den Tuberkelbacillus zurück, der, ganz gleichgültig, ob aus Sputum, Liquor, Urin usf. gezüchtet, kaum eine Tendenz zeige, im Tierversuch die Organe seiner Herkunft zu bevorzugen. Wenn humane und bovine Stämme bei verschiedenen Tieren eine verschiedene Lokalisationsverteilung zeigen, so führt er das auf Virulenzunterschiede zurück. Dabei bezieht er sich auf die Untersuchungen von CORPER und seinen Mitarbeitern, welche die verschiedene Verteilung auf Virulenz, Dosierung und lokale Verhältnisse physikalisch-chemischer Natur, Sauerstoffspannung, H-Ionenkonzentration und lokale Zellabwehr zurückführen.

BIELING bewegt sich in einer ähnlichen Gedankenrichtung, wenn er darauf hinweist, daß ein und dieselbe Reinkultur boviner Tuberkelbacillen einer Reihe von Meerschweinchen und einer Reihe von Kaninchen injiziert, trotz der allgemeinen Aussaat sowohl beim Meerschweinchen wie beim Kaninchen mit großer Regelmäßigkeit die Veränderungen in denselben, nach der Tierart verschiedenen Organen, setzt, daß also für die verschiedene Lokalisation nicht der Bacillus, sondern die von demselben befallene Tierart verantwortlich ist, unterstützt durch die Immunitätslage des Organismus, bzw. des Organs, welche unter Umständen das Abtrennen der Bakterien bedingen.

PROELL und STICKL untersuchten das Lokalisationsvermögen von Zahnstreptokokken an 71 Kaninchen, ohne einen Anhaltspunkt für eine organotrope Tendenz ihrer Stämme gewinnen zu können. Sie verwendeten trotz der Warnung ROSENOWs zur Injektion gewöhnliche Bouillonkulturen vorher isolierter Streptokokken.

LEHMANN prüfte 55 Stämme aus Granulomen von 14 Gesunden und 41 Organkranken auf elektive Lokalisation an 192 Kaninchen. Abweichend von der Technik ROSENOWs spritzte er nur 1—2 ccm von Reinkulturen. Makroskopisch sichtbare Veränderungen fand er nur in wenigen Fällen. Da, wo Endokarditis beobachtet wurde, handelte es sich immer nur um 1 Tier, während die Paralleltiere (insgesamt 16), die mit demselben Stamm infiziert waren, frei blieben. Irgendwelche Zusammenhänge zwischen der Krankheit des Patienten und der Organlokalisation beim Tier ergaben sich nicht. Im Gegenteil, 4 aus Granulom und Blut von 4 Endokarditisfällen gezüchtete Stämme bedingten bei keinem einzigen von 39 Kaninchen Endokardlokalisationen, so daß LEHMANN in seinen Versuchen keine Stütze für die elektive Lokalisation finden kann.

In diesem Streit um eines wie mir scheint der wesentlichsten Probleme der modernen Bakteriologie, schien es nun angezeigt, nach weiteren Parallelen Umschau zu halten, denn es ist selbstverständlich, daß, wenn ein Lokalisationsphänomen vorkommt, es nicht auf die Streptokokken allein beschränkt sein kann, und auf der anderen Seite ist es möglich, daß sich die Verhältnisse bei anderen, weniger labilen und vielleicht auch besser bekannten Organismen besser überblicken lassen.

Da ergibt sich zunächst, daß die Botanik mit ihren besser zugänglichen Verhältnissen über Beobachtungen verfügt, die bis zu einem gewissen Grad der Frage des Organotropismus entsprechen. Ed. Fischer weist in einer Arbeit „Der Speziesbegriff und die Frage der Speziesentstehung bei den parasitischen Pilzen" darauf hin, daß es, wie Schröter und Plowright bei den Uredineen zuerst nachgewiesen haben, Formen gibt, die sich morphologisch nach unseren heutigen Kenntnissen nicht mehr auseinanderhalten lassen und deren einziger Unterschied in ihrer ungleichen Wirtswahl liegt. Das Wesen solcher, als biologische Arten bezeichneter Pilzgruppen liegt somit in der verschiedenen Fähigkeit, sich bestimmte Pflanzen nutzbar zu machen, und die Frage nach der Entstehung solcher biologischer Arten ist aufs engste verknüpft mit der Frage, ob und wie beim Parasiten Veränderungen der Angriffsfähigkeit zustande kommen.

Fischer weist nun darauf hin, daß man in erster Linie an eine ausschließliche Gewöhnung von Parasiten an bestimmte Wirte bzw. Angewöhnung an andere, zu denken hat. Er zitiert Klebahn, dem es gelungen ist, die ursprünglich multivore Puccinia Smilacearum-Digraphidis, die auf verschiedenen Asparagoideen lebt, durch stete Kultur auf Polygonatum dazu zu bringen, die Angriffsfähigkeit gegenüber den anderen Aecidien-Wirten bis zu einem gewissen Grade einzubüßen, und Entsprechendes findet Fischer in der Natur, wo unter dem Einfluß des Zeitfaktors die Verhältnisse noch viel prägnanter werden können.

Dasselbe Resultat wäre auch dadurch denkbar, daß der Wirt gegen einen Parasiten aus irgendeinem Grunde unempfänglich wird oder es kann der Parasit umgekehrt seine Anpassung auf einen ihm früher nicht zugänglichen Wirt über die Angewöhnung an einen neuen Wirt finden, der dann gleichsam die Brücke (bridging-species Freeman-Jonson, Bastard Gertrud Sahli und Ed. Fischer) bildet.

Fischer weist nun schließlich auch noch auf solche Fälle hin, wo sich die Wirtswahl weder zur geographischen Verbreitung noch zur systematischen Verwandtschaft in eine Beziehung setzen läßt und schließt sich für die Erklärung dieser Befunde Lehmann an, „der eine uns unbekannte chemische Übereinstimmung der Wirte annimmt, ohne damit die Möglichkeit einer plötzlichen Änderung in der Angriffskraft des Parasiten ablehnen zu wollen".

Wenn somit das tiefere Wesen dieser Verhältnisse auch den Botanikern noch Rätsel bietet, so geht aus diesen Beobachtungen doch hervor, daß auch die Botanik das Problem kennt und daß es genügt, Wirt durch Organ zu ersetzen, um darin eine weitgehende Parallele zu finden für die bakteriologischen Verhältnisse. Daß dieses qui pro quo keinen Einbruch in die natürlichen Verhältnisse bedeutet, könnte man daraus ableiten, daß Besredka ja jedem Organ seine persönliche Pathologie und Immunität zuspricht.

Noch näher kommen diese Verhältnisse vielleicht Befunden, die wir seit langer Zeit bei den Parasiten kennen, wies doch Askanazy bereits 1895 darauf hin, daß die als Cercarien in den Darm gelangenden Distomum hepaticum und

Distomum lanceolatum mit großer Regelmäßigkeit in die Leber auswandern. SANARELLI unterscheidet zwei Gruppen von Parasiten, je nachdem sie das Organ ihrer Wahl auf zentrifugalem oder zentripetalem Weg erreichen. Die Embryonen von Taenia solium, taenia saginata und Botriocephalus latus wandern sofort nach der Sprengung ihrer Hülle im Wirtsmagen in die Muskulatur aus, die Embryonen von Taenia coenurus und taenia cerealis wählen das zentrale Nervensystem für ihr Larvenstadium. Paragonimus Westermannii sucht die Lungen auf, die Trichinen encystieren sich in den Muskeln und die Mikrophilarien wandern in die oberflächlichen Blutgefäße.

Den umgekehrten Weg scheinen Schistomum hepaticum und Schistomosum verbonicum einzuschlagen, indem sie von der Haut aus Pfortadersystem, Blase, Hämorrhoidal- und Uterinvenen bzw. venöses und arterielles Darmsystem aufsuchen. Ankylostomum duodenale dringt durch die Haut ein und setzt seine Entwicklung im Darmlumen fort.

Über zahlreiche Beobachtungen von Tropismus verfügt die Dermatologie, die nach BLOCH durch die dort zu beobachtenden „Wahlverwandtschaften" und „Dermatophygien" (Hautflucht) geradezu als Spezialfach charakterisiert wird. Auch hier ist es seit langem bekannt, daß die durch die pathogenen Fadenpilze Trichophyton, Achorion, Mikrosporon, Cutidermophyton bedingten Dermatomykosen außerordentlich stark organlokalisiert sind und „von ganz seltenen Ausnahmen abgesehen, ausschließlich die äußere Haut, Haare und Nägel befallen". Epidermophyton zeigt darüber hinaus noch eine bestimmte Vorliebe für die Inguinalgegend, Achorion Schoenleini, Mikrosporon Audouini für den behaarten Kopf usf. Der Tropismus dieser Pilze geht also so weit, daß ihnen die verschiedenen Teile von ein und demselben Organ nicht einmal gleichwertig sind, was BLOCH veranlaßte, neben dem Begriff der Organotropie den der „Merotropie" einzuführen.

Auf dem Gebiete der filtrierbaren Virusarten hat SANARELLI gezeigt, daß das Virus myxomatogenes im Kaninchen seine pathogene Wirkung stets im subcutanen Bindegewebe entfaltet. PENTIMALLI gelang der Nachweis, daß das ROUSsche Sarkom ausschließlich da zur Entfaltung gelangt, wo junge Bindegewebszellen zur Verfügung stehen. Variola und Vaccinevirus zeigen Affinitäten zu Haut und Cornea und in vermindertem Maße zu Hirn und grauer Substanz des Rückenmarkes. Virus salivarius, keratogenes und Herpesvirus lokalisieren sich konstant in Haut und Cornea, fakultativ im Hirn. Das Virus der Encephalitis lethargica wird in Haut, Cornea und Hirn und fakultativ in der grauen Substanz des Rückenmarkes gefunden, während sich das Lyssavirus immer im Hirn und Rückenmark und fakultativ in der Cornea findet. Das Virus der Poliomyelitis ist ausschließlich in der grauen Substanz des Rückenmarkes lokalisiert. Für das Gelbfiebervirus kennt man neurotrope und viscerotrope Stämme. COX und OLITZKY beschrieben erst kürzlich einen Neurotropismus des vesiculären Stomatitisvirus.

PETTE unterscheidet innerhalb der neurotropen Virusarten sehr scharf zwischen solchen, welche die graue Substanz und solchen, welche die weiße Substanz befallen. Die Differenz kommt auch dadurch zum Ausdruck, daß die durch die ersteren bedingten Krankheitsbilder experimentell reproduzierbar sind, wogegen die Überimpfungsversuche mit den letzteren bisher negativ ausfielen.

WieBloch bei den Hautpilzen, geht außer Pette auch Levaditi bei den neurotropen Virusarten weit über den Organotropismus hinaus und weist darauf hin, daß sogar Affinitäten zu ganz bestimmten Partien innerhalb des zentralen Nervensystems vorliegen können. So unterscheidet er neurotrope Ultravirusarten mit spezieller Affinität zu den Neuronen der grauen Substanz (neuronophiles Ultravirus), welche den akuten experimentellen Herpes, epidemische Encephalitis, Bornasche Krankheit, Poliomyelitis und Herpes zoster bedingen. Zu den Ultravirusarten mit elektiver Affinität zur Mikroglia und Oligodendroglia gehören die Erreger der akuten multiplen und disseminierten Sklerose, der Sklerose en placques, der Ophthalmoencephalomyelitis, der Schilder-Foixschen Krankheit, der Syringomyelie und Porencephalie. Zu den Übergangsformen rechnet er das Virus der postinfektiösen Encephalitis und der Encephalomyelitis der Füchse.

Auf dem engeren Gebiete der Bakteriologie hat Sanarelli seit 1892 in grundlegenden Arbeiten die Pathogenese der spezifischen Darminfektionskrankheiten: Typhus, Cholera, Milzbrand, Dysenterie und Paratyphosen geklärt, indem er die frühere Auffassung der intestinalen Infektion durch seine Lehre von der hämatogenen Aussaat, verbunden mit einem elektiven Enterotropismus der Bakterien, ersetzte. In zahlreichen Tierversuchen hat Sanarelli gezeigt, daß die Typhusbacillen, ganz unabhängig von ihrer Eintrittspforte, sich immer in den lymphatischen Organen niederlassen. Ähnliche Gesichtspunkte gelten auch für die Cholera usf. Meerschweinchen, die intraperitoneal eine beträchtliche Dosis Vibrionen injiziert erhielten, sterben weder an Intoxikation noch an Allgemeininfektion, „sondern sie sterben an den Folgen einer Gastroenteritis, bedingt durch die Vibrionen, die sich in der Darmwand konzentriert hatten und dort ihre Wirkung entfalten‟, beim Typhus wie bei der Dysenterie wie bei der Cholera entspricht der Befund der Erreger im Darminhalt einem Ausscheidungsvorgang, so daß der Begriff eines Gastroenterotropismus zu Recht besteht.

Die Diskussion um diese Anschauung ist übrigens nach einem Bericht von Phoinot und Masselin schon in den neunziger Jahren des vergangenen Jahrhunderts nicht weniger lebhaft gewesen als heute um den Organotropismus der Streptokokken.

Wir kennen aber bereits auch bei anderen Bakterien das Vorkommen eines Tropismus. So wissen wir seit langer Zeit, daß die Gonokokken nur auf bestimmten Schleimhäuten unter Ausschluß von Plattenepithel, gelegentlich in Gelenken und Endokard vorkommen, daß der Meningococcus sich außer auf der Schleimhaut des Rachens vor allem in den Meningen niederläßt. Wir kennen die Affinitäten des Pneumococcus zu den verschiedenen Schleimhäuten und serösen Häuten und können hier besonders schön feststellen, wie sehr die Reichweite der Mikroorganismen Schwankungen unterworfen ist.

De Quervain berichtete vor einigen Jahren über einen Staphylokokkenstamm mit spezifischer Affinität zum subcutanen Bindegewebe und im selben Sinne ist eine durch Staphylokokken bedingte Myositis, die Osawa und Tanaka beschrieben, zu deuten.

Helzer beschrieb eine Kaninchen- und Meerschweinchen-pathogene Streptothrix mit spezifischer Affinität zum Lungengewebe als Gegensatz zur anaeroben Aktinomykose, welche die verschiedensten cutanen und visceralen Organe befallen kann.

Ich selbst habe vor Jahren über einen für das Meerschweinchen pathogenen Streptokokkenstamm berichtet mit elektiver Lokalisation im Unterhautzellgewebe. Wir haben vor kurzem den Stamm, der über $1^1/_2$ Jahre an Seidenfäden getrocknet war, wieder geprüft. Die intraperitoneale Injektion von 3 ccm einer 48stündigen Bouillonkultur tötete das Tier innerhalb 48 Stunden. Die Sektion zeigte, daß der Tropismus noch vollständig erhalten war: keine Spur von Peritonitis, aber hochgradig hämorrhagisch-ödematöse Schwellung des subcutanen Bindegewebes.

FORSSNER hat bereits 1902 über Untersuchungen berichtet, nach denen es ihm gelungen ist, unspezifische Streptokokken durch Züchtung mit Nierengewebe so zu beeinflussen, daß sie nachher bei intravenöser Injektion mit großer Regelmäßigkeit die Nieren befielen.

BELONOVSKY und MILLER zeigten 1928, daß die Injektion eines Gemisches einer Organemulsion mit irgendeiner kolloidalen Farbe zu einer besonderen Farbkonzentration in dem Organ führte, welches zur Herstellung der Emulsion gedient hatte. MILLER und BOJARSKAJA gelang es, durch Züchtung von Staphylococcus aureus in RINGER-Lösung mit Stückchen von Niere und Leber und von Bacterium typhi in RINGER-Lösung mit Hirn, den betreffenden Stämmen elektives Lokalisationsvermögen zu verleihen.

1933 berichteten LUSENA und CHINI und MAGRASSI, daß es ihnen gelang, Streptokokken durch Züchtung im Kniegelenk eines Kaninchens so zu beeinflussen, daß sie sich nach intravenöser Injektion mit großer Regelmäßigkeit in Gelenken lokalisierten. CORELLI versuchte einen Neurotropismus, LUSENA und AMANTEA einen Dermotropismus, Lusena einen Oculotropismus, POZZI einen Appendikotropismus zu erzielen. POZZI gelang es, gewisse galleempfindliche Streptokokkenstämme (vgl. morphologische Dissoziation), die er aus Tonsillen isoliert hatte, galleresistent zu machen und ihnen damit im Tierversuch eine spezielle Affinität zu den Gallenwegen zu verleihen.

Nicht ohne Bedeutung für das Wesen des Tropismus im Zusammenhang mit der Herdinfektion ist die Erkenntnis, daß der Organotropismus zum Teil artgebunden ist. Das zeigte sich in sehr bekannter Weise beim Milzbrandbacillus, dessen elektives Infektionsvermögen der Haut (BESREDKA) ganz offensichtlich nur für das Meerschweinchen voll Geltung hat. DOERR hat mit BERGER, STAEHELIN und SCHMIDT gezeigt, daß die klassische Invasion der Trichinenembryonen durch die Darmwand in Blut und Lymphgefäße bei Huhn und Taube nie zu Trichinellen in der Skeletmuskulatur führt.

So alt wie die Beobachtung eines elektiven Lokalisationsvermögens ist auch die Frage nach dem Wesen dieser Erscheinung. Nutritiv chemische und physikalische Verhältnisse (ASKANAZY, SAEVES, BLOCH und JADASSOHN), wie Temperatur, Licht, Wasserstoffionenkonzentration, können nicht ausschlaggebend sein. Inwieweit fermentative Faktoren für die von DOERR als „Organocolie" bezeichnete Ansiedlung und Entwicklung von Parasiten verantwortlich ist, bleibt noch zu überprüfen.

JENSEN ging im Laboratorium ROSENOWs in den letzten Jahren einen neuen Weg, um das Wesen des Organotropismus zu erfassen. Er bestimmte bei Streptokokken, die in ROSENOW-Bouillon gezüchtet waren, das kataphoretische Potential und kam zu recht bemerkenswerten Befunden. So fand er für neurotrope Stämme, die aus dem Hirn von an Encephalitis erkrankten Tieren gewonnen waren, eine Wanderungsgeschwindigkeit von etwa 8,0 μ/sec., wogegen sich arthrotrope Stämme mit 10,6 μ/sec. fortbewegten. Wenn durch Züchtung dieser Streptokokken in anderen Nährböden das Lokalisationsvermögen verloren ging, so verschwanden auch die elektrischen Potentialdifferenzen.

Im Arch. int. Med. vom März 1933 berichtet Rosenow über die Technik der kataphoretischen Versuchsanordnung, für die der Apparat von Northrop, Kunnitz und Mudd verwendet wird. Weitere Bestimmungen ergaben, daß die Herde in Fällen von infektiöser Arthritis bis zu 63%, nach Tierpassagen sogar bis 87% Streptokokken mit arthrotroper Geschwindigkeit enthielten, wogegen in Fällen von epidemischer Encephalitis oder Knochen- und Gelenkstuberkulosen dieser Typus nur in 11—14% vorhanden war. Stämme, die aus Herden von Neuromyositisfällen stammten, erwiesen sich im elektrischen Feld partiell neurotrop, partiell arthrotrop.

Das Serum von Arthritisfällen reduzierte die elektrische Ladung und damit die Wanderungsgeschwindigkeit von Arthritisstämmen wesentlich mehr als die von Encephalitis- und Poliomyelitisstämmen und führte in schwächeren Verdünnungen homologe Stämme sogar bis zum Potentialgleichgewicht. Durch Absorption mit homologen Stämmen wurde das Serum dieser Eigenschaft beraubt, während sie andererseits zuzeiten der Rekonvaleszenz nach schweren Schüben beträchtlich stärker wurde. Das Verhalten der Streptokokken im Kataphoreseversuch erwies sich als vollkommen unabhängig vom Verhalten der Keime auf der Blutplatte. Grüne, indifferente, leicht hämolytische oder hämolytische Streptokokken konnten dem einen oder anderen Kataphoresetypus angehören. Die Beeinflussung der elektrischen Ladung von Streptokokken durch das Serum ist für Rosenow so charakteristisch, daß er nicht ansteht, daraus differentialdiagnostische Schlüsse zu ziehen, indem je nach dem Einfluß, den das Serum eines zur Diagnose stehenden Patienten auf die verschiedenen Streptokokkentypen ausübt, ein Ischiassymptom z. B. als arthritisch oder neuritisch bezeichnet oder beim Ausbleiben jeglicher Veränderung auf ileosacrale Luxation zurückgeführt wird.

Wurden Kaninchen mit einem Gemisch arthrotroper und neurotroper Streptokokken injiziert, so gewann Rosenow aus den Gelenken überwiegend Streptokokken mit arthrotroper und aus dem Gehirn Streptokokken mit neurotroper Geschwindigkeit.

In drei Fällen aktiver, chronisch-infektiöser Arthritis und in zwei Fällen von Neuromyositis wurde die charakteristische Geschwindigkeit der aus dem Nasopharynx gewonnenen Streptokokken unter dem Einfluß von spezifischen Vaccinen, die eine wesentliche Besserung des klinischen Bildes herbeigeführt hatten, wieder normal und mit dem klinischen Rezidiv wieder rückfällig.

Bei einer Gruppe gesunder Individuen wurden wiederholt Nasopharyngealabstriche vor, während und nach einer Influenzaepidemie vorgenommen. Die Kataphorese der gezüchteten Streptokokken zeigte zu den verschiedenen Zeiten recht bedeutsame Schwankungen. Zur Zeit der Epidemie glich die Wanderungsgeschwindigkeit der aus gesunden Individuen gezüchteten Streptokokken derjenigen von Streptokokken, die aus Influenzafällen gewonnen waren. Nach der Epidemie nahm die Geschwindigkeit arthrotropen Charakter an, was parallel ging mit einem bemerkenswerten Anstieg der Zahl der Arthritisfälle. Drei Monate nach Erlöschen der Epidemie unterschieden sich die Nasopharyngealstreptokokken dieser Untersuchungsgruppe nicht mehr von Streptokokken, welche Gesunde in epidemiefreien Zeiten beherbergen. Es wurden aber nicht nur „normale Streptokokken" durch die Epidemie beeinflußt, sondern Encephalitiker und Arthritiker wurden zur Zeit der Epidemie Träger von „Influenzastreptokokken", um nach Ablauf der Epidemie wieder die für die spezifischen Krankheitsbilder charakteristischen arthrotropen oder neurotropen Stämme zu beherbergen.

Rosenow zieht aus diesen Befunden den Schluß, daß die „Arthritisdisposition" oder „rheumatische Diathese" der älteren Autoren mehr ist als die Vererbung einer Gelenkschwäche, vielleicht „eine besondere Konstitution", ausgedrückt durch chemische Verhältnisse, welche es den normalerweise in den Infektionspforten vorhandenen Streptokokken ermöglichen, eine besondere kataphoretische Geschwindigkeit zu erwerben.

Rosenow und Jensen verglichen auch das Verhalten von Streptokokken, die direkt aus Infektionspforten von Encephalitikern und Patienten mit anderen Erkrankungen des zentralen Nervensystems gewonnen waren mit den durch Tierpassagen isolierten Stämmen. Die Wanderungsgeschwindigkeit aller dieser Stämme war einheitlich und näherte sich derjenigen von Streptokokken, welche während einer Influenzaepidemie isoliert wurden. Da somit die Influenzastreptokokken ihrerseits einen ausgesprochen neurotropen Kataphoresetypus zeigten, versuchten die Autoren auf dieser Grundlage die epidemiologische Beobachtung, daß Encephalitis und andere Erkrankungen des zentralen Nervensystems, wie epidemischer Singultus, Polioencephalomyelitis, Radikulitis und Neuritis, besonders häufig nach Influenzaepidemien auftreten, zu erklären. Auch hier machte das Serum aller Encephalitiker usf. seinen hemmenden Einfluß auf die homologen Streptokokken in so spezifischer Weise geltend, daß die Kataphorese sich zur Differentialdiagnose verwickelter Fälle eignete. Spezifische Vaccinetherapie führte auch hier, wie bei den Arthritikern, zum Rückgang der Symptome und bedingte in einigen Fällen gleichzeitig das Verschwinden der neurotropen Streptokokken aus dem Nasopharynx.

In einer weiteren Arbeit untersuchte Rosenow den Einfluß der Jahreszeiten auf die kataphoretische Geschwindigkeit und Virulenz von Streptokokken verschiedenster Herkunft und fand ein überraschend einheitliches Verhalten zwischen Streptokokken, die aus dem Nasopharynx von an Katarrhen, Influenza und Poliomyelitis erkrankten Personen stammten und Streptokokken, die zu den gleichen Zeiten aus roher Milch gezüchtet wurden. Diese Parallele bestand nicht nur zuzeiten der Epidemie; nach deren Abflauen bildete sich die elektrische Ladung der Streptokokken jeder Herkunft wieder simultan zur Norm zurück.

Vergleichende Untersuchungen an denselben Individuen zuzeiten von Wohlbefinden und während Attacken epidemischer Gastroenteritis, Angina und Influenza bestätigten Rosenow den engen Zusammenhang zwischen kataphoretischer Geschwindigkeit der Streptokokken und der verschiedenen Krankheitsbilder, die er auf sie zurückführt. Mit der Beobachtung, daß zuzeiten der Rekonvaleszenz gewonnene Serumantikörper die betreffenden Stämme auch kataphoretisch spezifisch beeinflussen, hält er den Kausalzusammenhang für erbracht.

Diese Versuche zeigten somit zunächst die Abhängigkeit des Lokalisationsvermögens der Streptokokken von der Wanderungsgeschwindigkeit im elektrischen Feld und diese ihrerseits schien beeinflußt durch eine Reihe vorläufig nicht näher zu definierender innerer und äußerer Faktoren. Da erscheint es über diese fundamentale Erkenntnis hinaus als bedeutsamer Fortschritt, solche Veränderungen willkürlich in vitro auslösen zu können. PRATT, ROSENOW und SHEARD gelang es, unter dem Einfluß eines Hochfrequenzfeldes, also durch Kurzwellen, die experimentellen Voraussetzungen hierfür zu schaffen. Die Anordnung wurde so getroffen, daß Kulturen und Aufschwemmungen bis zu 15 Min. dem Einfluß von 11 m-Wellen ausgesetzt werden konnten, ohne daß dadurch eine vitale Schädigung der Streptokokken eintrat. Bei Expositionszeiten von $2^1/_2$, 5 oder mehr Minuten ließ sich die erzielte Veränderung nicht voraussagen, gelegentlich zeigten sich Abweichungen vom Ausgangswert, gelegentlich auch nicht.

Betrug die Expositionszeit in wiederholten Intervallen je 1 Min. oder weniger, so resultierten daraus regelmäßig periodische oder cyclische Veränderungen, so daß z. B. aus einem neurotropen Ausgangsstamm nach einer bestimmten Dosierung in 2,5 Minuten eine typische arthrotrope Geschwindigkeit hervorging, um bei Weiterbestrahlung bis zu 5 Min. wieder neurotrop zu werden.

Das Verhalten der Streptokokken im elektrischen Feld ist nach ROSENOW so charakteristisch, daß es sogar den Tierversuch zu ersetzen vermag. Ohne zunächst anzunehmen, daß die elektrische Ladung der Keime den Tropismus bedingt, sieht er in ihr ein Maß für die chemischen und physikalischen Faktoren, welche für den Tropismus verantwortlich sind.

FROBISHER berichtet in neuester Zeit über Untersuchungen an neurotropen und viscerotropen Gelbfiebervirus, wonach es auch ihm gelang, für die beiden sich nur im Tropismus unterscheidenden Typen ein verschiedenes Verhalten im elektrischen Feld festzustellen und die Differenz auch durch den Komplementbindungsversuch zu erhärten.

JENSEN und MORTON berichten über je einen aus Blut und Urin gezüchteten Stamm, der primär in diphtheroider Phase wuchs und später zum Streptococcus wurde. Die Autoren untersuchten die beiden Stämme in beiden Phasen und fanden, daß der Cystitisstamm in seiner Streptokokkenphase sich mit 6,3 μ/sek., in seiner diphtheroiden Phase mit 3,6 μ/sek. fortbewegte. Die entsprechenden Zahlen für den aus dem Blut gewonnenen Stamm sind 7,2 μ/sek. und 4,2 μ/sek.

Da sich nur die Streptokokkenphase als pathogen erwiesen hatte, griffen die Autoren auf eine Untersuchung von FALK und MATSUDA zurück, die darauf hinwiesen, daß bei einem elektronegativ geladenen Bacterium das Sinken seiner elektrischen Ladung im Verhältnis zu seiner Umgebung die Phagocytose erleichtert. Die Avirulenz der diphtheroiden Phase wäre somit dadurch bedingt, daß die Bakterien der Phagocytose vermehrt exponiert sind. Es sei in diesem Zusammenhang darauf hingewiesen, daß SANARELLI bereits 1926 in hypothetischer Weise auf die Ionenverschiebung im Zusammenhang mit kolloidalen Veränderungen hinwies und betonte, daß eine Veränderung oder Umkehr der elektrischen Ladung nicht ohne Einfluß sein kann auf die physiologische Bakterienausscheidung.

Aus all diesen Beobachtungen dürfte zum mindesten hervorgehen, daß der so außerordentlich scharf kritisierte Begriff ROSENOWs eines elektiven Lokalisationsvermögens der Streptokokken, eine ganz beträchtliche Zahl von Parallelerscheinungen kennt. Wenn der Mechanismus der elektiven Lokalisation heute auch noch nicht klar ist, wenn wir auch noch nicht wissen, ob die neuesten Untersuchungen im elektrischen Feld als post hoc oder propter hoc zu werten sind (SHEARD l. c.), so handelt es sich doch um eine Erscheinung, die den Begriff des Tropismus in unerwarteter Weise festigt. Darüber hinaus hat aber GÄUMANN an seinen Pflanzenversuchen dargetan, welch bedeutsame Rolle die Bestimmung der elektrischen Leitfähigkeit für die ganze Infektions- und Immunitätslehre spielt. GÄUMANN glaubt zwar nicht, daß ihre Zunahme als solche eine stimulierende Wirkung auf die Parasiten ausübt, „sondern daß sie wirklich nur einen physikalischen Maßstab für chemische Veränderungen darstellt", die uns als solche nicht anders erfaßbar sind. GÄUMANN schreibt weiter: „Der Stimulationsvorgang ist grundsätzlich wichtig. Die Pflanze regt also selbst durch ihre Ausscheidungen das Wachstum des Parasiten, der auf ihrer Oberfläche lebt, an und zieht ihn zu gleicher Zeit chemotropisch, reizphysiologisch an, indem der Parasit nunmehr in der Richtung des Gefälles dieser diffundierenden Reizstoffe gegen die Pflanze hin wächst." Man darf also zunächst auf die weiteren Ergebnisse der ROSENOWschen Kataphoreseversuche gespannt sein. Selbst wenn sie das Problem des Tropismus nicht restlos zu klären vermögen, so vertiefen sie dieses zunächst doch wesentlich und machen es vielleicht in einer nahen Zukunft überflüssig, mit BLOCH das Spiel umzukehren und aus der Frage „Warum siedeln sich die Pilze nur in der Haut an?" die Frage zu machen „Warum vermehren sie sich nicht in den inneren Organen?", d. h. „die Frage der Organotropie zur Frage der Organophygie" zu stempeln.

Neu an der ROSENOWschen Lehre war zur Zeit ihrer Formulierung jedenfalls nur, daß er innerhalb der Streptokokken auf solche Unterschiede hinwies, was aber kaum über das hinaus geht, was der Botaniker als biologische Arten bezeichnet. Wenn GÄUMANN mit Erfolg nach morphologischen Grundlagen für solche biologischen Rassen suchte, so besteht zum mindesten die Möglichkeit, auch innerhalb der Streptokokkengruppe solche Differenzen zu finden und in diesem Sinne erscheint uns die Streptokokkendifferenzierung nach WARREN CROWE als eine äußerst fruchtbare Arbeitshypothese, die nun auf Grund der Kataphoreseversuche wohl leicht auf ihre Existenzberechtigung zu prüfen ist.

11. Pathogen selective culture test.

Von einer Lehre ausgehend (BLACK, FOWLER und PIERCE), welche das Blut in den Mittelpunkt der Immunitätsforschung stellte und dementsprechend in der Blutbactericidie einen Maßstab für die Immunität sah, versuchten HEIST und SOLIS-COHEN das Eigenblut des Patienten zur Bestimmung der für ihn pathogenen Keime heranzuziehen, also den Tierversuch ROSENOWs durch eine „pathogen selective culture" zu ersetzen. CRONIN LOWE sah auf Grund von über 400 eigenen Untersuchungen hierin eine Möglichkeit, aus einem Bakteriengemisch den spezifisch pathogenen Keim zu isolieren und beim Vorliegen verschiedener Foci auf diese Weise den Herd zu diagnostizieren, der den Träger des für die Allgemeininfektion verantwortlichen Bacteriums darstellt. Dabei betont er, daß die Methode nur dann Verwendung finden kann, wenn eine fokal bedingte Allgemeininfektion vorliegt, während sie über die Pathogenität von Keimen, die lokalen Entzündungsprozessen angehören, nichts aussagt. WARREN CROWE hat sich in den letzten Jahren ebenfalls für diese Technik ausgesprochen.

Eine Parallele zum pathognic selective test bildet die Virulenzprüfung, die RUGE-PHILIPP (1923) in die Gynäkologie eingeführt hat und die besonders von der WALTHARDschen Klinik in ausgedehntem Maße bearbeitet wurde. Die

Differenz der beiden Methoden beruht darauf, daß Solis-Cohen das Gesamtblut ohne Zusatz verwendet, wogegen Ruge-Philipp mit Citratblut arbeitet.

Derungs betont trotz der guten Resultate, über die die Walthardsche
Klinik mit dem Ruge-Philippschen Verfahren verfügt, wohl mit Recht, daß
außer der Virulenz noch zahlreiche weitere Faktoren von ausschlaggebender
Bedeutung sind, um das Zustandekommen des klinischen Bildes der Infektion
zu bewirken und weist vor allem darauf hin, daß der recht häufig komplikations-
lose Verlauf bei positiver Virulenz dafür spricht, daß auch durch diese Methode
nicht alle humoralen und cellulären Abwehrkräfte des Organismus erfaßt werden
können. Die Resultate dürften, wie dies die Mehrzahl der Untersucher, die mit
der einen oder anderen Methode gearbeitet haben, betonen, also mit Kritik aufzufassen sein (Finger, Todd, Hare, Fiessinger).

12. Der Virulenzbegriff.

Nachdem Vagedes 1898 vorgeschlagen hatte, die Pathogenität als Maßstab
der Virulenz des Tuberkelbacillus zu verwenden, betonten 1906 Fränkel und
Baumann die Bedeutung einer genauen Ermittlung der geringsten Menge
Tuberkelbacillen, die noch ausreicht, um eine Infektion des tierischen Körpers
herbeizuführen, und Bruno Lange sah 1930 wieder in der Feststellung der
Intensität der pathologisch-anatomischen Veränderungen beim Meerschweinchen
eine brauchbare Methode für vergleichende Virulenzprüfung.

Askanazy hatte die Formel aufgestellt

$$J = \frac{V \cdot n}{rl \cdot rg}$$

worin J die Intensität der pathogenen Wirkung (gemessen am Organschaden),
V die Virulenz, n die Zahl der zur Infektion kommenden Keime, rl und rg die
lokale und allgemeine Resistenz bezeichnen.

Theoretisch läßt sich auf Grund dieser Formel die Virulenz zunächst für
zwei Extreme errechnen. Der eine Fall liegt dann vor, wenn ein Keim eines
gegebenen Bakterienstammes bei einer größeren Zahl eines bestimmten Ver-
suchstieres im gleichen Zeitabschnitt charakteristische Organläsionen oder
sogar den Tod bedingt. Voraussetzung für diese Versuchsanordnung ist, daß
das gewählte Versuchstier für die betreffende Bakterienart sensibel oder umgekehrt, daß die betreffende Bakterienart für das Versuchstier pathogen ist.
Dann kann in der Formel die Resistenz R = rl·rg vernachlässigt werden und
es wird J = V, der pathogene Effekt der Ausdruck der Virulenz des Keimes.

Das andere Extrem liegt dann vor, wenn n unendlich wird und ein pathogener
Effekt ausbleibt. Das entspricht der Gleichung: $J = \text{Null} = \frac{V \cdot \infty}{R}$, die Virulenz des
betreffenden Stammes ist — Haftvermögen der Bakterienart für das gewählte
Versuchstier vorausgesetzt — Null.

Mit zunehmender Größe von n oder gar unter natürlichen Verhältnissen,
wo n ja so gut wie nie bekannt ist, wird sich nun aber kaum je entscheiden
lassen, wieviel von der Intensität des Schadens auf Veränderungen von V und R
entfallen. Aus diesem Grunde erscheint es zweckmäßig, mathematischem Gebrauch entsprechend, die Askanazysche Formel

$$J = \frac{V \cdot n}{R} \text{ durch die Formel } J \sim \frac{V \cdot n}{R}$$

zu ersetzen, um damit zum Ausdruck zu bringen, daß wir über die inneren Verhältnisse in allen Zwischenlagen nicht mehr orientiert sind.

Wir können nun aber aus dem klinischen Geschehen trotzdem nicht selten schließen, ob in einem gegebenen Fall mit einer Verminderung von R zu rechnen war, oder ob n oder V besonders groß waren. So können wir z. B. zur Zeit des Höhepunktes einer Epidemie annehmen, daß n unter gleichen Expositionsverhältnissen für eine bestimmte Bevölkerungsgruppe annähernd konstant ist, daß also die Schwere der einzelnen Erkrankung proportional der Virulenz und umgekehrt proportional der Resistenz verläuft. Bei klinisch besonders bösartiger und mit großer Morbidität (bedingt durch die Infektiosität) einhergehender Epidemie kann auf Grund des Gesetzes der großen Zahlen R in einem gegebenen Zeitpunkt als gleich angenommen werden, wodurch dann die Intensität der Erkrankung wiederum auf die Virulenz des Keimes zurückgeführt werden darf. Wir können gelegentlich auch im Einzelfall beim Entstehen einer foudroyanten Sepsis nach einer kleinen Verletzung bei einem kräftigen Individuum V in den Vordergrund stellen, müssen uns aber dabei bewußt bleiben, daß wir damit extrapoliert haben, wie das der Kliniker ja oft zu tun gezwungen ist.

Es erhebt sich nun die Frage, inwieweit sich diese theoretischen Deduktionen, die es ermöglichen sollen ein klinisches Geschehen, das sich einem wohl oder übel immer wieder aufdrängt, zu erfassen, experimentell begründen lassen.

Bruno Lange hatte 22 humane und 10 bovine Tuberkelbacillenstämme in großen Verdünnungsreihen parallel in Kultur- und Meerschweinchenversuch untersucht mit dem Ergebnis, daß sich die Resultate in 28 Fällen deckten. Von 11 differenten Resultaten erwies sich 8mal die Kultur und 3mal der Tierversuch überlegen. Lange hat hieraus geschlossen, daß die Wachstumsfähigkeit in vitro mit der Vermehrungsfähigkeit in vivo übereinstimmt. Damit konnte aber die minimal infizierende Bacillenmenge nicht mehr als Maßstab für die Virulenz verwendet werden, wogegen die Möglichkeit der komparativen Organschädigung auch in diesem Falle noch eine Virulenzbestimmung zuläßt, sofern man, worauf besonders Doerr hinweist, Infektiosität und Pathogenität nicht zu einem übergeordneten Virulenzbegriff verbindet.

Die Infektiosität aber ist der Ausdruck des Haftvermögens eines Bacteriums bei einem gegebenen Wirt, sie ist also abhängig von der Bakterienart und der Artzugehörigkeit des Wirtes. Sie bedingt ceteris paribus die Ausbreitungstendenz einer Seuche, ist der bestimmende Faktor für den Durchseuchungsgrad.

Versuche mit der minimal infizierenden Bakterienzahl bei einem gegebenen Versuchstier, wobei individuelle Resistenzunterschiede durch Zahl und Auswahl eines möglichst homogenen Tiermateriales überwunden werden, sind also zunächst Versuche, „welche die Leichtigkeit, mit welcher die Infektion bei einer bestimmten Wirtspezies haftet", belegen (Doerr und Gold). Solche Versuche sind seit Einführung des Mikromanipulators in die bakteriologische Technik bereits von verschiedenen Seiten ausgeführt worden (Lewinthal, Wamoscher und Stöcklin, Doerr und Gold).

Doerr und Gold kommen auf Grund ihrer Versuche, sowie unter Berücksichtigung der in der Literatur niedergelegten Daten zur Schlußfolgerung, daß das Meerschweinchen für den Tuberkelbacillus Einkeimdisposition besitzt. Man wird also im konkreten Beispiel Tuberkelbacillus und Meerschweinchen unter Berücksichtigung der von den Autoren betonten Versuchsfehler (Impftechnik,

Tod der isolierten Bacillen) nach der ASKANAZYschen Formel den Versuch tatsächlich mit einem Keim durchführen können, wogegen nach den Befunden von WAMOSCHER und STÖCKLIN bei der Prüfung septikämischer Keime infolge des geringen Haftungsvermögens für n durchwegs eine höhere Zahl gewählt werden muß.

Der Auffassung von DOERR und GOLD, daß am Beispiel Tuberkelbacillus und Meerschweinchen „der Einfluß der minimalen Infektionsdosis ausnahmslos über alle Virulenzunterschiede dominiert", kann ich nur bedingt beipflichten. Die Autoren schränken diese These allerdings auch selbst wieder ein, wenn sie schreiben, „ob es nicht doch Stämme gibt, von denen ein einziger Keim oder weniger als 10 Bacillen genügen, um eine rasch fortschreitende, innerhalb weniger Wochen zum Tode führende Impftuberkulose mit annähernder Konstanz zu erzeugen, wollen wir nicht apodiktisch verneinen; wenn sie existieren, müssen sie jedenfalls sehr selten sein, und uns ist aus der Literatur kein sicheres Beispiel dieser Art bekannt".

GOLD hat nun mit uns vor kurzem einen weiteren, aus einer Tuberkulosepsis gewonnenen Stamm (vgl. Diss. JAKUBOWIZC) mit folgendem Resultat mikrurgisch untersucht:

Zahl der Tiere	Zahl der Keime	Zeit	Sektionsresultat
2	1	120[1] Tage	Negativ
2	2	40[2] „ 120[1] „	Negativ
2	3	30[2] „ 120[1] „	Inguinale Lymphdrüsen + Negativ
2	4	116[1] „	Generalisierte Tuberkulose
2	5	40[2] „ 104[1] „	Inguinale Lymphdrüsen + Generalisierte Tuberkulose
1	7	38[2] „	Inguinale und retroperitoneale Lymphdrüsen +
1	9	37[2] „	Inguinale und retroperitoneale Lymphdrüsen +

Aus der nebenstehenden Tabelle ergibt sich, daß von dem erwähnten Stamm 4 und 5 Bacillen genügten, um in 4 Monaten eine generalisierte Tuberkulose auszulösen (die Tiere mußten aus äußeren Gründen zu diesem Zeitpunkt in stark abgemagertem Zustand getötet werden), woraus bei aller Vorsicht doch wohl auf eine recht beträchtliche Virulenz des betreffenden Stammes geschlossen werden darf. Dadurch soll die Bedeutung der von DOERR und GOLD in den Vordergrund gestellten Infektionsdosis und der individuellen Resistenzunterschiede der Tiere, wie das auch in der ASKANAZYschen Formel zum Ausdruck kommt, keineswegs eingeschränkt werden. Es widerspricht aber doch der allgemeinen Variabilitätslehre, wenn wir annehmen wollten, daß zwischen den Extremen, wie sie z. B. ein B.C.G.-Stamm und der von uns untersuchte Tuberculosepsis-Stamm bezüglich der Virulenz darstellen, nicht alle möglichen Übergänge bestehen sollten.

Aus diesen Überlegungen heraus erscheint es mir zweckmäßig, die Pathogenität zu definieren als die generelle Fähigkeit einer Bakterienart, bei einem gegebenen Tier pathogene Erscheinungen auszulösen, wobei die Infektiosität, das Haftvermögen Voraussetzung ist. Die Pathogenität ist somit, auf das Bacterium bezogen und in Relation zu einer gegebenen Tierart, als artspezifisch anzusprechen, in diesem Sinne dann auch über Virulenzunterschiede dominant. Die Virulenz dagegen ist, auf das Bacterium bezogen, stammesspezifisch und bezeichnet unter den gegebenen Verhältnissen die Pathogenitätsschwankungen der einzelnen der Bakterienart zugehörigen Stämme.

Eine weitere Frage ist sodann, ob solchen Virulenzunterschieden biologisch-kulturelle Merkmale entsprechen. Ich habe bei Besprechung der Variabilitätserscheinungen der Streptokokken darauf hingewiesen, wie häufig man Hämolysevermögen und Virulenz identifiziert hat. So schließt PESCH noch in neuester Zeit aus der Beobachtung, daß er

---

[1] Getötet. [2] Spontan Tod an Lepisepticum.

in mit Hochfrequenzstrahlen behandelten Granulomen in 20% hämolysierende Streptokokken nachweisen konnte, „daß den in Granulomen enthaltenen umgewandelten Streptokokken eine latente Virulenz innewohnt, die unter Einwirkung irgendwelcher Kräfte in die Erscheinung treten kann".

Die Verbindung dieser beiden Begriffe läßt sich nun meines Erachtens, wie bereits erwähnt, nicht mehr länger aufrechterhalten. Aus unserem, mehrere hundert Fälle umfassenden, noch nicht publizierten Material, sowie aus dem kleinen Material, das OTT untersucht hat, geht eindeutig hervor, daß im Kaninchenversuch die hämolytischen Streptokokken nicht selten apathogen waren und „grüne" Streptokokken den Tod der Tiere verschuldeten. Ich konnte ferner feststellen, daß sowohl nichthämolytische Streptokokken wie Enterokokken durch einige Tierpassagen in ihrer Virulenz so gesteigert wurden, daß frühere regelmäßige Organlokalisationen wegfielen und die Tiere innert 12—18 Stunden bei gleichen Injektionsmengen wie früher an foudroyanter Sepsis zugrunde gingen. Mit dieser Auffassung, daß die Hämolyse keinen Maßstab für die Virulenz darstellt, stimmen auch die neueren Untersuchungen von L. COLEBROOK überein, der die spontan im weiblichen Genitale vorkommenden hämolysierenden Streptokokken für Saprophyten hält und puerperale Infektionen ausschließlich auf exogen eingebrachte Keime zurückführt.

13. Allergie und Immunität.

Neben der Lehre von der Bedeutung der Erreger für den Ort der Metastasierung, die ihren Höhepunkt in der SANARELLI-ROSENOWschen Lehre vom Organotropismus fand, wird seit DIETRICH vor allem auch die „Reaktionslage" des Organismus als maßgebender Faktor gewertet. Diese Auffassung wird gestützt durch Beobachtungen von WADSWORTH, BIRKHAUG, FREIFELD, SEMSROTH und KOCH, BIELING usf., welche nach monatelanger Immunisierung durch Vaccine und lebende Keime bei Pferden, die der Serumgewinnung dienten, Erkrankung des Endokards, der Gelenke und der Nieren feststellten oder auch nach Vorbehandlung mit Bakterien oder Casein diese Lokalisation zu provozieren glaubten. Trotz der Bildung hochwertiger humoraler Antikörper schien also die Vernichtung der homologen Erreger innerhalb oder außerhalb der Blutbahn an bestimmten Stellen des Organismus unterbrochen, was sogar BÖHMIG veranlaßte zu untersuchen, ob nicht „trotz, sondern infolge eines bestehenden Immunitätszustandes die Lokalisation von Erregern möglich wird".

Es hat sich ja bis zum Zeitpunkt der ROSENOWschen Lehre die Bewertung der Mikroorganismen und die Rolle des Makroorganismus beim Zustandekommen einer Infektionskrankheit in den letzten Jahrzehnten unter dem Einfluß der Immunitätsforschung, der Epidemiologie (Bacillenträger), der Klinik (Konstitutionspathologie) und der experimentellen Pathologie ganz allgemein nach der Seite des Makroorganismus hin verschoben. Die Reaktionslage des Organismus steht heute vor allem bei den pathologischen Anatomen im Vordergrund des Interesses. Daß z. B. die „Eitererreger" infolge „Umstimmung" des befallenen Körpers ihre Fähigkeit, eitrige Entzündungen zu verursachen, verlieren können, ist nicht zu bezweifeln. Unbeantwortet ist aber bisher die Frage, ob unter dieser „Umstimmung" vorwiegend allergische Verhältnisse oder aber der komplizierte Immunitätsmechanismus zu verstehen sind. Wie wenig scharf diese zwei, wie zu zeigen sein wird durchaus verschiedenen Begriffe in neuester Zeit auseinander gehalten werden, geht aufs deutlichste daraus hervor, daß KLINGE die ganze Pathogenese des Rheumatismus auf rein allergischer Grundlage aufgebaut hat und sich auch RÖSSLE ihm zunächst anschloß, als er schrieb, „daß die menschliche akute und chronische Rheumatismuserkrankung auf einer gesteigerten geweblichen Empfindlichkeit gegenüber antigenen Giften am wahrscheinlichsten gegenüber Streptokokken beruht".

Die RÖSSLESche Schule ist aber mit dieser Bewertung der „Allergie" für infektiöses Geschehen durchaus nicht allein. Die Tuberkuloseforschung hat zur Erklärung der verschiedenen klinischen und pathologisch-anatomischen Bilder unter Führung von RANKE und HÜBSCHMANN die Allergie ebenfalls in weitem Maße herangezogen. In dieser Ausdehnung der Allergie auf bakterielle Erkrankungen liegt nun aber eine Gefahr, welche nicht kleiner ist als die seinerzeit von PIRQUET vorgeschlagene Erweiterung des Begriffes bis zur „Allergie der Lebensalter", welche im Prinzip im neuen RÖSSLESchen Pathergiebegriff aufgeht. Wieweit trotz aller Mühe der Serologen die Begriffsverwirrung heute schon gediehen ist, geht am besten aus der großen Literatur hervor, wo Allergie und Immunitätslage bereits qui pro quo verwendet werden.

LUBARSCH hat schon vor Jahrzehnten, und wie sich gezeigt hat, mit gutem Recht, davor gewarnt, aus ähnlichen oder selbst gleichen histologisch-morphologischen Bildern auf eine einheitliche Ätiologie zu schließen. APITZ will deshalb mit berechtigter Vorsicht vor Anerkennung der allergischen Natur eines Leidens, woraus der Rheumatismus nach RÖSSLE nur einen kleinen Ausschnitt bildet, wenigstens zwei Voraussetzungen erfüllt sehen. „Einerseits muß die Einwirkung bakterieller Gifte ausgeschlossen und ein Stoff mit anaphylaktogenen Eigenschaften als anaphylaktischer Faktor erwiesen sein." Die Möglichkeit, mit Hilfe primär indifferenter Antigene eine in Frage kommende morphologische Veränderung hervorzurufen, stellt er in bezug auf die Beweiskraft erst an zweite Stelle. In eigenen Versuchen unternahm er es, pathogene Keime daraufhin zu prüfen „ob sie primär toxisch einen passiven oder sekundär schädigend einen reagierenden Organismus treffen", mit dem zu erwartenden Resultat, daß bakterielle Stoffe und anaphylaktische Schädlichkeiten in manchen Auswirkungen morphologisch gleiche Bilder hervorrufen und daß andererseits auch ganz unspezifische Umstimmungen, welche in kürzester, nach Stunden zu bemessender Frist vor sich gehen, das Bestehen einer echten Anaphylaxie vortäuschen können.

„Die Schwierigkeiten, immunisatorische Vorgänge von eigentlich anaphylaktischem Wesen und dieses wiederum von unspezifischen Einflüssen zu trennen, waren mir die Veranlassung, zu prüfen, inwieweit wir hier bereits festen Boden unter uns haben und wieviel noch als hypothetisch anzusprechen ist. Es kann kein Zweifel darüber bestehen, daß nicht nur die Bakteriologie, sondern auch die pathologische Anatomie der Herdinfektion erst noch geschaffen werden müssen. Bei dieser Sachlage scheint es aber ganz besonders wichtig, festzulegen, inwieweit bei den als herdbedingten Affektionen angesprochenen Krankheitsbildern mit ihren histologischen Veränderungen allergische Reaktionen hineinspielen und wieviel als Ausdruck der Immunitätslage bzw. als spezifische Schädigung durch den Bakterien inhärente Eigenschaften aufzufassen ist. Die Dringlichkeit einer solchen Abklärung betont auch RÖSSLE, wenn er darauf hinweist, „wie bei dieser Modefrage mit leichter Ausbeute aus einer früheren Sprachverwirrung eine eigentliche Begriffsverwirrung wurde".

Es war naheliegend, die beiden Begriffe „Allergie" und „Immunität" miteinander in Verbindung zu bringen, hat doch PIRQUET den Allergiebegriff von Beobachtungen über Veränderungen abgeleitet, welche der menschliche oder tierische Organismus durch das Überstehen einer Krankheit oder durch Vorbehandlung mit körperfremden Substanzen erwirbt, also von Vorgängen, die zunächst als Immunitätslage imponieren mußten.

DOERR hat 1913 in der 2. Auflage des Handbuches der pathogenen Mikroorganismen die Allergieerscheinungen zu klassifizieren versucht und 1922 die Einteilung in seinem an dieser Stelle erstatteten Referat ausgebaut. Er unterschied damals zwischen Allergie gegen nichtantigene und gegen antigene Substanzen. Die letzteren teilte er ein in primär toxische (Toxin) und primär atoxische (Eiweiß) Antigene. Er betonte schon damals, „daß die Verwendung jeder Größe im Vergleich zu einem Standardwert in einer Zunahme oder Abnahme bestehen kann, so daß man zweifellos als Allergie nicht nur die Plusabweichung der Reaktivität (Hypersensibilität), sondern auch die Minusabweichung (verminderte Empfindlichkeit) *sogenannte* Immunität bezeichnen darf."

Folgende Verhältnisse waren somit möglich:

1. *Normergie:* Die Reaktion des gesunden Organismus, der zum erstenmal parenteral mit einem Antigen in Kontakt kommt. Die Reaktion wird somit gegenüber einem primär indifferenten Antigen Null sein; handelt es sich um ein Bacterium oder dessen Stoffwechselprodukte, so ist die Reaktion der Ausdruck der imanenten Eigenschaften des betreffenden Bacteriums.

2. *Allergie:* Die Allergie bezeichnet die Reaktionsweise eines Organismus, der bereits ein oder mehrere Male mit dem betreffenden Antigen oder auch mit einem ihm chemisch nahestehenden Antigen in Kontakt gekommen ist. Einfach liegen die Verhältnisse nur dann, wenn es sich um ein primär atoxisches Antigen handelt, da sonst Überschneidungen mit anderen Vorgängen zustande kommen. Je nach den Verhältnissen kann die Allergie auftreten als:

Hyperergie (Anaphylaxie,

Hypergie oder

Anergie (sog. Immunität).

a) Hyperergie. RÖSSLE kommt das große Verdienst zu, mit seinen Schülern FRÖHLICH, GERLACH, KLINGE, in einer großen Reihe systematischer Arbeiten die morphologischen Grundlagen der Hyperergie erforscht und ihren Prototyp, das ARTHUSsche Phänomen als Entzündungsprozeß charakterisiert zu haben.

Das bedeutsamste Resultat dieser Untersuchungen war zunächst, „daß das eigentlich Spezifische der hyperergischen Entzündung nur das Tempo des Eintrittes, die Heftigkeit der Erscheinungen und das verschleppte Abklingen war". Mit anderen Worten: Die hyperergische Entzündung unterscheidet sich von einer Entzündung, die am normergischen Tier durch ein primär differentes Antigen gesetzt wurde, nicht durch qualitative Änderungen, sondern nur durch die quantitative, maximal gesteigerte Leistung.

Wenn aus dem PFEIFFERschen Fundamentalversuch bekannt ist, daß beim spezifisch vorbehandelten (immunisierten) Meerschweinchen intraperitoneal injizierte Choleravibrionen außerordentlich rasch zerstört werden, so stellte RÖSSLE mit seinen Versuchen mit Hühnerblut fest, daß entgegen der Erwartung „die Verzögerung der Resorption des eingebrachten, fremden Hämatoms um so ausgesprochener, je höher die Immunität getrieben war", wobei RÖSSLE den hämolytischen Titer als Maßstab für den Grad der Immunität annahm und damit die Veränderungen der Reaktionslage, welche der Organismus des Meer-

schweinchens bei wiederholter Zufuhr primär indifferenter Hühnererythrocyten
erlitt, mit der Veränderung, welche die Choleravibrionen bedingen, identifiziert.
Der Widerspruch zwischen diesen beiden Versuchsergebnissen, für dessen Erklärung Größe der Zellen, Unterschiede der Gewebe (Bauchhöhle und Subcutis),
Konzentration und Menge des Antigens angeführt werden, löst sich für Rössle
in erster Linie auf Grund des von ihm gefundenen durch die Hyperergie bedingten
Absperrungsmechanismus, wogegen Doerr und Bordet das Problem sehr viel
weiter fassen.

Die Hühnererythrocytenversuche Rössles fanden zunächst ihre Parallele in
Versuchen von Opie, Krause und Willis, Boquet, Chesney und Kemp,
welche gezeigt haben, daß im sensibilisierten Organismus die Ausbreitung von
Serum, Tuberkelbacillen und Spirochäten langsamer vor sich geht als im normergischen Organismus, daß also der Allergie eine „antiresorptive" oder „anti-
disseminierende" (Bordet) Funktion zukommt.

Es war nun weiterhin für die allgemeine Pathologie und die Pathogenese
allergischer Erkrankungen insbesondere sehr bedeutsam, daß es gelang, das
Arthussche Phänomen, das Paradigma der hyperergischen Entzündung, von
der Haut weg auf die Gelenke (Friedberger, Klinge) und die Pleura (Roulet)
zu verlegen. Für die ätiologische Forschung mußten diese Versuchsergebnisse
aber deshalb gefährlich werden, weil Klinge und auch Rössle auf Grund der
histologisch-morphologischen Ähnlichkeit der in diesen Allergieversuchen mit
primär indifferentem Antigen erzielten Befunde mit dem beim Rheumatismus
vorliegenden Bildern auf einheitliche Prozesse schlossen, und zwar trotzdem
Rössle „bezüglich der Ätiologie der menschlichen Erkrankungen nicht bezweifeln will, daß das Antigen für diese allergische Erkrankung ein Infektionserreger sein kann, ja meistens sein dürfte".

Diese Verwischung des Allergiebegriffes, der in seiner reinen Form zunächst
nur für primär indifferente Antigene herausgearbeitet wurde, kommt auch in
einer neuen Handbuchdarstellung bei W. Jadassohn zum Ausdruck, indem er
dort die Immunbiologie der Haut definiert „als Reaktion des Organismus,
die auf Antikörperwirkung beruht oder die wir uns wenigstens am leichtesten
als auf Antikörpern beruhend, vorstellen können".

Mit dieser Ausdehnung einer Definition, die Doerr und Bloch bewußt
als „dem momentanen Stand unseres Wissens entsprechend" auf die allergischen
Krankheiten „eingeengt" hatten, beging Jadassohn eine kleine Spekulation,
lehnen doch Doerr und Zinsser für bakterielle Allergien ein Abhängigkeits-
verhältnis von der Antikörperbildung geradezu ab. Böhmig fand bei homologer
Testinfektion mit grünen Streptokokken, daß die lokale Überempfindlichkeit
geradezu mit einem niederen Agglutinationstiter einhergeht. Auch Clawson
vermochte in sorgfältig angelegten Streptokokkenversuchen keinen Zusammenhang zwischen Allergie und Immunität nachzuweisen, und zwar auch dann nicht,
wenn er, wie dies z. B. auch in den Böhmigschen Arbeiten geschah, nicht nur
einen humoralen Antikörper (Agglutinine) als Maßstab für die Immunität einsetzte, sondern die Zerstörung der Keime in Blut und Leber quantitativ bestimmte. Clawson injizierte normalen, allergischen und immunen Kaninchen
50 Millionen Streptokokken und fand auf der Blutagarplatte nach 15 Min.
im Durchschnitt 44 bzw. 54 bzw. 15 Kolonien bei den entsprechenden Agglutinationstitern von 1:25, 1:3200 und 1:150000. Zwei Stunden nach der

Injektion gewann er aus der Leber pro Gramm im Durchschnitt 5600, 3800 und 1700 Kolonien bei Agglutinationstitern von 1 : 25, 1 : 4000 und 1 : 280000. Wenn somit die allergischen Tiere gegenüber den normergischen auch eine gewisse Resistenzerhöhung — gemessen am Keimgehalt der Leber — aufweisen, so bleibt sie doch weit hinter derjenigen der Immuntiere, die keine cutane Allergie zeigten, zurück. Eine wesentliche Defensivwirkung der Allergie ließ sich hier jedenfalls nicht feststellen, die Blutbactericidie erschien sogar gegenüber der Norm vermindert.

Daß die Reaktionslage eines Organismus nicht mit der Immunitätslage identifiziert werden darf, geht auch aus dem Referat BORDETs am Internationalen Tuberkulosekongreß 1932 im Haag hervor, wo er sich die Frage stellte, ob der Allergie eine schützende Bedeutung zukommt und wenn ja, welche Rolle sie im Kreise der übrigen Schutzeinrichtungen einnimmt.

Selbst bei dieser sehr eingeengten Fragestellung betonte BORDET, daß es sich dabei nie um eine allgemeine Antwort handeln kann, indem die Verteidigungsmechanismen von einem Erreger zum anderen in recht bedeutsamer Weise zu wechseln vermögen. Ja selbst gegenüber ein und demselben Erreger rechnet BORDET mit der Möglichkeit verschiedener Abwehrmechanismen, läßt jedoch die Frage offen, ob dem durch das KOCHsche Phänomen repräsentierten allergischen Defensivmechanismus auch gegenüber bereits vorhandenen Herden eine wesentliche Bedeutung zukommt. Das ganze Problem im Zusammenhang von Immunität und Allergie erscheint BORDET deshalb besonders schwierig, weil wir nicht einmal mit Sicherheit die Faktoren der natürlichen Immunität — die ja nicht unter allen Umständen sofort zur Auswirkung gelangen müssen — von denen der erworbenen Immunität abzugrenzen vermögen.

Alles in allem hält BORDET die Allergie, besonders bei chronischen Infektionskrankheiten, wohl für einen „nützlichen" Faktor, betont aber ausdrücklich, daß die Allergie nicht die Immunität sein kann, ja nicht einmal der Träger der ganzen erworbenen Immunität, eine Auffassung, der sich DEBRÉ, OTTOLENGHI, WALLGREN, WHITE und PETRAGNANI weitgehend angeschlossen haben. Aber selbst diese Konzession an die Bedeutung der Allergie für die Abwehr von Bakterien ist, wie CUMMINS betont, nicht unangefochten. CUMMINS zitiert WILLIS, der bei Meerschweinchen mit stark reduzierter, praktisch fehlender Allergie eine hohe Immunität gegenüber Reinfektionen beobachtete, weist auf die B.C.G.-Versuche von CALMETTE und seinen Mitarbeitern sowie diejenigen von NASTA hin, welche zeigten, daß die Infektionsimmunität persistieren kann zu einer Zeit, wo die Hyperergie bereits verflogen ist, und beruft sich auf RICH und seine Mitarbeiter, die in der „antidisseminierenden Kraft eine von der Allergie unabhängige Immunitätserscheinung sehen wollen". Auch CUMMINS selbst kann auf Grund der vorliegenden Untersuchungsergebnisse über Tuberkulinreaktionen bei Eingeborenen in den Goldminen von Johannisburg keine Parallele zwischen Allergie und Immunität sehen, ja er betrachtet die Unterdrückung oder Neutralisierung der allergischen Reaktion geradezu als eine der bedeutsamen Funktionen der erworbenen Immunität.

Wenn wir unter der Führung BESREDKAs gelernt haben, humorale Veränderungen vom Immunitätsbegriff loszulösen (Immunität ohne Antikörper), um in den Antikörpern häufig nur ein Reaktionsprodukt auf körperfremdes Eiweiß zu sehen, so scheint es mir bei dem jetzigen Stand der Untersuchungsergebnisse richtig, dieses Prinzip auch auf das Verhältnis von Allergie und Immunität auszudehnen, kommen doch auch Jensen, Kimla und Bruno Lange zum Schluß, daß hier zwei getrennte Phänomene vorliegen. „Sie mögen in einem mehr oder weniger engen Zusammenhang miteinander stehen, ohne daß jedoch Immunität direkt und ausschließlich, oder auch nur vorwiegend von der Sensibilisierung abhängig wäre."

Wenn aber die Verhältnisse bei der uns bezüglich der Allergie besonders gut bekannten Tuberkulose so schwierig liegen, ist es selbstverständlich, daß wir bei den pyogenen Bakterien in bezug auf die Verbindung der Begriffe Allergie und Immunität und in der Auswertung histologischer Befunde ganz besonders vorsichtig sein müssen, ja, es wird sich sogar darum handeln, zunächst einmal festzustellen, was für Anhaltspunkte wir für das Vorkommen allergischer Erscheinungen gegenüber pyogenen Bakterien und ihren Produkten überhaupt besitzen.

Zinsser hat seit 1917 mit zahlreichen Mitarbeitern die bakteriellen Allergien untersucht; bedeutsame Resultate wurden aber zum erstenmal bei den Pneumokokken gefunden. Hier wurden einerseits Antigene nachgewiesen (von Gutfeld, Nassau, Herold und Traut), welche bei Nichterkrankten positive Hautreaktionen auslösen und die durch Überstehen der Erkrankung negativ werden. Andererseits haben Francis und Tillett an Rekonvaleszenten festgestellt, daß sich mit der C-Fraktion eine typspezifische Sofortreaktion auslösen läßt, während die P-Substanz eine tuberkulinähnliche Reaktion bedingt, die für alle Typen gleich ist. Zugunsten der allergischen Natur dieser Reaktionen wird angeführt, daß im Serum Agglutinine und Präcipitine nachweisbar waren und daß beim Tier die Reaktion nur dann positiv ausfiel, wenn typspezifische Präcipitine vorhanden waren.

Daß aber auch hier die Allergie mit Immunität nicht identisch ist, geht daraus hervor, daß von den aktiv immunisierten Tieren nur 84% eine positive Cutanreaktion zeigten, während von den passiv immunisierten 100% positiv waren. Diese Beobachtung läßt sich vielleicht so umschreiben, daß auch schlechte Antikörperbildner, die nicht leicht „allergisch" werden, immunisiert werden können. In diesem Sinne ist vielleicht auch die Beobachtung von Finland und Sutlieff zu deuten, welche feststellten, daß intravenöse therapeutische Seruminjektionen auch bei Nichtpneumonikern die Grundlage für eine positive Hautreaktion bilden können. Ferner stellten sie an nicht spezifisch behandelten Pneumonikern fest, daß zwar alle Rekonvaleszentenseren den im Mäuseversuch schützenden Antikörper enthielten, daß aber nur die Hälfte der Typ I-Fälle und $^2/_3$ der Typ II- und III-Fälle positive Cutanreaktion zeigten. Daß aber auch dieser humorale, schützende Antikörper nicht der einzig wirksame Faktor der Pneumokokkenimmunität sein kann, geht aus den Befunden von Lord und Persons hervor, die gelegentlich Heilung beobachteten, ohne daß der schützende Antikörper nachweisbar war.

Wir sehen somit bei den Pneumokokken eine weitgehende Dissoziation nicht nur von Immunität und Allergie ganz allgemein, sondern auch von humoralen Antikörpern, Immunität und Allergie.

Aber auch für die Streptokokken liegen bereits eine ganze Reihe von sorgfältigen Beobachtungen vor, welche das Vorhandensein einer Streptokokkenallergie neben einer Streptokokkenimmunität belegen.

Eine Sensibilisierung durch nicht neutralisierbare, nicht typspezifische Bakterienprodukte wurde bereits 1925 von ZINSSER und GRINELL, 1927 von MACKIE und MCLACHLAN sowie von MACKENZIE und HANGAR beobachtet, während BIRKHAUG im selben Jahre vermittels eines neutralisierbaren Filtrates indifferenter Streptokokken hyperergische Entzündungen auslösen konnte.

DOCHEZ und STEVENS fanden dann sowohl ein neutralisierbares Toxin wie auch eine durch spezifisches Immunserum nicht beeinflußbare Substanz, welche zur Sensibilisierung von Kaninchen verwendet werden konnte.

Von Untersuchungen über die Ätiologie des Rheumatismus ausgehend hatten ANDREWES, DERICK und SWIFT festgestellt, daß gewisse Stämme von Streptococcus viridans, in entsprechenden Mengen intracutan injiziert, die gewebliche Reaktion so zu verändern vermögen, daß es zu einem der Tuberkulinreaktion gleichenden Phänomen kommt. HITCHCOCK und SWIFT zeigten, daß diese hyperergische Entzündung auch durch gewisse indifferente Streptokokkenstämme, die den von SMALL und BIRKHAUG als Erreger des Rheumatismus beschriebenen gleichen, ausgelöst werden können und daß intracutane Injektion von sehr kleinen Dosen bestimmter hämolytischer Streptokokken die Reaktivität der Tiere für nachfolgende Injektionen mit grünen und indifferenten Streptokokken wesentlich steigert.

Die Sensibilisierung gelang den Autoren sowohl durch intracutane Injektion als auch durch Impfung anderer Gewebe, selbst der paranasalen Sinus. Unter den verschiedenen Methoden, welche zur Sensibilisierung herangezogen wurden, erwiesen sich multiple Injektionen kleiner Mengen (10^{-4}), welche kaum mehr lokale Erscheinungen auslösten, jeder anderen Technik überlegen. Zum selben Resultat kam auch CLAWSON in Übereinstimmung mit Beobachtungen von TUFT sowie KÖHLER und HEILMANN, welche Serum als Antigen verwendeten. Immerhin gelang es SWIFT und seinen Mitarbeitern, gelegentlich auch durch Anbringen subcutaner Agarstreptokokkenherde Allergie zu erzeugen.

DERICK, HITCHCOCK und SWIFT halten die Art der Läsion für bedeutungsvoller als die injizierte Bakterienmenge, während ZINSSER das Hauptgewicht auf die besondere Art des Bakterienabbaues legt.

Von besonderer Bedeutung ist nun aber auch die Beobachtung von SWIFT und seinen Mitarbeitern, daß sich kein Zusammenhang feststellen ließ zwischen Agglutinationstiter und Grad der Sensibilisierung, und weiterhin, daß die intravenöse Injektion nie zu einer Sensibilisierung führte, ja, daß auf diese Weise sogar hyperergische Tiere desensibilisiert werden können, was sich vollkommen deckt mit der Beobachtung von M. B. SULZBERGER, daß durch intravenöse Salvarsaninjektion, sofern dieselbe früh genug nach der sensibilisierenden Injektion erfolgt, eine Sensibilisierung verhindert werden kann.

Die bei Pneumokokken und Streptokokken beobachtete Dissoziation im Auftreten humoraler Antikörper und der cutanen Allergie steht nun allerdings im Gegensatz zu den Befunden OPIEs, der mit primär atoxischen Antigenen operierte, deckt sich aber mit den Versuchsresultaten die R. L. KAHN sowohl bei Verwendung von Serum als abgetöteten Typhusbacillen erhielt. Durch humorale und cutane Titration stellte er fest, daß cutane Injektionen zu einem hohen Haut- und niedrigen Agglutininwert führen, wogegen intravenös vorbehandelte Tiere hohe Agglutinin- und niedere Hautwerte aufwiesen. Für die Unabhängigkeit der Allergie vom Vorhandensein humoraler Antikörper sprechen auch die Versuche von Rich und Lewis, welche fanden, daß die Tuberkuloseüberempfindlichkeit auch bei gewaschenen, von Serum befreiten Zellen vorhanden war, was Aronson durch Versuche an Gewebskulturen bestätigt hat.

Abgesehen von der in diesem Zusammenhang zunächst mehr sekundären Frage ist es das Verdienst von Swift und seinen Mitarbeitern, gezeigt zu haben, daß ähnlich, wie die Pneumokokken, auch Streptokokken, und zwar grüne mehr als hämolytische bei entsprechender intracutaner Injektionstechnik Kaninchen zu sensibilisieren vermögen, und daß die intravenöse Injektion zur Immunisierung führt.

Die Allergie der Gewebe vermochte Swift mit drei Reaktionen nachzuweisen: dem Cutantest, einer Ophthalmoreaktion und den durch die auslösende intravenöse Injektion bedingten protrahierten (24—48 Stunden) Shocktod. Es gibt somit gegenüber Streptokokken außer der normergischen Reaktion und einer durch die Immunitätslage bedingten Veränderung noch eine hyperergische Reaktion.

Böhmig hat die Allergieverhältnisse im Laufe der intravenösen Vorbehandlung (Immunisierung) verfolgt. Bei Verwendung eines sehr wenig virulenten grünen Streptokokkenstammes führte der erste, 4 Tage nach der ersten intravenösen Injektion (0,5 ccm pro Kilogramm) mit dem homologen Stamm ausgeführte Intracutantest zu einer lokalen Hautentzündung, welche doppelt so groß war wie die des Kontrolltieres und statt etwa 3 Tage 4—5 Tage anhielt. Nach der 2. Vaccineinjektion war diese „ausgesprochen hyperergische Reaktion" noch verstärkt, um dann aber im Laufe der mit steigenden Dosen durchgeführten intravenösen „Immunisierung" dauernd abzunehmen und unter die Flächenmaße der unvorbehandelten Kontrollen zu fallen. 40 Tage nach der intravenösen Lebendkulturinjektion, zu einer Zeit, wo der Agglutinationstiter, den Böhmig als Maßstab für die Immunisierung verwendet, wieder stark im Abfallen war, ergaben jedoch zwei im Intervall vorgenommene Hautteste wieder „eine typisch hyperergische Reaktion".

Böhmig bestätigt hiermit die Angaben von Dochez und Stevens, welche schon früher auf allergische Phasen während der Immunisierung hingewiesen hatten, und zwar, wie Böhmig, am Anfang und Ende des Immunisierungsprozesses, wobei allerdings weder Dochez und Stevens noch Böhmig durch Injektion einer letalen Dosis den Beweis der Immunität erbrachten. Böhmig zeigte ferner, daß die beobachteten allergischen Erscheinungen sich nicht nur auf die Haut beschränken, indem „20—30% der Tiere während dieser Hautüberempfindlichkeit auf intravenöse Injektion von $^{1}/_{10}$ bis $^{1}/_{5}$ der letalen Dosis Lebendkultur innerhalb 18—24 Stunden an einem verzögert eintretenden Shock zugrunde gehen".

Die gleiche Versuchsanordnung mit einem mäßig virulenten hämolytischen Streptokokkenstamm ergab allerdings keine so ausgesprochenen Resultate, vor allem fehlte die allergische Periode am Ende der Immunität, und auch der verzögert eintretende Shock war nicht auszulösen. Böhmig will in diesen Differenzen allerdings „kein prinzipiell gegensätzliches Verhalten zur ersten Versuchsgruppe" sehen, sondern sucht den Grund „in einer für die Reaktion unglücklichen Dosierung".

Böhmig hat diese Versuche im weiteren dadurch ausgebaut, daß er die mit grünen Streptokokken vorbehandelten Tiere während des Immunisierungsprozesses mit hämolytischen testete und auch umgekehrt. Das Resultat war, daß die mit hämolytischen Streptokokken immunisierten und mit grünen Streptokokken getesteten Kaninchen während des ganzen Immunisierungsprozesses eine lokale und allgemeine Überempfindlichkeit aufwiesen, und zwar ohne irgendeinen Zusammenhang mit dem Verlauf der Antikörperkurve. Bei der Immunisierung mit grünen und Testung mit hämolytischen Keimen dagegen verlief die Überempfindlichkeitskurve parallel mit der Antikörperkurve. Bei der heterologen Streptokokkenimpfung in der einen und anderen Richtung ließ sich also der für die mit wenig virulente Streptokokken gefundene Phasenablauf nicht nachweisen. BÖHMIG sieht hierin aber „nur periodische Verschiebungen, nicht aber Wesensunterschiede der Überempfindlichkeit".

Die Möglichkeit der heterologen Auslösung des allergischen Phänomens veranlaßte ihn, die Reaktion weiterhin auf ihre Spezifität zu untersuchen mit dem Resultat, daß es auch durch Fremdeiweiß (Pferdeserum, Hühnereiweiß, krystallisiertes Albumin) gelang, gegenüber grünen Streptokokken zu sensibilisieren, woraus BÖHMIG folgert, daß die im Laufe der Immunisierung beobachteten Überempfindlichkeiten unspezifischer Natur sind, was sich mit der Auffassung von GUDZENT vom „Autonomwerden der allergischen Reaktionen gegen verschiedene nicht streng spezifische Reize" deckt.

Das ist insofern nicht sehr überraschend, als APITZ selbst bei Verwendung von primär atoxischem Antigen zur Sensibilisierung und Shockauslösung feststellte, „daß für die lokal anaphylaktischen Entzündungen, welche nach intravenöser Reinjektion eintreten, eine wesentliche Ursache in unspezifischen Schäden liegt. Diese Auffassung wird weiterhin belegt durch das sog. AUERsche Phänomen (Xylolschaden am sensibilisierten Tier), die Möglichkeit der Sensibilisierung durch Äther, Chloroform und Harnsäure (Chini), sowie die Beobachtungen von Kälteschäden durch VAUBEL und KLINGE am sensibilisierten Tier. Dieses Nebeneinander unspezifischer, spezifisch-anaphylaktischer und immunisatorischrefraktärer Vorgänge läßt es APITZ zur Zeit unmöglich erscheinen, das Gesamtbild der anaphylaktischen Organveränderungen in bezug auf die Rolle der einzelnen Vorgänge zu analysieren.

Für alle drei Fälle, das normale, allergische und Immuntier hat man auch nach den histologischen Merkmalen der Entzündung gesucht. Die normergische Reaktion erwies sich bei geeigneten Versuchsbedingungen als gekennzeichnet durch eine auf die dem Bacterium inhärente Eigenschaften zurückgehende mäßige Gewebszerstörung, gefolgt von leichtem Ödem und Leukocytenauswanderung, an deren Stelle später Makrophagen und histiocytäre Reaktion treten. Beim hyperergischen Tier ist die Reaktion gegenüber einer homologen, intracutanen Reaktion hundertmal größer als beim normergischen oder immunen Tier. Die Gewebszerstörung ist beträchtlicher, Ödem, leukocytäre Reaktion und Schwellung der Capillarendothelien sind intensiver und auch die nachfolgende histiocytäre Reaktion bedeutender. Das Immuntier zeigt gegenüber dem homologen Stamm ein Minimum an Gewebszerstörung; Ödem und Leukocyten sind kaum vorhanden, an ihre Stelle tritt eine rasch eintretende histiocytäre Reaktion. Bei Verwendung eines heterologen Stammes war die Reaktion etwas größer, ohne aber das Ausmaß derjenigen am hyperergischen Tier zu erreichen.

Entsprechend diesen histologischen Befunden war die Schwellung bei dem allergischen Tier in den ersten 2—3 Tagen nach der auslösenden Injektion weich und ödematös, während sie bei dem intravenös immunisierten Tiere im gleichen Zeitabschnitt hart und knötchenförmig erschien.

Noch eingehender wurden die histologischen Verhältnisse von BÖHMIG und SWIFT untersucht. Unter Ausschaltung früherer Versuchsfehler (genau bestimmte Dosierung für die einzelnen Reaktionslagen) und getrennt für wenig virulente Viridans-, sowie hochvirulente Hämolyticusstämme, fanden die Autoren, daß beim hyperergisch reagierenden Tier die entzündliche Reaktion nicht nur verstärkt war, sondern, wie RÖSSLE an seinen Hühnererythrocytenversuchen bereits festgestellt hatte, auch eine bemerkenswerte Koordination der verschiedenen, an der Reaktion beteiligten Komponenten aufwies, in dem Sinne, daß der Höhepunkt von Ödem, capillarer Endothelschwellung und Leukocytenauswanderung ungefähr gleichzeitig und merklich früher als beim normergischen Tier erreicht wurde.

Im Gegensatz zum differenten zellulären Aufbau, wie er von SABIN, BESSAU, MORGAN, McEWEN durch Vitalfärbung für die als allergisch aufgefaßten tuberkulösen, syphilitischen und rheumatischen Granulome beschrieben wurde, fanden BÖHMIG und SWIFT, daß der Unterschied der histologischen Reaktion zwischen hyperergischem und normergischem Streptokokkentier nur auf quantitativen, graduellen, aber nicht auf qualitativen Differenzen beruht. Bei Verwendung avirulenter grüner Streptokokken zur Testinfektion waren die Verhältnisse übersichtlicher als bei Verwendung eines virulenten hämolytischen Stammes, der durch seine primäre Schädigung Differenzen in der Reaktionsweise zu verwischen vermochte. Danach scheint also dem histologischen Bild der allergischen Streptokokkenentzündung, wie der von RÖSSLE und MAXIMOW mit primär atoxischen Antigenen erzeugten Entzündung, ein spezifisches Verhalten nicht zuzukommen. Wenn sich dieser Befund bestätigen sollte, so wäre er deshalb bedeutsam, weil er zeigen würde, daß da, wo in der Humanpathologie „spezifische" histologische Befunde erhoben werden (Tuberkel, Gumma, ASCHOFFsches Knötchen usf.) die Reaktion nicht als rein allergische, sondern als durch das Bacterium bzw. die Immunitätslage beeinflußt aufgefaßt werden muß.

Die bisher vorliegenden experimentellen Befunde beweisen wohl das Vorkommen einer bakteriellen Allergie und Streptokokkenallergie im Speziellen, weisen andererseits aber darauf hin, daß man bei der Bewertung klinischer Erscheinungen wie auch histologischer Befunde als rein hyperergische Phänomene mit äußerster Vorsicht vorgehen muß. PETRAGNANI hat das Verhältnis von Anaphylaxie (Hyperergie) zur Immunität trefflich im folgenden „Gesetz" zum Ausdruck gebracht: keine einzige Beobachtung gestattet uns, im allergischen Zustand einen Übergang „von Anaphylaxie in Immunität anzunehmen; dagegen verfügen wir über eine große Zahl von Beobachtungen, welche zeigen, daß sich die Anaphylaxie konstant im Verlaufe des Immunisierungsprozesses einstellt".

' Das Gesetzmäßige dieser Beziehungen kommt besonders prägnant in den neuesten Arbeiten von R. L. KAHN zum Ausdruck, worin er eine Synthese von humoraler, cellulärer und Gewebsreaktion versucht, indem er die drei Reaktionen unter sich gleichsetzt und der gemeinsamen Immunitätsfunktion des Organismus mit dem Ziel der Zerstörung des Parasiten unterordnet. In einer eigenen Versuchsanordnung (Diphtherietoxin-Antitoxinreaktion am serumsensibilisierten Tier) gelang ihm insbesondere der Nachweis, daß die Veränderungen, welche die verschiedenen Gewebe im Laufe der Immunisierung erfahren, sehr beträchtliche quantitative Differenzen aufweisen. So erwies sich das Peritoneum als etwas weniger empfindlich wie die Haut, diese aber mehr als 10mal reaktionsfähiger wie Muskel, Hirn und Plasma, wobei die Fähigkeit der Antigenabsorption als Maß diente.

b) Anergie. Wenn sich im bakteriell bedingten Entzündungsprozeß des allergischen Organismus die Phänomene, welche durch die den Bakterien inhärenten Eigenschaften, sowie durch die Hyperergie und Immunitätslage bedingt sind, überschneiden und dadurch in ihrer Analyse kompliziert werden, so begegnet die Deutung der Anergie dadurch Schwierigkeiten, daß in der hier vorliegenden „negativen" Reaktion die Verwechslung mit Immunität zunächst noch viel bedrohlicher zu werden scheint. Auf diese Schwierigkeit der biologischen Erfassung der anergischen Reaktion hat auch Rössle hingewiesen: „da es sich aber nur um etwas Negatives — nämlich um ausbleibende, sonst erwartete oder abgeschwächte Reaktionen handelt — so ist die Parallele zu menschlichen Erkrankungen viel schwerer zu finden als bei den hyperergischen Reaktionen".

Der Anergie, der Reaktionslosigkeit gegenüber einem primär differenten Antigen oder Antigenkomplex, können zwei, sich biologisch diametral gegenüberliegende Zustände zugrunde liegen. Es läßt sich also für die Anergie ganz dasselbe anführen, was wir bei der Deutung der bakteriellen hyperergischen Reaktionen ausgeführt haben, daß sich aus einem morphologischen Bild die Genese nicht ohne weiteres ableiten läßt.

Metalnikow hat in außerordentlich geschickter Weise unterschieden zwischen einer Adaptionsimmunität, welche als Anpassung an Schädigungen verschiedenster Art aufzufassen ist und einer Abwehrimmunität, an der Bindegewebe, Reticulumzellen, Gefäße, Blutbildungsapparat, Nerven usf. beteiligt sind. Diese Faktoren bedingen somit den Verteidigungsmechanismus, für den im wesentlichen fünf Reaktionen zur Verfügung stehen: Phagocytose, Bildung von Riesenzellen, Abkapselung, Ausscheidung und Bildung von Antikörpern.

Die Anergie oder Reaktionslosigkeit gegenüber einem primär differenten Antigenkomplex kann also sowohl auf einer Anpassung als auch auf einer spezifisch oder unspezifisch gesteigerten Abwehr beruhen. Je nach dem Ort, wo die Invasion erfolgt, und in engster Abhängigkeit von der Natur des eindringenden Erregers wird der eine oder andere Mechanismus oder auch eine Kombination verschiedener Kräfte in Funktion gesetzt und auf diese Weise eine Noxe, die beim unvorbehandelten, normergischen Individuum eine mehr oder weniger spezifische Schädigung setzt, im günstigsten Falle vollkommen eliminiert.

Im einen wie im anderen Falle (Adaptions- oder Abwehrimmunität) liegt dieser Anergie eine Mehrleistung des Organismus zugrunde, die sich vielleicht sogar gelegentlich histologisch erfassen läßt (Epstein) und die man deshalb sinngemäß als „*positive*" Anergie bezeichnet.

Insofern man die biologische Mehrleistung in Betracht zieht, könnte man Rössle wohl zustimmen, wenn er die Immunität nicht mehr zur Anergie, sondern zur Hyperergie rechnet. Dem steht aber gegenüber, daß diese biologische Mehrleistung effektiv doch etwas anderes und viel komplexeres darstellt, als wir unter der reinen Hyperergie verstehen, die, wie wir ausgeführt haben, ja im besten Falle nur einen Faktor des komplizierten Vorganges der Immunität darstellt. Sodann haben wir uns durch die klassischen Beispiele der Hyperergie daran gewöhnt, unter der hyperergischen Entzündung eine auch nach außen hin in Erscheinung tretende Plusabweichung zu sehen, wogegen bei der positiven Anergie, wie sie durch die Immunität repräsentiert wird, vielleicht unter der Epitheldecke eine vermehrte Leistung vor sich geht, klinisch aber zum mindesten als verminderte oder gar aufgehobene Reaktion in Erscheinung tritt. Wenn wir aber diese dynamische Ausdrucksweise beibehalten wollen, und sie hat sich ja im klinischen Sprachgebrauch als recht praktisch erwiesen, so wird man also die durch die Immunitätslage bedingte abgeschwächte Reaktion doch wohl besser als „positiv anergisch" bezeichnen. Auch die eine vollkommene Resistenzlosigkeit bezeichnende negative Anergie kann eigentlich nur im übertragenen Sinne als Anergie bezeichnet werden, indem sich auch hier wie bei der als positive Anergie bezeichneten Immunität weit über die Allergielage hinausgehende Phänomene abspielen. Das Gemeinsame zwischen der negativen Anergie gegenüber einem primär indifferenten Antigen und einem pathogenen Bacterium liegt doch wohl vorwiegend im rein äußerlichen Aspekt begründet.

Das Verhältnis einer negativen Anergie gegenüber einem primär indifferenten Antigen und einem pathogenen Bacterium ist etwa gleichzusetzen der Beziehung vom Artusschen Phänomen zum Kochschen Fundamentalversuch. Die Biologie der negativen Anergie gegenüber pathogenen Keimen geht ganz wie der durch die hyperergische Lage verstärkte Immunisierungsmechanismus weit über das hinaus, was wir im reinen, durch primär indifferente Antigene bedingten Allergieprozeß sehen. Die negative Anergie gegenüber pathogenen Keimen ist, wie Rössle sehr richtig sagt, gekennzeichnet „durch das Versagen aller natürlichen und erworbenen Reaktionen auf ein Allergen, also z. B. aller humoraler, geweblich-cellulärer Abwehrreaktionen gegenüber einem Gifte oder einem Parasiten". Die tiefgreifende Umwälzung, welche mit der negativen Anergie verbunden ist, geht z. B. aus dem neuerdings von Veil und Buchholz beobachteten und von Schnabel bestätigten Komplementschwund hervor. Diese negative Anergie oder totale Resistenzlosigkeit gegenüber Infektionserregern und ihren Produkten findet ihren Ausdruck im Krankheitsbild der Sepsis.

III. Die fokale oder Herdinfektion.
1. Die Geschichte der Herdinfektion.

Wir haben im vorhergehenden Abschnitt den Versuch gemacht, die Herdinfektion von einer Frage zu befreien, die im Laufe der letzten zwei Dezennien häufig mit ihr verknüpft oder sogar identifiziert worden ist. Damit sollte schon rein äußerlich zur Darstellung gebracht werden, daß der Begriff der Herdinfektion zunächst durchaus klinischer Natur ist. Es handelt sich um ein Krankheitsbild, das sich dem Kliniker und Praktiker, wie wir sehen werden, schon seit langer Zeit aufgedrängt hat, ganz ähnlich wie sich im Laufe der Jahrhunderte zufolge sorgfältiger Einzelbeobachtungen und Feststellungen über epidemiologische Zusammenhänge zahlreiche andere Krankheiten zunächst als klinische Einheiten herauskristallisiert haben. Der naturwissenschaftlichen Medizin, unter Führung der pathologischen Anatomie und Mikrobiologie blieb es vorbehalten, diese Krankheitsbilder auf ihre ätiologisch-pathogenetischen Zusammenhänge zu prüfen, gleiches zusammenzuziehen (Tuberkulose) und ungleiches zu trennen (Typhosen).

Die Herdinfektion unterscheidet sich nun von der Mehrzahl dieser Krankheitsbilder durch die Tatsache, daß ihre pathologisch-anatomische und ätiologische Erforschung noch durchaus in den Anfangsgründen steckt. Weil ihre Existenz autoritär geleugnet wurde, hat man bis in die neueste Zeit hinein gezögert, ihrer Pathogenese nachzugehen und da, wo sie sich dem Kliniker geradezu aufdrängte, hat man es vorgezogen, sich mit vagen Begriffen zu behelfen.

Es ist durchaus müßig, sich mit der Wortbildung auseinandersetzen zu wollen. Herdinfektion besagt für den Unvoreingenommenen zunächst nur, daß sich an irgendeiner Stelle im Körper Bakterien angesiedelt haben, womit schließlich jede Infektion als Herdinfektion aufzufassen wäre. Wie sich aber schließlich Jurist und Richter bei der Unvollkommenheit unserer Ausdrucksweise darum zu kümmern haben, was der Gesetzgeber meinte, so sind wir verpflichtet, uns bei der Umgrenzung des Begriffes „Herdinfektion" an das zu halten, was FRANK BILLINGS darunter verstand. Dies fällt uns um so leichter, als seine Definition durchaus klar war. BILLINGS verstand unter „focal infection" einen umschriebenen, mit pathogenen Mikroorganismen infizierten Gewebsabschnitt, der zur Infektion oder Intoxikation des Organismus führen kann, wobei der Streuungsherd selbst periodisch oder dauernd im Hintergrund bleibt. Er unterscheidet somit sehr deutlich zwischen dem pathogenetisch bedeutsamen Infektionsherd und der klinisch im Vordergrund stehenden Herd- (bedingten) Infektion.

Im folgenden soll zunächst gezeigt werden, daß der Kliniker solche Zusammenhänge zwischen latentem Herd und manifester peripherer Erkrankung längst erkannt hat und, wie so oft in der Geschichte der Medizin, mit genialem Blick der naturwissenschaftlichen Erforschung eines Problems um Jahrhunderte, ja Jahrtausende vorauseilte.

PRESTON BALL hat darauf hingewiesen, daß OLMSTEAD in seiner Geschichte von Assyrien über Tafeln aus den Ruinen von Ninive und Ashur berichtet, die bis 650 vor Chr. zurückdatiert werden und etwa folgendes besagen: „Der König fragte dauernd, warum sein Leibarzt Arad Nana seine Krankheit nicht erkannt und ihn nicht geheilt hätte. Dieser sandte einen verschlossenen Brief mit dem Wunsche, er möge dem König vorgelesen werden. Nebst verschiedenen Vorschriften physikalisch-therapeutischer Natur spricht Arad das Wahre, wie der König es verlangt: der Schmerz in seinem Kopf, seinen Lenden und seinen Füßen rührt von den Zähnen her und die müssen ausgerissen werden."

C. H. MAYO berichtet, daß Hippokrates in zwei Fällen durch Sanierung der Mundhöhle die Patienten von ihrem Gelenkrheumatismus befreite. Nach HOLMAN (zit. nach THOMSON) sollen die schlechten Zähne von König Jakob I. von Schottland in Zusammenhang gebracht worden sein mit seinem schweren chronischen Rheumatismus. WORMS und LE MÉE erwähnen ferner JEAN-LOUIS PETIT, einen berühmten Chirurgen des 17. Jahrhunderts, der in seinem „Traité des maladies chirurgicales" in eindeutiger Weise das Krankheitsbild beschreibt: „Die Zahncaries ist die Ursache einer Reihe von Krankheiten, die zunächst keinen Zusammenhang mit den Zähnen zu haben scheinen. Man ist vielleicht erstaunt, daß regelmäßige oder unregelmäßige Fieberattacken, denen Schüttelfröste vorausgehen und welche von einem häufigen trockenen Husten ohne Auswurf begleitet sind, auf dieselbe Ursache zurückgehen können. Ich sah Patienten, denen man während Monaten und Jahren erfolglos Chinin verabreichte, weil man sie für Malariainfiziert hielt; indem ich ihnen einen cariösen Zahn entfernen ließ, habe ich sie in kurzer Zeit geheilt."

ABERNETHY betonte 1809 die engen Beziehungen von Störungen im Gastrointestinaltraktus mit einer Reihe von Systemerkrankungen und RUSH belegt 1816 an einer Reihe von Beispielen, die bis 1801 zurückgehen, den therapeutischen Erfolg von Zahnextraktionen, „womit er sich sehr freut, zu den Beobachtungen anderer Ärzte über die stattfindende Verbindung zwischen dem Ausziehen angegangener und krankhafter Zähne und der Heilung allgemeiner Krankheiten etwas beigetragen zu haben". Er glaubt, „daß die Behandlung aller chronischer Krankheiten gar sehr gefördert werden müßte, wenn wir mehr Aufmerksamkeit auf den Zustand der Zähne und ihrer Patienten richteten . . . und jederzeit, wenn sie angegangen wären, zum Herausziehen derselben rieten". Er weist auch bereits darauf hin, daß solche chronische Prozesse selbst von Zähnen ausgehen können, deren sichtbare Teile gesund erscheinen; „es ist nicht nötig, daß sie Schmerz verursachen, um eine Krankheit zu erzeugen, denn Splitter, Geschwülste und andere Umstände erzeugen oft Krankheiten und selbst den Tod, ohne Schmerzen zu verursachen und für die Erregungsgründe der Krankheit gehalten zu werden. Diese Übertragung der Empfindung auf Teile, die von der Stelle, wo der Eindruck gemacht wurde, entfernt sind, kommt in vielen Fällen vor und scheint von einem Grundgesetz der tierischen Ökonomie abzuhängen".

1828 schrieb „der Arzt, Zahnarzt und Chirurg Leonhard Koeker in Weimar" im 6. Kapitel seines Buches über die Grundsätze der Zahnchirurgie „von den schädlichen Einflüssen der Krankheiten der Zähne und der mit ihnen in Verbindung stehenden Teile auf den ganzen Körper". Auf Grund einer ganzen Reihe von Krankengeschichten faßt Koeker seine Beobachtungen in folgende Worte zusammen: „Ich kann mich nicht enthalten, hier meine feste Überzeugung auszusprechen, daß die wichtige Verbindung, die zwischen den Zähnen und den ihnen anliegenden Teilen einer- und dem ganzen Körper andererseits stattfindet, sowie der außerordentlich große, günstige oder ungünstige Einfluß der ersteren auf den letzteren, bis jetzt von den Ärzten und Chirurgen noch nicht so beachtet worden ist, wie er es wirklich verdient und mit Recht fordert.

Wenn die liberalen Ärzte ihre ernstliche Aufmerksamkeit auf die Zahnkrankheiten als Ursache der Krankheiten des ganzen Körpers verwenden wollten, so bin ich überzeugt, daß sie hierdurch in hohem Grade zur weiteren Ausbildung ihres Faches beitragen würden. In den Krankheiten, die gewöhnlich als nervöse und rheumatische angeführt werden, sie mögen nun chronisch oder akut sein, kann man immer vermuten, daß die Zähne, wenn sie nicht im besten Zustande sind, die Hauptrolle spielen."

Daß aber nicht die Zähne allein für solche allgemeine Erkrankungen verantwortlich gemacht wurden, geht daraus hervor, daß Stoll als Vorläufer von Fiedler bereits 1785 die Angina rheumatica beschrieben hat. 1789 erschien sogar eine Monographie von Eyerlen aus Christiania über den „Rheumatismus der Tonsillen". 1865 haben dann Trousseau, Bouillaud, Lassègue u. a. mit Nachdruck auf die Halsentzündungen hingewiesen, die den Gelenkschmerzen so häufig vorausgehen.

1884 wies Miller bereits unter Zuhilfenahme von bakteriologischen Untersuchungsmethoden auf Zusammenhänge zwischen Zahninfektion und Allgemeinkrankheiten hin.

Es ist das Verdienst Allerhands, die Arbeiten Kaczorowskis dem Dunkel entrissen zu haben. Kaczorowski, wohl stark unter dem Eindruck der Millerschen Arbeit schreibt: „. . . . daß es im ulcerierenden Zahnfleisch kultivierte Pilze geben muß, welche in die Blutbahn gelangen, einen langsam fortschreitenden Degenerationsprozeß der Arterien und des Endokards einleiten und zur Atrophie der wichtigen Lebensorgane führen."

Klinische Beobachtungen über Zusammenhänge von Mundkrankheiten mit Gallen- und Nierensteinleiden ließen ihn folgende Schlußsätze formulieren: „Die Pflege der Mundhöhle muß nicht nur im Verlaufe wichtiger Krankheiten zu einer der kardinalen Allgemeinindikationen, sondern auch während scheinbaren

Wohlbefindens zu einer hygienisch-prophylaktischen Maßregel erwachsen, welche, wie es meistens geschieht, nicht bloß den Zahnärzten und Verkäufern kosmetischer Mittel überlassen werden darf, sondern von den Hausärzten selbst überwacht werden sollte. Die Notwendigkeit einer solchen Überwachung tritt um so dringlicher zutage, als gegenwärtig die Mehrzahl mit Zahndefekten behafteter Personen, welche es irgendwie erschwingen können, namentlich die Frauen, sich mit künstlichen Zähnen versehen, welche bei unzweckmäßigem Verhalten zur Verunreinigung der Mundhöhle wesentlich beitragen."

WANGEMANN hat 1893 in einer meisterhaften Arbeit die Gefahren geschildert, welche dem Organismus von seiten kranker Zähne drohen.

MORITZ SCHMIDT kam 1894 durch Selbstbeobachtung zur Überzeugung, daß rezidivierende Anginen nicht durch Neuinfektion bedingt sind, sondern daß es sich um echte Rezidive nicht ausgeheilter Tonsillenherde handelt.

1897 wies PONFICK auf die Beziehungen von subakuter Mittelohrentzündung und dyspeptischen Störungen bei Säuglingen hin und OPPER erwähnt 1900 in einer unter PÄSSLERs Leitung entstandenen Dissertation in einer Reihe von Fällen kleine Absceßchen in äußerst gesund aussehenden Tonsillen als wahrscheinlichen Ausgangspunkt für kryptogenetische Sepsis.

Noch bestimmter führte GÜRICH rheumatische Rezidive und gelegentlich auch allgemeine Sepsis auf chronisch fossuläre Angina mit Pfropf- und Eiterbildung in den Krypten und auf kranke Zähne zurück, während GUYOT 1904 im Zusammenhang mit Arthritismus vor allem die Alveolarpyorrhoe in den Vordergrund stellte.

HOPPE-SEYLER wies 1907 in seiner Sepsisarbeit darauf hin, daß scheinbar normale Mandeln der Sitz von Pfröpfen sein können, nach deren Entfernung ein septisches Krankheitsbild vollständig verschwand. Auch DELBANCO hat solche Zusammenhänge gekannt und in einem 1900 erschienenen Aufsatz gefordert, „daß in den staatlichen Krankenanstalten der Zahnarzt zur täglichen, umfangreichen Beschäftigung herangezogen wird". Er wies auf die Beziehungen von Magenleiden mit „den Jauchehöhlen stinkender Zahnreste hin, deren verschluckte Keime oft genug die einzige Ursache eines Magenkatarrhs sind", fügt Sekundärinfektionen nach Typhus und Masern auf die Infektion durch Zahnkeime zurück, für welche die in ihrer Vitalität geschädigten Gewebe besonders günstige Nährböden geben. Anginen läßt er von cariösen Zähnen aus entstehen, zitiert einen Fall von RÜHLE, der eine Tuberkulose auf die Pulpainfektion eines cariösen Zahnes zurückführte. Tuberkuloseheilstättenbewegung und spezifische Syphilisbehandlung will DELBANCO durch Gebißsanierung ergänzt wissen zur allgemeinen Verbesserung der Resultate, selbst postoperative Eiterungen und Fieberbewegungen während des Wochenbettes werden in Zusammenhang mit Zahncaries gebracht und DELBANCO tritt warm ein für eine gründliche bakteriologische Untersuchung der Zahn- und Mundflora, welche allein diese Zusammenhänge zu klären vermöchte.

1909 sprach LANDGRAF am 5. internationalen Zahnärztekongreß in Berlin über die Bedeutung von Entzündungsherden an den Zähnen als Ausgangspunkt „sog. kryptogenetischer Sepsis", und mit diesem Jahr beginnt, wenn auch zunächst noch wenig beachtet, die systematische Arbeit auf dem Gebiet der Herdinfektion.

PÄSSLER berichtete auf dem 26. Kongreß für innere Medizin im Jahre 1909 über die Beziehungen einiger septischer Krankheitszustände zu chronischen

Infektionen der Mundhöhle. Drei Affektionen derselben sind es, deren Zusammentreffen mit „sonst dunkeln, nach unseren gewöhnlichen Vorstellungen aber auf infektiösen Grundlagen beruhenden Krankheiten" er nicht als bloße Zufälligkeit ansehen kann. Da erwähnt er zunächst die chronischen Tonsilleninfektionen, die im wesentlichen in drei Formen vorkommen: große hypertrophische, oft auch zerklüftete Tonsillen mit leicht sichtbaren Pfröpfen, kleine Tonsillen, die oft schwer sichtbar zu machen sind, wo erst auf Druck Pfröpfe hervorquellen, und schließlich Eiteransammlungen in den Recessus supratonsillares, drei Zustände, die ohne jedes oder fast ohne jedes subjektive Symptom bestehen können. Nächst den Tonsillen erwähnt er die Zähne als Träger der chronischen Infektion, wo wiederum akute Entzündungsprozesse durchaus nicht im Vordergrund stehen müssen, um so mehr, als MAYRHOFER in scheinbar tadellos gefüllten Zähnen Streptokokken fand und als dritte Infektionsquelle in der Mundhöhle weist PÄSSLER auf die Alveolarpyorrhoe hin.

Solchen Infektionen liegen nach seiner klinischen Erfahrung recht häufig Fälle von kryptogenetischer Sepsis, subakuter und rezidivierender Polyarthritis, sich schleichend entwickelnden Herzkrankheiten zugrunde. Aber auch akute und schleichend einsetzende Nierenerkrankungen scheinen zum mindesten gelegentlich mit den erwähnten Herden in Zusammenhang zu stehen. PÄSSLER verfügt auch bereits über eine Beobachtung, die ihn vor allem in Verbindung mit Mitteilungen von KRETZ über Tonsillenaffektionen und Appendicitis veranlaßt, auch hier einen Zusammenhang zu sehen. „Endlich wird der aufmerksame Beobachter . . . sehr häufig auf Individuen aller Altersklassen und Geschlechter stoßen, welche, ohne an einer schweren Krankheit zu leiden, die verschiedensten kleinen Störungen aufweisen, die nach Beseitigung der Lokalerkrankung spurlos verschwinden. Hierher gehören viele Formen habitueller Kopfschmerzen . . ., Zustände einfachen Unbehagens oder. ganz vager rheumatischer Beschwerden, leichte, mitunter durch Monate wiederkehrende, sonst nicht zu erklärende Temperatursteigerungen, selbst scheinbar primäre Ernährungsstörungen.

Durch regelmäßige Untersuchung der Mundhöhle auf solche infektiöse Prozesse und ihre konsequente Behandlung gelingt es bei zahlreichen Fällen in überraschender Weise, die geschilderten Folgezustände zu sistieren, oder doch ihre Überwindung durch die allgemeinen Abwehrmaßregeln des Organismus anzubahnen."

Als wohl einzige Folge des PÄSSLERschen Vortrages berichtete 1910 HERRENKNECHT über „entzündliche Veränderungen benachbarter oder entfernt liegender Organe infolge von Wurzelhauterkrankungen", worunter er Fälle von Appendicitis, Rheumatismus und Augenerkrankungen versteht. Von dieser Mitteilung abgesehen, blieben die PÄSSLERschen Ausführungen im deutschen Sprachgebiet vollkommen unbeachtet.

Am 3. Oktober 1910 hielt der englische Internist WILLIAM HUNTER zur Eröffnung des Schuljahres der Medizinischen Fakultät der MACGILL-University in Montreal (Kanada) seinen 1911 im Lancet publizierten Vortrag über „Sepsis und Antisepsis in der inneren Medizin", der eine „unerhörte Anklage" gegen die Zahnärzte bedeutete und dementsprechend auch umgehend in die Tagespresse Eingang fand.

Studien über das Wesen der Anämie wiesen HUNTER in den Jahren 1890 bis 1900 auf die Bedeutung der septischen Infektion für innere Medizin hin. Die

Stellung des Internisten kann den septischen Herden der Mundhöhle gegenüber keine andere sein als die des Chirurgen, der mittels der Antisepsis die Eliminierung der Infektion anstrebt. Der einzige Unterschied liegt darin, daß die Herde, die für den Internisten in Frage kommen, ungleich schwerer anzugehen sind. Allgemeines Unwohlsein, ungesunde Gesichtsfarbe, Verdauungsbeschwerden, Anämien, die jeder Therapie trotzen, Mandelentzündungen, Halsentzündungen, Drüsenschwellungen bei Kindern, Rheumatismus, unklare Fieberzustände und Sepsis sind nach HUNTER häufige Symptome von Mundhöhleninfektionen. „Ihre Folgen sind mannigfach, ... verschiedene Systeme werden mit verschiedener Intensität und Häufigkeit ergriffen. Ähnlich wie die chronische Tuberkulose in einem Fall die Halsdrüsen betrifft, in einem anderen Falle Gelenkschwellung verursacht, in einem anderen wiederum Veränderungen in Knochen, Lungen, Hirnhäuten, Bauchfell hervorruft oder sie aber alle ergreifen kann, machen sich bei der septischen Infektion die Folgen manchmal mehr an den Mandeln, im Rachen oder den Halsdrüsen, ein anderes Mal wieder mehr im Magen, Dünndarm, Dickdarm oder aber im blutbildenden Apparat geltend. Anämie, hämorrhagische Diathese oder septisches Fieber können daraus resultieren. Andere Lokalisationen sind Nieren, Nervensystem oder Gelenke, wodurch es zum Rheumatismus kommt, und schließlich befällt die septische Infektion gelegentlich auch das ganze kreisende Blut und zeitigt eine rasch, fatal verlaufende Streptokokkeninfektion mit Endokarditis. Keine andere Schädigung oder Infektion bedingt so zahlreiche Krankheiten wie die septische Infektion. Die Verantwortung für ihre Entdeckung, die Feststellung ihrer Bedeutung als mögliche Ursache oder Komplikation der vorhandenen Krankheit und die Veranlassung einer entsprechenden Therapie lasten auf dem inneren Mediziner.“

„Kein anderer Körperteil wird so oft untersucht wie die Mundhöhle. Der Arzt besichtigt die Zunge des Kranken und schöpft daraus wichtige Fingerzeige. Dabei ist ihm die Möglichkeit geboten, Zahncaries und Alveolarpyorrhoe als Begleiterscheinungen eines Allgemeinleidens, einer bestehenden Unterernährung, oder erschöpfenden Krankheit festzustellen. Lückenhafte Gebisse werden so häufig angetroffen, daß sie sich fast in jedem Fall von Verdauungsstörungen feststellen lassen, ohne daß die Kranken ihnen eine größere Bedeutung zuschreiben. Sie ahnen den Zusammenhang zwischen schlechter Verdauung und fehlerhaftem Gebiß nicht einmal, denn sie glauben, es sei Sache des Zahnarztes, sich um ihr Gebiß zu kümmern. Aber es handelt sich nicht um schlechte oder gute Zähne, sondern um Sepsis oder Asepsis, um eine Angelegenheit, welche die Vertreter aller medizinischen Spezialfächer, sowie die öffentliche Gesundheitspflege sehr nahe angehen. Es handelt sich nicht um Vernachlässigung des Gebisses von seiten des Kranken, sondern um Außerachtlassung eines septischen Zustandes von seiten des behandelnden Arztes, eines Zustandes, der eine schwere Erkrankung darstellt, für welche der Kranke ebensowenig wie für Tuberkulose oder Typhus verantwortlich gemacht werden kann.“

Diese „orale Sepsis“ ist ein Grenzgebiet, auf welchem der allgemeine Praktiker, der Chirurg, der Laryngolog, der Augenarzt, der Kinderarzt und vor allem der Internist ein Betätigungsfeld finden kann. In frühen Stadien genügt das Ergreifen vernünftiger antiseptischer Maßnahmen, aber meistens fehlt leider eben dieser „Griff“. Vom Standpunkt des Pathologen aus gibt es eigentlich doch keinen Unterschied zwischen einer follikulären Angina und einer eiternden

Zahnfleischentzündung mit reichlicher Zahnsteinauflagerung. Der septische
Zustand ist in beiden Fällen der nämliche. Klinisch spielen, abgesehen von der
Mund- und Nasenhöhle, die übrigen Infektionspforten keine so große Rolle.
Sie bedingen die Bedeutung der septischen Infektion für die innere Medizin. Es
ist selbstverständlich unmöglich, die Streptokokken und Staphylokokken aus
den genannten Höhlen zu entfernen, ebenso wie es unmöglich ist, eine durch
Diphtheriebacillen, Typhusbacillen oder Pneumokokken verursachte Infektion
hintanzuhalten. Aber dieser Umstand darf uns nicht hindern danach zu trachten,
daß das Wasser, das wir trinken, die Luft, die wir einatmen, von Typhus- und
Tuberkelbacillen frei seien. Ähnlich können wir in der Mehrzahl der Fälle die
septische Infektion verhindern. Da wir die Eigenschaften der pathogenen Mikroorganismen kennen, dürfen wir es nicht dulden, daß die Mundhöhle, die so leicht
zu untersuchen und zu behandeln ist, zur Brutstätte von Bakterien wird, die ihre
verheerende Wirkung im ganzen Organismus entfalten können.

Goldfüllungen, Kronen, Brücken, große Prothesen auf kranken Zähnen aufgebaut, bilden sozusagen ein goldenes Mausoleum auf einer Masse von Infektionen. Ähnliches ist auf dem ganzen großen Gebiet der Medizin nicht zu finden.
Das sind geradezu goldene Fallen, die die Sepsis dem Kranken stellt, der noch
obendrein stolz auf sie ist, und sich nur schwer eines Besseren belehren läßt.
Die schwersten Fälle von Anämien, Gastritis, Colitis, Purpura, Sepsis, Nephritis,
Rheumatismus finden wir bei denjenigen Kranken vor, die solche goldenen Fallen
in ihrem Munde beherbergen. Manchmal läßt es sich sogar feststellen, daß der
Beginn des Leidens einige Wochen oder Monate nach dem Einsetzen der Goldprothesen begann. Diese Form der Infektion bildet eine schwere, tiefe Knochen-
infektion, meistens schmerzlos und deshalb unbemerkt.

Das sind die Folgezustände dieser verhängnisvollen, konservierenden Zahnheilkunde, für die besser die Bezeichnung „septische Zahnheilkunde" passen
würde. Konservierend ist sie nur in dem Sinne, daß sie den infektiösen Zustand
konserviert, in dem sie Goldprothesen auf faule Wurzeln setzt und gleichzeitig
beim Kranken und beim Zahnarzt ein Gefühl der Genugtuung und des Stolzes
über „die erstklassig amerikanische Ausführung" hervorruft. Schulkinder
leiden in 30—50% an oraler Sepsis mit ihren Folgezuständen in Hals, Drüsen
und Mandeln. Während Scharen von Ärzten diese Krankheiten zu bekämpfen
bestrebt sind, werden sie gleichzeitig von zahlreichen Zahnärzten geschaffen,
wobei anatomische, physiologische und pathologische Grundlagen der betreffenden Gebilde außer acht gelassen werden.

Am häufigsten hatte ich Gelegenheit, solche Zustände an Amerikanern und
in Amerika anzutreffen, der Heimat solcher zahntechnischer Arbeiten, und die
schlimmsten Fälle septischer Zustände fanden sich bei Kranken, denen am
meisten „amerikanische Geschicklichkeit" zuteil wurde.

ALLERHAND betont in seinem ausgezeichneten Referat zu Recht, daß sich in
der Geschichte der Medizin kaum ein ähnlicher Fall findet, wo ein Vortrag so
sehr den Wendepunkt in grundlegenden Anschauungen bedeutete.

HUNTER rief mit seinem „j'accuse" die ganze tiefgekränkte, amerikanische
Zahnärzteschaft aufs Tapet. Führende Köpfe der Klinik und des Laboratoriums
nahmen den Fehdehandschuh auf. Es wurde eine kaum mehr zu überblickende
Arbeit geleistet, um die Lehre von der „oralen Sepsis" zu stützen oder zu zer-
schmettern, aber erst in den letzten Jahren, nachdem sich die Wellen in beiden

Lagern etwas geglättet haben und festgelegte allgemein-pathologische und bakteriologische Grundsätze etwas mobilisiert wurden, konnte fruchtbare Arbeit beginnen.

Wie schwer dieser Kampf war, und zum Teil noch ist, geht unter anderem daraus hervor, daß sich noch 1930 ein so erfahrener Kliniker wie SCHOTTMÜLLER anschickte, die ganze Lehre der Herdinfektion zu bekämpfen. W. LEHMANN hält in einem zusammenfassenden Referat 1931 die wissenschaftlichen Grundlagen der fokalen Infektion immer noch für so lückenhaft, „daß es nicht möglich ist, allgemein gültige Regeln aufzustellen, welche sichere Rückschlüsse für die Praxis gestatten".

Bald nach dem Vortrag HUNTERs, im Jahre 1912, versuchte FRANK BILLINGS zusammen mit J. DAVIS und GILMER die „oral sepsis", von ihm „focal infection" benannt, durch systematisch bakteriologische Untersuchungen und Tierversuche schärfer zu erfassen. DAVIS stand damals bezüglich der Streptokokken noch auf einem absolut unitarischen Standpunkt und erklärte die verschiedenen Krankheitsbilder, die bei einzelnen Individuen durch ähnliche Bakterien hervorgerufen wurden, mit einer verschiedenen Empfänglichkeit der Organe.

Auch ROSENOW hatte bereits 1912 über experimentelle, infektiöse Endokarditis berichtet, stieß dann in Chicago zu BILLINGS, der ihn für das Rheumaproblem zu interessieren vermochte und begann im Jahre 1915 an der Mayo-Clinic in Rochester seine groß angelegten Untersuchungen, die ihn bald zur Theorie der „elektiven Lokalisation der Streptokokken" führten, womit die Gegner der Lehre einen weiteren und damals nicht ungünstigen Angriffspunkt gewonnen hatten.

Die Kriegs- und Nachkriegsjahre bedingten, daß in Deutschland außer den Arbeiten PÄSSLERs, der 1915 vorerst zum letztenmal zur Frage Stellung genommen hatte, dieses ganze Problem keine Beachtung fand.

Die radikalen Anschauungen der Amerikaner, die in CHARLES MAYO einen weiteren prägnanten Vertreter gefunden hatten, wurden eigentlich erst durch die deutsche Übersetzung einer am 25. Januar 1915 in der zahnärztlichen Gesellschaft von Cincinnati gehaltenen Rede des Physiologen MARTIN H. FISCHER bekannt. FISCHER wies damals in außerordentlicher temperamentvoller Weise auf die Gefahren der konservativen Zahnheilkunde hin und schloß seine Ausführungen mit den Worten „die Zahnärzte denken heute wie ihre chirurgischen Kollegen zu viel an mechanische und zu wenig an chirurgische Prinzipien. Man spricht so viel von Hämmern und von Zangen und so wenig über die Frage, warum wir leben und sterben".

Aber auch jetzt vermochte man im deutschen Sprachgebiet der Frage noch kein besonderes Interesse entgegenzubringen, nur FALTA und seine Schüler HÖGLER, ANTONIUS und CZEPA haben auf Grund ihres klinischen Materiales hierzu Stellung genommen.

Die ablehnende Behandlung, welche die Lehre der Herdinfektion in Europa bis und mit dem Kongreß für innere Medizin im Jahre 1930 erfahren hat, läßt sich heute sehr wohl verstehen. Die wenigen europäischen Kliniker, welche sich zur Lehre bekannten, vermochten sich gegenüber prinzipiellen Anschauungen, wie sie vor allem auch die Bakteriologie und Immunitätsforschung vertraten, nicht durchzusetzen. SCHOTTMÜLLER hatte einen Sepsisbegriff geschaffen, der keine amerikanische „oral sepsis" neben sich vertrug. Die tendeniösen, propagandistischen Darstellungen Hunters mußten in Europa, wo solche Fragen in geschlossenen Gesellschaften und vor Akademien, beileibe aber nicht vor dem Volke diskutiert werden, befremdend und abstoßend wirken. Man war wohl auch da und dort etwas gekränkt ob der „überhebenden Art", mit der die Amerikaner schlagartig Probleme lösen wollten, welche der traditionsbehafteten europäischen Schule zunächst noch nicht lösbar schienen.

Aus dieser zunächst gefühlsmäßig bedingten Einstellung heraus entwickelte sich die Abwehrstellung. Angriffspunkte bot die neue Lehre sicherlich genug. „Oral Sepsis" war eine Wortbildung, die einer strengen Kritik nicht standhalten konnte. Ja, hier schien der Gegner so schwach, daß man vollständig vergaß, daß Billings diese „Achillessehne" bereits durch den Begriff der „focal infection" ersetzt hatte, in der durchaus richtigen Erkenntnis, daß die Infektionsherde in der Mundhöhle zwar zahlenmäßig im Vordergrund stehen, daß diese Lokalisation aber durchaus nicht eine conditio sine qua non darstellt, sondern daß der gleiche Infektionsmechanismus auch von zahlreichen anderen Stellen des Körpers ausgehen kann.

Als dann die Zahl der fokal bedingten Erkrankungen dauernd stieg, um unter dem Einfluß Rosenows bald alle Krankheitsbilder zu erfassen, für die überhaupt eine bakterielle Ätiologie in Frage kommen konnte, und als die Anhänger der Lehre ihre Prinzipien in enthusiastischer Weise gar in die Praxis umzusetzen begannen, setzte zunächst unter den Zahnärzten und bald auch unter den Klinikern eine Abwehr ein, die an Schroffheit nicht hinter den Hunterschen Angriffen zurücksteht.

Schließlich hatte Robert Koch Grundsätze aufgestellt, nach denen ein Mikroorganismus als spezifisch-pathogener Keim zu bezeichnen war. Er mußte aus dem Krankheitsprodukt in jedem Fall gewonnen, im Tier dieselbe Krankheit bedingen und von dort wieder reingezüchtet werden können. Die Pathogenese der Sepsis schien seit Schottmüllers Untersuchungen festgelegt. Als „Sepsisherd" konnten die „Foci" mit ihrer extravasalen Lage nicht bezeichnet werden, also konnten sie auch nicht der Ausgangspunkt hämatogen entstandener „Metastasen" sein. Die histologische Untersuchung der Herde ließ wohl ihren entzündlichen Charakter erkennen, gleichzeitig aber auch die Merkmale der Chronizität. „Abwehrprodukte", „Schlammfänger", stellten hypertrophische Tonsillen und Granulome dar, nicht aber Ausgangspunkte für schwerste, jeder Therapie trotzende Krankheitsbilder.

Als dann gar an „amerikanischen Zahlen" gezeigt wurde, wie häufig solche, der Pässler-Billingschen Definition entsprechende Herde vorhanden sind, da erschien ihr Schicksal besiegelt, und es bedurfte für die Vertreter dieser Lehre einer heiligen Überzeugung, um unter den auf sie niederprasselnden Entgegnungen an ihrer Ansicht festzuhalten.

Ich habe im vorliegenden Referat zunächst darauf verzichtet, die einzelnen Krankheitsbilder, die heute mit mehr oder weniger Berechtigung als Herdinfektion bezeichnet werden, in systematischer Weise zu behandeln, um vorerst nur die allgemeinen Gesichtspunkte der ganzen Lehre zu entwickeln. Wenn wir erst die Existenz von herdbedingten Infektionen bewiesen, ihre Ätiologie und Pathogenese aufgedeckt haben, so wird es ein leichtes sein, die einzelnen Krankheitsbilder, die hierher zu rechnen sind, zu verstehen.

2. Oralsepsis und Sepsis.

Wenn HUNTER die „septische" Infektion des Gebisses als Ursache und Komplikation vieler innerer Leiden in den Vordergrund stellte, ja, die Zahl der durch sie bedingten Krankheiten für größer hielt als die durch irgendeine andere Infektion bedingte, so hat PÄSSLER 1909 schon beträchtlich weiter gesehen und neben Pulpitis und Alveolarpyorrhoe ganz besonders auf die Bedeutung der chronischen „zum Teil scheinbar ganz harmlosen" Anginen hingewiesen. Immerhin schien zunächst der Begriff der „oral sepsis" auch jetzt noch geeignet, das pathologische Geschehen zu erfassen, waren doch die Ausgangsherde für die Fernerkrankungen, zu denen PÄSSLER zunächst nur polyarthritische Affektionen, entzündliche Affektionen der Nieren, schleichende Herzerkrankungen und mannigfache leichtere Störungen des Allgemeinbefindens, HUNTER auch schwere Fälle von Urämie, Colitis, Purpura und Nephritis zählte, immer noch in der Mundhöhle lokalisiert.

Demgegenüber hatte BILLINGS die Zahl der Herde ganz beträchtlich erweitert. Im Laufe von 10 Jahren hat er für 577 Fälle von Gelenkerkrankungen folgende Ausgangsherde gefunden:

Tonsillen	. . . . 336mal	Bronchien	. . . . 5mal
Gebiß	. . . . 136 „	Uterus und Adnexe	. . . . 12 „
a) Tote Zähne		Prostata und Urogenitalsystem	. . 24 „
b) Granulome		Gallenblase	. . . . 3 „
c) Cysten		Dickdarm	. . . . 2 „
d) Chronische Alveolarabscesse		Appendix	. . . . 1 „
e) Alveolarpyorrhoe		Mittelohr	. . . . 1 „
Nebenhöhlen	. . . . 12 „		

Die Reihe dieser Herde wurde nur noch ergänzt durch Bronchiektasen, Paronychien und Phlebitiden der tiefen Beinvenen bzw. Ulcus cruris (O. MEYER).

Damit war es aber für BILLINGS bereits gegeben, den „oral"-Begriff fallen zu lassen, wogegen aus seinen Arbeiten nicht recht klar hervorgeht, ob er auch den Sepsisbegriff bewußt ablehnte, oder im Zusammenhang mit der Betonung der verschiedenen Empfänglichkeit der Organe und unter Zurückstellung der Bedeutung der Streptokokken, nur auf die pathogenetische Vorstellung verzichtete.

Wenn ich hier, trotzdem bereits BILLINGS „oral sepsis" durch „focal infection" ersetzt hat, eingehend auf die „oral sepsis" zurückkomme, so geschieht dies einerseits, weil diese Wortbildung bis in die neueste Zeit hinein immer wieder gebraucht und auch für die Bekämpfung des Begriffes der Herdinfektion immer wieder herangezogen wird und weil andererseits, um mit SCHOTTMÜLLER zu reden, „über das Wesen der sog. allgemeinen Blutvergiftung, der Sepsis, nicht diejenige Klarheit herrscht, wie das nach dem heutigen Stand der Wissenschaft und der Bedeutung der Sepsis der Fall sein sollte". Es handelt sich also nicht allein darum, die Frage der Sepsisherde, sondern den Begriff der Sepsis überhaupt zu präzisieren.

Wir können die Herdinfektion im Rahmen der allgemeinen Pathologie nur dann verstehen, wenn wir uns über einige grundsätzliche Begriffe der Sepsis geeinigt haben. Unendlich viel Mißverständnisse wären unterblieben, wenn man die Worte SACQUÉPÉEs beherzigt hätte, daß eine Verständigung über das Wort Sepsis nur dann zu erzielen ist, wenn man ihm rein konventionell einen bestimmten Begriff verleiht . . . . . «les mots n'ayant pour but que de définir les idées et non les racines qui les ont formés».

Piorri schuf 1877 das Wort „Sépticémie" und verstand darunter die durch
faulige Substanzen bedingten Blutveränderungen. Die Chirurgen hatten das
Wort aufgegriffen, um damit eine Einheit schwerer Allgemeinzustände zu
charakterisieren, wie sie in jener Zeit im Gefolge von Wunden und Verletzungen
an der Tagesordnung waren.

1862 schrieb Billroth seine „Beobachtungsstudien über Wundfieber und
die akzidentellen Wundkrankheiten" und unterschied als genialer Kliniker
Fieber bei akuten und chronisch purulenten Entzündungen, Fieber bei meta-
statischer Dyskrasie (purulente Diathese, vulgäre Pyämie mit und ohne Throm-
bosen und Embolien) und Fieber bei der Septikämie.

Zur Differenzierung der Pyämie gegenüber purulenten Entzündungen, die
ebenfalls mit Fieber und Schüttelfrösten einhergehen, schrieb Billroth „nach
meiner Auffassung soll man erst da von Pyämie sprechen, wo metastatische
Entzündungen auftreten, multiple Entzündungsherde und große Disposition zu
Eiterungen in den verschiedensten Körperteilen", und weiter . . . . . „wie bei
der Carcinomkrankheit halte ich auch bei der Pyämie für einzig wahrscheinlich,
daß der Körper von einem Herd aus allmählich infiziert wird, kurz, daß auch
die Pyämie wesentlich und vielleicht nur durch Selbstinfektion entsteht. Wir
nehmen Blut und Lymphe als das zunächst Infizierte an und denken uns die
Vermittlung des ganzen Krankheitsprozesses unter der spezifischen Beihilfe der
letzteren".

Billroth hat damit auf rein klinischer Grundlage die Pyämie abgegrenzt,
hat die Bedeutung der Immunitätslage erkannt und darüber hinaus ohne Kenntnis von Bakterien auf die lymphatische und hämatogene Streuung hingewiesen.

Der Pyämie gegenüber stellte Billroth die Sepsis. Ich habe an anderer
Stelle ausgeführt, daß man sich bei der Interpretation seiner Beobachtungen
darüber klar sein muß, daß Miasmen für ihn nur einen mystischen Begriff darstellten, und trotzdem schreibt er „die Septikämie ist in ihrer reinen Form eine
in allen ihren Symptomen so wesentlich von der Pyämie verschiedene Krankheit,
daß sie nicht als eine Teilerscheinung sondern als etwas ganz anderes zu betrachten
ist. Zwar können wir die letzten Ursachen . . . . nicht mit Sicherheit angeben,
doch ist uns diese Krankheit insofern verständlich, als wir sie experimentell
an Tieren durch Injektion fauliger, filtrierter Flüssigkeiten in die Venen oder
den Darmkanal zu erzeugen imstande sind und ihre Ursache daher mit größter
Wahrscheinlichlichkeit in einer Resorption fauliger Stoffe zu suchen haben".

Wenn man die Krankengeschichten Billroths durchsieht, so stößt man
auf Bilder, die sich zwanglos als Gasbrand deuten lassen. Er bezeichnet als
charakteristisches Merkmal der Septikämie die Entwicklung nach frischen Verletzungen, meist zwischen dem 2. und 3. Krankheitstag. Auch die lokalen
Wundverhältnisse, die bräunliche Verfärbung, sowie „die durch Druck auf
die Umgebung der Wunde sich entleerende, mit Gasblasen vermischte Jauche
sprechen in diesem Sinne.

Reiner Müller hat in seiner historischen Milzbrandstudie darauf hingewiesen, daß Barthelemy in Alfort bereits 1823 und François Rayer 1850
die Übertragbarkeit des Milzbrandes durch Blut gezeigt hatten. 1873 gelang
Davaine der Nachweis der Virulenz des Blutes zu Lebzeiten der septikämi-
schen Tiere.

1884, als die Bakteriologie bereits ihren Eroberungszug angetreten hatte, bezog ROSENBACH Stellung zum Sepsisproblem. Hier ist eindrücklich geschildert, welche Schwierigkeiten zu überwinden waren, um sich vom vorbakteriologischen Fäulnisbegriff zum bakteriologischen Septikämiebegriff durchzuringen. DUNCAN hatte 1880 die Saprämie, bei der die Vergiftung durch die Aufnahme chemischer Produkte putrider Zersetzung ins Blut erfolgt, von der bakteriellen Sepsis, wie sie durch den PASTEURschen Vibrion septique oder die KOCHsche Mäusebacillensepsis bekanntgeworden war, abgetrennt. „Die bakterielle Sepsis besteht in der Infektion durch ganz bestimmte Mikroben, welche, wenn durch Impfung selbst mit den kleinsten Mengen übertragen, sich vermehren und den ganzen Körper durchwachsen. Sie sind typische Krankheiten, welche unter bestimmten, in jedem Fall wiederkehrenden Symptomen bis zum Tode verlaufen.

Wenn KOCH diese Krankheiten ebenfalls als Sepsis bezeichnete, so tat er dies mit vollem Recht, weil der ursprüngliche Infektionsstoff ein fauliger war und zum Unterschied von pyämischen Eiterungen, ohne Eiterung zu veranlassen, auf die Gewebe wirkte".

Im selben Jahre hat DOLÉRIS zwei Fälle von foudroyanter Puerperalsepsis untersucht und kam dabei zu der bedeutsamen Feststellung, daß für diese Erkrankung ein zuführender Herd außerhalb des Blutes angenommen werden muß.

ROSENBACH, der ursprünglich glaubte, es müßte bei so besonderen Fällen ein ganz spezifischer Mikroorganismus im Spiele sein, hatte seine Anschauung bald zugunsten derjenigen von OGSTEN verlassen, indem er schreibt: „Leider bringt OGSTEN diese Krankheiten (Phlegmone bis Sepsis) mit dem Erysipel zusammen und nennt sie die intensivste und bedenklichste Form des Erysipelas .... Da dieser Streptococcus auch in ganz unschuldigen Prozessen gefunden wird, möchte man jedoch an der Richtigkeit der genannten Kultivierungsverfahren zweifeln. Wäre es doch möglich, es sei dieser Pilz, weil leicht keimungsfähig, zufällig aufgekeimt, während das eigentliche Nosomikrobion vielleicht überhaupt nicht auf den angewandten Nährböden keimt. Dies widerspricht aber zu sehr dem mikroskopischen Befund der befallenen Gewebe ...., da muß man wohl dem Kettencoccus die Schuld beimessen."

BILLROTH hat somit ohne Kenntnis von Bakterien Wundinfektionen mit Fieber und Schüttelfrösten, Pyämie und Sepsis als klinische Entitäten erfaßt und gegeneinander abgegrenzt. DOLÉRIS hat auf den außerhalb des Blutes gelegenen Sepsisherd hingewiesen und OGSTEN und ROSENBACH haben über viele Hindernisse hinweg erkannt, daß der BILLROTHschen Septikämie Anaerobier, Streptokokken und sogar Staphylokokken zugrunde liegen, und daß andererseits Kettenkokken je nach den Verhältnissen Erysipel, Phlegmone oder Sepsis bedingen können.

Pathologische Anatomie und Bakteriologie haben nun in der Folge das Septikämie- oder Sepsisproblem (LENHARTZ) präzisiert. Vor allem SCHOTTMÜLLER hat sich durch die präzisere Fassung der DOLÉRISschen Erkenntnis verdient gemacht und wurde zum eigentlichen Begründer des Sepsisherdes. Bereits 1910 bekämpfte er die Auffassung von einer Vermehrung der Keime im vitalen Blut und führte die Bakteriämie, d. h. die Anwesenheit von Bakterien im strömenden Blut darauf zurück, daß die im Gefäßsystem vorhandenen Sepsisentwicklungsherde dieselben dauernd an den vorüberstreichenden Blut- oder Lymphstrom abgeben. Als solche Sepsisherde bezeichnet er zunächst die Endokarditis im Herzen, die

Endarteriitis im arteriellen Gefäßsystem, Endo- und Thrombophlebitis im Venensystem und schließlich die Lymphangitis, um erst in neuester Zeit auch infektiöse Prozesse in den Wandungen von Hohlorganen (Cholecystitis, Parametritis, Osteomyelitis) hierhin zu rechnen.

Schottmüller spricht deshalb seit 1914 dann von Sepsis, „wenn sich innerhalb des Körpers ein Herd gebildet hat, von dem konstant oder periodisch pathogene Bakterien in den Blutkreislauf gelangen, derart, daß durch diese Invasion subjektiv und objektiv Krankheitserscheinungen ausgelöst werden".

Diese Definition bedeutet nun aber trotz der neuen Erkenntnis, auf der sie fußt, für das klinische Denken gegenüber der alten Billrothschen Auffassung einen Rückschritt. Daran ändert auch die Tatsache nichts, daß er heute Bakteriämien anerkennt, die von Herden ausgehen, welche nicht als Sepsisherd zu gelten haben und die dementsprechend als relativ harmlose Ereignisse ohne die Symptome der Sepsis oder überhaupt Anzeichen einer Bakteriämie aufzufassen sind. Eben weil Schottmüller von Anfang an mit der Sepsis „keinen Qualitätssondern einen Quantitätsbegriff" verbunden hat, wurden die Billrothschen Krankheitsbilder verschwommen. Trotzdem hat sich aber vor allem in der deutschen Literatur die Schottmüllersche Definition weitgehend durchgesetzt. So sieht auch Staehelin zwischen Sepsis und Bakteriämie keinen prinzipiellen Unterschied; der Sepsisnachweis besteht für ihn „in der Feststellung einer dauernden oder wiederholten Bakteriämie. In der Regel wird eine einmalige positive Blutkultur genügen".

Sacquépée trägt dieser Begriffsverwirrung Rechnung, wenn er darauf hinweist, wie der Begriff der Sepsis im Laufe der Zeit gleichzeitig für das klinische Syndrom einer Allgemeinerkrankung und die biologische Tatsache der Anwesenheit von pathogenen Keimen im Blut verwendet wurde.

Demgegenüber unterscheidet Doerr als Übergang zu der von Libman und auch von uns vertretenen Auffassung zwischen Bakteriämie, wo das Blut nur als Transportmittel dient und der Septikämie, wo eine Vermehrung der Erreger im Blute stattfindet. Doerr betont auch, was für die hier zu entwickelnde pathogenetische Auffassung der Herdinfektion besonders bedeutsam ist, „daß manche Infektionsstoffe im Blut überhaupt nicht wachsen können, vor allem jene, welche mit besonderen ‚Organotropien' ausgestattet sind . . . . .; für sie wird das Blut nur die Rolle eines gelegentlichen Vehikels spielen und sie werden dementsprechend im Blut nur ausnahmsweise in geringer Menge und vorübergehend nachweisbar sein."

Ich bin bereits früher dafür eingetreten, den alten Billrothschen Sepsisbegriff, dem zunächst die Fränkel-, Milzbrand- und Puerperalsepsis entsprechen, unerweitert beizubehalten, weil sich dieses Krankheitsbild auf Grund neuerer Forschungsergebnisse tatsächlich als solches abgrenzen läßt und die scharfe Begriffsformulierung den Vorteil hat, die verschiedene Pathogenese der generalisierten Infektionen zum Ausdruck zu bringen. Seit Billroth war die Schwere des Krankheitsbildes das im Vordergrund stehende Merkmal der Sepsis, und nur dadurch, daß man dieses klinische Merkmal zugunsten eines biologischen (Bakteriämie) an zweite Stelle rückte, konnte man diese ens morbiditatis unterteilen und von Sepsis acutissima, acuta, subacuta und chronica (Staehelin) sprechen und dabei den inneren Widerspruch zwischen dem alten Sepsisbegriff und einem chronischen Krankheitsverlauf übersehen.

Im Gegensatz zur SCHOTTMÜLLERschen Definition stellen wir weder den Sepsisherd noch die Bakteriämie in den Vordergrund des Geschehens. Der Sepsisherd im SCHOTTMÜLLERschen Sinne ist heute kaum mehr als conditio sine qua non für die Entstehung einer Sepsis aufzufassen, und umgekehrt vermögen Sepsisherd und Bakteriämie vorhanden zu sein, ohne daß ihnen ein septisches Krankheitsbild entspricht. Wir werden deshalb für die Definition der Sepsis andere Gesichtspunkte heranziehen müssen. Bei der Schwere des Krankheitsbildes drängt sich die Bedeutung von zwei Faktoren, die in jedem Fall das infektiöse Krankheitsbild beherrschen auf und werden auch von KOLLE entsprechend gewertet:

1. die Immunitätslage des Organismus und
2. die Virulenz des Keimes.

Ich habe im vorangehenden Abschnitt darauf hingewiesen, daß sich die Virulenz eines Bacteriums als „komparative Pathogenität" aufgefaßt, sehr wohl bestimmen läßt. Die negative Anergie, die wir als das biologische Kriterium der Sepsis annehmen, ist charakterisiert durch das Versagen aller dynamischen Kräfte, unbekümmert darum, ob sie primär (konstitutionell), oder sekundär (in Folge einer bereits bestehenden Erkrankung oder als Folge der Virulenz und Toxizität der Keime [HISS-ZINSSER]) zustande gekommen ist. Klinisch ist sie zunächst durch eine weitgehende Reaktionslosigkeit des Organismus ausgezeichnet. Pathologisch-anatomisch fehlen, wie DIETRICH bereits 1925 betonte, zu einem großen Teil die für das normergische Individuum charakteristischen cellulären Reaktionen und bezüglich der humoralen Abwehrkräfte haben WHERRI, VEIL und BUCHHOLZ auf den Komplementschwund hingewiesen. Darüber hinaus hat aber die Frage nach der Ursache des Sepsistodes eine Reihe von Tatsachen zutage gefördert, welche das Besondere des Krankheitsbildes zu erklären vermögen.

Die älteste, schon von BILLROTH verworfene Anschauung nahm die Verstopfung von Gefäßen innerhalb lebenswichtiger Organe als Todesursache an. Später stellte die Klinik vor allem die Vasomotorenlähmung in den Vordergrund und SINGER faßte zahlreiche klinische Daten und experimentelle Untersuchungsergebnisse in einer eleganten Hypothese zusammen, welche auf einer Korrelation von reticuloendothelialem System, Nebennierenmark und Vasomotorenlähmung beruht.

Weitere, neuere Gesichtspunkte verdanken wir der amerikanischen Schule, insbesondere MARTIN FISCHER, GEORGE ROCKWELL und W. WHERRI. ROCKWELL wies in seiner letzten monographischen Darstellung auf den Zusammenhang von Vasomotorenlähmung mit der komplexen Toxikämie hin, wie sie einerseits durch Stoffwechselprodukte der Bakterien und andererseits durch den geschädigten Organismus selbst zustande kommen. Diese Toxikämie löst ihrerseits eine Reihe von Stoffwechselstörungen aus, sie bedingt im Organismus eine ungenügende Oxydation, führt dadurch zum Auftreten von Ketonen, Aminen, Säurefragmenten; die Alkalireserve im Blut geht zurück, als Zeichen einer Allgemeinacidosis wird der Urin sauer, es kommt zu lokalen und allgemeinen Ödemen. Parallel mit dem Anstieg der toxischen Produkte geht ein vermehrtes Bedürfnis des Organismus nach Ausscheidung, dem die vita minor des ganzen Organismus hemmend im Wege steht. Sämtliche großen Drüsen sind gelähmt, das Gewebe ungenügend ernährt. Das Bedürfnis, unvollständig abgebaute

Produkte abzustoßen, führt zusammen mit dem Wasser- und Sauerstoffhunger zu einer maximalen Beanspruchung der Herztätigkeit. Der Organismus sucht die Niereninsuffizienz auf andere Weise zu kompensieren, es kommt zu Schweißausbrüchen, der ganze Organismus arbeitet maximal bis zum Delirium, Koma und Tod.

Daß ein solches Krankheitsbild mit bakterieller Streuung, aber selbst auch mit einer Bakteriämie, wie sie z. B. bei Osteomyelitis vorkommt oder bei Typhus und Febris undulans die Regel bildet, außer dem positiven Blutbefund mit einer Sepsis sehr wenig gemeinsam hat, dürfte kaum anzuzweifeln sein und auch die „Sepsis lenta" gehört als „Chroniosepsis" kaum hierhin. Loewenhardt verstand hierunter Infekte mit schleichendem Beginn, schleichendem Krankheitsverlauf und subfebrilen Temperaturen ohne wesentliche Störung des Allgemeinbefindens mit septischer Milz und positiver Blutkultur einhergehend. Er rechnete hierhin Endocarditis acuta und recurrens, Polyarthritis infectiosa, Chorea, Erythema nodosum, Anaemia lenta, Cholangitis lenta, Nephritis infectiosa, schleichende Meningitis, Neuritiden infektiöser Herkunft, Herpes zoster, infektiöse Thyreotoxikosen, chronische Sepsis, nichttuberkulöse Bronchialdrüsenvergrößerung (Cooley) usf., also einen großen Teil der Bilder, die auch als Herdinfektionen aufgefaßt werden.

3. Die Stellung der Herdinfektion im Rahmen der allgemeinen Infektionslehre.

Es gibt eine ansehnliche Literatur, welche belegt, daß nicht selten Bakterieneinbrüche in die Blutbahn erfolgen, ohne von schwereren Symptomen, geschweige denn ernsteren klinischen Erscheinungen gefolgt zu sein. Außer solchen stummen und in ihrem Ausmaß vielleicht doch oft überschätzten und auf Fehlerquellen zurückgehenden Bakteriämien (Verdauungsbakteriämien usf.) und dem als Sepsis s. s. beschriebenen Krankheitsbild gibt es nun aber eine große Zahl infektiöser Prozesse, in deren Verlauf sich im Blute Bakterien nachweisen lassen.

1924 machte E. Libman den Versuch, die Verschiedenheit der mit einer Bakteriämie einhergehenden Krankheitsbilder in einer adäquaten Nomenklatur zum Ausdruck zu bringen. Die anhaltende Bakteriämie ist für ihn der Ausdruck einer Allgemeininfektion. Eine sekundär entstandene Organlokalisation mit oder ohne nachweisbare Bakteriämie nennt er „metastatische Infektion"; vorübergehende Bakteriämien, „wie sie z. B. nach Manipulationen an der Urethra oder an der Blase auftreten", werden als „transitorische Bakteriämien" bezeichnet.

Kämmerer griff auf die Untersuchungen von Dietrich, Oeller, Siegmund, Singer usf. zurück, welche das Kräfteverhältnis zwischen Mikro- und Makroorganismus, zwischen Zahl und Virulenz der Bakterien auf der einen, Abwehrbereitschaft des Körpers auf der anderen Seite für den Ausgang der Bakteriämie in Rechnung stellen. Sodann wies er darauf hin, daß der Weg nach der Generalisierung, meist durch einen Einbruch in größere Venen bedingt, über Blutbahn und Lungen in den cellulären Abwehrapparat des reticuloendothelialen Systems (R.E.S.) geht und „in erster Linie die Reticulocyten von Leber, Milz und Lymphdrüsen, weiterhin aber auch die gesamten Capillarendothelien und mesenchymalen histiocytären Wanderzellen zur Abwehrleistung herangezogen werden". Je nach der „Reaktionslage", worunter Kämmerer allerdings die gesamte Immunitätslage versteht, unterscheidet er vier verschiedene Krankheitsbilder, die er in der folgenden Tabelle zur Darstellung bringt.

Tabelle 8.

a) Verminderte Reaktionsfähigkeit des R.E.S.
Fehlen oder Spärlichkeit aller anatomischen Veränderungen (hemmungsloser Gewebs-zerfall ohne Eiterung. Milz klein) = *Schwere akute Sepsis*.
b) Ungenügende Sensibilisierung des R.E.S.
Haftung der Erreger im R.E.S., aber Fehlen von Tötung und Entgiftung, daher lokale Entzündung und Eiterung = *Pyämie*.
c) Stärkere Sensibilisierung des R.E.S.
Haftung und teilweise Entgiftung, Ausbleiben der Eiterung, „blande" Embolien, Endotheliose, Monocytose, Lymphocytose, große Milz = *chronische Sepsis*.
d) Gute Immunitätslage.
Haftung, Tötung, Entgiftung. Keine Bakterien im Blut oder einfache Begleit-bakteriämie = *lokalisierter Entzündungsprozeß*.

Unter diesen vier Krankheitsbildern interessiert uns in diesem Zusammen-hange nur die „chronische Sepsis", welche nach KÄMMERER dann entsteht, „wenn die Abwehrbereitschaft, bzw. die Sensibilisierung gegenüber der Zahl der Mikroben groß genug ist, um Haftung und teilweise Entgiftung zu bewirken, so daß zwar lokale Eiterungen und stärkere Entzündungen ausbleiben, aber sog. ‚blande Embolien' (vgl. hierzu H. U. GLOOR und GILBERT) mit Wucherung von Endothelien und Histiocyten, mit den Erscheinungen der Monocytose, mit Milzvergrößerung zustande kommen". Hierhin rechnet er z. B. die Endocarditis lenta und auch „den umfangreichen Symptomenkomplex der rheumatischen Erkrankungen", also bedeutungsvolle Beispiele der Herdinfektion.

Ich habe 1931 anläßlich eines Referates über „Bakteriologie und Biologie der pyogenen Infektionen" auf die zahlreichen Arbeiten hingewiesen, welche belegen, daß der Zustand des R.E.S. weitgehend über die Folgen einer bakteriellen Aussaat entscheidet und 1933 versucht, die Entwicklungsmöglichkeiten einer bakteriellen und insbesondere pyogenen Infektionen in einer Tabelle zur Dar-stellung zu bringen. Gleichzeitig wurde der Versuch gemacht, für die einzelnen klinischen Bilder bestimmte Bezeichnungen festzulegen und dabei die patho-genetisch so verschiedenwertigen Bakteriämien nur noch als überwertiges Sym-ptom darzustellen.

Bei einer für den Organismus optimalen Immunitätslage, die sich zusammen-setzt aus allen Faktoren, welche die natürliche und erworbene Immunität bedingen, ist der Einbruch von Keimen in die Blutbahn, wie auch KÄMMERER betont, für den Organismus vollkommen bedeutungslos. Die Keime werden in den primären Blutfiltern (vgl. später), denen sich andere Organe akzessorisch anschließen können (ASKANAZY), abgefangen und zerstört. Diese vorübergehende Anwesenheit von Bakterien im Kreislaufsystem entspricht dem LIBMANschen Begriff der „transitorischen Bakteriämie".

Reichen die Abwehrkräfte des Organismus, eines Organes oder Organ-abschnittes (GRUMBACH, GÄUMANN) nicht aus, so kommt es zur metastatischen Infektion, die als solche begrenzt bleiben kann oder ihrerseits auch wieder zum Ausgangspunkt weiterer bakterieller Schübe wird.

Für die Fälle, wo die primäre Infektion oder auch bereits sekundäre Meta-stasen in wiederholten Schüben immer wieder zu neuen Metastasen führen, haben wir, um das Charakteristische des Krankheitsbildes festzulegen, die Bezeichnung „Pyämie" vorgeschlagen und damit die „metastasierende Infek-tion" LEXERs noch mehr eingeengt.

Tabelle 9. Entwicklungsmöglichkeiten einer bakteriellen Infektion.

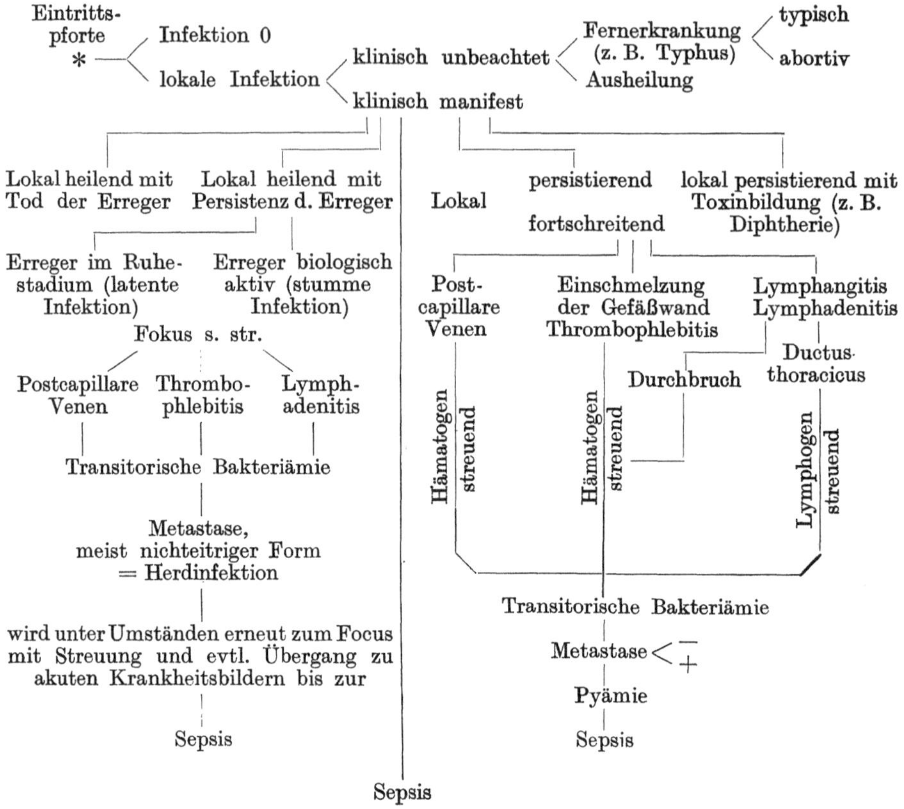

Eintritts-
pforte
*

Infektion 0
lokale Infektion

klinisch unbeachtet — Fernerkrankung (z. B. Typhus) < typisch / abortiv; Ausheilung

klinisch manifest

Lokal heilend mit Tod der Erreger — Lokal heilend mit Persistenz d. Erreger

Lokal — persistierend — lokal persistierend mit Toxinbildung (z. B. Diphtherie)

fortschreitend

Erreger im Ruhestadium (latente Infektion) — Erreger biologisch aktiv (stumme Infektion)

Fokus s. str.

Postcapillare Venen — Thrombophlebitis — Lymphadenitis

Transitorische Bakteriämie

Metastase, meist nichteitriger Form = Herdinfektion

wird unter Umständen erneut zum Focus mit Streuung und evtl. Übergang zu akuten Krankheitsbildern bis zur

Sepsis

Postcapillare Venen — Einschmelzung der Gefäßwand Thrombophlebitis — Lymphangitis Lymphadenitis

Durchbruch — Ductus thoracicus

Hämatogen streuend — Hämatogen streuend — Lymphogen streuend

Transitorische Bakteriämie

Metastase < −/+

Pyämie

Sepsis

Sepsis

Es geht aus dem Schema weiterhin hervor, daß die Sepsis im engeren Sinne, von LEXER als „nichtmetastasierende Allgemeininfektion, mit anhaltendem Bakterienbefund in der Blutbahn" definiert, zufolge der Virulenz der Keime oder einer primär vorhandenen Resistenzlosigkeit des Organismus in kürzester Zeit (Stunden bis Tage) ohne irgendeine Zwischenform entstehen kann oder sich auch aus einer transitorischen Bakteriämie über Metastase und Pyämie als Ausdruck einer graduellen Abnahme der allgemeinen und lokalen Abwehrmechanismen allmählich herauszubilden vermag.

Von ALBERTINI hat die den einzelnen Krankheitsbildern zukommenden Gewebsreaktionen im nachfolgenden „Spektrum" zur Darstellung gebrachtwobei „Fokus" im weiteren Sinne als „Streuungsherd" gedacht ist.

Wenn für das Zustandekommen des einen oder anderen Krankheitsbildes Bakterienart und Virulenz der Keime, sowie die Immunitätslage des Organismus bestimmend sind, so bleibt noch die Frage zu untersuchen, was für Faktoren den Sitz der Metastasen bedingen.

Ich habe im 10. Abschnitt des Streptokokkenkapitels nachzuweisen versucht, daß eine als Tropismus anzusprechende Erscheinung ein weitverbreitetes biologisches Phänomen ist und daß kein Grund besteht, für die Streptokokken einen Organotropismus abzulehnen. Damit konnte aber keineswegs gesagt sein, daß der Tropismus der Streptokokken der allein entscheidende Faktor für die Metastasierung darstellt. Es wird sich also zunächst als notwendig erweisen, festzuhalten, ob und welche weitere Faktoren für die Erklärung der sekundären Lokalisation herangezogen werden können. Da sind es sowohl Erhebungen am Krankenbett und am Sektionstisch über Organlokalisation bei Infektionen mit verschiedenen Erregern, sowie Untersuchungen über die Verteilung von Fremdkörpern im Organismus und besonders auch die, allerdings zum Teil aus ganz anderen Gründen, vorgenommenen Speicherungsversuche des R.E.S., welche entweder den auf experimenteller Grundlage beruhenden extremen Standpunkt Rosenows bestätigen oder einen ihn korrigierenden Faktor aufzudecken vermögen.

Tabelle 10. „Spektrum" der fokal bedingten Infektionskrankheiten mit Kokken.

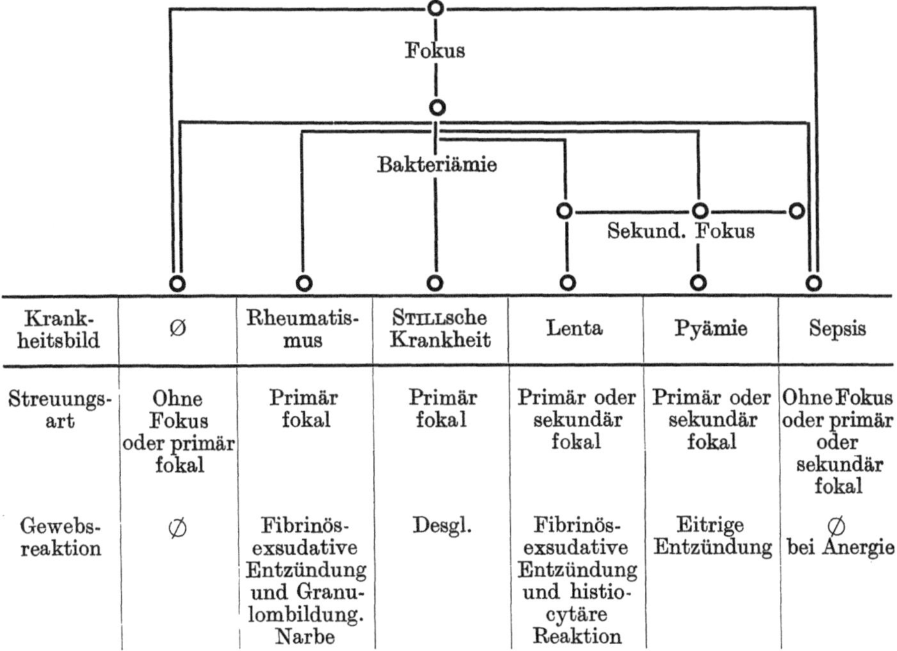

Krankheitsbild	∅	Rheumatismus	Stillsche Krankheit	Lenta	Pyämie	Sepsis
Streuungsart	Ohne Fokus oder primär fokal	Primär fokal	Primär fokal	Primär oder sekundär fokal	Primär oder sekundär fokal	Ohne Fokus oder primär oder sekundär fokal
Gewebsreaktion	∅	Fibrinös-exsudative Entzündung und Granulombildung. Narbe	Desgl.	Fibrinös-exsudative Entzündung und histiocytäre Reaktion	Eitrige Entzündung	∅ bei Anergie

W. Schulze machte in neuerer Zeit den Versuch, mit einer doppelt filtrierten und gegen Ringer-Lösung dyalisierten Tuschelösung an der ausgewachsenen jugendlichen Ratte die Verteilung von Fremdkörpern, soweit sie von den Besonderheiten der Blutbahn abhängig sind, zu ergründen. Man muß sich nun darüber klar sein, und Schulze weist auch selbst darauf hin, daß trotz seiner Versuchsanordnung, die eine Reihe von Fehlerquellen früherer ähnlicher Versuche ausschaltet (Entgiftung, einheitlicher Dispersitätsgrad bei bestimmter Partikelgröße, gleiche Menge und gleicher Injektionsort) keine vollständige Parallele mit durch pathogene Keime bedingten Infektionen zu erwarten ist, da sowohl die elektrische Ladung, wie auch im Gefolge der Injektion auftretende, lokalisierende Gefäß- und Organschädigungen wegfallen. Trotz dieser Einschränkung sind nun aber die Schulzeschen Versuchsresultate außerordentlich interessant, weil sie die Rolle der „feineren Morphologie" der einzelnen Gefäßverteilung aufdecken.

Die Tusche kommt in den Capillaren der einzelnen Organe in verschiedener Menge und Form zur Ablagerung, beides in engster Abhängigkeit von Form und Bau der Capillaren in den einzelnen Organen. Schulze grenzt auf Grund seiner Versuchsergebnisse drei Capillararten gegeneinander ab: „Weite Capillaren mit geringer Strömungsgeschwindigkeit und engster Beziehung zum R.E.S. (Leber, Milz, Knochenmark, Lymphknoten); langgestreckte, schlingenbildende, in ihrer Breite stark schwankende Capillaren mit enger Beziehung zum R.E.S. (Lunge, Niere); langgestreckte, enge Capillaren mit geringer Beziehung zum R.E.S. (Muskeln, Knochenhaut, Gehirn)."

Im Vordergrund steht während der ganzen Versuchszeit von 5 Minuten bis 21 Tagen die *Leber*. Nächst ihr erwies sich die *Milz* als dauernd dunkler gefärbt als die übrigen Körperorgane. Hier ist die Beziehung zwischen Capillaren und R.E.S. noch inniger als bei der Leber und der Zellenaustausch zwischen Pulpa und capillaren Sinus durch die Lücken der Sinuswand besonders reichlich. Trotzdem wie bei der Leber der Fortschaffung der Tusche aus der Milz auf venösem Weg eine Abfuhr auf dem Lymphweg parallel geht, bleibt der Tuschegehalt des Organs beträchtlich.

Askanazy hat im Knochenmark den lebhaften Zellaustausch im Bereich der capillaren Sinus aufgedeckt, der bei der geschlossenen Blutbahn dieses Organes durch die Gefäßwand hindurch erfolgt, und Schulze hat das durch den Befund extracapillar gelegener, tuschehaltiger Zellen bereits 5 Minuten nach der Injektion bestätigt.

Während Askanazy und Friedheim in den Lymphdrüsen in erster Linie das Speicherorgan für auf dem Lymphweg zugeführte Elemente sehen, rechnet sie Schulze auf Grund ihres Gefäßbaues, charakterisiert durch den zwischen Capillaren und größeren Venenästen gelegenen und als „postcapillare Vene" (W. Schulze) bezeichneten Abschnitt, ebenfalls zu den primären Blutfiltern. Hier sind, wie Schulze beim Kaninchen zeigte, zwischen den Endothelien, denen nach außen nur vereinzelte Pericyten angelagert sind, Lücken (Stomata) vorhanden, die Schulze als Durchtrittsstellen von Blut und Wanderzellen ansprach. Seine neueren Versuche an der Ratte scheinen die Auffassung zu bestätigen, daß feinkörnige Fremdkörper von Bakteriengröße aus der Blutbahn der Lymphdrüsen in das reticuloendotheliale Gewebe überzutreten vermögen. Mit Ehrich hält Schulze die Durchwanderungsmöglichkeit innerhalb dieses Gefäßabschnittes in der einen wie in der anderen Richtung für erwiesen.

Bei allen diesen der ersten Gruppe angehörigen Organen wird die Tusche in den Capillaren in feinverteilter Form abgelagert. Rasch und kräftig einsetzende Mauserungsvorgänge führen die Fremdkörper auf Blut- und Lymphweg ab.

Der Lungencapillarkreislauf ist nach Schulze dadurch charakterisiert, daß von dem dichten Netz für gewöhnlich nur ein Teil der langen, schlingenbildenden Capillaren für den Blutstrom geöffnet ist. Dadurch erklärt sich einerseits, daß an Stelle der feinen Verteilung der Tusche in den Endothelien der primären Blutfilterorgane hier die Capillaren streckenweise durch massige Tuschezylinder verschlossen sind. Was für andere Organe gefährlich würde, ist in der Lunge durch die große Zahl von Nebenschlüssen, welche eine für die Atmung immer noch ausreichende Durchblutung des Lungengewebes sichern, bedeutungslos. Die Gefäßbahn ist hier zwar geschlossen und dementsprechend die Verbindung mit dem R.E.S. lockerer, die Abfuhr ist aber auch hier auf dem Blut- wie auf dem Lymphweg (WESTHUES) möglich.

Charakteristisch für das Capillarsystem der Nieren sind nach SCHULZE die langgestreckten Capillaren in der Marksubstanz und ihre feine Netzform in den Glomeruli. Neben einer feinen Verteilung der Tusche auf die Endothelien, besonders im Bereich der Glomeruli finden sich hier wie in der Lunge die geraden Abschnitte auf kurze Strecken durch Zylinder fest verstopft. Durch die Annahme, daß die Abfuhr der Tusche aus der Niere ausschließlich auf dem Blutweg erfolgt, erklärt SCHULZE das Freisein des Harnkanälchensystems.

Im linken Herzen, dem aus der Lunge heraus die Tusche zunächst zugeführt wird, finden sich nach 10 Minuten einige feine Coronargefäßäste durch massive Tuscheklumpen verschlossen. Nach 20 Stunden ist dem ganzen Endothelüberzug, besonders im Bereich der Atrioventrikularklappen Tusche in feinster Verteilung aufgelagert. Der Gehalt des Ventrikelblutes an freier Tusche und der Zellen mit Tuschespeicherung nimmt ständig zu. Die Struktur des Herzmuskels ist nie wesentlich verändert, im Innern der Herzklappen finden sich keine tuschehaltigen Zellen.

Während sich bei gewissen Organen mit Zunahme der Versuchsdauer ein rasches Absinken des Tuschegehaltes bemerkbar machte, erfolgt im Herzen eine dauernde Zunahme, „aus den sich mausernden Organen wird die Tusche hauptsächlich auf dem Blutweg dem Herzen in ungespeicherter und gespeicherter Form aufs neue zugeführt".

Die Capillaren der quergestreiften Muskulatur von Sehnen, Periost und peripheren Nerven bilden den dritten Typus, charakterisiert durch Enge und Länge und die geringen Beziehungen zum R.E.S. Dementsprechend finden sich hier vorwiegend zusammenhängende Tuschezylinder, welche die Gefäßlichtungen über größere Abschnitte hinweg vollständig verstopfen. Hier muß es „bei dem Fehlen der primären, cellulären Abwehrvorgänge zu sehr viel stärkeren Störungen kommen, zumal, wenn der die Capillaren verstopfende Stoff nicht aus harmloser Kohle besteht, sondern wie bei der Mischinfektion aus virulenten Bakterien".

Nur bei den Piacapillaren findet sich im zentralen Nervensystem neben dem beschriebenen Typ auch eine Reaktionsform, die den Organen mit weiten Capillaren zukommt. Schulze läßt es zunächst noch offen, ob der geringe Gehalt an Tusche innerhalb dieses Capillartypus eine Folge der größeren Strömungsgeschwindigkeit in diesen langgestreckten Capillaren darstellt.

In den Speichel-, Keim- und Schilddrüsen ließ sich nach einer einmaligen Zufuhr einer kleinen Tuschemenge keine regelmäßige Speicherung feststellen.

Die in der Haut besonders reichlich vorhandenen Histiocyten liegen in der Umgebung der subpapillären Venen, deren Wandbau dem der Capillaren gleicht. Die sofort nach der Injektion auftretende Blaufärbung war schon nach Stunden schwer, nach einigen Tagen überhaupt nicht mehr festzustellen. Ich habe 1928 darauf hingewiesen, daß im normalen Aufbau der Haut bei den verschiedenen Tieren offenbar recht verschiedene Verhältnisse vorliegen, die das Infektionsgeschehen weitgehend beeinflussen und so z. B. beim Meerschweinchen im Stratum subreticulare eine besonders capillar- und histiocytenreiche Schicht gefunden, die ich als „reaktive Zone" bezeichnete.

Schulze untersuchte weiterhin das Schicksal der im R.E.S. gespeicherten Tusche. Eine Ausscheidung durch den Urin konnte er nicht feststellen, wohl aber in geringem Grade durch die Bronchien. Im Vordergrund der Tuscheabsiedlung steht aber nach Schulze unbedingt der Dickdarm.

Schulze erklärt nun aber nicht nur die Metastasierung durch den Capillarbau, sondern führt auch die Art der Gewebsreaktion auf einen hämatogenen Infekt auf diese morphologischen Verhältnisse zurück.

Die als primäre Blutfilter bezeichneten Organe: Leber, Milz, Knochenmark, Lymphdrüsen, gekennzeichnet durch die Weite ihrer Capillaren und die engen Beziehungen zum R.E.S., sollen unabhängig vom Erreger durch die starke Zellreaktion gekennzeichnet sein. Abszeßbildung, die nach Rössle allein einer Vollentzündung entspricht, wäre in diesen Organen selten oder nie zu beobachten. Bei der 2. Gruppe, zu der Lunge und Nieren gehören, und die im Modellversuch gekennzeichnet ist durch zum Teil vollständige Verlegung der Capillarlichtung, soll es bei der Blutinfektion neben Zellwucherungen im R.E.S. häufig zu Abscessen kommen.

Bei der 3. Organgruppe (Muskel, Periost, Gehirn) war die Zahl der beobachteten Absiedelungen verhältnismäßig klein, „gibt es aber eine Absiedlung, so besteht sie in Form von Abszeßbildung".

Diese theoretischen Deduktionen sollen durch die im folgenden wiedergegebene Tabelle belegt werden, die eine Übersicht über die Beteiligung der einzelnen Organe bei Allgemeininfektion mit Strepto- und Staphylokokken darstellt.

Wenn Weyrich auf Grund der in den letzten 10 Jahren auf der inneren Abteilung der städtischen Krankenanstalten in Mannheim beobachteten Sepsisfälle feststellte, daß sie sich fast gleichmäßig auf Streptokokken und Staphylokokken verteilen (186 Fälle, davon 74 Streptokokken und 69 Staphylokokken), so ist das an und für sich schon ein recht unerwarteter und auffallender Befund. Noch überraschender aber wirken zunächst die Zahlen, die Schulze über die Organbeteiligung und die Art der Reaktion bei Streptokokken- und Staphylokokken-Allgemeininfektionen mitteilt und die, wie aus der Tabelle hervorgeht, weitgehend parallel verlaufen, also nicht nur die Reaktionslage von Organismus und Organ, sondern auch biologische Differenzen der Erreger vollständig negieren.

Der Abgrund, der zwischen diesen Zahlen und prinzipiellen Gesichtspunkten der Herdinfektion liegt, kann nur dann überbrückt werden, wenn sich zeigen läßt, daß dieses Schulzesche Gesetz keine allgemeine Gültigkeit besitzen kann, d. h., daß bei der akut verlaufenden Allgemeininfektion zum Teil ganz andere Verhältnisse vorliegen als bei den chronisch verlaufenden Affektionen, wie sie die Herdinfektionen darstellen, und die von Schulze gar nicht erfaßt wurden.

Angriffe auf die Herdinfektion bzw. auf die experimentelle Beweisführung Rosenows, die sich ja in erster Linie auf den Organotropismus der Keime stützt, wurden schon früher, so in besonders eingehender Weise von Holman, vorgebracht. Abgesehen von den zahlreichen Nachuntersuchungen der Rosenowschen Befunde, die nicht verwertet werden können, weil sich die Autoren nicht an die Rosenowsche Technik hielten, liegt zur Zeit besonders eine Arbeit von Valentine und van Meter vor, die im Zusammenhang mit den Schulzeschen Erhebungen größtes Interesse beansprucht.

Tabelle 11. Übersicht über die Beteiligung der einzelnen Organe bei der Allgemeininfektion mit bestimmten, nachgewiesenen Erregern. (Nach W. Schulze.)

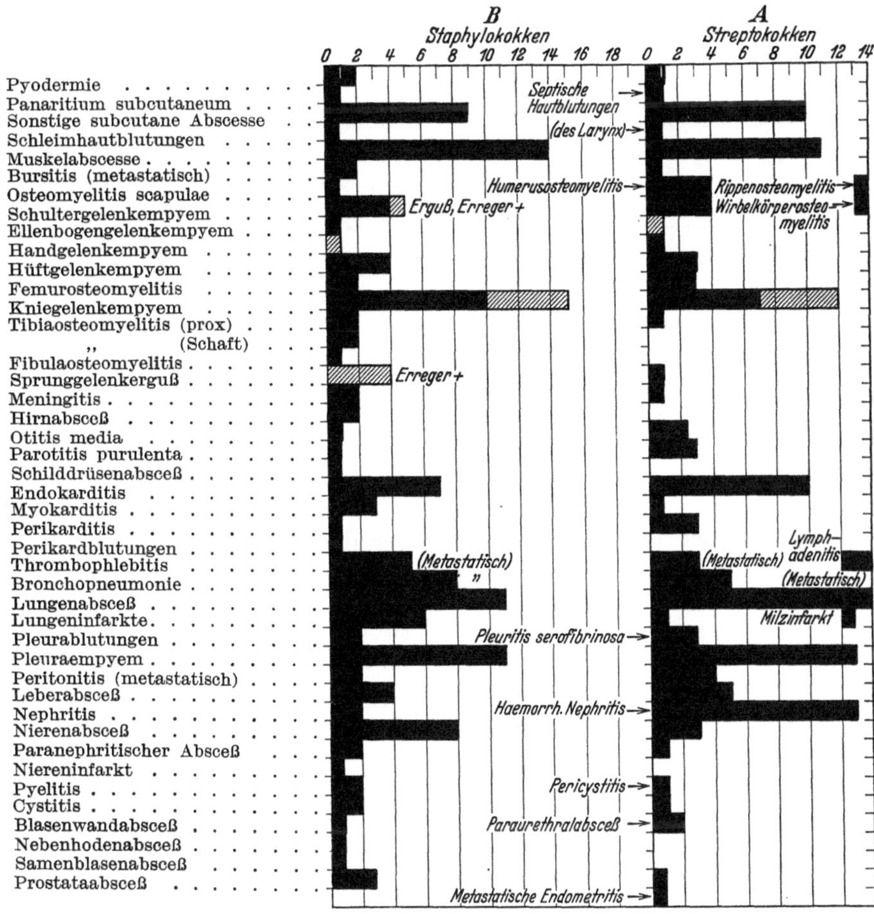

Um einen Anhaltspunkt darüber zu gewinnen, wieviel bei der Organmetastasierung auf das Konto der anatomischen Verhältnisse und wieviel auf die primären Eigenschaften der Bakterien entfällt, habe ich zunächst versucht zu ermitteln, wie sich die Schulzeschen Zahlen zu den von Rosenow an Kontrollfällen beobachteten Organlokalisationen verhalten. Ich habe zu diesem Zwecke die von Schulze erhobenen Befunde für solche Organe, über die auch von Rosenow Zahlen vorliegen, auf Prozent umgerechnet und vergleichsweise in Tabelle 12 zusammengestellt.

Wenn sich nun auch diese Zahlen, von zwei Untersuchern, von zwei ganz verschiedenen Gesichtspunkten ausgehend, erhoben nicht absolut vergleichen lassen und sich besonders bei den Nieren nicht sicher ermitteln läßt, wieweit z. B. Rosenow für die Feststellung von Nephritis die histologische Untersuchung herangezogen hat, so stimmen die gefundenen Werte für die berücksichtigten Organe doch überraschend gut miteinander überein.

Andererseits ergeben sich aber bei der Durchsicht der Organmetastasierung sowohl beim Tusche-Modellversuch wie beim Menschen einerseits und beim Kaninchen andererseits auch auffallende Differenzen.

So steht beim Schulzeschen Autopsiematerial die Milz an erster Stelle, während Rosenow die Milz überhaupt nicht erwähnt und auch ich selbst unter vielen Hunderten von Tierversuchen nur gelegentlich bei einem an Sepsis oder Endocarditis „lenta" verstorbenen Tier eine Milzschwellung wahrnahm. Nach Schulze ist die Art der Phagocytose — die Zellen des R.E.S. nehmen nur feinste Tuscheteilchen auf — dafür verantwortlich, daß in diesem Organ Infarkt und Absceßbildung zur Seltenheit gehören und die Mauserung auf dem Blut- und Lymph-weg soll auch nach längerer Krankheitsdauer die restitutio ad integrum des Organes ermöglichen. Ich habe schon früher auf prinzipielle Differenzen in der Verteilung des lymphatischen Gewebes bei Mensch und Tier hingewiesen. Ob diese für den krassen Unterschied verantwortlich sind, muß weiteren Untersuchungen, über die ich mit von Albertini berichten werde, vorbehalten bleiben.

Tabelle 12.

	Schulze auf 365 Fälle %	Rosenow auf 1329 Tiere %
Gelenke (Empyem und Erguß)	29,6	18,4
Muskeln	13,42	13,5
Nieren (Nierenabscesse und Niereninfarkte)	14,5	8,7
Endokard	20,27	10,6
Myokard	5,7	6,4
Lungen (Bronchopneumonie, Lungenabscesse und Infarkte)	12,35	8,0
Leber (Absceß)	4,1	1,2

Auch die Leber, über die Rosenow keine Mitteilungen macht, steht in der Schulzeschen Reihe mit an erster Stelle, und zwar in Form einer von Aschoff als „Abwehrreaktion" gedeuteten und von Rössle als „Ausdruck einer besonders starken Entwicklung des R.E.S." aufgefaßten trüben Schwellung. Schulze führt die Seltenheit einer Absceßbildung wiederum auf die Besonderheit des Capillaraufbaues und seine engen Beziehungen zum R.E.S. zurück. Die Mauserung auf dem Lymphweg, wo die tuschehaltigen Zellen unmittelbar dem Epithel der feineren Gallengänge anliegen, macht ihm verständlich, daß es leicht zur Infektion der Gallenwege kommt. v. Albertini wird zeigen, daß die histologische Untersuchung beim Kaninchen gar nicht selten granulomatöse Leberherde aufdeckt, wenn die Tiere mit Streptokokken infiziert wurden. Abscesse fehlten für gewöhnlich, sind aber nach unserer Erfahrung bei Staphylokokkeninfektionen durchaus nicht selten.

Die Beteiligung der Lungen in Form von Bronchopneumonien, Pleuritiden und Pleuraempyemen bei Allgemeininfektion ist am Schulzeschen Material fast die Regel. Unter 365 Fällen findet er nur 18, wo keine Zeichen einer metastastischen Beteiligung nachweisbar war. Er führt das darauf zurück, daß die Einbruchstelle der Infektionserreger, von wenigen Ausnahmen abgesehen, immer im großen Kreislauf lag, so daß die Lunge das erste eingeschaltete Blutfilter darstellte. Wenn sich nun auch, wie Schulze betont, durch den Mauserungsvorgang die metastatischen Lungenerscheinungen gelegentlich klinisch und auch autoptisch rasch und fast vollständig zurückbilden können, so tritt dadurch die Differenz mit den experimentellen Streptokokkenbefunden am Kaninchen nur umso schärfer zutage; bildet doch hier die Lunge unter allen Umständen das erste Filter. Nun gibt ROSENOW für die Lungenmetastasierung keine Zahlen an, und an unserem eigenen Material ist uns immer wieder aufgefallen, wie außerordentlich selten auch bei histologischer Untersuchung eine Beteiligung der Lungen angetroffen wird. Pleuritiden und Empyeme sahen wir so gut wie nie, Bronchopneumonien nur gelegentlich bei Tieren, die wenige Tage nach der Infektion an Sepsis zugrunde gingen. Bei allen länger lebenden Tieren mit und ohne Organmetastasierung fehlten die Erscheinungen von seiten der Pleuren und Lungen so gut wie vollständig.

Die Lymphdrüsen werden von SCHULZE im Gegensatz zu ASKANAZY und in Übereinstimmung mit M. B. SCHMIDT sowohl als primäre wie als sekundäre Blutfilter aufgefaßt. Mit dieser doppelten Funktion steht, wie SCHULZE selbst betont, ihre auffallend geringe Beteiligung bei Allgemeininfektionen im Widerspruch. Er zieht als Erklärung hierfür heran, daß die Statistik nur eitrige Einschmelzungen, nicht aber einfache Schwellungen erfaßte. In unseren Streptokokkenversuchen beobachteten wir eitrige Einschmelzungen überhaupt nie und Schwellungen, zum Teil auch hämorrhagische Entzündungen wiederum nur bei foudroyant verlaufenden Fällen, insbesondere bei hämorrhagischer Colitis und Appendicitis.

Tabelle 13.

Autor	Knochen-beteiligung in %		Nieren-beteiligung in %		Muskel-beteiligung in %		Herz-beteiligung in %	
	Arthrit.	Kontr.	Pyelit.	Kontr.	Myosit.	Kontr.	Endokard.	Kontr.
	Patienten		Patienten		Patienten		Patienten	
VALENTINE und VAN METER	—	65	—	—	31—37	18	13,3 (157)[1]	—
ROSENOW und ASHBY	26—43	9	—	9	80	12	86	12
NICKEL	51 (328)	7 (181)	—	3	69	38	39	3
HADEN	57 (1155)	—	40	—	—	20	82 (40)	22 (1120)
KELLEY	46 —	0 (16)						
DETWEILER und ROBINSON	—	12,5 (31)						
ROTHSCHILD und THALHIMER	50							
TOPLEY und WEIR	89 (29)							
THOMSON	5 (20)							
BUMPUS und MEISSER	—	—	89 (27)	2,5 (208)				
MEISSER und GARDNER	81 (89)	2 (46)						

[1] Die in ( ) gesetzten Ziffern bedeuten die Zahl der Tiere.

Für alle folgenden Organe: Gelenke, Muskeln, Nieren, Endokard und Myokard steht ein umfangreiches, experimentelles Vergleichsmaterial zur Verfügung. Wir haben auf Tabelle 13 eine Anzahl von Untersuchungsresultaten zusammengestellt, die bei Verwendung der ROSENOWschen Technik gewonnen wurden. Dabei wurden die Zahlen getrennt aufgeführt, je nachdem das Ausgangsmaterial von Patienten mit Herdinfektion oder von Kontrollfällen herrührte.

Besonders bedeutsam, aber auch besonders kompliziert, sind die Knochen- und vor allem auch die Gelenkmetastasierungen. Die SCHULZEschen Tuscheversuche zeigten zunächst, daß die Speicherung in den Röhrenknochen epiphysärwärts zunimmt und daß hier weder auf dem Blut- noch auf dem Lymphweg eine Mauserung stattfindet. Das Verhalten des R.E.S. in den Diaphysen, Metaphysen und Epiphysen scheint bedeutsame Differenzen aufzuweisen. LEXER hatte schon darauf hingewiesen, daß nur bei den Tieren, wo die Metaphysen noch primäre Wachstumszonen besitzen, eine primäre Osteomyelitis der Metaphysen auf embolischem Wege möglich ist. Schulze macht die Verlaufsrichtung des Kanales der Arteria nutritia und die geringe Strömungsgeschwindigkeit im Knochenmark für die Herdbildung mit verantwortlich.

Die Capillaren von Periost und Gelenkkapsel zeigen durchaus anderen Bau als die des Knochenmarkes. Sie stehen denjenigen von Muskeln und Sehnen nahe, sind also eng und langgestreckt und ohne nähere Beziehungen zum R.E.S. Im Modellversuch kommt es hier mit Leichtigkeit zu massiven Zylindern. Blutungen und Absceßbildungen mit Durchbruch ins Gelenk und konsekutivem Gelenkempyem sind beim Erwachsenen, wo, wie LEXER zeigte, der Gefäßreichtum in der Gelenkkapsel besonders groß ist, die Regel. Dieser anatomische Gesichtspunkt wird auch von KOLLE unter Anführung der Versuche von A. WASSERMANN und A. WESTPHAL herangezogen, um „einen Teil der positiven Resultate der Tierversuche von ROSENOW zu erklären".

SCHULZE läßt es offen, ob die größere Zahl der Kniegelenkempyeme gegenüber Empyemen der oberen Gliedmaßen auf die besonderen hydrostatischen Bedingungen der unteren Gliedmaßen zurückzuführen ist, oder ob etwa das Kniegelenk ein bevorzugt mechanisch beanspruchtes Gelenk ist und sich hieraus das Überwiegen der Empyemfälle erklärt.

Die Summe aller von SCHULZE beobachteten Gelenkempyeme beträgt 96. Damit steht die „Absiedelung" durch die Gelenke nächst der Milz mit an erster Stelle. Bei der Bedeutung, die im Rahmen der Herdinfektion den Gelenkaffektionen zukommt, ist es besonders interessant, hiermit die auf experimenteller Basis gewonnenen Zahlen zu vergleichen.

ROSENOW findet bei seinem Kontrollmaterial auf 1329 Tiere eine Gelenkbeteiligung in 18,4% gegenüber 29,5% bei den 365 Fällen von SCHULZE. Bei Verwendung von viel kleinerem Kontrollmaterial, als es ROSENOW zur Verfügung stand, fanden MEISSER und GARDNER (46 Tiere), NICKEL (181 Tiere), KELLEY (16 Tiere), DETWEILER und ROBINSON (31 Tiere), eine Gelenkbeteiligung, die zwischen 0 und 12,5% schwankt. Wurde zur Injektion von Kaninchen Material verwendet, das von Arthritikern gewonnen war, so trat die Bedeutung des Bacteriums gegenüber den anatomischen Verhältnissen in bemerkenswerter Weise in den Vordergrund, indem jetzt die Gelenkbeteiligung auf 43—89% anstieg. Damit sollte in elektiver Weise der Tropismus der arthrotropen Streptokokken zum Ausdruck kommen. In auffälligem und bisher ungeklärtem Widerspruch mit diesen Zahlen stehen nun aber die Befunde von VALENTINE und VAN METER, die bei ihren Kaninchenversuchen, ganz unabhängig von der Art des zur Injektion benutzten Materiales, eine Gelenkbeteiligung von 50—68% feststellten.

Bei der Ungewißheit, wie ROSENOW sein Nierenmaterial taxierte, habe ich aus den SCHULZEschen Zahlen nur die Fälle von Nierenabscessen, metastatischen Niereninfarkten und multiplen Blutungen, als makroskopisch diagnostizierbare Affektionen, herausgegriffen. Dies ergibt eine Beteiligung von 14,5%, der am ROSENOWschen Kontrollmaterial eine solche von 8,7% gegenübersteht. Auffallenderweise läßt SCHULZE für die Nieren den Vergleich zwischen Tuscheversuch und pathogenen Keimen fallen, in der Annahme, daß für die Nierenmetastasen die biologischen Eigenschaften der Erreger in den Vordergrund treten. Das fällt um so mehr auf, als er auch an anderer Stelle die Ähnlichkeit des Capillarkreislaufes der Nieren, insbesondere der Glomeruli, mit dem der Lungen betont.

Die Zahl der Nierenaffektionen bei den Streptokokkenversuchen am Kaninchen mit Kontrollmaterial schwankt zwischen 2,5% (BUMPUS und MEISSER) und 8,7% (ROSENOW), wogegen HADEN bei Untersuchung von Zahngranulomen eine Nierenbeteiligung von 40%, und BUMPUS und MEISSER bei Untersuchung von Pyelonephritisfällen eine solche von 89% feststellten. ROSENOW selbst findet bei Nephritisfällen in 59,4% und in Fällen von Pyelonephritis in 73% eine Nierenbeteiligung. .

Die Richtigkeit der SCHULZEschen Auffassung von der Bedeutung der anatomischen Struktur für die Metastasierung kommt sowohl bei der quergestreiften Muskulatur als beim Myokard in besonders schöner Weise zum Ausdruck. SCHULZE findet hier eine Beteiligung von 13,4 bzw. 5,7% und ROSENOW bei seinem Kontrollmaterial eine solche von 13,5 bzw. 6,4%, Zahlen, die somit fast absolut miteinander übereinstimmen. Bei anderen Autoren allerdings schwanken die Befunde wesentlich stärker und liegen zwischen 20% (HADEN) und 38%. Wurde zur Injektion der Tiere das Ausgangsmaterial von Myositispatienten verwendet, so war die Muskelbeteiligung wiederum unvergleichlich größer, betrug bei ROSENOW 72%, bei Nickel 69%. VALENTINE und VAN METER fanden bei Überimpfung von Streptokokken der normalen Mundhöhle eine Muskelbeteiligung in 18%, bei Injektion von aus Zähnen gewonnenen Streptokokken stieg die Beteiligung auf 31—37%.

Die Capillaren der quergestreiften Muskulatur, des Herzmuskels sowie der peripheren Nerven, der Hirnrinde und auch der weißen Substanz sind nach SCHULZE durch ihre Enge und die geringen Beziehungen zum reticuloendothelialen Apparat charakterisiert. Dementsprechend beobachtete er im Tuscheversuch Capillaren, die über weite Strecken durch Tuschezylinder vollständig verschlossen waren, und erklärt damit, daß es in diesen Organen im Gegensatz zu den primären Blutfiltern, bei bakterieller Metastasierung fast immer zu Abszeßbildung kommt. Auch hier ergeben sich nicht unbedeutende Differenzen mit den Befunden bei den Streptokokkentieren, indem sowohl in der quergestreiften Muskulatur wie im Myokard im Gegensatz zu den Gelenken, die ja nach SCHULZE ähnliche Capillarversorgung aufweisen, die Abszeßbildung zugunsten einer betonten histiocytären Reaktion vollkommen in den Hintergrund tritt, doch wohl als Folge der den Streptokokken immanenten Eigenschaften.

Die Beteiligung des Endokards in Fällen von Allgemeininfektion liegt mit 20,27% fast doppelt so hoch wie die Zahlen, die Rosenow bei seinem Kontrollmaterial fand (10,6%), deckt sich aber weitgehend mit den Beobachtungen von Haden, der bei Untersuchung von 1120 Kontrolltieren in 22% Endokardbeteiligung beobachtete. Demgegenüber wurde in Fällen, wo dem Kaninchenversuch eine Endokarditis des Patienten zugrunde lag, von Nickel eine Endokardbeteiligung von 39%, von Rosenow eine solche von 76% und von Haden gar von 82% festgestellt. Für die Ansiedlung von Erregern an einer Herzklappe denkt Schulze eher an bestimmte physikalische Vorgänge als an spezifische Wechselwirkungen zwischen Klappenendothel und Erregern.

Die Tatsache, daß die von Schulze beobachteten Organmetastasierungen bei Allgemeininfektionen durch Strepto- und Staphylokokken zahlenmäßig einander weitgehend entsprechen, spricht wohl sehr für die Bedeutung des von ihm in den Vordergrund gestellten capillaren Gefäßbaues. Wenn sich die Schulzeschen Zahlen auch mit den von Rosenow an seinem großen Kaninchenkontrollmaterial erhobenen Werten decken, so liegt hierin eine weitere bemerkenswerte Stütze für die Schulzesche These, andererseits weisen aber die nicht unbedeutenden Abweichungen, die ich für andere Organe errechnet habe (Lungen, Milz, Leber), darauf hin, daß die Bedeutung der biologischen Eigenschaften des Erregers doch nicht zu vernachlässigen ist, wie dies Schulze zum mindesten für die Nieren zugibt. Die Zahlen, welche von Rosenow und seinen Nachuntersuchern für spezifisch trope Streptokokken gefunden wurden, mögen, wie Holman betonte und Valentine und van Meter auf Grund ihrer Nachuntersuchungen feststellten, da und dort etwas übersetzt erscheinen, im Prinzip fügen sie sich jedenfalls zwanglos in die übrigen Beobachtungen ein.

Es darf bei diesen Vergleichen, wie ich schon betonte, nicht übersehen werden, daß Schulze seine Beobachtungen an akut verlaufenden Allgemeininfektionen gemacht hat. Hier wird sich bei der relativ einheitlichen und alles übertönenden Virulenz der Erreger die anatomisch vorgezeichnete Capillarversorgung der Organe viel stärker auswirken als bei schleichend, larviert (Kämmerer) verlaufenden Infektionsprozessen, wie sie die Herdinfektionen darstellen. Hier wird die wechselseitige Beeinflussung von Organismus und Mikroorganismus in sehr viel ausgedehnterem Maße möglich, worauf besonders Siegmund hinwies, als er betonte, daß der Lehre von der fokalen Infektion auch die andere Seite des Problems, die fokale Immunisierung, zur Seite gestellt werden müsse. Ich habe im Streptokokkenkapitel darauf hingewiesen, wie schwer, wenn nicht sogar unmöglich es ist, die Immunitätslage des Organismus zu erfassen und daß vielleicht der Zustand der Streptokokken, die der Infektion zugrunde liegen, hierfür ein Maßstab abgeben kann. Wenn nun Valentine und van Meter auf Grund ihrer Untersuchungen feststellen, daß α oder grüne Streptokokken besonders häufig in den Gelenken, zeitweise in Herz, Nieren und anderen Geweben lokalisieren, unabhängig vom Krankheitsbild des Patienten, dem die Stämme entstammen, und daß β oder hämolytische Streptokokken weniger häufig lokalisieren und α-Typen geradezu selten, so ist in dieser Beobachtung, die sich schon bei Morgenroth angedeutet findet, vielleicht ein Bindeglied zu sehen zwischen der Schulzeschen Auffassung, die alles auf den capillaren Gefäßbau zurückführt und der Rosenowschen Lehre, die den Organotropismus restlos in den Vordergrund stellt, indem, wie wir wissen, hämolytische Streptokokken im immunen Organismus zu grünwachsenden Streptokokken werden können.

Der Unterschied zwischen dem SCHULZEschen Untersuchungsmaterial und den ROSENOWschen Herdinfektionen kommt schon bei der Betrachtung des Ausgangsherdes zur Geltung, indem derselbe bei den akuten Fällen in der überwiegenden Mehrzahl bekannt ist, bei der Herdinfektion in der überwiegenden Mehrzahl der Fälle latent bleibt, so latent, daß der Kliniker selbst dann, wenn er aus sekundären Manifestationen heraus einen Streuungsherd vermutet, meist die größten Schwierigkeiten hat, ihn aufzufinden.

Auf dieses Moment weist auch WEYRICH hin. Für 27 akut verlaufende Sepsisfälle findet er 20mal die Schleimhäute (6mal Endometrium uteri, 4mal Tonsillen, 2mal Mund- bzw. Rachenhöhle, 3mal Mittelohr, 2mal Darmschleimhaut, 2mal Respirationstractus) und 5mal die äußere Haut als Eingangspforte, während sich für ebenso viele Fälle von Endocarditis lenta „über die Eintrittspforte nur Vermutungen anstellen lassen".

Die Endocarditis lenta (E. l.) spielt aber im Rahmen der Herdinfektionen eine ganz besondere Rolle, weil sie, wie zu zeigen sein wird, eine vermittelnde Stellung einnimmt zwischen chronischer Infektion einerseits und der Sepsis s. s. andererseits.

Einer der gewichtigsten Einwände, die immer wieder gegen die Lehre der Herdinfektion erhoben wurden, beruht auf der Schwierigkeit des Bakteriennachweises im Blut. Sehen wir uns diesbezüglich die Endocarditis lenta näher an. WEYRICH vermochte bei 27 Lentafällen 19mal Streptokokken zu züchten, in den übrigen 8 Fällen waren die Erreger intra vitam „aus irgendwelchen Gründen" nicht nachweisbar und das trotzdem, wie SCHOTTMÜLLER annimmt, der Sepsisentwicklungsherd, topographisch gesprochen, an optimalster Stelle sitzt. Wenn man nun aber an histologischen Schnitten der polypösen Endokardvegetationen die mächtige Fibrineinbettung der Streptokokkenmassen sieht, so ist ein positiver Blutbefund von der Klappe aus eigentlich viel schwerer verständlich als ein negativer, ganz besonders auch, wenn man berücksichtigt, daß diese anatomischen Verhältnisse noch durch die physiologische Blutbactericidie — diesen wenig virulenten Keimen gegenüber ja ganz besonders wirksam — unterstützt werden. Da ist es denn doch schwer einzusehen, wie solche Keime — die bei ihrer Verschleppung kaum je zu einer „vollwertigen Entzündung" führen — über eine Sepsis den Tod bedingen sollen. SIEGMUND und DIETRICH faßten die Endocarditis lenta auf „als Ausdruck eines bestimmten Reaktionsverhältnisses zwischen Organismus und hämatogener Ausbreitung". GRUBER, TSCHAMER und PAUL sehen auch bei der Periarteritis nodosa das Wesentliche in einem bestimmten Reaktionsverhältnis zwischen Mikroorganismus und Makroorganismus und SEMSROTH und KOCH erbrachten weitere Belege histologischer und bakteriologischer Natur zur Stütze dieser Lehre, wogegen meines Wissens über die Entstehung dieser Relation nichts bekannt ist und bisher auch keine Beobachtungen über prämortale Verschiebungen im Verhältnis Mikroorganismus—Makroorganismus vorliegen.

Ich folge einem Gedankengang von ALBERTINIs, wenn ich der klassischen Lehre SCHOTTMÜLLERs eine andere Interpretation der Beobachtung gegenüberstelle. Zunächst steht der anatomische und bakterielle Beweis dafür, daß die Endocarditis lenta über eine Sepsis zum Tode führt, noch aus, ja ist sogar, wie auch Bondi betont, höchst unwahrscheinlich. Sodann ist noch nie bewiesen worden, daß die papillomatösen Wucherungen der Klappen wirklich den „Sepsisherd" darstellen. Unbestreitbar können solche Vegetationen durch Ablösung von größeren und kleineren Partikelchen zu Embolien und Infiltraten führen. Mit eines der charakteristischsten Merkmale der Endocarditis lenta, die Löhleinsche Herdnephritis sowie die von Kimmelstiel beobachtete und von Lüthy und Melcher bestätigte Encephalitis weisen aber doch auf eine andere Pathogenese dieser Affektionen hin. Die Möglichkeit, daß die Klappenläsionen ein weitgehend in sich geschlossenes Krankheitsgeschehen darstellen und ein anderer, klinisch unbekannter Herd (Tonsillen, Granulome, Endometrium, Darm usw.) das eigentliche Streuungszentrum bilden, besteht unseres Erachtens nicht nur zu Recht, sondern vermag eine ganze Reihe von Tatsachen klinischer, bakteriologischer und pathologisch-anatomischer Natur sehr viel besser zu erklären. So bringt sie die von allen Autoren betonte Bedeutung prädisponierender alter Klappenfehler unserem Verständnis näher (ein zur Sepsis führender Erreger bedarf kaum eines locus minoris resistentiae), macht uns die zahlreichen Beobachtungen über Heilung von Endocarditis lenta, über die ein so ausgezeichneter Kenner des Krankheitsbildes wie E. Libman berichtet, begreiflich und erklärt auf die ungezwungendste Weise das gelegentliche Vorkommen von hämolytischen neben nichthämolytischen Streptokokken (Literatur bei W. Lehmann).

Inwieweit diese Ablehnung der Endocarditis lenta als „Spesisherd" partiell auch für die Endocarditis ulcerosa zutreffen kann, soll hier nicht ausgeführt werden, Morawitz hält jedenfalls auch sie nur für eine „Teilerscheinung" der Sepsis.

In diesem Zusammenhange sollte nur gezeigt werden, daß die Endocarditis lenta aus mehr als einem Grunde ein Übergangsbild zu den sog. Herdinfektionen darstellt. Für beide ist charakteristisch, daß der eigentliche Streuungsherd zugunsten der Metastasen dauernd im Hintergrund bleibt. Der bakteriologische Nachweis der transitorischen Bakteriämie nimmt von der Sepsis über Pyämie und Endocarditis lenta bis zu den Herdinfektionen dauernd ab, wahrscheinlich infolge der verminderten Keimzahl, die zur Streuung gelangt und der geringeren Virulenz der Keime, die eine rasche Phagocytose ermöglicht. Die Herdinfektionen verlaufen wie die Lenta recht häufig schleichend, in Schüben. Die Endprodukte der Streuung, die Metastasen, sind häufig genug auch pathologisch-anatomisch sehr diskret und im allgemeinen dadurch charakterisiert, daß Vollentzündungen ausbleiben und an ihre Stelle vorwiegend histiocytäre Reaktionen treten, unbekümmert um das Organ, in dem die Absiedelung erfolgt. Der Unterschied zwischen einer Endocarditis lenta und einer herdbedingten Infektarthritis würde sich demnach auf die topographisch-anatomische Lokalisation reduzieren.

Doerr hat die latenten Infektionen in folgendes Schema eingeordnet:

Tabelle 14. „Latente Infektionen".

I. Selbständige, d. h. während der ganzen Dauer ihres Bestehens latente Infektionen:
    A. Cyclische Prozesse, welche innerhalb einer gesetzmäßigen Frist mit dem Untergang der Erreger (mit der Autosterilisation des Wirtes) endigen.
    B. Acyclische (chronische) Prozesse; sie können sich nach jahre- bis jahrzehntelangem Bestand unter Umständen in klinisch manifeste Erkrankungen umsetzen.
II. Latente Phasen von Infektionskrankheiten.
    A. Die initiale Latenz oder die Inkubationsperiode.
    B. Die Latenz als Folgezustand einer Infektionskrankheit (sog. Ausscheidertum).
    C. Die Latenz als intermediäres Stadium.

Die Faktoren, welche die Latenz, d. h. „das Fehlen krankhafter Erscheinungen" bedingen, liegen nach DOERR einerseits im Mikroorganismus selbst (Zahl und Pathogenität), in der Lokalisation des Infektes und im Verhalten des infizierten Organismus, das deshalb so besonders schwer zu erfassen ist, weil es gleichsam „nur die negative Seite des Pathogenitätsproblems" darstellt.

Sehen wir uns nach den charakteristischen Merkmalen der latenten, acyclisch verlaufenden Infektionen um, so erscheinen sie uns gekennzeichnet durch die Anwesenheit von Mikroorganismen innerhalb eines mehr oder weniger pathologisch veränderten, jedenfalls eng begrenzten Gewebsabschnittes. Diese Mikroorganismen sind dadurch ausgezeichnet, daß sie sich der jeweiligen „Umstimmung" des Wirtsorganismus anpassen (SCHLOSSBERGER) was sowohl in ihren biologischen Merkmalen (PESCH, REICHEL und JORDAN) als auch in ihrem morphologischen Pleomorphismus zum Ausdruck kommen kann (vgl. hierzu Abschnitt 3 und 4: Morphologische und kulturelle Dissoziation). Wir müssen ihnen das potentielle Vermögen zuerkennen, unter dem Einfluß irgendeiner „Gleichgewichtsstörung", die sowohl am Bacterium als auch am Organismus angreifen kann, ihre Virulenz zu wechseln.

In diese Kategorie von Infektionen gehören die „Herdinfektionen", charakterisiert durch den schleichenden Verlauf, die geringen pathologischen Veränderungen des Fokus, und die Anwesenheit von „sprungbereiten", „aktivierbaren" Keimen, die aber keineswegs immer zur manifesten Erkrankung führen müssen und wie die Granulomuntersuchungen gezeigt haben (vgl. Bakteriologie der Granulome) gelegentlich mit Autosterilisation enden können.

Theoretisch sind solche latente Infektionsherde überall denkbar. Die Erfahrung hat jedoch gezeigt, daß gewisse Stellen im Organismus zufolge ihrer topographischen Lage, ihrer anatomischen Struktur oder auch ihrer funktionellen Bedeutung ganz besonders disponiert sind. In der folgenden Tabelle finden sich die Herde zusammengestellt, welche auf Grund unserer heutigen klinischen Erfahrung als „Ausgangspunkte" für Herdinfektionen in Frage kommen (PÄSSLER, MEYER).

Tabelle 15. Sitz der Herdinfektionen.

1. Tonsillen	5. Bronchiektasen
2. Gebiß	6. Urethra
a) tote Zähne	7. Männliche und weibliche Adnexe
b) Granulome	8. Appendix
c) Cysten	9. Gallenblase
d) chronische Alveolarabscesse	10. Dickdarm
e) Alveolarpyorrhoe	11. Paronychien
3. Nebenhöhlen	12. Tiefe Phlebitiden.
4. Mittelohr	

Aus dieser Zusammenstellung ergibt sich zunächst, daß neben Herden, die als primäre (Gebiß, Bronchiektasen) oder vorwiegend primäre (Tonsillen) Infektionspforten anzusprechen sind, Lokalisationen vorkommen, die häufig bereits als sekundär metastastisch gedeutet werden müssen (Nebenhöhlen, Mittelohr, Adnexe, tiefe Phlebitiden), während für eine dritte Gruppe mit dem Paradigma Appendicitis, Colitis, diese Frage noch offen steht.

PÄSSLER wies darauf hin, daß eine vergleichende Betrachtung der an den verschiedenen Prädilektionsstellen zu findenden verschiedenartigen Herde das allen zugrunde liegende besondere Merkmal zutage fördern könnte und fand es im sog. „toten Raum".

Tote Räume können nach PÄSSLER entweder physiologisch vorgebildet vorhanden sein, wie die Nebenhöhlen der Nase, die Paukenhöhlen, die Mastoidzellen, die Adnexe des männlichen und weiblichen Urogenitalapparates usw. Für die Herde, welche an anderen Stellen des Körpers lokalisiert sind, nimmt PÄSSLER an, daß sich dort durch örtlichen Zelltod oder Anhäufung toten Materiales, sei es infolge von Blut- oder Gewebsinfektion oder infolge eines Traumas ein „toter Raum" gebildet hat.

Die Bedeutung dieses toten Raumes liegt nun darin, daß sich die in ihm retinierten Keime zufolge topographischer und anatomischer Verhältnisse in einer selten günstigen Lage befinden. Sie sind sowohl dem natürlichen Sekretstrom als den physiologischen Abwehrkräften weitgehend unzugänglich, der Konkurrenz durch saprophytische Keime mehr als an anderen Orten entzogen und leben hier bei optimaler Körpertemperatur, umgeben von reichlichem Nährmaterial unter besonders günstigen Lebensverhältnissen.

Wohl ist die Infektion des toten Raumes definitionsgemäß nicht gleichbedeutend mit einer anderen Gewebsinfektion, „sie bedroht aber ständig den Organismus dadurch, daß von ihr aus je nach der Beschaffenheit ihrer Abgrenzung gegen das benachbarte Gewebe Keime entweder nur gelegentlich, in öfteren Schüben, oder kontinuierlich in den Organismus gelangen können und daß dieser Zustand auf unabsehbare Zeit, solange der chronische Infektionsherd vorhanden ist, anhält".

An Faktoren, welche das Manifestwerden dieser Infektionen begünstigen, kommen außer chronischen pathologisch-anatomischen Veränderungen alle die Momente in Frage, welche die lokale und allgemeine Resistenz beeinflussen, wie z. B. Traumen akzidenteller und therapeutischer Natur, qualitative und quantitative Unterernährung, akute Infektionskrankheiten, chronische Stoffwechselstörungen usw. Eine besondere Stellung scheint hier auch die „Erkältung" einzunehmen, deren Pathogenese uns durch die Untersuchungen der thermischen Verhältnisse in der Mundhöhle durch SCHMIDT und KAIRIES sehr viel verständlicher geworden ist. Es sind im großen und ganzen alles Faktoren, die unter den HOLMANschen „Ermüdungsbegriff" von Organen und Zellen fallen, womit einem Wunsche DOERRs entsprechend, die Infektionen auf einen physiologischen Boden gestellt werden.

Im folgenden sei an zwei Beispielen die spezielle pathologische Anatomie und Bakteriologie solcher Herde dargestellt. Für ihre Auswahl war einerseits ihre klinische Bedeutung maßgebend und andererseits die große Zahl von Untersuchungen, welche über sie vorliegen und wenigstens ein vorläufig abschließendes Urteil gestatten.

4. Pathologische Anatomie der chronischen Tonsillitis und des Zahngranuloms.

a) Periapikale Infektionsherde (Granulome).

Ähnlich wie bei den Tonsillitiden wird auch bei den Pulpaerkrankungen der Zähne seit MILLER auf die Möglichkeit der hämatogenen Infektion hingewiesen. BERETTA zeigte an Meerschweinchen und an Hunden, daß avirulente Keime im Anschluß an vorübergehende experimentelle Bakteriämien in die Pulpa gelangen können. Von ROSENOW liegen Versuche vor, wo bei Hunden einzelne Zähne mit besonderen Keimen infiziert wurden, an anderen Zähnen derselben Tiere wurde die Pulpa nur steril geschädigt, nach einiger Zeit konnten aus den steril geschädigten Pulpen dieselben Keime isoliert werden, die zur Infizierung der anderen Zähne gedient hatten. In letzterer Zeit hat LIECK bei an Sepsis gestorbenen Patienten die hämatogene Pulpainfektion nachgewiesen.

In der überwiegenden Mehrzahl der Fälle dürften aber die Pulpainfektionen und damit auch die periapikalen Herde — ein mehr oder weniger scharf umgrenztes Granulationsgewebe in der Nähe des Foramen apicale oder eines Seitenastes des Wurzelkanales — auf einen Defekt in der Zahnkrone zurückgehen, der tief genug ist, um den Bakterien von der Mundhöhle aus das Eindringen in den Pulpakanal zu ermöglichen.

Hat die Infektion erst den Pulpakanal erreicht, so schreitet sie meistens unter Zerstörung der Pulpa bis zum Foramen apicale fort, um entlang der durchtretenden Gefäße und Nerven die Wurzelhaut zu erreichen (PARTSCH). WITZEL und HESS analysieren das infektiöse Geschehen weiter und nehmen als Frühstadium der Einwanderung eine Toxinwirkung vom Pulpakanal aus an, die das Terrain für die nachfolgende Keiminvasion vorbereitet. Je nach der Virulenz der Keime und der Widerstandskraft des periapikalen Gewebes entsteht nun an der Wurzelspitze eine akute Entzündung, die in seltenen Fällen ausheilt (STEIN), meist aber in eine chronische Entzündung übergeht, oder von vornherein als solche verläuft und als Endprodukt häufig zum Granulom führt.

Das Eigenartige der periapikalen Entzündungsherde besteht nun darin, daß der Organismus wegen der besonderen anatomischen Verhältnisse der Zahnwurzeln — toter Raum — den Infektionserregern kaum ernsthaft entgegenzutreten vermag. Das Granulom besteht aus einem gefäßreichen, mesenchymalen Zellnetz, in seiner chronischen Form von Lymphocyten und Plasmazellen durchsetzt, zu Zeiten akuter Schübe treten die polynukleären Leukocyten in den Vordergrund. Der entzündlich-resorptive Charakter der Granulome findet seinen Ausdruck in der Ausbildung von Schaumzellen, großen Speicherzellen, die durch Aufnahme von Fettsubstanz ihre eigentümlich helle, schaumartige Struktur erhalten.

Wenn nun auch der ganze histologische Bau eine gewisse Lokalisationstendenz erkennen läßt — PARTSCH spricht deshalb von „Schlammfang" — so zeigt doch die histologische Untersuchung besonders von älteren Granulomen, wie sich das Wechselspiel von Angriff und Abwehr verfolgen läßt. Die bindegewebige Kapsel wird gelegentlich da und dort durchbrochen, es kommt zu neuen histiocytären Reaktionen, so daß man die Zahl der Schübe oft wie Jahrringe abzählen kann.

Auch STEIN weist darauf hin, wie verschiedene periapikale Prozesse bei ein und demselben Patienten, ja sogar an ein und demselben Zahn recht verschiedenen histologischen Bau aufweisen können, betont, entgegen einer einseitig konstitutionellen Betrachtung früherer Autoren, die Bedeutung der allgemeinen und lokalen Immunitätsverhältnisse und sieht in ihnen sowie in der Zahl, Virulenz und Art der Keime die ausschlaggebenden Faktoren.

Wohl kann der Prozeß auch auf dieser Stufe noch zur Ausheilung kommen (STEIN), dann wird der Defekt durch straffes Narbengewebe ausgefüllt, die Bakterien können vollständig zugrunde gehen oder auch latent persistieren. STEIN und mit ihm die Mehrzahl aller Autoren nehmen aber als Norm an, daß die Weiterentwicklung im Sinne einer chronischen Entzündung abläuft. Dabei ist besonders bedeutsam, daß, wie SIEGMUND und WEBER gezeigt haben, schon sehr kurze Zeit nach dem Eintreten entzündlicher Vorgänge im Wurzelhautraum gleiche Veränderungen in den angrenzenden Spongiosaräumen nachgewiesen werden können. WEBER und PESCH schließen daraus, „daß alle bisher geschilderten Erkrankungen den Charakter der Ostitis tragen, bzw. dieselbe nach sich ziehen". Die Spongiosa des Knochens und Periodontalspalt, die bisher durch eine dünne Compactaschicht getrennt waren, stehen nun miteinander in Verbindung.

ZEPPONI definiert deshalb das Granulom „als eine Manifestation der Periodontitis mit ausgesprochenem Charakter des Fortschreitens" und auch FELDMANN und HUTTNER betonen auf Grund von umfangreichen kulturellen und histologischen Untersuchungen, daß das Granulom keinen Schutz der darunterliegenden Spongiosa gegen weitere Infektion darstellt, ja, daß sogar äußere Granulomkapsel und knöcherne Alveolarwand ebenfalls Träger der Infektion seien. LAZARUS-BARLOW erbrachte am frischen Leichenmaterial den bakteriologischen Nachweis für diese Knochenbeteiligung, und OTT hat mit uns die LAZARUSsche Technik auf den lebenden Organismus übertragen. Seine Untersuchungen zeigten, daß die Infektion des Alveolarknochens erst von einer Distanz von 5 mm, vom Granulom an gemessen, abzunehmen beginnt. Die für die Arbeit verwandte kombinierte Untersuchungsmethode nach ROSENOW und WARREN CROWE zeigte weiterhin, daß der Knochen vorwiegend Streptokokken enthält, die auch im Granulom vorhanden sind, daß die Zahl der Typen nach der Peripherie hin im Knochen merklich abnimmt und daß es vor allem die kaninchenpathogenen Keime waren, die in die Peripherie vordrangen, daß sich also das Invasionsvermögen innerhalb des Alveolarknochens weitgehend mit der Kaninchenpathogenität deckt. Für die Weiterleitung der Bakterien machte SIEGMUND vorwiegend Venenthrombosen verantwortlich. 1929 zeigten aber MOYES und TODD, daß Pulpa und perizementales Gewebe auch durch Lymphgefäße drainiert werden, die im Oberkiefer in die Gefäße des Infraorbitalkanals, im Unterkiefer in die des unteren Dentalkanals einmünden und so zunächst die submaxillaren Lymphdrüsen erreichen, was APPELBAUM bestätigte.

b) Tonsillen. Ohne auf die Pathologie der akuten Tonsillitis und ihre schweren Folgeerscheinungen näher einzutreten, sei nur darauf hingewiesen, daß selbst bei diesen prägnanten Krankheitsbildern die Anschauungen über ihre Genese noch auseinandergehen. Während E. FRÄNKEL und R. WALDAPFEL eine direkte Infektion der Blutbahn durch eine Phlebitis der zu dem Quellgebiet des erkrankten Organes gehörenden Venen annehmen, und zwar sogar dann, wenn der primäre Tonsillenherd so klein und versteckt ist, daß er sich dem klinischen Nachweis entzieht, glaubt UFFENORDE, daß es primär zu einer Erkrankung der Lymphwege kommt (Peritonsillitis, Phlegmone) und erst sekundär über eine Phlebitis eine Endophlebitis, manchmal vom Erkrankungsherd entfernter Venenstämme (Jugularis interna), entsteht. Unterstützt von JOEL und BURCHARDT nimmt er also neben der Eingangspforte einen Sepsisentwicklungsherd an in Form einer peri- oder retrotonsillären Phlegmone, eine Auffassung, die auch von HAYMANN und CLAUS vertreten wird, wogegen RIEDER auf Grund experimenteller Untersuchungen und pathologisch-anatomischer Befunde sowohl die primäre Periphlebitis wie die primäre Thrombophlebitis für möglich hält.

Noch komplizierter liegen naturgemäß die Verhältnisse, wenn es sich um chronische Infektionsherde im Sinne der „toten Räume" Pässlers handelt, bildet doch die Stagnation des Krypteninhaltes auch nach Thiesbürger eine hervorragende Rolle als dispositionelles Moment für chronisch latente Kryptentonsillitiden, deren Wesen Dietrich recht zutreffend als „faulen Frieden" bezeichnet hat.

Gräff hat erst vor kurzem auf Grund einer besonders ausgearbeiteten Sektionstechnik gezeigt, „daß trotz der wenig eindrucksvollen klinischen Symptomatologie die systematische anatomische Untersuchung die starke Beteiligung des Epipharynx am Geschehen vieler Krankheiten belegt", und Thiesbürger fand an Leichenmaterial in 71% von klinisch und anamnestisch gesunden Tonsillen Kryptenentzündungen.

Die Anschauungen über die Funktion der Tonsillen haben seit der Zeit, als Luschka ihre lymphoide Struktur erkannte und Flemming die Keimzentren der Lymphknötchen als die Entwicklungsstätten der Lymphocyten ansprach, mannigfache, zum Teil grundsätzliche Wandlungen durchgemacht. Abgesehen von der heute noch bestehenden Diskussion über die Bedeutung der Tonsille als Drüse innerer Sekretion (vgl. G. Worms und J. M. Le Mée), wofür Voss mit Griebel überzeugende experimentelle Tatsachen anführt, und ihrer Deutung als submukös gelegene Lymphdrüse (Lénart und Henke), was nach den Untersuchungen Schlemmers unhaltbar wurde, wofür aber neuerdings die Trypanblauversuche von Scherf angeführt werden, welche eine mundwärts gerichtete Lymphströmung durch das Epithel nahelegen, waren es vor allem zwei Tatsachen, welche die Einsicht in ihre Physiologie wesentlich komplizierten.

1921 nahm Hellmann Stellung gegen die Flemmingsche Deutung der Keimzentren, stellte ihre Bedeutung als Verteidigungselemente bei Infektionen und Intoxikationen in den Vordergrund und bezeichnete sie als Reaktionszentren, Heiberg sogar als „Leistungsmittelpunkte", trotzdem Hellmann und White bei Paratyphus B-Immunisierung zum mindesten in den Keimzentren der Tonsillen keine darauf hindeutenden Veränderungen nachweisen konnten.

Von Albertini bestätigte zwar die histologischen Befunde Hellmanns, gab ihnen aber eine andere funktionelle Deutung, indem er den Zentren eine Abwehrreaktion gegen die in den Organismus eintretenden exogenen Schädlichkeiten abspricht und nur eine örtlich entgiftende Funktion zuerkennt. Die elektive Schädigung der Keimzentren auf hämatogen zugeführte Gifte erklärt von Albertini durch die besondere, von Calvert festgestellte Blutversorgung vermittels einer eigenen Arteriole „die sich dichotom in nicht anastomosierende Capillaren auflöst", um erst an der Peripherie des Knötchens in einen Plexus von verzweigten anastomosierenden Capillaren überzugehen, der seinerseits mit dem Venensystem in Verbindung steht. In dieser besonderen Gefäßeinrichtung, „Plasmabrause" (Hueck), sieht von Albertini das Substrat der physiologischen Entgiftungseinrichtung, die schließlich „auf der einzigartig hochinteressanten biologischen Erscheinung beruht, daß ein sehr giftempfindliches Gewebe vor Schädigungen dadurch geschützt wird, daß an der Angriffsstelle ein Schutzapparat besteht, dessen schützende Wirkung gerade in der Giftempfindlichkeit des Gewebes zu suchen ist, mit anderen Worten: die toxische Gewebsschädigung wird an bestimmte Stellen (Filter) konzentriert, an denen sie sich erschöpft".

Eine weitere Komplikation für die Deutung der früher so einfach aufgefaßten Tonsillitiden liegt darin, daß die hämatogene Infektion vielleicht nicht die nebensächliche Rolle spielt, die man ihr lange Zeit zugeschrieben hat. Es waren zunächst die Untersuchungen über Tonsillartuberkulose von Krauspe und Otto, welch letzterer bei Untersuchung der Rachenmandeln von 45 Tuberkuloseleichen, unter denen sich 21 Kinder im Alter von 5 Monaten bis 12 Jahren befanden, in 74% der Fälle eine Beteiligung der Tonsille in Form von wahrscheinlich hämatogen entstandenen Sekundärinfektionen beobachtete und dann besonders auch die neueren experimentellen Untersuchungen von Krauspe, welche auf die Ausscheidungsfunktion der Mandeln hinwiesen. Er fand bei Bakterieninjektion (Staphylokokken und Streptokokken) in die Carotis auffallend häufig schwere entzündliche Veränderungen der auf der homologen Seite gelegenen Gaumenmandeln und wies unter Heranziehung der Untersuchungen von Waldapfel auf die Schwierigkeiten hin, histologisch oberflächlich gelegene Primärinfekte von hämatogen entstandenen Läsionen zu unterscheiden. Durch Injektion von bakterienfreien Streptokokkenfiltraten in die Carotis von Katzen erzielte er, ohne das Allgemeinbefinden stark zu beeinflussen, auf der homologen Seite ebenfalls eine schwere eitrige Mandelentzündung, zum Teil von ausgesprochen herdförmigem Charakter. Bezüglich der die Läsion auslösenden Substanz, die mit einer ausgesprochenen Affinität zu Herzmuskel, Leber und lymphatischem Gewebe der Tonsillen versehen ist, denkt er neben den Endo- und Exotoxinen an Stoffe, die etwa den Kruseschen Stoffwechselgiften entsprechen. Bei Vorbehandlung mit Streptokokken beobachtete er nach der intraarteriellen Erfolgsinjektion eine im Sinne von Swift, Rössle und Klinge gedeutete hyperergische Entzündung, charakterisiert durch eine engere Begrenzung der Entzündungsherde und besonders starke Beteiligung der Mesenchymzellen sowohl im peritonsillären Gewebe als auch in der Zunge, im Herzmuskel und in den Nieren.

Waldapfel zeigte dann 1933 an besonders sorgfältigen und eine Reihe früherer Fehlerquellen ausmerzender Untersuchungen, daß in die Nasenmuschel von jungen Individuen eingeführtes Bakterienmaterial in der Tonsille wieder erscheint. Der Weg, auf dem die Metastasierung erfolgt, führt von den aus den Schwellkörpern abführenden Venen über die mit ihnen und unter sich selbst kommunizierenden Pharynxvenen. Auf irgendeinem Weg in die Tonsillen gelangte Stoffe werden zum Teil pharynxwärts in die Lacunen eliminiert, und zwar sowohl passiv in phagocytiertem Zustand als auch frei durch das Epithel hindurch.

Diesen neueren experimentellen Befunden stehen nun auch bemerkenswerte klinische und bakteriologische Erhebungen ebenbürtig zur Seite. Gins hat 1930 die Beobachtungen, die für eine hämatogene Infektion sprechen, zusammengestellt und weist z. B. darauf hin, daß das Vorkommen von hämolytischen Streptokokken beim Scharlach auch als Ausdruck einer durch Ausscheidung des hypothetischen Scharlachvirus entstandenen lymphatischen Gewebsschädigung interpretiert werden könnte. Ferner betonen Gins und M. Haiek, daß der gewöhnlichen Angina lacunaris ein Prodromalstadium, das auf Allgemeininfektion schließen läßt, vorausgeht und die Angina lacunaris eher den Charakter eines Schleimhautexanthems als den eines primären Infektionsherdes hat. GINS erwähnt auch die Angina specifica luetica, die sich durch ihr symmetrisches Auftreten vom luischen Primäraffekt unterscheidet und den leichten Nachweis von Variola- und Vaccinevirus im Tonsillenabstrich, dem auch der Nachweis von Typhusbacillen anzufügen wäre. E. SCHWARZ macht darauf aufmerksam, daß bei der Monocytenangina, dem PFEIFFERschen Drüsenfieber (E. GLANZMANN) und der Agranulocytose vieles gegen die Annahme einer Primärerkrankung und für eine Sekundärinfektion der primär durch die Allgemeininfektion geschädigten Tonsillen spricht. Wenn die Gesamtheit dieser Beobachtungen auch für die Möglichkeit einer hämatogenen Entstehung von Tonsillitiden beweisend ist, wofür mir aber die Annahme „einer fällig gewordenen Krankheitsbereitschaft der letzteren" (W. SCHULTZ) überflüssig erscheint, so schießt andererseits aber die Anginosetheorie von FEIN, welche die Tonsillen als Eintrittspforte für gewisse allgemeine oder lokale Erkrankungen in globo ablehnt, doch übers Ziel hinaus. Wohl wird durch die Erkenntnis dieser „Ausscheidungstonsillitis", die im übrigen der SANARELLIschen Auffassung vom Typhusgeschwür gleichzusetzen ist, das SARASOFFsche System der tonsillären Streuung vom Primärherd aus nicht gerade gestützt, um so weniger, als auch H. SCHERF betont, daß die Beziehungen zwischen den abführenden Lymphbahnen der Mandeln und dem Lymphstrom des umliegenden Gewebes derart sind, „daß peritonsilläre Prozesse durchaus nicht die Folge einer primären Mandelerkrankung zu sein brauchen". Das Vorkommen einer primären Mandelinfektion als Ausgangspunkt für eine Herdinfektion ist aber noch kaum widerlegt, wie ja auch die luischen Primäraffekte und die primäre Tonsillartuberkulose beweisen und in ähnlicher Weise kann man auch in der von klinischer Seite geäußerten Meinung, daß doppelseitig stark hypertrophische Tonsillen als Herde weniger in Frage kommen wie kleine Tonsillen mit versteckten Abscessen (KÄMMERER, UFFENORDE, NAGER) einen Hinweis auf die primäre Entstehung der Tonsillenherde sehen.

Neben all diesen neueren und für die Pathogenese der Tonsillitiden hoch interessanten Befunden scheint jedenfalls die alte DIETRICHsche Auffassung vom durch Resorption zustande gekommenen Primäraffekt immer noch zu Recht weiter zu bestehen und wurde durch die Untersuchungen von THIESBÜRGER und besonders auch PÄSSLER noch wesentlich vertieft. Die Frage nach der Durchlässigkeit des normalen Epithelüberzuges der Tonsille (WOOD) spielt nur noch eine sekundäre Rolle, seit die Untersuchungen von MAYER und RUF dargetan haben, daß die Mikroorganismen von den Krypten aus in das benachbarte Tonsillengewebe eindringen. Hierauf hat auch PÄSSLER seine Lehre vom „toten Raum" aufgebaut, indem er darauf hinwies, daß „die Hauptmasse der Keime und überhaupt der permanente Siedlungsort gar nicht im eigentlichen Mandelgewebe, sondern in den verzweigten Hohlräumen der Krypten und paratonsillären Buchten zu suchen ist". So lange diese Räume in offener Kommunikation mit der Mund- und Rachenhöhle stehen, kann es wohl zu akut entzündlichen Prozessen, durch Verschlucken und Aspiration unter Umständen zu metastatischen Erkrankungen, nicht aber zur Herdinfektion kommen. Häufig genug führen aber wiederholt entzündliche Prozesse zu narbigen Verziehungen, die aus den früher mit der freien Oberfläche kommunizierenden Krypten geschlossene „tote Räume" schaffen. Von hier aus wird den unter optimalen Verhältnissen vegetierenden und nicht selten unter Druck stehenden Keimen das Eindringen, eventuell „durch Epithelschädigung und oberflächliche Ulcerationen begünstigt", in das benachbarte Tonsillengewebe leicht gemacht. Durch diese anatomischen Verhältnisse also wird die Tonsille automatisch zu einer Prädilektionsstelle für „foci". Die anatomischen Verhältnisse sind es, welche der Tonsille innerhalb des ganzen WALDEYERschen Schlundringes die „bevorzugte Stellung" einräumen.

Daß nun aber für das weitere Geschehen Phlegmonen und Abscesse mit Periphlebitis und Thrombophlebitis nicht unbedingte Voraussetzung sind, geht aus den schönen Untersuchungen von W. SCHULZE hervor. Er hat 1925 auf das weite Endothel der postcapillaren Venen hingewiesen, das von Lymphocyten hemmungslos passiert wird. Da liegt es wenigstens bei Berücksichtigung der Größenverhältnisse nahe, diese „physiologische" Durchgangspforte, die keinerlei Wandschädigung zur Voraussetzung hat, auch für Bakterien anzunehmen, ja, es ist dies für die „diskreten" Streuungen, wie sie für die Herdinfektion angenommen werden müssen, vielleicht sogar der bevorzugte Weg.

KRAUSPE hat aber weiter darauf hingewiesen, „daß die Mandeln gar nicht immer im Vordergrunde des Infektionsgeschehens zu stehen brauchen, sondern daß im allgemeinen virulente Keime an allen möglichen Stellen des Nasen-Rachenraumes einzudringen vermögen". Es besteht auch kein Zweifel darüber, daß, wie KRAUSPE betont, bei Individuen, die radikal tonsillektomiert sind, immer noch eine Entzündung der Rachenschleimhautorgane, „die man sehr wohl als Angina bezeichnen kann", möglich ist. Ich selbst habe solche „Anginen" an unserem Untersuchungsmaterial, das ich der Liebenswürdigkeit von Herrn Prof. F. R. NAGER (Direktor der O.-N.-H.-Klinik) verdanke, nicht selten beobachtet. Es muß aber weiteren Untersuchungen vorbehalten bleiben, festzustellen, ob solche Affektionen sekundär zum „Herd" werden können oder ob es sich dabei ausschließlich um vorübergehende akute Prozesse, vielleicht sogar „Ausscheidungsanginen", handelt.

5. Die Bakteriologie der Herde.

a) Wurzelkanäle und Granulome. Die Autorität HUNTERs ließ keinen Augenblick Zweifel darüber aufkommen, daß seiner furchtbaren Anklage reale Tatsachen zugrunde lagen. Für die amerikanischen Zahnärzte war es gegeben, sich je nach Einsicht und Temperament in zwei Lager zu spalten. All diejenigen, welche der Anklage objektiv gegenüberstanden, konnten die Grundursache der „oralen Sepsis" nur in den Mißerfolgen der Wurzelbehandlung und dem Einsetzen von Kronen und Brücken auf mangelhafte Zähne sehen. Die Radikalsten unter ihnen bekannten sich zum Standpunkt, daß jede Pulpaexstirpation auch unter den bestmöglichen Verhältnissen den Zahn infizieren müsse und daß eine Pulpagangrän überhaupt nicht zu heilen wäre. In einem „100% safety club" wurde dem Motto gelebt, jeden Zahn mit Pulpagangrän, jeden devitalisierten Zahn mit gefüllten Kanälen, zu entfernen, weil „die Behandlung" der Pulpa nur zu einer Infektion des periapikalen Gewebes führen könne.

Die Gegenreaktion konnte nicht ausbleiben. Die konservativer denkenden Zahnärzte vereinigten sich unter Führung von BROPHY, JOHNSON und OTTOLENGHI, um den HUNTERschen Vorwürfen durch eine Verbesserung der Technik gerecht zu werden. Auf diese Weise wurde ein Pendel in Gang gesetzt, dessen

Ausschläge zwar im Laufe der Jahre kleiner geworden sind, ohne daß es aber bisher den Ruhezustand erreicht hätte.

Es war gegeben, daß diesem Prozeß, sowohl für die Anklage wie für die Verteidigung der Bakteriologie, eine entscheidende Rolle zukam.

Nachdem HAUSSMANN bereits 1878 und NANNOTTI 1891 in einem bzw. zwei Zahnabscessen Diplo- und Streptokokken gefunden hatten, untersuchte SCHREIER 15 Fälle von periapikaler Infektion kulturell und gewann daraus 11mal „Pneumokokken". ROUGHTON gibt an, 1893 einen Streptococcus pyogenes isoliert zu haben und MONNIER fand 1904 neben Anaerobiern in 6 untersuchten Fällen 4mal Streptokokken.

1909 untersuchte MAYRHOFER in 38 Fällen die Pulpa bei periapikaler Infektion und fand zum Teil allein, zum Teil mit anderen Keimen vermischt, Streptokokken, die er als die wesentlichen Erreger der Affektion anspricht.

1914 dehnte Horder die Untersuchungen von Wurzelkanälen bereits auch auf Granulome aus und fand für gewöhnlich einen kurzen Streptococcus vom Typus des Streptococcus salivarius. GILMER und MOODY finden im selben Jahr in Alveolarabscessen und infizierten Wurzelkanälen wiederum vorwiegend Streptokokken, und zwar neben ausgesprochen hämolytischen in den akuten Fällen Streptococcus viridans in den chronischen Affektionen, was ULRICH bestätigte.

Allerhand bezeichnet HARTZELL als den vierten Baumeister der Theorie der fokalen Infektion. Er wandte sich in systematischen Untersuchungen der Kontrolle der Wurzelbehandlung zu und untersuchte in gemeinsamer Arbeit mit HENRICI zunächst 162 pulpenlose Zähne von Patienten, welche wegen Arthritis, Myokarditis und ähnlicher Leiden im Spital lagen mit dem Resultat, daß 150 derselben Tiere pathogene Mikroorganismen enthielten. In einer zweiten Untersuchungsreihe von 220 Zähnen, der vorwiegend Arthritispatienten angehörten, fand HARTZELL meist grünwachsende Streptokokken. Untersuchungen von cariösen und pyorrhoischen Zähnen zeigten, daß auch die lebende Pulpa bereits in über 40% mit Mikroorganismen, und zwar vorwiegend grün wachsenden Streptokokken, besiedelt war.

HEAD und ROOS fanden unter 130 anaeroben Kulturen periapikaler Abscesse neben einem häufig vorhandenen Gram negativen anaeroben Coccobacillus 124mal Streptokokken, wogegen es geradezu auffällt, wenn SMITH und LUDWICK in 107 Fällen von dentalen Abscessen neben Staphylococcus aureus, Pneumokokken und vereinzelten anderen, der Mundflora zugehörigen Bakterien, nur 47 Streptokokkenbefunde angeben.

1920 untersuchte LUCAS in 181 Fällen das periapikale Gewebe von pulpalosen Zähnen und Zähnen mit vitaler Pulpa. Nur 26 Fälle waren steril. 11mal fand er Streptococcus viridans, 37mal Streptococcus pyogenes, 4mal hämolytische Streptokokken und 30mal Pneumokokken, wogegen Micrococcus catarrhalis, diphtheroide und fusiforme Stäbchen nur vereinzelt vorhanden waren. BERWICK fand unter 71 Kulturen von periapikalen röntgenologischen Aufhellungszonen 22mal Streptococcus viridans, 3mal Streptococcus haemolyticus und in einer großen Zahl von Fällen Streptokokken mit anderen Bakterien vermischt.

1923 untersuchte FRASER die Spitzen von 120 extrahierten Zähnen und fand 45mal Streptococcus viridans in Reinkultur und 68mal mit anderen Bakterien vermischt, wogegen SCHMUTZ im selben Jahr schon auf die Häufigkeit

der Enterokokken hinwies. Kritschewski und Séguin, die ebenfalls ein Überwiegen der Enterokokken feststellten, äußern sich zunächst noch kritisch über
deren pathogenes Vermögen. Beim Versuch, die Umschläge der chronischen
Entzündungen in akute Prozesse zu erklären, denken sie sowohl an Virulenzsteigerungen als an eine Aktivierung anderer Keime durch die Enterokokken.

Weston Price fand 98% der Wurzelkanäle und periapikalen Herde mit
Streptokokken infiltriert. 67 Fälle typisierte er nach Holman und wies, wie
Warren Crowe bereits 1921, auf die große Zahl der hier vorhandenen Streptokokkenvarietäten hin, was Broderick 1924 an Hand von 100 Fällen periapikaler Infektionen, deren Streptokokken er ebenfalls nach Holman klassifizierte,
bestätigte. Während aber bei Price der Streptococcus faecalis mit 65% durchaus
im Vordergrund stand, fand Broderick vorwiegend Streptococcus salivarius
und Streptococcus mitis; 9 hämolytischen Stämmen standen 121 nichthämolytische gegenüber. Wilkinson, der 253 chronische Wurzelentzündungen untersuchte und 88,5% mit Streptokokken infiziert fand, weist ebenfalls auf die
große Zahl der vorhandenen Streptokokkentypen hin.

Haden untersuchte Spitzen und periapikales Gewebe von 1307 vitalen und
pulpalosen Zähnen vermittels Glucosehirnbouillon und Glucosehirnagar. Um
dem immer wieder erhobenen Einwand der Verunreinigung zu begegnen, bezeichnete er nur solche Erreger als dem Gewebe angehörig, die in mindestens 10 Kolonien im Agar vertreten waren. Von den Zähnen mit vitaler Pulpa waren nach
dieser Einschränkung nur 4,8%, von den pulpalosen und röntgennegativen
46,2% und von den pulpalosen und röntgenpositiven 62,8% bakteriologisch
positiv. Ohne der Art der Streptokokken größere Bedeutung beizumessen —
es erscheint ihm weniger wichtig, welche Bakterien da sind, als daß überhaupt
welche da sind —, klassifiziert er nach Holman, und findet in Übereinstimmung
mit früheren Autoren, daß Streptococcus faecalis, mitis und salivarius im
Vordergrund stehen, wogegen auch er nur 3mal hämolytische Streptokokken fand.

Lesbre und Grandclaude haben 15 Fälle von Alveolarpyorrhoe und
Granulomen untersucht und regelmäßig Streptokokken nachgewiesen, gelegentlich in ein und demselben Granulom ein bis drei verschiedene Arten. Unter
den grün wachsenden fanden sie alle Übergänge bis zum typischen Enterococcus.

Barra, der 85 Granulome untersuchte, fand ebenfalls in 90% Keime vom
Strepto-Enterokokkentypus mit einer ganzen Tonleiter von Übergangsformen.

Ebenfalls aus dem Jahre 1926 stammen Untersuchungen von Appleton,
Bryant und Zebley, welche 190 Granulome untersuchten und nach Brown
typisierten. 154mal fanden sie α, 10mal β und 7mal γ-Formen.

Rickert und Hadley fanden von 74 pulpalosen Zähnen 85% infiziert,
auch hier standen neben hämolysierenden Streptokokken, Staphylococcus aureus,
Bacterium Friedländer und diphtheroiden Stäbchen nichthämolytische Streptokokken durchaus im Vordergrund.

Anna Nichols fand unter 68 Wurzelkanälchen 14 steril, 2 enthielten hämolytische und 45 grün wachsende Streptokokken. Von 34 Granulomen war eines
steril, 4 enthielten ein Gemisch von Viridansstreptokokken mit hämolytischen
Streptokokken, 2 noch andere Mikroorganismen und 27 nur grün wachsende
Streptokokken. Nach Holman typisiert standen Streptococcus mitis und salivarius im Vordergrund.

STRAHL untersucht „unter allen Kautelen" 33 Fälle von Periodontitis chronica und 27 Fälle von Periodontitis chronica granulomatosa; in 80% der Fälle findet er Streptokokken, in 30% Streptokokken allein.

1927 untersuchte PESCH 119 Granulome, die sämtliche Bakterien der Strepto-, Pneumo- und Enterokokkengruppen enthielten. 56 latente Fälle ergaben vorwiegend Bakterien der Pneumo- und Viridansgruppen, wogegen in 12 Granulomen, die akute Symptome zeigten, auch hämolytische Streptokokken vorhanden waren. GOLDBERG fand unter 200 untersuchten Fällen 144mal Streptococcus viridans, 23mal Streptococcus salivarius und 19mal Streptococcus faecalis, BACK fand in 56 Granulomen bei Iridocyclitis durchwegs Strepto- und Staphylokokken. BARBER und ROBERTS betonten das Vorkommen hämolytischer Streptokokken in infizierten Zähnen bei Hauterkrankungen.

1928 untersucht OTTOLENGHI die Pulpa von 100 toten Zähnen, wovon mehr als 50% mit positiver Kultur, und zwar vorwiegend nichthämolytischen Streptokokken, die auch in 72 von ROCCIA untersuchten Granulomen im Vordergrund standen. BULLEID legte wiederum ganz besonderes Gewicht auf sterile Entnahme und fand in 25 Granulomen durchwegs Streptokokken verschiedenster Typen. MEMMESHEIMER und SCHMIDHUBER untersuchten 66 Patienten mit Hauterkrankungen auf Infektionsherde an den Zähnen; von 33 Ekzematikern erwiesen sich etwa 80%, von den anderen Patienten 50% als positiv. An Keimen fanden sie vorwiegend grün wachsende, den Milchsäurestreptokokken nahestehende Bakterien.

FELDMANN und HUTTNER untersuchten 146 Granulationsherde, 124 nach Extraktion, 22 nach Resektion. 115 Granulome waren im Ruhestadium, 31 zeigten akute Erscheinungen, sämtliche Granulome waren bakterienhaltig, grün wachsende Streptokokken standen durchaus im Vordergrund, wogegen BLUMENBERG und ZÜLL bei der Untersuchung von 54 Granulomen, unabhängig vom klinischen Zustand, in 48% hämolysierende Streptokokken fanden. Zur Erklärung dieser auffallenden Unterschiede mit den Ergebnissen früherer Autoren versuchen sie geographisch-klimatische Faktoren heranzuziehen.

Aus dieser großen Zahl von Untersuchungen darf man wohl schließen, daß die überwiegende Mehrzahl pulpainfizierter und devitalisierter Zähne, sowie Granulome als infiziert zu betrachten sind und daß unter den die Infektion bedingenden Keimen Bakterien der Strepto- und Pneumokokkengruppe im Vordergrund stehen. Diesen durch die verschiedensten Autoren gewonnenen Resultaten gegenüber besagen negative bakterioskopische Befunde, wie sie LÖFFLER und HARNDT mitgeteilt haben, nichts. Das wird auch von WEBER und PESCH sowie FELDMANN und HUTTNER betont.

Wenn PRECHT im Gegensatz zu ROSENOW nicht alle pulpatoten Zähne infiziert findet, so läßt sich das wohl verstehen, dagegen läßt sich seine Annahme, daß es unmöglich sei, Zähne bei der Extraktion vor Schmierinfektion zu schützen, nicht länger aufrechterhalten. Das geht unter anderem aus den Untersuchungen von AUSTIN und COOK hervor, die normale lebende Zähne, welche bei der Anfertigung von Vollgebissen extrahiert wurden, untersuchten und unter 100 Fällen nur 4mal spärliches Wachstum beobachteten, während bei gleicher Technik pulpalose Zähne in 89% massenhaft Streptokokken enthielten. LEHMANN untersuchte gemeinsam mit PFLÜGER 163 Fälle von infizierten Wurzelkanälen, periapikalen Abscessen und Granulomen und hat in 124 Untersuchungen 80mal Reinkulturen und 44 Mischkulturen festgestellt.

Von der Osten-Sacken tauchte jedes Granulom vor dem oberflächlichen Abglühen in eine frische Prodigiosumkultur, um damit einen Test für oberflächliche Verunreinigung zu haben. Von 59 so untersuchten Granulomen fand er 25 steril; von den 34 positiven Kulturen entfielen 30 auf Streptokokken, 3 auf Staphylokokken und nur eine wird als Verunreinigung bezeichnet.

Wenn somit am Keimgehalt dieser Gebilde festgehalten werden muß, so weisen doch verschiedene Autoren mit Recht darauf hin, daß die zur Verfügung stehenden Einteilungen vollkommen ungenügend sind, um die isolierten Streptokokken zu typisieren. Proell und Stickl, die in 412 Untersuchungen 307mal Streptokokken fanden, machten für 132 Stämme einen Versuch mit der Wirthschen Klassifikation. Die Tatsache, daß sie von 6 Ausnahmen (Streptococcus haemolyticus) abgesehen, alle übrigen Stämme entweder als Streptococcus lactis ansprechen oder sie als dem Streptococcus lactis bzw. Streptococcus anhaemolyticus nahestehend bezeichnen, zeigt, daß neben der Holman- und Brownschen auch die Wirthsche Klassifikation versagt.

Lehmann fand unter 212 Kulturen 134mal auf Blutagar grün wachsende Diplokokken und Streptokokken, „die trotz vielseitiger Versuche nicht näher differenziert werden konnten", dabei teilt er die übrigen auf in Streptococcus polymorphus, Enterokokken, Streptococcus lactis, Streptococcus viridans, Streptococcus conglomeratus, Streptococcus longissimus und Streptococcus pyogenes haemolyticus. Er schreibt deshalb auf Grund der ihm bekannten Methoden durchaus zu Recht: „Es bleibt zur Zeit nichts anderes übrig, als sich mit der wenig befriedigenden Diagnose, Streptokokken aus Granulom, Pulpitis in vielen Fällen zu begnügen."

Lehmann und Stein betonen schon auf Grund der ihnen zur Verfügung stehenden Methoden, daß verschiedene Granulome desselben Patienten oft durchaus differente Keime enthalten, Stein fand gelegentlich auch gleichartig wachsende Streptokokken.

Diese Mitteilungen erhalten eine ganz besondere Bedeutung durch eine Arbeit von Warren Crowe, der bereits 1921 darauf hinwies, daß es vermittels seiner Technik möglich ist, in einem einzigen Granulom 4—12 Streptokokkentypen zu finden. 1927 erwähnte er einen Fall mit 16 verschiedenen Typen und bezeichnet auf Grund von 378 Kulturen das Vorkommen von 8 verschiedenen Streptokokkenformen als dem Durchschnitt entsprechend.

1929 bestätigten D. und R. Thomson die Befunde von Warren Crowe, fanden sie doch, daß die Spitze eines einzigen infizierten Zahnes häufig genug 8—16 Streptokokkentypen enthält.

Helen Bion hat 1931 die Croweschen Angaben ebenfalls bestätigt und Ott hat in seiner im Druck befindlichen Dissertation gezeigt, welche grundsätzliche Bedeutung dieser Typisierung für die entscheidensten Fragen der fokalen Infektion zukommt.

Die Anaerobenflora wurde 1931 durch Mechtenberg sorgfältig bearbeitet, wo auch die entsprechende Literatur nachzusehen ist.

b) Bakteriologie der Tonsillen. Trotzdem Billings den Sitz von Herdinfektionen fast dreimal so häufig in den Mandeln als in den Zähnen fand, habe ich die Granulome in der Besprechung vorangestellt, weil sie bei aller

Komplexheit doch wesentlich einfachere Verhältnisse bieten als die der Tonsillen. Das geht mit aller Deutlichkeit schon daraus hervor, daß wir, gute zahnärztliche Technik vorausgesetzt, Granulomkulturen ohne Schwierigkeiten schon in erster Passage aufs Kaninchen überimpfen können, wogegen wir bei Verarbeitung des Tonsillenmateriales die Technik des Tierversuches vollständig umstellen mußten, um nicht einen ganz überwiegenden Prozentsatz der Tiere innerhalb der ersten 24 Stunden an Sepsis zu verlieren. Das dürfte wohl auch der tiefere Grund dafür sein, daß für das experimentelle Studium der Herdinfektion bisher sehr viel mehr Zahngranulome als Tonsillen zur Verwendung kamen.

Die Bakteriologie der Tonsille kann selbstverständlich nur im Zusammenhange mit der Bakteriologie der Mundhöhle überhaupt verstanden werden. Ohne diese Frage breit aufrollen zu wollen, sei nur auf einige der letzten Arbeiten verwiesen, in denen auch weitere Literatur nachzusehen ist. In vermehrtem Maße als bei den Granulomen wird hier neue, verbesserte Technik, besonders auch in bezug auf Streptokokken und Anaerobier, recht bedeutsame Tatsachen ans Licht bringen.

BYRNES betont, wie schwer es ist, für ein Terrain, das so weitgehend von den allgemeinen hygienischen Verhältnissen abhängig ist wie die Mundhöhle, anzugeben, was für Keime unter normalen Verhältnissen vorhanden sind. GUNDEL und LINDEN versuchten in über 1000 Reihenuntersuchungen an 86 Schülern zweier Heidelberger Volksschulklassen und an 13 Institutsmitgliedern die Flora der Mundhöhle Gesunder zu ermitteln. Unter der aeroben Flora fanden sie fast durchwegs gramnegative Kokken, anhämolytische oder Mundstreptokokken und Pneumokokken Typ IV. Im Gegensatz zu WOHLFEIL und JAFFE halten sie die gramnegativen Kokken für bedeutungslos, wogegen die Keime der beiden letzteren Gruppen „unter bestimmten Voraussetzungen" pathogen werden können.

Bei allen Autoren, die über bakteriologische Tonsillenuntersuchungen berichten, spielt die Gruppe der Streptokokken und Pneumokokken eine besondere Rolle und soll hier auch ausschließlich berücksichtigt werden. Dabei wurde, der SCHOTTMÜLLERschen Auffassung entsprechend, bis in die neueste Zeit hinein besonderes Gewicht auf die Trennung in hämolytische und nichthämolytische Keime gelegt.

DOERNBERGER fand bereits 1893 45% gesunder Tonsillen mit Streptokokken besiedelt und nur wenig später wiesen WIDAL und BEZANÇON darauf hin, daß Streptokokken in allen Tonsillen vorhanden sind.

Eingehendere Untersuchungen setzten aber erst nach 1906 ein. So fand RUEDIGER in normalen Rachen durchwegs grüne und auch leicht hämolysierende Kolonien, wogegen Streptococcus pyogenes selten war. HENKE und REITER finden hämolytische und anhämolytische Kokken nebeneinander, und auch PILOT und DAVIS, die Tonsillenpfröpfe untersuchten, stellten, abgesehen von einem anaeroben Viridanstyp, in diesem Material die gleichen Formen fest, wie sie überall im Munde von normalen Individuen vorkommen. 1919 vergleichen dieselben Autoren die Befunde von Abstrichen hypertrophischer Tonsillen mit dem Krypteninhalt nach Enukleation. In 61% der Abstriche waren hämolytische Streptokokken nur in geringer Zahl vorhanden, während 97% der operativ entfernten Tonsillen in der Tiefe der Krypten hämolytische Streptokokken in wesentlich größerer Zahl enthielten. In ähnlicher Weise fand TONGS auf der Oberfläche von 250 operativ entfernten Tonsillen 74mal Streptococcus haemolyticus, bei der Untersuchung des Krypteninhaltes aber 98mal. Beattie fand gar in 92% hämolytische Streptokokken in den Tonsillarkrypten, was von Kellert nach Untersuchung von 70 Tonsillen weitgehend bestätigt wird. Pilot und Tumbeer untersuchten Pharynx und Tonsillen von Kindern mit hypertrophischen Tonsillen unter 6 Jahren auf hämolytische Streptokokken, sowohl durch Abstrich der Oberfläche wie nach Incision der Tonsillenkrypten. Der Nachweis gelang ihnen in 25 von 28 Fällen in einer oder beiden Tonsillen, in 9 Fällen standen die hämolytischen Streptokokken im Vordergrund, in 3 Fällen waren sie in Reinkultur vorhanden, wogegen sie auf der Oberfläche stets nur spärlich gefunden wurden.

Eve und Watson untersuchten 450 Kinder einer Privatschule in Philadelphia im Alter von 11 und 20 Jahren auf hämolytische Streptokokken. 72% der Untersuchungen waren positiv, sie halten die Tonsillarkrypten für den normalen Aufenthaltsort der hämolytischen Keime.

Wall untersuchte getrennt Oberfläche und Krypten von enukleierten Tonsillen. Keiner der isolierten Streptokokken war gallelöslich oder vermochte Inulin zu spalten. 84% der Oberflächenabstriche zeigten Kolonien mit totaler Hämolyse gegenüber 89% der Kryptenkolonien. Partielle Hämolyse wurde in 13% der Oberflächenabstriche und 16% aus dem Kryptenmaterial beobachtet. Nichthämolytische Streptokokken fand sie in 75% am Oberflächenmaterial und in 64% aus dem Tiefenmaterial. Wenn auch die Differenzen von Oberfläche und Tiefe hier viel geringer sind als bei früheren Autoren, so überwiegen doch auch bei dieser sehr sorgfältigen Technik die hämolytischen Keime in der Tiefe der Krypten, wie denn auch Davis annimmt, daß die hämolytischen Streptokokken vor allem im Parenchym und Viridans an der Oberfläche zu finden sind. Damit deckt sich auch das Resultat von Lukovski, der im Lacuneninhalt der Gaumenmandeln in 82,5% hämolytische Streptokokken fand.

Auch nach Pilot und Davis dominieren an der Oberfläche die grünen Streptokokken, und in der Tiefe der Krypten die hämolytischen Streptokokken. Auf der Oberfläche fanden sie in ungefähr 20% vereinzelte Kolonien hämolytischer Streptokokken gegenüber 60% in der Tiefe.

Demgegenüber fanden Howarth und Gloyne keinen wesentlichen Unterschied zwischen der Bakterienflora in den Krypten und den Schnittflächen der Tonsillen. Von 32 Fällen, die sie an der Maus auf pathogene Keime untersuchten, überlebten 14 Tiere. Aus den 18 zugrunde gegangenen Mäusen gewannen sie 7 und 8mal nichthämolytische bezw. hämolytische Streptokokken und 3mal Pneumokokken. Klinisch soll den mäusepathogenen Stämmen eine stärkere Schwellung der cervicalen Lymphdrüsen entsprochen haben.

Gottlieb untersuchte 27 Tonsillen, von denen 23 normal waren, mit Ausnahme von 2 konnte er im ausgepreßten Material in allen Streptokokken nachweisen, und zwar ganz vorwiegend Viridans. Streptococcus haemolyticus allein fand er nur einmal, 7mal in Kombination mit Viridans.

Bloomfield untersuchte in häufigen Intervallen die Rachenflora von Kindern, kurz nach der Geburt beginnend und fand schon bald nach Einsetzen des Stillens Staphylokokken, die er von der Haut der Brust ableitete und bereits nach 24 Stunden zahlreiche nichthämolytische Streptokokken, die er auf die Rachenflora der Umgebungspersonen zurückführte. Untersuchungen an Erwachsenen veranlaßten ihn, in ähnlicher Weise wie KEILTY, eine eigentliche Basalflora, bestehend aus gramnegativen Kokken und nichthämolytischen Streptokokken von den übrigen Keimen, die nur periodisch gefunden werden (Pneumokokken, hämoglobinophile Bakterien und nach LINGELSHEIM auch Staphylokokken), abzugrenzen. SHIPLEY, HANGAR und DOCHEZ schlossen sich ebenso wie FOX und STONE dieser Auffassung an. Die letzteren untersuchten wöchentlich 6 „mehr oder weniger normale" Individuen ihres Laboratoriums. Von 775 untersuchten Streptokokkenkolonien fanden sie Streptococcus mitis und salivarius in 81%, wogegen hämolytische Streptokokken im großen und ganzen nur gefunden wurden, wenn gleichzeitig Veränderungen im Sinne von Erkältungskrankheiten, Influenza usw. vorlagen, Befunde, die sich auch weitgehend mit denen von PARK und seinen Mitarbeitern decken. In neuester Zeit hat auch THIESBÜRGER versucht, die Kryptenflora als spezifische Tonsillenflora abzugrenzen und empfiehlt, für zukünftige Untersuchungen die von ASCHOFF bei seinen Appendicitisstudien herangezogene bakterioskopische Methode auch auf die Tonsillen auszudehnen.

Um die spezifisch-pathogenen Keime der Tonsillen von den saprophytären Bakterien, wie sie der Mund- und Rachenhöhle eigen sind, zu trennen, ging BESSON bereits 1913 zur Tonsillenpunktion über. RAMSEY und PEARCE untersuchten mittels einer von ihnen angegebenen Punktionsmethode 158 Tonsillen von Patienten zwischen 5 und 51 Jahren. 17 Tonsillen erwiesen sich als steril. In 111 Fällen fanden sie Streptokokken in Reinkultur, in 26 Fällen mit anderen Mikroorganismen vermischt. Die Typisierung nach GORDON, die auch HARRISON und KENNEDEY angewandt hatten, ergab in 81,2% Streptococcus pyogenes und in 18,8% Streptococcus viridans oder mucosus. 78% der Streptokokken zeigten Hämolyse. Diphtheroide, Staphylokokken, Pneumokokken und Bactericum influenzae wurden nur vereinzelt gefunden.

EVE beschrieb 1928 eine spezielle Apparatur in Form eines Saugapparates, mit dessen Hilfe nach oberflächlicher Tonsillenreinigung der Krypteninhalt zu gewinnen war, ein Verfahren, das auch WARREN CROWE gute Resultate gab.

KILDUFFE und HERSOHN untersuchten 409 Tonsillen nach oberflächlichem Abglühen auf Blutagarplatten. In einer ausführlichen Tabelle stellen sie die Kombination ihrer Befunde von 2, 3 und 4 Mikroorganismen zusammen. Streptococcus viridans fanden sie in 1,4%, Streptococcus haemolyticus in 3,0%, Streptococcus non haemolyticus in 20%, wogegen Pneumokokken in 54%, Micrococcus catarrhalis in 34% und Staphylococcus aureus in 31% vorhanden waren.

Daß Streptokokken bei Erkrankungen des Rachens eine bedeutsame Rolle spielen, wurde schon früh erkannt, beschrieb doch SPENCER bereits 1899 einen Fall akuter Streptokokkenpharyngitis, der in Sepsis ausging. Daß der Einteilung in hämolytische und nichthämolytische Keime keine entscheidende Bedeutung für die Beurteilung der Pathogenität zukommen kann, ist im Streptokokkenabschnitt eingehend begründet worden. Historisch interessant ist, daß THALMANN bereits 1910 in seinem Bericht über Streptokokkenbefunde in 100 Fällen von Angina auf das wechselnde Hämolysevermögen der Streptococcus pyogenes-Stämme hinwies und HENKE und REITER (1912) betonten, daß es kaum angeht, den Begriff der Hämolyse mit dem der Pathogenität zu verbinden, indem sowohl hämolytische wie nichthämolytische Keime milde und schwere Affektionen auszulösen vermögen.

Pybus betonte 1915 die große Zahl der gefundenen Streptokokkenvarietäten, die nicht nur morphologisch und kulturell, sondern auch bezüglich Virulenz und pathogenem Vermögen recht wesentlich voneinander abweichen, und Schmitz schrieb 1919 von den Streptokokken, „daß deren Bösartigkeit vielleicht nur von der Mannigfaltigkeit der durch sie veranlaßten Krankheitszustände noch übertroffen wird".

D. und R. Thomson untersuchten vermittels der Crowe-Platte Tonsillarabstriche rheumatischer Kinder. Auch sie betonen das Überwiegen der Streptokokken, die bis zu 90% aller Kolonien ausmachen, aber in ihrer Zusammensetzung bei den einzelnen Individuen außerordentliche Schwankungen aufweisen, worauf 1930 auch Malan hinweist. 1928 untersuchten D. und R. Thomson mit einem kurzen Unterbruch in wöchentlichen Abständen 1 Jahr lang die Flora eines der Autoren selbst und stellten wiederum das Überwiegen der Streptokokken fest, deren Varietäten allerdings von Woche zu Woche beträchtlichen Schwankungen unterworfen waren. Wenn das Material aus dem Inneren der Tonsille entnommen war, so war die Zahl der Kolonien wesentlich geringer, gelegentlich blieben die Platten sogar steril.

Wir selbst haben bereits ein beträchtliches Material von chronischen Tonsillitiden und enukleierten Tonsillen untersucht und werden demnächst über unsere Befunde berichten. Hier seien nur zwei Dinge festgehalten: In Übereinstimmung mit D. und R. Thomson finden auch wir eine große Zahl, selten weniger als 4, meist 8—10 verschiedener Typen. Um die Oberflächenflora fernzuhalten, hatten wir ursprünglich die enukleierten Tonsillen für wenige Sekunden in Öl von 300° eingetaucht. Da aber auf diese Weise die spätere histologische Untersuchung unmöglich wird, gehen wir neuerdings so vor, daß wir nur das hintere, der Rachenwand zugerichtete subkapsuläre Gewebe zur Verimpfung in Rosenow-Bouillon verwenden, von der Annahme ausgehend, daß es vor allem die pathogenen Keime sind, die in die Tiefe vordringen, wie das Ott für die Granulome gezeigt hat.

Besonders bedeutsam, wenn auch zunächst noch sehr unvollkommen, sind die Tonsillenuntersuchungen, welche im Zusammenhang mit Herdinfektion durchgeführt wurden. 1912 untersuchte Davis 113 Tonsillen von Patienten mit Arthritis, Endokarditis und Nephritis und fand in 90 Fällen, vor allem in der Tiefe der Krypten, in Übereinstimmung mit allen früheren Autoren, hämolytische Streptokokken, während sich die grün wachsenden mehr an der Oberfläche hielten. Die hämolytischen Stämme lösten beim Kaninchen vorwiegend Arthritiden aus, die intravenöse Injektion der Viridansstämme dagegen führte zu Endokarditis.

Nakamura untersuchte 2048 Tonsillen, die an der Mayo-Klinik wegen Verdacht auf Fokalinfektion oder rezidivierender Tonsillitis entfernt wurden. Unter 1250 Tonsillen enthielten 52% hämolytische, 58% viridans und 18% indifferente Streptokokken von durchwegs geringer Virulenz. In 841 Fällen wurde die Untersuchung auch auf andere Keime ausgedehnt und dabei zum Teil in beträchtlicher Zahl Staphylokokken, Micrccocus catarrhalis und Micrococcus tetragenus angetroffen.

Polvogt und S. J. Crowe untersuchten parallel das Innere operativ gewonnener Tonsillen und Lymphdrüsen in 100 ausgewählten Fällen mit folgenden Fragestellungen:

1. Was für Mikroorganismen in der Tiefe der Krypten vorherrschen.

2. Ob die von Patienten mit Herdinfektion (rezidivierende Tonsillitis, Arthritis, Nephritis) gewonnenen Keime abweichen von solchen, wo die Patienten nur lokale Symptome zeigen.

3. Ob ein Bacillenträgertum feststellbar ist.

Zur Sterilisierung der Oberfläche wurden die steril gehandhabten Tonsillen 5 Min. in 70% Alkohol geschüttelt, sodann 3mal in physiologischer Kochsalzlösung gewaschen und mit sterilem Sand zerrieben. Die Kulturen wurden in Bouillon angelegt und entsprechende Verdünnungen in Bouillon und Blutagarplatten hergestellt.

Die Krankheitsbilder zerfallen in 12 Gruppen:

1 Chronische Tonsillitis ohne nachweisbare Komplikationen. In 36 von 38 Fällen überwogen hämolytische Streptokokken.

2. Chronische Tonsillitis mit Herzkomplikationen. In 16 von 18 Fällen wurden hämolytische Streptokokken gefunden.

3. Chronische Tonsillitis mit infektiöser Arthritis. In 8 von 10 Fällen waren die hämolytischen Streptkokken fast in Reinkultur vorhanden, in 2 Fällen Staphylococcus aureus.

4. Chronische Tonsillitis mit chronischer Sinusitis. Die hämolytischen Streptokokken standen in allen 10 Fällen sowohl im Sinus wie in der Tonsille im Vordergrund.

5. Chronische Tonsillitis und chronische Otitis media. In allen 10 Fällen hämolytische Streptokokken.

Die übrigen 7 Gruppen, welche die Beziehungen von chronischer Tonsillitis zu Nephritis, Hilustuberkulose, chronischer Pneumonie, Anämie, Chorioiditis, Keratitis und multipler Neuritis betonen, umfassen nur wenige Fälle.

Ein Vergleich mit den Kulturen der Lymphdrüsen ergab, daß in 81 Fällen hämolytische Streptokokken und in 8 Fällen Staphylokokken sowohl in den Tonsillen wie in den Lymphdrüsen im Vordergrund standen. In 10 Fällen überwogen in den Lymphdrüsen Staphylokokken, während die Untersuchung der Tonsillen eine Reinkultur hämolytischer Streptokokken ergab.

In 12 Fällen wurde eine vergleichende Untersuchung durchgeführt zwischen Oberflächenflora kurz vor der Enucleation, den Bakterien in der Tiefe der Tonsillen und in den Lymphdrüsen. Wesentliche Differenzen ergaben sich nur in 2 Fällen zwischen Abstrich und Gewebskultur.

Quantitative Untersuchungen wurden von CAYLOR und DICK durchgeführt mit dem Resultat, daß der Gesamtbakteriengehalt kleiner Tonsillen wie auch die Zahl der Bakterien pro Gramm Organ wesentlich größer sein kann als bei stark hypertrophischen Tonsillen. RHOADS und DICK verglichen Tonsillenreste mit vollständig enukleierten Tonsillen; in den ersten fanden sie durchschnittlich pro Gramm 7 341 000, in vollständig enukleierten 5 693 00 Keime. Durch Waschen in 0,01% Natronlauge entfernten sie den oberflächlichen Schleim und ihm anhaftende Bakterien, um auf diese Weise festzustellen, wieviel Keime dem Inneren der Tonsille zukommen. Die oberflächliche Keimbesiedelung trat sehr deutlich zutage: im gewachsenen Stück zählten sie 48 200, im unvorbehandelten 415 000 Keime pro Gramm.

36*

Aus diesen Zusammenstellungen geht zunächst hervor, welch große Arbeit bisher auf die bakterielle Untersuchung von Granulomen und Tonsillen verwendet wurde. Wenn dabei gewisse grundlegende Tatsachen, wie das Vorkommen einer Basalflora, die Saisonschwankungen unterworfen ist, exogene und hämatogene Infektionsmöglichkeiten usw. aufgedeckt worden sind, so kann doch kein Zweifel darüber bestehen, daß die Hauptarbeit wohl noch zu leisten ist. Gerade auf diesem Gebiet zeigt sich, wie vollkommen ungenügend die im allgemeinen zur Anwendung gelangten Streptokokkentypisierungen waren, um Kausalzusammenhänge, wie sie z. B. von BECK und PFANNENSTIEL erhoben worden sind, zwischen den Foci und den Fernerkrankungen zu beweisen. Das gesamte Tatsachenmaterial weist auch darauf hin, wie unglücklich sich die Verquickung des Hämolyse- und Virulenzbegriffes ausgewirkt hat. Der einzige Weg, der wohl über theoretische Begriffe und Konstruktionen hinweg zu führen vermag, ist, wie ASCHOFF erst kürzlich betonte, eine zielbewußte Kombination von pathogenetischer und ätiologischer Forschung für die, soweit es Streptokokkenaffektionen betrifft, eine weitgehendste Differenzierung unbedingte Voraussetzung ist.

6. „Herd"-bedingte Krankheitsbilder.

Ich habe im Abschnitt über die Geschichte der Herdinfektion ausgeführt, daß schon in den ältesten Zeiten daran gedacht wurde, gewisse Krankheitsbilder auf chronische, im Hintergrund bleibende Infektionsherde zurückzuführen.

BILLINGS hatte die überwiegende Mehrzahl der in Frage kommenden Herde aufgedeckt und PÄSSLER kommt das Verdienst zu, auf den ungeheuren Reichtum der fokal bedingten Krankheitsbilder hingewiesen zu haben, Bilder, „die durch die chronische bzw. dauernd progrediente und wieder abflauende oder in unregelmäßigen Intervallen immer wieder rezidivierende Verlaufsart gekennzeichnet sind". In Tabelle 16 sind die Krankheitsbilder zusammengestellt, die PÄSSLER 1930 am Deutschen Kongreß für innere Medizin auf Herdinfektionen zurückführte.

Nach ROSENOW ist diese Liste noch zu ergänzen durch:

> Muskel- und Gelenkrheumatismus,
> Schilddrüsenerkrankungen,
> Nephrolithiasis,
> Multiple Sklerose,
> Encephalitis,
> Poliomyelitis,
> Epidemischer Singultus.

Nach H. W. PÄSSLER kommt weiter hinzu:

> Schwielige Perikarditis,

und nach MACKENZIE gewisse Formen von

> Vertigo.

Ich verzichte an dieser Stelle darauf, die Gründe anzuführen, welche die Autoren veranlaßt haben, die einzelnen aufgeführten Krankheitsbilder als herdbedingt aufzufassen oder aber auch auf die Gründe hinzuweisen, welche die partiellen oder prinzipiellen Gegner der Lehre veranlaßten, diese Pathogenese abzulehnen.

Nachdem ich in den vorangehenden Abschnitten versucht habe, den derzeitigen Stand der bakteriologischen und allgemein-pathologischen Anschauung in Beziehung zur Herdinfektion darzulegen, sei in diesem Abschnitt noch auf

Tabelle 16. Herdinfektion[1].

Rezidivierende Anginen.	Neigung zu Herpes labialis.
Rezidivierende Entzündung des Rachens.	Akne, Akne rosacea.
Neigung zu „Erkältungen", zu „Grippe".	Seborrhoische Zustände.
Lymphadenitis (besonders regionäre Drüsen).	Ekzeme.
(Nichttuberkuloser Anteil der Skrofulose.)	QUINCKEsches Ödem.
Allgemeine „kryptogene" Sepsis und septische Zustände.	Urticaria.
	Neigung zu Kopfschmerzen.
Labile Körpertemperatur, subfebrile Zustände sonst unbekannter Ätiologie.	Chorea — choreatische Zuckungen.
	Neuralgien (Trigeminus, Ischiadicus u. a.).
Labile Herztätigkeit, viele sog. „Herzneurosen".	Multiple Sklerose ?
Labile Gefäßreaktion, „Vasomotoriker".	Nephritis (wahrscheinlich *nicht* die Kriegsnephritis).
Neigung zu allgemeinem Frieren, zu kalten Händen und Füßen.	„Dysurie" (Reizblase, anfallsweise Pollakisurie und Polyurie, Phosphaturie, Ammoniurie, Enuresis, desquamative Kat. der Harnwege).
Herzpalpitationen (auch mit Glanzauge).	
Herzschmerzen.	
Herzmuskelschwäche (reversibel).	Gastralgie (ohne objektiven Befund)
Extrasystolie (Myokarditis ?).	Sekretionsanomalien des Magens
Endokarditis mit und ohne Keimansiedelung an den Klappen.	Dyspepsie
Rekurrierende Endokarditis.	Ulcus ventriculi
Phlebitiden.	Gastritis
Ernährungsstörungen (Unterernährung, pastöser Habitus).	Dünndarmdurchfälle.
„Asthenischer Habitus" (manche Formen).	Dickdarmdurchfälle (Colitis simplex und Colitis ulcerosa, Colitis mucomembranacea).
Stoffwechselstörungen (Oxydationshemmungen, Milchsäurezunahme, Wasserretention u. a.).	Habituelle, namentlich spastische Obstipation.
Psychische· und nervöse Störungen (Reizbarkeit, Ermüdbarkeit, Mangel an Konzentrierungsfähigkeit, Schreckhaftigkeit, Verstimmung, Launenhaftigkeit).	Rezidivierende Appendicitis und Cholecystitis.
	Conjunctivitis — Blepharitis.
Schlafstörung, allgemeine Unruhe.	Iritis „rheumatica".
Abnorme Hauttrockenheit und (häufiger) Neigung zu Schweißen.	Hypochrome Anämien.

(In der rechten Spalte: Gastralgie (ohne objektiven Befund), Sekretionsanomalien des Magens, Dyspepsie, Ulcus ventriculi, Gastritis = Gastroenteropathica parainfectiosa („Ulcuskrankheit").)

die Möglichkeiten hingewiesen, welche der Klinik zur Verfügung stehen, um allfällige Zusammenhänge zu erfassen. In Frage kommen hier: Anamnese, Reaktionen allgemeiner Natur, wie sie sich in quantitativen und qualitativen Veränderungen des Blutbildes kund tun, spezialärztliche Befunde bei den im Einzelnen angeschuldigten Herden, sowie schließlich die Statistik, die einerseits Aufschluß zu geben hat über das Zusammentreffen von Herden mit den angeschuldigten Krankheitsbildern und andererseits die Resultate der therapeutischen Maßnahmen (operative Entfernung der Herde, Serum- und Vaccinetherapie) zu erfassen hat.

---

[1] Nach PÄSSLER: Verh. dtsch. Kongr. inn. Med. **1930**, 396.

IV. Klinische Anhaltspunkte für die Existenz einer Herdinfektion.

1. Anamnese.

Die interne Medizin kennt genügend Beispiele dafür, daß von einer großen allgemein-pathologischen Erfahrung geleitete Anamnesenaufnahmen neue kausal-ätiologische Zusammenhänge aufzudecken vermögen. Dieser intuitiven Exploration stehen Fälle gegenüber, wo in deduktiver Weise vom Laboratorium ausgehende Beobachtungen erst eine zielgerichtete Fragestellung ermöglichten, wissen wir doch heute aus der Krebsforschung, wie schwer es ist, sinnvolle Anamnesen aufzunehmen, wenn man eigentlich nicht weiß, auf was für kausale Zusammenhänge die Aufmerksamkeit zu richten ist. Diese Gesichtspunkte bestimmen den Wert der Anamnese für die als Herdinfektion aufgefaßten Krankheitsbilder. Hier, wo nicht nur die Eintrittspforte, sondern auch die erste Lokalisation häufig als stumme „unterschwellige" Infektion abläuft, kann von einer sorgfältigen Anamnese nicht allzuviel erwartet werden. Günstiger liegen die Verhältnisse nur da, wo dem chronischen Streuungsherd eine akut manifeste Affektion vorausging. In diesen Fällen, von denen wir bis heute nicht wissen, ob sie die Ausnahme oder die Regel darstellen, wird eine sorgfältige Anamnese gelegentlich auch über Jahre zurückliegende Erkrankungen (rezidivierende Tonsillitiden, Wurzelhautentzündungen, Adnexerkrankungen usw.) erfassen und dadurch zum mindesten die Aufmerksamkeit auf gewisse Zusammenhänge richten können.

Die weitere und schwierigere Frage ist dann der klinischen Exploration überlassen, die festzustellen hat, ob ein entsprechendes Krankheitsbild als Herdinfektion aufgefaßt werden darf und wie allfällig vorhandene Herde zu beurteilen sind. Das heißt mit anderen Worten, ob es objektive Symptome gibt, die für eine Herdinfektion sprechen und was für Zeichen uns berechtigen, einen chronischen Infektionsherd als Ausgangspunkt für das betr. Krankheitsbild aufzufassen.

2. Quantitatives und qualitatives Blutbild.

Bei dem hochdifferenzierten Ausbau der hämatologischen Forschung war es naheliegend, für die Herdinfektion nach charakteristischen Veränderungen des Blutbildes zu suchen.

TOREN, HARTZELL und DALAND sehen in einer leichten sekundären Anämie, Leukopenie und relativer Lymphocytose charakteristische Zeichen einer oralen Herdinfektion.

KIRK, BRYANT und POLIWITZKY untersuchten 32 Patienten mit periapikalen Herden. Vor der Behandlung fanden sie, wie frühere Autoren, in etwa 50% der Fälle Zeichen einer sekundären Anämie, die Leukocyten- und Lymphocytenzahlen zeigten Schwankungen nach oben und nach unten, meist war eine deutliche Linksverschiebung nachweisbar. 1—4 Monate nach der Behandlung zeigte das Blutbild eine Tendenz der Rückkehr zur Norm.

Eine sehr sorgfältige Untersuchung über das Blutbild bei tonsillogenen und dentalen Herdinfektionen liegt aus neuester Zeit vor von GORDING und BJØRN-HANSEN. Die Autoren suchen in dieser Arbeit in Fortsetzung früherer Untersuchungen von TANBERG und GORDING das Bild des infektiösen Rheumatismus abzugrenzen. An einem wenig zahlreichen, aber sehr sorgfältig durchuntersuchten Patientenmaterial stellen die Autoren fest, daß tonsilläre und dentale

Herdinfektionen zum Teil bedeutende Veränderungen des leukocytären Blutbildes bedingen, und zwar sowohl in quantitativer als ganz besonders in qualitativer Richtung im Sinne einer ausgesprochenen Linksverschiebung, und daß diese Veränderungen mit einer nach Entfernung der Foci eintretenden Besserung oder Heilung der Prozesse weitgehend zurückgehen. In anderen Fällen, wo durch den operativen Eingriff weder die rheumatische Erkrankung noch das Blutbild verändert wurden, rechnen die Autoren mit der Möglichkeit, daß der kausale Fokus nicht gefunden wurde. In einer dritten Gruppe von Fällen, wo sowohl anamnestische wie klinische Daten für die Annahme einer Herdinfektion sprachen, wurde allerdings ein normales Blutbild angetroffen.

So prägnante Formulierungen, wie sie WEBER aufstellte, der von einer neutrophilen Kampfphase, monocytären Abwehrphase und lymphocytären Heilphase spricht, wurden von anderen Autoren nicht beobachtet, so daß man sich wohl GLOOR anschließen kann, wenn er sagt, daß die morphologische Blutuntersuchung allerdings einen wertvollen Behelf für die Beurteilung des klinischen Gesamtbildes eines Patienten gibt, bisher aber nicht imstande war, die Gesamtfrage der fokalen Infektion wesentlich abzuklären. Wie stark aber die Rückwirkungen der Herde auf den Gesamtorganismus sein können, wird in eindeutiger Weise durch die folgende, der GORDING-BJØRN-HANSENschen Arbeit entnommene Tabelle illustriert, welche über das Blutbild an 5 Patienten, bei denen etwa 14 Tage nach einer Angina eine Polyarthritis auftrat, vor und nach der Behandlung orientiert.

Tabelle 17. Blutbild vor und nach der Entfernung von Tonsillenherden bei Polyarthritis.

Nr.	Name	Alter	Dauer der Krankheit	Anzahl der Leukocyten pro mm³	Eosinophile	Basophile	Neutrophile			Lymphocyten	Monocyten	Linksverschiebung
							Jugendliche	Stabkernige	Segmentkernige			
					%	%	%	%	%	%	%	%
1	Frau D. B. . .	32	4 Monate	12800	3	2	2,5	15	50	24	3	26
2	T. B. . .	12	4 Jahre	10950	2	+	0	8	42	44	4	16
3	Frl. A. O. . .	25	5 Monate	11000	1	+	1	5	58	32	3	9
4	S. H. . .	32	5 Wochen	13100	5	+	1	9	48	29	8	17
5	J. H. . .	26	14 Monate	10500	1,5	1	0	1,5	65	23	8	2
				Nach der Fokalbehandlung:								
1	Frau D. B. . .			6200								5
2	T. B. . .			6400								9
3	Frl. A. O. . .			6800								6
4	S. H. . .			6400								4
5	J. H. . .			5630								1

Daß sowohl Agranulocytose wie Monocytose auf akute orale Herdinfektionen zurückgeführt worden sind, sei hier nur erwähnt (GROSSE, DANILEWSKY und MOGILNITZKY, sowie DENNIS).

3. Blutsenkungsreaktion.

Ebenso, wie der Infektionsprozeß im quantitativen und qualitativen Blutbild zum Ausdruck kommen kann, besteht, wie WEBER betont, die Möglichkeit, auch die Senkungsreaktion als Test für das Bestehen eines klinisch latenten Infektionsherdes heranzuziehen. Rault fand in 85% der Fälle mit einer Blutkörperchensenkung von mehr als 7 mm in der Stunde röntgenologisch nachweisbare Veränderungen an Zahnwurzelspitzen und sieht im Senkungsindex die Möglichkeit, die Anwesenheit von latenten Infektionsherden zu erkennen „unter der Voraussetzung, daß andere Infektionen ausgeschlossen werden können". Nach Sanierung der Mundhöhlen trat, wie dies auch Stein betonte, eine Rückkehr zur normalen Senkungsgeschwindigkeit ein. Gording und Bjørn-Hansen lehnen auf Grund von 23 untersuchten Fällen einen Parallelismus zwischen Senkungsreaktion und Blutbildveränderung ab und messen der letzteren wesentlich mehr Bedeutung bei.

4. Die Bewertung der Tonsille als Fokus.

Worms und Le Mée haben in ihrem Referat an der internationalen Laryngologentagung 1931 auf Grund einer internationalen Rundfrage eine Reihe von Forderungen aufgestellt, um zu einer richtigen Bewertung der Tonsillen als chronischem Infektionsherd zu gelangen und damit die wahllose Entfernung von Tonsillen, als Sitz „böser Geister" (Payr), zu unterbinden. Wenn nun auch von den einzelnen Autoren die verschiedenen Punkte recht verschieden gewürdigt werden, so ergab sich doch hieraus ein brauchbares Schema, das aber stets der Klinik untertan bleiben muß, eingedenk des Schoenschen Satzes, daß es besser ist „eine ungefährliche Operation einmal vergebens zu machen, als untätig zuzusehen, wie der Organismus durch die schädliche Wirkung eines Herdes gefährdet wird", ein Gesichtspunkt, den sich die Chirurgen aller Länder für die Appendix längst zu eigen gemacht haben.

Als **Zeichen allgemeiner Natur**, welche für einen Zusammenhang von Tonsillen zu Herderkrankungen gewertet werden, kommt nach allen Autoren in erster Linie das wiederholte Zusammentreffen, wenn auch gelegentlich in zeitlichen Intervallen (8—14 Tage) von Exacerbationen der Herdinfektionen mit pathologischen Zuständen der Tonsillen, bzw. rezidivierenden Anginen in Betracht.

An **lokalen Zeichen** werden folgende Punkte angeführt:

a) Nachweis von Eiter in den Krypten (auf Druck).

b) Cervicale oder angulo-maxillare Lymphdrüsenschwellung.

c) Peritonsilläre Abscesse.

d) Schwellung der Gaumenbögen.

e) Verwachsungen der Tonsille mit dem vorderen oder hinteren Gaumenbogen.

f) Hypertrophie der Tonsillen, wozu aber zu bemerken ist, daß von seiten der amerikanischen und englischen Autoren von jeher auch besonderes Gewicht auf die kleinen, versteckten und verwachsenen Tonsillen gelegt wurde, was Worms und Le Mée zum Satze veranlaßt „je mehr sich die Tonsille versteckt, desto größer ist die Wahrscheinlichkeit, daß sie den Herd bildet".

g) Rezidivierende Anginen.

h) Schmerzen und Fieber.

i) Bakterienflora.

Da aber von allen diesen Faktoren für sich allein keiner genügt, um die Tonsillen mit Sicherheit als Herd anzusprechen und eine Kombination der verschiedenen Merkmale häufig fehlt, mußte eine Methode, welche die Bedeutung der Tonsillen für ein gegebenes Krankheitsbild objektiv erkennen läßt, einen bedeutsamen diagnostischen Fortschritt darstellen.

Von der Beobachtung ausgehend, daß Aufflackerungsprozesse im Herd häufig von Exacerbationen der peripheren Erkrankung begleitet sind, hat CITRON auf die Möglichkeit hingewiesen, durch Kompression der Tonsille, wodurch nach KUCZINSKY Keime in die Zirkulation gedrängt werden, solche Herdreaktionen willkürlich auszulösen.

V. SCHMIDT hat auf dem Boden der Anschauung über eine innere Sekretion der Tonsille einen „Bluttest" ausgedacht. Nach zweiminutiger Massage der Tonsille mit dem behandschuhten Finger stellte er beim normalen Individuum eine beträchtliche Lymphopenie fest, die nach 15—25 Min. ihr Maximum erreichte. Dreiminutige Massage von chronisch infizierten Tonsillen führte zu einer merklichen Hyperleukocytose, an der vor allem die Polynukleären beteiligt waren, die erst nach 2 Stunden wieder zur Norm zurückkehrte. Bleibt sowohl Lymphopenie wie Polynukleose aus, persistiert also die normale Leukocytose, so schließt SCHMIDT auf eine einfache chronisch-fibröse Tonsillitis.

Einen weiteren Anhaltspunkt über einen in der Tonsille vorhandenen Infektionsherd gibt die sog. „Kältereaktion" der Tonsillen, wie sie durch Kohlensäureschnee, Äthylchlorid oder auch einfacher durch Eiswasserauftröpfelung ausgelöst werden kann. Die Reaktion setzt 2 Min. nach der Kälteapplikation ein, dauert 10—15 Min. und bedingt bei der normalen Tonsille eine beträchtliche Polynukleose im Blutbild, die bei krankhaft veränderten Tonsillen ausbleibt. Diese Reaktion kann nicht vor 8—10 Tagen wiederholt werden.

Beide Reaktionen wurden von BRUNETTI und BOTTURA, sowie von M. R. GUTTMAN, der seine klinischen Resultate durch histologische Untersuchungen verifizierte, bestätigt.

Von der Beobachtung ausgehend, daß Patienten nach der „Absaugung" der Tonsillen gelegentlich Herdreaktionen zeigen, ging LE MÉE auch dazu über, nach diesem Eingriff das Blutbild zu verfolgen. An 58 gesunden Tonsillen stellte er eine Normalkurve auf und belegte durch eine Reihe charakteristischer Beispiele die Bedeutung der Hyperleukocytose nach dem Absaugen der Tonsillen als Test einer chronischen Infektion (Auszählung nach 15 Min., 1 Stunde, $2^{1}/_{2}$ Stunden und $5^{1}/_{2}$ Stunden). Letzte Mahlzeit 2 Stunden vor Beginn der Versuche; während der Dauer der Untersuchung weder Speise noch Trank).

Auch WORMS und ANDRIEUX fanden, sowohl nach Massage wie nach Absaugen, was ihnen als der harmlosere Eingriff erscheint, eine Leukocytose bei pathologisch veränderten Tonsillen und an solchen, die normal scheinen, aber in Wirklichkeit infiziert sind, wogegen sie die Lymphopenie nach Massage normaler Tonsillen weniger konstant, bzw. nur nach intensiver Massage auftreten sahen.

WORMS und LE MÉE ziehen aus den bisher vorliegenden Resultaten sowie aus ihren eigenen Untersuchungen den Schluß, daß sowohl Massage wie Absaugung wertvolle Einblicke in die Bedeutung der Tonsillen für eine vorliegende Herdinfektion zulassen: ist nach einem der beiden Eingriffe sowohl der funktionelle (periphere Herdreaktion) als der hämatologische Test positiv, so halten sie die Tonsille für „pathologisch" und „schuldig". Aber auch eine positive Herdreaktion allein oder auch eine Hyperleukocytose allein lassen auf eine kausale Herdtonsillitis schließen, während eine nach beiden Richtungen hin negative Reaktion die Tonsille als Fokus ausschließen soll.

5. Die Bewertung der periapikalen Herde als Fokus.

Wenn auch die Diagnose der chronischen Tonsillitis wie die der periapikalen Herde in Einzelheiten Sache des Spezialisten ist, so setzen die engen Zusammenhänge mit allgemeinen Krankheitsprozessen, wie sie die Lehre von der Herdinfektion postuliert, doch eine allgemeine Kenntnis der den Spezialgebieten zur Verfügung stehenden Methoden voraus, und das um so mehr, als in erster Linie die klinischen Zusammenhänge die Aufstellung dieser, in ihrer Pathogenese einheitlichen Krankheitsbilder veranlaßte und die in der Statistik zum Ausdruck kommenden Resultate ja weitgehend von der Herddiagnostik abhängig sind.

Neben der Anamnese und der direkten Inspektion der Mundhöhle spielt die Röntgenuntersuchung für das Auffinden dentaler Herde eine sehr bedeutsame, aber, wie von allen Seiten immer wieder betont wird, für sich allein keine ausschlaggebende Rolle, da wohl röntgenologisch nachweisbare Herde kausal von Bedeutung sein können, ein negatives Röntgenbild bei devitalisierten Zähnen aber nicht gegen eine Pulpainfektion spricht. Stein mißt neben sezernierenden Fisteln und periostalen Abscessen der Klopfempfindlichkeit der Zähne und der Druckempfindlichkeit der Wurzelspitzengegend eine besondere Bedeutung bei. Walkoff hat die Thermometrie in die Diagnostik der Pulpaerkrankungen eingeführt, die darauf beruht, daß der gesunde Zahn beträchtliche Differenzen nach oben und unten von 37° reaktionslos erträgt, wogegen bei Pulpaentzündungen, je nachdem sie serös-eitrig oder gangränös sind, auf Kälte- oder Wärmereize hin Schmerzen auftreten.

Tabelle 18[1]. Diagnostisches Schema für schleichende und larvierte septische Infektionen.

1. Aufsuchen des primären Sepsisherdes	Druckpunkte, Drüsen usw. Besonders zu achten auf: Tonsillen, Nasenrachenring, Ohr, Haut, Appendix, Gallenblase, Darm, Leber, Blase, Nierenbecken, Nieren, Prostata, Genitalien, Lungen, Knochen usw. usw.

2. Subjektive, toxische Symptome: Myalgien, Neuralgien, Gelenkschmerzen, Magenstörungen.
3. Temperatursteigerung, Pulsbeschleunigung, Endokarditis, Gelenkschwellungen.
4. Positiver Bakterienbefund im Blut.
5. Blut: Leukocytose, Linksverschiebung, sekundäre Anämie, ferner Endotheliose, Monocytose, Agranulocytose.
6. Milztumor, Erythema nodosum und multiforme, Purpura (Capillartoxikose), Hautembolien.
7. Beschleunigte Blutkörperchensenkung.
8. Urobilinogenurie.
9. Mit Vorsicht: Verstärkung der Symptome nach Injektion autogener Vaccine.
10. Sehr zweifelhaft: Organotropismus des vermuteten Erregers im Tierversuch.
11. Ex juvantibus: Beseitigung der Symptome durch Entfernung des vermuteten Primärherdes.

Mit Einführung der elektrischen Prüfung nach Schrödinger, an homologen Zähnen vergleichend ausgeführt, wurde ein weiteres Hilfsmittel bekannt,

---

[1] Nach Kämmerer: Münch. med. Wschr. **1929**, 1500.

das über den Zustand der Pulpa orientiert; die Möglichkeit, einen Kausalzusammenhang im Sinne des Tonsillartestes aufzudecken, besteht für die Zahnaffektionen allerdings noch nicht, es sei denn, die von MAYER empfohlene Hochfrequenzbestrahlung, die den mutmaßlichen Herd in ein akutes Stadium überführen soll, würde sich bewähren.

KÄMMERER teilte vorstehendes diagnostisches Schema für Herdinfektionen mit, das für Tonsillen und Zähne nach den angeführten Gesichtspunkten zu erweitern wäre (Tab. 18).

6. Statistik.

a) Häufigkeit der Herde.

Wenn auch die Angaben über die Häufigkeit, mit der Herde bei Gesunden und bei Kranken gefunden werden, je nach Land, Alter, Untersuchungstechnik usw. gewissen Schwankungen unterliegen, so bildeten die Zahlen, die seit Aufstellung des Begriffes der „focal infection" mitgeteilt wurden, doch einerseits einen Grund des Erstaunens und ein Moment der Enttäuschung zugleich.

HOWE fand bei der Untersuchung von 50000 Kindern bei 40000 entzündliche Veränderungen an der Zahnwurzel. IRONS untersuchte 124 mit den verschiedensten Krankheiten behaftete Patienten und stellte in 44% der Fälle entzündliche Veränderungen der Zähne fest. BLACK untersuchte 600 Gebisse im Durchschnittsalter von 35 Jahren mit folgendem Resultat: 55% hatten einen oder mehrere periapikale Herde und 78% zeigten entweder einen periapikalen Herd oder Alveolarpyörrhoe. BLANEY fand unter 2300 wurzelgefüllten Zähnen in 71,6% entzündliche Wurzelaffektionen.

MOLT fand an der MAYO-Klinik bei 1417 Patienten mit den verschiedensten Affektionen in 80—90% infizierte Zähne. Tabelle 19 gibt über ihre Verteilung Auskunft.

Solche Zahlen lassen es zunächst durchaus verständlich erscheinen, daß BIELING dem Nachweis von Herden bei irgendeiner Affektion als kausalem Faktor jede Bedeutung abspricht. Andererseits muß aber festgehalten werden, daß sehr sorgfältige Untersuchungen vorliegen, die, auf den allgemeinen Gesundheitszustand bezogen, doch wesentliche Differenzen auf-

Tabelle 19[1].

Krankheiten	Prozentsatz der infizierten Zähne
Magenleiden	90,2
Duodenale und gastrische Geschwüre .	92,0
Schwache Allgemeinkonstitution . .	86,6
Arthritis	87,8
Myositis	89,5
Herzerkrankung	88,1
Nierenerkrankung	92,9
Rückenschmerz	88,7
Kopfweh	88,0
Neuritis	90,0
Gallenblasenerkrankung	91,5
Anämie	92,5
Kropf	87,5
Gehörstörung	94,7
Verschiedene Erkrankungen	87,3

weisen, je nachdem das Individuum Träger von Foci ist oder nicht und weiterhin darf nicht übersehen werden, daß unter den Herdinfektionen eine ganz große Zahl von Krankheitsbildern zusammengefaßt ist, die häufig genug nicht zu manifester Erkrankung führen. Unabhängig von der pathogenetischen Auf-

---

[1] Nach W. LEHMANN: Erg. inn. Med. **40**, 709 (1931).

fassung KLINGEs über den Rheumatismus bleibt es sein ganz großes Verdienst, am Sektionsmaterial die Häufigkeit von „rheumatischen" Affektionen nachgewiesen zu haben, wo weder klinisch noch anamnestisch Angaben über „Rheumatismus" vorliegen. Wir sehen in diesen KLINGEschen Befunden einen unbedingten Beweis für das häufige Vorkommen sog. „diskreter" Streuung.

PÄSSLER hat auf Grund seiner Untersuchungen an Reichswehrleuten, deren Gebisse dauernd überwacht wurden, folgende Tabelle aufgestellt.

Tabelle 20[1].

Nr.	Beschwerden	Normale Tonsillen (94 Fälle)	Chronische Tonsillitis (100 Fälle)
1	Angina	13 (12 einmalig) (1 mehrfach)	52 (30 einmalige) (22 häufige)
2	Neigung zu „Erkältungskrankheiten" .	4	13
3	Neigung zu Rheumatismus	4	26
4	Neigung zu Kopfschmerzen	5	29
5	Subjektive Herzbeschwerden (Herz obj. meist o. B.)	3	14
6	Magenbeschwerden	1	12
7	Habituelle Verstopfung	1	8
8	Neigung zu übermäßigem Schwitzen . .	3	11
9	Nervosität	—	9
10	Blinddarmentzündung	2	11
11	Harnbeschwerden im Sinne von Dysurie	—	3

Er weist auf Grund dieser Untersuchungen mit Recht auf den markanten Unterschied hin zwischen den in der ersten Gruppe zusammengefaßten Individuen mit normalen Tonsillen, die sich dauernd bester Gesundheit erfreuen („viele hatten während einer Dienstzeit, die bei den meisten schon mehr als 3 Jahre, bei etwa $^2/_5$ schon über 6 Jahre und bei wenigen 12 und mehr Jahre betrug, noch niemals ärztlicher Hilfe bedurft") und der zweiten Gruppe, denen bei ihrer chronischen Tonsillitis „immer wieder einmal etwas fehlt".

Aus der PETSCHACHERschen Statistik, die ich in Tabelle 21 in vereinfachter und reduzierter Weise wiedergebe, erhellt ebenfalls die Bedeutung der Herdinfektion für Polyarthritis, Endokarditis und Nephritis.

Tabelle 21[2].

	Poly-arthritis	Endo-karditis	Ne-phritis	Summe
Beobachtete Fälle	229	33	91	353
Summe der sicheren Herdinfekte . .	137 (69,8%)	17 (51,5%)	56 (61,5%)	210
Darunter Tonsillen.	108 (78,8%)	15 (88,2%)	47 (84,0%)	170

Es geht daraus hervor, daß in der Hälfte bis $^3/_5$ dieser Erkrankungen ein Herd nachweisbar war. Von 210 nachgewiesenen Herden entfallen allein 170 auf die Tonsillen.

PETSCHACHER bestätigt damit die Angaben von ANTONIUS und CZEPA, die schon 1921 bei 225 poliklinischen Patienten in 66% chronisch entzündliche Wurzelspitzenveränderungen nachwiesen. Bei 92% von 25 Nephritisfällen beobachteten sie chronische Prozesse an den Zahnwurzeln und in $^2/_3$ der Fälle schlossen sie eine andere Ätiologie aus.

[1] Nach PÄSSLER: Verh. dtsch. Kongr. inn. Med. **1930**, 406.
[2] Nach PETSCHACHER: Verh. dtsch. Kongr. inn. Med. **1930**, 477.

STEIN erhob bei 80 Kindern mit rheumatischen Erkrankungen (Chorea, akuter Gelenkrheumatismus, akute Endokarditis) und bei ebenso vielen Kontrollfällen sorgfältige Zahnanamnesen und fahndete nach pulpakranken Zähnen und aktiv entzündlichen Prozessen. Pulpakranke Zähne fanden sich bei beiden Gruppen ungefähr gleich häufig (56% und 53%), aktive Entzündungsprozesse waren bei den Rheumatikern in 48%, bei den Kontrollfällen in 36% nachweisbar. Ein deutlicher Unterschied aber ergab sich beim Vergleich der Zahnanamnesen. Da berichteten Kinder mit rheumatischen Erkrankungen in 51% über subjektiv empfundene Aufflackerungen 2—3 Wochen vor der Erkrankung gegenüber 23% bei den Kontrollfällen.

ROSENOW stellte zusammen mit NICKEL auf Grund ihrer Untersuchungen an Patienten der MAYO-Klinik in den Jahren 1922—1928 die nachfolgende Tabelle auf, welche über die Lokalisation der Herde bei einer Reihe von Herdinfektionen orientiert.

Tabelle 22[1]. Prozentuelles Vorkommen von begleitenden Infektionen.

| | Fälle | Männlich | Weiblich | Tonsillitis | Grippe | | Infections foci in | | | | | Pulpalose Zähne | |
					Früher	Kürzlich	Tonsillen oder Tonsillenreste	Zähne (Pyorrhöe)	Nebenhöhlen	Prostata oder Samenblasen	Cervix	Fälle	Positiv %
Encephalitis	205	148	57	46	37	32	70	56	2	16	2	102	87
Arthritis	109	67	43	63	40	3	51	69	6	94	53	74	61
Tor-icollis spastica . . .	32	23	9	53	41	6	60	75	3	57	11	17	76
Multiple Sklerose . .	27	19	8	33	41	15	78	67	—	37	—	19	89
Chronische Poliomyelitis	17	12	5	47	30	18	65	71	—	25	—	13	92
Neuritis und Myositis . .	17	10	7	71	35	24	41	71	24	80	57	12	42
Ulcus ventriculi und duodeni	27	25	2	33	37	—	74	74	—	72	100	21	52
Augenerkrankungen . .	19	9	10	58	42	5	53	53	—	100	60	10	50
Hautkrankheiten . . .	23	18	5	35	26	9	74	56	9	72	—	13	77
Prostatitis	24	24	—	42	55	—	63	54	4	100	—	13	69

Wenn, wie VON DER OSTEN-SACKEN mit Recht betont, auf statistisch-rechnerischem Wege auch kein wissenschaftlicher Beweis für den dentalen (fokalen) Ursprung infektiöser Erkrankungen zu erbringen ist, so bilden die erwähnten Angaben doch zum mindesten einen „Indizienbeweis" (PÄSSLER) für die Lehre der Fokalinfektion.

b) Resultate der operativen Herdentfernung.

Es unterliegt keinem Zweifel, daß eine ex juvantibus-Beweisführung immer etwas Anrüchiges an sich hat, weil in der Biologie und in der medizinischen Therapie ganz besonders das post hoc- propter hoc recht häufig von der subjektiven Einstellung des Autors zum therapeutischen Vorgehen abhängig ist. Andererseits liegen aber heute so zahlreiche Beobachtungen über den therapeutischen Erfolg einer konsequent durchgeführten Herdbehandlung vor, daß, welches auch immer die Einstellung zur Pathogenese der Herdinfektion sei (bakterielle Metastase, Toxinwirkung, Allergie), an ihrem Kausalzusammenhang

---

[1] Nach ROSENOW: Verh. dtsch. Kongr. inn. Med. **1930**, 410.

mit dem Fokus nicht mehr gezweifelt werden kann. Die Literatur hierüber ist auf den verschiedenen Spezialgebieten bereits ins Ungeheuerliche gewachsen und es war ein wirkliches Verdienst des Joseph Purcell Research Memorial, diese Literatur durch MacNevin und Vaughan sammeln zu lassen. An dieser Stelle sei nur eine Auswahl größerer und besonders sorgfältig durchgearbeiteter Statistiken angeführt, um einerseits Zweifel über die Kausalzusammenhänge zu beheben und andererseits zu belegen, daß Rosenow, wenn auch in mancher Beziehung extrem orientiert, mit seinen Versuchen doch nicht einer Idee zum Opfer gefallen ist (Schottmüller), sondern für innere Medizin, Chirurgie und alle übrigen Spezialgebiete und ganz besonders auch für die pathologische Anatomie und Bakteriologie eine selten aussichtsreiche Arbeitshypothese entwickelt hat.

Über weitaus das größte Material, das nach einheitlichen Gesichtspunkten untersucht wurde, berichtete 1930 Kaiser aus Rochester. Seine Statistik umfaßt 48000 Schulkinder, die er in zwei Gruppen einteilt: 20000 tonsillektomierte und 28000 Träger ihrer Tonsillen.

Klinisch unterscheidet er einen akuten Rheumatismus, unter dem er eine langsam, progressiv, in Schüben verlaufende Erkrankung versteht, die bis zur Pubertät vorwiegend zu einer Beteiligung des Herzens führt, während der Pubertät vor allem das zentrale Nervensystem befällt und nach der Pubertät besonders Gelenksynovialis und Herz betrifft. Eine zweite Form entspricht den „douleurs de croissance" der Franzosen, und eine dritte der Chorea. Diese drei Krankheitsbilder entfallen nun auf operierte und nichtoperierte Kinder (Tab. 23).

Tabelle 23[1].

	28000 Nicht-operierte	20000 Tonsill-ektomierte
Akuter Rheumatismus . .	630	399
„Douleurs de croissance" .	1530	1267
Chorea	75	85

Kaiser suchte weiterhin 439 rheumatische Kinder aus, von denen 241 an akutem Gelenkrheumatismus erkrankt waren, 138 zeigten Gelenkschmerzen ohne Schwellung und Rötung und 60 „douleurs de croissance". Tabelle 24 orientiert darüber, wie sich diese Patienten auf operierte und nichtoperierte verteilen.

Tabelle 24[2].

	Nichttonsillektomierte Kinder	Tonsillektomierte Kinder
5 Jahre	36	2
5—10 „	104	22
10—15 „	151	88
16—17 „	25	11

In Tabelle 25 ist dargestellt, wie häufig bei den tonsillektomierten und nichtoperierten Kindern Herzkomplikationen festgestellt werden konnten.

Berücksichtigt man nur den akuten Rheumatismus und rechnet die Zahl der Tonsillektomierten entsprechend der Kontrollzahl auf 28000 um, so erhält man 432 akute Rheumatismusfälle bei den Tonsillektomierten, mit anderen Worten: der akute Rheumatismus wurde bei den nichtoperierten nahezu ein drittelmal häufiger beobachtet als bei den tonsillektomierten Kindern.

---

[1] Nach Worms und Le Mée: Les foyers Amygdaliens, p. 195.
[2] Nach Worms und Le Mée: Les foyers Amygdaliens, p. 196.

Ein ähnliches Verhältnis ergibt sich aus Tabelle 23, wenn man die Kinder von 5—15 Jahren berücksichtigt. Von 365 in dieser Altersperiode erkrankten Kindern entfallen 255 auf nichttonsillektomierte und 110 auf tonsillektomierte.

Aus Tabelle 25 geht hervor, daß die Tonsillektomie auf die Zahl der Herzkomplikationen keinen wesentlichen Einfluß ausübte (33,5% bei den nichtoperierten und 39% bei den operierten).

Tabelle 25[1].

Anzahl der Fälle von Rheumatismus	Herz-kompli-kationen	in %
316 nichtoperierte . .	126	33,5
123 operierte	48	39

VON CONTA hat 204 Fälle (110 Frauen, 94 Männer) von akutem Gelenkrheumatismus, die in den Jahren 1912—1924 in der ROMBERGschen Klinik behandelt wurden, mit Beziehung auf die Herdinfektion nachuntersucht. In Tabelle 26 hat er die Erkrankungen zusammengestellt, die auf Grund der Anamnese dem Gelenkrheumatismus vorangegangen sein sollen. Darunter finden sich in 56% Anginen, eine Zahl, die annähernd der des englischen Gesundheitsamtes (50%) entspricht, während von anderen Autoren zum Teil wesentlich höhere (bis 80%), oder auch sehr viel niedrigere Werte (bis 1,5%) angegeben werden. Die übrigen Herde sind wesentlich seltener, 70 Fälle verblieben anamnestisch negativ.

Tabelle 26[2].

Tonsillitis			Zahn-erkran-kung	Appendix	Darm-katarrh	Verschiedenes (Parametritis, Coli-cystitis, Kiefer- und Ohrenerkrankungen, Hautabscesse)	Nichts
chronisch		akut					
schlei-chend	rezidi-vierend						
10	99	4	9	1	1	10	70
	56%						

Von den 204 Fällen wurde bei 97 die als Herd angesprochene Infektionsquelle operativ entfernt (57mal Tonsillektomie, 20mal Tonsillektomie plus Zahnbehandlung, 20mal nur Zahnbehandlung). Von den Operierten zeigten 27% auch weiterhin Gelenkrezidive gegenüber 24% von den 107 Nichtoperierten.

Diese Zahlen decken sich weitgehend mit den von HUNT mitgeteilten, der bei Operierten in 53%, bei Nichtoperierten in 42% Rezidive beobachtete, auch WILSON, LINGG und CROXFORD, die 413 Kinder untersuchten, konnten bei 247 tonsillektomierten keinen Einfluß auf die Häufigkeit der Rezidive feststellen. VON CONTA lehnt deshalb mit diesen Autoren einen statistisch feststellbaren Erfolg der Operation ab, erwähnt aber auf der anderen Seite doch, daß von 27 in den Jahren 1912—1920 allein oder in Kombination mit der Tonsillektomie Zahnbehandelten nur 11% rezidivierten und von 13 in den Jahren 1921—1925 Zahnbehandelten nur 2 Fälle rezidiviert erkrankten. Wenn auch VON CONTA sich nicht berechtigt fühlt, aus diesen kleinen Zahlen Schlüsse zu ziehen, so scheinen sie mir doch nicht uninteressant, weil wir heute wissen, daß für den endgültigen Erfolg ein konsequentes Aufsuchen aller Herde von größter Bedeutung ist

---

[1] Nach WORMS und LE MÉE p. 196.
[2] Nach VON CONTA: Klin. Wschr. **1930**, 2141.

Ein wesentlicher Unterschied ergibt sich am von Contaschen Material, je nachdem der Kranke wegen erstmaligem Anfall oder Rezidiv in Behandlung stand. Von den erstmalig Erkrankten und Herzgesunden rezidivierten 8%, von den bereits Herzkranken 27%; bei rezidivierend Erkrankten rezidivierten 38% auch weiterhin, die Herzbeteiligung spielte hier keine Rolle mehr.

Tabelle 27[1].

		Zahl	Gelenk-rezidiv	%
1. Anfall	Operiert	48	8	17
	Nichtoperiert . .	57	6	11
		105	14	13
Rezidiv	Operiert	49	18	37
	Nichtoperiert . .	50	20	40
		99	38	38
		204	52	25

Aus Tabelle 27 leitet von Conta ab, daß die Tatsache der erstmaligen oder rezidivierenden Polyarthritis für weitere Rezidive maßgebender ist, als die Operation, bzw. deren Unterlassung, was durchaus nicht in Widerspruch steht mit der Lehre der Herdinfektion und sich auch deckt mit den Erhebungen von Worms und Le Mée, die auf Grund ihrer internationalen Rundfrage feststellten, daß die Rezidivgefahr besonders dann günstig beeinflußt wird, wenn die Kinder nach der ersten Attacke der chirurgischen Behandlung zugeführt werden. Die in diesem Zeitpunkt operierten Kinder zeigten 10mal weniger Rezidive als nichtoperierte.

Den im ganzen eher negativen Zahlen von Contas stehen aber eine Reihe anderer Mitteilungen gegenüber, welche die operative Herdentfernung wesentlich

Tabelle 28[2]. Übersicht der tonsillektomierten Fälle.

Nr.	Indikation	Gesamtzahl	Geheilt	%	Gebessert	Un-beeinflußt	Abschließend beobachtet	Gestorben	Thera-peutischer Nutzen der T.E.
1	Rezidivierende Anginen	14	14	100	—	—	8	—	—
2	Septische Anginen . .	2	1	—	—	1	2	1	(1)
3	Angina mit Gastritis .	2	2	—	—	—	1	—	—
4	Chronisch-septische Zu-stände	14	10	70	—	4	9	1	10
5	Polyarthritis:								
	a) Unkompliziert . .	10	10	100	—	—	7	—	—
	b) Mit Vitium . . .	13	12[3]	—	—	1	10	—	—
	c) Mit Endokarditis .	13	9 (7)[3]	—	—	4	8	1	2
6	Chorea	1	—	—	—	1	1	—	—
7	Subakute Polyarthritis.	2	1	—	—	1	2	—	1
8	Angina mit Endokarditis	20[4]	14[3]	70	2	4	17	3	11
9	Nephritis:								
	a) Acuta	53	43	81	—	10	35	—	21
	b) Subacuta	25	2	8	3	20	21	4	—
	c) Chronica	7	—	—	—	7	7	1	—
10	Pyelitis	4	4	—	—	—	—	—	—
		180	—	—	—	—	128	11	45 (25%)

[1] Nach von Conta: Klin. Wschr. **1930**, 2143.
[2] Nach Morawitz u. Schön: Klin. Wschr. **1930**, 629.
[3] Mit kompensiertem Vitium.   [4] 11 Fälle stehen Gruppe 5 c nahe.

höher bewerten. So berichten MORAWITZ und SCHÖN in der vorhergehenden Tabelle 28 über ihre Resultate an 180 mit Tonsillektomie behandelten Herdinfektionen.

Hieraus ergibt sich immerhin für 45 Fälle = 25% ein therapeutischer Nutzen der Tonsillektomie, wovon besonders Fälle von Endokarditis und akuter Nephritis mit Heilungen von 70 und 80% profitieren.

Über noch wesentlich bessere Resultate berichtet ROSENOW, dessen Erfahrungen in Tabelle 29 wiedergegeben sind.

Aus den von ROSENOW mitgeteilten Zahlen ergibt sich ein bedeutsamer neuer Gesichtspunkt, nämlich die weitgehende Verbesserung der operativen Ergebnisse durch eine anschließend daran durchgeführte spezifische Vaccinetherapie.

Tabelle 29[1]. Resultate mit Entfernung der Infektionsfoci und mit der Anwendung von Vaccine, die aus Streptokokken mit elektiver Lokalisationsfähigkeit hergestellt wurde.

Vaccine	Nicht alle Foci entfernt				Alle Foci entfernt			
	Fälle	Ge-bessert %	Unver-ändert %	Ver-schlechtert %	Fälle	Ge-bessert %	Unver-ändert %	Ver-schlechtert %
Angewandt . . .	39	26	46	28	216	61	17	22
Nicht angewandt	28	21	32	47	75	54	27	19

Wenn es MOULONGET auch ebenso gefährlich scheint, Spezialisten mit der Frage: welche Stelle sie den Tonsillen innerhalb der übrigen Herde einräumen, zu behelligen, „wie einen Pastor, Pfarrer und Rabbiner nach der besten Religion zu fragen", so seien an dieser Stelle doch noch die Resultate zusammengestellt, die WORMS und LE MÉE auf Grund ihrer internationalen Umfrage über die Bedeutung der Tonsillen als Herde erheben konnten. Ich habe ihr umfangreiches Material in wenigen Tabellen konzentriert und verweise für alle Einzelheiten auf ihre Originalarbeit.

Tabelle 30. Prozentzahl der Autoren, welche für einen Zusammenhang von Tonsillen mit Herdinfektion eintreten.

Land	Tonsillen an erster Stelle %	Tonsillen an zweiter Stelle. Priorität der Zähne %	Tonsillen gleich-bedeutend wie andere Herde %	Beim Kind Tonsillen, beim Erwachsenen Zähne an erster Stelle %
U.S.A.				
a) Laryngologen .	51	31	15	3
b) Internisten und				
Pädiater . . .	75	5	17	4
Großbritannien . . .	47	25	10	18
Deutschland, Öster-				
reich, Ungarn . .	78			
Belgien	fast 100			
Frankreich	43	20 (Zähne, Ohren, Appendix, Nebenhöhlen, Gallenblase, Prostata)		
Übrige Nationen . .	60			

[1] Nach ROSENOW: Verh. dtsch. Kongr. inn. Med. **1930**, 413.

Tabelle 30 orientiert zunächst über die Bedeutung, welche die Laryngologen, in Amerika auch die Internisten und Pädiater, den Tonsillen im Rahmen der übrigen Herde, wie Zähne, Ohren, Nebenhöhlen, Gallenblase, Prostata, einräumen.

Tabelle 31. Tonsillen und Rheumatismus.

Land	Prozent der Autoren, die einen Zusammenhang annehmen	Differenziert
U.S.A. Laryngologen . .	98	42 Acute rheumatic fever: stets Chronischer Rheumatismus: weniger oft Rheumatismus deformans: nie
Internisten und Pädiater	94	24 Acute rheumatic fever: stets Chronischer Rheumatismus: weniger oft Rheumatismus deformans: nie
Großbritannien . . .	77	59% Akuter Rheumatismus: immer Subakuter und chronischer Gelenkrheumatismus: 50% Rheumatismus deformans: nie
Deutschland, Österreich, Ungarn . .	100	Akuter Rheumatismus: 80% Chronischer Rheumatismus: 48% Rheumatismus deformans: 8%
Belgien	92	Akuter Rheumatismus: 92% Chronischer Rheumatismus: 25%
Frankreich	Mehrheit	Akuter Rheumatismus: Mehrheit Chronischer Rheumatismus: 77%
Übrige Nationen . .	Mehrheit	Akuter Rheumatismus: Mehrheit Chronischer Rheumatismus: 77%

Tabelle 31 orientiert über die Bedeutung, welche von den Laryngologen der Tonsille für den Rheumatismus beigemessen wird.

Aus diesem Teil der Rundfrage schließen Worms und Le Mée:

1. daß die Tonsille für die Mehrzahl der akuten Rheumatismusfälle die Eintrittspforte zu sein scheint, ohne daß sie damit über den Erreger etwas präjudizieren wollen;

2. daß das Resultat der Tonsillektomie sowohl vom Alter des Individuums als der Form des Rheumatismus abhängig ist;

3. daß bei den tonsillektomierten Kindern die ersten Attacken zweimal weniger häufig sind als bei den nichtoperierten;

4. der Einfluß der Tonsille auf Herzkomplikationen ist, abgesehen von den choreatischen Formen, zweifelhaft;

5. bei den nach der ersten Attacke tonsillektomierten Kindern sind Rezidive 10mal weniger häufig als bei später oder nichtoperierten;

6. für den Wert einer frühzeitigen Präventivoperation liegen keine Beweise vor;

7. was die subakuten und chronischen Rheumaformen anbelangt (Pseudorheumatismus infectiosus), fassen Worms und Le Mée die allgemeinen Meinungen wie folgt zusammen: ein gewisser Prozentsatz (15—20%) ist tonsillo-

genen Ursprungs. In diesen Fällen kann von frühzeitiger Tonsillektomie, d. h. einer Operation bevor die Gelenkläsionen fixiert sind oder selbständige Streuungsherde bilden, Besserung erwartet werden.

Tabelle 32. Tonsillen und Erkrankungen des Digestionstractus.

Land	Allgemein, ohne Präzision %	Ulcus ventriculi und duodenum %	Appendicitis %	Gastroenteritis %	Leber, Gallenblase %	Keine Erfahrung %	? %	Negativ	Keine Antwort %
U.S.A.	34 72	26	33	11	5		24		
Großbritannien . .	74 35 o.P.	10	10	20		8	12	1 Autor	5
Deutschland, Österreich, Ungarn, Türkei			nur vereinzelte Autoren						
Frankreich, Belgien	69		42+ 24 ? 23— 11 keine Erfahrung	69+ 22 ? 9—	8+ 4 ? 5—		22	9	

Tabelle 33. Tonsillen und Nierenerkrankungen.

Land	Prozent der Autoren, die für einen Zusammenhang eintreten auf Grund der postoperativen Resultate	Kein Urteil %	Zusammenhänge da, aber selten %	Zweifelhaft %	Negativ %
U.S.A. Laryngologen . .	80%, 78% akute Glomerulonephritis besonders beim Kind 22% betonen andere Zusammenhänge, z. B. Pyelitis, chronische Nephritis, Nierensteine, Prostatitis	15	4		
Pädiater und Internisten . .	75%, 83% exkl. akute Nephritis beim Kind	—	9	13	3
Großbritannien . .	70%	14	11	—	3 Autoren
Deutschland, Österreich, Ungarn .	80%	16	—	—	4
Übrige Nationen .	86%				
Belgien	60% Zusammenhang mit akuter Nephritis, 18% davon auch chronische Nephritis				
Frankreich	93%, 17% betonen hämorrhagische Nephritis				

Tabelle 32 orientiert über die Zahl der Autoren, welche einen Zusammenhang von Tonsille mit Erkrankungen des Digestionstractus (Magen, Darm, Appendix, Leber, Gallenblase, Pankreas) annehmen. Sie ist in ähnlicher Weise wie die früheren und folgenden nach dem Ergebnis der Umfrage von WORMS und LE MÉE zusammengestellt.

Tabelle 33 gibt die Auffassung wieder, welche von den Laryngologen und amerikanischen Internisten und Pädiatern über Zusammenhänge von Tonsillen und Nierenerkrankungen vertreten wird.

Über Beziehungen von Tonsille zu Schilddrüsenerkrankungen ist bereits sehr früh berichtet worden, ohne daß heute hierüber schon irgendwelche Klarheit herrscht, was bei der Komplexität der hier vorliegenden Verhältnisse sehr wohl zu verstehen ist. Israel Bram in Philadelphia hat wohl das größte diesbezügliche Material verarbeitet (es ist in Tabelle 34 wiedergegeben), ohne aber zu irgendwelchen bindenden Schlüssen zu gelangen.

Tabelle 34[1]. Tonsillen und Kropf.

Art des Kropfes	Normale Tonsillen	Hypertrophische Tonsillen	Kranke Tonsillen	Tonsillen entfernt		Total
				vor Entwicklung des Kropfes	nach Entwicklung des Kropfes, ohne Erfolg	
Hypertropisch, hyperplastisch . . .	594 (41,9%)	391 (27,6%)	157 (11,1%)	112 (7,9%)	162 (11,5%)	1416
Kolloidal.	622 (50,4%)	316 (25,8%)	110 (8,9%)	88 (7,1%)	97 (7,9%)	1233
Adenomatös, und Cysten	582 (50,0%)	222 (19,5%)	126 (10,8%)	52 (4,2%)	181 (15,5%)	1163
Toxisch hypertrophisch und hyperplastisch . . .	115 (33,5%)	48 (13,9%)	103 (30,1%)	37 (10,8%)	40 (11,7%)	343
Toxisch kolloid . .	79 (29,0%)	78 (28,6%)	60 (22,0%)	34 (12,5%)	21 (7,9%)	272
Toxisch adenomatös und Cysten . . .	617 (30,8%)	529 (26,4%)	639 (31,9%)	98 (4,5%)	123 (6,2%)	2006
Exophthalmisch (Basedow-Syndrome)	407 (12,0%)	740 (21,8%)	1627 (47,6%)	405 (12,0%)	226 (6,6%)	3395
Maligne Affektionen .	7 (19,4%)	11 (30,5%)	10 (27,8%)	6 (17,7%)	2 (5,6%)	36
Total	3323 (30,6%)	2335 (23,6%)	2822 (28,7%)	832 (8,4%)	852 (8,6%)	
					Gesamtsumme	9864

Aus diesem bisher einzigartigen Material läßt sich wohl zunächst kein anderer Schluß ziehen, als daß die Mehrzahl aller Laryngologen auf Grund ihrer klinischen Erfahrung gewisse Zusammenhänge von chronischen Tonsillitiden mit als Herdinfektion bezeichneten Erkrankungen anerkennen.

V. Schluß.

Kein Kliniker, der sine ira et studio an die „Herdinfektion" herantritt, kann sich mehr der Tatsache verschließen, daß im Organismus vielfältig kleine, an sich unbedeutende Infektionsherde vorkommen, die zum Ausgangspunkt leichterer oder schwererer peripherer Krankheitsbilder werden können. Streiten kann man sich heute nur noch darum, welches im einzelnen die Krankheiten sind, die auf einen solchen Herd zurückgehen. Selbst wenn wir aber die gerechte Kritik, die einer Reihe von Krankheitsbildern gegenüber eingesetzt hat, welche von den extremsten Vertretern der Lehre hierher gerechnet wurden, voll und ganz würdigen, so bleiben immer noch so zahlreiche Affektionen übrig, daß die soziale Bedeutung der Herdinfektionen derjenigen unserer großen Volks-

---

[1] Nach Worms u. Le Mée, p. 309.

seuchen (Tuberkulose, Carcinom, venerische Erkrankungen) nicht nur sehr nahe kommt, sondern wahrscheinlich bei weitem übertrifft.

Wenn man sich nun frägt, warum sich die allgemeine Pathologie, die pathologische Anatomie und die Bakteriologie bis in die neueste Zeit hinein so wenig um diese Affektionen gekümmert haben, so ergeben sich eine Reihe von Gründen, die recht verschieden zu werten sind. Obenan steht die Tatsache, daß sowohl die pathologische Anatomie wie die Bakteriologie für die hier vorliegenden Fragestellungen erst ihre besondere Technik auszuarbeiten hatten, ein Faktor, auf den RAMON Y CAJAL mit Recht so eindrücklich hingewiesen hat und der uns immer die Zeitgebundenheit unserer Forschung im Rahmen der gesamten Naturwissenschaften vor Augen führt.

Etwas trüber muß uns die Erkenntnis stimmen, daß darüber hinaus aber auch autoritäre Schulmeinungen die Einstellung zu einem theoretisch und praktisch höchst bedeutsamen Fragenkomplex entscheidend beeinflußt haben. Ich glaube nicht, daß der Vorwurf der Pietätlosigkeit der Jugend, mit dem man heute hier und da gar gerne operiert, zu Recht besteht. Wir alle stehen heute noch voll Bewunderung vor den Lebenswerken KOCHs, PASTEURs, VIRCHOWs, aber vielleicht nicht so sehr vor ihrem fertigen Werk als vor der Plastizität ihres Geistes, der sich in kein Dogma zwingen ließ, für den Beobachtung und Erfahrung immer mehr bedeutete als jede Theorie. Wenn VIRCHOW einst den Bakteriologen vorwarf, sie machten Injektionskrankheiten aber keine Infektionskrankheiten, so würde er selbst diesen Satz angesichts der auf dem Boden der Herdinfektion entstandenen „Kaninchenkrankheiten" unzweifelhaft zurückgezogen haben. Es ist auch sicher mehr als ein Zufall, wenn Kliniker, wie FRIEDRICH VON MÜLLER und pathologische Anatomen, wie ASCHOFF und GHON, auf dem Boden einer lebenslangen Erfahrung sich zu einer Arbeitshypothese bekennen, die ja schließlich nichts anderes bedeutet, als eine großzügige Synthese der verschiedenen Richtungen der medizinischen Hilfswissenschaften.

Ich habe im vorliegenden Referat den Versuch unternommen, die Grundlagen der Lehre der Herdinfektion zur Darstellung zu bringen, eine zum Teil nicht ungefährliche, aber zum Teil auch faszinierende Aufgabe. Einmal war darauf hinzuweisen, daß man über den zahlreichen spezifischen Krankheitserregern eine der längst bekannten Bakterienarten, die Streptokokken, weitgehend vernachlässigt hatte. Die hier verfochtene Streptokokkeneinteilung mag manchen mit Schrecken erfüllen, deckt sich aber doch weitgehend mit der Forderung R. KOCHs „in der Trennung der Bakterienarten möglichst sorgfältig zu verfahren und die Grenzen für die einzelnen Arten eher zu eng als zu weit zu ziehen. Ich habe versucht, unser derzeitiges Wissen über die Streptokokkenvariabilität zu sammeln und diese Ergebnisse über das bloß systematische Interesse hinaus in ihrer klinischen Bedeutung darzustellen. Es wurde die Bakterienlokalisation durch morphologische und biologische, zum Teil am Wirt, zum Teil am Parasiten gelegene Faktoren zu erklären versucht und der Bakterientropismus oder das elektive Lokalisationsvermögen als allgemein biologisches Phänomen dargestellt. Es mußten der Virulenz- und der Pathogenitätsbegriff abgegrenzt, das Verhältnis von Allergie und Immunität bereinigt und der Sepsisbegriff historisch entwickelt werden.

Die Geschichte der Herdinfektion sollte belegen, wie sehr der klinische Blick oft den theoretischen Erkenntnissen vorauseilt. Der Versuch einer Eingliederung der Herdinfektion in den Rahmen der allgemeinen Infektionslehre sollte zu einer Erweiterung und Präzisierung unserer infektiös-pathogenetischen Vorstellungen führen.

Wenn ich im letzten Abschnitt auf klinisch-diagnostische Gesichtspunkte hingewiesen und an statistischem Material die Bedeutung der Herde für Allgemein- und Organkrankheiten zu belegen versucht habe, so geschah es vor allem deshalb, weil hier zur Zeit noch die Eckpunkte einer Lehre sind, für die das bakteriologische und pathologisch-anatomische Fundament erst im Entstehen begriffen ist.

Es konnte sich hier nur darum handeln, auf die Bedeutung des Problems hinzuweisen und aus der großen Arbeit, die in dieser Frage schon geleistet worden ist, einige Richtlinien für die weitere Forschung herauszuarbeiten unter teilweiser Ablehnung von Thesen, die nur der Verschleierung der Probleme dienen konnten. Wenn wir also trotz der ungeheuren Literatur, die über das Gebiet der Herdinfektion heute bereits vorliegt, noch durchaus in den Anfangsgründen stecken, so halte ich nichts desto weniger den Ginsschen Standpunkt bereits heute für überwunden und glaube, daß die Lehre von der fokalen Infektion in naher Zeit immer mehr auf den Glauben verzichten und eine Sache des Wissens werden wird. Was die Bakteriologie im Rahmen der Gesamtmedizin im besonderen anbelangt, so kann sie sowohl in ätiologischer wie auch in praktisch-therapeutischer Hinsicht durch die Lehre von der Herdinfektion nur an Bedeutung gewinnen. Die Herdinfektion ist vielleicht mehr als irgendeine spezifische Infektionskrankheit berufen, prophetische Worte Robert Kochs zur Tatsache werden zu lassen. Als R. Koch im Jahre 1890 am 10. internationalen medizinischen Kongreß in Berlin über die bakteriologische Forschung sprach, betonte er „die unbedeutenden Resultate, welche die Bakteriologie trotz unendlicher Mühe in therapeutischer Hinsicht bisher aufzuweisen hatte". Sein starker Glaube in die Zukunft seiner damals jungen Wissenschaft tritt aber in seinen weiteren Ausführungen klar zutage: „Ich habe im Gegenteil die Überzeugung, daß die Bakteriologie auch für die Therapie noch einmal von größter Bedeutung sein wird. Allerdings verspreche ich mir weniger für Krankheiten mit kurzer Dauer der Inkubation und mit schnellem Krankheitsverlauf therapeutische Erfolge. Bei diesen Krankheiten, wie z. B. der Cholera, wird wohl immer der größte Nachdruck auf die Prophylaxe zu legen sein. Ich denke vielmehr an Krankheiten von nicht zu schnellem Verlauf, weil solche viel eher Angriffspunkte für das therapeutische Eingreifen bieten."

Nachtrag.

Sehr interessante Versuche liegen von Day vor. Er erzielte mit Streptokokken, die er in N/20 Salzsäurelösung für 45 Minuten bei 80° kochte, Antigene, die beim Kaninchen zu typspezifischen Agglutininen führten. Wurden diese Streptokokken durch Tierpassagen in ihrer Virulenz gesteigert, so ging die typspezifische Komponente verloren und es wurde nur noch ein artspezifisches Serum gewonnen, woraus Day den Schluß zieht, daß sehr virulente Streptokokken eine gemeinsame Eigenschaft erwerben, die ihre agglutinatorischen Reaktionen wesentlich beeinflußt, so daß die mit ihnen hergestellten Seren durchwegs gekreuzte Reaktionen liefern. Diesem Befund kommt vielleicht ein Interesse zu, das weit über die serologische Typisierung hinausgeht, haben wir doch beobachtet (vgl. Abschnitt 10), daß diesen virulenten Keimen gegenüber auch der Tropismus zurücktritt, was vielleicht wieder eine Erklärung findet in der Beobachtung von Day, daß dieses besondere Antigen (V-Antigen) die Keime auch gegen die Phagocytose refraktär macht.

Literatur.

I. Einleitung.

ASCHOFF, L.: Die theoretische Pathologie an der MAYO-Clinic Rochester. Dtsch. med. Wschr. **51**, 323 (1925).

LEHMANN, W.: Bakteriologie und Klinik der Streptokokkenerkrankungen. Erg. Hyg. **11**, 220 (1930).

MÜLLER, FR. V.: Über den Rheumatismus. Münch. med. Wschr. **1933**, 1 u. 49.

NÄGELI, O.: Allgemeine Konstitutionslehre. Berlin: Julius Springer 1927.

II. Die Streptokokken.

1. Geschichte und Einteilungsversuche.

ACHALME: Considération sur l'Erysipèle et ses complications. Thèse de Paris **1892**.

ANDREWES, F. W. u. T. A. HORDER: A study of streptococci pathogenic for man. Lancet **1906**, 708, 775, 780, 852.

ARNOLD, L.: Streptococci from normal and pathogenic throats, classified by sugar fermentation, limiting hydrogenion concentration, and reactions on milk medium. Labor. clin. Med. St. Louis **6**, 312.

ASCHOFF, L.: Über den Enterococcus (Streptococcus LIBMAN). Emanuel Libman Anniversary Volumes 1932.

AVERY, C. R.: Sensitivity to methylene blue and final acidity of non-hemolytic streptococci. J. of exper. Med. **50**, 787 (1929).

BARBIER, A.: Sur un streptocoque particulier trouvé dans les angines à fausses membranes seul ou associé au bacille de la diphtérie (diplostreptocoque). Arch. Méd. expér. et Anat. path. Paris **4**, 827 (1892).

BARNES, W.: Classification of streptococci based on the relation of hemolysis, fermentation and precipitin tests. J. inf. Dis. **25**, 47 (1919).

BEITZKE u. ROSENTHAL: Zur Unterscheidung der Streptokokken mittels Blutnährböden. Arb. path. Inst. Berlin **1906**.

BESREDKA, A.: De l'hémolysine streptococcique. Ann. Inst. Pasteur **15**, 880 (1901).

BOUCHARD: Zit. nach SÉDALLIAN: Études sur les streptocoques hémolytiques pathogènes pour l'homme. Paris: Bosc frères et Rioux 1925.

BROWN, J. H.: The use of blood agar for the study of streptococci. Monogr. Rockefeller Inst. med. Res. **1919**, Nr 9.

CANTINI: Zit. nach SÉDALLIAN.

CORNIL et BABÈS: Les Bactéries, 1. Aufl.

COURTOIS-SUFFIT: Zit. nach SÉDALLIAN.

COZE et FELTZ: Gaz. méd. Strasbourg **1869**. Zit. nach SÉDALLIAN.

DIBLE, J. H.: Streptococcus classification. Brit. med. J. **1921**, 789.

DOLD, H.: Neues über Streptokokken und Streptokokkengifte. Verh. deutsch-russ. Scharlachkongr. Königsberg **1928**, 133.

— u. E. JOCHIMSEN: Weitere Untersuchungen über die Abhängigkeit der Hämolyse der Streptokokken von der Zusammensetzung des Nährbodens. Z. Hyg. **110**, 37 (1929).

— u. H. R. MÜLLER: Über die Notwendigkeit einer einheitlichen Methode zum Nachweis hämolytischer Streptokokken. Zbl. Bakter. I Orig. **109**, 392 (1928).

DOLÉRIS: La fièvre puérpérale et les organismes inférieurs. Thèse de Paris **1880**.

— et BOURGES: Note sur un streptocoque à courtes chainettes, se cultivant sur pomme de terre, trouvé dans le pus d'un abcès pelvien. C. r. Soc. Biol. Paris **45**, 1051 (1893).

ESCHERICH: Die Darmbakterien des Säuglings. Stuttgart 1886.

FEHLEISEN: Über Erysipel. Verh. physik.-med. Ges. Würzburg; Dtsch. Z. Chir. **16**, 391 (1882).

— Über die Züchtung der Erysipelkokken auf künstlichen Nährböden. Dtsch. med. Wschr. **1882**, 553.

FRÄNKEL, E.: Zur Lehre von der Identität des Streptococcus pyogenes und des Streptococcus erysipelatos. Zbl. Bakter. I Orig. **6**, 691 (1889).

— Über menschenpathogene Streptokokken. Münch. med. Wschr. **1905**, 548, 1868.

GORDON, M. H.: Notiz über die Anwendung des Neutralrots (ROTHBERGER) zur Differenzierung von Streptokokken. Zbl. Bakter. I Orig. **35**, 271 (1904).

GORDON, M. H.: Einige Angaben zur Differenzierung von Streptokokken. Zbl. Bakter. I Orig. **37**, 728 (1904).
— A ready methode of differentiating streptococci and some results already obtained by its application. Lancet **2**, 1400 (1905).
GRUMBACH, A.: Beitrag zur Frage der Bakterienvariabilität. Schweiz. med. Wschr. **1929**, 59.
GUNDEL, M.: Das biologische System der Streptokokken. Zbl. Bakter. I Orig. **115**, 44 (1929).
HAJALMAR, HEIBERG: Arch. of Path. **1872**, 58. Zit. nach SÉDALLIAN.
HANOT: Soc. méd. Hôp. **1891**. Zit. nach SÉDALLIAN.
HELME: Thèse de Paris **1885**. Zit. nach SÉDALLIAN.
HISS, P. H.: A contribution to the physiological differentiation of pneumococcus and streptococcus and to methods of staining capsules. J. of exper. Med. **6**, 317 (1901—1905).
HOLMAN, W. L.: The classification of streptococci. J. medic. Res. **34**, 377 (1916).
HOUSTON, A. C.: Rep. M. O. H. to Local Gov. Board **33**, 472, 528. Zit. nach THOMSON: Ann. Pickett-Thomson Res. Labor. **3**.
IDZERDA, J. u. W. A. G. VAN EVERDINGEN: Zur Kenntnis der Änderungen, die in Blutnährböden durch Streptokokken Typus α (BROWN) verursacht werden. 1., 2. u. 3. Mitt. Zbl. Bakter. I Orig. **123**, 402 (1932); **124**, 78, 185 (1932).
JANOT: Thèse de Nancy **1889**. Zit. nach SÉDALLIAN.
KENDALL, A. J., A. A. DAY, A. W. WALKER and M. RYON: Fermentation reaction of certain streptococci, XLII. Studies in bacterial metabolism. J. inf. Dis. **25**, 189 (1919).
KINSELLA, R. A.: The relation between hemolytic and non-hemolytic streptococci, and its possible signification. J. of exper. Med. **28**, 181 (1918).
— u. H. F. SWIFT: A classification of non-hemolytic streptococci. J. of exper. Med. **25**, 877 (1917).
— — The classification of hemolytic streptococci. J. of exper. Med. **28**, 169 (1918).
KLEIN, E.: The etiology of scarlet fever. Zbl. Bakter. I Orig. **2**, 222 (1887).
KOCH, R.: Zur Untersuchung von pathogenen Mikroorganismen. Arb. ksl. Gesdh.amt **1**, 35 (1881).
KRÖNIG: Über die Natur der Scheidenkeime, speziell über das Vorkommen anaerober Streptokokken im Scheidensekret. Zbl. Gynäk. **19**, 409 (1895).
KURTH, H.: Beitrag zur Kenntnis des Vorkommens pathogener Streptokokken im menschlichen Körper. Berl. klin. Wschr. **1889**, 986.
— Über die Unterscheidung der Streptokokken und über das Vorkommen derselben, insbesondere des Streptococcus conglomeratus bei Scharlach. Arb. ksl. Gesdh.amt **7**, 389 (1891).
LEHMANN, W.: Bakteriologie und Klinik der Streptokokkenerkrankungen. Erg. Hyg. **11**, 220 (1930).
LINGELSHEIM, W. VON: Experimentelle Untersuchungen über morphologische, kulturelle und pathogene Eigenschaften verschiedener Streptokokken. Z. Hyg. **10**, 331 (1891).
— Streptokokken. Handbuch der pathogenen Mikroorganismen von KOLLE-WASSERMANN, 2. Aufl., Bd. 4, S. 461. 1912.
LOEWENBERG, W.: Ein neuer scharf charakterisierbarer Streptokokkentypus in der Rachenhöhle. Klin. Wschr. **1928**, 1170.
LUKOMSKY, W.: Untersuchungen über Erysipel. Virchows Arch. **60**, 448 (1874).
LYALL, H. W.: On the classification of the streptococci. J. med. Res. **30**, 487 (1914).
MARMOREK, A.: L'unité des streptocoques pathogènes pour l'homme. Ann. Inst. Pasteur **16**, 172 (1902).
MAROT: Sur un streptocoque. Thèse de Paris **1893**.
MOSNY: Thèse de Paris **1889**.
NETTER: Bull. Soc. méd. Hôp. Paris **1889**. Zit nach SÉDALLIAN.
NEPVEU: Des bactéries dans l'érysipèle. C. r. Soc. Biol. Paris **1870**.
NOCARD et MOLLEREAU: Sur une mammite contagieuse. Ann. Inst. Pasteur **1**, 109 (1888).
ORTH: Arch. f. exper. Path. **81** (1873). Zit. nach SÉDALLIAN.
PARK and WILLIAMS: Pathogenic Microorganisms. 8. Aufl. Philadelphia u. New York: Lea and Febiger 1924.
PASQUALE, A.: Vergleichende Untersuchungen über Streptokokken. Beitr. path. Anat. **12**, 433, 499 (1893).
PASSET: Zur Ätiologie der akuten eitrigen Entzündung. Fortschr. Med. **3** (1885).

PASTEUR, L.: Discuss. Acad. de Méd. 1874. Zit. nach SÉDALLIAN.

PAWLOWSKY: Le microorganisme de l'érysipèle. Berl. klin. Wschr. 1888, Nr 6.

PHILIBERT et BEZANÇON: J. Physiol. et Path. gén. 74 u. 99 (1904).

PITOIT: Thèse de Paris 1873.

ROSENBACH: Mikroorganismen bei den Wundinfektionskrankheiten. Wiesbaden: J. F. Bergmann 1884.

ROOS, C. and E. M. GRAY: Studies upon streptococcus. II. Cultural versus biological classification. Proc. Soc. Amer. Bacter. 1921.

SCHOTTMÜLLER, H.: Die Unterscheidung der für den Menschen pathogenen Streptokokken durch Blutagar. Münch. med. Wschr. 1903, 42, 909.

— Mitt. Grenzgeb. Med. u. Chir. 21, Nr 3 (1910). Zit. nach THOMSON.

SEITZ: Die Differenzierung der Streptokokken der Mundhöhle. Zbl. Bakter. I Orig. 89, 135 (1923).

SMITH, T. and J. H. BROWN: A study of streptococci isolated from certain presumably milkborne epidemics of tonsillitis occurring in Massuchusetts in 1913 and 1914. J. med. Res. 31, 455 (1914/15).

THIERCELIN, E.: Sur un diplocoque saprophyte de l'intestin susceptible de devenir pathogène. C. r. Soc. Biol. Paris 51, 269 (1889).

— Morphologie et modes de reproduction de l'entérocoque. C. r. Soc. Biol. Paris 51, 551 (1889).

TILLMANN: Zit. nach SÉDALLIAN.

VEILLON: Arch. Méd. expér. Paris 1894. Zit. nach SÉDALLIAN.

VIGNALON: Thèse de Paris 1892.

WEICHSELBAUM: Epidemiologie. WEYLs Handbuch der Hygiene. Bd. 9. 1897.

WIRTH, E.: Zur Kenntnis der Streptokokken. Zbl. Bakter. I Orig. 99, 266, 438 (1926).

ZIEMKE: Jber. pathog. Mikroorgan. 26 (1895). Zit. nach THOMSON.

2. Variabilität.

ARKWRIGHT, J. A.: Variations in bacteria in relation to agglutination both by salts and by specific serum. J. of Path. 24, 36 (1921).

— and A. GOYLE: The relation of the „smooth" and „rough" forms of intestinal bacteria to the „O" and „H" forms by WEIL-FELIX. Brit. J. exper. Path. 5, 104 (1924).

AVERY, O. T. and M. HEIDELBERGER: Immunological relationships of cell constituents of pneumococcus. J. of exper. Med. 38, 81 (1923).

BAIL, O.: Veränderungen der Bakterien im Tierkörper. Zbl. Bakter. I Orig. 75, 159 (1915); 76, 38 u. 330 (1915).

BERGER, F. u. TH. JAKUB: Über die Einheit der Streptokokken und Pneumokokken. Z. Immunforsch. 43, 235 (1925).

— u. SILBERSTEIN: Die Inulinvergärung in der Streptopneumokokkengruppe. Klin. Wschr. 1926, 2307.

BITTER: Eine ungewöhnliche Art von Streptococcus mucosus. Dtsch. med. Wschr. 1922, 1298.

BORDET, J.: Note complémentaire sur le microbe de la coqueluche et sa variabilité au point de vue du sérodiagnostic et de la toxicité. Zbl. Bakter. I Orig. 66, 276 (1912).

BRAUN, H. u. M. FEILER: Über Serumfestigkeit des Typhusbacillus. Z. Immunforsch. 21, 447 (1914).

— u. E. TEICHMANN: Versuche zur Immunisierung gegen Trypanosomen. Jena: Gustav Fischer 1912.

— — Arch. Schiffs- u. Tropenhyg. 18, Beih. 5.

COHN, E.: Über die Immunisierung von Typhusbacillen gegen die bactericiden Kräfte des Serums. Z. Hyg. 45, 61 (1903).

DEMME, R.: Zur Frage der Arteinheit und der Variationsformen der Streptokokken. Klin. Wschr. 1925, 1951.

DRESEL: Die Epidemiologie des Typhus abdominalis unter besonderer Berücksichtigung des B. typhi flavum. Leipzig: Johann Ambrosius Barth 1933.

EHRLICH, P.: Zur Theorie der Absättigung von Toxin und Antitoxin. Berl. klin. Wschr. 61, 221 (1904).

ENGELMANN, BR.: Die Einheit der Pneumokokken und Streptokokken. Dtsch. med. Wschr. 1925, 1317.

Engelmann, Br.: Weiterer Beitrag zur Frage der Einheit der Streptokokken und Pneumokokken. Zbl. Bakter. I Orig. **98**, 304 (1926).

Griffith, F.: The significance of pneumococcal types. J. of Hyg. **27**, 113 (1928).

Gruber, v. u. K. Futaki: Über Infektion und Resistenz beim Milzbrand. Ref. Zbl. Bakter. **38**, Beih. 11 (1906).

— — Über die Resistenz gegen Milzbrand und über die Herkunft der milzbrandfeindlichen Stoffe. Münch. med. Wschr. **1907**, 249.

Grumbach, A.: Beitrag zur Frage des Hämolyseeffektes, Grundsätzliches zur Frage der Bakterienvariabilität. Zbl. Bakter. I Orig. **127**, 351 (1933).

— u. A. Dimtza: Die Bedeutung des Bakteriophagen für die bakteriologische Diagnostik. Z. Immunforsch. **51**, 176 (1927).

Gundel, M.: Zur Nomenklatur der Enterokokken und Streptokokken. Zbl. Bakter. I Orig. **118**, 68 (1930).

— Bakteriologie, Epidemiologie und spezielle Therapie der Pneumokokkeninfektionen des Menschen unter besonderer Berücksichtigung der Pneumonie. Erg. Hyg. **12**, 132 (1931).

— u. F. Süssbrich: Mikrobiologische und klinische Untersuchungen über die Serumtherapie der Peritonitis. Dtsch. Z. Chir. **240**, 283 (1933).

Hadley, P.: Monograph on microbic dissociation. J. inf. Dis. **40**, 1 (1927).

Heim, L. u. K. Schlirf: Was ist es mit der Arteinheit der Streptokokken? Zbl. Bakter. I Orig. **100**, 24 (1926).

Hoder: Bakterienveränderung durch Bakteriophagenwirkung. Jena: Gustav Fischer 1932.

Kudicke, R. v., A. Feldt u. W. A. Collier: Untersuchungen über die Spirochäten aus Blut und Liquor von Recurrenskranken und über die Heilungsvorgänge beim Recurrens. Z. Hyg. **102**, 135 (1924).

Landsteiner, K.: Über das Streptokokkenlysin. Zbl. Bakter. Ref. **42**, 785 (1909).

Lehmann, W.: Bakteriologie und Klinik der Streptokokkenerkrankungen. Erg. Hyg. **11**, 222 (1930).

Lesbre, Ph.: Contigence du pouvoir hémolytique dans le groupe des Entéro-Streptocoques. C. r. Soc. Biol. Paris **95**, 550 (1926).

Levaditi, C. et J. McIntosh: Mécanisme de la création des trypanosomes résistantes aux anticorps. Bull. Soc. Path. exot. Paris **3**, 368 (1910).

Loghem, J. J. van: Die Individualitätstheorie der bakteriellen Veränderlichkeit. Z. Hyg. **110**, 382 (1929).

Massini, R.: Über einen in biologischer Beziehung interessanten Colistamm (Bacterium coli mutabile). Arch. f. Hyg. **61**, 250 (1907).

Meyer, K.: Zur Nomenklatur der Enterokokken und Streptokokken. Zbl. Bakter. I Orig. **118**, 75 (1930).

Morgenroth, J.: Die Bedeutung der Variabilität der Mikroorganismen für die Therapie. Zbl. Bakter. I Orig. **93**, 94 (1923).

— R. Schnitzer u. E. Berger: Über chemotherapeutische Antisepsis und Zustandsänderungen der Streptokokken. Z. Immun.forsch. **43**, 209 (1925).

Müller, P. Th.: Quantitative Untersuchungen über Bakterienanaphylaxie. Z. Immun.forsch. **14**, 426 (1912).

— Die wichtigsten immunbiologischen Erfahrungen über Typhusdiagnostik und Typhusschutzimpfung im Kriege. Z. Immun.forsch. **26**, 65 (1917).

Nägeli, O.: Allgemeine Konstitutionslehre. Berlin: Julius Springer 1927.

Neisser, J. M.: Ein Fall von Mutation nach de Vries bei Bakterien. Ref. Zbl. Bakter. I **38**, Beih. 98 (1906).

Neufeld, F.: Über die Veränderlichkeit der Krankheitserreger in ihrer Bedeutung für die Infektion und Immunität. Dtsch. med. Wschr. **1924**, 1.

Oppenheim, M.: Über Schleimbildung bei Streptococcus haemolyticus. Zbl. Bakter. I Orig. **111**, 83 (1929).

Reimann, H. A.: Studies concerning the relationship between pneumococci and streptococci. J. of exper. Med. **45**, 1 (1927).

Reichl, J.: Über eine neue Streptokokkenform beim Menschen. Zbl. Bakter. I Orig. **123**, 19 (1931).

Rosenow, E. C.: The etiology and experimental production of erythema nodosum. J. inf. Dis. **16**, 367 (1915).

ROUGET, J.: Contribution à l'étude du Trypanosome des mammifères. Ann. Inst. Pasteur 10, 716 (1896).

SOBERNHEIM, G.: Über das Bacterium typhi flavum. Ein Beitrag zur Wandelbarkeit der Bakterien. Verh. schweiz. naturforsch. Ges. **1933**, 431.

TOYODA, H. K.: Arch. f. exper. Med. 4, 40 (1920). Zit. nach KUDICKE.

3. Morphologische Dissoziation.

ACHALME, P.: Rhumatisme articulaire aigu. C. r. Soc. Biol. Paris 43, 656 (1891).

— Recherches bactériologiques sur le rhumatisme articulaire aigu. Ann. Inst. Pasteur 11, 845 (1897).

ARLOING, S. et CHANTRE: Sur les variations morphologiques et pathogéniques de l'agent de l'infection purulente chirurgicale. Arch. de Physiol. **1895**, 610.

BABES, V.: Beobachtungen über die metachromatischen Körperchen, Sporenbildung, Verzweigung, Kolben- und Kapselbildung pathogener Bakterien. Z. Hyg. 20, 412 (1895).

BECK, A. u. J. BRAUN: Veränderungen von Streptokokkentypen in verschiedenen Medien. Zbl. Bakter. I Orig. 127, 133 (1932).

BUCHHOLZ, L.: Über die Beziehungen der Enterokokken zu den Milchsäurestreptokokken und Pneumokokken. J. Kinderheilk. 124, 347 (1929).

DUCRET, S.: Über Sepsis lenta mit eigenartigem Streptokokkenbefund. Zbl. Bakter. I Orig. 111, 367 (1929).

EULER: Les formes anormales des streptocoques. Thèse de Lyon **1927**.

GUNDEL, M.: Über die ätiologische Bedeutung der Enterokokken bei Blasen-Nierenerkrankungen und über die Beziehungen der Enterokokken zu den Milchsäurestreptokokken. Zbl. Bakter. I Orig. 99, 469 (1926).

GROSSMANN: Zur Bedeutung und Biologie der Enterokokken. Zbl. Bakter. I Orig. 110, Beih. 241 (1929).

HILGERS, W. E.: Über das Vorkommen von Bacillus lacticus bei Zahncaries. Arch. f. Hyg. 94, 189 (1924).

JENSEN, L. B. and H. B. MORTON: The diphtheroid phase of streptococci. J. inf. Dis. 49, 425 (1931).

KERMORGANT, Y.: Variations morphologiques du streptocoque. C. r. Soc. Biol. Paris 87, 643 (1922).

KOCH, R. and R. R. MELLON: The biological and clinical significance of diphtheroids in the blood stream. J. Bacter. 19, 25 (1930).

KRASKOWSKA, L. u. R. NITSCH: Zur Morphologie der Streptokokken. Zbl. Bakter. I Orig. 82, 264 (1919).

KRONGOLD-VINAVER, MME.: Pouvoir pathogène et virulence des streptocoques. C. r. Soc. Biol. Paris 83, 253 (1920).

LAUTIER, M. et R. LAUTIER: Polymorphisme du bacille d'Achalme. Formes diplocoques et bacillaires. C. r. Soc. Biol. Paris 101, 687 (1929).

— Influence du salicylate de soude sur le polymorphisme du Bacille d'Achalme, formes streptococciques. C. r. Soc. Biol. Paris 102, 22, 25 (1929).

MELLON, R. R.: A study of the diphtheroid group of organisms with special reference to the relation to the streptococci. J. Bacter. 2, 81, 269, 447 (1917).

— Further studies on the diphtheroids about the life cycle of the so-called C. Hodgkini. J. med. Res. 42, 61 (1920).

PFANNENSTIEL u. EICHHOFF: Experimentelle Untersuchungen zur Ätiologie der Appendicitis. Bruns Beitr. 151, 171 (1931).

RAMSIN, S.: Sur les formes filtrables des streptocoques. C. r. Soc. Biol. Paris 94, 1010 (1926).

— et M. GIVKOVITCH: Transformation du streptocoque hémolytique. C. r. Soc. Biol. Paris 95, 952 (1926).

ROBINSON, G. H. and F. A. TAYLOR: The effect of urine on hemolytic streptococci. J. inf. Dis. 50, 249 (1932).

ROSENBACH, F. J.: Mikroorganismen bei den Wundinfektionskrankheiten, S. 15, Tab. 5. Wiesbaden: J. F. Bergmann 1884.

SÉDALLIAN, P. et J. GAUMONT: Les phases de l'évolution des streptocoques. Variations morphologiques et significations pathologiques possibles. Presse Méd. **1927**, No 87.

SEITZ: Die Differenzierung der Streptokokken der Mundhöhle. Zbl. Bakter. I Orig. **89**, 135 (1923).

STOLZ, A.: Über besondere Wachstumsformen bei Pneumokokken und Streptokokken. Zbl. Bakter. I Orig. **24**, 337 (1898).

THIROLOIX, J.: Examen bactériologique du sang de 2 malades atteints de rhumatisme articulaire aigu. C. r. Soc. Biol. Paris **1897**, 268.

— Étude bactériologique d'un cas de rhumatisme articulaire aigu. C. r. Soc. Biol. Paris **1897**, 882.

— Bactériologie du rhumatisme articulaire aigu. C. r. Soc. Biol. Paris **1897**, 945.

THIERCELIN, E. et L. JOUHAUD: Formes d'involution de l'entérocoque. C. r. Soc. Biol. Paris **55**, 24, 701, 750, 798 (1903).

4. Kulturelle Dissoziation.

BIELING, R.: Methoden zur Differenzierung der Streptokokken und Pneumokokken. Zbl. Bakter. I Orig. **86**, 257 (1921).

BURTON, A. and A. R. BALMAIN: Anti-scarlatinal serum and relapse. Lancet, **2**, 1182 (1928).

COOLEY, L. E.: Dissociation of streptococci. J. inf. Dis. **50**, 338 (1932).

COWAN: Variation phenomena in streptococci. Brit. J. exper. Path. **3**, 187 (1922); **4**, 241 (1923); **5**, 226 (1924).

DELVES, E.: Dissociation in streptococcus scarlatinae. J. inf. Dis. **50**, 350 (1932).

DUTTON, L. O.: J. Bacter. **16**, 1 (1928). Zit. nach HADLEY.

EDWARDS: Amer. J. Hyg. **18**, 345 (1923). Zit. nach LOEWENTHAL.

FLECK, L. u. O. ELSTER: Zur Variabilität der Streptokokken. Zbl. Bakter. I Orig. **125**, 180 (1932).

GRUMBACH, A.: Über Streptokokkenbakteriophagen und Dissoziationserscheinungen an Streptokokken. Zbl. Bakter. I Orig. **118**, 206 (1930).

— Le streptocoque et son bactériophage. 1. Congr. internat. Microbiol. Paris **1**, 202 (1930).

— Dissoziationserscheinungen an Pneumokokken. Zbl. Bakter. I Orig. **120**, 245 (1931).

GUNDEL, M.: Das biologische System der Streptokokken. Zbl. Bakter. I Orig. **115**, 44 (1930).

GUNN, W. and F. GRIFFITH: Bacteriological and clinical study of one hundred cases of scarlet fever. J. of Hyg. **28**, 250 (1928).

HADLEY, F. P.: The relation of virulence to colony variation in the streptococci. J. amer. dent. Assoc. **17**, 1730 (1930).

HÖKL, J.: Über Bakteriophagen und Dissoziationserscheinungen bei einem Streptokokkenstamm aus Milch einer euterkranken Kuh. Zbl. Bakter. I Orig. **125**, 298 (1932).

LEHMANN u. NEUMANN: Bakteriologische Diagnostik, 7. Aufl. München 1927.

LIBMAN, E.: Consideration of prognosis in subacute bacterial endocarditis. Amer. Heart J. **1**, 25 (1925).

— A further Report on Recovery and Recurrence in subacute Bacterial Endocarditis. Trans. Assoc. amer. Physicians **48**, 44 (1933).

LINGELSHEIM, W. v.: Experimentelle Untersuchungen über morphologische, kulturelle und pathogene Eigenschaften verschiedener Streptokokken. Z. Hyg. **10**, 331 (1891).

— Streptokokken. Handbuch der pathogenen Mikroorganismen von KOLLE-WASSERMANN, 2. Aufl., Bd. 4, S. 461. 1912.

LÖWENTHAL, H.: Über Beziehungen zwischen Wuchsform, Pathogenität und antigener Struktur bei Streptokokken. Zbl. Bakter. I. Ref. **106**, 381 (1932).

PIORKOWSKI: Beitrag zur Streptokokkenfrage. Anwendung des D'HÉRELLEschen Phänomens auf Streptokokken. Med. Klin. **1922**, 474.

ROSENOW, E. C.: Transmutations within the streptococcus-pneumococcus group. J. inf. Dis. **1** (1914).

SCHNITZER, R. u. F. MUNTER: Über Zustandsänderungen der Streptokokken im Tierkörper. Z. Hyg. **93**, 96 (1921).

STEVENS, F. and A. R. DOCHEZ: Studies on the biology of streptococcus. J. of exper. Med. **40**, 493 (1924).

TODD, E. W.: The conversion of hemolytic streptococci to non-hemolytic forms. J. of exper. Med. **48**, 493 (1928).

— and R. C. LANCEFIELD: Variants of hemolytic streptococci; their relation to type-specific substance, virulence and toxin. J. of exper. Med. **48**, 751 (1928).

TUNNICLIFF, R.: The various colonies of hemolytic streptococci in scarlet fever. J. inf. Dis.
49, 357 (1931).
WALKER, JOHN E.: Variations in streptococcus haemolyticus on animal passage. J. inf. Dis.
32, 287 (1923).

5. Streptokokkentypisierung.

BIELING, R.: Methoden zur Differenzierung der Streptokokken und Pneumokokken. Zbl.
Bakter. I Orig. 86, 257 (1921).
BOXER, S.: Über das Verhalten von Streptokokken und Diplokokken auf Blutnährböden.
Zbl. Bakter. I Orig. 40, 591 (1906).
CROWE, WARREN C.: Differentiation of streptococci. J. of Path. 24, 361 (1921).
— Differentiatial culture of streptococci. J. State Med. 30, 436 (1922).
— Technique of the isolation of streptococci. J. State Med. 31, 451 (1923).
— A differentiatial medium for streptococci. J. of Path. 26, 51 (1923).
— Differentiation of the streptococci by the CROWES medium. J. of Path. 27, 449 (1923).
— The differentiation and classification of the non-hemolytic streptococci by the use of
CROWES medium. Ann. Pickett-Thomson Res. Labor. 3, 251 (1927).
GILBERT, A. et L. FOURNIER: Le bacille de la psittacose. C. r. Soc. Biol. Paris 48, 1099
(1896).
PRESTING, H.: Zur Unterscheidung der Streptokokken und Pneumokokken. Zbl. Bakter. I
Orig. 90, 424 (1923).
SAELHOF, C. C.: The growth of erysipelas and scarlet fever streptococci on hemoglobin
chocolate agar. J. inf. Dis. 50, 536 (1932).
STERNBERG: Neuropathische Gelenk- und Knochenerkrankungen. Wien. klin. Wschr.
1899, 1190.
STOLYGVO, U.: Zur Frage der Differenzierung der Streptokokken. Zbl. Bakter. I Orig. 98,
1 (1926).
THOMSON, D.: A simple and rapid test for the differentiation of streptococci. Ann. Pickett-
Thomson Res. Labor. 4, 441.
— and R. THOMSON: Researches on streptococci. Ann. Pickett-Thomson Res. Labor. 3 (1927).
TUNNICLIFF, R.: Streptococcic effect on chocolate agar. J. amer. med. Assoc. 94, 1213
(1930).
VOGES: Beobachtungen und Untersuchungen über Influenza und den Erreger dieser Erkrankungen. Berl. klin. Wschr. Sept. 1904. Zit. nach BOXER.

6. Streptokokkenagglutination.

ALESSANDRINI, A. e M. SABATUCCI: La tripaflavina quale mezzo di differenziazione dei
microbi del genere brucella. Ann. Igiene 51, 29 (1931).
ARONSON, H.: Untersuchungen über Streptokokken und Antistreptokokkenserum. Berl.
klin. Wschr. 1902, 369, 979, 1006.
— Weitere Untersuchungen über Streptokokken. Dtsch. med. Wschr. 1903, Nr 25.
BIRKHAUG, K. E.: Brit. med. J. 1926, 516, 518. Zit. nach THOMSON: Ann. Pickett-Thomson
Res. Labor 3.
BLISS: A biological study of hemolytic streptococci from the throats of patients suffering
from scarlet fever. Bull. Hopkins Hosp. 31, 173 (1920).
BROCQ-ROUSSEU, FORGEOT et URBAIN: Étude sur le streptocoque gourmeux. Ann. Inst.
Pasteur 36, 646 (1922).
CECIL, R. L., E. NICHOLLS and W. J. STAINSBY: Bacteriology of the blood and joints in the
rheumatic fever. J. of exper. Med. 50, 617 (1929).
— Bacteriology of blood and joints in chronic infectious arthritis. Arch. int. Med. 43, 57
(1929).
CROWE, W. H.: Agglutination experiments as evidence of the diversity of non-hemolytic
streptococci. J. inf. Dis. 52, 192 (1933).
DAWSON, H., M. OLMSTEAD and R. H. BOOTS: Agglutination reactions in rheumatoid diseases.
J. of Immun. 23, 187, 205 (1932).
— — — Bacteriological investigations on the blood, synovial fluid and subcutaneous
nodules in rheumatoid (chronic infectious) arthritis. Arch. int. Med. 49, 173 (1932).
DAY, H. B.: Species Immunity to virulent streptococci. J. of Path 37, 169.

DOCHEZ, A. R., O. T. AVERY and R. LANCEFIELD: Studies on the biology of the streptococcus. J. of exper. Med. **30**, 179 (1919).

EAGLES, G. H.: The significance of serological grouping of hemolytic streptococci with special reference to streptococcus scarlatinae. Brit. J. exper. Path. **5**, 199 (1924).

FISCHER, A. u. G. WEHRSIG: Experimentelle Untersuchungen über Rheumatismus und Arthritis. Z. exper. Med. **84**, 659 (1932).

GORDON, M. K.: The classification of streptococci. J. State Med. **30**, 432 (1922).

GRIFFITH, F.: Types of hemolytic streptococci in relation to scarlet fever. J. of Hyg. **26**, 363 (1927).

— Bacteriological and clinical study of one hundred cases of scarlet fever. J. of Hyg. **28**, 250 (1928).

GUNN, W. and F. GRIFFITH: Bacteriological and clinical study of one hundred cases of scarlet fever. J. of Hyg. **28**, 250 (1928).

HARTLEBEN: Über neue bakteriologische Untersuchungen bei Polyarthritis rheumatica. Münch. med. Wschr. **1933**, 1131.

HITCHCOCK, C. and H. F. SWIFT: The agglutinating properties of exsudates from patients with rheumatic fever. J. clin. Invest. **12**, 673 (1933).

JAMES, G. R.: The relationship of streptococci to scarlet fever. J. of Hyg. **25**, 415 (1926).

KINSELLA, R. and H. F. SWIFT: A classification of non-hemolytic streptococci. J. of exper. Med. **25**, 877 (1917).

— — The classification of hemolytic streptococci. J. of exper. Med. **28**, 69 (1918).

KRIKBRIDE, M. B., M. W. WHEELER and C. D. WEST: A comparative study of hemolytic streptococci from patients convalescent from scarlet fever. J. inf. Dis. **47**, 16 (1930).

KLIGLER, J. F.: A study of the correlation of the agglutination and the fermentation reactions among the streptococci. J. inf. Dis. **16**, 327 (1915).

KRUMWIEDE, C. jr. and E. S. VALENTINE: A study of the agglutination and cultural relationships of members of the socalled streptococcus viridans group. J. inf. Dis. **19**, 760 (1916).

LINGELSHEIM, W. v.: Streptokokken. Handbuch der pathogenen Mikroorganismen von KOLLE-WASSERMANN, 1. Ausg., Bd. 3, S. 303. 1903 u. 2. Aufl., Bd. 4, S. 461. 1912.

MELENEY, F. L., H. ZAYTZEFF, H. HARVEY and ZUNG-DAU ZAU: Reciprocal agglutination and absorption of agglutinin tests of hemolytic streptococci. J. of exper. Med. **48**, 299 (1928).

MEYER: Die Agglutination der Streptokokken. Dtsch. med. Wschr. **28**, 751 (1902).

MORTON: Zit. nach HITCHCOCK and SWIFT.

MOSER, P. u. C. PIRQUET: Agglutination von Scharlachstreptokokken durch menschliches Serum, Agglutination von Streptokokken durch Pferdeserum. Münch. med. Wschr. **1902**, 1730.

— — Zur Agglutination der Streptokokken. Zbl. Bakter. I Orig. **34**, 560, 714 (1903).

MUELLER, J. H. and K. S. KLISE: An agglutinative classification of the hemolytic streptococci of scarlet fever. J. inf. Dis. **52**, 139 (1933).

NEUFELD, F.: Über Immunität und Agglutination bei Streptokokken. Z. Hyg. **44**, 161 (1903).

NICHOLLS, E. and W. J. STAINSBY: Streptococcal agglutinins in rheumatoid arthritis. J. amer. med. Assoc. **97**, 1146 (1931).

NORTON, J. F.: Serological relationships in the streptococcus viridans group. J. inf. Dis. **32**, 37 (1923).

O'BRIEN, R. A.: Brit. med. J. **1926**, 514. Zit. nach THOMSON: Ann. Pickett-Thomson Res. Labor. **3**.

OKELL, C. C.: Brit. med. J. **1926**, 516. Zit. nach THOMSON.

PINNER, M. and M. VOLDRICH: Staphylococcus aureus agglutinins in tuberculous effusions. J. inf. Dis. **50**, 143 (1932).

REIMANN, H. A.: Significance of fever and blood protein changes in regard to defense against infection. Ann. int. Med. **6**, 362 (1932).

ROOS, C. and E. M. GRAY: Studies upon streptococcus II. Cultural versus biological classification. Sci. Proc. Soc. Amer. Bacter. **1921**.

ROSENOW, E. C.: Serologic specificity of streptococci having elective localizing power as isolated in various diseases of man. J. inf. Dis. **45**, 331 (1929).

Salge u. Hasenknopf: Über Agglutination bei Scharlach. Münch. med. Wschr. **1902**, 1729.

Sédallian, P.: Études sur les streptocoques hémolytiques pathogènes pour l'homme. Paris: Bosc Frères et Rioux 1925.

Smith, J.: The serological classification of hemolytic streptococci obtained from cases of scarlet fever. J. of Hyg. **25**, 165 (1926).

Stevens, F. A. and A. R. Dochez: Studies on the biology of streptococcus. V. Antigen relationship. J. of exper. Med. **43**, 379 (1926).

Tillett, W. S. and T. J. Abernethy: Serological reactions with hemolytic streptococci in acute bacterial infections. Bull. Hopkins Hosp. **1**, 270 (1932).

Tunnicliff, R.: The various colonies of hemolytic streptococci in scarlet fever. J. inf. Dis. **49**, 357 (1931).

Velde, van de: Mh. prakt. Tierheilk. **2**, 97 (1897). Zit. nach Thomson.

— Sur la nécessité d'un sérum antistreptococcique polyvalent etc. Arch. Méd. expér. et Anat. path. Paris. Ref. Hyg. Rdsch. **1898**, 1188.

Weaver, G. H.: J. inf. Dis. **1**, 91 (1904). Zit. nach Thomson.

Williams, A. W.: Relationship between different antibodies. Amer. J. publ. Health. **15**, 129 (1925).

7. Komplementbindung.

Andersen, S.: Recherches sérologiques sur les streptocoques, en particulier sur ceux de la fièvre scarlatine. C. r. Soc. Biol. Paris **93**, 1690 (1925).

Besredka et Dopter: Contribution à l'étude du rôle des streptocoques au cours de la scarlatine. Ann. Inst. Pasteur **18**, 373 (1904).

Castex, M. R.: Presse méd. 17, 324 (1909). Zit. nach Thomson. Ann. Pickett-Thomson Res. Labor. **3**.

Foix, C. et E. Mallein: Presse méd. **15**, 777 (1907). Zit. nach Thomson.

Hitchcock, Ch. H.: Serological relationships among and between the streptococci and pneumococci. J. of exper. Med. **41**, 13 (1925).

Howell, K. M.: Complement fixation of streptococci. J. inf. Dis. **22**, 230 (1918).

Kinsella, R. A. and H. F. Swift: Classification of non-hemolytic streptococci. J. of exper. Med. **25**, 877 (1917).

Liveriatio, Sp.: Über die Ätiologie des Scharlachs. Biologische Untersuchungen zur Kenntnis derselben. Z. Bakter. I Orig. **50**, 422 (1909).

Schleissner, F.: Wien. klin. Wschr. **1909**, Nr 16. Zit. nach Thomson.

— Fol. serol. **3**, 221 (1909). Zit. nach Thomson.

Seitz: Die Differenzierung der Streptokokken der Mundhöhle. Zbl. Bakter. I Orig. **89**, 135 (1922).

Wolff, K. E.: Untersuchungen über die Strepto-Pneumokokken in ihren Beziehungen zueinander und zum Wirtsorganismus. Virchows Arch. **244**, 97 (1923).

8. Cutane Streptokokkenreaktionen.

Birkhaug, K. E.: Rheumatic fever. J. inf. Dis. **40**, 549 (1927).

— The etiology of erysipelas. Arch. Path. a. Labor. Med. **6**, 441 (1928).

— Proc. Soc. exper. Biol. a. Med. Zit. nach Thomson. Ann. Pickett-Thomson Res. Labor. **4**, 99.

Erlsbacher, O. u. P. Saxel: Über Hautreaktionen mit Strepto- und Staphylokokkentoxin speziell bei septischen Erkrankungen. Wien. klin. Wschr. **39** (1932).

Kaiser, A. D.: Skin reaktions in rheumatic fever. J. inf. Dis. **42**, 25 (1928).

Kauffer, H. J.: A consideration of the pulpless tooth in focal infection. Dent. Cosmos **1926**, 544.

Memmesheimer, A. M.: Experimentelle und klinische Untersuchungen über die Beziehungen zwischen fokaler Infektion und Hautkrankheiten mit besonderer Berücksichtigung des chronischen Ekzems. Arch. f. Dermat. **157**, 193 (1929).

— u. F. K. Schmidhuber: Ein Beitrag zu den Beziehungen zwischen Erkrankungen des Zahnsystems und gewissen Hautkrankheiten. Zahnärztl. Rdsch. **31**, 2177 (1928).

Singer, H. A. and B. Kaplan: Streptococci erysipelatos toxin and antitoxin. J. amer. med. Assoc. **87**, 2141 (1926).

Stevens, F. A. and A. R. Dochez: Studies on the biology of streptococcus. VII. Allergic reactions. J. of exper. Med. **46**, 487 (1927).

STEIN, G.: Die stomatogene Herdinfektion. SCHEFFS Handbuch der Zahnheilkunde, Bd. 6, S. 243.
— Infektionsherd und Zahnbehandlung. Verh. dtsch. Kongr. inn. Med. 488 (1930).
— Bemerkungen zur Arbeit von ERLSBACHER und SAXEL. Wien. klin. Wschr. **1932**, Nr 20.
SWIFT, H. F., C. L. DERICK and C. H. HITCHCOCK: Rheumatic fever as manifestation of hypersensitiveness to streptococci. Trans. Assoc. amer. Physicians **43** (1928).
WEBER, R. u. K. PESCH: Untersuchungen über die pathogenetische Bedeutung der Zahnwurzelgranulome für die orale Sepsis. Dtsch. Mschr. Zahnheilk. **1927**, 875.

9. Antigene Struktur der Streptokokken.

AGAPI, C.: La substance spécifique „M" DE LANCEFIELD des streptocoques isolés dans la scarlatine. C. r. Soc. Biol. Paris **111**, 212 (1932).
ANDREWES, CH. H.: A study of hemolytic streptococci in acute rheumatic fever, with an analysis of the antigenic relationships existing among certain strains. J. of exper. Med. **43**, 13 (1926).
AVERY, O. T. and M. HEIDELBERGER: Immunological relationships of cell constituents of pneumococcus. J. of exper. Med. **42**, 367 (1925).
BROCQU-ROUSSEU, FORGEOT et URBAIN: Etudes sur le streptocoque gourmeux. Ann. Inst. Pasteur **36**, 646 (1922).
COTONI, L., E. CESARI et N. CHAMBRIN: Recherches sur la préparation du sérum antistreptococcique. Ann. Inst. Pasteur **50**, 608 (1933).
HEIDELBERGER, M. and F. E. KENDALL: Protein fractions of a scarlatinal strain of streptococcus haemolyticus. J. of exper. Med. **54**, 515 (1931).
HITCHCOCK, CH. H.: Classification of the streptococci by the precipitin reaction. J. of exper. Med. **40**, 444 (1924).
— Precipitation and complement reactions with residue antigens in the non-hemolytic streptococci group. J. of exper. Med. **40**, 575 (1924).
— Serological relationships among and between the streptococci and pneumococci. J. of exper. Med. **41**, 13 (1925).
— Studies on indifferent streptococci. I. Separation of a serological group — Type I. J. of exper. Med. **48**, 393 (1928).
KINSELLA, R. A.: The relation between hemolytic and non-hemolytic streptococci and its possible significance. J. of exper. Med. **28**, 181 (1918).
— and H. F. SWIFT: A classification of non-hemolytic streptococci. J. of exper. Med. **25**, 877 (1917).
LANCEFIELD, R. C.: Serological relationships of streptococcus viridans and certain of its chemical fractions. I. Serological reaction with antibacterial sera. J. of exper. Med. **42**, 377 (1925).
— II. Serological reaction with antinucleoprotein sera. J. of exper. Med. **42**, 397 (1925).
— The antigenic complex of streptococcus haemolyticus, I—V. J. of exper. Med. **47**, 91, 469, 481, 843, 857 (1928).
— A serological differentiation of human and other groups of hemolytic streptococci. J. of exper. Med. **57**, 571 (1932).
PORGES, O.: Über die Agglutinabilität der Kapselbakterien. Wien. klin. Wschr. **18**, 691 (1905).
TODD, E. W. and R. C. LANCEFIELD: Variants of hemolytic streptococci; their relation to type-specific substance, virulence and toxin. J. of exper. Med. **48**, 751, 769 (1928).
URBAIN, A., G. CARPENTIER et L. CHAILLOT: La séro-agglutination du streptocoque gourmeux. C. r. Soc. Biol. Paris **102**, 736 (1929).
ZINSSER, H. and J. T. PARKER: Further studies on bacterial hypersensibility II. J. of exper. Med. **37**, 275 (1923).

10. Elektive Lokalisation.

AMANTEA: Zit. nach POZZI.
ASKANAZY, M.: Die Ansiedlungsstätte von Parasiten, durch chemische Einflüsse bestimmt. Verh. schweiz. naturforsch. Ges. **238** (1920).
BARGEN, J. A.: Experimental studies on the etiology of chronic ulcerative colitis. J. amer. med. Assoc. **1924**, 332.

BARGEN, J. A.: Etat des recherches étiologiques sur la colite ulcéreuse chronique. Arch. internat. Méd. expér. 45, No 4 (1930).
— and A. H. LOGAN: Experimental studies on the etiology of chronic ulcerative colitis. Collect. papers MAYO Clinic, p. 266. 1925.
BELONOVSKI, G. D. and A. A. MILLER: De l'Organotaxie. Ann. Inst. Pasteur 42, 712 (1928).
BERGER, E. u. AD. STÄHELIN: Studien über den Mechanismus der Trichinelleninfektion, III, IV u. V. Zbl. Bakter. I Orig. 107, 377 (1928); 108, 397 (1928); 111, 144 (1929).
BESREDKA, A.: L'Immunité locale. Paris: Masson & Co. 1925.
BIELING: Herdinfektion und Immunität. Verh. dtsch. Kongr. inn. Med. 1930, 438.
BLOCH, BR.: Über das Problem der Organotropie. Ursachen der spezifischen Lokalisation der Darmmykosen auf der Haut. Schweiz. med. Wschr. 60 (1929).
BROWN, R. O.: Etiology of cholecystitis. Arch. int. Med. 1919, 185.
BUMPUS, H. C. and J. G. MEISSER: Focal infection and selective localization of streptococci. Arch. int. Med. 1921, 326.
— — Focal infection and selective localization of streptococci in pyelonephritis. J. of. Urol. 1921, 249.
BUTTIAUX, R. et A. SÉVIN: Sur l'étiologie des colites ulcéreuses. Ann. Inst. Pasteur 47, 173 (1931).
CANTERO, A.: Bacteriology of the thyreoid gland in goiter. Surg. etc. Januar 1926.
CORELLI: Zit. nach POZZI.
CORPER, H. J.: The variability of localization of tuberculosis in the organs of different animals. Amer. Rev. Tbc. 14, 662, 680 (1926); 15, 65, 237, 389 (1927).
COX, H. R. and P. K. OLITZKY: Neurotropism of vesicular stomatitis virus. Proc. Soc. exper. Biol. a. Med. 30, 653 (1933).
CROWE, W. H.: ROSENOW's hypothesis of elective localization. Ann. Pickett-Thomson Res. Labor. 4, 445.
DOERR, R. u. G. W. SCHMIDT: Über den Mechanismus der Trichinelleninfektion VI u. VII. Zbl. Bakter. I Orig. 113, 271 (1929); 115, 427 (1930).
— u. E. MENZI: VIII. Zbl. Bakter. I Orig. 128, 177 (1933).
FALK, J. S. and M. MATSUDA: Influence of some salts which change P. D. on the phagocytosis of pneumococci. Proc. Soc. exper. Biol. a. Med. 23, 781 (1926).
FISCHER, ED.: Studien zur Biologie von Gymnosporangium juniperum. Z. Bot. 1, 684 (1909); 2, 753 (1910).
— Der Speziesbegriff und die Frage der Speziesentstehung bei den parasitischen Pilzen. Verh. schweiz. naturforsch. Ges. 1916 II.
FORSSNER, G.: Renale Lokalisation nach intravenöser Injektion mit einer dem Nierengewebe experimentell angepaßten Streptokokkenkultur. Zbl. Bakter. I Orig. 34, 120 (1902).
FREEMAN, E. and E. C. JONSON: The rusts of grains in the United States. Bureau of Plant Indust. Bull. 261, Washington.
FROBISHER, M.: A comparison of certain properties of the neurotropic virus of yellow fever with those of the corresponding viscerotropic virus. Amer. J. Hyg. 18, 354 (1933).
GÄUMANN, E.: Zur Kenntnis der Perenospora parasitica (Pers.) FRIES. Zbl. Bakter., 2. Abt. 45, 576 (1916).
GINS, H. A.: Biologie, Bakteriologie und Serologie. Fortschr. Zahnheilk. 2, 319 (1926).
GIORDANO, A. S. and A. R. BARNES: Bacteria recovered at postmortem with special reference to selective localization and focal infection. J. Indiana State med. Assoc. 1922, 1.
GRUMBACH, A.: Experimentelle Studien zur BESREDKAschen Lehre von Antivirus und lokaler Immunität. Z. Immun.forsch. 57, 357 (1928).
— Herdinfektion. Klin. Wschr. 1933, 409.
HADEN, R. L.: Elective lokalization of bacteria in peptic ulcer. Arch. int. Med. 1925, 4457.
HARTZELL, T. B.: Review of the literature regarding infected teeth. J. amer. dent. Assoc. 13, 441 (1926).
HELMHOLZ, H. F. and C. BEELER: Experimental pyelitis. J. of Urol. 395 (1918).
HENRICI, A. T.: Die Spezifität der Streptokokken. J. inf. Dis. Okt. 1926.
HELZER, J.: Über einen aus menschlichem Auswurf stammenden menschen- und tierpathogenen Strahlenpilz. Zbl. Bakter. I Orig. 116, 47 (1930).

HOLMAN, W. L.: Focal infection and elective localization. A critical review. Arch. of Pathol. **5**, 68 (1928).

ILLINGSWORTH, C. F. W.: Types of gallbladder infection. Brit. J. Surg. **1927**, 221.

JADASSOHN, W.: Versuche über Pilzzüchtung auf Organen. Arch. f. Dermat. **155**, 203 (1928).

JENSEN, L. B. and H. MORTON: The diphtheroid phase of streptococci. J. inf. Dis. **49**, 425 (1931).

KENNEDY, R. L. J.: Etiology and healing process of duodenal ulcer in melena neonatorum. Amer. J. Dis. Childr. **1926**, 631.

KLEBAHN, H.: Kulturversuche mit Rostpilzen. Z. Pflanzenkrkh. **1907**, 17.

LEHMANN, W.: Streptokokkenerkrankungen. Erg. inn. Med. **40**, 715 (1931).

LEVADITI, C.: Les ultravirus provocateurs des ectodermoses neurotropes. Ann. Inst. Pasteur **45**, 673 (1930).

LEWIS, J. H.: Studien über den Mechanismus der Trichinelleninfektion I. Zbl. Bakter. I Orig. **107**, 114 (1928).

LUSENA, M.: Studi ed esperenzie sulle infezioni focali. Policlinico **40**, No 1 (1933).

— u. AMANTEA: Zit. nach POZZI.

MEISSER, J. G.: Further studies on elective localization of bacteria from infected teeth J. amer. dent. Assoc. **1925**, 554.

— and SAM. BROCK: A clinical and experimental study in chronic arthritis. J. amer. dent. Assoc. **1923**, 1100.

MILLER, A. A. u. W. G. BOJARSKAJA: Zur Frage der elektiven Lokalisierung der Mikroben. Z. Immun.forsch. **61**, 4 (1929).

MOENCH, L. MARY: The relationship of chronic endocarditis to focal infection with special reference to chronic arthritis. J. Labor. a. clin. Med. **1924**, 289.

NAKAMURA, R.: A study on focal infection and elective localization in ulcer of stomach and in arthritis. Ann. Surg. **74**, 29 (1924).

NICKEL, A. C.: Focal infection and elective localization of streptococci. Dent. Outlook **15**, Nr 10 (1928).

OSAWA, Y. u. O. TANAKA: Experimentelle Bewertung der Myotoxintheorie in bezug auf die Entstehung der Myositis purulenta. Beitr. klin. Chir. **138**, 721 (1927).

OTT, A.: Untersuchungen von Zahnwurzelgranulomen nach der Methode von H. WARREN CROWE und E. C. ROSENOW. Schweiz. Mschr. Zahnheilk. **1934**.

PENTIMALLI: Sulla elletività di azione del sarcoma dei polli. Rass. internaz. Clin. **1924**, No 8.

PETTE, H.: Eine vergleichende Betrachtung der akut infektiösen Erkrankungen vornehmlich der grauen Substanz des Nervensystems. Dtsch. Z. Nervenheilk. **124**, 43 (1932).

PHOINOT et MASSELEIN: Précis de Microbiologie. p. 518. Paris 1893.

POZZI, A.: De la possibilité de modifier les streptocoques en leur conférant expérimentalement l'aptitude à vivre dans la bile et à se localiser „in vivo" dans les voies biliaires. Bull. Soc. internat. Microbiol., sez. Ital. **7** (1933).

PRATT, C. B., E. C. ROSENOW and CH. SHEARD: Symposium on cataphoresis and localization of streptococci. Proc. Staff Meetings MAYO Clinic **8**, 496 (1933).

PRECHT, E.: Fokalinfektion. Dtsch. med. Wschr. **1929**, 1035.

PROELL, FR. u. O. STICKL: Streptokokkenbefunde bei Zahnerkrankungen in Beziehung zur Lehre von der oralen Sepsis. Zbl. Bakter. I Orig. **108**, 12 (1928).

QUERVAIN, F. DE: Über einen ungewöhnlichen Fall von Staphylokokkeninfektion. Schweiz. med. Wschr. **1926**, 449.

ROSENOW, E. C.: Elective localization of streptococci. J. amer. med. Assoc. **1915**, 1687.

— Herdinfektion und elektive Lokalisation. Verh. dtsch. Kongr. inn. Med. **1930**, 408.

— Cataphoretic velocity and virulence of streptococci isolated from the nasopharynx of the same person while well and during attacks of epidemic gastro-enteritis, of sore throat and of influenza. Proc. Staff Meetings MAYO Clinic **8**, 6 (1933).

— Cataphoretic velocity of streptococci as isolated in studies of arthritis. Arch. int. Med. **51**, 327 (1933).

— Seasonal changes in the cataphoretic velocity and virulence of streptococci. J. inf. Dis. **53**, 1 (1934).

— and W. ASHBY: Focal infection and elective localization in the etiology of myositis. Arch. int. Med. **1921**, 274.

— and L. B. JENSEN: Elective localization and cataphoretic potential of streptococci. Proc. Soc. exper. Biol. a. Med. **27**, 442 (1930).

ROSENOW, E. C. and L. B. JENSEN: Cataphoretic velocity of streptococci isolated in cases of encephalitis and of other diseases of the nervous system. J. inf. Dis. 52, 167 (1933).

SAHLI, G.: Die Empfänglichkeit von Pomaceenbastarden, Chimären und intermediären Formen für Gymnosporanozeen. Zbl. Bakter., 2. Abt. 45, 264 (1916).

SANARELLI, G.: Das myxomatogene Virus. Zbl. Bakter. I Orig. 23, 865 (1889).

— Les Entéropathies microbiennes. Paris: Masson & Co. 1927.

SAEVES, J.: Experiment. Beiträge zur Dermatomykosenlehre. Arch. f. Dermat. 121, 161 (1915).

SCHRÖTER u. PLOWRIGHT: Zit. nach E. FISCHER.

STÄHELIN, AD.: Studien über den Mechanismus der Trichinelleninfektion I. Zbl. Bakter. I Orig. 105, 114 (1927/28).

STEIN, G.: Die stomatogene Herdinfektion. SCHEFFs Handbuch der Zahnheilkunde, Bd. 6, S. 157. 1931.

SULZBERGER, M. B.: The pathogenesis of trychophytids. Arch. of Dermat. 18, 691 (1928).

WILKIE, D. P. D.: Some aspects of gallbladder diseases. Brit. med. J. 1928, 481.

11. Pathogen selective culture test.

BLACK, J. H., N. FOWLER and B. PIERCE: J. amer. med. Assoc. 75, 915 (1920). Zit. nach THOMSON.

BRUNNER, HEDWIG: Virulenzbestimmungen vor der operativen Behandlung der Uteruscarcinome, unter besonderer Berücksichtigung der Virulenzänderung nach Röntgenbestrahlung. Arch. Gynäk. 141, 702 (1932).

CROWE, WARREN C.: The experimental production of foci of infection in rabbits and its bearing on osteoarthritis. Ann. Pickett-Thomson Res. Labor. 4, 398 (1929).

DERUNGS, CH.: Virulenzbestimmungen in der Schwangerschaft, unter der Geburt und im Wochenbett bei normalen und bei pathologischen Fällen. Inaug.-Diss. Zürich 1933.

FIESSINGER, N.: La bactériopexie de défense dans les septicémies. Presse méd. 1930, 959.

FINGER, J.: Bactericidal action of blood. Zbl. Gynäk. 48, 2629 (1924).

FRÖHLICH, W.: Über den postoperativen Verlauf nach gynäkologischen Operationen mit vorheriger bakteriologischer Sicherung gegen endogene Infektionen. Arch. Gynäk. 148, 738 (1932).

HARE, R.: Phagocytosis of hemolytic streptococci. Brit. J. exper. Path. 9, 337 (1928).

HEIST, G. D., S. and M. SOLIS-COHEN: Bactericidal action of whole blood. J. of Immun. 3, 261; 4, 147 (1918).

LOWE, CRONIN: Pathogen-selective cultures as an aid to the diagnoses of infective foci. Brit. med. J. 2, 98 (1928).

RUGE-PHILIPP, C.: Virulenzbestimmungen der Streptokokken. Med. Klin. 1923, 200.

— Testing virulence of streptococci. Arch. Gynäk. 120, 5; 121, 363.

SOLIS-COHEN, M.: Inhibitory influence of whole blood. Brit. J. exper. Path. 8, 149 (1927).

THOMSON, D. and R.: Bacteriological researches in osteo-arthritis. Ann. Pickett-Thomson Res. Labor. 4, 396 (1929).

TODD, E. W.: Virulence of hemolytic streptococci. Brit. J. exper. Path. 8, 289, 361 (1927); 9, 1 (1928); 11, 368 (1930).

12. Virulenz.

ASKANAZY, M.: Äußere Krankheitsursachen. ASCHOFFs Lehrbuch der pathologischen Anatomie, Bd. 1, S. 144. 1928.

COLEBROOK, L.: Puerperal fever: its aetiology and prevention. Brit. med. J. 21. Okt. 1933.

DOERR, R. u. E. GOLD: Zur Frage der Virulenz der Tuberkelbacillen. Z. Immunforsch. 74, 7 (1932).

FRAENKEL, C. u. E. BAUMANN: Untersuchungen über die Infektiosität verschiedener Kulturen des Tuberkelbacillus. Z. Hyg. 54, 247 (1906).

JACUBOWIZC: Inaug.-Diss. Zürich 1934.

LANGE, BRUNO: Zur Frage der Virulenz der bei menschlichen und tierischen Tuberkulosen vorkommenden Tuberkelbacillen. Z. Tbk. 57, 129, 209 (1930).

LEVINTHAL, W.: Tuberkuloseinfektion von Meerschweinchen mit kleinsten Bacillenmengen. Z. Hyg. 107, 387 (1927).

VAGEDES: Experimentelle Prüfungen der Virulenz von Tuberkelbacillen. Z. Hyg. 28, 276 (1898).

WAMOSCHER, L. u. H. STÖCKLIN: Infektionsversuche mit einzelnen Tuberkelbacillen, durchgeführt mit der mikrurgischen Methode. Zbl. Bakter. I Orig. 104, 86 (1927).

13. Allergie und Immunität.

ANDREWES, C. H., C. L. DERICK and H. F. SWIFT: The skin response of rabbits to non-hemolytic streptococci. J. of exper. Med. **44**, 35 (1926); Proc. Soc. exper. Biol. a. Med. **25**, 222 (1927).

APITZ, K.: Über anaphylaktische Organveränderungen bei Kaninchen. Virchows Arch. **289**, 46 (1933).

ARONSON, J. D.: The specific cytotoxic action of tuberculine in tissue culture. J. of exper. Med. **54**, 387 (1931).

BESREDKA, A.: L'Immunisation locale. Paris: Masson & Co. 1925.

BESSAU, G.: Immunbiologie der Tuberkulose. Klin. Wschr. **1925**, 337.

BIRKHAUG, K. E.: Rheumatic fever: bacteriologic studies of non-methemoglobin forming streptococci with special reference to its soluble toxin production. J. inf. Dis. **40**, 549 (1927).

BLOCH, BR.: Allergie, Anaphylaxie und Idiosynkrasie in der Dermatologie. Klin. Wschr. **1928**, 1065.

— Ekzem und Allergie. 8. Congr. internat. Dermat. Copenhague: Engelson u. Schrøder 1930.

BÖHMIG, R.: Über Beziehungen von Überempfindlichkeit und Immunität bei experimentellen Streptokokkeninfektionen. Klin. Wschr. **1933**, 258.

BOQUET, A. et L. NÈGRE: Sur l'hypersensibilité aux tuberculines et aux bacilles de KOCH dans la tuberculose expérimentale. Ann. Inst. Pasteur **40**, 11 (1926).

BORDET, J.: Relations entre l'allergie et l'immunité. Rapport 8. internat. Tbk.-Kongr. La Haye **1932**.

CALMETTE, A.: Die Schutzimpfung gegen Tuberkulose mit BCG, S. 115. Leipzig: F. C. W. Vogel 1928.

CHESNEY, A. M. and J. E. KEMP: Studies in experimental syphilis VI. J. of exper. Med. **44**, 589 (1926).

CLAWSON, B. J.: Amer. J. Path. **9**, 1140 (1930). Zit. nach CLAWSON.

— Experiments relative to a possible basis for vaccine therapy in acute rheumatic fever. J. inf. Dis. **49**, 90 (1931).

CHINI: Zit. nach FRUGONI. Policlinico, sez. med. **40** (1933).

CUMMINS, S. L.: Relations between allergy and immunity. Publ. S. afric. Inst. med. Res. **5**, 30 (1932).

DEBRÉ, R.: Immunité et allergie dans la tuberculose. Co-Rapport 8. internat. Tbk.-Kongr. La Haye **1932**.

DERICK, C. L., C. H. HITCHCOCK and H. F. SWIFT: Reactions of rabbits to non-hemolytic streptococci III. A study of modes of sensibilization. J. of exper. Med. **51**, 1 (1930).

DIETRICH, A.: Die Reaktionsfähigkeit des Körpers bei septischen Erkrankungen in ihren pathologisch-anatomischen Äußerungen. Verh. dtsch. Kongr. inn. Med. **37**, 180 (1925).

DOCHEZ, A. R. and F. A. STEVENS: Studies in the biology of streptococcus. VII. Allergic reactions with strains from erysipelas. J. of exper. Med. **46**, 487 (1927).

DOERR, R.: Allergie und Anaphylaxie. Handbuch der pathogenen Mikroorganismen von KOLLE-KRAUS-UHLENHUTH, 3. Aufl., Bd. 1, S. 950.

EPSTEIN, E.: Beitrag zur Theorie und Morphologie der Immunität. Histiocytenaktivierung in Leber, Milz und Lymphknoten des Immuntieres (Kaninchen). Virchows Arch. **273**, 89 (1929).

FINLAND, M. and W. D. SUTLIEFF: Specific cutaneous reactions and circulating antibodies in the course of lobar pneumonie. J. of exper. Med. **54**, 637 (1931).

FRANCIS, TH. and W. S. TILLETT: Cutaneous reactions in rabbits to the type specific capsular polysaccharides of pneumococcus. J. of exper. Med. **54**, 587 (1931).

FREIFELD, H.: Vaccination und Endokarditis. Klin. Wschr. **1928**, 1645.

FRIEDBERGER: Über aseptisch erzeugte Gelenkschwellungen beim Kaninchen. Berl. klin. Wschr. **1913**, 88.

FRÖHLICH, A.: Über lokale gewebliche Anaphylaxie. Inaug.-Diss. Jena. Z. Immun.forsch. **20**, 476 (1914).

GERLACH, W.: Studien über hyperergische Entzündung. Virchows Arch. **247**, 294 (1923).

GUDZENT, F.: Klinik der chronischen Gelenkerkrankungen. Veröff. dtsch. Ges. Rheumabekämpfg **1928**, H. 3.

GUTFELD, V. u. NASSAU: Spezifische Pneumokokkenreaktionen bei Säuglingen. Ref. Zbl. Bakter. **82**, 191 (1926).

HEROLD, R. O. and E. F. TRAUT: Skin reactions with pneumococcal and other bacterial filtrates and extracts. J. inf. Dis. 40, 619 (1927).

HITCHCOCK, C. H. and H. F. SWIFT: Studies on indifferent streptococci. III. The allergizing capacity of different strains. J. of exper. Med. 49, 637 (1929).

JADASSOHN, W.: Die Immunbiologie der Haut. Handbuch der Haut- und Geschlechtskrankheiten, Bd. 2, S. 253. 1932.

JENSEN, K. A.: Relations entre l'allergie et l'immunité dans la tuberculose. Co-Rapport 8. internat. Tbk.-Kongr. La Haye 1932.

JULIANELLE, L. A.: Reactions of rabbits to intracutaneous injections of pneumococci and their products. J. of exper. Med. 51, 463 (1930).

KAHN R. L.: Skin response as a measure of immunization and sensitization. J. Bacter. 25, 81 (1933).

— Studies on sensitization. Proc. Soc. exper. Biol. a. Med. 30, 603 (1933).

— Studies on tissue reactions in immunity. J. of Immun. 25, 295 (1933).

— Tissue reactions in immunity: XIV. The specific reacting capacities of different tissues of an immunized animal. Science 79, 172 (1934).

KIMLA, R.: Relations entre l'allergie et l'immunité. Co-Rapport 8. internat. Tbk.-Kongr. La Haye 1932.

KLINGE, F.: Der Rheumatismus. Erg. Path. 27, (1933).

KÖHLER, O. u. G. HEILMANN: Über vergleichende intracutane und intravenöse Sensibilisierung des Menschen mit Kaninchenserum. Zbl. Bakter. I Orig. 91, 112 (1924).

KRAUSE, A.: Amer. Rev. Tbc. 10, 219 (1924). Zit. nach BORDET.

KRAUSE, A. et H. S. WILLIS: Bull. de l'Union int. contre la tuberculose. Zit. nach BORDET.

LANGE, BRUNO: Relations entre l'allergie et l'Immunité. Co-Rapport 8. internat. Tbk.-Kongr. La Haye 1932.

LORD, F. and E. L. PERSONS: Certain aspects of mouse protection tests for antibody in pneumococcus pneumoniae. J. of exper. Med. 53, 151 (1931).

LUBARSCH, O.: Wandlungen in der Lehre von den Infektionskrankheiten. Dtsch. Z. Chir. Festschr. f. BIER 1931.

MACKENZIE, G. M. and F. M. HANGAR: Allergic reactions to streptococcus antigens. J. of Immun. 13, 41 (1927).

MACKIE, T. J. and D. G. S. MCLACHLAN: Experimental sensitization to culture filtrates of streptococcus scarlatinae. Brit. J. exper. Path. 8, 129 (1927).

MAXIMOW, A. A.: Morphology of the mesenchymal reactions. Arch. of Path. 4, 557 (1927).

MCEVEN, C.: Cytologic studies on rheumatic fever. I. The characteristic cell of the rheumatic granuloma. J. of exper. Med. 55, 745 (1932).

METALNIKOW, S.: Rôle du système nerveux et des reflexes conditionnels dans l'immunité. Ann. Inst. Pasteur 46, 137 (1931).

MORGAN, H. J.: Trans. Assoc. amer. Physicians 45, 67 (1930). Zit. nach MCEVEN.

NASTA, M. et V. IONESCO: Recherches sur la réinfection intrapéritonéale du cobaye tuberculeux. Dissociation dans le temps de l'immunisation et de l'hypersensibilité. C. r. Soc. Biol. Paris 91, 506 (1924).

OPIE, E. L.: Acute inflammation caused by antibody in an animal previously treated with antigen. J. of Immun. 9, 255 (1924).

OTTOLENGHI, D.: Rapports entre l'allergie et l'immunité dans la tuberculose. Co-Rapport 8. internat. Tbk.-Kongr. La Haye 1932.

PESCH, K. L.: Bakterien-Variabilität und orale Sepsis. Münch. med. Wschr. 1933, 1418.

PETRAGNANI, G.: L'anaphylaxie dans l'immunité. Boll. Sez. internaz. Microbiol. 5, 268 (1933).

PANTON, P. N. and F. C. O. VALENTINE: Brit. J. exper. Path. 10, 257 (1929). Zit. nach DERICK, HITCHCOCK u. SWIFT.

RANKE, K. E. u. HÜBSCHMANN: Primäraffekt, sekundäre und tertiäre Stadien der Lungentuberkulose. Dtsch. Arch. klin. Med. 1916, 119, 201, 297.

RICH, A.: Bull. Hopkins Hosp. 44, 273 (1929). Zit. nach CUMMINS.

— and LEWIS: Mechanism of allergy in tuberculosis. Proc. Soc. exper. Biol. a. Med. 25, 596 (1927/28).

RÖSSLE, R.: Die geweblichen Äußerungen der Allergie. Wien. klin. Wschr. 1932, Nr 20 u. 21.

— Allergie und Pathergie. Klin. Wschr. 1933, 574.

— Über den Formenkreis der rheumatischen Gewebsveränderungen mit besonderer Berücksichtigung der rheumatischen Gefäßentzündungen. Virchows Arch. 288, 780 (1933).

Roulet, F.: Über die granulomartige allergische Entzündung. Verh. dtsch. path. Ges. **1931**, 189.

Sabin, F. R.: Amer. Rev. Tbc. **25**, 153 (1932). Zit. nach White.

Schnabel, P.: Komplementuntersuchungen bei rheumatischen Erkrankungen. Med. Klin. **1933**, 714.

Schultz, M. C. and H. F. Swift: Reaction of rabbits to streptococci: comparative sensitizing effect of intracutaneous and intravenous inocula in minute dosis. J. of exper. Med. **55**, 591 (1932).

Semsroth, K. and R. Koch: Studies on the pathogenesis of bacterial endocarditis. Arch. of Path. 8, 921 (1929); 10, 869 (1930).

Siegmund, H.: Untersuchungen über Immunität und Entzündung. Verh. dtsch. path. Ges. **1923**, 114.

— Zur Pathologie der chronischen Streptokokkensepsis. Münch. med. Wschr. **1925**, 639.

Small, J. C. and Birkhaug: A bacterium causing rheumatic fever and its specific antiserum. Amer. J. med. Sci. **173**, 101 (1927).

Sulzberger, M. B.: Hypersensitiveness to arsphenamine in guinea pigs. Arch. of Dermat. **20**, 669 (1929).

Swift, H. F.: Comparative histologic reactions in cutaneous lesions induced by streptococci in rabbits previously inoculated intracutaneously or intravenously. Arch. of Path. **15**, 611 (1933).

— and C. L. Derick: Reactions of rabbits to non-hemolytic streptococci. J. of exper. Med. **49**, 615, 883 (1933).

— — and C. H. Hitchcock: Rheumatic fever as a manifestation of hypersensitiveness (allergy or hyperergy) to streptococci. Trans. Assoc. amer. Physicians **43**, 192 (1928).

Tuft, L.: The skin as an immunological organ. J. of Immun. **21**, 85 (1931).

Vaubel, W.: Die Eiweißüberempfindlichkeit des Bindegewebes. Beitr. path. Anat. **89**, 374 (1932).

Veil, W. H. u. Br. Buchholz: Der Komplementschwund im Blute. Klin. Wschr. **1932**, 2019.

Wadsworth, A. B.: J. med. Res. **39**, 278 (1919). Zit. nach Thomson. Ann. Pickett-Thomson Res. Labor. **4.**

Wallgren, A.: Quelques considérations cliniques sur l'immunité et l'allergie dans la tuberculose. Co-Rapport 8. internat. Tbk.-Kongr. La Haye **1932**.

White, W. C.: The relationship between allergy and immunity. Co-Rapport 8. internat. Tbk.-Kongr. La Haye **1932**.

Willis, H. St.: Relation of tuberculo-immunity to tuberculo-allergy. Amer. Rev. Tbc. **17**, 240 (1928).

Zinsser, H.: Significance of bacteria in infectious diseases. Bull. New York Acad. Med. **4**, 351 (1928).

— and F. B. Grinnell: Further studies on bacterial allergy. Allergic reactions to the hemolytic streptococcus. J. of Immun. **10**, 725 (1925).

III. Die fokale oder Herdinfektion.

1. Geschichte der Herdinfektion.

Abernethy: Surgical observations on the constitutional origin and treatment of local diseases. London 1809.

Adler, J.: Zit. nach Pässler: Verh. dtsch. Kongr. inn. Med. **1909**.

Allerhand, H.: Über die orale Sepsis und ihre Verhütungsmöglichkeiten. Z. Stomat. **22**, 1, 96 (1924).

Antonius, E. u. A. Czepa: Über die Bedeutung infektiöser Prozesse an den Zahnwurzeln für die Entstehung innerer Krankheiten. Wien. Arch. inn. Med. **1921**, 293.

Ball, C. Preston: Oral sepsis in relation to rheumatic diseases. J. State Med. **1926**, 508.

Billings, F.: A clinical study of the end results of some focal infections. J. amer. med. Assoc. **74**, 1629 (1920).

— Davis and Gilmer: Focal infections. Arch. int. Med. **9**, 484 (1912).

Billinfs, F., Davis and Gilmer: Focal infections. Its broader application in the etiology of general diseases. J. amer. med. Assoc. **63**, 899 (1914).

Bouillaud: Zit. nach H. Barbier: Nouveau Traité de Médecine, Bd. 2, S- 733, u. F. Klinge: Erg. Path. **27**, (1933),

DELBANCO, E.: Eine hygienische Forderung. Dtsch. med. Ztg, 18. Okt. **1900**, Nr 84.
— Zur Geschichte der fokalen Infektion. Dermat. Wschr. **51**, 2015 (1929).
EYERLEN: Zit. nach WORMS u. LE MÉE, Les foyers amygdaliens, p. 152.
FALTA, W.: Sepsis bei okkulter Zahnwurzelhautentzündung. Wien. klin. Wschr. **1919**, Nr 6.
FIEDLER: Zit. nach F. VON MÜLLER: Münch. med. Wschr. **1933**, 1, 49.
FISCHER, M. H.: Dent. Summ. **35**, 607 (1915), deutsch: Infektionen der Mundhöhle und
Allgemeinerkrankungen. Dresden: Theodor Steinkopff 1921.
GÜRICH: Über die Beziehungen zwischen Mandelerkrankungen und dem akuten Gelenk-
rheumatismus. Münch. med. Wschr. **1904**, 2089.
GUYOT: L'Arthritisme, Maladie générale, et transmissible. Paris: Steinheil 1905.
HERRENKNECHT, W.: Entzündliche Veränderung benachbarter oder entfernt liegender
Organe infolge von Wurzelhauterkrankungen. Dtsch. Mschr. Zahnheilk. **1910**, 414.
HÖGLER, F.: Ein Fall von Sepsis bei paradentären Abscessen. Med. Klin. **1919**, 865.
HOLMAN, W. L.: The localization in animals of bacteria isolated from foci of infection. J.
amer. med. Assoc. **88**, 424 (1927).
HOPPE-SEYLER, G.: Die Behandlung der Endokarditis lenta. Münch. med. Wschr. **1907**, 132.
HUNTER, W.: An address on the rôle of sepsis and antisepsis in Medicine. Lancet **89**, 77 (1911).
KACZOROWSKI, v.: Der ätiologische Zusammenhang zwischen Entzündung des Zahnfleisches
und anderweitigen Krankheiten. Dtsch. med. Wschr. **1885**, 570, 590, 606.
KOECKER, LEONHARD: Grundsätze der Zahnchirurgie, eine neue Behandlungsmethode der
Krankheiten der Zähne und des Zahnfleisches enthaltend. Im Verlag des Gross. S.
priv. Landesindustrie Contoirs 1828. Zit. nach STEIN, SCHEFFs Handbuch der Zahn-
heilkunde, Bd. 11, S. 160.
KRETZ: Angina und septische Infektionen. Z. Hals- usw. Heilk. **28**, 296 (1907).
LANDGRAF: Über Zähne als Ursache kryptogenetischer Sepsis. Verh. 5. internat. Zahnärzte-
kongr. Berlin **1909 II**, 217.
LASÈGUE: Etudes médicales, Tome 2, p. 657.
LEHMANN, W.: Streptokokkenerkrankungen. Erg. inn. Med. **40**, 748 (1931).
MAYO, CH. H.: Dent. Revue **1913**, 281. Zit. nach STEIN.
— Focal infection of dental origin. Dent. Cosmos **64**, 1206 (1922).
MAYRHOFER: Prinzipien einer rationellen Therapie der Pulpagangrän und ihrem häufigsten
Folgezustand. Jena 1909.
MILLER, W.: Gärungsvorgänge im menschlichen Munde, ihre Beziehung zur Caries der Zähne
und diversen Krankheiten. Dtsch. med. Wschr. **1884**, Nr 36.
OLMSTEAD: History of Assyrer. 1923.
OPPER: Septische Zustände nach Angina tonsillaris. Diss. Leipzig 1900.
PÄSSLER, H.: Ther. Gegenw. **1915**, H. 10 u. 11. Zit. nach STEIN.
— Die chronischen Infektionen im Bereich der Mundhöhle. Z. ärztl. Fortbildg **12**, Nr 20 (1915).
— Über Beziehungen septischer Krankheitszustände zu chronischen Infektionen der Mund-
höhle. Verh. dtsch. Kongr. inn. Med. **1909**, 321.
PETIT, JEAN-LOUIS: Traité des maladies chirurgicales. Zit. nach WORMS u. LE MÉE.
PONFICK, E.: Über die allgemein-pathologischen Beziehungen der Mittelohrerkrankungen im
frühen Kindesalter. Berl. klin. Wschr. **1897**, 817, 851 890.
ROSENOW, E. C.: Experimental infectious endocarditis. J. inf. Dis. **1912**, 210.
— The newer bacteriology of various infections as determined by special methods. J. amer.
med. Assoc. **1914**, 903.
— Elective localization of streptococci. J. amer. med. Assoc **1915**, 1687.
RUSH, B.: Medical inquiries and observations, Vol. 1, p. 199, neugedruckt bei W. W. DUKE,
Oral sepsis in its relationship to dissemic diseases. St. Louis: C. V. Mosby Comp. 1918.
SCHMIDT, MORITZ: Lehrbuch der Oto-Rhino-Laryngologie, 1. Aufl. 1894.
SCHOTTMÜLLER, H.: Über den angeblichen Zusammenhang zwischen Infektion der Zähne
und Allgemeinerkrankungen. Dtsch. med. Wschr. **1922**, 181.
— Herdinfektion und Organotropie der Erreger. Verh. dtsch. Kongr. inn. Med. **1930**, 480.
STOLL: Zit. nach F. v. MÜLLER: Münch. med. Wschr. **1933**, 1, 49.
THOMSON, D. and R. THOMSON: Researches on the rôle of the streptococci in oral and dental
sepsis. Ann. Pickett-Thomson Res. Labor. **5**, 53 (1929).
TROUSSEAU, A.: Zit. nach BARBIER: Nouveau Traité de Médecine, Bd. 2, S. 733, u. F. KLINGE:
Erg. Path. **27** (1933).
WANGEMANN, P.: Der Einfluß der Krankheiten der bleibenden Zähne auf den Gesamt-
organismus. Arch. klin. Chir. **45**, 258 (1893).

2. Oralsepsis und Sepsis.

BILLROTH, TH.: Beobachtungsstudien über Wundfieber und akzidentelle Wunderkrankungen. Berlin: August Hirschwald 1862.

COOLEY: J. Michigan State med. Soc. **22**, 4, 186 (1923). Zit. nach LOEWENHARDT.

DAVAINE: Zit. nach SACQUÉPÉE.

DIETRICH, A.: Reaktionsfähigkeit des Körpers bei septischen Erkrankungen in ihren pathologisch-anatomischen Äußerungen. Verh. dtsch. Kongr. inn. Med. **1925.**

DOERR, R.: Lehrbuch der inneren Medizin: Infektionskrankheiten, E. Die latenten Infektionen. Berlin: Julius Springer 1931.

DOLÉRIS: Là fièvre puérpérale et les organismes inférieurs. Paris: Baillière & Fils 1880.

DUNCAN, M.: Puerperal fever. Lancet **2**, 684 (1880).

FISCHER, MARTIN: Infektionen der Mundhöhle und Allgemeinerkrankungen. Dresden: Theodor Steinkopff 1921.

GRUMBACH, A.: Die Stellung der Herdinfektion im Rahmen der allgemeinen Infektionslehre. Schweiz. Mschr. Zahnheilk. **43**, H. 7 (1933).

HISS-ZINSSER: Text-Book of Bact., p. 353. New York: Appleton & Co. 1929.

KOLLE, W.: Einige Beobachtungen über lokale und fokale Infektion. Paradentium **3**, Nr 1 (1931).

LENHARTZ: Die septischen Erkrankungen. NOTHNAGELs Spezielle Pathologie und Therapie, Bd. 3.

LOEWENHARDT, F. E. R.: Die Chroniosepticämie. Z. klin. Med. **97**, 236 (1923).

— Der Symptomenkomplex der schleichenden Allgemeininfektion (Chroniosepticämie). Klin. Wschr. **1923**, 1933, 2280.

MEYER, O.: Zum Problem des chronischen Rheumatismus. Münch. med. Wschr. **1933**, 455.

MÜLLER REINER: 80 Jahre Seuchenbakteriologie. Jena: Gustav Fischer 1929.

OGSTEN, A.: Micrococcus poisoning. J. of Anat. **1**, 17, 47 (1882).

PIORRI: Zit. nach SACQUÉPÉE.

ROCKWELL, G. and HIGHBERGER: The necessity of carbon dioxide for the growth of bacteria yeasts and molds. J. inf. Dis. **40**, 438 (1927).

ROCKWELL, G.: Streptococci-blood-stream infections. New York: McMill & Co. 1931.

ROSENBACH, F. J.: Mikroorganismen bei Wundinfektionskrankheiten. Wiesbaden: J. F. Bergmann 1884.

SACQUÉPÉE, E.: Nouveau Traité de Médecine. ROGER WIDAL et TEISSIER, Vol. 1, p. 99. Paris: Masson & Co. 1920.

SCHOTTMÜLLER, H.: Über Sepsis, ihren bakteriologischen Nachweis und ihre Behandlungsprinzipien. Münch. med. Wschr. **1933**, 1311.

SINGER: Über septische Infektionen. Seuchenbekämpf. **1928**, H. 4.

STAEHELIN, R.: Spezielle Pathologie und Therapie der Infektionskrankheiten. Lehrbuch der inneren Medizin, S. 239. Berlin: Julius Springer 1931.

WHERRI, W.: Tissue hydration and its relation to susceptibility and immunity. J. inf. Dis. **41**, 177 (1927).

— The newer knowledge of Bacteria. University of Chicago Press 1928.

3. Die Stellung der Herdinfektion im Rahmen der allgemeinen Infektionslehre.

ALBERTINI, A. V.: Allgemeine Pathologie und Histologie des Rheumatismus. Schweiz. med. Wschr. **1933**, 1181.

ASCHOFF, L.: Pathologie und Anatomie, 6. Aufl. Jena: Gustav Fischer 1923.

ASKANAZY, M.: Knochenmark. HENKE-LUBARSCH, Handbuch der speziellen Pathologie, Bd. 1/II, S. 775. 1927.

BAIL, O. u. E. SINGER: Versuch einer einheitlichen Auffassung der bakteriellen Infektion. Krkh.forsch. **1**, 227 (1925).

BONDI: Die septischen Allgemeininfektionen und ihre Behandlung. Erg. Chir. **7** (1913).

BUMPUS, H. C. jr. and J. G. MEISSER: Focal infection and selective localization of streptococci in pyelonephritis. Arch. int. Med. **27**, 326 (1921).

CLAWSON, J. B.: Etiology of acute rheumatic fever. J. inf. Dis. **36**, 444 (1925).

DETWEILER, H. K. and W. L. ROBINSON: Experimental endocarditis: its production with streptococcus viridans of low virulence. J. amer. med. Assoc. **67**, 1653 (1916).

DIETRICH, W.: Reaktionsfähigkeit des Körpers bei septischen Erkrankungen in ihren pathologisch-anatomischen Äußerungen. Verh. dtsch. Kongr. inn. Med. **1925**, 180.

DOERR, R.: Lehrbuch der inneren Medizin. E. Die latenten Infektionen. Berlin: Julius Springer 1931.

— Allgemeine Kritik der Schutzimpfungen gegen Infektionskrankheiten. Latente Infektionen. Acta Tomarkin Foundation, Locarno 1931.

EHRICH: Amer. J. Anat. **43**, Nr 3 (1929). Zit. nach W. SCHULZE.

FRIEDHEIM, E. A. H.: Sind die Lymphdrüsen primäre Blutfilter? Frankf. Z. Path. **75**, 549 (1927).

GÄUMANN, E.: Neuere Erfahrungen auf dem Gebiete der pflanzlichen Immunitätslehre. Verh. schweiz. naturforsch. Ges. **1933**, 197.

GLOOR, H. U. et M. GILBERT: La micro-embolie multiple et répétée, non purulente, dans l'endocardite ulcéreuse lente. Schweiz. med. Wschr. **1926**, 17.

GRUBER: Zit. nach SEMSROTH u. KOCH.

GRUMBACH, A.: Experimentelle Studien über die Ätiologie des Lymphogranuloms. Frankf. Z. Path. **31**, 530 (1925).

— Reaktive Zone und Leukocyten in der lokalen Immunität. Zbl. Bakter. I. Orig. **110**, 146 (1928).

— Experimentelle Studien zur BESREDKAschen Lehre von Antivirus und lokaler Immunität. Z. Immun.forsch. **57**, 357 (1928).

— Bakteriologie und Biologie der pyogenen Infektionen. Schweiz. med. Wschr. **1931**, 1220.

— Die Stellung der Herdinfektion im Rahmen der allgemeinen Infektionslehre. Schweiz. Mschr. Zahnheilk. **43**, H. 7 (1933).

HADEN, R. L.: Lesions in rabbits following the intraveneous injection of bacteria from chronic periapical dental infection. Amer. J. med. Sci. **172**, 885 (1926).

— The elective Localization of bacteria in heart and vascular disease. J. Labor. a. clin. Med. **12**, 3 (1926).

HENRICI, A. T.: Specificity of streptococci. J. inf. Dis. **19**, 572 (1916).

HOLMAN, W. L.: Fatigue and infection. Ann. int. Med. **3**, 259 (1929).

KÄMMERER, H.: Über schleichende und larvierte septische Infektionen. Münch. med. Wschr. **1929**, 1500.

KELLEY: Ohio med. J. **14**, 221 (1918). Zit. nach VALENTINE u. VAN METER.

KIMMELSTIEL, P.: Über Viridans-Encephalitis bei Endocarditis lenta. Beitr. path. Anat. **79**, 39 (1928).

LEXER, E: Zur experimentellen Erzeugung osteomyelitischer Herde. Arch. klin. Chir. **48**, 181 (1894).

— Osteomyelitis-Experimente mit einem spontan beim Kaninchen vorkommenden Eitererreger. Arch. klin. Chir. **52**, 576 (1896).

— Weitere Untersuchungen über Knochenarterien und ihre Bedeutung für krankhafte Vorgänge. Arch. klin. Chir. **73**, 481 (1904).

LIBMAN, E.: Les infections microbiennes généralisées. Presse méd. **1924**, No 90.

— General infections by bacteria. N. Y. Acad. Sci., sect. med. a. surg. **69** (1927).

— A Further Report on Recovery and Recurrence in subacute Bacterial Endocarditis. Trans. Assoc. amer. Physicians **48**, 44 (1933).

LÜTHY, F. u. MELCHER: Inaug.-Diss. Zürich 1934.

MEISSER, J. G. and B. S. GARDNER: Elective localization of bacteria isolated from infected teeth. J. nat. dent. Assoc. **19**, 578 (1922).

MEYER, O.: Zum Problem des chronischen Rheumatismus. Münch. med. Wschr. **1933**, 455.

MORAWITZ, P.: Krankheiten des Kreislaufes. Lehrbuch der inneren Medizin, Bd. 1, S. 326. 1931.

OELLER, H.: Über die Bedeutung der Zellfunktion bei Immunitätsvorgängen. Dtsch. med. Wschr. **1923**, 1287.

PÄSSLER, H.: Über Herdinfektion. Klinische Grundlagen und Probleme. Verh. dtsch. Kongr. inn. Med. **1930**, 381.

— Zur Frage der chronischen Infektionsherde in der Mundhöhle. Münch. med. Wschr. **1931**, 1644, 1685.

PESCH, K. L.: Bakterienvariabilität und orale Sepsis. Münch. med. Wschr. **1933**, 1418.

REICHEL, H. u. E. P. JORDAN: Angina und Streptokokken. Dtsch. Arch. klin. Med. **170**, 335 (1931).

ROSENOW, E. C.: Experimental infectious endocarditis. J. inf. Dis. **11**, 210 (1912).

— The etiology of acute rheumatism, articular and muscular. J. inf. Dis. **14**, 61 (1914).

— Studies on elective localization. Focal infection with special reference to oral sepsis. J. dent. Res. **1**, 205 (1919).

— Streptococci in relation to etiology of epidemic encephalitis. J. inf. Dis. **24**, 329 (1924).

— Experimental studies indicating an infectious etiology of spasmodic torticollis. J. nerv. Dis. **59**, 1 (1924).

— Herdinfektion und elektive Lokalisation. Verh. dtsch. Kongr. inn. Med. **1930**, 421.

— and W. ASHBY: Focal infection and elective localization in the etiology of myositis. Arch. int. Med. **28**, 274 (1921).

ROESSLE, R.: Zit. nach W. SCHULZE.

ROTHSCHILD, M. A. and W. THALHIMER: Experimental arthritis in the rabbit, produced with streptococcus mitis. J. of exper. Med. **19**, 444 (1914).

SEMSROTH, K. u. R. KOCH: Über Gefäßläsionen bei Allgemeininfektionen. Krkh.forsch. **8**, 191 (1930).

SIEGMUND, H.: Veränderungen des Herzens und der Gefäße bei septischem Scharlach. Verh. dtsch. path. Ges. **1921**.

— Zur Pathologie der chronischen Streptokokkensepsis. Münch. med. Wschr. **1925**, 639.

SINGER: Über septische Infektionen. Seuchenbekämpf. **5**, 274 (1928).

SCHLOSSBERGER: Handbuch der normalen und pathologischen Physiologie, Nachträge zu Bd. 1—17, S. 329. Berlin: Julius Springer 1932.

SCHMIDT, M. B.: Zit. nach W. SCHULZE.

SCHMIDT u. KAIRIES: Über die Entstehung von Erkältungskatarrhen und eine Methode zur Bestimmung der Schleimhauttemperatur. Jena: Gustav Fischer 1932.

SCHULZE, W.: Über die anatomischen Bedingungen für die Metastasen der Allgemeininfektion. Dtsch. Z. Chir. **239**, 34 (1933).

THALHIMER, W. and M. A. ROTHSCHILD: On the significance of the submiliary myocardial nodules of ASCHOFF in rheumatic fever. J. of exper. Med. **19**, 429 (1914).

THOMSON, M. J.: An experimental study of the streptococci found in pyorrhoea alveolaris. Edinburgh med. J. **32**, 781 (1925).

TOPLEY, W. W. C. and H. B. WEIR: Lesions in rabbits by inoculation of streptococci. J. of Path. **24**, 333 (1921).

TSCHAMER, FR.: Periarteriitis nodosa. Frankf. Z. Path. **23**, 344 (1920).

VALENTINE, E. and M. VAN METER: The localization of streptococci in the tissues of rabbits. J. inf. Dis. **47**, 56 (1930).

WESTHUES, H: Herkunft der Phagocyten in der Lunge. Beitr. path. Anat. **70**, 223 (1922).

WEYRICH, H.: Über septische Erkrankungen mit besonderer Berücksichtigung der Streptokokkensepsis. Mitt. Grenzgeb. Med. u. Chir. **43**, 128 (1932).

4. Pathologische Anatomie der chronischen Tonsillitis und des Zahngranuloms.

a) Granulome.

APPLEBAUM: Lymphatic channels in Dentin stained by Amalgan. J. dent. Res. **9**, 487 (1929).

BERETTA, A.: Mikrobenlokalisationen in der Zahnpulpa auf dem Wege der Blutbahn. Zbl. Bakter. I Orig. **76**, 124 (1915).

FELDMANN, G. u. HUTTNER: Die apikale Paradentitis in bakteriologischer Beleuchtung. Dtsch. Mschr. Zahnheilk. **1932**, 342.

HESS, W.: WALKOFFs Lehrbuch der konservativen Zahnheilkunde, 3. Aufl., S. 353.

LAZARUS-BARLOW, P.: A bacteriological examination of the alveolar bone in relation to pyorrhoea. Brit. dent. J. **49**, 57 (1928).

LIECK, E.: Ein Beitrag zur Frage der hämatogenen Sepsis. Dtsch. Mschr. Zahnheilk. **1933**, 823.

MILLER: Einleitung zum Studium der Bakterio-Pathologie der Zahnpulpa. Zbl. Bakter. I Orig. **16**, 447 (1894)

NOYES, F. B. and R. L. TODD: The lymphatics of the dental region. Dent. Cosmos **71**, 1041 (1929).

OTT, A.: Untersuchungen von Zahnwurzelgranulomen nach der Technik von H. WARREN CROWE und E. C. ROSENOW. Schweiz. Mschr. Zahnheilk. **1934**.

PARTSCH, C.: Über chronische Periodontitis und ihre Folgezustände. Z. Stomat. **1** (1904).

ROSENOW, E. C. and J. G. MEISSER: Elective localization of bacteria following various methods of inoculation, and the production of nephritis by devitalization and infection of teeth in dogs. J. Labor. a. clin. Med. **1922**, 707.

SIEGMUND, H. u. R. WEBER: Pathologische Histologie der Mundhöhle. Leipzig 1926.

STEIN, G.: Histologische Untersuchungen im Wurzelspitzengebiet pulpatoter Zähne. Z. Stomat. **1929**, 108.

— Die stomatogene Herdinfektion. SCHEFFS Handbuch der Zahnheilkunde, Bd. 6, S. 157. 1931.

WEBER, R. u. K. L. PESCH: Untersuchungen über die pathogenetische Bedeutung der Zahnwurzelgranulome für die orale Sepsis. Dtsch. Mschr. Zahnheilk. **1927**, 875.

WITZEL: Neue Deutsche Chirurgie. Verletzungen und Krankheiten des Kiefers, 1932.

ZEPPONI, FR.: Sulla istogenesi del granuloma dentario. Stomatologia **30**, 603 (1932).

b) Tonsillen.

ALBERTINI, A. v.: Die FLEMMINGschen Keimzentren. Beitr. path. Anat. **89**, 183 (1932).

— Die funktionelle Bedeutung des lymphatischen Gewebes. Schweiz. med. Wschr. **1932**, 745.

BURCHARDT: Zit. nach CLAUS.

CALVERT, W. J.: The blood-vessels of the lymphatic gland. Anat. Anz. **13**, 174 (1897).

CLAUS, H.: 5 Jahre septische Halsstation der H.N.O.-Abteilung des RUDOLF VIRCHOW-Krankenhauses. Dtsch. med. Wschr. **2**, 1813 (1931).

— Über 100 Fälle von Septicopyämie nach Angina. Klin. Wschr. **1931**, 1194.

DIETRICH: Das pathologisch-anatomische Bild der chronischen Tonsillitis. Z. Hals- usw. Heilk. **3/4**, 429 (1922).

— Rachen und Tonsillen. HENKE-LUBARSCH, Handbuch der speziellen pathologischen Anatomie und Histologie, Bd. 4.

FEIN, W.: Die Tonsillen als Einbruchspforte für Infektionen und die Indikationen für radikale Tonsillenexstirpation. Med. Klin. **1923**, Nr 10.

FLEMMING, W.: Studien über Regenerationen der Gewebe .I. Die Zellvermehrung in den Lymphdrüsen und verwandten Organen und ihr Einfluß auf deren Bau. Arch. mikrosk. Anat. **24**, 50 (1885).

FRÄNKEL, E.: Über postanginöse Pyämie. Virchows Arch. **254**, 635 (1925).

GINS, H. A.: Zum Problem der biologischen Leistung der Tonsillen. Fortschr. Zahnheilk. **6**, 281 (1930).

GLANZMANN, E.: Das lymphämische Drüsenfieber. Abh. Kinderheilk. **1930**, Sonderausg. zu H. 25.

GRÄFF, S.: Erkrankungen des Nasen-Rachenraumes. Münch. med. Wschr. **1933**, 573.

HAJEK, M.: Richtige und falsche Indikationen zur Tonsillektomie. Wien. med. Wschr. **111** (1928).

HAYMANN, L.: Die Verwicklungen bei der akuten Tonsillitis. Münch. med. Wschr. **1933**, 55, 107.

HELLMANN, T.: Studien über das lymphoide Gewebe. Beitr. path. Anat. **68**, 333 (1921).

— u. G. WHITE: Das Verhalten des lymphatischen Gewebes während eines Immunisierungsprozesses. Virchows Arch. **278**, 221 (1930).

HENKE: Versuche zur Frage über die physiologische Bedeutung der Tonsillen. Dtsch. med. Wschr. **1913**, 1618.

HEYBERG, K. A.: Das Aussehen und die Funktion der Keimzentren des adenoiden Gewebes. Virchows Arch. **240**, 301 (1923).

HUECK, W.: Die normale menschliche Milz als Blutbehälter. Verh. dtsch. path. Ges. **1928**.

JOEL: Über die postanginöse Pyämie und ihren Verbreitungsweg. Dtsch. med. Wschr. **1929**, 2133.

KÄMMERER, H.: Über schleichende und larvierte septische Infektionen. Münch. med. Wschr. **1929**, 1500.

KLINGE, F.: Der Rheumatismus. Erg. Path. **27**, 1 (1933).

KRAUSPE, CARL: Über hämatogene Tonsillartuberkulose. Verh. dtsch. path. Ges. München 1931, 278.
— Die hämatogene Mandelentzündung. Virchows Arch. 285, 400 (1932).
LÉNART: Experimentelle Studien über den Zusammenhang des Lymphgefäßsystems der Nasenhöhle und Tonsillen. Arch. f. Laryng. 21, 462 (1909).
LUSCHKA u. WALDAPFEL: Der Schlundkopf des Menschen. 1868.
MAYER, O.: Histologische Befunde bei chronischer Tonsillitis. Verh. Ges. dtsch. Hals- usw. Ärzte 2, 116.
NAGER, F. R.: Die Beziehungen des Gelenkrheumatismus zu den Tonsillenerkrankungen. Schweiz. med. Wschr. 1933, 1195.
OTTO, J.: Die Beteiligung der Tonsillen bei der Tuberkulose. Beitr. Klin. Tbk. 79, 187 (1932).
PÄSSLER, H. W.: Zur Frage der chronischen Infektionsherde in der Mundhöhle. Münch. med. Wschr. 1931, 1644, 1685.
RIEDER: Postanginöse Sepsis und ihre Behandlung vom Standpunkt des Chirurgen. Arch. klin. Chir. 168, 1 (1931).
RÖSSLE, R.: Referat über Entzündung. Verh. dtsch. path. Ges. 19, 18 (1923).
RUF: Lokalisation usw. Verh. Ges. dtsch. Hals- usw. Ärzte 6 (1926).
SANARELLI, G.: Les enthéropaties microbiennes. Paris: Masson & Co. 1926.
SARAFOFF, D.: Das Gewebsbild des fieberhaften Rheumatismus. Virchows Arch. 286, 329 (1932).
SCHERF, H.: Experimentelle Untersuchungen über die Speicherung und Ausscheidung von Fremdstoffen in der Kaninchen-Gaumenmandel. Virchows Arch. 283, 74 (1932).
SCHLEMMER: Anatomische, experimentelle und klinische Studien zum Tonsillarproblem. Mschr. Ohrenheilk. 55 (1921). Zit. nach WALDAPFEL.
SCHULTZ, W.: Die Bedeutung der Tonsillen für die Infektion. Klin. Wschr. 1930, 655.
SCHULZE, W.: Über die anatomischen Bedingungen für die Metastasen der Allgemeininfektion. Dtsch. Z. Chir. 239, 34 (1933).
SCHWARZ, E.: Infektiöse Mononukleose. Wien. klin. Wschr. 98 (1929).
— Primäre und sekundäre Anginen. Z. Stomat. 28, 203 (1930).
SIEGMUND, H.: Vortrag im Verein deutscher Zahnärzte in Rheinland und Westfalen. Dtsch. zahnärztl. Wschr. 1930, 556.
THIESBÜRGER: Die Reizzustände der Gaumenmandelbuchten. Z. Hals- usw. Heilk. 28, 459 (1931).
UFFENORDE, W.: Die Angina und ihre septischen Folgezustände. Med. Klin. 1, 153 (1930).
— Bakterienbefunde in den Gaumenmandeln und ihrer Umgebung bei chronischer Mandelsepsis. Münch. med. Wschr. 1933, 1085.
VOSS, O.: Zur Frage der Mandelausschälung bei tonsillogenen Allgemeininfektionen. Verh. dtsch. Kongr. inn. Med. 1930, 460.
WALDAPFEL, R.: Venenthrombosen bei Peritonsillarabscessen und Anginen. Mschr. Ohrenheilk. 54, H. 6 (1925); 63, 295 (1925).
— Die postanginöse Pyämie. Z. Hals- usw. Heilk. 23, 178 (1929).
WOOD: Zit. nach WORMS u. LE MÉE.
WORMS, G. et J. M. LE MÉE: Les foyers amygdaliens. Paris 1931.

5. Die Bakteriologie der Herde.

a) Wurzelkanäle und Granulome.

ALLERHAND, H.: Über die orale Sepsis und ihre Verhütungsmöglichkeiten. Z. Stomat. 22, 1 (1924).
APPLETON, M. L. T., C. K. BRYANT and E. ZEBLEY: The relative frequency of streptococcal types in periapical infection. Dent. Cosmos 1926, 336.
AUSTIN, L. J. and T. J. COOK: Bacteriologic study of normal vital teeth. J. amer. dent. Assoc. 16, 894 (1929).
BACK, HEINR.: Über die Beziehungen chronisch septischer Zahnaffektionen zu den Erkrankungen des Auges. Klin. Mbl. Augenheilk. 1927, 316.
BARA, A.: Contribution à l'Etude bactériologique du granulome para-dentaire. Thèse de Lille 1926.
BARBER, H. W. and ROBERTS: The relationship of dental infection to diseases of the skin. Amer. dent. Surgeon 1927, 480.

BECK, A.: Ein Beitrag zur Frage des Zusammenhanges von Herdinfektion und Allgemeinerkrankung. Zbl. Bakter. I Orig. **125**, 385 (1932).

BERWICK, C. C.: The bacteriology of peridental tissues radiographically suggesting infection.
J. inf. Dis. **29**, 357 (1921).

BION, H.: Untersuchung von Zahnwurzelgranulomen auf Streptokokken nach der Technik
von WARREN CROWE. Schweiz. Mschr. Zahnheilk. **41**, Nr 8 (1931).

BLUMENBERG, W. u. A. ZÜLL: Über Streptokokkenbefunde in Zahnwurzelgranulomen.
Arch. f. Hyg. **109**, 297 (1933).

BRODERICK, R. A.: Brit. dent. J. **45**, 1301 (1924). Zit. nach THOMSON.

BROPHY: A retrospective survey of early dental practice, with reflections on the modern
trend of dentistry. Dent. Cosmos **63**, 323 (1921).

BULLEID, A.: Apical infection. Proc. roy. Soc. Med., sec. odont. **21**, 801 (1928).

CROWE, W. C.: Differentiation of streptococci. J. of Path. **24**, 361 (1921).

— Bacteriology and surgery of chronic arthritis and rheumatism. Oxford University
Press. London: Humphrey Milford 1927.

FELDMANN, G. u. HUTTNER: Die apikale Paradentitis in bakteriologischer Beleuchtung.
Dtsch. Mschr. Zahnheilk. **1932**, 342.

FRASER: Brit. dent. J. **44**, 350 (1923). Zit. nach THOMSON.

GILMER, T. L. and A. M. MOODY: A study of the bacteriology of alveolar abscesses and
infected root canals. J. amer. med. Assoc. **63**, 2023 (1914).

GOLDBERG, H. A.: Dental infections. J. amer. med. Assoc. **89**, 356 (1927).

HADEN, R. L.: The pulpless tooth from a bacteriologic and experimental standpoint. J.
amer. dent. Assoc. **12**, 918 (1925).

— A bacteriological study of periapical dental infection. J. inf. Dis. **38**, 486 (1926).

HARTZELL, T. B. and A. T. HENRICI: A study of streptococci from Pyorrhoea alveolaris
and from apical abscesses. J. amer. med. Assoc. **64**, 1055 (1915).

— The pathogenicity of mouth streptococci and their rôle in the etiology of dental diseases.
J. amer. dent. Assoc. **4**, 474 (1917).

— J. dent. Res. Baltimore **1**, 419 (1919). Zit. nach STEIN.

HAUSSMANN, A.: Über das Vorkommen der Coccobacteria septica in einem Zahnabsceß.
Berl. klin. Wschr. **15**, 191 (1878).

HEAD, J. and C. ROOS: On the bacteriology of apical abscesses. J. dent. Res. **1**, 13 (1919).

HORDER, T. R.: Dental sepsis from point of view of the Physician. Proc. roy. Soc. Med.,
sec. odont. **7**, Nr 6 (1914).

KRITSCHEWSKI et SÉGUIN: Premières recherches sur les infections chroniques de la pulpe
de l'apex. Revue de Stomat. **1925**, 548.

LEHMANN, W.: Zur Herdinfektion. Verh. dtsch. Kongr. inn. Med. **1930**, 482.

— Streptokokkenerkrankungen. Erg. inn. Med. **40**, 712 (1931).

LESBRE, PH. et CH. GRANDCLAUDE: Infections strepto-entérococciques des dents et leurs
métastases viscérales. Presse méd. **1926**, 1157.

LÖFFLER, K. u. HARNDT: Über die relative Mundimmunität und die Mundhöhlensepsis.
Vjschr. Zahnheilk. **1922**, 203.

LUCAS, C. D.: Dent. Summ. **40**, 955 (1920). Zit. nach THOMSON.

MAYRHOFER: Prinzipien einer rationellen Therapie der Pulpagangrän. Jena: Gustav Fischer
1909.

MECHTENBERG, H.: Beitrag zur Anaerobenflora der Pulpagangrän. Dtsch. Mschr. Zahnheilk. **1931**, H. 14, 677.

MEMMESHEIMER, A. M. u. K. FR. SCHMIDHUBER: Ein Beitrag zu den Beziehungen zwischen
Erkrankungen des Zahnsystems und zwischen Hautkrankheiten. Zahnärztl. Rdsch.
1928, 2177.

MONNIER: Contribution à l'étude pathogénique des infections dentaires. Thèse de Paris **1904**.

NANOTTI: Sperimentale **45**, No 12 (1891). Zit. nach THOMSON.

NICHOLS, A. C.: The virulence and classification of streptococci isolated from apical infections. A preliminary report. J. amer. dent. Assoc. **13** (1926).

OSTEN-SACKEN, VON DER H.: Klinische Beobachtungen und bakteriologische Untersuchungen über Herdinfektion. Vjschr. Zahnheilk. **59** (1931).

OTT, A.: Untersuchungen von Zahnwurzelgranulomen nach der Methode von H. WARREN,
CROWE und E. C. ROSENOW. Schweiz. Mschr. Zahnheilk. **1934**.

Ottolenghi, R.: Bacterial flora of periapical infections. Giorn. Batter. **114** (1928).
Pesch, L.: Die Bakteriologie und pathogenetische Bedeutung der Zahnwurzelgranulome. Zbl. Bakter. I Orig. **104**, 228 (1927).
Precht, Ed.: Bericht über die Jahrestagung der dtsch. Ges. f. dent. Anatomie und Pathologie, Düsseldorf. Dtsch. zahnärztl. Wschr. **1926**, Nr 25.
Price, W. A.: Oral and Syst. Dent. Infect. Cleveland, Ohio: The Penton Publishing Co. 1923.
Proell, Fr. u. O. Stickl: Streptokokkenbefunde bei Zahnerkrankungen in Beziehung zur Lehre von der oralen Sepsis. Zbl. Bakter. I Orig. **108**, 12 (1928).
Rickert, U. G., Ch. J. Lyons and F. P. Hadley: Studies on the etiology of root canal infections. The nature of the causative agents and their behaviour with respect to elective localization in rabbits. J. amer. dent. Assoc. **13**, 1203 (1926).
— and F. P. Hadley: Further studies on the etiology of pulpcanal infections with special reference to diagnose and treatment. Brit. J. dent Sci. **1929**, 204.
Roccia, B.: L'importanza patogenetica della flora microbica nei granulomi apicali. Policlinico **51**, 23, 75 (1928).
Roughton: Trans odont. Soc. Gt. Brit. **25**, 71 (1893). Zit. nach Thomson.
Schmutz: Les foyers périapexiens. Leurs relations avec les septicémies dites cryptogénétiques. Thèse de Strasbourg **1923**.
Schreier: Österr.-Ung. Vjschr. Zahnheilk. **9**, 133 (1893). Zit nach Thomson.
Smith and Ludwick: Nebraska Stat. Med. J. **4**, 131 (1919). Zit. nach Thomson.
Stein, G.: Die stomatogene Herdinfektion. Scheffs Handbuch der Zahnheilkunde, Bd. 6, S. 157. 1931.
Strahl, H.: Beitrag zur Bakterienflora der Wurzelkanäle pulpatoter Zähne. Zahnärztl. Rdsch. **1927**, 33.
Thomson, D. and R. Thomson: Researches on the rôle of the streptococci in oral and dental sepsis. Ann. Pickett-Thomson Res. Labor. **5**, 82 (1929).
Ulrich: J. amer. med. Assoc. **65**, 1619 (1915). Zit. nach Thomson.
Weber, R. u. K. L. Pesch: Untersuchungen über die pathogenetische Bedeutung der Zahnwurzelgranulome für die orale Sepsis. Dtsch. Mschr. Zahnheilk. **1927**, 875.
Wilkinson: Brit. dent. J. **1924**, Nr 7. Zit. nach Lehmann.

b) Tonsillen.

Aschoff, L.: Der appendicitische Anfall. Berlin: Julius Springer 1930.
Beattie, J. M.: Discussion on the streptococci. Brit. med. J. **1921**, 152.
Besson, A.: Practical bacteriology, microbiology and serum therapy, 1913.
Bloomfield, A. L.: Bacterial flora on infants throats. Bull. Hopkins Hosp. Febr. **1922**.
— and A. R. Felty: Acute tonsillitis from the standpoint of bacteriology. Arch. int. Med. **32** (Okt. 1923).
Byrnes, R. R.: Vincents infection. Dent. Cosmos **72**, 969 (1930).
Caylor, H. D. and G. F. Dick: Quantitative bacteriology of the tonsils. J. amer. med. Assoc. **78**, 570 (1922).
Davis, J.: Bacteriology and pathology of the tonsils with special reference to chronic articular, renal and cardiac lesions. J. inf. Dis. **10**, 148 (1912).
— The tonsils in relation to infectious processes. J. amer. med. Assoc. **74**, 317 (1920).
Doernberger: Jb. Kinderheilk. **35** (1893). Zit. nach Thomson.
Eve, F. C.: Tonsil suction for diagnosis and treatment. Brit. med. J. **1928**, 941.
Eves, C. C. and W. R. Watson: Study of streptococcus haemolyticus in tonsillar crypts. Laryngoscope **35**, Nr 3 (1925).
Fox, J. C. and D. M. Stone: Periodic examinations of the streptococci of the human throats. J. of Path. **30**, 377 (1927).
Gottlieb, M. J.: The virulence of streptococci isolated from material expressed from the tonsils. N. Y. State J. Med. **21**, 379 (1921).
Gundel, M. u. H. Linden: Die Flora der Mundhöhle Gesunder und ihre Bedeutung für die Pathogenese der Erkrankungen der Atmungsorgane. Zbl. Bakter. I Orig. **121**, 349 (1931).
Harrison, L. W.: The streptococci of normal and sore throats. J. Army med. Corps **13**, 515 (1909).

HAYS, H. M.: Acute tonsillitis and its treatment. Med. Rec. 3. Mai 1911.

HENKE, F. u. H. REITER: Zur Bedeutung der hämolytischen und anhämolytischen Strepto-kokken für die Pathologie der Tonsillen. Berl. klin. Wschr. **49**, 1927 (1912).

HOWARTH, W. G. and S. R. GLOYNE: Unhealthy tonsils associated with cervical adenitis. Lancet **1923**, 1202.

JULIANELLE, L. A.: A bacteriologic study of exstirpated tonsils. J. Labor. a. clin. Med. **9**, 699 (1924).

KEILTY, R. A.: The tonsils as foci of infection. J. med. Res. Boston **42**, 316 (1921).

KELLERT, E.: The pathological histology of tonsils containing haemolytic streptococci. J. med. Res. **41**, 387 (1920).

KENNEDY, J. C.: An investigation into the microorganisms present in normal and patho-logical throats, with special reference to their reactions to Gordon's tests for strepto-cocci. J. Army med. Corps **13**, 527 (1909).

KILDUFFE, R. A. and W. W. HERSOHN: A note upon the bacteriology of excised tonsils. J. Labor. a. clin. Med. **12**, 988 (1927).

LINGELSHEIM, W. V.: Streptokokken. Handbuch der pathogenen Mikroorganismen von KOLLE-WASSERMANN, 2. Aufl., Bd. 4, S. 453. 1912.

LUKOWSKI, L. A.: Die Mikroflora des WALDEYERschen Rachenringes. 1. Teil. Qualitative bakteriologische Untersuchung der Gaumenmandeln bei der chronischen Tonsillitis. Z. Hals- usw. Heilk. **23**, 468 (1929).

MALAN, A.: Relations entre les amygdalites et les maladies des reins. O.R.L. inf. Lyon **13**, 1 (1929).

NAKAMURA, T.: The bacteriology of exstirpated tonsils and its relation to epidemic tonsillitis. Ann. Surg. Philadelphia **79**, 24 (1924).

PARK, W.: Pathogenic microorganisms, 8. Aufl., p. 316. 1925.

— A. WILLIAMS and CH. KRUMWIEDE: Microbical studies on acute respiratory infection with especial consideration of immunological types. J. of Immun. **6**, 1 (1921).

PILOT, I. and D. J. DAVIS: The streptococci of the actinomyces-like granuls of the tonsils. J. inf. Dis. **23**, 562 (1918).

— — Haemolytic streptococci in the faucial tonsils and their significance of secondary invaders. J. inf. Dis. **24**, 386 (1919).

— and PEARLMAN: Bacteriologic studies of the upper respiratory passages. J. inf. Dis. **29**, 47, 51 (1921).

— and J. H. TUMBEER: Bacteriologic studies of the upper respiratory passages. VI. Haemo-lytic streptococci in the pharynx and tonsils of infants and children. Amer. J. Dis. Childr. **31**, 22 (1926).

POLVOGT, L. M. and S. J. CROWE: Predominating organisms found in cultures from tonsils and adenoids. J. amer. med. Assoc. **1929**, 962.

PYBUS, F. C.: Some infections of the tonsils. Lancet **1915**, 1009, 1065.

RAMSAY, J. and C. M. PEARCE: Tonsil Puncture. New methode of investigation. Brit. med. J. **1929**, 543.

REICHEL, H. u. E. C. JORDAN: Angina und Streptokokken. Dtsch. Arch. klin. Med. **170**, 335 (1931).

RHOADS, P. S. and G. F. DICK: Efficiency of tonsillectomy for the removal of focal infection. J. amer. med. Assoc. **1928**, 1149.

ROSENOW, E. C.: A study from streptococci from milk and from epidemic sore throat, and the effect of milk on streptococci. J. inf. Dis. **11**, 338 (1912).

RUEDIGER, G. F.: The streptococci from scarlatinal and normal throats and from other sources. J. inf. Dis. **3**, 755 (1906).

SCHMITZ, H.: Bakteriologische Untersuchung von operativ entfernten Tonsillen. Zbl. Bakter. I Orig. **83**, 538 (1919).

SHIPLEY, G. S., F. M. HANGAR and A. R. DOCHEZ: Observations of the normal bacterial flora of the nose and throat, with variations occurring during colds. J. of exper. Med. **43**, 415 (1926).

SPENCER, W. G.: A case of acute pharyngitis due to streptococcus pyogenes, followed by septicaemia, deep glandular inflammation and pericarditis, and relieved by strepto-coccal antitoxin. Lancet **1899**, 161.

THALMANN: Streptokokkenerkrankungen in der Armee. Einteilung der Streptokokken und ihre Bekämpfung. Zbl. Bakter. I Orig. **56**, 248 (1910).

THIESBÜRGER: Reizzustände der Gaumenmandelbuchten. Z. Hals- usw. Heilk. **28**, 459 (1930).

THOMSON, D. and R.: The rôle of the streptococci in tonsillitis and pharyngitis. Ann. Pickett-Thomson Res. Labor. **5**, 176 (1929).

TONGS, M. S.: Haemolytic streptococci in the nose and throat with special reference to their occurrence after tonsillectomy. J. amer. med. Assoc. **73**, 1050 (1919).

WALL, N.: The bacteria of tonsils and adenoids. Brit. med. J. **1922**, 1025.

WIDAL et BEZANÇON: Semaine méd. **1894**. Zit. nach THOMSON.

WOHLFEIL, T. u. E. JAFFE: Vergleichende Untersuchungen an verschiedenen Stellen Deutschlands über die Bakterienflora der Rachenhöhle (unter besonderer Berücksichtigung der gramnegativen Kokken). Z. Hyg. **112**, 46 (1930).

WORMS, G., M. LIÉGEOIS et J. FRICKER: De la fréquence et du rôle pathogène du streptocoque hémolytique chez les malades atteints d'affections oto-rhinologiques. Arch. internat. Laryng. etc. **1929**, 945.

6. Herdbedingte Krankheitsbilder.

MACKENZIE, G. W.: Report of case of focal infection. Neurology, rhinitis manifesting nystagmus of a character assured to be of purely cerebella tumor origin. The Laryngoscope **40**, 192 (1930).

PÄSSLER, H. W.: Über Herdinfektion. Verh. Kongr. dtsch. Ges. inn. Med. **1930**, 381.

ROSENOW, E. C.: Herdinfektion und elektive Lokalisation. Verh. Kongr. dtsch. Ges. inn. Med. **1930**, 408.

IV. Klinische Anhaltspunkte für die Existenz einer Herdinfektion.

ANTONIUS, E. u. A. CZEPA: Über die Bedeutung infektiöser Prozesse an den Zahnwurzeln für die Entstehung innerer Krankheiten. Wien. Arch. inn. Med. **2**, 293 (1921).

BIELING, R.: Herdinfektion und Immunität. Verh. dtsch. Kongr. inn. Med. **1930**, 438.

BLACK: Zit. nach McNEVIN u. VAUGHAN: Mouth infections and their relations to systemic diseases. Jos. Purcell Res. Memorial New York, 1933.

BLANEY: Zit. nach McNEVIN u. VAUGHAN.

BRAM, ISRAEL: Zit. nach WORMS u. LE MÉE.

BRUNETTI, F. et BOTTURA: Amygdalites et néphropathies: physiologie et traitement. 24. Congr. Soc. Italienne d'O.R.L. 1928.

CITRON, J.: Die Tonsillen als Eingangspforte für Infektionen. Dtsch. med. Wschr. **46**, 340 (1920).

CONTA, G. v.: Untersuchungen über Polyarthritis acuta rheumatica und Herdinfektion. Klin. Wschr. **1930**, 2140.

DALAND, J.: Lymphocytosis as diagnostic signe of chronic periapical dental infection in adults. J. amer. med. Assoc. **77**, 1308 (1921).

DENNIS, E. W.: Experimental granulopenia due to bacterial toxins elaborated in vivo. J. of exper. Med. **57**, 993 (1933).

GLOOR, W.: Vortrag in der Zahnärztegesellschaft des Kantons Zürich, 1933.

GORDING, R.: Acta oto-laryng. (Stockh.) **6**, 307 (1924). Zit nach GORDING u. BJØRN-HANSEN.

— u. BJØRN-HANSEN H.: Focal infection. Oslo: Grondahl & Søns 1933.

GROSSE, W. F., A. J. DANILEWSKY u. B. N. MOGILNITZKY: Einige Besonderheiten im Blutbild der akuten Sepsisfälle oraler Herkunft. Z. Stomat. **29**, 953 (1931).

GUTTMANN, M. R.: Illinois med. J., Mai **1930**. Zit. nach WORMS u. LE MÉE.

HARTZELL, T. B.: When to extract and when to conserve diseaded teeth? Dent. Cosmos **63**, 43 (1922).

HOWE, P. R.: Investigation of dental caries. J. amer. dent. Assoc. **14**, 1864 (1927).

HUNT, G. H.: Zit. nach v. CONTA.

IRONS, E. E.: Dental infections and systemic diseases; treatment and results. J. amer. dent. Assoc. **67**, 851 (1916).

KAISER, A. D.: Fréquence du rhumatisme de la chorée et des maladies du coeur chez les enfants tonsillectomisés. Rhumatisme articulaire. J. amer. dent Assoc. **89**, Nr 27 (1927).

KÄMMERER, H.: Über schleichende und larvierte septische Infektionen. Münch. med. Wschr. **1929**, 1500.

KIRK, C., B. S. BRYANT and K. POLWITZKY: Preliminary Report on blood counts and urinalyses in cases of periapical infection, before and after treatment. Dent. Cosmos 72, 363 (1930).

KOCH, ROBERT: Gesammelte Werke von ROBERT KOCH, Bd. 1, S. 654, 658. Leipzig: Georg Thieme 1912.

KUCZINSKY, M. H.: Kidney injuries in experimental streptococci diseases of the mouse in its relation to the findings and problems of human nephritis. Virchows Arch. 227, 186 (1920).

MAYER, E.: Neue Wege zur Diagnose der dentalen Herdinfektion. Zahnärztl. Rdsch. 1933, 437.

MOLT, F. F.: Interpretations of the dental roentgenogramm. J. amer. dent. Assoc. 15, 1337 (1928).

MORAWITZ, P., R. SCHOEN: Fokale Infektion und Tonsillektomie. Klin. Wschr. 1930, 629.

MOULONGET: Zit. nach WORMS u. LE MÉE.

OSTEN-SACKEN, H. VON DER: Zur Frage der Fokalinfektion. Zahnärztl. Rdsch. 41, Nr 22 (1932).

PAYR: Die chronischen Infektarthritiden. Med. Ges. Leipzig. Münch. med. Wschr. 1928, 286.

PETSCHACHER, L.: Zur Herdinfektion. Verh. Kongr. dtsch. Ges. inn. Med. 1930, 477.

RAMON Y CAJAL: Regeln und Ratschläge zur wissenschaftlichen Forschung. München: Ernst Reinhardt 1933.

RAULT, C.: Änderungen im Index der Blutkörperchensenkung infolge von Infektionen an Zahnwurzeln. Dent. Cosmos 1930, 73.

ROSENOW, E. C.: Herdinfektion und elektive Lokalisation. Verh. Kongr. dtsch. Ges. inn. Med. 1930, 408.

SCHINZ, H. R.: Lehrbuch der Röntgendiagnostik. Leipzig: Georg Thieme 1931.

SCHMIDT, V.: The function of the tonsils. Acta oto-laryng. (Stockh.) 10, 486 (1927).

SCHOEN: Zit. nach VON DER OSTEN-SACKEN. Dtsch. zahnärztl. Wschr. 136, 400 (1933).

SCHOTTMÜLLER, H.: Herdinfektion und Organotropie der Erreger. Verh. Kongr. dtsch. Ges. inn. Med. 1930, 481.

STEIN, G.: Die stomatogene Herdinfektion. SCHEFFs Handbuch der Zahnheilkunde. Bd. 6, S. 239.

— Fokale Infektion im Kindesalter und daraus sich ergebende Gesichtspunkte für die Milchzahnbehandlung. Tijdschr. Tandheelk. (holl.) 40, Aufl. 10 (Okt. 1933).

TANBERG: Nord. med. Tidschr. 1929, 565. Zit. nach GORDING u. BJØRN-HANSEN.

TOREN: Diagnosis of oral infection by blood examination. Dent. Cosmos 64, 917 (1922).

WEBER, R.: Lokale und allgemeine Reaktionen des Organismus bei oralen Infektionsherden. Münch. med. Wschr. 75, 1880 (1928).

WILSON, LINGG and CROXFORD: Amer. Heart J. 4 (1928). Zit. nach v. CONTA.

WORMS, G. et J. M. LE MÉE: Les foyers amygdaliens. Paris 1931.

Große Literaturverzeichnisse finden sich bei:

ALLERHAND, H.: Z. Stomat. 22, 96 (1924).

GUNDEL, M.: Die Typenlehre in der Mikrobiologie. Jena: Gustav Fischer 1934. (Erschien nach Erledigung der Korrekturen).

LEHMANN, W.: Erg. inn. Med. 40, 604 (1931).

McNEVIN, M. G. and H. S. VAUGHAN: Mouth infections and their relation to systemic diseases, Joseph Purcell Research Memorial, New York 1931.

OSTEN-SACKEN, H. VON DER: Dtsch. Mschr. Zahnheilk. 49, 161 (1931).

ROSENOW, E. C.: Verh. Kongr. dtsch. Ges. inn. Med. 1930, 408.

STEIN, GEORG: SCHEFFs Handbuch der Zahnheilkunde, Bd. 6.

THOMSON, D. u. R.: Ann. Pickett-Thomson Res. Labor. 3, 4, 5.

WORMS, G. et J. M. LE MÉE: Les foyers amygdaliens. Paris 1931.

VIII. Fortschritte der Fleckfieberforschung.
(Flecktyphus und endemische Fleckfieber, sowie ihnen nahestehende exanthematische Krankheiten.)

Von

R. Otto - Berlin.
Aus dem Institut für Infektionskrankheiten „Robert Koch"-Berlin.

Inhalt.

I. Einleitung (Vorkommen und Verbreitung der einzelnen Fleckfieberformen, Abgrenzung ähnlicher exanthematischer Fieber).

Das früher so gefürchtete Fleckfieber[1] war im westlichen und in Mitteleuropa fast ganz unbekannt geworden, bis der Weltkrieg es auch in diesen Teilen Europas wieder aufleben ließ.

Zweifellos ist die Seuche schon im Altertum in Europa epidemisch aufgetreten. So wird z. B. die im Jahre 429 v. Chr. in Attika und in Athen wütende Seuche als Fleckfieber aufgefaßt. Auch bei der in späterer Zeit (253 n. Chr.) herrschenden und von dem Bischof Cyprian von Karthago geschilderten Pest hat es sich wahrscheinlich um Fleckfieber gehandelt. Aber erst im Mittelalter erfuhr die Seuche während einer in den Jahren von 1505—1530 über einen großen Teil Italiens verbreiteten Epidemie, die anscheinend von Zypern aus eingeschleppt war, ärztlicherseits eine wissenschaftliche Bearbeitung. Sie wurde und blieb auch in den nächsten Jahrhunderten in Europa eine gefürchtete Krankheit, auf deren Zusammenhang mit Krieg und Hungersnot schon 1546 Fracastorius hingewiesen hat. In den folgenden Jahrhunderten sehen wir das Fleckfieber noch oft als „Kriegsseuche", aber es trat in Westeuropa immer seltener auf, während es in Osteuropa und auf dem Balkan nie erloschen ist. So kam es denn auch im Weltkriege in Serbien und an der Ostfront (Polen, Rußland, Rumänien) zu mehr oder weniger schweren Epidemien. Ein besonders heftiger Ausbruch erfolgte in den ersten Jahren der Nachkriegszeit (1919—1922) in Sowjet-Rußland.

Die ohne Exanthem verlaufenden akuten Infektionskrankheiten hatte man schon früher von den Exanthemen und den remittierenden Fiebern abgesondert,

---

[1] Vgl. dazu Fußnote S. 615. Im folgenden ist die Bezeichnung Fleckfieber als der umfassendere Begriff gebraucht, sofern nicht zwischen dem epidemisch sich verbreitenden Flecktyphus und den endemisch auftretenden Fleckfiebern ein Unterschied gemacht werden soll.

aber es blieb doch bis in die Neuzeit sogar eine Differentialdiagnose zwischen Fleckfieber und dem klinisch sehr ähnlich verlaufenden Unterleibstyphus sehr schwierig. Noch in den ersten Wintern des Weltkrieges, als an der deutsch-österreichischen Ostfront Massenerkrankungen vielfach mit mehr oder weniger ausgesprochener positiver GRUBER-WIDALscher Reaktion auftraten, wurden diese Erkrankungen vielfach als „Unterleibstyphus mit Exanthem" gedeutet. Erst als man erkannte, daß es sich nicht um Unterleibstyphus, sondern um Fleckfieber handelte, konnte die Seuche erfolgreich bekämpft werden, da ihre Übertragung durch Kleiderläuse in den letzten Jahren vor dem Kriege fest-gestellt war.

Diese „Läusetheorie", welche ich bereits 1909 (s. Verhandlungen des Internationalen Medizinischen Kongreß in Budapest) vertreten hatte, war im gleichen Jahre durch die Arbeiten von NICOLLE und seinen Mitarbeitern in Tunis experimentell bewiesen worden.

Außer in Europa kannte man in verschiedenen Teilen der alten Welt Fleck-fieberherde (in Nordafrika, Kleinasien, Sibirien, Nordchina usw.). In der neuen Welt war seit Jahrzehnten eine mild verlaufende Form dieser Krankheit (mit 2—4% Mortalität) in verschiedenen Orten in den Vereinigten Staaten beobachtet und als BRILLsche *Krankheit* bekannt; ferner gehört hierher das *Tabardillo-fieber* in Mexiko mit zum Teil hoher Letalität[1]. Man sah auf Grund der Arbeiten von ANDERSON und GOLDBERGER, RICKETTS und WILDER, GAVINO und GIRARD u. a. bis vor kurzem diese Fieber als identisch mit dem europäischen Fleckfieber an. Tatsächlich hat aber wenigstens das Tabardillofieber schon in der vor-kolumbischen Zeit in Mexiko geherrscht. Bemerkenswert ist, daß bei der Selten-heit der Kleiderlaus im mexikanischen Tiefland dieser für die Verbreitung des dortigen Fleckfiebers keine ausschließliche Bedeutung zugeschrieben werden konnte. Man dachte daher früher daran, daß die Kopflaus hierfür in Betracht komme (vgl. SINCLAIR).

Nach dem letzten Ausbruch des Fleckfiebers in der Stadt New York in den Jahren 1891—1892 lenkte im Jahre 1910 N. BRILL, der schon 1897 über 17 Fälle von Typhus ohne den erwarteten serologischen und bakteriologischen Befund berichtet hatte, wieder die Aufmerksamkeit auf die in New York auftretenden Fleckfieberfälle. Im Jahre 1912 zeigten dann ANDERSON und GOLDBERGER in Versuchen an Affen, daß das Virus der BRILL-schen Krankheit mit dem des endemischen Typhus und dem des mexikanischen Tabardillo identisch war. Auch in anderen Teilen Nordamerikas traten Fleckfieberfälle auf; nach MAXCY ereigneten sich in den Jahren 1922—1925 im Süden der Vereinigten Staaten (haupt-sächlich in Alabama und Georgia) 209 Fälle (1930 waren es 399). Man hielt im übrigen weiterhin die BRILLsche Krankheit für eine milde Form (nach MAXCY 2% Mortalität) des durch Einwanderer eingeschleppten europäischen Fleckfiebers, zumal als sich zeigte, daß die Sera dieser Kranken eine positive WEIL-FELIX-Reaktion gaben (nach neueren Angaben von HAVENS ist sie in 95% positiv).

Erst die eingehenden epidemiologischen Studien von MAXCY und die experi-mentellen Befunde von NEILL, MOOSER, MAXCY, PINKERTON, ZINSSER, DYER und ihren Mitarbeitern ergaben, daß die amerikanischen Fleckfieber eine Sonder-stellung einnehmen und nicht durch Läuse übertragen werden, sondern — wie schon MAXCY vermutete — durch Parasiten kleiner Nager (vgl. S. 620f.).

Zu ähnlichen Anschauungen waren auf Grund von Fleckfiebererkrankungen in der Nähe von Port Adelaide (1921), denen später solche in Queensland, in West- und Süd-australien (1925) und 1928 folgten, auch australische Forscher gekommen. HONE hatte dort

---

[1] In Mexiko kommen beide Formen des Fleckfiebers vor (vgl. auch Nachtrag S. 643). In Südamerika ist z. Zt. das Fleckfieber am stärksten in Chile verbreitet.

mehrfach Fleckfieberfälle bei Personen, die mit dem Nahrungsmittelvertrieb zu tun hatten, und Wheatland nach einem stark vermehrten Auftreten von Mäusen beobachtet („mouse fever", s. S. 623), wobei Wheatland schon zwei epidemiologisch verschiedene Formen unterschied (vgl. auch McGillivray).

Außer diesen mild verlaufenden Fleckfiebererkrankungen kannte man nun in Nordamerika schon seit Jahrzehnten eine andere akut verlaufende, fieberhafte exanthematische Krankheit, die hauptsächlich in den gebirgigen Gegenden der Nordweststaaten vorkam und als *Rocky Mountain Spotted Fever* (R.M.S.F.) bezeichnet wurde. Dieses „Felsengebirgsfieber" (vgl. S. 631f.) wird durch den Biß von Zecken (in Nordwesten: Dermacentor Andersoni, im Osten: Dermacentor variabilis) übertragen (Wilson und Chowning, Ricketts). Die Krankheit hinterläßt Immunität, aber nicht gegen Fleckfieber. Die Weil-Felix-Reaktion kann positiv sein, fällt aber nie so hoch und regelmäßig wie beim Fleckfieber aus (vgl. neuere Befunde von Spencer). Der Erreger ist — wie beim Fleckfieber — eine Rickettsie. Charakteristisch sind im Meerschweinchenexperiment die scrotalen Schwellungen nach intraperitonealer Infektion. Nähere Angaben finden sich in den ausführlichen Abhandlungen von F. Breinl[1] und von R. R. Parker [2].

Diese vom Fleckfieber deutlich abgrenzbare exanthematische Krankheit hat für die Fleckfieberforschung dadurch Interesse, daß sich bei den später zu besprechenden Untersuchungen über das mexikanische und nordamerikanische Fleckfieber — im Gegensatz zum europäischen — ähnliche pathologische scrotale Veränderungen bei den infizierten Meerschweinchen fanden wie beim R.M.S.F. (vgl. S. 617f.).

Bei den mit dem Virus des mexikanischen Fiebers infizierten Meerschweinchen entdeckte zugleich Mooser die Rickettsien in den Endothelveränderungen der Tunica vaginalis. Aus diesen, später von verschiedenen Forschern erweiterten und ergänzten Befunden bestätigte sich, daß *das Virus des endemischen Fleckfiebers in Nordamerika dem Tabardillovirus sehr nahesteht oder mit ihm identisch ist*, es ergab sich aber, *daß beide im Tierversuch deutliche Differenzen gegenüber dem Virus der alten Welt zeigen*, wie dies weiter unten näher ausgeführt werden soll.

Bald erfolgten auch Mitteilungen über weitere dem *Fleckfieber* mehr oder weniger *ähnlich verlaufende* Erkrankungen aus anderen Teilen Amerikas und aus Ländern in den verschiedensten Erdteilen. So wurden in Amerika solche in Guatemala (Raynal), Venezuela (Risquez), São Paulo (Castro, Rodrigues und Rocha Lima, Lemos Monteiro), in den Anden (Ribeyro), in Chile (Macaya und Varas) usw. beobachtet. In Asien, und zwar in Kumaon hills in Indien, stellte Megaw (1916) fleckfieberähnliche Erkrankungen fest. Weiter beschrieb Slot einen Fleckfieberfall in Niederländisch-Indien (1925) und J. W. Wolff (1929) berichtete über Erkrankungen mit positiver Weil-Felix-Reaktion auf Sumatra. Schon vorher (1926) hatten die Mitteilungen von Fletcher und Lesslar über Fälle von gutartigem „Tropenfleckfieber" in den Malayischen Staaten besondere Beachtung gefunden. Bei diesen kamen nicht Läuse, sondern wahrscheinlich Zecken oder sonstige Ektoparasiten bestimmter Nagetiere als Überträger in Frage; auch trat die Krankheit nicht in der kühlen Jahreszeit, sondern meist im Sommer auf (vgl. auch H. Scott). Die eingehenden Untersuchungen von Fletcher und seinen Mitarbeitern, welche die

---

[1] Breinl: Handbuch der pathogenen Mikroorganismen, 3. Aufl., Bd. 8. 1930.
[2] s. a. Bulletin Nr. 154 des Hyg. Laboratory, U. S. Publ. Health Serv., Washington 1930.

ersten Angaben ergänzten, ließen epidemiologisch und serologisch (durch die Art der Agglutination der Proteusstämme) zwei Gruppen unterscheiden, die W-Form [1], bei der die Sera die Proteus X-Stämme und den Bacillus WILSON agglutinierten, aber nicht den kein Indol bildenden Stamm Kingsbury und andererseits die K-Form, bei der sich die Sera umgekehrt verhielten (vgl. S. 638, ANIGSTEIN).

Auf das gleichzeitige Vorkommen zweier klinisch ähnlicher exanthematischer Krankheiten sei unter Bezugnahme auf die erwähnten Verhältnisse in Nordamerika und Australien, sowie die gleich zu erörternden Befunde in den Mittelmeerländern schon hier hingewiesen. Auch an vielen anderen Stellen, z. B. in Südamerika, in den Ländern des fernen Ostens, in Südafrika [2] finden sich ähnliche Verhältnisse. Was die Tropenfleckfieber in den Malayen-Staaten betrifft, so erkrankten an der W-Form dieser Krankheit, die hauptsächlich in der Stadt auftrat, besonders Personen, die mit Nahrungsmitteln umgingen. Klinisch verliefen diese Fälle ähnlich wie die BRILLsche Krankheit und das australische Fieber von HONES. Die K-Form war dagegen wesentlich auf dem Lande verbreitet. Sie kam besonders in Gegenden vor, die einst Dschungel gewesen und jetzt von Unkraut und Gestrüpp bewachsen waren. Diese Form (Scrub typhus) verlief klinisch ähnlich der *Tsutsugamushikrankheit* (s. unten).

Solche Tropenfleckfieber kommen (nach BIGGAM) im Westen und Süden Indiens häufiger vor, als man bisher annahm. Sie scheinen auch in Holländisch-Indien verbreitet zu sein (PEVERELLI, KUYER, I. W. WOLF). Läuse kamen auch hier nicht als Krankheitsüberträger in Frage, sondern die Ektoparasiten bestimmter Nagetiere, soweit es sich nicht um echtes Fleckfieber, wie bei den von BABLET in Indochina beobachteten Erkrankungen, handelte. Der Mensch wurde nur gelegentlich infiziert.

Auch in anderen Gebieten sind zum Teil schon vor den eben genannten Arbeiten *fleckfieberähnliche gutartige Erkrankungen* beschrieben worden. Besonders interessant sind die Beobachtungen *in den verschiedenen Ländern der Mittelmeerküste.* In Nordafrika ist das durch Läuse übertragene Fleckfieber bekannt. Ein Teil der dort beobachteten exanthematischen Erkrankungen gehört aber zu den mild verlaufenden, durch Rattenflöhe verbreiteten Fleck-fiebern (s. weiter unten), ein anderer wiederum zu einer besonderen, durch Hundezecken übertragenen exanthematischen Krankheit. Diese ist besonders erst seit den Arbeiten von D. und J. OLMER (1926) als *Marseiller Fieber* bekannt-geworden. Vgl. S. 633. Es steht dem Felsengebirgsfieber und dem japanischen Sumpffieber nahe (vgl. BRUMPT, BLANC und CAMINOPÉTROS) und ist mit der in Tunis zuerst von CONOR und BRUCH 1910 beschriebenen fièvre boutonneuse identisch. Aus den Versuchen von DURAND, sowie von DURAND und LAIGRET geht die Identität der Erreger beider hervor.

In diese Gruppe der nicht durch Läuse übertragenen exanthematischen Krankheiten gehören weiter das nach dem Biß von Zecken in Südafrika beobachtete Tick-bite-Fever (vgl. S. 636) und das erwähnte, schon im Jahre 1878 von PALM, BAELZ und KAWAKAMI beschriebene *Tsutsugamushifieber,* das in Nordjapan an vier großen Flüssen lokalisiert ist (vgl. S. 632). Nach SCHÜFFNER herrscht es, wenigstens in sehr ähnlicher Form, auch in Dehli auf Sumatra (sog. Pseudotyphus von Dehli). Als Überträger ist in Japan eine Milbe festgestellt (s. näheres bei KAWAMURA im Handbuch der pathogenen Mikroorganismen, kurze Angaben über neuere Befunde s. S. 632f.).

Was das Vorkommen der erwähnten *mild verlaufenden Fleckfieber in Europa* betrifft, so hat NETTER bereits vor Jahren solche in Paris beobachtet. Sicher

---

[1] W = Proteus X-Stämme von WEIL und FELIX, die aus Warschau stammten. K = Kingsbury, ein in den Malayen-Staaten isolierter Proteusstamm.

[2] In manchen Gegenden ist die Zugehörigkeit des dort angetroffenen Fiebers noch nicht genügend geklärt. Vgl. TROUP und PIJPER bezüglich der von McNAUGHT in der Nähe von Pretoria beobachteten Erkrankungen.

festgestellt sind sie aber erst in neuerer Zeit (1927), und zwar zuerst auf Kriegsschiffen und in französischen Seehäfen (Brest, Toulon, Bordeaux), worüber seit Plazy, Marçon und Carboni vielfache Mitteilungen vorliegen (Guay, Dore, Le Chuiton und Damany; Quérangel des Esserts und Prade; Marçon und Audoye; Marcandier und Pirot[1] usw.). Nach Brumpt sollen alle Ratten in Paris während einer Periode ihres Lebens mit dem Virus der Brillschen Krankheit behaftet sein. Auch in Italien gibt es dem Fleckfieber ähnliche Erkrankungen (vgl. Lutrario, Sampietro), die auch hier nicht einheitlich sind. Man muß unterscheiden zwischen febbre esantematica benigna und febbre errutiva del Carducci, das dem Marseiller Bläschenfieber entspricht. Anscheinend kommen im ganzen Mittelmeergebiet außer echtem Läusefleckfieber mild verlaufende Fleckfieber und Marseiller Fieber vor, z. B. auch in Griechenland und Kleinasien. Ein dem Tabardillo entsprechendes Virus stellte z. B. Lépine bei Ratten aus verschiedenen Gegenden der Levante fest. Weiter sind mild verlaufende (nicht durch Läuse übertragene) Fleckfiebererkrankungen im fernen Osten (Cochinchina, Japan, Indien usw.) beobachtet worden. Kodama und seine Mitarbeiter stellten in der Südmandschurei neben echtem Flecktyphus auch mild verlaufende Fleckfieber fest, für die sie als Erreger eine besondere Rickettsie (R. manchuriae) annehmen (s. dagegen Mooser).

Es gibt also in den verschiedensten Weltteilen neben dem klassischen Fleckfieber diesem klinisch mehr oder weniger ähnlich verlaufende exanthematische Krankheiten, die man nach ihrem Verlauf und dem Verhalten der Erreger zu klassifizieren versucht hat (Scott, Belli, Lutrario). Megaw zählt dreizehn Krankheitsformen in den verschiedenen Ländern der Welt auf, die nicht durch Läuse, sondern durch andere Parasiten übertragen werden (vgl. S. 637). Mir scheint für die nachfolgende Besprechung, die die wichtigsten Arbeiten inhaltlich kurz aufführen soll, die Zusammenfassung der Fleckfieberformen und der ihnen nahestehenden exanthematischen Krankheiten in *folgende drei Gruppen* (in gleicher Weise wie dies Charles Nicolle getan hat) die zweckmäßigste:

1. das eigentliche, durch Läuse übertragene *epidemische Fleckfieber (Flecktyphus)*,

2. die in verschiedenen Erdteilen *endemisch vorkommenden Fleckfieber*[2], bei denen gewisse Muriden (meist Ratten) als Reservoir des Virus dienen und bei dem die Übertragung hauptsächlich durch Rattenflöhe erfolgt, sowie

3. die durch *sonstige Ektoparasiten* (Zecken, Milben) *übertragenen*, aber von dem Fleckfieber *klinisch deutlicher abtrennbaren exanthematischen Krankheiten*, wie das R.M.S.F. in Nordamerika, die Tsutsugamushikrankheit in Japan und anderen Ländern des fernen Ostens, das fièvre boutonneuse (Bläschenfieber) der Mittelmeerländer, das südafrikanische Tick-bite-Fever und das Sao Paulo-Fieber.

---

[1] Marcandier und Pirot stellten die Identität dieser Fleckfieber mit dem Virus der Brillschen Krankheit fest; die Verschiedenheit vom Marseiller Fieber erwies Brumpt experimentell.

[2] Wenngleich diese Fleckfieber durch ihren milden Verlauf ausgezeichnet sind, so kann auch das Läusefleckfieber manchmal anscheinend leicht verlaufen, wie die Beobachtungen in Nieder-Ägypten lehren; Office d'Hyg. intern. **25**, 1876 (1933). Vgl. dazu M. Shahin Pascha und D. Riding.

II. Das Fleckfieber der alten Welt (Flecktyphus)[1].

Hinsichtlich der älteren Arbeiten, die sich mit der Erforschung des durch Läuse übertragenen Fleckfiebers („Läusefleckfieber") beschäftigt haben, sei auf die zusammenfassende Abhandlung von R. Otto und H. Munter[2] verwiesen. Einige in den letzten Jahren erschienene neuere Arbeiten sollen hier kurz besprochen werden.

Sie betreffen zunächst die *künstliche Züchtung der Rickettsien* nach der Augenkammermethode von Nagayo und Tamiya (s. S. 632), bei der ihnen in Japan der Nachweis der Rickettsien in 71% gelungen ist. Dabei glichen allerdings die Rickettsien nicht ganz den von Prowazek in Läusen gefundenen.

Weiter wurden erneut Versuche einer Züchtung in vitro ausgeführt (vgl. S. 624, Gewebskulturen).

Sato kultivierte in Anlehnung an die Methode von Nagayo (s. oben) nach einem besonderen Verfahren Endothelien virushaltiger und normaler Descemetscher Membranen von Meerschweinchen in vitro. Die Aufschwemmung solcher Endothelien erzeugte noch nach 3—13 Tagen beim Meerschweinchen Fieber. Mikroskopisch zeigten die Tiere Fleckfieberknötchen in der Hirnsubstanz und in den Organen. In der Kultur selbst, die während mehrerer Generationen ihre Virulenz nicht verlor, konnte Sato aber keinerlei morphologische Feststellungen machen, die mit dem Erreger in Zusammenhang zu bringen waren. Auch Ilchun Yu, der im Verfolg der Arbeiten von Ogata und Ishiwara[3] Hodengewebe zur Züchtung in seinen Zellkulturen verwandte, konnte so das Virus zwar 70 Tage lang fortführen, ohne Rickettsien zu züchten. Bei weiteren Studien über das Fleckfiebervirus im Läusekörper und in künstlich hergestellten Nährmedien (Meerschweinchenembryonalsaft + Meerschweinchenserum + Thyrodelösung) konnte Yu, obgleich er das Virus durch vier Generationen angeblich unter Ausschaltung der Zellvermehrung fortgeführt hatte, ebenfalls in den Kulturen keine Rickettsien nachweisen. Yu konnte auch mit infizierten Läusen, die bei 23° künstlich ernährt wurden, die Krankheit über-

---

[1] Im deutschen Sprachgebrauch ist, um Verwechslungen mit dem Unterleibstyphus zu vermeiden, allgemein die Bezeichnung Fleck*fieber* eingeführt. Nachdem sich gezeigt hat, daß nur das Läusefleckfieber — im Gegensatz zu den mild verlaufenden Formen — mit $\tau\tilde{v}\varphi o\varsigma$ (d. h. Umnebelung der Sinne, Benommenheit) verläuft, wäre für dieses der Name Fleck*typhus* wieder angebracht. Er soll auch bei Gegenüberstellungen beider Fleckfieberformen in diesem Referat gebraucht werden. Im Englischen unterscheidet man beim Fleckfieber (dort typhus genannt) zwischen true und endemic typhus. Wenn Kodama von eruptive fever spricht und anscheinend sowohl die mild verlaufenden Typhusfieber als auch die Zeckenfieber, z. B. das Bläschenfieber dazu rechnet, so ist dem mit Recht widersprochen. Die französischen Autoren trennen auch letztere beide und unterscheiden dementsprechend von typhus exanthématique, fièvre exanthématique und fièvre boutonneuse. Mit der Wiederannahme der Bezeichnung „Flecktyphus" hätte man für die beiden speziellen Fleckfieberformen folgende Benennungen:

A. Für das durch Läuse übertragene   B. Für die endemischen, mild verlaufenden
      Fleckfieber: Fleckfieber („Mäusefleckfieber"):
1. deutsch: Flecktyphus   Fleckfieber
2. englisch: typhus   endemic typhus (Brills disease),
3. französisch: typhus exanthématique   fièvre exanthématique.

[2] Otto, R. u. H. Munter: Handbuch der pathogenen Mikroorganismen, 3. Aufl., Bd. 8. 1930.

[3] Ogata und Ishiwara konnten das Virus der Tsutsugamushikrankheit durch Passagen in Kaninchenhoden fortführen.

tragen, trotzdem Rickettsien nicht nachweisbar waren. Sein Schluß, daß das Virus deshalb in einer unsichtbaren Form vorhanden ist, scheint mir aber nicht zwingend. Die Rickettsien lassen sich oft bei intracellulärer Lagerung nur schwer färberisch darstellen (s. S. 625, Gewebskulturen). Jedenfalls gelang es bei infektiösen Zecken auch MOOSER nicht immer, Rickettsien zu finden. Daraus kann man aber noch schließen, daß das Virus filtrierbar ist oder eine filtrierbare Urform hat.

Wie aus neueren Filtrationsversuchen von ZINSSER und BATCHELDER hervorgeht, wird das mexikanische Fleckfiebervirus durch Berkefeld-V-Kerzen meist, durch N-Kerzen regelmäßig zurückgehalten. Nach diesen Befunden kann es nicht subvisibel sein. Vgl. Befunde von LÉPINE sowie von BRUGNOGHE und JADIN mit dem Virus des Rattenfleckfiebers, das zum Teil CHAMBERLAND-Filter L_1 bzw. L_3 passierte, sowie von LEMOS MONTEIRO beim São Paulo-Fieber.

Über bisher günstig verlaufene Züchtungsversuche in vitro mittels apathogener Keime (Hefen) berichten SILBER und WOSTRUCHOWA, sowie KALINA und DANISCHEWSKAJA.

KODAMA c. s. gelang die *Passage des Fleckfiebervirus von Kaninchenhoden zu Kaninchenhoden* (s. oben OGATA und ISHIWARA). Besonders empfindlich für das Virus scheinen Spermophilen (Zieselmäuse) zu sein (LÉPINE, COMBIESCO c. s., JELIN und GROSSMANN). Eine Verbindung des Virus mit den Blutplättchen, wie dies früher z. B. von SEGAL, ARKWRIGHT und BACOT angenommen wurde, konnten REIMANN, LU und YANG nicht feststellen.

Andere Arbeiten beschäftigen sich mit dem Vorkommen *inapparenter Fleckfieberinfektionen beim Menschen*, die für die Verbreitung infektiöser Fleckfieberläuse von Bedeutung sind (KRAUS c. s., RAMSINE, BARYKIN c. s., KUTEISCHIKOW c. s.). Wie schon früher beobachtet wurde, können die Titer für WEIL-FELIX-Stämme bei Menschen, die früher Fleckfieber durchgemacht haben, nach dem Ansetzen von infektiösen Läusen ohne erneute Erkrankung ansteigen. Übrigens soll die positive WEIL-FELIX-Reaktion, die man bei Gesunden in Fleckfiebergegenden öfters finden kann, nach den Befunden von KRAUS c. s. in Südamerika im Reaktionsverlauf von der üblichen WEIL-FELIX-Reaktion abweichen (erst nach 4—6 Stunden auftretende feine Wolken, die sich leicht zerteilen lassen). Besonders häufig scheinen zu Epidemiezeiten Kinder latente Infektionen durchzumachen und Virusträger zu sein (nach AFANASSIEWA und TRETJAK in 12,5—33%).

Außer diesen Arbeiten liegen noch neuere Untersuchungen über die sog. *Exanthinreaktion* vor, die vielfach in Analogie zum Dick-Test beim Scharlach gesetzt wird. FLECK konnte ihre Brauchbarkeit experimentell im Tierversuch nachweisen (Unempfindlichkeit der Meerschweinchen und Kaninchen nach überstandener Rickettsieninfektion). Auch mit Rickettsienemulsionen immunisierte Menschen reagierten in der Regel negativ (HESCHELES und FLECK). Nach den weiteren Befunden von FLECK zeigt das Serum mit X_{19}-Bacillen immunisierter Kaninchen keinerlei Wirkung auf den Verlauf der Exanthinreaktion. Ebenso hat das Serum negativ reagierender Säuglinge keine neutralisierende Wirkung (HESCHELES und FLECK). BOGDANOFF fand die Reaktion bei Fleckfieberkranken (vom 7. Tage ab) in 80% negativ.

Erwähnt sei hier noch die günstige Wirkung des *Rekonvaleszentenserums* bei intraspinaler Applikation (DURAND) und dessen neuerdings von JELIN und FRÄNKMANN bestätigte Wirksamkeit im Tierversuch. Dagegen fanden REIMANN und Sia Kusamas *bakterielles Immunserum* therapeutisch unwirksam, was nach den Befunden von Rix mit diesen Keimen nicht überraschen kann. Aktive Immunisierungsversuche stellen Kligler, Olitzki und Ashner an [1]. Tzekhnowitzer und Palant berichten über erfolgreiche Immunisierung mit einer Neurovaccine (formalinisierte Gehirnsubstanz). Le Chuiton konnte mit phagolysierten X_{19}-Stämmen weder Meerschweinchen infizieren, noch gegen Fleckfieber immunisieren, Befunde, die gleichfalls den älteren von Rix entsprechen und im Gegensatz zu den Angaben von Feijgin stehen. Bemerkt sei noch, daß Diot eine gute Wirkung von X_{19}-Vaccine auf die toxischen Erscheinungen des Fleckfiebers beobachtet haben will. In Polen und Nordchina hat ein Impfstoff (nach Weigls Methode) bei Menschen in größerem Umfange Verwendung gefunden (s. S. 627).

III. Die Fleckfieber der neuen Welt und ihnen entsprechende, mild verlaufende, endemische Fieber in anderen Erdteilen.

Wie bereits oben erwähnt, hat zuerst N. Brill schon vor Jahrzehnten in New York [2] auf relativ gutartige typhöse Fieber hingewiesen, die die bakteriellen und serologischen Befunde des Abdominaltyphus vermissen ließen und später als Fleckfieber erkannt wurden.

Derartige Erkrankungen, die meist plötzlich einsetzten und mit Ausschlag und 10—16 Tage langem hohem Fieber, oft ohne Störung des Bewußtseins, verliefen, wurden in Nordamerika vor allem in den Städten, hauptsächlich im Spätsommer und Herbst, beobachtet. Die Erkrankten waren vorwiegend beruflich im Handel tätig (Lebensmittelgeschäfte usw.). Nie erfolgten Kontakterkrankungen oder Fälle in der Umgebung des Kranken; auch wurden niemals Läuse gefunden (vgl. Maxcy, S. 621). Wenngleich das Vorkommen solcher Fleckfieber auch in anderen Erdteilen festgestellt worden ist, so brachten doch eine Klärung der Stellung dieser Krankheit zum Läusefleckfieber erst die Arbeiten der Forscher in Mexiko und Nordamerika.

Im Jahre 1928 berichtete Mooser, daß er in Übereinstimmung mit den Befunden von M. H. Neill (1917) beim mexikanischen Fleckfieber in 92% der infizierten männlichen Meerschweinchen *Hodenschwellungen* gesehen habe. Histologisch stellte er dabei in Erweiterung der Befunde von Neill fest, daß an diesen Organen nicht nur typische Läsionen der Gefäße zu finden waren, sondern auch eine (oft sehr starke) *Schwellung und Proliferation der Endothelzellen der Tunica vaginalis.* Diese kann so stark sein, daß der Processus vaginalis verstopft wird, wodurch die Hoden im Hodensacke festgehalten und irreponibel werden. In den geschwollenen Endothelzellen fand er gramnegative rötlich bis blaurötlich gefärbte *Diplobacillen,* die den von Rocha Lima als *Rickettsien* bezeichneten Mikroben in den Magenepithelzellen bei der Fleckfieberlaus glichen. Geringe Mengen des abgeschabten Tunicagewebes genügten, um die Meerschweinchen nach einer Inkubationszeit von 3—4 Tagen typisch erkranken zu lassen. Das Material war meist virulenter als das Blut desselben Tieres (s. auch Zinsser

---

[1] Mit nicht völlig abgetötetem, aber inaktiv gewordenem Virus erhielten sie positive Ergebnisse, wenn sie formolisiertes Material aus Läusen oder Virushirnsuspensionen von Meerschweinchen in destilliertem Wasser benutzten. Als beste Methode bezeichnen Kligler und Olitzki die Injektion großer Dosen (1 g Gehirn) nach vorheriger zweistündiger Behandlung mit 0,1% Formalin.

[2] Vgl. auch S. 611 Bemerkungen über das mexikanische Fleckfieber.

und Batchelder); mit ihm infizierte Läuse zeigten dieselbe Rickettsienentwicklung wie beim europäischen Fleckfieber (Mooser und Dummer, vgl. S. 620); sie erlagen der Infektion in 9—12 Tagen. Die geschwollenen Zellen platzten häufig und man fand dann die Rickettsien in der ödematösen Flüssigkeit, die hochinfektiös war nicht nur für Tiere, sondern, wie die Laboratoriumsinfektionen zeigten, auch für Menschen (vgl. unten Anm.).

Die Befunde von Mooser wurden bald von verschiedenen Seiten (Maxcy, Pinkerton, Zinsser u. a.) bestätigt, wobei sich wiederum eine Identität des Tabardillos mit dem im Süden der Vereinigten Staaten (Texas, Alabama, Georgia) vorkommenden endemischen Fleckfieber ergab.

Zosaya glaubte allerdings, daß die von Mooser erhobenen Befunde nicht durch Fleckfiebervirus bedingt seien, sondern durch ein für Menschen nicht pathogenes Virus. Vgl. auch López Vallejo. Seine Befunde beweisen dies indessen nicht.

Castaneda hat die Frage geprüft, ob die Hodenschwellungen durch das Virus selbst oder durch ein sekundäres Agens bedingt seien, da bei zwei seiner Virusstämme (Tabardillostämme) die Schwellungen inkonstant auftraten. Er kommt zu dem Schluß, daß durch Läusepassage die Fähigkeit des amerikanischen Virus, Hodenschwellungen zu erzeugen, beeinflußt wird (vgl. unten Pinkerton) und daß die Schwellungen ein Symptom des Fleckfiebers sind, daß also die von Mooser in der Tunica vaginalis gefundenen Rickettsien ätiologische Bedeutung haben.

Nicolle und Laigret wollten nach der Verimpfung normalen Gehirnbreis von Meerschweinchen bei den geimpften Tieren (Meerschweinchen und Ratten) bacilloforme, rickettsienähnliche Elemente gefunden haben, nur wären die Zellen nicht wie bei den Mooserschen Körperchen mit diesen Elementen vollgepfropft. Dagegen konnten Bénech und Dombray, welche gleichfalls mit normaler Gehirnemulsion von Ratten, Mäusen und Rindern bei Meerschweinchen Injektionen vorgenommen haben, nie das Auftreten einer positiven Weil-Felix-Reaktion oder die durch Rickettsien bedingten Veränderungen an Hoden und Scrotum nachweisen. Die Tiere zeigten nach der Injektion lediglich Temperatursteigerungen, wie sie nach der Einspritzung anderer eiweißhaltiger Substanzen beobachtet werden. Vgl. ältere Befunde anderer Autoren.

Nach den Arbeiten von Mooser, Maxcy, Pinkerton, Zinsser u. a. *unterscheidet sich experimentell das Virus der amerikanischen Fleckfieber von dem europäischen hauptsächlich in folgenden Punkten:* Verschiedener Verlauf der Fieberkurve, die bei den Infektionen mit dem Virus der neuen Welt weniger hoch und irregulär verläuft; weniger deutlich nachzuweisende pathologische Veränderungen besonders hinsichtlich der Knötchen im Gehirn, wie sie Otto und Dietrich, Wolbach u. a. beim Meerschweinchen nach der Infektion mit europäischem Virus beschrieben haben; sie sind beim amerikanischen Virus selten und entsprechen den weniger stark ausgesprochenen Symptomen beim Menschen[1]; die bereits erwähnten typischen scrotalen Veränderungen nach intraperitonealer Infektion bei Meerschweinchen und schließlich noch die bei Ratten bei Infektionen mit amerikanischem Virus auftretende Fieberreaktion. Dazu kommt ferner das Auftreten rickettsienähnlicher Gebilde in den Epithelzellen der beiden Peritonealblätter des Hodens, wobei bei Ratten die Scrotalschwellung fehlen kann. Bezüglich des Vorkommens von Virusstämmen, die keine Hodenschwellung machen, in Mexiko s. auch Nachtrag S. 643.

---

[1] Über Infektionen beim Menschen zwecks Fiebertherapie s. S. 636. Ein technischer Assistent in Moosers Laboratorium, dem bei der Injektion von Tunicaemulsion etwas Flüssigkeit in das Gesicht spritzte, erkrankte an leichtem Fleckfieber, ebenso Mooser selbst infolge einer oberflächlichen Verletzung, die er sich mit einer infektiösen Capillarpipette zuzog.

PINKERTON, der im übrigen die erwähnten Unterschiede zwischen beiden Virusarten auch seinerseits feststellte (s. oben), sah gelegentlich auch vorübergehende Hodenschwellungen nach Infektionen mit europäischem Fleckfiebervirus (vgl. Befunde von MOOSER, Nachtrag S. 643), sowie von NICOLLE und SPARROW mit Tunisvirus und von SPARROW mit Warschauvirus). Ein von ihm bei seinen Versuchen benutzter 8 Jahre alter europäischer Stamm rief plötzlich — infolge der häufigen Meerschweinchenpassage? — auch Scrotalveränderungen in wechselnder Stärke hervor.

Bei seinen sehr eingehenden Studien über den Ort und die Zellart, in denen sich die Vermehrung der Rickettsien vollzieht, ergab sich, daß sich im Hodensackexsudat zwei Arten von großen mononukleären Zellen fanden, die schwer mit Rickettsien infizierten Serosazellen und die phagocytischen Makrophagen, die keine Rickettsien enthielten. Die hauptsächliche Vermehrung erfolgte in den Serosazellen. Nach subcutaner Infektion des Virus fanden PINKERTON und MAXCY keine Tunicareaktion, sondern typischen Gehirnbefund.

Bei einem Tunisvirus, das sonst in jeder Beziehung dem der alten Welt entsprach, aber vorübergehend flüchtige Hodenschwellungen zeigte (s. oben), wenn es durch Rattenflöhe geschickt war, ergab sich nach den Befunden von MOOSER, daß die Gehirnknötchen relativ schwächer gerade bei *den* Männchen waren, welche Hodenschwellungen zeigen.

Bei diesen Versuchsergebnissen erscheinen die Befunde von GAJDOS und CHANG von besonderem Interesse. Sie fanden bei ihren Untersuchungen über das durch Läuse übertragene Fleckfieber Nordchinas und der Mongolei zwei Virusstämme, die einerseits — wie das europäische Fleckfieber — im Tierversuch typische herdförmige Schädigungen des Gehirns beim Meerschweinchen und zugleich auch eine fehlende Pathogenität für Kaninchen und Ratten zeigten; andererseits machten diese aber — wie das amerikanische Virus — Hodenschwellungen (mit typischer Schwellung der Endothelzellen der Tunica vaginalis) und Scrotalentzündung beim Meerschweinchen. Die Autoren nehmen daher einmal eine Identität ihres Virus mit dem europäischen an und weiter auch eine Verwandtschaft mit dem mexikanischen Fleckfiebervirus. Sie sprechen beim chinesisch-mongolischen Fleckfieber von dem „völligen Fleckfiebertyp" (complete typ of typhus) (vgl. dazu S. 642). Nach Befunden von KODAMA bzw. MATSUBARA ist die als „mandschurisches Fieber" in Japan bekannte Krankheit gleichfalls als Fleckfieber erkannt. Bei diesem mandschurischen Fieber konnten KODAMA c. s. die Befunde der amerikanischen Forscher bestätigen. MOOSER bestreitet den japanischen Forschern im übrigen das Recht, die Rickettsie des mandschurischen Fiebers neu zu benennen (R. manchuriae).

Wenngleich schon früher von einzelnen Autoren — KUCZYNSKI, WOLBACH und TODD, TODD und PALFREY — als *Rickettsien* angesehene Gebilde im infizierten menschlichen und tierischen Organismus beschrieben waren, *so ermöglichte doch erst die von MOOSER bei der Infektion mit Tabardillovirus beobachtete merkwürdige Lokalisation des Virus im Tierkörper das Studium der in vitro nicht züchtbaren Fleckfiebererreger* (Rickettsien), besonders nachdem es MAXCY, PINKERTON u. a. gelungen war, die Rickettsien bei fleckfieberkranken Ratten und Meerschweinchen ebenfalls einwandfrei nachzuweisen. Als endgültiger Beweis können der positive Rickettsienbefund in Kleiderläusen nach Infektion mit Tunicavirus (MOOSER und DUMMER), sowie die positiven Infektionsergebnisse mit reinem Rickettsienmaterial von ZINSSER angesehen werden (s. weiter unten).

Im Jahre 1929 machte Maxcy die wichtige Feststellung, daß die weiße Ratte nach der intraperitonealen Infektion mit amerikanischem Fleckfiebervirus mit Fieber erkrankt (im Gegensatz zur Infektion mit europäischem Virus) (s. auch Moosers Ergebnisse mit mexikanischem Virus). Nach dem Abklingen des Fiebers war das Virus im Gehirn der Tiere — im Gegensatz zu Affen und Meerschweinchen — lange Zeit vorhanden. Auch bei den Ratten, in denen sich das endemische Virus dauernd fortführend läßt (was Nicolle beim europäischen Virus nur durch 12—13 Passagen gelang), erwiesen sich die Zellen der Tunica vaginalis stark mit Rickettsien besetzt. Die Gebilde fanden sich nach 1—2 Tagen auch extracellulär, um später zu verschwinden. Nach Bruynoghe und Jadin ist das Virus für wilde Ratten weniger pathogen als für zahme.

Auch Kaninchen machen nach der Infektion mit dem Virus der neuen Welt eine Erkrankung mit Fieber durch; bei Hunden verläuft die Infektion latent, wobei das Gehirn wochenlang infektiös bleibt (Combiesco und Angelesco). Vgl. auch Durand. Auch die weiße Maus ist für das Virus empfänglich (Laigret und Jadin), ebenso Mus musculus, Arvicola arvensis und Mus minutus (Bruynoghe und Jadin). Der Nachweis des Virus im Gehirn gelang Nicolle und Legrait 34—36 Tage nach der Infektion bei Meerschweinchen und bis zum 33. Tage bei Ratten.

H. Mooser konnte feststellen, daß die Zeit vom Eindringen der Rickettsien in die Epithelzellen bis zum Bersten der Zellen nur 24 Stunden dauert. Dann dringen die Erreger auch in die Blutbahn. Man erreicht so mit Tunicaabschwemmungen die minimale Inkubationszeit von $2^1/_2$ Tagen. In den entzündlichen Exsudaten werden die Rickettsien durch Leukocyten und Antikörper vernichtet.

Mooser und Dummer, welche sich mit den Beziehungen zwischen den von Mooser in der Tunica vaginalis bei Tieren gefundenen Körperchen und der Rickettsia Prowazeki bei Läusen beschäftigten, fanden eine regelmäßige Infektion der Laus bei den nach der Methode von Weigl rectal mit einer Aufschwemmung von Tunica vaginalis von infizierten Ratten und Meerschweinchen infizierten Läusen. *Die Gebilde in der Laus und in der Tunica waren in jeder Beziehung identisch* [1]. Als weiterer *endgültiger Beweis für die Erregernatur der Rickettsien* können die Befunde von Zinsser und Castaneda angesehen werden; sie konnten mit frei von Serum und Zellen gewaschenen Rickettsien aus dem Peritonealexsudat infizierter und vorher mit Benzolinjektionen behandelter Tiere Meerschweinchen infizieren, die zwar zum Teil atypisch reagierten, aber später gegen das Virus immun waren (vgl. S. 626).

An der Tatsache, daß die nur in Gegenwart lebender Zellen (s. S. 624), aber sonst nicht züchtbaren Rickettsien, denen seinerzeit R. Otto [2] eine Stellung zwischen Protozoen und Spaltpilzen zuschrieb, die Erreger des Fleckfiebers sind, können auch die immer wieder auftauchenden Berichte über die gelungene Züchtung bestimmter Keime, denen dann eine ätiologische Rolle zugeschrieben wird, nichts ändern.

So hat Tricoire auf Spezialnährböden einen Diplobacillus gezüchtet, der Meerschweinchen gegen die Infektion mit dem Fleckfiebervirus immunisieren soll.

L. Anigstein gewann neuerdings aus Fleckfiebermaterial im Laboratorium of Medical Research in Kuala Lumpur (F.M.S.) 76 Bakterienstämme, die sehr polymorph waren. Darunter befanden sich solche vom B. proteus-Typ. Diese letzteren Kulturen sollen im Mäusedarm auch rickettsienähnliche Körper bilden. Nach seiner Ansicht sind die verschiedenen Formen biologische Phasen des Fleckfiebererregers, die von den verschiedenen Umweltbedingungen abhängen sollen. Vgl. Befunde von Fejgen und Sparrow.

---

[1] Bei rechtzeitiger Entnahme von Untersuchungsmaterial gelingt der Nachweis der Rickettsien in den Abschabungen von der Tunica auch bei Infektionen mit europäischem bzw. Tunisvirus (Pinkerton, Zinsser und Castaneda, vgl. auch Mooser, Sparrow). Pinkerton und Maxcy fanden Rickettien auch in den Endothelzellen, der Gehirngefäßläsionen bei einer tödlich verlaufenen Erkrankung von endemischem Fleckfieber.

[2] Otto, R.: Med. Klin. **1916**, Nr 44.

Auch PANAYOTATOU züchtete Proteus X-Stämme aus gefangenen Ratten in Alexandrien. Diese Befunde beweisen keineswegs die ätiologische Bedeutung dieser Kulturen. Wie denn auch WALKER und SWEENEY neuerdings bestätigt haben, wird durch die Infektion mit X_{19}-Kulturen keine Immunität gegen Fleckfieber (und R.M.S.F.) erzeugt.

Über negative Züchtungsversuche der Rickettsien auf speziellem Nähragar und in KENDALLS K-Medien berichtet H. A. KEMP.

Da die Laus bei der Verbreitung der Fleckfieberfälle in den endemischen Bezirken keine Rolle spielte, vielmehr die Erkrankungen saisonmäßig in zeitlichen Abständen an Stellen vorkamen, wo Handel und Speicherarbeit, besonders mit Nahrungsmitteln, betrieben wurde, so war MAXCY (S. 611) zu der Ansicht gekommen, daß *Ratten oder Mäuse das Virus beherbergen und daß es durch blutsaugende Ektoparasiten dieser Nager gelegentlich auf den Menschen übertragen würde.* Für die Richtigkeit dieser Ansicht sprechen außer den gleich zu besprechenden Befunden von DYER c. s. zunächst die Arbeiten von MOOSER, CASTANEDA und ZINSSER, die das Virus im Gehirn von Ratten aus Fleckfiebergrundstücken in der Stadt Mexiko nachweisen konnten (s. unten und auch S. 622).

Über die *Versuche, den oder die Überträger des Fleckfiebers zu ermitteln,* liegt eine Anzahl von Arbeiten vor. CASTANEDA und ZINSSER konnten durch Injektion rectal mit Meerschweinorgan-Emulsionen infizierter Läuse und durch infizierte Wanzen (Saugenlassen an benzolierten Meerschweinchen) die Krankheit bei Meerschweinchen erzeugen. Durch Biß infizierten die Wanzen die Tiere indessen nicht. Vgl. BRUYNOGHE und JADIN. In Läusen, die MOOSER und DUMMER rectal an Affen infiziert hatten, hielt sich das Tabardillovirus 10 Tage lang. Sie sprachen daher die Laus als möglichen Faktor bei der Epidemiologie des endemischen Fleckfiebers an.

SHELMIRE und DOVE hatten bei Fleckfieberkranken im nördlichen Texas Rattenmilben gefunden (Liponyssus bacoti). Sie konnten diese Milben mit dem Virus infizieren und wollen so durch Milben die Infektion auf Meerschweinchen übertragen haben. Auch die Larven der infizierten Milben enthielten das Virus. Nach TOMEY spielen Milben vielleicht auch beim Schiffsfleckfieber (vgl. S. 614) eine Rolle.

MOOSER und DUMMER versuchten Zecken mit dem mexikanischen Virus zu infizieren, was ihnen nicht gelang. Dagegen hatten ZINSSER und CASTANEDA hierbei Erfolg. In Zecken hielt sich bei ihren Versuchen, obgleich eine Infektion von Meerschweinchen durch den Biß der Zecken nicht erzielt wurde, das Virus 12 Tage lang.

MOOSER, CASTANEDA und ZINSSER, die das Virus bei wilden Ratten gefunden hatten (s. oben), erhielten mit deren Ektoparasiten (Flöhen, Milben und Läusen) nur negative Resultate bei der Verimpfung auf Meerschweinchen. Dagegen enthielten die durch Fütterung an kranken Ratten infizierten Rattenläuse (Polyplax spinulosus) außerordentlich große Mengen von Rickettsien[1]. Auch gelang nach Überführung der Läuse auf gesunde Ratten die Infektion dieser Nager. NICOLLE und SPARROW berichten aus Mexiko ebenfalls über positive Versuche mit der Rattenlaus und Rattenflöhen.

---

[1] Die Infektion von Polyplax spinulosus mit Tunisvirus gelang MOOSER nicht, dagegen die Übertragung der Infektion von Ratte zu Ratte durch den Floh (Xenopsylla cheopis, auch Pulex irritans), wenngleich die Rickettsien sich nicht so stark vermehrten wie beim mexikanischen Virus.

Mooser und Castaneda stellten weiter fest, daß bei Fütterungsversuchen an experimentell infizierten Ratten sich das *Virus bei allen in Mexiko vorkommenden Floharten* (Xenopsylla cheopis, Ceratophyllus fasciatus, Leptopsylla musculi, Ctenocephalus canis und Ctenocephalus felis) und wie sich weiter zeigte, selbst bei Pulex irritans stark vermehrt. Die Rickettsien wurden bei allen Floharten innerhalb der Epithelien des Magens und der Zellen der Malpighischen Gefäße in großen Mengen gefunden. Die Flöhe gingen an der Infektion nicht zugrunde, aber sie sind hinsichtlich der Infektion für den Menschen nicht gefährlicher als die Läuse; denn bei diesen Fütterungsversuchen an infizierten Ratten fanden sich im Darmlumen der Flöhe, im Gegensatz zu den Läusen[1], nur wenig Parasiten. Trotz ihrer Langlebigkeit würden die Flöhe daher wohl kaum das Fleckfieber auf den Menschen übertragen, obgleich sie sich (nach Mooser) auch mit dem Virus der alten Welt infizieren lassen und mit infizierten Flöhen experimentell die Übertragung des mexikanischen Virus auf Ratten in mehreren Versuchen gelang.

Für die *Epidemiologie des endemischen Fleckfiebers* lieferten ausschlaggebende Ergebnisse die Arbeiten von Dyer und seinen Mitarbeitern. (Ceder, Rumreich Badger, Lillie und Workman). Sie konnten mit Emulsionen aus Rattenflöhen aus Fleckfiebergegenden in Amerika, z. B. aus der Nähe von Baltimore (Xenopsylla cheopis und Ceratophyllus fasciatus), Fleckfieber bei Meerschweinchen erzeugen und von diesen auf Affen und Kaninchen übertragen, wobei die letzteren Tierarten Agglutine gegen OX_{19} bildeten. Das gefundene Virus entsprach ganz dem des Fleckfiebers der neuen Welt. Es kam demnach *endemisch unter Ratten* vor. Später hatte Dyer c. s. gleichfalls positive Ergebnisse mit Rattenflöhen aus Savannah.

Dyer und seine Mitarbeiter konnten weiter durch Fütterung an weißen Ratten die Rattenflöhe infektiös machen (vgl. Castaneda) und in Käfigen durch den Rattenfloh (Xenopsylla cheopis) die Infektion von Ratte zu Ratte übertragen[2]. In den infizierten Flöhen und häufig auch in den Faeces war das Virus nachweisbar. Die Autoren erklären damit das häufige Vorkommen der Fleckfieberfälle in den Handelsvierteln, wo die Ratten leichter Nahrung und Nistplätze finden. Wie sie feststellten, waren die infizierten Flöhe mindestens 36 Tage, bzw. bis zu 52 Tagen, nach der Aufnahme des Blutes infektiös, aber nicht ihre Nachkommen. Die Ratten selbst waren nur kurze Zeit infektiös. Durch den Stich vermochten die Flöhe die Meerschweinchen nicht zu infizieren, wohl aber gelang dies durch Verreiben infizierter Flöhe oder ihrer Faeces auf der rasierten Haut oder in kleine Wunden von Meerschweinchen. Daß die Rattenflöhe das Virus zwar von Ratte zu Ratte, aber nicht auf das Meerschweinchen übertragen, wurde auch von Mooser und Castaneda und weiter von H. Sparrow beobachtet.

Bei Versuchen von Dyer, Workman, Badger und Rumreich war eine Emulsion aus den in Laboratorien ausgeschlüpften Flöhen (Ceratophyllus fasciatus und Xenopsylla cheopis) nur infektiös, wenn sie an fleckfieberkranken Ratten gefüttert waren. In Xenopsylla erfolgte eine so starke Vermehrung des Virus,

---

[1] Die von diesen Läusen gewonnenen Rickettsienemulsionen erzeugten bei Meerschweinchen gleichfalls Scrotalschwellungen; vgl. dazu Anm. S. 643.

[2] Workman konnte auch Xenopsylla astia infizieren und durch ihren Stich Ratten infizieren.

daß anfangs, d. h. 3 Tage nach der Fütterung $^1/_2$ Floh, aber nach 40 Tagen $^1/_{6400}$ Floh zur Infektion genügte. Einmal hatten die Autoren sogar ein Virus in der Hand, von dem noch $^1/_{128\,000}$ Floh infizierte.

Auch KEMP sah bei Verimpfung von Rattenflöhen aus Fleckfiebergegenden in Texas bei Meerschweinchen Infektionen mit den charakteristischen Symptomen. Die Tiere erwiesen sich gegen das vom Menschen stammende Virus ebenso immun wie gegen das Rattenvirus.

In Griechenland und Kleinasien stellten LÉPINE und seine Mitarbeiter ein dem Tabardillo entsprechendes Virus bei Ratten fest, die in Athen und Beirut gefangen waren. Er und seine Mitarbeiter (CAMINOPÉTROS und PANGALOS) fanden unter den in Athen und im Piräus gesammelten Rattenflöhen (Xenopsylla cheopis und Leptopsylla musc.) etwa 97% mit Fleckfiebervirus infiziert; auch in Alexandrien wurde das Virus bei Ratten festgestellt. ANIGSTEIN und später LEWTHWAITE fanden es bei Ratten in den Malayen-Staaten, KODAMA c. s. in der Mandschurei. BRUMPT bei Mus norvegicus in Paris, MARCANDIER und PIROT u. a. bei Schiffsratten auf Kreuzern, BRUYNOGHE und JADIN in Antwerpen bei Ratten auf Handelsdampfern aus dem Mittelmeer [1].

Die Bedeutung der Ratten und der Rattenflöhe für die Epidemiologie der mild-verlaufenden Fleckfieber ist somit gesichert. Die Zahl der positiven Virusbefunde bei Ratten hat sich dauernd vermehrt. Außer in den genannten Erdteilen (in Australien, Amerika) und in den Mittelmeerländern und Portugal sind heute u. a. in Südafrika (vgl. TROUP und PIJPER), ferner in Indien, in Indochina (MESNARD), auf Sumatra (I. W. WOLF, KUYER) und in der Mandschurei (KODAMA c. s., HOSHIZAKI u. a.) dem Tabardillo ähnliche Fieber nachgewiesen, bei denen fast überall das Virus bei den verschiedenen Rattenarten(Rattus, Decumanus, Alexandrinus) gefunden wurde. In verschieden hohem Prozentsatz wurden auch positive WEIL-FELIX-Reaktionen bei gefangenen Ratten gefunden, so z. B. von ROCHAIX c. s. in Lyon in 10,77%.

KODAMA, TAKAHASHI, KONO und FUTAKI fanden im Magenepithel der Rattenflöhe und Rattenläuse von gefangenen *Hausratten* (aus der Gegend von Dairen) Rickettsien, die sie als *Rickettsia mandschuriae* bezeichneten (vgl. S. 637). Bei der Infektion mit diesem im Tunicaexsudat in großer Zahl auftretenden Rickettsienvirus zeigten die Meerschweinchen scrotale Reaktionen und weiße Ratten Fieber, ähnlich wie nach der Infektion mit dem Tabardillovirus.

Wenn die Rattenflöhe also auch die eigentlichen Überträger des Virus von Ratte zu Ratte und gelegentlich auch die Infektion auf Menschen übertragen, so bleibt doch zu bedenken, daß hierfür ausnahmsweise auch wohl in ersterem Fall Rattenläuse, im zweiten der Menschenfloh, Wanzen oder Zecken in Frage kommen können. Die Infektionsmöglichkeit besteht auch für Kleiderläuse. Nach KODOMA und KONO dürften dagegen Hundeflöhe, Bettwanzen, Affenläuse, Meerschweinchenläuse und Rattenzecken bei der Übertragung keine Rolle spielen.

Trotz der enormen Vermehrung, welche das Virus in den Rattenflöhen erfährt, ist die Übertragung auf den Menschen doch immerhin relativ selten. Sie erfolgt, wie es scheint, seltener als z. B. die Übertragung der Pest durch die Rattenflöhe. Dies würde sich (s. oben) noch dadurch erklären, daß die Ratten der Infektion durch das Fleckfiebervirus nicht erliegen und daß daher die Flöhe

---

[1] Nach MEIRHAEGHE zeichnet sich das aus Gent und dem Hafen von Antwerpen stammende Virus durch geringe Virulenz für Meerschweinchen aus, so daß der Autor unter Hinweis auf die Befunde anderer Autoren an die Möglichkeit des Vorliegens eines noch unbekannten Virus denkt.

nicht gezwungen sind, einen neuen Wirt zu suchen. Auch sollen nach Nicolle die Flöhe oft an der Infektion zugrunde gehen.

Nicolle gibt übrigens an, daß bei Ratten auch eine regelmäßige Infektion mit mexikanischem Virus experimentell von der Schleimhaut der Verdauungswege gelingt. Nach Marcandier und Pirot enthält der Urin experimentell infizierter Meerscheinchen während der ganzen Fieberperiode das Virus. Mit solchem Urin gelang die Infektion von Meerschweinchen per os. Die Autoren glauben daher, daß auf diesem Wege die Infektion der Menschen mit dem Rattenvirus erfolgt. Nach Dyer, Ceder und Rumreich gelingt bei Wunden die cutane Infektion mit Emulsionen aus zerquetschten Rattenflöhen (s. S. 622). Lépine nimmt an, daß bei der hohen Virulenz der Flohexkremente die Ratten sich durch den Flohschmutz bzw. Kratzwunden infizieren.

Was nun die Versuche betrifft, eine *Vermehrung des Virus in Gewebskulturen* zu erzielen, so liegen von verschiedenen Autoren Mitteilungen über positive Ergebnisse vor.

Zinsser und Batchelder konnten in Zellkulturen mit Tunicamaterial das Virus 10 Tage lang erhalten.

Pinkerton und Hass erhielten in Gewebskulturen bei 32° (als Temperaturoptimum) eine enorme Vermehrung der Rickettsien. In Scrotalexsudatkulturen beobachteten sie eine Vermehrung der mit Rickettsien gefüllten Zellen durch Teilung. Die Menge der Rickettsien nahm nach dem 6. Tage ab, doch waren sie noch nach 16 und 21 Tagen in großer Menge vorhanden. Die *Vermehrung erfolgte nur in nichtphagocytierenden Zellen*, wahrscheinlich solchen mesothelialen Ursprungs, nicht in Leukocyten, Makrophagen und Fibroblasten. Die Pleomorphie der Rickettsien war in diesen Gewebskulturen viel stärker als beim lebenden Meerschweinchen und nur mit der in der Laus vergleichbar. Bei späteren Versuchen konnten die Autoren feststellen, daß etwa eine Woche nach dem Tode der Zellen auch die Rickettsien abstarben. In dem Kern der infizierten Zellen waren Rickettsien nicht zu sehen. Die Zellen vermehrten sich ziemlich langsam, die Rickettsien üppig bis zum 51. Tage, solange die Gewebskulturen übertragbar blieben. Bei 27° waren Rickettsien nicht zu finden und die Kulturen nicht infektiös. Bei 37,5° und bei 41° entwickelten sich die Rickettsien zwar in den ersten Tagen, verschwanden dann aber trotz guten Wachstums der Gewebszellen. Bei einem Vergleich mit den Rickettsien des Felsengebirgsfiebers, deren Züchtung ihnen auch gelang, konnten sie gewisse Differenzen beobachten, z. B. daß sich im Gegensatz zu den Fleckfieberrickettsien die Felsengebirgsfiebererreger hauptsächlich in den Kernen finden und nur spärlich das Tunicaplasma infizierten.

Clara Nigg und K. Landsteiner verwandten zur Fortführung des Virus des mexikanischen Fleckfiebers zunächst mit Erfolg Meerschweinchenplasma koaguliert mit Meerschweinchenmilzextrakt, in das Tunicamaterial gebracht wurde. Die Kulturen waren bei 8—12tägiger Umsetzung rickettsienhaltig und für Meerschweinchen infektiös. Gute Resultate erhielten sie später in flüssigen Nährboden (Meerschweinchenserum + Thyrodelösung) nach Zusatz von Tunica vaginalis-, aber auch von Hoden-, Nierengewebe usw., falls nicht zuviel Gewebe genommen wurde. Die Rickettsien vertrugen 15 Min. langes Erhitzen auf 50° nicht und auch keine stärkere Abkühlung[1]. Unter anaeroben Bedingungen

---

[1] Vgl. dazu Befunde von Laigret und Durand.

erfolgte kein Wachstum. Die Autoren fanden dieses (der MAITLAND-Methode) entsprechende Verfahren immerhin schwierig und hinsichtlich der Rickettsienausbeute ungleichmäßig.

ZINSSER, CASTANEDA und SEASTONE hatten festgestellt, daß die Fleckfieberinfektion bei Meerschweinchen und Ratten, die mit vitaminfreier Kost ernährt wurden, wesentlich schwerer verläuft. ZINSSER und CASTANEDA fanden dementsprechend eine besonders *starke Anreicherung der Rickettsien* des Tabardillofiebers in den Zellen der Tunica vaginalis und der intraperitonealen Höhle (nach der intraperitonealen Infektion) bei Tieren, die durch eine vorausgegangene *Injektion von Benzol + Olivenöl* und nach *Behandlung mit Röntgenstrahlen* (s. S. 626) geschwächt waren. Sie konnten die Rickettsien in Massen gewinnen und erhielten so durch Ausspülen der Peritonealhöhlen Emulsionen, die nach mehrfachem Waschen und Zentrifugieren nur aus Rickettsien bestanden und frei von Serum und sonstigen Beimengungen waren. Mit diesen Rickettsien gelang die experimentelle Erzeugung einer typischen Fleckfieberinfektion, womit der endgültige Beweis ihrer ätiologischen Bedeutung erbracht ist.

Nachdem OGATA und ISHIWARA das KEDANI-Virus in Kaninchenhoden in vivo hatten fortführen können (vgl. S. 615), hat ILCHUN YU zur Züchtung des Fleckfiebervirus in vitro *Hodengewebsstücke in Kulturmedien* verwandt. Es gelang ihm so das Virus 70 Tage lang (6 Generationen) fortzuführen; in Kulturflüssigkeit allein soll es sich 28 Tage lang (4 Generationen) erhalten haben. Rickettsien fanden sich allerdings nicht. Über gleichfalls negative Rickettsienbefunde trotz erhaltener Infektiosität berichtet SATO. Er benutzt auf Grund der Arbeiten von NAGAYO und TOMIYA zur in vitro-Züchtung der Rickettsien *die Endothelien der* DESCEMET*schen Membran.*

SATOS Methode zur Dauerkultur des Fleckfiebererregers in vitro ist folgende: Injektion von Heparinblut erkrankter Meerschweinchen (Herzpunktion) + leukocytenhaltiges Plasma in vordere Augenkammer (Kaninchen). Nach 1—2 Tagen Exstirpation des Bulbus; Ablösung der DESCEMETschen Membran mitsamt der Iris; Einbringung der virushaltigen Fragmente und gesunder frisch bereiteter mit frischem Augenkammerwasser in Kulturkammer; einige Minuten später (nach Gerinnung des gemischten Plasmas) Aufbringen von 2 Tropfen frischen Kammerwassers auf die Oberfläche; Bedeckung der Kultur mit Glimmerplatte und Paraffinabschluß. Züchtung 1—2 Tage bei 37°, dann bei 28—30°. Kammerwasser alle 2 Tage erneuern. Nach Stillstand der Wucherung der Endothelien (4—10 Tage) Umsetzung virushaltiger Fragmente mit frischer DESCEMETscher Membran in der Kulturkammer. Stets ist Anwesenheit lebender Zellen notwendig.

Wenn auch SATO keinerlei morphologische Feststellung mit dem Erreger des Fleckfiebers in Zusammenhang bringen konnte, so beweist dies nicht, daß der Erreger in einer invisiblen Form vorkommt. Auch bei früheren Versuchen (in meinem Laboratorium) von RIX gelang es nicht, Rickettsien mikroskopisch mit Sicherheit nachzuweisen, trotzdem die Gewebekulturen bis zum 6. Tage infektiös waren (vgl. auch KRONTOWSKI und HACH). Dieses Versagen beruht meines Erachtens auf der geringen Menge der Erreger und ihrer schweren färberischen Darstellungsmöglichkeit bei intracellulärer Lagerung (vgl. S. 616). Übrigens konnte auch HOSHIZAKI bei Züchtungsversuchen mit dem Virus des mandschurischen Fleckfiebers (vgl. S. 619) keinen Parallelismus zwischen der Zahl der Rickettsien und der Virulenz feststellen. Die Virulenz war unverändert durch mehrere Generationen von Kulturen während einer Zeit von 45 Tagen. Die Rickettsien waren in Meerschweinchengeweben durch 3 Generationen 30 Tage lang, in Rattengeweben 26 Tage lang nachweisbar.

Über die Züchtungsversuche mittels apathogener Keime von Silber und Wostruchowa s. S. 616.

Neuerdings berichten Zinsser, Castaneda und Zia über erfolgreiche Versuche das Fleckfiebervirus in frisch (6 Tage) bebrüteten Eiern (nach der Methode von Goodpasture) zu züchten. Die Versuche gelangen sowohl mit mexikanischem (Tunica) wie auch europäischem (Milz) Virus. Dabei konnten die Rickettsien einwandfrei nachgewiesen werden, wobei die des europäischen Flecktyphus kleiner erschienen als die des mexikanischen Fiebers. Die ersteren drangen auch anscheinend tiefer in die Membranen. Die Ausbeute war bei ihrer Rattenmethode die bessere.

Zinsser und Castaneda haben nun auch ihre Rickettsienaufschwemmungen zur Ausführung von Agglutinationsreaktionen (s. S. 638) und zur Herstellung von Seren (S. 630) und Impfstoffen benutzt.

Was ihre *Immunisierungsversuche* betrifft, so stellten sie zunächst die *Impfstoffe* in der Weise her, daß die Peritonealhöhle der (nach Vorbehandlung mit Benzolinjektionen in ihrer Widerstandskraft durch Verminderung der Phagocytose?) geschwächten Tiere, in der sich die Rickettsien massenhaft fanden, mit 0,2%iger Formalin-Kochsalzlösung auswuschen und die Spülflüssigkeit 48 Stunden bei Zimmertemperatur stehen ließen. Nach der Injektion des Impfstoffes zeigten Meerschweinchen eine schnell abfallende Fieberzacke. Nach dreimaliger intraperitonealer Vorbehandlung (23 Tage nach letzter Impfung) waren die Tiere gegen die sicher Fieber und Scrotalschwellung machte Infektionsdosis immun. Auch zerriebenes Tunicamaterial eignet sich zur Herstellung des Impfstoffes (s. S. 627). Über Versuche mit Impfstoffen aus europäischem Virus berichten Kligler und Olitzki (s. S. 617). Bei den Versuchen von Kemp schützte die Immunisierung mit 1 ccm formalisierter Tunica vaginalis-Emulsion (4 Injektionen intraperitoneal in wöchentlichen Abständen) die Tiere später gegen die mindestens 200fache noch scrotale Reaktion erzeugende Virusmenge. Auf jede Vaccineinfektion folgte ein zweitägiges Fieber. Die Immunität nach vierfacher Injektion dauerte 2—3 Monate. Infizierte und genesene Tiere reagierten hingegen noch bis zu einem Jahr auf die Infektion negativ. Die Vaccine war nur kurze Zeit haltbar. Vier Wochen bei 9° aufbewahrt, verlieh sie keinen Schutz mehr. Die Frage, ob durch das Formalin das Virus abgetötet oder nur abgeschwächt wird, blieb offen. Bei Aufbewahrung in Glycerin bei 9° verlor das Tunicavirus sehr bald seine Fähigkeit, Hodenreaktion hervorzurufen.

Einen besonders *konzentrierten Impfstoff* gewannen Zinsser und Castaneda von Ratten, deren Resistenz vor der Infektion mit *Röntgenbestrahlung*[1] in bestimmter Stärke herabgesetzt wurde. Die Ratten wurden am 4.—5. Tage nach der Infektion getötet und das Peritoneum mit 0,2% Formalin-Kochsalzlösung gewaschen und abgerieben, wie bei den Benzolratten. Die subcutane oder intraperitoneale Injektion solcher Vaccine schützte gegen 100—250fache Infektionsdosis (bei ip. Infektion) des mexikanischen Virus, während der Schutz gegenüber dem europäischen Virus nur teilweise und schwach war, im Gegensatz zu der gegenseitigen Immunität, die die Infektion mit den Viren gibt.

Über die Agglutinationsbefunde s. S. 638.

---

[1] Die besten Resultate ergaben: 170 KV konstantes Potential; 80 ccm Distanz; 0,5 mm Kupferfilter + 4 mm Celluloid; 8 Milliampère; wirksame Wellenlänge 0,160 Angströmeinheiten; Intensität 10 „r"-Einheiten pro Minute; Bestrahlungsdauer 1 Stunde.

Mit einem nichtinfektiösen *Virusserumgemisch* erzielten Zinsser und Batchelder nur unsichere Schutzwirkung.

Dyer und seine Mitarbeiter stellten durch *Zerreiben von infizierten Flöhen* (Xenophsylla cheopis) *einen Impfstoff* her (14% Phenol, 5 Tage stehen lassen, dann zentrifugieren), der bei der Prüfung Meerschweinchen drei Wochen nach der Vorbehandlung (mit 1 ccm bzw. 1 ccm und später 0,5 ccm) sicher immunisiert hatte. Ein kräftiges Vaccin aus einer Emulsion, von der $^1/_{50}$ Floh infiziert hatte, schützte die Impflinge in ansehnlichem Prozentsatz noch drei Monate nach der Vorbehandlung.

Mit einem formalinisierten Impfstoff nach Castaneda und Zinsser (Zerreiben von Tunicagewebe + Peritonealexsudat: 1 ccm enthaltend 1000 Millionen Rickettsien) hatten Parada und Mitarbeiter experimentelle Erfolge, indem bei Tieren so gut wie fieberlos vertragene Dosen Impfstoff (0,5—1,0—1,5 ccm) auch gegen die 20fach infektiöse Dosis des Tunisvirus bei 50% der geimpften Tiere schützten (s. weiter unten). *Es wurden auch 2153 Menschen ohne Zwischenfälle geimpft.* Unter den Geimpften ist nur eine leichte Erkrankung vorgekommen. Wie Varela, Parada und Ramos berichten, ist der Impfstoff auch von Bustamante auf 6000 Menschen, die ihn gut vertrugen, verimpft worden, nachdem frühere Impfungen von Casco (zitiert nach Zinsser) ergeben hatten, daß eine Anzahl der Impflinge eine positive Weil-Felix-Reaktion zeigten.

Nach Chodzko wurden in Polen mit einem Impfstoff nach Weigl in den Jahren 1931/32 insgesamt 2794 Personen geimpft, von denen fast alle vom Fleckfieber verschont blieben. Die Impfung erfolgte subcutan in Abständen von 3—5 Tagen ohne ernstliche Nebenerscheinungen. Die Dosis betrug bei der 1. Injektion $1^1/_4$ Milliarden Rickettsien (= 25 Läuse), bei der 2. $2^1/_2$ und bei der 3. 5 Milliarden. Weitere Angaben über Impfungen mit dem Weiglschen Vaccin finden sich bei Nicolle und Sparrow, sowie bei Gajdos und Chang (Nordchina).

Was nun die Immunitätsbeziehungen zwischen dem europäischen und amerikanischen Fleckfieber betrifft, so ist aus Tierversuchen bekannt, daß die *überstandene Infektion* mit dem einen Virus gegen die spätere Infektion mit dem anderen schützt, sowohl bei Affen und Meerschweinchen, aber auch bei Ratten (vgl. unten). Neuerdings hat man sich eingehender mit diesen Verhältnissen beschäftigt und dazu auch das afrikanische (Tunis-)Virus und die auch außerhalb Amerikas gefundenen Rattenvira herangezogen. So fand Lépine, daß die experimentell infizierten Meerschweinchen nach dem Überstehen des Rattenfleckfiebers zwar eine deutliche aber mit der Zeit verschwindende Immunität gegenüber dem epidemischen Fleckfieber besitzen, daß hingegen eine Infektion mit europäischem Fleckfieber eine dauerhafte Immunität gegen das Rattenvirus gibt. Später zeigte sich, daß die Virulenz der verschiedenen murinen Vira sehr schwankt, und damit auch ihre antigene Wirkung. Vgl. Befunde von Lewthwaite in den Malayen-Staaten. Überhaupt ist die Immunität der Ratten anscheinend immer nur schwach, so daß Reinfektionen möglich sind (vgl. Beobachtungen von Takahashi und Kodama beim mandschurischen Virus).

In einer neueren Arbeit konnten weiter Mooser und Sparrow zeigen, daß eine Infektion mit mexikanischem Virus (aus Rattenfloh oder Mensch) fast immer Meerschweinchen gegen das afrikanische Virus schützte, aber nicht ganz so sicher wie eine Infektion mit afrikanischem Virus selbst. Sparrow fand

628 R. OTTO:

Schutz nach überstandener Infektion mit mexikanischem Virus gegen europäisches Virus in 86%, gegenüber dem homologen in 96%.

NICOLLE und LAIGRET haben kürzlich die Immunitätsverhältnisse bei den „über Kreuz"-Infektionen mit den Viren der verschiedenen Fleckfiebererkrankungen geprüft und dazu das Tunisvirus (typus humanus) und verschiedene Rattenvirusstämme (aus Mexiko bzw. Toulon) herangezogen. Die nachfolgende aus den Protokollen ihrer Arbeit zusammengestellte Übersicht läßt ihre Resultate erkennen.

Tabelle 1.

Virus		Ergebnis bei der Prüfung nach						
bei der 1. Infektion	bei der 2. Infektion	1 Monat	1½ Monaten	2 Monaten	3 Monaten	4 Monaten	6—10 Monaten	1 Jahr und mehr
Tunis	*Tunis*	θ	θ	θ	3 — 1 +	θ	θ	2 — A
Mexiko	Mexiko	2 —	θ	2 — 2 + 1 — A	1 —	1 +	θ	θ
Toulon	Toulon	1 — 1 +	θ	4 — 1 — A	3 — 1 +	θ	θ	θ
Tunis	Mexiko	1 — 3 + 1 — R	1 — A 1 + R	1 ? 3 — 1 — A	3 — 1 +	1 + A	1 + A	1 — A 1 + A
Tunis	Toulon	1 — 2 + 1 + R	θ	2 — 1 + 1 + R	4 —	θ	θ	θ
Mexiko	*Tunis*	2 — 1 — A	θ	3 — 1 — A	4 —	θ	θ	θ
Mexiko	Toulon	2 —	θ	2 —	3 — 1 + 1 — A	θ	θ	θ
Toulon	*Tunis*	2 —	θ	3 — 1 — ?	4 —	θ	θ	θ
Toulon	Mexiko	1 — 1 +	θ	3 — 1 + A	1 — 2 +	θ	1 — A	θ

Erklärungen: *Tunis:* Virus Tunis (typus humanus).

Mexiko: }
Toulon: } Virus typus murinus.

A = Affe, R = Ratte; die übrigen Zahlen betreffen Meerschweinchen.

+ = Infektion bei der 2. Inokulation angegangen (positive Fieberkurve oder bei latenter Infektion Virusnachweis durch Verimpfung von Gehirn).

Also: In der Periode der „Prémunition" mehrfach Versager nach der ersten Infektion mit Tunis-Virus, das im übrigen gute Immunität hinterließ.

Was nun die *Immunisierungserfolge bei Schutzimpfungen mit abgetötetem Virus (Impfstoffen)* betrifft, so ergeben sie im allgemeinen den obigen Resultaten entsprechende Ergebnisse. So erzielten ZINSSER und seine Mitarbeiter gegenüber dem homologen Virus gute Wirkung; gegenüber dem heterologen Virus (amerikanischer Impfstoff gegen europäisches Virus) hatten dagegen ZINSSER und CASTANEDA nur teilweisen oder schwachen Schutz zu verzeichnen. Immerhin erwiesen sich bei genügenden Vaccindosen 30—50% der Tiere geschützt. VARELA, PARADA und RAMOS hatten mit einem Impfstoff nach ZINSSER und CASTANEDA (mexikanischen Virus) gegen die Infektion mit Tunisvirus etwas bessere Resultate; in Versuchen von NICOLLE und SPARROW zeigte ein nach WEIGL (phenolisierte Emulsion aus infizierten Läusen) mit polnischem Virus hergestellter Impfstoff keine sichere Wirkung (5 von 8 Tieren waren nicht geschützt) gegen mexikanisches Virus, trotz großer Dosen. Auch gegen europäisches, afrikanisches und chinesisches Virus haben Nicolle und Sparrow mit einem solchen Vaccin nur unsichere Resultate gehabt. Noch weniger wirksam zeigte sich in den Versuchen von Mooser und Sparrow das Tunica vaginalis-Vaccin (benzolisierte Emulsion) aus amerikanischem Virus gegen tunesisches Virus, während Nicolle und Sparrow mit dem Weigl-Impfstoff gegen Tunisvirusinfektionen Schutz erhielten.

Aus diesen Versuchen geht hervor, daß gegen das heterologe Virus nur ein gewisser Schutz durch die Impfung zu erzielen ist, was sich auch aus den nachfolgend erwähnten Versuchen mit den verschiedenen Antiseren ergibt. Im allgemeinen hängt die Wirkung der einzelnen Impfstoffe zweifellos von ihrer Beschaffenheit, in erster Linie der Konzentration ab.

Daß eine Immunität über Kreuz mit Fleckfiebervirus und R.M.S.F.-Virus nicht besteht, ist bekannt. H. Sparrow hat dies erneut bestätigt.

Neuerdings ist auch ein echtes Vaccin, d. h. *lebendes Virus* zur Schutzimpfung beim Menschen verwandt worden. G. Blanc und seine Mitarbeiter benutzten dazu das Rattenvirus aus Casablanca (vgl. auch S. 636). Die Infektion verlief bei Verwendung geeigneter kleiner Dosen in großen Abständen ohne Allgemeinsymptome und ohne Ausschlag. Sie verlieh Schutz gegen das Rattenvirus und selbst gegen das Virus des klassischen Flecktyphus.

Was nun die *passive Immunisierung* betrifft, so wirkt das *Serum von Rekonvaleszenten* nach Decourt und Sallard selbst prophylaktisch nicht. Im Experiment hatte das Rekonvaleszentenserum von mexikanischen Fleckfieberkranken, wenn auch nicht immer, eine deutliche Schutzwirkung gegen das mexikanische und das afrikanische Virus. Hingegen schützte das Serum von Rekonvaleszenten aus Tunis nur gegen das homologe Virus (Mooser und Sparrow). Lépine und Caminopétros fanden im Serum von Menschen, die Fleckfieber überstanden hatten, Schutzkörper gegen das Rattenvirus.

Meerschweinchenrekonvaleszentenblut zeigte nach Zinsser und Batchelder, bis zum 10. Tage nach der Entfieberung entnommen, eine gewisse Schutzwirkung, die bei der Blutentnahme nach der dritten Woche fehlte, obgleich die Tiere dann noch immun waren [1].

Ein von Zinsser und Castaneda an Pferden gewonnenes *Anti-Rikettsienserum* schützte gegen die Infektion mit mexikanischem Virus, gleichgültig, ob es präventiv (bis zu 1 Woche vorher) oder gleichzeitig oder 1—3 Tage nach der Infektion appliziert wurde. Früher oder später gegeben, schwächte es noch das Fieber ab. Gegen das europäische Virus war seine Wirkung — wenigstens in der gleichen Dosis von 1,5 ccm — unsicher.

Für die Beziehungen der einzelnen Fleckfieber sind besonders die *Agglutinationsversuche* von Zinsser und Castaneda *mit Rickettsienemulsionen* verschiedener Herkunft von Bedeutung. Die Rickettsien stammten einmal aus Tunicamaterial von Ratten nach der Infektion mit mexikanischem Virus und andererseits aus dem Darm von Läusen, die mit europäischem Virus infiziert waren. Beide Emulsionen wurden auch von dem *Serum immuner Meerschweinchen*

---

[1] In einem Falle existierten anscheinend im Serum Antikörper und Virus nebeneinander.

agglutiniert[1], gleichgültig ob diese Tiere mit dem Tabardillo- oder dem europäischen Virus infiziert gewesen waren. Allerdings wurde anscheinend die homologe Rickettsienart stärker beeinflußt. Ähnlich verhielt sich hinsichtlich der gleichmäßigen Agglutination beider Rickettsienarten das *Rekonvaleszentenserum von Menschen* aus Mexiko, Polen und Tunis und *Antisera, die an Kaninchen mit beiden Vira gewonnen waren.* (DYER, CEDER, RUMREICH und BADGER konnten durch Einspritzung rickettsienhaltiger Tunica vaginalis-Emulsionen von Meerschweinchen, ebenso wie durch Verimpfung von Floh- und Gehirnemulsion bei *Kaninchen X_{19}-agglutinierende Sera* gewinnen. Vgl. auch WHITE, sowie GAJDOS und CHANG[2].) Das oben bereits erwähnte *Anti-Rickettsienserum* von ZINSSER und seinen Mitarbeitern agglutinierte außer den Rickettsien einer WEIGL-Vaccine (europäisches Virus) und eines Impfstoffs nach ZINSSER (mexikanisches Virus), auch die Proteus X_{19}-Bacillen ($1:320 \pm$).

Somit ergeben sich aus den Agglutinationsreaktionen (s. a. S. 639) keine sicheren Unterschiede zwischen dem Flecktyphus und den Fleckfiebern. Deutlicher sind diese aber aus dem klinischen Verlauf, den tierexperimentellen Befunden und der Epidemiologie erkenntlich.

Die nachstehende Übersicht zeigt die zwischen epidemischem und den endemischen Fleckfiebern festgestellten Unterschiede:

Epidemisches, typhöses (Läuse-)Fleckfieber.	*Endemisches mild verlaufendes (Mäuse-) Fleckfieber.*
Typhus exanthematicus.	Febris exanthematicus.
(Beide geben nach überstandener Infektion kreuzweise Immunität.)	
Übertragung:	
Mensch—*Laus*—Mensch.	Ratte—*Rattenfloh* (bzw. Rattenlaus)—Ratte; gelegentlich Ratte—Rattenfloh (Xenopsylla cheopis)—Mensch; dann auch Mensch—Laus—Mensch möglich.
Reservoir: Mensch.	Reservoir: Haus- und Feldratten.
Krankheitserscheinungen:	
Schwere Gehirnsymptome; Petechien.	Nur geringe oder keine Gehirnerscheinungen; nur Roseolen, keine Petechien.
Prognose:	
Ernst.	Im allgemeinen gut.
Saison:	
Winter und Frühjahr.	Nicht sicher abgegrenzt, meist im Sommer und Herbst.
Tierversuch:	
a) Meerschweinchen.	
Gehirnknötchen, ausnahmsweise leichte Scrotalschwellungen	Seltene Gehirnknötchen; nach intraperitonealer Infektion fast regelmäßig deutliche Scrotalschwellungen und schwere periorchitische Veränderungen.

---

[1] Methodik s. S. 638. Die Möglichkeit, auch mit Rickettsien-Emulsionen Agglutinationsreaktionen auszuführen, hatten schon OTTO und DIETRICH bewiesen. Eingehende Agglutinationsreaktionen mit der Rickettsia PROW. führte KRUKOWSKI aus (Näheres bei OTTO und MUNTER).

[2] Die letzteren erhielten nur mit den Seren infizierter Kaninchen x 19-Agglutinine, Ratten- und Eselserum ergaben nur mit Rickettsien positive Reaktionen.

| *Epidemisches, typhöses (Läuse-)Fleckfieber.* | *Endemisches mild verlaufendes (Mäuse-) Fleckfieber.* |

b) Ratten.

| Kein Fieber, latente Infektion; unsichere experimentelle Passage des Virus von Tier zu Tier. | Meist Fieber; ununterbrochene Fortführung von Ratte zu Ratte leicht möglich. |

Rickettsien (beim infizierten Tier):

| Zweifelhafte Befunde. | In den Deckzellen der Tunica propria meist reichlich nachweisbar. |

IV. Durch Zecken oder Milben übertragene, fleckfieberähnliche Krankheiten.

Außer den mild verlaufenden Fleckfiebern gibt es noch eine Gruppe klinisch leichter abgrenzbarer Krankheiten mit fleckfieberähnlichen Exanthemen. Von diesen sind besonders bekannt und bereits eingehend studiert das durch Zecken übertragene nordamerikanische Felsengebirgsfieber, das auch in einer schweren Form auftritt [1], und das japanische Flußfieber, die Kedani- oder Tsutsugamushikrankheit; bei ihr geschieht die Übertragung durch eine Milbe. Nähere Angaben über das erstere finden sich in den erwähnten Abhandlungen von F. BREINL, sowie von R. R. SPENCER und R. R. PARKER, über die letztere in dem Artikel von KAWAMURA. Hier sollen hinsichtlich dieser Krankheiten nur die Ergebnisse einiger neuerer Arbeiten kurz erwähnt, sodann aber die hierher gehörenden sonstigen Fieber aufgeführt werden.

Nach BADGER, DYER und RUMREICH sind die beiden [2] Formen, in denen das *Felsengebirgsfieber* auftritt, identisch, wenngleich gewisse pathologischanatomische und klinische Unterschiede bestehen (vgl. auch DYER, sowie LILLIE und HARRIS). Das Virus des östlichen macht beim Meerschweinchen [3] selten, das des westlichen regelmäßig Hodenschwellungen, aber nicht von der Tunica, sondern von dem Gefäßendothel ausgehend und umgekehrt finden sich Gehirnläsionen mehr beim östlichen als westlichen Typ. Beide Formen lassen sich von dem nordamerikanischen Fleckfieber abtrennen, wobei allerdings die Verwendung biologischer Methoden unentbehrlich ist (vgl. unter anderem PINKERTON, CASTANEDA, sowie REIMANN, ULRICH und FISHER). Auf das verschiedene Verhalten des Fleckfiebererregers und des Erregers des Felsengebirgsfiebers in Gewebskulturen wurde bereits hingewiesen (vgl. PINKERTON und HASS). Bemerkenswert ist beim R.M.S.F. die lange Haltbarkeit des Virus in dem gefrorenen Gehirn. Es blieb in 90% bis zu 321 Tagen für Meerschweinchen virulent (KING). Bezüglich des Zwischenträgers (Dermacentor Andersonii) haben PHILIP und PARKER festgestellt, daß bei der Kopulation die Infektion von einer Zecke auf die andere übertragen wird [4]. Hinsichtlich der WEIL-FELIX-Reaktion, die

---

[1] Montanetype mit 80% Mortalität gegenüber 18% beim Idahotype.

[2] Manche Autoren trennen 3 Formen, 1. westliches, 2. östliches und 3. Minnesotafieber, letzteres so gut wie ohne letalen Verlauf. Vgl. ferner SHIPLEY.

[3] Beim Kaninchen finden sich gleichfalls die charakteristischen Scrotalveränderungen und Agglutinine für X 19.

[4] Diese Zecke überträgt auch das Virus der Tularämie, der Tick-Paralyse und des Colorado tick fever. Außer D. Andersonii überträgt D. variabilis (im Osten) die Krankheit auf den Menschen, möglicherweise noch vier andere Arten u. a. Amblyomma cayennense. R. WEIGL konnte das Virus monatelang auch in Kleiderläusen fortführen (rectale Infektion). Bezügliche Verhütung und Schutzmaßnahmen s. Publ. Health Rep. **1933**, 471.

— wie erwähnt — mit den Seren von Fleckfieberkranken beim amerikanischen Fleckfieber meist sehr hohe Titer mit Proteus-X_{19}-Kulturen (H- und O-Variante) ergibt, zeigen die von Felsengebirgsfieberkranken nur relativ geringe Titer, wie dies neuerdings Spencer bestätigt hat. Bei Kaninchen, bei denen das Virus auch die charakteristische Schwellung der Hoden erzeugte, erhielt Badger in 75% positive Weil-Felix-Reaktionen.

Auch beim *São Paulo-Fleckfieber*, das nach Castro, Rodriguez und Rocha Lima weniger die Charakteristica des klassischen Fleckfiebers als die des nordamerikanischen Fleckfiebers erkennen läßt, erhält man eine positive Weil-Felix-Reaktion mit X_{19} und dem Stamm XL (s. S. 638). Über die Serologie dieses Fiebers siehe S. 641. Nach Lemos Monteiro und seinen Mitarbeitern kommen Ratten als Virusreservoir in Frage. Die Übertragung des Virus geschieht durch Zecken (Amblyomma cayennense bzw. Ornithodorus rostrastus). Bei experimentell infizierten Tieren fanden sich in den Mesothelzellen des Peritoneums und (bei intraokularer Impfung nach der Methode von Nagayo) auch in den Zellen der Descemetschen Membran Rickettsien. Lemos Monteiro nimmt als Erreger eine besondere Rickettsie an (R. brasiliensis). Das Virus war nicht filtrierbar. Bei den Versuchen von R. R. Parker an Meerschweinchen, die mit *São Paulo*-Fieberrekonvaleszentenserum von Tieren (Ratte, Meerschweinchen) vorbehandelt waren und dann mit R.M.S.F.-Virus infiziert wurden, ergab sich bei 3 (von 6) Seren kompletter oder deutlicher Schutz. Nach Davis und Parker hinterläßt die Infektion bei Meerschweinchen und Affen kreuzweise Immunität. Vgl. auch Lemos Monteiro sowie Dyer. Dieser Befund spricht für die Zugehörigkeit des im Südsommer (November-Februar) auftretenden *São Paulo-Fiebers* zu dieser Gruppe der exanthematischen Fieber [1].

Bezüglich der neueren Forschungen über das *Tsutsugamushifieber*, bei dem Feldmäuse als Virusreservoir in Frage kommen, während die Übertragung durch eine Milbe geschieht, sei auf die Untersuchungen von Nagayo c. s. hingewiesen. Durch Inokulation menschlicher Krankheitsprodukte bzw. von Virus in die vordere Augenkammer von Kaninchen ließen sich charakteristische Iritiden erzeugen, bei denen an der Hinterseite der Cornea im Inneren von Histiocyten, speziell in den Endothelzellen der Descemetschen Membran, rickettsienähnliche Gebilde mit großer Regelmäßigkeit gefunden wurden. Diese von den Autoren (vgl. auch Hayashi) als Erreger der Krankheit angesehenen Mikroben werden als Rickettsia orientalis [2] bezeichnet. Auch die intraperitoneale Injektion bewährte sich zum Nachweis der Rickettsien. 5—7 Tage nach der Infektion fanden sie sich in den Endothelzellen und Histiocyten von Omentum und Mensenterium. Ogata und Ishiwara hatten schon früher das Virus durch Verimpfung im Hoden in vivo fortführen können.

Wie S. 615 erwähnt ist, haben Nagayo und Mitarbeiter mit der Augenkammermethode auch beim epidemischen Fleckfieber entsprechende Befunde nach der intraokulären

---

[1] Vom Felsengebirgsfieber unterscheidet es sich durch kürzeres Fieber und geringer prozentige Hodenreaktion. Daneben existiert in den Städten wahrscheinlich noch durch Rattenflöhe übertragenes, mildverlaufendes Fleckfieber [vgl. Fletcher: Office internat. d'Hyg. publ. **26**, 90 (1934)].

[2] Ogata bezeichnet sie als Rickettsia tsutsugamushi, Sellards als R. japonica. Hayashi nannte die von ihm 1920 gesehenen Gebilde Theileria tsutsugamushi.

Verimpfung von Fleckfiebermaterial erhoben. Weiter konnte LEMOS MONTEIRO auf diese Weise auch die Rickettsia brasil. (São Paulo-Fieber) züchten (s. S. 632).

Allerdings bestreitet TANAKA auf Grund seiner Untersuchungen auch neuerdings, daß die von OGATA und von NAGAYO c. s. als Erreger der Kedani- (Tsutsugamushi-) Krankheit beschriebenen Gebilde Rickettsien sind. Er glaubt vielmehr, daß die japanischen Rickettsien (R. tsutsugamushi, R. akamushi bzw. R. orientalis) nichts anderes sind als phagocytierte, zufällig in das Blut oder in das Impfmaterial hineingeratene Bakterien und durch deren Toxinwirkung entstandene Chromatinkörper der Karyorrhexis.

KAWAMURA c. s. berichten demgegenüber über die postmortale Proliferation der Rickettsia orientalis nach intraperitonealer und intratestikulärer Injektion. Eine Züchtung des Virus bzw. der Rickettsien in Gewebskulturen (unter anderem auch in Lungenexplantaten) gelang KIMURA, ferner NISHIBE c. s. in Kaninchen-Heparinplasma mit Hühnerembryonenextrakt. NISHIBI und seine Mitarbeiter versuchten die Demonstration der Rickettsien durch eine besondere Methode, die auf der intrachealen Injektion infektiöser Emulsionen beruht.

Auch beim Tsutsugamushi-Fieber sind Laboratoriumsinfektionen beobachtet, teils durch Stichverletzung (Ogata c. s.), in einem Falle anscheinend durch das Eindringen des Virus in aufgesprungene Hände (KAWAMURA).

Die Beobachtungen von SOUCHARD c. s. in Cochinchina (wo ein für Meerschweinchen viel pathogeneres Virus die Infektionen bedingt) und von SCHÜFFNER sowie von WALCH und KEUKENSCHRIJVER (über den Pseudotyphus in Dehli) beweisen, daß auch außerhalb Japans und des Jangtsetales das Fieber vorkommt. Ihm sehr nahestehend scheint die ländliche Form des Tropenfleckfiebers von FLETCHER und LESSLAR zu sein. Bei diesem kommt gleichfalls eine Milbe als Überträger in Frage, im Gegensatz zur städtischen Form, bei der — wie bei der BRILLschen Krankheit — Rattenflöhe die Überträger sind. Bezüglich der verschiedenen serologischen Befunde (Ausfall der WEIL-FELIX-Reaktion) siehe S. 638.

KOUWENAAR, SNIJDERS und WOLFF weisen auf den möglichen Zusammenhang der erwähnten Scrubform des Tropenfleckfiebers mit dem von SCHÜFFNER beschriebenen sumatrischen Abart der Kedani- (Tsutsugamushi-) Krankheit hin. Beim Affen, die mit dem Virus dieses *sumatrischen Milbenfiebers* infiziert wurden, fand sich als deutlichstes Symptom immer ein primäres Infiltrat an der Injektionsstelle. Proteus X_{19} wurde nicht agglutiniert, dagegen stieg in der Regel der Titer für den OX-Kingsburystamm. In primären Bubonen wurden in einigen Fällen rickettsienähnliche Gebilde gefunden. C. DE MARTIN und ANDERSON beobachteten einen Fall von „scrub typhus" auch in Burma.

In die Reihe dieser exanthematischen Krankheiten muß man auch das *Marseiller Bläschenfieber* (fièvre boutonneuse) rechnen. Es ist klinisch dadurch charakterisiert, daß sich an irgendeiner Körperstelle eine Einstichstelle findet, die Schorfbildung zeigt und wahrscheinlich den Ort der Infektion darstellt, und daß sich der Ausschlag auch im Gesicht, an den Händen und Fußsohlen zeigt.

Über diese Krankheit wurde erstmalig von CONOR und BRUCH 1910 aus Tunis berichtet. D. OLMER beschrieb dann 1925 die ersten Fälle in Europa, und zwar in Marseille. 1927 berichteten BOINET c. s. über Fälle von Fleckfieber, bei denen die WEIL-FELIX-Reaktion stets negativ war und die immer einen gutartigen Verlauf nahmen. Allerdings haben D. und J. OLMER sowie AUDIBERT und MURAT auch schwere Fälle beobachtet; ebenso liegen abweichende Angaben über einen positiven Ausfall der WEIL-FELIX-Reaktionen vor, z. B. von DURAND, siehe auch Troisier und Cattan, sowie Petzetakis und Karalis. Fast immer tritt aber der erwähnte schwarze Schorf (tache noire) an irgendeiner Körperstelle und auch eine Schwellung der nächstliegenden Drüse auf. Ausnahmen sahen Petzetakis und Karalis.

Ähnliche Erkrankungen wurden nicht nur an der französischen, sondern auch an anderen Stellen der Mittelmeerküste, vereinzelt auch auf dem Festlande beobachtet. Außer in Frankreich ist über Fälle in Italien (febbre errutiva del Carducci), in Spanien, in Portugal, in Rumänien, in Griechenland, in Kleinasien, in verschiedenen Ländern Nordafrikas, in Sudan und anderen Gebieten Afrikas (vgl. S. 636, Zeckenbißfieber von Nuttall und Sant' Anna) berichtet worden (vgl. u. a. Tapia, F. Horques, Jorge, Blanc und Caminopétros). Als Überträger dieser hauptsächlich im Sommer auftretenden Krankheit wurde die Hundezecke (Rhipicephalus sanguineus) festgestellt (positive Verimpfung auf Mensch, Durand und Conseil 1930). Es ist nach Guerricchio wahrscheinlich, daß außer Hunden auch andere Tiere, z. B. in Italien Maulesel als Virusreservoir in Frage kommen [1].

Seit 1930 hat sich eine große Anzahl von Forschern mit dieser durch Hundezecken übertragbaren Krankheit beschäftigt (Rubinato, Plazy, Marcandier, Germain und Pirot, Corinaldesi, Blanc und Caminopétros, Lutrario, Joyeux et Piéri, Durand, Troisier c. s., Cantacuzène, Combiesco und Zotta usw.). Ausführliche Schilderungen der Krankheit geben D. Olmer und J. Olmer (Marseille), Fièvre boutonneuse, fièvre exanthématique du litteral méditerrannéen (Paris 1933) und J. Piéri, La fièvre exanth. pp. Paris 1933; kürzere Übersichten von Troisier und Cattan, sowie von Regendanz.

Aus allen Untersuchungen ergab sich, daß dieses „Bläschenfieber" weder serologisch noch tierexperimentell, noch klinisch mit dem reinen Fleckfieber übereinstimmte. Es ließ sich mit dem Blut Kranker auf niedere Affen übertragen (Burnet und Olmer), später ist Caminopétros und Blanc, Troisier und Cattan, Combiesco und Contos u. a. auch die Übertragung auf Meerschweinchen gelungen, die teilweise auch Hodenschwellungen zeigten (verschiedene Virulenz der einzelnen Virusstämme?). Die Affen, die im übrigen für das Virus am empfänglichsten zu sein scheinen, erwarben keine Immunität gegen das Fleckfiebervirus (Burnet c. s.). Im Gehirn und im Blut der erkrankten Tiere findet sich das Virus (Reitano und Boncinelli, Caminopétros und Contos, Marcandier, Plazy und Pirot).

Olmer rechnet das Fieber zu der Gruppe des R.M.S.F. [2] bzw. des japanischen Flußfiebers; nach Durand und Laigret besteht eine kreuzweise Immunität zwischen dem Fieber von Tunis und dem von Marseille, nach neueren Untersuchungen von Badger auch eine deutlich kreuzweise Immunität zwischen R.M.S.F. und dem Marseiller Fieber. Diese Fieber sowie das erwähnte japanische Flußfieber und die ländliche Form des tropischen Fiebers stehen also der Brillschen Krankheit und dem mexikanischen Fleckfieber gegenüber (vgl. Belli).

Was nun die *Übertragungsweise* betrifft, so kommen Läuse nicht in Frage; die Übertragung durch an Affen gefütterte Läuse gelang nicht (Burnet, Durand

---

[1] Vielleicht auch Zieselmäuse, Ratten und Kaninchen, da sich in ihrem Gehirn das Virus konservieren kann (vgl. S. 635); im Gegensatz zum milden Fleckfieber kommt es nie auf Schiffen, sondern nur auf dem Lande vor (Marcandier c. s.).

[2] Jorge schlägt die Zusammenfassung dieser Krankheiten als fièvres escharonodulaires vor.

und OLMER). LEMAIRE fand bei einer Epidemie in Algier den primären Herd immer an den unteren Extremitäten; dies sprach dafür, daß ein am Boden kriechendes Insekt diesen Inokulationsschanker bedingt. DURAND und CONSEIL konnten dann auch in Tunis nach subcutaner Impfung mit zerriebenen Hundezecken (Rhipicephalus sanguineus), die von einem Hunde einer an Marseiller Fieber erkrankten Frau stammten, an sich selbst und an einigen Kameraden das typische fièvre boutonneuse erzeugen. Später konnten BLANC und CAMINO-PÉTROS durch Verimpfung zerriebener Hundezecken, die aus Seehäfen stammten, die Krankheit experimentell übertragen.

L. und H. MARÇON beschreiben eine unfreiwillige Übertragung auf den Menschen bei einem Pflanzer, dem ein Tropfen Blut einer Hundezecke ins Auge spritzte.

Bei den mit dem Virus infizierten Hundezecken hält es sich sehr lange; die Infektion wird auch auf die Eier übertragen und die ausschlüpfenden Larven sind infektiös (COMBIESCO, ZOTTA, BRUMPT, BLANC und CAMINOPÉTROS). Die Zecke selbst ist für das Virus unempfindlich (BLANC und CAMINOPÉTROS). Wenngleich nach ihren Befunden das Virus des Marseiller Bläschenfiebers durch Chamberlandkerzen L_2 und L_5 filtrierbar ist, wird als Erreger eine Rickettsie angesehen, die sie als Rickettsia Conori bezeichneten. Zecken aus fieberfreien Gebieten erwiesen sich als virusfrei (vgl. CAMINOPÉTROS). In Griechenland waren die Hundezecken in Volo stark, in Piräus und in Delos häufig, in Athen, Saloniki u. a. nicht infiziert.

Für das Virus sind nach BLANC und CAMINOPÉTROS auch Zieselmäuse (vgl. LÉPINE), weiße Ratte und Maus evtl. auch Kaninchen (YOYEUX und PIÉRI) empfänglich, nach DURAND und LAIGRET in Tunis auch Gerbillus campestris. Die Infektion verläuft inapparent bei diesen Tieren, doch sahen PLAZY und PIROT bei großen Infektionsdosen auch Temperatursteigerungen. Die Unempfindlichkeit gewisser Hunde, der gewöhnlichen Wirte von Rhipicephalus, beruht anscheinend auf einer erworbenen Immunität, denn nach DURAND erkrankten aus zeckenfreien Gegenden eingeführte Hunde. Blutproben von Hunden aus den Vorstädten Roms ergaben eine positive WEIL-FELIX-Reaktion (REITANO und BONCINELLI). Bezüglich Empfänglichkeit der Pferde s. bei CAMINOPÉTROS c. s.

Die Impfreaktionen nach Verimpfung von Virus (aus Zecken) in die vordere Augenkammer von Tieren verlief weniger schwer als bei der von Läuse-Rickettsien (BRUMPT, vgl. dazu TROISIER und CATTAN). Mensch und Affe sind für die experimentelle Infektion nur wenig empfänglich. Die WEIL-FELIX-Reaktion fällt nach DURAND positiv aus (s. oben), wobei die Agglutination (wie die OX19-Agglutination beim Fleckfieber) feinflockig ist. Die Agglutinine erwiesen sich als formolempfänglich. Sie fanden sich auch bei Blutproben aus der Umgebung Erkrankter (BONCINELLI).

Bei der Gutartigkeit, dem Fehlen der Kontagiosität und der langen Dauer des Fiebers hat man die *Infektion mit dem Bläschenfiebervirus zur Fiebertherapie* benutzt.

CLAUDE und COSTE übertrugen nach dem Vorgange von BRUMPT das Bläschenfieber mit dem Brei einer zerriebenen Hundezecke auf einen Kranken mit Schizophrenie und von Mensch zu Mensch bei Dementia praecox. Infolge fortwährender Abschwächung des Stammes mußten die Versuche abgebrochen werden. Über die Behandlung der Dementia praecox berichten auch D. und J. OLMER. Sie beobachteten dabei oft Formen ohne Ausschlag und konnten die Immunität nach erster Erkrankung, sowie die schon von DECOURT und Sallard festgestellte prophylaktische Wirkung des Rekonvaleszentenserums bestätigen. Die inapparente Form beschrieben auch Troisier und Cattan. Reitano, Boncinelli und Sallustri sahen nach der Impfung von Menschen den typischen Symptomenkomplex, wie ihn Conor und Bruch festgestellt haben. Auch sie beobachteten die häufiger vorkommenden symptomlosen Infektionen beim Menschen (vgl. Durand), fanden im übrigen aber diese Fiebertherapie bei Geisteskranken unwirksam. Blanc und Caminopétros konnten zwar die Versuche von D. und J. Olmer bestätigen. Während sie keine viruliziden Antikörper im Serum immuner Personen feststellen konnten, wirkt nach Durand das Rekonvaleszentenserum (20—25 ccm) befriedigend nach intraspinaler Injektion. Auch Plazy und Germain berichten über Erfolge. Sie wollen Fleckfieberkranke erfolgreich mit Rekonvaleszentenserum von Bläschenfieberkranken behandelt haben und umgekehrt (vgl. auch Plazy, Germain und M. Plazy).

Neuerdings haben Blanc und seine Mitarbeiter zur experimentellen Infektion von Menschen zwecks Durchführung einer Fleckfiebertherapie (s. S. 629) auch Organ-Emulsionen (mit Gallezusatz) von Meerschweinchen benutzt, die mit *muridem Virus* infiziert waren. Die Infektion der Menschen erfolgte intramuskulär in den Deltoides mit 1 ccm einer Aufschwemmung 1:5 bis 1:20. Dabei ergab sich: 1. daß dieses Virus eine Fleckfiebererkrankung setzte, die gegen das Virus von Toulon immunisierte. Die Krankheit verlief beim Menschen meist mit einem dreitägigem Fieber mit lebhafter lokaler Reaktion. Manchmal erfolgte nach 1—2tägigem fieberfreiem Intervall ein erneuter Fieberanstieg von 8—10tägiger Dauer. Die Allgemeinsymptome blieben immer leichter Art. Die Weil-Felix-Reaktion fiel teils negativ teils schwach positiv aus. 2. ließ sich das spezifische Virus nur aus den Organen der infizierten Meerschweinchen gewinnen. Somit beruht die Periorchitis (Neill-Mooser-Phänomen) auf dem Virus des benignen Fleckfiebers.

Die Impfung erzeugte keine Keimträger. Die an den Geimpften gefundenen Läuse waren nicht infiziert.

Dem Marseiller Fieber steht das *südafrikanische Zeckenbißfieber (Tick-bite-Fever)* anscheinend sehr nahe. Es wird durch den Biß von Amblyomma hebraeum übertragen und verläuft stets sehr mild. Die Bißstelle ist als rötliche Papel mit mißfarbener, später nekrotisierender Mitte erkennbar. Proteus X_{19} und OX_2 wurden häufig, X-Kingsburg[1] immer agglutiniert (Troup und Pijper sowie Dau). Im Gehirn mit dem Virus infizierter Meerschweinchen stellten Pijper und Dau typische Knötchen und rickettsienähnliche Körperchen fest.

Nach den Untersuchungen von Pijper und Dau hinterläßt ein von Nuttall und Sant' Anna in Afrika entdecktes Fleckfieber[2] zwar Immunität gegen Zeckenbißfieber (Meerschweinchenversuch), aber letzteres keine Immunität gegen das Fleckfieber. Die mit dem Virus bei Paralytikern versuchte Fieber therapie ergab keine sichtlichen Effekte.

Zu den fleckfieberähnlich verlaufenden und durch Zecken übertragenen Fiebern gehört dann noch das zuerst von Megaw beschriebene Zeckenfieber von Kumaon. Bezüglich dieses indischen *Tick typhus* sei nur erwähnt, daß man auch bei ihm (ähnlich wie beim Marseiller Bläschenfieber) in der Regel an der Einstichstelle ein kleines Geschwür findet.

---

[1] Nach dem Annual Report 1932 des South African Institute f. med. Res. Johannesburg ist der Stamm Kingsbury zur Diagnose brauchbar, wenngleich positive Reaktionen erst spät auftreten. Fleckfiebersera reagierten mit diesem Stamm negativ.
Vgl. dazu Befunde mit dem Serum von Meerschweinchen, die in der Rekonvaleszenz nach Infektion mit Zeckenbißvirus *und* mit Fleckfieber mit XK Agglutination gaben, aber mit den OX_{19}- und OX_2-Stämmen aber negativ reagierten.

[2] Hierher gehört anscheinend auch der „Kenya typhus".

V. Zur Klassifikation der Fleckfieber und der fleckfieberähnlichen, exanthematischen Fieber.

Übersieht man die auf dem Gebiet der Fleckfieberforschung in dem letzten Jahrzehnt angestellten Untersuchungen, so ergibt sich aus ihnen zunächst, daß sich klinisch, pathologisch-anatomisch und epidemiologisch *bestimmte Formen des Fleckfiebers von dem durch Läuse übertragenen Flecktyphus (der alten Welt) abtrennen lassen.* Wenn auch die Klassifikation der einzelnen Fieber vielleicht noch keine endgültige ist (PLAZY und MARCANDIER), so kann man zweifellos zunächst dem „Läusefleckfieber" ein „Mäusefleckfieber" gegenüberstellen. Beim ersteren ist das Virusreservoir der Mensch. Die klinische Form ist der Flecktyphus. Zu dem letzteren (Virusreservoir: Ratte) gehören die erwähnten verschiedenen endemischen, mild verlaufenden Fleckfieber in Nordamerika, Mexiko und den Mittelmeerländern, Indien und anderen asiatischen Ländern sowie die Fleckfieber in Australien, wobei nicht ausgeschlossen ist, daß in einzelnen dieser Länder — außer diesem durch Rattenflöhe übertragenen Fieber — auch echtes Läusefleckfieber vorkommt. Bei den endemischen Fleckfiebern wird die Infektion nur gelegentlich von den Ratten (und Mäusen) durch Flöhe auf den Menschen übertragen.

Neben dem klassischen Flecktyphus und den mild verlaufenden endemischen Formen des Fleckfiebers gibt es dann eine *dritte Gruppe von untereinander verschiedenen exanthematischen Krankheiten mit fleckfieberähnlichem Verlauf,* bei denen die Abtrennung vom Läusefleckfieber schon klinisch leichter ist. Es handelt sich hierbei — wie wir gesehen haben — um das Felsengebirgsfieber in Nordamerika, das Tsutsugamushifieber in Japan, die ländliche Form des Tropenfleckfiebers, der Typhus von Kumaon, der Pseudotyphus von Sumatra, das Bläschenfieber des Mittelmeeres und das Tick-bite-Fever Südafrikas.

Als *Erreger bei allen diesen Krankheiten sind Rickettsien* bzw. rickettsienähnliche Mikroben festgestellt, so daß man diese Fieber als „Rickettsiosen" zusammengefaßt hat. Wenngleich die Rickettsien bei den einzelnen Fiebern, R. Prowazeki (Fleckfieber), R. Rickettsii (Felsengebirgsfieber), R. orientalis (Tsutsugamushi-Krankheit), R. Conori (Bläschenfieber), R. brasiliensis (São Paulo-Fieber), gewisse Abweichungen zeigen[1], und in dem einen Falle durch die Läuse, in den anderen Fällen durch Rattenflöhe, Zecken oder Milben verbreitet werden, so ist es immerhin, wie bereits betont wurde, z. B. möglich, auch Zecken und Läuse mit amerikanischem Virus zu infizieren und das Tunisvirus von Ratte zu Ratte durch Flöhe zu übertragen. Damit ist einerseits ein Zusammenhang der verschiedenen fleckfieberähnlichen Krankheiten hinsichtlich der Ätiologie gegeben[2], wenngleich ihre Differenzierung andererseits klinisch und experimentell gelingt. Im einzelnen zeigen wiederum die Immunitätsversuche, daß sich das Läuse- und Mäusefleckfieber im allgemeinen sehr nahe stehen, während die Krankheiten der aufgezählten dritten Gruppe, bei denen die Über-

---

[1] Nach den Untersuchungen von LÉPINE entspricht das Virus des „murinen" Fleckfiebers (z. B. das aus Athen) hinsichtlich seiner Eigenschaften dem des echten Flecktyphus (Resistenz gegen Hitze, Austrocknung, antiseptische Mittel, Filtrierbarkeit durch Chamberland L_2-Kerzen, aber nicht durch Chamberland L_3 usw.).

[2] REITANO z. B. neigt zu einer solchen einheitlichen Zusammenfassung. Vgl. auch Übersicht S. 630 und Tabelle 5, S. 641, ferner bei JEWELL und CORMACK, ADEY, sowie Einleitung S. 614 und Schlußbemerkungen.

tragung durch Zecken- oder Milbenbiß erfolgt, sich in dieser Beziehung anders verhalten und gegen die Infektionen mit dem Fleckfiebervirus keine Immunität setzen.

Eine *deutliche Abgrenzung der einzelnen Krankheiten erlaubt im besonderen die Serologie* mit den X-Stämmen, auf deren Ergebnisse besonders hingewiesen sei.

Seit den Untersuchungen von WEIL und FELIX wissen wir, daß bestimmte Proteus-X-Stämme durch das Krankenserum von Fleckfieberkranken spezifisch agglutiniert werden. Zu diesen ursprünglichen X-Stämmen kamen später noch eine von FLETCHER und LESSLAR sowie von ANIGSTEIN beim tropischen Fleckfieber benützte Kultur (Stamm Kingsbury) und eine von Lima beim São Paulo-Fieber isolierte Kultur (Stamm XL), die beide eine spezifische Agglutination nur in bestimmten Fällen zeigen. XM von MARTIN entspricht nach FELIX hinsichtlich der O-Form dem XK.

Außerdem existiert eine Anzahl Kulturen, deren Agglutination durch Fleckfiebersera aber mehr oder weniger unspezifisch ist. So hat schon 1908 HORIUCHI einen Colibacillus beschrieben, den er aus Fleckfiebermaterial züchtete und der von Krankenserum beeinflußt wurde. Er ist wahrscheinlich identisch mit dem von WILSON 1909 isolierten Keim. Später fand WILSON einen proteusähnlichen Stamm und schließlich 1927 den Bacillus agglutinabilis U_2.

Die mit den *Proteusstämmen ausgeführten Agglutinationen* gaben nun bei den einzelnen oben aufgeführten Krankheiten sehr interessante Befunde, wie aus den folgenden, der Arbeit von FELIX und RHODES entnommenen Tabellen hervorgeht.

Über die *antigenen Beziehungen zwischen Proteus X 19 und der Fleckfieber-Rickettsie* sei noch folgendes vorausgeschickt (vgl. S. 630). Aus Versuchen von CASTANEDA und ZIA ergab sich: Der Proteus X 19 entzog dem Rekonvaleszenten- und dem Rickettsien-Immunserum (vom Pferd) nur die Proteusagglutinine, nicht die Rickettsienagglutinine, während die Rickettsie die Agglutinine für beide absorbierte. Das Antiproteusserum agglutinierte normale oder formalinisierte Rickettsien nicht, aber die formalinisierten nach vorheriger Erhitzung auf 75°. Aus einem solchen Serum entfernte die Rickettsien-Emulsion die Agglutinine gegen erhitzte formalinisierte Rickettsien, aber nicht die Proteusagglutinine. Es besteht also eine gewisse Receptorengemeinschaft, die nach WHITE auf einem alkalistabilen Receptor im somatischen Antigen beruht.

Zur Ausführung der *Rickettsienagglutination* werden nach der Methode von ZINSSER und CASTANEDA aus Ersparnisgründen kleine flache Röhrchen benutzt, die mit geringem Material beschickt werden. Diese Röhrchen können bequem bei 30facher Vergrößerung mit binokularem Mikroskop untersucht werden. In die Röhrchen werden Serumverdünnungen und Rickettsien-Suspensionen mit Capillarpipetten eingebracht. Man mischt, indem man mehrere Male in die Pipetten aufzieht. Dann werden die Röhrchen in ein Wasserbad von 40° C gestellt und in Abständen von 2—3 Stunden untersucht. Die Agglutination erfolgt ohne Ausnahme langsam, sogar mit starken Seren, selten in weniger als 2 Stunden. Nach ungefähr 5 Stunden ist die Agglutination gewöhnlich vollständig. Von dieser Zeit ab werden die Röhrchen für weitere Ablesungen bei Zimmertemperatur und über Nacht im Eisschrank belassen; dann geschieht die Schlußablesung.

Die Tabellen 2 und 3 zeigen, daß die *Sera aller Fleckfieberkranken* die O- und die H-Form des Bacillus X_{19} regelmäßig agglutinieren, und zwar sowohl, wenn die Sera von Kranken mit klassischem europäischem Fieber (aus Polen und Irland) als auch, wenn sie von mild verlaufenden endemischen Fiebern aus den Vereinigten Staaten oder Australien stammten. Die Agglutination der O- und H-Form von X_2 ist bei dem europäischen Fieber unregelmäßig und sie fehlt in allen Fällen von mildverlaufenden Fleckfiebern aus den Vereinigten

Staaten[1]. Keines der echten Fleckfieberkrankensera beeinflußte die K-Stämme. Der U_2-Stamm von WILSON wird von den Fleckfieberseren nur unregelmäßig und im allgemeinen schwächer als der HX_{19} agglutiniert.

Tabelle 2. Agglutination der verschiedenen X-Stämme durch Sera von Fleckfieberkranken aus verschiedenen Ländern (FELIX und RHODES).

Herkunft des Krankenserums	Nr. des Serums	Titer gegen					
		HX_{19}	OX_{19}	HX_2	OX_2	HXK	OXK
Vereinigte Staaten . . .	1	200	500	0	0	0	0
	2	500	1000	0	0	0	0
	3	200	500	0	0	0	0
	4	2000	5000	0	0	0	0
	5	1000	2000	0	0	0	0
	6	500	1000	0	0	0	0
	7	2000	5000	0	0	0	0
Polen	1	2000	5000	200	200	0	0
	2	2000	5000	100	100	0	0
	3	200	500	100	100	0	0
	4	5000	10000	500	500	0	0
	5	2000	5000	0	0	0	0
	6	200	500	0	0	0	0
	7	500	1000	0	0	0	0
	8	1000	2000	100	100	0	0
	9	1000	2000	100	100	0	0
	10	2000	5000	100	100	0	0
Irland	1	2000	5000	0	0	0	0
Australien . . .	1	10000	20000	400	400	0	0

Tabelle 3. Agglutination des Bacillus agglutinabilis U_2 (WILSON) nach A. FELIX.

Herkunft des Fleckfieberkrankenserums	Nr. des Serums	Titer für U_2	Titer für HX_{19}	Herkunft des Fleckfieberkrankenserums	Nr. des Serums	Titer für U_2	Titer für HX_{19}
Vereinigte Staaten . . .	1	0	500	Polen	1	500	5000
	2	0	1000		2	200	5000
	3	0	500		3	200	500
	4	1000	5000		4	500	10000
	5	0	2000		5	200	5000
	6	0	1000		6	200	500
	7	1000	5000		7	0	1000
	8	0	5000		8	0	2000
	9	0	200		9	200	2000
	10	1000	5000		10	500	5000
	11	200	1000	Irland	1	2000	5000
	12	0	500	Australien . . .	1	0	20000
	13	0	2000	Malayen-Staaten (Gruppe W) .	1	1000	5000
	14	2000	2000		2	1000	2000
	15	200	5000		3	500	2000
	16	200	1000		4	0	5000
	17	0	2000				

[1] FELIX war in der Türkei das häufigere Ausbleiben der Agglutination mit Proteus X_2 gegenüber den Befunden von WEIL und FELIX in Galizien aufgefallen [Z. Immunforschg. **26**, 602 (1917)] und ZEISS fand in Smyrna bei der Untersuchung von 301 Proben aus Fleckfieberblut zwar 18mal X_{19}-Stämme, aber keinen X_2. Vielleicht erklären sich diese Befunde dadurch, daß in Kleinasien im Gegensatz zu Galizien auch Rattenvirusinfektionen unter den Erkrankungen vorlagen. Übrigens werden nach DURAND bei Hunden nach Infektionen mit den verschiedenen Virusarten häufig Antikörper gegen OX_2 gefunden.

In ihrer Arbeit weisen FELIX und RHODES im übrigen auf die Fehlerquellen hin, welche durch die alleinige Benutzung der H-Stämme entstehen können (unter Hinweis auf die Mitteilungen von PENFOLD und CORKILL über fleckfieberähnliche Erkrankungen in Australien).

Tabelle 4 zeigt die interessanten *serologischen Unterschiede bei den beiden Formen des in den Malayen-Staaten auftretenden tropischen Fiebers*. Die Sera von Kranken des „Stadttyps" verhielten sich wie Fleckfieberkrankensera, hingegen beeinflussten die Sera des „Landtyps" die X_{19}-Stämme nie, aber regelmäßig die K-Stämme.

Tabelle 4. Die beiden serologischen Gruppen des tropischen Fleckfiebers in den Malayen-Staaten (FELIX und RHODES).

	Nr. des Serums	Krank-heitstag	Titer gegen					
			HX_{19}	OX_{19}	HX_2	OX_2	HXK	OXK
Sera der Gruppe Stadt-Typ (Laden-Fleckfieber)	1	?	2000	5000	0	0	0	0
	2	?	1000	2000	100	100	0	0
	3	?	1000	2000	100	100	0	0
	4	?	2000	5000	0	0	0	0
Sera der Gruppe Land-Typ (Busch-Fleck-fieber)	1	21	0	0	0	0	10000	20000
	2	19	0	0	0	0	5000	10000
	3	23	0	0	100	100	2000	5000
	4	22	0	0	0	0	5000	10000
	5	13	0	0	0	0	1000	2000
	6	?	0	0	0	0	1000	2000
	7	?	0	0	0	0	1000	2000
	8	?	0	0	0	0	500	1000
	9	?	0	0	0	0	1000	2000
	10	?	0	0	0	0	2000	5000

Die Tabelle 5 zeigt ein dem „Landtyp" ähnliches Verhalten der *Sera von Tsutsugamushi-Kranken*, doch war die Beeinflussung der K-Stämme unregelmäßiger und schwächer.

Tabelle 5. Agglutination von Proteus X-Stämmen durch Sera von Tsutsugamushi-Kranken.

Herkunft der Sera	Nr. des Serums	Titer gegen					
		HX_{19}	OX_{19}	HX_2	OX_2	HXK	OXK
Sumatra ...	1	0	0	0	0	0	0
	2	0	0	0	0	1000	2000
	3	0	0	0	0	200	500
	4	0	0	0	0	0	0
	5	0	0	0	0	0	0
	6	0	0	0	0	100	200
	7	0	0	0	0	100	200
	8	0	0	0	0	0	0
	9	0	0	0	0	0	0
	10	0	0	0	0	500	1000
Japan	1	0	0	0	0	100	200
	2	0	0	0	0	100	200
	3	0	0	0	0	200	500

Aus weiteren Untersuchungen von A. FELIX ergibt sich, daß das Virus *des in São Paulo endemischen Fleckfiebers* eine serologische Variabilität darstellt, die in ein spezifisches Antigen des Typs X_{19} und ein Gruppenantigen des Typs XK besitzt. Dieser Befund steht im Einklang mit der Annahme von LEMOS

Monteiro, die er neuerdings durch den experimentellen Nachweis einer bestehenden kreuzweisen Immunität gesichert hat. Dafür, daß das São Paulo-Fieber dem R.M.S.F. nahesteht, sprechen auch die Ergebnisse der neueren Arbeiten von R. R. Parker, sowie von Parker und Davis (s. S. 632) (vgl. auch A. Fialho). Lima isolierte bei einem Fall von São Paulo-Fieber einen Proteusstamm (X_{167}, auch als XL bezeichnet), der — wie OX_{19} beim Fleckfieber — in Serumverdünnungen von $1:200$—$1:16000$ agglutiniert wurde. Auf Grund der Haupt- und Gruppenagglutine für die verschiedenen X-Stämme kommt A. Felix zu folgendem Schema der Abarten des Fleckfiebers[1] und der ihm nahestehenden exanthematischen Fieber:

Tabelle 6.

Name	Vorkommen	Überträger	Agglutination mit Proteus X-Typen			Typus des Hauptantigens des Virus
			OX_{19}	OX_2	OXK	
Klassisches Fleckfieber	Alte und neue Welt	Läuse	+++	+	—	OX_{19}
Tabardillo	Mexiko	Läuse und Rattenflöhe	+++	?	—	OX_{19}
Endemisches Fleckfieber (Brills disease)	Südosten U.S.A.	Rattenflöhe	+++	?	—	OX_{19}
Schiffsfleckfieber	Toulon	Rattenflöhe	+++	?	—	OX_{19}
Endemisches Fleckfieber	Australien	Unbekannt	+++	+	—	OX_{19}
Tropisches Fleckfieber Typus W (Shop typhus)	Malakka und Niederländisch Ostindien	,,	+++	+ ?	—	OX_{19}
Tropisches Fleckfieber Typus K (Scrub typhus)	,,	,,	—	—	+++	OXK
Tsutsugamushi	Sumatra, Malakka	Milben	—	—	+++	OXK
,,	Japan	,,	—	—	+++ ?	OXK ?
Rocky Mountain Spotted Fever	Westen und Osten U.S.A.	Zecken	+	+	+	Unbekannt
Fièvre boutonneuse	Marseille, Tunis	,,	+	+	—	,,
Febbre eruttiva	Italien	,,	+	+	+	,,
Tick-bite-Fever	Südafrika	,,	+	+	+	,,
Tick-typhus	Britisch-Indien	,,	?	?	?	,,
São Paulo endemisches Fleckfieber	Brasilien	,,	+++	+	+	OX_{19}

+++ Hauptagglutination. + Gruppenagglutination. ? Ungenügend untersucht.

VI. Schlußbemerkungen.

Wie sehen also auf der einen Seite, daß die serologischen Befunde bei fleckfieberkranken Menschen und die Ergebnisse der Tier- und Immunitätsversuche zunächst eine Differenzierung der verschiedenen Formen des Fleckfiebers und der ihm nahestehenden exanthematischen Krankheiten erlauben. Andererseits bilden wieder verschiedene Befunde ein gemeinsames Band um alle diese exanthematischen Fieber. In dieser Hinsicht sind die bei den einzelnen Krankheitsformen festgestellten Erreger anzuführen. Bei fast allen konnten mehr oder weniger sicher Rickettsien oder wenigstens rickettsienähnliche Mikroben festgestellt werden.

---

[1] Vgl. dazu Anm. S. 637.

Die serologischen Befunde und die Immunitätsversuche ihrerseits lehren, daß sich das durch Läuse übertragene klassische und das milde durch Flöhe übertragene Fleckfieber nahestehen. Hier ist die sichere Trennung selbst durch den Tierversuch nicht immer leicht; denn es hat sich gezeigt, daß das Virus des europäischen Fleckfiebers gelegentlich beim Meerschweinchen scrotale Schwellung hervorruft, während andererseits das mexikanische Virus diese Eigenschaft manchmal vermissen läßt. Auf Grund dieser Übergänge zwischen den verschiedenen Formen des Fleckfiebers hat man die Theorie aufgestellt (Mooser, Nicolle u. a.), daß für diese Fleckfieberarten ursprünglich ein gemeinsames Virus vorlag, das nach Mooser anfangs ein Rattenvirus gewesen ist, und das später in der alten Welt bei dem Läusefleckfieber seine Infektiosität für Ratten verloren hat. Ihm gelang durch Ratte-Floh-Passagen eine gewisse zeitweise Überführung des Virus vom Läusetyp aus Tunis in einem murinen Typ. Nicolle hält das epidemische Fieber für die ältere Form. Nach Zinsser nähert sich das endemische Virus nach mehrfacher Laus-Mensch-Lauspassage dem europäischen Virus, kann aber nach Tierpassage anscheinend zurückschlagen. Vgl. auch Befunde von Kodama, Takahashi und Kono beim mandschurischen Fieber. Darnach könnte sich auf dem Wege Pulex cheopis → Mensch (mildes Fleckfieber) → Kleiderlaus → Mensch aus dem Rattenvirus das Läusevirus, die R. Prowazeki, entwickeln.

Für die nahe Verwandtschaft zwischen Mäuse- und Läusefleckfieber würden schließlich auch die bereits erwähnten Befunde von Gajdos und Chang von Bedeutung sein, nach denen das Virus des nordchinesischen Fleckfiebers im Tierversuch sowohl die Eigenschaften des Virus der alten Welt (Gehirnknötchen) als auch des der neuen Welt (scrotale Schwellungen usw.) in sich vereinigt.

Es muß also an die Möglichkeit gedacht werden, daß auch in bestimmten Bezirken Europas zunächst nur ein in den Ratten verbreitetes Virus bestanden hat, und daß sich nach gelegentlicher Übertragung auf den Menschen aus diesem milden Fleckfieber unter besonderen Umständen (Hungersnot, Krieg) eine schwer verlaufende, nur durch Läuse von Mensch zu Mensch übertragbare Infektionskrankheit entwickelt hat. Mooser forderte dementsprechend auch zu Untersuchungen auf, ob in Gegenden, wo das Läusefleckfieber herrscht, nicht auch noch murine Fleckfieber bestehen oder voraufgehen. Tatsächlich haben Kritschewski und Rubinstein bei wilden Ratten in Moskau auch ein Virus gefunden, das dem nordamerikanischen sehr ähnlich ist.

Es zeigte im Gegensatz zu einem Virusstamm von epidemischem menschlichen Fleckfieber das Scrotalphänomen, wenn auch seltener, als es Mooser beobachtet hatte. Der Erreger ließ sich in der Tunica vaginalis in Form von Rickettsien nachweisen, rief aber nur selten bei Ratten einen Fieberprozeß und bei Meerschweinchen keine Fleckfieberknötchen im Gehirn hervor.

Danach bestehen auch in Rußland, wo man bisher nur den echten Flecktyphus kannte, gleichzeitig zwei verschiedene Arten von Fleckfieber. Diese Feststellung ist wichtig; sie darf meines Erachtens aber noch nicht als ein Beweis für die Richtigkeit der oben diskutierten Theorien angesehen werden. Sie zeigt nur, daß das murine Fleckfiebervirus weiter verbreitet ist, als bisher bekannt war, und daß nebeneinander auch beide Formen von Fleckfieber in Osteuropa, dem europäischen Hauptherde des Läusefleckfiebers, vorkommen, was für die Bekämpfung der Seuche von Bedeutung ist. Da auch bei anderen Infektionskrankheiten nahestehende Abarten in denselben Gebieten nebeneinander vorkommen, ohne daß der regelmäßige Übergang der einen in die andere bewiesen ist, so darf man nicht ohne weitere Forschungsergebnisse[1] und epidemiologische Befunde das epidemische Läusefleckfieber etwa immer gleich auf ein endemisches Rattenfleckfieber zurückführen. Kommen doch auch echte Pocken und Alastrim nebeneinander vor, ohne daß die eine Form jedesmal aus der anderen entsteht. Auch gehen z. B. die Fleischvergifter-(Breslau-)Stämme bei den vereinzelt beobachteten Kontaktinfektionen nicht in SCHOTTMÜLLER-Bacillen über. Trotzdem kann man natürlich annehmen, daß sich alle diese sich einander sehr nahestehenden Infektionskeime einmal aus einem gemeinsamen Stamm abgezweigt haben. Für die Zukunft bleibt die gefährliche Form der Fleckfieber der Flecktyphus, der nur durch sachgemäße Läusebekämpfung an epidemischer Ausbreitung verhindert werden kann.

Literatur.

Soweit mir die Originalarbeiten nicht zugänglich waren, sind die Referate im Zentralblatt für Bakteriologie bzw. im Zentralblatt für die gesamte Hygiene, im Tropical Diseases Bulletin und im Bulletin de l'Institut Pasteur, sowie die Berichte die Hygiene-Sektion des Sekretariats des Völkerbundes (Rapport épidémiol. mens. d. l. sect. d'hyg. du secrètariat, Soc. d. Nations **1929**, No 133, 474 et **1931**, No 157, 468) benutzt worden.

ADEY, CH. W.: Report on Endemic Typhus. Rep. of Fed. Health Council (Australia) **1931**, s. a. Office internat. d'Hyg. publ. **1933**, 1244.

AFANASSIEWA, A. u. TRETJAK: Über Fleckfiebervirusträger. Zbl. Bakter. I Orig. **130**, 123 (1933).

ANDERSON, J. F. and J. GOLDBERGER: The relation of so-called BRILLs disease to typhus fever. An experimental demonstration of their identity. U. S. Publ. Health Rep. **1912**, Nr 71; 27, 149 (1912).

ANIGSTEIN, L.: Studies on tropical typhus in British Malaya. Malayan med. J. 5, 62 (1930).

— Rôle du rat dans les maladies du group du typhus exanthématique. Ann. Hyg. publ. **1931**, No 11, 600.

— Serological and pathogenic properties of the virus of tropical typhus. Trans. far-east. Assoc. trop. Med. Hong-Kong 2, 113, 128 (1932).

— Bacteriological researches on tropical typhus. Trans far-east. Assoc. trop. Med. Hong-Kong 2, 120 (1932).

— Observations concernant la variabilité des souches cultivées du typhus tropical. C. r. Soc. Biol. Paris **112**, 1449 (1933).

— u. R. AMZEL: Studien zur Ätiologie des Fleckfiebers. Zbl. Bakter. I Orig. **115**, 149 (1930).

AUDIBERT, V. et MURAT: Fièvre exanthématique grave avec myoclonies et mort. Presse méd. **1930**, 149.

BABLET, J., MESNARD et POLIDORI: Premiers résultats d'une enquête sur le typhus exanthématique au Tonkin. Bull. Soc. Path. exot. Paris **19**, 766 (1926).

BADGER, L. F.: The laboratory diagnosis of endemic typhus and Rocky-Mountain spotted fever with special deferense to cross-immunity tests. Amer. J. trop. Med. **1933**, 179.

— Rocky Mountain spotted fever and boutonneuse fever. A study of their immunological relationship. U. S. Publ. Health Rep. **1933**, 507.

— R. E. DYER and A. RUMREICH: An infection of the Rocky-Mountain spotted fever type. U. S. Publ. Health Rep. **1931**, 463.

---

[1] Nachtrag. MOOSER, VARELA und PILZ stellten neuerdings in Mexiko Versuche an 1. mit murinem Virus und 2. mit Virusstämmen von menschlichen Erkrankungen aus einer kurzen Fleckfieberepidemie. Ein Teil der letzteren entsprach dem Virus der alten Welt, ein Teil nahm tierexperimentell eine Mittelstellung ein. Sie konnten dabei (durch häufige intraperitoneale Blutinjektionen bei den ip. infizierten Ratten) Virusstämme, die keine Hodenschwellungen machten, in murines Virus verwandeln. Dies gelang ihnen auch bei einem europäischen Virusstamm.

Barykine, W. et Dobreitzer: Typhus exanthémat. Moskau 1932. Ref. Offic. internat. d'Hyg. publ. **24**, 813 (1932).

— S. Minervine et H. Kompanéez: Le typhus exanthématique inapparent et son importance épidémiologique. Arch. Inst. Pasteur Tunis **19**, 422 (1930).

— — — Der symptomlose Flecktyphus und seine epidemiologische Bedeutung. Hyg. i Epidemiol. (russ.) **1931**, Nr 1. Ref. Zbl. Bakter. **106**, 156 (1932).

Belli, C. M.: La febbre esantematica mediterranea. Rinasc. med. **6**, 401 (1929).

— Le forme similari di tipo petecchiale trasmesse da zecche. Ann. Med. nav. e colon. **36 II**, 595 (1930).

Bénech, J. et P. Dombray: Observations sur quelques réactions des cobayes à la suite d'injections intrapéritonéales d'extraits aqueux des cerveaux d'Epimys norvegicus. Mus musculus et Bos taurus male. C. r. Soc. Biol. Paris **110**, 1149 (1932).

Berengof, F., V. Kutejscikov u. E. Dosser: Epidemiologische und experimentelle Untersuchungen des Fleckfiebers. Z. Mikrobiol. (russ.) **10**, 88; deutsche Zusammenfassung, 1933. Nr 120. Ref. Zbl. Hyg. **30**, 438 (1933). Siehe auch Kuteischikow.

Béros, G. et L. Balozet: Fièvre exanthématique d'été au Maroc. Bull. Soc. Path. exot. Paris **22**, 712 (1929).

Biggam, J.: Three cases of „tropical typhus" occurring in Bangalore, India. J. Army med. Corps **59**, 96 (1932).

Blanc, G. et J. Caminopétros: La fièvre boutonneuse en Grèce. Presse méd. **1931**, 592; Bull. Acad. Méd. Paris **50**, 620 (1931).

— — Nouvelles recherches expérimentales sur la fièvre boutonneuse. Presse méd. **1931**, 861.

— — L'immurité dans la fièvre boutonneuse, la non virulence du sang des anciens malades et l'absence de pouvoir primitif de leur sérum. Presse méd. **1931**, 1794.

— — Le virus de la fièvre boutonneuse est héréditaire chez la tique Rhipicephalus sanguireus. C. r. Acad. Sci. Paris **192**, 1682 (1931).

— — L'immunité dans la fièvre boutonneuse, la non virulence du sang des anciens malades et l'absence de pouvoir préventif de leur sérum. C. r. Soc. Biol. Paris **108**, 853 (1931).

— — Recherches expérimentales sur la sensibilité au virus de la fièvre exanthématique des animaux domestiques porteurs de Rhipicephalus sanguineus. C. r. Acad. Sci. Paris **193**, 258 (1931).

— — De la sensibilité du spermophile (Citellus citellus) au virus de la fièvre boutonneuse. C. r. Acad. Sci. Paris **193**, 374 (1931).

— — De la sensibilité du spermophile au virus de la fièvre boutonneuse. Arch. Inst. Pasteur Tunis **20**, 343 (1932).

— M. Noury et M. Baltazard: Réaction de Neill-Mooser et typhus murin. C. r. Soc. Biol. Paris **114**, 439 (1933).

— — — et J. Barnéoud: Essais de vaccination humaine contre le typhus exanthématique avec un vaccin vivant. Presse méd. **1933**, 1736; Bull. Acad. méd. Paris **110 III**, 274 (1933)

— — — et M. Fischer: Sur la présence, dans l'encéphale des rats de Casablanca, d'un virus ayant les caractères du typhus murin. C. r. Soc. Biol. Paris **113**, 132 (1933).

Bogdanoff, J. L.: Über eine intracutane Reaktion beim Flecktyphus. Zbl. Bakter. I Orig. **128**, 173 (1933).

Boinet et J. Piéri: Epidémies d'exanthème infectieux de nature indéterminée observées sur le littoral méditerranéen. Presse méd. **1927**, 1345.

— — et Dunan: Recherches nouvelles sur la fièvre exanthématique du littoral méditerranéen. Presse méd. **1928**, 1377.

Boncinelli, U.: Forme inapparenti della febbre esantematica méditerranea. Sperimentale **87**, 337 (1933).

Breinl, F.: Das Rocky-Mountain-Spotted-Fever. Handbuch der pathogenen Mikroorganismen, 3. Aufl., Bd. 8, 2, S. 1263. 1930.

Brill, N.: Pathological and experimental data derived from a further study of an acute infectious disease of unknown origin. Amer. J. med. Sci., Aug. **1911**.

Brumpt, E.: Recherches expérimentales sur la fièvre boutonneuse. Longévité des virus chez les rhipicéphales. Epreuve d'immunité croisée avec la fièvre pourprée des Montagnes Rocheuses. Presse méd. **1932**, 1767.

— Le typhus bénin ou maladie de Brill est une infection endémique des rats parisiens (Mus norvegicus). Bull. Acad. Méd. Paris **107**, 356 (1932).

BRUMPT, E.: La fièvre boutonneuse et la fièvre pourprée des Montagnes Rocheuses sont deux maladies distinctes. Résultats de l'épreuve de l'immunité croisée dans les maladies exanthématiques. C. r. Soc. Biol. Paris **110**, 1197 (1932).

— Longévité du virus de la fièvre boutonneuse (Rickettsia conori, N. Sp.) chez la tique, Rhipicephalus sanguineus. C. r. Soc. Biol. Paris **110**, 1199 (1932).

— Réactions oculaires chez les lapins inoculés dans la chambre antérieure avec des virus de diverses fièvres exanthématiques. C. r. Soc. Biol. Paris **110**, 1202 (1932).

— Hôtes vecteurs vicariants du virus de la fièvre pourprée des Montagnes Rocheuses. C. r. Soc. Biol. Paris **113**, 1362 (1933).

— Transmission de la fièvre pourprée des Montagnes Rocheuses par la tique américaine Amblyomma cayennense. C. r. Soc. Biol. Paris **114**, 416 (1933).

BRUYNOGHE, R. et J. JADIN: La présence du virus du typhus exanthématique dans le cerveau des rat du Port d'Anvers. C. r. Soc. Biol. Paris **113**, 399 (1933).

— — Le virus du typhus exanthématique. Bull. Acad. Med. Belg., V. s. **13**, 407 (1933).

— — Le typhus exanthématique. Arch. internat. Méd. expér. 8, 513 (1933).

BURNET, ET. et P. DURAND: Place de la fièvre boutonneuse dans la groupe des fièvres indéterminées. Presse méd. **1929**, 362.

— — et D. OLMER: La fièvre exanthématique de Marseille est absolument différente du typhus exanthématique. C. r. Acad. Sci. Paris **187**, 1170 (1928).

— et D. OLMER: Transmission de la fièvre exanthématique de Marseille aux singes inférieurs. C. r. Acad. Sci. Paris **187**, 470 (1928); Arch. Inst. Pasteur Tunis, **16**, 317 (1927).

CAMINOPÉTROS, J.: La réaction scrotale du cobaye provoquée par inoculation des tiques (Rhipicephalus sanguineus) infectées avec le virus de la fièvre boutonneuse. C. r. Soc. Biol. Paris **110**, 344 (1932).

— et B. CONTOS: Transmission de la fièvre boutonneuse au cobaye. C. r. Acad. Sci. Paris **195**, 346 (1932).

— TH. PHÉLOUKIS et B. CONTOS: Sensibilité du cheval au virus de la fièvre boutonneuse („Rickettsia Blanci" sp.). Bull. Acad. Méd. Paris **109**, 885 (1933).

CANTACUZÈNE, J. et COMBIESCO: Sur une épidémie de fièvre exanthématique (fièvre boutonneuse ou fièvre escharonodulaire) observée à Constantza. Bull. mens. Office internat. Hyg. publ. **23**, 1979 (1931).

CARDUCCI, A.: Sulla natura della febbre eruttiva. Policlinico, sez prat., **1932**, 1615; s. a. Rev. Ospit. **1929**.

CASTANEDA, M. R.: A study of the relationship of the scrotal and Rickettsia bodies to Mexican typhus fever. J. of exper. Med. **52**, 195 (1930).

— Bol. Inst. Hyg. Dep. Salubrid. Publ., N. F. **3**, 75 (1932).

— and S. ZIA: The antigenic relationship between Proteus X_{19} and Typhus Rickettsiae. A study of the WEIL-FELIX-Reaktion. J. of exper. Med. **58**, 55 (1933).

— and H. ZINSSER: Studies on typhus fever. III. Studies of lice and bedbugs (Cimex lectularius) with Mexican typhus fever virus. J. of exper. Med. **52**, 661 (1930).

CASTRO, O., C. RODRIGUES et H. ROCHA LIMA: Le typhus exanthématique à São Paulo. C. r. Soc. Biol. Paris **106**, 1020 (1931).

CEDER, E. T., R. E. DYER, A. RUMREICH and L. F. BADGER: Typhus fever: Typhus virus in feces of infected fleas (Xenopsylla Cheopis) and duration of infectivity of fleas. U. S. Publ. Health Rep. **1931**, 3103.

CHODZKO, W.: Expérience polonaise de la vaccination préventive contre le typhus exanthématique d'après la méthode de WEIGL. Bull. mens. Office internat. Hyg. publ. **25**, 1549 (1933).

CLAUDE, H. et F. COSTE: La fièvre exanthématique et son utilisation pour la pyrétothérapie. Presse méd. **1931**, 173.

COMBIESCO, D.: Sur la nature de la „tache noire" décrite dans la fièvre exanthématique de Marseille par mélange de plusieurs souches. C. r. Soc. Biol. Paris **108**, 1281 (1931).

— Exaltation de la virulence du virus de la fièvre exanthématique de Marseille par mélange de plusieurs souches. C. r. Soc. Biol. Paris **108**, 1282 (1931).

— Recherches expérimentales sur la fièvre exanthématique constatée à Constantza (Roumanie). C. r. Soc. Biol. Paris **109**, 793 (1932).

— et J. ANGELESCO: Recherches expérimentales sur le typhus exanthématique chez le chien. C. r. Soc. Biol. Paris **113**, 497 (1933).

Combiesco, D., C. Bonciu, Mlle, S. Stamatesco et N. Combiesco: Sur la sensibilité du spermophile au typhus exanthématique épidémique. C. r. Soc. Biol. Paris **113**, 499 (1933).

— et G. Zotta: Présence de la fièvre exanthématique de Marseille à Constantza (Roumanie). Observations cliniques et expérimentales sur le rôle de Rhipicephalus sanguineus dans la transmission. C. r. Soc. Biol. Paris **108**, 1279 (1931).

Conor, A. et A. Bruch: Siehe E. Conseil, Fièvre boutonneuse ou fièvre exanthématique. Bull. Soc. Path. exot. 3, 492 (1910). Presse méd. **1930**, 571.

Conseil, E.: La fièvre boutonneuse. Son identité avec l'erythème infectieux ou fièvre exanthématique de la region marseillaise et la febbre errutiva d'Italie. Arch. Inst. Pasteur Tunis 18, 86 (1929).

— A propos d'une dénomination: Fièvre boutonneuse ou fièvre exanthématique. Presse méd. **1930**, 571.

Coutieras, Macaya M. et A. Machiavello Varas: Ref. Offic. internat. d.'Hyg. publ. **1933**, 1603.

Corinaldesi, S.: Sulla febbre esantematica mediterranea. Policlinico, sez. prat. **38**, 1229 (1931).

Davis, G. E. and R. R. Parker: Additional studies on the relationship of the viruses of Rocky Mountain spotted fever and São Paulo exanthematic typhus. U. S. Publ. Health Rep. **1933**, 1006.

Decourt, P. et J. Sallard: Le sérum de convalescent dans le typhus exanthématique. Presse méd. **1930**, 1079.

Diot: La vaccination dans le typhus exanthématique. Presse méd. **1931**, 79.

Dove, W. E. and B. Shelmire: Tropical rat mites, Liponyssus bacoti Hirst, vectors of endemic typhus. J. amer. med. Assoc. **97**, 1506 (1931).

Durand, P.: Rhipicephalus sanguineus et virus de la fièvre boutonneuse de Tunesie. Arch. Inst. Pasteur Tunis **20**, 56 (1932).

— La réaction de Weil-Felix dans la fièvre boutonneuse. Arch. Inst. Pasteur Tunis **20**, 395 (1932). C. r. Acad. Sci. Paris **194**, 569 (1932).

— Etude expérimentale de quelques virus exanthématiques chez la chien. Arch. Inst. Pasteur Tunis **21**, 484 (1932/33).

— Rhipicephalus sanguineus et virus de la fièvre boutonneuse de Tunesie. C. r. Acad. Sci. Paris **192**, 857 (1931).

— Le chien réservoir de virus de la fièvre boutonneuse. C. r. Acad. Sci. Paris **194**, 918 (1932).

— Essais de sérothérapie curative du typhus exanthématique par voie méningée. C. r. Acad. Sci. Paris **194**, 1764 (1932).

— et E. Conseil: Transmission expérimentale de la fièvre boutonneuse par Rhipicephalus sanguineus. C. r. Acad. Sci. Paris **190**, 1244 (1930); Arch. Inst. Pasteur Tunis **20**, 54 (1931).

— et J. Laigret: Réceptivité du rat blanc et de la gerbille au virus de la fièvre boutonneuse. Bull. Soc. Path. exot. **25**, 106 (1932).

— — La „fièvre de Marseille" immunise contre la fièvre boutonneuse de Tunesie. Arch. Inst. Pasteur Tunis 20, 422 (1932).

— — Sensibilité de certains rongeurs au virus de la fièvre boutonneuse. Arch. Inst. Pasteur Tunis 20, 426 (1932).

— — Fièvre boutonneuse et „fièvre de Marseille". Immunité croisée. C. r. Acad. Sci. Paris **194**, 798 (1932).

Dyer, R. E.: U. S. Publ. Health Rep. **1931**, 2081.

— Typhus and Rooky Mountain spotted fever in the United States. Mil. Surgeon **1933**, 421.

— Relationship between Rocky Mountain spotted fever and „exanthematis typhus of São Paulo". U. S. Publ. Health Rep. **1933**, 521.

— L. F. Badger and A. Rumreich: Rocky Mountain spotted fever (Eastern type). Transmission by the American dog tick (Dermacentor variabilis). U. S. Publ. Health. Rep. **1931**, 1403.

— — E. T. Ceder and W. G. Workman: History, epidemiology and mode of transmission of endemic typhus fever of the United States. J. amer. med. Assoc. **99**, 795 (1932).

DYER, R. E., E. T. CEDER and L. F. BADGER: Experimental transmission of endemic typhus fever of the United States by the rat flea (Xenopsylla cheopis). U. S. Publ. Health Rep. **1931**, 2415.

— — R. D. LILLIE, A. RUMREICH and L. F. BADGER: Typhus fever. The experimental transmission of endemic typhus fever of the United States by the rat flea (Xenopsylla cheopis). U. S. Publ. Health Rep. **1931**, 2481.

— — A. RUMREICH and L. F. BADGER: Typhus fever: The rat flea, Xenopsylla cheopis, in experimental transmission. U. S. Publ. Health Rep. **1931**, 1869.

— — — — Experimental transmission of endemic typhus fever of the United States by the rat flea (Xenopsylla cheopis). U. S. Publ. Health Rep. **1931** (9. Okt.).

— — — — Endemic typhus fever of the United States. J. inf. Dis. **51**, 137 (1932).

— — and W. G. WORKMAN and A. RUMREICH and L. F. BADGER: Typhus fever: Transmission of endemic typhus by rubbing either crushed infected fleas or infected flea feces into wounds. U. S. Publ. Health Rep. **1932**, 131.

— — A. RUMREICH and L. F. BADGER: Typhus fever: A virus of the typhus type derived from fleas collected from wild rats. U. S. Publ. Health Rep. **1931**, 334.

— — — The Typhus-Rocky Mountain spotted fever group in the United States. J. amer. med. Assoc. **97**, 589 (1931).

— W. G. WORKMAN and L. F. BADGER and A. RUMREICH: Typhus fever: The experimental transmission of endemic typhus fever of the United States by the rat flea Ceratophyllus fasciatus. U. S. Publ. Health Rep. **1932**, 931.

— — and E. T. CEDER and L. F. BADGER and A. RUMREICH: Typhus fever: The multiplication of the virus of endemic typhus in the rat flea Xenopsylla cheopis. U. S. Publ. Health Rep. **1932**, 987.

— — and A. RUMREICH and L. F. BADGER: The preparation of a vaccine from fleas infected with endemic typhus. U. S. Publ. Health Rep. **1932**, 1329.

ESSARTS DES: Siehe QUÉRANGAL.

FEJGIN, BR.: On the nature of the etiologic agent of typhus fever. J. of prevent. Med. **3**, 391 (1929).

FELIX, A.: Specific and non-specific serum reactions in typhus fever. J. of Hyg. **31**, 382 (1931).

— The rabbit as experimental animal in the study of the typhus group of viruses. Trans. roy. Soc. trop. Med. Lond. **26**, 365 (1933).

— Serological types of typhus virus and corresponding types of Proteus. Trans. roy. Soc. trop. Med. Lond. **27**, 147 (1933).

— and M. RHODES: Serological varieties of typhus fever. J. of Hyg. **31**, 225 (1931).

FERNANDES, HORQUES M.: Un caso de fiebre exanthematica mediterranea de Olmer. Bol. técnico Dir. Gen. Sanidad **5**, No 2 (1930).

FIALHO, A.: Tifo exantematico de Sao Paulo. Rev. med.-cir. Brasil **40**, 183 (1932).

FEJGIN, B. et H. SPARROW: Au sujet de quelques microorganismus isolés des organes de cobayes et rats infectés par le virus typhique murin de Mexico. Arch. Inst. Pasteur Tunis **22**, 477 (1933).

FLECK, L.: Über die Exanthinreaktion bei Meerschweinchen und Kaninchen. Krkh.forsch. **8**, 404 (1930).

— Versuche über eine lokale Hautreaktion mit Proteus X_9-Extrakten. (Die Exanthinreaktion.) Z. Immun.forsch. **72**, 282 (1931).

— u. J. HESCHELES: Über eine Fleckfieber-Hautreaktion (die Exanthinreaktion) und ihre Ähnlichkeit mit dem Dicktest. Klin. Wschr. **1931**, 1075.

FLETCHER, W.: Tropical typhus. Brit. med. J. **1932 II**, 1140.

— Typhus tropical et maladies de la même famille. Bull. mens. Off. internat. Hyg. publ. **26**, 94 (1933).

— and J. E. LESSLAR: Tropical typhus and BRILLS disease. J. tròp. Med. **29**, 374 (1926).

— — Tropical typhus in the Federated Malay States with a Compilation on epidemic typhus. Bull. Inst. med. Res. Kuala Lumpur F. M. S. **1925** u. **1926**.

— — and R. LEWTHWAITE: The Aetiology of the Tsutsugamushi disease and tropical typhus in the Federated Malay States. Trans. roy. Soc. trop. Med. Lond. **23**, 57 (1929).

GAJDOS, ST. and J. CHANG: Researches concerning typhus in North China. China med. J. **47**, 441 (1933).

GATER, B. A. R.: Entomological investigations in relation to tropical typhus in Malaya. Trans. far-east. Assoc. trop. Med. Hong-Kong **2**, 132 (1932).

GHOSE, G.: Typhus-like fever (Colonel Megaws tick-typhus?). Indian med. Gaz. **1928**, 634.

GRÜNFELD, A., A. SESEBRJANNAJA u. M. NEUMANN: Experimentelle Studien über das Flecktyphusvirus. Zbl. Bakter. I Orig. **129**, 56 (1933).

GUAY, J., G. DORÉ, F. LE CHUITON et P. DAMANY: Sur cinq cas de typhus bénin exanthématique observés sur le croiseur Strasbourg revenant d'une campagne au Pôle Nord. Bull. Soc. Path. exot. Paris **22**, 303 (1929).

GUERRICCHIO, A.: La febbre esantematica mediterranea in Lucania. Policlinico, sez. prat., **1933**, 1170.

HARRIS, P. N.: Histological study of a case of the eastern type of Rocky Mountain spotted fever. Amer. J. Path. **9**, 91 (1933).

HARVEY, D.: Typhus and typhus-like diseases. Trop. dis. Bull. **1933**, 343.

HAVENS, L. C.: The specificity of the WEIL-FELIX reaction in BRILLs disease. J. inf. Dis. **40**, 479 (1927).

HAYASHI, N.: On Tsutsugamushi disease. Trans. jap. Path. Soc. **21**, 448 (1931).

HESCHELES, J. u. L. FLECK: Über die Eigentümlichkeiten der Exanthin- (Fleckfieberhaut-) Reaktion beim Menschen. Z. Immun.forsch. **79**, 514 (1933).

HIRSZFELD, L. et W. HALBER: Sur la réaction de BORDET-WASSERMANN dans le typhus exanthématique. C. r. Soc. Biol. Paris **114**, 202 (1933).

HONE, F. S.: A Series of lases closely resembling Typhus fever. Med. J. Austral. **1**, 1 (1922).
— Endemic typhus fever in Australia. Med. J. Austral. **2**, 213 (1927).

HORIUCHI, T.: Über einen neuen Bacillus als Erreger eines exanthematischen Fiebers in der Mandschurei während des japanisch-russischen Krieges. „Bacillus febris exanthematici Mandschurici." Zbl. Bakter. I Orig. **46**, 586 (1908).

HOSHIZAKI, S.: On the tissue cultivation of the virus of the so-called Manchurian typhus fever. Kitasato Arch. of exper. Med. **9**, 155 (1932).

Hygiene-Sektion des Sekretariats des Völkerbundes: R. E. **133** (1929); **157** (1931).

ISHIWARA, K. u. N. OGATA: Vorläufige Mitteilung über den Erreger der Tsutsugamushi-Krankheit. Zbl. Bakter. I Orig. **90**, 164 (1923).

JELIN, W. u. E. FRÄNKMANN: Über die Behandlung von Flecktyphus mit Rekonvaleszentenserum. Arch. Schiffs- u. Tropenhyg. **37**, 528 (1933).
— u. I. GROSSMANN: Über experimentellen Flecktyphus bei Zieselmäusen. Arch. Schiffs- u. Tropenhyg. **37**, 346 (1933).

JEWELL, N. P. and R. P. CORMACK: Typhus fevers, with a description of the disease in Kenya. J. trop. Med. **33**, 301 (1930).

JORGE, R.: La fièvre exanthématique (fièvre escharonodulaire) et son apparition au Portugal. Bull. mens. Office internat. Hyg. publ. **22**, 908 (1930).
— La famille typho-exanthématique. Bull. mens. Office internat. Hyg. publ. **25**, 289 (1933).

JOYEUX, CH. et J. PIÉRI: Hibernation du virus de la fièvre exanthématique méditerranéenne. C. r. Acad. Sci. Paris **192**, 705 (1931).
— — Le lapin peut constituer un réservoir de virus pour la fièvre boutonneuse (exanthémat.) C. r. Acad. Sci. Paris **194**, 2342 (1932).

KALINA, G. u. M. DANISCHEWSKAJA: Die Züchtung des Fleckfiebervirus auf Hefezellen. Ein Versuch. (Vorläufige Mitteilung.) Vrač. Gaz. (russ.) **1933**, Nr 12. Ref. Zbl. Bakter. **112**, 352 (1933).

KAWAMURA, R.: Die Tsutsugamushi-Krankheit. Handbuch der pathologischen Mikroorganismen, 3. Aufl., Bd. 8/II, S. 1387.
— u. Y. IMAGAWA: Die Feststellung des Erregers bei der Tsutsugamushi-Krankheit. Zbl. Bakter. I Orig. **122**, 253 (1931).
— — u. T. ITO: Ein neues Phänomen postmortaler Proliferation der Rickettsien bei der Tsutsugamushi-Krankheit. Zbl. Bakter. I Orig. **125**, 304 (1932).
— T. SHIBATA u. Y. IMAGAWA: Ein Fall von Tsutsugamushi-Krankheit nach Laboratoriumsinfektion. Zbl. Bakter. I Orig. **124**, 355 (1932).

KEMP, H. A.: Endemic typhus fever: Rat flea as a possible vector. J. amer. med. Assoc. **97**, 775 (1931).

KEMP, H. A.: Active immunity to endemic typhus fever as produced by formolized infected tissue. Proc. Soc. exper. Biol. a. Med. **29**, 353 (1932).
— Typhus fever: Some notes on the cultivation of the virus and on active immunity. Amer. J. trop. Med. **13**, 191 (1933).
KIMURA, R.: Studien über die Tsutsugamushi-Krankheit in der Gewebezüchtung. Arch. exper. Zellforsch. **13**, 320 (1932).
KING, A. G.: Viability of the organism of Rocky mountain spotted fever when frozen. J. inf. Dis. **46**, 279 (1930).
KLIGLER, J. u. L. OLITZKI: Immunisierungsversuche gegen Fleckfieber mit Meerschweinchengehirnvirus nach verschiedenen Behandlungsweisen. Z. Immun.forsch. **76**, 355 (1932).
— — and M. ASHNER: Immunization of guinea pigs against typhus exanthemations. Proc. Soc. exper. Biol. a. Med. **29**, 456 (1932).
KODAMA, M.: On the classification of typhus in its epidemiological, clinical and etiological observations. Kitasato Arch. of exper. Med. **9**, 357 (1932).
— On the existence of „Manchurian fever" in Houshu, Japan (Confirmation of the stady of Dr. R. MATSUBARA). Kitasato Arch. of exper. Med. **10**, 190 (1933).
— and M. KONO: Studies on experimental transmission of virus of „Eruptive Fever" and „Typhus" by several blood sucking insects. Kitasato Arch. of exper. Med. **10**, 99 (1933).
— — and K. TAKAHASHI: Demonstration of Rickettsia Manchuriae appearing in the stomach epithelial cells of rat fleas and rat lice infected with so-called Manchurian typhus. Kitasato Arch. of exper. Med. **9**, 91 (1932).
— u. G. TAKAHASHI: Über die Passagezüchtung des Fleckfiebervirus auf Kaninchenhoden und die dadurch hervorgerufene Allgemeininfektion (Experimentelle Studien über das Fleckfieber. I. Mitteilung). Zbl. Bakter. I Orig. **119**, 311 (1930/31).
— — Different points of the scrotal reaction of male guinea pigs infected with „Eruptive fever" and „Typhus". Kitasato Arch. of exper. Med. **10**, 113 (1933).
— — and M. KONO: On experimental observation of the so-called Manchurian typhus andits etiological agent (Rickettsia Manchuriae). Kitasato Arch. of exper. Med. **9**, 97 (1932).
— — — and Y. FUTAKI: Natural hosts and disseminators of Rickettsia Manchuriae (A preliminary note). Kitasato Arch. of exper. Med. **9**, 84 (1932).
KOUWENAAR, W., E. P. SNIJDERS, J. W. WOLFF: Ondersoekingen over Mijtekoorts. Nederl. Tijdschr. Geneesk. **4**, 4640 u. 4746 (1932).
KRAUS, R.: Zur Epidemiologie des Fleckfiebers. Z. Hyg. **113**, 9 (1931).
— Über den derzeitigen Stand der verschiedenen Varietäten des Flecktyphus und ihre biologische Differenzierung. Z. Immun.forsch. **74**, 353 (1932).
— L. AVILÉS u. J. CASTILLO: Über die WEIL-FELIX-Reaktion mit Proteus X_{19} bei Gesunden, bei Fällen mit stiller Feiung (infection inapparente) und bei atypischen Fällen. Z. Immun.forsch. **70**, 363 (1931).
— — — Über die Reaktion nach WEIL-FELIX mit Proteus X_{19} in den larvierten und atypischen Fällen von Fleckfieber. Rev. Inst. bacter. Chile **2**, Teil 1, 40 (1931).
KRITSCHEWSKI, I. L. u. P. L. RUBINSTEIN: Das Fleckfieber bei den wilden Ratten in Moskau. I. Mitt. Zbl. Bakter. I Orig. **129**, 493 (1933).
KRONTOWSKI, A. A. u. I. W. HACH: Über die Anwendung der Methode der Gewebskultur zum Studium des Flecktyphusvirus. (Zur Frage der Kultivierung des Flecktyphusvirus.) Münch. med. Wschr. **1923**, 144.
— — Versuche zum Studium der Immunität beim Fleckfieber unter Anwendung der Gewebskulturmethode. Arch. exper. Zellforsch. **3**, 297 (1926).
— — Die Anwendung der Gewebskulturmethode zum Studium des Fleckfiebers. IV. Weitere Versuche zum Studium der aktiven Immunität beim Fleckfieber. Z. Immun.forsch. **54**, 237 (1928).
KUTEISCHIKOW, A., DOSSER u. BERNHOFF: Der experimentelle symptomlose Flecktyphus beim gesunden und unempfänglichen Menschen. Zbl. Bakter. I Orig. **129**, 262 (1933), s. auch BERENGOF.
KUYER, A.: Tropical typhus. Geneesk. Tijdschr. Nederl.-Indië **71**, 182 (1931).
LE CHUITON, F.: Essais divers de reproduction du typhus par action d'un bactériophage sur des B. proteus de plusieurs origines. Arch. Inst. Pasteur Tunis **20**, 444 (1932).

Le Chuiton, F. et M. Moureau: Présence d'un virus du typhus murin chez les rats de Bordeaux. Disparition de la périorchite de cobaye au cours des passages. Réceptivité du lapin à ce virus. C. r. Soc. Biol. Paris **111**, 167 (1932).

Laigret, J. et Roger Durand: Conservation des virus exanthématiques à bosse température. Arch. Inst. Pasteur Tunis **22**, 499 (1933).

— et J. Jadin: Sensibilité de la souris blanche aux virus typhiques. Passages. Conservation du virus dans le cerveau des souris. Arch. Inst. Pasteur Tunis **21**, 381 (1932/33).

Lawton, F. B. and A. Murray: Endemic typhus (Brills disease). Med. J. Austral. **1933**, 773.

Lemaire, G.: Petite épidémie algéroise de la maladie de Connor et Bruch, papulo-erythème polymorphe infectieux saisonnier à papules rutilantes; synonymes: fièvre boutonneuse de Tunesie, fièvre exanthématique de la region provencale. Presse méd. **1930**, 1801.

— Sur la dénomination de „fièvre exanthématique". Bull. Soc. Path. exot. Paris **25**, 934 (1932).

Lemos Monteiro, J.: Sur la présence de R. brasiliensis n. sp. dans les cellules endothéliales de la paroi péritonéale, chez les cobayes inoculés dans la péritoine avec le virus du typhus endémique de São Paulo. C. r. Soc. Biol. Paris **108**, 521 (1931).

— Estudos sobre o typho exanthematico de S. Paulo. Mem. Inst. Butantan **6**, 1 (1931).

— Typho endemico de S. Paulo. Brazil méd. **1931**, 1096, 1109, 1140, 1163, 1188; **1932**, 361, 385, 993, 1029.

— Medicina (Mexiko) **1931**, 891.

— Sur les „Rickettsioses". C. r. Soc. Biol. Paris **110**, 858 (1932).

— Résultat de l'épreuve d'immunité, croisée entre le typhus exanthématique de São Paulo et la fièvre pourprée des Montagues rocheuses. C. r. Soc. Biol. Paris **114**, 374 (1933).

— Sobre a presenca de Rickettsia brasiliensis n. sp. nas cellulas endothelioes da parade peritoneal em cobaias innoculades no peritoneo com o virus do Typho endemico de S. Paulo. Brazil méd. **1931**, 805.

— Studien über das Fleckfieber in São Paulo. Mem. Inst. Butantan (port.) **6**, 7 (1933). S. auch Office internat. d'Hyg. publ. **26**, 135 (1934).

— F. da Fonseca: Typho exanthematico de S. Paulo. Brazil méd. **46**, 1029 (1932).

— — Nouvelles expériences sur la transmission expérimentale du typhus exanthematique de São Paulo par de tiques. C. r. Soc. Biol. Paris **112**, 397 (1933).

— — e A. Prado: Pesquisas epidemiologicas sobre o typho exanthematico de S. Paulo. Mem. Inst. Butantan **6**, 137 (1931).

— — — Epidemiologische Untersuchungen über den Flecktyphus von São Paulo. I. Möglichkeit der experimentellen Übertragung des Virus durch Ixodidae. Mem. Inst. Butantan (port.) **6**, 139 (1933).

Lépine, P.: Existence en Grèce d'une forme endémique du typhus exanthématique; rôle du rat et des puces comme reservoirs et vecteurs de cette affection. Presse méd. **1932**, 611.

— Essais d'immunité croisée des cobayes inoculés avec diverses souches du typhus exanthématique d'origine épidémique, endémique et murine. Presse méd. **1932**, 698.

— Sur la présence, dans l'encéphale des rats capturés à Athènes, d'un virus revêtant les caractères expérimentaux du typhus exanthématique (virus mexicain). C. r. Acad. Sci. Paris **194**, 401 (1932).

— Présence du virus du typhus exanthématique dans l'encéphale des rats capturés à Beyrouth. C. r. Soc. Biol. Paris **109**, 1072 (1932).

— Sur la conservation des typhus exanthématiques chez le rat et la souris. C. r. Soc. Biol. Paris **110**, 442 (1932).

— Résultats éloignés de l'immunité croisée des cobayes aux diverses souches des typhus exanthématiques humain et murin. C. r. Soc. Biol. Paris **111**, 931 (1932).

— Sensibilité du spermophile au typhus exanthématique. C. r. Acad. Sci. Paris **194**, 118 (1932).

— Recherches sur le typhus exanthématique et sur son origine murine. Premier Mémoire: Sur l'existence d'un typhus murin dans le bassin oriental de la Méditerranée et sur les caractères de ce virus. Ann. Inst. Pasteur **51**, 290 (1933).

— et J. Caminopétros: Action, sur le virus exanthématique des rats d'Athènes, du sérum de malades guéris du typhus exanthématique et de la fièvre boutonneuse. C. r. Acad. Sci. Paris **194**, 1277 (1932).

LÉPINE, P., J. CAMINOPÉTROS et G. PANGALOS: Présence du virus du typhus exanthématique chez les puces des rats d'Athènes et du Pirée. Presse méd. 1932, 398.

LEWTHWAITE, R.: Clinical and epidemiological observations on tropical typhus in the Federated Malay States. Bull. Inst. med. Res. Fed. Med. States 1930, Nr 1.

— Experimental tropical typhus in laboratory animals. Bull. Inst. med. Res. Fed. Med. States 1930, Nr 3.

— Ann. Rep. Inst. med. Res. Fed. Med. States 1932. Ref. Bull. mens. Office internat. d'Hyg. publ. 26, 95 (1934).

LILLIE, R. D.: Pathology of the eastern type of Rocky Mountain spotted fever. U. S. Publ. Health Rep. 1931, 2840.

LIMA, C.: Bacillo Proteus XLe typho exanthematico de S. Paulo. Brazil méd. 1933, 64. Ref. Trop. Dis. Bull. 30, 401 (1932).

LÓPEZ VALLEJO: Medicina 12, 31 (1932).

— Medicina 12, 457 (1932).

LUTRARIO, A.: Les fièvres exanthématiques en Italie. Bull. mens. Office internat. Hyg. publ. 23, 676 (1931).

— Les fièvres exanthématiques en Italie. Bull. mens. Office internat. Hyg. publ. 23, 1403 (1931).

McDONALD TROUP, J.: s. bei TROUP.

McNAUGHT, I. G.: J. Army med. Corps 16, 505 (1911).

MARCANDIER, A. et BIDEAU: Rev. d'Hyg. 52, 353 (1930).

— et R. PIROT: Présence d'un virus, voisin de celui du typhus exanthématique, chez les rats des navires de guerre à Toulon. C. r. Acad. Sci. Paris 194, 399 (1932).

— — Transmission de l'homme aux cobaye (après passage sur le rat) du virus typhique toulonnais (typhus bénin des navires de guerre). C. r. Acad. Sci. Paris 194, 1693 (1932).

— PLAZY et R. PIROT: Fièvre boutonneuse dans le milieu maritime à Toulon. Bull. Soc. Path. exot. Paris 26, 354 (1933).

MARÇON, L. et H.: Sur un cas de fièvre exanthématique après inoculation intraoculaire accidentelle du sang d'un tique. Bull. Soc. Path. exot. Paris 23, 889 (1930).

MARÇON et AUDOYE: Au sujet de quelques cas de typhus endémique observés à bord du cuirassé Paris. Bull. Soc. Path. exot. Paris 25, 390 (1932).

MARTIN, C. DE and L. A. P. ANDERSON: A case of tropical serologically related to „scrub typhus" of the federated Malay States. Indian. med. Gaz. 68, 432 (1933). Ref. Zbl. Bakter. 112, 353 (1933).

MARTINICO, G.: La febbre eruttiva del Carducci. Gazz. Osp. 1933, 164.

MATSUBARA, R. u. T. OBAYASKI: Kurzgefaßte Mitteilung über eine endemisch-sporadisch auftretende Exanthemkrankheit. Iber. Kurashiki-Z. 8, 119 (1933). Ref. Kongreßzbl. 74, 255 (1934).

MAXCY, K. F.: Clinical observations on endemic typhus (BRILL's disease) in southern United States. U. S. Publ. Health Rep. 1926, 1213.

— An epidemiological study of endemic typhus (BRILL's disease) in the southeastern United States. U. S. Publ. Health Rep. 1926, 2967.

— The distribution of endemic typhus (BRILL's disease) in the United States. U. S. Publ. Health Rep. 1928, 3084.

— Endemic typhus fever of the southeastern United States: Reaction of the guinea pig. U. S. Publ. Health Rep. 1929, 589.

— U. S. Publ. Health Rep. 1929, 1335.

— Typhus fever in the United States. U. S. Publ. Health Rep. 1929, 1735.

— Endemic typhus of the southeastern United States: The reaction of the white rat. U. S. Publ. Health Rep. 1929, 1935.

— Typhus fever in the United States. De Lamar Lectures. Baltimore 1929.

MEGAW, J. W. D.: A case of Fever resembling BRILLs disease. Indian med. Gaz. 1917, 15.

— A Typhus-like Fever in India, possible transmitted bei Ticks. Indian med. Gaz. 1921, 361; 1925, 53.

— Les fièvres ressemblant au typhus transmises par les tiques. Bull. mens. Office internat. Hyg. publ. 22, 1527 (1930).

— A note on Professor NICOLLE's Views on the Typhus und Relapsing Fevers. Indian med. Gaz. 1933, 462.

Meirhaeghe, A. van: Recherches du virus du typhus exanthématique murin chez les rats provenant de Gand et du Port d'Anvers. Rev. belge Sci. méd. 5, 653 (1933).

Mesnard, J.: Le typhus exanthématique au Tonkin. Arch. Inst. Pasteur Indochine 1928, No 7, 3.

Minerwin, S., A. Kompanejetz, E. Lewkowitsch u. O. Korschunowa: Ž. Epidemiol. i Mikrobiol. (russ.) 1932, Nr 6. Ref. Zbl. Bakter. 110, 111 (1933).

Mooser, H.: Experiments relating to the pathology and the etiology of Mexican typhus (Tabardillo). 1. Clinical course and pathologic anatomy of Tabardillo. J. inf. Dis. 43, 241 (1928).

— Experiments relating to the pathology and the etiology of Mexican typhus (Tabardillo). 2. Diplobacillus from the proliferated tunica vaginalis of guinea pigs reacting to Mexican typhus. J. inf. Dis. 43, 261 (1928).

— Ein Beitrag zur Ätiologie des mexikanischen Fleckfiebers. Arch. Schiffs- u. Tropenhyg. 32, 261 (1928).

— Reaction of guinea pigs to Mexican typhus (Tabardillo). Preliminary note on bacteriologic observations. J. amer. med. Assoc. 91, 19 (1928).

— An American variety of typhus. Trans. roy. Soc. trop. Med. 22, 175 (1928).

— Contribución al estadio de la Etiología del Tifo Mexicano. Gaz. med. Mexico 49, 219 (1928).

— Tabardillo, an American variety of typhus. J. inf. Dis. 44, 186 (1929).

— Über das Gewebsvirus beim mexikanischen Fleckfieber. Schweiz. med. Wschr. 1929, 599.

— La multiplicacion del virus tifoso de Tunez en las Pulgas. Medicina, Rev. Mex. Quinc. 11, 891 (1931).

— Essai su l'histoire naturelle du typhus exanthématique. Arch. Inst. Pasteur Tunis 21, 1 (1932).

— Données nouvelles à propos des différences entre le typhus exanthématique du Nouveau Monde et celui de l'Ancien Monde. Gaz. med. Mexico, Sept. 1932.

— and M. R. Castaneda: The multiplication of the virus of Mexican typhus fever in fleas. J. of exper. Med. 55, 307 (1932).

— — and H. Zinsser: Rats as carriers of Mexican typhus fever. J. amer. med. Assoc. 97, 231 (1931).

— — — The transmission of the virus of Mexican typhus from rat to rat by Polyplax spinulosus. J. of exper. Med. 54, 567 (1931).

— and C. Dummer: On the relations of the organisms in the tunica vaginalis of animals inoculated with mexican typhus to Rickettsia Prowazeki and to the causative agent of that disease. J. of exper. Med. 51, 189 (1930).

— — Experimental transmission of endemic typhus to the Southeastern Atlantic States by the body louse. J. inf. Dis. 46, 170 (1930).

— et H. Sparrow: Immunisations croisées entre le virus du typhus historique (souche tunisienne) et des virus d'origine mexicaine (souche humaine et souche murine). Arch. Inst. Pasteur Tunis 22, 1 (1933).

— G. Varela and H. Pilz: J. of exper. Med. 59, 137 (1934).

Nagayo, M., Y. Miyagawa, T. Mitamura, T. Tamiya, K. Sato, H. Hazato and A. Imamura: Über den Nachweis des Erregers der Tsutsugamushi-Krankheit, der Rickettsia orientalis. Jap. J. of exper. Med. 9, 87 (1931).

— T. Tamiya, T. Mitamura et H. Hazato: Sur le virus du typhus exanthématique. C. r. Soc. Biol. Paris 104, 641 (1930).

— — — — Studies on the virus of typhus fever. Jap. J. of exper. Med. 8, 319 (1930).

— — — and K. Sato: On the virus of Tsutsugamushi disease and its demonstration by a new method. Jap. J. of exper. Med. 8, 309 (1930).

— — — — Sur le virus de la maladie de Tsutsugamushi. C. r. Soc. Biol. Paris 104, 637 (1930).

Neill, M. H.: Experimental typhus fever in guinea pigs. A description of a scrotal lesion in guinea pigs infected with Mexican typhus. U. S. Publ. Health Service Washington 32, 1105 (1917).

Netter, A.: Diskussionsbemerkung in der Sitzung der Akademie der Medizin vom 12. Juni 1927. Presse méd. 1927, 915.

— Le typhus endemique benin (maladie de Brill). Presse méd. 1927, 927.

NETTER, A.: Le rôle des rats et de leurs parasites dans la propagation du typhus exenthématique. Presse méd. **1932**, 161.
— A propos de la transmission du typhus endemique dans la region parisienne. Presse méd. **1932**, 533.
NICOLLE, CH.: Sur l'intérêt d'une étude experiment. du virus exanthém. des vallées Andines. Arch. Inst. Pasteur Tunis **20**, 324 (1931).
— Die Wichtigkeit der experimentellen Untersuchung des Fleckfiebervirus der Andentäler (deutsche Übersetzung des Titels). Sépt. Reun. Soc. Argentin. de Patol. del Norte, Teil I, 1—3, Buenos Aires: Imprenta de la Universidad 1932. Ref. Zbl. Bakter. **110**, 110.
— Origine commune de typhus et des autres fièvres exanthématiques. Leur individualité présente. Arch. Inst. Pasteur Tunis **21**, 32 (1932/33).
— Entretien du virus typhique historique (souche tunissienne) par passage sur rats (und par passages de plèvre chez le cobaye). Arch. Inst. Pasteur Tunis **21**, 349 (und 398) (1932/33).
— Deux problèmes nouveaux de diagnostic différentiel, celui des fièvres exanthèmatiques et celui des fièvres recurrentes. Bull. Inst. Pasteur **30**, 961 (1932).
— Unité ou pluralité des typhus. Presse mèd. **1933**, 550.
— Unité ou pluralité des typhus exanthématiques. Bull. Soc. Path. exot. Paris **26**, 375 (1933); Presse méd. **1933**, 781.
— et J. LAIGRET: La présence d'une bactérie, analogue aux Rickettsia, dans la tunique vaginale des cobayes et des rats, inoculés par voie péritoneale avec des produits non virulents. C. r. Acad. Sci. Paris **194**, 804 (1932).
— — L'épreuve des immunités croisées dans les différents typhus. Arch. Inst. Pasteur Tunis **21**, 251 (1932/33).
— — Conservation des virus typhiques dans le cerveau des rats et des cobayes inoculés avec ces virus. Arch. Inst. Pasteur Tunis **21**, 357 (1932/33).
— — Faible sensibilité d'une chauve-souris (Vespertilio Kuhli) à certains virus exanthématiques. Arch. Inst. Pasteur Tunis **22**, 491 (1933).
— — Extension du pouvoir immunisant des virus exanthématiques par association de deux virus d'origine differente. C. r. Acad. Sci. Paris **196**, 587 (1933).
— — et P. GIROUD: Passage des virus des fièvres exanthématiques par la voie digestive chez le rat. C. r. Acad. Sci. Paris **196**, 225 (1933).
— — — Transmission du virus murin par piqûres et ingestion de puces infectées. C. r. Acad. Sci. Paris **197**, 377 (1933).
— et H. SPARROW: Le typhus exanthématique mexicain. Presse méd. **1932**, 137.
— — Application au cobaye et à l'homme de la méthode de vaccination contre le typhus exanthématique par l'emploi d'intestins phéniques de poux (méthode de WEIGL). Arch. Inst. Pasteur Tunis **21**, 25 (1932).
NIGG, CLARA and K. LANDSTEINER: Studies on the cultivation of the typhus fever rickettsia in the presence of liver fissue. J. of exper. Med. **55**, 563 (1932).
— — Note on the cultivation of the typhus fever rickettsia. Proc. Soc. exper. Biol. a. Med. **29**, 1291 (1932).
NISHIBE, M., S. HOSONO and M. MIYAZAWA: Trans. jap. path. Soc. **21**, 441 (1931).
— — — Further studies on rickettsia orientalis, the virus of Tsutsugamushi disease, in cultures of rabbit tissues. Arch. exper. Zellforsch. **13**, 465 (1932).
— — — Office internat. d'Hyg. publ. **25**, 1876 (1933).
OGATA, N.: Ätiologie der Tsutsugamushi-Krankheit, Rickettsia tsutsugamushi. Zbl. Bakter. I Orig. **122**, 249 (1931).
— J. NAGAI u. J. UNNO: Ein Fall von Laboratoriumsinfektion mit Tsutsugamushi (mit deutscher Zusammenfassung). Ziba Igakwai Zasshi (jap.) **6**, Nr 1.
— u. Y. UNNO: Über die Virulenz des Tsutsugamushi-Virus bei Passierung des Kaninchenhodens. Ziba Igakwai Zasshi (jap.) **8**, H. 2 (1930).
OLMER, D.: Sur une infection avec exanthème de nature indéterminée. Bull. Acad. Méd. Paris **1927**, No 29.
— Nouvelles observations et recherches sur la fièvre exanthématique. Bull. Acad. Méd. Paris **100**, 996 (1928).
— La fièvre exanthématique. Bull. mens. Office internat. Hyg. publ. **22**, 494 (1930).
— Rapport 1. Congr. Hyg. méditerran. Marseille **1932**.

Olmer, D. et J. Olmer: Les formes graves de la fièvre exanthématique. Presse méd. **1929**, 1483.
— — Nouvelles recherches expérimentales sur la fièvre exanthématique. Presse méd. **1931**, 1729.
— — Nouvelles recherches sur la fièvre exanthématique provoquée. Bull. Acad. Méd. Paris **106**, 348 (1931).
Panayotatou, A.: Les rats réservoirs du typhus exanthematicus à Alexandrie. Serum sanguin de Mus norvegicus et Proteus X 19. C. r. Soc. Biol. Paris **111**, 430 (1932).
— Les rats et les puces, reservoirs et vecteurs du typhus exanthématique à Alexandrie. C. r. Soc. Biol. Paris **111**, 496 (1932).
Parada, M. A. u. G. Varela: Experimenteller Beitrag zur Untersuchung der Impfstoffe gegen Fleckfieber (deutsche Übersetzung des Titels). Bol. Inst. Hig. Dep. Salubrid Publ. (Méjico), N. F. **1932**, No 2, 5. Ref. Zbl. Bakter. **109**, 423.
Parker, R. R.: Arch. of Path. **15**, 398 (1933).
— and G. E. Davis: Protective value of convalescent sera of São Paulo exanthematic typhus against virus of Rocky Mountain spotted fever. U. S. Publ. Health Rep. **1933**, 501.
— — Further Studies on the Relationship of the viruses of Rocky Mountain Spotted Fever and Sao Paulo Exanthematic typhus. U. S. Publ. Health Rep. **1933**, 839.
— C. B. Philip and W. L. Jellison: Amer. J. trop. Med. **13**, 341 (1933).
— and R. R. Spencer: Publ. Health Serv., Hyg. Labor. Bull. Washington **1930**, Nr 154.
Pecori, G.: Note su alcuni casi di una forma morbosa riferibile alla malattia di Brill osservati in Roma (Dermotifo estivo non diffusibile). Ann. Igiene **39**, 1 (1929).
Penfold, W. J. and A. B. Corkill: A case of typhus-like fever. Med. J. Austr. **2**, 304 (1928).
Petzetakis, M. et Karalis: Fièvre boutonneuse et seró-réaction de Weil-Felix. C. r. Soc. Biol. Paris **114**, 470 (1933).
Peverelli, P.: De Proteus X_{19} reactie volgens Weil-Felix. Meded. Dienst. Volksgzdh. Nederl.-Indië **19**, 168 (1930), s. a. Arch. Schiffs- u. Tropenhyg. **35**, 679.
Philip, C. B. and R. R. Parker: Rocky Mountain Spotted fever. Publ. Health Rep. **48**, 222 (1933).
Piéri, J.: La fièvre exanthématique du litteral méditerrannéen ou fièvre boutonneuse. (La prat. méd. illustrée. Publié par E. Sergent, R. Mignot et R. Turpin.) Paris: G. Doin & Cie. 1933.
Pijper, A. and Helene Dau: The Aetiology of tick-bite fever. J. trop. Med. **33**, 93 (1930).
— — The transmissibility of Tick-bile fever virus to Guinea-pigs. Brit. J. exper. Path. **11**, 287 (1930).
— — Agglutinins of tick-bite fever and sporadic typhus in southern Africa in man and in guinea pigs. Brit. J. exper. Med. **12**, 123 (1931).
— — An agglutination-curve in tick-bite fever. J. med. Assoc. of S. A. (B.M.A.) **1931**, 519.
— — Cross-immunity between South African typhus and tick-bite fever. Brit. J. exper. Med. **13**, 33 (1932).
— — South African tick-bite fever and treatment of general Paralysis. Nederl. Tijdschr. Geneesk. **77**, 2030 (1933).
— — Zuid-afrikansche Tekebeetkoorts en behandeling van algemeene paralyse. Nederl. Tijdschr. Geneesk. **1933**, 2030.
Pinkerton, H.: Rickettsia-like organisms in the scrotal sac of guinea pigs with European typhus. J. inf. Dis. **44**, 337 (1929).
— Typhus fever. I. Comparative study of European and American typhus in laboratory animals. J. of exper. Med. **54**, 181 (1931).
— Typhus fever. II. Cytological studies of the scrotal sac exsudate in typhus-infected guinea pigs. J. of exper. Med. **54**, 187 (1931).
— and G. M. Hass: Typhus fever. III. The behavior of Rickettsia Prowazeki in tissue cultures. J. of exper. Med. **54**, 307 (1931).
— — Typhus fever. IV. Further observations ou the behavior of Rickettsia Prowazeki in tissue cultures. J. of exper. Med. **56**, 131 (1932).
— — A comparison of typhus and spotted fever Rickettsia in tissue cultures. Amer. J. Path. **8**, 609 (1932).

PINKERTON, H. and K. F. MAXCY: Pathological study of a case of endemic typhus in Virginia with demonstration of Rickettsia. Amer. J. Path. **7**, 95 (1931).

PIZA: Siehe DE TOLEDO.

PLAZY, L.: Fièvre exanthématique et réaction de WEIL-FELIX. Presse méd. **1930**, 1044.

— et A. GERMAIN: Un cas de fièvre exanthématique traité avec succés par le sang de convalescent de typhus. Presse méd. **1932**, 223; Bull. Acad. Méd. Paris **107**, 152 (1932).

— — et M. PLAZY: Du traitement de la fièvre exanthématique par le sang total de convalescent de la même maladie. Bull. Acad. Méd. Paris **107**, 205 (1932); Presse méd. **1932**, 263.

— et A. MARCANDIER: A propos d'un essai de classification des fièvres typho-exanthématiques. Bull. Soc. Path. exot. Paris **23**, 566 (1930).

— — GERMAIN et PIROT: Contribution à l'étude des rapports du typhus exanthématique et de la fièvre exanthématique; recherches cliniques et expérimentales. Presse méd. **1931**, 1157.

— MARÇON et CARBONI: Bull. Acad. Méd. Paris **98**, 348 (1927).

QUÉRANGEL, J. DES ESSARTS: Présence d'un virus exanthématique sur les rats d'un navire de guerre, au Port de Brest. Rats et puces de rats à Brest. Bull. Soc. Path. exot. Paris **25**, 283 (1932).

— — et J. V. PRADE: Un cas de fièvre exanthématique, observé à Brest. Arch. Med. et Pharm. Nav. **122**, 140 (1932); Bull. Soc. Path. exot. Paris **25**, 109 (1932).

RAGIOT: Trans. far-east. Assoc. trop. Med. Hong-Kong **1**, 350 (1932).

RAMSINE, S.: Sur l'existance de la forme inapparente du typhus exanthématique chez l'homme. Arch. Inst. Pasteur Tunis **18**, 247 (1929).

Rapport épidémiol. mensuel. d. l. sect. d'hyg. du secrètariat. Soc. Nations **1929**, No 133, 474; **1931**, No 157, 468.

RAYNAL, J.: Le typhus exanthématique guatémaltique doit être identifié au typhus exanthématique mexicain. Bull. Soc. Path. exot. Paris **25**, 49 (1932).

RECENDANZ, P.: Das exanthematische Fleckenfieber. Arch. Schiffs- u. Tropenhyg. **35**, 549 (1931).

REIMANN, H. A., G. LU and C. S. YANG: The blood platelets in Typhus fever. Arch. of Path. **7**, 640 (1929).

— and R. H. P. SIA: Kusamas „Typhus bacillus immun horse serum" in experimental typhus fever in guinea pigs. Proc. Soc. exper. Biol. a. Med. **26**, 267 (1929).

— H. L. ULRICH and L. C. FISHER: Differential diagnosis between typhus and spotted fever. Report of a case and the isolation of a new mild type of s spotted fever virus. J. amer. med. Assoc. **98**, 1875 (1932).

REITANO, U.: Le attuali conoscenze sulle malattie del gruppo tifo esantematico. Boll. Ist. sieroter. milan. **12**, 221 (1933).

— e BONCINELLI: Ann. Med. nav. e colon. **38**, No 11 (1932).

— — e E. SALLUSTRI: Resultati della inoculazione del virus della cosidetta febbre esantematica agli animali di laboratorio ed all'uomo. Ann. Med. nav. e colon. **38 II**, 641 (1932).

Report of the Fed. Health Council of Australia, Canberra **1931**.

RIBEYRO, R. E.: Le typhus exanthématique des Andes. Ref. Office internat. d'Hyg. publ. **1933**, 1451.

RIDING, D.: Le typhus exanthématique en Egypte. Bull. Office internat. Hyg. publ. **26**, 90 (1933).

RIX, E.: Beiträge zur Bakteriologie des Fleckfiebers. Z. Hyg. **108**, 103 (1927).

ROCHAIX, A., P. SÉDALLIAN et E. COUTURE: Au sujet du rat reservoir de virus d'un typhus à Lyon. Presse méd. **1932**, 1891.

RUBINATO, G.: Contributo alla febbre esantematica mediterranea. Policlinico, sez. prat., **37**, 500 (1930).

RUMREICH, A. S.: The typhus and Rocky Mountains spotted fever group, developments in epidemiology and clinical observations. J. amer. med. Assoc. **100**, 331 (1933).

— R. E. DYER and L. F. BADGER: The typhus-Rocky-Mountain spotted fever group; An epidemiological and clinical study in the eastern and south-eastern States. U.S. Publ. Health Rep. **1931**, 470.

RUYS, CHARLOTTE: Nieuwe Onderzoekingen over de Epidemiologie van Vlektyphus en verwante Ziekten. Nederl. Tijdschr. Geneesk. **76**, 461 (1932).

Salles, Gomes L.: Présence de Rickettsias dans l'endothélium et dans les parois des vaisseaux testiculo-scrotaux de cobaye infectés experimentalement du typhus exanthématique de São Paulo. C. r. Soc. Biol. Paris **110**, 134 (1932).

— Estudo experimental de Typho. exanthematico, de São Paulo. Monogr. São Paulo 1932. S. a. Ref. Office internat. d'Hyg. publ. **1933**, 1454.

Sampietro, G.: A proposito della febbre esantematica benigna estiva. Ann. Igiene **40**, 898 (1930).

— 1. Congr. d'Hyg. méditerran. Marseille 1932.

Sato, K.: Dauerkultur des Fleckfiebervirus. Dtsch. med. Wschr. **1931**, 892.

— Die Morphologie des in vitro kultivierten Fleckfiebervirus. Dtsch. med. Wschr. **1931**, 1409.

Schüffner, W.: 3. Congr. far-east. Assoc. trop. Med. Saigon 1913.

Scott, H.: Le typhus tropical et les maladies connexes. Bull. mens. Office internat. Hyg. publ. **22**, 1522 (1930).

Shahin Pascha, M.: Recherches sur le typhus exanthématique en Egypte. Bull. mens. Office internat. d'Hyg. publ. **26**, 83 (1934).

Shelmire, B. and W. E. Dowe: Tropical rat mite, Liponyssus bacoti Hirst 1914, cause of skin eruption of man and possible vector of endemic typhus. J. amer. med. Assoc. **94**, 579 (1931).

Shipley, P. G.: Tick-Bite fever in Children. Bull. Hopkins Hosp. **1932**, 83.

Silber, L. et M. Dossère: Cultures du virus du typhus exanthématique. Arch. Inst. Pasteur Tunis **22**, 486 (1933).

Sinclair, Ch. G.: Mild typhus (Brills disease) in the lower Rio Grande valley. U. S. Publ. Health Rep. **1925**, 241.

Slot, I. A.: Geneesk. Tijdschr. Nederl.-Indië **65**, 267 (1925).

Souchard, L., H. Marneffe et Lieou: Etude expérimentale d'un virus exanthématique isolé d'un cas de typhus, présentant la symptomatologie de la fièvre fluviale du Japon. Bull. Soc. Path. exot. Paris **24**, 678 (1931).

Sparrow, H.: Transmission du typhus murin du Mexique par les puces de rat à rat. Arch. Inst. Pasteur Tunis **22**, 10 (1933).

— Un an d'entretien d'un virus murin d'origine mexicaine dans un laboratoire d'Europe. Arch. Inst. Pasteur Tunis **22**, 13 (1933).

— L'épreuve de l'immunisation croisées entre deux virus typhiques (Virus historique européen et virus murin du Mexique). Arch. Inst. Pasteur Tunis **22**, 21 (1933).

Spencer, R. R.: U. S. Publ. Health Rep. **1931**, 2097.

— and K. F. Maxcy: Weil-Felix reaction in typhus and Rocky Mountain spotted fever. U. S. Publ. Health Rep. **1930**, 440.

— and R. R. Parker: Studies on Rocky Mountain spotted fever. Publ. Health Serv. Hyg. Labor. Bull. Washington **1930**, Nr 154.

Steenis, P. B. van: Hel vraagstuk van de febris exanthematica in de tropen; Brills disease (Brill), Kumaon koorts of tick typhus (Megaw), tropical typhus (Fletcher). Geneesk. Tijdschr. Nederl.-Indië **69**, 572 (1929). Ref. Arch. Schiffs- u. Tropenhyg. **33**, 663 (1929).

— Een geval van pseudo-typhus (Schüffner) op Java: Met enkele opmerkingen over de differentieele diagnostiek in de groep der febris exanthematica. Nederl. Tijdschr. Geneesk. **75**, 495 (1931).

Strickland, C.: A pseudotyphus epidemic in southern Queensland and its aetiological bearing upon cases in India. Trans. far-east. Assoc. trop. Med. **2**, 517 (1929).

Takahashi, K. and M. Kodama: A few supplements to the study on infection and immunity in „Manchurian fever" and „typhus" of rats. Kitasatos Arch. of exper. Med. **10**, 259 (1933).

Tanaka, K.: Sind die japanischen Rickettsien die Erreger der Kedani- (Tsutsugamushi-) Krankheit? Zbl. Bakter. I Orig. **129**, 490 (1933).

Tapia: Bol. técnico Dir. Gen. Sanidad **1929**, No 10. Presse méd. **1933**, 1688.

Toledo Piza, I. de: Consideracoes epidemiologicas e clinicas sobre o Typho exanthématico de S. Paulo. Monographie São Paulo **1932**; s. auch Le typhus exanthématique de São Paulo. Ref. Office internat. d'Hyg. publ. **1933**, 1450.

Tonking, H. D.: Preliminary observations on the Etiology of Kenya Typhus. East afric. med. J. formerly Kenya a. East afric. med. J. **9**, 152 (1932).

Toomey, N.: The typhus-spotted fever group. Ann. internat. Med. **6**, 542 (1932).

Tricoire, R.: Note sur la présence d'un microbe particulier dans le sang des malades atteints de typhus exanthématique. C. r. Soc. Biol. Paris **104**, 983 (1930).

Troisier, J. et R. Cattan: Fièvre exanthématique de l'homme provoquée par Rhipicephalus sanguineus. Sa virulence pour le singe et le cobaye. C. r. Acad. Sci. Paris **1931**, 91.

— — Comportement du virus de la fièvre boutonneuse (exanthématique). C. r. Acad. Sci. Paris **194**, 2342 (1932).

— — La fièvre boutonneuse expérimentale. Presse méd. **1933**, 2033.

— — et Mlle Sifferlen: Fièvre exanthématique inapparente de l'homme transmise par Rhipicephalus sanguineus, virulence pour le singe et le cobaye. Ann. Inst. Pasteur **47**, 492 (1931).

Troup, J. MacDonald and A. Pijper: Tick-Bite fever in Southern Africa. Lancet **1931**, 1183.

Tzekhnowitzer, M. M. u. B. L. Palant: Die Neurovaccine bei Flecktyphus im Experiment. Zbl. Bakter. I Orig. **129**, 69 (1933).

Unno, Y.: Experimentelle Untersuchung des Virus der Tsutsugamushi-Krankheit an Kaninchen. Mitt. med. Ges. Chiba **6**, H. 11 (1928).

Varela, G., A. Parada and V. Ramos: Active immunization against Tunesian virus typhus fever with Mexican typhus vaccine. Proc. Soc. exper. Biol. a. Med. **30**, 206 (1932).

Vielle et L. Souchard: Sur un cas de typhus exanthématique observé en Cochinchine. Bull. Soc. Path. exot. Paris **24**, 302 (1931).

— — Etude expérimentale d'un virus exanthématique isolé d'un cas de typhus présentant la symptomatologie. Bull. Soc. Path. exot. Paris **24**, 678 (1931).

Walch, E. W. u. N. C. Keukenschrijver: Über die Epidemiologie des Pseudotyphus von Deli. Arch. Schiffs- u. Tropenhyg. **29**, 420 (1925), Beihefte.

Walker, E. L. and M. A. Sweeney: Some injections simulating experimental typhus in the guinea pig. Amer. J. trop. Med. **12**, 217 (1932).

Weigl, R.: Comportement du virus de la fièvre pourptée des Montagnes Rochenses dans l'organisme du pon. C. r. Soc. Biol. Paris **103**, 823 (1930).

Wheatland, F. T.: Med. J. Austral. **1924 I**, 322.

White, P. B.: Brit. J. exper. Path. **14**, 145 (1933).

Wicht, J. F.: Endemic typhus in Cape Town. S. afric. med. J. **6**, 443 (1932).

Wilson: W. J.: The Wilson-Weil-Felix-Reaction in typhus fever. J. of Hyg. **19**, 115 (1920).

— A further contribution to the serology of typhus fever. J. of Hyg. **26**, 213 (1927).

Wolff, J. W.: „Tropical typhus", eine flecktyphusartige Krankheit. Geneesk. Tijdschr. Nederl.-Indië **69**, 429 (1929). Ref. Zbl. Hyg. **21**, 181.

— Observations on the Weil-Felix-reaction in Tsutsugamushi disease. J. of Hyg. **31**, 352 (1931).

— Enkele waarnemingen bij mijtekoorts en tropical typhus. Geneesk. Tijdschr. Nederl.-Indië **71**, 35 (1931).

— Qualitatieve proteus-X-agglutinatie bij mijtekoots en tropical typhus. Geneesk. Tijdschr. Nederl.-Indië **72**, 896 (1932).

— en Kouwenaar: Onderzoekingen over mijtekoorts. Nederl. Tijdschr. Geneesk. **77**, 269 (1933).

Workman, W. G.: Typhus Fever. Experimental transmission of endemic typhus fever of the United States by Xenopsylla astia. U. S. Publ. Health Rep. **1933**, 795.

Wu, Chao-Jen: Serological evidence on the European type of typhus fever in China. Proc. Soc. exper. Biol. a. Med. **30**, 430 (1932/33).

Yu, Ilchun: Das Wesen des Fleckfiebervirus im Kleiderlauskörper. Zbl. Bakter. I Orig. **121**, 304 (1931).

— Untersuchungen zur Kultivierung des Fleckfiebererregers. I. und II. Mitt. Zbl. Bakter. I Orig. **124**, 181; **125**, 411 (1932).

Zeiss, H.: Die Züchtung des spezifischen Proteusstammes X_{19} bei Fleckfieber. Arch. f. Hyg. **87**, 246 (1918).

Zinsser, H.: Transact. College physic. Philadelphia, IV. s. 1 (1933).

— and A. P. Batchelder: Studies on Mexican typhus fever. J. of exper. Med. **51**, 847 (1930).

Zinsser, H. and M. R. Castaneda: Studies on typhus fever: II. Studies on the etiology of Mexican typhus fever. J. of exper. Med. **52**, 649 (1930).
— — Further experiments in typhus fever. IV. Infection with washed Mexican Rickettsia and immunity to European typhus. J. of exper. Med. **52**, 865 (1930).
— — Studies on typhus fever: V. Active immunisation against typhus fever with formalinised virus. J. of exper. Med. **53**, 325 (1931).
— — Studies on typhus fever. VII. Active immunisation against Mexican typhus fever with dead virus. J. of exper. Med. **53**, 493 (1931).
— — Studies on typhus fever: VIII. Ticks as a possible vector of the disease from animals to man. J. of exper. Med. **54**, 11 (1931).
— — A note on improvement in the method of vaccine production with Rickettsia of Mexican typhus fever. J. of Immun. **21**, 403 (1931).
— — A method of obtaining large amounts of Rickettsia Prowazeki by X-ray radiation of rats. Proc. Soc. exper. Biol. a. Med. **29**, 840 (1932).
— — IX. On the serum reactions of Mexican and European typhus Rickettsia. J. of exper. Med. **56**, 455 (1932).
— — X. Further Experiments on active Immunization against typhus fever with killed Rickettsia. J. of exper. Med. **57**, 381 (1933).
— — XI. A report on the properties of the serum of a horse immunized with killed formalinized Rickettsia. J. of exper. Med. **57**, 391 (1933).
— — and H. Mooser: Notes on the epidemiology of typhus fever and the possible evolution of the Rickettsia disease group. Trans. Assoc. amer. Physicians **47**, 129 (1932).
— — and C. V. Seastone, jr.: Studies on typhus fever. VI. Reduction of resistance by diet deficiency. J. of exper. Med. **53**, 333 (1931).
Zozaya, J.: The two viruses in endemic typhus (Mexican tabardillo). J. inf. Dis. **46**, 18 (1930).

IX. Die Tierparatyphosen.

Von

Richard Standfuss-Potsdam.

Veterinär-Rat, Leiter des Staatlichen Veterinär-Untersuchungs-Amtes.

Mit 16 Abbildungen.

Inhalt.

A. Allgemeiner Teil.

1. Begriffsumgrenzung und Geschichtliches.

Unter der Bezeichnung „Tierparatyphosen" sollen alle diejenigen Tierkrankheiten verstanden werden, die durch Bakterien aus der Paratyphus-

"

Enteritisgruppe bedingt sind. Nur eine solche mit Bezug auf die Erreger gewählte Bezeichnung ermöglicht eine einheitliche Zusammenfassung dieser Art von Tierkrankheiten, denn es handelt sich keineswegs um eine einheitliche Krankheit. Ist man schon in der Humanmedizin nach dem Vorgange der Kieler Schule gezwungen, einen Unterschied zwischen dem Paratyphus abdominalis und den enteritischen Erkrankungen zu machen und ersteren wieder in die Untergruppen A, B und C, letztere wieder in GÄRTNER- und BRESLAU-Erkrankungen zu unterscheiden, so ist in der Tierheilkunde die Mannigfaltigkeit der „Paratyphosen" eine noch größere. Nicht allein, daß aus der Vielheit der Tiergattungen, die von derartigen Infektionen befallen werden können — und es sind fast alle Warmblüter betroffen, besonders diejenigen, die mit der menschlichen Zivilisation irgendwie in Berührung kommen —, eine große Mannigfaltigkeit sich ergibt, auch Krankheitsbild und epidemiologische Verhältnisse bedingen vielfach so weitgehende Unterschiede, daß sich die Paratyphosen der Tiere tatsächlich als eine große Anzahl zum Teil ganz verschiedener und nicht wechselseitig übertragbarer Krankheiten bei verschiedenen Tierarten darstellen.

M. MÜLLER faßt die Tierparatyphosen unter der Bezeichnung „Paratyphus der Tiere" zusammen und stellt sie dem „Paratyphus des Menschen" gegenüber, wobei er diesen letzteren Begriff auch weiter faßt und die enteritischen Erkrankungen mit einbezieht; die Fleischvergiftungen des Menschen bezeichnet er in diesem Zusammenhange als „den Paratyphus tierischen Ursprungs". In Anbetracht der Erkenntnisse der Kieler Schule und der Vielseitigkeit und Verschiedenheit der Tierparatyphosen erscheint diese Benennung gezwungen und nicht zweckmäßig.

Der erste bekannt gewordene Keim aus der Paratyphus-Enteritisgruppe war ein tierpathogener Vertreter, der 1885 von SALMON und SMITH entdeckte B. suipestifer, der damals für den Erreger der Schweinepest (Hog-Cholera) gehalten wurde. Auch der nächste, 1888 von AUGUST GÄRTNER entdeckte B. enteritidis war von einer an Durchfall erkrankten notgeschlachteten Kuh auf den Menschen übertragen worden und hatte zur Fleischvergiftung in Frankenhausen in Thüringen geführt.

Gleichfalls von Tieren stammten die von FLÜGGE-KAENSCHE 1896 und von DE NOBELE 1899 beschriebenen Erreger der Fleischvergiftungen in *Breslau* und in *Aertrycke,* die beide miteinander übereinstimmen.

Als menschliche Krankheitserreger ohne Zusammenhang mit dem Tiere wurden in den Jahren 1896—1901 von ACHARD und BENSAUDE, sowie von KURTH und SCHOTTMÜLLER die Paratyphusbacillen entdeckt. Dieselben zeigten eine gewisse Ähnlichkeit oder Verwandtschaft mit den bereits bekannten Enteritisbakterien, und dies veranlaßte SCHOTTMÜLLER, in einer Veröffentlichung aus dem Jahre 1903 den Satz aufzustellen, daß der „Paratyphusbacillus und der B. enteritidis GÄRTNER identisch seien". Von nun an bürgerte es sich im Schrifttum und im Sprachgebrauch ein, von einer „*Paratyphusgruppe*" oder schlechthin von „Paratyphusbacillen" zu sprechen, selbst wenn es sich um GÄRTNER-Bakterien handelte. So wandte auch TRAUTMANN 1904 in einer Veröffentlichung über eine Pferdehackfleischvergiftung in *Düsseldorf* den Namen „Paratyphusbacillen" an auf Erreger, die nach seiner eigenen Beschreibung sehr wahrscheinlich Breslaubakterien gewesen sind. Damit verwischten sich, besonders in Deutschland, die Unterschiede zwischen diesen Bakterienarten, man betonte das Gemeinsame und sah über die Abweichungen als etwas Nebensächliches hinweg; in anderen Ländern wurde allerdings vielfach für die von den Tieren stammenden, unter Umständen auch auf den Menschen übertragbaren Enteritisbakterien die Gruppenbezeichnung „Salmonella" (nach dem einen Entdecker des B. suipestifer) angewendet und somit auch im Sprachgebrauch die Verschiedenheit von den „Paratyphusbacillen" des Menschen zum Ausdruck gebracht.

Die Vereinheitlichung im Sprachgebrauch verleitete lange Zeit hindurch zu der Annahme einer auch ätiologischen Einheitlichkeit aller dieser Keime der Paratyphus-Enteritisgruppe, und es entstand die noch bis vor dem Kriege, ja vielfach bis über die Kriegszeit hinaus geltende Anschauung, daß sowohl Enteritiskeime wie Paratyphusbacillen bald ein enteritisches, bald ein paratyphöses Krankheitsbild erzeugen könnten, und daß auch die große Reihe der inzwischen bekanntgewordenen Erreger von Tierkrankheiten aus dieser Gruppe in diese wechselseitige Einheitlichkeit einzubeziehen seien.

Hierin schuf erst die *Kieler Schule* Wandel, indem sie den grundsätzlichen Unterschied zwischen dem Paratyphus und der akuten Gastroenteritis des Menschen hervorkehrte und den Paratyphus, dessen Erreger man inzwischen nach gewissen Abweichungen in ein Paratyphusbacterium A, B und C unterschied, als eine ausschließlich beim Menschen vorkommende Krankheit bezeichnete, während den Enteritisbakterien krankmachende Fähigkeiten sowohl beim Menschen wie beim Tiere zugeschrieben wurden.

Von dieser geschichtlichen Entwicklungsstufe der Paratyphus-Enteritisfrage ausgehend, sollen in dieser Abhandlung die Tierparatyphosen besprochen und soll versucht werden, zu zeigen, inwieweit sie voneinander verschieden sind oder inwieweit sie miteinander zusammenhängen oder auch Beziehungen zu Erkrankungen des Menschen haben.

Ausführlichere geschichtliche Angaben siehe bei ELKELES-STANDFUSS in KOLLE-KRAUS-UHLENHUTH, Bd. 3, S. 1585.

2. Begriff der Infektion, Einteilung der Tierparatyphosen.

Für das Verständnis der Tierparatyphosen und ihrer Beziehungen untereinander und zu Erkrankungen des Menschen ist es wichtig, auf die Frage näher einzugehen, in welchem Umfange und in welchem Sinne der Begriff „*Infektion*" auf die Paratyphosen anwendbar ist. Denn wenn schon allgemein bei dem Versuche, den Begriff der Infektion fest zu umreißen, sich Schwierigkeiten einstellen und an den Grenzgebieten fließende Übergänge in Erscheinung treten, die eine ganz scharfe Abgrenzung unmöglich machen, so gilt dies in ganz besonderem Maße von den Paratyphosen. Faßt man den Begriff der Infektion z. B. mit TENDELOO als „Wachstum eines Mikrobions im lebenden Gewebe mit Schädigung dieses Gewebes" oder mit SEITZ (KOLLE-KRAUS-UHLENHUTH) dahin, daß „ein Ansteckungsstoff, meist belebter Art, als Antigen in den Körper eindringt, sich in ihm vermehrt und krankmachend wirkt", so ergeben sich innerhalb dieser Begriffsbestimmung schon weitgehende Verschiedenheiten. So stellen z. B. FRANCKE und GOERTTLER in ihrer Allgemeinen Epidemiologie den Begriff „Infektionserreger" wieder dem des „Seuchenerregers" als eines besonderen Unterbegriffes gegenüber, indem sie sagen:

„Alle Seuchenerreger sind also gleichzeitig auch Infektionserreger. Nur diejenigen Infektionserreger sind aber gleichzeitig Seuchenerreger, die mehr oder weniger leicht, jedenfalls aber regelhaft von den befallenen Tieren auf gesunde übertragen werden und bei ihnen Neuerkrankungen hervorrufen. . . . Als Seuchenerreger sind anzusehen Infektionserreger, die regelmäßig Massenerkrankungen veranlassen."

Den Seuchenerregern stehen also die Einzelinfektionserreger gegenüber, wie etwa beim Wundstarrkrampf, bei der Aktinomykose oder der Botryomykose.

Unter den Paratyphosen gibt es nun sowohl solche, welche die Kennzeichen der Seuchenhaftigkeit tragen, als auch Einzelerkrankungen. Diese Tatsache bedingt wieder eine Verflechtung mit der Frage des saprophytischen Vorkommens der Erreger der Paratyphosen.

Auch das Verhältnis von *Infektion* und *Intoxikation* gewinnt bei den Paratyphosen eine ganz besondere Bedeutung. Manche Paratyphosen, wie z. B. die Fleischvergiftungen des Menschen, sind überhaupt mehr Intoxikationen als Infektionen, aber dies trifft nur für den Menschen zu; beim Tiere bewirken die gleichen Erreger durchaus das Bild von Infektionen, bei denen toxische Wirkungen selbstverständlich auch mitsprechen, aber nicht so beherrschend im Vordergrund stehen, wie etwa bei der Fleischvergiftung des Menschen.

Abgesehen von einer solchen Unterscheidung einer mehr toxischen Wirkung bei den einen und einer mehr infektiösen Art bei den anderen kehren sich aber bei den Tierparatyphosen auch noch andere Unterschiede hervor.

Ein Teil der Tierparatyphosen trägt die Merkmale einer ausgesprochenen Infektionskrankheit, ja sogar die einer Seuche, d. h. sie sind „regelhaft übertragbar" im Sinne von FRANCKE und GOERTTLER. Sie sind jede für sich auf eine besondere Tierart abgestimmt und haben ein mehr oder weniger fest umrissenes und kennzeichnend ausgeprägtes eigenes Krankheitsbild. Kleine, unbeachtete Mengen des Erregers genügen, um die Krankheit zum Ausbruch kommen zu lassen. Die Prädisposition spielt hier, wie bei allen Infektionskrankheiten, eine gewisse Rolle; ausschlaggebend aber für das Zustandekommen der Erkrankung ist die Heranbringung des Ansteckungsstoffes, des „spezifischen Erregers", der die *Hauptursache* der seuchenhaften Krankheit ist. Diese Arten von Tierparatyphosen sollen als „primäre Tierparatyphosen" bezeichnet werden. Zu diesen gehören 1. der Kälberparatyphus, 2. der Stutenabort, 3. der Schafabort, 4. der Ferkeltyphus (Voldagsenpest) und der Schweineparatyphus, 5. der Hühnertyphus und die Kückenruhr, 6. der Mäuse- und Rattentyphus, 7. verschiedene andere Tierparatyphosen bei verschiedenen Tierarten.

Nun gibt es aber noch andere Tierparatyphosen, bei denen die Verhältnisse anders liegen. Eine Sonderstellung nimmt die *Enteritis des erwachsenen Rindes* ein. Sie trägt insofern die Merkmale einer „primären Tierparatyphose", als die Infektion mit den Enteritisbakterien hier tatsächlich die *Hauptkrankheit* ist. Aber die *ursächlichen Verhältnisse* liegen hier etwas anders als sonst bei den primären Tierparatyphosen. Bei der Enteritis des Rindes *genügt nicht die Heranbringung kleiner unbeachteter Mengen des Erregers* an die Tiere, um die Krankheit zum Ausbruch kommen zu lassen. Gerade in den letzten Jahren sind zahlreiche Fälle bekanntgeworden — und diese Beobachtungen werden immer wieder von neuem bestätigt —, wo Dauerausscheider von Enteritisbakterien monatelang, ja unter Umständen Jahr und Tag in einem Bestande unerkannt mitten zwischen anderen Tieren stehen und mit jeder Kotentleerung Unmengen von Enteritisbakterien im Stalle verstreuen, ohne daß es zum Ausbruch einer *Seuche* kommt, ja, ohne daß selbst die nächststehenden Tiere erkranken. Man findet in solchen Beständen dann wohl bei eingehender Untersuchung mitunter noch hier und da ein zweites oder drittes Tier, was infiziert ist; aber durchaus nicht immer. Diese Beobachtungen zeigen, daß die *Ansteckungsfähigkeit* dieser Enteritiserreger eine ganz geringe ist. Die Erfahrungen der letzten Jahrzehnte über diese Krankheit zeigen weiterhin, daß es *zu Erkrankungen dieser Art in den Beständen überhaupt erst kommt, wenn eine andere prädisponierende Ursache den Boden vorbereitet hat,* beispielsweise schwere klimatische Schädigungen beim Weidegange, schwere Leberegelinvasionen oder dergleichen (nähere Ausführungen hierüber s. S. 714). Die Prädisposition gewinnt hier eine weit über das sonstige Maß hinausgehende Bedeutung, sie ist nicht mehr *Hilfsursache,* sondern sie wird *entscheidende, die Krankheit auslösende Ursache.* Es tritt hier also eine *Verschiebung des Schwergewichts von der spezifischen Ursache, den Enteritisbakterien, auf die vorbereitende Ursache* ein. Die Erreger allein sind gar nicht mehr imstande, die Krankheit zu erzeugen, wenn nicht eine vorbereitende Ursache den Tierkörper *erheblich* geschädigt hat und *dadurch erst überhaupt eine Entfaltung der Enteritiskeime als Krankheitserreger ermöglicht wird.* Von STANDFUSS sind daher diese Enteritiserreger als *,,bedingt krankmachend"* bezeichnet und den Erregern der primären Tierparatyphosen gegenübergestellt worden.

FRANCKE und GOERTTLER haben in ihrer allgemeinen Epidemiologie bezüglich anderer Infektionskrankheiten (Rotlauf, Aufzuchtkrankheiten, Gasbrand, hämorrhagische Septicämie) Gedankengänge von gewisser Ähnlichkeit zum Ausdruck gebracht und diese Verhältnisse sehr treffend durch den Ausdruck *,,Reizseuchen"* oder *,,Anstoßseuchen"* gekennzeichnet.

Noch deutlicher als bei der Enteritis der Rinder tritt diese ,,bedingte Pathogenität" bei einer dritten Gruppe von Paratyphosen in Erscheinung, die wir als *,,sekundäre Tierparatyphosen"* bezeichnen möchten. Hier erscheint es geradezu fraglich, ob man überhaupt noch von Pathogenität sprechen kann, denn diese sekundären Tierparatyphosen sind Infektionen mit Keimen der Paratyphus-Enteritisgruppe, bei denen diese Keime nur einen *Begleitbefund* bei anderen Krankheiten bilden. Die Krankheit, an der das Tier leidet, ist nicht durch die Paratyphus-Enteritiskeime hervorgerufen, man kann auch kaum davon sprechen oder es ist jedenfalls durchaus nicht erwiesen, daß das Krankheitsbild der primären Krankheit durch das Hinzutreten der Sekundärinfektion mit den Paratyphus-Enteritiskeimen nennenswert beeinflußt wird (s. auch S. 738 und 741).

Bekanntgeworden sind diese *sekundären Tierparatyphosen* durch die Geschichte der Fleischvergiftungen und durch die bakteriologische Fleischbeschau; beide zeigen, daß Keime der Paratyphus-Enteritisgruppe keineswegs ausschließlich, ja nicht einmal vorwiegend bei den primären Tierparatyphosen gefunden werden, sondern sehr häufig auch bei Krankheiten, die an sich mit Paratyphosen nichts zu tun haben, die vielmehr offenbar nur *die primäre Schwächung* des Körpers bewirken, die zum Aufkommen einer *sekundären Infektion* die Vorbedingung schafft. So findet man beispielsweise bei einer Kuh, die wegen Zurückbleibens der Nachgeburt notgeschlachtet worden ist, bei der bakteriologischen Fleischuntersuchung in den inneren Organen oder vielleicht im ganzen Tierkörper Bakterien der Paratyphus-Enteritisgruppe. Es handelt sich hier aber keineswegs um eine ,,Metritis paratyphosa", die etwa durch irgendwie in die Gebärmutter hineingelangte Paratyphus-Enteritiskeime verursacht wäre, sondern es liegt als erste Ursache und Hauptkrankheit eine unspezifische Gebärmuttererkrankung mit Zurückbleiben der Eihäute vor, wie sie beim Rinde sehr häufig ist, und diese Krankheit hat zu einem Einbruch von Fleischvergiftern in den Tierkörper vom Darm her geführt. Im Darm ist in diesem Falle der Herkunftsort der Enteritiskeime zu suchen, und das par-enterale Eindringen derselben in den Tierkörper ist in dem gleichen Sinne zu deuten wie das bekannte Eindringen auch anderer Keime (Kokken, Fäulnis-anaerobier) vom Darm her bei Schädigung des Tierkörpers beliebiger Art. Es sei an die bekannte Tatsache erinnert, daß bei Schlachttieren, welche einen ungewohnten Transport über die Landstraße durchgemacht haben, der Schutz-wall der Darmwand lückenhaft wird und Darmbakterien in die Blutbahn ein-dringen können. Das gleiche hat FICKER versuchsmäßig bei Tieren, die gehungert haben, überanstrengt waren oder sich in der Agonie befanden, nachgewiesen.

Mit dieser Betrachtungsweise der sekundären Tierparatyphosen stimmt auch gut die Tatsache überein, daß sie in der Regel *Einzelfälle* darstellen.

Es entsteht nun in diesem Zusammenhange die Frage, wo die Paratyphus-Enteritiskeime herkommen.

Schon im Schrifttum der Vorkriegszeit finden sich zahlreiche Angaben über das Vorkommen von Paratyphus-Enteritiskeimen im Darme gesunder Tiere (ANDREJEW, BONGARTZ, BRÜGGEMANN, CONRADI, ECKART, HUBER, SEIFFERT, P. SCHMIDT, SOBERNHEIM, TITZE und WEICHEL, UHLENHUTH und HÜBENER). Angesichts des Umstandes, daß die Verfahren zur Artbestimmung und Unter-scheidung der Bakterien der Paratyphus-Enteritisgruppe früher noch nicht so-weit ausgebaut waren wie heute, wird man nur allgemein gehaltenen Angaben des früheren Schrifttums, wie etwa ,,Paratyphusbakterien'', mit Vorsicht gegen-überstehen müssen. Die früheren Erfahrungen sind aber gerade in neuerer Zeit durch Beobachtungen bestätigt und ergänzt worden, welche beweisen, daß *Bakterien der Paratyphus-Enteritisgruppe im Darme ganz gesunder Rinder vor-kommen*, und zwar wahrscheinlich in einer Verbreitung, von der man sich all-gemein noch nicht die richtige Vorstellung macht. STANDFUSS, WILKEN und SÖRRENSEN berichten anläßlich von Versuchen an 6 ausscheidenden Rindern und 17 anderen der Ansteckung ausgesetzten Tieren (16 Kälber und 1 Jungrind), die sich über Jahr und Tag erstreckten und in deren Verlauf viele Hunderte von Kotuntersuchungen an diesen Tieren, zum großen Teil täglich, ausgeführt wurden, über Funde von Bakterien der Paratyphusgruppe, für die jeder Anhalt für eine Ansteckungsquelle, insbesondere jeder Zusammenhang mit den im Versuche stehenden Ausscheidern fehlte, und die sich auch dadurch auszeich-neten, daß sie nur vorübergehend gemacht wurden, gelegentlich einmal und in sehr spärlicher Menge, meist nur durch ein Anreicherungsverfahren nachweis-bar. Bei verschiedenen der 16 im Versuche stehenden Kälber ergaben sich im ganzen 17mal solche Zufallsbefunde. So fanden sich unter anderem bei einem dieser Tiere im Verlaufe von $2^1/_2$ Monaten unter insgesamt 33 Kotuntersuchungen 7mal Keime der Paratyphus-Enteritisgruppe, und zwar Vertreter aller 3 Haupt-gruppen, sowie ein abweichender Breslaustamm. Gestatten schon diese Beobachtungen, die an einer kleinen Anzahl von Tieren, aber bei einer längeren Beobachtungszeit und einer sehr großen Anzahl von Kotuntersuchungen gemacht wurden, einen Einblick in die Verhältnisse der Darmflora, so wurden diese Beobachtungen auf ganz breiter Grundlage ergänzt gelegentlich der Untersuchung von 1527 Tieren in 40 Rinderbeständen, die sich über den ganzen Regierungsbezirk Potsdam verteilen, vereinzelt sogar auf auswärtige Bestände erstrecken. Bei diesen Untersuchungen, die seit dem Jahre 1930 planmäßig aufgenommen wurden und über die FRANCKE, STANDFUSS und WILKEN berichten, wurden bei 48 Tieren in 7 Beständen solche Zufallsbefunde erhoben. Diese Feststellungen, die in den verschiedensten Beständen, in ganz verschiedenen Gegenden, zu ganz verschiedenen Zeiten gemacht worden sind, beweisen, daß *die Darmflora gesunder Rinder ein botanisches Gebiet ist, in dem Bakterien der Paratyphus-Enteritisgruppe vorkommen.* Ihre Zahl ist beim einzelnen Tiere gering, daher ist ihr Nachweis immer nur als ein glücklicher Zufall zu betrachten, aber ihre Vorkommensbreite ist eine allgemeine, weder zeitlich noch örtlich irgendwie eng begrenzt. Gerade aus dem Umstande, daß ihr Nachweis stets nur als ein besonders glücklicher „Zufall" angesehen werden kann — ist doch die etwa erbsengroße Menge Kot, die bei einer Untersuchung zur Aussaat gelangt, nur ein winziger Teil der gesamten Darminhaltsmasse eines Rindes —, muß man logischerweise schließen, daß ihr wirkliches Vorkommen viel häufiger ist, als zu unserer Kenntnis gelangt. Was wir bei unseren Untersuchungen erfaßt haben und täglich immer wieder gelegentlich erfassen, ist nur ein kleiner Ausschnitt der tatsächlichen Vorkommensbreite dieser Keime in der Darmflora gesunder Rinder.

Bei diesen Zufallsbefunden kann nicht von einer „Infektion" gesprochen werden, denn das einzige, was von diesen Fällen bekannt wird, ist die Beimischung von Paratyphus-Enteritiskeimen zur Darmflora. Für das *Eindringen in das parenterale Körperinnere liegen keinerlei Anhaltspunkte vor,* denn immer wieder konnte bei diesen Untersuchungen festgestellt werden, daß weder Agglutinine im Blute vorhanden waren, noch auch die Keime sich beim geschlachteten Tiere im parenteralen Körperinnern auffinden ließen. STANDFUSS, WILKEN und SÖRRENSEN unterscheiden daher Tiere, bei denen Paratyphus-Enteritiskeime nur gelegentlich einmal nur in spärlicher Menge und ohne gleichzeitiges Vorhandensein von WIDAL-Reaktionen nachgewiesen werden als sog. *„Zufallsausscheider"* von den *„enteritiskranken Tieren"* und den *„Dauerausscheidern".*

Bei den *Zufallsausscheidern* ist nur eine *Beimischung* der Paratyphus-Enteritiskeime *zur Darmflora* nachgewiesen, bei den *kranken Tieren* und den *Dauerausscheidern* dagegen handelt es sich um eine *echte Infektion.*

Der Begriff der *„Infektion mit Bakterien der Paratyphus-Enteritisgruppe"* ist dahin festzulegen, daß die *Bakterien in das parenterale Körperinnere eingedrungen* sind, was bei der Untersuchung durch eine Reizung des *antigenen Apparates* (WIDAL-Reaktion), ferner beim geschlachteten Tiere durch den *Nachweis der Bakterien im parenteralen Körperinnern,* sowie in vielen Fällen auch pathologisch-anatomisch durch eine *Reizung der Milz* (langsam neubildende Milzschwellung), sowie durch retikulo-endotheliale Wucherungen (Paratyphusknötchen in Erscheinung tritt (s. S. 677 und 724).

3. Allgemeine Epidemiologie, Vorkommen der Paratyphus-Enteritiskeime in der Außenwelt.

Die im vorigen Abschnitt dargestellten Verhältnisse sind der Schlüssel zur Epidemiologie der Tierparatyphosen. Da es sich bei einem großen Teile der Tierparatyphosen, insbesondere denen, die nicht zu den primären Tierparatyphosen gehören, nicht um „*Kettenseuchen*" im Sinne von FRANCKE und GOERTTLER, die wie ein Brand von Infektionsherd zu Infektionsherd sich fortpflanzen, ja in vielen Fällen sogar überhaupt nicht einmal um „*Seuchen*", sondern um *Einzelerkrankungen* mit gelegentlicher Häufung der Fälle handelt, muß ein Bindeglied da sein, das den Kreis der ursächlichen Zusammenhänge schließt.

Ein solches *Bindeglied* ist die unsere bisherigen Vorstellungen wahrscheinlich weit übertreffende *Vorkommensbreite der Bakterien der Paratyphus-Enteritisgruppe als Beimischung zur Darmflora gesunder Tiere.*

Es gibt aber außerdem noch eine zweite Möglichkeit, nämlich das *saprophytische Vorkommen* von Keimen der Paratyphus-Enteritisgruppe *in der Außenwelt.* Allerdings ist es hierbei wichtig, sich über den Begriff der „Außenwelt" in diesem Zusammenhange klar zu werden. ELKELES weist darauf hin, daß das, was im Schrifttum als sog. *Außenwelt* bezeichnet wird, meist doch irgendwie mit dem tierischen Körper im Zusammenhang steht. Beim Vorkommen von Fleischvergiftern in Cremespeisen, Mayonnaisen, Fleischsalaten und ähnlichen Nahrungsmitteln kann man nicht mit Sicherheit von einem Vorkommen in der Außenwelt sprechen, da in diesen Nahrungsmitteln immer tierische Teile mit enthalten sind, die möglicherweise die Träger der Paratyphus-Enteritiskeime gewesen sind. Als wirkliches Vorkommen in der Außenwelt in diesem Sinne können nur Fälle wie die nachstehend angeführten angesehen werden; so fand CONRADI unter 151 Proben von Natureis 18mal, ROMMLER im Transporteis von Seefischen unter 12 Sendungen 4mal Keime der Paratyphus-Enteritisgruppe. Ähnliche Einzelbefunde sind auch von STERNBERG, FORSTER, GAETHGENS, MEYER, PACHINO und SCHUSTER (zitiert nach SOBERNHEIM) gemacht worden.

Über das Vorkommen von Keimen der Paratyphus-Enteritisgruppe in Jauche, Dünger und Grundwasser berichtet H. WEBER. Eingehende Versuche über das Verhalten von Fleischvergiftern in der Außenwelt haben auch DRESCHER und HOPFENGÄRTNER im Seuchenstalle der Veterinärpolizeilichen Anstalt in Oberschleißheim gemacht. In der Anstalt standen 2 Dauerausscheiderinnen von GÄRTNER-Bakterien und 2 der Ansteckung ausgesetzte Kälber. Es wurden die Haare dieser Tiere jeweils von 8 verschiedenen Körperstellen, ferner verschiedene Stallgeräte, jeweils 3 Proben, die Streu und die Jauche im Züchtungsversuch ohne Anreicherung und mit Galleanreicherung nach KAYSER auf GÄRTNER-Bakterien untersucht. Außer an den Haaren der Dauerausscheider wurden GÄRTNER-Bakterien auch an den Haaren der Kälber, die mit den Dauerausscheidern im gleichen Stalle standen, selbst aber Bakterien nicht ausschieden, nachgewiesen. Im übrigen waren die Stallgeräte, die mit dem Kote der Tiere in Berührung kamen (Düngergabel, Besen), die Streu und die Jauche mit Erregern behaftet. Weiterhin stellten diese Forscher Untersuchungen über die Lebensfähigkeit von B. parat. B, B. enteritidis GÄRTNER und Breslau in der Außenwelt an. Es ergaben sich Schwankungen je nach dem Fleischvergifterstamm in Kot zwischen 28 und 159, in Jauche zwischen 37 und 90, in Milch zwischen 19 und 90, in Wasser zwischen 22 und 32 Tagen.

Diese Untersuchungen zeigen, daß auch die Außenwelt als Bindeglied in dem ursächlichen Zusammenhange der Tierparatyphosen in Betracht zu ziehen ist. Berücksichtigt man aber die geringe Ansteckungsfähigkeit der Erreger der Paratyphus-Enteritisgruppe, so wird man eine allzu große praktische Bedeutung der Außenwelt als Ansteckungsquelle nicht beimessen können, man wird sie vielmehr als eine gelegentliche Erweiterung der Vorkommensbreite ansehen dürfen. Man darf auch nicht übersehen, daß diese Feststellungen im Zusammenhange mit infizierten und ausscheidenden Tieren gemacht wurden.

Schließlich wird man bei Betrachtung der Epidemiologie der Tierparatyphosen auch an der Tatsache der *Mutation* nicht ganz vorübergehen können. Wenn schon GOTTSCHLICH (Kommen und Gehen der Epidemien, Naturforscherversammlung in Hamburg 1928) für die Cholera asiatica, die im Gegensatz zu der jahrtausendealten Pest erst vor wenig mehr als 100 Jahren als gewaltige Seuche aufgetreten ist, annimmt, daß die Erreger sich aus ursprünglich harmlosen Darmbewohnern zu Krankheitserregern entwickelt haben und umgekehrt auch wieder ihre krankmachenden Fähigkeiten verlieren können, so wird man für die Paratyphus-Enteritisgruppe die gleiche Möglichkeit nicht ganz von der Hand weisen können, um so weniger, als wir in der Coli-Typhusgruppe eine geradezu *„chromatische Stufenleiter"* der Entwicklungsformen vom Saprophyten zum Krankheitserreger vor uns haben; man denke nur an die Abwandlungen der Colistämme (B. coli anindolicum, mutabile, imperfectum), ferner an die so weitverbreiteten Übergangsstämme (Blaukeime, Intermediusgruppe), die über die inagglutinablen Vertreter der Paratyphus-Enteritisgruppe hinweg hinleiten zu den echten Paratyphus-Enteritiskeimen, die wieder in breitem Umfange als harmlose Darmsaprophyten vorkommen und nur in einigen Spitzenexemplaren dann endlich als Krankheitserreger auftreten, aber auch wieder noch zu unterscheiden sind in die *„bedingt krankmachenden"* Erreger der Enteritis oder der *sekundären Tierparatyphosen* und in die *„Seuchenerreger"* bei den *primären Tierparatyphosen.* Wir haben kein Anrecht, in der Bakteriologie eine Arbeitshypothese zu leugnen oder nicht anzuwenden, die für die übrige Botanik und die Zoologie eine Selbstverständlichkeit ist; und es wäre ja auch abwegig, den Entwicklungsgedanken nur auf die Vergangenheit anzuwenden und zu meinen, die Welt stünde jetzt still.

Die *Epidemiologie der Tierparatyphosen* muß also unter einem weiten Gesichtswinkel großzügig betrachtet werden. Wer sich von den engen, schematisierenden Vorstellungen der ersten bakteriologischen Jahrzehnte nicht frei machen kann, der wird in der „Paratyphusfrage" an allen Ecken und Enden auf Unstimmigkeiten und Rätsel stoßen und wird dann zu dem resignierten Ausspruch kommen, daß wir „darüber noch zu wenig wüßten". Das trifft nicht zu. Wir wissen gerade über die Epidemiologie und Biologie der Paratyphus-Enteritisbakterien mehr als über manche anderen Krankheitserreger; wir müssen nur alles das, was über die Paratyphosen und ihre Erreger im Laufe der letzten Jahrzehnte bekanntgeworden ist, unter Ausschaltung veralteter Gedankengänge unbefangen und großzügig betrachten und zusammenfassen. Dann können wir von der Epidemiologie der Tierparatyphosen ein durchaus klares und sinnvolles Bild gewinnen, das sich kurz etwa folgendermaßen zusammenfassen läßt:

Die Urheimat der Bakterien der Paratyphus-Enteritisgruppe ist die Darmflora; Bakterien der Paratyphus-Enteritisgruppe sind auch heute noch in spärlicher Verstreuung, aber in einer ausgedehnten Vorkommensbreite im Darme gesunder Tiere vorhanden. *In den verschiedenen Vertretern der Paratyphus-Enteritisgruppe haben wir verschiedene Entwicklungsstufen vom saprophytischen*

Darmbewohner zum Krankheitserreger vor uns. Während die Erreger der *primären Tierparatyphosen* sich im Zustande *hoher Anpassung an bestimmte Tierarten,* zum Teil unter Erzeugung ganz besonderer Krankheitsbilder (Kälbertyphus, Stutenabort) befinden und für diese Tierarten eine hohe krankmachende Wirkung und sogar Ansteckungsfähigkeit besitzen, dafür an Gefährlichkeit für andere Tierarten oder den Menschen verloren haben, stehen andere, wie etwa die sowohl beim Menschen wie bei verschiedenen Tieren vorkommenden *Enteritis-erreger* der GÄRTNER- oder Breslaugruppe auf einer *mittleren Stufe der Infektiosität („bedingt krankmachend")*; den *geringsten Grad der krankmachenden Fähigkeit* zeigen schließlich die bei den *sekundären Tierparatyphosen* oder bei den *gesunden Ausscheidern* gefundenen Keime. Spielen schon bei manchen *primären Tierparatyphosen* die begünstigenden Begleitumstände eine wichtige Rolle, so daß man von „Reizseuchen" im Sinne von FRANCKE und GOERTTLER sprechen kann, so kann die *Bedeutung der Prädisposition* bei der Enteritis erwachsener Tiere und bei den sekundären Tierparatyphosen sich *bis zur Hauptursache steigern.*

Im übrigen sei ausdrücklich betont, daß die hier gewählte *Unterscheidung der Tierparatyphosen keinesfalls eine grundsätzliche und unbedingte* sein soll. In den Brennpunkten, d. h. in den Fällen, wo alle kennzeichnenden Eigenschaften der einzelnen Gruppen scharf ausgeprägt sind, sind sie weit genug voneinander unterschieden, um als Besonderheiten auseinandergehalten werden zu können. An den Grenzen aber sind die Übergänge fließend, und es wird immer Fälle geben, in denen es der Willkür des Betrachters überlassen bleiben muß, sie der einen oder anderen Gruppe zuzurechnen. Darum ist die gewählte Einteilung aber nicht falsch oder überflüssig, man muß sie nur als nichts anderes werten als was sie sein soll: eine *Hilfslinie* zum Verständnis der epidemiologischen Zusammenhänge.

4. Bakteriologie der Tierparatyphosen.

Die Bakteriologie der Tierparatyphosen ist dadurch verwickelt, daß die rein bakteriologisch-botanische Kennzeichnung und Unterscheidung der verschiedenen Keime der Paratyphus-Enteritisgruppe nicht mit der bakteriologisch-ätiologischen Bezeichnung Hand in Hand geht. Nur in einigen wenigen Fällen, etwa bei der Suipestiferinfektion, entspricht einer wohl abgegrenzten Tierparatyphose auch ein bestimmtes einzigartiges Bacterium. Meist aber ist das nicht der Fall; vielmehr ergibt die rein bakteriologisch-botanische Betrachtungsweise eine Einteilung in eine geringere Anzahl von Gruppen als es verschiedene Tierparatyphosen gibt. Man unterscheidet die *Paratyphus-B-,* die Breslau-, die GÄRTNER- und die *Suipestifergruppe,* und es bleiben dann noch einige Erreger von Tierparatyphosen übrig, denen man eine gewisse Sonderstellung nicht absprechen kann, wenngleich sie zu einzelnen der 4 Hauptgruppen in näherer Verwandtschaft stehen; es sind dies die *Hühnertyphus-* und *Kücken-ruhr*erreger, welche der GÄRTNER-Gruppe nahestehen, die *Stutenabortus*stämme und *Schafabort*stämme, die der Paratyphus-B- oder Breslaugruppe nahestehen, und der *Voldagsenbacillus,* der der Suipestifergruppe nahesteht.

Die nachstehende Übersicht zeigt die Erreger der verschiedenen Tierparatyphosen in ihrer Zugehörigkeit zu den verschiedenen bakteriologisch-botanischen Gruppen.

Die Tierparatyphosen und ihre Erreger.

I. *Primäre Tierparatyphosen.*

1. Kälbertyphus	B. enteritidis Gärtner-Jensen, B. enteritidis Breslau, B. parat. B.
2. Verfohlen	B. abortus equi.
3. Schafabort	B. abortus ovis.
4. Ferkeltyphus Schweineparatyphus	B. suipestifer Voldagsen B. suipestifer Kunzendorf.
5. Hühnertyphus Kückenruhr	B. typhi gallinarum. B. pullorum.
6. Mäusetyphus Rattentyphus	B. enteritidis Breslau. B. enteritidis Gärtner-Danysz.
7. Verschiedene Tier- paratyphosen	B. enteritidis Gärtner, B. enteritidis Breslau, B. parat., B. suipestifer Kunzendorf.

II. *Enteritis des Rindes.*

B. enteritidis Gärtner-Jensen, B. enteritidis Breslau, B. parat. B.
B. enteritidis Gärtner-Poppe.
B. enteritidis Gärtner-Jena?
B. enteritidis Gärtner-Danysz?

III. *Sekundäre Tierparatyphosen.*

1. Suipestiferinfektion der Schweine	B. suipestifer Kunzendorf.
2. Sporadische sekundäre Tierparatyphosen	B. enteritidis Gärtner-Jensen, B. enteritidis Breslau, B. parat. B. B. enteritidis Gärtner-Poppe, B. enteritidis Gärtner-Jena, B. enteriditis Gärtner-Danysz.

Einige der bakteriologischen Gruppen sind auch bereits wieder in Untergruppen gespalten, so die Paratyphusbacillen in die Untergruppen A, B und C, welch letztere wieder eine gewisse Verwandtschaft mit der Suipestifergruppe zeigt, ferner die Gärtner-Gruppe in die 4 Untergruppen Jena (Original Gärtner), Jensen (Kälber-Gärtner, Typus bovinus, Kiel), Poppe (Rostock) und Danysz (Ratin).

Die bakteriologisch-botanische Typenunterscheidung geschieht einmal auf Grund der Wuchsformen und der chemischen Leistungen und sodann auf serologischem Wege durch Bestimmung des Receptorenapparates.

Von den Wuchsformen ist besonders die Schleimwallbildung für die Artunterscheidung wichtig: das B. parat. B Schottmüller zeigt stets Schleimwallbildung, das Breslaubacterium niemals, die übrigen verhalten sich wechselnd. Andere Verschiedenheiten in den Wuchsformen sind gelegentlich zu verzeichnen, so mitunter ein besonders zartes Wachstum bei Pullorum- und Ferkeltyphusstämmen, ein krümeliges Wachstum und in flüssigen Nährböden Kahmhautbildung beim Stutenaborterreger, aber diese Verschiedenheiten reichen nicht aus, um maßgeblich bei der Artbestimmung verwertet werden zu können. Der Schwerpunkt der kulturellen Unterscheidung liegt in dem verschiedenen Verhalten gegenüber Kohlehydraten und Alkoholen; aus der großen Zahl dieser Verbindungen, die zur Unterscheidung herangezogen worden sind, haben sich als brauchbar und wesentlich im Laufe der Jahre in der Hauptsache die folgenden herausgestellt: 1. Milchzucker (Lactose), 2. Traubenzucker (Glucose, Dextrose), 3. Rohrzucker (Saccharose, Saccharobiose), 4. Mannit, 5. Arabinose, 6. Dulcit, 7. Rhamnose, 8. d-Tartrat, 9. Glycerin. Außerdem ist auf die Fähigkeit der Indolbildung, welche die Fleischvergifter nicht besitzen, entscheidender Wert zu legen.

670 RICHARD STANDFUSS:

Mit Hilfe dieser Prüfungsmittel läßt sich eine „bunte Reihe“ von Bestimmungsnährböden zusammenstellen, die nach folgender Übersicht eine Artunterscheidung gestatten. Dabei können aus Ersparnisgründen Milchzucker und Saccharose in einen Nährboden vereint werden.

Daraus ist ersichtlich, daß die unter 1—4 *genannten Nährböden von allen Gliedern der Paratyphus-Enteritisgruppe in gleicher Weise beeinflußt* werden; diese Nährböden dienen zur Festlegung des *Sammelbegriffs Paratyphus-Enteritisgruppe* und zur Unterscheidung von den Colibakterien und Übergangskeimen (Intermediusgruppe) auf der einen und den Typhus- und Ferkeltyphusbakterien auf der anderen Seite. Die unter 5—8 genannten Nährböden ermöglichen dann eine Unterscheidung der verschiedenen Typen innerhalb der Paratyphus-Enteritisgruppe, allerdings nicht aller. So sind z. B. Breslaubacterien und GÄRTNER-

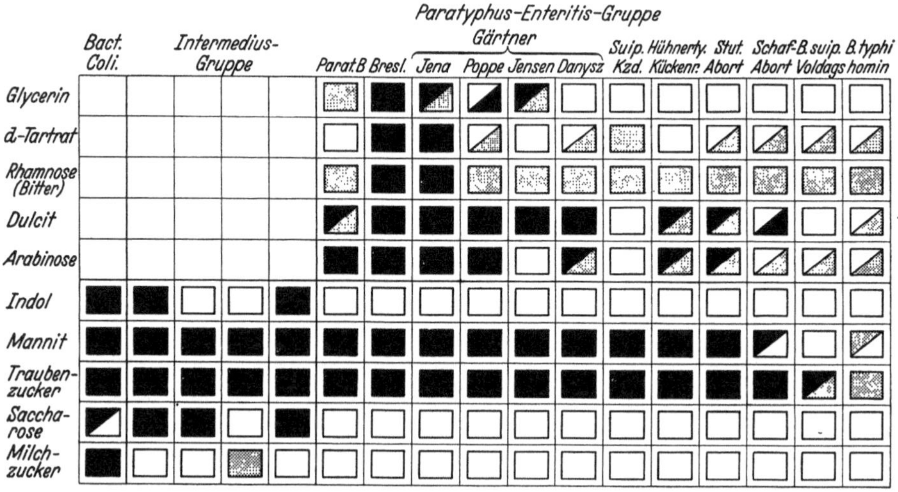

Abb. 1. Veränderungen der „bunten Reihe“. ■ starke Reaktion (bei Rhamnose rot) ▓ schwache Reaktion (bei Rhamnose gelb) □ keine Reaktion ◨ ◪ bei einem Teil der Stämme keine Reaktion.

Jena-Typen auf diesen Nährböden nicht zu unterscheiden, ebenso nicht Paratyphus B und GÄRTNER-Poppe. Auch Hühnertyphus- und Stutenabortstämme sind nicht mit Sicherheit von GÄRTNER-JENSEN oder GÄRTNER-Poppe oder Paratyphus B zu trennen. In diesen Fällen beseitigt aber dann die serologische Untersuchung jeden Zweifel.

Mit Hilfe der von WHITE, in Deutschland von BOECKER und KAUFFMANN aufs feinste ausgearbeiteten Receptorenanalyse konnten bisher nahezu 30 serologisch verschiedene Typen der Paratyphus-Enteritisgruppe bei Menschen und Tieren unterschieden werden. Die Unterscheidung gründet sich darauf, daß die Bakterien der Paratyphus-Enteritisgruppe sowohl hitzebeständige wie hitzeunbeständige sog. Receptoren[1] haben und daß die hitzeunbeständigen wiederum

---

[1] Die Bezeichnung „Receptoren“ ist hier nicht im Sinne der EHRLICHschen Seitenkettentheorie zu verstehen, sondern es sollen damit verschiedene Antigengruppen der Bakterien verstanden werden, die sowohl bei der Immunisierung von Serumkaninchen eine verschiedene Wirkung ausüben, wie auch im Reagensglas bei der Agglutination verschiedene Reaktionen geben.

in 2 Gruppen sich trennen lassen, nämlich in spezifische und unspezifische.
So gibt KAUFFMANN die nachstehende Übersicht über den Antigenaufbau der
Paratyphus-Enteritisgruppe. Die verschiedenen thermostabilen O-Antigene sind
mit römischen Ziffern von I—X belegt, die spezifischen H-Antigene mit kleinen
lateinischen Buchstaben von a—x, die unspezifischen H-Antigene mit arabischen Zahlen von 1—5.

Tabelle 1. Antigen-Tabelle nach F. KAUFFMANN[1].

Typen	O-Antigen	H-Antigen	
		spezifisch	unspezifisch
1. A	I II	a	—
2. Senftenberg-Newcastel . .	I III	g s	—
3. (B) SCHOTTMÜLLER		b	1, 2
4. Breslau-Binns	IV V	i	1, 2, 3
5. STANLEY		d	1, 2
6. READING		e h	1, 4, 5
7. DERBY		f g	—
8. Abortus equi	IV	e n x	—
9. Abortus ovis		—	1, 4
10. Brandenburg		e n l v	—
11. (C) Suipestifer-Amerika . .		c	1, 3, 4, 5
Suipestifer-Kunzendorf . .		—	
12. GLÄSSER-Voldagsen		c	
13. Orient.	VI VII	c	1, 4, 5
14. THOMPSON-Berlin		k	1, 3, 4, 5
15. VIRCHOW		r	1, 2, 3
16. Oranienburg		m t	—
17. Potsdam		e n l v	—
18. Newport	VI VIII	eh	1, 3, 4, 5
19. Morbificans bovis		r	
20. GÄRTNER-Jena		g o m	—
GÄRTNER-Ratin			—
21. GÄRTNER-Dublin-Kiel . . .		g p	—
22. GÄRTNER-Rostock		g p u	—
23. GÄRTNER-Moskau.	IX	g o q	—
24. Typhus		d	—
25. Sendai		a	1, 4, 5
26. Dar-es-Salaam		e n l v	—
27. Pullorum		—	—
28. London	X III	l v	1, 4

Die Receptorenanalyse kann auch in der Veterinärmedizin gute Dienste
leisten; so z. B. für die Unterscheidung von DANYSZ-Stämmen von anderen
Vertretern der GÄRTNER-Gruppe. Die DANYSZ-Stämme werden mit GÄRTNER-
Seren zunächst als zur GÄRTNER-Gruppe gehörig bestimmt (O-Antigen IX,
spezifisches H-Antigen g), sie können aber auf diese Weise nicht von den Jena-,
Kiel-, Rostock- und Moskaustämmen unterschieden werden. Durch Agglutination mit Oranienburgserum ist aber eine Trennung der Ratinstämme von den
Kiel-, Rostock- und Moskaustämmen möglich, da das Oranienburgserum den

─────────

[1] KAUFFMANN, F.: Zbl. Bakter. I. Orig. **119**, 157 (1930).

Faktor „m" als einzigen mit den DANYSZ-Stämmen, allerdings auch mit den GÄRTNER-Jena-Stämmen gemeinsam hat. Da aber GÄRTNER- Jena- und Ratinstämme wieder durch die bunte Reihe unterscheidbar sind, ergibt sich unter Verwendung beider Verfahren eine Artbestimmung der Ratinstämme. Ein Bedürfnis, so zahlreiche Unterteilungen zu machen wie in der KAUFFMANNschen Tabelle, hat sich für die Tierparatyphosen bisher praktisch nicht herausgestellt. Es ist aber wahrscheinlich, daß auch bei Tieren Untertypen der WHITE-KAUFFMANNschen Einteilung vorkommen. Serologische Beziehungen von GÄRTNER-Typen oder von Breslautypen zur C-Gruppe sind im Veterinär-Untersuchungs-Amt in Potsdam nicht selten beobachtet worden, ohne daß der genauen Bestimmung der Antigene nachgegangen wurde; es dürfte sich aber hier um übergreifende bzw. gemeinsame spezifische und unspezifische H-Antigene handeln.

B. Die Tierparatyphosen im einzelnen.

I. Die primären Tierparatyphosen.

1. Der Kälberparatyphus (Kälberparatyphose, Kälbertyphus, Kälberenteritis).

Der sog. *Kälberparatyphus* ist eine Krankheit der Kälber, die an sich schon sehr lange bekannt ist, als geschlossener Krankheitsbegriff aber erst später sich aus einer Reihe verschiedener Aufzuchtkrankheiten der Kälber herausgeschält hat. Der Volksmund schuf zunächst Namen für die verschiedenen äußerlich besonders hervortretenden Erscheinungen dieser Aufzuchtkrankheiten, so entstanden die Bezeichnungen „Kälberruhr" und „Kälberlähme", und auch die Wissenschaft konnte zunächst nur sich an das Greifbare halten, was zur Zeit über die Krankheit bekannt war, und so entstanden die Namen „Nabelvenenentzündung", „Polyarthritis", „ansteckende Lungen-Brustfellentzündung der Kälber", „Kälbersepticämie" und ähnliche. Erst die weitere ätiologische Forschung brachte dann teils eine Trennung ätiologisch verschiedener Krankheiten mit ähnlichen Symptomen — so z. B. die Abtrennung der durch Bakterien aus der Gruppe der hämorrhagischen Septicämie hervorgerufene Lungen-Brustfellentzündung der Kälber von der im Verlaufe der GÄRTNER-Infektion auftretenden katarrhalischen Lungenentzündung —, teils wieder eine Zusammenfassung verschieden benannter Krankheiten zum Krankheitsbilde einer ätiologisch einheitlichen Krankheit, so die Polyarthritis, die Lungenentzündung und auch gewisse Darmerscheinungen unter dem Bilde des sog. „Kälberparatyphus". Diese Krankheit ist nicht nur die häufigste Tierparatyphose, sondern auch in ihrem Krankheitsverlauf und den Organveränderungen, die sie bedingt, die *klassische* Tierparatyphose.

Die erste Mitteilung über diese Krankheit, in der sie als eine ätiologische Besonderheit erfaßt wurde, ist die von THOMASSEN. Er beschreibt eine in Holland, besonders in der Gegend von Utrecht auftretende Krankheit der Kälber, die 5—8 Tage, manchmal aber auch erst 4 Wochen nach der Geburt auftrat und unter schwerer fieberhafter Allgemeinerkrankung in wenigen Tagen zum Tode führte. Er bezeichnet sie deshalb als „eine neue Septicämie mit Nieren- und Harnblasenentzündung"; Hirnhautentzündung (Krampfanfälle), sowie Blutungen in der Magen- und Dünndarmschleimhaut und unter den serösen Häuten, sowie eine starke Milzschwellung wurden beobachtet. THOMASSEN züchtete auch den Erreger, den er „B. septicus vitulorum" benannte und der Coligruppe zurechnete; DE NOBELE erkannte ihn als einen Angehörigen der GÄRTNER-Gruppe. Während THOMASSEN schwere Seuchengänge mit vorwiegend septicämischem Krankheitsbilde zu beobachten Gelegenheit hatte, fand POELS ebenfalls im Herbst 1899 Fälle, bei denen Darmerkrankungen im Vordergrunde standen. Der von ihm gefundene Erreger unterschied sich aber von dem als Erreger der Kälberruhr bekannten Colibacterium, und er nannte ihn daher „B. pseudocoli". Ganz entsprechende Beobachtungen machte C. O. JENSEN in Dänemark und nannte die von ihm gefundenen Erreger „Paracolibacillen"; weitere Beobachtungen wurden in Belgien von FALLY sowie in der Schweiz von BAER gemacht. In Deutschland wurde diese Krankheit wissenschaftlich zuerst im bakteriologischen Institut der Landwirtschaftskammer in Königsberg von WIEMANN bearbeitet, und hierbei die Übereinstimmung der von den vorgenannten Forschern gefundenen Bakterien untereinander und mit den GRÄTNER-Bakterien festgestellt. Im Königsberger Institut wurde auch erstmalig für diese Krankheit wegen der Zugehörigkeit ihrer Erreger zur Paratyphusgruppe der Name „Paratyphus der Kälber" gebraucht. Zu den gleichen Feststellungen wie WIEMANN kamen auch TITZE und WEICHEL. In den Bereich der Erkrankungen, die sich später zum Bilde des Kälberparatyphus gerundet haben, gehört auch die Bildung von miliaren Nekroseherden in Leber und Nieren des Kalbes, wie sie von HAFFNER, LANGER, LEDSCHBOR, EICKMANN, NOAK und HÖCKE beschrieben worden sind.

Der von LANGER als B. nodulifaciens beschriebene Erreger ist ebenfalls ein GÄRTNER-Bacillus und die als „miliare Organnekrose des Kalbes" bezeichnete Krankheit ist nichts anderes als eine Teilerscheinung bzw. ein Überbleibsel des Kälberparatyphus. Ob derartige Veränderungen, die bei ganz gesunden Schlachtkälbern sehr häufig vorgefunden werden, ohne daß es gelingt, Fleischvergifter in ihnen nachzuweisen, immer *nur* auf eine frühere Kälberparatyphusinfektion zurückzuführen sind, erscheint nicht unbedingt sicher. WINTER untersuchte im Leipziger Schlachthoflaboratorium im Jahre 1929 177 Proben von Lebernekrosen, von denen $50 = 28,2\%$ frei von Fleischvergiftern waren.

Wissenschaftliche Beiträge zur Frage der Kälberparatyphose haben ferner RIEMER, WINZER, DOUMA, LUXWOLDA, SCHMITZ, GUTSCHE, ZELLER, F. SCHMITT, STICKDORN, HÖRR, HENNINGER geliefert; in einer besonders eingehenden Arbeit beschäftigt sich CHRISTIANSEN mit ihr (1916). Eine zusammenfassende abrundende Darstellung dieser Krankheit brachte 1921 KARSTEN in seiner Monographie „Der Paratyphus der Kälber", deren besonderer Wert darin liegt, daß der Verfasser die Krankheit selbst jahrelang eingehend in den Provinzen Schleswig-Holstein und Hannover studiert hat. Nach dem Erscheinen des Buches von KARSTEN fand auch die Benennung der Krankheit als „Kälberparatyphus" allgemeinen Eingang im Schrifttum und im täglichen Sprachgebrauch. Als glücklich gewählt kann man diesen Namen nicht bezeichnen. Der Vorschlag „Kälberenteritis" erscheint auch nicht befriedigend, weil in dieser Bezeichnung, die eine klinische ist, gerade nicht das Kennzeichnende des klinischen Krankheitsbildes getroffen wird, sondern nur *eine* Teilerscheinung, und nicht einmal eine hauptsächliche, ja sogar nicht einmal immer vorhandene. Will man die Bezeichnung ätiologisch wählen, dann wäre die Bezeichnung „Kälberparatyphose" das Gegebene. Vielleicht ist es aber besser und volkstümlicher, das Klinische im Namen der Krankheit hervorzuheben und sich in dieser Beziehung dem Sprachgebrauch bei anderen Tierkrankheiten, insbesondere auch bei anderen Tierparatyphosen, die unter Voranschickung der Tierart als „Typhus" bezeichnet werden, anzuschließen und, wie man von einem „Ferkeltyphus", „Schweinetyphus", „Hühnertyphus", „Mäusetyphus", „Rattentyphus" spricht, nun auch „Kälbertyphus" zu sagen. Das Klinische wird darin ebenso treffend zum Ausdruck gebracht wie im Namen „Paratyphus". Das Fortlassen der Vorsilbe „Para" hätte aber den großen Vorteil, daß die Gefahr der Irreführung in ätiologischer Hinsicht fortfallen würde. Es möge daher an dieser Stelle der Versuch einer Einführung des Namens „Kälbertyphus" gemacht und im folgenden nur diese Bezeichnung gebraucht werden.

Da der Kälbertyphus keine anzeigepflichtige Seuche ist, die in den amtlichen Tierseuchenstatistiken berücksichtigt wird, können die im Schrifttum vorhandenen Angaben über die Verbreitung des Kälbertyphus keinen Anspruch auf Einheitlichkeit und lückenlose Vollständigkeit erheben. Eine großzügige Übersicht gewähren die Ergebnisse der Schlachtvieh- und Fleischbeschau, welche die zur Schlachtung gekommenen Fälle berücksichtigen, wie nachstehendes Beispiel zeigt.

Tabelle 2. Preußen.

Jahr	Ordnungs-mäßige Kälber-schlachtungen	Kälber-schlachtungen ohne Lebend-beschau	Zusammen	Beanstandungen wegen Blutvergiftung	
				Ohne Nachweis von Fleisch-vergiftern	Vorhandensein von *Fleischvergiftern*
1929	2400953	17991	2418944	3020	1157
1930	2146589	19914	2166503	3264	1070
1931	2133804	16583	2150387	2798	743
1929—1931 insgesamt	6681346	54488	6735834	*9082*	**2970**

Aus dieser Übersicht wird man auch einen guten Teil der ohne bakteriologische Fleischbeschau wegen Blutvergiftung beanstandeten Kälber dem Kälbertyphus zurechnen dürfen.

Wertvolle Aufschlüsse geben auch Jahresberichte bakteriologischer Institute wie der beiden nachstehend angeführten, in denen hauptsächlich die aus der landwirtschaftlichen Praxis heraus bekanntgewordenen Fälle verzeichnet sind:

Tabelle 3.

	Zeit	Gesamtzahl der unter-suchten Kälber	Kälber-typhus-befunde	Kälber-typhusbefunde in % der untersuchten Tiere
Thüringische Landesanstalt für Viehversicherung	7 Jahre der Nachkriegszeit	313	10	3,19
Bakteriologisches und Seruminstitut Dr. SCHREIBER, Landsberg	6 Jahre der Nachkriegszeit	3157	391	12,39

KARSTEN hat in seiner Schrift dargetan, daß der Kälbertyphus im nördlichen europäischen Festlande, von Holland bis Ostpreußen, heimisch ist, daß er aber auch weiter südlich nach Mitteldeutschland und Schlesien ausstrahlt. Im eigentlichen Süddeutschland ist er nur selten, worüber Hölzel berichtet. Detre (mündliche Mitteilung an Karsten) hat die Krankheit auch in Ungarn beobachtet, Konno auch in Japan. Bekannt ist sie ferner in Schweden und vor allem in Dänemark; für dieses Land gibt Christiansen ausführliche Unterlagen unter Beifügung geographischer Karten. Danach entfielen von seuchenhaften Kälberkrankheiten in 1535 Beständen 399 = 26% auf Gärtner-Infektionen und 35 = 1,3% auf Breslauinfektionen.

Im Veterinär-Untersuchungs-Amt Potsdam wurde anläßlich der bakteriologischen Fleischbeschau in den Jahren 1922—1933 unter 2552 Untersuchungen von Kälbern 148mal Kälberparatyphus festgestellt.

Das Krankheitsbild ist zum Teil schon bei den geschichtlichen Angaben beschrieben worden. Es ist das Bild einer Infektionskrankheit mit septicämischem Charakter, das allerdings ziemlich weiten Schwankungen unterliegt, je nachdem der akute septicämische Charakter in den Vordergrund tritt oder eine Lokalisation auf bestimmte Organe. Besonders sind auch Schwankungen der Virulenz zu verzeichnen, die sich in einem bald akuten, nur wenige Tage dauernden, bald in einem schleppenden, über Wochen und Monate sich hinziehenden Verlauf, sowie in der verschiedenen Sterblichkeit ausdrücken. Letztere kann unter Umständen 50% betragen, ist aber häufig viel geringer und liegt im Durchschnitt um 25—30%.

Die Aufnahme des Erregers erfolgt, wie bei allen Paratyphosen, von den Verdauungswegen aus, wenn nicht die Kälber von infizierten Mutterkühen stammen und die Ansteckung schon auf die Welt mitbringen. In verseuchten Beständen werden durch die kranken Kälber mit Kot, Harn, in geringer Menge auch mit ausgehustetem Bronchialschleim die Erreger im Stalle ausgestreut und durch das Schuhzeug der Tierpfleger und das Sammeln des Düngers weiterverbreitet. Die Hartnäckigkeit, mit der die Seuche in manchen Beständen festsitzt, läßt vermuten, daß die Erreger sich auch in der Außenwelt halten können, was durch verschiedene Mitteilungen des Schrifttums bestätigt ist. So hat H. Weber in einem Kälbertyphusbestande Gärtner-Bakterien in Kot, Jauche, Dünger, sowie in Erd- und Grundwasserproben aus der Nähe eines Weidebrunnens nachgewiesen. Drescher und Hopfengärtner wiesen an den Haaren von gesunden Kälbern, die aber der Ansteckung ausgesetzt waren, ferner in Streu und Jauche, sowie an Stallgeräten die Erreger nach. Ihre Lebensfähigkeit konnten sie in besonderen Versuchen im Kote bis zu 159, in Jauche bis zu 90 Tagen, in Wasser bis zu 32 Tagen nachweisen. Pröscholdt beobachtete das Auftreten von Kälbertyphus im Zusammenhange mit der Erkrankung erwachsener Rinder und dem Vorhandensein von Dauerausscheidern in mehreren Beständen.

Über das Verhältnis der Enteritis des erwachsenen Rindes zum Kälbertyphus siehe auch S. 715. In vielen Fällen aber bleiben die ursächlichen Zusammenhänge ungeklärt und es gelingt trotz aller Vorsichtsmaßregeln, trotz Impfungen, Desinfektionen und Absonderungen mitunter nur sehr schwer, den Kälbertyphus aus einem Bestande zu tilgen (Karsten).

Die Krankheit beginnt frühestens gegen Ende der 1., meist in der 2. oder gar 3. Woche mit Fieber von 40—41° und Störung des Allgemeinbefindens, das sich in akuten septicämischen Fällen rasch zu völliger Teilnahmslosigkeit und großer Schwäche verschlechtert. In langsamer verlaufenden Fällen treten örtliche Erscheinungen von seiten des Darmes oder der Lungen oder der Gelenke oder mehrere zugleich auf. Die Darmerscheinungen bestehen in dem Absetzen eines weichbreiigen, hellgelben, gewöhnlich auch mit Blut untermischten Kotes, der das Hinterteil des Tieres auffallend beschmutzt. Der Durchfall wechselt mitunter mit Verstopfung ab. In den Lungen kommt es häufig zur Ausbildung einer katarrhalischen Lungenentzündung, mitunter auch unter Mitbeteiligung des Brustfells. Die Gelenkerkrankungen kennzeichnen sich durch umfangreiche schmerzhafte Schwellungen; die Tiere sind dann gar nicht oder nur schwer imstande aufzustehen, und es können auf diese Weise durch den Nichtgebrauch bestimmter Gliedmaßen dauernde Verkrüppelungen (Verkürzung von Gliedmaßen, Verkrümmungen der Wirbelsäule u. dgl.) entstehen. Kälber, die einen derartig schweren Kälbertyphus überstanden haben, bleiben meist dauernd in der Entwicklung zurück.

Bei der bakteriologischen Untersuchung findet man die Erreger meist im Kote, manchmal auch im Harn. Ins einzelne gehende Mitteilungen über Bakterienbefunde im Kote machen STANDFUSS, WILKEN und SÖRRENSEN. Bei einem Kalbe, das sich durch Saugen an einer Dauerausscheiderin infiziert hatte, erscheinen die GÄRTNER-Keime zum ersten Male am 4. Tage nach dem Auftreten des ersten Fiebers, 14 Tage nach der ersten Ansteckungsmöglichkeit. Sie waren von da an 5 Wochen hindurch bis kurz vor der Schlachtung in reichlicher Menge nachweisbar. Bei einem von einer GÄRTNER-infizierten Kuh geworfenen Kalbe gelang der Nachweis im Kote vom 5. Lebenstage an, allerdings immer nur in der Anreicherung, 4 Wochen hindurch. Ein spontan erkranktes Kalb schied 2 Wochen hindurch in ziemlich reicher Menge GÄRTNER-Bakterien im Kote aus. Nach $2^1/_2$ Monaten wurden noch einmal im Kote die Keime nachgewiesen. Bei diesem Kalbe wurden auch 12mal im Harn die Erreger gefunden. Bei einem durch Anlegen an eine Ausscheiderin angesteckten und einem durch Verabreichung von Kultur infiziertem Kalbe wurden nur in einem Teile der Kotproben GÄRTNER-Bakterien nachgewiesen. Auch im kreisenden Blute frisch erkrankter Tiere gelang der Nachweis mitunter durch Züchtung.

Regelmäßig darf man mit dem Auftreten von Agglutininen im Blutserum rechnen, jedoch erst nach einer gewissen Zeit; KARSTEN sah in 22,5% der Fälle das erste Auftreten in der 2. Krankheitswoche, bei 30% in der 3., bei weiteren 30% in der 4., bei 10% in der 5., bei 5% in der 6. und bei 2,5% erst in der 7. Woche nach Krankheitsbeginn. Die höchsten Werte waren in der 5. bis 7. Woche zu beobachten. Bei Tieren, die am Leben bleiben, sinken die Werte nach etwa 2—3 Monaten meist wieder. Unter Umständen bleiben sie aber auch lange erhalten. So wurde im Potsdamer Institut ein Kalb, das Kälbertyphus überstanden hatte, aber immer etwas zurückgeblieben war, 3 Jahre untersucht und bei ihm WIDAL-Werte anfangs zwischen 200 und 1300, später zwischen 133—400 gefunden. Bei der Schlachtung ließen sich trotz sorgfältigster Untersuchung weder im Darminhalt noch im parenteralen Körperinnern GÄRTNER-Keime nachweisen; es bestand aber eine ziemlich starke, langsam neubildende Milzschwellung.

Im Blutbilde konnten STANDFUSS, WILKEN und SÖRRENSEN eine Vermehrung der Leukocyten, besonders in ihren Jugendformen, beobachten.

Bei der Zerlegung ist als Ausdruck der septicämischen Erkrankungen stets eine Milzschwellung zu beobachten, die je nach dem Verlauf der Krankheit in stürmischeren Fällen mehr das Gepräge einer frisch entzündlichen oder gallertigen Milzschwellung, bei schleppendem Verlauf den einer langsam neubildenden Milzschwellung mit vorwiegender Beteiligung der Follikel haben kann. Letztere heben sich als graurote oder graugelbe Knötchen bis zu Hanfkorngröße und darüber aus der himbeerroten, ziemlich festen Pulpa heraus. In besonderen Fällen können die Follikel zu gelben, tuberkelähnlichen Knötchen entarten. In manchen Fällen kommt es zur Ausbildung harter „Gummimilzen". NIEBERLE spricht auch von einer durch starke Zunahme des Bindegewebes bedingten Cirrhose der Milz.

Bei Beteiligung der Lungen sind besonders die vorderen und mittleren Lappen dunkelgraurot, verdichtet; in älteren Fällen kann man die für die katarrhalische Lungenentzündung beim Rindergeschlecht kennzeichnende Kleeblattzeichnung erkennen, die durch die Grau- oder Gelbfärbung der Mitte der Lungenläppchen entsteht. HEMMERT-HALSWICK beschreibt kleine broncho-

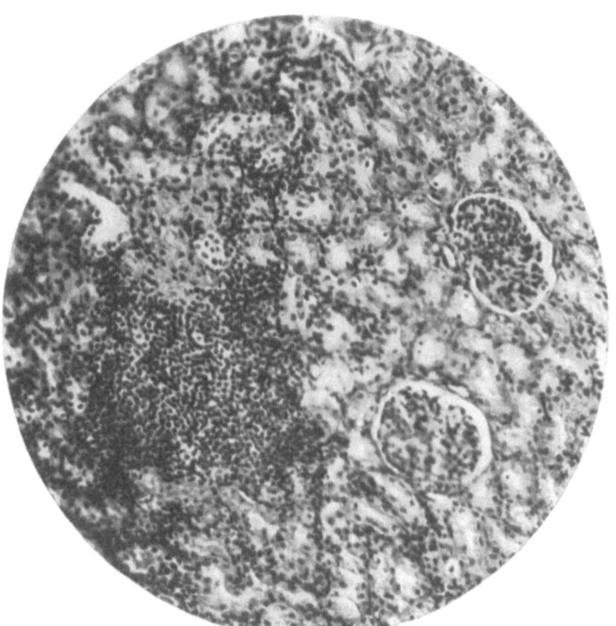

Abb. 2. Niere vom Kalbe mit herdförmiger interstitieller Nephritis (Obj. Zeiß C; Okul. 6mal; 150mal vergrößert). (Nach A. HEMMERT-HALSWICK.)

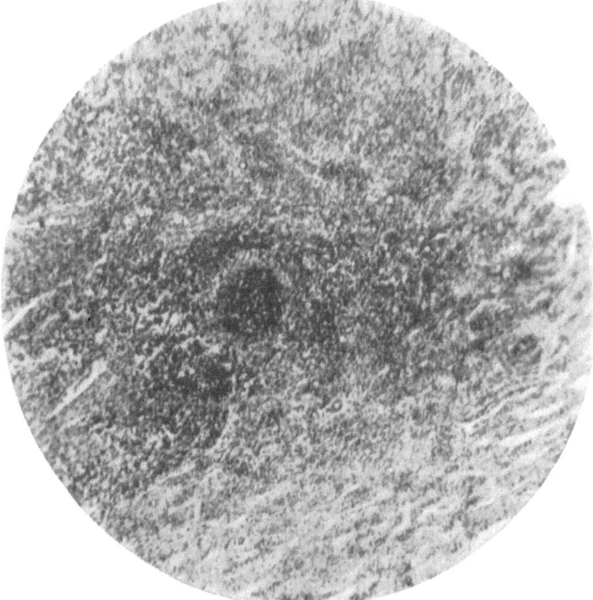

Abb. 3. Buglymphknoten vom Kalbe mit Paratyphusknötchen (Obj. Zeiß AA; Okul. Homal I; 45mal vergrößert). (Nach A. HEMMERT-HALSWICK.)

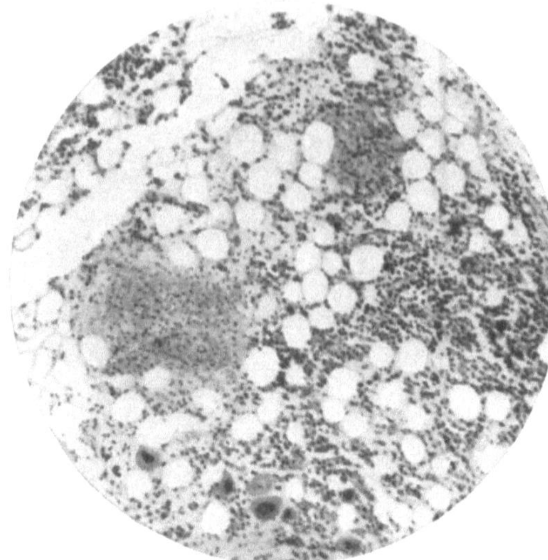

Abb. 4. Knochenmark vom Kalbe mit miliaren Nekrosen
(Obj. Zeiß AA; Okul. Homal I; 81mal vergrößert).
(A. Hemmert-Halswick.)

pneumonische Herde mit Ausbildung kleiner atelektatischer Bezirke. Die Lungenlymphknoten sind sehr stark geschwollen, manchmal fast knorpelhart. Das Lungenfell ist mitunter, je nach dem Grade der Beteiligung, rauh oder mit schwartenähnlichen fibrinösen Auflagerungen bedeckt, die bei längerer Dauer zu bindegewebigen Verwachsungen führen können.

Am Darm sieht man die Veränderungen einer schweren Darmentzündung, häufig mit umfangreichen Verschorfungen, die beetartig begrenzt sein können, manchmal aber auch weite Darmabschnitte betreffen. Im Gegensatz zu den Paratyphosen des Schweines, bei denen von diesen Verschorfungen fast ausschließlich der Dickdarm betroffen ist, ist bei Kälbern der Leer- und Hüftdarm bevor-

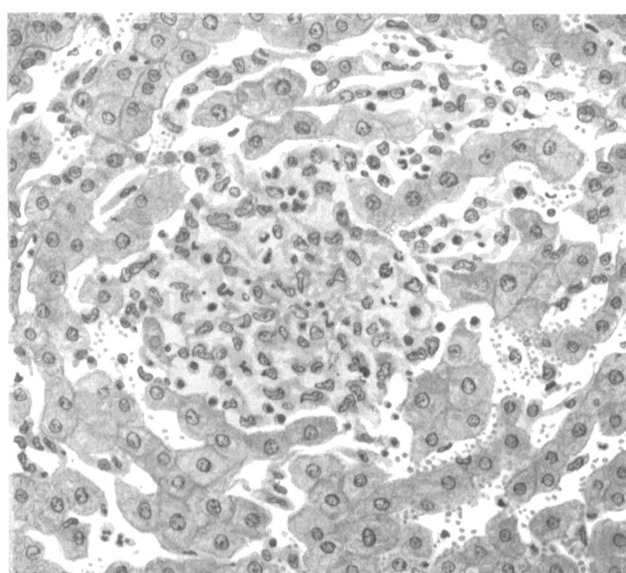

Abb. 5. Paratyphusknötchen der Leber. Starke Vergrößerung, Ölimmersion.
Herdförmige Wucherung der Sternzellen. Ausstrahlen dieser Wucherung zwischen die benachbarten
Leberzellbalken. (Nach K. Nieberle.)

zugt. Die Darmlymphknoten sind stark markig geschwollen, mitunter auch mit Blutungen durchsetzt. Die Gelenkveränderungen bestehen in einer Anhäufung bernsteingelber, mitunter auch mit fibrinösen Flocken durchsetzter Flüssigkeit in den Gelenken und den umgebenden Sehnenscheiden.

An feineren Organveränderungen sind die sog. „Paratyphusknötchen" zu nennen, wie sie von NIEBERLE sowie von HEMMERT-HALSWICK sowie auch früher schon von LANGER, HAFFNER u. a. unter dem Bilde der miliaren Organnekrosen beschrieben worden sind. Es sind blaßgraue oder graugelbe, sandkorngroße und größere, über die Oberfläche des Organs nicht hervorragende und auch durch keine Kapsel oder Haut abgegrenzte knötchenförmige Herde in Leber, Niere, Milz oder Lymphknoten, die sich bei histologischer Untersuchung entweder als örtliche Zellwucherungen mit nachfolgenden nekrobiotischen Prozessen (spezifische Granulome) oder von vornherein als reine Nekrosen erkennen

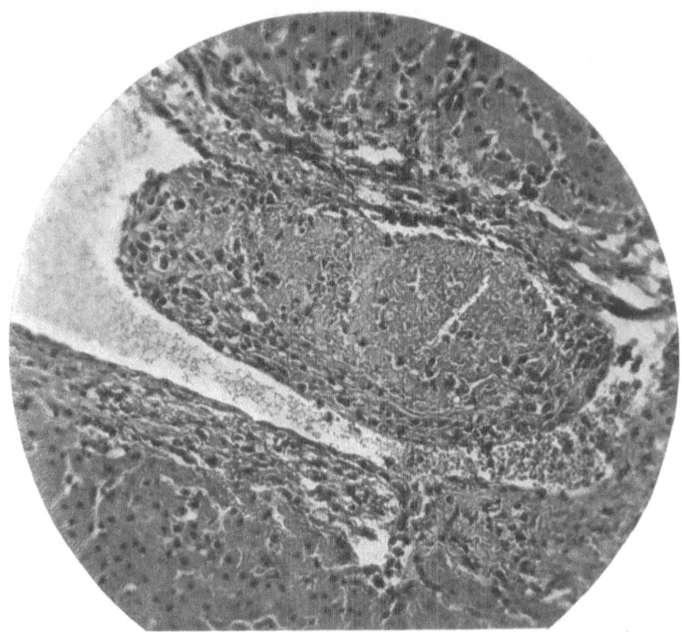

Abb. 6. Endophlebitis paratyphosa der Leber. Starke Vergrößerung. Der große Knoten engt die Gefäßlichtung stark ein, so daß es zu Störungen im Blutkreislauf kommt. Beginnende zentrale Nekrose des Knotens. (Nach K. NIEBERLE.)

lassen (NIEBERLE). Die örtlichen Zellwucherungen gehen von den Reticuloendothelien aus und sind für die Paratyphosen spezifisch, während die reinen Nekrosen unspezifische Absterbevorgänge darstellen, wie sie auch durch Toxine anderer Bakterien hervorgerufen werden können.

Diese Neigung zur Bildung solcher Knötchen kehrt grundsätzlich bei allen Tierparatyphosen wieder, was zu der Bezeichnung Paratyphusknötchen (NIEBERLE) geführt hat, HEMMERT-HALSWICK hat die pathologische Anatomie und Histologie der Tierparatyphosen durch eingehende Studien bereichert und faßt seine Beobachtungen, besonders beim Kälbertyphus, folgendermaßen zusammen:

„Pathologisch-anatomisch findet man in der Leber mehr oder weniger zahlreiche, kleinste bis stecknadelkopfgroße graugelbliche Herde. Die Milz ist durchweg vergrößert, von gummiartiger Konsistenz, die meist dunkelviolette Pulpa ist erweicht, doch nicht abfließend. Die durchweg helleren Nieren zeigen in der Rinde neben kleinsten Blutungen hellere Stippchen. Der Darm, besonders der untere Dünndarm und der Anfangsteil des Dickdarms, zeigt eine verschieden hochgradige Entzündung, auch wohl Geschwürsbildung. Die Lymphknoten, besonders des Darmes, sind, wenn auch nicht regelmäßig, mehr oder weniger markig geschwollen. Bei erwachsenen Rindern steht außer einer Gastroenteritis häufig eine Entzündung der Gebärmutter, des Euters oder auch der Lunge im Vordergrund der Erkrankung.

Histologisch findet man als unspezifische Prozesse in der Leber Zellenansammlungen im periportalen Bindegewebe und intralobuläre herdförmige histiocytäre Wucherungen (Paratyphusknötchen) und gleichartige Wucherungen an den Venen (Endophlebitis paratyphosa). Entsprechende Veränderungen zeigte die Milz und auch die Lymphknoten. Die helleren Herde in der Nierenrinde stellen herdförmige interstitielle Zellansammlungen dar.‘‘

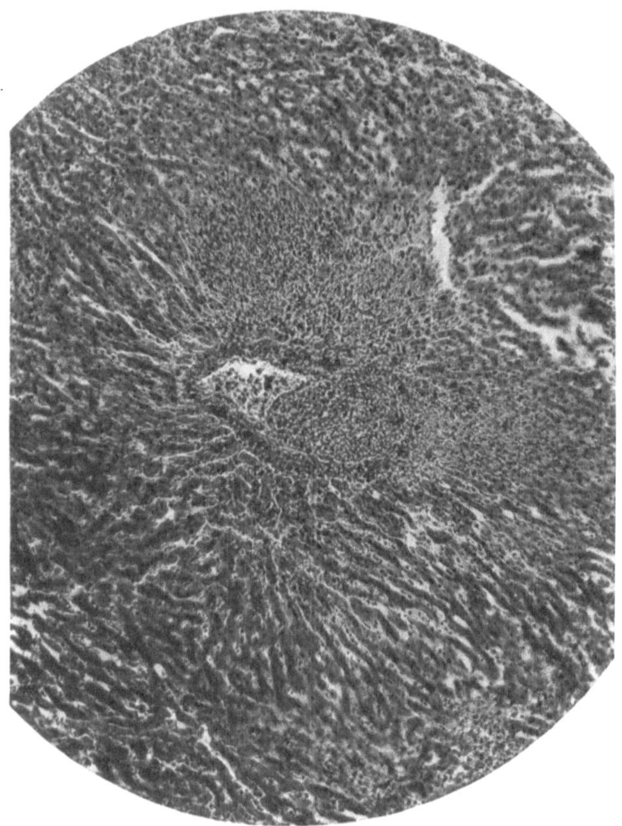

Abb. 7. Periphlebitis und Endophlebitis paratyphosa. Gefrierschnitt. Schwache Vergrößerung. Sammelvene, in deren Umgebung zwei Paratyphusknötchen liegen. Vordringen des oberen Knötchens durch die Gefäßwand in die Gefäßlichtung. Der knopfartige Vorsprung zeigt noch einen deutlichen Endothelüberzug. (Nach K. NIEBERLE.)

Auch die Neigung zu katarrhalischen, in schwereren Fällen fibrinösen Ausscheidungen (Lungen, Gelenke), unter Umständen auch zu nekrotischen Verschorfungen im Darm, kehrt bei den Tierparatyphosen immer wieder.

Zur *Bekämpfung des Kälbertyphus* werden Impfungen mit Serum sowie auch mit Vaccine angewendet. JENSEN erzielte durch Verabreichung von 10—15 ccm ,,Paracoli‘‘-Serum gute Erfolge; auch Heilversuche mit größeren Dosen (50—100 ccm) werden empfohlen. Derartige Impfstoffe werden viel von den Seruminstituten angeboten. Wie groß ihr wirklicher Erfolg ist, läßt sich bei dem verschiedenartigen Verlauf der Krankheit schwer sagen. Neben der Impfbehandlung ist stets auf Vermeidung weiterer Ansteckungen und auch

Fernhaltung anderer Schädigungen und Schwächungen der Kälber zu achten. Gründliche, immer wiederholte Reinigungen und Desinfektionen der Ställe und Buchten, unter Umständen Verbringen der Kühe schon vor dem Kalben in besondere Abkalbeställe sind wichtige Unterstützungsmaßnahmen zur Bekämpfung des Kälbertyphus.

Zur Frage des *Erregers des Kälbertyphus* ist noch hinzuzufügen, daß als solche nicht *nur* GÄRTNER-Bakterien in Betracht kommen. Im früheren Schrifttum ist des öfteren auch der Paratyphus-B-Bacillus als Erreger genannt worden, was auch in der Schrift von KARSTEN zum Ausdruck kommt. Es unterliegt heute keinem Zweifel mehr, daß es sich hierbei wohl größtenteils um Breslaubakterien gehandelt haben wird; in einem Teile der Fälle mag vielleicht auch ganz allgemein die Gruppenbezeichnung „Paratyphus" an Stelle der genaueren Artbezeichnung der Unterart gewählt worden sein. KARSTEN sieht in einer Veröffentlichung aus dem Jahre 1927 den GÄRTNER-Bacillus als den einzigen Erreger der Krankheit an und stellt den Satz auf, daß man andere bei der Fleischbeschau beim Kalbe gefundene Vertreter der Paratyphus-Enteritisgruppe als postmortale Infektionen ansehen müsse. Dem trat LEHR scharf entgegen, da im Veterinär-Untersuchungs-Amt in Potsdam gerade in der dieser Veröffentlichung unmittelbar vorausgehenden Zeit ziemlich häufig auch Breslaubakterien bei Kälbern gefunden worden waren. Das Vorkommen von Breslaubakterien bei Kälbern wurde auch von HENNINGER auf Grund von Erfahrungen im Reichsgesundheitsamt bestätigt, und KARSTEN selbst hat dann auch die gelegentliche Mitbeteiligung der Breslaubacillen beim Kälberparatyphus anerkannt und sogar die Ansicht vertreten, daß die im früheren Schrifttum als „Paratyphusbacillen" bezeichneten Erreger wohl Breslaubacillen gewesen sein dürften. Nach weiteren Erfahrungen im Potsdamer Untersuchungs-Amt in den Folgejahren hat sich dann die KARSTENsche Auffassung, daß jedenfalls dem GÄRTNER-Bacillus die bei weitem überragende Rolle als Erreger des Kälbertyphus zukommt, durchaus bestätigt, und es scheinen vielleicht zeitliche Schwankungen bei der Beteiligung verschiedener Typen der Paratyphus-Enteritisgruppe mitzuspielen. Im Veterinär-Untersuchungs-Amt in Potsdam wurden in den

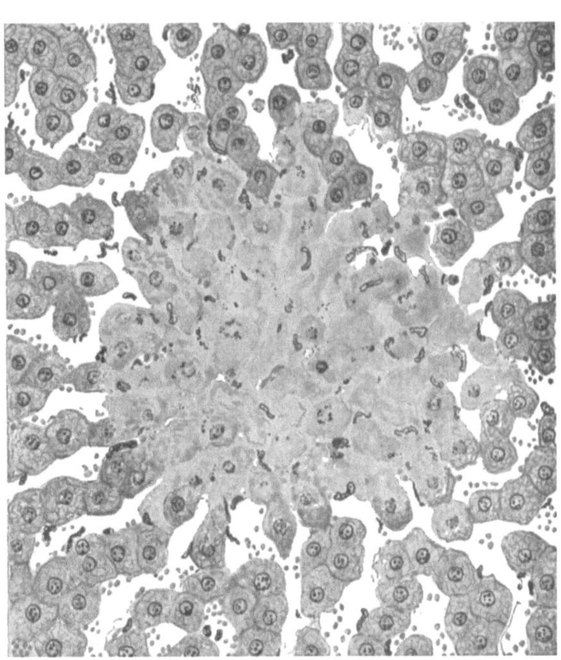

Abb. 8. Einfacher Nekroseherd der Leber. Starke Vergrößerung. Ölimmersion. Leberzellen teils noch erkennbar, Kerne der Sternzellen noch deutlich, aber stark degeneriert. (Nach K. NIEBERLE.)

vergangenen 12 Jahren bei Kälbern 132mal GÄRTNER-Bakterien, 12mal Breslau-bakterien, 4mal Paratyphus-B-Bakterien nachgewiesen; von den letzteren ent-fallen aber 3 auf eine Zeit, wo zwischen Breslau- und Paratyphus-B-Bakterien nicht unterschieden wurde, so daß es sich hier möglicherweise auch um Breslau-funde handelt. Die Breslaufunde wurden hauptsächlich in den Jahren 1927 bis 1931 gemacht.

PRÖSCHOLDT fand bei 505 Untersuchungen von Kälberorganen 404mal das B. enteritidis GÄRTNER, 61mal das B. enteritidis Breslau und 1mal das B. parat. abortus equi.

Daß gelegentlich immer wieder einmal abweichende Befunde vorkommen, beweist auch eine Feststellung (unveröffentlicht) von WINCHENBACH, der im Schlachthofe in Forst in der Lausitz einen Paratyphus-B-Bacillus fand, der, wie auch im Potsdamer Institut bestätigt werden konnte, die kennzeichnenden Merkmale der echten SCHOTTMÜLLER-Bacillen zeigte. Bei späterer, nach mehreren Jahren vorgenommener Prüfung dieses Stammes zeigte er allerdings wieder eine etwas stärkere Hinneigung zu Breslaueigenschaften. Wenn diese Ver-hältnisse hier in so ausführlicher Breite behandelt werden, so geschieht dies, weil sie ganz kennzeichnende Beispiele für die Verhältnisse in der Paratyphus-Enteritisgruppe darstellen und weil sie zeigen, wie unangebracht es ist, vorzeitig Lehrmeinungen aufzustellen oder, von der anderen Seite gesehen, eine „end-gültige Klärung der Frage" im Sinne einer Schematisierung zu erwarten oder zu verlangen.

2. Das seuchenhafte Verwerfen (Verfohlen) der Stuten (infektiöser Stutenabortus, Abortus equi).

Ein seuchenhaftes Auftreten von Abortusfällen bei Stuten ist schon zu Ende des 18. und zu Beginn des 19. Jahrhunderts beobachtet worden. Die bakterielle Ursache ist erstmalig im Jahre 1893 von SMITH und KILBORN fest-gestellt worden, in Gestalt eines gramnegativen beweglichen Stäbchens, das sie als der Hog-Choleragruppe nahestehend bezeichneten. Diese Befunde wurden bald darauf von TURNER sowie von LIGNIÈRES und ZABALA, ferner späterhin von DE JONG, VAN HEELSBERGEN, K. T. MAYER und BOERNER, in Deutschland zuerst von MIESSNER und BERGE bestätigt. Weitere Studien über diese Krankheit machte LÜTJE, der sie auch in Rußland feststellte, ferner LAUTENBACH, ZEH, GMINDER, JÜTTING, in Österreich HUTYRA sowie BENESCH, in Ungarn MAN-NINGER, in Schweden BERGMANN und STADLER. Durch diese Untersuchungen ist erhärtet, daß diese der Paratyphusgruppe zugehörigen Keime die Erreger dieses *eigentlichen seuchenhaften Verwerfens der Stuten sind*, was nicht aus-schließt, daß gelegentlich auch Abortusfälle bei Stuten vorkommen, die durch andere Keime (Diplokokken, Colibakterien, Pyosepticumbakterien, Staphylo-kokken) hervorgerufen werden; Abortusfälle solcher letzterer Ursache sind aber meist Einzelfälle.

Der echte, zu den Paratyphosen gehörige Stutenabort nimmt aber vielfach den Charakter schwerer Seuchengänge an. Nach STICKDORN und ZEH verfohlten im Jahre 1917 in einem Bezirk von 6078 tragenden Stuten 1077; im Jahre 1819 erkrankten in der Provinz Sachsen etwa 4000 Stuten. Nach STADLER erkrankten im Jahre 1920 in Schweden im Bezirk Skaraborg in 2 Gemeinden fast alle Stuten, und die Seuche verbreitete sich auf 289 Bestände. Der Stutenabort steht damit

hinsichtlich Leichtigkeit der Übertragbarkeit (Seuchencharakter) an erster
Stelle unter den Tierparatyphosen. Der Erreger ist ein wohl gekennzeichneter
Vertreter der Paratyphus-Enteritisgruppe. Besonders serologisch stellt er
eine Sonderheit dar, zeigt aber starke verwandtschaftliche Beziehungen zur
Paratyphus-B-Breslaugruppe. Nach KAUFFMANN hat er mit der letzteren das
hitzebeständige O-Antigen IV gemeinsam. Außer den stabilen H-Antigenen e n,
die er mit einigen Vertretern aus der C- und der GÄRTNER-Gruppe gemeinsam
hat, besitzt er einen besonderen spezifischen H-Receptor x.

Was seine Wuchsform anbetrifft, so fällt mitunter ein trocken-krümeliges
Wachstum auf Agar auf; nach LÜTJE haften mitunter die Kolonien dem Nährboden fest an und lassen sich nur in kleinen Schollen ablösen, ferner tritt regelmäßig Kahmhautbildung in flüssigen Nährböden auf; in mikroskopischen
Kulturausstrichen werden oft auch längere Stäbchen, ja selbst kurze Fäden
beobachtet. Auf der „bunten Reihe" wird Arabinose und Dulcit vergoren,
letzteres mitunter etwas verzögert; die Glycerin-Fuchsinbouillon bleibt, wie
beim Suipestifer, unverändert. Rhamnose- und d-Tartratreaktionen sind
nach KAUFFMANN wechselnd. Schleimwallbildung ist bei Agar- und GASSNER-
Nährböden sehr deutlich (MIESSNER und BAARS). Schwefelwasserstoff wird nach
COMBES sowie nach ZELLER nicht gebildet, nach LÜTJE in kaum wahrnehmbaren
Spuren. Der Erreger ist, wie alle Paratyphaceen außer dem SCHOTTMÜLLER-
Bacillus, mäusefütterungspathogen; eine natürliche Übertragung auf andere
Tiere ist jedoch trotz längerer Gelegenheit hierzu noch nicht beobachtet worden,
ebensowenig wie menschliche Erkrankungen nach Fleischgenuß.

Die Ansteckung ist auf künstlichem Wege durch Verbringung einer Kultur
in die Scheide einer tragenden Stute (TURNER), durch Einspritzung in die
Blutbahn (DE JONG, MAYER und BÖRNER), sowie durch Fütterung von Kulturen
(DE JONG) gelungen. Es ist jedoch zu bemerken, daß die künstliche Ansteckung
keineswegs in allen Fällen glückt und daß andererseits auch die intravenöse
Einspritzung von Streptokokken (v. OSTERTAG) sowie von Rinderabortus-
bakterien (BANG) bei einer Stute zum Verwerfen geführt hat, obwohl diese beiden
Erreger unter natürlichen Verhältnissen als Erreger eines Abortus bei Stuten
nicht in Betracht kommen.

Für die natürliche Ansteckung kommt die Aufnahme des Ansteckungsstoffes auf dem Verdauungswege sowie durch den Deckakt in Frage. Die erstere
Art der Ansteckung bewirkt vor allem die schnelle und große Ausbreitung in
einem einmal infizierten Bestande. Die Übertragung durch den Deckakt ist
besonders für die Übertragung von Bestand zu Bestand verantwortlich zu
machen, wobei der Hengst als Zwischenträger anzusehen ist; eine Bacillenausscheidung durch Hengste kommt, wenn überhaupt, dann höchstens nur in ganz
vereinzelten Fällen vor (LÜTJE). Die Inkubationszeit beträgt mindestens
14 Tage, meist 4—6 Wochen, sehr selten über 12 Wochen (LÜTJE).

Die Erkrankung der Stuten tritt nach KONGE in $^1/_3$ der Fälle im 6., in
je $^1/_5$ der Fälle im 7. oder 8. Monat, nach GUILLERY in der Regel im
4.—7., nach POLJAKOW meist im 9.—11. Monat ein. Dem Verwerfen geht in
manchen Fällen leichte Schwellung des Euters, sowie geruchloser, weißer,
schleimiger oder schleimig-eitriger Scheidenausfluß, manchmal auch ausgedehnte
Ödeme am Bauche oder auch Störungen des Allgemeinbefindens wie gering-
gradiges Fieber, mangelnde Freßlust, Benommenheit, Kolikschmerzen, voraus.

Sehr oft jedoch tritt das Verwerfen ganz unerwartet, bei Weidebetrieb mitunter sogar ganz unbemerkt auf. Nach der frühzeitigen Abstoßung der Frucht tritt ein reichlicher, dickschleimiger, oft schokoladenfarbiger Ausfluß auf, der mitunter schon nach 8 Tagen, meist allerdings erst zwischen 14 und 62 Tagen verschwindet (Lütje). Dauerausscheider sind sehr selten. In den Gebärmutter-

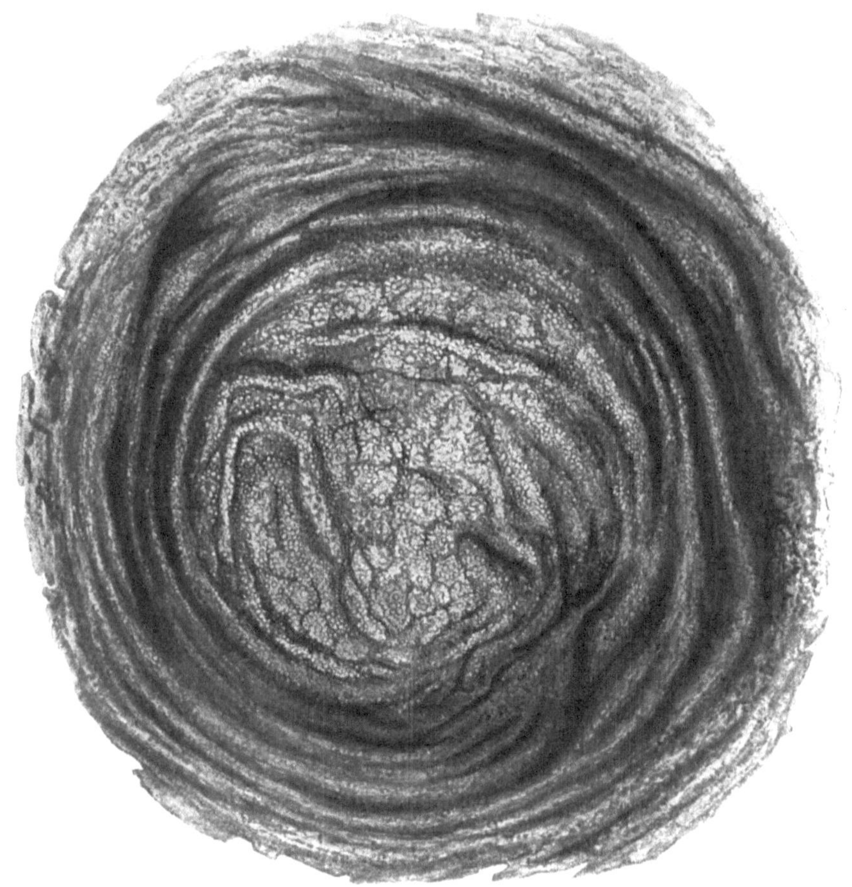

Abb. 9. Paratyphusabortus beim Pferd. Chorion einer Stute mit Verdickung und oberflächlicher Nekrose der Zotten eines kreisförmigen Teiles von einem hyperämisch-hämorrhagischen Hof umschloss en. (Nach Hutyra und Marek.)

ausscheidungen sind die Erreger in großen Mengen vorhanden, sie bilden daher die Hauptgefahr hinsichtlich der Weiterverbreitung der Seuche. Schwerere Erkrankungen der Stuten oder gar Todesfälle sind selten. Als Nachkrankheiten beobachtete Guillerey Gebärmutterentzündungen, Gelenkentzündungen, besonders der Sprunggelenke, Sehnenscheidenentzündungen, Hufrehe, Hämoglobinurie, Entzündung der Vena saphena und Lungenentzündung. Nachkrankheiten treten auch nicht selten bei den überlebenden Fohlen auf in Gestalt von Gelenkerkrankungen (Fohlenlähme); auch können Fohlenerkrankungen die Folge einer Abortusinfektion des Bestandes sein, wenn die Mutterstuten selbst nicht erkrankt waren. Hierbei ist jedoch zu beachten, daß gelegentlich bei Fohlen auch Erkrankungen durch Breslau- oder GÄRTNER-Bakterien vorkommen können, die mit dem Stutenabort nichts zu tun haben.

Die Gewebsveränderungen entsprechen der bereits beim Kälbertyphus beschriebenen allgemeinen Neigung der Erreger zu serofibrinösen Ausscheidungen, oberflächlichen Nekrosen auf Schleimhäuten und Knötchenbildung in den großen Parenchymen. So zeigen sich oberflächliche Nekrosen auf dem Chorion.

BENESCH fand eine hämorrhagisch-eitrige Entzündung der Placenta mit teilweise nekrotischem Zerfall der Zotten; zwischen der fetalen Placenta und der Gebärmutterschleimhaut fand sich eine Ansammlung von Leukocyten, roten Blutkörperchen und entarteten Epithelzellen.

Bei den ausgestoßenen Früchten findet man eine blutig-sulzige Durchtränkung der Unterhaut sowie Flüssigkeit in den serösen Höhlen, häufig auch eine Entzündung der Magen- und Dünndarmschleimhaut, auch Blutungen unter den serösen Häuten oder unter dem Epikard. Im Mageninhalt finden sich auch die Erreger reichlich vor.

Zur Ermittlung der Seuche und ihres Umfanges leistet, ähnlich wie beim Rinderabort, die serologische Blutuntersuchung gute Dienste, und zwar die Komplementablenkung und besonders die Agglutination. Jedoch liegen die normalen Agglutinationswerte beim Pferde an sich viel höher als bei anderen Tieren, es können daher erst Werte von 400—600 als verdächtig und über 600 als positiv bezeichnet werden. Erkrankte Tiere agglutinieren meist in Verdünnungen zwischen 800 und 3200 (LÜTJE). Die Agglutinine treten meist erst zur Zeit des Verfohlens auf und können sich 2—8 Monate lang halten.

Zur Bekämpfung der Krankheit ist zunächst eine strenge Vorbeuge erforderlich, dahingehend, daß Stuten, die verworfen haben, nicht vor 3 Monaten zum Decken zugelassen werden, und daß man die Keimfreiheit vor dem Decken bakteriologisch sicherstellt. Desgleichen haben bakteriologische Untersuchungen von Scheidenausfluß bei allen Tieren mit irgendwie verdächtigen Erscheinungen zu erfolgen. Weiterhin können Impfungen mit Bakterienpräparaten empfohlen werden; ihre Erfolge darf man aber nicht überschätzen. Die Impfungen müssen dreimal in Abständen von 8 Tagen erfolgen und unter Umständen nach einem Vierteljahr wiederholt werden. Auch nach Aufhören der Seuche empfiehlt es sich, die Impfungen noch 2 Jahre lang durchzuführen (LÜTJE).

3. Das seuchenhafte Verwerfen der Schafe (Abortus ovis).

Ein im großen ganzen den Verhältnissen bei Stuten entsprechender ansteckender Abort kommt auch bei Schafen vor. Erreger ist ebenfalls ein Angehöriger der Paratyphus-Enteritisgruppe, der jedoch vom Stutenaborterreger streng zu trennen ist. Es ist der zuerst von SCHERMER und EHRLICH beschriebene B. abortus ovis. Diese Funde sind bestätigt und erweitert worden durch STEPHAN und GEIGER, KARSTEN und EHRLICH, sowie durch MIESSNER und BAARS. Er unterscheidet sich vom Stutenaborterreger durch sein sehr zartes Wachstum und fehlende Arabinose- und herabgesetzte Mannitvergärung und durch seine Ungefährlichkeit für Mäuse im Fütterungsversuch. Serologisch stellt er eine Sonderheit dar, gibt aber Mit-Agglutination mit SCHOTTMÜLLER-, Breslau-Gärtner-, Suipestifer- und Typhusserum. Bei anderen Tieren oder beim Menschen ist er noch nicht beobachtet worden.

4. Der Ferkeltyphus (Voldagsenpest, bacilläre Schweinepest, Schweinetyphus) und der Schweineparatyphus.

Die mit diesen Bezeichnungen belegten Krankheiten des Schweines sind sicherlich schon bei den in den Jahren 1863 und 1875 von ROLOFF als käsige Darm- und Lungenentzündung des Schweines, sowie bei der von SCHÜTZ (1888) und PETERS (1890) beschriebenen „Schweinepest" und „Schweineseuche" mitbeteiligt gewesen. Eine eingehendere wesentliche Klärung erfuhren sie erst, als in den Jahren 1909/10 DAMANN und STEDEFEDER unter dem Ferkelbestande der Domäne Voldagsen in Hannover eine Krankheit beobachteten, die dem Krankheitsbilde und vor allem den Veränderungen an den inneren Organen nach dem Bilde der Schweinepest entsprach, bei der sie aber als Ursache nicht das filtrierbare Virus der Schweinepest nachweisen konnten, sondern nur ein Bacterium, das dem Suipestiferbacillus ähnlich war, sich aber doch in einigen wesentlichen Punkten von ihm unterschied. Da dieses Bacterium imstande war, selbständig eine primäre Erkrankung hervorzurufen, im Gegenteil zu dem alten, einen Sekundärbefund bei der echten Virus-Schweinepest darstellenden B. suipestifer, so nannten sie es B. suipestifer mit dem Beinamen „Voldagsen". Die nähere Erforschung des Bacteriums ergab, daß es mit dem von GLÄSSER schon 1907 vom Suipestifer als Besonderheit abgetrennten Erreger aus dieser Gruppe übereinstimmte, dem GLÄSSER den Namen B. typhi suis gegeben hatte. Im Schrifttum werden heute mitunter noch serologische Unterschiede zwischen Voldagsen- und GLÄSSER-Bacillus angegeben, die sich auf das spezifische H-Antigen beziehen, die aber bei der Labilität des H-Antigens nicht als maßgeblich angesehen werden können. GLÄSSER nannte den alten B. suipestifer, da er nach Entdeckung des filtrierbaren Virus als Erreger der Schweinepest nicht mehr angesehen werden konnte, aber trotzdem auch selbständige Erkrankungen hervorrufen konnte, B. paratyphi suis. Die grundsätzliche Verschiedenheit der beiden Erreger wurde zunächst nicht allgemein anerkannt, man glaubte vielmehr, daß es sich lediglich um Varietäten des B. suipestifer handelte, die nicht scharf und sicher voneinander zu unterscheiden wären und auch ineinander übergehen könnten. Die Kenntnisse über diese Krankheit und ihren Erreger wurden bestätigt und erweitert durch die Untersuchungen PFEILERs und seiner Mitarbeiter (KOHLSTOCK, STANDFUSS, HURLER), welche den „Schweinetyphus" im Laufe der Jahre in nahezu 20 verschiedenen Beständen hauptsächlich im östlichen Deutschland, aber auch in Sachsen feststellen konnten. COMINOTTI beobachtete die Krankheit auch in Italien. PFEILER führte den Namen „Ferkeltyphus" ein mit Rücksicht darauf, daß nur junge Tiere bis zum Alter von 3 Monaten für die Ansteckung empfänglich sind. Den alten B. suipestifer, dessen kulturelle Eigenschaften PFEILER im Gegensatz zu denen des Voldagsenbacillus an der Hand eines Schweinepestseuchenganges auf der Domäne *Kunzendorf* festlegte, versah PFEILER mit dem Beinamen *Kunzendorf*.

Die beiden Erreger bilden, für die Verhältnisse der Laboratoriumspraxis gesehen, serologisch eine Einheit, d. h. sie werden beide von beiden Seren agglutiniert und stimmen auch im Antigenaufbau nach KAUFFMANN überein.

Deutliche Unterschiede zwischen beiden Bakterien ergeben sich auf der bunten Reihe der Kohlehydratnährböden. Während der Suipestifer die Kennzeichen

eines Angehörigen der Paratyphus-Enteritisgruppe hat, weicht der Ferkeltyphuserreger hiervon ab und nähert sich den Eigenschaften des EBERTH-
GAFFKYschen Typhusbacillus. Schon das Wachstum auf gewöhnlichem Agar
ist beim Voldagsenbacterium zarter als beim Suipestifer. In der Lackmusmolke kommt das spärliche Wachstum darin zum Ausdruck, daß dieselbe
nur langsam und schwach gerötet wird, und zwar bleibt der Farbton immer
mit Violett gemischt, eine Art Weinrot; ein Umschlag in Blau tritt beim Ferkeltyphusbakterium niemals, beim Suipestifer regelmäßig ein. Sodann ist das Gärungsvermögen gegenüber Traubenzucker häufig insofern herabgesetzt, als nur
Säuerung, aber keine Gasbildung eintritt. Besonders kennzeichnend ist das
völlige Fehlen der Mannitvergärung. Das Unvermögen, Dulcit zu vergären,
hat er mit dem Suipestifer gemein, dagegen wird mitunter eine schwache,
verspätete Arabinosevergärung beobachtet, eine Reaktion, die allerdings so
schwach ist und so spät auftritt, daß sie praktisch zur Unterscheidung vom
Suipestifer kaum verwendbar ist. In Sternbouillon und Rhamnosemolke
stimmen beide überein (Stern o. V., Rhamnose gelb oder orange).

Der Verschiedenheit der Erreger entsprechen auch Verschiedenheiten der
durch sie erzeugten Krankheiten.

Der *Ferkeltyphus* ist eine schleichende Aufzuchtkrankheit, deren Anfänge
meist nicht bemerkt werden. Erst etwa von der 3. Lebenswoche an fällt eine
blasse Hautfarbe, Rauhwerden des Haarkleides, Bildung schwarzer Krusten
auf dem Rücken (Ruß), Abmagerung auf. Die Tiere bekommen dann auch
Durchfall, häufig treten Lungenerscheinungen mit Hustenanfällen hinzu; unter
diesen Erscheinungen und mit rasch zunehmender Abmagerung führt die
Krankheit in 25—75% der Fälle innerhalb mehrerer Wochen zum Tode. Überlebende Tiere bleiben Kümmerer. Bei der Zerlegung findet man dann im
Blind- und Grimmdarm neben ausgedehnteren käsigen Verschorfungen auf der
Schleimhaut ganz kennzeichnende Geschwüre, die in ihrer Form an die Typhusgeschwüre im Dünndarm des Menschen erinnern: sie sind ringförmig, und zwar
wird der Ring von einem ziemlich glatten Wall gebildet, der einen etwas vertieften flachen, krümelig-käsigen Geschwürsgrund umschließt. Diese Form
kennzeichnet die Ferkeltyphusgeschwüre auch sehr deutlich vor den Schweinepestgeschwüren, die in Gestalt zwiebelschalenähnlich geschichteter, erhabener
Knöpfe die Schleimhaut überragen. Die käsige Darmentzündung, die neben den
eigentlichen Ferkeltyphusgeschwüren vorhanden sein kann, entspricht den durch
Paratyphaceen allgemein hervorgerufenen Veränderungen, wie sie z. B. auch
beim Kälbertyphus im Dünndarm gefunden werden. Es versteht sich, daß
in frischen Fällen mitunter auch akute Entzündungen der Schleimhaut mit
Blutungen und Rötungen auf der Höhe der Falten und Schwellung der Follikel
angetroffen werden. Die Darmlymphknoten sind meist stark vergrößert, blaß,
markig geschwollen. Bei Beteiligung der Lunge kommt es zu einer katarrhalischen
oder käsigen Lungenentzündung, mit starker Vergrößerung und derber Beschaffenheit der Lymphknoten.

Der *sog. Paratyphus des Schweines* ist eine ebenfalls primäre, ohne Beteiligung
des Virus der Schweinepest vorkommende Infektion mit dem B. suipestifer
Kunzendorf. Er unterscheidet sich vom Ferkeltyphus durch seinen mehr
akuten Charakter, auch tritt er nicht nur in den ersten Lebenswochen,
sondern auch bei älteren Tieren, insbesondere bei Läufern bis zu 6 Monaten

auf. Er ist in dieser Form von Glässer, Lütje, Miessner in Deutschland, sowie von Manninger in Ungarn beobachtet worden. Die Erscheinungen sind die einer schweren akuten Infektionskrankheit. Gar nicht selten treten Hautrötungen an den Ohren, am Bauch und an der Schenkelinnenfläche auf, so daß der Verdacht einer Rotlauferkrankung entstehen kann. Der Tod tritt innerhalb weniger Tage ein. In langsamer verlaufenden Fällen können Durchfälle, Husten, Atembeschwerden, sowie Krustenbildung auf der Haut hinzutreten (Glässer). Bei der Zerlegung findet sich eine deutliche Milzschwellung; die Milz ist außen von dunkelblauer, auf der Schnittfläche von blauroter Farbe; aus der Pulpa heben sich die geschwollenen Follikel deutlich hervor (Manninger). Außerdem kommen punktförmige Blutungen unter den serösen Häuten, unter dem Epikard, in der Nierenrinde und auch in der Darmschleimhaut vor. Magen- und Darmschleimhaut zeigen fleckenweise Rötung, die Lymphknoten sind geschwollen, gerötet und saftreich.

1932 schreibt Manninger über den Schweineparatyphus auf Grund neuerer Erfahrungen in den letzten 2 Jahren „......, daß beim akuten Paratyphus weit schwerere pathologische Veränderungen vorkommen können, als ich bis 1925 festzustellen Gelegenheit hatte. Es hat sich nämlich gezeigt, daß es durchaus nicht selten Fälle von akutem Paratyphus gibt, bei denen auf eine hämorrhagische Diathese hindeutende, derart ausgeprägte Veränderungen vorkommen können, daß sich der anatomische Befund gelegentlich überhaupt nicht von jenem bei Schweinepest ohne croupöse Pneumonie und Darmgeschwüre unterscheidet.‘‘

Zur Bekämpfung beider Krankheiten sind die gegen das Auftreten von Jungtierkrankheiten allgemein geltenden Maßnahmen durchzuführen; zur Behandlung kranker Tiere kann ein Paratyphusserum angewandt werden, wie es von den meisten Serumanstalten angeboten wird; zum Schutz gefährdeter Ferkel und zur Unterstützung der Sanierung eines Bestandes werden Vaccinen empfohlen; ihre Anwendung kann im Rahmen der bekannten Grenzen gute Dienste leisten.

5. Der Hühnertyphus und die Kückenruhr (weiße Ruhr der Kücken).

Schon Bénion und Lemaistre (Beller) berichten um das Jahr 1870 über eine von der Geflügelcholera abzutrennende besondere Geflügelkrankheit, die sie „Typhus der Hühner und Truthühner‘‘ nannten. 1889 berichtete Klein über eine „infektiöse Hühnerenteritis‘‘ in Südengland und Irland und brachte eine genaue Beschreibung des Erregers. Es folgte dann eine Reihe Veröffentlichungen aus verschiedenen Ländern, in denen die Krankheit mit verschiedenen Namen benannt wurde; so beschrieb Lucet 1891 eine in Frankreich hauptsächlich im Frühjahr und Herbst auftretende „Dysenterie epizootique‘‘, die er mit dem Hühnertyphus von Bénion und Lemaistre für übereinstimmend hielt und deren Erreger auch mit dem von Klein beschriebenen im wesentlichen übereinstimmten. Offenbar die gleiche Krankheit wurde 1895 in Nordamerika von Moore als „infektiöse Leukämie‘‘, 1905 in Argentinien von Lingières und Zabala als „Salmonellose aviaire‘‘ beobachtet. Der schon bei der ersten Beschreibung der Krankheit durch Bénion und Lemaistre gebrauchte, inzwischen in Vergessenheit geratene Name „Hühnertyphus‘‘ wurde 1912 in Deutschland von Pfeiler und Rehse und unabhängig hiervon 1913 in Amerika von Smith und Ten Broeck für diese Krankheit neu geschaffen und ist seitdem beibehalten worden. Weitere Veröffentlichungen über diese Krankheit erfolgten durch Pfeiler und Standfuss, Poels, van Straaten und ten Hennepe,

D'Herelle, Trucke, Miessner, Nusshag und Ansorg, Kraus, Sachweh, Spiegel und Lerche, Konno, Pesch und Schütt, Csontos, Beller. Ihre Verbreitung in der Welt ist eine ziemlich allgemeine.

Der Hühnertyphus ergreift in erster Reihe Hühner, aber auch Puten, Perlhühner und Pfauen (Pfeiler und Standfuss). Künstlich ist er auch auf Enten und Tauben zu übertragen; unter natürlichen Verhältnissen scheinen jedoch Wassergeflügel und Tauben nicht zu erkranken. An Versuchstieren gehen leicht an weiße Mäuse, sehr schwer dagegen Meerschweinchen und Kaninchen, gar nicht weiße Ratten, Hunde und Katzen. Unter natürlichen Verhältnissen

Abb. 10. An Hühnertyphus leidendes, schwerkrankes Huhn. (Nach Pfeiler.)

kommt er bei anderen Tieren nicht vor, auch Übertragungen auf den Menschen sind bisher noch nicht beobachtet worden (Pfeiler).

Die natürliche Weiterverbreitung der Krankheit unter den Hühnern erfolgt, wie stets bei den Paratyphosen, auf den Verdauungswegen, wobei aber die Haltungsbedingungen sowie auch Witterungseinflüsse einen nicht unbedeutenden Einfluß ausüben, wie schon Mégnin sowie Lucet, Moore und Pfeiler betont haben. Gerade das häufige Auftreten im Frühjahr oder im Herbst deutet darauf hin. Lucet glaubt auch, in der Verfütterung von Fleischmehl eine begünstigende Ursache sehen zu müssen. Die Inkubationszeit dauert manchmal nur 3—5 Tage, mitunter aber auch 10—20 Tage. Auch der Krankheitsverlauf kann akut sein und in 6—10 Tagen zum Tode führen, in anderen Fällen kann sich die Krankheit aber auch mehrere Wochen hinziehen. Die Erscheinungen bestehen in Nachlassen der Futteraufnahme und einer ziemlich starken Abmagerung. Die Tiere sitzen still in einer Ecke und können schließlich in einen schlafähnlichen Zustand verfallen.

Meist tritt starker Durchfall mit dunkelgraugrünen, übelriechenden Ausscheidungen auf. Die Schwäche der Tiere kann so groß werden, daß sie in die Knie sinken oder vornüber oder auf die Seite fallen.

Im Zerlegungsbefunde kommt auch hier die kennzeichnende Wirkung der Paratyphus-Enteritiskeime zum Ausdruck: Schwere katarrhalisch-entzündliche Veränderungen an der Darmschleimhaut, die zur Verschorfung und Geschwürsbildung neigt. In frischen Fällen ist die Darmschleimhaut stark gerötet, oft mit feinsten Blutungen übersät, oft erhält sie dann bei beginnender Verschorfung eine sammetartige Beschaffenheit. Manche Darmteile sehen bei der Zerlegung schwarz oder schwarzgrün aus (Aalhaut!), infolge Bildung von Schwefeleisen. Die Geschwüre sind flach und mit krümelig-blutigen oder krümelig-käsigen Massen bedeckt. Darmentzündung kann im ganzen Darm, auch in der Magenschleimhaut angetroffen werden, vorwiegend betroffen sind jedoch die hinteren Abschnitte. Fibrinöse Entzündungen können auch in den Lungen sowie im Herzbeutel auftreten. Die Milz ist stark geschwollen, häufig unter deutlichem Hervortreten der Follikel. In ganz frischen Fällen finden sich die allgemeinen septicämischen Erscheinungen, darunter auch punktförmige Blutungen unter dem Epikard.

Eine weitere kennzeichnende paratyphöse Veränderung, die Knötchenbildung, ist ebenfalls beim Hühnertyphus sehr oft zu beobachten, besonders in der Leber und den Nieren, seltener in der Lunge, sowie auch *in der Herzmuskulatur* (PFEILER und STANDFUSS); hier kommt es mitunter zur Ausbildung hanfkorngroßer, graugelber Knötchen, die sich bei histologischer Untersuchung als Anhäufung von Rundzellen erweisen.

Auch Erscheinungen eines chronischen Marasmus können auftreten; so wurde wäßrige Durchtränkung des epikardialen Fettgewebes und wachsartige Beschaffenheit der Körpermuskulatur beobachtet.

Der Erreger ist kulturell und serologisch ziemlich scharf umgrenzt und zeichnet sich vor anderen Gliedern der Paratyphus-Enteritisgruppe durch mehrere besondere Eigenarten aus, was sogar eine Zeitlang zu Zweifeln seiner Zugehörigkeit geführt hat. So wollten ihn PFEILER sowie auch SMITH und TEN BROECK von der Paratyphusgruppe unterschieden wissen und betonten seine Hinneigung zum menschlichen Typhusbacillus; in der Tat ist er neben dem GÄRTNER-Bacillus wohl der einzige Vertreter der Gruppe, der gewisse serologische Beziehungen zum menschlichen Typhusbacillus aufweist. SMITH und TEN BROECK erzielten mit dem EBERT-GAFKYschen Typhusbacillus eine vollständige Absättigung von agglutinierenden Hühnertyphusseren, dagegen absorbierten die Hühnertyphusbakterien nur die spezifischen Agglutinine. Nach KAUFFMANN gehört der Hühnertyphuserreger in die G-Gruppe, da er mit dem menschlichen Typhusbacillus und den GÄRTNER-Bakterien das thermostabile O-Antigen gemeinsam hat. MIESSNER betonte die Unbeweglichkeit des Erregers, schloß ihn deshalb von der Paratyphusgruppe aus und zählte ihn zu den Ruhrbakterien; da er aber auch mit diesen nicht recht übereinstimmte, sprach er von „*Paradysenterie*". Was die Beweglichkeit anbetrifft, so beobachtete BELLER in 18stündigen Bouillonkulturen auch Bewegung, wenn auch gering. Bei zwei Stämmen konnte er auch im Dunkelfeld sowie durch die ZETTNOW-Färbung Geißeln feststellen. Das völlige Fehlen von serologischen Beziehungen zur Ruhrgruppe, dem auf der anderen Seite serologische Verwandtschaften zum Breslau-, Paratyphus-B- und besonders zum GÄRTNER-Bacterium gegenüberstehen, ferner auch seine kulturell-biochemischen Eigenschaften weisen ihm aber deutlich einen *Platz in der Paratyphus-Enteritisgruppe* an. Zu den

Besonderheiten seiner Wachstumseigenschaften gehört unter anderem auch die häufig beobachtete langsame Entwicklung der Kolonien, die oft erst am 2. Tage ihre volle Größe erreicht haben, Neigung zum Zusammenfließen (Kleeblattform) und eine feucht-glänzende, manchmal schleimige Beschaffenheit zeigen, ferner das Fehlen der Gasbildung in Traubenzuckernährböden. Eigenartig ist auch ein häufig wahrnehmbarer Spermageruch der Agarkulturen, eine Eigenschaft, die wieder an Ruhrbakterien erinnert. Glycerin-Fuchsinbouillon nach STERN verändert er nicht, dagegen greift er Arabinose und Dulcit an, wenn auch in geringerer Stärke; Rhamnosereaktion gelb (LÜTJE). Im übrigen zeigt der Erreger die Eigenschaften der Glieder der Paratyphus-Enteritisgruppe.

Die als Kückenruhr, weiße Ruhr der Kücken (white diarrhea, fatal septicemia of chickens) bezeichnete Krankheit ist mit dem Hühnertyphus verwandt, aber doch in manchen Punkten von ihm verschieden. Die Unterschiede bestehen besonders darin, daß die Kückenruhr ältere Tiere weniger gefährdet, vielmehr in der Regel nur Kücken in den ersten Lebenstagen befällt, während der Hühnertyphus wieder umgekehrt eine Krankheit der erwachsenen Hühner ist, ohne gleichzeitig zum Ausbruch der Kückenruhr in den Beständen führen zu müssen.

Die Kückenruhr und ihr Erreger wurde zuerst von RETTGER beschrieben, der diese Krankheit 1899 in Nordamerika beobachtet hatte. Weitere Untersuchungen sind von HARWEY (1907), MILKS (1908), STONEBORN und JONES (1911), sowie in Deutschland von WESTPHAL (1910) angestellt worden. In Europa gewann die Krankheit eine größere Bedeutung erst mit dem Aufkommen der industriellen Geflügelaufzucht in künstlichen Brutapparaten nach amerikanischem Vorbilde. So berichten MANNINGER (1922) über ihr Vorkommen in Ungarn, RICE (1924) in England. Eingehend bearbeitet wurde die Kückenruhr in Deutschland zuerst durch BELLER (1926), dem weitere Arbeiten von BECK und EBER (1927), SPIEGL und SCHMIDT (1927), MIESSNER (1927), sowie MIESSNER und BERGE (1928) folgten. Auch in Belgien wurde sie beobachtet von BEYNEN (1927), sowie in Holland von DE BLIECK und von VAN HEELSBERGEN (1927).

Das kennzeichnende Merkmal der Krankheit, das auch zu dem Namen „weiße Ruhr" geführt hat, ist ein weißer Durchfall, der bei den Kücken schon in den ersten Lebenstagen eintritt, nachdem Mattigkeit und Versagen der Freßlust vorangegangen sind. Die Tiere zeigen große Schwäche, stehen zitternd, mitunter klagend, mit gesträubtem Gefieder, eingezogenem Kopf und meist geschlossenen Augen breitbeinig da und sterben in akuten Fällen sehr bald. Oft verläuft die Krankheit so rasch, daß es zur Ausbildung eines Krankheitsbildes gar nicht kommt, sondern die Tiere manchmal schon wenige Stunden nach dem Ausschlüpfen sterben. Die Verluste können 100% betragen. Jedoch kann die Krankheit auch einen mehr chronischen Verlauf nehmen; dann lassen die Verluste von Woche zu Woche nach. Von der 5. Lebenswoche an sind Todesfälle nur noch selten. Tiere, welche die Krankheit überstanden haben, bleiben meist zurück, behalten oft kranke Eierstöcke und bleiben häufig Keimträger. Dementsprechend bleibt auch die Legeleistung häufig, wenngleich nicht immer, zurück. KASER hebt hervor, daß die *Legeleistung* bei latenter Infektion nicht beeinträchtigt, das Schlüpfergebnis und die Lebensfähigkeit der Kücken dagegen schlecht sei. Bei der *Zerlegung* findet man Milzschwellung,

Petechien und im Blinddarm einen weißlich-käsigen Inhalt; ferner in den nicht ganz frischen Fällen die kennzeichnenden Paratyphusknötchen in Leber, Lunge, Herzmuskel, Nieren (SPIEGL-SCHMIDT), gelegentlich auch in Darm- und Drüsen-Magengegend (DOBBERSTEIN und SCHUMANN, BERGE). EMMEL fand bei der Untersuchung von 500 Fällen von Kückenruhr aus einer sehr großen Anzahl verschiedener Bestände des Staates Michigan derartige Veränderungen an Leber, Herz und Lungen gleichzeitig in 32,4%, an Leber und Lunge in 39,6%, an der Leber allein in 15% der Fälle. Außerdem fällt der nicht zurückgebildete Dotter-sack mit mehr oder weniger eingedicktem bräunlichgrünlichem oder schwarz-rotem Inhalt auf. Bei Hühnern, welche die Kückenruhr überstanden haben, ist eine Degeneration der Follikel im Eierstock ein sehr häufiger Befund.

Abb. 11. Normaler Eierstock in der Legezeit mit zahlreichen Eianlagen (Follikeln). (Nach PFEILER.)

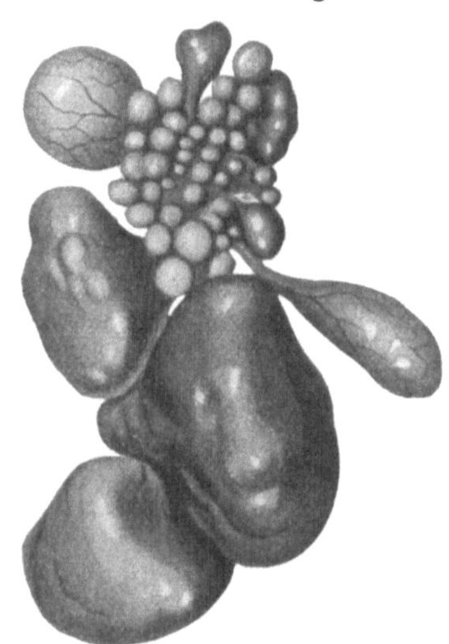

Abb. 12. Eierstock einer infizierten Legehenne mit degenerierten Follikeln. (Nach PFEILER.)

Ausführliche zahlenmäßige Angaben über das Vorkommen der Erreger in den verschiedenen Organen geschlüpfter und ungeschlüpfter Kücken macht FIRN-STEIN.

Der Erreger, B. pullorum, wird nach den heutigen Anschauungen von den meisten Forschern als mit dem Hühnertyphuserreger übereinstimmend an-gesehen, was sich hauptsächlich auf die völlige serologische Übereinstimmung gründet, während im übrigen manche Unterschiede bestehen. RETTGER hielt das B. pullorum zunächst für unbeweglich, was lange Zeit als grundlegender Unterschied gegenüber dem Hühnertyphusbacillus hervorgehoben wurde, räumte aber später ein, daß auch er unbeweglich sei. BELLER sowie SPIEGL und SCHMIDT glaubten bei Dunkelfeldbeleuchtung und mit Hilfe der ZETTNOW-Färbung Geißeln gesehen zu haben, jedoch treten BECK und EBER, GRESSEL, MIESSNER und BERGE für die Unbeweglichkeit des Pullorumbacteriums ein. In seiner Gestalt soll er etwas plumper sein als der Hühnertyphuserreger. Ein auffälliger Unterschied besteht in der Zartheit seines Wachstums auf Agarnährböden, das zwar bei Hühnertyphusstämmen anfangs auch vorhanden sein kann, sich aber bei diesen am 2. Tage ausgleicht, während Pullorumstämme in der Regel zart bleiben. Auf der bunten Reihe der Kohlehydratnährböden soll er sich vom Hühnertyphuserreger durch verminderte Vergärungsfähigkeit gegenüber Maltose unterscheiden; auch über die Vergärung von Dulcit sind die Meinungen geteilt. Aus Traubenzucker bildet er in der Regel Gas, doch kann diese Eigenschaft bei längerer Züchtung verlorengehen. HADLEY hat einen gasbildenden Typ A und einen nichtgasbildenden Typ B unterschieden. MALLMANN hat einen Unterschied des Pullorumbacteriums gegenüber dem Hühnertyphuserreger im Verhalten gegenüber den Natriumsalzen der Schleimsäure und gegenüber dem d-Tartrat gefunden; Pullorum bildet keine Säure, während Hühnertyphus beides angreift. Serologisch konnte CILLI im somatischen hitzebeständigen O-Receptor sowie im direkten und gekreuzten Absättigungsversuch eine vollständige Übereinstimmung des B. pullorum mit dem B. gallinarum feststellen. Bei beiden konnte er auch eine Übereinstimmung der somatischen Receptoren mit denen des Typhusbacillus, in beschränktem Maße mit denen des B. parat. A. feststellen. HANKS und RETTGER berichten 1932 über ein im Zellkörper des B. pullorum enthaltenes, ziemlich hitzebeständiges Gift, welches für Kaninchen stark giftig ist und Meerschweinchen und Mäuse zu töten vermag. Bei Kücken dagegen konnten sie damit keine Krankheitserscheinungen oder Gewichtsverluste auslösen.

Die Bekämpfung der Seuche hat sich hauptsächlich auf die Erkennung und Ausmerzung der Keimträger, durch welche die Krankheit immer wieder im Bestande wach erhalten und auf andere Bestände übertragen werden kann, sowie auf die Schaffung günstiger, natürlicher Haltungsbedingungen zu richten. Über diese letztere Frage hat LÜTTSCHWAGER eingehende Versuche angestellt: 100 Eintagskücken eines infizierten Bestandes wurden absichtlich schlecht gehalten und Erkältungen ausgesetzt; die Verluste betrugen 30% und kamen am 10. Tage zum Stillstand. Unter 100 anderen Eintagskücken desselben Bestandes, die unter günstigen verweichlichenden Bedingungen gehalten wurden, traten Erkrankungen erst auf, nachdem die Tiere am 11. Tage ins Freie unter ungünstige Bedingungen gebracht waren. Die Verluste betrugen hier ebenfalls 30% und kamen am 16. Tage zum Stillstand. Aus 258 Eiern eines infizierten Bestandes, in dem aber größter Wert auf natürliche Haltung gelegt wurde, schlüpften 177 Kücken, von denen nur 6 der Kückenruhr zum Opfer fielen. KASTER weist darauf hin, daß bei schlechter Haltung und schlechtem Auslauf der Kücken und Junghühner die Zahl der latent infizierten Tiere stark ansteigt. Auch bei der Fütterung soll auf leicht verdauliches, natürliches Futter (Milch und Milchpräparate) geachtet werden und künstliche Eiweißbeigaben vermieden werden (WAGENER).

Die Gefahr der Keimträger liegt hauptsächlich in der Verseuchung der Nachzucht, aber auch in einer Übertragung der Krankheit auf erwachsene Hühner, die sich nach LERCHE sowie nach BERGE anstecken können.

Zur Ermittlung der latent infizierten Tiere, unter denen sich ein hoher Prozentsatz Ausscheider befindet, wird von der Agglutination Gebrauch gemacht. Als erster hat JONES im Jahre 1913 in Amerika in der üblichen Weise mit abgestuften Mengen von Blutserum in Röhrchen diese Reaktion ausgeführt (Serum-Langsammethode). Da aber Blutentnahme und Versand der Proben mit verschiedenen Umständen und Nachteilen verbunden sind (unter anderem z. B. Neigung des Hühnerblutes zur Hämolyse), wurde versucht, das serologische Verfahren zu vereinfachen und zu verbilligen. RUNNELS, COON, FARLEY und THORN veröffentlichten eine Serumschnellagglutination, bei der 1 Tropfen Blutserum auf einer leicht angewärmten Glasplatte mit 1 Tropfen Bakterienaufschwemmung versetzt und mit einem Glasstäbchen oder durch

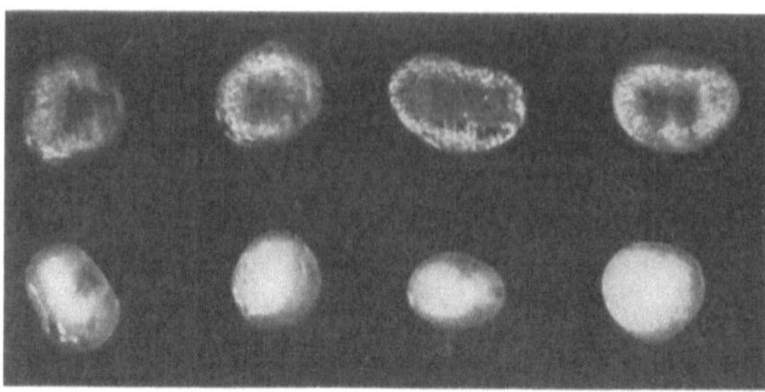

Hin- und Herbewegen der Glasplatte durchgemischt wird. Nach VAN HEELSBERGEN und DE BLIECK hat sich das Verfahren in Holland gut eingeführt. Eine noch weitergehende Vereinfachung stellt die Frischblutagglutination dar, die zuerst von BUNYEA, HALL und DORSET vorgeschlagen worden ist. Hierbei wird statt des Serums

Abb. 13.
Serumschnellmethode. 1. Reihe: positive Agglutination.
2. Reihe: negative Agglutination. (Nach MIESSNER und BERGE.)

1 Tropfen frisch aus dem Kamm, dem Kehllappen oder der Flügelvene entnommenen Blutes auf dem Objektträger mit dem Antigen gemischt. Die positive Reaktion tritt sowohl bei der Serum- wie bei der Frischblut-Schnellmethode in 1—2 Minuten ein. Die genannten Autoren empfehlen dann ferner in Fällen, in denen die Agglutination nicht an Ort und Stelle durch-

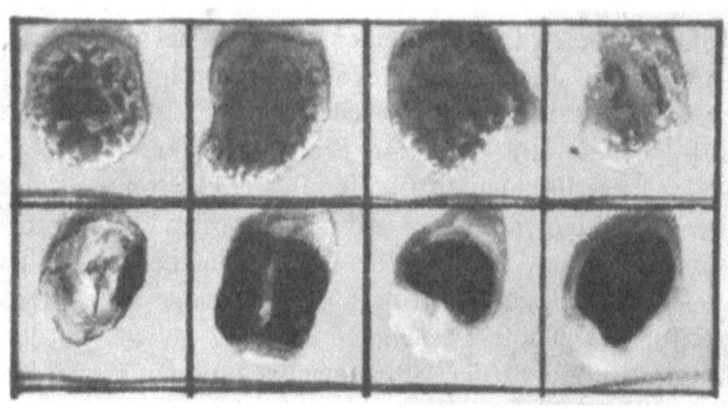

geführt werden kann, das Auffangen des Blutstropfens auf einem Fließpapierstreifen, den man dann später im Laboratorium mit 0,5 ccm physiologischer Kochsalzlösung im Röhrchen für $^1/_2$ Stunde aufweicht, um mit dieser Flüssigkeit alsdann die Schnellagglutination ausführen zu können. MIESSNER und BERGE haben alle

Abb. 14. Frischblutschnellmethode. 1. Reihe: positive
Agglutination. 2. Reihe: negative Agglutination.
(Nach MIESSNER und BERGE.)

4 Verfahren an über 700 Hühnern vergleichend nebeneinander geprüft und treten wegen ihrer praktischen Vorteile für die Schnellagglutinationsverfahren, insbesondere die Frischblutmethode, ein, wenngleich die Serum-Langsammethode als die zuverlässigte anzusehen sei. Sie betonen jedoch, daß die *Ausführung der Blutuntersuchung ausschließlich in Händen von besonders hierfür ausgebildeten Tierärzten bleiben muß*, und nicht, wie es in Amerika geschieht, von den Farmern selbst vorgenommen wird. Die Trockenblut-Schnellmethode hat völlig versagt. WAGENER empfahl zur Ausführung der Frischblut-Schnellmethode ein besonderes Agglutinoskop mit künstlicher Beleuchtung, mit dessen Hilfe man mit 5 Hilfskräften in einer Stunde 150 Tiere untersuchen kann. Das Frischblutverfahren ist dann weiterhin ausgebaut worden, insbesondere durch

Zusätze zur Testflüssigkeit. So empfehlen Coburn und Stafseth eine Phenol-Kochsalzabschwemmung von 72stündigen Kulturen, der auf je 100 ccm 1,0 ccm einer gesättigten alkoholischen Gentianaviolettlösung und 5,0 ccm einer Lösung von Brillantgrün (1:1000) zugefügt wird. Die Agglutination soll auf weißer Porzellanunterlage abgelesen werden. Schaffer, MacDonald, Hall und Bunyea empfehlen einen Zusatz von 0,03% Krystallviolett, sowie 1% Formalin. Miessner und Schütt treten für eine Vereinheitlichung der Frischblutagglutinationsmethode ein und empfehlen Verwendung von lebenden Kulturen als Testflüssigkeit, wenn notwendig unter Verwendung von Formalin, Yatren, Chinosol, sowie Krystallviolett, letzteres zur besseren Sichtbarmachung der Reaktion; die Blutentnahme soll aus dem Kamm mit Hilfe einer Löffellanzette erfolgen; Blut- und Antigentropfen müssen von gleicher Größe sein, die Probe muß bei Wärmegraden von 10—20° ausgeführt werden, wenn notwendig unter leichtem Anwärmen. Die Beurteilung muß nach 1 Minute abgeschlossen sein. Vergleichsuntersuchungen mit gefärbter physiologischer Kochsalzlösung sollen nicht unterlassen werden.

Anfangs standen manche Untersucher dem Schnellagglutinationsverfahren mit Vorsicht oder ablehnend gegenüber (Sachweh, Fleischhauer). Schaaf ist einer von den wenigen, die die Serum-Schnellagglutination der Frischblutmethode vorziehen. Im übrigen hält er die Serum-Langsammethode für die beste. Im allgemeinen aber hat sich heute die Frischblutmethode mit ihren großen praktischen Vorzügen durchgesetzt. Konno und Goto haben sie mit Erfolg auch in Japan angewendet; Bleeker erzielte bei 2159 Blutproben aus 26 Hühnerbeständen über 91,15% Übereinstimmung der Ergebnisse des Frischblutverfahrens und der Serum-Langsamagglutination im Röhrchen.

Die erste europäische Konferenz von Fachleuten für Geflügelkrankheiten in Hannover im Jahre 1931 (Berichterstatter Miessner und te Hennepe) hat zu diesen Fragen folgende Entschließung angenommen:

1. Die Agglutinationsmethode ist zur Bekämpfung der Pullorumseuche unentbehrlich.

2. Die Anwendung der Methoden, Frischblut- oder Serum-Langsam-, soll den Instituten überlassen bleiben.

3. Bei der Serum-Langsammethode soll ein Wert von 1:50 bei Betrachtung mit bloßem Auge, von 1 : 100 bei Betrachtung mit dem Agglutinoskop als positiv gelten.

4. Zur besseren Beurteilung soll bei der Frischblutmethode der Testflüssigkeit ein Farbstoff zugesetzt werden: 3 ccm einer 1%igen Krystallviolettlösung auf 100 ccm Testflüssigkeit.

5. Bis zur Herstellung eines deutschen Nephelometers soll die Testflüssigkeit in folgender Weise hergestellt werden: eine gut gewachsene Schrägagarkultur wird mit 1 ccm physiologischer Kochsalzlösung abgeschwemmt; für die Serum-Langsammethode wird mit 4% Kochsalzlösung abgeschwemmt und diese 10fach verdünnt.

6. Über die Verwendung von lebenden und abgetöteten Kulturen, sowie über den Zusatz von Carbol, Formalin und Yatren sollen weitere Versuche angestellt werden.

7. Die Ausführung der Frischblutmethode darf nur besonders hierzu ausgebildeten Tierärzten überlassen bleiben.

Erwähnt sei noch die in Amerika angewendete Pullorinprobe, welche eine Hautreaktion entsprechend der Tuberkulinprobe darstellt. BUSHNELL und BRANDLY haben in 80% Übereinstimmung dieser Probe mit dem Agglutinationsergebnis gefunden. $22^{1}/_{2}$ Stunden nach intradermaler Einspritzung des Pullorins am Kehllappen hat die Schwellung ihren höchsten Grad erreicht. Schon die Notwendigkeit einer zweiten Untersuchung der Impftiere am nächsten Tage läßt das Verfahren in den Hintergrund treten, abgesehen von der geringen Zuverlässigkeit, die auch von BELLER, MIESSNER und BERGE, EDGINGTON und BROERMANN betont wird.

Welche *praktische Bedeutung die Blutuntersuchung für die Bekämpfung der Kückenruhr* und die Gesundung der Bestände hat, mögen folgende Beispiele aus dem Schrifttum zeigen: BERGE stellte fest, daß von positiv agglutinierenden Hennen 15,4% infizierte Bruteier lieferten. Bemerkenswert ist aus seinen Mitteilungen, daß die Züchtung des Erregers nur aus Bruteiern, nicht aus frischen Eiern gelang. Ferner konnte BERGE feststellen, daß bei 400 Junghennen, bei denen innerhalb des 1. Lebensjahres 4mal Blutuntersuchungen vorgenommen wurden, die Zahl der positiv agglutinierenden Hennen immer geringer wurde und bei der 3. Prüfung bereits positiv agglutinierende Hennen nicht. mehr vorhanden waren. Dies spricht dafür, daß Hühner nach überstandener Infektion nicht dauernd Keimträger bleiben, eine Zeitlang noch Agglutinine im Blute führen, diese aber später verlieren. EDGINGTON und BROERMANN konnten bei 10 Bruten nachweisen, daß die Kückenruhr von Hennen übertragen war, die positiv agglutiniert hatten. KIESSIG stellte planmäßige Vergleichsversuche über Schlüpfergebnis und Legeleistung bei positiven und negativen Hennen an und erzielte von 36 positiven Hennen innerhalb von 19 Tagen 583, also durchschnittlich 10,6 Eier, von 110 negativen Hennen 1369, das sind durchschnittlich 12,4 Eier. Von diesen Eiern wurden insgesamt 625 zur künstlichen Brut verwendet. Bei der 1. Prüfung nach 7 Tagen erwiesen sich von 418 Eiern der positiven Hennen 51 = 11,9% als unbefruchtet und 22 = 5,2% als abgestorben, von 207 Eiern der negativen Hennen nur 16 = 6,2% als unbefruchtet, aber 19 = 9,1% als abgestorben. Es fielen also schon nach 7 Tagen von der positiven Gruppe 17,4%, von der negativen Gruppe 15,4% der Eier aus. Es schlüpften aus von der positiven Gruppe 188 = 44,9%, von der negativen Gruppe 118 = 57,0%. Bei einer vergleichenden Prüfung der Legeleistung wurden in den ersten 5 Monaten der Legezeit von 40 positiven Hennen 1314, also durchschnittlich 32,85 Eier gelegt, von 41 negativen Hennen in der gleichen Zeit 3674, das sind durchschnittlich 89,8 Eier.

6. Der Mäuse- und der Rattentyphus.

Die Maus ist eines der empfindlichsten Tiere gegenüber den Bakterien der Paratyphus-Enteritisgruppe und ein häufiger Träger solcher Keime. Der Ausbruch eines Mäusesterbens in größeren Zuchten oder Vorratsbeständen, bei denen Erreger aus der Paratyphus-Enteritisgruppe als Ursache ermittelt werden, ist ein häufiges Ereignis. Eine solche Mäuseseuche unter dem Bestande des Hygienischen Instituts in Greifswald, der in kurzer Zeit 69% der Tiere zum Opfer fielen, war auch der Anlaß zur Entdeckung des B. typhi murium durch

LÖFFLER im Jahre 1890. Der Mäusetyphus verläuft unter den Erscheinungen einer septischen Darmentzündung, der die Tiere mit großer Hinfälligkeit in kurzer Zeit erliegen. Bei der Zerlegung findet sich eine blutige Darmentzündung, mitunter mit Geschwürsbildung, die von den Lymphfollikeln ausgeht, ferner eine meist sehr starke Milzschwellung — dieselbe kann um das 3—4fache vergrößert sein — (HÜBENER, GERLACH), Schwellung der Gekröslymphknoten, sowie parenchymatöse Degeneration der Nieren und Leber. Auch wurden schon von LÖFFLER die heute als „Paratyphusknötchen" bezeichneten Veränderungen in Gestalt kleiner gelber nekrotischer Herde in der Leber beobachtet.

Der Erreger wurde von SMITH als zur Hog-Choleragruppe gehörig bezeichnet. Man erkannte dann auch seine bakteriologisch-botanische Verwandtschaft mit dem Erreger der Fleischvergiftungen in Breslau und Aertrycke, von dem er im Laboratorium weder auf Grund der bunten Reihe noch der Agglutination zu trennen ist. Trotzdem kann aus epidemiologischen Gründen nicht angenommen werden, daß er mit den bei anderen Tierarten gefundenen Breslaubakterien ohne weiteres übereinstimmt, vielmehr deutet seine für Mäuse so hohe Pathogenität und gerade wieder die geringe Gefährlichkeit der Mäusetyphus-Breslaukeime für andere Tierarten und für den Menschen (siehe auch ELKELES und STANDFUSS) darauf hin, daß wir es hier mit dem Erreger einer besonderen, primären Tierparatyphose zu tun haben.

Das Bact. typhi murium hat eine große praktische Bedeutung insofern erlangt, als es in weitestem Umfange zur Bekämpfung der Mäuseplage dient. Nachdem Vorversuche in Thessalien im Jahre 1892 (zitiert nach DAVID) günstige Erfolge bei der dort herrschenden Feldmausplage gehabt hatten, werden seitdem Mäusetyphuskulturen in aller Welt in großen Mengen zur Schädlingsbekämpfung ausgelegt, wobei die Unschädlichkeit dieser Erreger für andere Tiere und für den Menschen immer wieder betont wird. Ob die jahrzehntelange rücksichtslose Ausstreuung derartiger Keime in der Umgebung unserer Haustiere auf die Zusammensetzung der Darmflora derselben von Einfluß gewesen ist, wird sich schwer entscheiden lassen, man muß aber mit dieser Möglichkeit durchaus rechnen.

Eine Abart des Mäusetyphusbacillus entdeckte MERESHKOWSKY 1895 bei Zieselmäusen und nannte ihn B. typhi spermophilorum. Auf der bunten Reihe unterschied sich der Erreger nach TURANDIN vom Breslaubacillus durch gelbe Rhamnosereaktion, während er fehlende Wallbildung mit ihm gemeinsam hat. Der Erreger wird, wie der Mäusetyphusbacillus, besonders in Rußland zur Schädlingsbekämpfung verwandt. Er unterscheidet sich vom LÖFFLERschen Mäusetyphusbacillus dadurch, daß er zur Aufrechterhaltung seiner Virulenz auch über Zieselmäuse weitergezüchtet werden kann und dadurch für andere Tiere und für den Menschen ganz ungefährlich werden soll, was MERESHKOWSKY als einen besonderen Vorzug hervorhebt.

Abgesehen von den genannten Erregern kommen aber bei Mäusen auch andere Typen vor, darunter auch solche, die nicht immer ganz eindeutig in allen kulturellen und serologischen Eigenschaften mit den bekannten Gruppen übereinstimmen. So berichtet z. B. FRIESLEBEN über Untersuchungen an 50 Mäusen, die in verschiedenen Gegenden der Stadt eingefangen worden waren. Hierbei fand er 14mal GÄRTNER-Stämme, und zwar 1mal im Kot, 4mal in den Lymphknoten, 3mal in der Leber, 5mal in Leber und Lymphknoten gleichzeitig,

1mal sowohl in der Leber wie in der Milz. 12mal fand er Erreger der Paratyphus-B-Gruppe (10mal Typus Freiburg, 2mal Typus Breslau), und zwar 6mal gleichzeitig in Leber und Lymphknoten, 3mal nur in der Leber, je 1mal in Milz und Lymphknoten und 1mal in Herzblut und Lymphknoten gleichzeitig. 2mal fand er außerdem Bakterien in Leber und Lymphknoten, die auf der bunten Reihe die Eigenschaften der Paratyphus-Enteritisgruppe zeigten, aber nicht agglutiniert wurden. FRIESLEBEN fand also in 52% der Fälle verschiedenartige Vertreter der Paratyphus-Enteritisgruppe in einzelnen oder mehreren Organen und nicht gelegentlich einer Mäuseepizootie, sondern bei frei eingefangenen Mäusen aus verschiedenen Stadtgegenden. *Diese Beobachtungen sind für die Epidemiologie der Paratyphosen sehr beachtlich.* Selbst wenn man nicht annehmen will, daß es sich hier immer um menschenpathogene Vertreter der Paratyphus-Enteritisgruppe handelt, so stützen doch diese Beobachtungen bei dieser einen Tierart im Einklange mit entsprechenden, wenn auch nicht so häufigen Beobachtungen bei anderen Tierarten, die in dem Abschnitt Epidemiologie (S. 667) dargelegten Anschauungen über die Verbreitung der Paratyphaceen und die Epidemiologie der Paratyphosen.

Sehr bemerkenswert ist in diesem Zusammenhange auch die Beobachtung, daß Mäusetyphuserkrankungen durch besondere Reize, wie Fütterung mit dem Fleische gesunder Tiere, ausgelöst werden können. MÜHLENS, DAHM und FÜRST beobachteten bei Fütterungsversuchen mit verdächtigem Pökelfleisch verschiedener Herkunft unerklärlich häufige Funde von Fleischvergiftern bei den Mäusen. Wie ZWICK und WEICHEL sowie SCHELLHORN 1910 feststellten, handelte es sich hierbei nicht um die Übertragung von Keimen vom verfütterten Fleisch auf die Mäuse, sondern um eine durch den ungewohnten Fleischgenuß bei den Mäusen hervorgerufene Schädigung, die nun zum Ausbruch einer bisher latenten Infektion führte.

Gleichartige Beobachtungen über das Auftreten spontaner Paratyphosen bei Mäusen und auch bei anderen kleinen Versuchstieren (Ratten, Meerschweinchen) sind auch von zahlreichen anderen Forschern gemacht worden. So von PFEILER und RÖPKE bei einer Maus, die mit einer Kultur des B. cyprinicida, eines fischpathogenen Bacteriums, infiziert worden war, von STANDFUSS bei einer mit Trypanosomen geimpften Maus, ferner von UHLENHUTH und HÄNDEL, BITTER, UHLENHUTH und SEIFFERT bei Laboratoriumstieren nach Tumorüberpflanzungen, Verimpfung von Staphylokokkenvaccinen, D'HERELLEschen Lysaten u. dgl. Auch aus allen diesen Feststellungen ergibt sich die Notwendigkeit der Annahme des häufigen Vorkommens von Paratyphus-Enteritiskeimen im Darme gesunder Tiere.

Von einem *Rattentyphus,* der dem Mäusetyphus an die Seite zu stellen wäre, kann man sprechen, seitdem durch ISSATSCHENKO, DUNBAR und TRAUTMANN, UHLENHUTH und SCHERN, TOYAMA, BAHR derartige Seuchengänge bei wilden und zahmen Ratten beschrieben worden sind, deren Erreger im wesentlichen untereinander übereinstimmen und, im Gegensatz zum Mäusetyphuserreger, zur GÄRTNER-Gruppe zu zählen sind. In diese Gruppe gehört auch der von DANYSZ bei einer unter Feld- und Waldmäusen herrschenden Epizootie gefundene Erreger, der sich ebenfalls gerade für Ratten als stark krankmachend erwies und daher auch zur Rattenvertilgung benutzt wird, besonders in Rußland (MERESHKOWSKY) und Österreich (DAVID). Der von BAHR zur Rattenvertilgung verwandte und unter dem Namen Ratin von der Ratin-Gesellschaft in Kopenhagen vertriebene und auch in Deutschland viel angewandte Stamm ist von NEUMANN (Aalborg) aus dem Harn eines cystitiskranken Kindes gezüchtet worden. In England wird ein unter dem Namen „Liverpoolvirus" laufender Bakterienstamm der gleichen Gruppe zur Rattenbekämpfung verwandt (STEFFEN-HAGEN).

Krankheitsbild und Zerlegungsbefund entsprechen im wesentlichen denen beim Mäusetyphus; oft wird starke Abmagerung beobachtet. Veränderungen der Darmschleimhaut können mitunter fehlen (GERLACH).

Praktisch von großer Wichtigkeit ist die Frage, ob die Rattenschädlinge mit den bei anderen Tierarten und beim Menschen gefundenen GÄRTNER-Stämmen übereinstimmen. In dieser Richtung liegen im Schrifttum eine Anzahl von Untersuchungen vor. Schon BAHR, RAEBIGER und GROSSO stellten fest, daß der Ratinbacillus Arabinose vergärt und dadurch sich, wie sie damals sagten, vom GÄRTNER-Bacillus unterschied. Die späteren Forschungen haben gezeigt, daß diese Unterscheidung richtig war, soweit sie sich auf die heute nach dem Vorgange BAHRs als Typus JENSEN (Typ. bovinus, Kälber-GÄRTNER) bezeichnete Spielart, die allerdings die bei Rindern am häufigsten vorkommende ist, bezieht. Mit den als „Typus Jena" oder „Original GÄRTNER" und als „Typus Poppe" bezeichneten Spielarten haben die Rattenstämme die Arabinosevergärung gemeinsam. Ein weiteres züchterisch-biochemisches Unterscheidungsmittel ist die Glycerin-Fuchsinbouillon nach STERN, die von den Rattenstämmen nach den Beobachtungen verschiedener Forscher keine positive Reaktion gibt (MIESSNER und BAARS, STANDFUSS und LEHR, KAUFFMANN). TURANDIN betont die negative STERN-Reaktion als Unterschied des DANYSZ-Bacillus gegenüber dem zur Breslaugruppe gehörigen B. spermophilorum MERESHKOWSKY.

BAHR trennt die Gruppe der Rattenschädlinge (DANYSZ-Gruppe) als 4. Gruppe von den 3 anderen GÄRTNER-Spielarten auf Grund einer etwas verspäteten Arabinose- und Rhamnosevergärung ab.

Serologische Unterschiede zwischen Rattenschädlingen und anderen GÄRTNER-Bakterien sind schon von SOBERNHEIM und SELIGMANN festgestellt worden.

Eingehende Untersuchungen unter Anwendung des CASTELLANIschen Absättigungsversuchs hat DAVID zur Unterscheidung der Rattenschädlinge von den anderen GÄRTNER-Bakterien angestellt. Er konnte feststellen, daß GÄRTNER-Serum, wenn es mit Ratinbakterien abgesättigt wurde, die letzteren nicht mehr agglutinierte und umgekehrt Ratinserum, wenn es mit GÄRTNER-Bakterien erschöpft war, mit letzteren keine Agglutination mehr gab, während aus GÄRTNER-Serum durch Absättigung mit GÄRTNER-Bakterien sämtliche Agglutinine verschwanden und ebenso auch das Ratinserum, wenn es mit Ratinbakterien abgesättigt wurde. Danach können nach den von SAVAGE und WHITE für die serologische Artbestimmung aufgestellten Grundsätzen die beiden Bakterienarten nicht als identisch angesehen werden.

Nach KAUFFMANN unterscheiden sich die Rattenstämme von den anderen Stämmen der GÄRTNER-Gruppe durch das hitzeempfindliche H-Antigen m, das sie aber mit dem „GÄRTNER-Jena" und dem „Oranienburg" (aus der C-Gruppe) gemeinsam haben. Unter Zuhilfenahme der Gärungsnährböden der bunten Reihe ist somit eine Abtrennung der Rattenstämme möglich (s. S. 671); sie ist aber sehr umständlich und erfordert ganz besondere Einstellung auf diese

Arbeiten, die nicht in jedem Laboratorium durchführbar ist. Es ergibt sich ferner auch noch folgende Schwierigkeit, die in gleicher Weise auch für den Mäusetyphus gilt: Zur Erhaltung ihrer Wirksamkeit gegenüber Mäusen bzw. Ratten müssen die erwähnten Kulturen immer wieder durch Versuchstierpassagen geschickt werden. Wenn man berücksichtigt, wie oft bei solchen Versuchstieren auch spontan Bakterien der Paratyphus-Enteritisgruppe verschiedener Spielarten — es sei nur an die obenerwähnten Feststellungen von FRIESLEBEN erinnert — vorkommen, dann muß man mit der Möglichkeit rechnen, daß aus dem Mäuse- oder Rattenversuch auch einmal andere Paratyphus-Enteritiskeime als die verimpften Mäuse- oder Rattenschädlinge oder *Mischkulturen* herauskommen. Auf diese Umstände hat besonders MERESHKOWSKY aufmerksam gemacht und die Forderung erhoben, daß für die Mäusebekämpfung das von ihm gefundene B. spermophilorum angewandt wird, das zur Erhaltung seiner Wirksamkeit über Zieselmäuse weitergezüchtet werden kann, bei denen die Gefahr des Dazwischentretens anderer Fleischvergifterspielarten, wie er sagt, nicht besteht, und daß für die Rattenbekämpfung das B. DANYSZ angewandt wird, das durch Fortzüchtung auf einem von ihm zusammengestellten Eiweiß-Dekoktnährboden auch ohne Tierpassage seine Wirksamkeit dauernd behält. Aber auch abgesehen hiervon liegen im Schrifttum bereits Mitteilungen vor über menschliche Erkrankungen, die auf Rattenschädlinge zurückgeführt werden (KLIMMECK, GRÜTTNER, SPALDING und SPRAY), und durch neuere Untersuchungen von KATHE, KLIMMECK und STANDFUSS, bei denen epidemiologische und bakteriologisch-serologische Feststellungen Hand in Hand gingen, konnte eine Übertragung von DANYSZ-Bakterien auf andere Tiere und auf den Menschen einwandfrei nachgewiesen werden.

7. Verschiedene Tierparatyphosen.

Abgesehen von den vorbeschriebenen Tierparatyphosen, die ihrer Wichtigkeit und der scharfen Begrenzungsmöglichkeit wegen einzeln behandelt worden sind, kommen auch zahlreiche andere Erkrankungen, die durch Keime der Paratyphus-Enteritisgruppe verursacht sind, bei den verschiedensten Tierarten vor. Man kann sagen, daß die Möglichkeiten hier unbegrenzt sind; immer wieder werden neue Beobachtungen in dieser Hinsicht gemacht; es sei nur an die Pelztiere gedacht: kaum daß die Pelztierzucht sich in Deutschland eingebürgert hat, so erscheinen Veröffentlichungen über Paratyphosen bei Pelztieren. Bezüglich der Erreger läßt sich die Beobachtung machen, daß manche Tierarten für eine besondere Spielart bevorzugt empfänglich sind, so z. B. die Vögel für Breslau-infektionen, während bei anderen Tierarten wieder verschiedene Vertreter der Paratyphus-Enteritisgruppe vorkommen.

Die Krankheitserscheinungen und die Zerlegungsbefunde entsprechen dem Grundcharakter der Paratyphosen, wie er in den vorangegangenen Besprechungen (s. „Kälbertyphus" S. 672) bereits beschrieben ist. Aus der Vielheit der Beobachtungen seien die nachstehenden besonders hervorgehoben:

Paratyphosen bei Jungtieren. Unter den sog. „Aufzuchtkrankheiten" spielen Infektionen mit Keimen der Paratyphus-Enteritisgruppe eine nicht unbedeutende Rolle. Bei der Besprechung des Stutenaborts war bereits erwähnt worden, daß Fohlen, die von infizierten Stuten lebend geworfen werden, häufig dann selbst an der Infektion erkranken. Nach Lütje kann diese Infektion entweder in Form einer akuten Septicämie mit oder ohne Erscheinungen der Ruhr verlaufen und die Tiere in den ersten Lebenstagen dahinraffen, sie kann aber auch zur Späterkrankung führen, die erst in der 3.—8. Lebenswoche auftritt, mit Darmerscheinungen oder Gelenkentzündungen verläuft und einen viel schleppenderen Verlauf nimmt als die Früherkrankungen. Es können aber ganz unabhängig von der Abortusinfektion bei Fohlen Breslauinfektionen auftreten, die dann regelmäßig unter den Erscheinungen der Ruhr verlaufen. In seltenen Fällen werden auch bei Fohlen Gärtner-Infektionen beobachtet, die dann auch mitunter mit Lungenentzündungen einhergehen, während sonst bei den Fohlenparatyphosen die Lungen in der Regel nicht betroffen sind.

Bei *Ferkeln* kommen außer dem Ferkeltyphus und dem Schweineparatyphus oder der sekundären Suipestiferinfektion gelegentlich auch Infektionen mit anderen Vertretern der Paratyphus-Enteritisgruppe vor.

Bei *Lämmern* sind von Karsten sowie von Lütje gleichfalls Paratyphosen beobachtet worden, meist im Anschluß an seuchenhaften Schafabort. Derartige Erkrankungen führen meist bei 60—80% in der 1. Lebenswoche zum Tode. Bei der Zerlegung solcher Tiere wurden neben Milzschwellung und Darmentzündung gelegentlich auch fibrinöse Auflagerungen an Brust- und Bauchfell beobachtet (Lütje).

Paratyphosen bei erwachsenen Haustieren. Über eine im Schrifttum einzig dastehende umfangreiche Paratyphose bei *Pferden* berichten Urbain, Stocanne und Chaillot. In der Zeit von Februar 1928 bis März 1929 erkrankten 128 Pferde eines Reiterregiments, 8 Pferde starben. Der anfänglich auf einen Stall beschränkte Herd breitete sich trotz Vorsichtsmaßregeln (Absonderung, Streubeseitigung) im März weiter aus. Die Seuche kam dann bis zum August allmählich zum Erlöschen, setzte aber im Oktober nach einer Neueinstellung von Pferden erneut wieder ein. Die Krankheit verlief unter Fieber, Mattigkeit, Lungen- und Darmerscheinungen. In 26 Fällen kam es zu einer ausgesprochenen Lungenentzündung, in 16 Fällen zu Pleuropneumonien, 29mal wurden nur Lungenkongestionen festgestellt, 5mal eine ausgesprochene Gastroenteritis, während 49 Fälle unter leichteren Erscheinungen verliefen. Die Möglichkeit eines filtrierbaren Virus als Ursache wurde durch Impfversuche mit Filtrat an 2 Pferden ausgeschlossen. Die Erreger werden als Paratyphus-B-Bakterien bezeichnet, eine genauere Bestimmung läßt sich aus der Arbeit nicht entnehmen.

Unter den *Wiederkäuern* einer Menagerie beobachteten Urbain und Guillot eine Epidemie, der fast der ganze Bestand zum Opfer fiel und als deren Ursache Bakterien der Paratyphusgruppe festgestellt wurden. Die Krankheit verlief unter septicämischen Erscheinungen, der Zerlegungsbefund wies nichts Kennzeichnendes auf, sondern beschränkte sich auf Hyperämie der Eingeweide.

Eine ebenso einzigartige wie verhängnisvolle Paratyphose bei *Schafen* ereignete sich im Jahre 1919 im Landkreise Essen in der Gegend von *Überruhr;* sie führte zu der größten Fleischvergiftung, die bisher bekanntgeworden ist (über 2000 Erkrankungen, 4 Todesfälle) und wurde von Frickinger sowie von Bruns und Gasters beschrieben. Hier erkrankten in einer einige hundert Schafe zählenden Herde innerhalb kurzer Zeit an 140 Schafe. Das Krankheitsbild war das einer akuten fieberhaften Magen- und Darmentzündung, etwa 100 Tiere starben innerhalb 2—3 Tagen, während die übrigen 40 notgeschlachtet wurden.

Bei der Zerlegung fand sich meist nur eine verhältnismäßig geringgradige ver-
waschene Rötung der Darmschleimhaut, nur in einigen Fällen eine ausgesprochene
Darmentzündung; die Anzeichen einer septischen Infektion wie Milzschwellung
oder parenchymatöse Veränderungen an den inneren Organen konnten nicht
festgestellt werden; auch der Ernährungszustand und die sonstige Beschaffenheit
des Fleisches waren teilweise noch sehr gut, so daß die Freigabe einer Anzahl
von Tieren bei der Fleischbeschau erfolgte. Als Erreger wurde ein Vertreter
der Paratyphus-Enteritisgruppe ermittelt, der von den Untersuchern zunächst
als Paratyphus-B-Bacillus, von anderen als Breslaubacillus bezeichnet wurde
(BITTER, STANDFUSS); nach KAUFFMANN und MITSUI ist er als ein Gemisch
aus Paratyphus-B und Breslaubacillen anzusehen.

Paratyphosen bei Vögeln. Erreger der Paratyphus-Enteritisgruppe sind
bei verschiedenen Vogelarten als Krankheitserreger gefunden worden, so von
TARTAKOWSKY bei Sperlingen, von PFEILER, PETTER, ADAM und MEDER sowie
von STANDFUSS bei Kanarienvögeln, von MANNINGER sowie von BERGE bei
Finken. Auch beim Hausgeflügel sind neben dem Hühnertyphus und der
Kückenruhr häufig andere Paratyphosen festgestellt worden, allerdings gerade
nicht bei Hühnern. Hier tritt auch besonders die Tatsache in Erscheinung,
daß gewisse Tierarten gewisse Vertreter der Paratyphus-Enteritisgruppe bevorzugen. So werden bei Tauben und Gänsen *hauptsächlich Breslauinfektionen*
festgestellt. ZINGLE beschreibt Untersuchungen an 14 Tauben einer Militär-
brieftaubenstation, bei denen er einen Paratyphus-B-Bacillus als Erreger ermittelte. EBERT und SCHULGINA fanden 3mal bei Tauben „Paratyphusbakterien", THORBJÖRNSEN bei einer Taube; nach den heutigen Erfahrungen
liegt es nahe, anzunehmen, daß es sich hier um Breslaubakterien gehandelt
hat. Sehr eingehende Untersuchungen über eine durch Breslaubakterien oder
„den Breslaubakterien sehr nahestehende" Erreger hervorgerufene Tauben-
epizootie, die sie in 27 verschiedenen Beständen Nord- und Mitteldeutschlands
an insgesamt 33 Tieren feststellen konnten, teilen BECK und MEYER mit. Die
Krankheit kann akut verlaufen und unter rasch zunehmender Schwäche, manchmal unter Krämpfen, in 2—4 Tagen zum Tode führen, in anderen Fällen aber
verläuft sie subakut oder chronisch. In diesen Fällen beherrschen Bewegungs-
störungen das Krankheitsbild, die auf Erkrankungen der Gelenke zurückzuführen sind; die Gelenke können zu erbsen- bis haselnußgroßen Knötchen
anschwellen; besonders häufig sind die Ellbogen und Schultergelenke befallen,
weshalb die Krankheit auch häufig als „Flügellähme" bezeichnet wird. In
Ausnahmefällen ist auch Erblindung infolge Zerstörung der Linse und des
Glaskörpers beobachtet worden. Am Zerlegungsbefunde sind herdförmige Veränderungen in der Lunge, in der Muskulatur, im Darm und in den Geschlechts-
organen, seltener auch in der Leber kennzeichnend. Häufig fällt eine starke
Abmagerung der Brustmuskulatur auf, die dann die kennzeichenden Degene-
rationsherde aufweist, die histologisch fast ausschließlich aus Rundzellen bestehen, zwischen denen nur noch Reste von Muskelfasern zu erkennen sind.
Die Darmherde bestehen in flachen Geschwüren mit diphtheroiden Belägen, sowie
hämorrhagisch-entzündlichen Veränderungen. Das Bild hat also große Ähnlichkeit mit dem des Hühnertyphus. Bemerkenswert ist, daß auch die Hoden häufig
erkrankt sind; von untersuchten männlichen Tauben zeigten 3 aus verschiedenen
Beständen stammende sehr stark ausgeprägte Veränderungen. In 2 Fällen

war nur ein Hoden, in 1 Falle beide Hoden erkrankt. Die veränderten Hoden waren etwa doppelt so groß als die gesunden; das Hodengewebe war in eine graugelbe, trocken-käsige Masse umgewandelt. Auch Eierstocksveränderungen wurden bei 8 von 18 weiblichen Tauben beobachtet; die Follikel waren klein und unentwickelt und sahen teilweise trüb und graugelb aus. Im Eileiter, der oft entzündet ist, fanden sich mitunter graugelbe Gerinnsel als Ausdruck einer fibrinösen Entzündung; die gleichen Veränderungen fanden sich auch auf dem entsprechenden Teile des Bauchfells. In einer weiteren Arbeit beschäftigt sich BECK mit der bakteriologisch-serologischen Bestimmung des Erregers, dem er eine gewisse Zwischenstellung zwischen den SCHOTTMÜLLER- und Breslaubakterien einräumt, weil bei einer Anzahl Stämme auch Wallbildung beobachtet wurde und die Rhamnosereaktion mit Methylrot in der Regel nicht voll rot, sondern gelborange, orange oder rotorange ist. Serologisch stehen sie allerdings auch nach seinen Untersuchungen den Breslaustämmen näher als den Paratyphus-B-Stämmen. Die Befunde von BECK und MEYER wurden von verschiedenen Seiten bestätigt. So beschreibt BERGE eine große Zahl von Breslauinfektionen unter Tauben, die teils in akuter, teils in chronischer Form auftraten. Bei der Zerlegung fand er Abmagerung, herdförmige Veränderungen an der Schleimhaut des Zwölffingerdarms, in chronischen Fällen mitunter nur Gelenkerkrankungen (Flügellähme). CASH und DOAN berichten über eine spontan tödliche Krankheit bei unterernährten Tauben, hervorgerufen durch Aertryckebakterien. Sie fanden Anämie, myeloide Hyperplasie des Knochenmarks und Infiltrationsherde in Leber, Milz, Nieren und Knochenmark. WÜTIG berichtet über „Flügellähme" bei Tauben in Westfalen, hervorgerufen durch B. enteritidis Breslau. In manchen Beständen fielen mehr als die Hälfte der Tiere der Krankheit zum Opfer. Er fand Atrophie der Brustmuskeln, Rötung des Zwölffingerdarms, bei den septischen Formen Milzschwellung um das 1—1½fache, in den Gelenkhöhlen rötlichgelbe Flüssigkeit. SCHÜTT teilt mit, daß der Prozentsatz der Breslauinfektionen bei Tauben, die im Hygienischen Institut der Tierärztlichen Hochschule in Hannover festgestellt wurden, von 7,1% im Jahre 1929 auf 25% im Jahre 1930 gestiegen sei. Die Krankheit trat in den Beständen meist so verheerend auf, daß als einzig wirksame Bekämpfungsmaßnahme Ausmerzung der klinisch verdächtigen Tauben in Betracht kam. Es mußten aber auch klinisch gesunde Dauerausscheider in Frage kommen, worüber SCHÜTT umfangreiche Untersuchungen anstellte. Er ermittelte unter 120 klinisch gesunden Tauben 8 = 6,6% als Breslaubakterienträger, und zwar schieden 5 Tiere dauernd, 3 mit Unterbrechungen die Erreger aus. 7 Tiere hatten Agglutinationswerte von 100—200, 1 einen solchen von 1:50. Aus Blut und aus 2 untersuchten Eiern ließen sich Breslaukeime nicht züchten. Bei der Zerlegung fand sich bei allen 8 Tieren eine geringe Milz- und Leberschwellung, bei 2 Tauben auch grauweiße, stecknadelkopfgroße Herde. Der Erreger wurde bei 7 Tauben aus Herz, Leber, Milz, Nieren und Darm, bei 1 Taube nur aus Leber und Darm gezüchtet. CLARENBURG und DORNICKX berichten über eine Nahrungsmittelvergiftung beim Menschen, die im Zusammenhange mit einer Taubenparatyphose stand. 20 Personen erkrankten nach dem Genuß von Pudding, zu dem Taubeneier verwandt worden waren; in den Eiern wurden Aertryckebakterien nachgewiesen.

Über seuchenhafte Erkrankungen bei jungen Gänsen in Ostpreußen, hervorgerufen durch Bakterien der Paratyphusgruppe, berichten WEISSGERBER und

MÜLLER. Die Seuche wurde innerhalb von 2 Jahren häufig beobachtet, sie führte meist in kurzer Zeit unter großer Hinfälligkeit zum Tode; manchmal wurde Durchfall beobachtet, manchmal verschwollene Augen. Bei der Zerlegung fanden sich in wenigen Fällen fibrinöse Herzbeutelentzündungen, häufiger eine vermehrte seröse Flüssigkeit, einmal Ablagerung harnsaurer Salze im Herzbeutel. Oft wurde Leber- und Milzschwellung, Erweiterung der Gallenblase sowie katarrhalische oder hämorrhagische Entzündung im Darm beobachtet. Der Erreger wird als zwischen dem Paratyphus-B-Bacillus und dem B. suipestifer stehend angesprochen, da er außer mit Paratyphus-B-Seren auch mit Suipestiferserum agglutinierte. Gegen Breslauserum ist nicht geprüft worden. Massensterben unter Gänseküken beobachtete LÜTJE zuerst 1920 im Kreise Kehdingen an der Elbe; er fand schwere Enteritis und als Erreger einen Vertreter der Paratyphusgruppe, der nicht mit dem Hühnertyphusbacillus übereinstimmte. In einer ganzen Anzahl von Fällen sind in neuerer Zeit bei geschlachteten Gänsen oder auch im Kot gesunder Tiere Breslaubakterien nachgewiesen worden. So berichtet BAARS über einen Fund von Breslaubakterien in einer Gänsebrust, die zur Erkrankung einer dreiköpfigen Familie Anlaß gegeben hatte. Gänse aus dem gleichen Orte sollen auch Erkrankungen von Menschen veranlaßt haben. HÜSGEN teilt 2 Fälle mit, in denen 3 bzw. 2 Personen schwer nach dem Genuß von Gänseleber bzw. Gänsebrust erkrankten und bei denen Breslaubakterien als Ursache ermittelt wurden. Außerdem hat er unter 85 geschlachteten Gänsen, die zu 47% an Geflügelcholera erkrankt waren, im übrigen an anderen Krankheiten oder gar nicht erkrankt waren, bei 12 Gänsen = 14% Bakterien der Paratyphusgruppe gefunden, und zwar 11mal Breslaubakterien und 1mal einen GÄRTNER-Stamm. v. BORNSTEDT und FIEDLER haben 828 aus Polen und Litauen eingeführte Mastgänse untersucht, nachdem eine Breslauinfektion beim Menschen auf eine Gänsemästerei hindeutete. Untersucht wurden auf dem Transport verendete Gänse, kranke Tiere, sowie gesunde Mastgänse kurz vor der Schlachtung. Bei 182 verendeten Gänsen, bei denen zu 75,2% Magen- und Darmparasiten und zu 53,8% Geflügelcholera ermittelt wurde, fanden sich 4 = 2,2% Gänse, die neben diesem Befunde auch Breslaubakterien aufwiesen: Unter den 144 teils geflügelcholera-, teils transportkranken Gänsen waren 12 = 8,3% bei der Blutuntersuchung serologisch positiv und bei 5 = 3,4% dieser Tiere wurden im Kote Breslaubakterien nachgewiesen. Von 502 gesunden Mastgänsen zeigten 15 = 2,9% eine positive Blutreaktion gegen Breslau- oder GÄRTNER-Bakterien, von 209 Kotproben dieser Tiere fanden sich in 6 = 2,9% Breslaubakterien. Bei 2 wiederholt untersuchten Gänsen konnte festgestellt werden, daß die Breslaubakterien-Ausscheidung nur zeitweise erfolgte. Nach Verabreichung von Kulturabschwemmungen von Breslaustämmen, die von Gänsen stammten, traten Erkrankungen der Tiere nicht auf; die Bakterien waren im Kote bis höchstens zum 17. Tage nachzuweisen. Agglutinine traten nur bei 4 Tieren auf, und zwar 14 Tage nach der Infektion. Die Untersuchungen sind sowohl epidemiologisch wie mit Rücksicht auf die Fleischhygiene von großer Bedeutung, und es ist beobachtenswert, daß hier das Bakterienträgertum offenbar viel häufiger vorkommt als eigentliche Erkrankungen. In 310 Kotproben, die wahllos bei den Massenentladungen von in die Oderbruchgegend eingeführten Gänsen entnommen wurden, sind auch im Veterinär-Untersuchungs-Amt in Potsdam von WILKEN 12mal Breslaubakterien gefunden worden.

WUNDRAM und SCHÖNBERG berichten über 6 Erkrankungsfälle bei insgesamt 16 Personen nach dem Genuß von Gänseleber, gebratenem und gekochtem Gänsefleisch, geräucherter Gänsebrust und einer aus Organen hergestellten Wurst. Außerdem wurden bei der Untersuchung von 180 beschlagnahmten Gänsen mit verschiedenen Krankheiten bei 44 = 24,4% Breslaubakterien gefunden.

Bakterien der GÄRTNER-Gruppe wurden von PALLASKE bei 2 *Jungenten* ausschließlich in den Hoden gefunden, die schwere entzündliche Veränderungen mit Nekrobiose der Kanälchenepithelien aufwiesen. Die Keime wurden zum Teil intracellulär nachgewiesen. J. SCHAAF beschreibt Infektionsversuche an Enten und Entenkücken mit Stämmen des B. enteritidis GÄRTNER, die von Enten stammten, und konnte feststellen, daß der Kreislauf der Infektion ähnlich dem bei der Kückenruhr ist. Bei der Blutuntersuchung reagieren infizierte Tiere in einer Serumverdünnung von 1:40 bis 1:400 und darüber. Gesunde Tiere agglutinieren 1:10 oder höchstens 1:20 schwach.

Über 3 Entenepizootien berichtet HOLE; er fand 1mal GÄRTNER- und 2mal Aertryckebakterien. Bei Wassergeflügel sind Bakterien der Paratyphusgruppe auch von MANNINGER, bei Truthühnern von PFAFF festgestellt worden. McGAUGHEY hat bei Geflügel außer dem Hühnertyphus- und dem Kückenruhrerreger auch Breslau- und GÄRTNER-Bakterien gefunden. CERNAIANU hat aus mehreren Kückenkadavern einer Hühnerzucht in Frankreich, die Fleischmehl verfütterte, und ebenso in einer innerhalb eines Schlachthofes befindlichen Zucht in Rumänien Bakterien gezüchtet, die er auf Grund biologischer und serologischer Prüfung als Suipestiferbakterien anspricht.

Erwähnt sei noch die *Psittakose*. Nachdem bereits seit dem Jahre 1879 anläßlich der Einfuhr von Papageien sowohl bei diesen wie bei Menschen, die mit diesen Tieren in Berührung gekommen waren, schwere, oft tödliche Erkrankungen bekanntgeworden waren, züchtete im Jahre 1892 NOCARD aus dem Knochenmark verendeter Papageien aus einer frischen Sendung, die unter dem Bilde einer seuchenhaften Enteritis erkrankt war, einen Erreger, der, an Papageien verfüttert, wieder das Bild einer blutigen Darmentzündung mit Allgemeinveränderungen der Sepsis (Milzvergrößerung, Blutungen unter dem Bauchfell) erzeugte, und nach seinen bakteriologischen Eigenschaften zu den Paratyphusbakterien zu zählen war. Diese Befunde wurden später mehrfach bei Papageien bestätigt und schließlich wurden 1896 von GILBERT und FOURNIER die gleichen Bakterien auch im Blute von Menschen gefunden, die mit kranken Papageien in Berührung gekommen und an schweren typhösen Erscheinungen mit Lungenentzündung erkrankt waren. Über das Vorkommen des B. psittacosis bei Papageien berichtet auch ECKERSDORF sowie DREWES. Bei den im Jahre 1929 in Deutschland und der Tschechoslowakei auftretenden schweren Psittakoseerkrankungen beim Menschen wurden die NOCARDschen Bakterien nicht gefunden. In Dresden wurde ein Bakterienstamm gefunden, der nach SÜPFLE und HOFFMANN gewisse Beziehungen zur Salmonellagruppe hat und von dem Serum von 21 Patienten auch in Verdünnungen von 1:100 bis 1:600 agglutiniert wurde; er dürfte aber weder mit dem NOCARDschen Bacillus übereinstimmen, noch auch als Erreger der menschlichen Psittakose anzusehen sein. Auch der NOCARDsche Erreger kann nach den heutigen Erfahrungen nicht als Erreger der Papageienkrankheit angesehen werden (ELKELES, DAVID), er ist vielmehr ein zur Breslaugruppe gehöriger Vertreter der Paratyphusgruppe (BAINBRIDGE, PERRY, ELKELES, DAVID), der gelegentlich Paratyphosen bei Papageien verursacht, während die echte Papageienkrankheit bei Menschen und Tieren durch ein filtrierbares Virus hervorgerufen wird.

Paratyphosen bei Pelztieren. Mit dem Aufkommen der Haltung von Pelztieren in Farmen sind auch als eine der häufigsten Krankheiten dieser Tiere Paratyphosen beobachtet worden, teils Breslau-, teils GÄRTNER-Infektionen, bemerkenswerterweise auch echte Suipestiferinfektionen, die sonst, außer beim Schweine, bei anderen Tieren höchst selten vorkommen. Die Erkrankungen verlaufen meist bösartig und seuchenhaft; häufig ist die entscheidende Mitwirkung einer prädisponierenden Ursache (Transport, Leberegelbefall) ganz offensichtlich. Klinisches und pathologisch-anatomisches Bild entsprechen dem Grundcharakter der Paratyphosen; auch bei diesen Tierarten fehlen nicht die kleinen „Paratyphusknötchen". Im einzelnen seien folgende Beobachtungen mitgeteilt: Seuchenhafte Erkrankungen bei Silberfüchsen, als deren Erreger ein zur Paratyphusgruppe gehöriger Stamm ermittelt wurde, beobachteten 1925 GREEN und SCHILLINGER. Die Erkrankungen, die mit starker Abmagerung und Schwäche, zum Teil auch mit Lungenentzündung verliefen, traten vorwiegend bei Jungtieren auf und führten in 60% der Fälle zum Tode. MEYER beschreibt Paratyphosen bei 9 Silberfüchsen, 1 Nerz und 3 Nutria (Sumpfbiber). Aus den Organen eines Silberfuchses, eines Nerzes und dreier Nutria wurde das B. enteritidis BRESLAU, aus den Organen von 8 Silberfüchsen das B. enteritidis GÄRTNER gezüchtet. Bei den 3 Nutria lag außerdem ein starker Leberegelbefall vor, der offenbar der Infektion den Boden vorbereitet hat. Von den Silberfuchserkrankungen entfallen 7 auf Jungtiere. NEUMÜLLER fand bei einem Silberfuchs einen GÄRTNER-Stamm, den er nach der BAHRschen Einteilung zur DANYSZ-Gruppe rechnet. RIEDMÜLLER und SAXER fanden gelegentlich einer Reihe von Todesfällen unter Silberfüchsen in allen Fällen ein Bacterium von den ausgesprochenen kulturellen und serologischen Eigenschaften des B. suipestifer. Eigentümlich war der langsame Verlauf der Seuche, die einzelnen Tiere erkrankten und verendeten in großen Zwischenräumen. Schweinefleisch wurde angeblich nicht verfüttert, doch hält Verfasser trotzdem eine Infektion von der Schlächterei her, aus der Rindfleisch bezogen wurde, für möglich. Eindeutige Suipestiferinfektionen beschreibt auch CERNAIANU bei zwei jungen Silberfüchsen in Frankreich. Die Leber war mit zahlreichen Nekroseherden durchzogen. Nach Mitteilungen von FREUND sowie WALLNER sind in Amerika des öfteren Breslaubakterien als Ursache von Pelztiererkrankungen festgestellt worden. SCHOOP stellte bei 12 jungen Farmfüchsen GÄRTNER-JENSEN-Infektionen fest, die unter staupeähnlichen Erscheinungen verliefen. Bei der Zerlegung fanden sich Schwellungen der Darmlymphknoten, mitunter sämtlicher Körperlymphknoten, in einzelnen Fällen auch Gelbsucht. Als Erkrankungsquelle wird das Futter verdächtigt und besonders vor roher Verfütterung von Kalbfleisch, Rinderorganen und besonders vor der Verfütterung des Fleisches verendeter Tiere in ungekochtem Zustande gewarnt. GMEINER beschreibt eine Breslauenzootie unter Nutria, der in kurzer Zeit 23 von 100 Tieren erlagen. Die Krankheit verlief teils akut, wobei Schwellungen der Milz und der Darmlymphknoten, sowie Rötung der Darmschleimhaut festgestellt wurde, teils chronisch, wobei Verwachsungen der Leberoberfläche mit Dünndarmschlingen und dem Zwerchfell, sowie nekrotische Herde und kleine Abscesse in der Leber gefunden wurden. Der kurz vor dem Ausbruch stattgehabte Transport der Tiere, sowie ein gleichzeitig vorhandener starker Leberegelbefall haben nach Meinung des Verfassers die Infektion ausgelöst. Nach Anwendung einer farmeigenen Vaccine und mit Eintritt besserer Witterung hörte die Seuche auf. KNORPP konnte innerhalb von 4 Wochen bei 5 Tieren eines Nutriabestandes Breslaubakterien nachweisen, die stark von Suipestiferserum mitagglutiniert wurden. Die gleichen Feststellungen machte er in einem zweiten Sumpfbiberbestande. In beiden Farmen kamen die Erkrankungen nach Anwendung einer Vaccine zum Stillstand.

Paratyphosen beim Wilde und bei Nagetieren. Bei *Hasen* sind von KARSTEN Erreger aus der GÄRTNER-Gruppe gefunden worden bei Tieren mit blutiger Darmentzündung, Milzschwellung, serofibrinösen Ausschwitzungen in der Bauchhöhle und kleinen Nekroseherden in Leber, Milz, Niere und selbst im Herzmuskel. TIEDE beschreibt tödliche Infektionen bei 4 Hasen und 1 Hamster in freier Wildbahn, die er auf Ratinbakterien zurückführt, da auf den Feldern, wo die toten Tiere gefunden wurden, gerade 2—3 Wochen vorher Ratin ausgelegt worden war, und die Erreger, die er aus den verendeten Tieren züchtete, mit dem aus einer Originalflasche „Ratin" gezüchteten eindeutig übereinstimmten. Bei Nagetieren kommen außer dem B. pseudotub. rodentium PREISS und PFEIFFER auch Vertreter der Paratyphus-Enteritisgruppe als Ursache von pseudotuberkulösen Veränderungen vor, besonders beim Meerschweinchen. Solche Beobachtungen sind von TH. SMITH, VAN ERMENGEM, NEISSER, BÖHME, ECKERSDORF, DIETERLEN, MÜLLER, KARSTEN gemacht worden. Auch ein von LEHMANN aus Meerschweinchen gezüchteter und von ihm als B. caseolyticum bezeichneter Keim wurde von TRAUTMANN als zur Paratyphusgruppe gehörig bestimmt. LÖFFLER fand bei einer pseudotuberkulösen Erkrankung der Meerschweinchen des Greifswalder Instituts einen GÄRTNER-Bacillus. MATERNOWSKA beschreibt einen „Paratyphus" des Meerschweinchens. Von PULKRABEK ist das Vorkommen von Bakterien der Paratyphusgruppe auch bei mehreren *Wasserschweinen* festgestellt worden. Die Mannigfaltigkeit der Befunde zeigt, wie verbreitet Bakterien der Paratyphus-Enteritisgruppe in der Natur vorkommen.

Paratyphosen bei Fleischfressern. Die Fleischfresser besitzen offenbar eine nur ganz geringe Empfänglichkeit für Bakterien der Paratyphus-Enteritisgruppe, denn es fällt auf, daß hierüber im Schrifttum nur ganz vereinzelte Angaben vorliegen, obwohl man nach ihrer Lebensweise und Ernährung annehmen muß, daß sie häufig Gelegenheit haben, Erreger der Paratyphus-Enteritisgruppe aufzunehmen. MORI beobachtete eine Epizootie *bei Katzen,* die unter dem Bilde einer Enteritis auftrat, als deren Erreger er ein kulturell mit den Paratyphusbakterien übereinstimmendes Bacterium züchtete. Auch REICHEL und MUMMA sowie LÜTJE berichten über Paratyphusbacillen, die wahrscheinlich in die Breslaugruppe zu zählen sind, als Erreger von seuchenhaften Erkrankungen bei Katzen. Bei einem Boxerrüden, der unter dem Verdachte der Stuttgarter Hundeseuche erkrankt war, und bei dem sich bei der Zerlegung Milzschwellung, starke Schwellung der Darmlymphknoten und Blutungen unter den serösen Häuten zeigte, fand PÜHRINGER einen Breslaubacillus. Über einen sekundär bei einem wutkranken Hunde gefundenen Keim aus der Paratyphusgruppe berichtet RÜDIGER. Umfangreiche Untersuchungen über das Vorkommen von Bakterien der Paratyphus-Enteritisgruppe an rund 600 Kotproben von Hunden und Katzen der Berliner Hochschulklinik für kleine Haustiere stellte VENSKE im Veterinär-Untersuchungs-Amt in Potsdam an, ohne auch nur einen einzigen echten Angehörigen der Paratyphus-Enteritisgruppe zu finden.

Verschiedenes. Von dem Funde eines Bacteriums der Enteritisgruppe bei einem Affen des Reichsgesundheitsamtes berichtet TROMMSDORFF; das Tier war an Durchfall eingegangen; der Erreger wurde aus Herzblut gezüchtet. Schließlich sei noch der B. paratyphi alvei erwähnt, der von BAHR als Erreger einer Bienenseuche beschrieben und auch von RAEBIGER beobachtet wurde.

II. Die Enteritis des erwachsenen Rindes.

In diesem Abschnitt und unter dieser Bezeichnung sollen die Fälle von Infektionen erwachsener Rinder mit Bakterien der Paratyphus-Enteritisgruppe zusammengefaßt werden, die als selbständige Krankheit mit Neigung zur enzootischen Verwurzelung in den Beständen auftreten. Der Hauptkrankheitssitz ist in diesem Falle der Darm, deshalb trifft die Kennzeichnung der Krankheit als „*Enteritis*" das Wesentliche, wenn damit auch nicht gesagt sein soll, daß in jedem einzelnen Falle das Krankheitsbild der Enteritis zu jeder Zeit im Vordergrunde des klinischen Bildes stehen müßte. Abzutrennen von dieser Enteritis sind diejenigen Fälle von Fleischvergifterinfektionen, bei denen irgendeine ganz andere Krankheit offensichtlich im Vordergrunde steht und die Infektion mit Bakterien der Paratyphus-Enteritisgruppe nur als eine sekundäre angesehen werden kann; diese „sekundären Tierparatyphosen" sind in einem besonderen Abschnitte behandelt und sind des weiteren auch dadurch gekennzeichnet, daß im allgemeinen keine tiefere Verwurzelung im Bestande nachzuweisen ist, sondern daß es sich um Einzelfälle handelt. Diese Einteilung, diese Abtrennung der „sporadischen sekundären Tierparatyphosen" von der „Enteritis des erwachsenen Rindes" ist, das muß ausdrücklich immer wieder betont werden, eine *praktische,* keine grundsätzliche und unbedingte; fließende Übergänge wird es wie bereits in der Einleitung auf S. 668 ausgeführt ist, an den Grenzgebieten immer geben.

Die Enteritis der erwachsenen Rinder wird auch je nach ihrer bakteriellen Ursache in 3 verschiedenen Abschnitten behandelt werden: die größte Bedeutung kommt den GÄRTNER-*Infektionen* zu, seltener und in manchen Punkten abweichend sind die *Breslauinfektionen,* und einen weiteren Sonderabschnitt bilden die Infektionen erwachsener Rinder mit dem *Paratyphus-B-*SCHOTTMÜLLER-*Bacterium.* Im Zusammenhange mit den GÄRTNER-Infektionen wird auch die Frage des *Ausscheidertums* eingehend behandelt werden.

1. Die Enteritidis-GÄRTNER-Infektion des Rindes.

a) Geschichtliches und Schrifttum. Über seuchenhafte GÄRTNER-Infektionen bei erwachsenen Rindern in Nordamerika wurde schon 1902 von MOHLER und BUCKLEY berichtet. Die ersten Mitteilungen über GÄRTNER-Erkrankungen bei Rindern in Deutschland stammen von MIESSNER und KOHLSTOCK (1912). In einem Bestande von rund 100 Rindern, größtenteils Milchkühen, erkrankten innerhalb kurzer Zeit auf der Weide 5 Tiere unter starken Durchfällen mit

Abgang croupös-blutiger Entleerungen; nach 24—36 Stunden trat der Tod ein. Das erste dieser Tiere wurde bakteriologisch untersucht, wobei aus Darminhalt, Milz, Niere, Leber und Muskelfleisch GÄRTNER-Bakterien gezüchtet wurden. Die gesunden Tiere des Bestandes wurden dann auf eine andere Weide gebracht und kranke Tiere in den Kuhstall, wo noch 2 lahme Kühe und 1 junger Bulle standen. Plötzlich erkrankte die eine der lahmen Kühe, sowie 2 von den eingebrachten Färsen, außerdem noch weitere 13 Färsen, die auf eine andere Koppel gebracht wurden. Alle kranken Tiere starben, bakteriologisch untersucht wurde nur die lahme Kuh, bei der wieder GÄRTNER-Bakterien gefunden wurden. Pathologisch-anatomisch wurde Schwellung der Milz um das 3—4fache, stark hervorquellende, rotbraune Pulpa, starke Schwellung und Rötung der Darmschleimhaut mit zähschleimigen Auflagerungen festgestellt. Als Ursprung der Erkrankung sehen die Verfasser ein Kalb an, das auf der Koppel mit den anderen Tieren zusammengelassen war und dauernd an Durchfällen gelitten hatte und bei dem dann auch GÄRTNER-Bakterien nachgewiesen wurden. Auch andere Tiere sind an Durchfällen erkrankt gewesen und zum Teil gestorben. Mit den bei dem Kalbe ermittelten GÄRTNER-Bakterien wurden auch Infektionsversuche an 2 erwachsenen Rindern gemacht; es wurden an das eine Rind 5, an das andere 10 Kulturen verfüttert, worauf die Tiere zwar vorübergehend hohes Fieber bekamen, aber nicht offensichtlich erkrankten; auch konnten in ihrem Kote keine GÄRTNER-Bakterien nachgewiesen werden.

BUGGE und DIERKS berichten über schwere akute Durchfälle mit Beimischung größerer Blutgerinnsel oder Blutstreifen in mehreren Weideherden, die zu mehrfachen Notschlachtungen und auch zu Todesfällen führten. Während ein Teil dieser Tiere ohne bakteriologische Untersuchung in den freien Verkehr gekommen war, ohne Schaden zu stiften, wurden bei einer notgeschlachteten sowie einer verendeten Kuh GÄRTNER-Bakterien festgestellt, bei der ersteren in Leber und Darm, nicht dagegen in Milz, Niere, Darmlymphknoten, Knochenmark, Blut und Muskelfleisch, bei der verendeten Kuh fanden sich die GÄRTNER-Keime außer in der Leber und im Darm auch im Euter.

LÜTJE berichtet über GÄRTNER-Erkrankungen bei Großrindern im Gebiete der unteren Elbe. Im Laufe von 3 Jahren hat er im ganzen in 27 Fällen GÄRTNER-Bakterien bei Großrindern in septicämischer Verbreitung im Tierkörper feststellen können, außerdem bei einer Reihe von lebenden Tieren durch Kotuntersuchung oder Blutkultur; bei einer Anzahl Tiere hat er auch Agglutinine im Blute nachgewiesen. 23 der beschriebenen Fälle waren Einzelfälle, während 4mal in den Beständen gehäufte Erkrankungen aufgetreten waren. In dem einen Bestande erkrankten während einer Regenperiode auf der Weide 4 Milchkühe unter Erscheinungen starken Durchfalls; 3 davon starben, die 4. wurde notgeschlachtet und mit GÄRTNER-Bakterien behaftet gefunden. Der Zerlegungsbefund gab das Bild einer akuten Sepsis: starke Milzschwellung, Blutungen unter der Milzkapsel, am Epikard und unter anderen serösen Häuten; entzündliche Veränderungen des Dünndarms. In einem anderen Falle handelte es sich um einen großen Weidebezirk von etwa 3 qkm Ausdehnung, in dem 12 verschiedene Besitzer über 100 Rinder untergebracht hatten, von denen mit Sicherheit mindestens 80 erkrankten, 33 hiervon unter bedrohlichen Erscheinungen, so daß 3 verendeten und 3 notgeschlachtet wurden. Ein Teil leichter erkrankter Tiere ist vor amtlichen Eingriffen an den Hamburger Schlachtviehmarkt und weiter nach Süddeutschland verbracht worden, ohne daß über Gesundheitsschädigungen etwas bekannt wurde. Daß es sich in diesen Beständen um Gärtner-Infektionen handelte, wurde durch die bakteriologische Untersuchung eines geschlachteten 3jährigen Bullen, sowie durch die serologische Blutuntersuchung einer größeren Anzahl erkrankter Tiere der Herde erwiesen; 3 Ochsen, 9 Jungrinder und 3 Kühe, die unter Durchfällen, Temperatursteigerung, Tränenfluß und Speicheln erkrankt, aber wieder gesund geworden waren, zeigten nach $1^1/_2$ Wochen Agglutinationswerte von $1:1600$—$1:3200$ und darüber. In einem dritten Bestande von 10 Milchkühen, die sich ebenfalls auf der Weide unmittelbar an der Elbe befanden, waren alle Tiere erkrankt. Die Erscheinungen bestanden in hohem Fieber, Katarrh der oberen Luftwege, Tränenfluß und profusen Durchfällen, zum Teil mit blutigen Beimengungen. Eine Kuh abortierte im 7. Monat; der Fetus zeigte mäßige Milzschwellung und Blutungen an der Kranzfurche des Herzens, die Kuh starb 2 Tage später, als Todesursache wurden Gärtner-Bakterien festgestellt; der Zerlegungsbefund lautete auf blutige Darmentzündung, starke Milzschwellung, Blutungen am Epikard und unter den serösen Häuten, Endometritis. Die übrigen Tiere des Bestandes zeigten bei der Blutuntersuchung Agglutinationswerte von $1:3200$ und darüber. Die Ursache dieser Erkrankungen vermutet Lütje in einer Infektion aus dem weitverzweigten Grabensystem der Weide, da Kontaktinfektionen bei den weiten Entfernungen auszuschließen sind. Die das Weidegebiet durchziehenden Gräben hängen durch Ebbe und Flut mit der Elbe und dem Nebenflüßchen Schwinge zusammen. Das Wasser soll nach Angabe der Anlieger tagelang schwarz von aufgewirbelten Schlammassen gewesen sein. Bemerkenswert ist auch, daß die ersten Erkrankungen sich in einer Zeit nach schweren Unwettern (Auftreten eines Tornado in Untersen) und Sturmfluten sich ereigneten.

Lange und Pressler stellten anläßlich einer Fleischvergiftung mit einem Todesfalle bei einer wegen hochgradiger Atemnot notgeschlachteten Kuh Gärtner-Bakterien fest. Etwa 14 Tage später erkrankte bei demselben Besitzer das Nachbartier an einer schweren hochfieberhaften Darmentzündung und verendete nach $3^1/_2$tägiger Krankheitsdauer. Die bakteriologische Untersuchung ergibt ebenfalls Gärtner-Bakterien. Knapp 2—3 Wochen vorher und auch früher waren Kälber erkrankt und notgeschlachtet worden.

Auch in einem anderen Bestande, aus dem bei einem Jungbullen Fleischvergifter festgestellt worden waren, ergaben die Nachforschungen, daß Erkrankungen unter dem Jungvieh häufig seien; auch wurden $^1/_2$ Jahr später bei einem Kalbe Gärtner-Bakterien in Organen und Lymphknoten festgestellt.

Eine ausgedehnte Gärtner-Infektion in einem bäuerlichen Bestande von 30 Tieren wurde im Potsdamer Veterinär-Untersuchungs-Amt festgestellt und von Lehr beschrieben. Der Bestand hatte unter einer in diesem Jahre in der ganzen Gegend (Uckermark, Überschwemmungsgebiet der Elbe) sehr stark auftretenden Leberegelinvasion zu leiden, die zu einer größeren Anzahl von Notschlachtungen bzw. zur Abstoßung allen Schlachtviehs und auch zu Todesfällen führte. Nachdem bei bakteriologischen Fleischuntersuchungen wiederholt Gärtner-Bakterien festgestellt worden waren, wurde der ganze Bestand bakteriologisch und serologisch untersucht und im ganzen 15 Tiere ermittelt, die zum größeren Teil nachweislich, zum kleineren Teile wahrscheinlich (nicht bakteriologisch untersucht) mit Gärtner-Infektionen behaftet waren.

Über GÄRTNER-Erkrankungen bei erwachsenen Rindern berichtet 1927 KARSTEN, die teils stürmisch verliefen und wegen Milzbrandverdachts zur Untersuchung kamen, teils anläßlich der bakteriologischen Fleischbeschau festgestellt wurden. Hierbei wurde auch gelegentlich das gleichzeitige Vorkommen von Kälberparatyphus in den Beständen beobachtet.

Beziehungen zwischen Kälberparatyphus und GÄRTNER-Infektionen erwachsener Rinder stellte auch H. WEBER fest, unter anderem auch durch serologische Bestandsuntersuchungen, bei denen sich Agglutinationswerte über 1:100, manchmal bis 1:1600 oder 1:3200 ergaben. Seine Untersuchungen erstreckten sich auf 6 verschiedene Bestände. WEBER neigt dazu, schlechten Abfluß der Stalljauche und ungünstige Grundwasserverhältnisse für die Übertragung verantwortlich zu machen. So gelang ihm in einem Bestande, in dem im Frühjahr und im Herbst Kälberruhr mit 50% Verlusten herrschte und wo das Grundwasser zeitweise in die Keller eindrang, der Nachweis von GÄRTNER-Bakterien in Kot, Jauche, Dünger, Erd- und Grundwasserproben aus der Nähe eines Weidebrunnens. Auch die Haare eines erkrankten Kalbes erwiesen sich noch nach langer Zeit als infektiös.

Über 2 in den Jahren 1923 und 1927 auf einem und demselben Gute festgestellte GÄRTNER-Erkrankungen erwachsener Rinder berichten BOURMER und DOETSCH. DAVID und AGNESY berichten über gehäufte GÄRTNER-Erkrankungen in einem 241 Stück zählenden Milchviehbestande. Bei 4 Tieren, die innerhalb 1 Woche notgeschlachtet werden mußten, wurden GÄRTNER-Bakterien festgestellt; weitere Untersuchungen in dem Bestande führten zur Ermittlung einer Dauerausscheiderin, bei der im Kot und in der Milch GÄRTNER-Keime und im Blutserum Agglutinine in Verdünnung bis zu 1:12000 festgestellt wurden. Die Kuh zeigte anfangs außer mäßigen Durchfällen keine weiteren Erscheinungen und befand sich in gutem Nährzustande. Nach einigen Monaten magerte sie zusehends ab und wurde geschlachtet. Hierbei fanden sich GÄRTNER-Bakterien in der Leber, in der Gallenblase, im Dünndarm, sowie in der Muskulatur, nicht dagegen im Euter.

Nach SCHULTZE erkrankten in einem 120 Stück zählenden Rinderbestande innerhalb weniger Wochen 3 Kühe an einer GÄRTNER-Infektion, die bei der ersten Kuh durch die bakteriologische Fleischbeschau, bei den beiden anderen, wieder gesund gewordenen Kühen durch die Kotuntersuchung festgestellt wurde.

KONNO teilt 12 Fälle von GÄRTNER-Infektionen erwachsener Rinder und Kälber, die aus verschiedenen Gegenden Koreas stammten, mit. Die Tiere erkrankten unter hohem Fieber, Mattigkeit, Durchfällen und Atemnot, der Tod trat meist innerhalb 1 Woche ein. Bei der Zerlegung fand sich Milzschwellung, Darmentzündung, Blutungen, sowie entzündliche und nekrotische Herde in den Lungen. Verfasser schließt auf eine allgemeine Verbreitung der GÄRTNER-Bakterien in Korea.

MIESSNER und KÖBE berichten über 4 Fälle, in denen bei äußerlich gesund erscheinenden Kühen im Kote GÄRTNER-Bacillen, und zwar nahezu in Reinkultur nachgewiesen wurden. Die Blutuntersuchung ergab WIDAL-Reaktionen von 1:1000—1:5000. Bei einer dieser Kühe handelt es sich um eines der von BOURMER und DOETSCH erwähnten Tiere. Die 3 anderen entstammten einem Bestande, in dem auch häufig GÄRTNER-Infektionen bei Kälbern vorgekommen waren. Bei der bakteriologischen Untersuchung der getöteten Tiere fanden sich die Erreger nur bei 2 Tieren in Leber und Gallenblase, vereinzelt auch in der Gebärmutter.

Nach EICHLER traten in einem engbegrenzten Bezirk in Württemberg 3mal enzootische GÄRTNER-Erkrankungen bei erwachsenen Rindern auf. Die Erscheinungen bestanden in starken, wäßrigen, stinkenden Durchfällen mit Abgang von Schleimhautfetzen, starkem Tenesmus, geringem Fieber, kleinem Puls, unterdrückter Futteraufnahme, Abmagerung und Festliegen. Nach 4—6tägiger Krankheit waren die Tiere so hinfällig, daß zur Notschlachtung geschritten werden mußte. Bei der Zerlegung wurde trübe Schwellung des Herzmuskels, Schwellung der Leber, Nieren, Gekröselymphknoten und Darmschleimhaut festgestellt. Im Dünndarm fanden sich flächenartige Blutungen, im Dickdarm geringgradige Rötungen. Die Milzpulpa war erweicht.

Über eine Salmonellose bei Rindern in *Sao Paolo berichteten* STEPHAN, ESQUIBEL, PENHA, PACHECO, RODRIGUES und NEIVA. Im Anschluß an Anaplasmose und Piroplasmoseimmunisierungen erkrankten 66 aus Europa eingeführte Rinder unter Fieber, Appetitmangel, Ausfluß aus Nase und Augen, Speichelfluß und Durchfall. 22 Tiere starben. Aus dem Blute und aus den Organen von 24 unter 28 untersuchten Tieren gelang die Züchtung eines zur Salmonellagruppe gehörigen Keimes, der serologisch mit Paratyphus und Enteritisserum reagierte und von den Verfassern als eine besondere Art „Salmonella bovis" bezeichnet wird. Bei den erkrankten Tieren wurden WIDAL-Reaktionen von 1:80—1:1200 festgestellt. Verfasser sehen die Piroplasmoseimpfung als prädisponierende Ursache an. 21% der Tiere sollen Dauerausscheider geblieben sein. Bei der Zerlegung fanden sich punktförmige Blutungen unter den serösen Häuten und Schleimhäuten, Lungenentzündung, Drüsenschwellung und nekrotische Herde in der Leber.

BAARS ermittelte durch 476 Kot- und 360 Blutuntersuchungen in 12 Rinderbeständen 3 gesund erscheinende Rinder, die mit dem Kote dauernd GÄRTNER-Bakterien ausschieden. Diese Tiere gaben WIDAL-Reaktionen von 1:2000 bis 1:10000. Eine dieser Kühe wurde 10 Monate hindurch fast täglich untersucht, wobei sich stets die GÄRTNER-Bakterien in der unmittelbaren Plattenaussaat nachweisen ließen.

Sehr beachtenswerte Mitteilungen machen HOPFENGÄRTNER, KALLER und BERNGRUBER. Sie stellten in einer Abmelkwirtschaft von etwa 80 Tieren, die ihre Bestände aus norddeutschen Viehmärkten zu ersetzen pflegten, zunächst wiederholt Kälbertyphusinfektionen, später dann aber auch Erkrankungen bei 4 erwachsenen Rindern, sowie bei 5 weiteren Tieren verborgene Infektionen fest. Von den 4 kranken Tieren wurde eines gesund und blieb Dauerausscheider. Von den klinisch gesunden waren 2 Ausscheider, während die anderen 3 nur serologisch verdächtig waren; sie zeigten zum Teil WIDAL-Reaktionen bis zu 4000. Bei 2 von ihnen wurden auch nach der Schlachtung in inneren Organen, bei der einen auch im Muskelfleisch GÄRTNER-Bakterien nachgewiesen; die beiden anderen erwiesen sich bei der Schlachtung auch bakteriologisch ganz unverdächtig und wurden als tauglich in freien Verkehr gegeben. Die eine Dauerausscheiderin wurde nach einigen Monaten geschlachtet, wobei nur in 2 Gekröselymphknoten GÄRTNER-Bakterien festgestellt wurden.

WUNDRAM teilt 3 Fälle von Dauerausscheidern des B. enteritidis GÄRTNER mit. Durch die bakteriologische Fleischbeschau wurden 3 Fleischvergifterendemien aufgedeckt. Im 1. Falle wurde bei 2 Schlachtkälbern eine GÄRTNER-Infektion festgestellt. Bei der Untersuchung des betreffenden Bestandes konnte durch Nachweis von GÄRTNER-Bakterien im Kot 1 Kuh als Dauerausscheiderin ermittelt werden. — Im 2. Falle waren im Laufe eines Monats 3 Kühe eines Besitzers notgeschlachtet worden, und zwar wegen Metritis, Fremdkörperpneumonie und Magen-Darmentzündung. 4 Wochen zuvor war bereits eine Kuh wegen Retentio secundinarum verendet. Bei den notgeschlachteten Kühen wurde das B. enteritidis GÄRTNER ermittelt. Durch die Kotuntersuchung in dem betreffenden Bestande (20 Tiere) wurde noch 1 Kuh festgestellt, die GÄRTNER-Bakterien ausschied. Das Tier wurde geschlachtet. Es zeigte außer geringgradiger Lungentuberkulose keine pathologisch-anatomischen Veränderungen. In der Leber, den Nieren und im Dünndarm wurden GÄRTNER-Bakterien nachgewiesen. — Im 3. Falle war 1 Kuh im Anschluß an einen akuten Darmkatarrh notgeschlachtet worden. Durch die Fleischbeschau wurde eine hämorrhagische Darmentzündung festgestellt. Die bakteriologische Untersuchung ergab den Nachweis von GÄRTNER-Bakterien in der Leber. Durch die wiederholt vorgenommene Kotuntersuchung wurden in dem Bestande 3 Kühe als mit dem B. enteritidis GÄRTNER behaftet festgestellt. Über den 2. dieser Fälle berichtet auch SCHUPELIUS.

DRESCHER und HOPFENGÄRTNER haben an 2 der von HOPFENGÄRTNER, KALLER und BERNGRUBER bereits erwähnten Dauerausscheider eingehende Beobachtungen, die sich auf einen Zeitraum von $2^1/_2$ Jahren erstrecken, angestellt und in sehr bemerkenswerten Aufzeichnungen niedergelegt. Ferner haben sie auch Infektionsversuche an Jungrindern angestellt.

Eingehende Studien, die etwa den gleichen Fragen galten, an 6 Paratyphus-Enteritisbakterien ausscheidenden Rindern nebst einer Anzahl von Infektionsversuchen an insgesamt 12 Tieren sind auch im Veterinär-Untersuchungs-Amt Potsdam ausgeführt und von STANDFUSS, SÖRRENSEN und WILKEN beschrieben worden. Diese Versuche sind inzwischen weitergeführt und um 3 weitere Dauerausscheiderinnen und einige der Ansteckung ausgesetzte Versuchskälber erweitert worden. Einige der Dauerauscheiderinnen stehen nunmehr schon über 3 Jahre unter Beobachtung.

PRÖSCHOLDT berichtet ausführlich über jahrelange Beobachtungen in mehreren Rinderbeständen, in denen er sowohl akut kranke Tiere, wie Dauerausscheider und auch einen Zusammenhang der Erkrankung von erwachsenen Rindern und Kälbern feststellen konnte.

EVERS gibt seine über viele Jahre sich erstreckenden praktischen Erfahrungen über das Auftreten von GÄRTNER-Infektionen bei Rindern bekannt.

KARSTEN hat seine umfangreichen jahrelangen Erfahrungen auf dem Gebiete der GÄRTNER-Infektionen des Kalbes und auch des erwachsenen Rindes in einer neuerlichen Veröffentlichung niedergelegt.

Aus dem Institut von KARSTEN stammt auch eine Arbeit von RIEVEL über Versuche an 4 Rindern, die Dauerausscheider von Enteritis-GÄRTNER-Bakterien sind. Auch diese Versuche enthalten reichhaltige Beobachtungen über klinischen Befund, bakteriologische und serologische Untersuchung, pathologisch-anatomische Befunde, Übertragung der Infektion auf Kälber.

Einen tiefen Einblick in die Verhältnisse bei der Enteritiskrankheit des Rindes gewähren auch die im Veterinär-Untersuchungs-Amt Potsdam bereits

1926 begonnenen und seit 1930 in größerem Umfange planmäßig im ganzen
Regierungsbezirk Potsdam durchgeführten Untersuchungen solcher Rinderbestände, in denen durch die bakteriologische Fleischbeschau oder auf andere
Art Enteritisinfektionen aufgedeckt worden sind. Es sind bis jetzt im ganzen
40 Rinderbestände mit insgesamt 1527 Tieren untersucht worden. Hierbei
wurden in 12 Beständen Ausscheider von Paratyphus-Enteritiskeimen festgestellt. Über die hierbei gemachten Beobachtungen wird von FRANCKE, STAND-
FUSS und WILKEN berichtet.

**b) Ursächliche Zusammenhänge, Epidemiologie, Beziehungen zum Kälber-
typhus.** Daß die Enteritis der erwachsenen Rinder nicht eine Infektionskrankheit im landläufigen Sinne ist, bei der die Heranbringung der spezifischen Ursache, der GÄRTNER-Bakterien, an die empfängliche Tierart genügt, um die
Krankheit oder einen Seuchengang auszulösen, ist schon in dem einleitenden
Abschnitt „Infektion" ausführlich besprochen worden. Hierbei wurde dargetan, daß die spezifische Ursache hier aus ihrer Rolle als Hauptursache durch
die causa praedisponens verdrängt ist (s. auch S. 663). Diese Betrachtungsweise
der ursächlichen Verhältnisse, die uns überhaupt erst ein Verständnis der
Epidemiologie und des Zustandekommens der Enteritiserkrankungen ermöglicht,
findet denn auch immer wieder durch die Veröffentlichungen fast aller Beobachter
ihre Bestätigung. So schreibt KARSTEN: „... ist bei erwachsenen Rindern
die alleinige Aufnahme von GÄRTNER-Bakterien in der Regel anscheinend überhaupt kaum hinreichend, um Krankheitserscheinungen hervorzurufen."

Als einer der häufigsten epidemiologisch-ursächlichen Umstände wird der
Weidegang angeführt. Schon bei der ersten deutschen Veröffentlichung von
MIESSNER und KOHLSTOCK trat dieser Umstand zutage.

LÜTJE sah die von ihm beschriebenen Fälle besonders nach Regenperioden
oder schwereren Unwettern auftreten. Auch KARSTEN hebt den Übergang
von Stallhaltung zum Weidegang als prädisponierende Ursache besonders
hervor. Abgesehen von den unmittelbaren klinischen Einflüssen des Weideganges
auf die Tiere vermutet LÜTJE noch in den besonderen durch ein das Weidegebiet durchziehendes Grabensystem gegebenen Umständen eine Begünstigung
der Entstehung und Verbreitung der Enteritiserkrankungen in den von ihm in
der Elbniederung beobachteten Fällen (s. S. 710). EVERS sah die Erkrankungen
besonders nach Zeiten großer Dürre auftreten, wenn als einzige Wasserquelle
eine Anzahl kleiner Tümpel übrig geblieben waren, deren wenig einwandfreies
Wasser von den durstigen Tieren aufgewühlt wurde und mit Schlamm durchsetzt war.

Auch andere, mit dem Weidegang nur mittelbar zusammenhängende Umstände können als prädisponierende Ursache mitwirken. So sah KARSTEN
eine seuchenhafte GÄRTNER-Erkrankung unter den Rindern in einer Weide-
gegend ausbrechen, wo in jedem Frühjahr die *Piroplasmose* in milder Form
und in mäßigem Umfange vorkam; unmittelbar vor dem Seuchenausbruch
waren infolge Umstellung des Betriebes sehr viel Jungrinder neu eingestellt
worden, darunter auch ostpreußische, die wahrscheinlich die ursächlichen
GÄRTNER-Bakterien in den Bestand einschleppten. Die Entfernung von der
heimatlichen Scholle und die Verbringung in andere Haltungs- und Fütterungs-
bedingungen macht auch nach der Ansicht von HOPFENGÄRTNER, KALLER
und BERNGRUBER die im Zustande der Akklimatisation befindlichen Rinder

anscheinend besonders anfällig. Im Anschluß an Piroplasmose- und Anaplasmose-immunisierungen ereigneten sich die von STEPHAN-ESQUIBEL und Mitarbeitern in Sao Paolo beobachteten Erkrankungen. Auf dem Boden einer ausgedehnten *Leberegelinvasion* in einem Hochwasserjahre entwickelten sich die von LEHR beschriebenen Fälle in der Uckermark. Ein gleichzeitiges Vorhandensein von Leberegelerkrankungen und GÄRTNER-Infektionen ist nach den Erfahrungen der letzten Jahre im Potsdamer Veterinär-Untersuchungs-Amt sehr häufig. Auch Einzelkrankheiten wie Fremdkörperpneumonie, Gebärmutterentzündung können als auslösende Ursache in Betracht kommen (WUNDRAM). Im Anschluß an *Maul- und Klauenseuche* wurde im Potsdamer Institut bei 2 Rindern eines Bestandes eine GÄRTNER-Infektion festgestellt. Auch im Anschluß an Er-krankungen durch *Schlempefütterung* fanden sich gehäufte GÄRTNER-Infektionen in einem Rinderbestande.

Das Vorkommen von *Kälbertyphus und Enteritis erwachsener Rinder* in einem und demselben Bestande, entweder gleichzeitig oder auch in zeitlichem Wechsel, wird von vielen Beobachtern mitgeteilt, und es liegt nahe, aus diesen Beob-achtungen die Schlußfolgerung zu ziehen, daß die beiden Krankheiten ursächlich-epidemiologisch miteinander zusammenhängen. Niemand wird abstreiten können, daß die Möglichkeit einer wechselseitigen Übertragung sowohl vom Kalb auf erwachsene Rinder wie von erwachsenen Rindern auf Kälber besteht, und für eine Reihe von Fällen wird diese Möglichkeit auch tatsächlich zutreffen. In dieser Richtung sind die eingehenden Mitteilungen PRÖSCHOLDTs über das gleichzeitige Auftreten von Kälbererkrankungen und GÄRTNER-Infektionen bei erwachsenen Rindern sehr beachtenswert. Es fehlt aber auf der anderen Seite nicht an Beobachtungen, welche dafür sprechen, daß die wechselseitige Ent-stehung der Enteritis der Rinder und des Kälbertyphus *nicht die epidemiologische Regel* für diese beiden Krankheiten darstellt. Zu diesen Beobachtungen gehören zunächst alle diejenigen Fälle, in denen solche Zusammenhänge eben nicht festgestellt werden konnten. Der Kälbertyphus ist als eine Krankheit mit besonderer bakterieller Ursache seit mehr als 3 Jahrzehnten bekannt und hat in den Ländern um die Nord- und Ostsee und weit hinein in das mittlere Deutsch-land eine außerordentlich große Verbreitung. Es muß auffallen, daß dem-gegenüber GÄRTNER-Erkrankungen erwachsener Rinder in einer verschwindend kleinen Zahl beobachtet worden sind. Selbst in den letzten 12 Jahren, in denen man auf die Enteritis erwachsener Rinder in erhöhtem Maße achtet, sind aus weiten Gebieten, in denen gerade der Kälbertyphus große Verbreitung hat, wie etwa große Teile Schleswig-Holsteins, noch keine Meldungen von Erkran-kungen erwachsener Rinder gekommen — ebenso wie aus diesen Gegenden auch Mitteilungen über Fleischvergiftungen bei Menschen fehlen. Diese epidemiologischen Beobachtungen ruhen auf einer so breiten Grundlage, sie stellen die Erfahrungen von Jahrzehnten über weite Gebiete Nordeuropas dar, daß man sie nicht schlechthin etwa damit erklären kann, daß eben in früheren Jahren Bestandsuntersuchungen nicht vorgenommen wurden. Es ist zu erwarten, daß wir von Jahr zu Jahr mehr GÄRTNER-Infektionen bei erwachsenen Rindern aufdecken werden, je mehr man dazu übergeht, auch Bestandsuntersuchungen in größerem Ausmaße vorzunehmen, aber auch ohne solche bakteriologische Bestandsuntersuchungen hätten uns enzootische Rinderinfektionen nicht ganz verborgen bleiben können, wenn sie auch nur annähernd in einem Wechselverhältnis zum Kälbertyphus auftraten, ebensowenig wie uns der Kälbertyphus vor seiner bakteriologischen Klarstellung verborgen geblieben war.

Zu beachten ist auch die vielfach eindeutig, zum Teil versuchsweise gemachte Beobachtung einer *geringen wechselseitigen Übertragbarkeit*. Schon MIESSNER und KOHLSTOCK gelang es nicht, mit Reinkulturen des aus dem Kalbe gezüchteten GÄRTNER-Stammes, das sie als Ursprungsquelle der Erkrankung des Bestandes vermuteten, 2 erwachsene Rinder offensichtlich krank zu machen; es traten nur vorübergehend Temperatursteigerungen auf. STANDFUSS, WILKEN und SÖRRENSEN berichten über Ansteckungsversuche an Kälbern, die an Dauerausscheiderinnen von GÄRTNER-Bakterien zum Saugen angelegt wurden. Von 4 Kälbern erkrankten nur 2 an einer GÄRTNER-Infektion, während 2 andere völlig gesund blieben, obwohl vorübergehend die GÄRTNER-Keime in ihrem Kote nachgewiesen werden konnten. 10 andere Kälber, die zwar nicht unmittelbar an die GÄRTNER-ausscheidenden Kühe angelegt waren, sondern an eine Paratyphus-B-SCHOTTMÜLLER-Keime ausscheidende Kuh, die sich aber nur in einer Entfernung von etwa 3—6 Metern von mehreren GÄRTNER-Ausscheiderinnen wochenlang aufhielten und von demselben Tierwärter betreut wurden, erkrankte kein einziges, obwohl bei einigen vorübergehend GÄRTNER-Keime im Kote gefunden wurden. RIEVEL teilt mit, daß von 4 von GÄRTNER-Bacillen ausscheidenden Kühen geborenen Kälbern nur 1 erkrankte und starb, während die 3 anderen völlig gesund blieben und sich auch im Kote keine GÄRTNER-Bacillen bei ihnen nachweisen ließen. Das erkrankte Kalb war ein Doppellender und hatte bei der Geburtshilfe eine Schwächung erlitten. RIEVEL kommt zu dem Schlusse, daß die der Aufnahme von GÄRTNER-Bakterien ausgesetzten Kälber nur dann einer Infektion erliegen, wenn eine schädigende Hilfsursache hinzukommt. Auch MIESSNER und KÖBE erblicken in der Prädisposition eine unerläßliche Voraussetzung für das Gelingen der Infektion. Diese schwere Übertragbarkeit steht aber im Widerspruch zu der in der Praxis so häufig beobachteten Infektiosität des Kälbertyphus unter Kälbern und der Hartnäckigkeit, mit der der Kälbertyphus in den Beständen, in denen er einmal Boden gewonnen hat, festwurzelt, und zwingt zu der Annahme, daß die Infektion von Kalb zu Kalb leichter gelingt und daß die Erreger des Kälbertyphus trotz aller Übereinstimmung, die die GÄRTNER-Stämme von der Spielart JENSEN im Laboratorium zeigen, gleichgültig, ob sie von erwachsenen Rindern oder von Kälbern stammen, *epidemiologisch-ätiologisch* doch eine Sonderheit darstellen, die eben in einer *besonderen Anpassung an das Kalb besteht*. Gleichlaufend mit dieser Anpassung an eine bestimmte Tierart, in diesem Falle das Kalb, geht eine Abnahme der Gefährlichkeit für andere Tiere (erwachsenes Rind, andere Tiere, Mensch) und gleichzeitig die Ausbildung eines besonders scharf ausgeprägten Krankheitsbildes; denn man darf vom Kälbertyphus mit Recht sagen, daß er zu denjenigen Tierparatyphosen gehört, deren Krankheitsbild besonders mannigfaltig, eigenartig und kennzeichnend ist. Man kann hieraus geradezu eine Art „*biologischer Regel*", die nicht allein für den Kälbertyphus gilt, sondern auf alle Tierparatyphosen übertragen werden kann, herleiten, die etwa folgendermaßen lautet: „*Je mehr ein Erreger einer Tierparatyphose sich an eine bestimmte Tiergattung angepaßt hat, desto gefährlicher ist er auch für diese Tierart, desto weniger gefährlich aber ist er für andere Tierarten oder für den Menschen. Mit der besonderen Beziehung auf eine Tierart geht auch eine besonders*

*kennzeichnende Ausprägung des Krankheitsbildes einher (primäre Tierpara-
typhosen!)"* Von manchen Autoren wird auch die Quelle der Ansteckung in der
Außenwelt gesucht (s. auch S. 666). Feststellungen hierüber sind von H. WEBER
sowie von DRESCHER und HOPFENGÄRTNER gemacht worden (s. S. 666).

Über diese Verhältnisse ist noch wenig bekannt. Wenn man sich aber an
das hält, was bereits bekannt ist, so wird es nicht schwer, die Verhältnisse auch
epidemiologisch zu verstehen. Wenn wir uns vor Augen halten, daß Bakterien
der Paratyphus-Enteritisgruppe als Bestandteile der Darmflora bei ganz gesunden
Tieren in einem Maße vorkommen, von dem wir wahrscheinlich noch nicht
die richtige Vorstellung haben, und wenn wir ferner die sich immer wieder zei-
gende „bedingt krankmachende" Wirkung der Enteritisbakterien berücksichtigen, dann verstehen wir vollkommen das *Auftreten und Zustandekommen
der enzootischen* GÄRTNER-*Herde, die in der Regel nicht von einem Stall zum anderen
verschleppt werden, sondern die aus dem Bestande selbst herauswachsen, wenn ihre
günstige Zeit gekommen ist,* und wir werden auch die besondere Rolle des Kälbertyphus verstehen, dessen Erreger in der Entwicklung von Darmsaprophyten
zum Krankheitserreger bereits eine Stufe weiter vorgeschritten ist und gerade
für das Kalb eine besondere, etwas höhere Virulenz erlangt hat, wobei Übergänge selbstverständlich auch hier, wie überall im Bereich der Paratyphosen,
vorkommen. KARSTEN, einer der besten Kenner des Kälbertyphus und der
Enteritisinfektionen der Rinder, hält diese beiden Krankheiten deutlich auseinander und sagt z. B. über die Dauerausscheider folgendes:

„Bei der weitverbreiteten und in gewissen Gegenden oft auftretenden GÄRTNER-Infektionen des Kalbes kommen Dauerausscheider verhältnismäßig selten, bei der weit selteneren
Infektion des erwachsenen Rindes dagegen verhältnismäßig oft vor."

Veterinärrat EVERS in Waren, der über seine jahrelangen großen Erfahrungen
in Mecklenburg berichtet, äußert sich über die Frage der Beziehungen des
Kälbertyphus zur Enteritis der erwachsenen Rinder in einer brieflichen Mitteilung dahingehend, daß diese beiden Krankheiten nichts oder nur sehr selten
etwas miteinander gemein haben. Er hat den Kälbertyphus in sehr weiter
Verbreitung gesehen, ohne daß die erwachsenen Rinder befallen wurden,
und hat andererseits Fälle von GÄRTNER-Infektionen bei erwachsenen Rindern
im Sommer plötzlich fast seuchenhaft auftreten sehen, ohne daß eine Übertragung auf die Kälber stattfand.

c) **Krankheitserscheinungen und Verlauf.** Der klinische Befund und der
Krankheitsverlauf der Enteritis des erwachsenen Rindes schwankt in sehr
weiten Grenzen. Schon in den Mitteilungen von MIESSNER und KOHLSTOCK
erschien die Krankheit als eine schwere akute Septicämie mit besonderer Beteiligung des Darmes, die innerhalb von 24 oder 36 Stunden zum Tode führte.
KARSTEN beschreibt Fälle, die so stürmisch verliefen, daß es erklärlich ist,
wenn der Verdacht auf eine Vergiftung oder auf Milzbrand entsteht. Kühe, die
auf der Weide im „Melkring" noch vor 2 oder 3 Stunden einen ganz gesunden
Eindruck machten, stehen teilnahmslos mit gesenktem Kopf, oft zitternd und
stöhnend mit stierem Blicke und glanzlosen, tiefliegenden Augen da. Das Haar
ist glanzlos und gesträubt, der Gang oft schwankend, die Körperwärme ist
ungleichmäßig verteilt, kalte Ohren, warme Hörner, Innentemperatur 41°,
kleiner Puls, 100—130 Schläge, angestrengte Atmung, schneller Kräfteverfall.
In den ganz stürmisch verlaufenden Fällen kann Durchfall auch fehlen und der

Kotabsatz stocken. Bei etwas längerer Dauer treten die Erscheinungen der schweren akuten Septicämie mehr zurück, und im Vordergrunde steht ein starker Durchfall, Abgang von Blut und Fibrinfetzen, manchmal Schwellung des Afters und mangelhafter Verschluß, mitunter auch wieder Tenesmus. In dieser Form ist die Krankheit auch von BUGGE und DIERKS, KONNO, LANGE und PRESSLER, EICHLER, EVERS, HOPFENGÄRTNER, KALLER und BERNGRUBER beobachtet worden. Letztere beobachteten auch stürmische akute Erscheinungen als toxische Wirkung vom örtlich schwer erkrankten Darm her, ohne allgemeine Bakterienüberschwemmung des Körpers. An sonstigen Krankheitserscheinungen sind auch Tränenfluß und Katarrhe der oberen Luftwege beobachtet worden (LÜTJE, STEPHAN, ESQUIBEL und Mitarbeiter), ferner Fehlgeburten (LÜTJE, EVERS), wobei auch beim Fetus Anzeichen der Sepsis in Gestalt punktförmiger Blutungen an der Kranzfurche des Herzens gefunden wurden (LÜTJE). Sehr schnell erfolgt eine starke Abmagerung der Tiere; in den meisten dieser schweren Fälle tritt ein tödlicher Ausgang ein, mitunter allerdings erst nach einem wochenlangen Siechtum; die hohe Körperwärme läßt dann nach. Manchmal erholen sich auch solche Tiere noch nach langem Kümmern, ohne aber jemals wieder vollwertige Nutztiere zu werden. Bei leichterem Verlauf der Krankheit kann nach 1—2 Wochen Heilung eintreten. SCHULZE beobachtete Heilung nach innerlicher Verabreichung von Kreolin bei 2 Kühen. Zweifellos gibt es auch ganz leichte Erkrankungen, die kaum oder gar nicht bemerkt werden.

Abgesehen von den geschilderten Krankheitsbildern, die immer mit einer frischen Erkrankung einsetzen, kommen aber auch Fälle langsamen, ganz allmählich entstehenden Siechtums vor. Hier ist das erste Anzeichen neben einem mehr oder weniger starken Durchfall, der aber auch fehlen kann, die Abmagerung, das tiefe Einsinken der Augen, wozu sich dann Erscheinungen von seiten der Lunge und auch der Gelenke oder Sehnenscheiden gesellen können, bis unter fortschreitender Erschöpfung der Tod eintritt. So wurde im Veterinär-Untersuchungs-Amt Potsdam bei einer Kuh als erste und einzige der schweren Erscheinungen eine gewisse Lahmheit und Steifigkeit, eine Scheu, die Gelenke zu belasten, festgestellt. Die Kuh kam bald zum Liegen und verendete schließlich unter zunehmender Schwäche. Festliegen als Erscheinung der GÄRTNER-Infektion wurde auch von EICHLER beobachtet. Bei einer anderen Kuh des Potsdamer Instituts, die anfangs nur Dauerausscheiderin war, begann die offensichtliche Erkrankung mit einer schmerzhaften Anschwellung der Sehnenscheide der Zehenbeuger eines Hinterfußes, die sich bei der später erfolgten Zerlegung als eine eitrig-fibrinöse Sehnenscheidenentzündung herausstellte. Gerade auch in langsam sich entwickelnden Fällen traten herdförmige Lungenentzündungen geringer oder mäßiger Ausdehnung auf.

d) WIDAL-Reaktion. Eine regelmäßige Erscheinung ist das Auftreten von Agglutininen im Blute, mit deren Nachweis allerdings vor der 3. Woche nach der Infektion kaum zu rechnen ist. Bei offensichtlich kranken Tieren werden aber dann WIDAL-Reaktionen von 800 bis zu mehreren Tausend beobachtet. LÜTJE sowie H. WEBER fanden Werte von 1600—3200 und darüber, MIESSNER und KÖBE von 1000—5000, HOPFENGÄRTNER, KALLER und BERNGRUBER bis zu 4000. Im Veterinär-Untersuchungs-Amt Potsdam wurden bei kranken Tieren meist Werte von 133—400, in manchen Fällen jedoch auch erheblich höhere Werte (200—20000) festgestellt. Mit der Dauer der Infektion sinkt der Widal

(KARSTEN, DRESCHER und HOPFENGÄRTNER); er kann dann mitunter nur noch wenig über 100 betragen; DRESCHER und HOPFENGÄRTNER sahen ihn auch zeitweise ganz verschwinden.

Als Grenzwert ist nach den meisten Beobachtern etwa 100 anzusehen; nach BAARS liegt die Grenze bei 500, für Tiere, in deren Kot GÄRTNER-Keime gefunden werden, bei 1000. Diese abweichenden Zahlen dürften sich durch einen verschiedenen Maßstab bei der Beurteilung erklären. Im Potsdamer Veterinär-Untersuchungs-Amt, in dem die Ablesung mit bloßem Auge erfolgt, zeigten von 988 untersuchten und unverdächtig befundenen Rindern 656 in der Verdünnung 1 : 40 noch keinen Widal, 282 zeigten Werte von 40 oder 80; 50 Rinder zeigten Werte von 100—133, die an sich als verdächtig gelten, wurden aber trotzdem nach mehrmaliger Untersuchung als unverdächtig bezeichnet, weil die WIDAL-Werte verschwanden oder zurückgingen, oder weil sich sonst keine weiteren Anhaltspunkte für einen Verdacht ergaben. Im Potsdamer Institut werden Werte zwischen 80 und 133 als Grenzwerte angesehen, die sowohl Ausdruck einer alten chronischen oder einer abgelaufenen Infektion als auch unspezifische Reaktionen sein können. Bei Werten von 200 oder darüber wird mit hoher Wahrscheinlichkeit das Bestehen einer Infektion angenommen. Als Ausdruck einer vor langer Zeit stattgehabten Infektion konnten im Potsdamer Institut bei einem Rinde, das als Kalb eine spontane Kälbertyphusinfektion durchgemacht hatte, im Verlaufe von 3 Jahren bei ständiger Überwachung des Widal (zuletzt monatlich, anfangs viel häufiger) Werte von anfangs 200—1300, später 133—400 festgestellt werden, obwohl im Kote seit dem 7. Lebensmonat und auch nach der Schlachtung in 33 Proben von inneren Organen, Lymphknoten, Muskulatur und Darminhalt trotz Anreicherungsverfahren kein GÄRTNER-Bakteriennachweis gelang. Der Nachweis von Agglutininen im Milchserum wurde von RIEVEL bei 4 GÄRTNER-infizierten Kühen versucht, gelang jedoch nicht.

e) Ausscheidung der Erreger durch den Kot. Enteritiskranke Tiere scheiden in der Regel mit dem Kote mehr oder weniger große Mengen des Erregers aus; Abweichungen von dieser Regel sind selten und dann auch meist vorübergehend. Bei einer im Veterinär-Untersuchungs-Amt Potsdam gehaltenen Kuh, die zunächst als Dauerausscheiderin eingeliefert wurde und außer Magerkeit und rauhem Haarkleid keine Krankheitserscheinungen zeigte, dann aber nach Geburt eines Kalbes, das an Kälbertyphus einging, in Siechtum verfiel und starb, wurde einige Wochen vor dem Kalben und dann wieder in der letzten Woche vor dem Tode ein auffälliges Nachlassen der GÄRTNER-Ausscheidung im Kote festgestellt. Bei 9 im Veterinär-Untersuchungsamt Potsdam stehenden Kühen wurden viele Monate hindurch, zum Teil über 3 Jahre lang, in Abständen von wenigen Tagen bis wenigen Wochen Tausende von Kotuntersuchungen vorgenommen und hierbei bei den verschiedenen Tieren regelmäßig Fleischvergifter nachgewiesen, bei manchen Tieren in geringer Menge, bei den meisten in sehr reichlicher Anzahl, stets aber durch die unmittelbare Plattenaussaat leicht nachweisbar, besonders gut unter Anwendung der Malachitgrünplatte. Ein Zurückgehen der im Kote nachgewiesenen Keime kurz vor dem Tode wurde auch bei einer zweiten Kuh beobachtet. Über ein längeres Ausbleiben des Erregernachweises im Kote trotz positiven Widals und schließlichen Nachweises der Erreger in der Gallenblase berichtet RIEVEL. Im allgemeinen aber stimmen die Angaben der Forscher dahin überein, daß der Nachweis der Erreger im Kote leicht, meist schon durch

die unmittelbare Plattenaussaat gelingt. Im Veterinär-Untersuchungs-Amt werden
hierzu große Platten von 18 cm Durchmesser verwendet, und zwar für jede
Kotprobe 1 Malachitgrün- und 1 andere bunte Platte (meist CONRADI-DRIGALSKI-
Agar); die Kotprobe wird mit etwa 5 ccm Fleischbrühe verrührt und hiervon
nach kurzem Stehenlassen und abermaligem Umrühren etwa $^1/_2$ ccm auf die
Malachitgrünplatte ausgesät und mit einem DRIGALSKI-Spatel gut verteilt;
mit dem DRIGALSKI-Spatel wird ohne neue Entnahme von Kot die zweite bunte
Platte bestrichen. Dieses Verfahren liefert die zuverlässigsten Ergebnisse und
übertrifft mitunter die Anreicherung, bei der nicht selten die Fleischvergifter
durch sehr lebensstarke Koliarten, wie sie im frischen Kot vorkommen, überwuchert und unterdrückt werden. Anreicherungsverfahren sind jedenfalls für
die Kotuntersuchung durchaus entbehrlich, was auch DRESCHER und HOPFEN-
GÄRTNER betonen; sie wird in Potsdam nur in besonderen Ausnahmefällen angewendet. Über die Ergebnisse verschiedener Anreicherungsverfahren bei Kotuntersuchungen siehe auch STANDFUSS, WILKEN und SÖRRENSEN. Von einem
gewissen Einfluß auf das Gelingen des Erregernachweises im Kote ist das Alter
der Kotproben. RIEVEL hat über das Schicksal von GÄRTNER-Bakterien im Kote
Versuche angestellt und in 4—5 g Kot einer gesunden Kuh, der mit 5 ccm Aqua
destillata versetzt war, 1 Öse GÄRTNER-Agarkultur eingeimpft; nach verschieden langer Bebrütung, und zwar nach 10 Minuten, $^1/_2$, 1, 3, 6, 24, 48 Stunden
wurde je 1 Öse des beimpften Kotes auf GASSNER-Platten ausgestrichen. Es
zeigte sich, daß nach 10 Minuten die meisten GÄRTNER-Kolonien aufgingen,
während später der Anteil der GÄRTNER-Bakterien zugunsten der übrigen
Darmflora zurückging. Im Veterinär-Untersuchungs-Amt wurden ähnliche
Beobachtungen gemacht; bei der Aufbewahrung von Kotproben von Dauerausscheidern im Brutschrank und auch bei der Aufbewahrung bei Zimmertemperatur, nachdem den Kotproben Bouillon hinzugesetzt war, überwucherten
die Kolibakterien und andere unspezifische Keime. Auch der Zusatz von Galle
hinderte dies nicht.

f) Ausscheidung durch Milch, Harn, Scheidenschleim. Obwohl dieser Frage
von verschiedenen Autoren nachgegangen wurde (MIESSNER und KÖBE, DRE-
SCHER und HOPFENGÄRTNER, BAARS, RIEVEL, STANDFUSS und WILKEN), gelang
der Nachweis der Erreger in der Milch entweder überhaupt nicht oder nur gelegentlich unter Umständen, die auf eine nachträgliche Verunreinigung der Milch
durch den infizierten Kot hindeuteten.

Eine Ausscheidung durch den Harn konnte nach STANDFUSS, WILKEN und
SÖRRENSEN bei einer Anzahl von Harnuntersuchungen an 5 erwachsenen infizierten Rindern nicht festgestellt werden. Nur einmal fanden sich Erreger im
Harn, wobei aber mit der Wahrscheinlichkeit einer Verunreinigung vom Kote
her gerechnet werden muß. DRESCHER und HOPFENGÄRTNER gelang der Nachweis im Harn einer Dauerausscheiderin nicht, obwohl sich nach der Schlachtung
Erreger in der Niere nachweisen ließen. Auch BAARS fand im Harn keine Erreger, ebensowenig im Scheidenschleim. Dagegen wurde neuerdings im Veterinär-
Untersuchungs-Amt gelegentlich einer Bestandsuntersuchung bei einem im Kot
negativen, aber serologisch durch einen Widal von 4000—8000 verdächtig
erscheinenden Bullen im Harn die Erreger bei 3 in Abständen von 10 Tagen
aufeinanderfolgenden Untersuchungen in mäßiger Menge nachgewiesen. Nach
der Schlachtung fanden sich die Erreger nur im Harn-Geschlechtsapparat.

g) Bakterienausscheider. Neben den ausgesprochen enteritiskranken Tieren, welche in der Regel die Erreger durch den Kot ausscheiden, sind von besonderer Bedeutung auch gerade solche Tiere, welche, ohne klinische Erscheinungen zu zeigen, Bakterien der Paratyphus-Enteritisgruppe durch den Kot ausscheiden. Dabei lassen sich aus praktischen Gesichtspunkten heraus 3 Arten von Ausscheidern unterscheiden: vorübergehende Ausscheider, Dauerausscheider und Zufallsausscheider. Wie bereits im allgemeinen Teil auf S. 665 ausführlich besprochen, unterscheidet sich von diesen 3 Gruppen die letzte, die *Zufallsausscheider*, grundsätzlich von den beiden anderen Gruppen dadurch, daß es sich hier um keine Infektion handelt, sondern nur um eine Beimischung dieser Keime zur Darmflora, und zwar in so spärlicher Menge, daß ihr Nachweis in der kleinen Menge Kot, die jeweils zu einer bakteriologischen Untersuchung verwendet wird, geradezu als ein glücklicher Zufall angesehen werden darf; meist sind sie auch nur durch Anreicherungsverfahren nachweisbar, und zwar in der Regel nur ein einziges Mal, während spätere Kotuntersuchungen negativ ausfallen. Der *zufällige, einmalige, spärliche Nachweis in einer Kotprobe ist das einzige, was von ihnen bekannt ist; eine* WIDAL-*Reaktion ist nicht gleichzeitig vorhanden*, und eben dieses regelmäßige Fehlen jeglichen antigenen Reizes bei diesem Zufallsbefunde spricht dafür, daß sie *nur enteral als Beimischung zur Darmflora* vorhanden sind. Allerdings muß man bei der Schwierigkeit ihres Nachweises logischerweise annehmen, daß sie bei einer größeren Zahl von Tieren vorhanden sind, als uns bekannt wird. Es wäre eine Willkür, die jeglicher Wahrscheinlichkeit entbehren würde, wenn man annehmen wollte, daß Tiere, in deren Kotproben der Nachweis solcher Keime nicht gelingt, nun sicher in ihrem ganzen Darminhalt keine Erreger dieser Art beherbergen. Man muß vielmehr nach den auf der Grundlage von *Tausenden* von Kotuntersuchungen an *vielen Hunderten* verschiedener Tiere aus einer großen *Anzahl verschiedener Bestände,* die sich auf den ganzen Regierungsbezirk Potsdam und darüber hinaus verteilen, gelegentlich immer wieder gemachten Feststellungen von solchen „Zufallsausscheidern" — es sind im Potsdamer Institut insgesamt bei Untersuchungen von *1527* Tieren aus *40 verschiedenen* Beständen *48mal* Zufallsausscheider festgestellt worden — notwendigerweise den Schluß ziehen, daß *der Darm des gesunden Rindes ein Gebiet, ein „botanisches Feld" ist, in dem Bakterien der Paratyphus-Enteritisgruppe normalerweise in spärlicher Beimischung zur Darmflora vorkommen.*

Das Vorkommen dieser Zufallsausscheider bestätigt auch KARSTEN, der sie gleichfalls dadurch gekennzeichnet fand, daß Agglutinine im Blute nicht vorhanden waren und sich auch bei der Schlachtung selbst in der Galle keine Erreger nachweisen ließen.

Diese Zufallsausscheider haben praktisch gar keine andere Bedeutung, als daß sie uns die Epidemiologie der Tierparatyphosen verständlich machen. Die „weite Verbreitung in spärlicher Verstreuung", die nunmehr als nachgewiesen gelten kann, ist die Erklärung dafür, daß Tierparatyphosen so zusammenhanglos auftreten in dem Augenblicke, wo irgendeine Hilfsursache diesen Keimen ein Emporkommen und ein parenterales Eindringen in den Tierkörper und eine Entfaltung als Krankheitserreger ermöglicht hat.

Die Bezeichnung als „Zufallsausscheider" setzt natürlich voraus, daß solche Tiere mehrmals untersucht worden sind um festzustellen, ob es sich wirklich nur um einen einmaligen Zufallsbefund handelt oder ob nicht bei wiederholten Untersuchungen die Keime wieder gefunden und dann vielleicht auch WIDAL-Reaktionen festgestellt worden sind. Ist dies der Fall, so haben wir es dann mit einer echten Infektion zu tun, mit einer der beiden anderen Gruppen von Ausscheidern, den *vorübergehenden* oder den *Dauerausscheidern*. Welche dieser beiden Arten vorliegt, kann man meist schon bei 3 oder 4 in Abständen von etwa 10 Tagen aufeinanderfolgenden Untersuchungen feststellen; eine vorübergehende Ausscheidung hört innerhalb dieser Beobachtungszeit in der Regel schon auf, und die WIDAL-Werte gehen zurück. Was bei 3 aufeinanderfolgenden Kotuntersuchungen positiv ist, ist in der Regel ein Dauerausscheider. Die vorübergehenden Ausscheider sind überhaupt ziemlich selten, meist handelt es sich dann überhaupt gar nicht um bloße Ausscheider, d. h. nicht um klinisch gesunde, sondern um erkrankte Tiere, welche die Infektion schnell überwinden und sich dann auch schnell von den Bakterien reinigen.

Die praktisch größte Bedeutung haben *Dauerausscheider,* wie sie von DAVID und AGNESY, MIESSNER und KÖBE, BAARS, WUNDRAM, HOPFENGÄRTNER, KALLER und BERNGRUBER, KARSTEN, STANDFUSS, WILKEN und SÖRRENSEN, RIEVEL u. a. beobachtet worden sind. Im Veterinär-Untersuchungs-Amt Potsdam sind im Laufe der letzten Jahre 7 Dauerausscheiderinnen längere Zeit beobachtet worden, und zwar 2 Kühe über 3 Jahre, 1 Kuh 2 Jahre, 2 Kühe 1 Jahr und 2 Kühe 2—3 Monate.

Bei keinem der Tiere traten klinisch feststellbare Krankheitserscheinungen auf, bei allen waren dauernd GÄRTNER-Bakterien im Kote nachweisbar, bei den einen reichlicher, bei den anderen spärlicher (s. S. 719). Die Tiere zeigten sämtlich eine WIDAL-Reaktion (s. S. 718f.).

Bemerkenswert ist, daß nach der Schlachtung solcher Dauerausscheider stets im parenteralen Körperinnern Fleischvergifter nachgewiesen wurden, und zwar stets in der Gallenblase, meist auch in der Leber oder den Leberlymphknoten, nicht dagegen in der Muskulatur und im Knochen, wohl aber in einzelnen Fleischlymphknoten (s. S. 727).

Diese Befunde stimmen im wesentlichen mit den früheren Befunden anderer Forscher überein.

So hat BAARS bei einer der im Veterinär-Untersuchungs-Amt Potsdam untersuchten Kühe schon vorher 10 Monate hindurch fast täglich durch unmittelbare Plattenaussaat die GÄRTNER-Bakterien nachgewiesen. Als WIDAL-Werte beobachtete er bei Dauerausscheidern Agglutinationen von 2000—10 000. DAVID und AGNESY fanden bei einer Dauerausscheiderin einen Widal von 12 000.

Bei den von RIEVEL beschriebenen Fällen handelt es sich offenbar um Tiere, die sehr wenig Bakterien ausschieden, da er im Laufe seiner $1^1/_2$jährigen Untersuchungen sehr häufig Unterbrechungen, zum Teil von monatelanger Dauer, im Erregernachweise im Kote zu verzeichnen hatte, während die WIDAL-Werte mit mindestens 200 stets positiv blieben. Für die geringgradige Infektion in den RIEVELschen Fällen spricht auch der Umstand, daß von 4 Kälbern, die von 4 Dauerausscheidern geboren waren, nur 1 an Kälbertyphus erkrankte, während die anderen 3 gesund blieben. Auch der bakteriologische Befund nach der Schlachtung, bei dem nur in der Galle und im Darminhalt GÄRTNER-Bakterien gefunden wurden, stimmt hiermit überein.

Auf den regelmäßigen Befund in der Gallenblase haben besonders MIESSNER sowie KARSTEN aufmerksam gemacht. HOPFENGÄRTNER, KALLER und BERNGRUBER fanden bei einer Dauerausscheiderin nur in 2 Gekröselymphknoten die GÄRTNER-Keime wieder, WUNDRAM in Leber, Niere und Dünndarminhalt. Die angeführten Beispiele zeigen, daß es sich bei den Dauerausscheidern keineswegs um eine allgemeine Überschwemmung des Tierkörpers handelt, sondern daß es immer nur gewisse Organe sind, in denen die Erreger sich haben festsetzen können, während andere Organe ihnen offenbar vermöge ihrer Abwehreinrichtungen dies nicht ermöglicht haben. Es ist sogar beobachtet worden, daß in einem Organ die Erreger vorhanden waren, im zugehörigen Lymphknoten dagegen nicht, oder umgekehrt (s. S. 727).

Als Ergänzung zu diesen Beobachtungen, welche die Mannigfaltigkeit der Möglichkeiten der Infektion und die Abstufung der verschiedensten Grade dartun, seien die beiden von HOPFENGÄRTNER, KALLER und BERNGRUBER beschriebenen Kühe erwähnt, die 2 Jahre hindurch nur serologisch verdächtig, bei den Kotuntersuchungen dagegen negativ waren, bei der Schlachtung aber sich als parenteral mit Fleischvergiftern infiziert erwiesen. Derartige Beobachtungen gehören zu den Ausnahmefällen, die es selbstverständlich auch bei den vorstehend beschriebenen verschiedenen Arten von Ausscheidern gibt; sie dürften aber nicht allzu häufig sein.

Eine offene Frage ist noch die, durch welche Umstände Tiere zu Dauerausscheidern werden. Die bei oberflächlicher Betrachtung zunächst naheliegend erscheinende Vermutung, daß das Dauerausscheidertum die Folge einer früher stattgehabten Erkrankung sei, findet in den tatsächlichen Beobachtungen keine ausreichende Stütze. Ein Übergang einer offensichtlichen Enteritiserkrankung in Dauerausscheidertum nach der Genesung war von den zahlreichen im Veterinär-Untersuchungs-Amt in Potsdam beobachteten Fällen nur ein oder zweimal nachweisbar; in den übrigen Fällen fehlte bei den Dauerausscheidern jeglicher Anhalt für eine frühere Erkrankung. Auch bei einigen Kälbern, die Kälbertyphus überstanden hatten oder vorübergehend im Kote GÄRTNER-Bakterien beherbergt hatten, wurden später dieselben niemals wieder gefunden. Auch KARSTEN hebt hervor, daß bei seinen Ermittlungen die Besitzer meist entschieden bestritten, daß die Ausscheider früher krank gewesen seien. KARSTEN stellt auch ausdrücklich fest, daß ein Dauerausscheidertum bei Kälbern verhältnismäßig selten, bei der viel selteneren Infektion des erwachsenen Rindes dagegen verhältnismäßig oft vorkomme. Man wird daher mit der Erklärung des Zustandekommens der Dauerausscheidung zurückhaltend sein und sich darauf beschränken müssen, festzustellen, daß bei diesen Tieren eben eine Umstimmung der Darmflora und gleichzeitig auch, wahrscheinlich als ein circulus vitiosus, eine parenterale Infektion vorliegt, bei der es nicht zu äußeren Krankheitserscheinungen gekommen ist, weil die Abwehrkräfte des Körpers die Erreger soweit im Schach halten, daß sie krankmachende Wirkungen nicht entfalten können.

h) Pathologisch-anatomische Befunde. Die pathologisch-anatomischen Veränderungen der Enteritisinfektion des Rindes sind verschieden je nach dem Krankheitsverlauf. Man kann grundsätzlich 3 Faktoren unterscheiden, aus denen sie sich zusammensetzen: einmal das örtliche Grundleiden der *Enteritis*, sodann den Bereich aller derjenigen Veränderungen, welche zu dem Bilde der

Septicämie gehören, und drittens diejenigen *besonderen Veränderungen,* welche der Ausdruck gerade der Wirkung der Bakterien der Paratyphus-Enteritis-gruppe sind.

Die Enteritis, von der in der Hauptsache der Dünndarm betroffen ist, ist häufig eine sehr schwere, beginnend mit einer starken hämorrhagischen Entzündung, die gleichzeitig mit starker Fibrinausscheidung und auch mit nekrotischen Veränderungen der Schleimhautoberfläche verbunden sein kann. So schreiben Miessner und Kohlstock von einer starken Rötung und Schwellung der Darmschleimhaut mit zähschleimigen Auflagerungen und mit der Beimischung croupöser Membranen zum abgesetzten Kot. Karsten fand mitunter auch punkt- und flächenförmige Blutungen auf der Magen- und Darmschleimhaut. Evers sah die Schleimhaut des Labmagens, besonders die der Falten, geschwollen und mit punktförmigen Blutungen besetzt. In 2 Fällen konnte er auch leichte, bis in die Submucosa reichende Defekte feststellen. In anderen Fällen ist lediglich eine mehr oder weniger starke Schwellung und

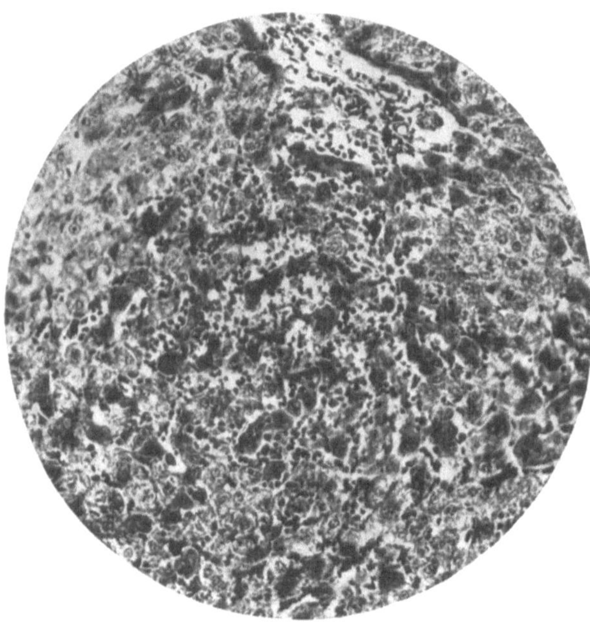

Abb. 15. Intralobuläre herdförmige reticuloendotheliale Wucherungen bei einer Kuh, seit 1³/₄ Jahr als Dauerausscheiderin von Gärtner-Poppe-Bakterien bekannt. Nach Hemmert-Halswick (bisher unveröffentlicht).

Rötung der Schleimhaut festzustellen. Die Darmlymphknoten sind manchmal paketweise taubeneigroß, blaßgrau, stark durchfeuchtet (Lütje). Von den Erscheinungen der Blutvergiftung werden Milzschwellungen um das 2—4fache (Miessner und Kohlstock, Lütje) mit stark hervorquellender Pulpa beobachtet. In nicht ganz akut verlaufenden Fällen ist die Milzschwellung eine langsam neubildende (chronisch-hyperplastische) mit Schwellung der Lymphfollikel und dem Auftreten einer himbeerfarbenen Tönung der Milzpulpa. In den frischen Fällen sind punktförmige Blutungen am Epikard sowie an den serösen Häuten zu beobachten (Lütje, Konno, Eichler, Stephan, Esquibel und Mitarbeiter). Auch Schwellungen, starke Durchfeuchtung und punktförmige Rötungen an verschiedenen Lymphknoten des Körpers gehören zu den Veränderungen der enteritischen Allgemeininfektion (Lehr). Zu den spezifischen „paratyphösen" Veränderungen im Sinne der von Nieberle sowie von Hemmert-Halswick beschriebenen Zellenanhäufungen und histiocytären Wucherungen gehören die herdförmigen Veränderungen in der Leber und anderen Parenchymen (Karsten, Stephan-Esquibel und Mitarbeiter). Auch entzündliche, zum Teil nekrotische Veränderungen in den Lungen werden gelegentlich immer wieder einmal beobachtet (KONNO, STEPHAN-ESQUIBEL und Mitarbeiter, NIEBERLE, HEMMERT-HALSWICK, STANDFUSS, WILKEN und SÖRRENSEN). Als besondere Befunde seien eine von LÜTJE beobachtete Endometritis, sowie eine von KARSTEN erwähnte starke Füllung der Harnblase genannt (in einem Falle Gewicht 15 Pfund).

Beachtenswert ist, daß bei Dauerausscheidern nach STANDFUSS häufig als einzige pathologisch-anatomische Veränderung eine mehr oder weniger stark ausgeprägte langsam neubildende Milzschwellung beobachtet wird, als Ausdruck des chronischen infektiösen Reizes der parenteral vorhandenen Erreger. Diese Veränderung erleichtert bei der Fleischbeschau das Herausfinden solcher Dauerausscheider, wenn auch keineswegs mit Sicherheit darauf gerechnet werden kann, daß diese Veränderung immer vorhanden sein müßte. Derartige Milzschwellungen sollten aber stets Anlaß zur Einleitung einer bakteriologischen Fleischuntersuchung sein. Solche langsam neubildenden Milzschwellungen können auch bei längst abgeklungenen Infektionen

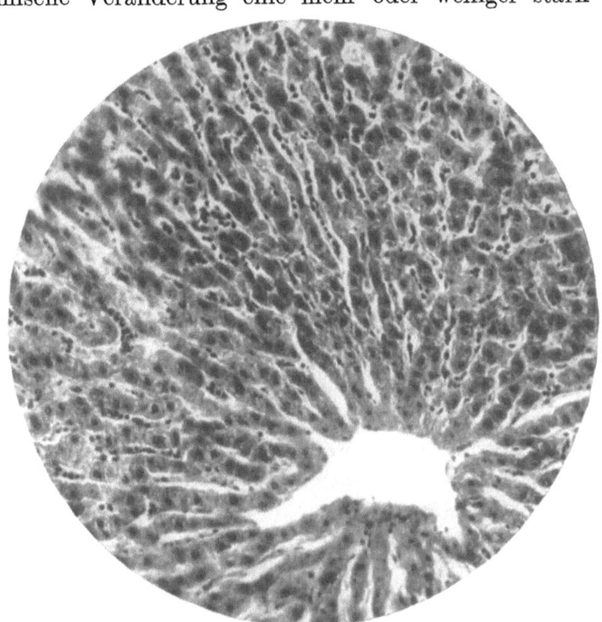

Abb. 16. Strangförmige reticuloendotheliale Wucherungen entlang der Leberkapillaren bei einer Kuh, seit 1¼ Jahr als Dauerausscheiderin von GÄRTNER-JENSEN-Bakterien bekannt. Nach HEMMERT-HALSWICK (bisher unveröffentlicht).

noch vorhanden sein, wie ein kürzlich im Veterinär-Untersuchungs-Amt in Potsdam beobachteter Fall zeigt; es handelte sich hierbei um ein Jungrind, das vor etwa 3 Jahren einen Kälbertyphus durchgemacht hatte, seit dieser Zeit dauernd einen Widal von anfangs 400—1300, später 133—400 gezeigt hatte, bei dem aber seit 2¹/₂ Jahren weder im Kote noch auch nach der Schlachtung in inneren Organen oder Lymphknoten die Erreger nachgewiesen werden konnten (s. auch S. 719).

i) Bakteriologische Befunde. Von den verschiedenen GÄRTNER-Typen ist bisher in der weit überwiegenden Mehrzahl der Fälle die Spielart JENSEN gefunden worden. LÜTJE gibt an, daß er gelegentlich auch suipestiferähnliche Typen gefunden habe.

Die Unterteilung der GÄRTNER-Stämme ist von BAHR auf Grund von Untersuchungen an 185 GÄRTNER-Stämmen eingeführt worden. Er unterschied auf Grund eines verschiedenen Verhaltens gegenüber Arabinose und Rhamnose 4 Typen, wobei er die Vergärungsprüfung sowohl in einer Bouillon aus Cibils Fleischextrakt wie auch in der sog. „BITTERschen Molke" vornahm; vermöge des kräftigeren Wachstums in der Bouillon traten hierdurch graduelle Unterschiede in der Vergärung in Erscheinung. BAHR gibt an, daß der „*Original* GÄRTNER" (Jena) hauptsächlich beim Menschen gefunden wird, etwas weniger häufig bei Haustieren und in Fleischwaren, nicht dagegen spontan bei Ratten und Mäusen; der „GÄRTNER-Poppe" kommt nur bei Haustieren vor, der „GÄRTNER-JENSEN" hauptsächlich bei Haustieren, weniger häufig beim Menschen, die „DANYSZ-*Gruppe*" am häufigsten bei Ratten und Mäusen, weniger häufig bei Menschen, noch seltener bei Haustieren.

Tabelle 4.

	Arabinose		Rhamnose	
	Bouillon	BITTERsche Salzlösung	Bouillon	BITTERsche Salzlösung
I. „Original GÄRTNER" .	+	rot	+	rot
II. „Poppe".	±	rot	—	gelb
III. „JENSEN"	—	gelb	+	gelb
IV. „Ratin"	±	gelb oder orange, nach 48 Stunden rot	+	gelb oder orange

BAARS untersuchte 96 größtenteils selbst gezüchtete GÄRTNER-Stämme auf ihre Typenzugehörigkeit und konnte unter 59 aus Rindern oder Kälbern gezüchteten GÄRTNER-Stämmen 53 als die Spielart JENSEN und 6 als die Spielart Poppe bestimmen. Von Erregern von Fleischvergiftungen bestimmte er 2 als JENSEN-Typen und 2 als DANYSZ-Typen. Den GÄRTNER-Jena-Typ hat BAARS bei den in seinem Untersuchungsamte ausgeführten rund 2500 Fleischuntersuchungen nicht nachgewiesen. Epidemiologisch betrachtet hält er es für wahrscheinlich, daß die arabinose- und rhamnosepositiven GÄRTNER-Bakterien, also die GÄRTNER-Jena- und die DANYSZ-Stämme, beim Menschen häufiger vorkommen und vielleicht auch ernstere Erkrankungen hervorrufen als die Spielarten JENSEN und Poppe. Im Veterinär-Untersuchungs-Amt in Potsdam sind in 2 Beständen sowohl bei der bakteriologischen Fleischbeschau, welche Anlaß zur Bestandsuntersuchung gab, wie auch bei einer Anzahl weiterer infizierter Tiere des Bestandes GÄRTNER-Bakterien vom Typus Poppe festgestellt worden. Die Infektion erwies sich in dem einen dieser Bestände als besonders schwer und ansteckend. Von insgesamt 11 Tieren des Bestandes blieben im Laufe einer über 3 Monate sich erstreckenden 9maligen Bestandsuntersuchung nur 2 Tiere frei von der Infektion. 2 Tiere zeigten eine offensichtliche Erkrankung, deren eine zum Tode führte, während die andere in Dauerausscheidertum überging. Diese Dauerausscheiderin wurde im Veterinär-Untersuchungs-Amt Potsdam nahezu 2 Jahre lang weiterbeobachtet, wobei stets der gleiche Poppetyp festgestellt wurde. Eine zweite Dauerausscheiderin, die von Anfang an klinisch gesund erschien, wurde getötet, und es wurden im parenteralen Körperinnern GÄRTNER-Poppe-Bakterien nachgewiesen. 6 Tiere wurden nach vorübergehender Erkrankung bzw. Ausscheidung wieder gesund und im Kote unverdächtig. Es ist dies die bei weitem stärkste Infektion, die bei den Potsdamer Bestandsuntersuchungen (s. FRANCKE, STANDFUSS und WILKEN) festgestellt wurde. Ob diese besonders hohe krankmachende und ansteckende Fähigkeit eine Besonderheit der Spielart Poppe ist, kann auf Grund der beobachteten 2 Bestände noch nicht entschieden werden. GÄRTNER-Bakterien der Spielart Poppe wurden außerdem noch 2mal

bei der bakteriologischen Fleischbeschau ermittelt, 1mal nur in der Tetra-
thionatanreicherung; bei den daraufhin eingeleiteten Bestandsuntersuchungen
fanden sich keine weiteren infizierten Tiere. Als „Zufallsbefunde" bei Kotuntersuchungen wurden 3mal in 2 Beständen GÄRTNER-Poppe-Bakterien festgestellt.

Als besonders kennzeichnend für die „Zufallsausscheider" sei angeführt,
daß es sich hierbei häufig um Spielarten aus der Paratyphus-Enteritisgruppe
handelt, die irgendwelche kleine bakteriologisch-botanische Sonderheiten oder
Abweichungen zeigen oder wenigstens nicht dem Typus angehören, der sonst
im Bestande gefunden wird, eine Beobachtung, die nur in der Auffassung
bestärken kann, daß es sich hier um Beimischungen zur Darmflora und nicht
um den Ausdruck einer „Infektion" des Bestandes handelt. Es liegen hier
offenbar noch nicht gefestigte Typen vor. Auch fällt die Zahl der Breslaufunde
bei den Zufallsausscheidern auf. Bei den Untersuchungen von 40 Rinderbeständen mit insgesamt 1527 Tieren stehen 14 Breslauzufallsbefunden nur
12 GÄRTNER-Zufallsbefunde gegenüber.

Was die Fundorte der GÄRTNER-Keime bei geschlachteten oder verendeten
Tieren betrifft, so finden sie sich bei akut kranken Tieren in der Regel in großer
Anzahl sowohl in inneren Organen wie im Muskelfleisch, wie schon MIESSNER
und KOHLSTOCK festgestellt haben und sich später allgemein bestätigt hat.
In langsam oder schleichend verlaufenden Fällen beschränkt sich der Nachweis
meist auf die inneren Organe und Lymphknoten, von denen auch ein Teil ausfallen kann. Vorzugssitz der Fleischvergifter sind die Gallenblase, die Leberlymphknoten und die Leber, ferner die Darmlymphknoten. So betont z. B.
KARSTEN, daß Dauerausscheider mit Sicherheit durch bakteriologische Untersuchung der Gallenblase zu erkennen sind. DRESCHER und HOPFENGÄRTNER
bezeichnen als Fundstätten der Erreger bei Dauerausscheidern das Darmrohr
und die anhängenden Organe und Lymphknoten, während Fleisch und Fleischlymphknoten frei sind. Sie beobachteten ferner auch Fleischvergifter in den
Nieren, obwohl im Harn der Nachweis nicht gelang. Im Potsdamer Institut
wurden bisher eingehende bakteriologische Untersuchungen an 11 getöteten
Dauerausscheidern ausgeführt.

Die nachstehende Übersicht zeigt die Bakterienfunde in den verschiedenen
Organen. Eingeklammerte +-Zeichen bedeuten, daß die Erreger nur mit Hilfe
von Anreicherungsverfahren nachweisbar waren, während die nicht eingeklam-
merten +-Zeichen den Nachweis in der unmittelbaren Plattenaussaat anzeigen.

Es geht daraus hervor, wie schon MIESSNER sowie KARSTEN betont haben,
daß den sichersten Nachweis der Fleischvergifter bei Dauerausscheidern die
Untersuchung der Gallenblase bringt. Dabei ist es gleichgültig, ob man Gallen-
blaseninhalt oder ein Abschabsel von der Gallenblasenschleimhaut untersucht.
An zweiter und dritter Stelle folgen dann dicht die Leberlymphknoten und die
Leber. In der vorstehenden Zusammenstellung erscheinen auch die Darmlymphknoten als regelmäßige Funde; dies ist jedoch nicht dahin zu verstehen,
daß in *jedem Darmlymphknoten* die Erreger vorhanden wären, sondern daß sich
bei dem betreffenden Tiere mindestens in irgendeinem der untersuchten Darmlymphknoten der Erreger fand; es gab auch in Darmlymphknoten negative
Befunde.

Unter anderem fällt hierbei auch auf, daß der Befund in Organen und den
zugehörigen Lymphknoten nicht immer übereinstimmt.

Tabelle 5. Übersicht über Fleischvergifterfunde bei Dauerausscheidern.

	Kuh 1	Kuh 2	Kuh 3	Färse 4	Kuh 5	Färse 6	Kuh 7	Färse 8	Kuh 9	Kuh 10	Kuh 11
Muskulatur	−	−	−	−	−	−	−	−	−	−	−
Fleischlymphknoten	+	−	−	(+)	+	+	+	−	+	−	−
Darmbeinlymphknoten	−	−	−	+	+	−	−	−	+	−	−
Knochen	−	−	−	−	−	−	−	−	−	−	−
Milz	+	−	+	(+)	+	−	−	−	(+)	−	−
Leber	−	+	+	+	+	+	+	−	+	+	+
Leberlymphknoten	−	+	+	+	+	+	+	+	+	+	+
Galle	+	+	+	+	+	+	+	+	+	+	+
Niere	−	+	−		−	+			−	−	−
Nierenlymphknoten	−	−	+	+	+	+	+	−	+	−	−
Darmlymphknoten	−	+	+	+	+	+	+	+	+	+	+
Bauchspeicheldrüse				+	−					+	−
Bronchiallymphknoten	−					−		+	−	+	+
Vorderer kleiner Mediastinallymphknoten				−					+		+
Hinterer großer Mediastinallymphknoten	−	+	+	+	−	+	−	+	+	+	−
Euter	−		−		−	−	+	+		−	−
Euterlymphknoten			−			−	−	+	+	−	−
Harnblase	−	−	−							−	−
Gebärmutter	−	−								−	−

In 312 Fällen von Fleischvergifterfunden, die anläßlich der bakteriologischen Fleischbeschau, also bei kranken Tieren, gemacht wurden, verteilen sich die Funde auf die verschiedenen eingesandten Proben folgendermaßen:

Tabelle 6.

1. Muskelprobe	2. Muskelprobe	1. Lymphknoten	2. Lymphknoten	Niere	Knochen	Milz	Leber (auf rund 200 Fälle bezogen)
86	70	140	127	180	74	210	146

Bei den Leberfunden ist zu berücksichtigen, daß die Leber erst seit dem Jahre 1929 als Probe zur bakteriologischen Fleischbeschau vorgeschrieben war, daß sich daher die Leberfunde nur auf rund 200 Fälle beziehen.

Die häufigsten Fundorte sind mithin die Leber mit rund 73% und die Milz mit rund 67% der Fälle.

Beachtenswert ist auch folgende Einteilung der Befunde:

Tabelle 7. Fleischvergifternachweis.

In allen Proben	Nur in Organen und Lymphknoten	Nur in Organen	In verschiedenen, aber nicht allen Proben	Nur ganz vereinzelte Kolonien in 1 oder 2 Proben	Nur in der Leber
38	45	39	74	61	9

k) **Behandlung, seuchendienstliche Bekämpfung der Enteritis.** Zur Behandlung enteritiskranker Rinder empfiehlt SCHULTZE Gaben von Kreolin (anfangs 3mal, dann 2- oder 1mal täglich je 15 g mit 2—3 Liter Leinsamenschleim), sowie reichliche Gaben von Wasser und Kamillentee zur Durchspülung des Körpers, womit er gute Erfolge erzielt hat.

Zur Behandlung gesunder Dauerausscheider haben MIESSNER und KÖBE Antimosan intravenös sowie Kreolin innerlich angewandt, jedoch ohne die Ausscheidung durch den Kot beeinflussen zu können.

Im Veterinär-Untersuchungs-Amt in Potsdam sind in der gleichen Absicht Versuche mit Kreolin, Hefe, Lentin Merck, Hexachloräthan und schließlich mit Vaccinen angestellt worden, jedoch auch ohne Erfolg; nur die WIDAL-Werte stiegen nach der Vaccinebehandlung hoch an.

Nach dem Bekanntwerden des nicht selten gehäuften Auftretens von Fleischvergifterinfektionen in einem und demselben Bestande wurde auch alsbald von verschiedenen Autoren die Forderung aufgestellt, in Fällen von Fleischvergifterfunden bei Tieren den Bestand auf das Vorhandensein weiterer Fälle zu untersuchen und etwa gefundene Infektionsquellen zu verstopfen, so von LANGE und PRESSLER, LEHR, H. WEBER, HOPFENGRÄTNER, KALLER und BERNGRUBER u. a. Die letztgenannten Forscher berichten auch bereits über Maßnahmen der bayerischen Regierung Unterfranken, die sich auf einen bestimmten Bestand erstreckten und als gesetzliche Grundlage sich auf Artikel 62, Abs. 2 des Polizei-Strafgesetzbuches und auf § 3 des Reichsfleischbeschaugesetzes stützten. Die mecklenburgische Regierung hat durch Bekanntmachung vom 23. 9. 29 für die „Paratyphusseuche der Rinder" die Anzeigepflicht nebst einer Entschädigung eingeführt. Durchgreifende seuchendienstliche Maßnahmen gegen die Enteritisinfektion der Rinder hat der Regierungspräsident in Potsdam und, ihm folgend, die gleiche Behörde in Frankfurt (Oder) auf Grund der §§ 1 und 2 des Reichsviehseuchengesetzes und des § 1 (3) der V.A.V.G. unternommen. Die Potsdamer Verfügung ist nachstehend auszugsweise wiedergegeben.

Von jeder Feststellung von Fleischvergiftern bei Rindern im Alter von mehr als 3 Monaten hat das bakteriologische Institut den beamteten Tierarzt, die Polizeibehörde und den Regierungspräsidenten zu benachrichtigen.

Der beamtete Tierarzt hat den Herkunftsbestand sofort klinisch zu untersuchen und von allen erwachsenen Rindern Blut-, Kot- und Milchproben zur bakteriologischen und serologischen Untersuchung einzusenden. Dem Besitzer hat der beamtete Tierarzt sofort als vorläufige viehseuchenpolizeiliche *Verfügung* folgendes schriftlich zu eröffnen:

Bis zum Vorliegen des Ergebnisses der bakteriologischen Untersuchung dürfen erwachsene Rinder aus dem Bestande nur mit Genehmigung des Regierungspräsidenten entfernt werden. Von jeder Notschlachtung im Bestande ist der Ortspolizeibehörde und dem beamteten Tierarzt Anzeige zu erstatten. Die Fleischbeschau übt gemäß § 7 ABJ der beamtete Tierarzt aus.

Die vorläufige Verfügung ist durch die Ortspolizeibehörde zu bestätigen.

Werden bei der bakteriologisch-serologischen Untersuchung Keime der Paratyphus-Enteritisgruppe oder Agglutinationswerte im Blutserum (WIDAL-Reaktion) über 100 nicht nachgewiesen und ergibt die abermalige klinische Untersuchung durch den Veterinärrat keinen Verdacht, so werden die Schutzmaßregeln aufgehoben. Bei etwaigem klinischen Verdacht ist die Sperre erst aufzuheben, wenn eine abermalige bakteriologisch-serologische Untersuchung dieser Tiere den Verdacht nicht bestätigt. Rinder, bei denen Fleischvergifter oder Agglutinationswerte über 100 gefunden werden, sind abzusondern und dürfen nur mit Genehmigung des Regierungspräsidenten, in der Regel nur zu Schlachtzwecken, entfernt werden. Eine Schlachtung ist tunlichst im Seuchenschlachtraume eines öffentlichen Schlachthauses auszuführen, ferner ist eine verschärfte bakteriologische Fleischuntersuchung unter Mitberücksichtigung der Gallenblase und mehrerer Darmlymphknoten zu veranlassen.

Der Restbestand ist alsbald einer abermaligen bakteriologischen Untersuchung zu unterwerfen und kann freigegeben werden, wenn sich hierbei kein Verdacht mehr ergibt. Für

Tiere, bei denen Fleischvergifter oder Agglutinine festgestellt sind, werden die Schutzmaßregeln erst aufgehoben, wenn sie sich bei mindestens 3 in Abständen von 10 Tagen aufeinanderfolgenden klinischen und bakteriologischen Untersuchungen als unverdächtig erwiesen haben. Die Milch von kranken Tieren oder Ausscheidern ist vom Verkehr auszuschließen, sie darf nur in erhitztem Zustande als Viehfutter im eigenen Bestande Verwendung finden. Die Milch aus Beständen, in denen sich Ausscheider von Bakterien der Paratyphus-Enteritisgruppe finden, ist nach den Bestimmungen des Milchgesetzes nur nach vorheriger Erhitzung, die auch in einer Sammelmolkerei stattfinden kann, in Verkehr zu geben.

Durch Runderlaß des Preußischen Ministeriums des Inneren vom 10. 4. 33 ist dann auch die amtliche Tötung und Entschädigung von Dauerausscheidern ermöglicht worden. Mit diesen behördlichen Maßnahmen ist es möglich, meist schon bei der ersten Bestandsuntersuchung ein Urteil darüber zu bekommen, ob und welche Tiere noch von einer Infektion betroffen sind. Finden sich infizierte Tiere oder Dauerausscheider, so kann die endgültige Gesundung des Bestandes durch Ausmerzen der Bacillenträger meist schon nach der 3. Untersuchung, also nach etwa 3 Wochen, erfolgen.

Veterinärpolizeiliche Maßnahmen gegen die Fleischvergifterinfektion bei Rindern und Kälbern sind auch im Freistaat Sachsen im Jahre 1931 durch Verordnung des Wirtschaftsministeriums vom 6. 7. 31 unternommen worden. Ferner streift auch das Reichsmilchgesetz die Enteritisinfektionen des Rindes, indem es die Verwendung der Milch infizierter Kühe verbietet und für die übrige Milch eines Bestandes, in dem kranke oder bacillenausscheidende Tiere sich befinden, den Erhitzungszwang vorschreibt.

2. Die Enteritidis-Breslau-Infektion des Rindes.

Die Breslauinfektion des Rindes ist erheblich seltener als die mit dem B. enteriditis GÄRTNER. PRÖSCHOLDT fand unter 2494 seit dem Jahre 1919 vorgenommenen bakteriologischen Fleischuntersuchungen von Rindern 18mal GÄRTNER-Bakterien und nur 3mal Breslaubakterien. BAARS fand bei 1381 bakteriologischen Fleischuntersuchungen von Kühen 15mal GÄRTNER- und nur 1mal Breslaubakterien. Im Potsdamer Institut sind bei der bakteriologischen Fleischbeschau Breslaubakterien in einem höheren Anteil an den Fleischvergifterfunden als in den eben genannten Instituten festgestellt worden, besonders in den Jahren 1922—1928; später traten die Breslaubefunde hinter den GÄRTNER-Befunden mehr zurück. Es sind bei der bakteriologischen Fleischbeschau bei insgesamt 12242 Untersuchungen von Rindern in den Jahren 1922 bis 1933 67mal GÄRTNER-Bakterien und 35mal Breslaubakterien gefunden worden, zu denen noch 21 Funde hinzukommen, die noch als Paratyphusbacillen bezeichnet, aller Wahrscheinlichkeit nach aber zu einem großen Teil als Breslaubakterien anzusehen sind.

Bei Kotuntersuchungen lebender Tiere sind in den Jahren 1930—1933 in 40 Beständen mit insgesamt 1527 Tieren bei 3 erwachsenen infizierten Rindern Breslaubakterien nachgewiesen worden gegenüber 25 GÄRTNER-Funden. Bei Zufallsausscheidern stehen dagegen 14 Breslaufunden nur 12 GÄRTNER-Funde gegenüber.

Über eine Breslauinfektion anläßlich einer Kraftfuttermittelvergiftung bei 2 Kühen berichten GOEDECKE und GRÜTTNER; die Tiere litten an stinkenden, zum Teil blutigen Durchfällen, die eine Kuh zeigte plötzlich hohes Fieber und schwere Benommenheit, bei der anderen beschränkten sich die Erscheinungen anfangs auf den Darm, nach 2 Tagen aber verschlechterte sich das Leiden so, daß auch sie notgeschlachtet werden mußte. Eine „Futtervergiftung" durch Biertreber bei Rindern, bei der Breslau-ähnliche Bakterien sowohl im Kote der Tiere wie in den Biertrebern nachgewiesen wurden, beschreibt H. DAVID. BEHNKE und HEUNER beschreiben eine Breslauerkrankung in einem neu errichteten Musterstalle von 15 Kühen, die kurz nach einem größeren Bahntransport einsetzte. Es erkrankten 2 Tiere leicht, 2 schwerer und 2 sehr schwer. Von letzteren wurde eines notgeschlachtet und eines starb, beide am zweiten Krankheitstage. Die Krankheitserscheinungen bestanden in Durchfall, der in den schwereren Fällen sehr stinkend, zum Teil blutig war und in großem Bogen abgesetzt wurde. Puls 80—100, 18—24 Atemzüge, Körperwärme 39,2—39,5⁰. Der bakteriologische Nachweis der Breslaukeime wurde bei der notgeschlachteten Kuh geführt. Gleichzeitig erkrankten auch 3 Kälber dieses Bestandes.

Ein gleich schneller Verlauf der Breslauerkrankungen, der entweder zur Heilung oder zur Notschlachtung oder zum natürlichen Tode führte, konnte in mehreren Rinderbeständen, die im Potsdamer Institut zur Untersuchung kamen, beobachtet werden (FRANCKE, STANDFUSS und WILKEN). Breslaukeime wurden seit 1930 in 7 Beständen festgestellt. In 4 Beständen mit 5, 11, 14 und 102 Tieren blieb es bei dem bei der Fleischbeschau ermittelten Breslaubefunde, ohne daß im Bestande weitere Infektionen festgestellt wurden. Von den geschlachteten Tieren hatte eines an ausgedehnter Tuberkulose, ein anderes an Bauchfellentzündung gelitten. Bei dem dritten und vierten war nur Notschlachtung ohne nähere Bezeichnung der Krankheit angegeben. In den drei anderen Beständen waren die Tiere, bei denen die ersten Feststellungen gemacht wurden, *alle mit Darmerkrankungen* behaftet. In dem einen Bestande von insgesamt 13 Tieren waren kurz hintereinander bei einem notgeschlachteten und einem verendeten Tiere Breslaukeime nachgewiesen worden, außerdem vorübergehend bei 2 lebenden Tieren im Kote. Die beiden letzten Tiere waren aber nicht offensichtlich erkrankt und hatten auch nur vorübergehend einen geringen Widal. In einem zweiten Bestande, einem großen Gute, wurden kurz hintereinander bei 2 notgeschlachteten Tieren Breslaukeime gefunden; bei der anschließenden Bestandsuntersuchung fanden sich Bakterienträger nicht mehr, aber bei 12 Tieren ein Widal von 133—200, bei 3 Tieren ein solcher von 80; die WIDAL-Werte gingen bei 3maliger Untersuchung fast ausnahmslos unter 100 zurück. Es hat also hier offenbar um die Zeit der Notschlachtungen herum eine Infektion einer Anzahl von Tieren stattgefunden, die bei den meisten Tieren unerkannt verlief und nur bei 2 Tieren einen solchen Grad annahm, daß die Tiere notgeschlachtet wurden. Ähnliche Beobachtungen brachte der dritte dieser Bestände mit 11 Tieren, bei denen im Kote nichts gefunden wurde, von denen aber 7 vorübergehend ebenfalls eine mäßige WIDAL-Reaktion zeigten.

Das Bild der Breslauenteritis beim Rinde zeichnet sich mithin deutlich als eine rasch verlaufende Darmerkrankung ab, bei der offenbar die Giftwirkung der Bakterien für den Ausgang entscheidend ist; die Infektiosität der Erreger scheint nicht groß zu sein, da viele Tiere als einzige Anzeichen einer stattgehabten Infektion eine vorübergehende WIDAL-Reaktion zeigen; auch Dauerausscheider oder Tiere mit länger anhaltendem Widal sind nicht beobachtet worden; der Tierkörper scheint also mit den Erregern an sich gut fertig zu werden. Wo dies nicht der Fall ist, tritt der ungünstige Ausgang so schnell ein, daß der Eindruck einer Toxinwirkung entsteht, eine Wirkungsweise der Breslaubakterien, wie sie durchaus auch den Beobachtungen beim Menschen entspricht. Auch einzelne pathologisch-anatomische Befunde, wie sie z. B. Behnke und Heuner mitteilen, scheinen hierfür zu sprechen. So fanden sich punktförmige und ausgebreitete Blutungen unter dem Herzüberzuge sowie dem Lungen- und Brustfell, ferner punktförmige Blutungen im Dünndarm und punktförmige und ausgebreitete Blutungen in der Schleimhaut des Dickdarms, namentlich des Blinddarms, während die Milzschwellung nur geringgradig war.

Der häufige Befund von Breslaubakterien bei Zufallsausscheidern deutet darauf hin, daß für die Epidemiologie der Breslauerkrankungen grundsätzlich dasselbe gilt wie für alle Tierparatyphosen; die Breslauerkrankungen scheinen aber in noch viel höherem Maße als die Gärtner-Infektionen Ergebnisse des Zufalls und gewisser ungünstiger Umstände zu sein, welche erst die Bedingungen für die Möglichkeit einer krankmachenden Wirkung schaffen.

3. Die Paratyphus-B-Schottmüller-Infektion des Rindes.

Nachdem sich die Kieler Schule durchgesetzt hatte, herrschte allgemein die Auffassung, daß echte Schottmüller-Bakterien bei Tieren überhaupt nicht vorkommen. Diese Auffassung hat nach einigen Beobachtungen der letzten Jahre etwas eingeschränkt werden müssen, insofern tatsächlich in einer, wenn auch sehr geringen Zahl von Fällen Schottmüller-Bakterien bei Tieren nachgewiesen worden sind, allerdings nicht als Erreger einer bei Tieren heimischen Krankheit, die etwa dem Paratyphus des Menschen entspräche, sondern offenbar als ein Zufallsbefund, der durch irgendwelche ganz besonderen Umstände, wie etwa die Übertragung der Erreger vom Menschen auf das Tier, herbeigeführt ist. In einem Teile der Fälle sind die betroffenen Tiere überhaupt nicht erkrankt, sondern nur Bacillenträger. In anderen Fällen wieder handelt es sich im wesentlichen um eine zwar kräftige, aber ohne schwere Allgemeinerscheinungen verlaufende Enteritis, also um die ursprünglichste Form der krankmachenden Wirkung von Darmbakterien.

Einen Paratyphusbakterienbefund bei einer Kuh mit septischen Erscheinungen teilt Trawinski mit. Nach der gewaltsamen Lösung der Nachgeburt durch einen Laiengeburtshelfer erkrankt die Kuh und wird, da das Allgemeinbefinden sich in wenigen Tagen stark verschlechtert, notgeschlachtet. Bei der Schlachtung finden sich neben einer jauchigen Gebärmutterentzündung punktförmige Blutungen unter den serösen Häuten und in den Nieren, kleine vereinzelte Blutungen in der Labmagen- und Darmschleimhaut, ferner Blutungen in den geschwollenen Lymphknoten, trübe Schwellung der großen Parenchyme und geringe Milzschwellung. Durch die bakteriologische Untersuchung werden mit Hilfe von Anreicherungsverfahren aus Fleisch, Fleischlymphknoten und einem Teil der inneren Organe Bakterien gezüchtet, die nach Wuchsform, biochemischen Leistungen und serologisch als Schottmüller-Bakterien bestimmt werden. Bei näheren Nachforschungen ergab sich, daß der Laiengeburtshelfer im Kriege vor etwa 8 Jahren eine „typhusähnliche" Infektion überstanden hatte, und eine daraufhin an 10 aufeinanderfolgenden Tagen vorgenommene Stuhluntersuchung ergab 3mal den Nachweis kennzeichnender Paratyphus-B-Schottmüller-Keime. Offenbar sind also hier die Schottmüller-Keime vom Menschen auf das Tiere übertragen worden. Ob sie beim Tiere die wirkliche und alleinige Ursache der Erkrankung gewesen sind, kann nicht als sicher hingestellt werden, denn derartige Befunde sind bei Kühen nicht selten, auch ohne daß Bakterien der Paratyphus-Enteritisgruppe nachgewiesen werden.

Einen anderen sehr bemerkenswerten Fall, in dem die Übertragung vom Menschen auf das Tier die nächstliegende Erklärung ist, beschreibt HOPFENGÄRTNER. Im Rahmen einer menschlichen Paratyphusepidemie mit 52 Einzelfällen erkrankt bei einem Landwirt, der erst selbst erkrankt war und dann 7 weitere Haushaltsmitglieder ansteckte, auch eine Kuh. Dieselbe verkalbte und litt danach an schweren Durchfällen; sie beschmutzte den Stall so, daß sie auf die Weide geschickt wurde. Im Kote dieser Kuh wurden SCHOTTMÜLLER-Bakterien nachgewiesen. Auf der Weide verkalbte dann noch eine zweite Kuh, deren Blut einen positiven Widal gab; außerdem wurden bei einer dritten Kuh Paratyphusbacillen in der Milch nachgewiesen. Alle 3 Tiere wurden getötet, 2 von ihnen bakteriologisch untersucht und hierbei die SCHOTTMÜLLER-Keime in allen Organen und den zugehörigen Lymphknoten nachgewiesen. Weitere 87 Kot-, 77 Blut- und 57 Milchuntersuchungen an Rindern und einigen Ziegen in insgesamt 19 nachbarlichen Beständen ergaben keine weiteren SCHOTTMÜLLER-Befunde. HOPFENGÄRTNER teilt dann noch einen SCHOTTMÜLLER-Befund bei einer Kuh, die wegen Verletzung der Gebärmutter und anschließender Bauchfellentzündung notgeschlachtet war, sowie eine SCHOTTMÜLLER-Infektion in einem anderen Rinderbestande mit; hier erkrankten 6 Rinder unter den Erscheinungen einer Magen-Darmerkrankung, 2 wurden notgeschlachtet, die übrigen 4 erholten sich wieder. Bei den notgeschlachteten wurden Leberschwellung und starke Abmagerung, sowie durch die bakteriologische Fleischuntersuchung echte SCHOTTMÜLLER-Bakterien nachgewiesen. Der Muskelsaft der beiden notgeschlachteten Kühe ergab in der Verdünnung 1:30 eine Agglutination mit dem Eigenstamm, was bei Vergleichsauszügen von gesunden Tieren nicht eintrat.

Einen Fall, in dem auch wieder Beziehungen zum Menschen zutage traten, beschreibt KOLF. Bei einer Paratyphusepidemie in einem Krankenhause wurde eine in der Küche mit Kartoffelschälen beschäftigte Frau als Bacillenträgerin festgestellt; auch die 10 Kühe des Krankenhauses wurden untersucht (Kot und Blut), wobei eine Kuh als Dauerausscheiderin von Paratyphus-B-Bacillen ermittelt wurde; sie zeigte einen Widal von 400, wurde vom Hygienischen Institut der Tierärztlichen Hochschule Hannover angekauft und von MIESSNER und KÖBE weiter beobachtet. Das Befinden der Kuh war während einer etwa 9monatigen Beobachtung gut, sie nahm an Gewicht von 464—524 kg zu, der Kot zeigte normale Beschaffenheit. Die SCHOTTMÜLLER-Bakterien fanden sich bei wöchentlich 1mal erfolgter Untersuchung stets in gleicher Menge und fast in Reinkultur im Kote vor. In Harn, Speichel und Milch wurden sie niemals nachgewiesen. Dagegen fanden sie sich auch im Uterussekret, das eines Tages, als Blutgerinnsel in der Streu bemerkt wurden, auch untersucht wurde.

FRIESLEBEN fand bei planmäßigen Untersuchungen des Darminhaltes gesunder Tiere je 2mal beim Rinde, Kalbe und Schafe und 3mal bei Schweinen echte SCHOTTMÜLLER-Bakterien. SHIBATA sowie LEHR beschreiben 2 Stämme, die aus kolikkranken Pferden gezüchtet waren. Ganz vereinzelte SCHOTTMÜLLER-Befunde bei Rindern gelegentlich der bakteriologischen Fleischbeschau sind auch im Veterinär-Untersuchungs-Amt Potsdam gemacht worden, bei einem Kalbe auch von WINCHENBACH im Schlachthoflaboratorium in Forst; ein zwischen Breslau und Paratyphus-B stehender Stamm wurde von BECKER im Schlachthof Elberfeld bei einer Kuh gefunden.

Eine Paratyphus-B-Bakterien-Dauerausscheiderin als Infektionsquelle für menschliche Erkrankungen deckten WUNDRAM und SCHÖNBERG auf. Von 8 an Paratyphus erkrankten Personen hatten 5 rohe Milch aus einer bestimmten Molkerei genossen. Bei der bakteriologischen Untersuchung des 15 Tiere umfassenden Milchviehstalles wurde eine Kuh ermittelt, die im Kote in großer Menge Paratyphus-B-SCHOTTMÜLLER-Bakterien ausschied. Die Untersuchung der Familienangehörigen des Molkereibesitzers ergab ihre völlige Gesundheit. Die ausscheidende Kuh wurde dem Potsdamer Institut zur weiteren Beobachtung überlassen, wo sie über 3 Jahre hindurch beobachtet wurde. Krankheitserscheinungen traten niemals auf, dagegen waren dauernd die SCHOTTMÜLLER-Bakterien nachweisbar. Ihre Menge ging nach und nach etwas zurück, es erschienen aber bei der unmittelbaren Aussaat auf Platten von 18 cm Durchmesser regelmäßig etwa 20 Kolonien. Die WIDAL-Werte schwankten meist zwischen 133 und 400. Eine Ausscheidung der Erreger durch die Milch oder den Harn wurde bei wiederholten Prüfungen nicht festgestellt. Auch aus dem Blute war der Erreger nicht züchtbar. Die Kuh wurde schließlich geschlachtet. Hierbei fanden sich krankhafte Veränderungen nicht vor. Die Paratyphusbakterien wurden nachgewiesen in Galle, Leber, Leberlymphknoten, Darmlymphknoten, Bauchspeicheldrüse, Bronchial- und Mittelfellymphknoten.

Sehr bemerkenswert für die Frage der SCHOTTMÜLLER-Infektion bei Tieren sind die Ansteckungsversuche, die im Veterinär-Untersuchungs-Amt Potsdam mit dieser Dauerausscheiderin angestellt wurden und über die größtenteils schon von STANDFUSS, WILKEN und SÖRRENSEN berichtet worden ist. Es wurden insgesamt 8 Kälber an die Kuh angelegt, indem sie in unmittelbarer Nähe des Hinterteils der Kuh angebunden wurden und dort mehrere Wochen, vom 1.—3. Lebenstage an, verblieben. Keines der Tiere erkrankte. Bei den meisten tauchten die Paratyphusbakterien eine Zeit lang im Kote auf; bei 3 Kälbern erschienen auch WIDAL-Reaktionen (40, 133, 1300), welche darauf hindeuteten, daß die Keime auch vorübergehend in das parenterale Körperinnere eingedrungen waren. Daß sie sich dort nicht festgesetzt hatten, wurde durch die Schlachtung der Kälber und anschließende eingehende bakteriologische Untersuchung dargetan; sie wurden niemals in den inneren Organen wiedergefunden. Am lebenden Tiere gelang bei 2 Kälbern je 1mal der Nachweis von SCHOTTMÜLLER-Keimen im kreisenden Blute. Im gleichen Stalle standen 2, zeitweise 4 GÄRTNER-Ausscheiderinnen, ferner 2 Jungrinder, einige Kälber, sowie 1 Maultier. Obwohl die Tiere von einem und demselben Pfleger besorgt und eine Absonderung der SCHOTTMÜLLER-Kuh von den anderen Tieren nicht vorgenommen wurde, wurden SCHOTTMÜLLER-Bakterien nur je 1mal bei 2 Kälbern und 7mal im Laufe von 2 Monaten bei 1 Jungrinde nachgewiesen, ohne dort Krankheitserscheinungen zu verursachen.

Diese Versuche und Beobachtungen zeigen mit größter Deutlichkeit, daß die echten SCHOTTMÜLLER-Bakterien beim Tiere im allgemeinen keinen für ihre Ansiedelung und Entfaltung als Krankheitserreger günstigen Boden vorfinden. Ein Teil der seltenen Fälle, in denen sie beobachtet sind, deutet auf eine Übertragung vom Menschen her hin. Ein anderer Teil der Fälle, besonders die gelegentlichen Befunde bei der bakteriologischen Fleischbeschau, sowie vor allen Dingen gelegentliche Befunde von Paratyphus-B-ähnlichen, aber nicht ganz typischen Paratyphusbakterien im Kote gelegentlich der Bestandsuntersuchungen, deuten darauf hin, daß es sich hier möglicherweise um unentwickelte Frühstufen aus der Paratyphus-Enteritisgruppe handelt, die noch nicht ganz typenfest sind, bald mehr nach Breslau, bald mehr nach SCHOTTMÜLLER hinneigen, sich bei längerer Züchtung im Laboratorium auch verändern, und deren pathogene Wirkung, wenn überhaupt vorhanden, sicherlich eine sehr geringe ist.

III. Die sekundären Tierparatyphosen.

1. Die Suipestiferinfektion als Begleiterscheinung der Schweinepest kann geradezu als *die klassische Sekundärinfektion* bezeichnet werden. Das B. suipestifer, der erste bekanntgewordene Erreger aus der Paratyphus-Enteritisgruppe, wurde im Jahre 1885 von SALMON und SMITH entdeckt — nach ELKELES ist, wie aus einer Veröffentlichung von SMITH im Zbl. Bakt. **16**, 231 (1894) entnommen wird, SMITH der eigentliche Entdecker — und für den Erreger der amerikanischen Schweinepest, Hog - Cholera, gehalten und mit dem Namen B. cholerae suis belegt. Nachdem die gleichen Beobachtungen auch in anderen Ländern gemacht wurden, galt er bis auf weiteres als Erreger der französischen peste du porc, des englischen swine fever und der deutschen Schweinepest und wurde mit dem Namen B. suipestifer belegt. Daneben wurde auch der Name Hog-Cholerabacillus angewandt.

Schon SMITH unterschied 7 verschiedene Arten (Bacillus α—η), die in den Gärungserscheinungen — deren Prüfung sich damals nur auf wenige Zuckerarten beschränkte — übereinstimmten, aber bezüglich Größe, Wachstum auf Gelatine, Bouillon und Agar, sowie bezüglich der Virulenz geringgradige Unterschiede zeigten. DORSET, sowie JOEST und GRABERT beschrieben dann Suipestiferstämme, die in Traubenzuckerkulturen kein Gas bilden, was man auch heute immer wieder gelegentlich bestätigt finden kann. Durch die Untersuchungen von DORSET und DE SCHWEINITZ wurde dann im Jahre 1904 der Beweis geführt, daß der Erreger der Schweinepest ein filtrierbares Virus ist; das B. suipestifer sank damit zu einem Sekundärbefund herab. Die Beobachtungen wurden auch in anderen Ländern, in Deutschland von v. OSTERTAG und STADIE, bestätigt. Die Suipestiferbefunde bei der Schweinepest erklärte auch v. OSTERTAG nunmehr als eine sekundäre Ansiedelung, wobei das filtrierbare Virus der Schweinepest eine *„elektiv-symbiotische“ Wirkung* auf den B. suipestifer ausübe. Die Schweinepestfrage wurde sodann im Reichsgesundheitsamt durch UHLENHUTH, HÜBENER, XYLANDER und BOHTZ eingehend bearbeitet. Diese Forscher fanden unter 178 Fällen von teils natürlicher, teils absichtlich übertragener Schweinepest in 76 = 44,6% der Fälle den B. suipestifer. Die Hundertsätze der Suipestifersekundärbefunde können nach neueren Untersuchungen aus den Forschungsanstalten Insel Riems von WALDMANN und DAVID, sowie aus dem Reichsgesundheitsamt von BELLER und HENNINGER noch erheblich geringer sein und etwa nur $^{1}/_{4}$—$^{1}/_{3}$ der an Schweinepest erkrankten Schweine betragen.

Die Begriffsbestimmung des B. suipestifer ist keineswegs immer klar und einheitlich gewesen. Deutet schon die Unterscheidung von 7 Varietäten des

B. suipestifer durch SMITH auf eine gewisse Mannigfaltigkeit der Befunde hin,
so wurde die Frage noch verwickelter durch die Beobachtungen von DAMMANN
und STEDEFEDER, welche als primären und alleinigen Erreger einer der
Schweinepest ähnlichen Krankheit der Ferkel ein Bacterium fanden, das sie
B. suipestifer *Voldagsen* nannten (s. S. 636), und das mit dem von GLÄSSER
als B. typhi suis bezeichneten Erreger übereinstimmte. Weiterhin kam hinzu,
daß bei Schweinen nicht nur Voldagsen- oder Suipestiferbakterien, sondern
auch andere Vertreter der Paratyphus-Enteritisgruppe, besonders GÄRTNER-
oder Breslaubakterien, gefunden wurden, worauf besonders M. MÜLLER hingewiesen hat und was heute allgemein bekannt ist. Dies ist aber in früheren
Zeiten nicht immer beachtet worden, so daß in manchen Institutssammlungen
Stämme als Suipestifer geführt wurden, die in Wirklichkeit Breslau- oder
GÄRTNER-Bakterien waren und ihre Bezeichnung nur dem Umstande verdanken,
daß sie aus dem Schweine gezüchtet wurden. Man nahm eben früher, wo die
Artbestimmung durch bunte Reihen und serologische Prüfung noch nicht so
ausgebaut und Allgemeingut aller bakteriologischen Laboratorien war, an,
jeder aus dem Schweine gezüchtete Angehörige der Paratyphus-Enteritisgruppe
müsse ein Suipestifer sein. *In der 2. Auflage des Handbuches der pathogenen
Mikroorganismen von* KOLLE-WASSERMANN *von 1913 gibt* UHLENHUTH *an,*
daß der B. suipestifer vom B. parat. B. hominis nicht zu unterscheiden sei. Es
ist das Verdienst PFEILERs und seiner Schule, diese Unklarheiten beseitigt und
die Begriffsbestimmung für den B. suipestifer festgelegt zu haben und eine
Abgrenzung sowohl nach der Seite des Voldagsenbacillus wie nach der des
Bac. parat. B. hominis und der anderen Vertreter der Paratyphus-Enteritisgruppe hin vorgenommen zu haben. Vom *Voldagsenbacillus* (B. suipestifer Voldagsen [DAMMANN und STEDEFEDER], B. typhi suis [GLÄSSER], Ferkeltyphusbacillus [PFEILER]) unterscheidet sich das echte B. suipestifer grundlegend durch
sein Verhalten in Lackmusmolke sowie gegenüber Mannit (s. S. 670).

Das B. suipestifer bewirkt die für die ganze Paratyphus-Enteritisgruppe
kennzeichnende schnelle Rötung der Lackmusmolke mit darauffolgendem
Umschlag in Blau. Mannit wird vom Suipestifer wie alle anderen Glieder der
Paratyphus-Enteritisgruppe vergoren. Von den letzteren unterscheidet sich
der Suipestifer durch sein serologisches Verhalten, bezüglich dessen er mit dem
Voldagsenbacillus eine Einheit bildet. Um für die Zukunft diese Klarstellung
der Begriffe zu erhalten und nicht durch Vergleich mit falsch benannten alten
Laboratoriumsstämmen immer wieder Verwirrung aufkommen zu lassen, belegte
PFEILER seinen Suipestifer, den er für den echten hielt, mit dem Beinamen
Kunzendorf nach dem Fundorte, welcher der Ausgangspunkt seiner umfangreichen Untersuchungen über diese Frage gewesen war. Die späteren Forschungen haben der Annahme PFEILERS Recht gegeben, daß der von ihm bei
Schweinen der Domäne Kunzendorf gefundene B. suipestifer der *„echte Suipestifer“* sei. Es wurden dann auch noch weitere kennzeichnende Merkmale
biochemischer Art festgestellt (LÜTJE, MIESSNER, JANUSCHKE), so vor allem
das Fehlen der Dulcit- und Arabinosevergärung, die negative STERN-Reaktion
und eine gewisse Zwischenstellung bei der Rhamnose- und d-Tartratreaktion.
Die Rhamnosereaktion gibt häufig einen orangefarbenen Ton (MIESSNER), in
d-Tartratnährboden beobachteten STANDFUSS und ALBRECHT eine gegenüber
anderen d-Tartrat-positiven Stämmen um etwa $^1/_2$—1 Tag verzögerte Reaktion.

Auch durch die neueren serologischen Untersuchungen mit Hilfe der Receptorenanalyse hat die serologische Einheitlichkeit der Voldagsen- und der Suipestiferbakterien ihre Bestätigung gefunden. Kleine Abweichungen im thermolabilen spezifischen H-Antigen zwischen Suipestifer-Amerika und Suipestifer-Kunzendorf werden von KAUFFMANN angegeben. Es dürfte sich aber bei dem von KAUFFMANN untersuchten Kunzendorfstamme nur um das Vorliegen in der unspezifischen Phase handeln. Bemerkenswert ist, daß in den letzten Jahrzehnten eine große Anzahl von menschenpathogenen Keimen bekanntgeworden ist, welche eine serologische Verwandtschaft zum Suipestifer- und Voldagsenbacillus zeigen. Es ist aber nicht angängig, daß man um der serologischen Übereinstimmung willen unter Außerachtlassung des ganz anderen Vergärungsvermögens diese Gruppe von *menschenpathogenen Bakterien* ohne weiteres als *Suipestiferstämme* bezeichnet, die keine Suipestiferstämme sind, ja nicht einmal von Schweinen stammen. Die Übereinstimmung im Antigenaufbau ist wohl der Ausdruck einer einheitlichen stammesgeschichtlichen Verwandtschaft, es hieße aber, sich eines wichtigen bakteriologisch-botanischen Unterscheidungsmittels begeben, wollte man so grundlegende und auffallende Abweichungen wie fehlende Dulcit- und Arabinosevergärung oder negative STERN-Reaktion ganz unbeachtet lassen, zumal auch epidemiologisch bei diesen menschlichen Erkrankungen Beziehungen zum Tiere fehlen. Die bakteriologisch-botanische Zusammenfassung dieser menschenpathogenen Keime mit den Suipestifer- und Voldagsenbacillen zu einer Gruppe „Paratyphus C" bedeutet ebensowenig, daß die einzelnen Glieder dieser serologischen Gruppe nun untereinander identisch sind, wie dies etwa für die verschiedenen Glieder der Gruppe der hämorrhagischen Septicämie behauptet wird, bei denen die bakteriologisch-botanische Übereinstimmung noch viel weitergehend ist. Dies ist auch zu beachten bei suipestiferähnlichen Funden bei anderen Tierarten als den Schweinen. Die im Schrifttum vorliegenden Angaben bedürfen einer sehr vorsichtigen Aufnahme; nur ein solcher Keim darf als *Suipestifer* bezeichnet werden, der *alle* kennzeichnenden Eigenschaften besitzt; eine serologische Verwandtschaftsreaktion, die bei den verschiedensten Vertretern der Paratyphus-Enteritisgruppe gar nicht selten mit anklingt, berechtigt noch keineswegs zur Bezeichnung „Suipestifer". Das Vorkommen des echten Suipestifer bei anderen Tieren als dem Schweine ist nach den Erfahrungen im Potsdamer Veterinär-Untersuchungs-Amt sehr selten.

Die *Bedeutung der sekundären Suipestiferinfektion für den Krankheitsverlauf* hat von verschiedenen Seiten eine verschiedene Beurteilung erfahren. v. OSTERTAG nahm, nachdem er in den Jahren 1906 und 1907 auch für die deutsche Schweinepest das filtrierbare Virus als Ursache festgestellt hatte, bezüglich des Suipestifer an, daß diesem insbesondere die schweren Darmveränderungen zur Last zu legen seien. Einen ähnlichen Standpunkt vertrat JOEST, der annahm, daß die akuten septicämischen Veränderungen bei der Schweinepest der Ausdruck der Virusinfektion, die diphtherischen Verschorfungen und Geschwüre aber auf die Wirkung der Suipestiferbakterien zurückzuführen seien. Diese Auffassung widerspricht, wie STANDFUSS schon 1915 betonte, der Erfahrung, daß einerseits auch bei ganz akuter Schweinepest mit schweren ausschließlich septicämischen Veränderungen ohne Ausbildung von Geschwüren und Verschorfungen der B. suipestifer in Reinkultur in allen Organen gefunden werden kann und daß er andererseits auch oft beim Vorhandensein umfangreicher Verschorfungen und zahlreicher Geschwüre vermißt wird. Auf diese einfache Formel, daß die Sekundärinfektion mit dem B. suipestifer eine Vergröberung des pathologisch-anatomischen Bildes im Sinne tiefergreifender Zerstörungen bedingt, kann die Frage der Mitwirkung des Suipestifer am Krankheitsverlauf nicht gebracht werden. Es wird überhaupt zu überlegen sein, ob beim gleichzeitigen Vorliegen eines besonders schweren Krankheitsverlaufs und einer sekundären Infektion der erstere nun unbedingt die Folge der Sekundärinfektion sein muß, oder ob nicht auch der umgekehrte Schluß genau so gerechtfertigt ist, daß es bei schwererem Krankheitsverlaufe eben leichter zu Sekundärinfektionen kommt als in leichteren Fällen, und ob nicht das Zustandekommen der sekundären Suipestiferüberschwemmung vielleicht von ganz zufälligen Umständen, etwa dem Vorhandensein dieser Keime in der Darmflora des betreffenden Tieres, abhängt. Das Vorkommen des B. suipestifer im Darme gesunder Schweine ist schon durch die Untersuchungen von UHLENHUTH, HÜBENER, XYLANDER und BOHTZ bewiesen worden; sie fanden bei 600 gesunden Mastschweinen des Berliner Schlachthofes bei sorgfältiger Probeentnahme in 8,4% der Fälle im Blinddarme Bakterien, die in allen kennzeichnenden Kulturmerkmalen mit den Suipestiferbacillen übereinstimmten, von Suipestiferserum agglutiniert wurden und hitzebeständige Toxine bildeten.

In neuerer Zeit haben sich besonders WALDMANN und DAVID mit Forschungen über Schweinepest und dabei auch mit der Frage der Sekundärinfektionen beschäftigt. Von 285 mit Schweinepest infizierten Tieren wiesen 176 Sekundärinfektionen verschiedener Art auf, und zwar 50mal (= 28,4%) Bakterien aus der Paratyphusgruppe, 34mal (= 19,3%) bipolare Bakterien (suiseptikusartige), 12mal (= 6,8%) Pyocyaneumbakterien, 5mal (= 3%) Rotlaufbakterien und 75mal (= 42,5%) Bakterien verschiedener Art, vorwiegend B. coli, ferner Streptokokken, Staphylokokken, B. pyogenes und andere. Die Abweichungen im pathologisch-anatomischen Befunde bei diesen sekundär bakteriell infizierten Tieren von den nur mit dem Virus behafteten sind, so führen WALDMANN und DAVID aus, größtenteils nur gradueller Art. Die durch das Virus gesetzten Läsionen, die vorwiegend das Blutgefäßsystem betreffen, begünstigen in hohem Maße das Eindringen von Bakterien. Man wird also in fast allen schwereren Fällen von Viruspest von einem gewissen Zeitpunkte an mit dem Vorliegen bakterieller Sekundärinfektionen rechnen müssen. So war am 5. Tage nach der künstlichen Infektion das Verhältnis der Tiere ohne Sekundärinfektionen zu solchen mit Sekundärinfektionen 6,5 : 3,5, am 6. Tage 5,6 : 4,4; vom 7.—10. Tage kehrte sich das Verhältnis um und 2,5 Tiere ohne Sekundärinfektionen standen 7,5 mit Sekundärinfektionen gegenüber. Vom 11. bis 15. Tage verschlechterte sich dieses Verhältnis noch weiter zu 1,5 : 8,5. Aus diesen Zahlen sei zu ersehen, in welch exzessiver Weise die Virusinfektion dem Auftreten sekundärer bakterieller Infektionen den Boden bereitet. WALDMANN und DAVID räumen den sekundären Bakterien bei der Schweinepest ganz allgemein, also auch der sekundären Suipestiferinfektion, eine maßgebliche Mitwirkung beim Krankheitsbilde nicht ein; sie fahren dann auch folgendermaßen fort: „Da wir auch kleine diphtheroide Herde bei bakteriologisch negativen Versuchstieren fanden, kann den sonst meistens nachgewiesenen Bakterien (Nekrosebacillen und verschiedene Vertreter der Paratyphusgruppe) lediglich *sekundäre* Bedeutung für die Entwicklung dieser Veränderung zukommen." Eine andere Auffassung vertritt MANNINGER; er spricht unter dem Eindruck seiner Beobachtungen über den akuten Schweineparatyphus (s. S. 688) in Fällen, in denen neben dem Virus der Schweinepest der Suipestifer gefunden wird, von einer Komplikation der Schweinepest durch „Suipestifersepticämie" und weist darauf hin, daß man in solchen Fällen eine ausgeprägtere hämorrhagische Diathese antrifft als bei reinen Schweinepestfällen. Er beruft sich hierbei außer auf seine eigenen Erfahrungen auch auf BIRCH. Des weiteren führt MANNINGER aus, daß „bei Tieren, die nicht unmittelbar durch die Schweinepest dahingerafft werden, sondern erst der komplizierenden Suipestifersepticämie erliegen, der Krankheitsverlauf etwas länger zu sein pflegt, daher mehr Zeit zur Entwicklung von auffallenden anatomischen Veränderungen zur Verfügung steht". Bezüglich der Milzschwellung gibt MANNINGER an, daß bei einer Schweinepest-Suipestifermischinfektion in manchen Fällen eine hyperämische Milzschwellung anzutreffen ist, die bei reiner Schweinepest fehlt. Schließlich hat MANNINGER auch einen Einfluß der Suipestiferinfektion bei schweinepestkranken Tieren auf den Fieberverlauf beobachtet; während bei reiner Viruspest eine kurz dauernde oder eine längere Febris continua anzutreffen ist, tritt bei Komplikationen mit Suipestifer mitunter (nicht immer!) eine etwas verlängerte Fieberkurve mit zwei durch ein Absinken getrennten Höhepunkten auf.

Man wird aus den gegensätzlichen Beobachtungen über die Beteiligung der Suipestifersekundärinfektionen am Krankheitsbilde den Schluß ziehen dürfen, daß dieselbe auch Schwankungen unterliegt. In den Versuchen MANNINGERs hat es sich offenbar um besonders virulente Suipestiferstämme gehandelt.

2. Die sporadischen sekundären Tierparatyphosen sind durch die Nachforschungen über die Ursachen der Fleischvergiftungen und durch die bakteriologische Fleischbeschau bekanntgeworden. Ohne diese beiden Umstände hätte man von ihnen keine Kenntnis, denn sie haben keinerlei Merkmale im Krankheitsbilde oder im pathologisch-anatomischen Befunde, an denen sie mit einiger Sicherheit erkannt werden könnten (s. S. 663 und 664). Bei dem Bestreben, sie aufzudecken, ist man in weitestem Maße auf Vermutungen angewiesen, dergestalt, daß man kaum einen Wahrscheinlichkeitsbereich, sondern mehr nur einen ganz weitgefaßten Möglichkeitsbereich der Krankheitszustände bezeichnen kann, innerhalb dessen sich dann in wenigen Prozenten die tatsächlichen Fälle von sporadischen sekundären Paratyphosen finden.

Ein erster Hinweis auf diese Zusammenhänge sind die Erhebungen BOLLINGERs über die ursächlichen Verhältnisse bei den Fleischvergiftungen. Zwar hat BOLLINGER noch nichts von Sekundärinfektionen gewußt, seine epidemiologischen Betrachtungen liegen ja noch in der vorbakteriologischen Zeit, aber tatsächlich sind die pyämisch-septicämischen Krankheiten, die er damals schon in scharfblickender Erkenntnis des richtigen Weges für die Fleischvergiftungen verantwortlich machte, zu einem großen Teil die heutigen sekundären Tierparatyphosen. Ein anderer Teil der Krankheiten aus dem BOLLINGERschen Blutvergiftungsbereich wird von primären Tierparatyphosen gestellt, so besonders vom Kälbertyphus, ein Teil auch durch die Enteritisinfektion des erwachsenen Rindes. Insoweit findet also die alte BOLLINGERsche Lehre ihre Bestätigung. Die Lehre wurde aber 1922 durch STANDFUSS dahin erweitert, daß nicht immer nur bei diesen Krankheiten, sondern gelegentlich immer wieder auch einmal durch andere Krankheiten der verschiedensten Art, wenn nur eine erhebliche *Störung des Allgemeinbefindens* vorliegt, *ein sekundärer Einbruch von Fleischvergiftern* in den Tierkörper bedingt und damit die Gefahr einer Fleischvergiftung heraufbeschworen werden kann. Diese Beobachtungen und Gedankengänge haben ja auch bei der Neufassung der gesetzlichen Bestimmungen über die bakteriologische Fleischbeschau maßgebliche Berücksichtigung gefunden. In welchem Maße sich ihre Richtigkeit immer wieder bestätigt, mögen die nachstehenden Zahlen veranschaulichen. Unter 25 400 Untersuchungen, die in den letzten 12 Jahren im Potsdamer Institut ausgeführt worden sind, wurden 293mal Fleischvergifter festgestellt, die sich auf folgende Krankheiten verteilen:

Verzeichnis von 293 Krankheitsfällen, in denen bei der bakteriologischen Fleischbeschau Fleischvergifter ermittelt wurden.

I. *Primäre Tierparatyphosen:*
    Kälbertyphus 150
    Verschiedene Tierparatyphosen:
        Darmerkrankung bei Pferden und Fohlen . . . 7
        Darmerkrankung bei Schweinen 1
II. *Enteritis des Rindes* 40
III. *Sekundäre Tierparatyphosen:*
    1. Suipestiferinfektion des Schweines 2
    2. Sporadische sekundäre Tierparatyphosen:

Erkrankung der Geburtsorgane	18 Rinder	1 Pferd	
Mechanische Geburtsschäden	4 „	1 „	
Verkalben	1 Rind		
Hornstoß bei Hochträchtigkeit	1 „		
Parese	3 Rinder	2 Pferde	
Euterentzündung	8 „		
Herzbeutel-, Bauchfellentzündung	5 „		
Abscesse	2 „		
Rippenverletzung	1 Rind		
Klauenentzündung nach Maul- und Klauen-seuche	3 Rinder		
Phlegmone	1 Rind		
Ascites, Faulkalb	1 „		
Schlundverstopfung, jauchige Lungenentzündung	1 „		
Pansenriß	1 „		
Verstopfung, Pansenlähmung	6 Rinder	1 Pferd	
Gelbsucht	1 Rind		1 Schwein
Leukämie.	2 Rinder		
Wassersucht	2 „		
Leberegel	1 Rind		
Schwellung der Parenchyme oder Drüsen . . .	4 Rinder		1 Schwein
Transportmüdigkeit	1 Rind		
Mastdarmvorfall	1 „		
Abmagerung	1 „		
Krämpfe	1 „		
Lungenentzündung	3 Rinder	4 Pferde	1 Schwein
Bronchitis	1 Rind		
Schweinerotlauf			2 Schweine
Unbekannt	2 Rinder	1 Pferd	2 „

Danach entfallen 158 = 53,9% der Fleischvergifterfunde auf primäre Tierparatyphosen, 40 = 13,6% auf die Enteritiserkrankungen des Rindes und

95 = 32,4% auf sekundäre Tierparatyphosen. Unter den letzteren nehmen wieder die Erkrankungen aus dem BOLLINGERschen Bereich den größeren Raum ein.

Es zeigt sich dabei, daß von den sekundären Tierparatyphosen den Hauptanteil die Rinder stellen. Andere Tiere kommen nur als verhältnismäßig seltene Gelegenheitsbefunde in Betracht.

Auch die Verteilung der Bakterientypen ist beachtenswert. Die beim Rinde im allgemeinen vorherrschende Spielart sind die GÄRTNER-Bakterien. Allerdings scheinen hier auch zeitliche Schwankungen vorzukommen; so fällt es auf, daß in den Jahren 1922—1928 zahlreiche Breslaubefunde erhoben wurden, während dieselben später erheblich zurücktraten. Für Kälber ist Ähnliches beobachtet worden (s. S. 682). *Auch aus den Statistiken anderer Institute geht hervor*, daß die GÄRTNER-Funde bei Rindern weit überwiegen (s. S. 729).

Infektionsweg und Umfang der Sekundärinfektion. Als Ursprungs- und Eintrittspforte muß nach den vorangehenden Ausführungen der Darm der Tiere angesehen werden. Die bakteriologische Fleischbeschau hat uns tiefere Einblicke in den Mechanismus der Infektion geliefert als sie die pathologische Anatomie der Humanmedizin zu liefern imstande ist; letztere erfaßt die Fälle immer nur im letzten Stadium des tödlichen Ausganges, während die bakteriologische Fleischbeschau uns die Tierkörper in den verschiedensten Stadien, häufig eben auch sehr frühzeitig zur bakteriologischen Prüfung vorlegt. Dadurch ist es uns möglich geworden, über den Mechanismus und damit auch über das Wesen der Infektionen viel klarere Anschauungen zu bekommen als sie die mehr rückschauende Bakteriologie an der menschlichen Leiche gestattet. Die wichtigste dieser Erkenntnisse ist die, daß die Fleischvergifter im Tierkörper mitunter nur ganz spärlich vorhanden sind, manchmal so spärlich, daß sie durch die übliche unmittelbare Plattenaussaat überhaupt nicht zu erfassen sind, sondern nur unter Zuhilfenahme von Anreicherungsverfahren herausgezüchtet werden können. Die bakteriologische Fleischbeschau hat weiterhin bestätigt, daß die Leber ein Lieblingssitz der Fleischvergifter ist. Eine Übersicht über die Beteiligung der verschiedenen Proben an den Fleischvergifterfunden ist auf S. 727 gegeben.

Die Frage nach der *Beeinflussung* des Krankheitsbildes und des pathologisch-anatomischen Befundes durch die Sekundärinfektionen läßt sich hier ebenso schwer wie bei der Suipestiferfrage eindeutig beantworten. LEHR hat dieser Frage an einer größeren Anzahl von Befunden aus dem Potsdamer Institut große Sorgfalt zugewandt und in vielen Fällen Veränderungen gefunden, die ihm auf eine spezifische Wirkung der Paratyphus-Enteritiskeime im Sinne einer Septicämie hinzudeuten scheinen, Schwellungen von Lymphknoten, kleine Blutungen in Lymphknoten oder an serösen Häuten, Schwellungen der Milz und anderer Organe, sowie auch pneumonische Herde in der Lunge. LEHR neigt daher zu der Auffassung, daß in einer größeren Anzahl von Fällen, die bei oberflächlicher Beurteilung vielleicht als Sekundärinfektionen angesehen werden, doch in Wirklichkeit die Fleischvergifterinfektion die originale Erkrankung und das andere ein Zufallsbefund ist. Es erscheint aber fraglich, ob diese letztere Auffassung das Richtige trifft.

Alles, was wir über die verhältnismäßig geringgradige, „bedingte" Infektiosität der Paratyphus-Enteritiskeime wissen, in Verbindung mit der durch die

Statistik oder, besser gesagt, die täglichen Laboratoriumsbeobachtungen erhärtete
Erfahrung, spricht dafür, daß hier grundsätzlich ganz ähnliche Verhältnisse
vorliegen wie beim Eindringen anderer Bakterien (Kokken, Fäulnisanaerobier),
in der Agonie oder bei übermäßigen Anstrengungen oder anderen Schwächungen
des Tierkörpers (s. Versuche von FICKER S. 664). Natürlich sind Keime der
Paratyphus-Enteritisgruppe immer noch etwas anderes als beispielsweise harmlose saprophytische Kokken, und man wird unter Umständen, bei starker Ausbreitung derselben im Tierkörper oder bei besonderer Empfindlichkeit des
Wirtstieres mit Giftwirkungen und spezifischen Schädigungen durch die Enteritiskeime rechnen müssen. Hierauf dürften die kleinen Blutungen in Lymphknoten und unter serösen Häuten sowie die Organveränderungen, die LEHR
hervorhebt, zurückzuführen sein. Man darf auch nie vergessen, daß die Grenzen
hier durchaus flüssig sind, wie bereits auf S. 668 betont worden ist. Eine grundsätzliche scharfe Abgrenzung der sekundären Tierparatyphosen etwa von der
Enteritis ist gar nicht möglich. Die große Anzahl der Fälle aber, in denen weder
ein ausgesprochenes Krankheitsbild der Enteritis noch ein Dauerausscheidertum
vorliegt, sondern nichts anderes festgestellt wird als ein parenterales Vorhandensein von Fleischvergiftern *neben einer anderen Krankheit,* die so offensichtlich
und erheblich war, daß sie zur Notschlachtung Veranlassung gegeben hat, wird
man doch aus praktischen Gründen zweckmäßig als „sporadische sekundäre
Tierparatyphosen" zusammenfassen müssen.

C. Beziehungen der Tierparatyphosen zu Erkrankungen des Menschen.

Die Frage nach Beziehungen der Tierparatyphosen zu Erkrankungen des
Menschen wird maßgeblich in erster Reihe durch die Geschichte der Fleischvergiftungen beantwortet werden können, und zwar durch ein verständnisvolles,
sachliches Suchen nach dem ursächlichen Zusammenhange der Fleischvergiftungen. Dieses Gebiet hat die Fachkreise viele Jahrzehnte lang beschäftigt,
und die Meinungen sind oft weit auseinandergegangen. So z. B. über die Frage,
ob die Fleischvergiftungen Infektionen vom bacillenausscheidenden Menschen
her seien, bei denen das Fleisch nur die Rolle eines Zwischenträgers spielte,
oder ob sie durch „intravitale Infektionen" des *kranken Tieres* bedingt sind.
Die heutige Auffassung geht dahin, daß in den meisten Fällen das kranke
Tier der Ursprungsherd der Fleischvergifter ist.

Da die Frage der Nahrungsmittelvergiftungen bereits im 11. Bande dieses
Werkes von ELKELES ausführlich behandelt ist und in einem neuerlichen Sonderabschnitt von KAUFFMANN abermals behandelt werden soll, sei die Frage der
Beziehungen der Tierparatyphosen zum Menschen hier nur kurz erörtert,
soweit dies im Rahmen einer Beschreibung der Tierparatyphosen notwendig ist.

Grundsätzlich wird man keinem Erreger einer Tierparatyphose eine unbedingte Ungefährlichkeit für den Menschen zusprechen können. Wenn auch
von manchen Tierparatyphosen, z. B. dem Stutenabort oder dem Hühnertyphus, Übertragungen auf den Menschen bisher noch nicht bekanntgeworden
sind, so wird man doch die Möglichkeit einer solchen unter gelegentlichen, ganz
besonders unglücklichen Umständen, beispielsweise der versehentlichen Aufnahme größerer Mengen der Erreger in irgendeiner Form, nicht ganz ausschließen

können. Andererseits aber steht sicher fest, daß die verschiedenen Vertreter der Paratyphus-Enteritisgruppe für den Menschen in sehr verschiedenem Grade gefährlich sind. Als ein Beispiel hierfür können schon die GÄRTNER-Infektionen erwachsener Rinder und der Kälbertyphus genannt werden, die beide durch dieselbe Spielart des GÄRTNER-Bacillus, durch den Typus JENSEN, hervorgerufen werden. ELKELES und STANDFUSS bringen hierzu folgende Zahlen:

Tabelle 8. Zahl der Fleischvergifterfunde bei Kälbern und bei erwachsenen Rindern. (Statistik des Deutschen Reiches: Die Verbreitung der Tierseuchen und die Ergebnisse der Fleischbeschau.)

Jahr	Zahl der bakteriologisch untersuchten		Davon mit Fleischvergiftern behaftet		In %	
	Kälber	Rinder	Kälber	Rinder	Kälber	Rinder
1926	4279	23499	351	737	8,2	3,1
1927	7051	27792	601	723	8,5	2,6
1928	10840	36391	1157	693	10,7	1,9
Gesamt	22170	87682	2109	2153	9,5	2,5

Die Gegenüberstellung zeigt, daß die Häufigkeit der menschlichen Fleischvergiftungen durch Kälber zu der durch erwachsene Rinder im umgekehrten Verhältnis steht zur Häufigkeit des Vorkommens von Fleischvergiftern bei Kälbern und erwachsenen Rindern. Der Umstand, daß Kalbfleisch in der Regel nicht in Form rohen Hackfleisches verzehrt wird, kann nicht hierfür als Erklärung herangezogen werden, jedenfalls nicht als einzige oder auch nur hauptsächliche; denn

Tabelle 9. Anteil der Vergiftungsepidemien und Erkrankungen durch Kalbfleisch und Rindfleisch an der Gesamtzahl der Fleischvergiftungsepidemien und -erkrankungen in Hundertsätzen. (Nach R. MEYER.)

Jahr	Anteil der Epidemien durch		Anteil der Erkrankungen durch	
	Kalbfleisch	Rindfleisch	Kalbfleisch	Rindfleisch
1923	1,3	21,1	0,5	16,4
1924	4,8	21,0	2,8	31,4
1925	3,6	25,3	1,3	30,6
1926	7,1	36,9	5,2	47,9
1927	3,6	41,8	5,3	43,0
1928	3,8	26,9	2,4	48,8
Gesamt	4,1	30,0	3,0	34,4

wenn auch von Kälbern kein rohes Hackfleisch verzehrt wird, so wird aber dafür die Leber des Kalbes, die ein Vorzugssitz der Fleischvergifter ist, sehr häufig in ungenügend durchgebratenem Zustande genossen.

Ohne in der Abstufung der Gefährlichkeit verschiedener Tierparatyphosen für den Menschen zu weit ins einzelne zu gehen, wird man 3 Gruppen unterscheiden müssen, nämlich eine gefährliche, eine weniger gefährliche und als dritte Gruppe diejenigen Tierparatyphosen, von deren Übertragung auf den Menschen bisher noch nichts bekanntgeworden ist. In die erste Gruppe werden diejenigen Tierparatyphosen zu rechnen sein, die nach der Geschichte der Fleischvergiftungen an Häufigkeit immer wieder an erster Stelle stehen. In die zweite Gruppe der weniger gefährlichen werden diejenigen Tierparatyphosen zu zählen sein, die zwar nachweislich schon Fleischvergiftungen oder andere Erkrankungen des Menschen verursacht haben, bei denen aber, wie etwa beim Kälbertyphus, deutlich eine seltenere ursächliche Beteiligung in Erscheinung tritt.

Zur ersten Gruppe gehört die Enteritis der erwachsenen Tiere, sowie die sporadischen sekundären Tierparatyphosen. Hier liegt jener mittlere Grad der Infektiosität vor, bei dem eine besondere Anpassung an eine bestimmte Tierart noch nicht stattgefunden hat (s. S. 668) und daher ein Übergreifen auf den Menschen verhältnismäßig leicht stattfindet.

Zur zweiten Gruppe gehören außer dem Kälbertyphus auch die Mäuse- und Rattenparatyphosen, sowie die Suipestiferinfektionen des Schweines. Von ihnen ist bekannt, daß sie gelegentlich menschliche Erkrankungen veranlaßt haben, die Häufigkeit dieser Fälle steht aber zu der Gelegenheit, die hierzu vorhanden gewesen wäre, in einem solchen Mißverhältnis, daß ohne Zweifel die Gefährlichkeit eine geringere ist [1].

Die übrigen primären Tierparatyphosen haben mit der Anpassung an ihre jeweils zutreffende Tiergattung ihre Gefährlichkeit für den Menschen offenbar, für praktische Verhältnisse betrachtet, ganz verloren.

Das Verhältnis einer geringen wechselseitigen Übertragbarkeit besteht auch zwischen Infektionen mit dem Paratyphus B beim Menschen und den Tieren. Derartige Fälle gehören zu den Ausnahmen, die durch ganz besondere Umstände begünstigt sein müssen (s. S. 731—733).

In der nachstehenden Übersicht sind die Paratyphosen des Menschen und die Tierparatyphosen einander gegenübergestellt und ihre Beziehungen durch stärkere oder schwächere Pfeilstriche veranschaulicht.

Beziehungen der Tierparatyphosen zu den Paratyphosen des Menschen.

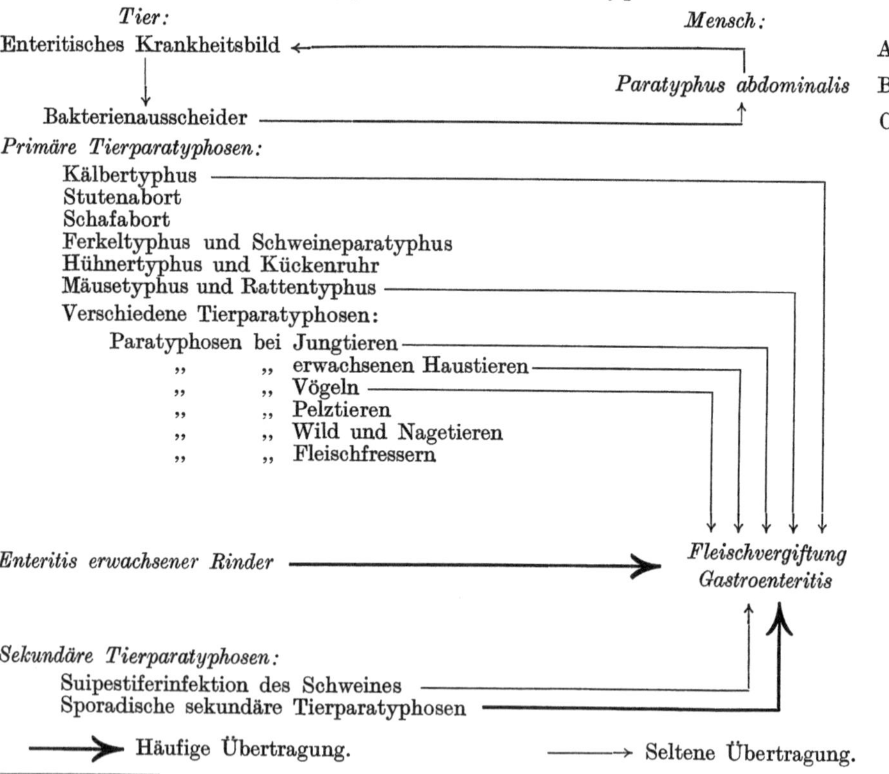

---

[1] Näheres hierüber siehe ELKELES-STANDFUSS in KOLLE-KRAUS-UHLENHUTH, S. 1676 und 1686—1689.

Literatur.

ACHARD et BENSAUDE: Infektion paratyphoidique. Bull. Soc. méd. Hôp. Paris 1896, 1897.

ADAM u. MEDER: Über Para-B-Infektionen bei Kanarienvögeln. Zbl. Bakter. I Orig. **62**, 569 (1912).

ANDREJEW: Arb. Reichsgesdh.amt **33** (1910).

BAARS: Über GÄRTNER-Bakterien und -Infektionen bei Rind und Ratte. MIESSNER-Festschrift, 1930.

BAER: Ein weiterer Beitrag zu den colibacillären Infektionen des Kalbes. Schweiz. Arch. Tierheilk. **46** (1902).

BAHR, L.: Über die zur Vertilgung der Ratten und Mäuse benutzten Bakterien. Zbl. Bakter. I Orig. **36**, 263 (1905).

— Zehnjährige Erfahrungen mit Ratin. Zbl. Bakter. I Orig. **80**, 213 (1917).

— Paratyphus der Honigbiene. Dtsch. tierärztl. Wschr. **1926**, 127.

— Typen von GÄRTNER-Bakterien und ihr Vorkommen bei Menschen und Tieren. Dtsch. tierärztl. Wschr. **1930 I**, 145, 165.

— RAEBIGER u. GROSSO: Vergleichende Untersuchungen über den Bac. paratyphosus B., den Bac. enteritidis GÄRTNER und den Ratinbacillus. Z. Inf.krkh. Haustiere 5 (1908/09); Zbl. Bakter. I Orig. **54**, 231 (1910).

BAINBRIDGE: Paratyphoid Fever and Meat-Poisoning. Lancet **1912**, 705—709.

BECK, A.: Beitrag zu dem kulturellen, biochemischen, serologischen und tierexperimentellen Verhalten der Taubenparatyphusstämme. Z. Inf.krkh. Haustiere **35**, 124—138 (1929).

— u. R. EBER: Bakterielle weiße Ruhr der Kücken. Arch. Tierheilk. **56**, 121 (1927).

— u. E. MEYER: Enzootische Erkrankungen der Tauben durch Bakterien der Paratyphus-Enteritisgruppe. Z. Inf.krkh. Haustiere **30**, 15—41 (1926).

BEHNKE u. HEUNER: Eine Enteritisinfektion bei Kühen. Dtsch. tierärztl Wschr. **36**, 417 bis 419 (1928).

BELLER, K.: Hühnertyphus und Kückenruhr. Berl. tierärztl. Wschr. **46**, 884 (1930).

— u. E. HENNINGER: Über das Vorkommen und die Differenzierung von Bakterien der Paratyphusgruppe bei der Viruspest der Schweine. Zbl. Bakter. I Orig. 114, 493—502 (1929).

BENESCH: Die pathologischen Veränderungen am Fetus und an den Eihäuten beim Abortus des Pferdes infolge Paratyphusinfektion. Mschr. Tierheilk. **30**, 315 (1919).

BENION: Traité de l'élevage et des maladies des oiseaux de basse cour et d'agrément (1873).

BERGE, R.: Die Pulloruminfektion der Hühner. MIESSNER-Festschrift, S. 35—53. Hannover 1930.

BERGMANN u. STADLER: Zit. nach LÜTJE, Abortus der Stuten. STANG-WIRTHS Tierheilkunde und Tierzucht I, S. 21. 1926.

BIRCH: Hogcholera, its nature and control, p. 29. New York: Macmillan and Co. 1922.

BITTER, L.: Zur Unterscheidung der Erreger von Enteritis- und Paratyphuserkrankungen. Zbl. Bakter. Orig. **88**, 435—455 (1922).

BLEEKER, WM. L.: Comparison of the efficiency of the simplified method of BUNYEA, HALL and DORSET and the standard tube test for the identification of carriers of pull. dis. J. amer. vet. med. Assoc. **78**, (N. S. **31**), 518—526 (1931).

BOECKER, E. u. F. KAUFFMANN: Zur Differentialdiagnose zwischen den Typen SCHOTT-MÜLLER und Breslau der Paratyphus-B-Gruppe. Z. Hyg. **109**, 464—469 (1929).

— — Die praktische Bedeutung einer Typentrennung in der Paratyphusgruppe. Dtsch. med. Wschr. **1930 II**, 1339—1341.

BÖHME, A.: Weiterer Beitrag zur Charakterisierung der Hogcholera- (Paratyphus-) Gruppe. Z. Hyg. **25**, 97 (1905).

BONGARTZ: Z. Fleisch- u. Milchhyg. **21**, 331 (1911).

BORNSTEDT, V. u. FIEDLER: Untersuchungen auf Fleischvergifter bei aus Polen und Litauen eingeführten Mastgänsen. Berl. tierärztl. Wschr. **1932**, 721—724.

BOURMER u. DOETSCH: Bericht über gehäuftes Auftreten von GÄRTNER-Infektionen beim Rinde auf einem Gut. Z. Fleisch- u. Milchhyg. **38**, 229 (1928).

— — Über eine durch den Bac. enteritidis GÄRTNER hervorgerufene seuchenhafte Erkrankung in dem Rinderbestande des Gutes Karthäuserhof bei Koblenz und eine durch Käse verursachte Übertragung auf den Menschen. Z. Fleisch- u. Milchhyg. **38**, 389 bis 391 (1928).

BRÜGGEMANN: Vergleichende Untersuchungen über das Auftreten von Paratyphusbacillen in den Faeces und im Darme gesunder und staupekranker Hunde unter gleichzeitiger Berücksichtigung der dort vorkommenden anderen Bakterienarten. Dtsch. tierärztl. Wschr. **1918**, 197.

BRUNS, H. u. GASTERS: Paratyphusepidemie in einer Hammelherde; dadurch bedingte Massenerkrankungen an Fleischvergiftung in Überruhr (Landkreis Essen). Z. Hyg. **90**, 263 (1920).

BUGGE u. DIERKS: Über akute Durchfälle bei Rindern infolge von Paratyphus B (Enteritis GÄRTNER). Z. Fleisch- u. Milchhyg. **32**, 3, 30, 44 (1921).

BUNYEA, H. and W. J. HALL: The relation of agglutination reaction to Salmonella pull. infection in hen and observations on the diagnostic effiziency of test-methods. J. amer. vet. med. Assoc. **80**, 491—496 (1932).

BUSHNELL, L. D. and C. A. BRANDLY: The reaction of the fowl to pullorin. J. amer. vet. med. Assoc. **78** (N. S. **31**), 64—78 (1931).

CASH, J. R. and C. A. DOAN: Spontaneous and experimental infection of pigeons with B. Aertrycke. Amer. J. Path. **7**, 373—398 (1931).

CERNAIANU, C.: Suipestiferinfektionen bei Silberfüchsen. Dtsch. tierärztl. Wschr. **1932**, 274, 275.

— Über spontane Suipestiferinfektionen bei Kücken. Z. Inf.krkh. Haustiere **42**, 297—299 (1932).

CHRISTIANSEN, M.: Über die Verbreitung der wichtigsten infektiösen Kälberkrankheiten in Dänemark. Aarsskrift Vet. u. Landbohøjsk. **1923**, 62—86.

CILLI, V.: L'analisi dei ricettori somatici (0) nelle metasalmonelle aviarie. Boll. Ist. sieroter milan. **11**, 359—379 (1932).

COBURN, D. R. and H. J. STAFSETH: A field test for pullorum dis. J. amer. vet. med. Assoc. **79** (N. S. **32**), 241—243 (1931).

COMBES, R.: Le bacille paratyphique équin. C. r. Acad. Sci. Paris **166**, 572 (1918).

COMINOTTI: Clin. vet. **1914**, 989.

CONRADI, H.: Eiskonservierung und Fleischvergiftung. Münch. med. Wschr. **1909**, Nr 18.

— Über alimentäre Ausscheidung von Paratyphusbacillen. Klin. Jb. **21**, 421 (1909).

CSONTOS: Tierärztl. Rdsch. **1923**, 489.

DAMMANN u. STEDEFEDER: Untersuchungen über Schweinepest. Arch. Tierheilk. **36**, 432 (1910).

DANYSZ, J.: Un microbe pathogène pour les rats. Ann. Inst. Pasteur **1900**.

DAVID, H.: Über die Stellung der Ratinbakterien und anderer Rattenschädlinge zur GÄRTNER-Gruppe. Zbl. Bakter. I Orig. **109**, 416—430 (1928).

— Zur Unterscheidung der Ratinbakterien und anderer rattentötender Bakterien vom Bact. enteritidis GÄRTNER. Wien. klin. Wschr. **1929**, Nr 6.

— Bemerkenswerte Paratyphusbefunde beim Rinde. Wien. tierärztl. Wschr. **18**, 442 (1931).

— Über Versuche mit dem Bact. psittakosis Nocard bei Wellensittichen. Wien. tierärztl. Wschr. **18**, 33—45 (1932).

— u. J. AGNESY: Beitrag zur Infektion durch GÄRTNER-Bakterien bei Milchkühen. Seuchenbekämpfg **5**, 284—290 (1928).

DOBBERSTEIN, J. u. E. SCHÜRMANN: Zur pathologischen Anatomie und Histologie der akuten bakteriellen weißen Kückenruhr. Z. Inf.krkh. Haustiere **41**, 80—115 (1932).

DOUMA: Enteritis- und Paratyphus-B-Bacillus bei Kälbern. Tijdschr. Diergeneesk. **43**. Ref. Ellenberger-Schütz' Jber. **1916**.

DRESCHER u. HOPFENGÄRTNER: Die Enteritis-GÄRTNER-Krankheit des Rindes. Untersuchungen an Dauerausscheidern. Münch. tierärztl. Wschr. **1932**, 337—340, 353 bis 357, 361—364.

— — Die Enteritis-GÄRTNER-Krankheit des Rindes. Infektionsversuche an Jungtieren. A. Kontaktinfektion. Münch. tierärztl. Wschr. **1932**, 534—537, 541—545, 565—569.

— — Verhalten von Fleischvergiftungserregern in der Außenwelt (Bayer. Veterin-Polizeil. Anst. Oberschleißheim). Münch. tierärztl. Wschr. **1933**, 25—29.

DREVES: Zur Ätiologie des Paratyphus B. Z. Med.beamte **21**, 301 (1908).

EBERT, B. u. O. SCHULGINA: Über Paratyphus und Typhus bei Vögeln. Zbl. Bakter. I Orig. **91**, 496—508 (1924).

ECKERSDORFF: Kasuistische Beiträge zum Vorkommen von Bacillen der Paratyphus-(Hog-Cholera-) Gruppe. Arb. Inst. exper. Ther. Frankf. 1908, H. 4.

ECKERT: Weitere Beiträge zum Vorkommen von Bacillen der Paratyphusgruppe im Darminhalt gesunder Haustiere und ihre Beziehungen zu Fleischvergiftungen. Diss. Gießen 1908.

EDGINGTON, B. H. and A. BROERMANN: A comparaison of the intradermal and agglutination tests for pull dis. J. amer. vet. med. Assoc. 78 (N. S. 31), 219—224 (1931).

EICHLER, H.: Bakteriologische Fleischuntersuchungen im Jahre 1928. Stuttg. tierärztl. Mschr. 1, 83—85 (1930).

EICKMANN, H.: Bericht über die Tätigkeit des bakteriologischen Laboratoriums am Schlachthofe zu Aachen. Z. Fleisch- u. Milchhyg. 23.

ELKELES: Paratyphus und Fleischvergiftung. Erg. Hyg. 11, 67 (1930).

ELKELES-STANDFUSS: KOLLE-KRAUS-UHLENHUTH, Bd. 3, S. 1585—1826. 1931.

EMMEL, M. W.: Über bakteriologische und pathologische Befunde bei 500 Fällen von Kückenruhr. Anh. Gefl.kde 5, 278—284 (1931).

FALLY: Kälberruhr und Fleischvergiftungen. Ann. Méd. vét. 57.

FICKER, MARTIN: Über den Nachweis von Typhusbacillen im Wasser durch Fällung von Eisensulfat. Hyg. Rdsch. 1904.

FLEISCHHAUER, G.: Der Wert der Agglutinationsmethode bei der weißen Ruhr. Dtsch. tierärztl. Wschr. 1931, 584—590.

FORSTER, J.: Über die Beziehungen des Typhus und Paratyphus zu den Gallenwegen. Verh. dtsch. path. Ges. 11, 163 (1907); Verh. Ges. dtsch. Naturforsch. 1907.
— Über die Beziehungen des Typhus und Paratyphus zu den Gallenwegen. Münch. med. Wschr. 1908, 1.

FRANCKE u. GOERTTLER: Allgemeine Epidemiologie der Tierseuchen. Stuttgart 1930.
— STANDFUSS u. WILKEN: Die seuchendienstliche Bekämpfung der Enteritiserkrankungen des Rindes nebst weiteren Beobachtungen über diese Krankheit. Noch nicht veröffentlicht.

FRICKINGER, H.: Fleischvergiftungsepidemie im Anschluß an eine Paratyphuserkrankung beim Schaf. Z. Fleisch- u. Milchhyg. 29, 346 (1919).

FRIESLEBEN, M.: Das Vorkommen von Bacillen der Paratyphus-B-Gruppe in gesunden Schlachttieren sowie in Ratten und Mäusen. Dtsch. med. Wschr. 1927, 1589.

GAEHTGENS, W.: Über die Bedeutung des Vorkommens der Paratyphusbacillen (Typhus B). Arb. ksl. Gesdh.amt 25, 203 (1907).

GÄRTNER, A.: Über die Fleischvergiftung in Frankenhausen a. K. und den Erreger derselben. Korresp.bl. allg. ärztl. Ver. Thüringen 1888; Bresl. ärztl. Z. 1888.

GERLACH: KOLLE-KRAUS-UHLENHUTH, Bd. 9, S. 522—524. 1929.

GILBERT et FOURNIER: Contribution à l'étude de la Psittacose. Mémoire au nom d'une commission composée de M. M. NOCARD et DEBOVE. Bull. Acad. Méd., III s. 36, No 41, 429, Sitzg 20. Okt. 1896.

GLÄSSER: Studien über die Ätiologie der deutschen Schweinepest. Dtsch. tierärztl. Wschr. 1907, 617, 629.
— Ein weiterer Beitrag zur Kenntnis der deutschen Schweinepest. Dtsch. tierärztl. Wschr. 1908, Nr 40/41.
— Die Krankheiten des Schweines, 3. Aufl. Hannover: M. u. D. Schaper 1927.

GMEINER, F.: Über gehäuftes Auftreten von Paratyphusfällen bei Nutria (Sumpfbiber, Myocastor coypus). Wien. tierärztl. Wschr. 18, 140—144 (1931).

GMINDER, A.: Untersuchungen über das Vorkommen von paratyphusähnlichen Bakterien beim Pferde und ihre Beziehungen zum seuchenhaften Abortus der Stuten. Arb. Reichsgesdh.amt 52, 113 (1920).

GOEDECKE u. F. GRÜTTNER: Enteritis bei Kühen durch Bact. enteritidis breslaviense. Dtsch. tierärztl. Wschr. 36, 106 (1928).

GREEN, R. G. and SHILLINGER: J. amer. vet. med. Assoc. 74, 224 (1929).

GRESSEL: Vergleichende Untersuchungen über das Bact. paradysenteriae (Hühnertyphus). Dtsch. tierärztl. Wschr. 1927, 267.

GRÜTTNER, F.: Die Fleischvergiftung in Schnarsleben im November 1926. Z. Fleisch- u. Milchhyg. 37, 327—331 (1927).
— Bericht über eine Fleischvergiftung in Neuwegersleben und Hamersleben. Z. Fleisch- u. Milchhyg. 38, 409 (1928).

GRÜTTNER, F.: Bericht über eine durch den Genuß von wahrscheinlich infiziertem Kuchen verursachte Lebensmittelvergiftung. Z. Desinf. **1931**, 14.

GUILLERY: Nach HUTYRA-MAREK, Spezielle Pathologie und Therapie der Haustiere. Jena 1922.

GUTSCHE: Sieben Fälle von Fleischvergiftern. Z. Fleisch- u. Milchhyg. **27**, 161 (1917).

HADLEY, P. H.: Parallelism between serologic and bacteriophagic response in Bacillus typhosus and certain avian paratyphoids. Proc. Soc. exper. Biol. a. Med. **23**, 443—446 (1926).

— Microbic dissociation. The instability of bacterial species with special reference to active dissociation and transmissible autolysis. J. inf. Dis. **40**, 1—312 (1927).

HAFFNER: Zit. nach UHLENHUTH und HÜBENER: Z. Inf.krkh. Haustiere **47** (1904).

HANKS, J. H. and L. F. RETTGER: Bacterial endotoxin. Search for a specific intracellelar toxin in S. pullorum. J. of Immun. **22**, 283—314 (1932).

HEELSBERGEN, T. VAN: Abortus bei Stuten durch einen Paratyphus-B-Bacillus. Zbl. Bakter. Orig. **72**, 38 (1914).

— Pullorumbesmetting by volwarsen kippen. Nederl. Tijdschr. Diergeneesk. **1927**, 54.

— Ervaring opgedan by het onderzoek van pluimveziekten. Nederl. Tijdschr. vor Diergeneesk. **1927**, 54.

HEMMERT-HALSWICK, A.: Zur pathologischen Anatomie des Paratyphus beim Rinde. Arch. Tierheilk. **65**, 117—139 (1932).

HENNINGER, E.: Experimentelle Erzeugung von „Kaninchenflecknieren" als Beitrag zur Genesis der Fleckniere des Kalbes. Berl. tierärztl. Wschr. **44**, 838 (1928).

— Bakteriologische Befunde bei Kälberparatyphosen. Zugleich ein Beitrag zur Typentrennung in der Paratyphusgruppe. Zbl. Bakter. I Orig. **114**, 108—115 (1929).

HÖLZEL, E.: Ein Jahr bakteriologische Fleischuntersuchung. Münch. tierärztl. Wschr. **1929 I**, 153—155.

HÖRR: Beiträge zur Kenntnis der Bakterienflora bei Eiterungsprozessen am Nabel von Kälbern. Diss. Stuttgart 1912.

HOLE, NORMAN: Salmonella infections in ducklings. J. comp. Path. a. Ther. **45**, 16 (1932).

HOPFENGÄRTNER, KALLER, BERNGRUBER: Die Enteritis-GÄRTNER-Krankheit des Rindes. Münch. tierärztl. Wschr. **80**, 38 (1929).

HUBER, K.: Über Fleischvergiftungen mit spezieller Berücksichtigung der „Typhusepidemie" von Kloten. Dtsch. Arch. klin. Med. **25**, 221 (1880).

HUTYRA: Zit. nach LÜTJE: Abortus der Stuten. STANG-WIRTHS Tierheilkunde und Tierzucht, Bd. 1, S. 21. 1926.

ISSATSCHENKO: Über einen neuen, für Ratten pathogenen Bacillus. Zbl. Bakter. I Orig. **23**, 873 (1898).

JANUSCHKE, E.: Über die Nomenklatur der Bakterien der sog. Paratyphusgruppe und der von ihnen verursachten Krankheiten im Hinblicke auf Fleischvergiftung und Fleischbeschau. Seuchenbekämpfg **2**, 75—79 (1925).

— Gibt es Krankheitserreger vom Voldagsentyp beim Menschen? Prag. Z. Tiermed. **7**, 5—11 (1927).

JENSEN, C. O.: Über Kälberruhr und deren Verhütung durch Seruminjektionen. Z. Tiermed. **9** (1905).

JONG, D. A. DE: Les relations des infections paratyphiques de l'homme et des animaux. Rev. gén. Méd. vét. **22**, 117 (1913).

JÜTTING: Nach HUTYRA-MAREK: Spezielle Pathologie und Therapie der Haustiere. Jena 1922.

KAENSCHE, C.: Zur Kenntnis der Krankheitserreger bei Fleischvergiftungen. Z. Hyg. **22**, 53 (1896).

KARSTEN: Paratyphus der Kälber. Berlin 1921.

— Weitere Fälle von durch Paratyphusbakterien hervorgerufenem Verlammen und über Paratyphuserkrankungen bei jungen Lämmern. Dtsch. tierärztl. Wschr. **34**, 47—49 (1926).

— Zur Ätiologie der Paratyphuserkrankungen unserer Haustiere auf Grund der im Tierseucheninstitut zu Hannover festgestellten Paratyphusbefunde. Dtsch. tierärztl. Wschr. **35**, 781—790 (1927).

— Erfahrungen und Betrachtungen über die Enteritis-GÄRTNER-Infektionen des Rindes. Arch. f. Tierheilk. **66**, 189 (1933).

Karsten u. Ehrlich: Das seuchenhafte, durch Paratyphusbacillen hervorgerufene Verwerfen bei Schafen. Dtsch. tierärztl. Wschr. **31**, 307 (1923).

Kaster, J.: Zur Diagnose und Epidemiologie der Pullorumseuche. Z. Inf.krkh. Haustiere **41**, 276—305 (1932).

Kauffmann, F.: Zur Typ-Spezifität in der Paratyphusgruppe. Z. Hyg. **108**, 411—423 (1928).

— Über den Sonderreceptor des Paratyphus Breslau-Bacillus. Z. Hyg. **109**, 45—50 (1929).

— Das Vorkommen von Paratyphus Newport-Bacillen in Deutschland. Z. Hyg. **110**, 161—168 (1929).

— Die Serologie des Paratyphus Breslau-Bacillus. Z. Hyg. **110**, 526—536 (1929).

— Der Typus „Berlin" der Paratyphus C-Gruppe. Z. Hyg. **110**, 537 (1929).

— Neue serologische Typen der Paratyphusgruppe. Z. Hyg. **111**, 221—232 (1930).

— Der Antigen-Aufbau der Typhus-Paratyphusgruppe. Z. Hyg. **111**, 233—246 (1930).

— Die kulturelle Differentialdiagnose der Typhus-Paratyphusgruppe. Z. Hyg. **111**, 247—255 (1930).

— Über den Antigen-Aufbau der Typhus-Paratyphusgruppe. Berl. tierärztl. Wschr. **1930 I**, 195.

— Die Technik der Typenbestimmung in der Typhus-Paratyphusgruppe. Zbl. Bakter. I Orig. **119**, 152—160 (1930).

— u. Ch. Mitsui: Zwei neue Paratyphustypen mit bisher unbekanntem Phasenwechsel. Z. Hyg. **111**, 740 (1930).

— — Vergleichende Untersuchungen in der Typhus-Paratyphusgruppe. Z. Hyg. **111**, 749—772 (1930).

Klein: Über eine epidemische Krankheit der Hühner, verursacht durch einen Bacillus Gallinarum. Zbl. Bakter. I Orig. **6**, 689 (1889).

Klimmeck: Kasuistik der Fleisch- und Wurstvergiftungen in Preußen in den Jahren 1924 und 1925. Berl. tierärztl. Wschr. **1927**, 17.

Knorpp, G.: Bakterien aus der Paratyphusgruppe bei Pelztieren. Stuttg. tierärztl. Wschr. **2**, 29, 30 (1931).

Kolf, P.: Über die Herkunft einer Paratyphusepidemie in einem Krankenhaus. Dtsch. med. Wschr. **1929 I**, 279.

Konge, nach Hutyra Marek: Spezielle Pathologie und Therapie der Haustiere. Jena 1922.

Konno, T.: Gärtner-Infektion bei Rindern und Meerschweinchen in Japan. Dtsch. tierärztl. Wschr. **1928 II**, 573. Ref Ellenberger-Schütz **1924**, 329.

— u. J. Goto: Über den Wert der Frischblutagglutination zur Ermittlung von Pullorum-infektion der Hühner. J. jap. Soc. vet. Sci. **11**, 118—130 (1932).

Kraus: Zur Kenntnis des Hühnertyphus. Zbl. Bakter. I Orig. **82**, 282 (1919).

Kurth: Eine typhusähnliche, durch einen bisher nicht beschriebenen Bacillus bedingte Erkrankung. Dtsch. med. Wschr. **1901**.

Lange u. Pressler: Bericht über zwei Fleischvergiftungsepidemien im Bezirk St. im Jahre 1924. Zugleich ein Beitrag über die Genese und den Verlauf der Gärtner-Infektion des Rindes nebst Vorschlägen zur Verhütung ihrer Verbreitung. Z. Fleisch- u. Milchhyg. **36**, 177—180 (1926).

Langer: Untersuchungen über einen mit Knötchenbildung einhergehenden Prozeß usw. Inaug.-Diss. (Gießen) Leipzig 1904.

Lautenbach, nach Hutyra-Marek: Spezielle Pathologie und Therapie der Haustiere. Jena 1922.

Ledschbor: Der Paratyphusbacillus B bei geschlachteten Kälbern als Erreger der Kälberruhr. Z. Inf.krkh. Haustiere **6**.

Lehr, Erich: Über eine durch den Bac. enteritidis Gärtner hervorgerufene seuchenhafte Darmentzündung in einem Rinderbestande. Berl. tierärztl. Wschr. **43**, 274—280 (1927).

— Über das Vorkommen von echten Paratyphus-B-Schottmüller-Bacillen bei Tieren. Zbl. Bakter. I Orig. **107**, 69—83 (1928).

— Primäre und sekundäre Krankheitserscheinungen beim Vorkommen von Fleischvergiftungen bei Tieren. Tierärztl. Rdsch. **1929 I**, 189—194.

Lemaistre: Epizootie des gallinacés. Rec. Méd. vét. **1869**, 376.

Lignières, zit. nach Lütje: Abortus der Stuten. Stang-Wirths Tierheilkunde und Tierzucht, Bd. 1, S. 21. 1926.

LIGNIÈRES et ZABALA: Sur une nouvelle maladie des poules. Bull. Soc. centr. Méd. vét. **59**, 453 (1905).

LÖFFLER, F.: Über Epidemien unter den im Hygienischen Institut zu Greifswald gehaltenen Mäusen und über die Bekämpfung der Feldmausplage. Zbl. Bakter. I Orig. **11**, 129 (1892).

LUCET: Rec. Méd. vét. **1895**, 156.

— Ann. Inst. Pasteur **5**, 313—331.

LÜTJE: Paratyphuserkrankungen, verursacht durch den Bact. enteritidis Gärtneri bei erwachsenen Rindern. Dtsch. tierärztl. Wschr. **1926**, 437, 453.

— Paratyphuserkrankungen der Haustiere. STANG-WIRTHS Tierheilkunde und Tierzucht, Bd. 7, S. 655. 1930.

LÜTTSCHWAGER: Die im Tierseucheninstitut gemachten Erfahrungen über die Aufzucht-krankheiten der Hühner. Dtsch. tierärztl. Wschr. **37**, 710 (1929).

LUXWOLDA: Die Bakterienflora des Fleisches und der Fleischlymphdrüsen usw. Tijdschr. Veeartsenijk **40**. Ref. Ellenberger-Schütz' Jber. **1913**.

MALLMANN, W. L.: Salmonella pullorum in the intestinal contents of baby chicks. J. inf. Dis. **44**, 16—20 (1919).

MANNINGER: Über eine durch den Bac. paratyphosus B verursachte Infektion der Finken. Zbl. Bakter. I Orig. **76**, 12 (1916).

— Paratyphus des Wassergeflügels. Berl. tierärztl. Wschr. **1919**.

— nach HUTYRA-MAREK: Spezielle Pathologie und Therapie der Haustiere. Jena 1922.

— Untersuchungen über Kückenruhr und Hühnertyphus. Z. Inf.krkh. Haustiere **32**, 265 (1928).

— Untersuchungen über Schweinepest und Ferkeltyphus. Dtsch. tierärztl. Wschr. **1932**, 113—120.

MATERNOWSKA, IRENA: Beobachtungen über eine Meerschweinchen-Paratyphusepidemie (Paratyphus cavium). Z. Inf.krkh. Haustiere **38**, 50—63 (1930).

MERESHKOWSKY, S. S.: Ein aus Zieselmäusen ausgeschiedener und zur Vertilgung von Feld- bzw. Hausmäusen geeigneter Bacillus. Zbl. Bakter. Orig. **17**, 742 (1895).

MEYER, F.: Über chronischen Typhus und Paratyphus. Münch. med. Wschr. **1918**, 965.

MEYER, R.: Zur Statistik der Fleischvergiftungen in den Jahren 1923—1925. Reichs-gesdh.bl. **1926 I**, 1027—1031.

— Zur Statistik der Fleischvergiftungen in den Jahren 1926—1928. Reichsgesdh.bl. **1929 II**, 725—729.

MEYER, K. F. and BOERNER: Studies on the etiology of epizootic abortion in mares. J. med. Res. **29**, 325 (1913).

MIESSNER: Paratyphus und Paradysenterie. Dtsch. tierärztl. Wschr. **1927**, 149.

— Zur Differenzierung des B. pullorum (RETTGER) vom Bact. paradysenteriae. Dtsch. tier-ärztl. Wschr. **1928**, 73.

— u. G. BAARS: Zur Typendifferenzierung der Bakterien der Paratyphus-Enteritisgruppe. Dtsch. tierärztl. Wschr. **35**, 639—648 (1927).

— u. R. BERGE: Der Paratyphus abortus equi als Ursache des seuchenhaften Verfohlens in Deutschland. Dtsch. tierärztl. Wschr. **1917**, 9.

— — Die weiße Ruhr der Kücken. Dtsch. tierärztl. Wschr. **1928**.

— u. TE HENNEPE: 1. Europ. Konfer. Fachleute Geflügelkrkh. Hannover, 23. u. 24. Okt. 1931. Dtsch. tierärztl. Wschr. **1932**, 33—39.

— u. K. KÖBE: Bact. enteritidis GÄRTNER- und Paratyphi-B-Ausscheider. Dtsch. tier-ärztl. Wschr. **1929 I**, 385—390.

— u. KOHLSTOCK: Croupöse Darmentzündung beim Rinde, verursacht durch den Bac. enteritidis GÄRTNER. Zbl. Bakter. I Orig **63**, 38 (1912).

— u. G. SCHÜTT: Vereinheitlichung der Agglutinationsmethode, insbesondere der Frisch-blutschnellmethode zum Nachweis der Pulloruminfektion des Huhnes. Dtsch. tier-ärztl. Wschr. **1932**, 497—501.

MOHLER u. BUCKLEY: Bericht über eine unter Rindern durch einen Bacillus der GÄRTNER-Gruppe verursachte Seuche. 19. animal Rep. of the Bar of Anim.-Ind. Washington 1902.

MOORE: Ann. Rep. Bur. of Animal-Ind. **1895/96**.

MOORE: An. rep. of Anim. Industry Washington 1897. Zit. nach PFEILER: Die bisher fest-gestellte geographische Verbreitung des Hühnertyphus. Z. Inf.krkh. Haustiere **22**, 259—262 (1921).

MÜHLENS, DAHM u. FÜRST: Zbl. Bakter. I Orig. **48**, 1 (1908/09).

MÜLLER, M.: Über den Zusammenhang des Paratyphus der Tiere mit dem Paratyphus des Menschen. Zbl. Bakter. Orig. **81**, 505—549 (1918).

MÜLLER, MAX: Gibt es Fleischvergiftungen beim Menschen, die auf den Genuß intravital infizierten Schweinefleisches mit Bakterien der Paratyphus-Enteritisgruppe zurück-zuführen sind? Z. Hyg. **106**, 468—503 (1926).

— Über die Entstehungsmöglichkeit von Paratyphusinfektionen des Menschen aus Para-typhusinfektionen der Schweine. Dtsch. tierärztl. Wschr. **35**, 20—23, 37—41, 53—57 (1927).

— Die latente Infektion eines Schweines mit GÄRTNER-Bacillen als Ursache der Osna-brücker Fleischvergiftung. Dtsch. Schlachthofztg **27**, 467—469 (1927).

— Der Bac. enteritidis GÄRTNER als Seuchenerreger für Ratten, Schweine und Menschen. Tierärztl. Rdsch. **34**, 270 (1928).

NEUMANN, Zit. nach H. DAVID: Zur Unterscheidung von Ratinbakterien und anderen rattentötenden Bakterien von Bact. enteritidis GÄRTNER. Wien. klin. Wschr. **1926**, Nr 6.

NIEBERLE, K.: Über das Wesen und die Bedeutung der Leber und Milzveränderungen beim Paratyphus der Kälber. Tierärztl. Rdsch. **30**, 184 (1924).

— Zur pathologischen Anatomie des Paratyphus der Kälber. Arch. Tierheilk. **57**, 519—538 (1928).

NOAK u. HÖCKE: Paratyphusbacillen als Erreger multipler Milznekrose beim Kalbe. Z. Tiermed. **16**.

NOBELE, J. DE: Extrait des Annales de la Société de Médicine de Gand. Gandverlag Eng. van der Haeghem 1899.

— II. Mémoire. Gandverlag Eng. van der Haeghem 1901. (Travail du Labort. d'Hygiène et de Bactériol. de l'Université de Gand.)

NOCARD, E.: Conseil Hyg. publ. Seine, 24. März 1893, Annexe B, p. 14.

— et DEBOVE: Sur un mémoire de M. M. les docteurs GILBERT et FOURNIER (Contribution à l'étude de la psittacose). Rapport au nom d'une commission spéciale. Bull. Acad. Méd. **36**, 429 (1896).

— et E. LECLAINCHE: Les maladies microbiennes des animaux, 1903.

NUSSHAG u. ANSORG: Über den Hühnertyphus. Tierärztl. Rdsch. **1923**, 479f.

OSTERTAG, R. VON: Handbuch der Fleischbeschau für Tierärzte, Ärzte und Richter, Bd. 1. 7. u. 8. Neubearbeitung. Stuttgart 1922.

— Nach HUTYRA-MAREKs Spezielle Pathologie und Therapie der Haustiere. Jena 1922.

— Lehrbuch der Schlachtvieh- und Fleischbeschau. Stuttgart 1932.

PACHECO, H. u. C. NEIVA: Salmonellose bei Rindern in S. Paulo. IV. Bacillenträger, V. Dauerausscheider. Bekämpfungsversuche. Arch. Inst. Biol. **2**, 273—290 (1929).

— A. M. PENHA, C. RODRIGUES u. O. BIER: Salmonellose bei Rindern in S. Paulo. III. Bakt. Unt. Arch. Inst. Biol. **2**, 241—272 (1929).

PACHINO u. SCHUSTER: Zit. nach SOBERNHEIM: Paratyphus und Fleischvergiftung. Hyg. Rdsch. **1912**, 955, 1019.

PALLASKE, G.: Paratyphusinfektion (Bact. enterit. GÄRTNER) bei Erpeln mit schweren Hodenveränderungen. Arch. Tierheilk. **62**, 89 (1930).

PERRY, H. M.: The Antigene Properties of bac. psittacosis. Brit. J. exper. Path. **1**, 131 (1920).

PESCH u. SCHÜTT: Eine Hühnertyphusepizootie. Zbl. Bakter. Orig. **92**, 414 (1924).

PETTER, A.: Über eine Kanarienvogelseuche durch Bact. enteritidis Breslau. Tierärztl. Rdsch. **1930 I**, 413—417.

PFAFF: Eine Truthühnerseuche mit Paratyphusbefund. Z. Inf.krkh. Haustiere **22**, 285 (1921).

PFEILER, W.: Über ein seuchenhaftes, durch Bakterien aus der Paratyphusgruppe ver-ursachtes Kanariensterben. Berl. tierärztl. Wschr. **1911**, Nr 52.

PFEILER u. ENGELHARDT: Die Fleischvergiftung in Bobrau im Juli 1913 nebst Bemerkungen über die Feststellungen von fleischvergiftenden Bakterien und ihre Bezeichnung. Mitt. Inst. Landw. Bromberg **6**, 244 (1914).

PFEILER u. KOHLSTOCK: Arch. Tierheilk. **40**, H. 1/2 (1914).

— u. REHSE: Bac. typhi gallinarum alcalifaciens und die durch ihn verursachte Hühnerseuche. Mitt. Inst. Landw. Bromberg **6**, 244 (1914).

— u. ROEPKE: Über durch Verimpfung des Bac. cyprinicida PLEHN ausgelöste Spontaninfektionen mit Bakterien aus der Typhus-Coligruppe bei weißen Mäusen. Berl. tierärztl. Wschr. **32**, 493 (1916).

— u. STANDFUSS: Kasuistische, bakteriologische, pathologisch-anatomische sowie experimentelle Untersuchungen über Hühnertyphus. Arch. Tierheilk. **45**, Nr 3/4 (1919).

POELS: Rapport over de Kalverziekte in Nederland. 's-Gravenshage 1899.

POLJANKOW: Nach HUTYRA - MAREK: Spezielle Pathologie und Therapie der Haustiere. Jena 1922.

PRÖSCHOLDT, O.: GÄRTNER-Infektionen der Kälber und Rinder. Z. Inf.krkh. Haustiere **39**, 115—140 (1931).

PÜHRINGER, H.: Bact. enteritidis Breslau bei einem Hund. Wien. tierärztl. Mschr. **16**, 837 (1929).

PULKRÁBEK, J.: Über das Vorkommen von Bakterien der Paratyphus-B-Gruppe bei einer diphtherischen Darmentzündung des Wasserschweines. Österr. Wschr. Tierheilk. **37**, 503 (1912).

RAEBIGER u. WIEGERT: Der Paratyphus der Honigbiene (erster Fall in Deutschland). Dtsch. tierärztl. Wschr. **1921**, 649.

REICHEL u. MUMMA: Amer. vet. Rev. **43**, 514 (1913). Zit. nach STANDFUSS: Bact. Fleischb.

RETTGER: N. Y. med. J. **71**, 803 (1900).

RIEMER: Bericht über eine Fleischvergiftung. Münch. med. Wschr. **65**.

RIEVEL: Versuche an Rindern, die Dauerausscheider von Enteritis-GÄRTNER-Bakterien mit dem Kote sind. Arch. Tierheilk. **66**, 317 (1933).

ROMMELER: Über Befunde von Paratyphusbacillen in Fleischwaren. Zbl. Bakter. Orig. **50**, 501 (1909).

RUEDIGER, E. H.: A paratyphoid-like bacillus isolated from a dog. J. inf. Dis. **8**, 486 (1911).

SACHWEH, P.: Jahresbericht des bakteriologischen Instituts der Landwirtschaftskammer für Westfalen, 1919.

— Der Wert der Agglutinationsmethode bei der weißen Ruhr. Dtsch. tierärztl. Wschr. **1931**, 582—583.

SALMON and TH. SMITH: Hogcholera, its Cause, Nature and Treatment. Washington 1889.

SCHAAF, J.: Vergleichende Untersuchungen über die Agglutinationsmethoden zur Feststellung der Kückenruhr bei Hühnern. Dtsch. tierärztl. Wschr. **1932**, 342—346.

— Untersuchungen über den Ansteckungskreislauf bei der infektiösen Enteritis der Enten. Arch. Tierheilk. **67**, 224 (1934).

SCHAFFER, MACDONALD, HALL and BUNYEA: A stained antigen for the rapid whole blood test for pullorum disease. J. amer. vet. med. Assoc. **79** (N. S. **32**), 236—240 (1931).

SCHELLHORN: Über Fütterungsversuche an Mäusen mit gesundem Fleisch. Zbl. Bakter. Orig. **54**, 428 (1910).

SCHERMER u. EHRLICH: Weitere Beiträge über die Paratyphuserkrankungen der Haustiere. Berl. tierärztl. Wschr. **1921**, 469.

SCHMIDT, P.: Zur Frage der „Ubiquität" der Paratyphus-B-Bacillen. Münch. med. Wschr. **1911**, 563.

SCHMITT, F. M.: Zur Variabilität der Enteritisbakterien. Z. Inf.krkh. Haustiere **9**, 188 (1911).

SCHMITZ: Bact. enteritidis GÄRTNER und Paratyphus-B-Infektionen bei Schlachttieren und ihre Bedeutung für die Ätiologie der Fleischvergiftungen. Z. Fleisch- u. Milchhyg. **24**, 145, 180, 203 (1914).

SCHOOP, G.: Gehäuftes Auftreten von GÄRTNER-Infektionen unter Farmfüchsen. Dtsch. tierärztl. Wschr. **1931**, 449—451.

SCHOTTMÜLLER, H.: Über eine das Bild des Typhus bietende Erkrankung, hervorgerufen durch typhusähnliche Bacillen. Dtsch. med. Wschr. **1900**, 511.

— Weitere Mitteilungen über mehrere das Bild des Typhus bietende Krankheitsfälle, hervorgerufen durch typhusähnliche Bacillen (Paratyphus). Z. Hyg. **36**, 368 (1901).

Schottmüller, H.: Zur Ätiologie der akuten Gastroenteritis (Cholera nostras), zugleich ein Beitrag über die Beziehungen des Bac. enteritidis Gärtner zum Bac. paratyphosus alcalifaciens (oder Typus B). Münch. med. Wschr. 1904, Nr 8.

Schultze, A.: Beitrag zur Paratyphusinfektion des Rindes und ihre Behandlung. Berl. tierärztl. Wschr. 1928, 435—437.

Seiffert, W.: Experimentelle Ergebnisse der Paratyphusforschung. Münch. med. Wschr. 1927, 445, 501.

— Untersuchungen an per os mit Paratyphusbacillen infizierten Mäusen über das Wesen der Pathogenität und die Abwehr des Organismus. Zbl. Bakter. Orig. 104, Beih., 160—166, 180—191 (1927).

— Die epidemiologische Bedeutung der bakteriellen Variabilität. Arch. f. Hyg. 103, 258 bis 268.

Seitz: Kolle-Kraus-Uhlenhuth, Bd. 1, S. 437. 1929.

Shibata, M.: Untersuchungen über die Verbreitung der verschiedenen Typen des Bac. paratyphi B. Z. Immun.forsch. 50, 304—319 (1927).

Smith: The Hogcholera group of bacteria. Zbl. Bakter. Orig. 16, 231 (1894).

— Z. Bakter. I Orig. 70 (1912).

— and Ten Broeck: Agglutination affinities of a pathogenic bacillus from fowls (fowl typhoid) (Bacterium sanguinarium, Moore) with the typoid bacillus of man. J. med. Res. 31, 503 (1915).

— and J. Nelson: Studies on a paratyphoid infection in guinea pigs. II. Factors involved in the transition from epidemic. to endemic phase. J. of exper. Med. 45, 365—377 (1927).

Sobernheim, G.: Paratyphus und Fleischvergiftung. Hyg. Rdsch. 1912, 955, 1019.

— Bacillenträger. Berl. klin. Wschr. 1912, 1549.

— u. M. Judin: Zur Wandelbarkeit der Arteigenschaften von Bakterien. Schweiz. med. Wschr. 1929 I, 496—498.

— u. Seligmann: Beobachtungen über die Umwandlung biologischer wichtiger Eigenschaften von Bakterien. Dtsch. med. Wschr. 1910, 351.

— — Beiträge zur Biologie der Enteritisbakterien. Z. Immun.forsch. 6, 401 (1910).

— — Weitere Untersuchungen zur Biologie der Enteritisbakterien. Z. Immun.forsch. 7, 342 (1910).

— — Weitere Beiträge zur Biologie der Enteritisbakterien. 5. Tagg Ver. Mikrobiol. Dresden. Zbl. Bakter. Ref. 55, Beih., 134 (1911).

Spiegel u. Lerche: Beitrag zur Pathologie des Hühnerparatyphus. Dtsch. tierärztl. Wschr. 32, 236 (1921).

— u. Schmidt: Die bakteriologische Kückenruhr und ihre Bekämpfung. Arch. Tierheilk. 56, 313 (1927).

Spray: Observations on paratyph. bacilli recently isolated from animals. J. inf. Dis. 26, 340 (1920).

— An outbreak of food poisoning probable due to „ratvirus". J. amer. med. Assoc. 86, 109—111 (1926).

Standfuss, R.: Beitrag zur Frage der Schweinepest mit besonderer Berücksichtigung des Ferkeltyphus. Z. Inf.krkh. Haustiere 16, 459 (1915).

— Bakteriologische Fleischbeschau, 2. Aufl. Berlin: R. Schoetz 1928.

— Sörrensen u. Wilken: Untersuchungen und Versuche über Gärtner- und Paratyphusbakterien ausscheidende Rinder. Z. Inf.krkh. Haustiere 42, 132—176 (1930).

Steffenhagen: Zit. nach Hübener. Arb. ksl. Gesdh.amt 1910.

Stephan u. Geiger: Paratyphusbakterien als Ursache seuchenhaften Verlammens. Dtsch. tierärztl. Wschr. 30, 512 (1922).

Stephen, Esquibel u. Pehna: Salmonellose bei Rindern in Sao Paolo (Brasilien). I. Klinischer und pathologisch-anatomischer Befund. Arch. Inst. Biol. 2, 220—232 (1929).

Sternberg, C.: Zur pathologischen Anatomie des Paratyphus. Beitr. path. Anat. 64, 278 (1918).

Stickdorn: Untersuchungen über die der Coli-Typhusgruppe angehörigen Erreger von Kälberkrankheiten. Zbl. Bakter. I Orig. 76, 245 (1915).

— Zit. nach Lütje: Abortus der Stuten. Stang-Wirth: Tierheilkunde und Tierzucht, Bd. 1, S. 24. 1926.

STRAATEN, VAN u. TEN HENNEPE: Meded. Rijks-Seruminst. **1917**, 80.

SÜPFLE, K. u. P. HOFMANN: Über den Dresdner Bakterienstamm bei Psittacosis. Dtsch. med. Wschr. **1930**, 1107.

TARTAKOWSKY: Zit. nach NOCARD u. LECLAINCHE: Les maladies microbiennes des animaux. Paris E III.

TENDELOO: Allgemeine Pathologie. Berlin 1925.

THOMASSEN: Une nouvelle septicémie de veaux avec nephrite etc. Ann. Méd. vét. **1897**.

THORBJÖRNSEN, S.: Über Paratyphusinfektionen beim Geflügel. Maan. for. Dyrl. **36**, 273—285 (1924).

TIEDE: Über tödliche Infektion durch Ratin bei Hasen und Hamstern in freier Wildbahn. Z. Bakter. I Orig. **122**, 541—545 (1931).

TITZE u. WEICHEL: Untersuchungen über die Kälberruhr. Arb. ksl. Gesdh.amt **33**, 516 (1910).

TRAUTMANN: Bakterien der Paratyphusgruppe als Rattenschädlinge und Rattenvertilger. Z. Hyg. **44**.

— Der Bacillus der Düsseldorfer Fleischvergiftung und die verwandten Bakterien der Paratyphusgruppe. Z. Hyg. **45** (1903).

TRAWINSKI, A.: Ein Fall septischer Paratyphus-B-Erkrankung einer Kuh infolge sekundärer Infektion der Gebärmutter durch das Hantieren eines Laiengeburtshelfers beim Entfernen der Nachgeburt. Z. Fleisch- u. Milchhyg. **36**, 65 (1925).

TURANDIN, F. A.: Der Bac. MERESHKOWSKY und der Bac. DANYSZ vom Standpunkt der Lehre über die Typenverschiedenheit der Bakterien der Paratyphusgruppe. Z. Inf.krkh. Haustiere **36**, 1—8 (1929).

— Bac. MEREŠKOVSKY und Bac. DANYSZ vom Standpunkt der Lehre über den typischen Bakterienunterschied in der Paratyphusgruppe. Vestn. Mikrobiol. (russ.) 8, 14—19, und deutsche Zusammenfassung, 1929. S. 112.

TURNER: Nach HUTYRA-MAREK: Spezielle Pathologie und Therapie der Haustiere. Jena 1922.

UHLENHUTH u. HAENDEL: Schweinepest und Schweineseuche. KOLLE - WASSERMANN, 2. Aufl., Bd. 6. Jena 1911.

— u. E. HÜBENER: Infektiöse Darmbakterien der Paratyphus- und GÄRTNER-Gruppe einschließlich Immunität. KOLLE-WASSERMANN, 2. Aufl., Bd. 3. Jena 1913.

— — XYLANDER u. BOHTZ: Untersuchungen über das Wesen und die Bekämpfung der Schweinepest. Arb. ksl. Gesdh.amt **27**.

— — — — Weitere Untersuchungen über Schweinepest. Arb. ksl. Gesdh.amt **29**.

— u. SCHERN: Über eine durch den Bac. enteritis GÄRTNER hervorgerufene Rattenseuche. Arb. ksl. Gesdh.amt **30**.

— u. W. SEIFFERT: Unsere Stellungnahme zum Paratyphusproblem. Zbl. Bakter. I Orig. **111**, 22—24 (1929).

— — Der gegenwärtige Stand des Paratyphusproblems (unter besonderer Berücksichtigung eigener Untersuchungen). Dtsch. med. Wschr. **1926**, 649, 689, 737.

URBAIN, A. et G. GUILLOT: Sur une epizootie de paratyphose constaté sur des ruminants. Bull. Soc. Path. exot. Paris **25**. 204 (1932).

URBAIN, A. CH., M. STOCANNE et L. CHAILLOT: Étude d'une épidémie à bacilles paratyphiques B chez le cheval. Essais de vaccination. Rev. vét. mil. **13**, 176—182 (1929).

VENSKE: Über das Vorkommen von Keimen aus der Paratyphus-Enteritisgruppe und von Übergangsstämmen (Intermediusgruppe) bei Hunden und Katzen. Zbl. Bakter. I Orig. **130**, 259—264 (1933).

WAGENER, K.: Maßnahmen zur Bekämpfung der weißen bakteriellen Kückenruhr. Berl. tierärztl. Wschr. **44**, 420 (1928).

— Neue Methodik der Blutuntersuchung auf Kückenruhr usw. Tierärztl. Rdsch. **36**, 477 (1930).

WALDMANN u. DAVID: Über Virusschweinepest. Tierärztl. Rdsch. **1930**, 616—618.

WEBER, H.: Die wechselseitigen Beziehungen intravitaler Fleischvergifterinfektionen von Großrindern und Kälbern zur Außenwelt. Berl. tierärztl. Wschr. **43**, 521 (1927).

WEISSGERBER u. MÜLLER: Über eine seuchenhafte Erkrankung der jungen Gänse in der Provinz Ostpreußen mit Paratyphusbefund. Dtsch. tierärztl. Wschr. **30**, 663 (1922).

WHITE: A System of Bacteriology in relation to medicine. Vol. 4 Salmonellas. London 1929.

WHITE: Notes on organisms serologically related to S. enteritidis GÄRTNER. I. The Dublin and Tokyo types of Salmonella. J. of Hyg. 29, 443—445 (1930).

WHITE P. BRUCE: Further Studies of the Salmonella group. Med. Res. Council, Spec. Report Series 1926, Nr 103.

WIEMANN, J.: Die Paracolibacillosis (JENSEN) der Kälber usw. Inaug.-Diss. Königsberg 1909.

WINCHENBACH: Unveröffentlicht.

WINTER, P.: Über das Vorkommen von Bact. enteritidis GÄRTNER in der Galle anscheinend gesunder Schlachttiere. Dtsch. tierärztl. Wschr. 1930 I, 33—35.

WINZER: Bac. enteritidis GÄRTNER bei 8 geschlachteten Kälbern. Z. Fleisch- u. Milchhyg. 22.

WUNDRAM: Drei Fälle von Dauerausscheidern des Bact. enteritidis GÄRTNER. Berl. tierärztl. Wschr. 46, 978 (1930).

— u. F. SCHÖNBERG: Ausscheidung des Bact. paratyphi B (SCHOTTMÜLLER) durch eine klinisch gesunde Kuh. Berl. tierärztl. Wschr. 19, 293 (1931).

— — Neue Untersuchungen an geschlachteten Mastgänsen auf Fleischvergifter. Berl. tierärztl. Wschr. 49, 233—234 (1933).

ZEH: Zum Paratyphusabortus der Stuten in Deutschland. Berl. tierärztl. Wschr. 1917, 138.

ZELLER, H.: Differenzierungsversuche in der Paratyphus-GÄRTNER-Gruppe. Z. Inf.krkh. Haustiere 23, 191—207; 24, 1—23 (1922).

ZINGLE: Untersuchungen über eine Taubenseuche mit Para-B-Befund. Z. Inf.krkh. Haustiere 15 (1914).

ZWICK u. WEICHEL: Zur Frage des Vorkommens von sog. Fleischvergiftungserregern in Pökelfleischwaren. Arb. ksl. Gesdh.amt 33, 250 (1910).

Nachtrag zu dem Beitrag:

Die tuberkelbacillen-ähnlichen, säurefesten Saprophyten.

(Bd. XIV, 1933.)

Bei der großen Literaturzusammenstellung über die Forschungen auf dem Gebiete der säurefesten Saprophyten ist mir leider eine wichtige Arbeit von F. E. HAAG [„Die saprophytischen Mykobakterien." Zbl. Bakter. II, 1, 71 (1927)] entgangen, die wegen der Reichhaltigkeit der darin niedergelegten Untersuchungsergebnisse einer nachträglichen Erwähnung bedarf. HAAG hat im Hygienischen Institut der Universität Würzburg (Vorstand Geh.-Rat LEHMANN) mit Hilfe der SÖHNGENschen Methode zahlreiche Stämme von säurefesten Mykobakterien gezüchtet, die aus den verschiedensten Substraten der belebten und unbelebten Natur herrührten [vgl. damit unsere Tabelle Erg. Hyg. 14, 91 (1933)]. Unter 90 verschiedenen Untersuchungsobjekten aus der Natur gelang es ihm 72mal säurefeste Stäbchen zu züchten, während er in Blasinstrumenten weder mikroskopisch noch kulturell die genannten Keime nachzuweisen vermochte. HAAG untersuchte die reingezüchteten Stämme nach ihrem morphologischen, kulturellen, physiologischen und tierpathogenen Verhalten und gelangte danach zu drei systematisch wohlcharakterisierten „Species" von saprophytischen Mykobakterien: 1. Mycobacterium lacticola, 2. Mycobacterium phlei und 3. Mycobacterium luteum, während eine 4. Species, das Mycobacterium eos nach Ansicht von HAAG als eine Varietät des Mycobacterium lacticola aufzufassen ist [vgl. im Gegensatz dazu unsere Ausführungen Erg. Hyg. 14, 101 (1933)]. Weiterhin schildert HAAG diejenigen Merkmale, welche eine Abgrenzung der saprophytischen Mykobakterien gegenüber den Corynebakterien und Aktinomyceten einerseits und den pathogenen Säurefesten andererseits ermöglichen. Als interessantes Ergebnis auf diesem Gebiete sei die Beobachtung HAAGs hervorgehoben, daß die Corynebakterien im Unterschied zu den säurefesten Mykobakterien (und auch den Aktinomyceten) Paraffin als Kohlenstoffquelle nicht zu verwerten vermögen und sich so bei der Reinzüchtung mittels der SÖHNGENschen Methode leicht von diesen abtrennen lassen. Außerdem zeigen die Corynebakterien meist eine geringere Säurefestigkeit als die säurefesten Mykobakterien. Die Unterscheidung der säurefesten Saprophyten von den Aktinomyceten läßt sich durch die Beobachtung der charakteristischen Wachstumsvorgänge bei beiden Bakterienarten treffen. Die Aktinomyceten zeigen zum Unterschied von den Mykobakterien meist knorpelharte, festhaftende Kolonien und bilden aus seitlichen Kurztrieben rundliche Luftsporen, welche den älteren Kolonien das kennzeichnende Aussehen verleihen. Ihre Vermehrung geschieht in Form eines Mycels, das eine starre „Polarität" aufweist, während die Mykobakterien sich meist durch Spaltung, seltener durch eine unregelmäßigere, apolare Sprossung fortpflanzen. — Die von HAAG angeführten Unterscheidungsmerkmale zwischen pathogenen und apathogenen säurefesten Mykobakterien entsprechen im wesentlichen unseren eigenen Ausführungen [Erg. Hyg. XIV, Abschnitt 1, 2 u. 3 (1933)].

EICHBAUM.

Namenverzeichnis.

Die fettgedruckten Zahlen weisen auf die Literaturverzeichnisse hin, die Zahlen in gewöhnlichem Druck auf die Anführungen im Text.

Sachverzeichnis.

Inhalt der Bände I—XV.

A. Namenverzeichnis.

B. Sachverzeichnis.